Vorrichtungen im Maschinenbau

nebst Anwendungsbeispielen

Von

Otto Lich
Betriebsingenieur

Mit 601 Figuren im Text
und 35 Tabellen

Springer-Verlag Berlin Heidelberg GmbH
1921

ISBN 978-3-662-22796-1 ISBN 978-3-662-24729-7 (eBook)
DOI 10.1007/978-3-662-24729-7

Ursprünglich erschienen bei Julius Springer in Berlin 1921.

Softcover reprint of the hardcover 1st edition 1921

Vorwort.

Durch die gegenwärtig herrschenden Verhältnisse ist in der Produktion unserer gesamten Metallindustrie ein Tiefstand eingetreten. Dieser Zustand kann nur durch größtmöglichste Ausnutzung von Zeit und Arbeitskraft behoben werden. Da sich aber Körperkraft und Geschicklichkeit eines Menschen bereits an ihren Grenzen bewegen, so muß auf Hilfsmittel gesonnen werden, die ihre Leistungsfähigkeit erhöhen.

In allererster Linie kommen die Werkzeug- und Arbeitsmaschinen in Frage. Letztere sind aber bereits durch sinngemäße Konstruktionen auf einen hohen Stand gebracht worden. Auch dürfte sich in der heutigen Zeit die Anschaffung neuer verbesserter Maschinen nicht immer durchführen lassen. Es liegt daher nun nichts näher, als die vorhandenen Maschinen unter Verwendung von Vorrichtungen in ihrer Leistungsfähigkeit zu steigern. Diese Frage ist zur Zeit äußerst aktuell und es darf nichts unversucht bleiben, um den Wohlstand des deutschen Vaterlandes auch auf diesem Wege wieder zu heben.

Das hier vorliegende Werk will daher ein Baustein beim Wiederaufbau der deutschen Metallindustrie sein. Es sind in ihm zahlreiche Wege gezeigt, um auf den bestehenden Maschinen eine größere Leistungsfähigkeit zu erzielen. Jeder Fortschritt, selbst der geringste, ist zu begrüßen, da ja bekanntlich in der Massenfabrikation kleine Vorteile von großer Bedeutung sein können.

Am besten wird die Firma abschneiden, die sich einen gut organisierten Vorrichtungsbau geschaffen hat.

Früher versuchte jeder Betriebsleiter seine unproduktiven Löhne herabzusetzen und zwar dadurch, daß er den Werkzeugbau bis auf das geringste verkleinerte. Auch hörte man oft den Ausspruch, daß der Werkzeugbau nur ein notwendiges Übel sei. In der Vorkriegszeit konnte man darüber hinwegsehen. Heute liegen die Dinge aber anders, vielleicht sogar umgekehrt; heute ist der Werkzeug- und Vorrichtungsbau die einzigste Waffe der Betriebe, mit der sie ihre Existenz erkämpfen müssen. An den Ausbau dieser Abteilungen schließt sich notgedrungen das Vorrichtungsbaubüro an. Früher wurden vielfach die Vorrichtungen nach Angabe des Konstruktionsbüros oder nach Skizzen, die der betreffende Abteilungsmeister entwarf, ausgeführt. Wenn nun auch nicht von der Hand zu weisen ist, daß der Meister die Fabrikation am besten kennt und daher in der Lage ist, die vorteilhafteste Ausbeute zu schaffen, so verdient doch der hier zu behandelnde Stoff jetzt eine ganz besondere Beachtung, weil in dem bisherigen Rahmen unter Beachtung der jetzigen Verhältnisse nicht weiter geschritten werden kann. Viele Großfirmen haben auch bereits gute in der Praxis erfahrene Werkzeug- und Vorrichtungskonstrukteure angestellt und dadurch den richtigen Weg erkannt, der zur Gesundung ihres Betriebes führen muß.

Möge dieses Buch dem Vorrichtungskonstrukteur ein Wegweiser sein, um durch ihn in kurzer Zeit das richtige zu treffen. Die große Auswahl des Stoffes ermöglicht es, eine für jeden besonderen Fall entsprechende Konstruktion zu schaffen. Die Zahl der Vorrichtungen könnte zwar noch bedeutend vermehrt werden, aber da sich viele Konstruktionen im Prinzip gleichen, so ist stets aus den Gruppen nur eine bestimmte Ausführung herausgenommen worden. In vielen Fällen wird zwar eine direkte Verwendung der beschriebenen Vorrichtungen nicht möglich sein, da doch je nach der Art des Arbeitsstückes verfahren werden muß. Darin soll auch nicht der Zweck dieses Werkes bestehen, es soll lediglich die Anlehnung an irgendeine der aufgeführten Vorrichtungen ermöglicht werden. Durch sinnreiche Kombination des vorliegenden Materials können neue praktische Vorrichtungen entstehen. Hat das der Benutzer erkannt, so ist der Zweck dieses Werkes erreicht.

Für den Betriebsleiter und Fabrikanten, der durch seine anstrengende Tätigkeit in der Überwachung des Betriebes keine Zeit zum Entwurf von geeigneten Vorrichtungen hat, soll dieses Buch als Nachschlagewerk dienen, um in besonderen Fällen in kurzer Zeit das richtige zu treffen. Durch den systematischen Aufbau in der Gruppierung der Vorrichtungen ist ein Auffinden bedeutend erleichtert.

Den Werkmeister soll dieses Werk anregen, dahin zu streben, jeden unnötigen Handgriff in seiner Abteilung nach Möglichkeit zu vermeiden. Der Meister ist es besonders, der den Mangel an Vorrichtungen fühlt, denn je zwangsläufiger sich seine Fabrikation abwickelt, desto mehr Zeit verbleibt ihm für andere Arbeiten, so daß er sich nicht um die Herstellung in dem Maße zu kümmern braucht, wie bei handwerksmäßiger Fabrikation.

Dem praktischen Werkzeug- und Vorrichtungsbauer, der täglich mit diesem Zweige zu tun hat, soll dieses Werk einen Überblick seines jetzt so wichtig gewordenen Arbeitsgebietes geben. Dem Anfänger sowie dem Studierenden soll es ein Ansporn sein, den beschrittenen Weg weiter zu verfolgen und sich bereits mit der Materie, die er später in der Praxis verwenden soll, vertraut zu machen.

Das hier vorliegende Werk ist bei weitem nicht durch seinen Umfang begrenzt; ich würde für neue Anregungen aus der Praxis dankbar sein, um dieses Buch für die fernere Zukunft zu einem unentbehrlichen Ratgeber für sämtliche einschlägigen Fragen auf dem Gebiete des Vorrichtungsbaues zu gestalten.

Allen Firmen, die mir ihre freundliche Unterstützung bei der Herstellung dieses Werkes liehen, sei an dieser Stelle noch besonders gedankt.

Desgleichen spreche ich dem Verlag für die zeitgemäße Ausstattung des Werkes meinen besten Dank aus.

Ich bitte die geehrten Benutzer um wohlwollende Beurteilung und hoffe in allenfallsigen späteren Auflagen besonderen Wünschen entsprechend Rechnung tragen zu können.

Berlin, im September 1921.

Otto Lich.

Inhaltsverzeichnis.

Seite

1. Grundzüge und Richtlinien für den Vorrichtungsbau.
   Grundbegriffe von Vorrichtungen 1
   Ausführungsformen von Bohrbuchsen 5
   Bewegliche Bohrbuchsenträger 7
   Vorrichtungsverschlußarten und Spannelemente 8

2. Aufspannvorrichtungen.
   a) Für Bohrmaschinen 15
   b) „ Drehbänke 19
   c) „ Revolverdrehbänke 28
   d) „ Automaten 34
   e) „ Fräsmaschinen 35
   f) „ Bohrwerke 43
   g) „ Hobelmaschinen 46
   h) „ Shapingmaschinen 51
   i) „ Stoßmaschinen 53
   k) „ Schleifmaschinen 55
   l) „ Sägen 57
   m) „ Pressen 60
   n) „ Lochmaschinen 61
   o) „ Scheren 63
   p) „ Feilmaschinen 64

3. Bohrvorrichtungen.
   a) Für Bohrmaschinen 65
   b) „ Bohrwerke 105

4. Fräsvorrichtungen 115
   a) Für Handhebel-Fräsmaschinen 116
   b) „ Universal-Fräsmaschinen 120
   c) „ Plan-Fräsmaschinen 152
   d) „ Kopier-Fräsvorrichtungen 155
   c) „ Gewinde-Fräsvorrichtungen 165

5. Hobelvorrichtungen 173
   a) Für gerade Flächen 174
   b) „ gekrümmte Flächen 177
   c) „ zylindrische Arbeitsflächen 186
   d) „ Fassonhobeln 190
   e) „ Nuten 192

Seite

6. Stoßvorrichtungen.
a) Für gerade Bahnen 195
b) „ Fassonstücke 199
c) „ Nutenstoßarbeiten 204

7. Schleifvorrichtungen.
Einfache Flächen- und Rundschleifmaschinen 211
Einfache Werkzeugschleifvorrichtungen 216
Pendelnde Schleifvorrichtungen 222
Bandschleifvorrichtungen und Flächenschleifvorrichtung 224
Schablonenschleifvorrichtung für Nocken 226
Aufschleifvorrichtungen für Dichtungsflächen 227
Hinterschleifvorrichtung für Gewindebohrer 229
Schleifvorrichtung für Radkränze 231
Schneideisen-Schleifvorrichtungen 232

8. Preß- und Ziehvorrichtungen.
Biegevorrichtungen 239
Ziehvorrichtungen 242
Flanschenzieh- und Preßvorrichtungen 246
Preß- und Stauchvorrichtungen 248
Fassonpreß- und Stanzvorrichtungen 251
Einpreßvorrichtungen 254

9. Schnitt- und Lochvorrichtungen.
Rundschnitt 256
Ausklink- und Lochschnitt 258
Fassonschnitt 259
Kombinierte Loch- und Stanzvorrichtungen 260
Loch- und Stanzvorrichtung mit gleichzeitiger Horizontal- und Vertikallochung 266
Stanzvorrichtung mit Teilung 268
Stanzvorrichtung mit selbsttätigem Materialvorschub 269
Lochschnitt mit Reihenlochung und Teilvorrichtung 270
Lochvorrichtung für im Kreisbogen liegende Löcher 271
Kleine Handlochvorrichtungen 272

10. Spezial-Bearbeitungsvorrichtungen 273
a) Für Bohrarbeiten 274
b) „ Bohrwerksarbeiten 284
c) „ Dreharbeiten 292
d) „ Revolverdrehbankarbeiten 299
e) „ Automatenarbeiten 308
f) „ Fräsarbeiten 313
g) „ Hobelarbeiten 320
h) „ Stoßarbeiten 321
i) „ Schleifarbeiten 324
k) „ Sägearbeiten 326
l) „ Abpreßarbeiten 329
m) „ Locharbeiten 333
n) „ Gewindeschneidarbeiten 335

11. Hilfsvorrichtungen. Seite
a) Für Härterei 336
b) „ Schmiede 346
c) „ Schlosserei 350

12. Angewandte Beispiele für die Herstellung von Werkzeugen in Vorrichtungen.
Herstellung von Stempeln, Matrizen und Messerstangen 382
„ „ Spezial-Werkzeugen mit Schnellstahlauflage . . . 384
„ „ geteilten Ringen, Werkzeugschaftverbindungen und Messerstangen 385
„ „ Scherenmessern und Spannpatronen 388
„ „ Fassonrundstählen mit Haltern 392
„ „ Vierfachstahlhaltern 394
„ „ Zapfenfräsapparaten 396
„ „ Gewindebacken und Schneideisen 400
„ „ verstellbaren Reibahlen 411
„ „ Schneckenfräsern 413
„ „ Messerköpfen 414

13. Angewandte Beispiele für die Herstellung von Maschinenteilen in Vorrichtungen.
Herstellung von Handrädern 417
„ „ Lagerböcken 421
„ „ Lünetten 425
„ „ kleinen Tischbohrmaschinenständern 437
„ „ Werkzeugschleifmaschinen 439
„ „ kleinen Räderpumpen 446
„ „ Gewindespindeln 454

14. Rentabilitätsberechnungen der in Vorrichtungen bearbeiteten Teile.
a) Bearbeitung von Kettengliedern mit und ohne Vorrichtungen . . 457
b) „ „ Stahlgußbügeln mit und ohne Vorrichtungen . . 461
c) „ „ Stopfbuchsen mit und ohne Vorrichtungen . . . 466

15. Instandhaltung und Reparatur der Vorrichtungen.
Kontrolleinrichtungen der Vorrichtungsausgabe 473
Ersatzteile für Vorrichtungen 483
Vorrichtungsausgabe einer mittleren Maschinenfabrik und deren Verwaltung 495

1. Grundzüge und Richtlinien für den Vorrichtungsbau.

Der Begriff einer Vorrichtung ist äußerst vielseitig. Man könnte die einfachste Befestigungsart, z. B. eine einfache Schraube, schon als eine Vorrichtung ansprechen, sobald diese zweckdienlich ein Arbeitsstück so befestigt, daß es zwecks einer Bearbeitung gehalten wird. In dem Falle ersetzt die Schraube die Befestigung durch die Hand oder den Fuß. Oder man denke sich einen Keil, der so angeordnet ist, daß er das Werkstück festklemmt. Vermittels dieser einfachsten Befestigungen ist es möglich einen Gegenstand zu bearbeiten, womit schon eine Ersparnis erzielt wird. Diese ist der Hauptzweck aller Vorrichtungen. Nehmen wir das Beispiel der Schraube, die in Verbindung mit einer Lasche einen Bock auf dem Maschinentisch befestigt, so hat man es hier mit einer Spannvorrichtung einfachster Konstruktion zu tun. Diese Vorrichtung ist die meist gebräuchlichste im Maschinenbau. Erstens ist ihre Herstellung die einfachste und zweitens läßt sie sich in allen Variationen anwenden. Schraube sowie Lasche oder Spanheisen werden jeweils der Form des Werkstückes angepaßt, wobei man auf dem Wege der rationellen Spannvorrichtung ist. Da werden in einem Fall die Laschen zu Winkelstücken gebogen, damit die Unterlagen, die der Fußflanschstärke des Bockes usw. entsprechen, in Fortfall kommen sollen. Die Anordnung wird dort getroffen, wo es sich um eine Reihe gleichartiger Werkstücke handelt. Im andern Fall sind die Spanneisen nicht aus einem Stück Flacheisen, sondern zu einem U-förmigen Stück gebogen, und zwar zu dem Zweck, die Mutter der Spannschraube nicht ganz abzudrehen. Beide Fälle stellen eine Vervollkommnung der einfachen Spannvorrichtung dar. Man sieht hier schon, welche Wandlungen das einfachste Spannelement durchmacht. Es würde zu weit führen, sich mit dem Ursprung der Spannvorrichtungen eingehender zu befassen. Betrachten wir in Fig. 1 die Befestigungsart. Hier sollen 3 Stützböcke auf den Tisch einer Hobelmaschine gespannt werden. Zu dem Zweck sind die Spanneisen *a* als Winkelstücke ausgebildet. Die Schraube *b* wird so dicht wie möglich am Werkstück befestigt, denn hier ist das günstigste Moment der Spannung. Der Bock A muß dem stärksten Sticheldruck von c standhalten. Geht man mit der Schraube vom Werkstück zu weit ab, so tritt mit Sicherheit eine Verschiebung des Werkstückes ein, wodurch unter Umtänden Ausschuß entstehen dürfte.

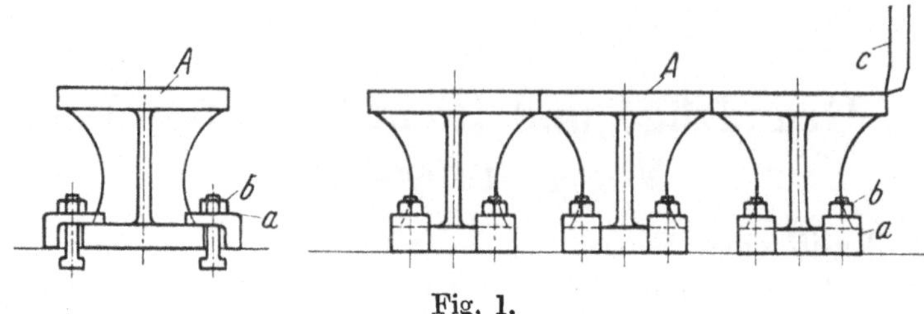

Fig. 1.

Wie man sieht, muß auch hier schon mit Sorgfalt vorgegangen werden.

Die Fig. 2 läßt die gleiche Befestigung des Bockes A durch Schraube b und Spannwinkel a erkennen.

Nur tritt hier noch ein weiterer Faktor hinzu: Die Bearbeitungsmöglichkeit in gewissen Grenzen festzulegen. Man erreicht dieses durch

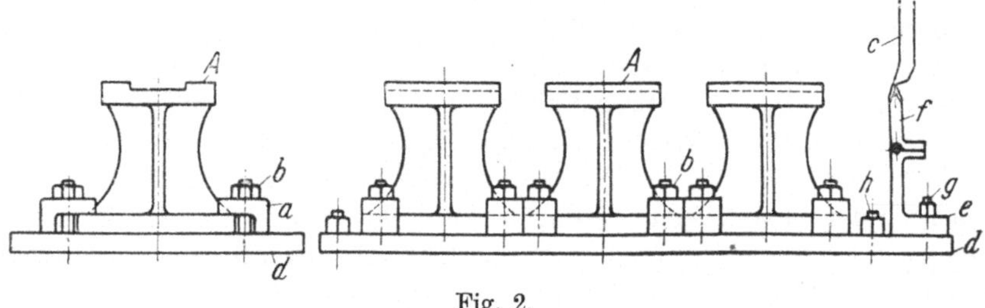

Fig. 2.

eine sog. Vorspannschablone, die in verschiedenen Variationen auftritt. Man unterscheidet feststehende und bewegliche. In diesem Beispiel haben wir es mit einer beweglichen, d. h. mit einer umklappbaren Schablone zu tun.

Sie besteht aus dem unteren Winkelstück e, das auf einer besonderen Platte d mit den Böcken A verbunden ist. Die Spannschrauben h stellen hier die Verbindung mit der Tischplatte her und die Schraube g verbindet den Winkel e mit d. Das Oberteil f der Schablone ist so angeordnet, daß es der Stichel c nicht beschädigen kann; denn beim Arbeitsgang kippt der Stichel c dasselbe um. Aus der Zeichnung ist ohne weiteres der Sinn dieser Anordnung klar. Es soll an den Figuren nur die Anwendungsmöglichkeit der Spannung demonstriert werden.

Es ist der Entwurf solch einfacher Vorrichtungen lediglich praktischer Natur, denn fast jeder Facharbeiter wird imstande sein, sich die einfachsten Spannelemente selbst zusammenzustellen. Etwas mehr Intelligenz erfordert wohl die Herstellung der Schablonen, da bei dieser der Konstrukteur bereits mit dem Praktiker zusammenarbeiten muß.

Wenn man von einem Zusammenarbeiten spricht, so ist dies dahin zu verstehen, daß Hand- und Kopfarbeit im Meinungsaustausch stehen. Schließlich weiß doch der Praktiker am besten, wie er am bequemsten zu arbeiten hat. Jedoch wird er nicht immer die Materie selbst so beherrschen können, wie der Vorrichtungskonstrukteur, der durch lange Erfahrungen geschult wurde. Jedenfalls steht das fest, daß nur dort wirklich gute Arbeit geleistet wird, wo beide Gruppen zusammenarbeiten.

Einen etwas schwierigen Fall zeigt Fig. 3, bei welcher die Stützböcke *A* gebohrt werden sollen.

Der Konstrukteur geht nun erst daran, sich die geeignetste Anlagefläche an dem Werkstück zu suchen. In diesem Fall ist diese die

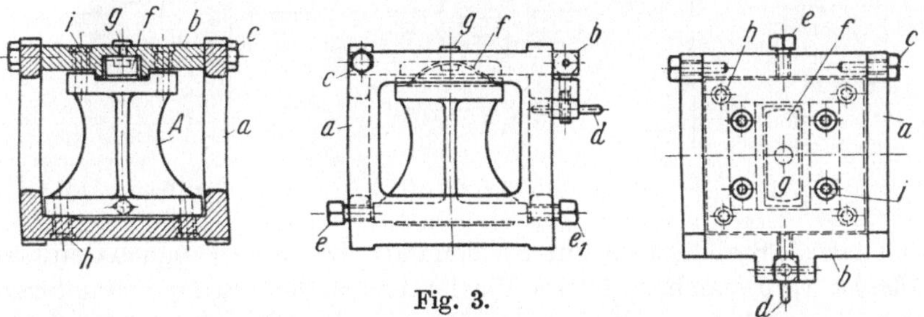

Fig. 3.

Grundfläche. Das Werkstück *A* wird für den Entwurf der Vorrichtung in schwachen Linien aufgezeichnet. Dann geht man von den Anlageflächen aus und überlegt, wie man die Bearbeitung am vorteilhaftesten zustande bringt. Es gibt viele Wege, um dieses Ziel zu erreichen, und die Leistungsfähigkeit zeigt sich in der Auswahl derselben. Die Vorrichtung ist nicht immer die beste, die recht kompliziert aussieht. Im Gegenteil, je einfacher und stabiler eine Vorrichtung ist, selbstverständlich unter Beibehaltung der Präzision, desto praktischer ist sie.

In unserem Fall stellt die Bohrvorrichtung Fig. 3 einen Kasten *a* dar, der mittels Deckel *b* verschlossen wird. Der Drehpunkt des letzteren wird durch 2 angesetzte Kopfschrauben *c*, die mit ihrem zylindrischen Teil im Deckel stecken, erreicht. Der Deckelverschluß *d* ist so ausgebildet, daß er bei der Bohrarbeit nicht im Wege steht. Um ein gutes Aufliegen der Bohrlehre zu erreichen, sind nur die Ecken vorspringend ausgeführt.

Um das Werkstück in der Lehre zu fixieren, sind seitlich die Druckschrauben e und e_1 angebracht. Die obere Platte des Bockes A ist eingehobelt, so daß diese Bearbeitung ebenfalls als Fixierung angenommen wird, indem sich der Deckelansatz in diese einlegt. Die kräftige Blattfeder f spannt das Werkstück wirksam fest. Durch die Feder können geringe Toleranzen im Werkstück mit in den Kauf genommen werden. Die Befestigung der Blattfeder wird mittels eines Bolzens g erreicht. Die Lage der Bohrbuchsen h und i ist leicht zu bestimmen, da das Werkstück mit eingezeichnet ist.

Es ist außerdem zu beachten, daß die Auflage des Werkstückes A zur Vermeidung eventueller Unebenheiten durch Zwischenschieben von Fremdkörpern nur klein gewählt wird. Man spart deshalb die Auflagen in den Vorrichtungen aus. Ebenfalls wird alles überflüssige Material in einer Bohrvorrichtung, auch bei anderen Gattungen von Vorrichtungen vermieden. Man durchbricht die Seitenwände entsprechend,

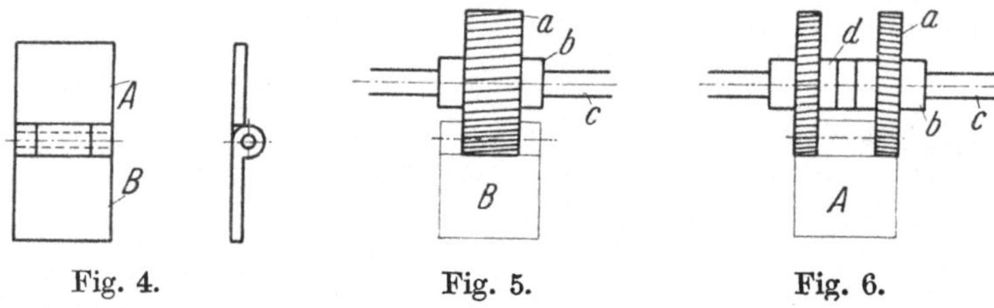

Fig. 4. Fig. 5. Fig. 6.

ohne daß die Stabilität darunter leiden darf. Da dieses lediglich Gefühlssache ist, wird man bei größeren Vorrichtungen, die Biegungsspannungen ausgesetzt sind, zur Festigkeitsberechnung übergehen.

Außerdem ist bei der Anfertigung von Lehren darauf zu achten, daß sich bewegende, d. h. sich reibende Teile gehärtet werden, um einen frühzeitigen Verschleiß zu vermeiden.

In Fig. 4 ist ein allgemein vorkommendes Scharnierstück dargestellt. Die beiden Teile A und B bestehen aus gepreßtem Eisen.

Die erste Frage lautet nach der Anzahl der Arbeitsstücke. Hiernach richtet sich der Ausbau der Vorrichtungen. Hat man es mit einer kleinen Anzahl zu tun, so wird man sich mit den vorhandenen üblichen Spannvorrichtungen begnügen. Wird der Artikel dagegen dauernd in größeren Mengen fabriziert, so schreitet man zu den Spezialvorrichtungen. Die Bearbeitungsweise ist in Fig. 5 und 6 dargestellt. In Fig. 5 wird das Stück B ausgefräst und in Fig. 6 das Stück A. Die hierzu verwandten Werkzeuge sind bekannter Natur. In Fig. 5 wird die Arbeit von dem Walzenfräser a verrichtet. Dieser steckt auf dem Fräsdorn c und wird mittels der 2 Rundmuttern b in seiner Stellung gehalten. Die Anfräsung des Stückes A wird durch 2 Scheibenfräser *a*, die auf Dorn *c* mittels der beiden Rundmuttern *b* befestigt sind, ausgeführt. Bei den Fräsern hat man darauf zu achten, daß der Abstand zwischen ihnen genau eingehalten wird. Erreicht wird das durch Zwischenringe *d*. Für diese Arbeit kommt eine Spann- oder Fräsvorrichtung Fig. 7 in Frage. In derselben können 12 Teile gespannt und gefräst werden. Es ist eine Schnellspannvorrichtung und dadurch gekennzeichnet, daß man durch einfaches Lösen der Schraube *f* sämtliche Arbeitsstücke frei bekommt und beim Schließen der Schraube alle 12 Teile befestigt. Der Körper *a* weist seitlich Aussparungen auf, in diesen führen sich die Ansätze der Spannbacken *c*. Oberhalb der Aussparungen sind Deckleisten *b* mittels Schrauben *g* befestigt. Um ein Auseinanderschieben der einzelnen Backen *c* zu bewerkstelligen, sind die Druckfedern *d* angeordnet. Da die Backen ein beträchtliches Stück zusammengehen, so sind in denselben für die Federn *d* Bohrungen angebracht. Dadurch bekommt man eine größere Spannlänge der Federn. In die erste Backe *e* greift die Knebelschraube *f*. Die Vorrichtung ist äußerst einfach und doch kann man einwandfreie Arbeitsstücke mit ihr schaffen. Man kann aus der Fig. 7 ersehen, wie der Spannraum und die Arbeitslänge vorteilhaft ausgenützt sind. Durch kleine Abänderungen ließe sich die Vorrichtung auch für andere Zwecke einrichten.

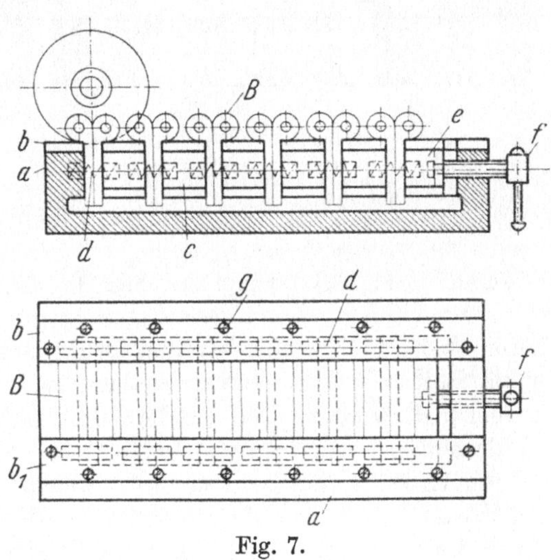

Fig. 7.

Diese beiden Beispiele sollten den Begriff der einfachsten Vorrichtungen veranschaulichen, deren es noch unzählige in allen Variationen gibt. Es würde jedoch zu weit führen, auch nur noch einige für diesen Begriff zu besprechen, da der Raum für wichtigere Fragen Platz lassen soll.

Bei der Anfertigung von Bohrschablonen und Bohrvorrichtungen ist das Hauptaugenmerk auf die Art und Ausführung der Bohrbuchsen zu legen.

In Fig. 8—14 sind einige Typen von Bohrbuchsen veranschaulicht. Es sind dieses mit die Urformen, auf die sich die Spezialbuchsen aufbauen, worauf im weiteren Verlaufe auch noch näher eingegangen werden wird. Die Bohrbuchse *a*, Fig. 8, stellt die einfachste Form dar. Ihre Verwendung ist dort am Platze, wo ein sog. Kragen oder Ansatz im Wege ist.

Man macht die äußere Mantelfläche meist zylindrisch, es kommt aber auch oft vor, daß sie leicht konisch ausgeführt wird.

Fig. 9 stellt die am meisten verwendete Bohrbuchse *b* dar, die durch den Kragen am Verschieben verhindert ist und den Bohrer infolge ihrer Länge besser führt. Fig. 10 stellt eine Bohrbuchse *c* mit versenktem Ansatz dar. Die Ausführung wird weniger angewendet und ist erst dann am Platze, wenn sie, wie Fig. 11 zeigt, auswechselbar eingebaut wird. Die Buchse *d* ist im allgemeinen gut eingepaßt,

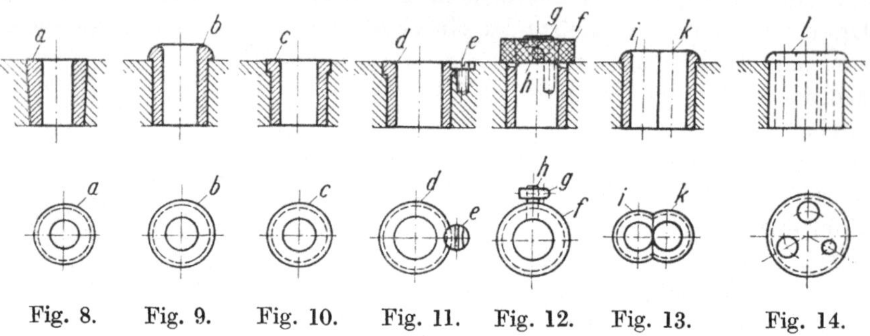

Fig. 8. Fig. 9. Fig. 10. Fig. 11. Fig. 12. Fig. 13. Fig. 14.

kann aber durch einen leichten Druck entfernt werden. Um sie nun beim Bohren nicht herauszuziehen, ist die kleine Kopfschraube *e* angeordnet worden. Sie hindert die Buchse *d* auch gleichzeitig am Verdrehen.

Fig. 12 zeigt eine Bohrbuchse *f*, welche ebenfalls auswechselbar ist. Am Verdrehen sowie Herausziehen wird sie durch den Stift *h*, der unter den Schenkel des Stiftes *g* greift, gehindert. Diese Buchsen werden im allgemeinen leichter eingepaßt; der gekordelte Kopf dient zum Anfassen resp. zum Herausziehen.

Wo es sich um dicht beieinander liegende Buchsen handelt, wählt man die Zwillingsbuchse *i*, *k* Fig. 13. Fig. 14 zeigt eine Bohrbuchse *l*, in der mehrere Bohrungen vereinigt sind. Diese können nahe aneinander liegen und verschiedene Durchmesser aufweisen.

Sämtliche Bohrbuchsen werden aus Gußstahl verfertigt, gehärtet und geschliffen. Die Genauigkeit hängt von der Toleranz zwischen dem Bohrer und der Buchsenbohrung ab. Beim Einsetzen der Bohrbuchsen muß besonders auf das gerade Einführen geachtet werden. Denn mit dem Augenblick, wo die Buchse zur Bohrplatte etwas schief angesetzt wird, hört die Präzision auf. Die Buchse bleibt auch im weiteren Verlauf des Eindringens in der Platte schief sitzen. Am vorteilhaftesten ist eine Presse für diese Zwecke zu verwenden. Die Passung darf nicht allzu stramm sein, denn dann treten gewöhnlich Risse in der gehärteten Buchse auf und zerstören diese.

Dort, wo man nicht gern die Bohrbuchsen auswechseln will, geht man zur beweglichen Bohrplatte über. Diese läßt sich allerdings nicht an allen Vorrichtungen anbringen. Fig. 15 zeigt eine drehbare Bohrplatte *b*. Diese dreht sich um den gehärteten und geschliffenen Bolzen *c*. Vorteilhaft setzt man in den Bohrungen des Zentrums ebenfalls eine Buchse ein. Die Scheibe *d* dient zur Unterstützung der Bohrplatte, man wählt diese entsprechend dem Umfang der letzteren. Die

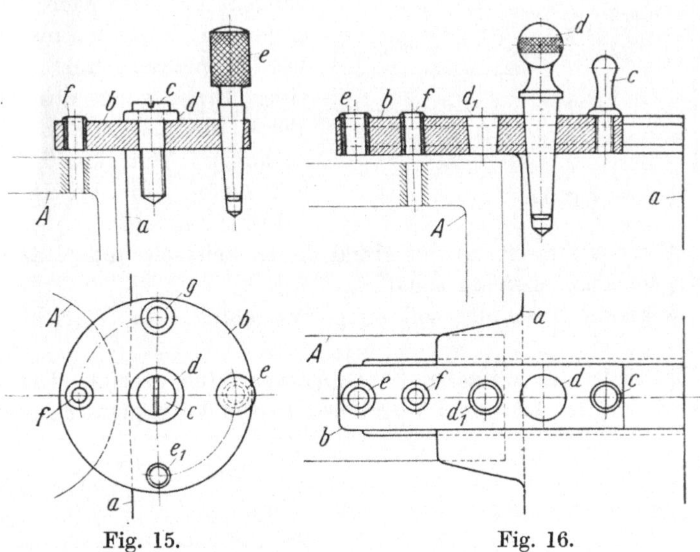

Fig. 15. Fig. 16.

Buchsen *f* und *g* sind für die betreffende Bohrung bestimmt, die im Arbeitsstück *A* ausgeführt werden soll.

Der Arretierstift *e* ist leicht konisch gehalten, um ein spielfreies Befestigen der Bohrplatte *b* zu erreichen. Bedingung ist, daß die Bohrung im Körper *a* die gleiche ist. Das Loch e_1 muß mit besonderer Präzision hergestellt sein, um beim Umschlagen in die gleiche Bohrachse zu fallen.

In Fig. 16 ist eine verschiebbare Bohrplatte veranschaulicht. Die Platte *b* schiebt sich in die Führungen des Körpers *a*. Der Stift *d* ist auch hier leicht konisch gehalten und dient dem gleichen Zweck wie in Fig. 15. Auch hier ist Bedingung, daß die Löcher für *d* resp. d_1 so passen, daß die Bohrbuchsenachsen in dieselbe Richtung fallen. Die Buchsen *f* und *e* weisen die unterschiedlichen Bohrungen auf.

Zur Erreichung einer bequemeren Verschiebung dient der Stift *c*. Das zu bohrende Arbeitsstück ist mit *A* gekennzeichnet.

In Fig. 17 ist eine abklappbare Bohrbuchse gezeigt. Die Anordnung ist da am Platze, wo Löcher nach der Bohrung in *A* versenkt werden sollen.

Der Körper *a* nimmt in einer Aussparung die Klappe *b* auf. Diese ist drehbar in *c* angeordnet.

Der Arretierstift *d* sitzt hier seitlich. Seine Form ist ebenfalls leicht konisch gehalten. Am vorderen Ende befindet sich die Bohrbuchse *e*.

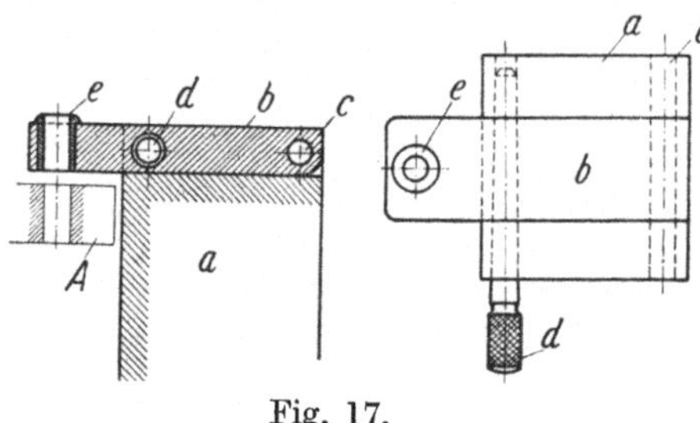

Fig. 17.

Zu bemerken ist noch, daß die Konen der Stifte und Bohrungen für diese nach den bestehenden Normalien ausgeführt werden müssen, um im Falle einer Erneuerung des Stiftes gleich die passende Konizität zu haben. Von dem Sitz der Stifte hängt die Präzision der Vorrichtung ab.

Es ist nicht schwer, an der Hand dieser Beispiele andere ähnliche Bewegungsmechanismen zu schaffen.

Der folgende Abschnitt soll einige Verschlüsse an Vorrichtungen zeigen.

In Fig. 18 ist ein einfacher Schnepperverschluß gezeigt. Der Körper *a* wird von der Klappe *b* verschlossen. Die Verriegelung geschieht

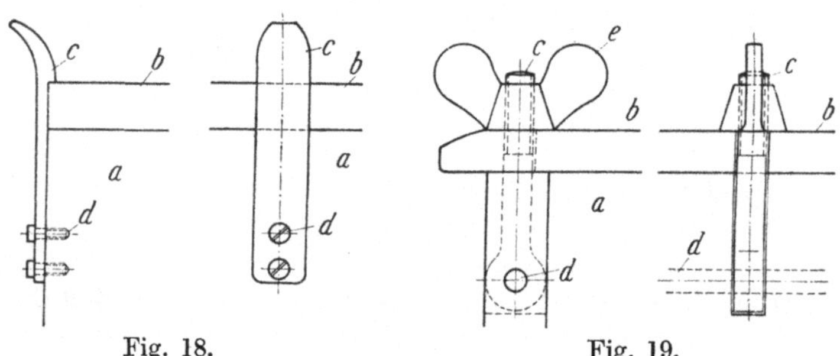

Fig. 18. Fig. 19.

hier selbsttätig, indem sich beim Zuklappen des Deckels *b* die Schnepperfeder *c* über die Kante des letzteren legt. Vorteilhaft macht man die Berührungsflächen am Deckel sowie am Schnepper leicht schräg, so daß der Verschluß auf Anzug steht. Die Befestigung der Schnepperfeder *c* wird mittels zweier Schrauben *d* bewerkstelligt.

Die Schnepperfeder muß federhart ausgeführt werden, um einem Lahmwerden vorzubeugen.

Der Verschluß Fig. 19 wird mittels eines abklappbaren Bolzens *c* und einer Flügelmutter *e* erreicht. Der Bolzen *c* besitzt am unteren Ende ein Auge, das in der Einfräsung des Körpers *a* mittels des Stiftes *d* drehbar befestigt ist. Die Klappe *b* ist zwecks Aufnahme des Bolzens *c* eingefräst. Um die Flügelmutter nicht zu weit abzuschrauben, ist die Kante des Deckels dem Radius des Bolzens entsprechend abgerundet.

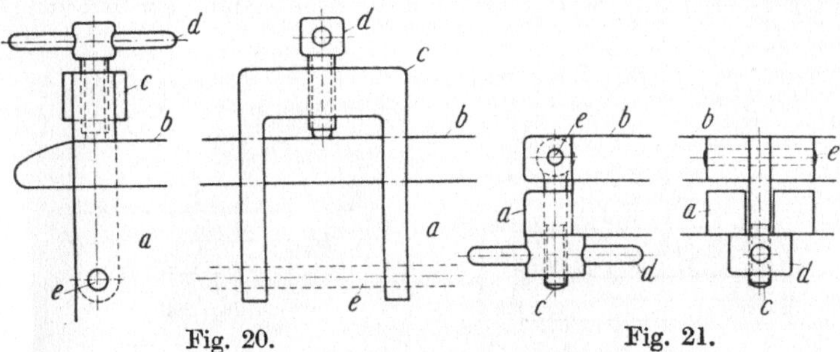

Fig. 20. Fig. 21.

Diese Verschlüsse werden häufiger angewendet, weil sie neben ihrer Stabilität auch sicherer sind.

Der Verschluß Fig. 20 ist eine Modifikation von Fig. 19. Der Überwurf *c* trägt im oberen Bügelstück die Knebelschraube *d*. Diese drückt auf den Deckel *b*. Die beiden Schenkel des Überwurfbügels *c* sind ebenfalls in Einfräsungen des Körpers *a* mittels des Stiftes *e* drehbar befestigt.

Auch hier ist der Deckel *b* am vorderen Ende dem Radius entsprechend abgerundet.

In Fällen, in denen die Verschlußschraube im Wege sitzt, geht man dazu über, die hängende Knebelschraube anzuwenden. Fig. 21 zeigt eine solche Anordnung ähnlich der in Fig. 3. Der Deckel *b* nimmt die Schraube *c* am Auge drehbar auf. Der Stift *e* dient dem bereits erwähnten Zweck. Der Körper *a* besitzt 2 angegossene Knaggen, an denen noch die Knebelmutter *d* liegt. Die Anordnung entspricht demselben Zweck wie Fig. 19.

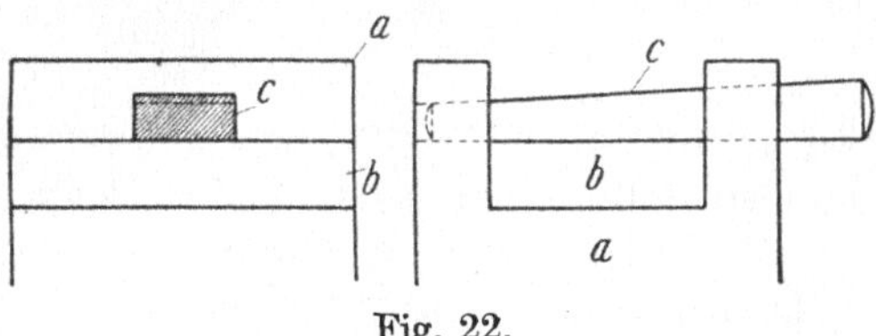

Fig. 22.

Eine sehr beliebte Anordnung von Verschluß zeigt Fig. 22. Hier wird die Keilwirkung direkt auf das Arbeitsstück *b* ausgeübt. Der Körper *a* weist an beiden Seiten Öffnungen auf, die dem Keil *c* den Durchtritt gestatten. Die Abschrägung des Keiles liegt immer jenseits der Druckseite. Verschiedentlich läßt man den Keil indirekt auf das Arbeitsstück wirken, was noch im weiteren Verlauf der Besprechung dieser Vorrichtungen gezeigt werden wird.

Fig. 23 stellt einen Bajonettverschluß dar. Hier wird die Spannung und der Verschluß durch Keilwirkung erreicht. Auf den Körper *a* wird der Deckel *b* so aufgesetzt, daß die Prisonstifte *f* und *g* in die entsprechenden Bohrungen passen. Um einem Verdrehen resp. Vertauschen des Deckels vorzubeugen, sind die Stifte verschieden stark ausgeführt. Sitzt der Deckel auf dem Unterteil, so dreht man am Knebel *d* die

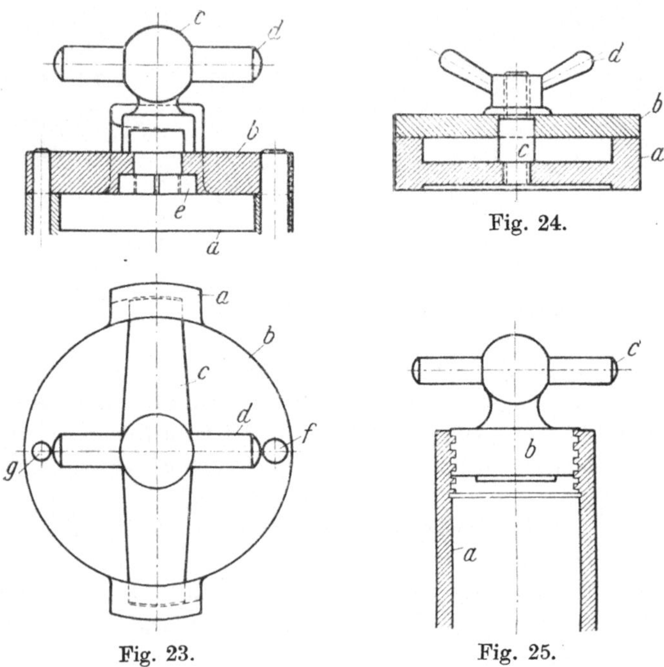

Fig. 24.

Fig. 23.

Fig. 25.

Brücke *c* unter die beiden Knaggen von *a*. Die Knaggen sind so ausgebildet, daß die Brücke *c* auf Anzug bleibt, d. h. die Gleitflächen sind um ein Geringes schräg gehalten.

Diese Spannung wird meistens nur dort angewandt, wo es sich um genaue Arbeitsstücke entsprechender Form handelt.

Einen allgemein üblichen Verschluß stellt Fig. 24 dar. Dieser wird vielfach für Bohrvorrichtungen verwandt, die mehrere Arbeitsstücke spannen und unter mehrspindlichen Bohrköpfen gebraucht werden.

Der Körper *a* wird von Deckel *b* verschlossen. Auch hier sind die ungleichen Prisonstifte am Platze, um ein Verdrehen des Deckels zu verhindern.

Der kräftige Bolzen *c* trägt die Knebelmutter *d*, die infolge der üblichen Schraubenwirkung den Deckel festspannt. Bei diesen Lehren sind Arbeitsstücke mit größeren Toleranzen zu verwenden, da der

Deckel einen größeren Spielraum nach oben aufweist. Vielfach verwendet man auch Blattfedern, die das Arbeitsstück in die Lehre pressen und läßt den Deckel schließend auf *a* aufliegen.

Die Spannung in Fig. 25 ist seltener, da durch das Anziehen des Knebels *c* eine Reibung durch *b* auf das Arbeitsstück stattfindet. Jedoch gibt es unzählige Fälle, in denen diese Erscheinung ohne Bedeutung ist. Das Gehäuse ist in diesem Fall ein zylindrischer Körper *a*. Jedoch können auch andre Körper Verwendung finden. Das richtet sich stets nach dem Werkstück.

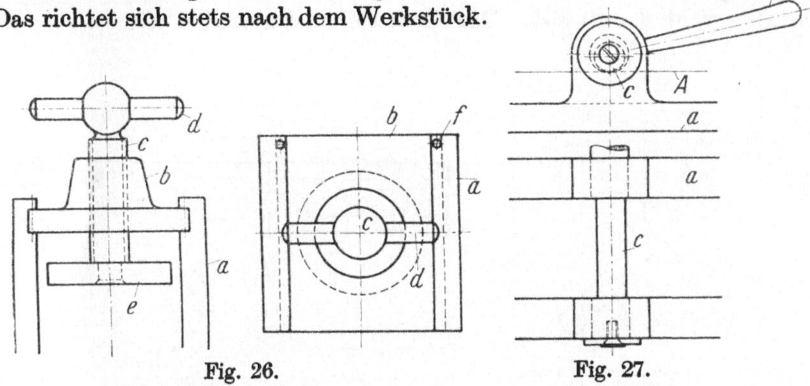

Fig. 26. Fig. 27.

In Fig. 26 ist eine, auf demselben Prinzip, wie Fig. 25 beruhende Spannung, dargestellt. Hier ist dieselbe etwas besser ausgeführt. In das Gehäuse *a* schiebt sich der Schieber *b*. Als Begrenzung des letzteren dienen 2 Anschlagstifte *f*. In die kräftige Nabe von *b* schraubt sich die Knebelschraube *d*. Am unteren Ende des Gewindestückes *c* ist die Druckplatte *e* drehbar befestigt. Durch diese Anordnung ist die störende Reibung aufgehoben. Dieser Verschluß besitzt ebenfalls den Vorteil, daß man nur die Schraube *c* zu lösen braucht, um das Werkstück frei zu bekommen.

Der in Fig. 27 dargestellte Verschluß oder Spannung beruht auf der Exzenterwirkung der Spindel *c*.

In diesem Fall wirkt das Exzenter direkt auf das Arbeitsstück *A*. Die beiden angegossenen Auglager an *a* nehmen die Lagerstücke der Exzenterwelle auf. An einem Ende sitzt der Knebelgriff *b* und am anderen Ende die Abschlußscheibe mit Schraube. Die Spannung ist da am Platze, wo es sich um gleichstarke Werkstücke handelt. Auch findet man die Art der Spannung seltener.

Ein gebräuchlicher Schnellverschluß, der ebenfalls auf Exzenterwirkung beruht, ist in Fig. 28 dargestellt. Am Gehäuse *a* sind 2 Knaggen ausgebildet. Diese nehmen die Exzenterwelle *e* auf. An einem Ende ist der Knebelgriff *f* aufgestiftet und am anderen Ende die Abschlußscheibe mit Schraube *g*. Die beiden Laschen *c* sind auf dem exzentrisch wirkenden Mittelstück von *e* aufgehängt. Die letzteren legen sich in die Einfräsungen von Deckel *b*. Als Druckstück dient das runde Verbindungsstück *d*. Dieses legt sich in eine schwache Vertiefung des Deckels *b*. Wird nun der Knebelgriff *f* herabgedrückt, so ist der Deckel fest geschlossen, was aus der Abbildung klar ersichtlich ist. Die mittlere Deckelzunge ist vorteilhaft gerauht und so ausgebildet, daß man hierdurch den Deckel bequem öffnen und schließen kann.

In Fig. 29 ist eine kleine Bohrlehre dargestellt, die einen praktischen Schnellverschluß aufweist. Das Gehäuse *a* nimmt die Scheiben *A* in

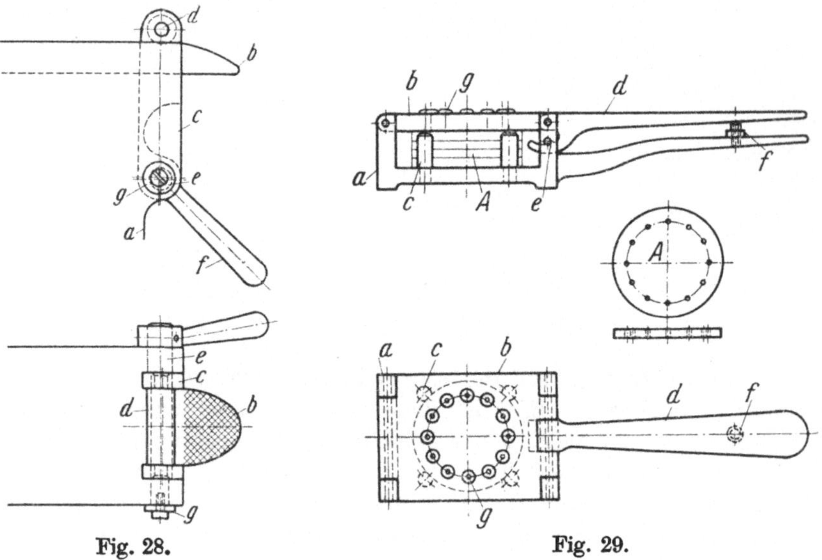

Fig. 28. Fig. 29.

vierfacher Menge auf. Der Deckel *b* ist wirksam zwischen angehobelten Knaggen gehalten. Die Arbeitsstücke *A* werden durch 4 Stifte *c* fixiert. In einer Aussparung des Deckels ist der Hebel *d* beweglich gehalten. Am unteren Teil des Hebels befindet sich die Kurvenzunge, die so ausgebildet ist, daß sie sich beim Herunterdrücken des Hebels um den im Gehäuse befestigten Stift *e* legt. Durch die Exzentrizität der Kurvenzunge wird der Deckel *b* fest auf das Unterteil *a* gezogen. Um nun eine Begrenzung dieser Druckwirkung zu haben, ist der einstellbare Anschlag *f* in dem unteren Hebel angebracht worden. Der Zweck dieser Anordnung ist aus der Abbildung klar ersichtlich. Die Bohrbuchsen sind mit *g* bezeichnet. Dieser Verschluß ist äußerst praktisch; er findet vielfach bei kleineren Bohrvorrichtungen Anwendung. In Fig. 30 ist der Hebel *d* deutlich in seiner Konstruktion zu erkennen. Man kann hier den Verlauf der Kurven um den Stift *e* besser sehen. Die Radien sind durch Linien mit Pfeilspitze dargestellt.

Die Spannung mittels der Bohrbuchse ist in Fig. 31 veranschaulicht. Das Gehäuse *a* trägt einen angegossenen Bock. In diesem ist der Hebel *b* drehbar gelagert. Als Spannmittel dient die Schraube *c*, die mit dem unteren Gewinde fest in *a* sitzt. Die Schlitzmutter *d* spannt den Hebel *b* auf den Rand der Bohrbuchse *f*. An dieser Stelle weist der Hebel 2 Drucknaben auf, zu dem Zweck, den Druckpunkt auf die Mitte der beweglichen Bohrbuchse zu verlegen. In der Mitte ist der Hebel so groß ausgebohrt, daß der Spiralbohrer bequem hindurch gehen kann. Die bewegliche Bohrbuchse *f* schiebt sich ohne seitlichen Spielraum in die feste Führungsbuchse *e*. Beide Buchsen sind gehärtet und geschliffen. Um nach Entspannung des Hebels *b* die Buchse *f* zu lösen, ist die Druckfeder *g* unter dem Rand derselben angeordnet. Da beim Bohren bekanntlich feine Späne aus den Bohrungen der

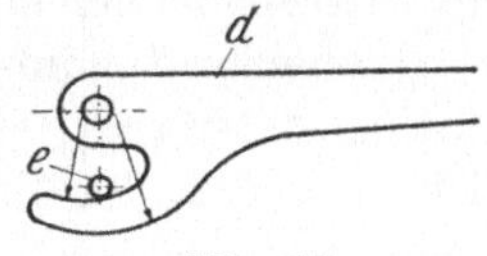

Fig. 30.

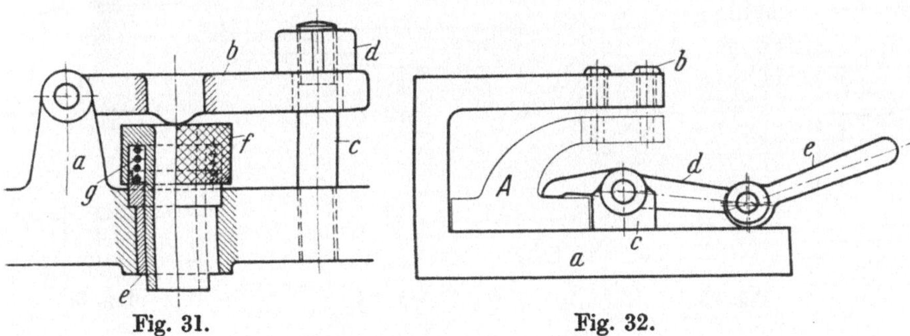

Fig. 31. Fig. 32.

Buchsen treten, mußte die Feder sowie die Schieberfläche der Buchsen geschützt werden, indem man die beiden äußeren Ränder der Buchsen als Spanschutz ausbildete, wie dieses klar aus der Figur zu ersehen ist. Diese Anordnung darf unter keinen Umständen übergangen werden, will man nicht nach kurzer Zeit eine Störung herbeiführen.

In Fig. 32 ist eine Spannung des Werkstückes *A* mittels Wippe dargestellt.

Das Gehäuse *a* ist U-förmig ausgebildet und trägt am oberen Schenkel die Buchsen *b*. Das Werkstück *A* wird hier auf die schnellste Art ein- und ausgespannt. Zu dem Zweck sind 2 Augen *c* am Gehäuse *a* angebracht. Zwischen diesen bewegt sich die Wippe *d*. Das kurze Stück der Wippe greift auf den Flansch des Werkstückes. Das längere Ende nimmt den Hebel *e* mit Exzenternocken auf. Der Nocken des Hebels *e* preßt sich auf die Bodenfläche von *a* und drückt so die Wippe ein Stück herum. Diese Spannung ist äußerst fest und zuverlässig.

An der Stelle, wo der Nocken auf den Boden drückt, wird vorteilhaft ein gehärtetes Stück eingelassen, um die Abnützung auf ein Mindestmaß herabzudrücken.

Die Spannung mittels einer Hubscheibe ist in Fig. 33 dargestellt. Hier wird das Arbeitsstück, in diesem Fall ein Winkel, in 2 Backen festgehalten. Auch reiht sich diese Art der Spannung in die Gruppe der Schnellspanner ein.

Die beiden Spannbacken f und f_1 werden von der Hub- oder Kurvenscheibe d betätigt, die 2 Kurvennuten besitzt, in welche sich die Stifte e und e_1 der Backen legen. Die Kurvenscheibe besitzt 2 gegenüberliegende Griffe zum Spannen der letzteren.

Die Backen f und f_1 schieben sich in Führungen g. Diese werden aus 2 eingehobelten Leisten gebildet und gegen a befestigt. Als Anlage

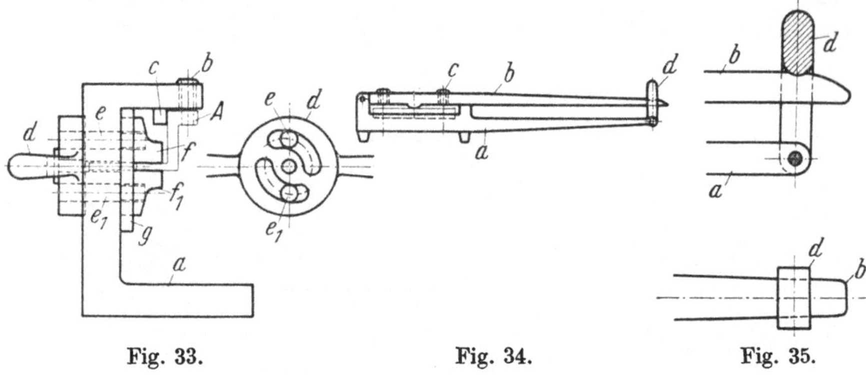

Fig. 33. Fig. 34. Fig. 35.

des Arbeitsstückes A dienen 2 Fixierstifte c. Die Bohrbuchse ist bei b dargestellt. Diese Art der Spannung ist nur für leichtere Werkstücke vorgesehen. Man kann diese Spannung aber unter Zugrundelegung dieses Prinzips auch für schwerere Arbeitsstücke entsprechend ausbilden.

Die in Fig. 34 und 35 dargestellte Spannart wird hauptsächlich bei Zangenlehren verwendet.

Die hier dargestellte Bohrvorrichtung besteht aus einer Zange. Die beiden Schenkel a und b sind dort, wo das Arbeitsstück gehalten wird, nach demselben ausgebildet. Die Bohrbüchsen c sitzen im oberen Schenkel. Der untere trägt der besseren Auflage wegen 4 kleine Knöpfe als Füße. Die Spannung beruht hier auf der Federung beider Schenkel von a und b. Am Ende trägt der untere Schenkel den Überwurf d (Fig. 35). Um dem Überwurf einen besseren Halt auf b zu geben, ist in letzterem eine schwache Hohlkehle eingefräst.

Diese Art der Spannung kann nur bei kleinen Vorrichtungen in Anwendung kommen.

Sämtliche hier beschriebenen Elemente für Vorrichtungen bilden nur eine Grundlage. Auf dieser kann sowohl der Konstrukteur, als auch der Praktiker, je nach Bedarf, weiter aufbauen. Es gibt noch weit mehr derartige Elemente, die aber wohl nur für Spezialfälle in Betracht kommen. Im weiteren Verlauf des Buches werden diese, an der Hand von Abbildungen, noch besonders besprochen werden.

In dem nächsten Kapitel sollen die Aufspannvorrichtungen der einschlägigen Werkzeugmaschinen eingehend als Ganzes behandelt werden.

2. Aufspannvorrichtungen.

a) Für Bohrmaschinen. In diesem Abschnitt sollen die Spann- und Aufspannvorrichtungen als erste behandelt werden, da diese im Grunde als die einfachsten Vorrichtungen gelten.

Für Bohrmaschinen gibt es eine größere Anzahl, von der hier die interessantesten aufgeführt werden sollen.

In Fig. 36 ist die Spannung der Bohrstange *d* veranschaulicht. In der Bohrmaschinenspindel *a* steckt der Konus *b*. Am unteren Ende

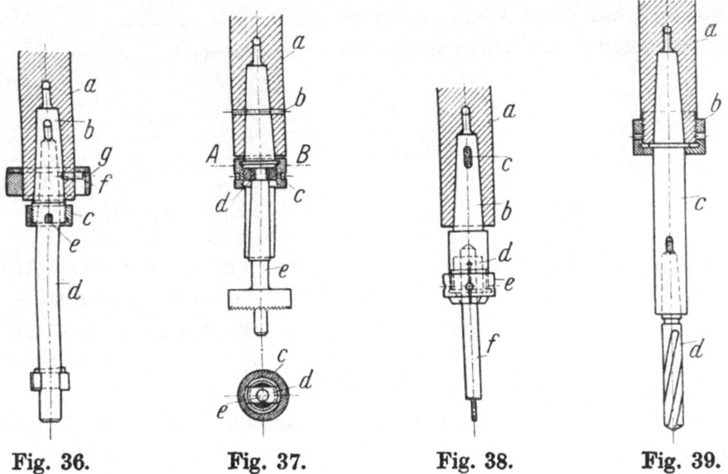

Fig. 36. Fig. 37. Fig. 38. Fig. 39.

trägt dieser die Überwurfmutter *c*. Letztere greift über den Keil *e* der Bohrstange *d* und hindert so das Herausfallen derselben aus der Hülse *b*. Die Körnerschraube *f* drückt in den Körner der Hülse *b*. Um gegen Verletzungen geschützt zu sein, ist der Ring *g* angeordnet. Derselbe weist eine Nut auf, in der die Druckschraube *f* zu liegen kommt. Beim Lösen der letzteren wird nur der Ring angehoben und auf diese Weise die Schraube frei.

Die Befestigung eines Fräsers *e* ist in Fig. 37 veranschaulicht. Die Spindel *a* nimmt den konischen Halter durch den Stift *b* auf. In der Mitte des Halters befindet sich die Überwurfmutter *c*. Diese greift über einen Ansatz des Halters. Der Konusdorn *e* sitzt in dem Innenkonus des Halters, der am oberen Ende einen Gewindeansatz trägt. Dieser ist in ein Keilstück *d* geschraubt. Das Keilstück besitzt außen ein Gewinde, welches in dasjenige der Überwurfmutter *c* eingreift. Da der Halter selbst kein Gewinde aufweist, wird die Mutter selbst bei einer Drehung ihre Lage nicht verändern, sondern den Gewindekeil *d* hineinziehen. Dadurch erhält die Fräserstange *e* einen festen Sitz. Die Anordnung ist im Schnitt der Fig. 37 deutlich zu erkennen.

Beim Lösen wird die Überwurfmutter linksherum gedreht, wodurch sie sich gegen die Kante der Bohrmaschinenspindel legt und den Halter mit dem Fräser somit aus dem Innenkonus drückt.

Fig. 38 zeigt die Spannung eines Stiftfräsers *f*. In der Bohrmaschinenspindel *a* ist der Halter *b* mittels des Keiles *c* befestigt. Am unteren Ende ist der Halter ausgebohrt und nimmt die Spannbuchse *d* auf, die dreimal geschlitzt und am vorderen Ende konisch gehalten ist. Die Spannmutter *e* legt sich gegen den Konus von *d* und drückt so die Buchse zusammen. Auf diese Weise wird der Stiftfräser *f* genau zentrisch gespannt.

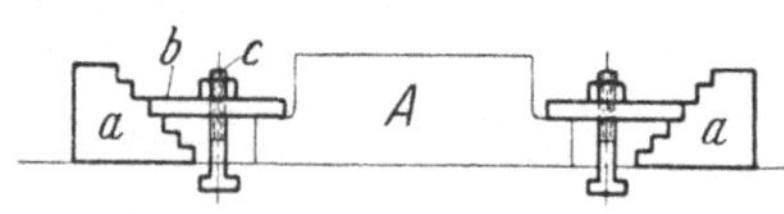

Fig. 40.

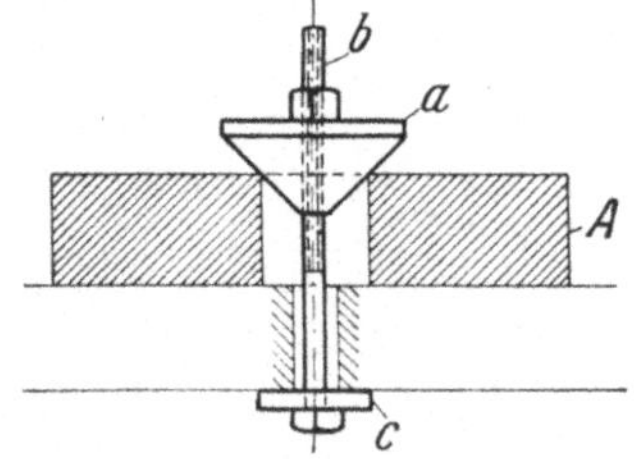

Fig. 41.

Fig. 39 stellt eine Spannung der Bohrverlängerung *c* dar. Auf der Bohrmaschinenspindel *a* ist am unteren Teil Gewinde geschnitten. Auf dieses schraubt sich die Mutter *b*, welche mit ihrem Ansatz die Verlängerung *c* am Bund festhält. Der Bohrer *d* ist wie üblich befestigt. Diese Art der Befestigung ist einfach und solide.

In Fig. 40 ist die Befestigung des Arbeitsstückes *A* dargestellt. Hierzu werden 2 einfache Laschen *b*, die mittels der beiden Spannschrauben *c* angezogen werden, verwendet. Um nun nicht erst Unterlegklötze zu suchen, wie dieses oft der Fall ist, hat man 2 abgestufte Unterlagen geschaffen. Jede Unterlage *a* ersetzt 6 Klötze. Auch kann man die beiden Unterlagen *a* zu einer verbinden, indem man diese mit ihren abgestuften Flächen aufeinander legt. Auf die Weise erhält man größere Höhen.

Fig. 41 stellt eine Befestigung der Scheibe *A* dar. Mit dieser Vorrichtung können verschiedene Dimensionen gespannt werden. Der

Konus *a* weist einen Winkel von 90° auf. Die Spannschraube *b* geht durch das Tischloch der Bohrmaschine. Die Unterlegscheibe *c* sichert den Bolzenkopf gegen ein eventuelles Durchziehen.

Der besondere Vorteil dieser Spannung liegt in ihrer größeren Verwendbarkeit. Man soll nach Möglichkeit die einfachen Spannelemente zusammenziehen und sich eine universelle Spannung daraus schaffen. Ausschlaggebend ist nicht die große Anzahl von Spannschrauben und die Verwendung von viel Eisen, sondern lediglich die schnelle Verwendung dieser Mittel. Bei großen Beständen ist, abgesehen von der Platzvergeudung, das richtige Spannmaterial schwer zu finden.

Fig. 42 zeigt das Prinzip von Fig. 41 im umgekehrten Sinne. Hier wird die Scheibe *A* von außen befestigt, weil kein Mittelloch vorhanden ist.

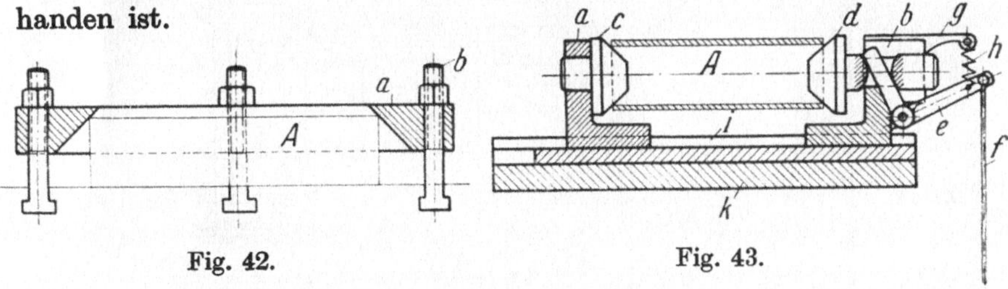

Fig. 42. Fig. 43.

Der Spannring *a*, der eine Schräge von 45° aufweist, wird mittels der 4 Schrauben *b* gespannt. Es ist auf die Weise möglich, mehrere Größen mit einer Spannvorrichtung zu spannen.

Das Spannen von Rohrstücken, die auf ihrer Mantelfläche gebohrt werden sollen, ist in Fig. 43 veranschaulicht. Das Rohrstück *A* sitzt zwischen den konischen Köpfen *c* und *d*. Der Kopf *c* sitzt in dem verstellbaren Bock *a*. Die Verstellbarkeit ist für verschiedene Längen sowie Durchmesser der Rohrabschnitte bestimmt. Der Kopf *d* sitzt verschiebbar in Bock *b*. Die Verschiebbarkeit soll das schnelle Ein- und Ausspannen der Rohre *A* ermöglichen. Dieses wird durch den sich in dem Schlitz des Kopfschaftes bewegenden Winkelhebel *e* bewerkstelligt. Das Öffnen geschieht mittels Fußtritt. Letzterer steht mit dem Drahtseil *f* im Kontakt. Das Schließen der Vorrichtung wird mittels der Zugfeder *h* bewerkstelligt. Die Feder ist an dem Halter *g* angeschlossen und mit dem unteren Ende an *e* befestigt. Die Vorrichtung selbst kann in der Längsachse verschoben werden. Die Platte, auf der die beiden Böcke *a* und *b* montiert sind, läßt sich leicht in den Führungen *i* verschieben. Das Ganze ist auf einer kräftigen Grundplatte *k* montiert.

Letztere wird auch auf dem Bohrmaschinentisch festgespannt. Die Vorrichtung läßt sich auf die verschiedenste Weise verwenden, je nachdem die Köpfe *c* und *d* entsprechend ausgebildet werden.

Das Aufspannen von Wellen und Spindeln, die am Ende auf der Stirnfläche gebohrt werden sollen, ist ohne geeignete Vorrichtungen schwierig. In Fig. 44 [1]) ist eine Vertikalspannvorrichtung veranschaulicht.

Die Welle *A* soll am Zapfenende gebohrt werden. Sie ist zwischen den beiden Prismenbacken *c* und *b* sowie c_1 und b_1 gespannt. Dieses wird durch die Spannschrauben *d* und d_1 bewerkstelligt. Die Spannschrauben gelten gleichzeitig auch als Befestigungsschrauben für die Prismenunterlagen. Zu dem Zweck besitzen die Schrauben in der Mitte einen Bund, der sich in die Versenkung der Prismenunterlage

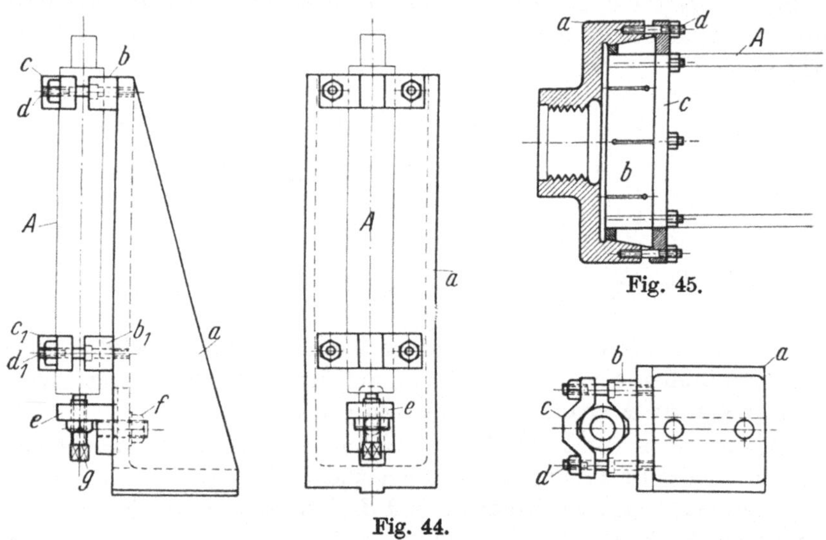

Fig. 45.

Fig. 44.

legt. In den Spannwinkel *a* ist das Gewinde für die Bolzen geschnitten. Eine nachstellbare Unterstützung ist die Stellschraube *g*. Diese schraubt sich in den Bock *e* und wird mittels der Gegenmutter festgestellt. Außer dieser Feineinstellung ist noch eine Grobeinstellung durch Verschiebung des Winkels *e* in den Schlitz von Spannwinkel *a* vorgesehen. Die Verschiebung wird mittels der Stiftschraube *f* festgestellt.

Diese Spannvorrichtung wird auf der Grundplatte der Bohrmaschine befestigt. Die Stabilität des Winkels *a* wird noch besonders durch die Verrippung unterstützt. Die Vorrichtung kann ebenfalls auch für andere Zwecke als zum Spannen von Wellen benutzt werden. Es brauchen nur an Stelle der Prismen glatte Backen zu treten. Mit diesen Ausführungen über Spannmöglichkeiten unter der Bohrmaschine soll abgeschlossen werden, da das Gebiet der Bohrvorrichtungen als Er-

[1]) Die Werkzeugmaschine, 15. Nov. 1917, S. 425.

gänzung hinzukommt. Da dieses von unbegrenztem Umfang ist, wird ein größerer Teil hiervon in Kapitel 3 zur Abhandlung kommen.

b) Für Drehbänke. In diesem Abschnitt sollen einige Spannvorrichtungen für Drehbänke beschrieben werden.

In Fig. 45 ist eine Spannvorrichtung für große zylindrische Gefäße *A* dargestellt. Letztere werden auf ihrer Mantelfläche sowie im Innern bearbeitet.

Das Futter besteht aus dem Gußeisenkörper *a*, in diesem sitzt der expandierende Ring *b*. Dieser ist ringsherum mit versetzten Schlitzen versehen, um ein zylindrisches Spannen zu erreichen. Der Spannkonus ist so bemessen, daß er sich nach dem Lösen der Spannschrauben *d*

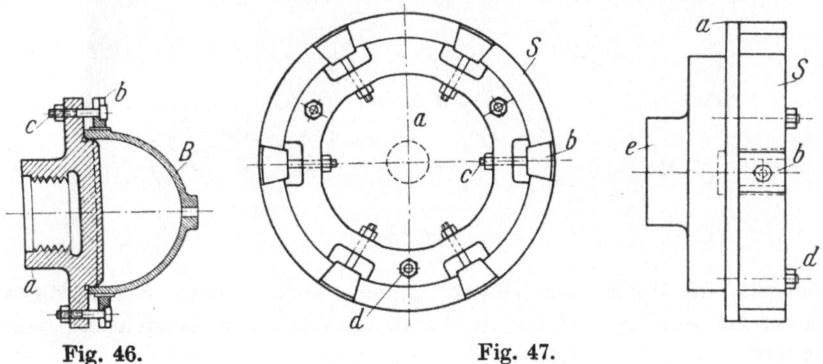

Fig. 46. Fig. 47.

von selbst öffnet, d. h. von selbst herausgleitet. In diesem Fall ca. 10°. Um ein gleichmäßiges Spannen zu erzielen, ist ein kräftiger Druckring *c* vorgesehen.

Die Wirkungsweise ist ohne weiteres aus der Abbildung klar ersichtlich.

Das Aufspannen eines Kesselbodens *B* ist in Fig. 46 ersichtlich. Der Kesselboden ist am äußeren Rande mit Gewinde versehen. Dieses wird als Spannfläche benutzt, da der Boden auf der Oberfläche bearbeitet werden soll. Der Körper *a* besteht aus Gußeisen. Für die zentrische Aufnahme des Bodens ist in der Mitte desselben ein Ansatz gedreht, über welchen der Boden durch den Gewindering *b* mittels der Schrauben *c*, gezogen wird. Beim Entfernen des Bodens werden die Schrauben *c* gelöst und der Boden aus dem Gewindering herausgeschraubt. Für Böden ohne Gewinde wird ein glatter Ring verwendet, der sich mit der ausgesparten inneren Ringkante auf den Ansatz des Bodens legt. Das Wichtigste ist, daß die Zentrierung genau paßt.

Das Spannen von Segmentstücken *S* ist in Fig. 47 dargestellt. Auf dem gußeisernen Nabenstück *e* ist die Aufnahme für die Segmente befestigt. Als Verbindung dienen 3 Schrauben *d*. Die Aufnahme *a* wird außerdem noch durch einen Zentrieransatz im Nabenstück fixiert. Zur Bearbeitung kommen hier 6 Segmente *S* in Frage. Als Spannelemente dienen die Klobenschrauben *b*. Diese werden durch Anziehen der Muttern *c* zwischen 2 Segmente gezogen. Durch die leichte Konizität ist ein Festsitzen gewährleistet. Um einen größeren Spannbereich zu erhalten, ist die Auflage von *S* an den Stellen der Kloben *b* ein Stück ausgespart. Dadurch ist es möglich, die Kloben tiefer einziehen zu

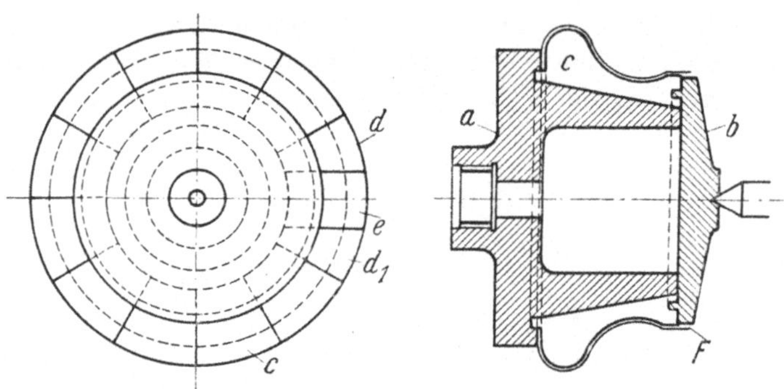

Fig. 48.

können. An Stelle der Kloben können auch andere Fassonstücke verwendet werden, welche die Verwendbarkeit der Vorrichtung vergrößern.

Die in Fig. 48[1]) veranschaulichte Vorrichtung stellt ein Spannfutter für Drückarbeiten dar. Auf diesem Futter können, je nach Wahl der Formstücke *c*, verschiedene Fassons gedrückt werden.

Das Spannfutter besteht aus dem gußeisernen Aufnahmekörper *a*, dem Spanndeckel *b* und den Segmenten *c*, *d*, d_1 und *e*. Das hierauf gedrückte Blech ist mit *f* bezeichnet. Die 13 Segmente werden durch angedrehte Ansätze sowie Eindrehungen auf dem Körper *a* gehalten. Die verschiedenartige Unterteilung der Segmentstücke *d*, d_1 und *e* soll die Entfernung der einzelnen Segmentstücke nach erledigter Drückarbeit ermöglichen. Diese erfolgt dadurch, daß das Stück *e*, nach Abzug des ganzen Segmentsystems vom Konus *a*, aus dem Ring *c* nach innen herausgezogen wird. Dadurch werden die übrigen Teile frei und fallen von selbst heraus. Auf die Weise können verschiedene Mantelformen hergestellt werden. Es ist nur nötig, für ein Futter mehrere Formsysteme *c* auf Lager zu halten.

Die Drückarbeit selbst wird als bekannt vorausgesetzt, andernfalls wird auf die Spezialwerke über Drückarbeiten hingewiesen.

---

[1]) Die Werkzeugmaschine 1918, H. 2, S. 24.

Fig. 49 stellt ein Luftdruckspannfutter dar, bei welchem der Spanndruck durch komprimierte Luft von ca. 5—6 Atm. hervorgerufen wird. Dieses Futter ist nur beim Vorhandensein einer konstanten Luftkompression zu verwenden. Schwankende Spannungen sowie Unterbrechungen dürfen nicht eintreten.

Das Spannfutter selbst besteht aus dem Gehäuse *a*. Dieses wird auf die Drehbankspindel *q* aufgeschraubt. Im Innern weist das Gehäuse den Spannkonus auf; hier schiebt sich die expandierende Zange *b* ein. Die Zange ist dieserhalb 8 mal geschlitzt. In der Mitte nimmt die Spannzange *b* die Zugspindel *c* auf. Diese geht durch die Bohrung der Drehbankspindel *q*. Am hinteren Ende befindet sich der Luftdruckkolben *g*. Er ist aus folgenden Teilen zusammengesetzt: dem eigentlichen Körper *g*; der Mittelscheibe *h* und der Deckscheibe *i*.

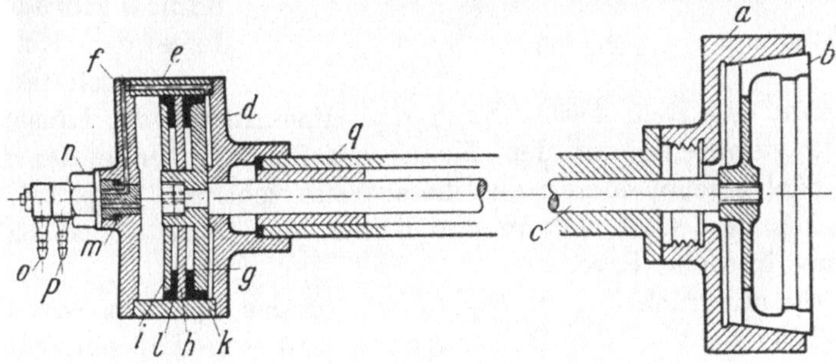

Fig. 49.

Zwischen diese Scheiben werden die Manschetten *l* und *k* gespannt. Durchgehende Schrauben verbinden das Ganze miteinander. Die Rundmuttern der Kolbenstange *c* sind versenkt eingebaut. Auf diese Weise gewinnt man an Raum und braucht das Gehäuse nicht so weit auszubauen. Letzteres setzt sich aus dem Mantel *e*, dem Aufnahmestück oder dem Boden *d* sowie dem Deckel *f* zusammen. In die Bohrung der Drehbankspindel ist eine lange Bronzebuchse eingesetzt und so dicht ausgeführt, daß ein Entweichen der Luft nicht stattfindet. Im anderen Falle, bei höheren Drücken, sieht man hier auch eine Manschette vor.

Zwischen Drehbankspindel und Anschlußbodenstück ist ein Dichtungsring eingelegt, so daß hier die Luft nicht entweichen kann.

Etwas Schwierigkeit macht das Einbauen der Luftzuführungsbuchse *n*. Diese ist mittels Gewinde im Deckel *f* verschraubt. Am Stoß ist ein Dichtungsring *m* eingelegt, um ein Entweichen der Luft zu vermeiden. Die beiden Schlauchstutzen sind so eingerichtet, daß der Stutzen *p* die Luft vor den Kolben führt und der Stutzen *o* diese hinter denselben leitet, wie aus den Kanälen in der Abbildung ersichtlich ist. Da sich das ganze System dreht, müssen die beiden Anschlußstutzen mit besonderer Sorgfalt angepaßt sein, weil diese der Spindel resp. den Einlaßstutzen eine leichte und doch dichte Drehung gestatten müssen.

Die Luft wird durch ein entsprechendes Ventil zu den Anschlüssen gesteuert. Von einer näheren Beschreibung derartiger Ventile wird abgesehen, weil sie im Handel leicht erhältlich sind. Das Prinzip ist bei den meisten Luftdruckfuttern angewandt, so daß eine einmalige Beschreibung für alle Fälle genügen dürfte.

In Fig. 50 ist ein Spanndorn für lange Hülsen veranschaulicht. Die Spannung wird hier durch die spreizbare Hülse *b* ausgeführt. Diese wird mittels einer Schlitzmutter *c* auf den Konus des Spanndorns *a* gedrückt, infolge der Konizität spreizt sich die Hülse und spannt das Rohr fest. Durch das Hineinziehen der Hülse wird das Rohr gleichzeitig auf den Konus am Spannkopfende der Drehbankspindel geschoben und auf diese Weise zentrisch gespannt. Die Reitstockspitze *d* setzt sich in den Körner des Dorns *a* und hält so das Ganze in seiner Lage.

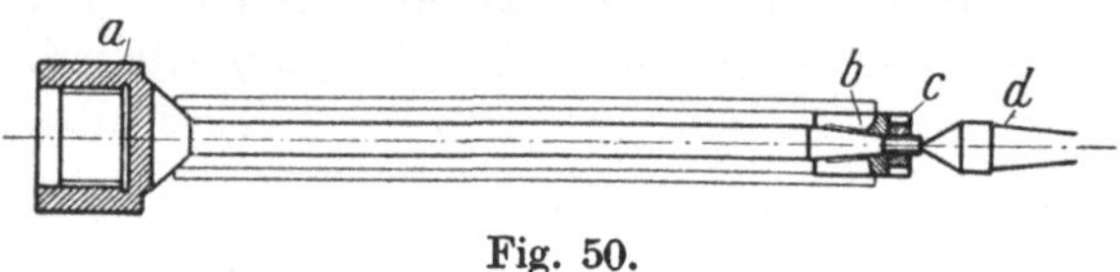

Fig. 50.

Die Spannvorrichtung in Fig. 51 ist für das Spannen von Hohlkörpern eingerichtet. Der Hohlkörper ist in diesem Fall ein Zylinder,

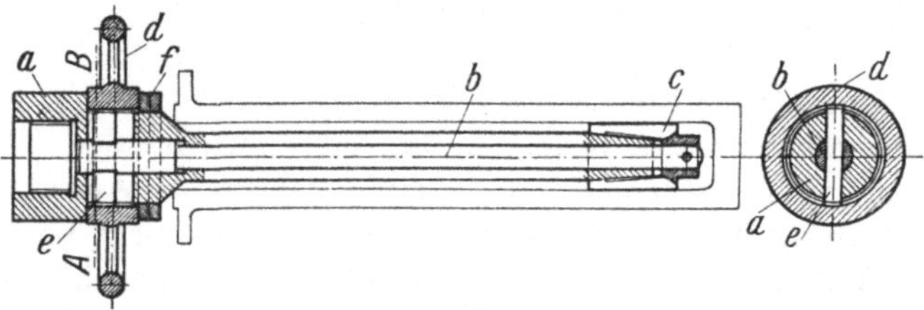

Fig. 51.

der außen überdreht werden soll. Die Aufnahme findet auf der spreizbaren Hülse *c* sowie dem konischen Teil des Spanndorns *a* statt. Die Hülse *c* wird auch hier auf den Dorn *a* gezogen und spreizt sich so gegen die innere Wandung des Zylinders. Dieser Vorgang wird durch das Handrad *d* eingeleitet. Dieses weist im Innern der Bohrung ein Gewinde auf, in welchem sich der Gewindekeil *e* führt. Da nun der Spanndorn selbst kein Gewinde trägt, so wird nur der Keil *e* bei Drehung des Handrades *d* angezogen, wie Fig. 51 im Querschnitt zeigt. Der Gewindekeil *e* sitzt in dem Schlitz der sich in der Bohrung von *a* bewegenden Zugstange *b* und zieht oder schiebt, je nach der Drehrichtung des Handrades, die Hülse *c* auf den Konus des Dornes *a* oder zurück. Das Handrad wird durch die beiden Ringmuttern *f* in seiner Lage gehalten. Will man den Zylinder nicht freilaufend drehen, so wird, um den Körner zu vermeiden, eine Tellerscheibe mit kleiner Eindrehung auf den Boden des Arbeitsstückes gesetzt und durch die Reitstockspitze gehalten.

Ein etwas komplizierterer Spanndorn ist in Fig. 52 veranschaulicht. Der Hohlkörper *H* wird hier auf dem konischen Teil des Dornes *a* und

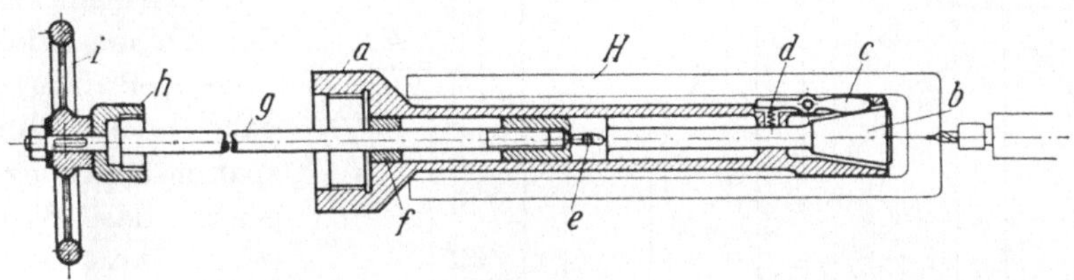

Fig. 52.

auf den 3 Knaggen *c* gehalten. Die Bearbeitung besteht im Zentrieren des Arbeitsstückes. Der Aufnahmedorn *a* ist äußerst kräftig ausgebildet. Die Spannung wird durch Einziehen des Konus *b* bewerkstelligt, dergestalt, daß die schräge Fläche die Knaggen *c* direkt gegen die inneren Wandungen des Zylinders drückt. Die Knaggen sind in Form einer

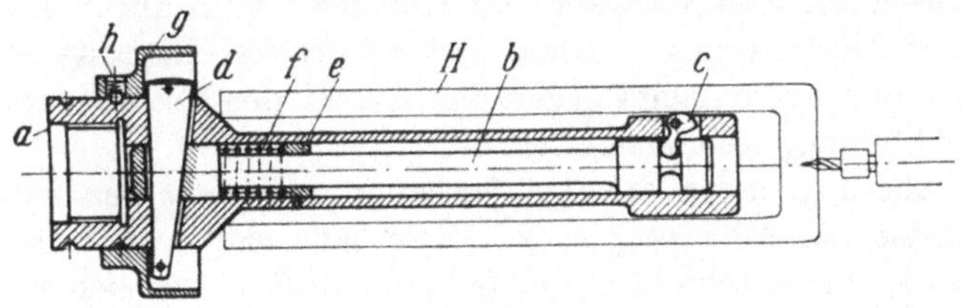

Fig. 53.

Wippe ausgebildet. Am anderen Schenkel wirkt die Druckfeder *d* und drückt die Knaggen von der Wandung nach Lösung des Konus *b* zurück.

Die Betätigung der Spannvorrichtung geht von dem Handrad *i* aus. Letzteres ist auf der Spindel *g* aufgefedert und schraubt diese in den Kolben des Konushalters von *b* ein und aus. Gegen ein Verdrehen des letzteren schützt der durchgehende Stift *e*. Für die Schubbewegung ist in dem Kolben ein Schlitz vorgesehen, in welchem sich der Stift *e* führt. Die Buchse *f* stützt die Gewindespindel *g* im Futter ab. Die Kapsel *h* greift über den Bund der Gewindespindel *g* und wird auf den Gewindeteil der Drehbankspindel geschraubt. Dadurch bleibt das Handrad mit der Drehspindel in seiner Lage.

In Fig. 53 ist eine Spannvorrichtung für die gleiche Bearbeitung, d. h. für das Zentrieren der Hohlkörper *H*, dargestellt.

Der Hohldorn a ist ebenfalls äußerst solide ausgebildet worden. In diesen schiebt sich der Kolben b, welcher am Kopf eine Eindrehung aufweist. In diese greifen 3 Knaggen c. Durch entsprechendes Verschieben des Kolbens b werden die Knaggen infolge ihres exzentrischen Sitzes gegen die innere Wandung gezogen bzw. von ihr abgerückt. Das Verschieben des Kolbens b wird durch den Keil d eingeleitet. Durch Hineintreiben des letzteren schiebt sich der Kolben infolge der Keilwirkung nach vorn und spannt die Knaggen gegen das Werkstück fest. Auch hier ist die Bewegungsrichtung der Knaggen günstig, weil sie das Arbeitsstück H gegen den konischen Teil von a drücken. Der Keil d ist durch Begrenzungsstifte gegen ein Herausgleiten gesichert. Der Rückzug des Kolbens b wird durch eine starke Druckfeder bewerkstelligt. Diese Feder f drückt einerseits gegen den Stellring e und andererseits gegen den Ansatz des Kolbens von b, was aus der Abbildung klar ersichtlich ist.

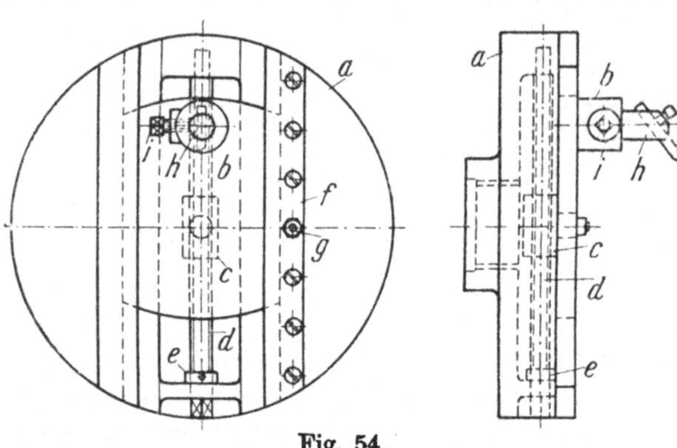

Fig. 54.

Als Sicherung gegen etwaige Verletzungen durch den rotierenden Keil d dient die Schutzkappe g. Diese läßt sich zwecks Bedienung des Keiles leicht verschieben. Der federnde Stift h, der sich in 2 Rillen des Spanndornkopfes a legt, arretiert die Kappe in ihrer Stellung.

Fig. 54 zeigt eine Spannvorrichtung für einen kreisenden Stichel. Die Futterscheibe a weist 2 Führungen auf. Diese sind prismatisch ausgeführt. Die Leiste f ist spannend angeordnet. Mittels der Mutter g wird der Support b festgestellt. Die Verschiebung des Supports geschieht durch die Transportspindel d. Diese ist so montiert, daß das Vierkant für den Steckschlüssel verdeckt ist. Als Sicherung dient der Stellring e. Die Mutter c ist mittels Schraube, durch den Support hindurchgehend, befestigt. Am oberen Ende des Supports befindet sich die Aufnahmehülse des Drehstichels. In der Bohrung der Hülse steckt der Stichelhalter h und in diesem der Stichel selbst. Die Befestigung wird durch die Druckschraube i erreicht.

Mittels dieser Vorrichtung kann man Flanschflächen an Schiebern usw. bearbeiten. Die Hauptteile bestehen aus Grauguß, ihre Herstellung ist, wie ja aus der Abbildung deutlich hervorgeht, sehr einfach.

In Fig. 55 ist ein Spezialspannfutter für die Bearbeitung von Ventil- und Schiebersäulen dargestellt.

Die Aufnahmescheibe *a* besteht aus Gußeisen. Sie wird auf die Spindel einer kräftigen Drehbank geschraubt. Auf dieser Scheibe sind 3 Stützen

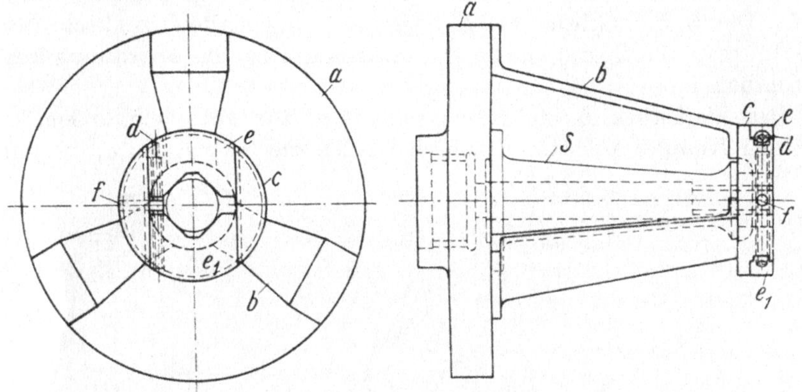

Fig. 55.

von Flacheisen *b* angebracht. Diese nehmen an ihren oberen Enden, die ebenfalls zu Winkeln gebogen sind, die Zentrierscheibe *c* mit den beiden Prismenbacken *e* und e_1 auf. Die Prismenbacken werden durch die rechts- und linksgängige Spindel *d* gespannt. Das Fixierstück *f* sichert die Spindel resp. hält sie in der Lage. Die Säulen *S* werden durch den Zentrieransatz in der Aufspannscheibe *a* fixiert. Die Spannung geschieht vermittels der vorderen Prismen.

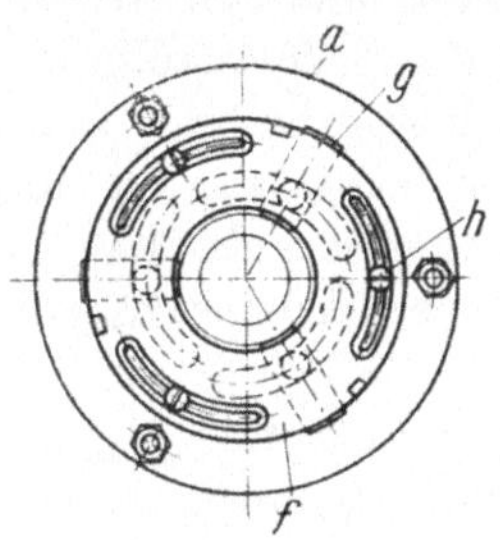

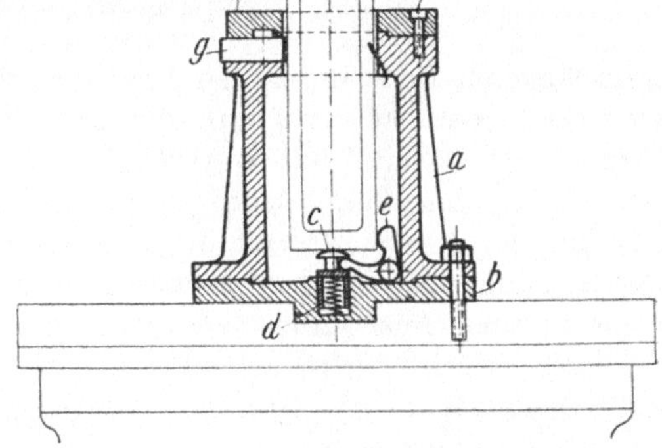

Fig. 56.

Diese Vorrichtung ist hauptsächlich zum Gewindeschneiden in den Säulen vorgesehen.

Die in Fig. 56 dargestellte Spannvorrichtung dient zum Ausbohren von Hohlkörpern auf Karusselldrehbänken. Das Gehäuse *a* besteht wie der Boden *b* aus Grauguß. Es besitzt der besseren Stabilität wegen 4 Rippen. Der Boden *b* ist mit *a* verschraubt und trägt einen Zentrieransatz für die Planscheibe. Der obere Teil *f* deckt die 3 Spannbacken *g* ab. Die Scheibe besteht aus Schmiedeeisen und dient zum Anspannen der Backen *g*. Sie weist seitlich dieser 3 Rasten für den Hakenschlüssel auf. Die 3 Kopfschrauben *h* begrenzen und halten zugleich den Deckel resp. die Spannscheibe *f*. Im Grundriß ist die Anordnung klar ersichtlich.

Das Werkstück *H* stellt sich selbsttätig zur Mitte ein, indem es auf den Knopf *c* aufsitzt. Dadurch werden die 3 Knaggen *e*, die mit

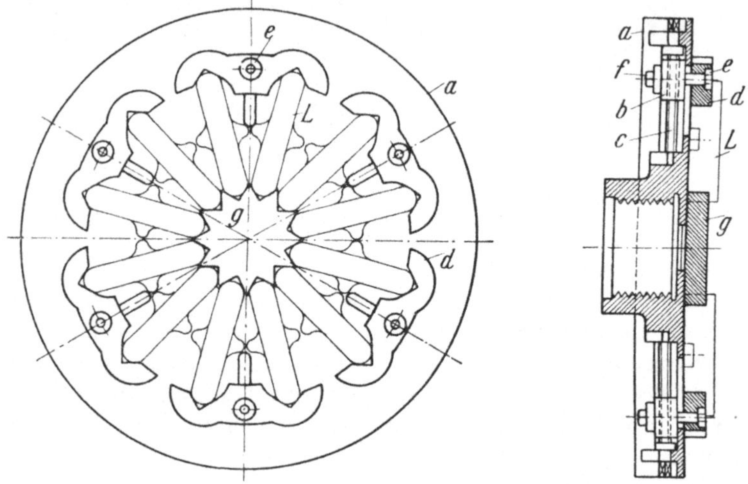

Fig. 57.

ihrem längeren Ende unter den Kopf *c* greifen, gegen das zylindrische Werkstück gedrückt. Da nun der seitliche Druck gleichmäßig zur Mitte schiebt, so muß das Werkstück seine Mittellage erhalten. Beim Herausheben des Werkstückes gehen die Knaggen selbsttätig in ihre Anfangsstellung zurück, weil die kräftige Druckfeder *d* entlastet ist. Um die Länge der Feder zu erhalten, ohne den Knopf zu verlängern, ist sie in einer Ausbohrung von *c* gelagert.

Dieses Prinzip dürfte auch für ähnliche Fälle von gutem Nutzen sein. Denn gerade das Spannen derartiger Stücke ist mitunter mit Zeitverlusten verbunden.

Die Fig. 57 stellt eine Spannvorrichtung für Massenfabrikation dar. Auf dieser werden 12 Werkstücke *L* beiderseitig abgedreht, die in diesem Falle Laschen mit Befestigungsaugen darstellen. Die Spannscheibe *a* besitzt in der Mitte einen Stern mit 12 Prismen *g*. Hier werden die Laschen *L* mit dem einen Ende abgestützt. Das andere Ende wird von dem doppelten Spanneisen *d* aufgenommen. Dieses Eisen spannt gleichzeitig 2 Laschen. Um einen evtl. Ausgleich in der Länge zu erhalten, sind die 6 Laschen drehbar auf den Bolzen *e* aufgesetzt. Der Bolzen ist mit der Spindelmutter *b* verbunden, durch die die Flachgewindespindel *c* bewegt wird. Die Muttern *b* dienen gleichzeitig als Führungskloben für die Spanneisen *d*. Die Schraube *f* mit Führungslasche dient als Entlastung der Spindelmutter.

Dieses Futter ist sehr praktisch, weil man nach Austausch der Spannlaschen *d* andere Formstücke einsetzen und so die Möglichkeit zur Bearbeitung anderer Arbeitsstücke schaffen kann.

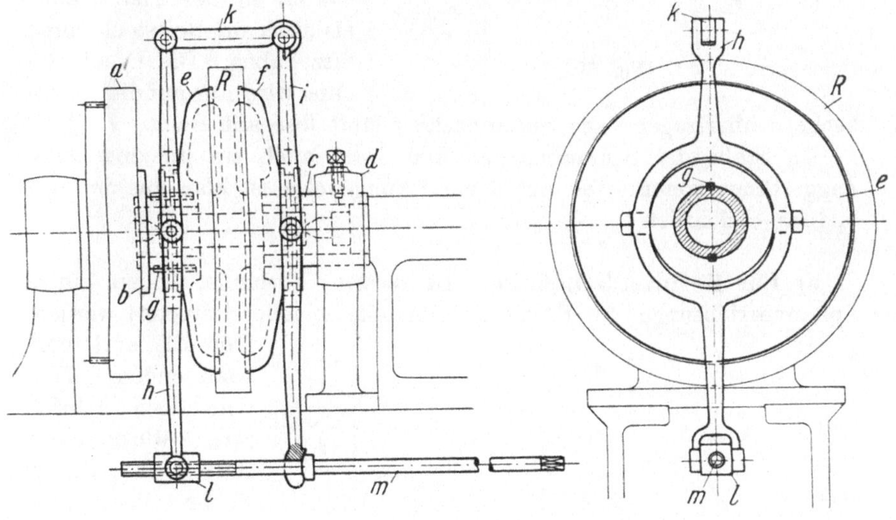

Fig. 58.

Die Spannvorrichtung Fig. 58 dient zum Spannen und Mitnehmen von Scheiben *R* zwecks Bearbeitung des Radkranzes.

Diese Vorrichtung wird auf eine schwere Drehbank gesetzt, die speziell für derartige Arbeiten reserviert bleibt. Die Planscheibe *a* nimmt die Buchse *b* auf. Diese ist durch einen Ansatz in der Scheibe zentriert. Auf der Mantelfläche der Buchse *b* sind die beiden Federkeile *g* eingelassen. Auf die Buchse *b* schiebt sich die Spannbacke *e*. Auf der entgegengesetzten Seite befindet sich der Bock *d*. In der Bohrung des Bockes ist die Buchse *c* mittels Druckschraube befestigt. Auf der Buchse schiebt sich die gegenüber der ersteren liegende Spannbacke *f*. Beide Spannbacken werden durch die Arme *h* und *i* mittels in eingedrehte Rillen greifender Kupplungssteine verschoben. Die Verschiebung geschieht dadurch, daß durch Drehung der Schraubenspindel *m* die beiden Schenkel *h* und *i* zusammengezogen werden. Die Spindel *m* trägt einen Bund, der sich gegen das Hebelende *i* legt und der am Ende ein Gewinde besitzt, das sich in die Mutter *l* schraubt. Diese sitzt am Ende des Hebels *h*. Um das Arbeitsstück *R* nach Beendigung der Dreharbeit leicht entfernen zu können, wird die obere Verbindungslasche *k* von *i* ausgehakt und der Reitstock mit dem Bock *d* und der Spannscheibe *f* zurückgezogen. Die Aufnahme des Arbeitsstückes erfolgt zwischen den Spitzen, die sowohl in der Planscheibe, als auch im Reitstock ihren Sitz haben. Die Drehbewegung wird nur auf die Spannbacke *e* übertragen. Die Spannbacke *f* läuft lose auf Buchse *c*.

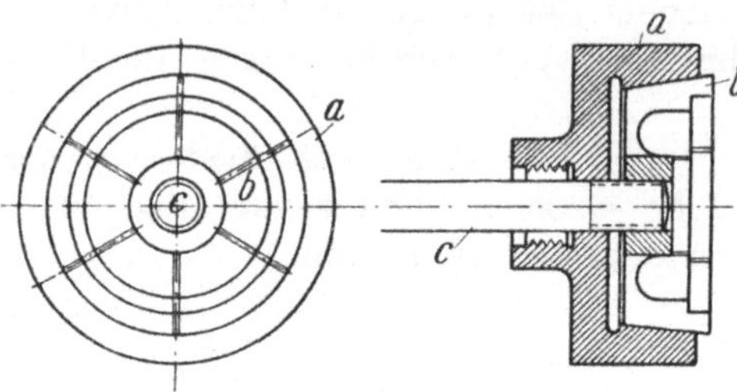

Fig. 59.

An Stelle der Schraubenspindel *m* kann auch ein pneumatisches Zuggestänge treten. Die Art der Wirkungsweise ist klar aus der Abbildung ersichtlich.

c) Für Revolverdrehbänke. In diesem Abschnitt sollen einige Spannvorrichtungen für Revolverdrehbänke eingehend erörtert werden. Um alle evtl. vorkommenden Vorrichtungen zu bringen, würde der Raum in diesem Buche nicht ausreichen. Die besprochenen Vorrichtungen sind jedoch so gewählt, daß von bestimmten Gattungen einige vertreten sind, so daß der Praktiker hierauf weiter entwickeln kann.

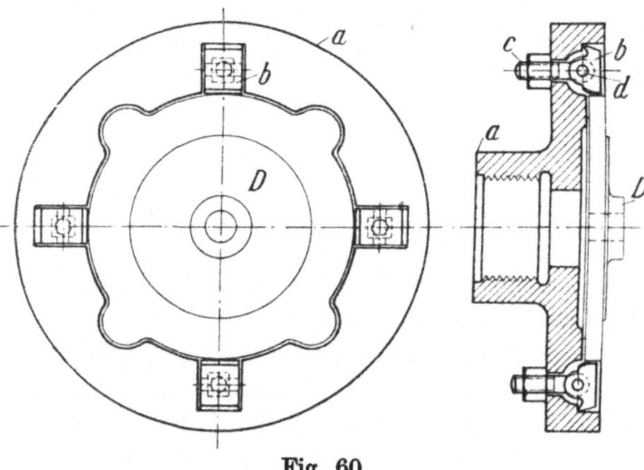

Fig. 60.

Fig. 59 zeigt eine sog. Spannzange. Das Futtergehäuse *a* wird auf die Drehspindel der Revolverbank geschraubt. Der Innenkonus weist die übliche Form auf. In diesen wird die Spannzange *b* mittels der Zugstange *c* hineingezogen. Die Spannzange ist 6 mal geschlitzt. Durch eine geeignete Aussparung ist sie besonders federnd ausgeführt.

Auf diesem Prinzip beruhen die meisten Revolverbankfutter.

In Fig. 60 ist ein besonderes, zum Spannen von Deckelscheiben mit konstantem Durchmesser eingerichtetes Spannfutter dargestellt. In vorliegendem Fall ist ein Lagerdeckel *D* eingespannt. Das Futter *a* weist die Konturen des Arbeitsstückes auf. Die 4 Spannbacken *b* sind voneinander unabhängig.

Sie werden von den Spannschrauben *c* angezogen. Diese sind mit den Backen verbunden. Die Backen besitzen am außenliegenden Ende sog. Schneiden, die sich auf den Ansätzen der Aussparung im Futter abstützen. Die Spannfläche an den Kloben ist gerippt, so daß der Deckel fest angezogen werden kann. Die Spannbacken beschreiben beim Einziehen einen Kreisbogen. Durch die exzentrische Form der Spannfläche wird eine zunehmende Spannung erzielt.

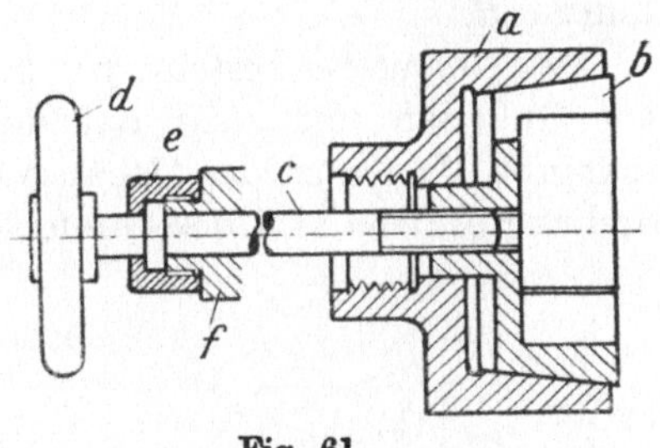

Fig. 61.

Fig. 61 stellt eine Spannvorrichtung für zylindrische Arbeitsstücke dar. Das Futtergehäuse *a* wird ebenfalls auf der Spindel der Revolverbank befestigt. In ihm gleitet die expandierende Spannhülse *b*. In die Nabe der letzteren ist Gewinde eingeschnitten, in das sich die Spindel *c* schraubt. Da nun die Spindel *c* mittels des Bundes zwischen Lager *f* und Überwurfmutter *e* beweglich festgehalten wird, so muß die Buchse *b* bei einer Drehung des Handrades *d* bewegt werden. Eine weitere Erörterung erübrigt sich, da aus der Abbildung die Bauart leicht zu erkennen ist.

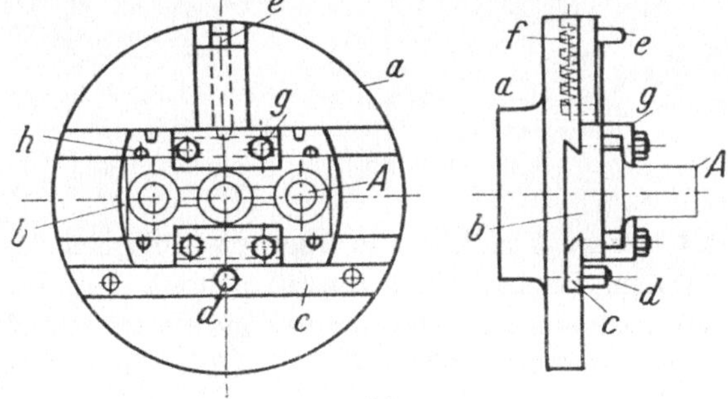

Fig. 62.

Die in Fig. 62 dargestellte Spannvorrichtung ist eine Spezialtype zur Bearbeitung von Arbeitsstücken *A* mit 3 Naben. Die Spannung der Stücke erfolgt zwischen den 4 Stiften *h*, die als Anschlag dienen und den beiden Spannlaschen *g*. Nach der mittleren Nabe wird das Arbeitsstück ausgerichtet. Für die seitlichen Naben gelten die beiden Rasten am oberen Teil des Schlittens *b*. In diese Rasten klinkt ein Schnepper *e*, der mittels der Feder *f* gespannt wird. Zum Auslösen weist der Schnepper am oberen Ende einen Winkel auf, an dem derselbe aus den Rasten gezogen wird. Zum Feststellen des Schlittens *b* auf Platte *a* dient die bewegliche Spannleiste resp. *c*. Sie wird durch die Schraube *d* gelöst und festgezogen.

Dieses Futter kann außer auf Revolver- auch auf Drehbänken Verwendung finden.

An nachstehendem Beispiel ist gezeigt, wie man Stücke mit mehreren Naben in einer Aufspannung bearbeiten kann.

Fig. 63 zeigt eine Spannvorrichtung für die Bearbeitung von Handrädern *R*.

Das Gehäuse *a* besteht, wie bei den vorher beschriebenen, ebenfalls aus Gußeisen und wird auf die Spindel der Revolverdrehbank geschraubt. Innen ist das Gehäuse *a* zylindrisch ausgedreht; in die Ausdrehung schiebt sich der Greifer *b*. Dieser ist aus Stahlguß verfertigt

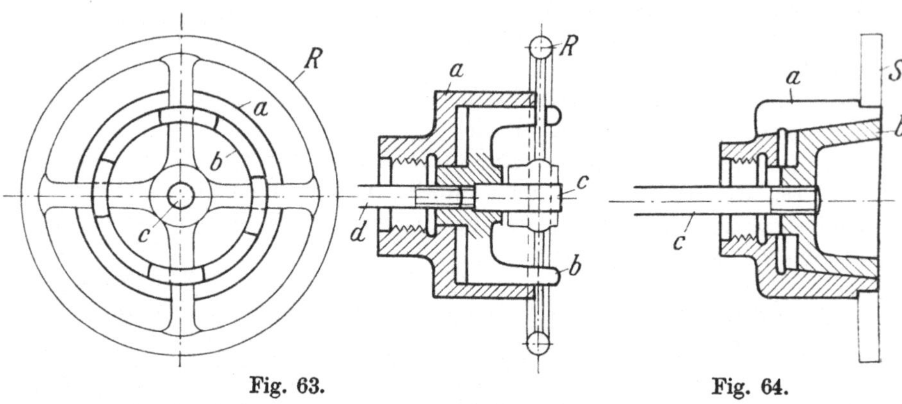

Fig. 63. Fig. 64.

und besitzt 4 Haken, die über die Speichen des Handrades *R* greifen. Die Zentrierung erhält dasselbe durch den Kaliberbolzen *c*. Das Aufsetzen ist einfach. Man steckt das Handrad auf den Bolzen und dreht es so weit, bis die Speichen an den inneren Wandungen der Haken von *b* anliegen. Alsdann wird die Zug- oder Gewindespindel *d* in das Nabenstück von *b* hineingedreht, ähnlich der Anordnung in Fig. 61, worauf sich der Greifer *b* zurückzieht und so die Speichen des Handrades gegen die Kante des Gehäuses *a* spannt. Da die Haken in der Drehrichtung der Spindel liegen, so ist ein Lösen ausgeschlossen. Das Spannfutter widersteht jeder Belastung durch die Bearbeitung.

Das Spannen von Scheiben *S* ist aus Fig. 64 ersichtlich. Hier ist das Gehäuse *a* expandierend ausgebildet. Es ist 3 mal geschlitzt und trägt auf seinem vorderen Ansatz zwecks Bearbeitung die Scheibe *S*. Der Innenkonus *b* wird, wie bei den vorhergehenden Vorrichtungen, in das geschlitzte Gehäuse *a* vermittels der Gewindespindel *c* hineingezogen. Es dürfte sich empfehlen, den Konus von *a* nach hinten etwas mehr auszudrehen, um eine bessere Verbindung am vorderen Teil mit *b* zu erhalten.

Fig. 65 zeigt eine Spannvorrichtung für zylindrische Schäfte. Der Futterkörper *a* besteht aus Stahlguß. Am vorderen Ende besitzt derselbe ein Gewinde und nimmt die Überwurfmutter *b* auf. Letztere wird mittels eines Hakenschlüssels in den Bohrungen am äußeren Rande gespannt. Die Überwurfmutter drückt gegen einen Konusring *c*, der sich in die Bohrung von *a* schiebt. Denselben Konus weist das Futter *a* im Innern auf. Zwischen diesen beiden Konen ist das Spannelement oder die Spannbuchse *d* gesetzt. Letztere ist 6 mal geschlitzt, wovon 3 Schlitze gegeneinander versetzt sind. Das ist mit der Hervorrufung eines gleichmäßigen Expandierens auf den zylindrischen Schaft begründet. Es ist leicht

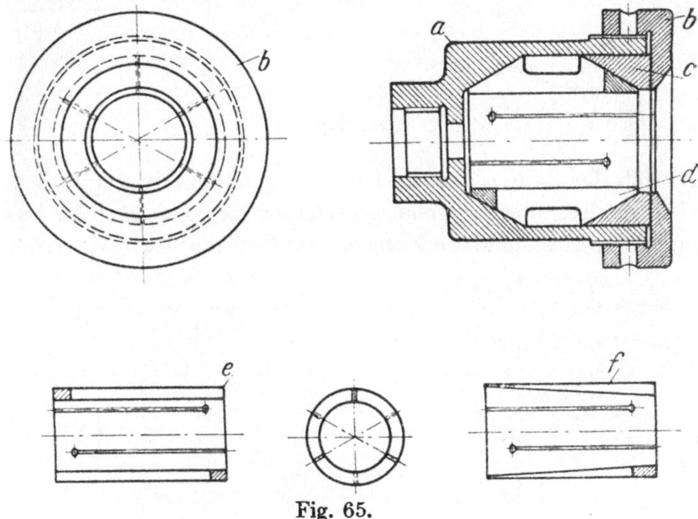

Fig. 65.

zu erkennen, daß sich die Spannbuchse zusammenzieht, wenn die Überwurfmutter angezogen wird. Bei kleineren Arbeitsstücken werden sog. in *e* veranschaulichte Einsatzbuchsen verwendet. Die Schlitzanordnung ist auch hier die gleiche wie bei *d*. In Buchse *f* ist eine konische Bohrung vorgesehen, um evtl. auch konische Schäfte spannen zu können. Der Spannbereich derartiger Vorrichtungen ist begrenzt; sie kommen nur für gedrehte, gleichartige Arbeitsstücke in Frage.

Fig. 66 stellt ein Spezialspannfutter dar. In diesem werden Arbeitsstücke *A* mit Flanschen gespannt. Die Futterscheibe *a* weist 3 Aufnahmen für die Spannkloben *b* auf. Letztere schwingen um einen Stift und werden mittels der 3 Spannbolzen *c* eingezogen. Die Spannflächen an den Kloben sind zu dem Schwingungsradius exzentrisch ausgebildet, so daß sich bei einem Einziehen derselben die Flächen keilförmig auf den Flansch *A* passen. Um einen besseren Halt zu erreichen, sind die Spannflächen entsprechend gerauht.

Bei abweichenden Durchmessern der Arbeitsstücke können die Backen bis zu einer bestimmten Länge ausgewechselt werden.

Die Spannvorrichtung Fig. 67 dient zum Spannen von Ringen *R*. Der gußeiserne Futterkörper *a* besitzt in der Nabe Gewinde. In dieses

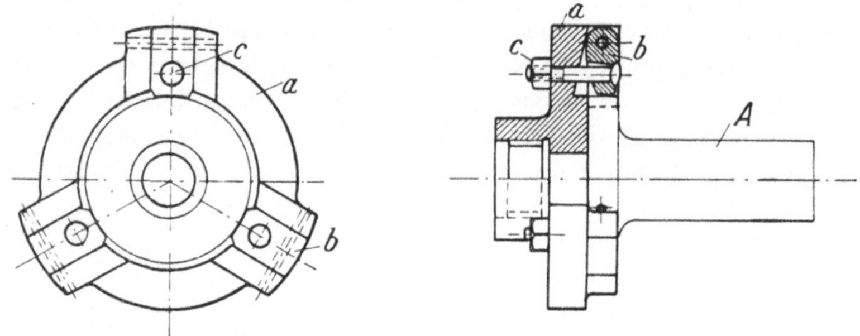

Fig. 66.

schraubt sich der Zapfen von *b*. Um eine gute Zentrierung zu erlangen, ist der hintere Teil des Zapfens zylindrisch ausgebildet. Er hat seine Führung in der ausgebohrten Nabe *a*. Das Sechskant am vorderen Ende

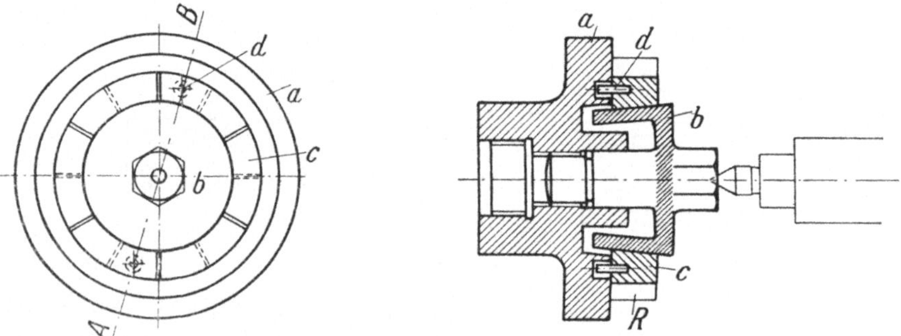

Fig. 67.

des Spannkonus *b* dient zum Spannen resp. zum Hinein- bzw. Herausdrehen des letzteren. Die Reitstockspitze sichert ein genaues zentrisches Laufen der Vorrichtung.

Der Ring *c* ist 12 mal geschlitzt. Die Schlitze liegen wechselartig. Die Stifte *d* führen sich in länglichen Nuten und verhindern ein Mitdrehen des Ringes *c* durch den Spannkonus *b*.

Die Konstruktion ist aus der Abbildung klar zu erkennen.

Das Spannfutter Fig. 68 stellt eine Vorrichtung zum zentrischen Spannen von Muffenstücken *M* dar. Die aus Grauguß angefertigte Hülse oder das Gehäuse *a* tragen am vorderen Ende die Überwurfmutter *c*. Diese schraubt sich auf das Gewinde der ersteren. Als Spannelement dient die geschlitzte konische Buchse *d*. Durch Hineindrücken derselben mittels der Mutter *c* wird die Muffe *M* festgezogen. Um ein sicheres zentrisches Sitzen des Werkstückes zu erzielen, ist am Boden der Vorrichtung ein Konus *b* eingebaut. Wie aus der Figur ersichtlich ist, wird das Arbeitsstück *M* auf diesen geschoben und zentriert sich selbsttätig. Da das Spannfutter eine beträchtliche Länge aufweist, ist es mittels

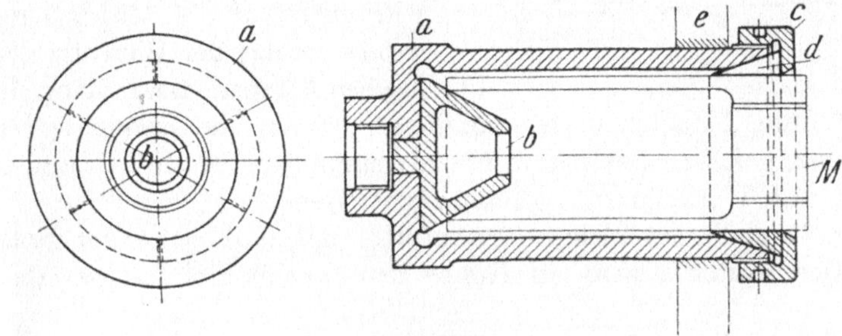

Fig. 68.

der hier nur angedeuteten Lünette *e* unterstützt. Durch Auswechseln der Spannbuchse *d* ist es möglich, kleinere Durchmesser von *M* zu spannen.

In Fig. 69 ist ein Spezialspannfutter zum Spannen von Rohrstücken *H* ersichtlich. Der Körper *a* besteht aus Stahlguß, um eine größere Festigkeit zu erreichen. Die Spannung wird durch die Konen *b*

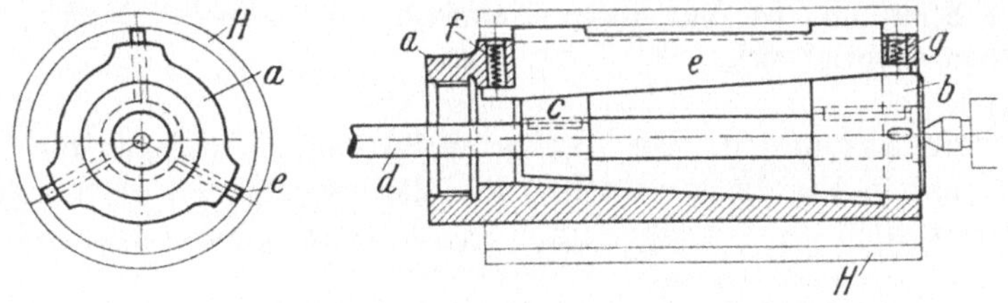

Fig. 69.

und *c* eingeleitet. Letztere sitzen auf der Stange *d* und sind außerdem noch aufgefedert. Um einem Verdrehen vorzubeugen, trägt der vordere Konus einen Federkeil, der sich in die Nute von *a* schiebt. Die Spannbacken bestehen aus flachen Stücken *e*. Sie werden mittels der Konen *b* und *c* gegen die innere Rohrwand gepreßt und nehmen so das Werkstück mit. Das Zurückgehen der 3 Backen *e* geschieht durch Federdruck. Die Federn *f* und *g* drücken gegen Ansätze von *e*, wie aus dem Längsschnitt der Abbildung ersichtlich ist. Zur Unterstützung auf zentrisches Laufen ist im Vorderkonus *b* ein Führungskonus eingedreht, in welchen die Spitze des Reitstockes eingesetzt wird. Die Betätigung der Zugstange *d* ist in den vorhergehenden Abschnitten eingehend beschrieben; hierauf braucht nicht näher eingegangen zu werden.

Fig. 70 stellt ein kleines Spannfutter für schwache zylindrische Stifte dar. Der Halter *a* wird mittels einer Zugstange in der Spindel der Revolverbank festgezogen. An seinem vorderen Ende trägt er die Spannmutter *b*. Diese drückt durch Hinaufschrauben auf die Spannpatrone *c*, welche infolge der Wirkung der konischen Flächen zusammengedrückt wird. Zum Aufnehmen des Schlüssels ist auf die Spannmutter ein Sechskant gefräst. Das beschriebene Spannfutter ist einfach und solide und in den Werkstätten vielfach anzutreffen.

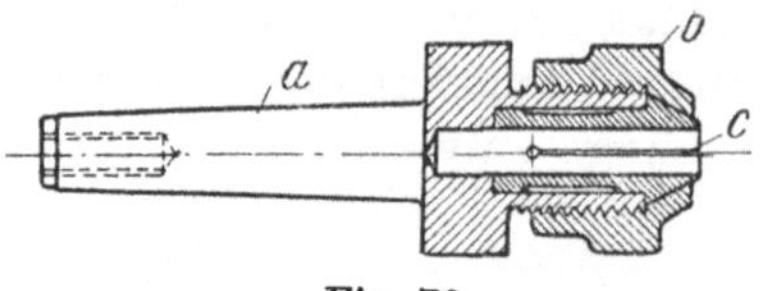

Fig. 70.

Fig. 71 stellt ein kleines Spannfutter mit durchgehender Bohrung dar. Der Halter *a* wird im Konus der Drehspindel festgesetzt. Am vorderen Ende ist der Konus geschlitzt, wodurch die Spannmutter *b* infolge der Konizität des Gewindes festgezogen wird.

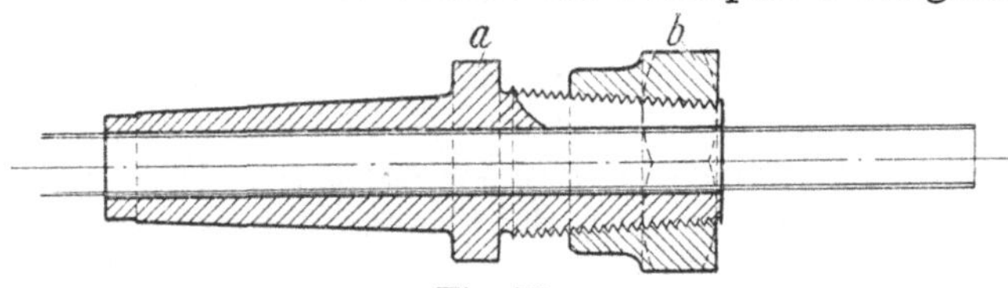

Fig. 71.

Die Spannung ist hier äußerst einfach; eine weitere Beschreibung derselben erübrigt sich.

d) Für Automaten. Die häufigsten Spannvorrichtungen für Automaten sind in Fig. 72 dargestellt. Für die betreffenden Materialquerschnitte werden die Vorschub- und Spannpatronen ausgewechselt.

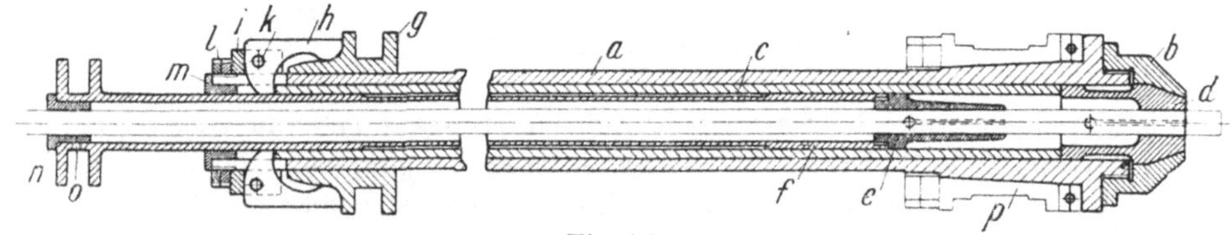

Fig. 72.

In der Abbildung ist das ganze Spannsystem im Längsschnitt dargestellt. Die Hohlspindel *a* trägt am vorderen Ende die abschraubbare Kappe *b*. Diese ist im Innern mit einem Konus versehen, in welchem sich die Spannpatrone *d* zusammendrückt.

Dieser Vorgang wird durch die Hülse *c*, die durch die beiden Knaggen *h* verschoben wird, eingeleitet. Die beiden Knaggen schwingen um die Stifte *k* und werden durch Verschiebung des Spannkonus *g* gespreizt. Die Verschiebung des letzteren geschieht durch Vermittlung der Maschinentrommel resp. der Kurvenstücke. Da die Spannung je nach Material und Spannpatrone verschieden ist, mußten die Knaggen auf einen verstellbaren Ring *i* montiert werden. Die beiden Gegenmuttern *l* sichern den Knaggenträger *i* am Abgleiten. Da die Spindel an dieser Stelle 2 mal geschlitzt ist, muß die Buchse *m* eingehoben werden. Sie dient gleichzeitig auch als Führung der Vorschubpinole *f*. Diese ist in der Mitte etwas ausgespart, um die Reibung herabzusetzen. Die Vorschubpinole *f* trägt auf dem vorderen Gewindeansatz die Vorschubpatrone *e*, welche so ausgebildet ist, daß sie das Material fest umschließt. Die Vorschubpinole weist am hinteren Ende einen ringförmigen Mitnehmer auf. In diesen greift das Vorschubelement der Maschine. Der Vorschub ist mit dem Spannen des Materials im Wechsel. Nach dem Öffnen der Spannpatrone *d*, d. h. nach dem Zurückgehen des Spannkonus *g*, wird die Vorschubpinole *f* betätigt. Nach Schluß der Spannung in *d* geht erst die Vorschubpatrone in Anfangsstellung zurück. Am Eintritt in die Vorschubpinole ist die Führungsbuchse *n* eingesetzt. Letztere wird mittels der Raupenschraube *o* gehalten. Die Buchsen müssen für die betreffenden Materialstärken ausgewechselt werden. In *p* ist das vordere Lager zu erkennen und zu sehen, daß die Gegendrücke durch das Kugellager vor *p* aufgenommen werden. Das hintere Lager ist nicht mit aufgeführt; es entspricht dem vorderen.

e) Für Fräsmaschinen. Dieser Abschnitt soll einige Spannvorrichtungen für Fräsmaschinen behandeln. Die Auswahl ist so getroffen, daß für einschlägige Arbeiten eine Type als Grundlage gelten dürfte.

Fig. 73 zeigt eine einfache Spannvorrichtung für Wellen. Auf dem Fräsmaschinentisch *c* wird die Welle *A* mittels der Spannschrauben *b* und der Laschen *a* befestigt. Es ist über diese Art der Befestigung nichts weiter zu sagen, da dieselbe als eiserner Bestand an jeder Fräsmaschine zu finden ist.

Fig. 74 zeigt eine Prismenspannung. Das Arbeitsstück besteht aus einem Rohrstück *A*. Die Grundplatte *a* besitzt 2 Prismenauflagen *b*. Über diese spannen sich die prismatisch gebogenen Spanneisen *d*, die mittels der Schrauben *c* angezogen werden. Auch bei dieser Vorrichtung erübrigt sich jeder Kommentar, da die Abbildung die Art und Wirkungsweise klar wiedergibt.

Fig. 75 ist eine praktische Spannvorrichtung für das Fräsen langer Nuten in Wellen.

Die Grundplatte *a* weist an den Stellen, an denen die Spanneisen *b* aufsitzen, sog. Riefen auf. Die Spanneisen sind entsprechend ausgebildet, sie besitzen am Stützende eine Schneide, die sich in die betreffende Riefe einsetzt. Durch Anziehen der Spannschrauben *c* legt sich das Spanneisen *b* fest gegen die Welle *A*.

Fig. 76 stellt eine Spannvorrichtung zum Spannen von Quadrateisen *A* dar. Auf der Grundplatte *a* sitzen die 4 Spannstücke *b*, welche mittels der in Spannuten verschiebbaren Hakenschrauben *c* festgezogen werden. Die Anwendung ist in der Figur ohne weitere Beschreibung klar ersichtlich.

In Fig. 77 ist eine Spannvorrichtung zum Spannen von Deckeln *A* veranschaulicht. Die Grundplatte *a* weist 4 Führungen auf. In diesen

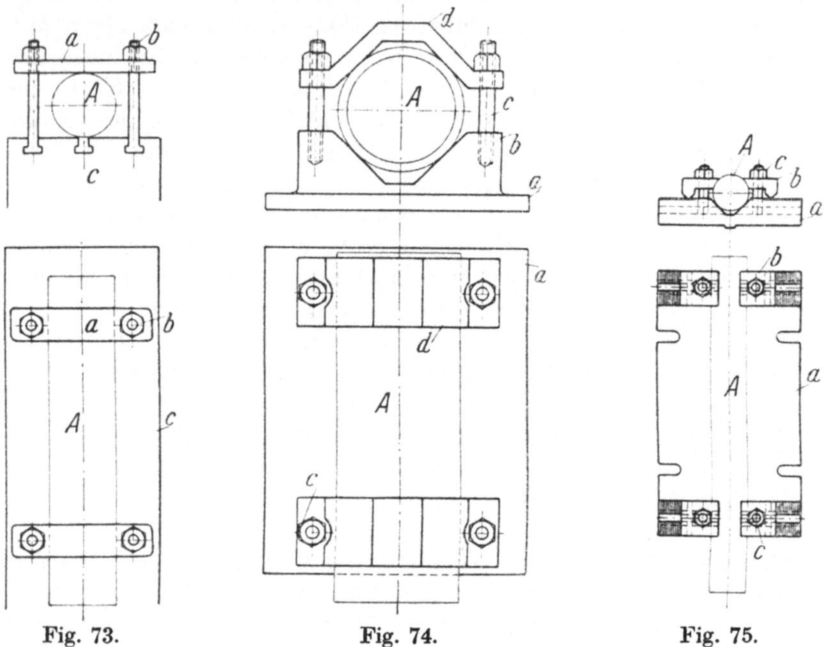

Fig. 73. Fig. 74. Fig. 75.

lassen sich die Spannschrauben *c* für die verschiedenen Scheibendurchmesser verstellen resp. verschieben. Die Spanneisen *b* sind krallenförmig ausgebildet. Mit der unteren Schneide stützen sie sich in den Riefen der Platte *a* ab. Durch den Anzug der Spannschrauben werden die krallenförmigen Schneiden von *b* in die zu spannende Platte *A* gezogen. Gleichzeitig wird letztere auf die Auflage von *a* festgesetzt. Durch die Anordnung ist die Bearbeitung der ganzen Fläche von *A* mittels Stirnfräser möglich, ohne Gefahr zu laufen, auf ein Spannteil zu geraten.

Fig. 78 zeigt die Spannung einer Kugel *K*. Die Vorrichtung ist so eingerichtet, daß mehrere Größen hiermit befestigt werden können. Die Grundplatte *a* ist in der Mitte kegelförmig ausgesenkt. Die Spannplatte *b* besitzt eine Einlage *d* für den in Frage kommenden Kugeldurchmesser. Mittels der beiden Spannschrauben *c* wird die Kugel durch die Platte *b* festgezogen.

Fig. 79 zeigt eine verstellbare Unterlage. Die Verstellbarkeit liegt in den keilförmigen Flächen der beiden Stücke *a* und *b*. Um einem seit-

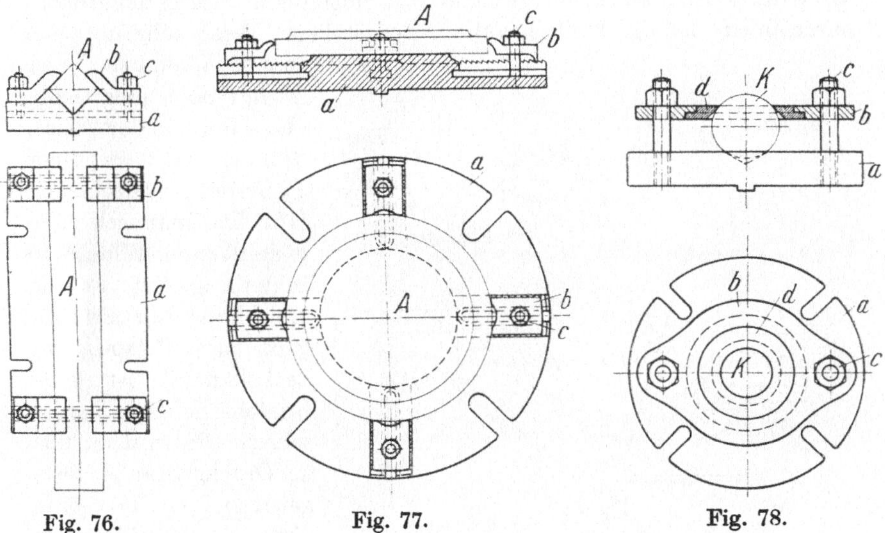

Fig. 76. Fig. 77. Fig. 78.

lichen Ausweichen vorzubeugen, führt sich das Oberteil *b* in einer eingehobelten breiten Nute. Die Spannschraube *c* zieht die beiden Teile aufeinander und erhöht somit die Stützhöhe. Die Spannschraube *c* schraubt sich im Unterteil *a*. Im Oberteil ist für die Auf- und Nieder-

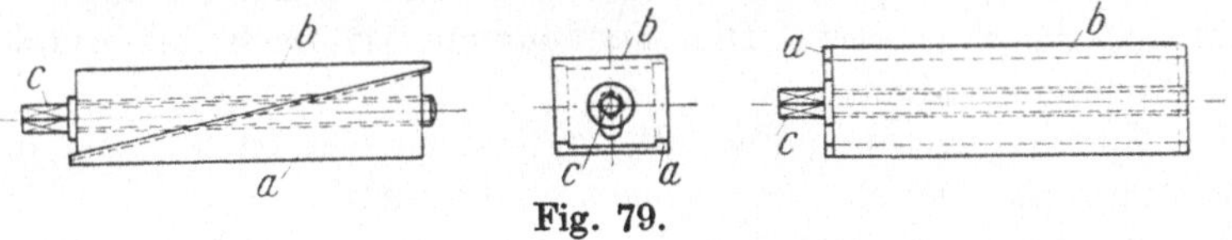

Fig. 79.

bewegung ein entsprechendes ovales Loch für den Durchgang der Schraube geschaffen. Der an der Schraube befindliche Bund stützt das Oberteil ab.

Fig. 80 zeigt einen kleinen Spannbock. Dieser, sowie Fig. 79, rechnen mit zum eisernen Bestand einer Fräsmaschine.

Das Unterteil *a* ist mit Flachgewinde für die Stützspindel *b* versehen. Am oberen Teil derselben ist der Druckkopf *c* angebracht. Der Stift *d* verbindet beide Teile miteinander. Zwecks besseren Verstellens ist der Kopf *c* am Rande mit einem Sechskant versehen. Um nun den eingestellten Kopf festzustellen, ist die Druckschraube *e* vorgesehen. Zwischen Druckschraube und Spindel *b* befindet sich ein Messingputzen, der das Verdrücken des Flachgewindes verhindert.

Fig. 81[1]) zeigt eine vertikale Spannvorrichtung zum Anfräsen eines Sechskantes an Wellenenden usw. Der Bock *a* besitzt 2 Prismenunterlagen *b* und b_1. In diesen ist die Welle *W* gelagert. Die beiden prismatischen Spanneisen *c* und c_1 werden mittels der Spannschrauben mit Knebelgriff *d* und d_1 festgezogen. Für die Feineinstellung der Höhenunterschiede ist die Stellschraube *f* vorgesehen. Diese schraubt sich in den Winkel *e*. Dieser besitzt noch eine Grobeinstellung in der Weise, daß er sich in einer Einfräsung verschieben läßt. Die Spannschraube *g* stellt den Winkel in seiner Lage fest. Für die Einteilung der Fräsungen, zum Beispiel des Sechskantes, ist eine Rastenscheibe *h* vorgesehen. Sie wird mittels der Druckschraube *i* festgezogen. Ist nun eine Fräsung ausgeführt, so dreht man die Welle nach Lösen der Knebelschrauben ein Stück herum, bis die Klinke *k* in die nächstliegende Rast einschlägt. Die Auslösung geschieht durch Herausziehen des Knebels; die Arretierung wird mittels der Druckfeder, die im Schneppergehäuse sitzt, bewerkstelligt.

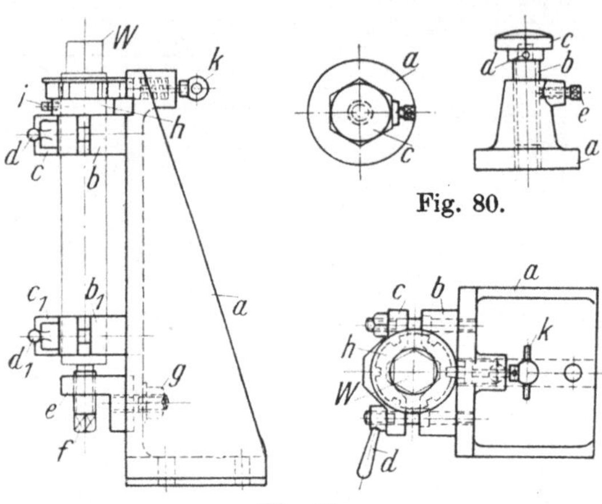

Fig. 80.

Fig. 81.

Für die verschiedenen Wellenstärken werden Einsatzringe in die Rastenscheibe eingesetzt. Die Handhabung ist nach der Abbildung recht einfach gehalten.

Die Spannvorrichtung Fig. 82[2]) stellt einen Kasten dar, der in seinem Innern die Haube eines Schiebers aufnimmt.

Der Kasten *a* ist vermittels der Aussparungen leicht gehalten. Die Haube *H* stützt sich auf 2 Unterlagen *c* ab. Seitlich am oberen Teil des Kastens befinden sich 4 Druckschrauben *b*. Diese dienen erstens zum Ausrichten des Werkstückes und zweitens zum Festspannen desselben. Damit das Werkstück *H* während des Abfräsens nicht aus seiner Unterlage gerissen werden kann, befindet sich am Boden des Kastens die Spannschraube *d*. Letztere geht durch den Hals der Haube. Im Innern derselben ist ein Spanneisen *e* angesetzt, welches durch die Mutter festgezogen wird und so die Haube gegen jede Lösung vom Unterbau sichert.

[1]) Die Werkzeugmaschine 15. Nov. 1917, S. 425.
[2]) Die Werkzeugmaschine 20. April 1920, S. 175.

In Fig. 83[1]) ist eine interessante Spannvorrichtung zum Schlitzen von Schrauben veranschaulicht. Sie gehört in das Gebiet der Massenfabrikation. Während ein Satz Schrauben geschlitzt wird, muß eine

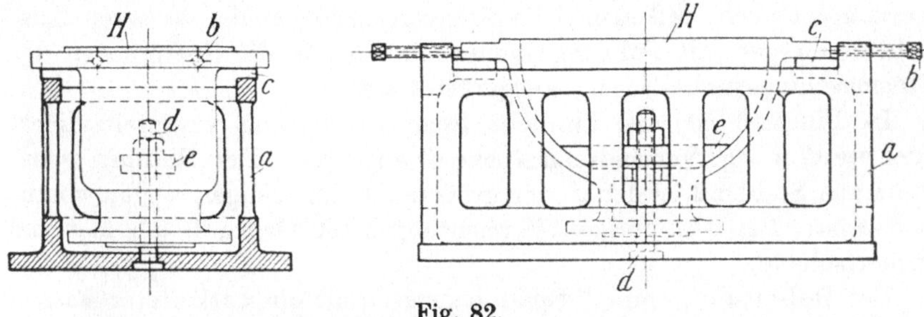

Fig. 82.

zweite Vorrichtung gefüllt werden. Diese Arbeit wird von billigen Arbeitskräften ausgeführt.

Das rahmenförmige Gehäuse *a* nimmt eine Anzahl Spannplatten *b* auf. Jede Spannplatte ist mit einer Reihe von Prismennuten für die

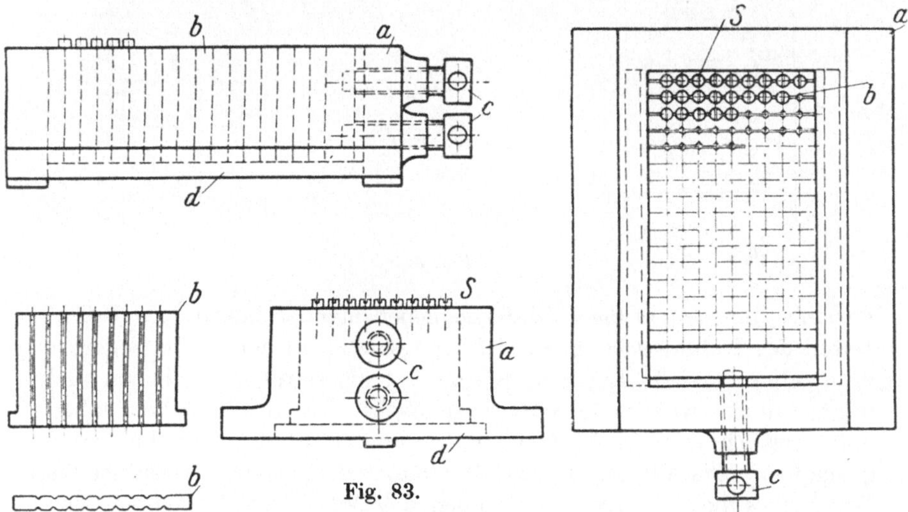

Fig. 83.

Aufnahme der Schraubenschäfte ausgerüstet. Man hat es in der Hand, auch andere Formen in die Platten einzuarbeiten, um gegebenenfalls andere Gegenstände damit spannen zu können. Die Platten *b* besitzen am unteren Teil Ansätze. Diese greifen in die Ausfräsung des Gehäuses *a*. Die Bodenplatte *d* schließt das Gehäuse unten ab, so daß die Platten nicht hindurchtreten können. Die Spannung wird durch die beiden Schrauben *c* bewerkstelligt. Bei kurzen Schäften wird nur die

[1]) Die Werkzeugmaschine 15. Dez. 1917, S. 457.

obere Druckschraube angezogen. Beim Entfernen der geschlitzten Schrauben *S* wird der Rahmen *a* nach Lösung der Spannung umgekippt, wodurch die fertigen Gegenstände mühelos herausfallen. Zu bemerken sei noch, daß sämtliche Fräsvorrichtungen der besseren Ausrichtung wegen mit Führungssteinen, die sich in die Spannnuten des Fräsmaschinentisches legen, ausgerüstet sind.

In Fig. 84[1]) ist eine ähnliche Spannvorrichtung veranschaulicht. Hier werden sog. Verbindungsstücke *F* angefräst. Der Rahmen *a* besteht aus Stahlguß, welcher der größeren Aussparungen wegen vorzuziehen ist. Bei den übrigen Vorrichtungen ist Grauguß als Material vorherrschend.

Der Rahmen *a* nimmt 7 Spannbacken *b* mit eingearbeiteter Fasson auf. Die Spannung geschieht auch hier mittels zweier Druckschrauben *c*,

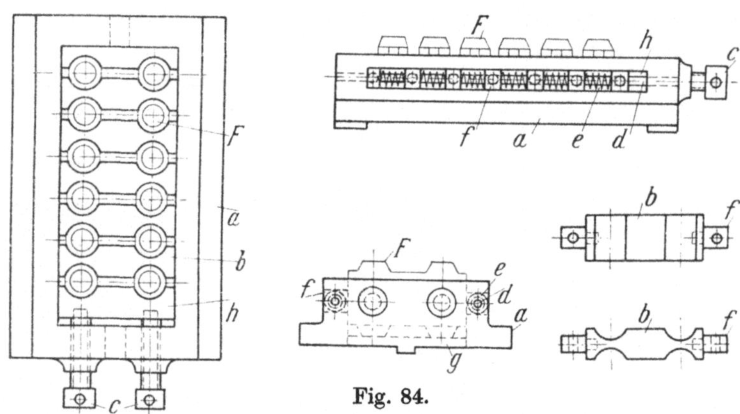

Fig. 84.

nur mit dem Unterschiede, daß sie nebeneinander liegen. Zu beiden Seiten des Rahmens befinden sich Längsnuten, in denen die Federn *e* untergebracht sind. Die Federn sind auf die Dorne *d* geschoben und liegen immer zwischen je einer Spannbacke. Die Spannbacken haben dafür seitlich je einen Kloben *f*. Die sind ebenfalls über die Dorne geschoben. Die Wirkungsweise ist ohne weiteres klar. Nachdem die Druckschrauben *c* gelöst sind, haben die Federn das Bestreben, sich auszudehnen, und schieben so die Backen auseinander. Als Abschluß und gleichzeitig auch als Auflage dient hier ebenfalls die Grundplatte *g*. Diese Vorrichtung läßt sich auch für andere Zwecke sinnreich ausbauen, indem man die Formen für die geeigneten Arbeitsstücke in den Backen *b* ausbildet.

Die Spannvorrichtung in Fig. 85 zeigt das Spannen eines Kurbelstückes *K*. Dieses wird durch prismatische Aufnahme erreicht. Die Vorrichtung besteht aus der kräftigen Grundplatte *a*. Auf diese ist

[1]) Die Werkzeugmaschine 15. Dez. 1917, S. 458.

das Prismenstück *b* geschraubt und durch angefräste Feder noch besonders befestigt. Am anderen Ende der Grundplatte ist das Mutter-

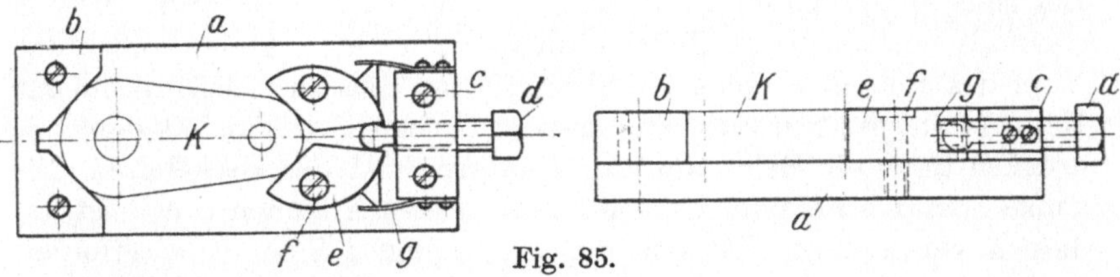

Fig. 85.

stück *c* für die Spannschraube *d* montiert. Letztere besitzt einen kugeligen Kopf, der sich zwischen die beiden Backen *e* schiebt. Jede Backe ist drehbar auf dem kräftigen Bolzen *f* befestigt. Dadurch, daß sich die Schraube *d* zwischen die Backen schiebt, werden diese mit dem anderen Ende gegen das Werkstück *K* gepreßt. Bei Lösung der Spannschraube treten die Backen selbsttätig in ihre Anfangsstellung zurück, was dadurch geschieht, daß die Blattfedern *g*, die an dem Mutterstück *c* befestigt sind, die prismatischen Spannbacken an den Nasen zurückdrücken.

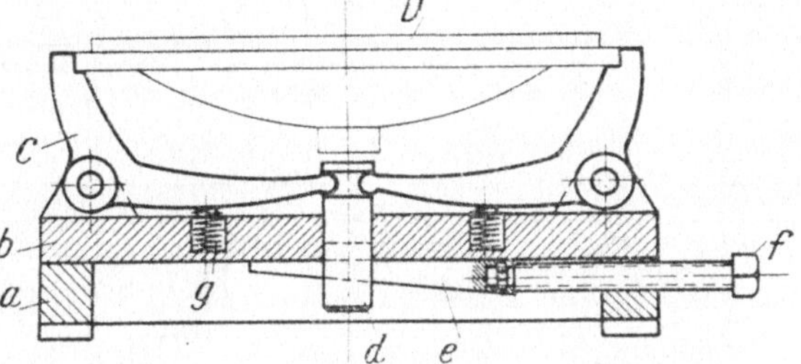

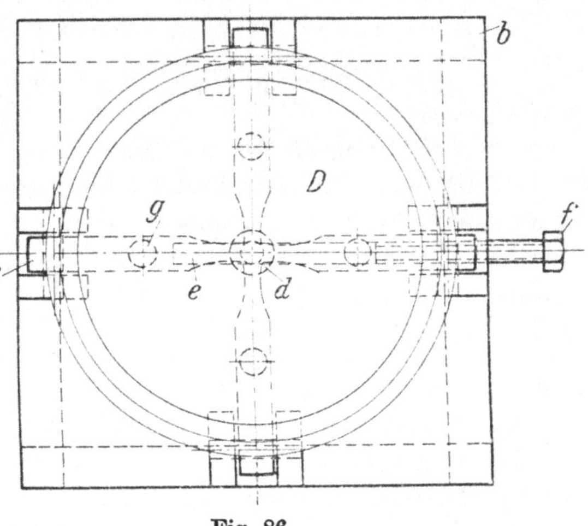

Fig. 86.

In dieser Vorrichtung können ebenfalls außer der Kurbel auch ähnliche Arbeitsstücke gespannt werden, nur sind dann wegen der Unterschiede in den Längen eventuell Zwischenlagen notwendig.

Die Fig. 86 stellt eine praktische Spannvorrichtung für Ventildeckel dar. Der Deckel *D* wird zwischen den 4 Spannhebeln *c* gehalten, welche sich zwischen den angegossenen Auglagern der Grundplatte *b* bewegen. Die Spannung wird durch Einschieben des Keiles *e* mittels der Druckschraube *f* bewerkstelligt. Diese ist mit dem Keil durch einen Stift gekuppelt. Der Keil wirkt an dem Bolzen *d*, der durch die Keilschräge nach unten gezogen wird. Die sich ebenfalls bewegenden 4 Hebel *c* müssen mit ihren Enden unter den Kopf des Bolzens *d* greifen, um den Deckel festzuspannen. Wenn der Keil *e* zurückgezogen wird, treten die 4 Druckfedern *g* in Tätigkeit; sie drücken dann die Hebel zurück. Dadurch wird der Deckel frei. Die ganze Spannvorrichtung ruht auf dem unteren Rahmen *a* und ist mit diesem verschraubt. Es sind nicht unbedingt 4 Spannhebel erforder-

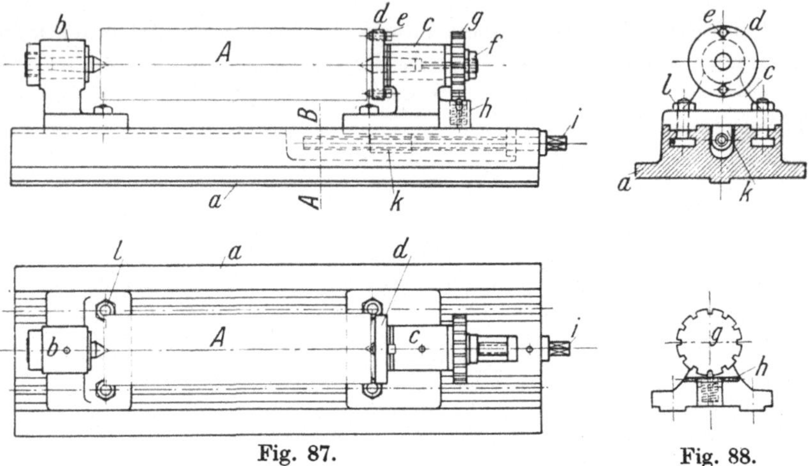

Fig. 87. Fig. 88.

lich, die gleiche Wirkung könnte bei kleineren Ventiltellern auch mit 3 erzielt werden.

In Fig. 87[1]) und 88 ist eine Spannvorrichtung dargestellt, die eine Walze aufnimmt. In den äußeren Mantel der Walze *A* sollen kurze, im gleichen Abstande voneinander liegende Nuten gefräst werden. Um ersteres zu erreichen, ist die Teilscheibe *g* Fig. 88 angeordnet worden.

Der gußeiserne Unterbau *a* nimmt in seinen Längsnuten die verstellbaren Böcke *b* und *c* auf. Der Spannbock *c* sowie *b* wird mittels zweier Spannschrauben *l* in den Führungen befestigt. Der Bock *b* besitzt eine Reitstockspitze, die in eine besondere Buchse eingepaßt ist. Der Bock *c* wird mittels der Transportspindel *i* verschoben. Die Mutter *k* der Transportspindel befindet sich unterhalb des Spannbockes *c* und wird durch die Vertiefung, die ca. bis zur Hälfte der Spannplatte *a* reicht, aufgenommen. In das Lager des Bockes ist die Buchse mit Spannscheibe *d* drehbar eingepaßt. Letztere besitzt 2 Spann- oder Körnerschrauben *e*, die sich in das Werkstück festdrücken. Um trotz der

[1]) Die Werkzeugmaschine 15. Dez. 1917, S. 458.

kräftigen Spannung ein leichtes Bewegen der Teilscheibe *g* zu erreichen, ist zwischen Bock *c* und Scheibe *d* ein Druckkugellager eingebaut. Die Teilvorrichtung ist äußerst einfach konstruiert. Unterhalb der Teilscheibe *g* befindet sich die Arretierung *h*. Diese besteht aus dem Teilstift, der Druckfeder und dem Griffknebel. Aus den Abbildungen ist die Handhabung leicht zu erkennen. Will man andere Teilungen fräsen, so ist nur die Rundmutter *f* abzuschrauben und die Teilscheibe auszuwechseln.

Diese Vorrichtung besitzt einen großen Verwendungskreis.

f) Für Bohrwerke. In diesem Abschnitt sollen einige Spannvorrichtungen für Bohrwerke aufgeführt werden.

Fig. 89 zeigt eine Spannvorrichtung für ein gußeisernes T-Stück *A*. Auch andere ähnlich geformte Ventilkörper können auf diese Art gespannt werden.

Das prismatisch ausgebildete Aufnahmestück *a* wird auf den Tisch des Bohrwerkes aufgespannt. Die Federansätze am Boden der Vorrichtung fixieren die Lage zur Bohrspindel. Das Spanneisen *b* ist ein prismatisch ausgebildetes Rahmenstück. Die Spannschrauben *c* besitzen am unteren Ende Augen, die in Ausfräsungen des Unterteils mittels der Stifte *d* beweglich eingebaut sind. Auf diese Weise braucht man das Spanneisen *b* nicht jedesmal zu entfernen, sondern nur umzulegen. Die Ausgleichfedern *f*, die unter dem Spanneisen wirken, verhindern ein Herabgleiten desselben an den Schrauben *c*. Die Unterlegscheibe *e* hat den Zweck, die Feder *f* zu schützen und einem Ecken während des Umlegens vorzubeugen.

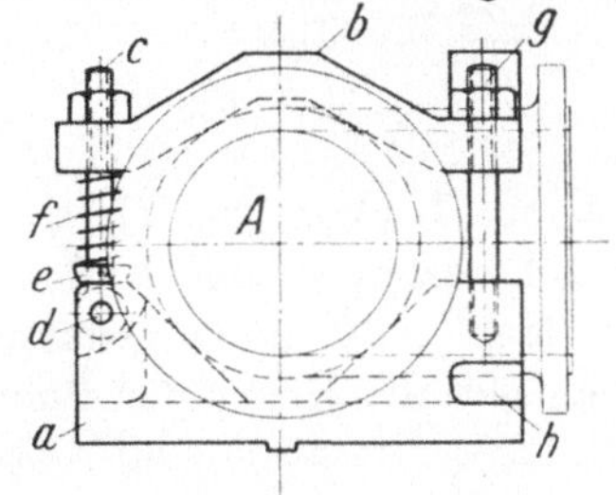

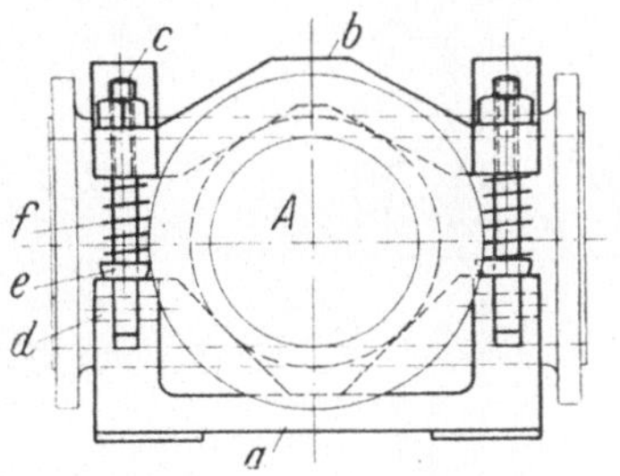

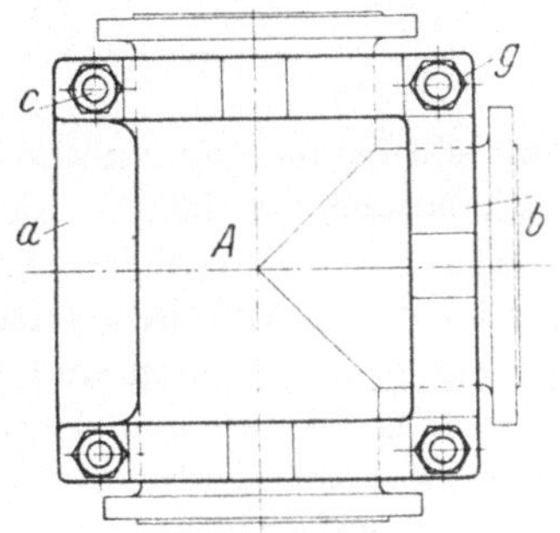

Fig. 89.

Die Spannschrauben *g* sind üblicher Natur und legen sich in die Einfräsungen des Spannbügels. Die Befestigungslaschen sowohl für den Tisch, als auch für die Vorrichtung müssen bei *h* in Aussparungen, auf der entgegengesetzten Seite dagegen auf den Flanschansatz der Vorrichtung gesetzt werden.

Diese hier beschriebene Vorrichtung muß auf einem drehbaren Tisch befestigt werden, da die Bearbeitung an 3 Seiten erfolgt.

Fig. 90 zeigt die Spannung eines Werkzeuges an der Bohrwerkspindel. Die Spindel *a* besitzt zwecks Aufnahme der Überwurfmutter Gewinde. Die Bohrstange *c* wird außer der Konusbefestigung noch durch den Bund in Verbindung mit der Überwurfmutter *b* fest gespannt. Auf die Weise ist ein Lockern des Gestänges nicht mehr möglich. An Stelle des Flachmessers *d* mit Keil *e* können auch andere Werkzeuge treten.

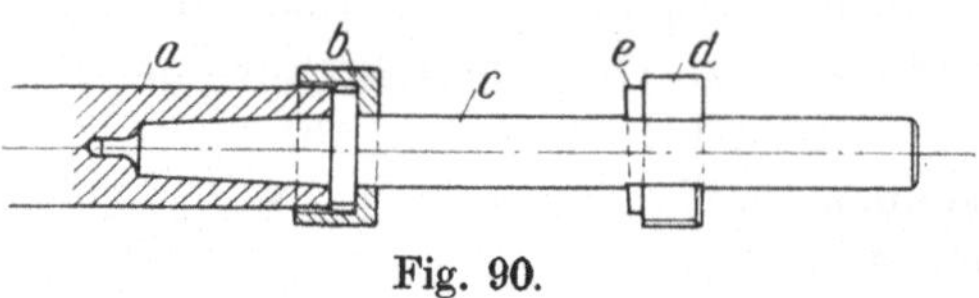

Fig. 90.

Man trifft auch meistens die Bohrspindeln mit Keilloch an, in welchem die Konen der Bohrstangen gesichert sind. Leider werden die

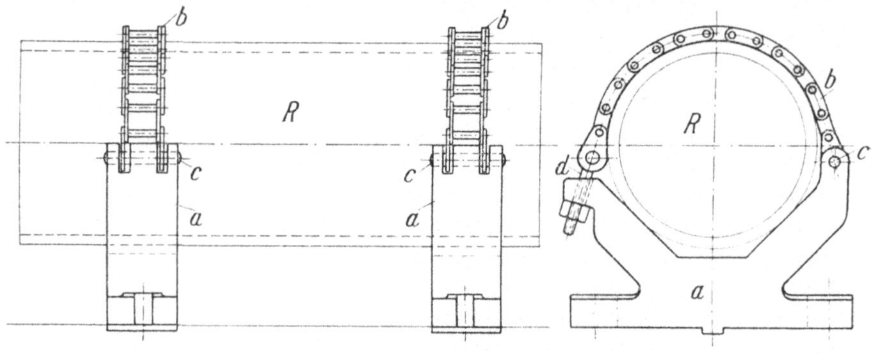

Fig. 91.

Spindeln bei dem dauernden Wechsel an dieser Stelle durch Fehlschläge stark beschädigt; bei der hier beschriebenen Art ist dies nicht der Fall.

Dort, wo die Stange *a* resp. die Spindel tief in das Innere der Hohlspindel des Bohrwerkes tritt, muß die Überwurfmutter den Spindeldurchmesser aufweisen und letztere dieserhalb angesetzt werden.

In Fig. 91 ist eine Kettenspannvorrichtung veranschaulicht. In dieser werden große zylindrische Körper *R* gespannt. Die beiden Böcke *a* weisen eine prismatische Unterlage zwecks Aufnahme der Werkstücke auf. Auch hier sind angehobelte Federansätze für die Fixierung der Bohrachse vorgesehen. In den Einfräsungen bei *c* sind sog. Gallsche Ketten *b* angeschlossen, die in dem Auge bei *d* mittels Spannschrauben mit langem Gewindeteil angezogen werden.

Die Art der Spannung ist äußerst einfach und solide. Für kleinere Durchmesser sind entsprechende Unterlagen, die die Form der Spannstücke aufweisen, vorgesehen.

In Fig. 92 ist eine interessante Spannvorrichtung dargestellt.

Das Arbeitsstück *A* besteht aus einem walzenförmigen Körper, in den 4 Bohrungen von großer Genauigkeit gebohrt werden sollen. Die

Löcher sind bereits vorgegossen und werden mittels Bohrstange auf Maß gebracht.

Das gußeiserne Gehäuse *a* besteht aus 2 Teilen. Die Stöße sind außerdem noch mit Ansätzen gegen eine etwaige Verschiebung gesichert. Die Bolzen *g* und *h* werden nach Festlegung der Bohrachse mittels des Schlüssels *i* festgezogen, so daß in den Führungen ein Spielraum vollständig aufgehoben ist. Die Bohrung des Gehäuses *a* ist leicht prismatisch, so daß das Gleitstück *b* sich stets zur Achse einstellen

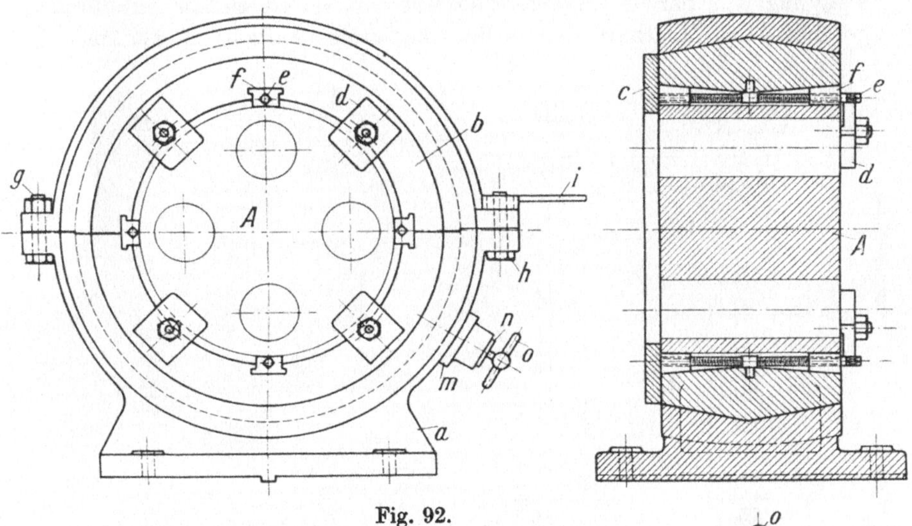

Fig. 92.

muß. Das Gleitstück *b* besteht aus einem Stück. Es nimmt das Arbeitsstück *A* auf. Die Teilung wird mittels des Teilapparates bewerkstelligt. Dieser ist im Schnitt herausgezeichnet worden. Am Umfang von *b* befinden sich 4 Rasten. In diese schlägt der gehärtete Arretierstift *k* infolge der Federwirkung von *l* ein. Die Druckfeder befindet sich in der Federbuchse *m*, die durch die Mutter *n* verschlossen ist. Die Auslösung erfolgt durch Herausziehen des Knebels *o*. Um nun das Arbeitsstück *A* entsprechend ausrichten zu können, sind 4 Spannsysteme in *b* eingebaut. Diese werden durch die Spindeln *e*, die mit Rechts- und Linksgewinde ausgerüstet sind, betätigt. Sie haben ihre Lagerung in der Mitte vermittels Übergreifkloben. Die Spannbacken *f* schieben sich in Führungen. Letztere sind nach der Mitte der Spindel hin entsprechend geneigt. Zieht man die Spindel am Vierkant an, so bewegen sich die beiden Backen *f* gleichmäßig der Mitte zu. Die dadurch entstehende Verschiebung der Spindelachse von *e* wird durch den Haltekloben ausgeglichen, indem sich derselbe um den Betrag aus dem Zapfenloch zieht. Durch gleichmäßiges Anziehen der Spindeln *e* wird das Arbeitsstück in seiner Lage fixiert. Der Anschlagring *c* stützt das Arbeitsstück ab. Die 4 Spanneisen *d* werden nach dem Ausrichten fest angezogen, wodurch das Arbeitsstück für die Bearbeitung befestigt wird.

g) Für Hobelmaschinen. Die Spannvorrichtungen für Hobelmaschinen sind im Grunde genommen einfacherer Natur, da die Befestigung auf der Tischplatte meistens mittels Spannlaschen durchgeführt wird. Trotz alledem sollen hier einige aufgeführt werden.

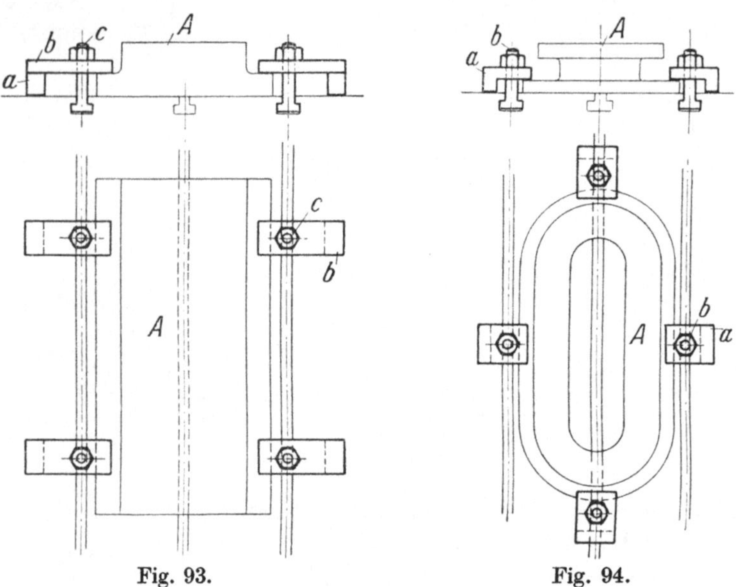

Fig. 93. Fig. 94.

Fig. 93 zeigt die einfachste Befestigung mittels Schraube *c* und Lasche *b*. Die Unterlagen *a* werden je nach der Höhe des Spannflansches am Werkstück *A* gewählt. Nur ist darauf zu achten, daß die Spannschrauben dicht am Werkstück zu liegen kommen. Die Unterlagen müssen immer unter dem langen Schenkel der Lasche *b* zu liegen kommen, denn nur so ist eine einwandfreie Befestigung gewährleistet.

Fig. 94 zeigt die Spannung eines Anschlußstückes *A*, bei dem die Spanneisen durch Spannwinkel *a* ersetzt sind. Die Befestigung geschieht auch hier mittels der Schrauben *b*. Für sehr starke Spannabnahme empfiehlt es sich, ein Gegenlager in Gestalt einer mittels Schraube befestigten Lasche vorzuspannen.

Fig. 95 zeigt die Befestigung der Platte *A* mittels sog. Krallen *a*. Diese werden so angesetzt, daß sie sich beim Anzug der Schrauben *b* in das zu bearbeitende Material graben und so eine starre Befestigung ergeben. Da sich die Mutterauflage bei direktem Kontakt durch den Anzug der Spannschrauben ungünstig verändert, so hat man die Krallen an diesen Stellen kugelig ausgebohrt. In diese Ausbohrungen legt sich eine abgekugelte Unterlegscheibe *c*; bei Änderung der Krallenlage wird stets die Mutterauflage die gleiche sein. Als Gegenlager der Krallen dienen Laschen *d*, die mittels Spannschrauben *e* befestigt sind. In *f* finden wir die in Fig. 94 erwähnte Gegenlage, die mittels der Spannschraube *g* festgezogen ist.

In Fig. 96 ist eine verbesserte Spannung veranschaulicht. Das Werkstück *A* wird hier ebenfalls mittels Krallen *b* festgezogen, aber es fehlt hier die Gegenlasche. Diese wird durch das Gelenkstück *a* ersetzt. Die Kralle *b* ist durch den Stift im Scharnier *e* drehbar befestigt.

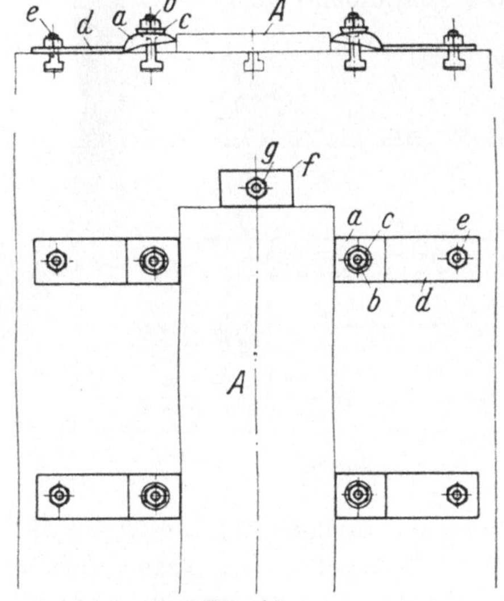

Fig. 95.

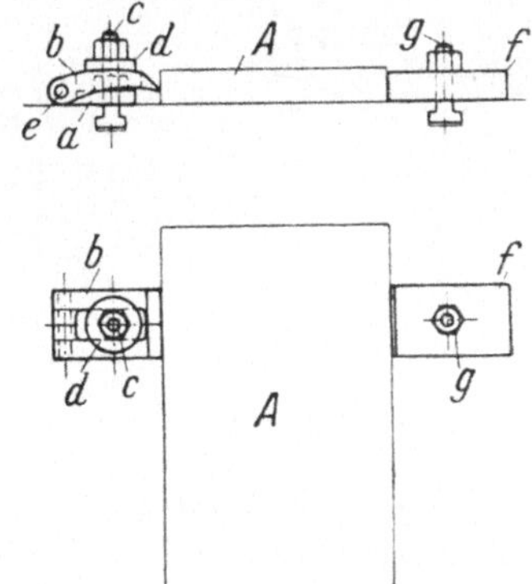

Fig. 96.

Die Anordnung des Bolzens *c* ist die gleiche wie die in Fig. 95 beschriebene, indem die Unterlegscheibe der Krallenbohrung angepaßt ist. Die Gegenlage *f* besteht aus einem an der Spannfläche gezahnten Stück, das mittels der Spannschraube *g* festgezogen ist.

Fig. 97 stellt die Befestigung eines Winkels *A* dar. Um die zu bearbeitende Fläche von *A* wagerecht zu stellen, ist eine Unterlage *a* verwandt. Die Spannung geschieht hier durch einen geteilten Klotz *b* und *c*. Die Teilung verläuft schräg; der Klotz wird so angesetzt, daß die Spannschraube *d* das innere Stück nach unten schieben kann. Die gezahnte Spannfläche gräbt sich in das Arbeitsstück und zieht es dadurch auf dem Tisch fest. Als Gegenlage dient das gezahnte Stück *e*, das mittels der beiden Spannschrauben *f* befestigt ist.

In Fig. 98 ist eine Spannvorrichtung nach demselben Prinzip dargestellt. Die Grundplatte *a* nimmt das Werkstück *A* auf. Erstere wird durch Spannschrauben *g* auf dem Tisch der Hobelmaschine befestigt. An der Grundplatte *a* ist links eine Leiste angegossen. Gegen diese legt sich das Spannstück *b*. Die Betätigung der Spannung wird durch Einziehen der Konen *c* vermittels der Spannschrauben *d* erreicht. Wenn die Mutter von *d* den Konus *c* hineindrückt, so verschiebt sich naturgemäß die Spannleiste in Richtung des Werkstückes. Durch die Verzahnung von *b* wird das letztere festgehalten. Als Gegenlage dient die Spannleiste *e*. Sie ist verschiebbar in den Führungsnuten der Grundplatte durch die Schrauben *f* gespannt.

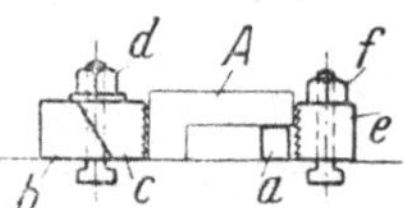

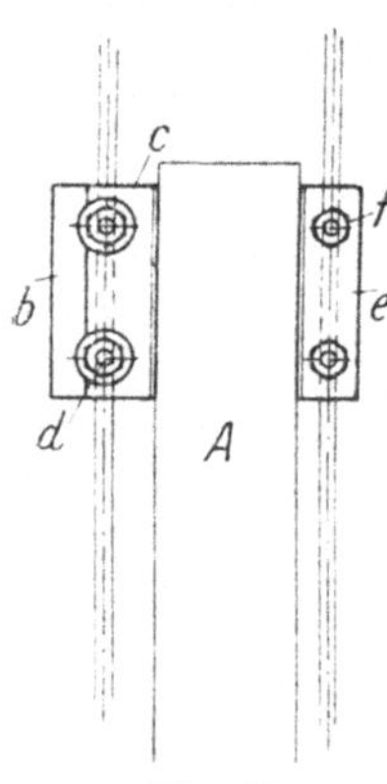

Fig. 97.

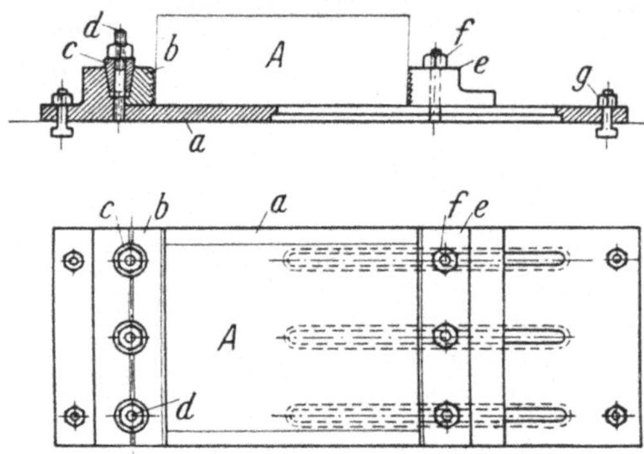

Fig. 98.

Für die Bearbeitung des Fußflansches an dem T-Eisen *T* ist die Spannvorrichtung Fig. 99 konstruiert. Das gußeiserne Spannstück *a* ist mittels angehobelten Federansatzes in der Nut des Hobelmaschinentisches fixiert. Als Gegendruck dient die Leiste *b*. Diese wird durch die 3 Druckschrauben *c*, die mit ihren angesetzten Spitzen in die Bohrungen greifen, gegengespannt.

In obiger Vorrichtung läßt sich eine Anzahl solcher T-förmiger Profile verschiedener Dimensionen spannen.

Fig. 100 zeigt die Befestigung eines gußeisernen Flanschkörpers mit Anschlußwand. Die Höhenlage wird durch 4 verstellbare Unterlagen festgelegt, welche mit *a* und *b* bezeichnet sind. Die nähere Beschreibung ist unter Fig. 79 durchgeführt, so daß derselben hier nur Erwähnung getan wird.

Die Befestigung geschieht durch zwei verschiedene Krallenvorrichtungen. Die erstere ist auf der Platte *f* mittels der beiden Spannschrauben *g* befestigt. Die Schrauben dienen zweierlei Zwecken, erstens befestigen sie die Vorrichtung auf dem Maschinentisch und zweitens befestigen sie den Krallenträger *d* auf der Platte *f*. Der Krallenträger weist Schlitze auf und ist verschiebbar angeordnet. In den an-

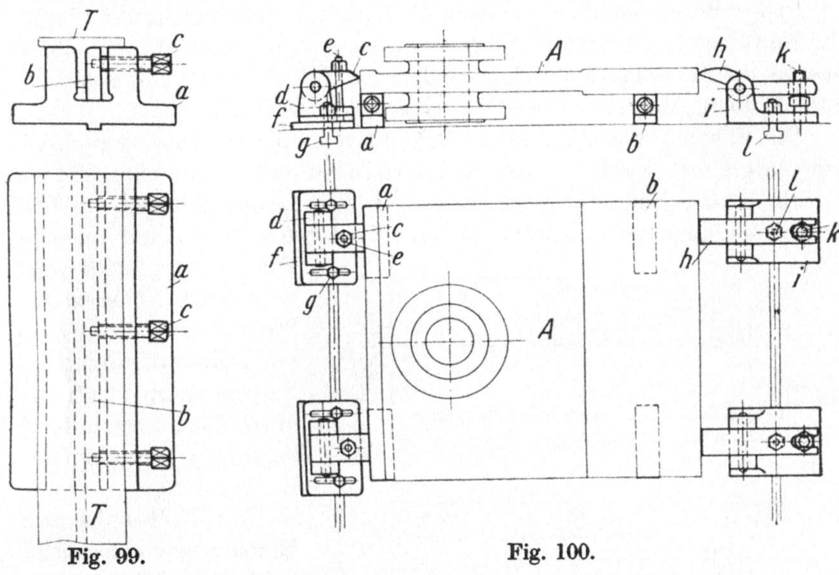

Fig. 99. Fig. 100.

gegossenen Augen nimmt er die Kralle *c* auf. Diese wird mittels der Schraube *e* festgezogen. Zu bemerken sei noch, daß sämtliche Krallen federhart ausgeführt und aus Werkzeugstahl verfertigt sind.

Der gegenüberliegende Krallenträger *i* ist durch die Spannschraube *l* am Tisch befestigt. Die Kralle *h* besteht hier aus einer Wippe und wird an ihrem Hebelarm durch die Mutter der Schraube *k* herumgedrückt.

Infolge der großen Beanspruchung sind die Krallenkörper meistens in Stahlguß auszuführen, evtl. auch in Schmiedeeisen.

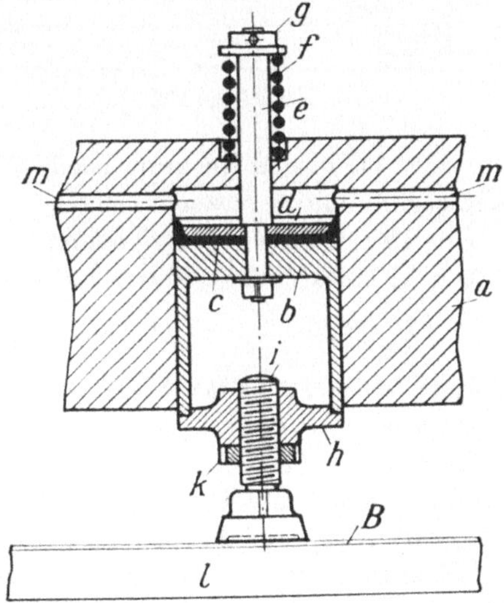

Fig. 101.

In Fig. 101 soll eine pneumatische Spannvorrichtung beschrieben werden. Diese ist besonders an Blechkantenhobelmaschinen angebracht. Das Blech *B* wird hier zwischen dem Unterbau *l* und der einstellbaren Spindel oder dem Spannkopf *i* gehalten.

Diese Spannvorrichtungen sind in einer Reihe in dem Träger *a* montiert.

In den Bohrungen bewegen sich die Kolben *b*. Letztere werden durch die Manschetten *c* gegen die Zylinderwandung abgedichtet. Die Scheibe *d* spannt die Manschette auf dem Boden des Kolbens fest. Die Spindel *e* hält Kolben, Manschette und Scheibe fest zusammen.

Die Führung der Spindel im Gehäuse *a* muß mit besonderer Sorgfalt ausgeführt werden. Am vorteilhaftesten setzt man eine Metallbuchse in die Bohrung oder, wenn die Vorrichtung dauernd im Gebrauch ist, sogar eine Manschette ein. In der Abbildung soll nur das Prinzip dargestellt werden. Nach Ablassen der Spannung gehen die Kolben selbsttätig durch die Federwirkung von *f* nach oben. Die Mutter mit der Scheibe *g* begrenzen die Kolbenstange.

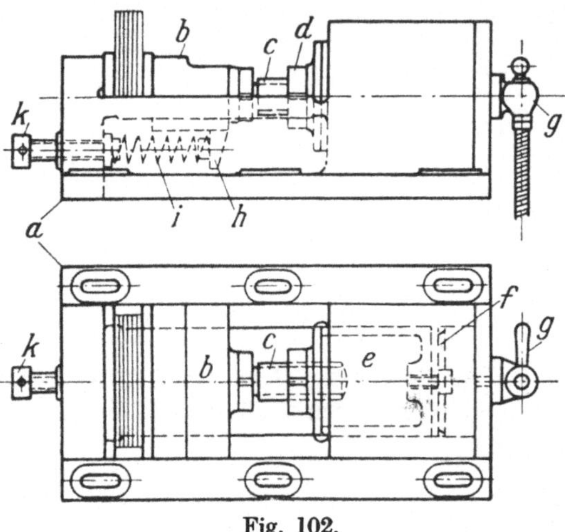

Fig. 102.

Der Kolben ist zur Ersparung von Gewicht hohl ausgeführt. Der Deckel *h* nimmt die einstellbare Druckspindel *i* im Gewinde auf. Als Feststellung dient die Mutter *k*. Am Umfang des Spannkopfes befinden sich 4 Einschnitte zum Nachstellen der Druckspindel. Die Luftkanäle sind mit *m* bezeichnet.

Der Druck für die Vorrichtung ergibt sich aus dem Kolbendurchmesser 150 mm (volle Kolbenfläche), Luftdruck: 6 Atm.

$$P_{\text{kg}} = \frac{d^2}{4} \cdot \pi \cdot \text{Atm.} = \frac{15^2}{4} \cdot 3{,}14 \cdot 6 = 1060{,}29 \text{ kg}.$$

Rechnen wir 60 kg als Reibungsverlust, so bleibt ein Druck von ∞ 1000 kg (ohne Berücksichtigung der Stange).

In Fig. 102 ist ein pneumatischer Schraubstock veranschaulicht. Das Rahmenstück *a* nimmt den Spann- oder Druckzylinder mit Kolben *e* auf. Der Zylinder ist gleich mit an dem Rahmen angegossen. Der Kolben *e* ist ebenfalls hohl ausgeführt. Die Manschette *f* wird, wie in Fig. 101, durch eine Blechplatte gespannt, nur daß hier nicht die Kolbenstange als Verbindung dient, sondern eine Kopfschraube die Platte mit Manschette am Kolben befestigt. Die Druckspindel *c* ist ebenfalls einstellbar angeordnet. Die Gegenmutter *d* stellt dieselbe gegen den

Kolbendeckel fest. Die bewegliche Spannbacke *b* besitzt, wie üblich, eine Stahlplatte, desgleichen auch die feststehende Backe an dem Rahmen *a*. Nach Entlastung des Kolbens tritt die Gegendruckfeder *i* in Aktion und schiebt Backe sowie Kolben in Anfangsstellung zurück. Die Druckfeder liegt mit einem Ende gegen den Anschlagwinkel *h* und mit dem anderen Ende gegen die Stellschraube *k*. Letztere dient dazu, die Feder evtl. zu spannen. Die Lufteinströmung erfolgt durch das Ventil *g*, das so eingerichtet ist, daß die Luft bei seitlicher Stellung des Hebels *g* eintritt, in der Mittelstellung den Kanal dicht verschließt und in entgegengesetzter Seitenlage die Luft entweichen läßt.

Das Arbeitsstück besteht in diesem Beispiel aus einer Anzahl Blechplatten. Die Vorrichtung kann auch für andere Zwecke Verwendung finden.

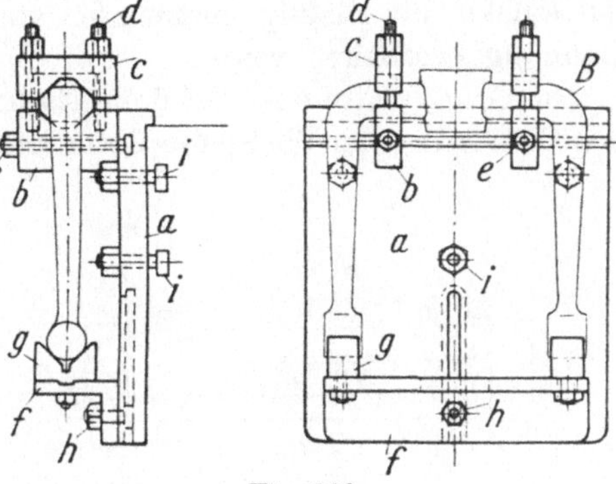

Fig. 103.

h) Für Shapingmaschinen. In Fig. 103 ist eine Spannvorrichtung für die Aufnahme eines Bügels *B* dargestellt. Hier soll das Auge winklig zu den Schenkeln des Bügels gehobelt werden.

Die Platte *a* wird gegen den Tisch der Shapingmaschine gespannt. Die 3 Schrauben *i* passen in die Längsnuten des Tisches und halten so die Vorrichtung äußerst fest. Unterstützt wird diese Befestigung noch dadurch, daß oberhalb der Spannfläche an *a* ein Ansatz gehobelt ist, der über die Tischkante greift. Die beiden Kloben *b* nehmen den Hebel in ihren Prismen auf, dadurch wird dieser parallel gegen die Platte *a* sowie zur Horizontalen gehalten. Die Spanneisen *c* werden mittels der Spannschrauben *d* befestigt. Auf dem unteren Winkel *f* befinden sich die beiden Prismenstücke *g*. Diese besitzen angehobelte Federansätze, die sich in der Nut von *f* führen. Der Winkel *f* ist in die Nut von Platte *a* einstellbar und durch Spannschraube *h* befestigt. Desgleichen sind auch die beiden Stützkloben *g* verstellbar auf den Winkel gesetzt. Die oberen Prismen *b* führen sich ebenfalls in einer T-förmigen Nut und werden vermittels der Spannschrauben *e* festgezogen.

Diese Anordnung hat den Zweck, Bügel von verschiedener Dimension spannen zu können, was auch ohne weiteres aus der Abbildung hervorgeht.

Fig. 104 stellt eine Spannvorrichtung zum Hobeln von Scherenmessern *M* dar.

Der Bock *a* ist durch Federansatz an dem Tisch der Shapingmaschine befestigt. Zwischen den Augenlagern desselben befindet sich die schwenkbare Aufspannplatte *b*. Seitlich derselben befindet sich je ein Blatt mit einer Kreisnut. Diese bewegt sich über die Bolzen *c* und c_1. Letztere spannen die Spannplatte *b* in der gewünschten Schräglage fest. Das Spanneisen *d* stellt die Begrenzung des Messers dar. Das Spanneisen *e* ist verstellbar angeordnet, um Messer von verschiedener Länge spannen zu können. Die Leiste *f* dient als Anschlag, sie stellt das Messer parallel zur Schnittebene ein. Der Hobelstahl ist mit *g* gekennzeichnet.

Fig. 105 zeigt eine drehbare Spannplatte *c*. Auf dieser können Arbeitsstücke mit winklig zueinander stehenden Flächen in einer Aufspannung bearbeitet werden.

Die Grundplatte *b* ist auf dem Tisch der Shapingmaschine gehalten. Das Oberteil *c* oder die Spannplatte ist drehbar im Unterteil befestigt.

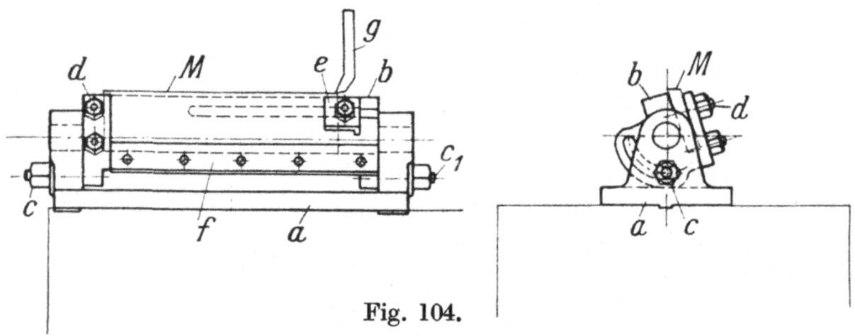

Fig. 104.

Die Rastenscheibe *d* liegt verdeckt in *b*, letztere ist mittels Federkeil auf der Nabe von *c* befestigt. Die übliche Verriegelung *e* wird durch eine Druckfeder gespannt. Die Rastenscheibe *d* wird durch die Bodenscheibe *g* sowie die Rundmutter *f* auf der Nabe der Spannplatte gehalten. Der Bolzen *i* sitzt in einer Bohrung der Nabe von *c* und ist drehbar eingebaut. Er dient dazu, die Platte nach erfolgter Teilung unter Wirkung des Exzenterhebels *h* festzustellen. Die Vorrichtung ist äußerst einfach und praktisch.

Fig. 106 zeigt eine Spannvorrichtung, die einen schwenkbaren Schraubstock darstellt. Das Arbeitsstück *A* zeigt die bearbeitete Form.

Die Grundplatte *a* besitzt 2 angegossene Augen. In diesen ist die Welle *e* geführt. Zwischen den beiden Augen ist das Oberteil, d. h. der Schraubstock *b*, montiert. Außerhalb des hinteren Auglagers befindet sich das Schneckensegment *f*, welches auf Welle *e* aufgekeilt ist. Mit diesen im Eingriff befindet sich die Schnecke *g*. Diese wird mittels einer Handkurbel, die auf der Schneckenwelle sitzt, bewegt. Die Pfeilrichtung zeigt die Schwenkung des Schraubstockes an. Die Spannbacke *c* wird durch Spannung der Spindel *d* gegen das Arbeitsstück *A* gepreßt. Der Hobelstahl ist mit *h* gekennzeichnet.

Im allgemeinen werden auf Shapingmaschinen die sog. Maschinenschraubstöcke benutzt. Letztere sind in allen möglichen Ausführungen vorhanden, so daß für Shapingmaschinen so gut wie gar keine Spannvorrichtungen benötigt werden. Es müßte dann sein, daß sperrige Stücke in Frage kommen.

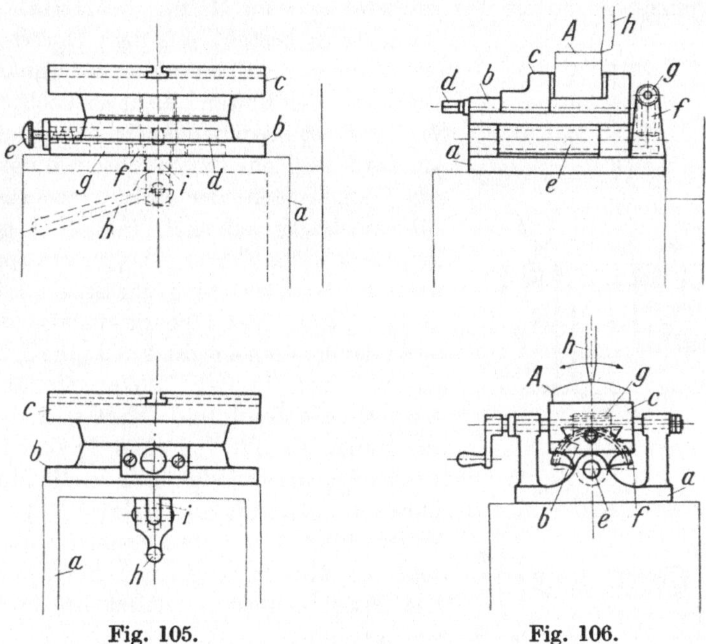

Fig. 105. Fig. 106.

Die für diese Maschinengattung hier aufgeführten Vorrichtungen genügen, da man auch die Spannvorrichtungen der Hobel- und Fräsmaschinen teilweise hierfür ausbauen kann.

i) Für Stoßmaschinen. In diesem Abschnitt sollen 3 Vorrichtungen für Stoßmaschinen beschrieben werden.

Fig. 107 zeigt das Stoßen einer Buchse *A*, in der ein Sechskant ausgearbeitet werden soll. Die hierzu verwendete Vorrichtung besteht aus dem Unterteil *a*. In diesem führt sich drehbar die Aufnahmebuchse *b*. Die Schablone *c* bildet gleichzeitig die Spannplatte für *A*, diese wird mittels der beiden Schrauben *d* festgezogen. Um die Schablone zur Teilung in eine stets gleiche Stellung zu bringen, sind die beiden Prisonstifte *e* angeordnet. Ein Vertauschen ist nicht möglich, da die Stifte im Durchmesser ungleich zueinander sind.

Die Führungsschraube *h* legt sich in eine Ringnut der Aufnahmebuchse *b* und sichert so ein Herausziehen derselben. Da man es mit verschiedenen Längen der Arbeitsstücke *A* zu tun hat, wird am Boden der Aufnahme ein Ring *g* eingelegt. Die Teilung wird auch hier mittels eines Teilstiftes *f* ausgeführt; die Anordnung ist in den Abbildungen klar zu erkennen. Der Stoßstahl ist üblicher Ausführung und mit *i* bezeichnet.

Fig. 108 stellt eine Spezialspannvorrichtung dar. Auf dieser wird ein Segment *A* mittels des Stoßstahles *i* im Radius bearbeitet. Die Vorrichtung besteht aus dem Unterteil *a*, auf welchem die Spannplatte *b* drehbar gelagert ist. Der Bolzen *e* dient als Drehpunkt für *b* und ist besonders kräftig ausgebildet. Am vorderen Ende ist am Unterteil der Ansatz *f* angegossen, der einen kreisförmigen Führungsbogen aufweist, in diesen greift der prismatische Führungsbogen von Spannplatte *b*. Die Bewegung der Spannplatte *b* erfolgt mittels einer Flachgewindespindel *g*, die an der ersteren angelenkt ist. Die Spindel schraubt sich in der Mutter des Handrades *h*. Handrad und Mutter sind fest verbunden, so daß bei einer Drehung des Handrades die Spindel sich in die Mutter schraubt und so die Spannplatte *b* mit dem Arbeitsstück *A* vor dem Stahl *i* vorbeibewegt. Die Mutter ist in einem Bock, der auf dem Maschinenbett montiert ist, drehbar gelagert.

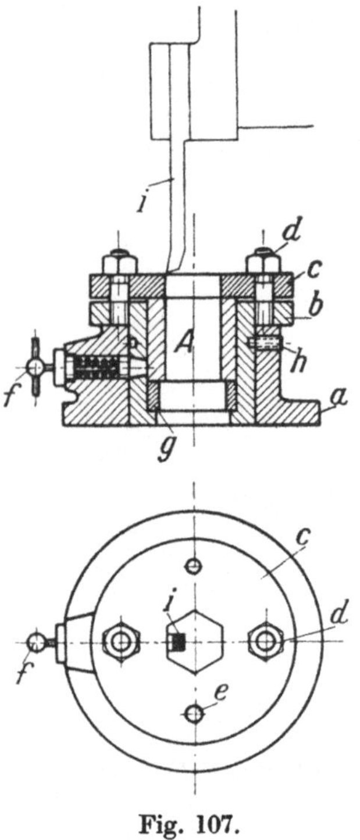

Fig. 107.

Die Befestigung des Arbeitsstückes erfolgt durch die Spannlasche mit Schraube *c* sowie die beiden seitlichen Hakenschrauben *d*.

Fig. 109 zeigt einen Rundtisch. Dieser findet beim Fehlen eines drehbaren Supports Anwendung.

Das Unterteil *a* nimmt in seiner Bohrung das Schneckenrad *b* auf. Gegen einen Ansatz in der Bohrung des Unterteils *a* legt sich die Scheibe der Schneckenradnabe und wird durch die beiden Rundmuttern *c* in Stellung gehalten. Auf dem Schneckenrad *b* ist die Spannplatte *d* montiert. Auf dieser ist, in diesem Fall, ein Blech *R* aufgespannt, aus dem die inneren Konturen ausgestoßen werden. Um den Stoßstahl nach unten frei gehen zu lassen, ist der Ring *k* aufgesetzt. Die Schrauben *h* sind in den Kreuzspannuten des Tisches *d* befestigt und spannen mittels der Winkelspanneisen *i* Ring *k* und Blech *R* fest.

Die Rundbewegung wird durch Schnecke *e*, die mit Rad *b* im Eingriff steht, eingeleitet. Die Spindel *f* trägt das Vierkant zum Aufstecken der Handkurbel. Die Schnecke ist durch eine Kappe *g* gegen eindringende Späne geschützt.

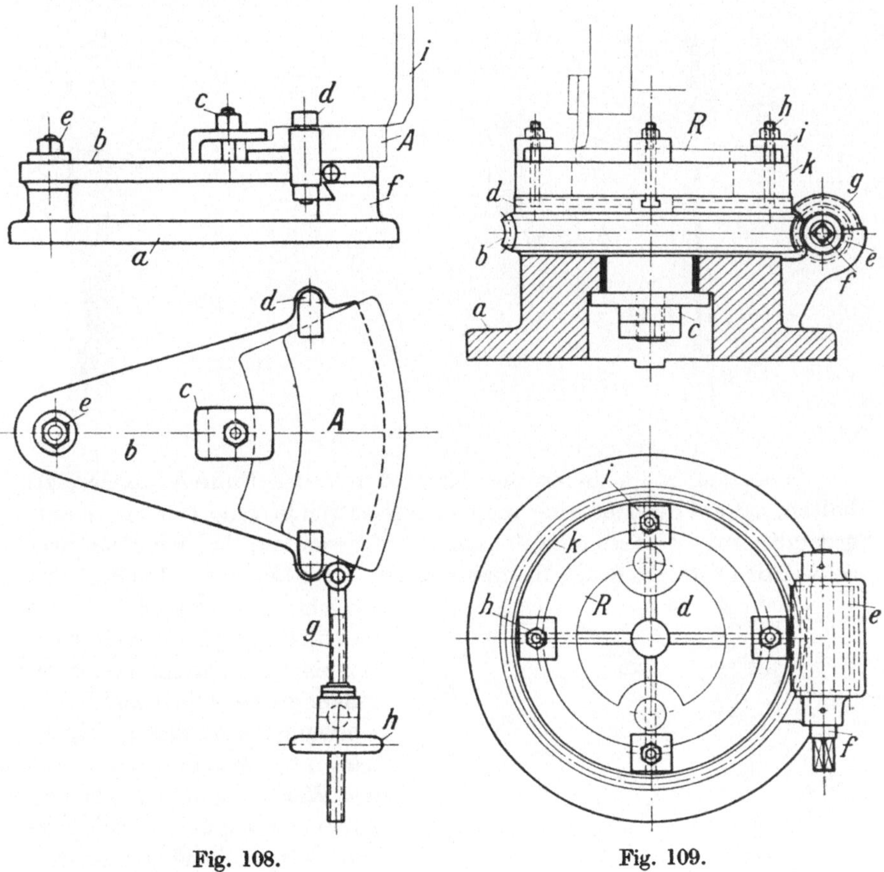

Fig. 108. Fig. 109.

k) Für Schleifmaschinen. Die Aufspannmöglichkeiten für Schleifmaschinen, z. B. Universalschleifmaschinen, sind bereits von den Schleifmaschinenfabrikanten sinnreich durchgebildet worden. Wer heute eine Universalschleifmaschine erwirbt, erhält für diese die Aufspannvorrichtungen für sämtliche einschlägigen Werkzeuge.

Fig. 110 zeigt das Schleifen einer auf Drall gefrästen Reibahle *R*. Zu diesem Zweck wird diese zwischen die Spitzen *a* und *b* gespannt. Um nun den Brustwinkel, dem Drall entsprechend, an der Schleifscheibe *f* entlangführen zu können, hat man das Führungsstück *e* angebracht. Dieses legt sich an die Schneiden der Reibahle an und führt diese zwangsläufig an der Scheibe f vorbei. Die Spannschraube i dient zum Einstellen des Anschlages. Jede Werkzeugschleifmaschine besitzt an den Tischen für derartige Möglichkeiten eine Längsnut h. Um nun

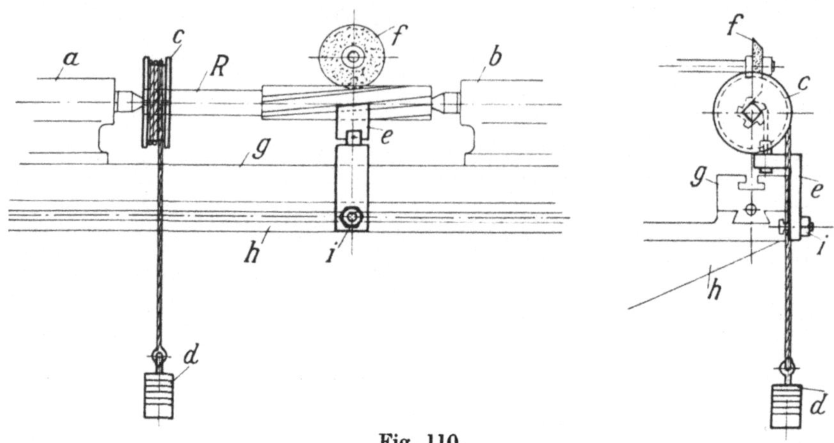

Fig. 110.

das Werkzeug R im dauernden Kontakt mit der Führungszunge e zu halten, ist auf der Reibahle resp. dem Schaftende eine Holzrolle c aufgesetzt. Auf dieser ist eine Schnur so aufgewunden, daß am Ende derselben das Gewicht d die Reibahle gegen die Führung e drückt. Das Gewicht d ist so ausgebildet, daß man für andere Durchmesser den Zug einstellen kann. Dieses geschieht durch Mehr- oder Minderbelastung des letzteren. Schiebt man nun den Support g mit dem Werkzeug an der Scheibe f vorbei, so windet es sich dem Drall entsprechend herum. Dieses ist eine einfache, aber praktische Aufspannvorrichtung.

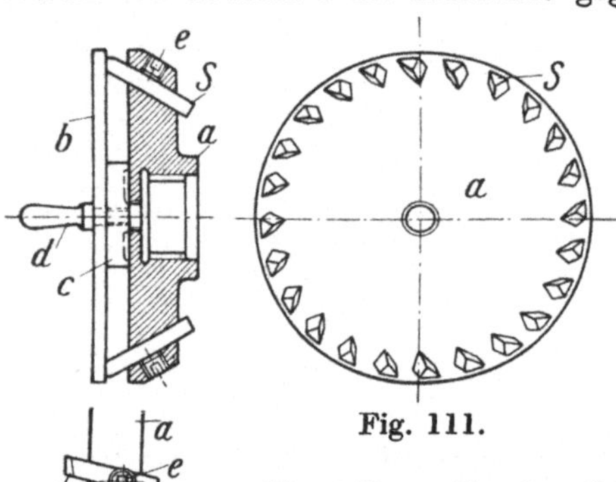

Fig. 111.

Fig. 111 stellt das Schleifen von Messern oder Dreikantstählen S für Messerköpfe dar.

Da die Stähle S bekanntlich einen Hinterschliff besitzen, so ist das Aufspannfutter dementsprechend ausgebildet worden. Die Einspannlöcher der Stähle im Futter a sind dem Hinterschliffwinkel entsprechend ausgebildet worden, was aus der rechtsstehenden Abbildung deutlich zu ersehen ist. Die Spannung der Stähle geschieht auch hier mittels der Druckschrauben e genau wie an den Messerköpfen. Die Druckschrauben tragen im Kern das Vierkant für die Aufnahme des Spannschlüssels.

Um nun eine Kontrolle für das gleichmäßige Einspannen der Stähle zu haben, ist die Anschlagscheibe *b* vorgesehen. Letztere besitzt in der Mitte eine Distanzscheibe *c* und ist entsprechend ausgespart, um nur am Rande eine Auflage zu gestatten. Da man die Anschlagscheibe *b* nicht festzuhalten braucht, so ist in der Mitte derselben ein Gewindestück angesetzt, welches sich in die Spannscheibe *a* schraubt, was durch den Handgriff *d* bequem erleichtert wird. Man braucht nach Befestigung der Scheibe *b* am Futter nur die Stähle gegen diese zu schieben und festzuspannen. Nach dem Entfernen der Anschlagscheibe wird die Schmirgelscheibe gegengeführt.

In Fig. 112 ist eine Spann- und Teilvorrichtung der Firma Albert Strasmann, Präzisionswerkzeug- und Maschinenfabrik, Remscheid-Ehring-

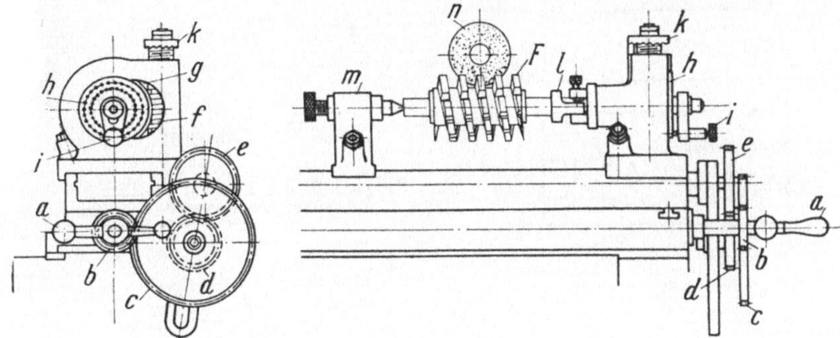

Fig. 112.

hausen, abgebildet. Mit dieser Vorrichtung ist man imstande, spiralgenutete Fräser mit Leichtigkeit zu schleifen. Das Teilen geschieht von Hand, die Übertragung der Spiralbewegung wird durch die Wechselräder *b*, *c*, *d* und *e* bewerkstelligt. Das Anstellen des Stückes gegen die Schleifscheibe *n* wird durch die oben am Teilkopf sichtbare Stellschraube *k* bewirkt. Die Vorrichtung wird unter Beifügung von 4 Teilscheiben *h*, 13 Wechselrädern und einer Wechselrädertabelle geliefert.

Mittels des Kreuzgriffes *a* wird die Vorrichtung von Hand bewegt. Die Schnecke ist mit *f* bezeichnet und steht mit dem Schneckenrad *g* im Eingriff.

Das Teilen wird mittels des Index *i* auf Teilscheibe *h* bewerkstelligt. Die Mitnahme geschieht durch ein dazu geeignetes Drehherz *l*. Als Gegenlager dient der Reitstock *m*. Dieser sowie der Teilkopf werden durch seitliche Schrauben angespannt.

Die Handhabung ist aus der Abbildung ohne weiteres klar zu erkennen.

l) Für Sägen. In diesem Abschnitt sollen einige Spannvorrichtungen für Sägen behandelt werden.

Fig. 113 veranschaulicht einen Spannschraubstock für 2 Schnitte. Hier werden mehrere Streifen Stahl in einem Durchgang abgesägt. Die Streifen *S* dienen zum Aufschweißen für Spezialwerkzeuge. Das Unterteil *a* nimmt in seinen Führungen die bewegliche Spannbacke *b* auf, wie Schnitt *A—B* kenntlich macht. Die Führungsplatte *e* hält die Spannbacke in den Führungen beweglich fest. Die Spannung wird mittels der Druckschraube *c* hervorgerufen. Die Stifte *d* halten letztere

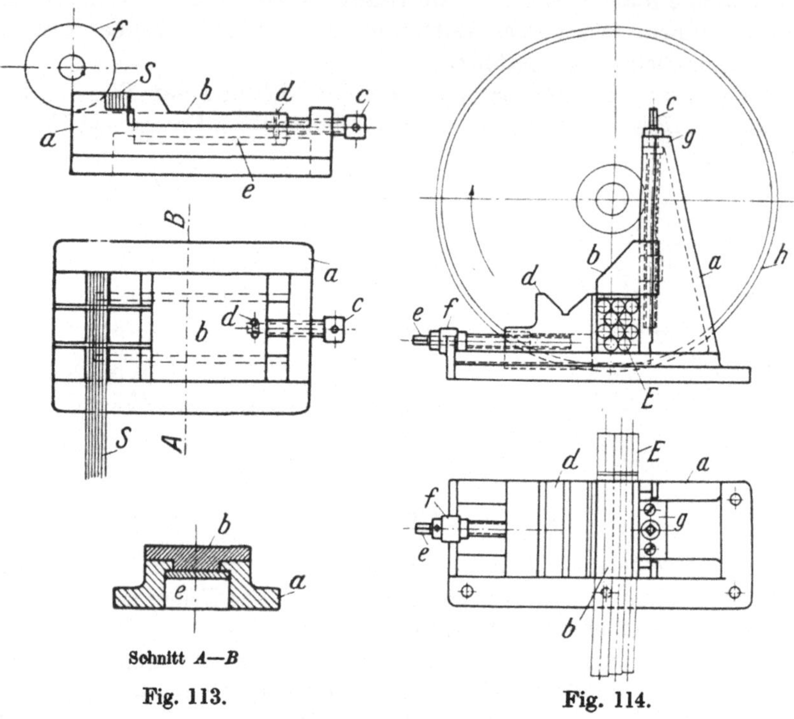

Fig. 113. Fig. 114.

in der Spannbacke fest. Die beiden Sägeblätter *f* sind auf einen Dorn gespannt, der von der Spindel der Maschine aus angetrieben wird. Die Vorrichtung ist einfach und praktisch und läßt sich in verschiedener Ausführung für manchen anderen Zweck gut brauchen.

Fig. 114 ist eine Spannvorrichtung für vielseitige Verwendbarkeit. Der Spannbock *a* ist mit der Grundplatte aus einem Stück verfertigt. In den Führungen der Grundplatte bewegt sich die Spannbacke *d*. Diese wird von der Spindel *e* aus betätigt. Letztere ist in dem angesetzten Blatt *f* gehalten. Die Spannbacke *b*, die sich an den seitlichen Führungen des Bockes *a* führt, wird von Spindel *c* aus betätigt. Diese ist in *g* gehalten. Beide Spannbacken besitzen Muttern für die Transportspindeln, wie aus der Abbildung ersichtlich ist. Die

Spannvorrichtung kann zum Spannen von Bunden benutzt werden. Diese sind mit *E* bezeichnet. Desgleichen können in der abgebildeten Lage Profileisen gespannt werden. Wird die untere Spannbacke *d* unter die obere geschoben, so bildet diese eine prismatische Unterlage für große runde Arbeitsstücke, z. B. Rohre und Wellen. Das Sägeblatt *h* dreht sich in der Pfeilrichtung gegen das eingespannte Material.

Eine interessante Spannvorrichtung ist in Fig. 115 abgebildet. In dieser werden Winkeleisen *W* gespannt. Jedoch können auch andere Materialien darin befestigt werden. Die Grundplatte *a* besitzt zwecks Befestigung auf

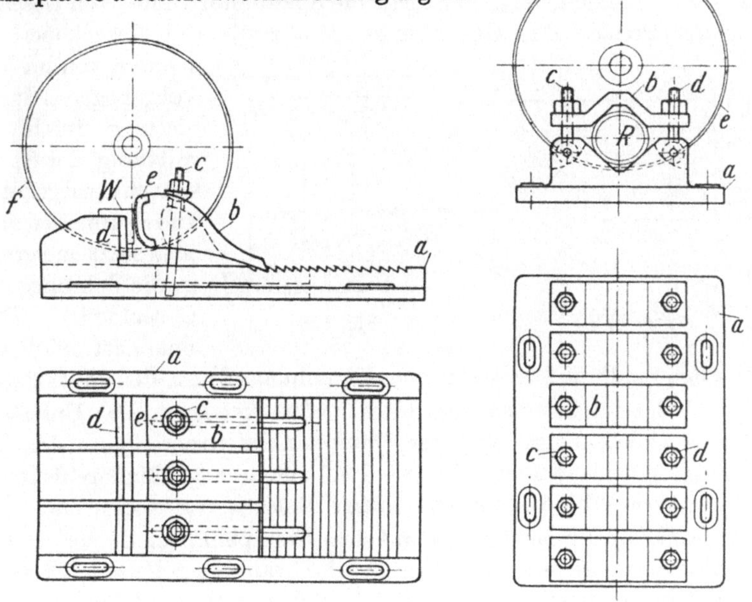

Fig. 115. Fig. 116.

dem Maschinentisch 6 Spannschlitze. Das hintere Teil ist als Gegenbacke ausgebildet. Das vordere Teil der Spannplatte weist eine Reihe von Riefen auf. In letzteren stützt sich die Spannbacke *b* ab. Je nach der Materialstärke wird der nächstgünstigste Zahn in der Platte gewählt. Die Spannschraube *c* sitzt beweglich in einem Schlitz der Spannplatte *a* und kann der Materialstärke entsprechend verschoben werden. Die Spannflächen an den Backen sind mit Stahlplatten *d*, *e* belegt, die an den Berührungsflächen gerauht sind.

Die Spannvorrichtung ist für mehrere, in diesem Falle für 2 bis 3 Schnitte eingerichtet. Aus dem Grunde sind auch 3 Spannbacken vorgesehen. Die Einzelspannung hat den Vorteil, das abgetrennte Stück gesondert zu halten, was bei den Vorrichtungen mit einer Spannung nicht immer zutrifft.

Die Sägeblätter *f* sind üblicher Konstruktion.

In Fig. 116 ist eine Spannvorrichtung für Rohrabschnitte *R* veranschaulicht. Die Grundplatte *a* weist 6 Prismen für die Rohraufnahme auf. Über jedem Prisma befindet sich eine Lasche *b*. Diese sind prismatisch gebogen und werden von den Scharnierbolzen *c* und *d* gespannt. Die Augen der Bolzen *c*, *d* befinden sich in den Einfräsungen der Prismen. Für die Abschnitte werden 6 Sägen *e* benötigt, die auf die übliche Art mit einander verbunden sind.

m) Für Pressen. Fig. 117 zeigt die Spannanordnung von Gesenken unter der Presse. Das Gesenkunterteil *a* sowie das Gesenkoberteil *b* werden von im Winkel gebogenen Spanneisen *c* durch Vermittlung der Spannschrauben *d* gehalten. Die Spanneisen *c* sind abgesetzt und greifen in die Bohrungen der Gesenkteile. Diese Spannart wird vielfach angewandt und ersetzt den Flanschanguß an den Werkzeugen.

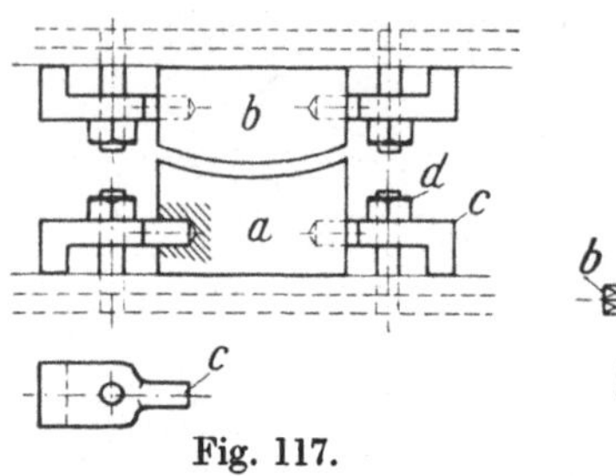

Fig. 117.

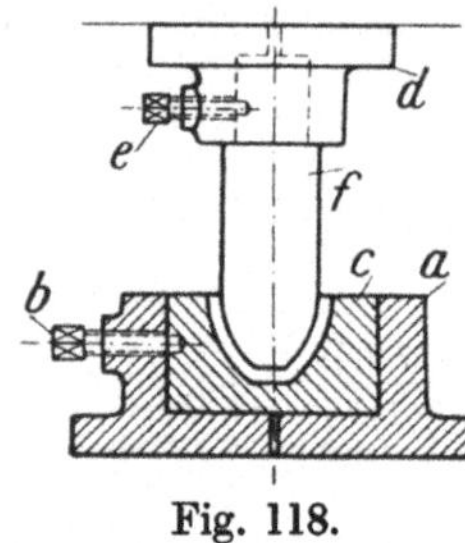

Fig. 118.

Fig. 118 zeigt das Spannen eines Preßwerkzeuges. Das Unterteil *c* stellt die äußere Form und der Stempel *f* die innere Form dar. Die Spannung geschieht beim Unterteil in einem sog. Matrizenhalter *a*. Die Spannschraube *b* stellt die einzige Befestigung von *c* dar.

Beim Stempel *f* besteht sie aus dem Stempelhalter *d*; der Stempel wird hier ebenfalls nur von einer Druckschraube *e* gehalten. Diese Art der Ausführung trifft man häufig, jedoch in anderen Formen an.

Fig. 119 stellt die Spannung einer Blechplatte *B* dar, die unter der Presse gebogen werden soll. Das Unterteil *a* und Oberteil *b* besorgen diese Arbeit in einem Arbeitsgang.

Das Blech *B* muß nach der Biegung die vorgeschriebene Länge aufweisen. Zu dem Zweck ist am Unterteil ein Anschlag angehobelt. Gegen diesen wird das Blech *B* geschoben. Die beiden Spannkloben *g* bestehen aus einem Winkel, der in *f* seinen Drehpunkt besitzt. Die Welle *d* ist mit 2 Exzenternaben *e* ausgerüstet. Letztere drehen sich in den Augen von *g*. Die Bewegung wird durch den Hebel *c* eingeleitet. Drückt man den Hebel herab, so ist das Blech gespannt. Entgegengesetzt dagegen entspannt.

Diese Spannvorrichtung ist auch für ähnliche Spannungen entsprechend zu verwenden.

n) Für Lochmaschinen. Hier sollen einige Spannmöglichkeiten an Lochmaschinen geschildert werden.

Fig. 120 stellt eine einfache Spannung einer Matrize *c* dar. Letztere besteht aus einem Stück Stahl und ist durch keine weiteren Elemente

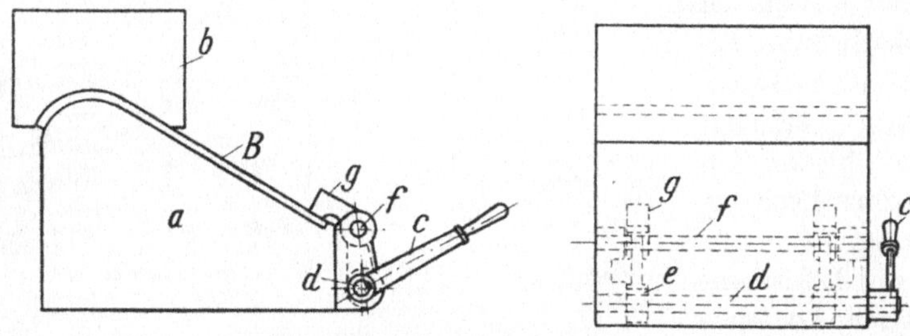

Fig. 119.

verbunden. Die Spannplatte *a* ist so ausgebildet, daß sie für mehrere Matrizen spannt. Diese Spannungsart ist unter Exzenterpressen beliebt. Zwecks Aufnahme besitzt die Spannplatte *a* zwei Ansätze. Der eine ist nach innen zu abgeschrägt. Der andere dagegen gerade ausgeführt. Letzterer nimmt die Druckschrauben *b* auf. Diese drücken die Matrize gegen die andere abgeschrägte Kante des Halters *a*. Wie man sieht, ist das Werkzeug äußerst solide festgespannt.

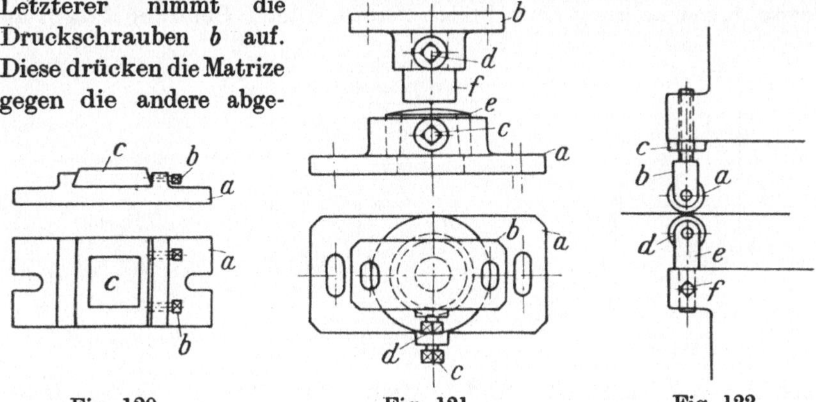

Fig. 120. Fig. 121. Fig. 122.

Fig. 121 stellt einen Stempel- und Matrizenhalter dar. Der Matrizenhalter *a* spannt die Matrize *e* mittels der gehärteten Druckschraube *c* fest. Für die Befestigungsschrauben sind im Flansch zur besseren Ausrichtung des Werkzeuges längliche Löcher vorgesehen. Dasselbe gilt auch vom Stempelhalter *b*. Hier wird der Stempel *f* durch Druckschraube *d* gespannt. Diese Anwendung dürfte wohl allgemein bekannt sein.

In Fig. 122 ist die Spannung eines Bleches an der Lochmaschine veranschaulicht. Die beiden Druck- oder Gleitrollen *a* und *d* spannen das Blech durch Vermittlung der Kloben *b*. Letztere besitzen einen Gewindezapfen, der sich in den Augen des Maschinenoberteils schraubt. Die Gegenmutter *c* stellt die Spindel fest. Der untere Kloben *e* besitzt einen glatten Zapfen, der mittels der Druckschraube *f* befestigt ist. Diese Anordnung befindet sich an beiden Seiten der Lochvorrichtung.

In Fig. 123 ist eine praktische Lochvorrichtung dargestellt.

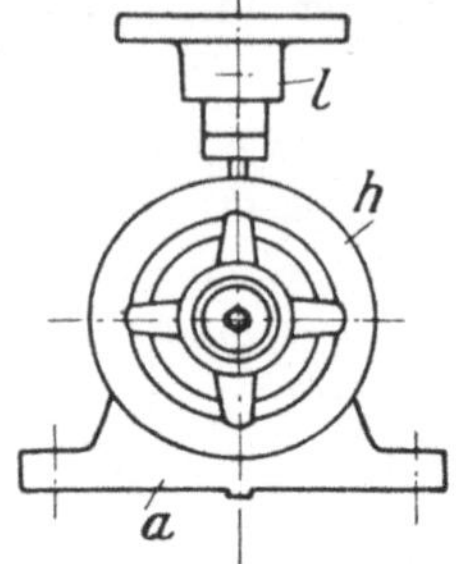

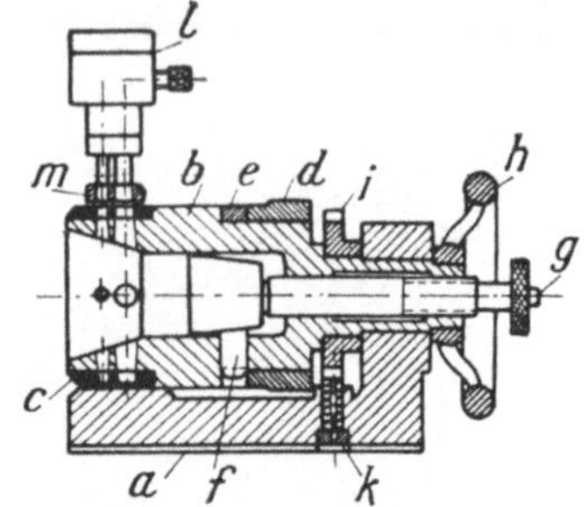

Fig. 123.

Hierbei interessiert aber vorwiegend die Spannvorrichtung. Auf dieser Vorrichtung werden zylindrische Mäntel aus Blech gelocht.

Das Unterteil *a* nimmt im Auglager die Drehmatrize *b* auf. Die eigentliche Stahlmatrize *c* besteht aus einem Ring mit 4 Paar Löchern. Diese münden alle nach der Mitte zu, von wo aus die Putzen infolge der schrägen Bohrung nach hinten herausgleiten. Der Ring *d* dient als

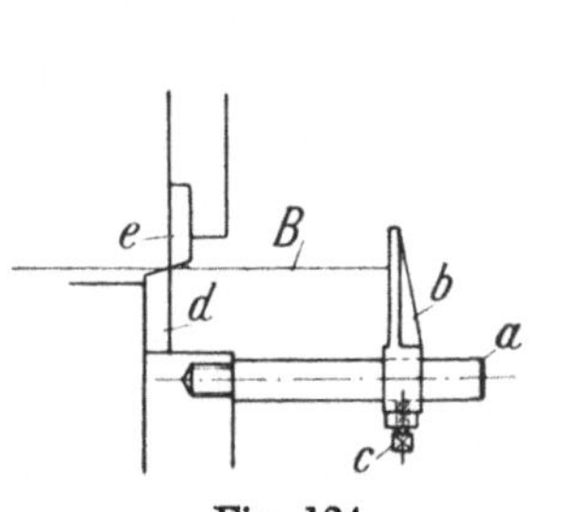

Fig. 124.

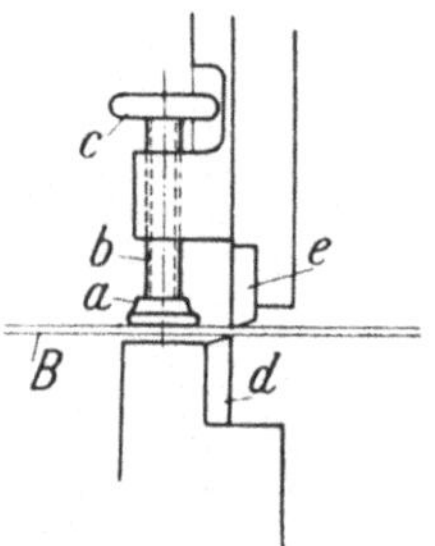

Fig. 125.

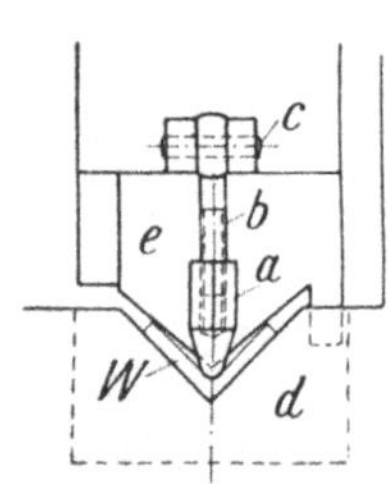

Fig. 126.

Anschlag für den Blechmantel. Zwischen dem Ring *d* und dem Drehkörper ist eine Nut ausgebildet, in der sich der spreizbare Ring *e* befindet. Letzterer ist einmal durchgeschlitzt. Der Keil *f* ist so in den Ringschlitz eingepaßt, daß er sich nach Aufheben des Druckes selbsttätig wieder herauszieht. Die Gewindespindel *g* trägt einen gekordelten Handknopf. An diesem wird die Spindel *g* heraus- und hineingedreht. Durch diese Bewegung schiebt sich der Keil *f* infolge der schrägen Fläche zwischen den Ringschlitz und spreizt diesen Ring auseinander, also gegen die Wandung des Bleches. Vermittels des Handrades *h*, das auf dem Ansatz von *b* befestigt ist, wird die Matrize gedreht. Die Teil- resp. Rastenscheibe stellt die Matrize in Stellung. Der Schnepper *k*, der infolge der Federspannung in die Rasten der

Scheibe *i* gedrückt wird, sichert die Stellung. Der Stempelhalter mit Stempel ist mit *l* bezeichnet. Der Abstreifer *m* ist bekannter Konstruktion. Aus dem Längsschnitt der Abbildung ist der Vorgang klar ersichtlich.

o) Für Scheren. Nachstehend sollen einige Spannmöglichkeiten für Scheren wiedergegeben werden.

Fig. 124 bezeichnet einen verstellbaren Anschlag *a* mit *b*. Die Stange *a* befindet sich auf der Rückseite der Scherenmesser *e* und *d*. Der mittels der Druckschraube *c* befestigte Anschlagkloben *b* begrenzt das zwischen die Messer geschobene Blech *B*.

Fig. 125 stellt die Gegenspannung gegen das Kanten von kurzen Materialstücken beim Schneiden unter der Schere dar.

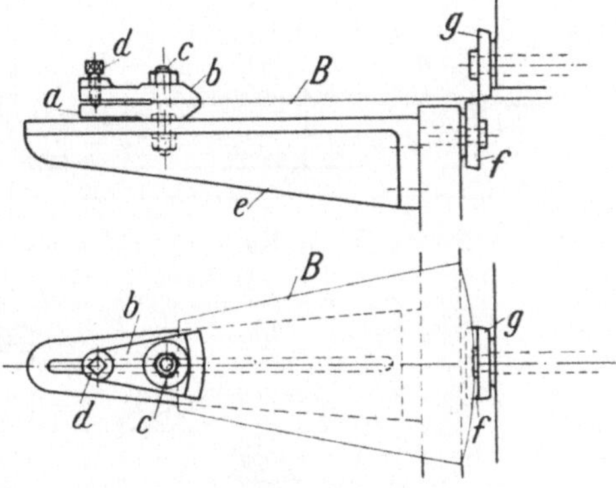

Fig. 127.

Das Material *B* wird zwischen die beiden Messer geschoben und mittels der Spannschraube *b* so gehalten, daß es eine wagerechte Lage einnimmt. Die Spannschraube *b* wird durch das kleine Handrad *c* am oberen Ende verstellt. Am unteren Ende befindet sich der aufgesetzte Stahlkopf *a*. Man wählt für letzteren Stahl, weil die Drücke ziemlich stark auftreten und somit im anderen Fall ein Verschleiß eintreten würde.

Fig. 126 zeigt die Befestigung von Winkeleisen gegen Verkanten. Das Winkeleisen *W* wird zwischen die beiden Messer *e* und *d* geschoben. Der pendelnde Halter *a* ist mit Flachgewinde versehen, in welchem sich die Spindel *b* schraubt. Dieses hat den Zweck, die Winkeleisenstärken ausstellen zu können. Am oberen Ende ist die Spindel *b* in *c* aufgehängt. Letzteres hat den Zweck, das Eisen *W* bequem aus- und einführen zu können.

Fig. 127 stellt eine Spannvorrichtung zum Schneiden von kleinen Radien dar.

Die beiden Messer *g* und *f* sind als Scheiben ausgebildet. Das zu schneidende Blech *B* wird in die Klemme *a* und *b* gespannt. Der Bolzen *c* trägt in der Mitte einen Bund und wird hier in Verbindung mit der unteren Mutter im Längsschlitz des Bockes *e* festgezogen. Die Druckschraube *d* wirkt durch Anziehen auf das Unterteil und spannt das Blech *B* wie in einer Zange fest. Der Bolzen *c* bildet den Drehpunkt des zu schneidenden Radius, wie aus der Abbildung ersichtlich ist.

p) Für Feilmaschinen. Fig. 128 veranschaulicht eine praktische Spannvorrichtung für Feilmaschinen.

Diese wird für die Herstellung von Schneideeisen verwendet. Die Grundplatte *a* wird auf dem Feilmaschinentisch mittels zweier Schrauben befestigt. Zwei seitliche Führungen *b* nehmen den Schieber *c* auf. Letzterer besteht aus einem Rahmen, in welchem sich die beiden Spannbacken *d* und *e* befinden. Die letztere ist mit dem Rahmen verschraubt. Die erstere dagegen ist mittels der Spannschraube *f* verschiebbar angeordnet. 2 seitliche Deckleisten *g* decken die Führung von *d* ab. Die Spannbacken besitzen prismatische Aufnahme für das Schneideeisen *S*. Der Gegenzug des Schneideisens gegen die Feile *m* wird durch das Gegengewicht *i*, das durch Auflegen von Platten reguliert wird, eingeleitet. Die Öse auf der feststehenden Backe *e* ist mit dem Drahtseil *h* verbunden. Dieses läuft über die Rolle *k* zum Gewicht *i*.

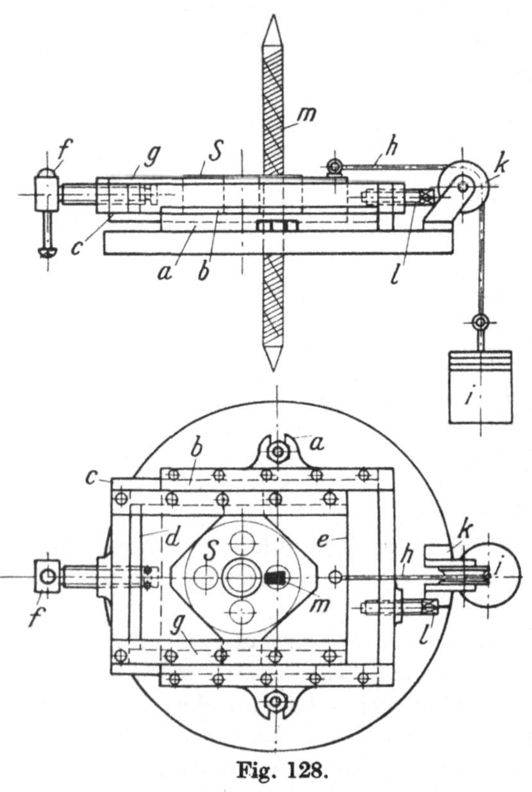

Fig. 128.

Um stets gleichbleibende Feilflächen zu erhalten, ist die verstellbare Anschlagschraube *l* vorgesehen. Nach der gewünschten Tiefe stößt der Rahmen *c* gegen letztere und begrenzt die Feilarbeit. Die Art und Wirkungsweise ist in den Figuren zu erkennen.

In Fig. 129 ist eine ähnliche Spannvorrichtung zum Feilen von Kurven oder Schablonen dargestellt. Die untere Supportführung *a* ist auf dem Feilmaschinentisch befestigt. Die Führungsleisten *b* decken die Führungen für den Längssupport *c* ab. Letzterer nimmt in seinen Führungen *d* den Quersupport *e* auf. Der Quersupport besitzt 3 T-Nuten zum Spannen der Arbeitsstücke *L*. Dieses wird von den beiden Klobenspanneisen *m* auf die einfachste Weise erreicht. Um nun die gewünschte Form von *L* feilen zu können, ist in dem Boden *a* die

Führungsschablone *f* eingebaut. An dieser führt sich die Führungsrolle *g*. Letztere ist an einem Bolzen mit *e* verbunden. In dem Längssupport *c* ist ein Schlitz eingearbeitet, durch welchen sich die Führungsrolle resp. deren Bolzen führen läßt. Die Feile *l* wird demnach das Material nur so weit fortnehmen, bis die Führungsrolle *g* gegen *f* stößt. Der dauernde Kontakt zwischen Feile und Werkstück wird auch hier durch ein Gegengewicht *i* bewerkstelligt. Das Drahtseil *h* ist an zwei Stellen des Längssupports befestigt, wie die Figur zeigt. Die Ablenkung des Seiles *h* findet durch die Rolle *k* statt. Auch hier wird der Gegenzug vermittels Auflegeplatten reguliert. An Stelle der Kurvenschablone *f* können auch geschweifte Schablonen usw. verwendet werden.

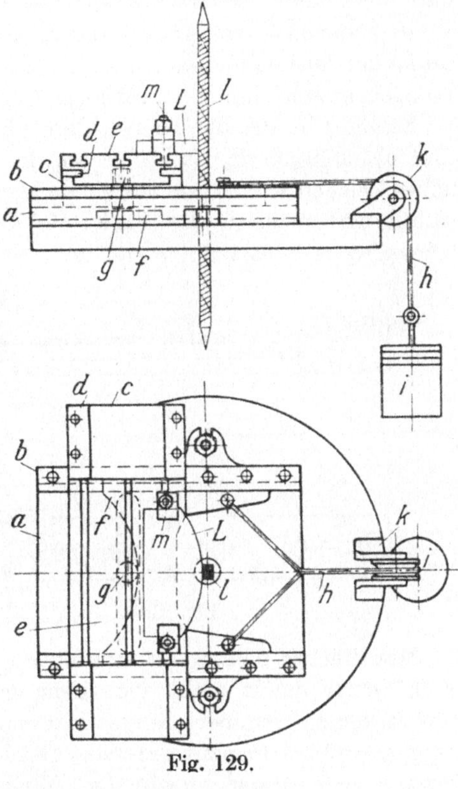

Fig. 129.

Die Feilmaschinen erfreuen sich einer großen Beliebtheit, da sie dem Schlosser, sowie dem Werkzeugmacher manche Arbeit des Feilens abnehmen.

Mögen diese beiden Vorrichtungen für die Aufspannmöglichkeiten für diese Maschinengattung manche Anregung geben, um das Gebiet dieser Maschinen noch mehr zu vergrößern.

3. Bohrvorrichtungen.

a) Für Bohrmaschinen. Das Kapitel für Bohrvorrichtungen ist mit eins der wichtigsten. Gerade die Bohrvorrichtungen sind es, die bei der Fabrikation hauptsächlich ins Gewicht fallen. Fast jedes Arbeitsstück weist Bohrungen auf, deren Ausführung die Austauschbarkeit sowie die Präzision des Arbeitsstückes beeinflußt. Man mag ein Arbeitsstück noch so gut auf der Anreißplatte vorzeichnen, Differenzen lassen sich nicht vermeiden. In dem Moment, in dem selbst die geringste Differenz auftritt, hört die Austauschbarkeit auf. Abgesehen von dem großen Zeitverlust, den das Vorzeichnen verursacht.

Den großen Fortschritt, den unsere Automobilindustrie errungen hat, verdankt sie in erster Linie der Austauschbarkeit der Teile. Dieses kann aber nur durch zweckentsprechende Vorrichtungen erreicht werden.

Je höher die Vervollkommnung dieser Vorrichtungen steht, desto leichter ist der Austausch. Jeder Käufer wird dem Fabrikat den Vorzug geben, von dem er weiß, daß er bei etwaigen Reparaturen sofort Ersatz bekommt.

Sehen wir uns die Entwicklung der Schreibmaschinenindustrie an und betrachten wir die Höhe, auf der sie zur Zeit steht. Ein untrügliches Zeichen war es, als für einige Typen keine Ersatzteile zu erhalten waren und dadurch die Preise für diese trotz ihrer guten Präzision herabgingen. Daraus ersieht man, daß die Vorrichtungen in weiten Kreisen ihrem Wert nach voll eingeschätzt wurden. Denn es ist ein unsicheres Gefühl, bei eintretendem Maschinenbruch ein Ersatzteil von Hand anfertigen zu lassen, wenn nicht gar dadurch den ganzen Mechanismus zu verderben.

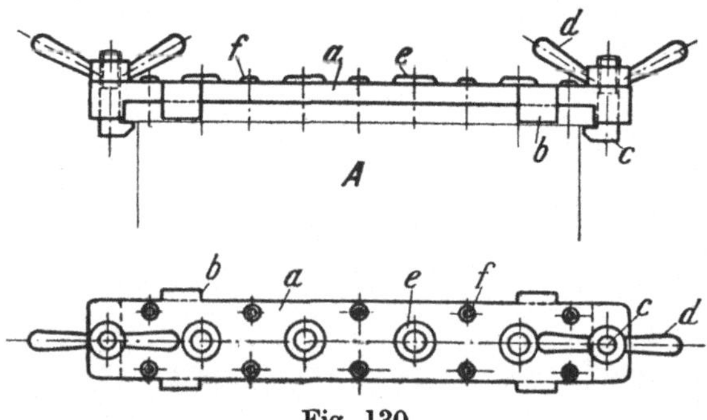

Fig. 130.

Man könnte mehrere Bände über Bohrvorrichtungen schreiben, jedoch würde damit nicht viel mehr erreicht, als wenn man aus den verschiedenen Gruppen einige Gattungen herausgreift. Viele Vorrichtungen sind im Prinzip einander gleich und nur durch die Dimensionierung voneinander verschieden. Würde man alle diese Fälle bringen, so würde ihre Durchsicht bald ermüden. Es soll stets eine entsprechende Spanne zwischen den Typen vorhanden sein, auf die Weise wird die Kombination erregt und es entwickeln sich unter Anwendung des Gebotenen neue Formen.

Es soll mit den einfachsten Bohrvorrichtungen der Anfang gemacht werden. In Fig. 130[1]) ist eine Bohrvorrichtung zum Bohren von Laschen dargestellt. Die Platte *a* besitzt seitlich je 2 Anschläge *b* für die Lasche *A*. Letztere befindet sich an einem Gehäuse und läßt allseitig einen Rand frei. Dieser dient zum Anspannen der Bohrplatte *a*. Man hat zu diesem Zweck an den Enden je einen Spannkloben mit Hakenschraube *c* vorgesehen. Diese geht durch den angegossenen Kloben und wird mittels der Knebelschraube *d* angezogen. Die Bohrbuchsen *e* sind für Rohröffnungen vorgesehen und die Bohrbuchsen *f* für die Befestigungsschrauben einer Kappe.

[1]) Die Werkzeugmaschine 30. Juli 1917, S. 279.

Auf die Art lassen sich unzählige Bohrvorrichtungen herstellen.

Fig. 131[1]) stellt das Bohren eines Gehäuses *G* dar. Die Bohrplatte *a* wird mittels zweier Haken *b* von innen am Flansch befestigt. Die Haken sind mit rundem Schaft ausgebildet, so daß sie sich im Loch der Bohrplatte *a* verdrehen lassen. Das hat seinen Grund darin, um die Schablone leichter, ohne Verdrehung, abheben zu können. Als Anzugselement dienen Keile *c*, die außerdem an beiden Enden mit Stiften begrenzt sind, um ein Herausfallen derselben zu verhindern. Um die Bohrplatte *a* winklig zum Gehäuse *G* ausrichten zu können, sind die beiden Führungen *d* an der Platte vorgesehen. Hierhinein wird der Flanschwinkel *e* mit seinem Schaft gelegt. Der seitwärts herabhängende Schenkel besitzt einen Querschenkel, der sich an den abgerichteten Flansch von *G* legt und so die Bohrplatte winkelig zu letzterem stellt.

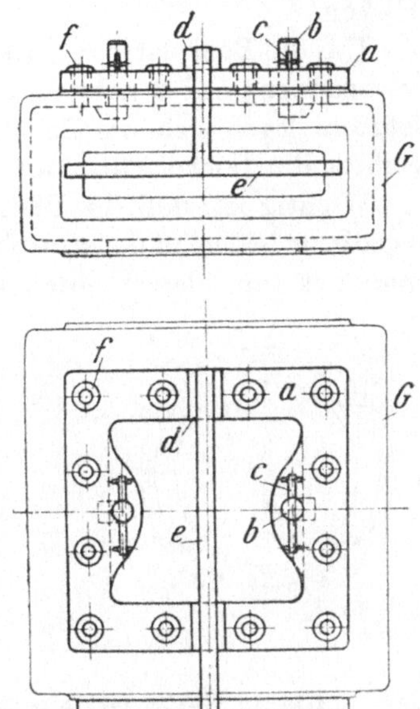

Fig. 131.

Die Bohrbuchsen *f* sind normaler Ausführungen, wie sie bereits in dem 1. Kapitel beschrieben worden sind.

In Fig. 132[2]) ist eine Ringschablone dargestellt. Diese dient zum Bohren eines Ventilkörpers *V*. Die Bohrplatte *a* besteht aus einem

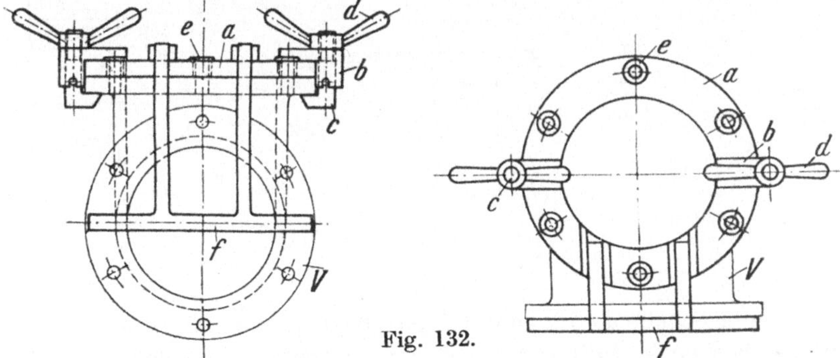

Fig. 132.

Ring, in welchem die Bohrbuchsen *e* eingesetzt sind. Der Ring *a* wird vermittels zweier Hakenschrauben *c* gespannt. Diese sitzen in den beiden Führungskloben *b*. Die Knebelschrauben *d* dienen als Anzug.

[1]) Die Werkzeugmaschine 30. Juli 1917, S. 279.

[2]) Die Werkzeugmaschine 30. Juli 1917, S. 279.

Seitlich in den Hakenschrauben *c* sind Führungsstifte eingesetzt. Diese legen sich in Einfräsungen von *b* und hindern so das Verdrehen der Haken.

Um die Bohrplatte *a* winklig zu dem vorderen Flansch des Gehäuses zu spannen, sind 2 nebeneinander liegende Führungen angebracht. In letztere legen sich die Schenkel von *f*. Die Querleiste des Winkels *f* richtet die Bohrplatte *a* an dem vorderen Flansch aus.

Wichtig ist, daß die Flanschwinkel nicht durch unsachgemäße Behandlung leiden und dadurch unrichtig anzeigen. Zu dem Zweck wird man gut tun, hierfür einen geeigneten Platz zu schaffen.

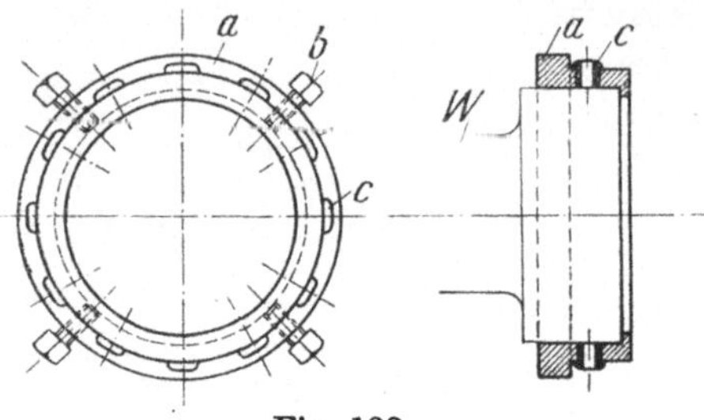

Fig. 133.

Fig. 133 zeigt eine Ringschablone, mittels der in dem Umfang der Nabe von *W* Speichenlöcher gebohrt werden. Der Ring *a* ist an der Stelle, wo die Druckschrauben *b* sitzen, besonders verstärkt, um ein längeres Gewinde zu erhalten und die Stabilität des Ringes zu erhöhen. An der vorderen Seite ist ein Ansatz im Ring vorgesehen, der als Anschlag für das Werkstück *W* bestimmt ist. Die Bohrbuchsen *c* sind üblicher Ausführung.

In Fig. 134 ist eine Bohrschelle veranschaulicht. Die Welle *W* wird auf 2 Prismenunterlagen *g* gelagert. Die Bohrvorrichtung besteht aus

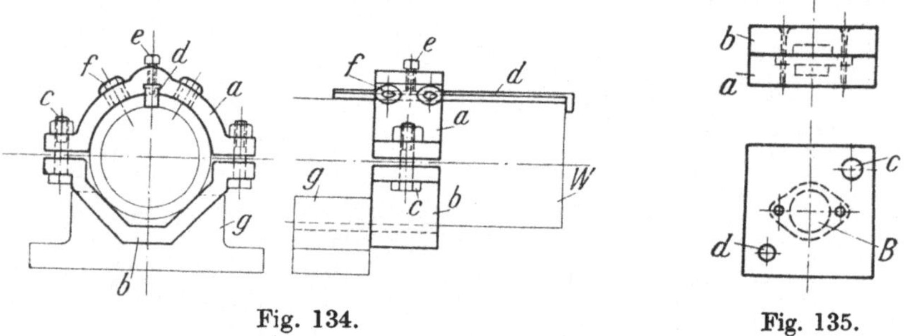

Fig. 134. Fig. 135.

der oberen Schelle *a*, die dem Körper *W* angepaßt ist, sowie aus der unteren Schelle *b*, die als Spannelement ausgebildet ist und daher eine prismatische Form resp. Aufnahme besitzt.

Die Aufspannung geschieht vermittels der beiden Mutterschrauben *c*. Um der Vorrichtung stets die richtige Lage zu erhalten, ist der Hakenanschlag *d* vorgesehen. Dieser faßt mit dem Haken um das vordere Ende der Welle. Der Anschlag ist T-förmig ausgebildet und führt sich in der Nut von *a*. Die Druckschraube *e* spannt den Anschlag fest. Die beiden Bohrbuchsen *f* sind radial eingesetzt. Bei der Montage dieser ist gerade ihrer Schräglage wegen besonders aufzuachten. Hier kann leicht ein Schiefsitzen die Vorrichtung verderben.

Fig. 135 zeigt eine Kastenlehre einfachster Bauart. Infolge der kleinen Bohrlöcher braucht die Vorrichtung keinen Verschluß. Das

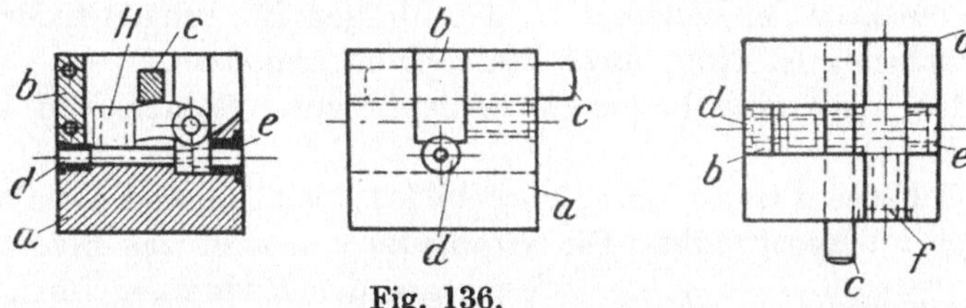

Fig. 136.

Oberteil *b* ist direkt aus Werkzeugstahl angefertigt. Das Unterteil *a* dagegen aus Eisen. Die Aufnahme des kleinen Ansatzflansches ist im Unterteil *a* eingefräst. Nur der obere Rand des Flansches *B* ist im Deckel *b* eingedreht. Die Fixierung der beiden Vorrichtungshälften ist durch 2 Stifte durchgeführt. Der Stift *d* ist etwas schwächer gehalten als der Stift *c*, um einem Vertauschen der Deckellage entgegen zu wirken. Diese Stiftanordnung ist bei verschiedenen Vorrichtungen mit gutem Erfolg durchgeführt.

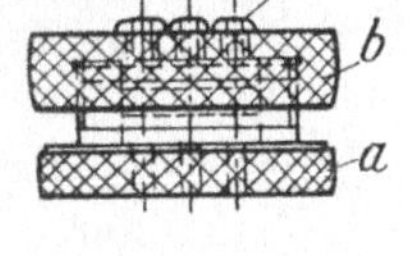

In Fig. 136 ist das Bohren eines Bürstenhalters veranschaulicht.

Das Gehäuse *a* ist aus einem Stück gearbeitet, in welchem die Nuten für die Aufnahme des Arbeitsstückes *H* eingefräst sind. Die Längsnut ist durch das Stück *b* verschlossen worden. Unterhalb des Verschlußstückes sitzt die Bohrbuchse *d*, außerdem ist der übrige Lauf des Bohrkanals mit einer Stahlbuchse ausgefüttert. Dieser Bohrung gegenüber liegt die Buchse *e*. Sie dient für den Durchgang der Spannschraube am Halter *H*. Die vorhergehende für das Gewindeteil in der gleichen Bohrung. Die Buchse *f* ist für das Bohren des Halterloches bestimmt. Diese Buchse sitzt in einem Verschlußstück der Quernut. Die Nut mußte für die Spannlappenaufnahme an *H* gefräst werden. Als Verschluß dient der Keil *c*. Letztere Befestigungsart ist bei kleinen Lehren sehr beliebt. Die Bohrbuchsen sind an dieser Vorrichtung mit versenktem Bundkopf ausgeführt, um eine gute Auflage der Vorrichtung zu erhalten.

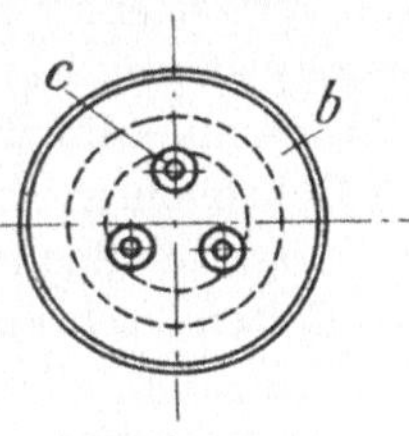

Fig. 137.

Fig. 137 zeigt eine Bohrvorrichtung in Kapselform. Das Unterteil *a* besitzt an seinem Ansatz Gewinde für die Aufnahme des Oberteiles *b*.

Die Außenränder beider Teile sind ränderiert, um ein bequemes Verschrauben zu gestatten.

Die Bohrbuchsen *c* sind üblicher Ausführung.

In dieser Vorrichtung werden kleine Scheiben gebohrt. Um ein etwaiges Verschieben der Scheiben nach dem ersten Loche zu vermeiden, wird ein zugepaßter Dorn in das zuerst gebohrte Loch gesteckt und dadurch die Lage der Scheiben zu den übrigen Bohrungen fixiert. Die Bohrvorrichtung ist trotz ihrer Einfachheit praktisch.

Fig. 138 zeigt eine kleine Kastenlehre zum Bohren von kleinen Kloben *L*.

Das Gehäuse *a* ist U-förmig ausgebildet. Seitlich sind als Abschluß 2 Laschen *b* angeschraubt. Die Flachfeder *c* spannt das Bohrstück *L* fest gegen den Boden der Vorrichtung. Bei diesen kleinen Vorrichtungen, bei denen es sich um Bohrlöcher bis 3 mm handelt, kann man auf besondere Verschlüsse oder Verriegelungen verzichten. Die kleinen Bohrbuchsen *d* sind bekannter Ausführung. Vielfach wird auch bei diesen kleinen Vorrichtungen das ganze Mittelstück aus Stahl angefertigt und mit Bohrlöchern versehen, da die Anfertigung dieses, nach Auslaufen der Bohrlöcher, bald nicht teurer kommt als die Buchsen selbst. Jedoch ist das von Fall zu Fall zu entscheiden.

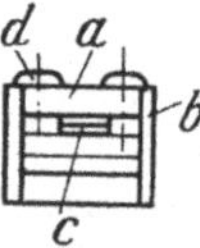

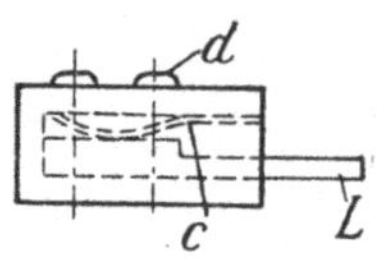

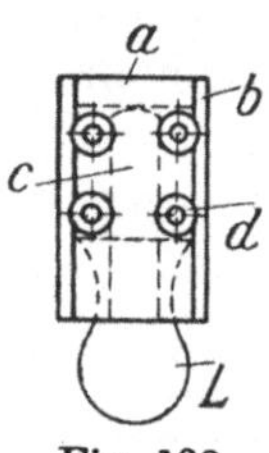

Fig. 138.

Fig. 139[1]) stellt eine Bohrvorrichtung für Kettenglieder dar. Das Unterteil *a* ist eine kreisförmige Platte, welche zum Zweck einer besseren Auflage am Boden ausgespart ist. Auf die Grundplatte *a* ist die Formplatte *c* geschraubt, in derselben sind die 4 Aufnahmen für die Kettenglieder eingearbeitet. Die Deckplatte *b* trägt die Bohrbuchsen *h* für den Kettenstab und *i* für die Zwischengliederverbindung. Die Spannung wird mittels der Knebelschraube *d*, die sich auf den Bolzen *e* schraubt, bewerkstelligt. Um ein Vertauschen des Deckels *b* zu vermeiden, sind die beiden Stifte *f* und *g* vorgesehen. Ersterer ist stärker ausgebildet, um ein Verwechseln derselben beim Aufsetzen des Deckels zu vermeiden.

Diese einfache und zweckentsprechend konstruierte Vorrichtung kann als Vorbild für ähnliche Werkstücke dienen. Das Werkzeug zum Bohren der Löcher ist ein vierspindeliger Bohrkopf. Demnach wird das Bohren der 4 Kettenglieder in 3 Arbeitsgängen bewerkstelligt, was eine große Zeitersparnis bedeutet.

In Fig. 140 ist das Bohren eines Ansatzflansches *F* veranschaulicht. Diese Vorrichtung ist äußerst einfach ausgebildet und entspricht trotzdem ihrem Zweck.

[1]) Die Werkzeugmaschine 30. Juli 1917, S. 279.

Die Grundplatte *a* trägt den Spannbolzen *c*. Letzterer ist in der Platte *a* mittels Gewinde befestigt. Die Raupenschraube *e* sichert den Bolzen gegen ein Herausdrehen aus der Platte. Als Spannung dient die Schlitzmutter *d*. Die Bohrplatte *b* mit den Bohrbuchsen *g* wird auf den zu bohrenden Flansch *F* fest aufgespannt. Auch hier ist ein vierspindeliger Bohrkopf am Platze.

Um nun die Vorrichtung für mehrere Größen zu verwenden, werden sog. Kaliberringe *f* austauschbar benutzt. Desgleichen auch die Bohrplatte *b*.

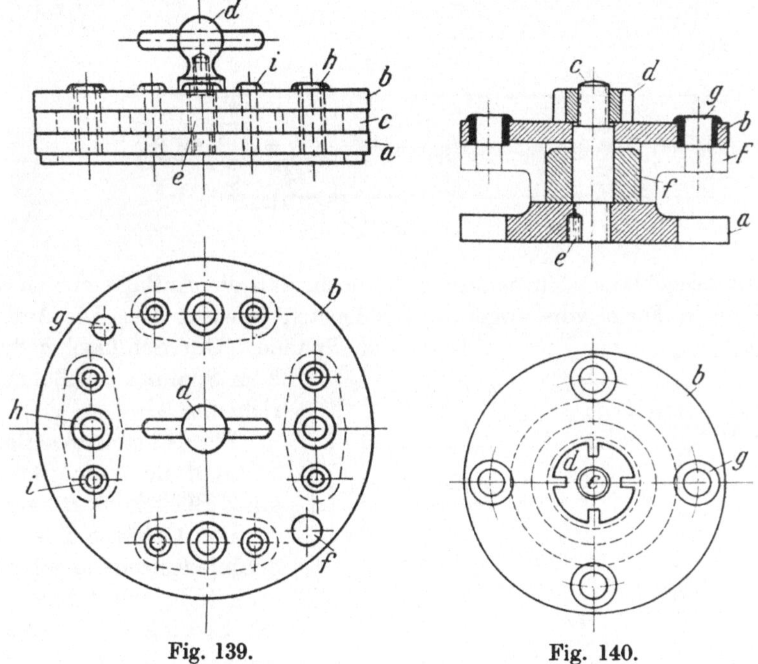

Fig. 139. Fig. 140.

Fig. 141[1]) zeigt eine Kastenbohrvorrichtung für Verbindungsglieder. Das Gehäuse *a* besteht aus einem U-förmigen Gußstück. 4 seitlich angebrachte Begrenzungsstücke *e* fixieren die Lage der 5fach aufeinander geschichteten Verbindungsglieder.

Der Deckel *b* besteht aus Gußeisen und ist mittels Scharnier mit dem Unterteil *a* verbunden. Der Verschluß besteht aus einer abklappbaren Schraube *c*, die in eine Ausfräsung des Deckels greift. Um die Lage des Deckels wirksam zu sichern, sind am Verschlußende des Gehäuses *a* seitliche Knaggen angehobelt.

Die beiden Druckschrauben *d* werden leicht angezogen, so daß die Arbeitsstücke nicht frei beweglich sind. An Stelle dieser Druckschrauben

[1]) Die Werkzeugmaschine 30. Juli 1917, S. 284.

dürfte schon eine Blattfeder genügen. Letztere wird für derartige Vorrichtungen häufig angewendet. Die Bohrbuchsen *f* und *g* sind wie be-

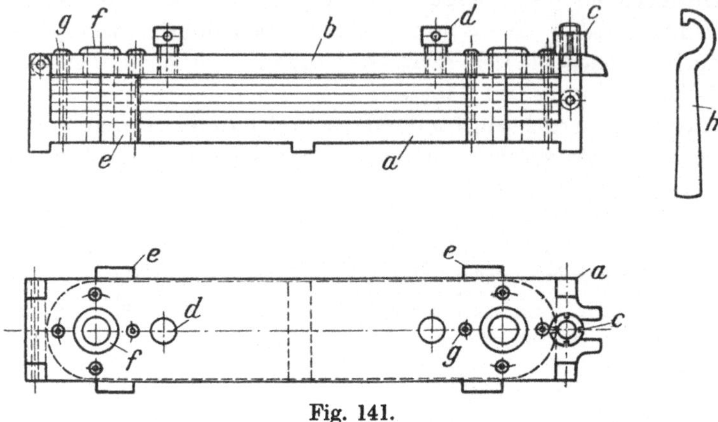

Fig. 141.

kannt ausgebildet. Zu bemerken ist noch, daß die Auflage nur an drei Stellen in Form von angehobelten Leisten bewirkt ist. Die Auflage sichert gegen das Unterschieben von Spänen. Der Schlüssel *h* dient zum Spannen der Bohrvorrichtung.

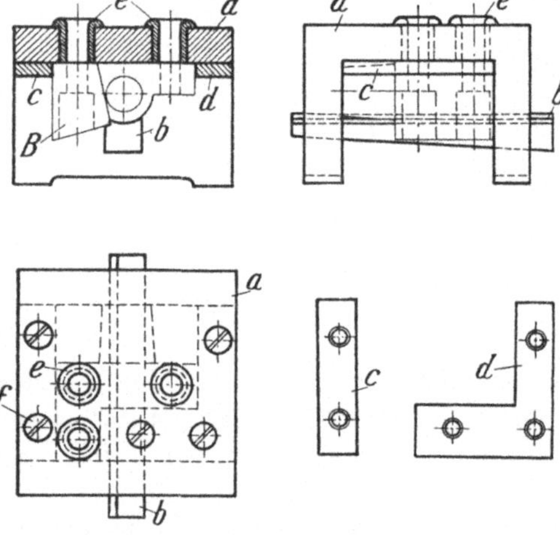

Fig. 142.

Fig. 142 stellt eine Bohrvorrichtung zum Bohren eines Böckchens *B* dar.

Das Gehäuse *a* ist aus Schmiedeeisen angefertigt und stellt eine U-Form dar. Der Spannkeil *b* ist so ausgebildet, daß er auf dem Auge des Böckchens *B* zu liegen kommt. Die Fixierung des Arbeitsstückes geschieht durch die Gegenlagen *c* und *d*. Letztere sind in der Figur seitlich herausgezeichnet. Die Befestigung derselben geschieht mittels der Schrauben *f*. Die Bohrbuchsen sind hier mit *e* bezeichnet. Die Auflage der Vorrichtung besteht in 4 Punkten unter den geltenden Grundsätzen.

Fig. 143[1]) stellt das Bohren eines Motorschildes *D* (Bürstenseite) dar. Die Aufnahme des letzteren geschieht durch den Ansatz des Schildes.

[1]) Zeitschr. f. prakt. Maschinenbau 16. Mai 1914, S. 724.

Dieser legt sich in eine Ausdrehung am Boden der Vorrichtung. Das Gehäuse *a* ist U-förmig ausgebildet. Die beiden Seitenteile ragen ein Stück über den Deckel *b* hinaus, um beim Bohren der Befestigungslöcher im Schilde *D* eine freie Auflage zu erhalten. Der Deckel *b* ist so ausgebildet, daß er sich mit seinen Ansätzen in den beiden Seitenschlitzen von *a* verriegelt. Die Schraube *c* trägt eine Druckplatte mit Zapfen. Letzterer legt sich in die Bohrung des Lagers *D* und zen-

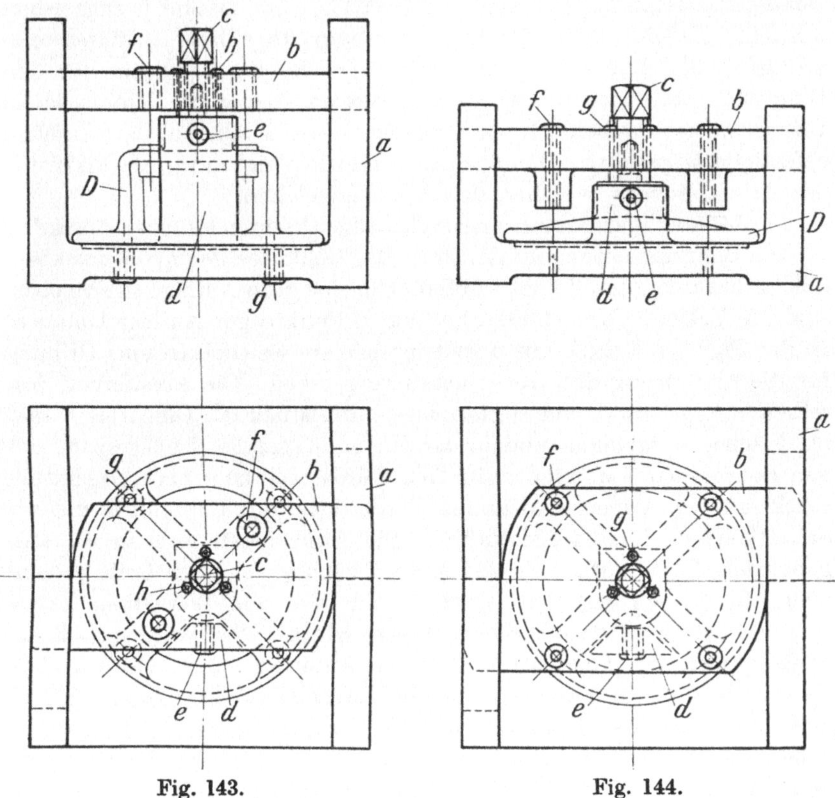

Fig. 143. Fig. 144.

triert so den Deckel *b*. Die Druckscheibe legt sich auf die Lagerseite und spannt den Deckel fest. Die beiden Bohrbuchsen *f* sind für den Bürstenhalter, die Bohrbuchsen *h* für den Lagerverschlußdeckel bestimmt. An der vorderen Seite befindet sich ein Anguß *d*. Dieser trägt die Bohrbuchse *e* für die Ölablaufschraube. Nach Umkehrung der Bohrvorrichtung wird die Flanschseite gebohrt. Die Buchsen *g* dienen den Befestigungsschrauben des Flansches am Gehäuse des Motors.

Beim Entfernen des Werkstückes *D* wird nur die Schraube *c* gelöst und darnach der Deckel *b* aus den Seitenschlitzen des Gehäuses *a* gedreht.

Die Fig. 144[1]) dient zum Bohren des Lagerschildes *D* an der Riemenscheiben- oder Triebseite des Motors. Das Gehäuse *a* ist ähnlich dem in Fig. 143 nachgebildet worden. Die Verriegelung des Deckels *b* ist ebenfalls die gleiche, indem sich die Seitenansätze in die Schlitze von *a* legen. Die Schraube *c* setzt sich auch hier mit der Druckplatte nebst den Führungszapfen im Lager des Schildes *D* fest. Nur braucht die Vorrichtung zum Bohren der Befestigungsschraubenlöcher nicht gewendet zu werden. Hier sind die Buchsen *f* im Deckel *b* angeordnet worden. Nabenförmige Ansätze unterhalb des Deckels führen einwandsfrei den Bohrer für die Löcher. Die Buchsen *g* dienen für den Ring zum Befestigen des Dichtungsfilzes am Lager der Motorscheibe. Das Ölablaßschraubenloch wird von der Buchse *e*, die auf dem Ansatz *d* befestigt ist, gebohrt. Die Ansätze *d* bilden gleichzeitig die Fixierung des Arbeitsstückes zwischen den Schilderspeichen.

Fig. 145 stellt das Bohren eines sechspoligen kleinen Motorgehäuses dar.

Die Bohrvorrichtung ist der Form des Gehäuses angepaßt und ebenfalls sechskantig ausgebildet worden. Um eine gute Auflage zu erreichen, sind die Ecken so ausgebildet, daß nur 4 Punkte zur Auflage kommen. In der Figur sind diese mit *b* gekennzeichnet. Seitlich ist eine Öffnung für die Einführung des Werkstückes vorgesehen. Die Arretierung desselben erfolgt durch ein dreiarmiges Mittelstück *g*. Die Arme *h* sind als Flächen ausgebildet und in der Mitte entsprechend ausgespart, um den Bohrer, der auf diese auftreffen würde, frei zu geben. Das Mittelstück mit den Armen wird an der Vorderseite durch 3 Schlitze mit der Schaftbohrung hindurchgeschoben. Die Arme legen sich an die ausgebohrten Polschuhflächen des Motorgehäuses an. Der Griff *g* dient zum Einschieben des Mittelstückes. Um nun das Werkstück festzuspannen, ist eine federnde Platte *c* angeordnet. Diese wird mittels der beiden Zugfedern *f* gespannt. Für die Aufnahme der beiden Federn sind seitlich je ein Lappen *d* an die Vorrichtung angegossen. Durch diese gehen die Federbolzen *e* mit am Ende aufgesetzten Ringen, an denen sich die Federn *f* abstützen. Um nun der Platte *c* einen sicheren Halt zu gewähren, ist sie in eine Aussparung eingepaßt. Letzteres ist besonders darum wichtig, weil die Platte *c* die Bohrbuchsen *i* trägt. Die mittlere davon gilt für das Gewindeloch für den Tragring am Motor. Die übrigen Buchsen gelten für die Befestigung der Polschuhe im Motorgehäuse.

An Stelle der Einführungsöffnung für das Gehäuse muß das letztere einmal gewendet werden, was bei der Einfachheit der Befestigung aber keinen größeren Zeitverlust bedeutet.

Das Vorstehende ist eine brauchbare Bohrvorrichtung für ähnliche Fälle.

---

[1]) Zeitschr. f. prakt. Maschinenbau 16. Mai 1914, S. 724.

Fig. 146 stellt eine Bohrvorrichtung zum Bohren eines gußeisernen Triebwerkkastens dar.

Das Bohrvorrichtungsgehäuse *a* ist U-förmig ausgebildet. 2 Seiten dienen als Auflage und weisen die üblichen Auflagepunkte in Form kleiner Füße auf. Die Auf- resp. Anlage des Werkstückes ist durch Anbringung der beiden Leisten *b* erreicht. Für die Spannung des Werkstückes sind 2 Exzenterwalzen vorgesehen. Die Walzen *c* sitzen auf den Wellen *k* und sind mittels der Stifte *i* befestigt. Die Handknebel *d* dienen zur Bewegung der Spannwalzen *c*. Die Bohrbuchsen *e* sind für die Befestigungsschrauben am Kasten bestimmt. Die Buchsen *f*, *g* und *h* dienen für die Wellen der Triebwerkteile. Diese Spannung ist für derartige Zwecke überall dort einwandsfrei anzuwenden, wo es sich um Werkstücke von nahezu gleicher Höhe handelt.

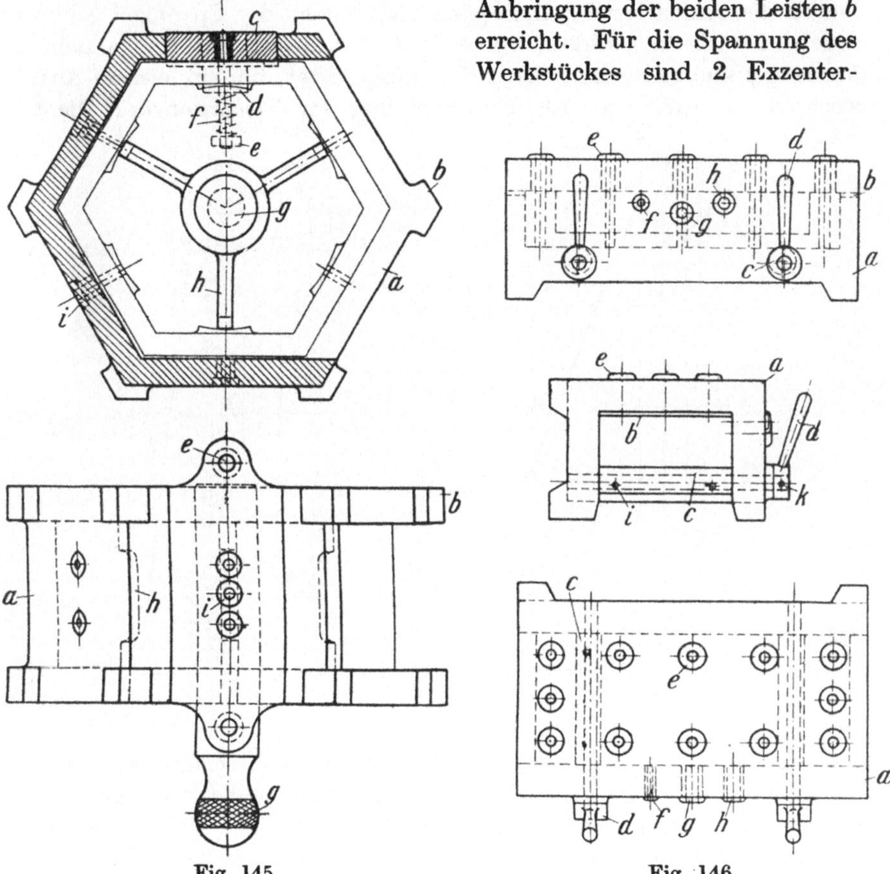

Fig. 145. Fig. 146.

Fig. 147 zeigt eine Bohrvorrichtung zum Bohren von Pleuelstangenköpfen *P*.

Diese Vorrichtung wird auf die Grundplatte der Bohrmaschine gespannt. Das Hauptstück der Vorrichtung bildet der Spannwinkel *a*. Letzterer ist am Kopfende mit einer Aufnahme *d* für den Pleuelkopf versehen. Die seitlichen Innenflächen begrenzen den Kopf. Der besseren Bearbeitung wegen sind die Ecken dieser Aufnahme vertieft gegossen. Durch die beiden seitlichen Lappen von *a* geht der Spannkeil *e* hindurch. Die Kette *f* schützt vor dem Verlust des Keiles *e*. Die Bohrbuchsen *g* sind mit gekordeltem Hals ausgerüstet, um ein leichtes Auswechseln zu erreichen. Als Unterstützung der Pleuelstange *P* dient

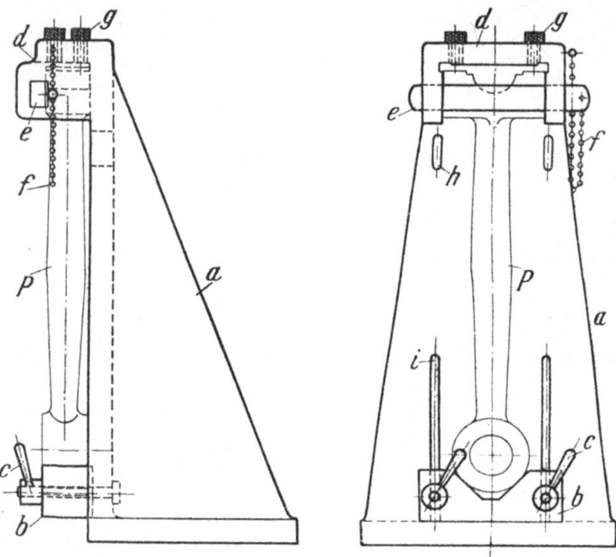

Fig. 147.

das Prisma *b*. Dieses wird mittels der beiden Knebelschrauben *c*, die sich in Längsschlitzen *i* des Bockes *a* führen, einstellbar festgespannt. Die beiden kurzen Schlitze *h* dienen zur Aufnahme des Prisma *b* zwecks Bearbeitung des Pleuelstangenlagerdeckels. Letztere Bearbeitung gleicht der hier beschriebenen, nur daß die Bohrbüchsen *g* ausgewechselt werden müssen.

Fig. 148[1]) zeigt eine Bohrvorrichtung zum Bohren von Befestigungsstiften in der Reibahle *R*.

Das Unterteil *a* nimmt die Reibahle auf. Das Fixierstück *d* legt sich in die Ausfräsungen von *R* und stellt so die Lage der Reibahle zum Bohrer fest. Der Deckel *b* ist an 2 Stiften *c* und c_1 befestigt. Diese Stifte besitzen ungleich starke Einsetzenden gegen ein etwaiges Verdrehen des Deckels *b*. Die Bohrbuchse *e* ist bekannter Ausführung.

[1]) Werkstattstechnik 1916, H. 15, S. 315.

Für die Bohrungen wird eine Schnellbohrmaschine verwendet, da der Spiralbohrer *f* nur 2,5—3 mm stark ist. Als Anschlag gelten *d* und die Nut für den dritten Zahn. Eine weitere Befestigung der Reibahle ist nicht nötig, da die Bohrerwirkung äußerst gering auftritt.

Fig. 149 stellt eine universelle Bohrvorrichtung dar. Mit dieser werden an runden Werkstücken Löcher in die Mantelfläche gebohrt. Diese Vorrichtung ist nach jeder Richtung hin verstellbar.

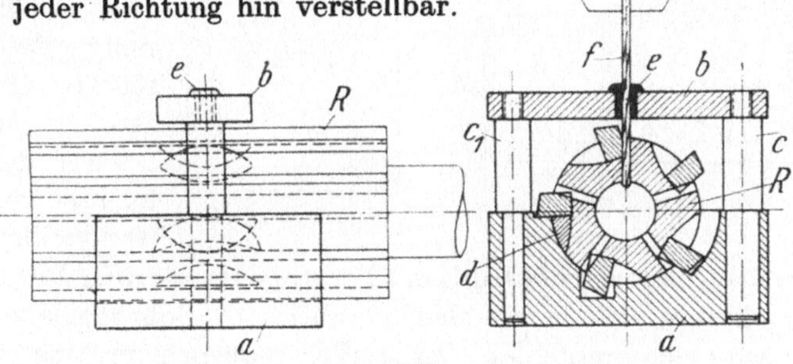

Fig. 148.

Der Aufnahmekörper *a* besitzt eine prismatische Aufnahme für Werkstück *W*. Die Begrenzung des letzteren geschieht durch die Anschlagsschraube *f*. Diese schraubt sich in der Brücke *g*, welche am Unterteil *a* verschraubt ist. An der Druckspitze der Schraube *f* ist die Platte *e* befestigt, um einen breiten Anschlag zu erhalten. Diese ist

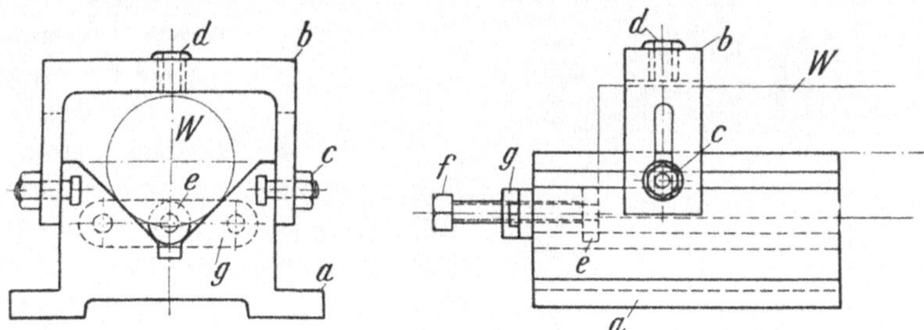

Fig. 149.

besonders für Rohrstücke angebracht. Der Bohrbuchsenbügel *b* ist horizontal sowie vertikal einstellbar angeordnet. Man kann schwächere Werkstücke in der Vorrichtung bohren. Ebenfalls ist die Höhe der Löcher am Boden des Werkstückes *W* ganz gleichgültig, man verschiebt nur den Bügel mit Buchse *d*. Die Spannung geschieht mittels der beiden seitlichen Führungsbolzen *c*, die sich in den beiden T-Nuten von *a* führen.

Mit dieser Vorrichtung ist man jederzeit in der Lage, größere Mengen sich ähnlicher Werkstücke zu bohren.

Fig. 150 stellt eine Bohrvorrichtung zum Bohren von allseitig bearbeiteten Hebeln *H* dar. Bei dieser Vorrichtung ist die Gleichartigkeit ohne weite Toleranz in den Längen maßgebend. Die bearbeiteten Augen des Werkstückes legen sich in die Aufnahmen des Vorrichtungsbügels *a*. Hier ist die Spannung des Werkstückes *H* interessant. Sie wird mittels des Bohrbuchsenträgers *b* bewerkstelligt. Zudem Zweck besitzt dieser am oberen Rand 2 kräftige Handgriffe. Der Buchsenträger *b* schraubt sich in ein Gewindestück des Bohrbügels *a*.

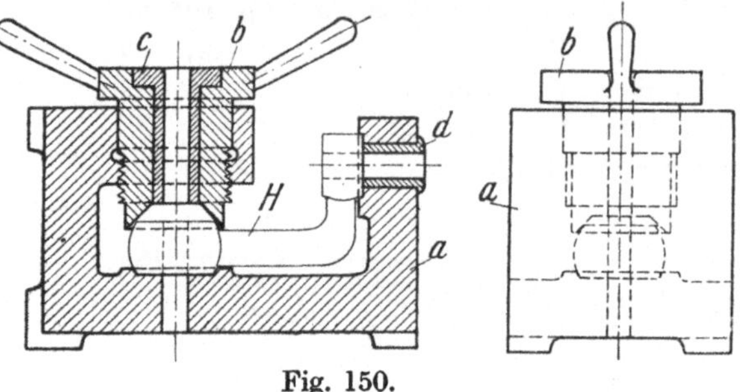

Fig. 150.

Es dürfte sich empfehlen, bei starker Inanspruchnahme einer derartigen Vorrichtung das Muttergewinde als eine gesonderte Aufnahmebuchse auszubilden, denn bei einer etwaigen Abnutzung des Gewindes müßte schließlich im ersteren Fall die gesamte Vorrichtung erneuert werden. Um nun der Bohrbuchse *c* trotz der Drehbewegung des Halters *b* eine zentrische Lage zu erhalten, ist das obere Stück des Ansatzes über dem Gewindeteil zylindrisch ausgeführt. Diese Passung muß trotz leichter Beweglichkeit mit geringster Toleranz ausgeführt werden. Die Spannfläche des Halters *b* ist eine kegelige Form, die sich um den Nabenansatz von *H* legt und auf diese Weise das Werkstück in seiner Lage fixiert. Die Bohrbuchse *c* ist eine besonders lange Form mit versenktem Kopf, die nicht unter den Normalien der Buchsenausführungen zu finden ist. Die Buchse *d* stellt dagegen den üblichen Typ dar. Die Auflage der Vorrichtung ist durch die angegossenen Anlagestücke gut durchgeführt.

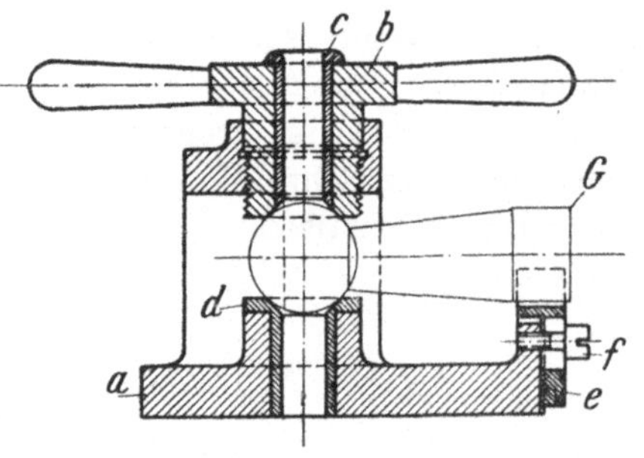

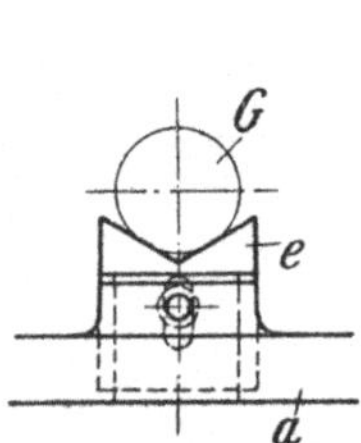

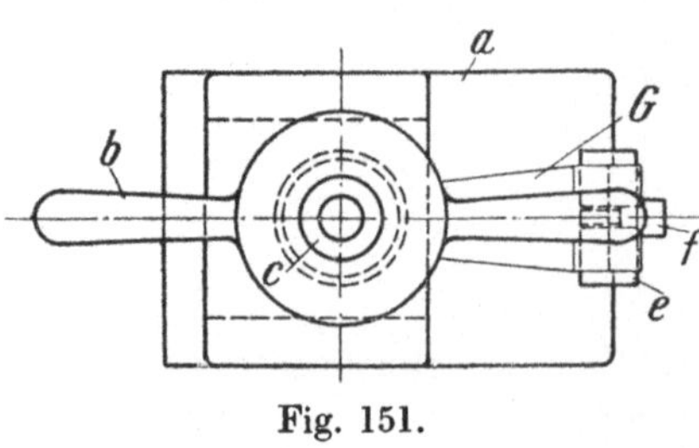

Fig. 151.

Fig. 151 zeigt eine Bohrvorrichtung mit ähnlicher Werkstückbefestigung, wie vorstehend beschrieben.

Hier werden Kugelgriffe *G* gebohrt. Die Vorrichtung ist auch für mehrere Größen bestimmt, da sie mit nachstellbarer Auflage ausgebildet ist. Der Körper *a* trägt auf seiner Grundplatte den Bügel für die Spannbuchse *b*. Seitlich trägt letztere kräftige Handgriffe für den Anzug des Werkstückes *G*. Hier gilt für das Gewindestück das gleiche wie unter Fig. 150 geschildert. Oberhalb des Gewindeteiles befindet sich das zylindrische Führungsstück, das der Bohrbuchse *c* die vertikale Lage sichert. Die Spannfläche an *b* ist ausgekegelt, dasselbe ist auch bei der Aufnahmebuchse *d* der Fall. Letztere ist aus Stahl angefertigt, um eine größere Lebensdauer zu erhalten. Da die hier gebohrten Griffe infolge ihrer verschiedenen Dimensionen am Bund Abweichungen aufweisen, ist das verstellbare Auflagestück *e* vorgesehen. Dieses führt sich in einer eingehobelten breiten Nut und ist dadurch gegen Verkanten gesichert. Die Spannschraube *f* sitzt mit ihrem Gewinde im Körper *a* und mit dem Schaft in dem Schlitz von *e*. Sämtliche Berührungsflächen der beweglichen Teile an den Vorrichtungen werden vorteilhaft im Einsatz gehärtet.

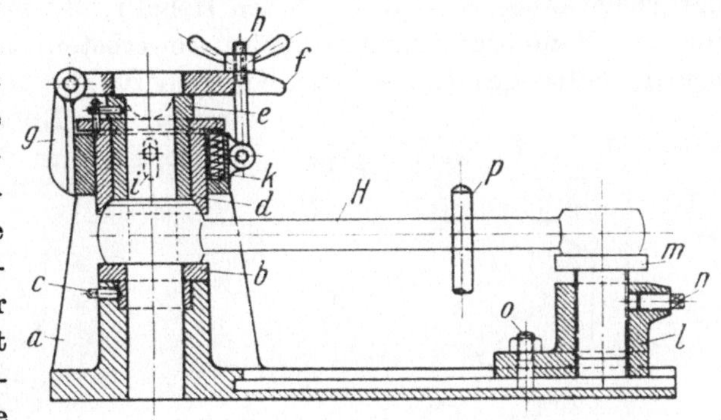

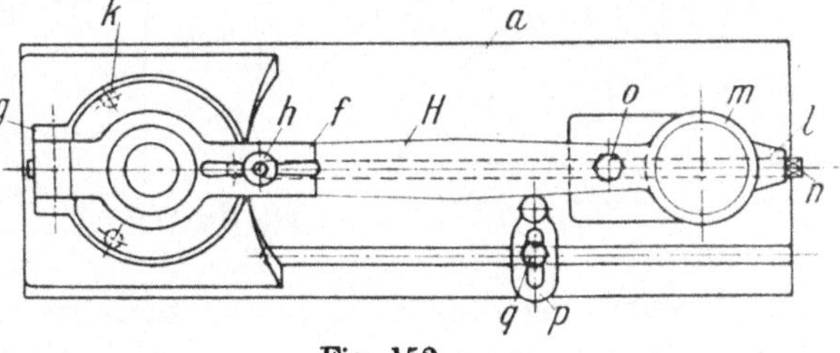

Fig. 152.

Die Bohrvorrichtung Fig. 152 dient zum Bohren von Pleuelstangen *H*. Diese Vorrichtung ist ebenfalls für mehrere Größen eingerichtet. Der Vorrichtungskörper *a* besteht aus Gußeisen. Die Auflage *b*, die in einer angegossenen Nabe befestigt ist, wird durch die Druckschraube *c* befestigt. Die Auflage *b* ist aus Siemens-Martin-Stahl hergestellt und auf der Auflage gehärtet. Die Spannung der Stange *H* wird mittels der beweglichen Buchse *d* bewerkstelligt. Letztere ist für die Aufnahme ausgekugelt, um die Nabe von *H* zentrisch zur Bohrachse zu lagern.

Die Buchse ist oberhalb mit einem breiten Rand versehen. Unter diesem wirken die 3 Druck- oder Gegenfedern *k*. Diese haben den Zweck, die Buchse nach der Entspannung nach oben zu schieben. Die Nut mit Stift *i* schützt die Buchse *d* vor Verdrehung, da in letztere die Bohrbuchse *e* eingesetzt ist. Es könnte sonst vorkommen, daß der Bohrer durch Versetzen der Späne diese dreht und damit auch die Buchse *d*. Die Bohrbuchse *e* ist durch einen Anschlagstift, welcher hinter einen in *d* befestigten Haken greift, gesichert. Die Festspannung der Pleuelstange *H* wird durch den Hebel *f*, der in der Mitte ein Auge für den Bohrerdurchgang aufweist, bewerkstelligt. In der Mitte, zu beiden Seiten des Auges, sind Knaggen für die Auflage auf *d* vorgesehen. Der Hebel *f* ist mit dem hinteren Ende in dem angeschraubten

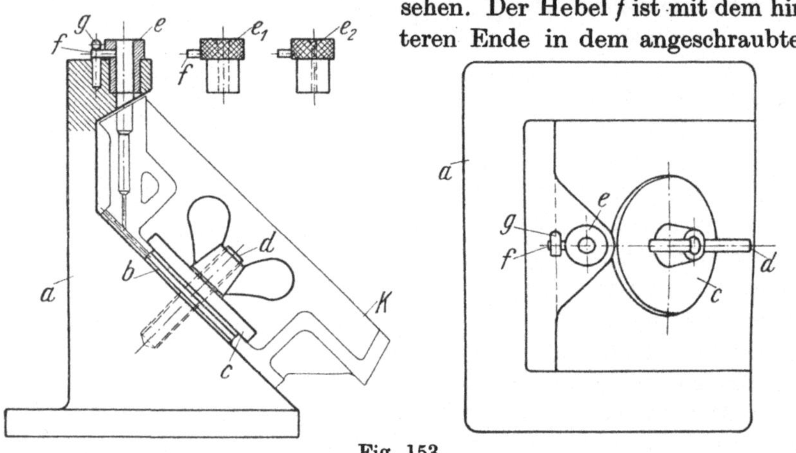

Fig. 153.

Bock *g* drehbar gehalten. Die vordere Seite ist mit einem Knebel, der auf der abklappbaren Schraube *h* sitzt, gespannt. Um den Knebel nicht allzu weit abzuschrauben, ist die Auflagefläche abgeschrägt, wie aus der Abbildung klar ersichtlich ist.

Der Bock *l* führt sich in einer Längsnut von *a* und wird mittels der Spannschraube *o* in seiner Stellung gehalten. In diesen Bock ist die Auflage *m* für das andere Pleuelstangenauge geschraubt. Die Druckschraube *n* ist an der Spitze mit einem weichen Metallstück versehen. Dieses hat den Zweck, um bei der Feststellung von *m* nicht das Gewinde zu beschädigen. Da bei der Bohrarbeit eine verdrehende Kraft durch den Bohrer in *H* auftritt, so ist der Anschlag *p* als Gegenlage vorgesehen. Letzterer wird mittels der Spannschraube *q* in einem Längsschlitz resp. Führungsnut verstellbar befestigt. Diese Vorrichtung ist infolge ihrer Verstellbarkeit sehr praktisch.

Die Fig. 153 stellt eine Bohrvorrichtung zum Bohren von Einlaßkanälen in Kappen *K* dar. Der Körper *a* besteht aus Gußeisen. Für die Fixierung des Arbeitsstückes ist die Kreisplatte *b* vorgesehen. Auf letztere setzt sich die Bohrung von *K*. Die Spannplatte *c* besitzt ebenfalls einen Zentrieransatz, der sich in die Bohrung von *K* einlegt. Die Befestigung wird mittels der Spannschraube *d* mit Flügelmutter bewerkstelligt.

Für die Stufenbohrung des Kanals in Kappe *K* sind 3 Bohrbuchsen *e*, e_1 und e_2 vorgesehen. Die Buchsen sind am äußeren Rande gekordelt, um ein besseres Herausziehen zu erreichen. Die Anschlagstifte *f* legen sich in der Drehrichtung unter den Haken *g* und verhindern dadurch das Mitdrehen und Herausziehen.

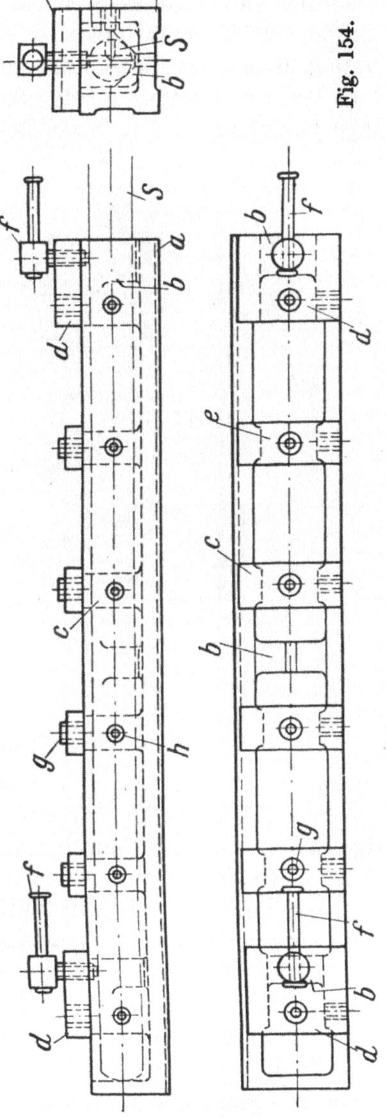

Fig. 154.

Fig. 154 zeigt eine Bohrvorrichtung zum Bohren der Stangen für Wechselradverdecke der Firma Gebr. Böhringer, Werkzeugmaschinenfabrik, Goeppingen (Wttbg.).

Das Gehäuse *a* besitzt 3 prismatische Auflagen *b* für die Stange *S*. In die Verstärkungsrippen *c* sind die Bohrbuchsen *h* eingesetzt. Letztere sind zylindrischer Form ohne Kragenansatz. Die Befestigung der Stange *S* geschieht hier mittels der beiden Knebelschrauben *f*. Diese schrauben sich mit ihrem Gewinde in die kräftigen Aufsätze *d*. Die Querstücke *e* tragen die Bohrbuchsen *g*. Die Vorrichtung wird von zwei Seiten benutzt, aus welchem Grunde die Auflageflächen entsprechend ausgespart sind. Die Vorrichtung ist zweckentsprechend ausgebildet und dauerhaft konstruiert worden und für ähnliche Fälle zu empfehlen.

Fig. 155 zeigt die Bohrarbeit an der Kappe *K*. Die Bohrplatte *a* wird mittels eines Zentrieransatzes fixiert und durch die Spannschraube *c*, die fest in *a* sitzt, unter Anwendung der Gegenscheibe *b* gespannt. Die Buchsen *d* dienen zum Bohren der Flanschlöcher in *K*. Hierbei steht das Werkstück auf dem Maschinentisch. Dasselbe gilt auch von der Bohrung mit Buchse *e*. Bei Buchse *f* dagegen ist eine schräge Lage des Werkstückes geboten, wie der Schnitt *A—B* veranschaulicht. Zu bemerken ist noch, daß die Bohrplatte mit ihrem Schnitt über eine Rippe von *K* greift und so die Platte fixiert. Die beiden Buchsen *g* und *h* dienen zur Unterstützung der Bohrerführung. Um die Schräglage bei der Bohrung durch *f* festzulegen, ist die nebenstehende Unterlage *i* geschaffen. Auf dieser befindet sich die Zentrierplatte *k*, die das

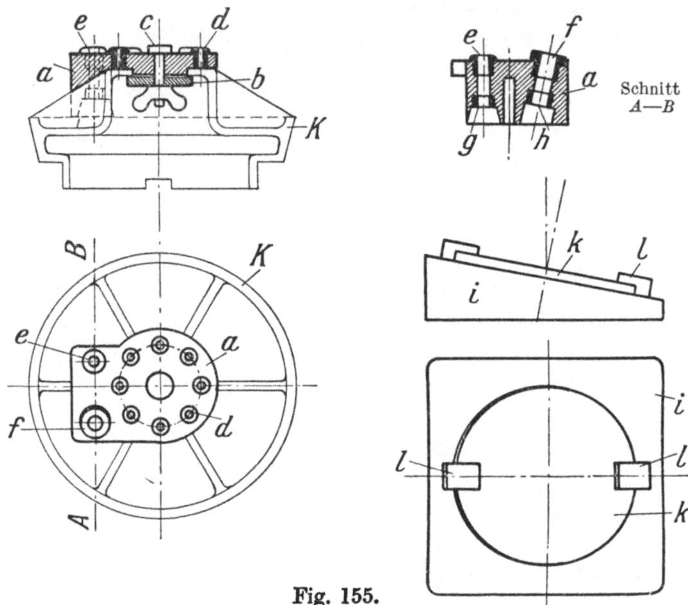

Fig. 155.

Werkstück auf der Unterlage festlegt. Um nun einwandsfrei die richtige Stellung zu erreichen, befinden sich auf der Unterlage 2 Anschläge. Diese legen sich in die Aussparung des unteren Randes von Kappe *K*. Auf die Weise ist ein einwandfreies Bohren des schrägen Loches gewährleistet. Ohne eine derartige Unterlage dürfte das Bohren solcher Löcher in ähnlichen Vorrichtungen schwierig sein.

Fig. 156 stellt eine Bohrvorrichtung zum Bohren eines Ausrückhebels der Maschinenfabrik Gebr. Böhringer in Goeppingen (Wttbg.) dar. Das Werkstück *H* wird zwischen 2 Prismen gespannt. Das Prisma *d* ist feststehend angeordnet und bildet einen Teil des Gehäuses *a*. Das Prisma *e* dagegen ist beweglich angeordnet und wird in Führungen geführt. Die Spannung geht von der Spannschraube *f* aus. Letztere ist mittels des Stiftes *g* in dem Prisma *e* drehbar gekuppelt. Das Gewindestück *c* für *f* bildet ebenfalls wie *d* ein Bestandteil des Bohrkastens. Der Deckel *b* wird mittels der 4 kräftigen Kopfschrauben *h* mit dem Unterteil *a* fest verbunden. Um ein Ausweichen des Werkstückes *H* nach oben zu verhindern, ist die Druckschraube *i* angebracht.

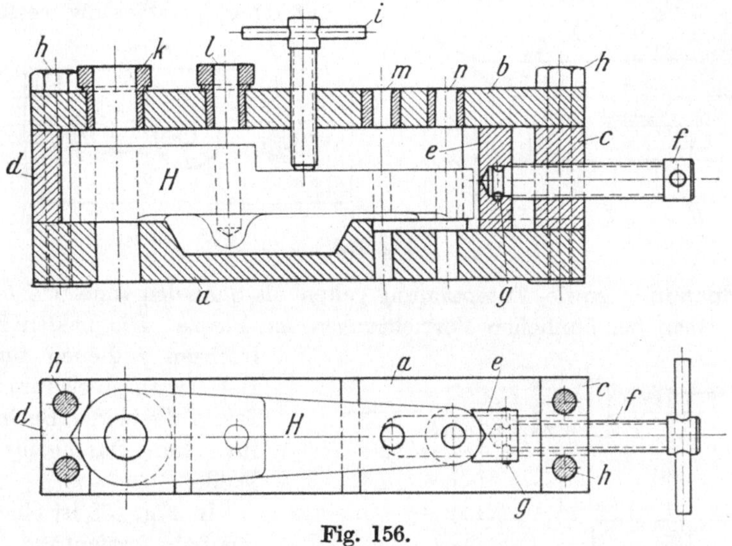

Fig. 156.

Die Buchsen *k*, *l*, *m* und *n* sind üblicher Anordnung. Diese Vorrichtung ist äußerst stabil ausgebildet worden.

Fig. 157 zeigt eine originelle Kastenbohrvorrichtung. Diese wird von drei Seiten benutzt. Der besseren resp. sicheren Auflage wegen sind

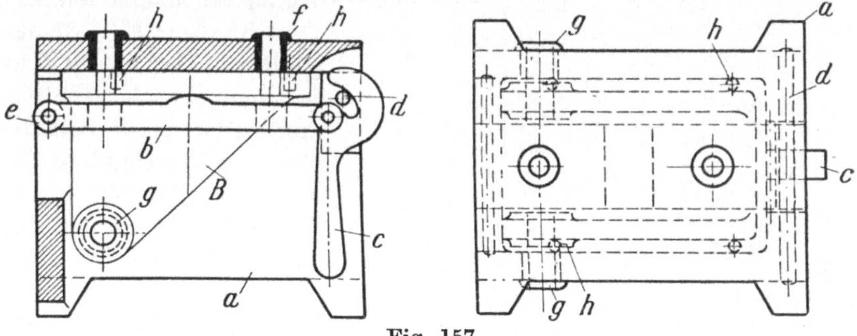

Fig. 157.

entsprechende Ansätze angegossen. Das Gehäuse *a* ist vorn und unten offen. Das Werkstück, das von hier eingeführt wird, besteht aus einem gußeisernen Maschinenbock *B*. Fixiert wird letzterer durch die 4 Anschlagstifte *h* sowie eine Leiste, die sich an der Rückseite der Anlagefläche befindet. Die Spannung ist interessant durchgeführt. Die Spannlasche *b* ist mittels des Scharniers *e* in der hinteren Wand des Kastens *a* beweglich gelagert. Die Spannung selbst wird durch den Hebel *c*, der sich mit der Kurvenzunge um den Stift *d* legt, bewerkstelligt. Um eine einwandsfreie Anlage der Lasche *b* zu erreichen, ist diese in der Mitte mit einer Verstärkung versehen.

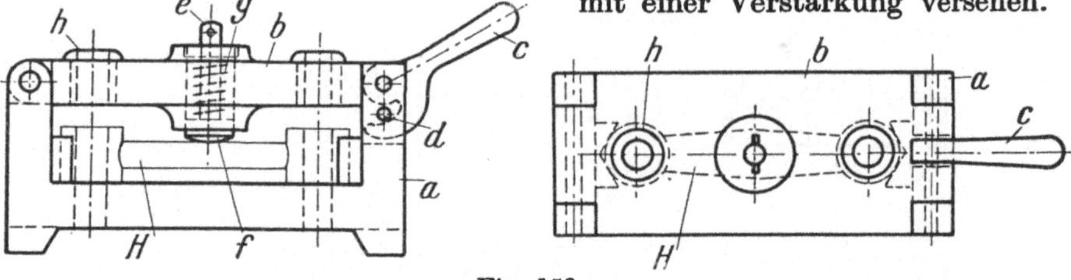

Fig. 158.

Spannung sowie Entspannung gelten als Schnellspannelement und sind auch bei ähnlichen Vorrichtungen am Platze. Die beiden Bohrbuchsen *f* dienen für die Befestigungslöcher im Bock *B* und die beiden Buchsen *g* für den Durchgang der Welle.

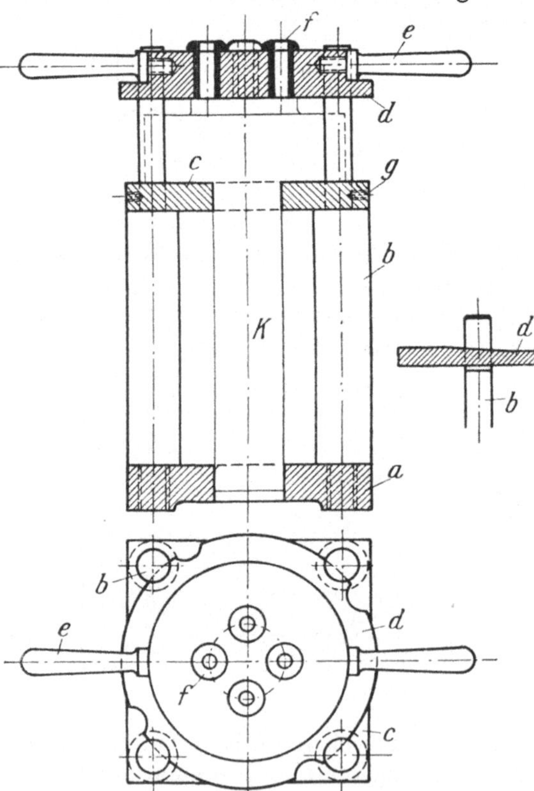

Fig. 159.

In Fig. 158 ist eine Kastenbohrvorrichtung zum Bohren von Verbindungshebeln *H* dargestellt.

Das Unterteil *a* ist aus Gußeisen verfertigt. Die Auflage auf dem Maschinentisch ist wie in Fig. 157 ausgebildet. Der Deckel *b* ist in einem Scharnier gehalten. Am vorderen Ende befindet sich der Verschluß in Gestalt eines Hebels *c* mit Kurvenzunge, die um den Stift *d* herumgreift. Die Deckellage ist hier durch die beiden Ansätze am Gehäuse *a* gesichert. Das an den Augen bearbeitete Werkstück *H* liegt in Prismenstücken. Die Spannung geschieht hier mittels Federkraft. Diese wird durch die Druckfeder *g* auf den Bolzen *f* übertragen und wirkt beim Deckelschluß auf *H*. Als Abschluß der Federaufnahme im Deckel dient eine eingelassene Mutter, durch die der Stift von *f* hindurchtritt. Der Stift *e* dient als Begrenzung des Druckbolzens. Die beiden Bohrbuchsen *h* sind üblicher Ausführung. Diese Art von Vorrichtung eignet sich auch für andere Werkstücke, die eine einheitliche Länge aufweisen.

Fig. 159[1]) zeigt das Bohren eines Kolbenkopfes *K*. Die Fußplatte *a* nimmt die 4 Säulen *b* in Gewinden auf. Die Säulen tragen auf ihren Ansätzen die Stützplatte *c*. Auf dieser stützt sich der Kolben *K* ab. Die Befestigung der Platte ist mittels 4 Raupenschrauben *g* durchgeführt. Die Bohrplatte *d* liegt zwischen den Verlängerungen der Säulen, die an dieser Stelle eingefräst sind, so daß sich der Rand der Bohrplatte *d* in diesen führt. Zwecks Einführung der Bohrplatte zwischen die Einfräsungen ist diese an 4 Stellen ausgespart. Die Aussparungen passen über die Säulen, so daß ein schnelles Schließen und Öffnen stattfindet. Die nebenstehende Schnittfigur läßt die Schräge an dem Rand der Bohrplatte *d* erkennen. Diese Schräge dient zum Anzug der letzteren. Seitlich der Bohrplatte sind 2 Handgriffe *e* geschraubt. Diese gestatten ein kräftiges Anziehen gegen den Kopf des Kolbens. Die Bohrbuchsen *f* sind für die Befestigungslöcher in letzterem bestimmt.

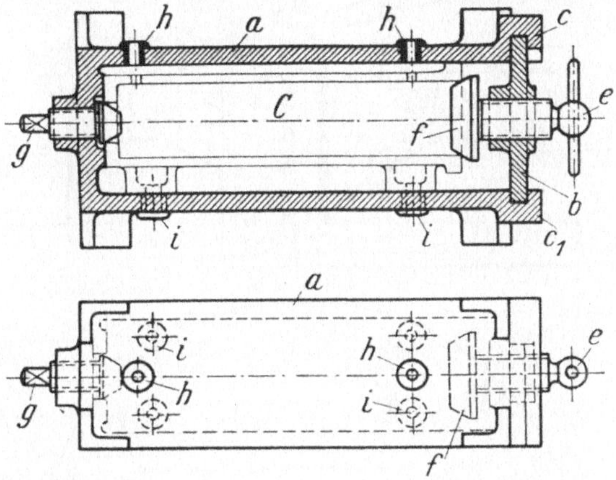

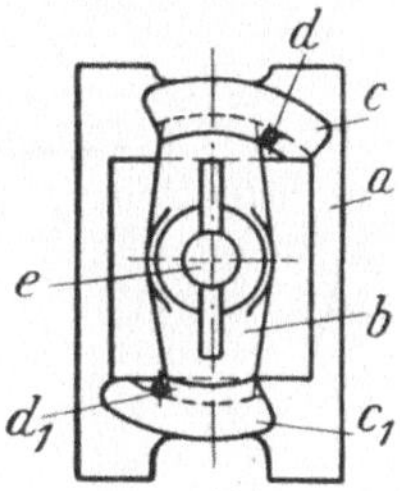

Fig. 160.

Diese Vorrichtung ist ihrer Eigenart wegen bemerkenswert.

Fig. 160 zeigt die Bohrvorrichtung zum Bohren der Fußflanschlöcher sowie des Aus- und Einlasses im Zylinder *C*. Die Vorrichtung wird um 180° gewendet; daher sind die Auflagen als Füße, welche gleich an Gehäuse *a* angegossen sind, ausgebildet.

Der Zylinder besitzt am Boden eine kleinere Öffnung, in die der Zentrierkonus *g* hineingreift. Letzterer ist mittels eines Vierkantes an *g* nachstellbar angeordnet. Am vorderen Ende befindet sich das Verschluß- und Spannstück *b*, wie obere und untere Figur zeigen.

Der Deckel *b* wird seitlich in die Führungsnuten *c*, c_1 des Gehäuses *a* gedreht, bis er an die Anschlagstifte *d* und d_1 anschlägt. Alsdann

[1]) Zeitschr. f. prakt. Maschinenbau 15. Dez. 1919, S. 382.

dreht man die Knebelschraube *e* mit dem Zentrierkonus *f* in die Zylinderbohrung und spannt so den Zylinder fest.

Die beiden Bohrbuchsen *h* gelten für den Ein- und Auslaß am Zylinder *C* und die Bohrbuchsen *i* für die Befestigungslöcher an den Fußflanschen.

Diese Vorrichtung stellt eine Sondertype dar, sie ist in ihrer Ausführung beachtenswert. Selbstverständlich muß auch hier die Bearbeitung in der Bohrung des Zylinders mit den Auflageflächen der Fußflanschen einheitlich durchgeführt sein, d. h. es dürfen nicht die zulässigen Toleranzen überschritten werden.

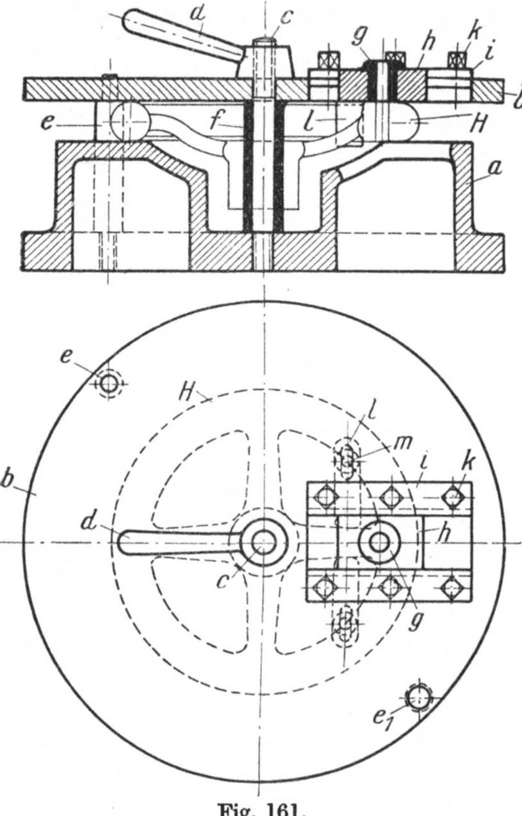

Fig. 161.

Fig. 161 stellt eine Bohrvorrichtung zum Bohren von Grifflöchern an Handrädern dar. Auf dieser Vorrichtung können eine Reihe von verschiedenen Größen gebohrt werden, wodurch sie besonders wertvoll gemacht wird.

Der Untersatz *a* ist so bemessen, daß er eine Reihe von Größen aufnehmen kann. Das Handrad *H* steckt auf der auswechselbaren Zentrierbuchse *f*. Diese wiederum auf dem Spanndorn *c*, der im Unterteil *a* verschraubt ist. Mit dem Rand liegt das Handrad auf dem Unterteil auf und wird mittels der Spannplatte *b* festgezogen unter Vermittlung der Knebelmutter *d*, die sich auf *c* schraubt. Um einem Vertauschen der Platte *b* vorzubeugen, sind die beiden Stifte *e* und e_1, welche eine abweichende Stärke aufweisen, angeordnet. Der Bohrbuchsenschlitten oder Schieber *h* läßt sich in den Führungen *i* verstellen. Zu diesem Zweck sind die Spannschrauben *k* mit Vierkante versehen, die nach der Verstellung des Schiebers *h* angezogen werden. Die Bohrbuchse *g* dient zum Bohren des Griffloches in *H* und ist nach den üblichen Normen ausgebildet.

Für die Fixierung des Handrades *H* sind 2 verstellbare Anschläge *l* unterhalb der Spannplatte *b* vorgesehen, in diesen befinden sich Schlitze mit den Schäften der Spannschrauben *m*. Letztere sitzen mit ihrem Gewinde in der Spannplatte *b*. Die Winkel der Anschläge legen sich gegen die Speiche des Handrades. Auf diese Weise ist die Bohrung für das Griffloch festgelegt. Für größere Handräder resp. größere Nabenbohrungen werden nur die Aufnahmebuchsen *f* ausgewechselt.

Zu bemerken ist noch, daß die Spannplatte aus Schmiedeeisen besteht, weil dadurch eine größere Sicherheit gegen Bruch durch die Spannung der Schraube *c* erreicht wird.

Fig. 162 zeigt das Bohren von Befestigungslöchern in ein Kegelrad *R*.

Die Bohrplatte *a* ist mit einer Nabe versehen, die in die Bohrung von *R* greift. Letztere ist als Gehäuse ausgebildet, in welchem die 3 Spannbacken *d* liegen. Diese sind an ihren Angriffsflächen entsprechend gerauht, um ein Gleiten in der Bohrung zu vermeiden. In die obere Fläche sind spiralförmig verlaufende Gänge eingeschnitten, in die sich der Kopf der Spannspindel *b* legt. Die untere Fläche desselben weist ebenfalls spiralförmige Gänge auf. Durch eine Drehung von *b* schieben sich die Backen heraus resp. herein. Als Abschluß ist die Buchse *c* vorgesehen. Diese wird auf der Bohrplatte *a* mittels 6 Schrauben *e* befestigt. Die Buchsen *f* sind für die Befestigungslöcher vorgesehen. Diese Vorrichtung ist für derartige Arbeiten einfach und praktisch ausgebildet.

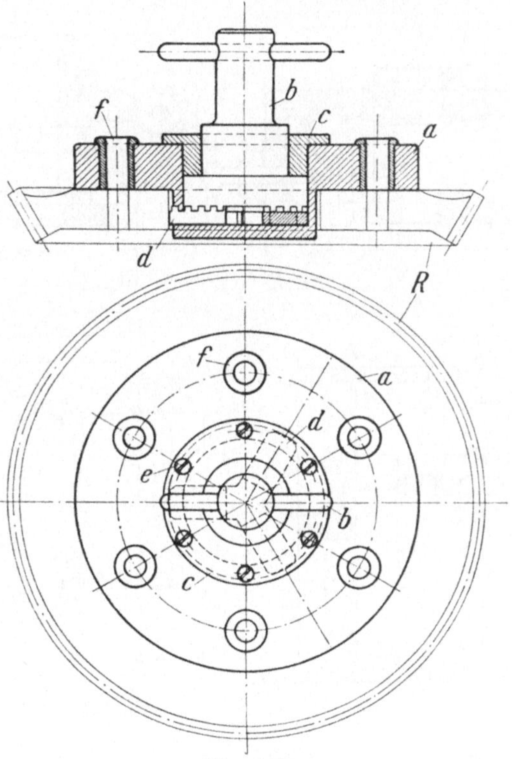

Fig. 162.

In Fig. 163 ist eine Bohrvorrichtung zum Bohren von Spindelstockherzen der Maschinenfabrik Gebr. Böhringer in Goeppingen (Wttbg.) dargestellt.

Das kastenförmige Gehäuse *a* besteht aus Gußeisen. Auf diesem befindet sich aus demselben Material der Deckel *b*. Der letztere ist in äußerst kräftigen, angegossenen Scharnierkloben *c* gehalten. Eine kräftige Anschlagnase am Scharnierteil des Deckels begrenzt den Aufschlag desselben. Als Verschluß ist eine abklappbare Schraube *d* vorgesehen, die die Knebelmutter *e* oberhalb des Deckelansatzes besitzt. Der Drehpunkt der Schraube liegt auch hier zwischen kräftigen Angüssen des Kastens *a*. Die Aufnahme des Werkstückes *H* findet in geeigneten Anschlägen statt. Die Spannung geht von einem prismatisch ausgebildeten Kloben *g* aus. Letzterer wird in einer Nut geführt und durch

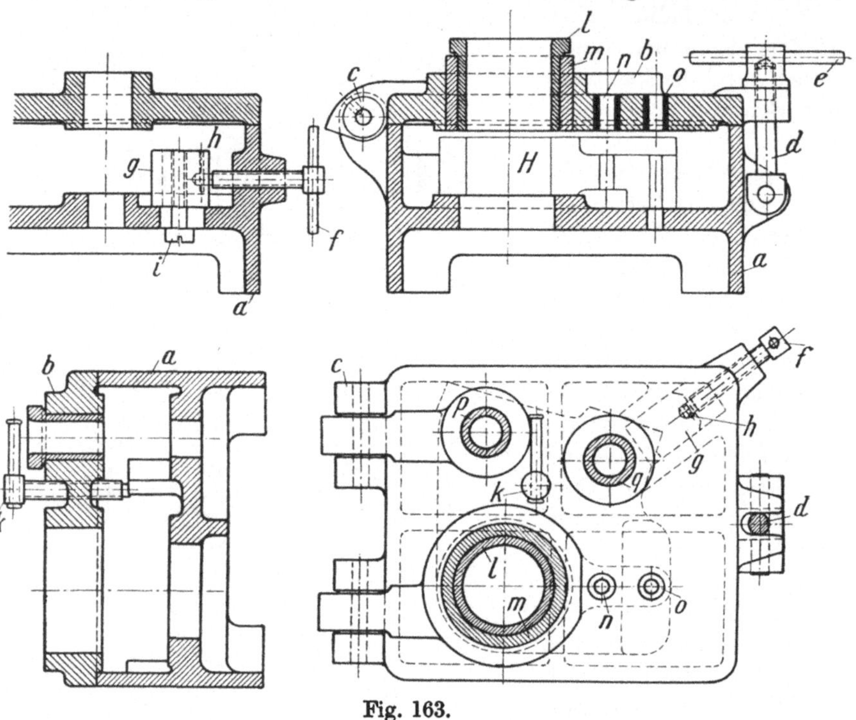

Fig. 163.

die Schraube *i* gesichert. Der Spanndruck wird durch die von der Ecke des Kastens eingeführte Knebelschraube *f* bewerkstelligt. Der Stift *h* kuppelt letztere beweglich mit Kloben *g*. Um einem Ausweichen des Werkstückes *H* nach oben entgegenzuwirken, ist die Knebelschraube *k* vorgesehen. Die große Bohrbuchse *l* ist in einer besonderen Buchse *m* austauschbar untergebracht. Diese sowie die Buchsen *p* und *q* sitzen in äußerst kräftigen Naben des Deckels *b*. Die Buchsen *n* und *o* sind ohne Ansätze fest in den Deckel gepreßt. Die Auflagen der Vorrichtung sind durch ihre praktische Ausbildung beachtenswert und für ähnliche Zwecke vorbildlich. Der ganze Aufbau dieser Vorrichtung ist äußerst solide gehalten.

In Fig. 164 ist ebenfalls von vorgenannter Firma eine Vorrichtung zum Bohren und Fräsen von Bohrerhülsen und Bohrstangen veranschaulicht.

Die Grundplatte *a* ist mittels der Federkeilansätze *p* und p_1 in der Nut des Fräsmaschinentisches fixiert. Für die Aufnahme der eigentlichen Vorrichtung sind oberhalb der Grundplatte entsprechende Ansätze, die sich in die Aussparung von *b* legen, angebracht. Letztere

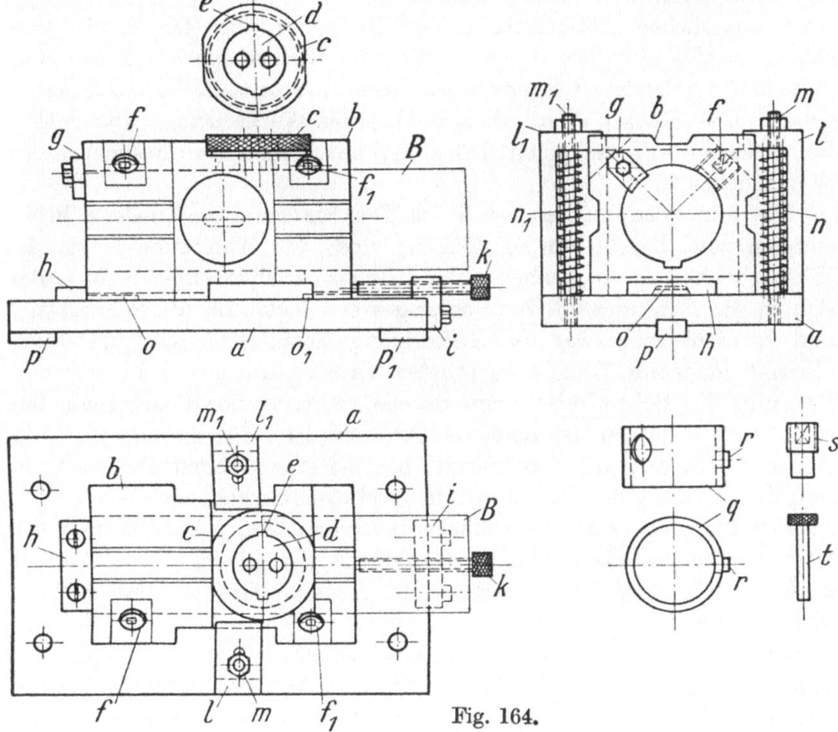

Fig. 164.

sind mit *o* und o_1 bezeichnet. Als Gegenlager dient der Anschlag *h*. Die Gegenführung wird durch die Druckschraube *k* bewerkstelligt. Letztere führt sich mit ihrem Gewinde in dem angesetzten Bock *i*. Um ein Abheben der Vorrichtung *b* zu vermeiden, sind die beiden Spanneisen *l* und l_1 vorgesehen. Diese werden durch die beiden Spannschrauben *m* und m_1 gespannt. Beim Lösen der Spanneisen gehen diese infolge der Federwirkung von *n* und n_1 selbsttätig zurück. Die Spanneisen legen sich mit ihren kurzen Schenkeln auf die Abflachung der Bohrbuchsenauflage und halten so die Vorrichtung auf ihrer Unterlage fest.

Die Vorrichtung ist so eingerichtet, daß man darin mehrere Größen der betreffenden Werkstücke *B* bearbeiten kann.

Die Bohrbuchse *d* dient zum Bohren der Begrenzungslöcher in *B*. Nach Herausnahme der Buchse kann die Fräsarbeit in derselben Aufspannung einsetzen.

Um die Dimension der Bohrbuchse nicht zu groß zu machen, sitzt diese in einer Zwischenbuchse *c*, in welcher sie durch Ansätze *e* fixiert ist. Außer der Materialersparnis ist auch der Umstand von Ausschlag gewesen, mit dem Fräser beim Ausfräsen des Keilloches in *B* weit genug an das Werkstück heranzukommen.

Die seitlichen Abflachungen von Buchse *c*, die sich in die Aussparungen des Gehäuses *b* legen, sollen die Buchse am Verdrehen hindern und den beiden Begrenzungslöchern eine feste Stellung zur Achse geben. Das Stück *g* dient als Anschlag des Werkstückes. Die beiden Druckschrauben *f* und f_1 mit Innenvierkant dienen zum Festziehen des Werkstückes.

Um nun auch kleinere, d. h. im Durchmesser verschiedene Bohrstangen usw. bearbeiten zu können, sind, wie Abbildung zeigt, die Einsatzbuchsen *q* vorgesehen. Jede Buchse besitzt einen Stift *r*, der sich in die Führungsnut der Bohrung von *b* legt. Da die Schrauben *f* und f_1 nicht mehr für die Befestigung ausreichen, sind sie durch die mit längerem Hals ausgeführten Druckschrauben *s* zu ersetzen. Um nun die Bohrerhülse resp. Stange während der Bearbeitung besonders zu schützen, ist noch der Arretierstift *t* für die erfolgte erste Bohrung vorgesehen. Die hiermit bearbeiteten Werkstücke zeichnen sich durch ihre gute Präzi ion und Austauschbarkeit aus.

Fig. 165 zeigt eine verstellbare Bohrvorrichtung zum Bohren der Löcher in zweiarmigen Hebeln *H*. Mittels der großen Verstellbarkeit dieser Vorrichtung ist es möglich, in gewissen Grenzen und Formen Werkstücke *H* zu bohren.

Das Unterteil *a* nimmt in einer seitlichen T-Nut die Träger *c*, *d* und *e* auf. Die beiden Spannschrauben *n* führen sich in der Nut von *a* und ziehen die Träger an dem Unterteil fest. An diesen 3 Trägern sind die Buchsenhalter *f*, *g* und *h* verstellbar befestigt. Um einem Verkanten der verschiebbaren Teile vorzubeugen, sind diese mit angehobelten Federansätzen ausgerüstet, die sich in den hierzu bestimmten Nuten führen. Die Spannschrauben *o* ziehen die Träger mit den Buchsenhaltern fest zusammen. In den letzteren sind Führungen zum Verschieben der Schieber mit den Bohrbuchsen *i*, *k* und *l* ausgebildet, um den Sitz über dem jeweils vorgeschriebenen Bohrloch zu erreichen. Die Schieber besitzen unterhalb der Führungen Platten, die sich in die Ausfräsung des Buchsenhalters legen. Gesichert werden die Platten durch die Mutter *m*, die durch Anzug den Schieber feststellt. Die Bohrbuchsen selbst sind auswechselbar angeordnet und üblicher Konstruktion. Die Mittenentfernung der Bohrbuchsen wird, wie die herausgezeichnete Abbildung zeigt, durch seitliche Millimeterteilung festgestellt. Der Bohrbuchsenträger *d* besitzt einen Markenstrich, der die Entfernung von der nächstliegenden Buchse auf der Einteilung von *a* anzeigt. Die Festspannung des Hebels *H* geschieht durch eine sinnreiche Anordnung. Das Führungsstück *p* schiebt sich durch die Spannschrauben *r* in die beiden Nuten der Spannplatte *b*. Auf dem Führungsstück *p* ist eine Führungsnut für das Aufnahmeprisma *q* eingefräst. Die beiden Spannschrauben *s* spannen letzteres auf *p* fest. Auf diese Weise kann man kürzere und längere Schenkel von *H* spannen,

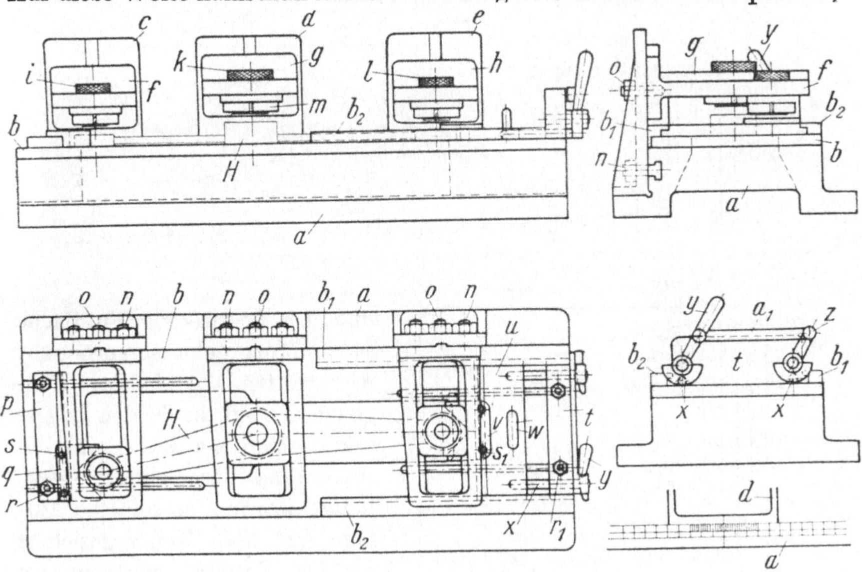

Fig. 165.

desgleichen auch die Lage des letzteren durch *q* berücksichtigen. Um den Bohrern einen freien Durchgang zu gewähren, ist die Platte *b* in der Mitte ausgespart. Die Einleitung der Hebelspannung geht von dem Handgriff *y* aus. Am Ende des letzteren befinden sich die Nockensegmente. Das gleiche gilt auch vom Hebel *z*. Letzterer ist durch die Verbindungsstange a_1 mit dem ersteren gekuppelt. Die Hubscheiben, die an den Schubstangen *x* anliegen, sind so ausgebildet, daß sie diese bei einer Drehung des Handhebels *y* hineindrücken. Die Schubstangen sind in dem Schieber *u* befestigt. Dieser führt sich in den beiden Führungen b_1 und b_2. Die prismatische Aufnahme *v* ist ebenso wie diejenige *q* in der Führungsnut von *u* mittels der beiden Spannschrauben s_1 befestigt. Nach dem Entspannen wird der Schieber *u* an dem Handgriff *w* zurückgezogen. Das Trägerstück *t* ist durch die beiden Befestigungsschrauben r_1 in den Längsnuten der Platte *b* befestigt.

Aus der Abbildung ist die Verwendbarkeit dieser Vorrichtung klar zu erkennen.

Fig. 166[1]) stellt die Bohrarbeit an einem kleinen Ventilatormotorgehäuse dar. In dieser Vorrichtung wird das Gehäuse *M* in einer Aufspannung fertig gebohrt.

Das Motorgehäuse *M* ist in dem Bohrkasten *a* sicher gelagert und befestigt. Die Aufspannung erfolgt mittels der beiden Spanneisen *e*, die durch die beiden Spannschrauben *f* an der Drehplatte *d* befestigt sind. Die Spann- oder Fußfläche ist am Motorgehäuse vorher zur Ankermitte abgerichtet. Desgleichen sind die beiden Lagerschildseiten am Rande für die Aufnahme der Schilder bearbeitet worden, so daß die Auflage auf dem Keil *r* gesichert ist. Das Gehäuse wird nun zur Mitte auf der Drehplatte *d* befestigt. Alsdann schiebt man den Keil *r* in die Vorrichtung unter das Gehäuse, wodurch dieses sicher unterstützt ist. Die Drehplatte weist am Rande 2 um 180° versetzte Rasten auf, in welche die Klinke *g* als Arretierung einschlägt. Die Flachfeder *i* spannt letztere. Der Stift *h* dient als Begrenzung des Ausschlages der Klinke. Das Umschlagen der Drehplatte wird durch den Hebel *l* bewerkstelligt. Dieser sitzt auf der Nabe der Drehplatte fest und ist durch eine Rundmutter und Raupenschraube gesichert. Beim Umschlagen des Gehäuses *M* muß der Deckel *b* vorher geöffnet werden. Dieser sitzt in dem kräftigen Scharnier von *a* und wird am Verschlußende durch angesetzte Knaggen von *a* fixiert. Die abklappbare Spannschraube *c* greift in eine Einfräsung der Deckelnut. Die kräftigen Augen

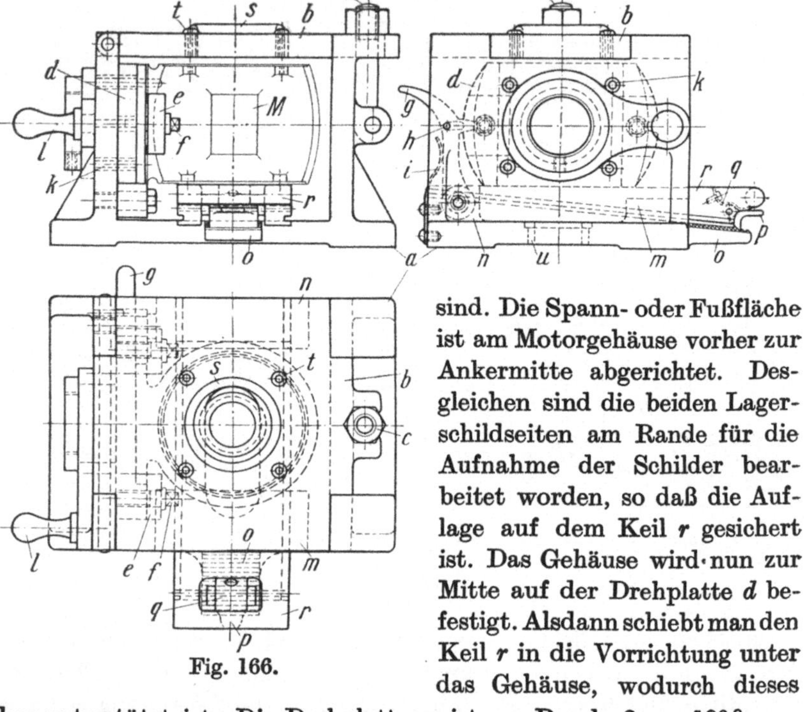

Fig. 166.

[1]) Zeitschr. f. prakt. Maschinenbau 16. Mai 1914, S. 723.

am Kasten *a* halten die Spannschraube *c*. Der Unterstützungskeil *r* führt sich in den Ansätzen von *n* und *m*. Letztere sind in der Mitte freigelassen, um dem Gehäuse *M* beim Wenden nicht hinderlich zu sein. Da beim Bohren von großen Löchern in der Vorrichtung bekanntlich Erschütterungen auftreten, was hier besonders beim Bohren der Magnetschenkelöffnung zutage tritt, ist der Keil *r* mit einer Sperrvorrichtung ausgerüstet. Diese besteht aus einer Klinke *p*, die am unteren Ende abgeschärft ist und in dem gezahnten Vorsprung *o* am Kasten *a* sich abstützt. Die Klinke ist in dem Keil *r* mittels Stift drehbar befestigt. Die Blattfeder *q* spannt sie gegen die Verzahnung von *o*. Beim Herausziehen des Keiles *r* wird die Stützklinke *p* am umgebogenen Lappen angelüftet. Der Vorgang dürfte wohl aus der Abbildung klar ersichtlich sein.

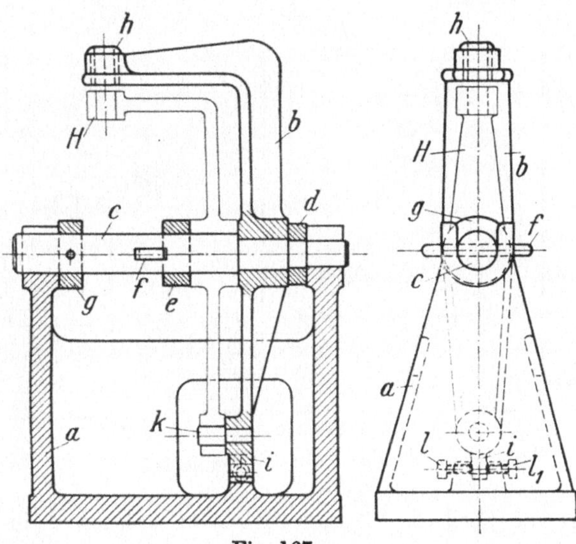

Fig. 167.

Die große Bohrbuchse *s* dient zum Führen des Ausbohrwerkzeuges für die Ankeröffnung zwischen den Magnetschuhen. Die Buchsen *t* dienen zum Bohren der Lagerschild-Befestigungsschraubenlöcher und die Buchsen *k* für die Fußschraubenlöcher. Die in den Boden der Vorrichtung eingelasseneBuchse *u* dient zur Führung der Bohrstange zwecks Schenkelbearbeitung. Zu diesem letztgenannten Zweck ist der Auflageteil *r* in der Mitte mit einem länglichen Durchgang versehen.

Diese Vorrichtung ist infolge ihrer Eigenart beachtenswert.

Fig. 167 zeigt das Bohren eines Loches im Hebel *H*. Dieser ist am oberen Schenkel im Winkel gebogen. Das obere Loch soll nun in der richtigen Lage zur Mittelnabe gebohrt werden.

Zu diesem Zweck wird der Hebel *H* auf den Dorn *c* gesteckt. Alsdann wird die Spannscheibe oder der Ring *e* gegen die Hebelnabe geschoben und mittels des Keiles *f* befestigt. Der Stellring *g* wird mittels einer Druckschraube auf Dorn *c* befestigt. Er sichert die Lage des Dorns im Bohrkasten. Die Aufnahme im Bohrkasten findet durch die oben geöffneten Lagerungen statt. Der Buchsenträger *b* sitzt auf einem Ansatz des Dorns *c* und wird mittels des Stellringes *d* befestigt.

Die Fixierung des Hebels *H* mit dem Buchsenträger *b* findet zwischen 2 Knaggen am Boden der Vorrichtung statt. Zu diesem Zweck besitzt der Buchsenträger *b* am Ende einen Zapfen, der sich zwischen die Knaggen legt. Als Ausgleich sind die beiden Einstellschrauben *l* und l_1 vorgesehen. Diese legen sich gegen den Zapfen *i* des Trägers. Die Arretierung des Werkstückes *H* findet am unteren Ende des Trägers *b* statt. Zu dem Zweck ist der Arretierbolzen *k* vorgesehen. Um

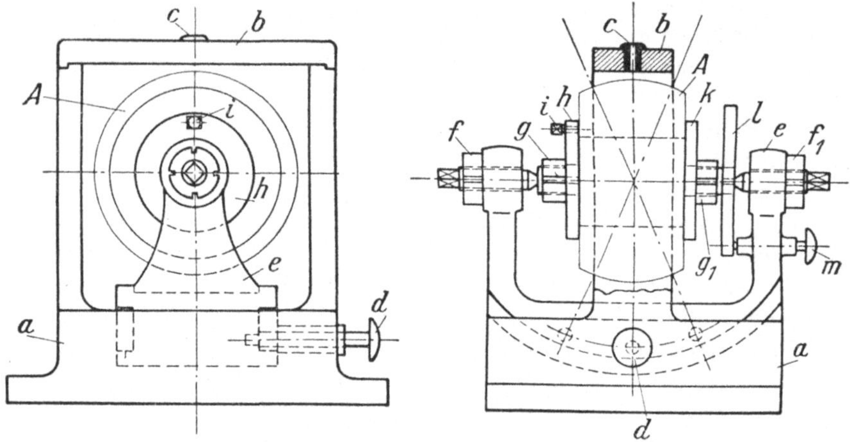

Fig. 168.

an die Stellschrauben *l* und l_1 zu gelangen, ist der Bohrkasten an beiden Seiten mit entsprechenden Öffnungen versehen.

Die Bohrbuchse *h* ist bekannter Ausführung.

Fig. 168[1]) zeigt eine Bohrarbeit auf kugeligen Flächen. Das Werkstück *A* stellt eine ballige Form dar, in die 3 Reihen Löcher gebohrt werden sollen. Es ist auf den Dorn gespannt, auf welchem die beiden Scheiben *h* und *k* befestigt sind. Diese werden durch Federkeile aufgepaßt und durch die beiden Schlitzmuttern *g* und g_1 zusammengespannt. Um das Werkstück *A* besonders zu befestigen, sind an der Scheibe *h* Druckschrauben *i* vorgesehen. In diesem Fall ist nur eine verwendet worden. Der Spanndorn wird zwischen die Zentrierspitzen mit Gegenmutter *f* und f_1 gespannt. Die Spitzen schrauben sich im Gewinde der Lagerungen von Bock *e*. Der Bock *e* ist mit seitlichen halbrunden Führungen versehen, die sich im Unterteil *a* bewegen. Dadurch kann der Bock gekippt werden. Die Begrenzung dieser Bewegung wird durch den Arretierstift *d* bewerkstelligt. Die Spannung

[1]) Die Werkzeugmaschine 15. Nov. 1917, S. 424.

des letzteren geschieht auch hier wie üblich mittels Federkraft. Da hier nur 3 Reihen gebohrt werden, so sind auch nur 3 Rasten in Bock *e* vorgesehen. Die Kreisteilung der Lochreihen geschieht durch eine Teilvorrichtung. Sie besteht aus der auswechselbaren Teilscheibe *l*, in die der Arretier- oder Indexstift *m* schlägt. Auch dieser Stift steht wie *d* unter Federwirkung. Die Bohrplatte *b* mit Bohrbuchse *c* ist abnehmbar auf die beiden Plattenstützen von *a* gesetzt. Seitliche kleine Ansätze an den Verbindungsstellen sichern die Lage der Platte *b*.

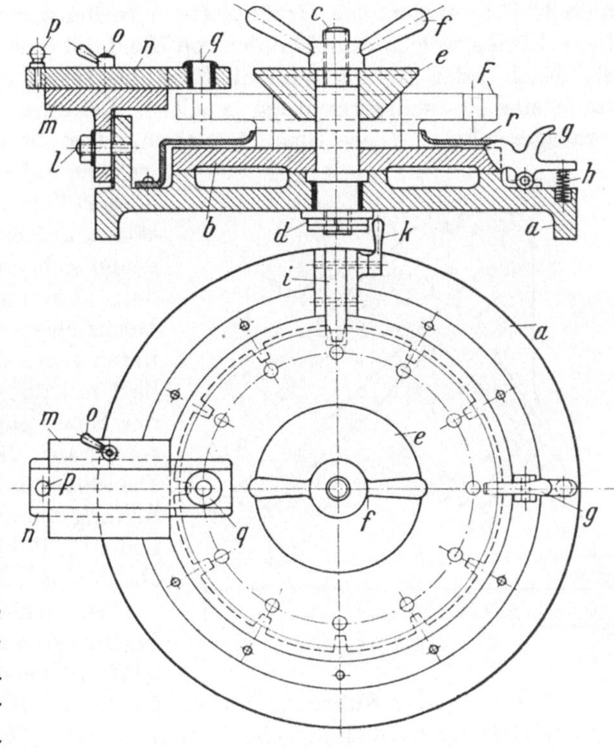

Fig. 169.

An dieser Vorrichtung erkennt man die Verwendungsmöglichkeit einer solchen kombinierten Zusammenstellung.

Fig. 169 stellt eine Bohrvorrichtung zum Bohren von Ansatzflanschen in weitesten Grenzen dar, d. h. mit ihr können Flanschen *F* vom kleinsten bis zum größten Durchmesser gebohrt werden. Das Unterteil *a* nimmt die Teilscheibe *b* auf. Letztere dient gleichzeitig als Spannplatte, da auf dieser die Ansatzflanschen abgestützt werden. Der Spannbolzen *c* sitzt drehbar in der Grundplatte *a*. Eine Metallbuchse füttert das Lager aus. Oberhalb der Grundplatte *a* besitzt der Spannbolzen einen Bund, welcher sich in *a* führt. Unterhalb der Grundplatte *a* befindet sich die Befestigung des Bolzens *c*. Sie besteht aus der Unterlagscheibe mit 2 Gegenmuttern. Letztere sind so angezogen, daß sich der Bolzen ohne Spiel drehen kann. Durch besondere Auflagen ist die Spannplatte *b* mit geringer Reibung angeordnet. Die Aussparung ist in der Schnittzeichnung deutlich zu erkennen.

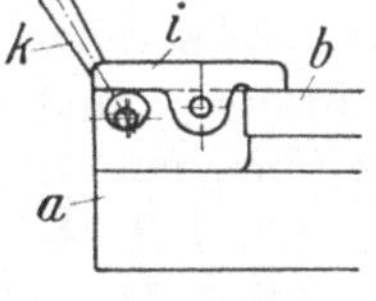

Auf dem Ansatzflansch *F* ist das kegelige Spannstück *e* unter Vermittlung der Knebelmutter *f* gespannt. Die Kegelform bedingt ein Spannen mehrerer Größen.

Die Teilscheibe *b* weist 12 Rasten auf, in die sich die Klinke *g* legt. Die Spannung der letzteren wird durch die Druckfeder *h* bewerkstelligt. Am Boden der Grundplatte *a* befindet sich der Drehpunkt dieser Klinke, welche zum Auslösen von Hand mit einem Griff ausgebildet ist. Nach jeder Teilung wird die Spannplatte oder die Teilscheibe *b* durch eine Feststellvorrichtung gehalten. Letztere ist noch besonders herausgezeichnet. Diese Spannvorrichtung besteht aus dem Hebel *k*, welcher auf einer kurzen Welle aufgekeilt ist. Sie wird von 2 Ansätzen aufgenommen, zwischen denen sich das Exzenter befindet. Letzteres drückt beim Hochziehen des Hebels *k* von unten gegen die Wippe *i*. Diese liegt mit dem anderen Ende auf der Spannplatte *b* und drückt somit auf die Grundplatte *a*. Die Spannung ist aus der Abbildung ohne weiteres ersichtlich. Das Blech *r* schützt den Mechanismus vor Verschmutzung.

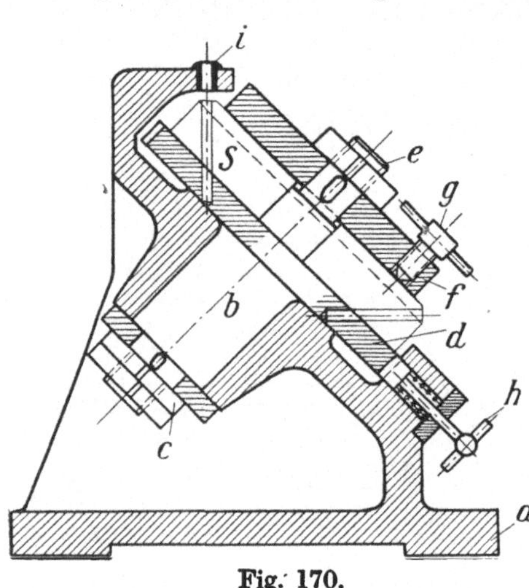

Fig. 170.

Der Schieber *n* mit Bohrbuchse *q* wird an dem Handgriff *p* verschoben. Ersterer bewegt sich in der Führung von *m*. Die Feststellung des Schiebers wird mittels der Knebelschraube *o* bewerkstelligt. Diese spannt die bewegliche Führungsleiste in der Führung fest. Der Plattenträger *m* ist in der Höhe verstellbar eingerichtet, besitzt einen Schlitz für die Spannschraube *l* und ist außerdem noch in einer nutenförmigen Führung geführt, um ein etwaiges Schiefstellen von *m* zu vermeiden.

Fig. 170 stellt eine Bohrvorrichtung zum Bohren eines Messerkopfes *S* dar. Der Aufnahmewinkel *a* besitzt eine schräge Fläche, auf der sich der Halter des Werkstückes führt. Die kräftige Nabe von *a* nimmt das Ansatzstück *b* auf. Dieses trägt die Rastenscheibe *d* und ist mit ersterem aus einem Stück verfertigt. Am Ende des Ansatzes befindet sich die Unterlagscheibe mit den beiden Gegenmuttern *c*. Oberhalb der Rastenscheibe *d* ist ein Stück Ansatz für die Aufnahme des Messerkopfes angedreht und darüber befindet sich auf dem nächsten Ansatz die Spannscheibe *f*. Diese ist verschiebbar aufgefedert und wird durch die Verschraubung *e* gespannt. Zur sicheren Mitnahme dient noch die Körnerschraube *g*. Sie drückt sich in den Messerkopf etwas ein, wodurch ein Verdrehen während der Bohrarbeit verhindert wird. Die Teilvorrichtung besteht aus dem Knebelindex *h*, der sich in einem Ansatz von *a* führt und durch die Druckfeder gespannt wird. Eine Stirnplatte schließt die Öffnung ab. Die Bohrbuchse *i* befindet sich in einem Anguß von *a* und ist normaler Ausführung.

Für das Bohren von Messerköpfen mit anderer Teilung muß ein dazu bestimmtes Teil- und Spannstück ausgewechselt werden. Auch dürfte es sich bei verschiedenen Werkstückdurchmessern empfehlen, die Bohrbuchse *i* mit langem Schaft auswechselbar sowie verschiebbar auszuführen.

Fig. 171 stellt einen besonderen Typ von Bohrvorrichtungen dar. Hier wird die Vorrichtung infolge ihrer Größe und der dadurch bedingten

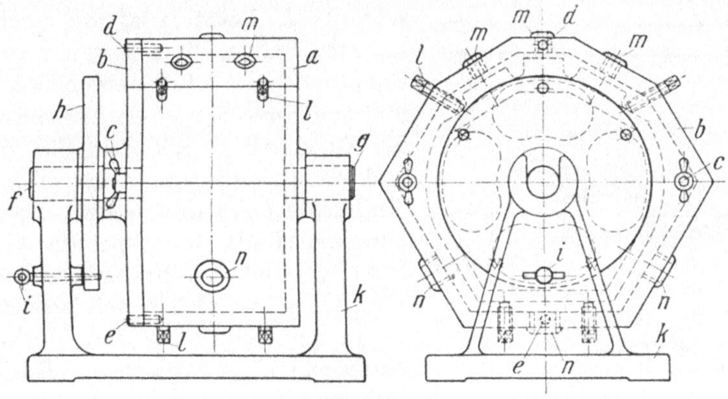

Fig. 171.

Schwere in ihren Lagern drehbar ausgeführt. Das Entfernen der Vorrichtung aus dem Lagerteil ist einfach; es braucht nur nach erfolgter Auslösung der Teilvorrichtung mittels einer kleinen Hebevorrichtung bewerkstelligt zu werden.

Der Bohrkasten *a* stellt ein geschlossenes Gehäuse dar. Der Deckel *b* wird mittels der Flügelschrauben *c* verschlossen. 2 Prisonstifte *d* und *e*, die im Durchmesser verschieden sind, fixieren den Deckel *b*. Das Werkstück wird bei herausgenommener Vorrichtung sachgemäß eingelegt und mittels der Spannschrauben *l* sicher befestigt. Die Teilscheibe *h* sitzt fest auf dem Zapfen *f* des Deckels, der mit derselben gleichzeitig aufgesetzt wird. Der hintere Zapfen *g* am Gehäuse *a* ist ebenfalls in demselben sicher befestigt. Beide Zapfen werden in die offenen Lageraugen des Lagerbockes *k* eingelegt.

Beim Bohren wird der Index *i* in die betreffende Arretierung der Teilscheibe *h* geschoben, worauf mit der Bohrarbeit begonnen werden kann.

Die Bohrbuchsen *m* und *n* besitzen verschiedene Bohrungen. Es dürfte sich daher empfehlen, diese Bohrarbeit unter einer mehrspindeligen Bohrmaschine auszuführen.

Fig. 172 stellt eine Bohrvorrichtung zum Bohren von spiralig verlaufenden Bohrungen dar, d. h. es werden hier Löcher in die Buchse *B* gebohrt, die in einer gewundenen Richtung zueinander liegen. Der Aufnahmebock *a* besitzt am oberen Teil 2 Lageraugen. In diesen führt sich die Welle *b*. Seitlich befindet sich ein Anguß *e* für die Führungsschraube *d*. Letztere ist mit einer gehärteten Spitze, die sich genau in der Spiralnut von *c* führt, ausgebildet. Am hinteren Ende der Welle befindet sich der Handgriff *g*, mit dem die Welle und dadurch die Führungs- sowie die Teilbuchse *f* gedreht werden. Das am vorderen Ende festgespannte Werkstück *B* muß die Drehung ebenfalls mitmachen und sich in achsialer Richtung, der Spiralform von Buchse *c* entsprechend, verschieben. Die Arretierung der zu bohrenden Stellungen wird durch Einschlagen des Indexstiftes *h* bewerkstelligt. Letzterer arbeitet ebenfalls wie bekannt unter Federwirkung. Die Buchse *f* ist auswechselbar; die Anzahl der Bohrungen ist durch sie festgelegt.

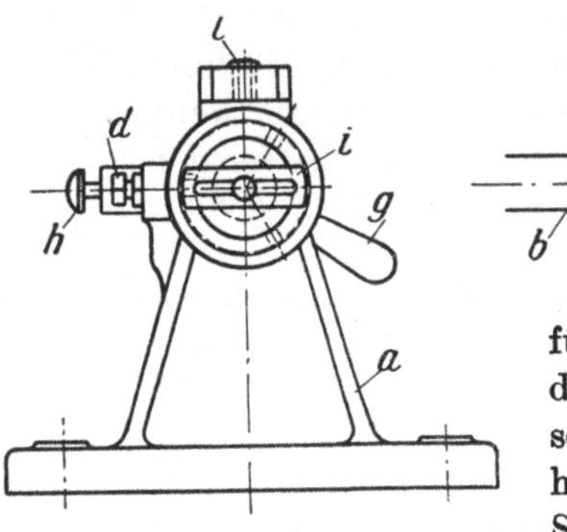

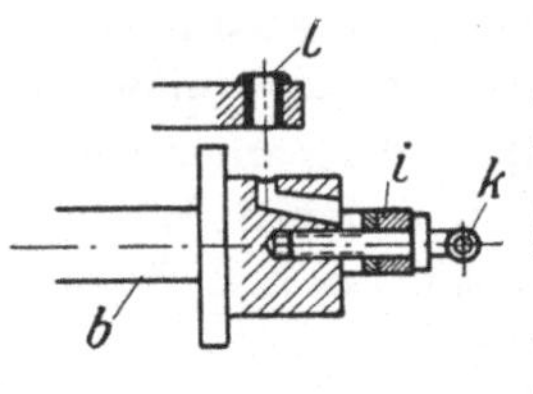

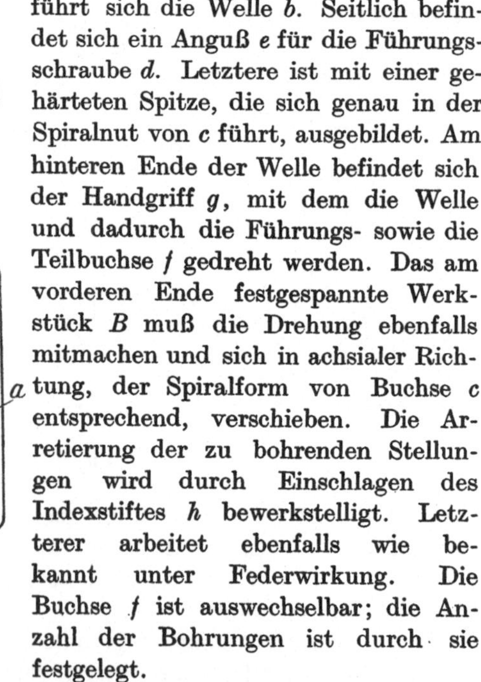

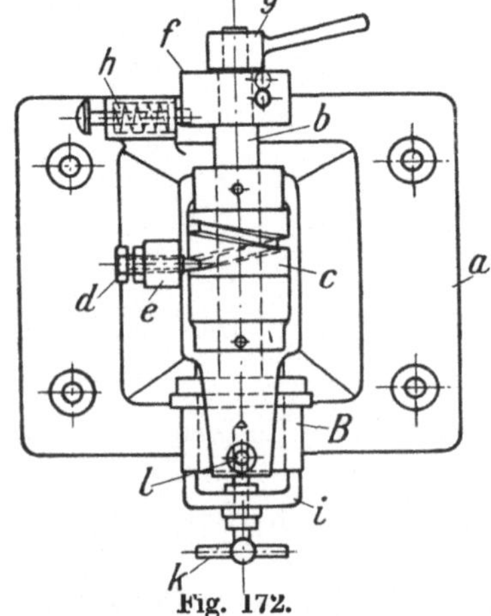

Fig. 172.

Die Befestigung des Werkstückes *B* erfolgt durch ein U-förmiges Spanneisen *i*, das durch die Knebelschraube gespannt wird. Der Spannbügel *i* ist auf der Spannschraube *k* durch Muttern und Bund drehbar befestigt. Das Gewindestück der Schraube schraubt sich in die Stirnfläche von Welle *b*. Die Welle besitzt als Anlage für die Buchse *B* einen Bund. Die Bohrbuchse *l* sitzt in dem Ausleger des Bockes *a*. Die Buchsenaufnahme mit der Spannung ist besonders herausgezeichnet worden, um dadurch den Mechanismus dieser Vorrichtung klarer erkenntlich zu machen.

Diese Anordnung ist auch für ähnliche Arbeiten zu empfehlen.

Fig. 173[1]) stellt ebenfalls eine Bohrvorrichtung für spiralig verlaufende Bohrarbeiten dar, d. h., auch hier beschreibt die Richtung der aufeinander folgenden Bohrungen eine gewundene Linie. Die Grundplatte *a* weist auf ihrer ganzen Länge eine Führung auf, in der sich die Spannplatte *h* führt. Letztere besitzt oberhalb 2 T-Nuten. In diesen führen sich die Spannschrauben der Böcke d, d_1 und d_2. Letztere sind verstellbar angeordnet, um evtl. eine andere Aufnahmewelle *e* darin lagern zu können.

Zwischen den Böcken d und d_1 ist das Arbeitsstück *e* gelagert, und zwischen den Böcken d_1 und d_2 befindet sich die Schablone *g*. Beide Teile sitzen auf der Welle *e* und werden mittels Gegenmuttern darauf befestigt. Bei einem Wechsel des Arbeitsstückes wird der Bock *d* abgezogen. Die Schablone *g* weist auf ihrem Umfang eine Spiralnut auf. Am Grunde dieser sind die Indexlöcher eingebohrt, in welche der Indexstift *k* einschlägt. Gleichzeitig führt sich letzterer infolge seines Ansatzes in der Spiralnut von *g*. Der mittels der Blattfeder *l* gespannte Handhebel *i* gestattet eine leichte Bedienung des Teilapparates. Diese Teilvorrichtung ist in dem, auf Grundplatte *a* geschraubten, Bügel *c* montiert. Die Bewegung der Aufnahme- oder Spannwelle *e* wird durch das Handrad *f* eingeleitet. Nach dem Ausklinken des Indexstiftes läßt man sofort den Hebel *i* los, so daß bei einem Weiterdrehen des Handrades der Index von selbst in die nächste Teilung schlägt. Der auf *a* geschraubte Bügel *b* enthält die Bohrbuchse *m*. Im Arbeitsstück *e*, das hier einen Zylinder darstellt, sind einige Bohrungen zu sehen. In dieser Weise wird fortgefahren.

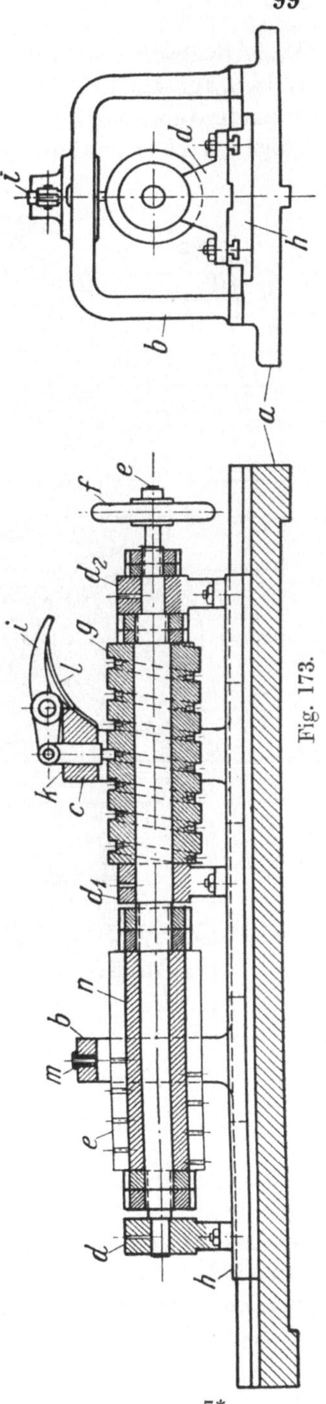

Fig. 173.

[1]) Die Werkzeugmaschine 30. Juli 1917, S. 281.

Das Arbeitsstück kann verschiedene Innen- und Außendurchmesser aufweisen, für welchen Zweck die Einsatzbuchsen *n* vorgesehen sind. Für kleinere Außendurchmesser muß für die Bohrbuchse *b* eine solche mit längerem Hals gewählt werden. Die Art der Vorwärtsbewegung des Schiebers *h* ist aus der Zeichnung klar ersichtlich. Diese Vorrichtung besitzt, der besseren Fixierung wegen, außerdem 2 Federansätze unter der Spannfläche.

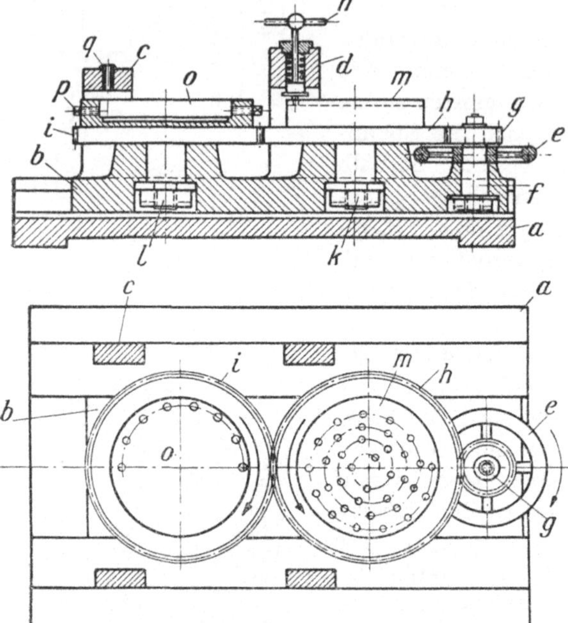

Fig. 174[1]) zeigt eine Bohrvorrichtung mit in einer Spirale verlaufenden Bohrungen auf einer Scheibe. In dem auf dem Maschinentisch befestigten Unterteil *a* führt sich der Schlitten *b*. Die Schraube *r* mit Leiste *s* regulieren die Führung desselben. An der Grundplatte sind mit angesetzten Lappen die beiden Bügel *c* und *d* befestigt. Der Bügel *c* besitzt die Bohrbuchse und der Bügel *d* den Index *n* für die Teil- und Führungsscheibe *m*. Auch hier übernimmt der stärkere Ansatz des Teilstiftes die Führung in den Spiralnuten von *m*. Um den Stift nicht aus der Führung zu ziehen, befindet sich unterhalb der Bohrung des Bügels *d* ein Anschlagbund. Dadurch wird bei einem Zug an *n* nur die Indexspitze aus der Bohrung frei und die Spiralscheibe läßt sich frei drehen. Durch diese Bewegung erhält der Schlitten *b* eine leichte Verschiebung, da der Führungsstift *n* mit dem Unterteil *a* in starrer Verbindung steht. Das Werkstück *o* wird dadurch ebenfalls, da es mit dem Schlitten verbunden ist, ein Stück unter die Bohrbuchse *q* verschoben. Da wir es außer der Längsbewegung noch mit einer Kreis-

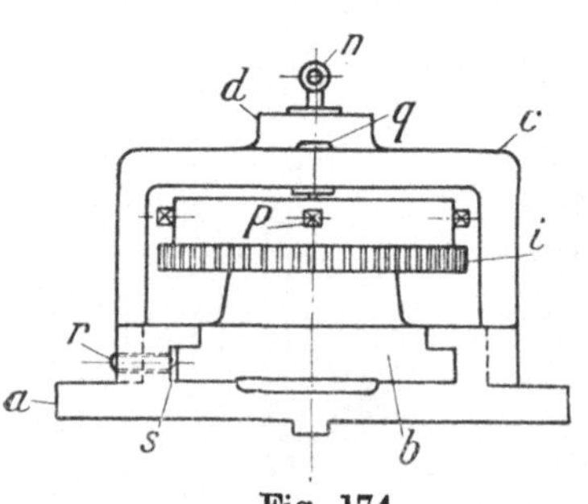

Fig. 174.

[1]) Die Werkzeugmaschine 15. Nov. 1917, S. 423.

bewegung zu tun haben, so sind die Scheiben *h* und *i* als Zahnräder ausgebildet, die ineinandergreifen. Zur Bewegung dieser Zahnräder dient das Handrad *e*. Auf der gemeinsamen Welle *f* ist das Ritzel *g* befestigt. Dreht man nun das Handrad *e* in der Pfeilrichtung, so drehen sich die mit diesem im Eingriff befindlichen Zahnräder in der eingezeichneten Pfeilrichtung. Verfolgt man nun die Wirkungsweise der Spiralschablone, so ist die Spiralbohrung auf *o* ohne weiteres klar. Die beiden Zahnräder *h* und *i* besitzen kräftige Ansätze, mit welchen sie sich in den Bohrungen von *b* führen. Die Muttern *k* und *l* nebst den Unterlagscheiben gestatten ein spielfreies Drehen der Ansatzzapfen. Das Aufnahmefutter für das Werkstück *o* besitzt seitlich 4 Druck- oder Spannschrauben *p* zum Befestigen des letzteren. Die Führungs-Teilschablone *m* ist auswechselbar und gestattet dadurch für die Bohrvorrichtung ein größeres Arbeitsgebiet.

Fig. 175[1]) zeigt eine Bohrvorrichtung zum Bohren von Brausenrohren aus Gasrohr.

Die Vorrichtung besteht aus einem gußeisernen Unterteil *a*. Dieses wird mittels zweier Lappen auf dem Tisch einer Schnellbohrmaschine befestigt. Eine angehobelte Feder sichert die richtige Lagerung unter der Bohrspindel. Das Unterteil nimmt in seinen Führungen den Schlitten *b* auf. Es trägt 2 Böckchen, von denen eins verstellbar angeordnet ist und sich in eine Aussparung von *b* schiebt. Die Verschiebung des Böckchens *c* geschieht durch eine Spindel *d*. Diese ist in dem Stirnblech *e* und durch einen Stellring mit Stift gehalten. Die Aufnahme des Düsenrohres *R* wird durch die beiden konischen Spitzen *f* und *l* erreicht. Die Spitze *f* besitzt eine Teilvorrichtung zur Festlegung der Abstände der Lochreihen. Mit dieser ist es möglich, das Düsenrohr ringsherum bohren zu können. Die Vorrichtung setzt sich aus folgenden Teilen zusammen: Teilscheibe mit Ansatz zum Einstellen *h*, Gegenmutter *i* und Hebel mit Klinke *k*. Diese wird durch eine Blattfeder gespannt. Am Teilkopf sind seitlich 2 Führungswinkel angebracht, die ein Ausbiegen der Klinke vermeiden. Um ein leichtes Schalten der Teilscheibe *h* zu erreichen, ist zwischen Spitze *f* und Böckchen *c* ein Kugellager *g* eingebaut. Das gegenüberliegende Böckchen ist im Schlitten *b* eingegossen und nimmt die Gegenspitze *l* auf. Um auch hier ein leichtes Bewegen der Spitze zu erreichen, ist eine Druckschraube *m* mit gehärteter Kugelspitze vorgesehen. Die Führungsschraube *n* legt sich mit ihrem Ansatz in die Ringnute der Gegenspitze und sichert sie so gegen Herausziehen. Der Transport des Schiebers *b* wird durch ein Zuggewicht *q*, das an einem schwachen Drahtseil *o* befestigt ist und über eine Rolle mit Böckchen *p* geleitet ist, eingeleitet. Das Böckchen *p* wird am Ende des Tisches befestigt.

[1]) Werkstattstechnik 1918, H. 7, S. 74.

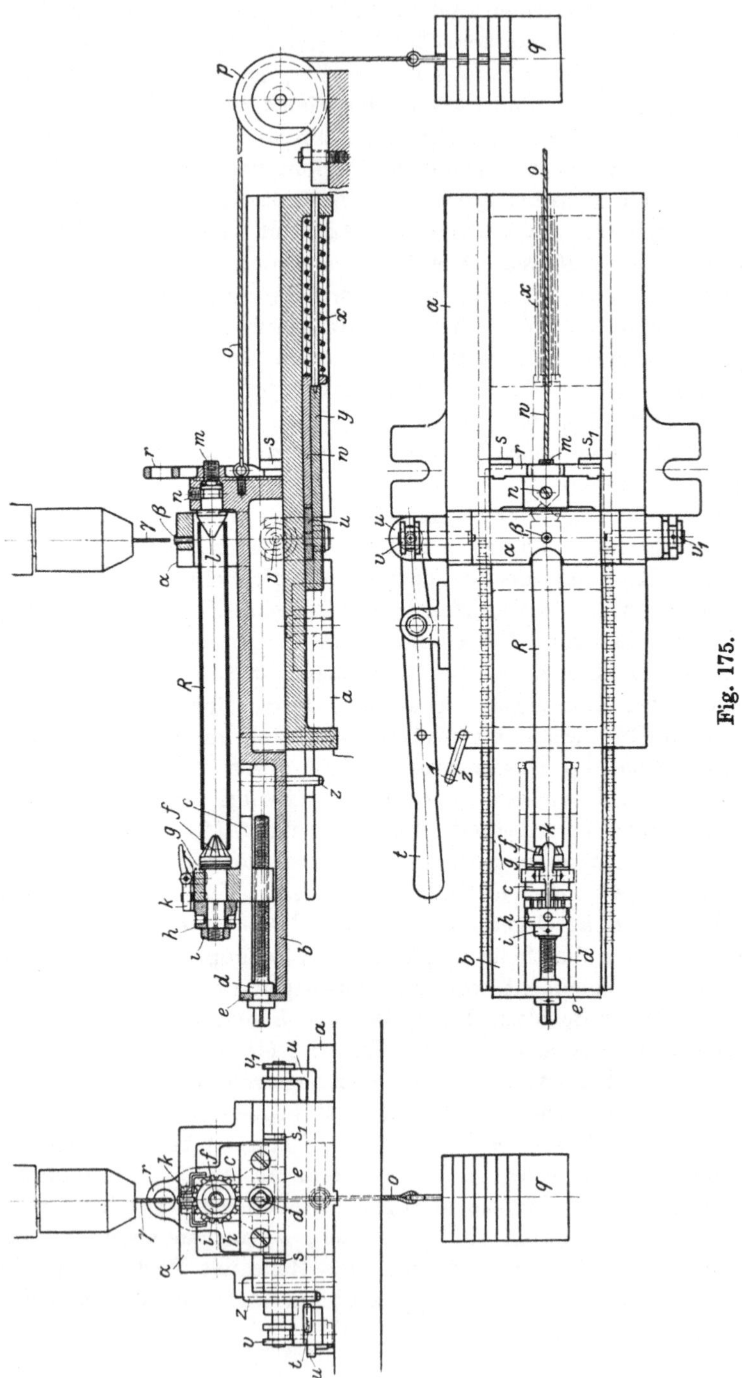

Fig. 175.

Die Teilung der Düsenlöcher im Rohr R wird vermittels zweier Teilleisten bewerkstelligt. Diese sind beweglich am Schlitten b befestigt. Fig. 175 und 176 zeigen die Befestigungsart der Leisten s, s_1. Der Schieberkeil r dient zum Versetzen der Teillöcher, indem derselbe einmal hineingedrückt und das andere Mal herausgezogen wird, wie aus der Verteilung der Löcher in Fig. 176 ersichtlich ist. 2 angehobelte Federn geben dem Keil r Führung und 2 Schräubchen halten denselben in Schlitzen geführt am Böckchen fest. Der Steuermechanismus besteht aus dem Hebel t, der seinen Drehpunkt in einem seitlich angeschraubten Böckchen besitzt. Am Ende ist der Hebel mit dem Schieber u drehbar verbunden. Der Schieber trägt an den beiden Enden gabelförmige Stücke, die sich in die Führungsrillen der Teilstiftköpfe v, v_1 legen und so die Bewegung auf diese übertragen. Eine Schneppervorrichtung w bewirkt das genaue Einschlagen der Teilstifte auf folgende Weise: sobald ein Loch gebohrt ist, wird der Hebel t seitlich ausgeschwenkt.

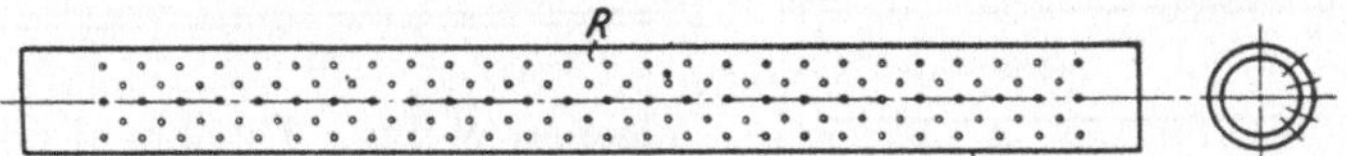

Die beiden Spitzen der Schneppervorrichtung bewirken infolge der Federkraft von x ein schnelles Umsteuern. In dem Augenblick, in dem der eine Teilstift v die Teilleiste s freigibt, zieht sich der andere Teilstift v_1 durch das Überschreiten der Scheitelkanten von w gegen die Teilleiste s_1 und schlägt in das nächstfolgende Teilloch ein. Die kurze Freigabe des Schlittens durch das Umsteuern der Teilstifte genügt, um den Schlitten b durch das Zuggewicht q eine Teilung weiter zu bewegen. Es ist demnach nur nötig, nach jeder Bohrung den Hebel einmal rechts und das andere Mal links zu schwenken. Die Decke y gibt der Schneppervorrichtung sicheren Halt und gute Führung. Ist nun eine Reihe gebohrt, so wird der Schlitten mit dem Werkstück R zurückgezogen, was dadurch geschieht, daß man den Steuerhebel mit dem Schieber u festhält. Der Bügel z wird zu diesem Zweck in das Loch des Hebels t gedrückt, wodurch beide Teilstifte aus dem Bereich der Teilleisten entfernt sind. Nach Einstellung des Schieberkeiles r wird der Bügel wieder aus dem Hebel gezogen und die Teilvorrichtung zur weiteren Benutzung dadurch freigegeben. Der Kloben α trägt die Bohrbuchse β, er ist durch Schrauben und Paßstifte am Unterteil a befestigt. Der Spiralbohrer γ ist in ein gebräuchliches Bohrfutter gespannt, welches am vorteilhaftesten mit der Bohrspindel durch einen Fußhebel gesenkt wird.

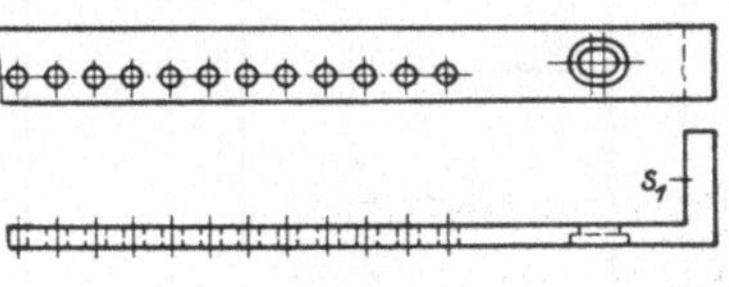

Fig. 176.

sich gegen den Bügel *t* legt und so ein Fest- und Losschrauben der Überwurfmutter *f* ermöglicht. In einer Bohrung des Spannkörpers befindet sich die Feder *i* mit der Buchse *h* für den Auswerfer. Am unteren Ende des Spannfutters ist die Schablone *k* angebracht. In Fig. 178 ist die Anordnung der Teillöcher erkenntlich. Die Schablone wird durch die Kopfschraube *l* befestigt. Die beiden Stifte *m* sichern ihre Lage. Eine am Unterteil angegossene Nabe nimmt den Teilstift *n* auf. Dieser wird durch die Druckfeder *o* gespannt. Der Deckel *p* verschließt die Bohrung in der Nabe. Die Bewegung der Vorrichtung wird auf folgende Weise von Hand bewirkt: Man dreht das Futter an der ränderierten Mutter *f* rechts herum. Der Teilstift *n* führt sich mit seinem zylindrischen Teil in der spiralförmigen Nute von *k* und drückt sich mit seiner Spitze in die kegelförmigen Bohrungen im Grunde der Nute ein. Demnach wird die Verschiebung des Schlittens *b* durch die Spirale und die Teilungen der einzelnen Lochabstände durch die eingebohrten Rasten bewirkt. Ist eine andere Teilung erwünscht, so ist es nur nötig, eine entsprechende Schablone *k* aufzusetzen. Die Bohrbuchse *q* wird in dem Bügel *t* gehalten, der am Unterteil durch Schrauben und Paßstifte befestigt ist. Der Spiralbohrer *s* wird auch hier in einem üblichen Spannfutter *r* gehalten. Auch hier ist eine Schnellbohrmaschine mit durch Fußtritt betätigtem Bohrspindelvorschub am Platze. Mit dieser Vorrichtung können gute Ergebnisse in der Herstellung sauberer Brausen erreicht werden, zumal die Richtung der Wasserstrahlen eine durchaus symmetrische ist, was durch Lochen von Hand niemals erreicht wird.

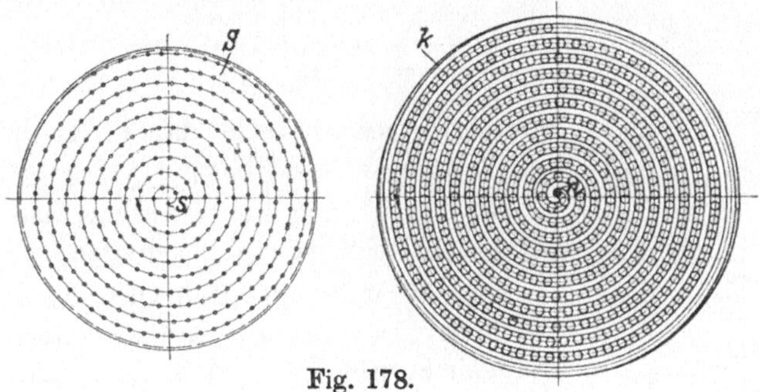

Fig. 178.

In Fig. 178 ist das Arbeitsstück *S* fertig gebohrt veranschaulicht. Das kegelförmige Ausstrahlen des Wassers wird durch die nachher vorgenommene Durchbiegung des Bleches *S* mittels Pressen erreicht.

b) Für Bohrwerke. In Fig. 179[1]) ist eine Bohrvorrichtung zum Ausbohren von kleinen Motorgehäusen dargestellt. Diese Art von Vor-

[1]) Die Werkzeugmaschine 30. März 1919, S. 106.

richtungen werden auf Horizontalbohrwerken verwendet. Das gußeiserne Gehäuse *a* faßt 4 Arbeitsstücke. Diese werden mittels der Spannplatte *b*, die durch die Schrauben *c* gespannt wird, gehalten. 2 Prisonstifte *d* fixieren die letztere zur Bohrachse. Die Gehäuse werden durch je 3 Druckschrauben *e* in dem Vorrichtungsgehäuse *a* festgelegt resp. ausgerichtet. Für den Durchgang der Bohrstange *g* ist in dem hinteren Teil der Vorrichtung eine Führungsbuchse eingesetzt. Vor dieser befindet sich eine Ausdrehung, die dazu dient, den Bohrstahl *h* auslaufen zu lassen. Der Deckel *b* zeigt einen maßhaltigen Durchgang für den Bohrstahl; man braucht daher nur diesen nach der Bohrung auszustellen.

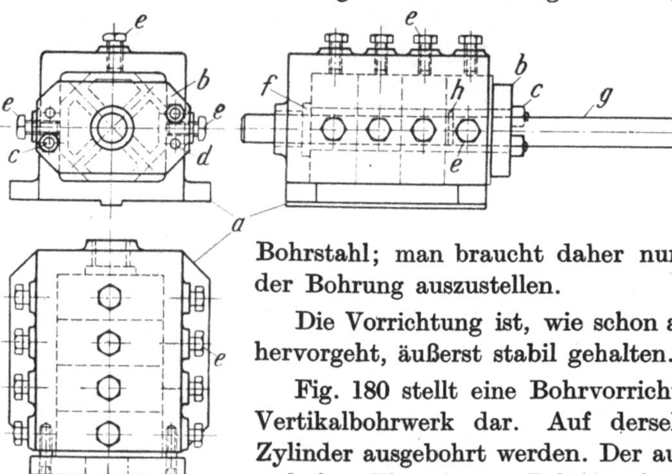

Fig. 179.

Die Vorrichtung ist, wie schon aus der Figur hervorgeht, äußerst stabil gehalten.

Fig. 180 stellt eine Bohrvorrichtung für ein Vertikalbohrwerk dar. Auf derselben soll ein Zylinder ausgebohrt werden. Der außen auf Maß gedrehte Flansch am Zylinder legt sich in die maßhaltigen Ansätze am Boden der Vorrichtung *a*. 2 gegenüberliegende Spanneisen mit Spannschraube *d* befestigen das Arbeitsstück. Zu dem Zweck sind im Gehäuse *a* seitliche Öffnungen vorgesehen. Sie dienen auch gleichzeitig zum Entfernen der Bohrspäne aus letzterem.

Nach der Einführung des Arbeitsstückes wird der Deckel *b* auf *a* geschraubt. Das wird durch die beiden Stiftschrauben *c*, die einen gedrehten Schaftansatz aufweisen, bewirkt. Der Deckel *b* besitzt außerdem noch einen Zentrieransatz, der sich in die Bohrung von *a* legt. Dieses hat seinen Grund darin, daß die Buchse *f* genau zur Bohrstangenachse zu stehen kommt. Die Aufnahmebuchse *f* besitzt am oberen Rande 2 Bolzen *g*. Letztere dienen zur Befestigung der Bohrbuchse *h*. Wie nebenstehende Abbildung veranschaulicht, sind am Rande der Bohrbuchse Einfräsungen sichtbar. Diese greifen über die Bolzenköpfe von *g*. Ein kurzes Drehen schiebt die Ansätze unter die Köpfe der Bolzen und sichert die Buchse so gegen Herausziehen. Die nebenstehenden Bohrstangen *i* und *n* sind für die Bohrarbeiten bestimmt. Die Befestigung geschieht in der üblichen Weise durch einen Konus in der Bohrspindel. Ein Flachkeil sichert hier gegen ein etwaiges Herausziehen der Stangen aus der Spindel.

Die Bohrstange *n* tritt als erstes Werkzeug in Aktion. Die Führungsbuchse *p* dient zur Unterstützung der Bohrstange während der Bohrarbeit, sie paßt die Buchse in Buchse *h*. Das Flachmesser *o* sitzt in einem Schlitz der Bohrstange *n*. Das Messer ist in der Mitte

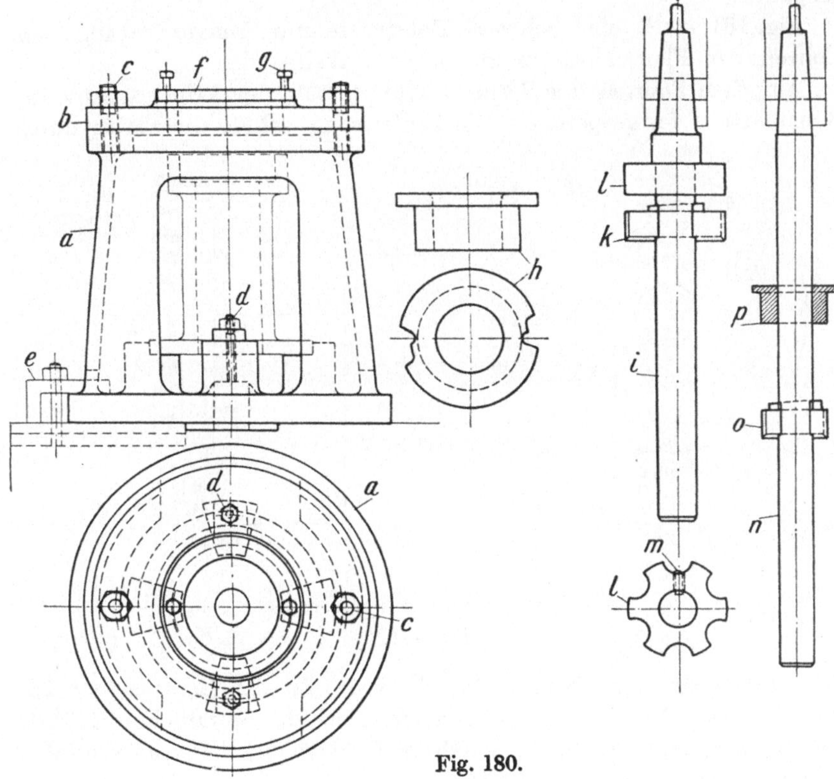

Fig. 180.

etwas ausgespart und greift in den Schlitz etwas über die Bohrstange. Der Keil oberhalb des Flachmessers sichert die Lage des letzteren. Am Boden der Vorrichtung ist für die Bohrstange *n* ein Führungsloch vorgesehen. In dem Loch sitzt eine Stahlbuchse als Führung. Die Buchsen können nach Verschleiß leicht ausgewechselt werden. Die abgeschrägte Form der Führungsbuchse am Boden der Vorrichtung soll das Eindringen von Spänen verhindern. Nach Vollendung der Bohrung wird die Stange *i* zum Ausbohren des Stopfbuchsenansatzes benötigt. Sie führt sich ebenfalls mit ihrem Schaftende im Boden der Vorrichtung. Das Flachmesser *k* ist unter denselben Voraussetzungen wie an Stange *n* an der Stange *i* befestigt. Das Führungsstück *l* gleitet in Buchse *f*. Es ist diese mittels der Druckschraube *m* an der Stange *i* befestigt. Die Messer in den Bohrstangen werden vorteilhaft aus hochlegierten Stählen hergestellt, um während der Bohrarbeit die höchste Leistung aus ihnen herausholen zu können. Die Bohrvorrichtung wird mit ihrem Zentrieransatz in die Ausbohrung des Maschinentisches eingepaßt und mittels der 4 Spanneisen *e* in den Nuten des Tisches festgespannt.

Fig. 181 stellt eine schwere Bohrplatte mit Teilvorrichtung zum Bohren von Flanschlöchern in schweren Wellen dar.

Auf dem Flansch der Welle *B* wird mittels der 3 Spanneisen *c* die Bohrplatte *b* festgespannt. Die Zentrierung erhält die Platte durch

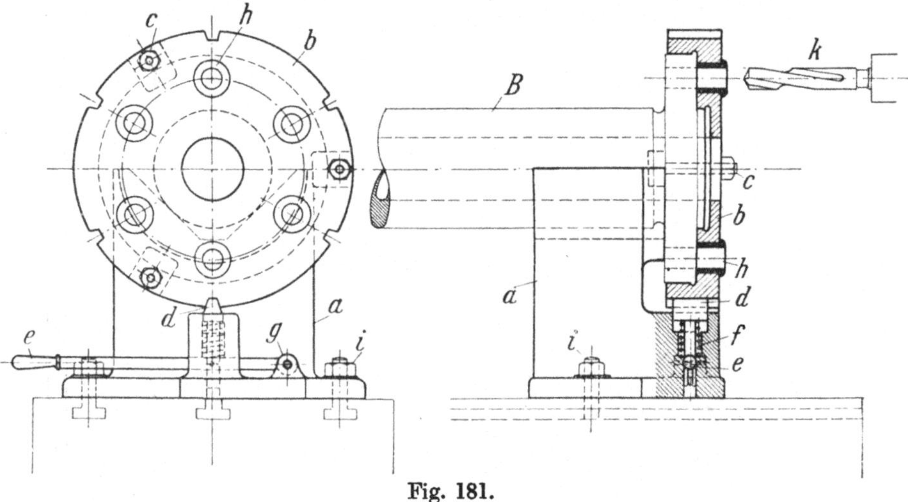

Fig. 181.

den außengedrehten Flansch der Welle *B*. In der Bohrplatte *b* befinden sich die Bohrbuchsen *h*, in welchen sich der Spiralbohrer *k* führt. Die Bohrvorrichtung wird ebenfalls auf einem schweren horizontalen Bohrwerk verwendet. Der Untersatz *a* ist auf dem Tisch des Bohrwerkes mittels der beiden Spannschrauben *i* befestigt. Er besitzt für die Welle eine prismatische Aufnahme. Am vorderen Teil ist ein Anguß auf der Platte des Untersatzes angebracht. In diesem befindet sich die Teilvorrichtung. Zu dem Zweck ist die Bohrplatte *b* am äußeren Rande mit 6 Rasten versehen, in welche sich der Schnepper *d* einschiebt. Die Feststellung wird durch die kräftige Druckfeder *f* eingeleitet. Um nun die Entriegelung bequem vornehmen zu können, ist der Handhebel *e* vorgesehen. Dieser sitzt in dem angegossenen Böckchen *g* und geht durch den Schlitz des Teilstiftes *d*. Bevor nun die Welle *B* mit der Bohrplatte *b* gewendet wird, muß der Hebel *e* herabgedrückt werden. Durch diesen Vorgang zieht sich der Teilstift mit dem Schnepper aus der Rast der Bohrplatte und gibt letztere dadurch für die Wendung frei.

Diese Vorrichtung ist für derartige Arbeiten sehr praktisch.

Fig. 182 veranschaulicht eine schwere Bohrvorrichtung zum Bearbeiten von Querhäuptern Q für Pressen. In dem Querhaupt wird die mittlere Bohrung sowie die Nabenfläche bearbeitet. Das Gleiche gilt auch für die seitlichen Bohrungen der Säulendurchgänge.

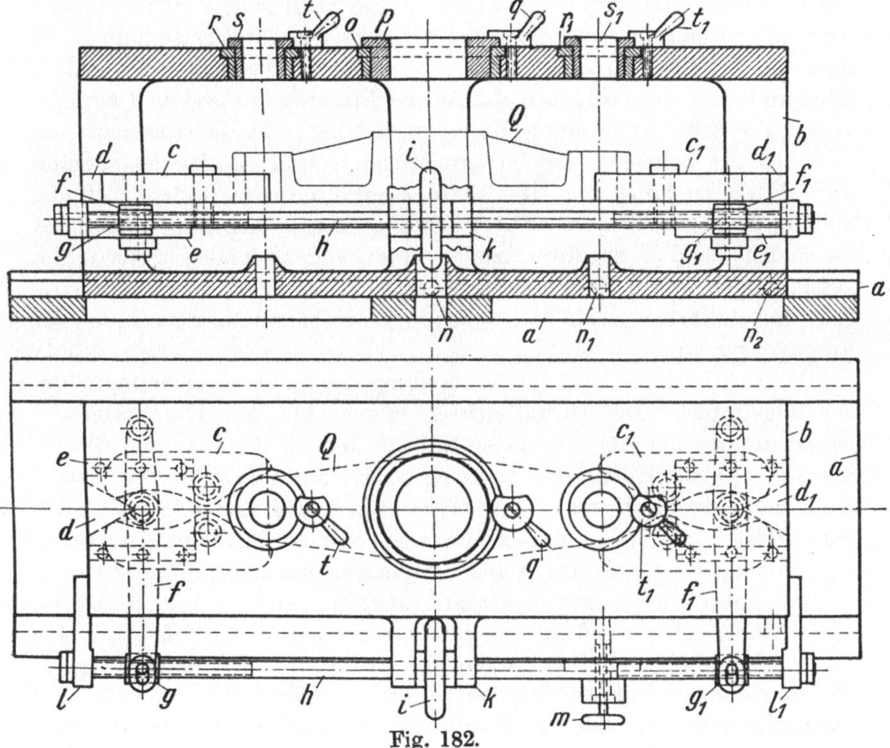

Fig. 182.

Die gußeiserne Grundplatte a wird auf dem Tisch des Vertikalbohrwerkes befestigt. Die Grundplatte a weist eine Führung für den Kasten b auf. In diese Führung schiebt sich derselbe so, daß die Bohrachsen der Vorrichtung mit denen des Querhauptes Q zusammenfallen. Um das einwandsfrei zu erreichen, sind in den Bohrkasten an der vorderen Seite 3 Rasten n, n_1 und n_2 eingebohrt. In letztere schlägt der Teilstift m, welcher unter Federwirkung steht. An dem Griffknopf wird der Teilstift herausgezogen.

In dem Bohrkasten befindet sich eine Zwischendecke. Auf derselben ruht das festgespannte Querhaupt Q. Die Spannung ist sinnreich ausgebildet. Sie besteht in der Hauptsache aus beweglichen Prismenbacken oder Zangen. Die Betätigung der Zangenschenkel c und c_1 geht von dem Handrad i aus. Dasselbe ist zwischen den beiden angegossenen Lagerungen k geführt. Durch die Bohrung des Handrades sowie der Augenlager k geht die Spindel h. Diese besitzt an beiden Hälften Gewinde, von welchen eins rechts und das andere links geschnitten ist. An beiden Enden ist die Spindel h durch angeschraubte Lager l und l_1 unterstützt. Auf die Gewindeteile schrauben sich Mutterkloben g und g_1. Letztere greifen mit Führungszapfen in die Schlitze der Hebel f und f_1. Am anderen Ende besitzen diese Hebel ihre Drehpunkte. Unterhalb dieser sind die Hebel in der Mitte der Spannplatte an die Schieber d und d_1 angelenkt. Letztere schieben sich in die Führungen e und e_1. Oberhalb weisen die Schieber je einen Keil von 60° auf. Derselbe schiebt sich zwischen die Schenkel der beiden Zangen c und c_1. Dieser Vorgang wird durch Drehung des Handrades i hervorgerufen, indem sich die Spindel h in die beiden Mutterkloben g und g_1 schraubt und somit die Hebel f und f_1 zusammenzieht. Die Zangenschenkel drehen sich auf kräftigen Bolzen und spannen dadurch das Werkstück fest. Das Ein- und Ausbringen des Werkstückes geschieht von beiden Enden der Vorrichtung aus.

Die Bohrbuchsen sind zur Herstellung der Bohrungen herausnehmbar angeordnet. Die Grundbuchsen dienen für den Durchgang der Messerstange zum Abflachen der Naben. Jedoch findet in den Grundbuchsen o, r und r_1 keinerlei Reibung statt, da die Führung der Messerstangen in den Bohrungen des Werkstückes, für diese Arbeit, selbst stattfindet. Im Boden des Bohrkastens b sind abgeschrägte Naben vorgesehen, die als Führung für die Ausbohrwerkzeuge dienen.

Die Bohrbuchsen oder besser Führungsbuchsen s, s_1 und p besitzen einen Rand, über welchen sich die Spannocken mit Griff t, t_1 und q legen. Die Nocken sind so ausgebildet, daß sie die Bohrbuchsen gegen Herausziehen und gleichzeitig auch gegen ein Verdrehen sichern. Das geschieht dadurch, daß der Rand der Buchsen an den Spannstellen etwas ausgefräst ist. In diese Ausfräsung legt sich der untere Teil des Nocken, der entsprechend ausgebildet ist. Der obere Teil überlappt den Rand der Buchse.

Um die Kastenführung gegen starkes Verschmutzen durch Gußspäne und den abfallenden Formsand zu schützen, sind geteilte, an den Stößen überlappte Spankästen vorgesehen. Diese werden unter den Spannboden auf den Boden des Kasten b gesetzt. Der Klarheit wegen sind die Spankästen nicht mit aufgeführt; der Konstrukteur wird sich bei dem Entwurf einer ähnlichen Vorrichtung wohl klar sein, wie und wo er diese anzubringen hat.

In Fig. 183 ist ebenfalls eine schwere Bohrvorrichtung unter einem vertikalen Bohrwerk veranschaulicht. In dieser Bohrvorrichtung werden die Räderöffnungen für die Zahnräder in Druckpumpen mittels Bohrmesser ausgebohrt.

Die Grundplatte *a* trägt die 4 Säulen *n* und außerdem ist auf ihr die Spannplatte *b* montiert. Letztere nimmt die Prismen zum Spannen des Pumpengehäuses *P* auf. Die Backe *c* ist mittels dreier Schrauben *d* auf *b* befestigt. Die Spannbacke *e* dagegen ist verschiebbar in den Führungen *i* der Platte *b* montiert. Die Spannung wird durch die Spannschraube *f*, die in einem Ansatz der Platte *b* durch Bund und Ringe gesichert ist, bewerkstelligt. Zu dem Zweck besitzt die Backe *e* Innengewinde. Es dürfte sich empfehlen, für das Gewinde eine besondere Buchse mit letzterem auszubilden, um sie bei etwaigem Verschleiß des Gewindes leicht auswechseln zu können. Außer dieser Spannvorrichtung trägt die Platte *b* noch die Führungsbuchsen *x* und x_1, wie aus der Schnittzeichnung ersichtlich ist. Auf den Säulen *n* ist die Führungsplatte *k* einstellbar angebracht. 4 seitliche Schrauben *l* halten letztere in ihrer Lage. Die beiden Zwillingsbuchsen *m* entsprechen den Bohrmitten der Ausbohrwerkzeuge *w* und w_1. In diesen Buchsen drehen sich verschiebbar die beiden Führungsscheiben *v* und v_1. Letztere sind um den Betrag im Durchmesser kleiner als der Eingriff der Zahnräder der Pumpe ausmacht. Da nun die Bohrmesser *w* und w_1 um diesen Betrag größer sind, so muß die Platte *k* beim Herausziehen der Messer nach oben verschoben werden. Um nun beim nächsten Arbeitsstück die alte Stellung der Führungsplatte zu erreichen, sind sog. Distanzstücke zu verwenden. Diese werden auf die Spann-

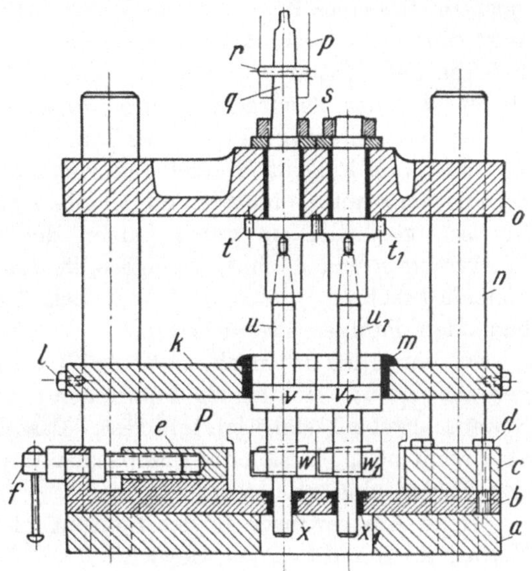

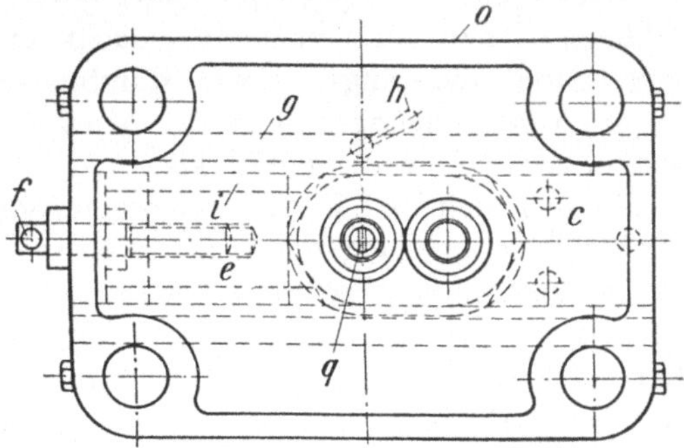

Fig. 183.

platte *b* oder die Grundplatte gestellt und darauf die Führungsplatte gesenkt. Nach dem Anziehen der Druckschrauben entfernt man die Distanzstücke.

Der Antrieb der beiden Ausbohrwerkzeuge erfolgt durch die Bohrwerkspindel *p*. In letzterer befindet sich der Konus *q*, welcher außerdem noch mittels eines Keiles *r* gesichert ist. Die Verlängerung des Konus *q* geht durch das Lager der Führungsplatte *o*. Oberhalb ist diese mittels Scheibe und Mutter *s* gesichert. Unterhalb der Führungsplatte *o* befindet sich das Zahnrad *t*; dieses nimmt in seiner langen Nabe den Konus der Bohrstange *u* auf. Das Zahnrad *t* steht mit dem gleichgroßen Zahnrad t_1 im Eingriff. Dasselbe ist genau so gelagert und wie das vorbeschriebene mittels Mutter und Scheibe *s* gesichert. Besondere Bronzebuchsen gestatten ein gutes Laufen der Wellenstücke. Die beiden Werkzeuge *u* und u_1 sind so eingestellt, daß sich ihre Messerschneiden niemals berühren, jedoch in dem Kreislauf des Kopfkreises der einzubauenden Pumpenräder arbeiten.

Zu bemerken ist noch, daß die Spannplatte *b* herausziehbar angebracht ist und sich in den Führungen *g* auf Platte *a* verschiebt. Die Spannschraube *h* stellt letztere fest. Das Herausziehen der Platte ist aber nicht nötig, da sich die Pumpengehäuse ohne große Mühe zwischen den Säulen einlegen lassen.

Große Aussparungen in der Führungsplatte *o* verringern, ohne viel Verlust an Stabilität, das Gewicht.

Die in diesem Kapitel angeführten Vorrichtungen sind aus den unzähligen Konstruktionen herausgesucht und ergeben durch zweckentsprechende Änderungen sowie Kombinationen wieder neue Formen. In ihren Ausführungen liegt der Wert für die Anwendung der Elemente, die zum Aufbau dienten.

Bei den kleineren Vorrichtungen entscheidet meistens das Gefühl in der Stärkenabmessung der einzelnen Elemente. Bei den größeren jedoch ist die Festigkeitsberechnung sehr am Platze. Denn jede übermäßige Beanspruchung der Spann- und Zugorgane verursacht Spannungen in den Vorrichtungen. Letztere müssen nun durch geeignete Versteifungen und Verstärkungen aufgehoben werden, ohne damit ein übermäßiges Gewicht zu erlangen. Hier stehen sich zwei Faktoren gegenüber: äußerste Stabilität und leichte bequeme Handlichkeit. Bei Außerachtlassung eines dieser Faktoren kann die Rentabilität in Frage gestellt werden. Außerdem ist zu entscheiden, welche Spannorgane angewendet werden sollen. Da ist z. B. der Keilverschluß trotz seiner Einfachheit eine sichere Befestigungsart. Es ist da zu unterscheiden, ob für die Druckkräfte eine genügende Unterlage gegeben ist und ob das zu spannende Werkstück nicht verspannt wird. Am vorteilhaftesten sind massive Arbeitsstücke für diese Art von Spannungen.

Die Druckschraube mit direkter und indirekter Wirkung auf das Werkstück ist vielfach angewendet. Bei direkter Wirkung hat man zu untersuchen, ob die Druckstellen, die beim Spannen auftreten, ohne Einfluß auf die Güte des Fabrikats sind. Man wird die direkte Spannwirkung durch die Druckschraube meistens bei unbearbeiteten Flächen anwenden oder die Spitze der Druckschrauben mit Scheiben versehen. Im letzteren Fall ist es dann möglich, auch bearbeitete Flächen damit zu befestigen. Alle Reibungs- und Druckflächen an Vorrichtungen müssen gehärtet sein. Ebenso die Schlüsselköpfe. Außerdem ist es wichtig, daß die Schrauben auf Biegung und Torsion berechnet sind. Man trifft vielfach Vorrichtungen an, die sehr sinnreich durchdacht sind, aber krumme und an den Druckflächen verdrückte Spannschrauben aufweisen. Die indirekte Wirkung der Spannschraube ist auf das einfachste Element, die Spannlasche, bezogen. Letztere muß bei größeren Dimensionen im gefährlichen Querschnitt berechnet werden. Dieser Querschnitt betrifft den Durchgang der Spannschraube. Spannschraube und Laschenquerschnitt an genannter Stelle müssen mit gleicher Festigkeit berechnet werden, d. h. der größten Zugbelastung der Schraube soll die größte Biegungsfestigkeit der Lasche gegenüberstehen. Auch muß die Spannmöglichkeit berücksichtigt werden; darunter ist zu verstehen, daß die Schraube in nächster Nähe des Werkstückes steht. Ein zu weites Abstehen der Spannschraube wird das Spanneisen durch die freie Länge desselben verbiegen.

Für die Spannorgane dürfte es vorteilhaft sein, eine Normaltafel zu schaffen, um dem Konstrukteur die Zeit für das Berechnen zu ersparen. Es ist schon sehr viel gewonnen, wenn die Werte angenähert bestimmt sind. Ebenso muß vorgeschrieben sein, wie lang die Spannhebel, die an dem Kopf dieser Schrauben wirken, sein dürfen. Der Arbeiter wird stets das größte Drehmoment durch eine Verlängerung der Schlüssel wählen, weil er dazu naturgemäß die wenigste Kraft braucht, um eine besonders feste Spannung zu erreichen. Daß er aber dadurch die Spannelemente zerstört, kommt ihm meistens nicht in den Sinn. Aus diesem Grunde werden meistens die Spannschrauben auch mit losen Knebelgriffen versehen.

Die Federspannung wird besonders in Kastenvorrichtungen angewendet, in denen die Werkstücke aus flachen oder guten Auflageflächen bestehen. Die Federn sind hier meistens Flachfedern. Auch hier muß bei größeren Abmessungen die Spannung berechnet werden. Bei den Spiralfederbefestigungen mit indirekter Wirkung auf Verschubelemente, wie z. B. zylindrischen Druckbolzen, kann die Spannung in Tafeln zusammengestellt werden, so daß man auch hier jederzeit angenäherte Werte erhalten kann.

Die Exzenterspannungen sind äußerst fest. Jedoch lassen sie nur geringe Toleranzen in den Werkstücken zu. Darum ist hier die Spanngrenze äußerst beschränkt. Die Spannung tritt dann am sichersten und festesten auf, wenn sich der Druckpunkt des Exzenters der höchsten Stelle nähert. Die Exzenter werden in verschiedenen Variationen angewendet. Erstens direkt und zweitens indirekt. Bei der direkten Spannung wirkt das Exzenter auf das Werkstück und klemmt es auf der Unterlage fest. Bei der indirekten Anwendung kommen sog. Zwischenelemente in Frage, wie Wippen und zweiarmige Hebel. Hier muß das Zwischenelement äußerst kräftig gewählt werden, denn bei dem geringen Hub, den dasselbe beschreibt, darf eine Verbiegung nicht auftreten, sonst ist die Spannung illusorisch.

Außerdem sollen noch die beweglichen Spanndeckel oder Bohrplatten an Vorrichtungen erwähnt werden. Die Deckel müssen sich in den Scharnieren mit größter Präzision bewegen und keinen seitlichen Spielraum aufweisen. Am Verschlußende müssen die Deckel zwischen Ansätzen zu liegen kommen, die dem Deckel nach keiner Seite ein Ausweichen gestatten. Ebenfalls muß die Auflage bei gefüllter Vorrichtung fest in den Führungen sein, um ein sicheres Bohren durch die Buchsen zu gestatten. Ein Deckel oder eine Bohrplatte, die auf dem Arbeitsstück infolge von Aufliegen schief sitzt, ist eher ein Nachteil als ein Vorteil für die Fabrikation. Dasselbe macht sich besonders bei größerer Schichtung von Arbeitsstücken bemerkbar.

Die verschiebbaren oder drehbaren Bohrplatten müssen durch ihre Prisonstifte oder Rasten fest fixiert sein. Aus dem Grunde sind die Konen der Stifte nach Normalien zu verfertigen, d. h. die Konizität der letzteren muß eine einheitliche sein.

Wo es sich um bewegliche Bohrkasten auf Untersätze handelt, müssen die Arretierungen mit besonderer Sorgfalt ausgeführt sein. Die Rasten derselben müssen konisch gehalten sein, um den Stift oder Schnepper auf Anzug stellen zu können. Die Stifte oder Schnepper werden, um einer Lösung während der Bearbeitung vorzubeugen, mittels Federwirkung in der Arretierung gehalten. Die Führungen der Bohrkästen usw. müssen stets nachstellbar ausgeführt werden, um ein Schlottern während der Bohrarbeit zu vermeiden. Das Nachstellen wird noch besonders durch Feststellschrauben erreicht. Bei schwenkbaren Bohrkästen mit Teilvorrichtung ist auf ein festes Sitzen der Elemente zu achten. Die Teilscheiben und Stifte müssen gehärtet sein und wenn irgend möglich eine Konizität aufweisen. Ist die Teilscheibe aus Gußeisen, so muß sie in den Teillöchern mit gehärteten Buchsen ausgerüstet sein.

Die hier aufgeführten Einzelheiten sind die Grundzüge beim Entwurf von Bohrvorrichtungen. Es lassen sich noch mehrere aufzählen, sie sind aber nur Modifikationen der ersteren.

Bei einer Vorrichtung multipliziert sich jeder Fehler an den Arbeitsstücken und daher sollen Vorrichtungen technisch und praktisch fehlerfrei sein, wenigstens sollen solche Fehler unter allen Umständen vermieden werden, die die Austauschbarkeit der Arbeitsstücke in Frage stellen.

Die Vorrichtung soll im Betriebe als ein Gesetz betrachtet werden. Dementsprechend muß auch ihre Behandlung sein, um der Arbeit, für die die Vorrichtung geschaffen wurde, ein rücksichtsloses Vertrauen entgegenbringen zu können.

4. Fräsvorrichtungen.

Das Kapitel über Fräsvorrichtungen dürfte wohl eines der interessantesten sein. Die hier aufgeführten Vorrichtungen sind aus den unzähligen Möglichkeiten, Werkstücke in kurzer Zeit maßhaltig sowie austauschbar herzustellen, herausgesucht. Auch sind die Vorrichtungen hier so gewählt, daß man aus dem Aufgeführten durch Kombination der Elemente neue Vorrichtungen für zweckmäßige Bearbeitung schaffen kann. In den seltensten Fällen wird man eine bereits ausgeführte Vorrichtung für andere Arbeitsstücke verwenden können. Dieses ist ja auch nicht bezweckt, sondern beabsichtigt, auf dem bisher geschaffenen weiter aufzubauen.

Jedes Arbeitsstück erfordert eine individuelle Behandlung. Es treten folgende Fragen in den Vordergrund: 1. wie spanne ich das Werkstück sicher, schnell und ohne Zeitverlust? 2. wie spanne ich das Werkstück zum Fräser, um in kurzer Zeit die größte Leistung zu erzielen? Bei der Massenfabrikation treten noch die Fragen hinzu: 3. wieviel Stücke kann ich gleichzeitig und 4. wieviel Stücke hintereinander in einer Aufspannung bearbeiten? Außerdem ist folgende Frage bei der Serienfabrikation ebenfalls von Wichtigkeit: Wie werden die Werkstücke zum Fräser gespannt, d. h. nebeneinander oder hintereinander? Man wird sich bei einfachen Fräsarbeiten mit gewöhnlichen Fräsern, sowie Scheiben und Schlitzfräsern für die Nebeneinanderspannung entscheiden, weil die Fräser ohne große Mühe auf Maß gehalten werden können. Darunter ist zu verstehen, daß sich die Fräser, die nebeneinander auf den Dorn gespannt sind, infolge ihrer Einfachheit ohne größere Zeit- und Materialverluste auf Maß nachschleifen lassen. Anders liegt der Fall, wenn es sich um komplizierte Fassonfräser handelt, deren Nachschliff bedeutend mehr Aufmerksamkeit und Zeit erfordert, als derjenige der einfachen Fräser. Man wird sich hier für ein Hintereinanderfräsen entscheiden und dafür lieber einige Fräsmaschinen mehr bestimmen. Diese Fragen bedürfen einer reiflichen Überlegung; denn es ist besonders beim Hintereinanderfräsen von großer Wichtigkeit, den toten Arbeitsgang auf ein geringes Maß zu beschränken, d. h.: die

Werkstücke so aufzuspannen, daß der Fräser von einem Arbeitsstück zum andern den kürzesten Weg beschreibt. Werkstücke mit geraden Anlageflächen wird man vorteilhaft zusammenspannen. Solche mit unregelmäßiger Anlagefläche dagegen so setzen, daß das Überlaufen des Fräsers von einem Werkstück zum andern auf dem kürzesten Wege erfolgt. Hier in diesem Falle ist die Aufgabe besonders schwer. Die Lösung dieser Fragen entscheidet die Rentabilität eines Auftrages. Die Firma muß immer im Vorteil sein, die solche Fragen mit der besten und schnellsten Arbeitsweise löst. Jede Zeit, und sei sie noch so kurz bemessen, muß der Bearbeitung voll und ganz dienen.

Dieses macht sich besonders in der Massenfabrikation bemerkbar. Nehmen wir z. B. an, es sollen 10 Arbeitsstücke, in einer Vorrichtung hintereinandergespannt, gefräst werden. Der Überlauf von einem Arbeitsstück zum andern sei nur 10 Sekunden zu lang bemessen. Die Gesamtfräsarbeit beträgt rund eine $^1/_2$ Stunde, oder bei 7stündiger Betriebsdauer 14 Aufspannungen. Bei rund 300 Arbeitstagen im Jahre ergibt sich folgender Verlust in Stunden pro Jahr:

$$\text{Std.} = \text{Übergänge} \times \text{Sekunden} \times \frac{\text{Anzahl der Aufspannungen} \times \text{Arbeitstage i. Jahr}}{\text{Sekunden pro Stunde}}$$

$$= 9 \cdot 10 \cdot \frac{14 \cdot 300}{3600} = 105 \text{ Stunden-Verlust pro Jahr.}$$

Die Gesamtarbeitszeit pro Jahr $7 \cdot 300 = 2100$ Stunden.

Das ergibt einen Verlust pro Maschine in Prozenten:

$$\frac{105 \cdot 100}{2100} = 5\%.$$

Arbeiten mehrere solcher Maschinen mit derartigen Vorrichtungen, so multipliziert sich der Verlust entsprechend.

Aus diesem kleinen Überschlag ersieht man die Wichtigkeit der Durchbildung von Bearbeitungsvorrichtungen.

a) Für Handhebelfräsmaschinen. In Fig. 184 ist eine einfache Fräsvorrichtung zum Ausfräsen der inneren Kante an der Buchse *B* veranschaulicht. Diese Vorrichtung ist ein Schnellspanner. Ihre Anwendung kommt für kleine Handhebelfräsmaschinen in Frage. Für diese Art von Spannungen ist Bedingung, daß die Arbeitsstücke gleicher Dimension sind.

Auf dem Unterteil von *a* führt sich der Schlitten *b*. Er nimmt oberhalb das Prisma *c* auf. Rechts und links von letzterem sind zwei kleine Böcke einstellbar montiert. An diesen Böcken *e* und e^1 ist der gegabelte Hebel $d\,d^1$ angelenkt. Zwischen den beiden Hebelhälften ist der Handhebel *f* beweglich eingebaut. Unterhalb des Drehbolzens ist der Hebel zu einem exzentrisch geformten prismatischen Schuh ausgebildet. Die Wirkungsweise dieses Schuhes ist folgende: Die Büchse *B* wird gegen den Anschlag *h* geschoben. Der Hebel *f* wird nach vorn gedrückt und drückt, infolge der Exzentrizität des Schuhes, die Büchse *B* fest in ihre Unterlage *c*. Gleichzeitig wirkt auch der Druck rückwärts gegen den Anschlag *h*.

Die Mitnahme erfolgt durch die Bolzen in den gabelförmigen Böcken *e* und e^1 bis gegen den Fräser *k*.

Ist die Fräsung nun ausgeführt, so legt man den Handhebel *f* zurück, bis der Stift *g* gegen die Bügelstücke *d* und d_1 schlägt, dann schiebt

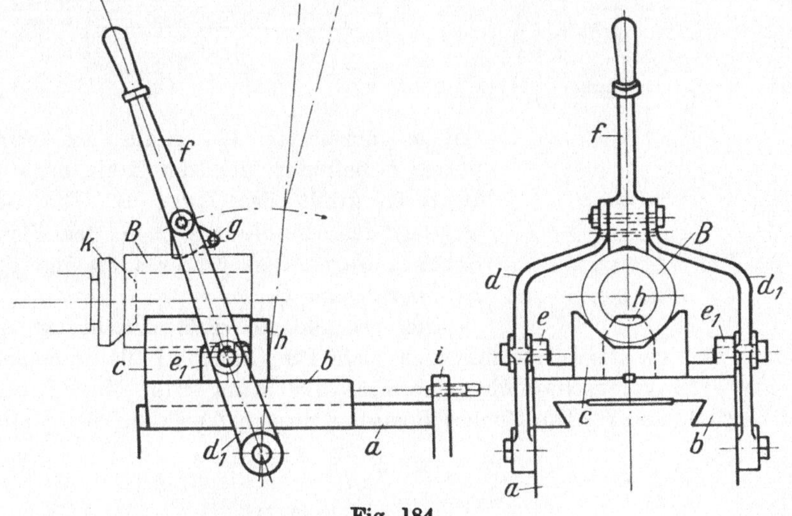

Fig. 184.

man den Support *b* bis zu dem Anschlag *i* zurück. Aus der Abbildung ist ohne weiteres die Wirkungsweise klar zu erkennen.

Für verschieden starke Buchsen muß der Drehpunkt des Handhebels einstellbar angeordnet werden.

Fig. 185 zeigt eine Fräsvorrichtung zum Anfräsen von Hohlkehlen an gußeisernen Untersätzen *P*. Die Platte *P* wird mittels des Spannbügels *h* gespannt. Letzterer ist auf dem Support *b* einer kleinen Handhebelfräsmaschine montiert. Die eigentliche Spannung wird durch die Spannschraube, die auf die Mitte der Platte *P* wirkt, bewerkstelligt.

Zum Umschalten der Platte ist eine Schwenkvorrichtung *f* vorgesehen. Diese besitzt unterhalb einen Ansatz, der sich in der passenden Ausbohrung am Schlitten *b* führt. Um nun stets die richtige Lage des Werkstückes zu erreichen, ist ein Indexstift mit Spannfeder an der Ecke vorgesehen. Beide Teile sind in der Büchse *g* am Schlitten *b* befestigt. Die Ecken von *f* weisen entsprechende Rasten auf. Das Gegenführen des Werkstückes erfolgt mittels Handhebel *e*. Letzterer ist auf der Welle mit Ritzel *d* verkeilt. Ritzel sowie Welle sind im Unter-

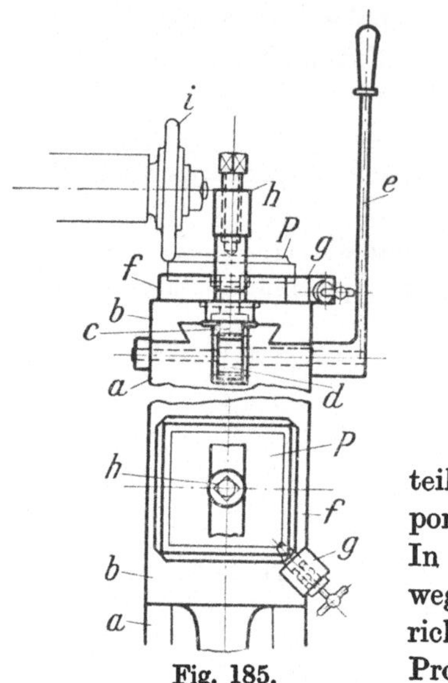

Fig. 185.

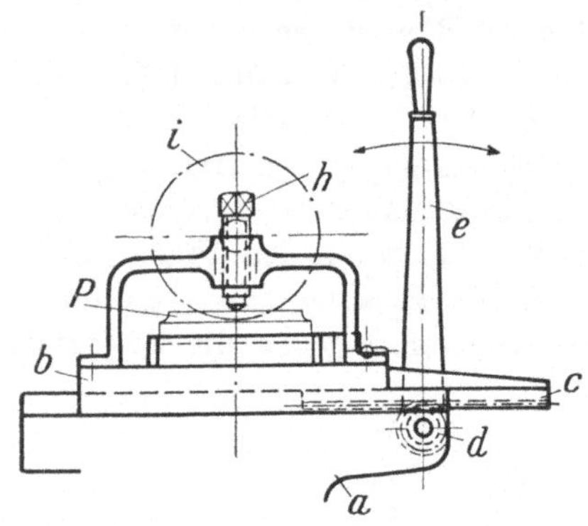

teil *a* montiert. Unterhalb des Supportes *b* befindet sich die Zahnstange *c*. In diese greift das Ritzel *d*. Die Bewegung des Handhebels *e* in der Pfeilrichtung gegen den Fräser *i* erledigt die Profilierung an *P*.

Die geschilderte Fräsvorrichtung ist einfach und praktisch; sie läßt sich leicht für ähnliche Fälle umbauen.

Fig. 186 veranschaulicht eine Fräsvorrichtung zum Nutenfräsen auf Laufbüchsen *B*. Die Büchse *B* wird zu diesem Zweck auf die Spann-

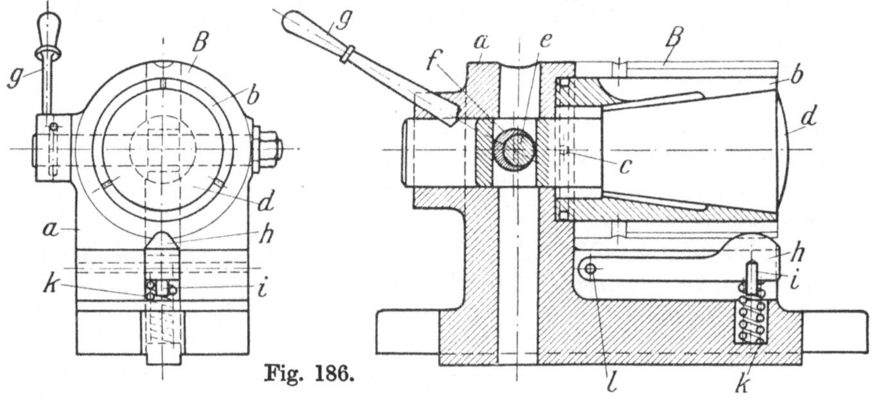

Fig. 186.

hülse *b* geschoben und mittels des Spanndorns *d*, der sich in die konische Ausbohrung der Spannhülse *b* schiebt, gespannt. Letztere ist dreimal geschlitzt, wie in der Figur ersichtlich.

Die Spannung wird durch den Handgriff *g*, der auf Welle *e* verstiftet ist, eingeleitet. Die Welle *e* geht durch den länglichen Schlitz des

Konusschaftes *d* und trägt in der Mitte des letzteren das Exzenter *f*. In der Figur steht die Vorrichtung auf Spannung.

Um nun die gegenüberliegende Nute auf 180° einfräsen zu können, ist unterhalb die Arretiervorrichtung vorgesehen. Diese besteht aus dem Arretierhebel mit Nocken *h*. Letzterer ist mittels des Stiftes *l* in Bock *a* drehbar befestigt. Die Spannung des Hebels *h* wird durch die Feder *k* bewerkstelligt. Letztere führt sich um den Stift *i*, der in *h* befestigt ist. Um nun bei dem Abziehen der Buchse *B* nicht die Spannhülse *b* auf den Konus von *d* zu ziehen und dadurch ein Klemmen zu verursachen, ist diese mit einer Kreisnute versehen, in die sich zwei Stifte *c* legen. Dieselben gestatten wohl ein Drehen, aber keine horizontale Verschiebung. Büchse, Dorn sowie Arretierhebel sind, um einem vorzeitigen Verschluß vorzubeugen, gehärtet.

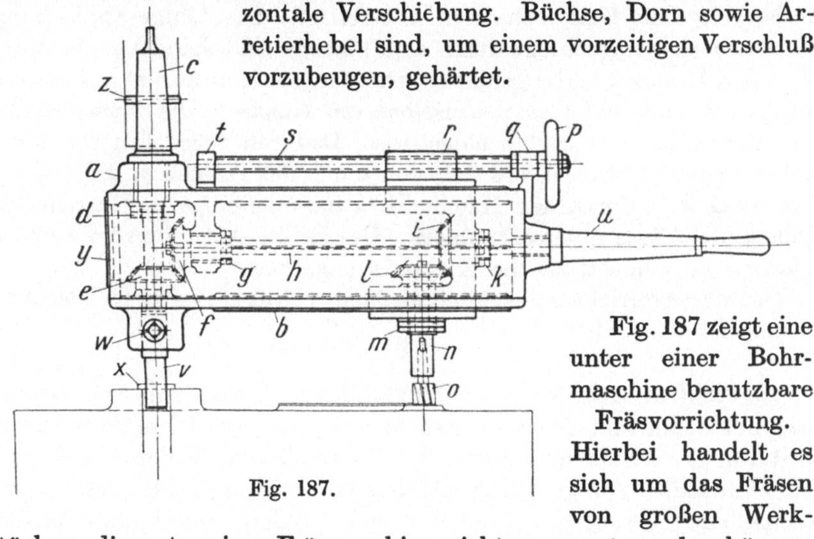

Fig. 187.

Fig. 187 zeigt eine unter einer Bohrmaschine benutzbare Fräsvorrichtung. Hierbei handelt es sich um das Fräsen von großen Werkstücken, die unter einer Fräsmaschine nicht gespannt werden können.

Der Konus *c* ist durch den Stiftkeil *z* in der Bohrspindel der Maschine gesichert. Unterhalb seines Bundes ist derselbe in dem Gehäuse *a* gelagert und durch die beiden Gegenmuttern *d* gesichert. Der Zapfen der Verlängerung von *c* sitzt in der Nabe des Deckels *b*. In der gleichen Bohrung befindet sich der Führungszapfen *v*. Letzterer wird durch die Druckschraube *w* einstellbar gespannt. Um eine gute und sichere Führung des Gehäuses *a* zu erhalten, bewegt sich der Zapfen in der gehärteten Buchse *x*. Diese muß so gewählt werden, daß ihr Außendurchmesser dem Loch in dem Werkstück entspricht.

Auf der Verlängerung von *c* befindet sich das Kegelrad *e*, welches mit derselben durch einen Keil verbunden ist. Mit *e* im Eingriff befindet sich das Kegelrad *f*. Dieses besitzt eine lange Nabe und ist in dem freistehenden Lagerbock von *a* geführt. Zwei Gegenmuttern *g* sichern das Kegelrad im Lager.

In der Bohrung des Kegelrades ist die langgenutete horizontale Welle *h* befestigt. Am anderen Ende ist die Welle in der Handgriffnabe abgestützt. Auf dieser Welle verschiebt sich das Kegelrad *i*, welches ebenfalls mit langer Nabe versehen ist. Diese führt sich im verstellbaren Bock *r* und wird mittels der beiden Gegenmuttern *k* gesichert.

Die Feder dieses Kegelrades führt sich in der langen Nute von Welle *h* und wird von letzterer bewegt. Mit *i* im Eingriff befindet sich das Kegelrad *l*. Letzteres führt sich mit seiner langen Nabe in dem Bock *r*. Die beiden Gegenmuttern *m* sichern es. In der Bohrung des Kegelrades *l* befindet sich die Frässpindel *n*. Diese ist mit *l* durch Mutter und Keil verbunden. Der Fräser *o* ist normaler Konstruktion. Er ist mit dem Konusschaft in *n* befestigt. Die Längsverschiebung des Fräsbockes *r* geschieht durch eine Flachgewindespindel *s*. Letztere ist in den Lagern *t* und *q* gehalten. Die Transportmutter ist auf Bock *r* angegossen und bildet mit demselben ein Ganzes. Die Verschiebung wird durch das Handrad *p* eingeleitet. Dadurch führt sich der Bock in den langen Führungen des Gehäuses *a* und des Deckels *b*. Die radiale Bewegung wird durch den Handhebel *u* bewerkstelligt, welcher in der Nabe am Gehäuse *a* verschraubt ist. Um an die Antriebsräder *e* und *f* gelangen zu können, ist die Klappe *y* angebracht.

Diese Fräsvorrichtung ist ein brauchbares Hilfswerkzeug für Flächenfräsungen.

b) Für Universal-Fräsmaschinen. Fig. 188 zeigt eine Teilvorrichtung mit Spannwinkel für wagerechte Aufspannung. Diese Vorrichtung wird von der Firma Schuchardt & Schütte, Berlin, in den Handel gebracht und stellt eine gut durchgebildete Vorrichtung dar. Sie besitzt auswechselbare Teilscheiben *n* mit 4, 6 und 8 Teilen. Durch einfache Bewegung des Hebels *l* wird die Sperrklinke *m* ausgehoben und die Vorrichtung weiter gedreht, bis die Sperrklinke in die nächste Teilnute einfällt. Alle sich bewegenden Teile sind verdeckt und so vor Verschmutzung geschützt. Die Vorrichtung besitzt einen Durchlaß von 50 mm und Spannzangeneinrichtung. Die Spannzange wird durch einen geschlitzten, gehärteten und geschliffenen kegeligen Druckring mit Hilfe einer Überwurfmutter zusammengedrückt und hält das Arbeitsstück leicht und sicher fest. Kleinere Durchmesser werden mit Hilfe einer geschlitzten Spannbüchse sicher gespannt. An Stelle der Überwurfmutter kann auch eine Futterscheibe zur Aufnahme eines Dreibackenfutters von etwa 190 mm größtem Durchmesser verwendet werden.

Bei Fortfall des Aufspannwinkels *a* wird die Vorrichtung für senkrechte Aufspannung benutzt. Der Flansch *b* besitzt für alle Fälle längliche Schraubenschlitze. Die Führungssteine *c* sind mittels Zylinderkopfschraube in den Flansch eingesetzt. Sie können für die in Frage kommenden Nutenbreiten des Aufspanntisches zugepaßt werden. In die kräftige Nabe *d* ist die Aufnahmebüchse *e* mittels spannbaren Gewinderinges *f* spielfrei in achsialer Lage eingebaut. Die Mutter *h* besitzt Flachgewinde und schraubt sich auf Buchse *e*. Hierzu ist ein Spanndorn *i* vorgesehen. Die Mutter wirkt auf den Spannring *g* und dieser drückt die expandierende Buchse *p* auf das Arbeitsstück fest. Die Teilscheibe *n* wird durch den Ring *o* auf Buchse *e* befestigt. Die Mitnahme der Teilscheibe nebst Buchse *e* wird durch den Ring *k* mit unterem

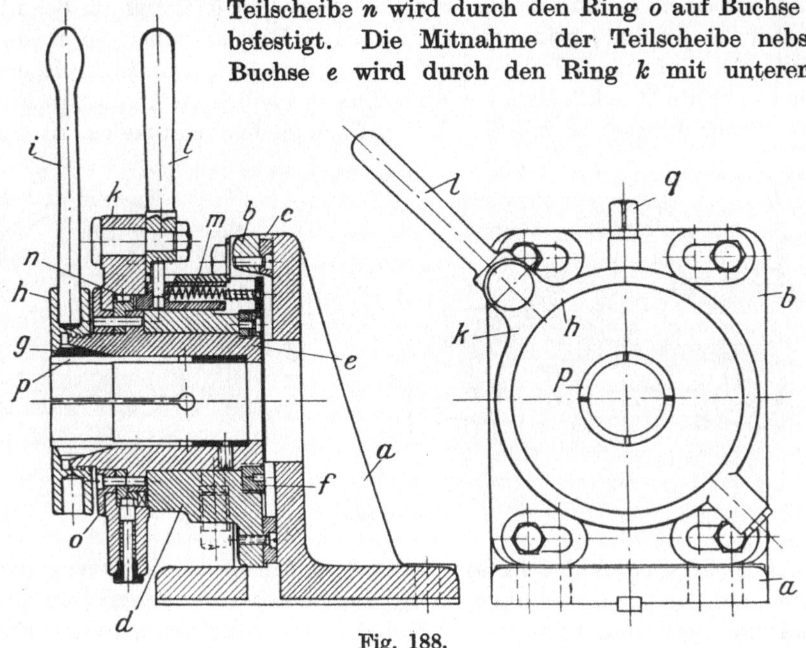

Fig. 188.

Federstift, unter vorheriger Auslösung der Sperrklinke *m* durch den Hebel *l*, bewerkstelligt. Die Spannschraube *q* dient zur Unterstützung der Feststellung.

In Fig. 189 ist ein Universal-Teilkopf für Fräsmaschinen dargestellt (System Hendey). Dieser Teilkopf wird ebenfalls von der Firma Schuchardt & Schütte, Berlin, in den Handel gebracht. Da der Universal-Teilkopf eine der gebräuchlichsten Vorrichtungen für die Fräsmaschine ist, soll seine Konstruktion nebst Anwendung hier eingehend beschrieben werden. Im Grunde sind alle Universal-Teilköpfe auf dem gleichen Prinzip aufgebaut. Die eingehende Beschreibung einer Type dürfte daher für diesen Fall genügen.

Der Universal-Teilkopf gehört zur normalen Ausrüstung jeder Universal-Fräsmaschine. Er dient zur Ausführung von Teilungen an Arbeitsstücken, zum Fräsen kegelförmiger Arbeitsstücke und zur

Herstellung schraubenförmig gewundener Fräsarbeiten. Der Universal-Teilkopf wird hierbei durch Wechselräder mit der Tischspindel verbunden.

Den hohen Ansprüchen, welche die heutige Werkstattstechnik zu stellen gewohnt ist, entspricht der Hendey-Teilkopf im weitesten Maße. Seine hohe Genauigkeit ist nicht nur durch die vorzügliche Ausführung der Einzelteile bedingt, sondern auch eine Folge seiner gediegenen und einfachen Konstruktion. Fig. 189 zeigt den Teilkopf im Schnitt und in der Ansicht; man erkennt hieraus die Beschaffenheit der inneren Teile. Die kräftige Spindel ist auf ihrer ganzen Länge konisch gelagert. Sie hat breite Druckflächen zur Aufnahme des achsialen Arbeitsdruckes. Das Schneckenrad ist mit der Teilkopfspindel fest verbunden, so daß

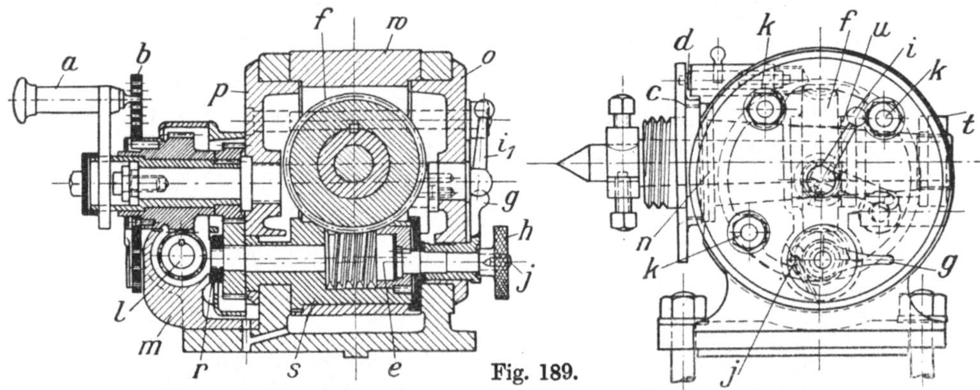

Fig. 189.

ein Lockern ausgeschlossen ist. Es wird seitlich in das Gehäuse eingeführt, ein Umstand, der einen großen Durchmesser des Schneckenrades und eine kräftige Zahnteilung ermöglicht. Die Schnecke läßt sich einfach außer Eingriff mit dem Schneckenrade bringen. Durch Hineinziehen der Teilkopfspindel in ihre Lagerung erfolgt deren sichere Feststellung und ohne Fehlerquelle.

Während die Schnecke so gelagert ist, daß sie ständig im Ölbade läuft, ist das Innere des Teilkopfes völlig abgeschlossen und so vor Verunreinigung durch Schmutz und Späne geschützt. Die Teilscheiben weisen große Bohrungen auf. Dementsprechend sind auch die Zeigerstifte kräftig ausgeführt.

Die Zeigerkurbel besitzt in radialer Richtung genügende Führung, die Größe der Verstellung kann durch Zeigefinger aus hartem Material jeweils leicht eingestellt werden.

Die Teilungsmöglichkeiten sind sehr groß. Der Teilkopf gestattet das direkte Teilen mit Teilscheibe, das indirekte mit Schneckengetriebe und Teilscheibe, das kombinierte und die Differentialteilung. Auf diese einzelnen Teilverfahren wird noch näher eingegangen.

Die Bedienung des Teilkopfes ist im nachfolgenden beschrieben.

Auslösung und Feststellung der Teilkopfspindel. Die Auslösung der Schnecke *e* aus dem Schneckenrad *f* geschieht durch Drehung des kordierten Knopfes *h*, nachdem dieser durch die Feststellmutter *g* gelöst ist. Der Eingriff der Schnecke ist durch Anschlagstifte festgelegt. Die Feststellung der Teilkopfspindel erfolgt durch Drehen des Hebels *i*, der durch Exzenter auf die Reguliermutter *t* wirkt und dadurch die Spindel in ihr Lager fest hineinzieht.

Die Nachstellung des Teilkopf-Schneckengetriebes erfolgt durch Verstellung der konisch zugespitzten Anschlagstiftschraube *j* im Kopfe *h*. Die Stiftschraube *j* hat Gewinde. Ihre Verdrehung bewirkt, daß der Eingriff der Schnecke früher oder später durch den Anschlag begrenzt wird. Gegen eine willkürliche Verstellung der Stiftschraube *j* sichert eine Feststellschraube.

Die Einstellung des Mittelteiles *w* in einem beliebigen Winkel erfolgt nach Lösen der 3 Schraubenbolzen *k*, durch welche die Seitenplatten *o* und *p* fest an das Gehäuse gedrückt werden. Die Einstellung der Teilkopfspindel kann von 28° unterhalb der Wagerechten durch einen Kreisbogen von 216° bis zu einer Neigung von 8° unter der Wagerechten in entgegengesetzter Richtung erfolgen. Dieser Winkel läßt sich noch bei Abnahme der Teilscheibe *c* vergrößern. Zu beachten ist, daß der Hebel *g* nach vorn gelegt ist, bevor die Bolzen *k* gelöst werden.

Beim Fräsen von Spiralen erfolgt die Bewegungsübertragung von der Tischspindel durch die Wechselräder auf das Schneckengetriebe im Teilkopf durch das Schraubenräderpaar *l*. Es ist zu beachten, daß dieses Räderpaar dauernd im Ölbade läuft.

Beim Auseinandernehmen des Teilkopfes schraube man zunächst den Kopf *h*, dann das seitliche Lager *m* und zuletzt die Mutter *r* ab. Sodann entferne man die 3 Bolzen *k* und hierauf mit Hilfe eines in die leeren Bolzenlöcher *k* eingeführten Dornes die Seitenplatte *p*. Ebenso läßt sich die entgegengesetzte Platte *o* abnehmen. Das Mittelteil *w* wird nunmehr angehoben und die Schnecke *e* mit dem ganzen Gehäuse *s* seitlich herausgezogen. Nun löse man die Schlußmutter *t* und die Befestigungsmutter *n* des Schneckenrades, ziehe sodann die Teilkopfspindel und das Schneckenrad heraus, worauf das Mittelstück *w* frei ist.

Die Teilverfahren des Hendey-Universal-Teilkopfes.

a) Das direkte Teilen. Für einige kleine Teilzahlen kann das Teilen auf der Teilkopfspindel unter Benutzung der vorderen Teilscheibe *c* in Verbindung mit dem Zeigerstift *d* erfolgen (Fig. 189).

Der Teilkopf hat eine Teilscheibe *c* mit 3 Lochkreisen mit je 24, 30 und 36 Löchern, so daß die Teilungen 2, 3, 4, 5, 6, 8, 9, 10, 12, 15, 18, 24, 30 und 36 unmittelbar ausgeführt werden können.

Beim direkten Teilverfahren ist es erforderlich, die Schnecke mit dem Schneckenrad außer Eingriff zu bringen und die Spindel nach jeder Teilung durch den Hebel festzustellen, damit der Zeigerstift *d* von dem Schnittdruck, den der Fräser ausübt, entlastet wird.

b) Das indirekte Teilen. Das indirekte Teilen kommt am meisten in Betracht, zumal es auch beim Fräsen von Spiralen angewendet werden muß. Es erfolgt unter Benutzung der Teilscheibe *b* und des Zeigerstiftes *a* (Fig. 189). Die Vorrichtung wirkt indirekt durch ein Stirnräderpaar mit dem Übersetzungsverhältnis 1 : 1 und die Schneckengetriebe *e* und *f* auf die Teilkopfspindel. Das Schneckengetriebe hat ein Übersetzungsverhältnis 1 : 40. Die Lochkreise der Teilscheibe *b* haben folgende Anzahl Löcher: 15, 16, 17, 18, 19, 20, 21, 23, 27, 29, 31, 33, 37, 39, 41, 43, 47, 49.

Die nachfolgende Tabelle I enthält die zum Teilen erforderlichen Angaben: Lochkreis der Teilscheibe, Anzahl der ganzen Umdrehungen der Zeigerkurbel und die Löcheranzahl, die für die bestimmte Teilzahl richtig ist.

c) Das kombinierte Teilverfahren kann nur dann angewandt werden, wenn keine Spiral- und Fräsarbeiten auszuführen sind. Hinter der Teilscheibe befindet sich noch ein zweiter Zeigerstift. Da die Teilscheiben durchbohrt sind, ist es möglich, von beiden Seiten die Zeigerstifte in verschiedene Lochkreise eingreifen zu lassen. Auf dieser Möglichkeit beruht das kombinierte Teilverfahren. Es ist zunächst erforderlich, beim jedesmaligen Weiterteilen mit der vorderen Zeigerkurbel die angegebene Teilung auszuführen und danach mit dem hinteren Zeigerstift die angegebene Anzahl Löcher vorher zu teilen. Je nachdem in der Tabelle für den hinteren Zeigerstift der angegebenen Lochzahl ein + oder —-Zeichen vorgesetzt ist, muß die Teilscheibe ebenso wie die vordere Zeigerkurbel in gleichem oder in entgegengesetztem Sinne bewegt werden.

Obwohl das kombinierte Teilverfahren in der Ausführung etwas umständlich ist, gibt es doch die Möglichkeit, mit dem Teilkopf ohne weitere Hilfsmittel eine sehr große Zahl von Primzahlen zu teilen, die mit dem indirekten Teilverfahren nicht zu erhalten sind. Nachstehende Tabelle II enthält für eine ganze Anzahl von Teilungen die erforderlichen Angaben.

Bei dem Gebrauch der Tabelle sind die Spalten 1 und 2 besonders zu beachten. Spalte 1 enthält die Teilungszahl. Die in der zweiten Spalte stehende Bezeichnung: „Bewegungen der Zeigerstifte“ wird in nachstehendem Beispiel erläutert. Es bedeutet z. B.:

Teilungszahl 53 = 6 ganze Umdrehungen, 43 Löcher auf dem Lochkreis 47 mit dem vorderen Zeigerstift und 6 Löcher auf dem Lochkreis 49 mit dem hinteren Zeigerstift im entgegengesetzten Sinne.

Spalte 3 gibt unter der Bezeichnung: „Fehler für Durchmesser 1" die Zahl an, mit welcher der zu teilende Teilkreisdurchmesser zu multiplizieren ist, um den Durchmesser zu erhalten, für welchen die angegebenen „Bewegungen einer genauen Teilung" von $^1/_{53}$ des Teilkreisumfanges maßgebend sind.

In Spalte 4 ist unter der Bezeichnung „Teilintervall" der Abstand (in Anzahl Teilen) angegeben, welcher einer „Bewegung" entspricht. Bei der Teilzahl 53 wird bei Ausführung einer Bewegung immer um 9 Teile weiter geteilt.

Nicht alle Teilungen, die in nachstehender Tabelle aufgeführt sind, ergeben vollkommen genaue Teilungen. Die Größe des jeweiligen Fehlers kann man durch die in Spalte 3 angegebenen Zahlen von Fall zu Fall ermitteln. Da jedoch für viele Zwecke der Praxis die erreichbare Genauigkeit genügen dürfte, ist das kombinierte Teilverfahren an dieser Stelle beschrieben worden.

d) Das Differential-Teilverfahren kann nur an Universal-Fräsmaschinen angewendet werden, da die zur Maschine gehörigen Spiralwechselräder hierbei Verwendung finden. Es sind außer den bei jeder Maschine normal vorhandenen Rädern und Zwischenrädern für den normalen Teilkopf noch zur Ausführung des Differential-Teilverfahrens erforderlich:

1. 1 Radbolzen für die Teilkopfspindel.
2. 1 Zwischenrad mit Spanngabel.
3. 1 Radbolzen für den Antrieb der Schnecke.
4. 1 Teiltabelle für das Teilen nach dem Differential-Teilverfahren.

Diese Teile werden unter der Bezeichnung: Differential-Teilvorrichtung in den Handel gebracht.

Die Anordnung der Differential-Teilvorrichtung beruht darauf, daß die Drehbewegung der Teilkopfspindel durch Wechselräder auf die drehbare Teilscheibe übertragen wird. Die Teilscheibe steht hier also nicht fest, wie beim indirekten Teilen, sondern ist je nach dem Verhältnis der Wechselräder ebenfalls einer Drehbewegung unterworfen, deren Drehsinn durch die Verwendung von Zwischenrädern entweder dem Drehsinne der Zeigerkurbel gleichgerichtet ist, oder umgekehrt.

Auf diese Weise erhält man eine sehr große Anzahl von Teilzahlen. Die Berechnung der Differential-Teilungen ist nachstehend kurz angegeben.

Teilkopfspindel und Teilscheibe sind durch Wechselräderpaare (1 oder 2 Paare) miteinander verbunden.

Der Drehsinn der Teilscheibe kann dem Drehsinn der Zeigerkurbel gleich oder entgegengesetzt sein. Die Gesamtbewegung der Zeigerkurbel ist demnach stets gleich ihrer verhältnismäßigen Bewegung zur

Teilscheibe zuzüglich der Bewegung der sich im gleichen Sinne drehenden Teilscheibe, wenn diese abzüglich der Bewegung der sich im entgegengesetzten Sinne drehenden Teilscheibe bedeutet:

T = Teilzahl.

L = Anzahl der Löcher in dem Teilscheiben-Lochkreis.

l = Anzahl der Löcher in dem Teilscheiben-Lochkreis für eine Teilung.

V = Übersetzungsverhältnis zwischen Teilkopfspindel und Zeiger kurbel.

x = Übersetzungsverhältnis der Wechselräder zwischen Teilkopfspindel und Teilkopfschraubenrad L (Fig. 190).

a = Übersetzungsverhältnis am Teilkopfschraubenrad.

b = 1. Rad auf dem Zapfen.

c = 2. Rad auf dem Zapfen.

d = Wechselrad auf der Teilkopfspindel.

Dann bestehen die Beziehungen, unter Berücksichtigung der Schraubenräderübersetzung 1 : 2 (Fig. 189) im Teilkopf:

$$x = 2 \cdot \frac{L V - T l}{L}, \text{ wenn } L V \text{ größer ist als } T l.$$

$$x = 2 \cdot \frac{T l - L V}{L}, \text{ wenn } L V \text{ kleiner ist als } T l.$$

Ferner ist: $x = \frac{d}{a}$ für 1 Paar Wechselräder

oder: $x = \frac{b}{a} \cdot \frac{d}{c}$ für 2 Paar Wechselräder.

Bei dem Hendey-Universal-Teilkopf ist $V = 40 : 1$. Die normal zu jeder Fräsmaschine mitgelieferten Wechselräder haben die folgenden Zähnezahlen: 100, 96, 86, 80, 72, 64, 56, 48, (2), 40, 36, 32, 28, 24, 20.

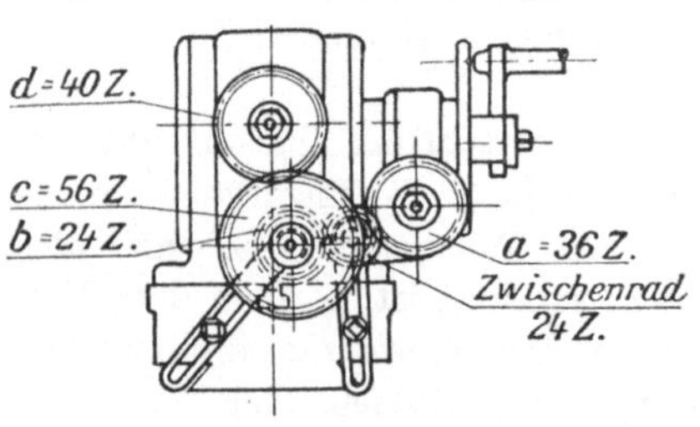

Fig. 190.

Die Teilscheiben der normalen Universal-Teilköpfe haben die Lochkreise: 15, 16, 17, 18, 19, 20, 21, 23, 27, 29, 31, 33, 37, 39, 41, 43, 47, 49.

Bei der Berechnung von x für eine bestimmte Teilzahl T müssen die Größen L und l gewählt werden. Es ist der Lochkreis L möglichst so zu wählen, daß er mit einem der vorhandenen Wechselräder oder mit der Teilzahl T selbst gleiche Faktoren hat.

Die Werte für $L V$ sind so zu wählen, daß das Übersetzungsverhältnis x tunlichst nicht größer als 6 : 1 wird, für welches Verhältnis die normalen Abmessungen der Vorrichtungen eingerichtet sind.

Bezüglich der Zwischenräder ist zu beachten:

Wenn LV größer als Tl und 1 Wechselräderpaar erforderlich ist, so verwende man 1 Zwischenrad.

Wenn LV größer ist als Tl und 2 Wechselräderpaare erforderlich sind, so verwende man kein Zwischenrad.

Wenn LV kleiner als Tl und 1 Wechselräderpaar erforderlich ist, so verwende man 2 Zwischenräder.

Wenn LV kleiner ist als Tl und 2 Wechselräderpaare erforderlich sind, so verwende man 1 Zwischenrad.

Beispiel 1: Teilzahl $T = 79$.
Gesucht: L, l, x.
Gewählt: $L = 20$, $l = 10$.

$$x = 2 \cdot \frac{20 \cdot 40 - 79 \cdot 10}{20} = 2 \frac{10}{20} = \frac{1}{1}.$$

Das Übersetzungsverhältnis ist 1 : 1, die vorhandenen Wechselräder 48 und 48. Da LV größer ist als Tl, kommt ein Zwischenrad zur Anwendung.

Beispiel 2: Teilzahl $T = 337$.
Gesucht: L, l, x.
Gewählt: $L = 43$, $l = 5$.

$$x = 2 \cdot \frac{43 \cdot 40 - 337 \cdot 5}{43} = \frac{70}{43} = \frac{20 \cdot 7}{43 \cdot 2} = \frac{80 \cdot 56}{86 \cdot 32}.$$

Da LV größer ist als Tl und 2 Wechselräderpaare verwendet werden, kommt kein Zwischenrad in Frage.

Beispiel 3: Auf dem Umfang einer Scheibe soll ein Nonius geteilt werden, der gestattet, von einer einfachen Gradskala 5 Minuten abzulesen oder $^1/_{10}$°. Danach muß die Teilstrichentfernung auf dem Nonius $^{11}/_{12}$° betragen und es ist:

$$\frac{11}{12} \cdot \frac{1}{360} = \frac{11}{4320}$$ des ganzen Umfanges die

Entfernung zwischen 2 Teilstrichen des Nonius.

Dementsprechend muß eine Kreisteilung von:

$$T = \frac{4320}{11}$$ oder $392\,^8/_{11}$ Teilen vorgenommen werden.

Es wird $L = 18$, $l = 2$ gewählt.

$$x = 2 \cdot \frac{392\,^8/_{11} \cdot 2 - 18 \cdot 40}{18} = \frac{720}{11} \cdot \frac{2}{18} = \frac{80}{33} \cdot \frac{72}{48}.$$

Das Wechselrad 33 ist normal nicht bei der Maschine; es müßte für diesen Sonderfall angefertigt werden.

Da LV kleiner ist als Tl, kommt ein Zwischenrad zur Verwendung.

Die Tabelle III enthält alle Teilzahlen bis 360, die in der Tabelle I nicht aufgeführt sind.

Tabelle I. Teiltabelle zum Hendey-Universal-Teilkopf (indirekte Teilung).

Teilzahl	Lochkreis	Anzahl der		Teilzahl	Lochkreis	Anzahl der		Teilzahl	Lochkreis	Anzahl der	
		Umdrehungen	Löcher			Umdrehungen	Löcher			Umdrehungen	Löcher
2	jeder	20	—	**47**	47	—	40	**136**	17	—	5
3	39	13	13	**48**	18	—	15	**140**	49	—	14
4	jeder	10	—	**49**	49	—	40	**144**	18	—	5
5	„	8	—	**50**	20	—	16	**145**	29	—	8
6	39	6	26	**52**	39	—	30	**148**	37	—	10
7	49	5	35	**54**	27	—	20	**150**	15	—	4
8	jeder	5	—	**55**	33	—	24	**152**	19	—	5
9	27	4	12	**56**	49	—	35	**155**	31	—	8
10	jeder	4	—	**58**	29	—	20	**156**	39	—	10
11	33	3	21	**60**	39	—	26	**160**	20	—	5
12	39	3	13	**62**	31	—	20	**164**	41	—	10
13	39	3	3	**64**	16	—	10	**165**	33	—	8
14	49	2	42	**65**	39	—	24	**168**	21	—	5
15	39	2	26	**66**	33	—	20	**170**	17	—	4
16	20	2	10	**68**	17	—	10	**172**	43	—	10
17	17	2	6	**70**	49	—	28	**180**	27	—	6
18	27	2	6	**72**	27	—	15	**184**	23	—	5
19	19	2	2	**74**	37	—	20	**185**	37	—	8
20	jeder	2	—	**75**	15	—	8	**188**	47	—	10
21	21	1	19	**76**	19	—	10	**190**	19	—	4
22	33	1	27	**78**	39	—	20	**195**	39	—	8
23	23	1	17	**80**	20	—	10	**196**	49	—	10
24	39	1	26	**82**	41	—	20	**200**	20	—	4
25	20	1	12	**84**	21	—	10	**205**	41	—	8
26	39	1	21	**85**	17	—	8	**210**	21	—	4
27	27	1	13	**86**	43	—	20	**215**	43	—	8
28	49	1	21	**88**	33	—	15	**216**	27	—	5
29	29	1	11	**90**	27	—	12	**220**	33	—	6
30	39	1	13	**92**	23	—	10	**230**	22	—	4
31	31	1	9	**94**	47	—	20	**232**	29	—	5
32	20	1	5	**95**	19	—	8	**235**	47	—	8
33	33	1	7	**98**	49	—	20	**240**	18	—	3
34	17	1	3	**100**	20	—	8	**245**	49	—	8
35	49	1	7	**104**	39	—	15	**248**	31	—	5
36	27	1	3	**105**	21	—	8	**260**	39	—	6
37	37	1	3	**108**	27	—	10	**264**	33	—	5
38	19	1	1	**110**	33	—	12	**270**	27	—	4
39	39	1	1	**115**	23	—	8	**280**	49	—	7
40	jeder	1	—	**116**	29	—	10	**290**	29	—	4
41	41	—	40	**120**	39	—	13	**296**	37	—	5
42	21	—	20	**124**	31	—	10	**300**	15	—	2
43	43	—	40	**128**	16	—	5	**310**	31	—	4
44	33	—	30	**130**	39	—	12	**312**	39	—	5
45	27	—	24	**132**	33	—	10				
46	23	—	20	**135**	27	—	8				

Tabelle II. Teiltabelle zum Hendey-Universal-Teilkopf (kombinierte Teilung).

Teilzahl	Bewegungen der Zeigerstifte	Fehler für einen Durchmesser = 1	Teil-Intervall	Teilzahl	Bewegungen der Zeigerstifte	Fehler für einen Durchmesser = 1	Teil-Intervall
51	${}^{2}/_{17}+{}^{12}/_{18}$			138	${}^{22}/_{23}-{}^{22}/_{33}$		
53	$6{}^{43}/_{47}-{}^{6}/_{49}$	1,0002	9	139	$2{}^{25}/_{37}+{}^{24}/_{49}$	1,0005	11
57	${}^{6}/_{18}+{}^{7}/_{19}$			141	${}^{26}/_{39}-{}^{18}/_{47}$		
59	$7{}^{10}/_{47}+{}^{12}/_{49}$	1,0009	11	142	$4{}^{1}/_{47}+{}^{10}/_{49}$	1,0006	15
61	$3{}^{42}/_{47}+{}^{2}/_{49}$	1,0003	6	143	$1{}^{36}/_{47}-{}^{18}/_{49}$	1,0029	5
63	$4{}^{19}/_{29}+{}^{14}/_{33}$	1,0019	8	146	$2{}^{3}/_{37}-{}^{8}/_{49}$	1,0018	7
67	$2{}^{27}/_{41}+{}^{16}/_{49}$	1,0005	5	147	${}^{13}/_{39}-{}^{3}/_{49}$		
69	${}^{21}/_{23}-{}^{11}/_{33}$			149	$3{}^{5}/_{43}-{}^{8}/_{49}$	1,0010	11
71	$3{}^{34}/_{41}-{}^{22}/_{49}$	1,0005	6	151	$1{}^{42}/_{43}-{}^{6}/_{49}$	1,0024	7
73	$6{}^{28}/_{47}-{}^{1}/_{49}$	1,0002	12	153	${}^{12}/_{17}-{}^{8}/_{18}$		
77	${}^{9}/_{21}+{}^{3}/_{33}$			154	${}^{8}/_{21}-{}^{4}/_{33}$		
79	$2{}^{42}/_{43}+{}^{3}/_{49}$	1,0005	6	157	$2{}^{23}/_{31}+{}^{2}/_{33}$	1,0011	11
81	$5{}^{5}/_{41}-{}^{9}/_{49}$	1,0003	10	158	$5{}^{5}/_{43}-{}^{15}/_{49}$	1,0031	19
83	$3{}^{45}/_{47}-{}^{5}/_{49}$	1,0011	8	159	$2{}^{7}/_{37}+{}^{16}/_{49}$	1,0007	10
87	${}^{23}/_{29}-{}^{11}/_{33}$			161	$2{}^{10}/_{39}-{}^{1}/_{49}$	1,0051	9
89	$3{}^{28}/_{39}-{}^{6}/_{49}$	1,0005	8	162	$1{}^{30}/_{39}-{}^{2}/_{49}$	1,0057	7
91	${}^{6}/_{39}+{}^{14}/_{49}$			163	$3{}^{7}/_{37}-{}^{24}/_{49}$	1,0013	11
93	${}^{3}/_{31}+{}^{11}/_{33}$			166	$1{}^{19}/_{48}+{}^{12}/_{49}$	1,0035	7
96	${}^{3}/_{18}+{}^{5}/_{20}$			167	$2{}^{1}/_{29}+{}^{4}/_{33}$	1,0015	9
97	$4{}^{27}/_{41}-{}^{6}/_{49}$	1,0004	11	169	$1{}^{32}/_{37}+{}^{13}/_{49}$	1,0016	9
99	${}^{15}/_{27}-{}^{5}/_{33}$			171	${}^{8}/_{18}-{}^{4}/_{19}$		
101	$4{}^{32}/_{43}-{}^{19}/_{49}$	1,0003	11	173	$1{}^{7}/_{43}+{}^{11}/_{49}$	1,0011	6
102	${}^{1}/_{17}+{}^{6}/_{18}$			174	${}^{11}/_{33}-{}^{3}/_{29}$		
103	$1{}^{8}/_{43}+{}^{18}/_{49}$	1,0010	4	175	$1{}^{4}/_{31}+{}^{8}/_{33}$	1,0112	6
106	$2{}^{38}/_{41}+{}^{23}/_{49}$	1,0009	9	176	$1{}^{14}/_{43}+{}^{13}/_{49}$	1,0075	7
107	$2{}^{21}/_{31}-{}^{2}/_{33}$	1,0012	7	177	$2{}^{19}/_{47}+{}^{4}/_{49}$	1,0027	11
109	$2{}^{19}/_{39}+{}^{4}/_{49}$	1,0006	7	178	$3{}^{28}/_{47}+{}^{11}/_{49}$	1,0014	17
111	$3{}^{29}/_{47}+{}^{17}/_{49}$	1,0003	11	179	$2{}^{34}/_{47}-{}^{13}/_{49}$	1,0006	11
112	$4{}^{10}/_{31}-{}^{13}/_{33}$	1,0063	11	181	$2{}^{8}/_{43}+{}^{12}/_{49}$	1,0012	11
113	$3{}^{26}/_{47}-{}^{18}/_{49}$	1,0004	9	182	${}^{3}/_{39}+{}^{7}/_{49}$		
114	${}^{12}/_{18}-{}^{6}/_{19}$			183	$1{}^{24}/_{41}+{}^{8}/_{49}$	1,0009	8
117	$7{}^{1}/_{47}-{}^{9}/_{49}$	1,0002	20	186	${}^{17}/_{31}-{}^{11}/_{33}$		
118	$1{}^{8}/_{39}+{}^{24}/_{49}$	1,0019	5	187	$1{}^{20}/_{47}+{}^{14}/_{49}$	1,0056	8
119	$3{}^{4}/_{23}-{}^{16}/_{33}$	1,0015	8	189	$2{}^{26}/_{41}-{}^{15}/_{49}$	1,0046	11
121	$1{}^{14}/_{47}-{}^{15}/_{49}$	1,0055	3	191	$1{}^{38}/_{47}+{}^{14}/_{49}$	1,0046	10
122	$3{}^{41}/_{43}-{}^{17}/_{49}$	1,0008	11	192	${}^{6}/_{16}-{}^{3}/_{18}$		
123	$1{}^{12}/_{43}-{}^{17}/_{49}$	1,0018	5	193	$1{}^{5}/_{37}-{}^{15}/_{49}$	1,0021	4
125	$2{}^{33}/_{41}-{}^{13}/_{49}$	1,0031	8	194	$2{}^{22}/_{37}-{}^{16}/_{49}$	1,0061	11
126	$3{}^{16}/_{19}-{}^{7}/_{20}$	1,0047	11	197	$1{}^{39}/_{43}+{}^{16}/_{49}$	1,0013	11
127	$2{}^{23}/_{39}+{}^{12}/_{49}$	1,0006	9	198	${}^{3}/_{27}+{}^{3}/_{33}$		
129	${}^{13}/_{39}-{}^{1}/_{43}$			199	$2{}^{12}/_{41}-{}^{4}/_{49}$	1,0014	11
131	$2{}^{40}/_{43}+{}^{21}/_{49}$	1,0031	11	201	$2{}^{18}/_{47}+{}^{10}/_{49}$	1,0011	13
133	$3{}^{23}/_{29}-{}^{16}/_{33}$	1,0020	11	202	$3{}^{10}/_{41}+{}^{6}/_{49}$	1,0028	17
134	$3{}^{27}/_{47}+{}^{15}/_{49}$	1,0007	13	203	$1{}^{23}/_{39}+{}^{9}/_{49}$	1,0065	9
137	$3{}^{17}/_{43}-{}^{9}/_{49}$	1,0005	11	204	${}^{9}/_{17}-{}^{6}/_{18}$		

Teilzahl	Bewegungen der Zeigerstifte	Fehler für einen Durchmesser =1	Teil-Intervall	Teilzahl	Bewegungen der Zeigerstifte	Fehler für einen Durchmesser =1	Teil-Intervall
206	$2\frac{34}{39}+\frac{2}{49}$	1,0023	15	**228**	$\frac{6}{18}-\frac{3}{19}$		
207	$3\frac{8}{41}-\frac{24}{49}$	1,0029	14	**229**	$2\frac{19}{41}-\frac{18}{49}$	1,0007	12
208	$1\frac{19}{47}+\frac{16}{49}$	1,0063	9	**231**	$\frac{3}{21}+\frac{1}{33}$		
209	$\frac{9}{41}+\frac{8}{49}$	1,0041	2	**233**	$1\frac{36}{47}+\frac{6}{49}$	1,0022	11
211	$1\frac{28}{39}+\frac{18}{49}$	1,0039	11	**234**	$2\frac{21}{29}+\frac{6}{33}$	1,0068	17
212	$3\frac{4}{47}+\frac{6}{45}$	1,0017	17	**236**	$2\frac{30}{43}+\frac{9}{49}$	1,0021	17
213	$1\frac{18}{39}+\frac{2}{49}$	1,0033	8	**237**	$2\frac{12}{47}-\frac{3}{49}$	1,0006	13
214	$3\frac{9}{47}-\frac{19}{49}$	1,0010	15	**238**	$2\frac{3}{31}+\frac{14}{33}$	1,0024	15
217	$\frac{12}{21}-\frac{12}{31}$			**239**	$1\frac{23}{43}+\frac{15}{49}$	1,0008	11
218	$1\frac{22}{47}-\frac{9}{49}$	1,0042	7	**241**	$1\frac{1}{41}+\frac{23}{49}$	1,0010	9
219	$3\frac{29}{43}-\frac{10}{49}$	1,0034	19	**242**	$2\frac{23}{41}-\frac{4}{49}$	1,0013	15
221	$1\frac{5}{47}-\frac{1}{49}$	1,0013	6	**243**	$1\frac{29}{41}-\frac{3}{49}$	1,0009	10
222	$2\frac{8}{43}-\frac{10}{49}$	1,006	11	**244**	$2\frac{15}{31}+\frac{10}{33}$	1,0044	17
223	$2\frac{26}{43}+\frac{13}{49}$	1,0005	16	**246**	$1\frac{6}{43}-\frac{16}{49}$	1,0037	5
224	$2\frac{6}{23}+\frac{2}{33}$	1,0143	13	**247**	$2\frac{15}{43}-\frac{4}{49}$	1,0007	14
225	$\frac{5}{18}-\frac{2}{20}$			**249**	$3\frac{4}{43}-\frac{2}{49}$	1,0005	19
226	$1\frac{38}{39}+\frac{16}{49}$	1,0014	13	**250**	$2\frac{9}{37}-\frac{8}{49}$	1,0083	13
227	$3\frac{3}{43}+\frac{5}{49}$	1,0005	18				

Tabelle III. Teiltabelle zum Hendey-Universal-Teilkopf (Differential-Teilung).

Die Abbildung Fig. 190 zeigt die Differential-Teilvorrichtung, eingerichtet zum Teilen von 169 Teilen. Für jede Teilung ist die vordere Zeigerkurbel der Teilscheibe auf dem Lochkreis 21 um 5 Löcher weiter zu bewegen.

Teilzahl T	Lochkreis L	Lochzahl l	Rad am Schraubenrad a	1. Rad a. d. Zapfen b	2. Rad a. d. Zapfen c	Rad a. d. Spindel d	1. Zwischenrad	2. Zwischenrad	Teilzahl T	Lochkreis L	Lochzahl l	Rad am Schraubenrad a	1. Rad a. d. Zapfen b	2. Rad a. d. Zapfen c	Rad a. d. Spindel d	1. Zwischenrad	2. Zwischenrad
51	20	16	40			64	48	24	**96**	21	9	28			64	48	24
53	49	35	28	40	24	72			**97**	20	8	32	48	40	64		
57	49	35	28			40	48	24	**99**	20	8	40			32	48	
59	39	26	36			48	48		**101**	20	8	40			32	48	24
61	39	26	36			48	48	24	**102**	20	8	40			64	48	24
63	39	26	24	48	36	72		24	**103**	20	8	40	48	32	64		24
67	21	12	28	48	36	72			**105**	21	8						
69	21	12	56			64	48		**106**	43	16	86	48	32	64		
71	21	12	56			64	40	24	**107**	43	16	86			32	48	
73	27	15	36			40	48	24	**109**	43	16	86	48	32	64		24
77	20	10	24			72	48		**111**	39	13	28	56	24	72		
79	20	10	48			48	40		**112**	39	13	28	56	24	64		
81	20	10	48			48	40	24	**113**	39	13	24	56	32	64		
83	20	10	24			72	48	24	**114**	39	13	28	56	32	64		
87	43	20	86	40	24	48		24	**117**	39	13	36			72	48	
89	27	12	36			32	48		**118**	39	13	48			64	48	
91	27	12	36			32	48	24	**119**	39	13	72			48	48	
93	27	12	24			64	48	24	**121**	39	13	72			48	48	24

Teilzahl T	Lochkreis L	Lochzahl l	Rad am Schraubenrad a	1. Rad a. d. Zapfen b	2. Rad a. d. Zapfen c	Rad a. d. Spindel d	1. Zwischenrad	2. Zwischenrad	Teilzahl T	Lochkreis L	Lochzahl l	Rad am Schraubenrad a	1. Rad a. d. Zapfen b	2. Rad a. d. Zapfen c	Rad a. d. Spindel d	1. Zwischenrad	2. Zwischenrad
122	39	13	48			64	48	24	**197**	20	4	40			48	48	
123	39	13	36			72	48	24	**198**	20	4	40			32	48	
125	16	5	32	40	48	72			**199**	20	4	80			32	48	
126	16	5	32			40	48		**201**	20	4	80			32	48	24
127	16	5	64			40	48		**202**	20	4	40			32	48	24
129	16	5	64			40	48	24	**203**	20	4	40			48	48	24
131	20	6	40			56	48		**204**	20	4	40			64	48	24
133	20	6	80	32	48	24			**206**	20	4	20			48	48	24
134	20	6	80			32	48	24	**207**	20	4	20			56	48	24
137	21	6	28			48	48		**208**	21	4	72	48	28	32		
138	21	6	56			64	48		**209**	21	4	72	48	56	32		
139	21	6	56			32	48		**211**	16	3	32			28	48	
141	21	6	56			32	48	24	**212**	16	3	64			32	48	
142	21	6	56			64	40	24	**213**	27	5	36			40	48	
143	18	5	72			40	48		**214**	27	5	72	32	24	40		
146	18	5	36			40	48	24	**217**	21	4	24			64	48	24
147	15	4	40			64	48		**218**	16	3	32			56	48	24
149	18	5	48	40	24	80		24	**219**	27	5	36			40	48	24
151	20	5	28	56	32	72			**221**	17	3	28			56	48	
153	20	5	24	48	32	56			**222**	27	5	36			80	40	24
154	20	5	24			72	48		**223**	43	8	86	64	20	80		24
157	20	5	32			48	48		**224**	18	3	28	56	24	64		
158	20	5	48			48	40		**225**	27	5	24			80	40	24
159	20	5	64			32	48		**226**	18	3	24	56	32	64		
161	20	5	64			32	48	24	**227**	27	5	36	44	24	80		24
162	20	5	48			48	40	24	**228**	18	3	28	56	32	64		
163	20	5	32			48	48	24	**229**	18	3	36	44	24	72		
166	20	5	24			72	40	24	**231**	18	3	24			72	40	
167	21	5	72	48	56	40			**233**	18	3	24			56	48	
169	21	5	36	24	56	40		24	**234**	18	3	32			64	48	
171	21	5	28			40	48	24	**236**	18	3	48			64	48	
173	21	5	48	40	28	80		24	**237**	18	3	48			48	40	
174	21	5	28			80	40	24	**238**	18	3	48			32	48	
175	27	6	36			80	48		**239**	18	3	72			24	48	
176	27	6	36			64	48		**241**	18	3	72			24	48	24
177	27	6	48			64	48		**242**	18	3	48			32	48	24
178	27	6	36			32	48		**243**	18	3	48			48	40	24
179	27	6	72			32	48		**244**	18	3	48			64	48	24
181	27	6	72			32	48	24	**246**	18	3	32			64	48	24
182	27	6	36			32	48	24	**247**	18	3	24			56	48	24
183	27	6	36			48	48	24	**249**	18	3	24			72	40	24
186	27	6	24			64	48	24	**250**	18	3	24			80	40	24
187	27	6	36	56	32	64		24	**251**	18	3	24	44	32	64		24
189	27	6	24	48	32	64		24	**252**	18	3	20			80	48	24
191	20	4	28	56	40	72			**253**	33	5	24			80	32	
192	20	4	28	56	40	64			**254**	18	3	24	56	32	64		24
193	20	4	20			56	48		**255**	18	3	28	56	32	80		24
194	20	4	20			48	48		**256**	18	3	28	56	24	64		24

Teilzahl *T*	Lochkreis *L*	Lochzahl *l*	Rad am Schraubenrad *a*	1. Rad a. d. Zapfen *b*	2. Rad a. d. Zapfen *c*	Rad a. d. Spindel *d*	1. Zwischenrad	2. Zwischenrad
257	33	5	44	56	24	40		
258	43	7	20			80	48	24
259	37	6	20			80	48	24
261	27	4	24			64	48	
262	20	3	40			56	48	
263	27	4	36	28	24	64		
265	20	3	64			32	48	
266	21	3	20			80	32	
267	27	4	36			32	48	
268	20	3	80			32	48	24
269	20	3	40			28	48	24
271	21	3	28			72	48	
272	21	3	28			64	48	
273	21	3	32			64	48	
274	21	3	28			48	48	
275	21	3	28			40	48	
276	21	3	56			64	48	
277	21	3	56			48	48	
278	21	3	56			32	48	
279	27	4	24			64	48	24
281	21	3	48	24	56	32		24
282	21	3	56			32	48	24
283	21	3	56			48	48	24
284	21	3	56			64	40	24
285	21	3	28			40	48	24
286	21	3	28			48	48	24
287	21	3	32			64	48	24
288	21	3	28			64	48	24
289	21	3	28			72	48	24
291	15	2	20			48	48	
292	15	2	24	32	40	64		
293	15	2	24	32	40	56		
294	15	2	40			64	48	
295	15	2	36			48	48	
297	15	2	40			32	48	
298	15	2	36	24	40	32		
299	23	3	24			48	48	
301	43	6	20			80	32	24
302	15	2	36	24	40	32		24
303	15	2	40			32	48	24
304	15	2	36	48	40	32		24
305	15	2	36			48	48	24
306	15	2	40			64	48	24
307	15	2	24	32	40	56		24
308	16	2	24			72	48	
309	15	2	20			48	48	24
311	16	2	32			72	48	
313	16	2	32			56	48	
314	16	2	32			48	48	
315	16	2	32			40	48	
316	16	2	48			48	40	
317	16	2	48			36	48	
318	16	2	56			28	48	
319	16	2	80			20	48	
320	16	2						
321	16	2	80			20	48	24
322	16	2	56			28	48	24
323	16	2	48			36	48	24
324	16	2	48			48	40	24
325	16	2	32			40	48	24
326	16	2	32			48	48	24
327	16	2	32			56	48	24
328	41	5						
329	16	2	32			72	48	24
330	33	4						
331	16	2	32	56	28	44		24
332	16	2	24			72	48	24
333	18	2	20	40	24	72		
334	16	2	24	48	32	56		24
335	16	2	24	36	32	80		24
336	16	2	20			80	32	24
337	43	5	86	56	32	80		
338	39	5	28	56	24	80		24
339	18	2	20	40	24	56		
340	17	2						
341	43	5	86	40	24	36		
342	18	2	20			80	32	
343	15	2	24	64	20	86		24
344	43	5						
345	18	2	24			80	32	
346	18	2	36	56	32	64		
347	43	5	86	40	24	36		24
348	18	2	24			64	48	
349	18	2	36	44	32	64		
350	18	2	36			80	32	
351	18	2	24			48	48	
352	18	2	36			64	48	
353	18	2	36			56	48	
354	18	2	36			48	48	
355	18	2	36			40	48	
356	18	2	36			32	48	
357	18	2	48			32	48	
358	18	2	72			32	48	
359	18	2	72	32	56	28		
360	18	2						

Das Fräsen von Spiralen.

Für das Fräsen von spiral- oder schraubenförmigen Nuten sind die Universalfräsmaschinen mit allen erforderlichen Einrichtungen versehen.

Der Tisch gestattet nach beiden Richtungen eine Schrägstellung bis zu 45°.

Die Tischspindeln haben eine Steigung von $^1/_4$ engl. Zoll. Da außerdem der allergrößte Teil der Gewindesteigungen in der Praxis nach Zoll hergestellt wird, empfiehlt es sich auch, die Steigung einer Spirale in engl. Zoll anzugeben.

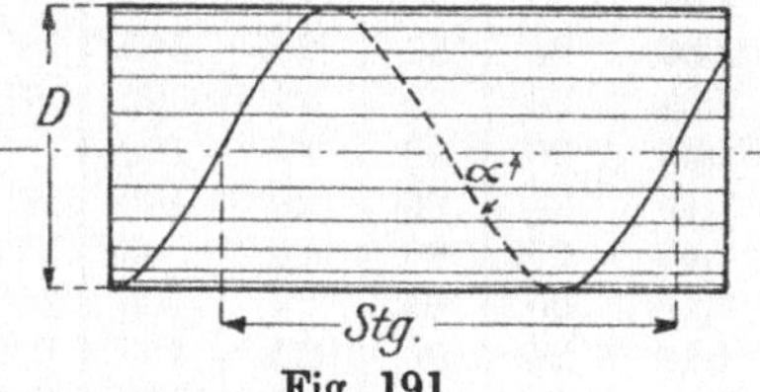

Fig. 191.

Mit jeder Universal-Fräsmaschine werden normal 15 Wechselräder mit nachstehenden Zähnezahlen mitgeliefert: 100, 96, 86, 80, 72, 64, 56, 48 (2), 40, 36, 32, 28, 24, 20.

Das für das Fräsen von Spiralen in Betracht kommende Übersetzungsverhältnis im Hendey-Teilkopf ist 80 : 1, und zwar setzt es sich zusammen aus demjenigen zwischen Schneckenrand und Schnecke = 40 : 1 und demjenigen zwischen den Schraubenrädern = 2 : 1.

Die Fig. 191 zeigt den schematischen Verlauf einer Spiralwindung.

Es bezeichnet:

Stg. = Steigung der Spirale in engl. Zoll.
D = Außen- oder Teilkreisdurchmesser in Millimeter.
α = Steigungswinkel der Spirale.
s = Steigung der Tischspindel in engl. Zoll.
a = Wechselrad auf der Schraubenradspindel am Teilkopf.
b = 1. Wechselrad auf dem Zapfen.
c = 2. Wechselrad auf dem Zapfen.
d = Wechselrad auf der Tischspindel.

Dann ist der Steigungswinkel der Spirale:

$$\operatorname{tang} \alpha = \frac{\pi \cdot D}{Stg \cdot 25 \cdot 4} = 0{,}124 \cdot \frac{D}{Stg},$$

wenn D und *Stg.* in engl. Zoll gemessen.

Für die Steigung der Spirale besteht die Beziehung:

$$\frac{Stg}{s} = \frac{40}{1} \cdot \frac{2}{1} \cdot \frac{a}{b} \cdot \frac{c}{d} = \frac{a}{b} \cdot \frac{c}{d}.$$

Für $s = {}^1/_4$ engl. Zoll wird:

$$Stg = 20 \frac{a\,c}{b\,d} \text{ in engl. Zoll.}$$

Nachfolgende Tabelle IV enthält die entsprechenden Angaben für Spiralwindungen:

Tabelle IV. Tabelle für das Fräsen von Spiralen

Steigung in engl. Zoll	Rad am Teilkopf	1. Rad a. d. Zapfen	2. Rad a. d. Zapfen	Rad a. d. Spindel	Durchmesser						
					in engl. Zoll						
					1/8	1/4	3/8	1/2	5/8	3/4	7/8
					in Millimetern						
					3,18	6,35	9,52	12,7	15,87	19,05	22,22
Stg	*a*	*b*	*c*	*d*	Steigungswinkel α in Graden						
1	24	96	20	100	21 1/2	38					
1,12	24	86	20	100	19	34 1/2					
1,16	20	86	24	96	18 1/2	34					
1,20	24	80	20	100	18	33					
1,25	20	80	24	96	17 1/2	32	43 1/4				
1,33	20	96	32	100	16 1/2	30 1/2	41 1/2				
1,40	24	96	28	100	15 1/4	29 1/4	40				
1,46	20	80	28	96	15	28	38 1/2				
1,50	20	64	24	100	14 3/4	27 1/2	38				
1,56	24	86	28	100	13 3/4	26 1/2	37				
1,60	24	96	32	100	13	26	36 1/4				
1,68	24	80	28	100	13	25	35	43			
1,75	24	80	28	96	12 1/2	24	33 3/4	41 3/4			
1,80	36	80	20	100	12 1/4	23 1/2	33	41			
1,87	36	80	20	96	12	23	32 1/4	40 1/4			
1,94	28	72	24	96	11 1/4	21 3/4	31	39	45		
2	32	80	24	96	11	21 1/4	30 1/2	38	44 1/4		
2,08	36	72	20	96	10 1/2	20 1/2	29 1/2	37	43 1/4		
2,13	32	72	24	100	10 1/4	20	28 3/4	36 1/4	42 1/2		
2,19	28	64	24	96	10	19 1/2	28 1/4	35 1/2	41 3/4		
2,25	36	80	24	96	9 3/4	19	27 3/4	34 3/4	41		
2,33	28	72	24	80	9 1/4	18 1/2	26 3/4	34 1/4	40		
2,40	40	80	24	100	9	18	26	33 3/4	39 1/4	44 1/4	
2,50	24	64	32	96	8 3/4	17 1/4	25 1/4	33	38	43 1/4	
2,62	36	80	28	96	8 1/2	16 1/2	24	30 3/4	36 3/4	41 3/4	
2,78	20	72	40	80	8	15 3/4	22 3/4	29 1/4	35	40 1/4	44 1/2
2,92	36	72	28	96	7 1/2	15	21 3/4	28 1/4	33 3/4	38 3/4	43 1/4
3	32	64	24	80	7 1/4	14 1/2	21 1/4	27	33	38	42 1/2
3,12	20	64	40	80	7	14	20 1/2	26 1/2	32	36 3/4	41 1/4
3,24	40	72	28	96	6 3/4	13 1/2	19 3/4	25 3/4	31	35 3/4	40 1/4
3,33	24	72	40	80	6 1/2	13 1/4	19 1/4	25 1/4	30 1/2	35 1/4	39 1/2
3,50	28	72	36	80	6 1/4	12 1/2	18 1/2	24	29 1/4	33 3/4	38
3,66	28	64	36	86	6	12	17 3/4	23	28	32 3/4	36 3/4
3,75	24	64	40	80	5 3/4	11 3/4	17 1/4	22 1/2	27 1/2	32	36
3,89	28	72	40	80	5 1/2	11 1/4	16 3/4	21 3/4	26 3/4	31	35
4	32	72	36	80	5 1/2	11	16 1/4	21 1/4	26	30 1/2	34 1/2
4,17	24	64	40	72	5 1/4	10 1/2	15 1/2	20 1/2	25	29 1/4	33 1/4
4,33	28	72	48	86	5	10 1/4	15	19 3/4	24 1/4	28 1/2	32 1/4
4,50	24	64	48	80	4 3/4	9 3/4	14 1/2	19	23 1/2	27 1/2	31 1/4
4,66	28	72	48	80	4 3/4	9 1/2	14	18 1/2	22 3/4	26 3/4	30 1/2
4,86	28	64	40	72	4 1/2	9	13 1/2	17 3/4	22	25 3/4	29 1/2
5	32	64	40	80	4 1/4	8 3/4	13 1/4	17 1/4	21 1/4	25	28 3/4

auf Hendey-Universal-Fräsmaschinen.

Durchmesser												
in engl. Zoll												
1	$1^1/_4$	$1^1/_2$	$1^3/_4$	2	$2^1/_4$	$2^1/_2$	$2^3/_4$	3	$3^1/_4$	$3^1/_2$	$3^3/_4$	4
in Millimetern												
25,4	31,75	38,1	44,45	50,8	57,15	63,5	69,85	76,2	82,55	88,89	95,25	101,6
Steigungswinkel α in Graden												
45												
$43^3/_4$												
$43^1/_4$												
$41^3/_4$												
$40^1/_2$												
$39^3/_4$												
$38^3/_4$	45											
38	$44^1/_4$											
37	$43^1/_4$											
$35^3/_4$	42											
$34^3/_4$	41											
34	40	$45^1/_4$										
$32^3/_4$	$38^3/_4$	44										
32	38	$43^1/_4$										

Steigung in engl. Zoll *Stg*	Rad am Teilkopf *a*	1. Rad a. d. Zapfen *b*	2. Rad a. d. Zapfen *c*	Rad a. d. Spindel *d*	Durchmesser in engl. Zoll 1/8 (in Millimetern 3,18)	1/4 (6,35)	3/8 (9,52)	1/2 (12,7)	5/8 (15,87)	3/4 (19,05)	7/8 (22,22)
					Steigungswinkel α in Graden						
5,33	32	72	48	80	4	8 1/4	12 1/4	16 1/4	20	23 3/4	27 1/4
5,62	40	64	36	80	4	7 3/4	11 3/4	15 1/2	19 1/4	22 1/2	26
6	32	48	36	80	3 3/4	7 1/4	11	14 1/2	18	21 1/4	24 1/2
6,12	28	64	56	80	3 1/2	7 1/4	10 3/4	14 1/4	17 3/4	21	24 1/2
6,25	36	64	40	72	3 1/2	7	10 1/2	14	17 1/4	20 1/2	23 3/4
6,48	40	36	28	96	3 1/4	6 3/4	10 1/4	13 1/2	16 3/4	19 3/4	23
6,75	36	64	48	80	3 1/4	6 1/2	9 3/4	13	16	19	22
7	48	40	28	96	3	6 1/4	9 1/2	12 1/2	15 1/2	18 1/2	21 1/4
7,29	56	32	20	96	3	6	9	12	15	17 3/4	20 1/2
7,50	40	48	36	80	2 3/4	5 3/4	8 3/4	11 3/4	14 1/2	17 1/4	20
7,62	32	56	48	72	2 3/4	5 3/4	8 3/4	11 1/2	14 1/4	17	19 3/4
8	32	48	48	80	2 3/4	5 1/2	8 1/4	11	13 3/4	16 1/4	18 3/4
8,33	36	48	40	72	2 1/2	5 1/4	8	10 1/2	13	15 3/4	18 1/4
8,68	56	48	32	86	2 1/2	5	7 3/4	10 1/4	12 3/4	15	17 1/2
8,93	48	40	32	86	2 1/2	5	7 1/2	10	12 1/4	14 3/4	17
9	72	40	24	96	2 1/2	4 3/4	7 1/4	9 3/4	12 1/4	14 1/2	16 3/4
9,33	56	48	32	80	2 1/4	4 3/4	7	9 1/2	11 3/4	14	16 1/4
9,52	40	56	48	72	2 1/4	4 1/2	7	9 1/4	11 1/2	13 3/4	16
9,72	40	64	56	72	2 1/4	4 1/2	6 3/4	9	11 1/4	13 1/2	15 3/4
10	48	48	36	72	2 1/4	4 1/4	6 1/2	8 3/4	11	13 1/4	15 1/4
10,29	32	80	72	56	2	4 1/4	6 1/2	8 1/2	10 3/4	12 3/4	14 3/4
10,50	56	48	36	80	2	4 1/4	6 1/4	8 1/2	10 1/2	12 1/2	14 1/2
10,67	48	36	40	100	2	6	6 1/4	8 1/4	10 1/4	12 1/4	14 1/4
10,85	56	48	40	86	2	4	6	8	10	12	14
11,11	48	36	40	96	2	4	6	8	10	11 3/4	13 3/4
11,25	48	32	36	96	2	3 3/4	5 3/4	7 3/4	9 3/4	11 3/4	13 3/4
11,66	56	48	40	80	1 3/4	3 3/4	5 3/4	7 1/2	9 1/2	11 1/4	13 1/4
12	48	40	36	72	1 3/4	3 1/2	5 1/2	7 1/4	9 1/4	11	13
12,50	48	32	40	96	1 3/4	3 1/2	5 1/4	7	8 3/4	10 1/2	12 1/4
12,96	40	48	56	72	1 1/2	3 1/4	5	6 3/4	8 1/2	10 1/4	11 3/4
13,33	80	40	32	96	1 1/2	3 1/4	5	6 1/2	8 1/4	10	11 1/2
13,50	72	40	36	96	1 1/2	3 1/4	4 3/4	6 1/2	8 1/4	9 3/4	11 1/2
14	56	40	36	72	1 1/2	3	4 3/4	6 1/4	8	9 1/2	11
14,58	56	48	40	64	1 1/2	3	4 1/2	6	7 1/2	9	10 1/2
15	48	32	40	80	1 1/2	3	4 1/4	5 3/4	7 1/4	8 3/4	10 1/4
15,24	32	56	64	48	1 1/2	2 3/4	4 1/4	5 3/4	7 1/4	8 3/4	10
15,56	56	48	48	72	1 1/2	2 3/4	4 1/4	5 3/4	7 1/4	8 1/2	10
15,75	56	40	36	64	1 1/4	2 3/4	4 1/4	5 1/2	7	8 1/2	9 3/4
16	32	80	72	36	1 1/4	2 3/4	4	5 1/2	7	8 1/4	9 3/4
16,46	72	28	32	100	1 1/4	2 1/2	4	5 1/4	6 3/4	8	9 1/2
16,87	36	64	72	48	1 1/4	2 1/2	4	5 1/4	6 1/2	7 3/4	9 1/4
17,14	32	56	72	48	1 1/4	2 1/2	3 3/4	5	6 1/2	7 3/4	9
17,50	56	32	40	80	1 1/4	2 1/2	3 3/4	5	6 1/4	7 1/2	8 3/4

Durchmesser in engl. Zoll												
1	1¼	1½	1¾	2	2¼	2½	2¾	3	3¼	3½	3¾	4
in Millimetern												
25,4	31,75	38,1	44,45	50,8	57,15	63,5	69,85	76,2	82,55	88,89	95,25	101,6
Steigung winkel α in Graden												
30½	36¼	41¼										
29	34¾	40	44¼									
27½	33	38	42½									
27	32½	37½	41¾									
26½	32	37	41¼	45								
25¾	31¼	36	40¼	44								
24¾	30	34¾	39	43								
24	29½	33¾	38	41¾	45							
23¼	28¼	32¾	37	40¾	44							
22¼	27½	32	36¼	39¾	43¼							
22¼	27¼	31¾	35¾	39	43							
21¼	26	30½	34½	38	41¼	44¼						
20½	25	29½	33¼	37	40¼	43¼						
20	24¼	28½	32¼	35¾	39	42¼	44¾					
19¼	23½	27¾	31½	35¼	38¼	41¼	44					
19	23½	27½	31¼	34¾	38	41	43½					
18½	22¾	26¾	30½	33¾	37½	40	43	45¼				
18¼	22¼	26¼	30	33¼	36½	39	42	44½				
17¾	22	25¾	29½	32¾	36	38¾	41½	44				
17¼	21¼	25¼	28¾	32	35¼	38	40¾	41¼	45½			
17	20¾	24½	28	31¼	34½	37¼	40	42½	44¾			
16½	20½	24	27½	30¾	33¾	36¾	39½	41¾	44¼			
16¼	20	23¾	27¼	30½	33½	36¼	39	41¼	43¾			
16	19¾	23¼	26½	29¾	32¾	35½	38¼	40¾	43	45		
15¾	19¼	23	26¼	29½	32¼	35¼	37¾	40¼	42½	44½		
15½	19	22¾	26	29	32	34¾	37½	39¾	42	44¼		
15	18½	22	25¼	28¼	31¼	33¾	36½	38¾	41	43¼	45¼	
14½	18	21¼	24½	27½	30½	33	35¾	38	40¼	42½	44¼	
14	17¼	20½	23¾	26½	29½	32	34½	37	39¼	41¼	43¼	45
13½	16¾	20	23	25¾	28½	31	33½	36	38¼	40¼	42¼	44
13¼	16¼	19½	22¼	25¼	27¾	30½	32¾	35¼	37¼	39½	41¼	43¼
13	16	19	22	24¾	27½	30	32½	34¾	37	39	41	43
12½	15½	18½	21¼	24	26¾	29¼	31½	33¼	36	38	40	41¾
12	15	17¾	20½	23¼	25¾	28¼	30½	32¾	35	37	38¾	40¾
11¾	14½	17¼	20	22½	25¼	27½	29½	32	34¼	36¼	38	39¾
11½	14¼	17	19¾	22¼	24¾	27¼	29½	31¼	33¾	35¾	37½	39½
11¼	14	16¾	19¼	21¾	24¼	26¾	29	31	33¼	35	37	38¾
11¼	14	16½	19	21½	24	26½	28½	30¾	32¾	34¾	36¾	38½
11	13½	16¼	18¾	21¼	23¾	26	28¼	30½	32½	34½	36¼	38
10¾	13¼	16	18½	20¾	23¼	25½	27½	29¾	31¾	33¾	35½	37¼
10½	13	15½	18	20¼	22¼	24¾	27	29	31	33	34¾	36½
10¼	12¾	15¼	17¾	20	22¼	24½	26½	28¾	30¾	32½	34½	36¼
10	12½	15	17¼	19½	21¾	24	26¼	28¼	30¼	32	33¾	35½

Steigung in engl. Zoll	Rad am Teilkopf	1. Rad a. d. Zapfen	2. Rad a. d. Zapfen	Rad a. d. Spindel	Durchmesser						
					in engl. Zoll						
					1/8	1/4	3/8	1/2	5/8	3/4	7/8
					in Millimetern						
					3,18	6,35	9,52	12,7	15,87	19,05	22,22
Stg	*a*	*b*	*c*	*d*	Steigungswinkel α in Graden						
18	64	32	36	80	1 1/4	2 1/4	3 3/4	5	6	7 1/4	8 1/2
18,51	72	28	36	100	1	2 1/4	3 1/2	4 3/4	6	7 1/4	8 1/4
18,75	40	64	72	48	1	2 1/4	3 1/2	4 3/4	6	7	8 1/4
19,05	40	56	64	48	1	2 1/4	3 1/2	4 1/2	5 3/4	7	8
19,44	56	32	40	72	1	2 1/4	3 1/4	4 1/2	5 3/4	6 3/4	8
19,75	64	36	40	72	1	2 1/4	3 1/4	4 1/2	5 1/2	6 3/4	7 3/4
20	64	32	40	80	1	2 1/4	3 1/4	4 1/4	5 1/2	6 1/2	7 3/4
20,57	72	28	32	80	1	2 1/4	3 1/4	4 1/4	5 1/2	6 1/4	7 1/2
20,75	64	48	56	72	1	2	3 1/4	4 1/4	5 1/4	6 1/4	7 1/2
21	48	40	56	64	1	2	3	4 1/4	5 1/4	6 1/4	7 1/4
21,50	32	64	86	40	1	2	3	4	5	6 1/4	7 1/4
22,22	64	48	40	48	1	2	3	4	5	6	7
22,50	72	32	40	80	1	2	3	4	5	5 3/4	6 3/4
23,33	56	24	40	80	3/4	1 3/4	2 3/4	3 3/4	4 3/4	5 3/4	6 1/2
24	64	32	48	80	3/4	1 3/4	2 3/4	3 3/4	4 1/2	5 1/2	6 1/2
25	72	36	40	64	3/4	1 3/4	2 1/2	3 1/2	4 1/4	5 1/4	6 1/4
25,92	80	48	56	72	3/4	1 1/2	2 1/2	3 1/4	4 1/4	5 1/4	6
26,67	56	28	48	72	3/4	1 1/2	2 1/2	3 1/4	4	5	5 3/4
27	72	32	48	80	3/4	1 1/2	2 1/4	3 1/4	4	4 3/4	5 3/4
28	56	24	48	80	3/4	1 1/2	2 1/4	3	4	4 3/4	5 1/2
29,16	80	48	56	64	3/4	1 1/2	2 1/4	3	3 3/4	4 1/2	5 1/4
30	80	40	48	64	3/4	1 1/2	2	2 3/4	3 1/2	4 1/4	5
32	64	24	48	80	1/2	1 1/4	2	2 3/4	3 1/2	4	4 3/4
34,28	48	56	80	40	1/2	1 1/4	1 3/4	2 1/2	3 1/4	3 3/4	4 1/2
36	72	24	48	80	1/2	1 1/4	1 3/4	2 1/2	3	3 1/2	4 1/4
40	48	36	72	48	1/2	1	1 1/2	2 1/4	2 3/4	3 1/4	3 3/4
42	56	40	72	48	1/2	1	1 1/2	2	2 1/2	3	3 1/2
45	80	40	72	64	1/2	1	1 1/2	2	2 1/4	2 3/4	3 1/4
48	64	40	72	48	1/4	3/4	1 1/4	1 3/4	2 1/4	2 3/4	3 1/4
50	80	28	56	64	1/4	3/4	1 1/4	1 3/4	2 1/4	2 1/2	3
54	72	20	48	64	1/4	3/4	1 1/4	1 1/2	2	2 1/4	2 3/4
60	64	32	72	48	1/4	3/4	1	1 1/2	1 3/4	2	2 1/2
64	72	36	64	40	1/4	1/2	1	1 1/4	1 3/4	2	2 1/2
66,66	80	36	72	48	1/4	1/2	1	1 1/4	1 1/2	2	2 1/4
72	64	32	72	40	1/4	1/2	3/4	1 1/4	1 1/2	1 3/4	2
75	80	32	72	48	1/4	1/2	3/4	1	1 1/2	1 3/4	2
80	64	32	80	40	1/4	1/2	3/4	1	1 1/4	1 1/2	1 3/4
84	72	20	56	48	1/4	1/2	3/4	1	1 1/4	1 1/2	1 3/4
90	72	40	80	32	1/4	1/2	3/4	1	1 1/4	1 1/2	1 3/4
96	72	24	64	40	1/8	1/4	1/2	3/4	1	1 1/4	1 1/2
100	80	32	72	36	1/8	1/4	1/2	3/4	1	1 1/4	1 1/2
108	86	24	72	48	1/8	1/4	1/2	3/4	1	1 1/4	1 1/4
120	80	40	96	32	1/8	1/4	1/2	3/4	3/4	1	1 1/4

Durchmesser												
in engl. Zoll												
1	1¼	1½	1¾	2	2¼	2½	2¾	3	3¼	3½	3¾	4
in Millimetern												
25,4	31,75	38,1	44,45	50,8	57,15	63,5	69,85	76,2	82,55	88,89	95,25	101,6
Steigungswinkel α in Graden												
9¾	12¼	14½	16¾	19	21¼	23½	25½	27½	30	31¼	33	34¾
9½	12	14¼	16½	18¾	20¾	23	25	27	28¾	30½	32½	34
9½	11¾	14	16¼	18½	20½	22½	24½	26½	28½	30¼	32	33¾
9¼	11½	13¾	16	18¼	20¼	22¼	24¼	26¼	28	29¾	31½	33¼
9	11¼	13½	15¾	17¾	19¾	22	23¾	25¾	27½	29¼	31	32¾
9	11¼	13¼	15½	17½	19½	21½	23½	25½	27	29	30¾	32½
8½	11	13	15¼	17¼	19¼	21¼	23¼	25¼	27	28¾	30½	32
8½	10¾	12¾	15	17	19	20¾	22¾	24½	26½	28	30	31¼
8½	10¾	12¾	14¾	16¾	18¾	20½	22½	24¼	26	27¾	29½	31
8½	10½	12½	14½	16½	18½	20¼	22¼	24	25¾	27½	29¼	30¾
8¼	10¼	12¼	14¼	16¼	18	20	21¾	23½	25¼	27	28½	30¼
8	10	11¾	13¾	15½	17½	19¼	21	22¾	24¼	26	27¾	29
7¾	9¾	11¾	13½	15½	17½	19	21	22½	24¼	26	27½	29
7½	9½	11¼	13¼	15	16¾	18½	20¼	22	23½	25	26¾	28¼
7¼	9¼	11	12¾	14½	16¼	18	19¾	21¼	23	24¼	26	27½
7	8¾	10½	12¼	14	15¾	17¼	19	20½	22	23½	25¼	26½
6¾	8½	10¼	12	13½	15¼	16¾	18¼	19¾	21½	23	24¼	25¾
6½	8¼	10	11½	13¼	14¾	16¼	17¾	19¼	20¾	22¼	23¾	25
6½	8¼	9¾	11½	13	14½	16	17½	19	20½	22	23½	24¾
6¼	7¾	9½	11	12½	14	15½	17	18¼	20	21¼	22¾	24
6	7½	9	10½	12	13½	15	16½	17¾	19¼	20½	22	23¼
5¾	7¼	8½	10¼	11¾	13¼	14½	16	17¼	18¾	20	21¼	22½
5½	7	8¼	9¾	11	12¼	13¾	15	16¼	17½	18¾	20	21¼
5	6½	7¾	9	10¼	11½	12¾	14	15¼	16½	17¾	18¾	20
4¾	6	7¼	8½	9¾	11	12¼	13½	14½	15¾	17	18	19¼
4¼	5½	6½	7¾	8¾	10	11	12	13¼	14¼	15¼	16¼	17¼
4¼	5¼	6¼	7¼	8½	9½	10½	11½	12½	13½	14½	15½	16½
3¾	5	5¾	6¾	7¾	8¾	9¾	10¾	11¾	12¾	13¾	14½	15½
3½	4½	5½	6½	7¼	8¼	9¼	10	11	12	12¾	13¾	14½
3½	4¼	5¼	6¼	7	8	8¾	9¾	10½	11½	12¼	13¼	14
3¼	4	5	5¾	6½	7¼	8¼	9	9¾	10½	11½	12¼	13
2¾	3¾	4¼	5¼	5¾	6½	7¼	8	8¾	9½	10¼	11	11¾
2¾	3½	4	4¾	5½	6¼	7	7½	8¼	9	9¾	10¼	11
2¾	3½	4	4½	5¼	6	6½	7¼	8	8½	9¼	10	10½
2½	3	3½	4¼	5	5½	6	6¾	7¼	8	8½	9¼	9¾
2¼	3	3½	4	4¾	5¼	5¾	6½	7	7¾	8¼	8¾	9½
2¼	2¾	3¼	3¾	4¼	5	5½	6	6½	7¼	7¾	8¼	8½
2	2½	2¾	3½	4¼	4½	5¼	5½	6¼	6½	7¼	8¼	8¼
2	2½	2¾	3½	4	4½	5	5½	6	6½	6¾	7¼	7¾
1¾	2¼	2¾	3¼	3¾	4	4½	5	5½	6	6½	7	7¼
1¾	2¼	2½	3	3½	4	4½	4¾	5¼	5¾	6¼	6½	7
1½	2	2½	2¾	3¼	3¾	4	4½	5	5¼	5¾	6	6½
1½	1¾	2¼	2½	3	3¼	3¾	4	4½	4¾	5¼	5½	6

Die Fig. 192 zeigt eine Vorrichtung für Fräsmaschinen, eine sog. doppelte Teilvorrichtung, der Firma Schuchardt & Schütte, Berlin.

Die Teilkopfspindeln werden durch Drehen der Teilscheibenspindel mittels eines Schlüssels in gleichem Sinne bewegt.

Der Indexstift l hat prismatische, nachstellbare Führung.

Diese Vorrichtung eignet sich besonders für das Spannen der Arbeitsstücke beim Fräsen der im Automobil- und Maschinenbau vorkommenden Nuten in Wellen, beim Fräsen von 4, 6, 8 Kanten an Wellenenden, Preßluftmeißeln, der Mitnehmer flächen an Kegelschäften von Spiralbohrern, Reduzierhülsen, beim Fräsen von Ketten- und Zahnrädern.

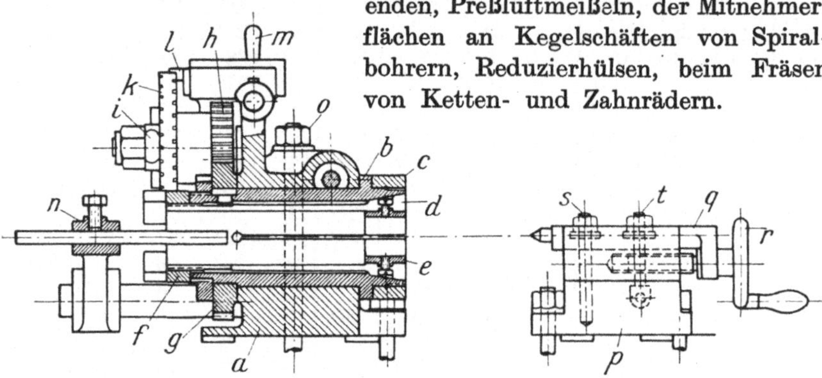

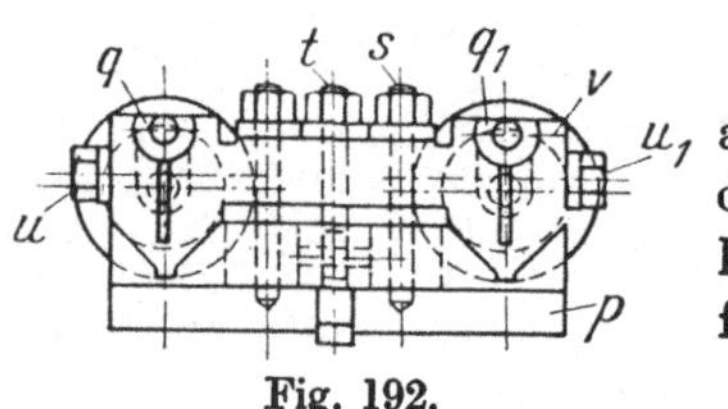

Fig. 192.

Um längere Wellen leicht ein- und ausspannen zu können, ist das Oberteil des Reitstockes leicht abnehmbar. Teilkopf- und Reitstockspindeln sind leicht feststellbar.

Die Spannzangen sind für einen größten Durchmesser von 50 mm eingerichtet. Die vierteiligen Spannpatroneneinsätze sind auswechselbar. Die mit der Vorrichtung gelieferten Spannpatroneneinsätze sind mit einer Bohrung von 20 mm fertig geteilt und ungehärtet.

Die Teilkopfspindeln b haben vorn am Spindelende Gewinde (3″-Gasgewinde) zur Aufnahme von Futterscheiben oder Überwurfmuttern. Die Spindeln haben eine zylindrische durchgehende Bohrung von 62 mm, so daß man Arbeitsstücke bis zu diesem Durchmesser bei Verwendung von geeigneten geschlitzten Spannbüchsen spannen kann, die durch Überwurfmuttern in die Kegelbohrung der Teilkopfspindeln hineingedrückt werden.

Für jede Spindel ist ein verstellbarer Anschlag n vorgesehen, der bei Nichtbenutzung leicht entfernt werden kann.

Das Gehäuse a ist äußerst kräftig und gedrungen ausgeführt. Die Hohlspindel b trägt die Spannmutter c. In b befindet sich die Spannzange d mit den Einsatzbacken e. Die Spannzange d wird durch die

Mutter *f* in den Konus von *b* hineingezogen und so auf das Material gespannt. Das Zahnrad *g* steht mit dem Zahnrad *h* auf der Teilscheibe *k* in Verbindung. Die Teilvorrichtung wird durch den Hebel *m* betätigt. Die Teilscheibe *k* besitzt auf zwei Seiten Rasten und kann entsprechend gewendet werden. Der Indexstift *l* ist nachstellbar. Die Drehung der Teilscheibe geht von dem Schlüssel *i* aus. Die Spannschrauben *o* ziehen den Teilapparat mit seinen Führungen fest in die Tischnuten der Fräsmaschine.

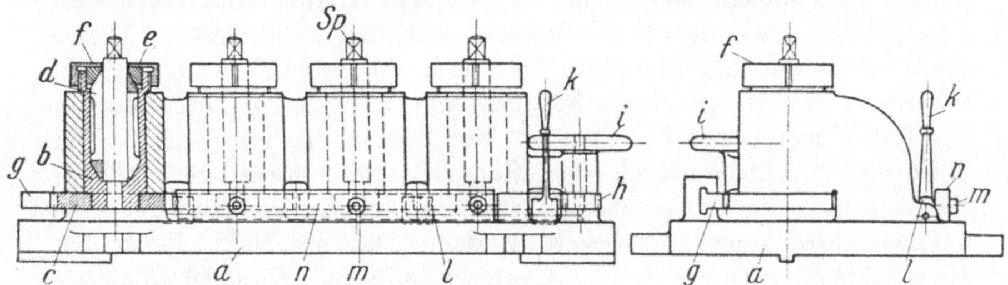

Der zu dieser Vorrichtung gehörige Reitstock ist ebenso einfach wie praktisch. Das kräftige Unterteil *p* nimmt in seinen beiden Prismen das Oberteil *v* auf. Letzteres wird durch die Spannschrauben *s* und *t* auf dem ersteren befestigt. Die Verschiebung der Reitstockspinolen q, q_1 wird durch die beiden Handräder *r* bewerkstelligt.

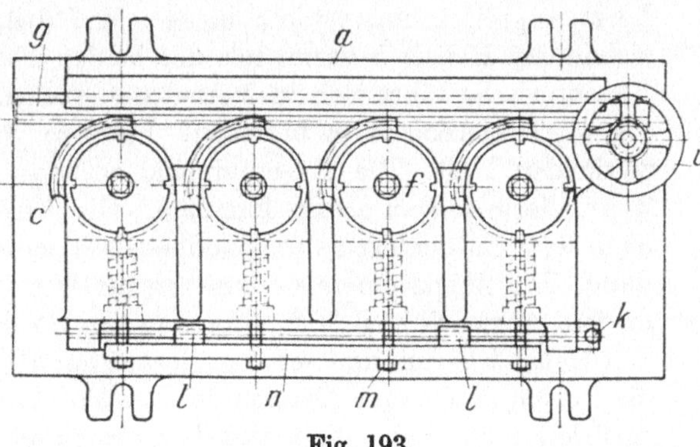

Fig. 193.

Die Feststellung der Pinolen q und q_1 erfolgt durch die beiden Spannschrauben u und u_1. Zu diesem Zweck ist das Oberteil in den Pinolenführungen geschlitzt. Aus den Figuren ist der Zweck dieser Vorrichtung mit ihren vielseitigen Verwendungsmöglichkeiten klar erkennbar.

Fig. 193 stellt eine praktische Fräsvorrichtung zum Vierkantfräsen an kurzen Spindeln dar.

Die Grundplatte *a* zeigt oben 4 Böcke, die mit ihr aus einem Guß verfertigt sind. In diesen Böcken sind die Aufnahmebüchsen *b* gut gelagert. In letzteren befinden sich die Spannbuchsen *d*. Diese sind 6 mal wechselseitig geschlitzt. Die Buchsen werden durch die konischen Ringe *e* mittels der Überwurfmutter *f* gespannt. Diese schiebt den Ring fest auf den konischen Teil der Spannbuchse *d*. Dadurch tritt eine Verschiebung derselben nach unten ein. Hier wirkt derselbe Konus wie oben, wodurch die Spannbuchse *d* an beiden Enden gleichmäßig um das Material resp. die Spindeln *Sp* gepreßt wird. Unterhalb der Böcke, zwischen der Spannplatte *a* und den ersteren, befindet sich eine Aussparung. In dieser bewegt sich das Zahnsegment *c*, das auf dem Ansatz der Aufnahmebuchse *b* befestigt ist. Diese 4 Segmente dienen zum Umschalten der Spannbuchsen auf 90°.

Die Umschaltung wird durch das Handrad *i* eingeleitet. Das letztere ist auf einer kurzen Welle, die sich in einem Anguß führt, aufgekeilt. Am unteren Ende der Welle befindet sich das Zahnritzel *h*. Dieses greift in die Stange *g*. Letztere führt sich mit ihrem T-förmigen Querschnitt in der angegossenen Führung von *a*. Die 4 Zahnsegmente *c* der Aufnahmebuchsen *b* stehen mit der Zahnstange im Eingriff. Die Schaltung geschieht durch das Handrad vollkommen gleichmäßig. Bevor jedoch die Umschaltung vorgenommen wird, müssen die Aufnahmebuchsen *b* erst entriegelt werden. Das geschieht durch den Handhebel *k*, welcher auf der Exzenterwelle *l* sitzt. Diese ist so ausgebildet, daß nur die beiden Stücken resp. Nocken *l* als Exzenter wirken. Letztere greifen hinter die Schiene *n* und drücken diese beim Herumziehen des Hebels *k* vermittels der beiden Exzenter nach außen. Die Exzenterwelle führt sich in 2 Angüssen von *a*. An der Schiene *n* sind die 4 Arretierbolzen *m* befestigt. Letztere geben der Schiene gleichzeitig den Halt. Die Exzenter sind so angeordnet, daß sie zwischen 2 Arretierungen zu sitzen kommen. Die Arretierungen schließen sich nach dem Zurücklegen des Handhebels *h* selbsttätig durch Federspannung. Die Zahnsegmente *c* besitzen für diese Feststellung je 2 Rasten in dem Abstande von 90°. Ehe man das Handrad *i* bewegt, zieht man den Hebel *k* herum und schaltet darauf das Handrad ein Stück; sobald die Bolzen *m* aus dem Bereich der Rasten von *c* sind, wird der Hebel *k* zurückgestellt. Beim Weiterschalten des Handrades schlagen die Bolzen in die nächstfolgende Raste und die Wellen *Sp* stehen mit den Flächen auf 90° zueinander. Die Fräsung geschieht mit 4 Fräserpaaren, die gleichzeitig 2 Seiten am *Sp* bearbeiten.

Diese Fräsvorrichtung ist äußerst einfach und brauchbar.

In Fig. 194[1]) ist eine Vorrichtung zum Sechskantfräsen veranschaulicht.

Das Gehäuse *d* ist aus Gußeisen verfertigt. Es besitzt unter der Spannplatte eine angegossene und gehobelte Feder, die sich in die Tischnut der Fräsmaschine legt. Eine Platte *e* mit 4 Löchern dient zur Führung der Spannkörper *i*. Das Festspannen der Hülsen *a* geschieht folgendermaßen: Nachdem der Indexstift *p* entriegelt ist, wird der Schlüssel *r* auf das Vierkant der Schneckenwelle *f* gesteckt. Diese Welle ist mit den 4 Schnecken aus einem Stück Stahl verfertigt und kräftig ausgeführt. Jede Schnecke wird in der Bohrung der Stege,

[1]) Werkstattstechnik 1917, Heft 20, S. 314.

die das Unterteil unterteilen, wirksam gelagert. Auf der Platte *e* sind Führungsstücke *m* zur Aufnahme eines Schlüsseleisens angebracht. Das Schlüsseleisen besteht aus einem Stück Flachstahl. Dieses wird in den festzuspannenden Körper *i* geschoben. Alsdann wird mittels des Schlüssels *r* die Schneckenwelle *f* gedreht. Durch diesen Vorgang wird der Körper *i* mittels des Gewindes auf den Spannkonus geschraubt. In dem Konus *h* befinden sich die Backen *l*, die um ein Stückchen aus dem Mantel stehen. Diese Backen *l* pressen sich gegen die Spannhülse *a* und klemmen sie fest. Das mit der Schnecke im Eingriffe stehende

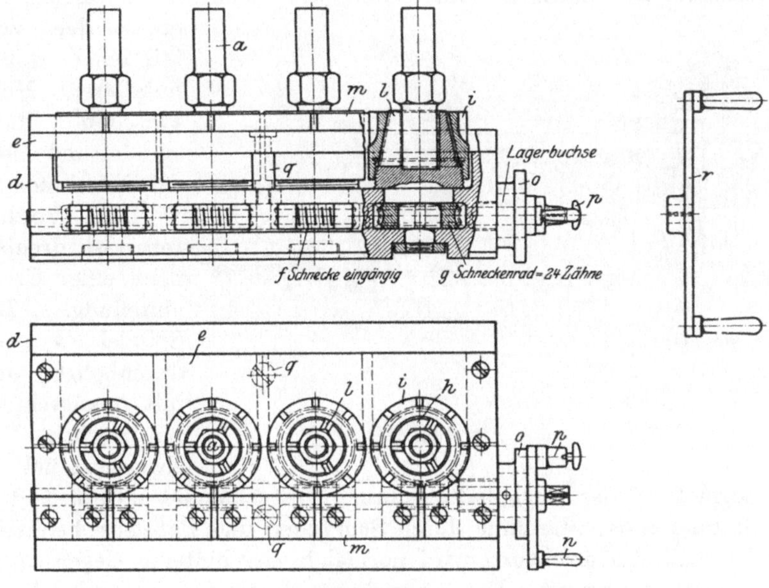

Fig. 194.

Schneckenrad *g* ist auf dem Ansatz des Konus *h* festgekeilt. Die Lage des Konuskörpers *h* wird durch eine Mutter gesichert. Auf diese Weise werden alle 4 Hülsen hintereinander festgespannt. Durch diesen Vorgang ist es möglich, eine gute Spannung zu erzielen. Sind alle 4 Hülsen gespannt, so wird der Hebel *n* mit Indexstift *p* in der Teilscheibe *o* festgestellt. Alsdann werden die auf Maß eingestellten Fräser *t* gegen die vordere Hülse *a* gestellt und der selbsttätige Vorschub des Tisches eingeschaltet. Während die Bearbeitung auf dieser Vorrichtung vonstatten geht, ist der Arbeiter an der zweiten Maschine mit dem weiteren Einspannen beschäftigt. Das Umschalten für die nächsten Flächen an den Werkstücken geschieht mittels der Teilvorrichtung. In dieser befinden sich 12 Löcher, so daß in diesem Falle 4 mal hintereinander geschaltet werden muß, wodurch 48 Löcher hintereinander entstehen.

Das Schneckenrad g besitzt 24 Zähne.

Daraus berechnen sich $\frac{24}{6} = 4$ Umdrehungen für das Sechskant.

Zwei Stiftbolzen q unterstützen die Führungsplatte e.

Der ganze Aufbau dieser Vorrichtung ist kräftig aufgeführt, so daß er sich außerdem auch für die Bearbeitung ähnlicher Arbeitsstücke eignet.

Fig. 195 zeigt eine Senkrechtfräsvorrichtung für Universal-Fräsmaschinen der Firma Schuchardt & Schütte, Berlin. Diese Vorrichtung gehört mit zu den gebräuchlichsten Ausrüstungen der Universal-Fräsmaschinen. Die neuartige Anordnung der Senkrechtfräsvorrichtung ergibt den Vorteil einer großen nutzbaren Höhe zwischen Frässpindel und Tisch der Maschine.

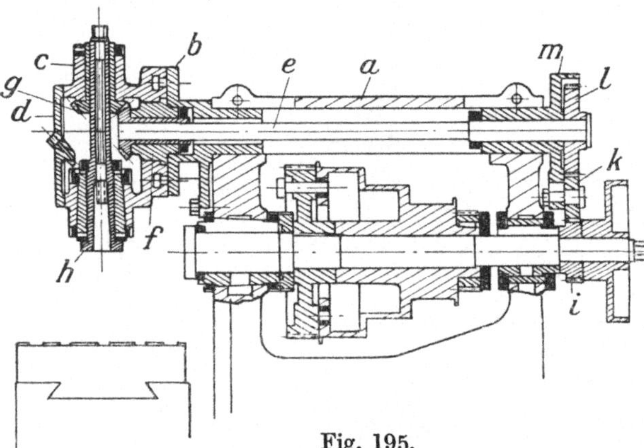

Fig. 195.

Das Vorderteil c ist drehbar nach einer Gradeinteilung. Die Spindel h ist durchbohrt und mit Anzugschraube versehen. Das Zwischenstück b ist normal in der Gegenhalterbohrung festgeklemmt und außerdem am Ständer a der Maschine durch Schrauben und Paßstifte befestigt.

Die Antriebseinrichtung wird normal in der hinteren Gegenhalterbohrung festgeklemmt. Der Antrieb wird von der Frässpindel aus durch die Zahnräder i, k und l bewirkt, von denen das mittlere Zwischenrad k auf verstellbarem Zapfen läuft. Die anderen Zahnräder können ausgewechselt werden, wodurch eine Verdoppelung der Umlaufzahlen der Senkrecht-Frässpindeln erzielt wird. Das Vorderteil wird in 2 Ausführungen hergestellt, und zwar mit fester und mit beweglicher Spindel. In der letzten Ausführung, die für leichtere Arbeiten bestimmt ist, kann die Spindellagerbüchse durch Handhebel mit Zahnstange und Zahntrieb zwischen einstellbaren Anschlägen bewegt und in jeder Stellung festgeklemmt werden.

Die Vorderteile (Frässpindelköpfe) werden auch einzeln geliefert, das einfache Zwischenstück b und die Antriebsanordnung können den vorhandenen Maschinen angepaßt werden.

Der Antrieb geht von den 3 Zahnrädern über Welle e zu dem Kegelräderpaar g. Das Kegelrad auf Spindel h ist mittels Federkeil und Mutter auf letztere befestigt. Um bequem an die Triebteile gelangen zu können, ist am Vorderteil *c* eine abnehmbare Klappe *d* vorgesehen. Das Spindellager *f* ist gesondert angefertigt. Auf letzterem zentriert sich das Vorderteil *c*.

Das hintere Zwischenstück *m* ist gleichzeitig als Schutzvorrichtung der Zahnräder ausgebildet.

In der Schnittzeichnung sind die einzelnen Teile in ihrer Lage deutlich erkenntlich.

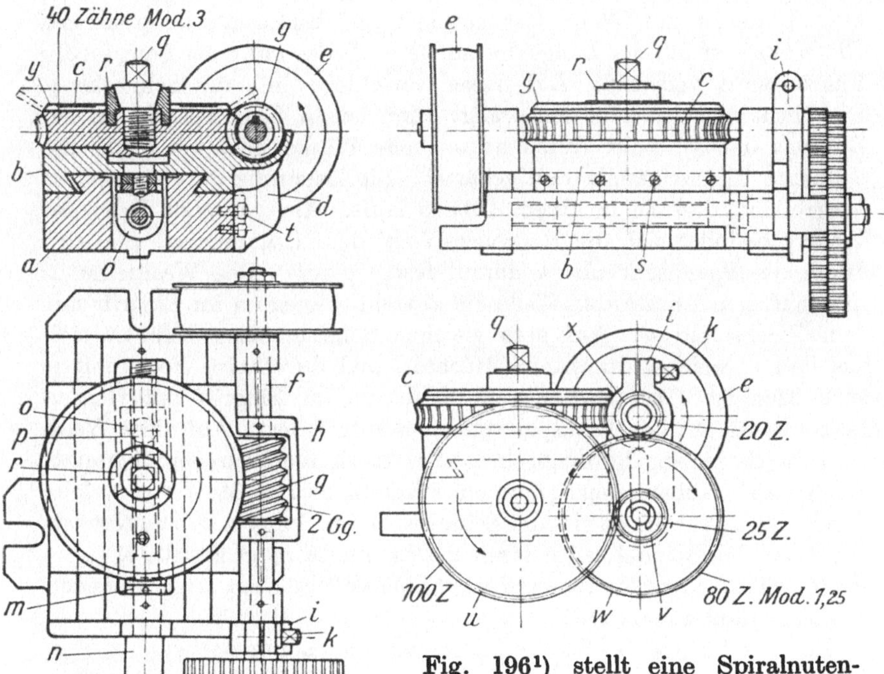

Fig. 196.

Fig. 196[1]) stellt eine Spiralnutenvorrichtung dar. Diese Vorrichtung dient zum Einfräsen von Spiralnuten in Scheiben, zum Beispiel im Dreibackenfutter usw.

Das Unterteil *a* besteht aus Grauguß und wird mittels der beiden Federansätze in die Nute des Fräsmaschinentisches eingepaßt. In einer Schwalbenschwanzführung schiebt sich der Support *b*. Um jedes etwaige seitliche Spiel des letzteren aufzuheben, ist die Klemmleiste mit 4 Druckschräubchen *s* vorgesehen. In einer Zentrierung von *b* ist das Schneckenrad *c* mittels Ansatz, Zapfen und Gegenmutter drehbar befestigt. Das Schneckenrad *c* ist gleichzeitig als Spannfläche für die

[1]) Zeitschr. f. Maschinenbau, 15. Dez. 1918, S. 55.

Werkstückaufnahme ausgebildet. Die Auflage der Werkstücke wird hier noch durch besondere Auflageplatten *y* unterstützt. Die Spannung geschieht mittels einer expandierenden Büchse *r*. Diese wird durch die Konusschraube *q* gespreizt. Jedoch kann von Fall zu Fall unterschieden werden, welche Art der Aufspannung die vorteilhafteste ist. Seitlich am Unterteil *a* befinden sich die Lagerböcke *d* zur Aufnahme der Schneckenwelle *f*. Letztere besitzt an beiden Enden Zapfen und ist zu diesem Zweck das hintere Lager mit Schrauben *t* und Prisonstiften befestigt. Der Antrieb des Schneckenrades *c* geht von der Riemscheibe *e* aus. Diese ist auf Welle *f* aufgefedert und durch Mutter gesichert. Die Welle *f* ist auf der Länge des mittleren Teiles mit einer Längs- oder Führungsnut versehen. Auf dieser verschiebt sich die Schnecke *g*. Die Mitnahme der letzteren erfolgt durch einen Federkeil, der in der Bohrung der Schnecke durch angehobelte Winkel gehalten wird. Die Schnecke ist zweigängig und gehärtet. Die Lagerung derselben ist so ausgebildet, daß sie in einem Ölbade läuft. Am vorderen Ende der Welle *f* befindet sich die Radschere *i* auf dem Lageransatz. Sie wird durch die Spannschraube *k* darauf festgespannt. Das Wechselrad *x* sitzt auf dem Ansatz der Welle *f* und steht wiederum im Eingriff mit dem Wechselrad *w*. Auf dem gleichen Scherenbolzen befindet sich das Rad *v*, welches durch eine Büchse *l* und durch eine Feder mit *w* verbunden ist. Das Rad *v* steht wiederum im Eingriff mit Rad *u*. Letzteres ist auf der Transportspindel *n* aufgefedert. Auf diese Weise wird die Bewegung der Schneckenwelle, durch Wechselräder übersetzt, auf Spindel *n* übertragen. Letztere schraubt sich in Mutter *o*, welche durch einen Ansatz sowie die Schraube *p* im Support *b* befestigt ist. Die Lage der Spindel wird durch 2 Gegenmuttern *m* gesichert.

Die Wirkungsweise dieser Vorrichtung soll an dem nachstehenden Beispiel erläutert werden:

Für ein kleines Dreibackenfutter soll eine Zahnradscheibe gefräst werden. Zu diesem Zweck spannt man das Dreibackenfutter genau zentrisch auf die Unterlage *y*. Der kleine Schaftfräser, der in der 3. Figur durch einen kleinen Kreis auf *y* gekennzeichnet ist, wird in Anfangsstellung an der Radnabe des Werkstückes eingesetzt. Der Pfeil gibt die Drehrichtung des Schneckenrades *c* an.

Der Antrieb geht von einem kleinen Zwischenvorgelege aus. Die Antriebsscheibe *e* macht $n = 20$ Umdrehungen pro Minute.

Schneckenrad *c* besitzt 40 Zähne.

Schnecke *g* ist zweigängig. Demnach pro Min. = 1 Umdrehung.

Wechselrad $x = 20$ Zähne.

Wechselrad $w = 80$ Zähne.

Wechselrad $v = 25$ Zähne.

Wechselrad $u = 100$ Zähne.

Das Schneckenrad c macht demnach:

$$n_1 = 20 \cdot \frac{2}{40} = 1 \text{ Umdrehung pro Minute.}$$

Der Vorschub der Spindel resp. des Supportes ergibt:

$$v_n = n \cdot \frac{x \cdot v \cdot Stg}{w \cdot u} = 20 \cdot \frac{20 \cdot 25 \cdot 4}{80 \cdot 100} = 5 \text{ mm Vorschub}$$

in der Minute.

Das Schneckenrad macht pro Min. = 1 Umdrehung. Während dieser Zeit transportiert die Spindel n den Support um 5 mm vorwärts, d. h. die zu fräsende Steigung beträgt 5 mm. Durch entsprechende Wahl der Wechselräder können verschiedene Steigungen gefräst werden.

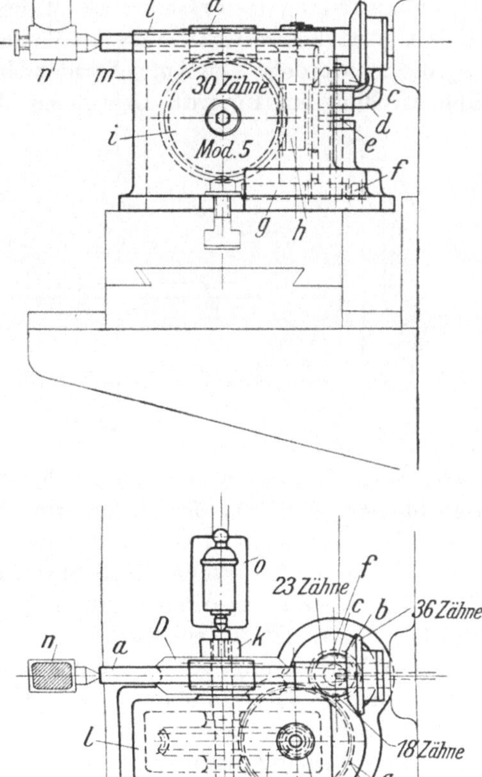

Fig. 197.

Fig. 197 zeigt eine Sonderfräsvorrichtung zum Fräsen bestimmter Schneckenräder.

Diese Vorrichtung wird auf den Tisch einer Universal-Fräsmaschine gespannt. Der Fräser sitzt auf der Fräserwelle a. Letztere ist mit dem Konus in der Fräsmaschinenspindel befestigt. Auf dem Ansatz der Fräserwelle befindet sich das Kegelrad b, welches mit dem kleineren Kegelrade c im Eingriff steht. Die Räder b und c sind durch ein Winkellager d miteinander verbunden. Das Rad c trägt eine verschiebbare Welle e, welche mit dem Stirnrad f am Boden der Vorrichtung fest verbunden ist. Das letztere ist mit dem Zahnrad g im Eingriff und steht durch eine Welle mit der Schnecke h in Verbindung. Die Schnecke besitzt die gleiche Teilung wie der Fräser a und greift mit den gleichen Dimensionen wie Rad D in das Schneckenrad i. Da das Werkstück D mit dem Fräser a zwangsläufig arbeitet, müssen auch die Übersetzungen die gleichen sein.

Es ergibt:
Wenn Rad $b = 36$ Zähne,
„ „ $c = 18$ „
„ „ $f = 23$ „
„ „ $g = 46$ „
Schnecke h = eingängig. Mod. 5,
Schneckenrad $i = 30$ Zähne
das zu fräsende Schneckenrad erhält ebenfalls 30 Zähne Modul 5):

$$\frac{b \cdot f \cdot h}{c \cdot g \cdot i} = \frac{a}{D} = \frac{36 \cdot 23 \cdot 1}{18 \cdot 46 \cdot 30} = \frac{1}{30}.$$

Die Zustellung des Fräsers *a* erfolgt durch Heben des Fräsmaschinentisches. Aus diesem Grunde ist die Welle *e* in Kegelrad *c* verschiebbar angeordnet worden. Die Antriebsräder bleiben trotz der veränderlichen Höhenstellung im Eingriff. Der ganze Mechanismus ist in einem ge-

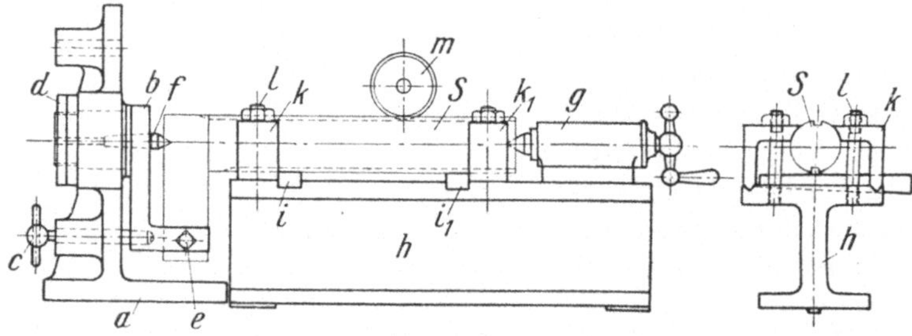

Fig. 198.

schlossenen Kasten *m* eingebaut. Dieser ist oben mit dem Deckel *l* verschlossen. Die Fräsdornführung wird durch die im Bügel *n* befestigte Spitze bewerkstelligt. Die Befestigung des Werkstückes *D* geschieht auf den Ansatz der Welle des Schneckenrades *i*. Die Rundmutter *k* zieht das Werkstück auf den Ansatz fest. Die Reitstockspitze *o* ist üblicher Konstruktion, sie stützt die Aufnahmewelle wirksam ab.

Diese Vorrichtung gehört in die Gruppe der Massenfabrikationsvorrichtungen, da sie nur auf eine bestimmte Größe zugeschnitten ist.

Der Vorgang des zwangsläufigen Fräsens dürfte allgemein bekannt sein. Der Weg derselben ergibt sich aus der Abbildung.

Fig. 198 stellt eine Vorrichtung zum Fräsen von Nuten, in mit einem Knie ausgebildeten Spindeln dar. Die Nuten sollen symmetrisch zueinander liegen und außerdem parallel zur Achse verlaufen.

Die genaue Teilung wird mittels des Teilapparates vollzogen. Dieser besteht aus dem Bock *a* mit dem Arretierhebel *b*. Der Hebel besitzt eine kräftige Nabe, die sich in dem Bock *a* sicher führt. Als Begrenzung sind zwei Gegenmuttern *d* vorgesehen. Der Mitnehmerhebel *b* ist am Ende geteilt, wo er das Arbeitsstück am Knie aufnimmt. An beiden

Seiten der Mitnehmergabel befinden sich 2 Druckschrauben *e*, welche an ihren Spitzen gehärtet sind. Die Fixierung des Mitnehmers *b* wird durch den Steckbolzen *c* bewerkstelligt. Derselbe ist gehärtet und geschliffen und paßt ohne Spielraum in die Bohrungen von Bock *a* sowie in den Mitnehmer *b*. Das Ende des Steckbolzens ist konisch ausgebildet, um jeden Spielraum aufzuheben. Am vorteilhaftesten ist es, wenn der Steckbolzen in gehärteten und geschliffenen Buchsen geführt wird. Genau im Zentrum der Nabe des Mitnehmers befindet sich die Zentrierspitze *f* in der konischen Bohrung. Die Zentrierspitze *f* muß mit der Spitze des Reitstockes *g* genau übereinstimmen. Um die Spitzen während der Fräsarbeit nicht so stark beanspruchen zu müssen, sind die beiden schlanken Unterstützungskeile *i* und i_1 vorgesehen. Letztere führen sich in den Nuten des Trägers *h* und liegen mit ihren schrägen Flächen in diesen. Die Keile werden stets nach erfolgtem Umschalten eingeschoben. Außer dieser wirksamen Unterstützung sind noch 4 Winkelspanneisen *k*, k_1 angesetzt, die sich mit den senkrechten, am Ende abgeschrägten Schenkeln in je eine gleichförmige Rille von *h* legen. Das andere Ende des Spanneisens ist ausgerundet, um eine breite Anlage an Spindel *S* zu erhalten. Die Spannschrauben *l* gehen infolge einer leichten Neigung der Spannwinkel in die ovalen Löcher der letzteren.

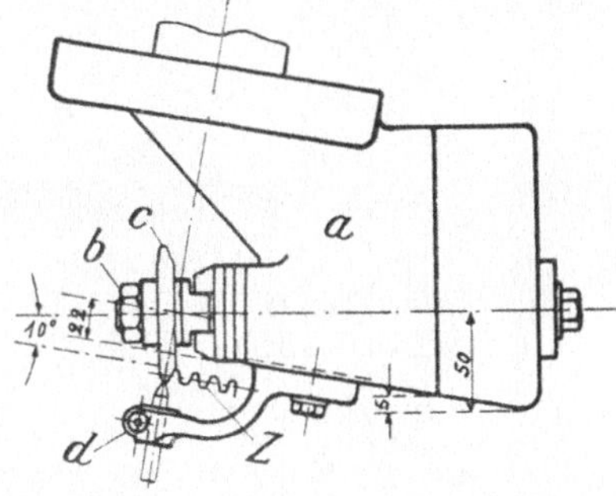

Fig. 199.

Die Fräsermitte muß mit den Federkeilmitten der Spannplatten *a* und *h* zusammenfallen. Der Fräser *m* ist hinterdreht und weist die übliche Konstruktion auf.

Die Bauart der Vorrichtung ist einfach und stabil. Mit ihr läßt sich die Fräsarbeit mit größerem Vorschub ausführen. Diese Anordnung ist auch für ähnliche Fälle empfehlenswert. Sie läßt sich noch durch entsprechende Unterlagen für *a* und *g* weiter ausbauen.

In Fig. 199 ist eine Zahnstangenfräsvorrichtung der Firma Schuchardt & Schütte, Berlin, veranschaulicht. Diese außerordentlich vielseitig verwendbare Fräsvorrichtung ist zum Fräsen von Zahnstangen, als Senkrechtfräsvorrichtung, als Gewinde- und Spiralenfräsvorrichtung usw. vorzüglich geeignet. Die Frässpindel ist in jede beliebige Winkelstellung nach Gradeinteilung einstellbar. Wird die Vorrichtung zum Fräsen von Zahnstangen *Z* verwendet, so empfiehlt es sich, die Achse der Frässpindel 10° geneigt zur Tischfläche einzustellen und das Profil des Fräsers *c* um den gleichen Winkel schräg zu stellen, wie Fig. 199 zeigt. Dadurch kann der Fräserdurchmesser klein gehalten werden. Für die

Einstellung der Fräser beim Fräsen von Spiralen in Mitte Drehachse wird eine Einstellehre *d* verwendet. Der Antrieb der Frässpindel geschieht durch 2 Kegelräderpaare und 1 Stirnräderpaar, so daß eine hohe Durchzugskraft erreicht wird.

Die Frässpindel ist gehärtet und geschliffen. Sie läuft in einem langen, zylindrisch nachstellbaren Lager und hat an beiden Enden metrische Kegelbohrung, außerdem am Vorderende Mitnehmerflächen für den Frädorn und Anzugschraube *b*.

Die Befestigung der Vorrichtung *a* erfolgt durch ein Zwischenstück in der Gegenhalterbohrung und am Ständer der Maschine, wie in Fig. 195 veranschaulicht. Diese Vorrichtung paßt zu den Universal-Fräsmaschinen. Durch eine zweckentsprechende Änderung des Zwischenstückes kann die Vorrichtung auch auf anderen Maschinen verwendet werden.

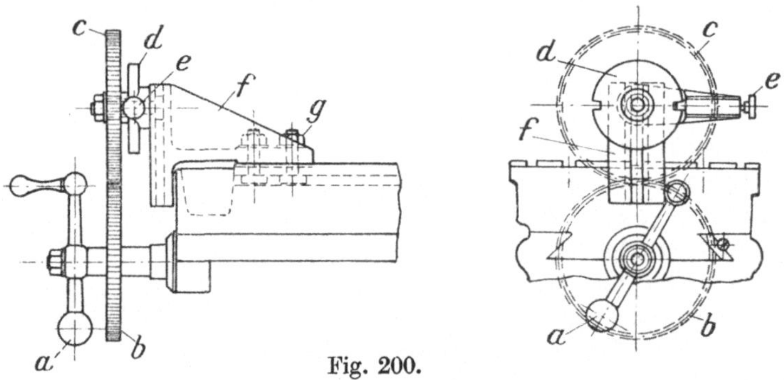

Fig. 200.

Fig. 200 zeigt die Zahnstangen-Teilvorrichtung, welche mit Fig. 199 in Verbindung zu bringen ist. Mittels dieser Teilvorrichtung ist das Zahnstangenfräsen eine Leichtigkeit. Die für das Modulteilen der Stangen in Frage kommenden Wechselräder betragen 15 Stück. Es können folgende Modulteilungen vorgenommen werden: Modul 1, $1^1/_4$, $1^1/_2$, $1^3/_4$, 2, $2^1/_4$, $2^1/_2$, $2^3/_4$, 3, $3^1/_2$, 4, $4^1/_2$, 5, $5^1/_2$ und 6.

Wie die Figur zeigt, besteht die Vorrichtung aus dem Aufspannbock *f*. Dieser wird mittels der beiden Spannschrauben *g*, die sich in der *T*-Nut des Tisches führen, befestigt. An der vorderen Seite besitzt der Bock eine durchgehende *T*-Nut für den Radbolzen resp. die Teilvorrichtung. Sie besteht aus der Teilscheibe *d*, welche für den Index *e* zwei Rasten aufweist. Die Teilscheibe *d* ist mit dem Wechselrad *c* starr verbunden, welches wieder mit dem Wechselrad *b* in Verbindung steht. Weiter steht Wechselrad *b* wieder mit der Transportspindel des Tisches in Verbindung. Beim Umschalten wird erst der Index ausgelöst und dann die Kurbel *a* so lange gedreht, bis der Index in die nächste Teilung einschlägt. Die Handhabung wird ohne weiteres aus der Figur klar.

Fig. 201 zeigt eine Fräsvorrichtung zum Fräsen von Spannschlitzen an Bürstenklemmen *H*.

Der Spannkörper *a* besteht aus Gußeisen und ist in der Mitte ausgefräst. Die durch die Ausfräsung entstandenen runden Ecken werden durch das Paßstück *d* ausgefüllt. Desgleichen zeigt auch das Druckstück *c* die Anpassung. Die Spannschraube *b* schraubt sich im Körper *a*. Sie preßt die eingelegten Arbeitsstücke zusammen. Die Leiste *d* dient als Anschlag und ist mittels der Schrauben *e* am Körper *a* befestigt. Das hierzu verwendete Werkzeug besteht aus dem Fräsdorn *g* sowie den Distanzringen *h*. Diese legen sich zwischen Fräser *f* und Stangenansatz *g*, sowie zwischen Spannmutter *i* und Fräser *f*. Bei diesen Werkzeugen ist auf gutes Anliegen der Ringe *h* zu achten, denn ein schiefes Anliegen zieht den Dorn in allen Fällen krumm und macht ihn unbrauchbar.

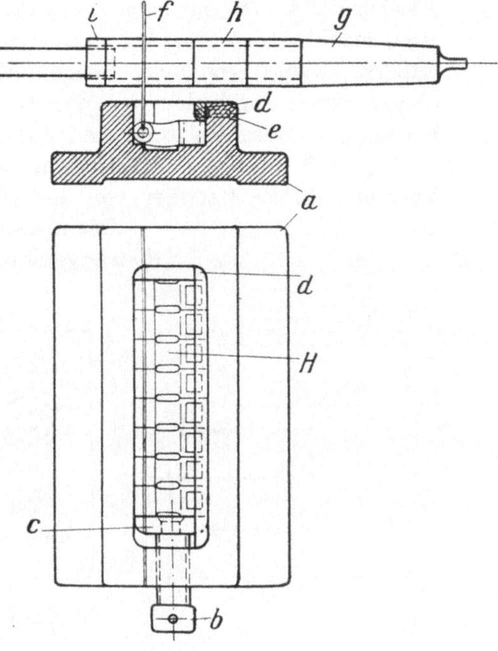

Fig. 201.

Fig. 202 zeigt eine Fräsvorrichtung zum Fräsen der Einsatzstücke für Lünettenbacken der Firma Gebr. Böhringer, Werkzeugmaschinenfabrik, Göppingen (Wttbg.). Auf dieser Vorrichtung werden mehrere Größen von *B* und *A* gefräst. In der Figur ist die nächste Größe *B*

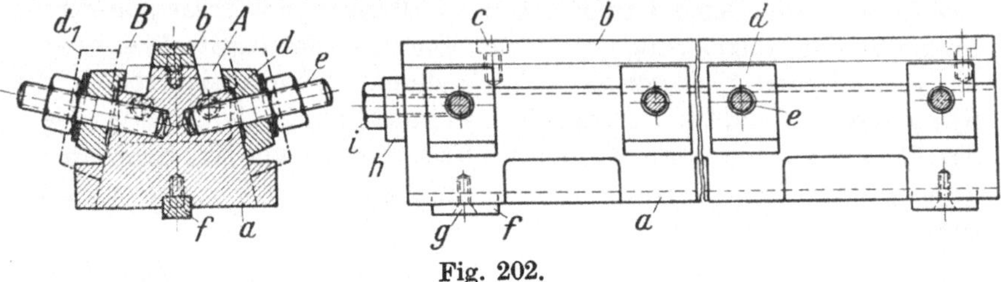

Fig. 202.

einschl. der Spannstücke gestrichelt dargestellt. Der gußeiserne Körper *a* besitzt zur Fixierung 2 Führungssteine *f*. Dieselben sind mittels der Versenkschrauben *g* am Unterteil befestigt. Zum Fräsen der großen Einsatzstücke wird die Mittelleiste *b* durch die Schrauben *c* angeschraubt, bei den kleinen Stücken *A* dagegen entfernt. Die Spannschrauben *e* sind äußerst kräftig gewählt. Sie sind so lang bemessen, daß sie die Backen *d* sowie d_1 einwandsfrei spannen können. Die Einsatzleistenstücke *A* und *B* liegen auf Ansätzen an *a*. Als Anschlag dient das Flachstück *h*, das mit zwei Schrauben an *a* befestigt ist. Die Vorrichtung macht neben einer einwandsfreien Verwendungsmöglichkeit einen äußerst soliden Eindruck. Überhaupt zeichnen sich die Vorrichtungen obiger Firma durch den besagten Charakter besonders aus. Mit ihnen hergestellte Maschinenteile sind äußerst maßhaltig und austauschbar.

Fig. 203 zeigt das Fräsen von Stangen für Spannknaggen in der Vorrichtung, die nachher von der Stange einzeln abgetrennt werden. Der massive Körper *a* wird auch hier durch die angeschraubten Führungssteine *g* fixiert.

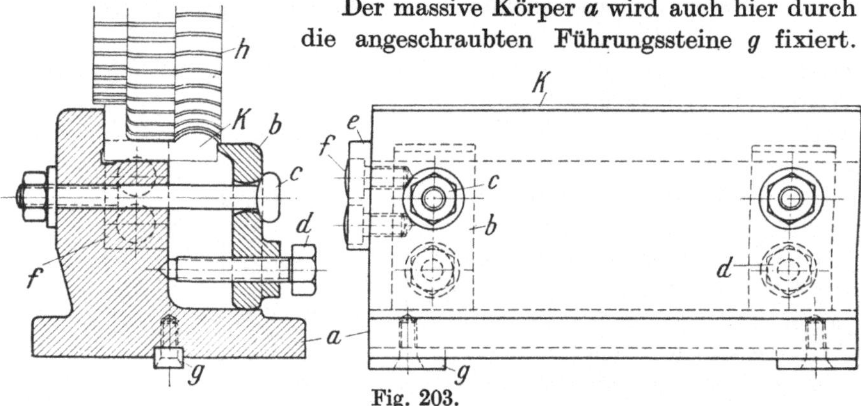

Fig. 203.

Die Leiste *K* wird mittels der krallenartigen Spannlaschen *b* auf dem Ansatz von *a* gehalten. Die Spannschraube *c* geht durch den oberen Teil des Körpers *a*. Der Kopf ist so geformt, daß er der durch die Spannung entstehenden Bewegung entspricht. Er liegt in dem hierzu angepaßten Loch der Lasche *b*. Durch den unteren Teil der Lasche geht die Gegendruckschraube *d*, die sich mit ihrer gehärteten Spitze in eine Aussenkung von *a* legt. Die Schraube dient als Ausgleich der Spannlasche *b*, damit auch bei anderen Dimensionen von *K* die Spannung einwandfrei durchgeführt werden kann. Als Anschlag dient das Flachstück *e*, das am Körper *a* mittels der beiden Kopfschrauben *f* befestigt ist. Die Werkzeuge *h* bestehen aus einem zusammengestellten Fräsersatz.

c) Für Plan-Fräsmaschinen. Fig. 204 zeigt eine Fräsvorrichtung zum Fräsen von 6 Wellen *W* für die Massenfabrikation.

Die Platten *a* besitzen Prismen, in die sich die Wellen einlegen. Die Spannung wird durch die Spanneisen *b* und *c* sowie die Spannschrauben *d* durchgeführt. Die beiden äußeren Spanneisen legen sich mit ihren

Winkeln in eine Nut von *a*, um dadurch einem Ausweichen entgegenzuwirken. Jede Platte *a* wird mit 3 Spannschrauben *e* auf den Fräsmaschinentisch aufgespannt. Angehobelte Federansätze fixieren die Platten zur Fräserbahn des Fräsers *f*.

Sie sind durch Zwischenringe voneinander getrennt. Der Frässdorn *g* wird zwischen Maschinenspindel und Gegenhalterspitze gehalten.

In Fig. 205 ist eine praktische Fräsvorrichtung zum Fräsen von Lagerdeckeln veranschaulicht. Die Fräsung von *L* ist nur an den Auflageflächen vorgenommen. Die Spannung geschieht auch hier in der prismatischen Unterlage von *a*. Die Spanneisen *b* werden durch die dazugehörigen Spannschrauben auf dem Unterteil *a* befestigt. Sie legen sich mit ihren Enden in die Lagerdeckelbohrung und ziehen dadurch die Deckel in den Prismen fest. Um die Deckel *L* nun einer gleichmäßigen Bearbeitung zu unterziehen, sind verstellbare Anschläge vorgesehen. Unter jedem Deckel befindet sich ein Bolzen *d*. Dieser legt sich unter die Mutteranlage des Deckels. Da nun die Lappen der Deckel durch die Differenzen beim Einformen mit kleinen Abweichungen ausfallen, mußte zur Erlangung einer guten gleichmäßigen Auflage dieser Weg beschritten werden. Die Bolzen *d* weisen an ihren unteren Flächen eine Schräge von ca. 30° auf. Mit diesen Schrägen stützen sie sich auf die Schieber *c*. Diese führen sich in Aussparungen von *a*. Für jeden Deckel *L* ist ein Schieber mit zwei Anschlagbolzen vorgesehen. Die Schieber werden mittels der Transportspindeln *e* bewegt. Zu diesem Zweck sind sämtliche Spindeln mit Vierkanten ausgerüstet. Als Mitnahme dient die Mutter *f*. Als Abschlußplatte für die Spindelanlage dient das Stück Flacheisen *g*. Die Spindeln sitzen mit ihren Zapfen in der Mittelrippe von *a*. Eine kleine Verschiebung der Platten *c* bewirkt

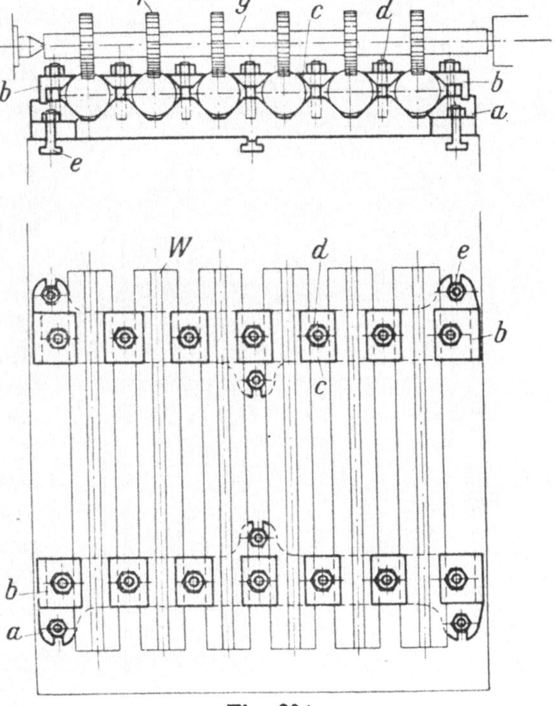

Fig. 204.

eine Verstellung der Anschlagbolzen, wie aus den Figuren klar ersichtlich ist. Um stets einen gleichbleibenden Abstand zwischen den Deckeln zu haben, sind die Stifte *h* für die Anschlagstücke vorgesehen. Das zur Verwendung kommende Werkzeug stellt einen zusammengestellten Fräsersatz dar. Die Vorrichtung eignet sich auch für ähnliche Deckelformen. Aus der Figur erkennt man klar die Verwendungsmöglichkeiten.

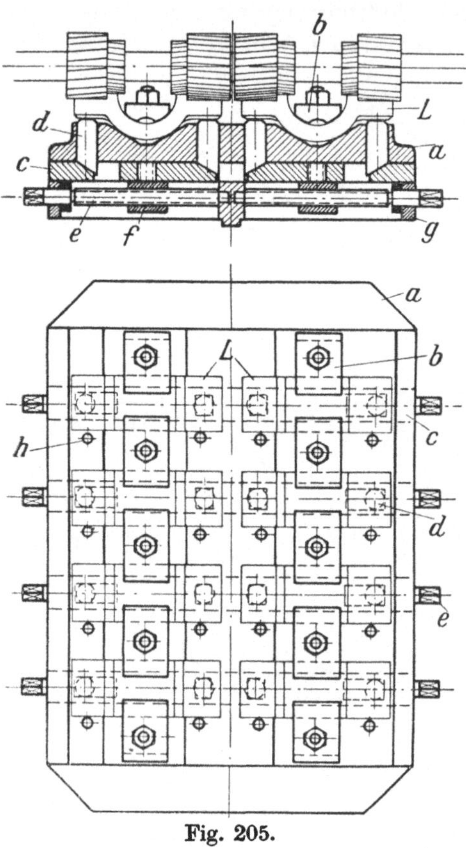

Fig. 205.

Zu bemerken ist noch, daß die beweglichen Anschläge an derartigen Vorrichtungen gehärtet sein müssen und daß auch die Reibungsflächen eine Härte aufweisen müssen, damit bei häufigem Gebrauch einem starken Verschleiß vorgebeugt wird. Dasselbe gilt auch von den Vierkanten der Stellspindeln.

Fig. 206 zeigt das Fräsen von Kettengliedern auf einer Doppel-Plan-Fräsmaschine. Hier werden 4 Glieder *G* hintereinander gespannt und mittels der beiden Fräs- oder Messerköpfe *f* und f_1 bearbeitet. Der Antrieb der beiden Fräswellen *e* und e_1 geschieht getrennt, um bei dem Gebrauch des einen Fräsers den anderen auszuschalten.

Die hierzu verwendete Vorrichtung zeigt eine interessante Spannungsweise. Die Kettenglieder *G* sind so gelagert, daß die Lageraugen derselben in einer Höhe zu stehen kommen. Dadurch erhalten die Aufspannflächen noch eine besondere Gegenlage auf der Spannplatte *a*. Zwischen jedem Kettenglied befindet sich ein Spanneisen *b*. Dieses greift, außer den beiden am Ende befindlichen, über die Kante von 2 Kettengliederflanschen. Entsprechende Ansätze an den Spanneisen gestatten eine bessere Anlage. Die Spannung wird durch die Zugbolzen *c* hervorgerufen. Diese werden mittels der Keile *d* angezogen. Die Schlitze in den Bolzen sind so bemessen, daß ein größerer Spannbereich gegeben ist. Die Aufspannung wirkt genau wie bei der Verwendung von

Spannschrauben, da doch das Gewinde; was wohl allgemein bekannt sein dürfte, im aufgerollten Zustande eine Keilform ergibt.

Fig. 207 zeigt das Abflächen von 6 Anlageflächen an einer Haube *G*. Auch diese Arbeit wird auf einer Doppel-Plan-Fräsmaschine ausgeführt. Die beiden Messerköpfe *h* und h_1 sind mit schräggestellten, für Schrubbarbeiten besonders geeigneten Dreikantstählen ausgerüstet.

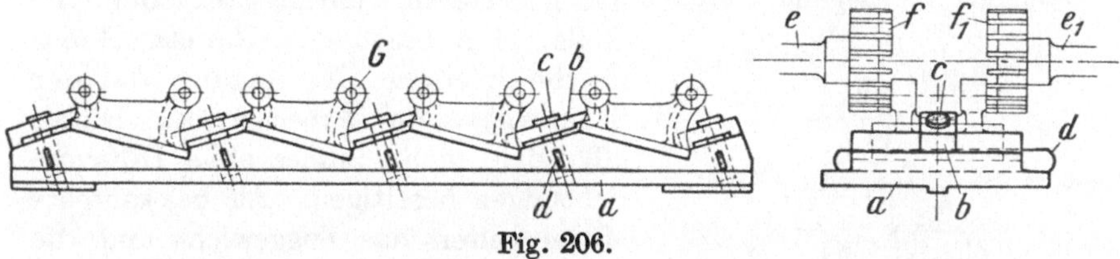

Fig. 206.

Die Grundplatte *a* nimmt in einer eingedrehten Zentrierung den Ansatz der beweglichen Aufspannplatte *b* auf. Die Verbindung zwischen Grund- und Spannplatte wird mittels der 4 Spannschrauben *c* bewerkstelligt. Diese führen sich mit ihren Köpfen in der kreisförmigen T-Nut der Grundplatte *a*. Die Aufspannung des Arbeitsstückes *G* wird hier durch 4 Spannlaschen *d* ausgeführt. Das Arbeitsstück besitzt einen außen gedrehten Flansch, der als Fixierung in der Vorrichtung dient. Für die Einstellung der Bearbeitungsflächen zum Fräser ist eine Teilvorrichtung vorgesehen. Sie besteht aus der Klinke *e*, die sich mit der Nase in die Rasten der Scheibe *b* legt. Bei Verwendung nur eines Fräsers werden alle 6 Rasten benutzt, bei Verwendung beider dagegen nur 3 Rasten. Nach jeder Teilung müssen die Spannschrauben *c* festgezogen werden. Um einem Zuweitziehen der Klinke *e* vorzubeugen, ist der Anschlagstift *g* vorgesehen. Der dauernde Kontakt zwischen Klinke und Spannscheibe wird durch eine Flachfeder *f* hervorgerufen, wie die Figur zeigt.

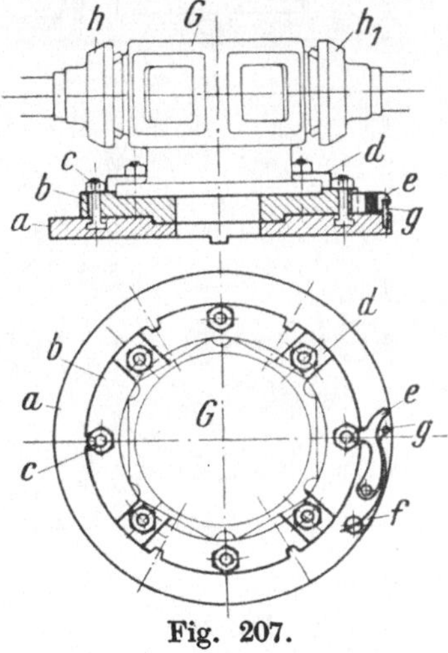

Fig. 207.

d) Kopier-Fräsvorrichtungen. Die Kopier-Fräsvorrichtungen treten in den verschiedensten Variationen auf. Die Kopierung geschieht meistens an Fassonstücken, d. h. Schablonen. Man verwendet die Schablonenführung für die Formen, die man mittels der universellen Bewegungsmechanismen nicht bearbeiten kann. Die Schablone führt das Arbeitsstück zwangsläufig an dem Werkzeug oder entgegengesetzt, das Werkzeug an dem Arbeitsstück vorbei. Die Schablonen sind der Form des zu bearbeiteten Stückes, meistens in natürlicher Größe, d. h. 1 : 1, nachgebildet. In Fällen, in denen eine große Genauigkeit erforderlich ist, werden die Schablonen um das Doppelte vergrößert. Die Übertragung der Form von den Schablonen auf den Mechanismus geschieht vorwiegend durch einen gehärteten Führungsstift oder eine Rolle. Ein besonderes Hauptmerkmal ist die spielfreie Übertragung von der Schablone zum Arbeitsstück. Dieses läßt sich nicht immer ohne Hilfsvorrichtungen beseitigen. Als bekannteste Mittel gelten das Zuggewicht und die Druckfedern resp. Zugfedern. Am vorteilhaftesten arbeiten die direkt wirkenden Schablonen, d. h. solche, bei denen sich der Schaft des Werkzeuges direkt an der Schablone führt. Hier sind alle Übertragungselemente ausgeschaltet. Aber, wie gesagt, läßt sich das nicht immer durchführen. Aus den unzähligen Kopier-Fräsvorrichtungen sollen hier einige Typen herausgezogen werden.

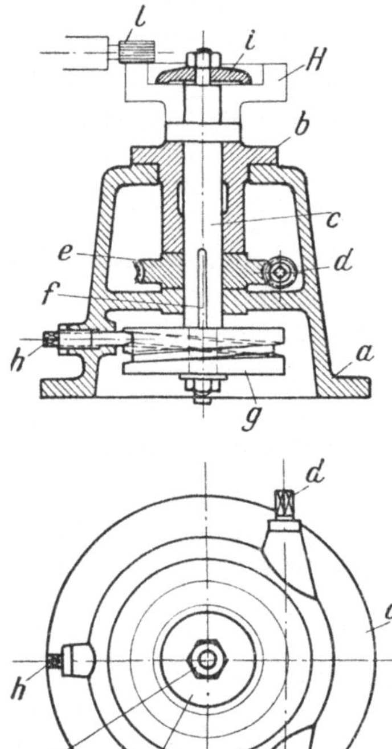

Fig. 208.

Fig. 208 stellt eine Fräsvorrichtung zum Fräsen einer Hubscheibe *H* dar. Diese Scheibe soll eine gewundene, dem Gewindegang entsprechende Lauffläche aufweisen und von ihrem höchsten Punkt zum tiefsten gerade abfallen.

Das Gehäuse *a* besteht aus einer gußeisernen Kappe, welche im Innern eine Zwischenwand aufweist. Um das Schneckenrad *e* einbringen zu können, ist die Kappe vorn mit einer entsprechenden Öffnung versehen, die durch eine Blechplatte verschlossen ist. Dies ist aus der im Querschnitt dargestellten Figur nicht ersichtlich. Das Lager *b* ist aus Lagermetall verfertigt und mittels seines Flansches auf *a* befestigt. Um eine gute Lagerung zu erreichen, ist das Lager möglichst lang ausgebildet worden. Die kräftige Welle *c* weist oberhalb des Lagers einen angesetzten Bund auf. Die Aufnahme des Werkstückes *H* erfolgt auf dem Ansatz von *c*. Die Spannplatte *i* ist so ausgebildet, daß nur ihr Rand spannt. Dadurch wird eine einwandfreie Befestigung erreicht. Die Welle besitzt unterhalb des Lagers eine Längsnut. In diese schiebt sich der Federkeil des Schneckenrades *c*. Letzteres ist durch die Begrenzung der Lagerstirnseite sowie der Zwischendecke von *a* fixiert. Unterhalb der Zwischendecke von *a* befindet sich die Führungsschablone oder Kurvenscheibe *g* auf dem Ansatz der Welle *c*. Scheibe und Mutter sowie ein Federkeil sichern letztere. Dem Hub der Kurve entsprechend weist die Kurvenscheibe oberhalb einen Spielraum auf. Die Einführung der Schablone geschieht durch die Bodenöffnung. Wenn der Kurvenführungs- oder Kopierstift *h* die tiefste Stelle in der Windung erreicht hat, gleitet die Schablone infolge eines Durchbruches, der sich am höchsten und tiefsten Punkt in der Kurve befindet, in Anfangsstellung zurück, d. h. infolge der eigenen Schwere sinkt die Welle *c* mit Werkstück *H* und Schablone *G* nach unten zurück. Der Kopierstift *h* ist nachstellbar in der Nabe von Gehäuse *a* befestigt. Spitze sowie Vierkant sind wegen der Beanspruchung gehärtet. Der Antrieb des Arbeitsstückes erfolgt durch die Schnecke *d*. Die beiden gutgelagerten Zapfen weisen zum Aufstecken einer Handkurbel *k* gehärtete Vierkantzapfen auf. Der Fräser *l* ist üblicher Konstruktion. Er wird mittels Konusschaftes und Anzugschraube in der Fräsmaschine gehalten.

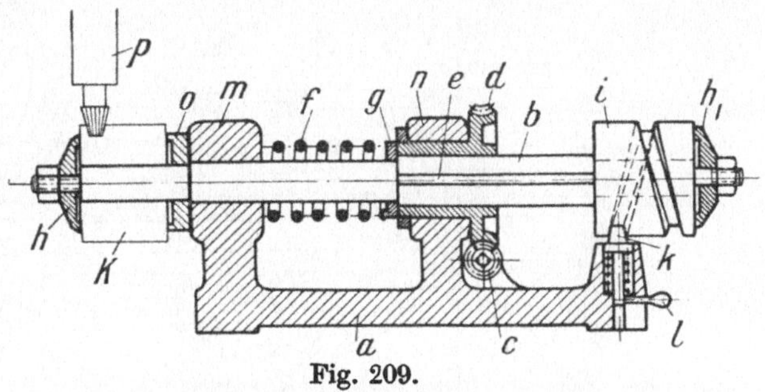

Fig. 209.

Die Vorrichtung ist äußerst praktisch. Sie läßt sich auch auf anderen Maschinen, nicht nur auf Fräsmaschinen, verwenden. In Frage kommen z. B. Drehbänke, nur muß dann die Frässpindel horizontal gelagert sein.

Fig. 209 zeigt eine ähnliche Type in horizontaler Lage. Hier soll in eine Walze *K* eine Führungskurve gefräst werden. Die Vorrichtung besteht aus der Aufnahmeplatte *a*, auf der sich die beiden Führungslager *m* und *n* befinden. In letzteren dreht und verschiebt sich die Welle *b*. Am vorderen Ende befindet sich die Werkstückaufnahme, d. h. die beiden Spannplatten *o* und *h*, zwischen welche das Werkstück *K* mittels der Spannmutter geklemmt wird. Um eine feste Spannung zu erwirken, sind die beiden Spannplatten an den Auflageflächen ausgespart. Im Lager *n* ist das Schneckenrad *d* gelagert. Dieses wird durch eine Bundmutter gesichert. In der Bohrung von *d* schiebt sich die Welle *b*. An der Stelle ist die Welle mit einer Längsnut versehen, in welche sich der Federkeil für das Schneckenrad *d* führt. Der Antrieb des letzteren geht von der Schnecke *c* aus. Diese wird mittels eines Schlüssels am

Vierkant gedreht. Am Ende der Welle befindet sich die Schablone oder Kurvenwalze *i*. Letztere wirkt ebenso wie die in Fig. 208 beschriebene Schablone, in der Weise, daß die Fräsung beendet ist, wenn sich der Führungsstift an der höchsten Stelle der Windung befindet, also die äußere Seite der Schablone *i* erreicht hat. Dann muß der Kopierstift *K* zurückgezogen werden. Vorerst muß aber der Fräser *p* außer Eingriff gesetzt werden. Bei der vorher beschriebenen Schablone glitt der Stift durch einen Längskanal in die Anfangsstellung zurück. Hier gleitet die Schablone nach Auslösung des Stiftes *k* in die Anfangsstellung zurück. Das Zurückziehen des Kopierstiftes geschieht durch den Griff *l* an *k*. Die Druckfeder spannt letzteren in die Nut von *i*. Die Befestigung der Schablone *i* wird mittels Spannplatte h_1 und Mutter bewirkt.

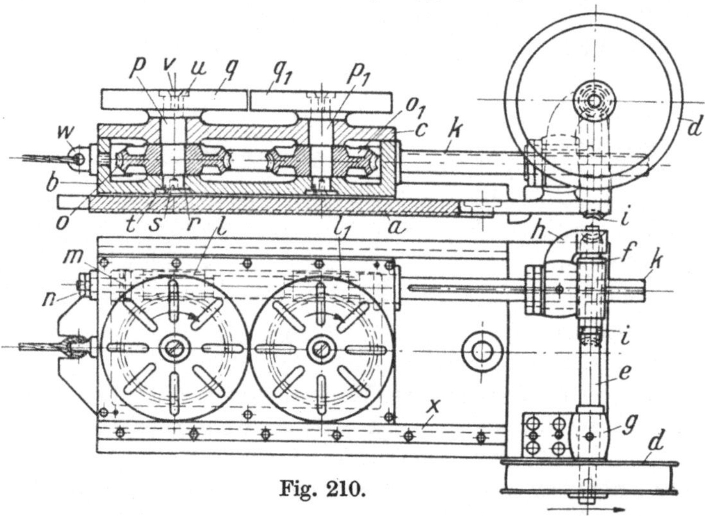

Fig. 210.

Der selbsttätige Rückzug der Welle mit der Schablone wird durch die Druckfeder *f*, die sich gegen das Lager *m* und Scheibe *g* abstützt, bewerkstelligt. Die Vorrichtung ist für verschiedene Fräsungen zu verwenden. Ihre Verwendbarkeit ist außer auf Fräsmaschinen auch auf Maschinen mit vertikaler Frässpindel möglich.

Fig. 210[1]) stellt eine Kopierfräsvorrichtung dar, auf der die mannigfachsten Arbeiten verrichtet werden können. Diese Vorrichtung wird vorzugsweise auf Universal-Fräsmaschinen verwendet.

Die Grundplatte *a* ist mittels eines Federansatzes in der Tischnut der Maschine fixiert. Ein Anschlagknaggen legt sich unterhalb gegen die Tischkante und entlastet so die durch das Zuggewicht auftretenden Kräfte an den Spannschrauben. In den Führungen von Platte *a* bewegt sich der Schlitten *b*. Die Führungsleiste *x* ist nachstellbar angeordnet,

[1]) Zeitschr. f. Maschinenbau, 15. Nov. 1919, S. 345.

um jedes schädliche Spiel in den Führungen aufzuheben. Die Form der Führungen ist schwalbenschwanzförmig ausgebildet. Der Kasten *b* oder Schlitten ist durch den Deckel *c* verschlossen.

Der Antrieb der Vorrichtung geht von der Scheibe *d* aus. Diese ist auf der Welle *e* mittels Keil und Schraube gesichert. Welle *e* und Schnecke sind aus einem Stück verfertigt. Die Schnecke ist an ihren Laufflächen im Einsatz gehärtet. Zur Aufnahme des axialen Druckes ist das Kugellager *f* vorgesehen. Um die Schneckenwelle einbauen zu können, ist das Lager *g* abnehmbar ausgeführt, das Lager *h* dagegen am Unterteil angegossen. Das von der Schnecke angetriebene Schneckenrad *i* ist im Bock *h* gelagert. Es besitzt eine lange Nabe mit 2 Gegenmuttern. In der Bohrung der Nabe befindet sich die Mitnehmerfeder für die Führungsnute von Welle *k*. Letztere schiebt sich infolge der Bewegung des Kopierschlittens durch die Wirkung der Schablone in Rad *i* hin und her. Die Welle *k* ist ebenfalls mit den linksgängigen Schnecken *l* und l_1 aus einem Stück verfertigt. Auch diese Schnecken sind an ihren Laufflächen im Einsatz gehärtet. Zur Aufnahme des axialen Druckes befindet sich am Ende der Welle *k* das Kugellager *m*. Gegen Verschiebung im Schlitten ist die Welle durch die beiden Rundmuttern *n* gesichert. Die mit den Schnecken im Eingriff befindlichen Schneckenräder *o* und o_1 sind, ebenso wie das Rad *i*, aus Grauguß hergestellt und auf den beiden kräftigen Wellen *p* und p_1 aufgefedert. Gegen ein Herausziehen der Wellen schützen die Schrauben *s* mit den Scheiben *r*. Die Stifte *t* dienen als Sicherung gegen ein Lösen der Verbindungen. Am oberen Ende befinden sich ebenfalls zu dem Zweck die Schrauben *v* mit Scheiben *u* für die Planscheiben *q* und q_1. Die Scheibe *q* dient zur Aufnahme der Schablone und die Scheibe q_1 zur Aufnahme des Werkstückes. Zu diesem Zweck besitzen die Planscheiben eine Anzahl Spannschlitze.

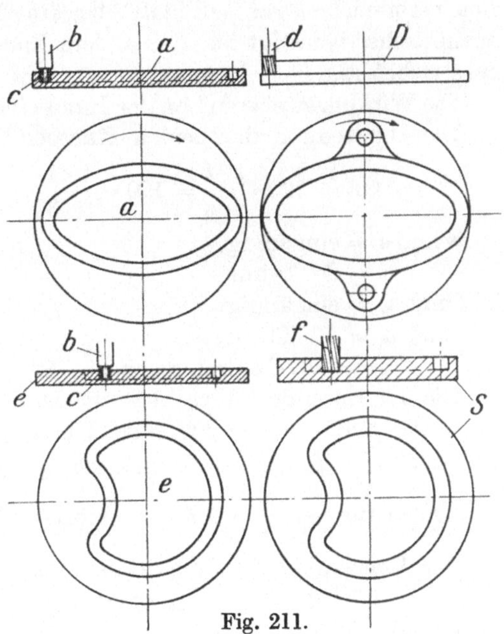

Fig. 211.

In Fig. 211 sind zwei Schablonen *a* und *e* sowie die dazugehörigen Werkstücke *D* und *S* veranschaulicht. Der Führungsstift *b* trägt eine gehärtete und geschliffene Führungsrolle c, die durch eine Kopfschraube gehalten wird. Die Wahl des Fräsers d hängt von der Art des zu bearbeitenden Werkstückes ab.

Fig. 211 stellt erstens einen ovalen Verschluß D dar. Der hierzu passende Deckel wird auf dieselbe Weise bearbeitet. Zweitens ist eine Platte mit Steuernut S abgebildet. Letztere wird mittels des Nutenfräsers f bearbeitet. Die Schablone e zeigt eine Führungsnut für die Rolle c an Halter b. Als nachgiebiges Element zum Gegenführen der Schablone an den Kopierstift dient ein Gewicht. Dieses kann durch Auflegen von Gewichtsscheiben nach Bedarf verändert werden. Das mit ihm verbundene Drahtseil läuft über eine Rolle, die am Ende des Aufspanntisches befestigt ist. Das andere Ende des Seiles ist an dem Zugring w befestigt.

Die Wirkungsweise soll an der Hand eines Beispiels erläutert werden. Die Umdrehung der beiden Planscheiben q und q_1 ist:

$$n = 120 \cdot \frac{e \cdot l}{i \cdot o} = 120 \cdot \frac{1 \cdot 1}{30 \cdot 30} = 0{,}133 \text{ i. d. Min.},$$

wenn e = eingängig,
i = 30 Zähne,
l und l_1 = eingängig,
o und o_1 = 30 Zähne,
e = 120 Umdrehungen pro Minute.

Die zu fräsende Ellipse hat die Durchmesser $2a = 180$ mm und $2b = 120$ mm. Das ergibt einen Umfang:

$$U = \pi \cdot (a + b) \cdot x = 3{,}14 \cdot (90 + 60) \cdot 1{,}01 = 475{,}7 \text{ mm},$$

wobei für $\frac{a - b}{a + b} = 0{,}2$ x demnach 1,01 ist. (Vgl. „Hütte".)

Der Fräsweg in der Minute ist also:

$$W = U \cdot n = 475{,}7 \cdot 0{,}133 = 63{,}27 \text{ mm}.$$

Der Fräser ist gleich einem Durchmesser von 20 mm und läuft mit $n_1 = 150$ Umdrehungen pro Minute.

Dann ist die Schnittgeschwindigkeit:

$$v_1 = \frac{20 \cdot \pi \cdot 150}{1000} = 9{,}420 \text{ m/Min}.$$

Das genügt für Schnellschnittstahl im Mittel auf Gußeisen.

Der Vorschub für 1 Umdrehung des Fräsers beträgt:

$$s = \frac{U}{n_1} = \frac{63{,}27}{150} = 0{,}42 \text{ mm}.$$

Die Zeitdauer der reinen Fräsarbeit ist demnach:

$$t = \frac{U}{W} = \frac{475{,}7}{63{,}27} = 7 \text{ Min. } 30 \text{ Stck.}$$

Dieses ist die reine mechanische Bearbeitung. Für Auf- und Abspannzeiten muß je nach Art und Umfang des Werkstückes hinzugeschlagen werden.

Fig. 212 veranschaulicht eine Kopierfräsvorrichtung zum Fräsen der Kurven in Schaltwalzen.

Der Antrieb geht von einem Deckenvorgelege auf Scheibe *a*. Auf die Welle *b* ist zusammen mit der Riemenscheibe *a* das Ritzel *c* aufgekeilt. Das auf die Schneckenwelle aufgekeilte Zahnrad *d* steht mit dem Ritzel *c* im Eingriff. Für die axiale Belastung ist ein Kugellager im Kasten *g* vorgesehen. Das Schneckenrad *f* besteht aus Gußeisen. Es wird von der gehärteten, mit der Welle aus einem Stück bestehenden Schnecke *e* angetrieben. In der Bohrung des Schneckenrades verschiebt

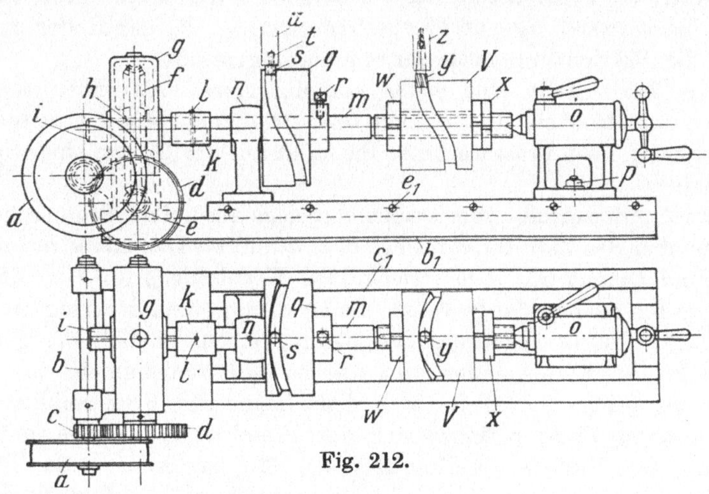

Fig. 212.

sich die durch Feder *h* mitgenommene genutete Welle *i*. Diese und Aufspanndorn *m* werden durch die Kuppelung *k* miteinander verbunden. Letztere besteht aus einer Buchse, die die beiden je bis zur Hälfte abgeflachten Enden der Wellen überdeckt. Um einem Verschieben vorzubeugen, ist die konische Stiftschraube *l* in der Weise angebracht, daß ihr unteres Gewindestück sich in den Lappen der kurzen Welle *i* schraubt. Auf diese Weise sind alle drei Teile starr miteinander verbunden. Das Lager *n* dient als Gegenlager und außerdem als Unterstützung für den Dorn *m*. Am Ende der Vorrichtung befindet sich der Reitstock *o*, der durch die Spannschraube *p* festgespannt wird. Die Schablone *q* wird mittels der Druckschraube *r* auf *m* befestigt. Auf der äußeren Mantelfläche befindet sich die Führungsnut für den Stift *u*. Dieser besitzt eine Rolle *s* mit Kopfschraube *t*. Das Werkstück *V* besitzt eine Keilnut. Es wird mittels Federkeils auf *m* gehalten bzw. von *m* mitgenommen. Die Rundmuttern w und x dienen zum Einstellen des Arbeitsstückes. Zu diesem Zweck besitzt der Dorn ein langes Gewinde. Zum Einsetzen des Fräsers y, z wird ein Loch in V gebohrt. Die Grundplatte b_1 besitzt zum Ausrichten auf dem Fräsmaschinentische eine Führungsleiste. Die Führung des Kopierschlittens c_1 ist etwas anders ausgebildet als in Fig. 210. Hier ist an Stelle der Prismaleiste eine Flachleiste verwendet worden, welche mittels der Raupenschrauben e_1 festgezogen resp. reguliert wird. Obgleich heute die Prismenführungen den Vorzug haben, werden Flachleistenführungen noch vielfach verwendet. In Fachkreisen bestehen darüber noch geteilte Ansichten. Die Berechnung der Schnittgeschwindigkeiten sowie der Leistung erfolgt ähnlich der unter Fig. 210 durchgeführten. Durch Änderung des Antriebes z. B. bei Ersatz der Scheibe a durch eine Stufenscheibe oder bei Verwendung von Wechselrädern an Stelle der Räder c und d wird die Vorrichtung noch verwendbarer gemacht.

Fig. 213[1]) stellt eine etwas kompliziertere Fräsvorrichtung zum Fräsen von Nocken und Kurven dar. Die Vorrichtung arbeitet ohne Mitwirkung einer Fräsmaschine. Sie steht auf der Grenze einer Spezialmaschine.

Der Antrieb erfolgt vom Deckenvorgelege aus auf die Stufenscheibe a, weiter über das Zahnradvorgelege b, c, d und e. Das mit e verbundene Kegelrad f steht mit dem gleichgroßen Kegelrade g im Eingriff. Das letztere besitzt eine lange Nabe. Es ist durch einen Stellring im Lager gesichert. In der Bohrung des Rades verschiebt sich die genutete Welle h. Durch eine Feder wird das Rad g mitgenommen. Die zweite Lagerung erhält die Welle h in dem Lager des Kopierschlittens h_1. Am unteren Ende befindet sich das Kegelrad i, welches mit dem gleichgroßen Rade k im Eingriff steht. Mit letzterem ist das Ritzel l durch eine Welle verbunden. Dieses treibt durch Ritzel m die Fräserspindel mit Fräser F an. Auf dem anderen Ende der Fräserspindel sitzt die Kopierrolle n lose in einem gegabelten Kloben. Fräser und Rolle müssen den gleichen Durchmesser aufweisen, ebenso auch die Schablone o mit Werkstück H. Diese sind auf dem gemeinsamen Dorn p aufgespannt, welcher durch die Zugschraube t den Konus der Spindel p festzieht und am anderen Ende durch den Reitstock q gestützt wird. Der Reitstock ist auf dem Sockel k_1 geführt.

Der Antrieb des Aufspanndornes erfolgt mittels des Riemens v auf Scheibe w von der Riemenscheibe u aus. Die Scheibe w sitzt auf einer kurzen Welle. Diese trägt am inneren Ende das Wechselrad x. Die Schere b_1 ist auf die eingesetzte Lagerbuchse geschoben und mittels einer Klemmvorrichtung festgespannt. Mit Rad x kämmt Rad y. Mit diesem ist das Rad z durch eine Buchse starr verbunden. Dieses steht

[1]) Zeitschr. f. Maschinenbau, 15. Nov. 1919, S. 348.

mit dem Rade a_1 im Eingriff. Für die Auswechselung der Räder ist der Sockel k_1 an der betreffenden Stelle offen. Das letzte Rad a_1 sitzt auf der Schneckenwelle c_1. Auf dieser sitzt die Schnecke d_1 aus gehärtetem Stahl. Das Schneckenrad e_1 ist aus Gußeisen ausgeführt und mit einer Feder auf der Spindel s befestigt. Die Spindel s ist gehärtet und geschliffen. Die beiden Lagerblöcke r sind gesondert aufgeschraubt. Sämtliche angeschraubten Teile müssen auch bei den vorbeschriebenen Vorrichtungen mit Paßstiften gesichert werden. Den Kontakt mit der Schablone o vermittelt das Eigengewicht des Fräserschlittens h_1. Als Ausgleich dient das einstellbare Gegengewicht g_1. Dieses sitzt auf

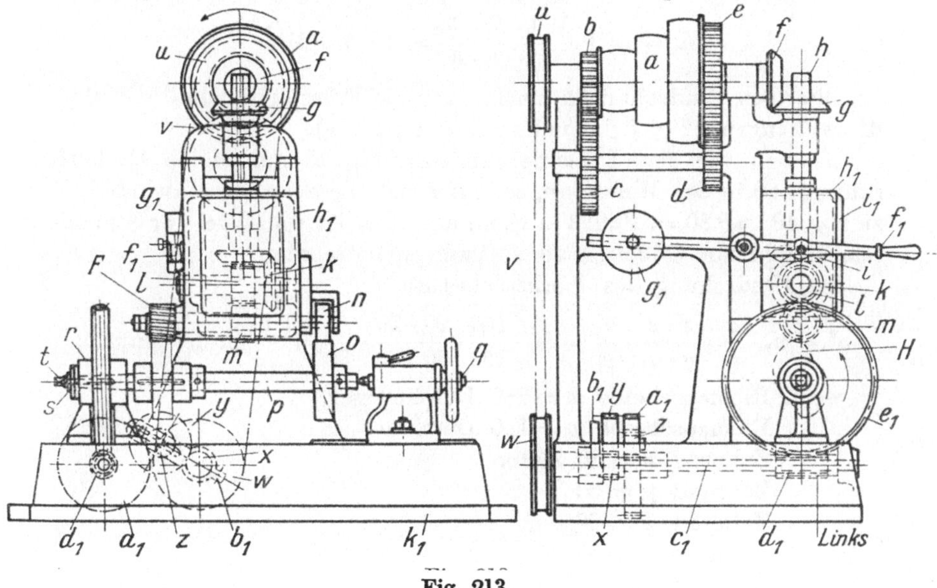

Fig. 213.

dem schmiedeeisernen Hebel f_1. An dem anderen Ende ist ein Handgriff angebracht, um den Frässchlitten vom Werkstück und der Schablone abzuheben. Die Führungen des Schlittens müssen sauber eingepaßt sein, so daß er leicht und ohne Spiel arbeitet.

Die Schablone und Rollen bestehen aus Stahl und sind gehärtet. Um an die inneren Triebteile zu gelangen, ist der Frässchlitten h_1 mit einer Klappe i_1 versehen. Sämtliche Lager sind mit Bronzebuchsen ausgeführt.

Die Übersetzungsverhältnisse sollen hier an der Hand einer kurzen Berechnung erläutert werden. Das Deckenvorgelege macht im Mittel 320 Umdrehungen in der Minute. Die auf letzterem sowie auf der Vorrichtung sitzende Stufenscheibe hat die Stufendurchmesser 100, 150 und 200 mm.

Die Zähnezahl der Vorgelegeräder weisen folgende Zähne auf:
$b = 30$ Zähne.
$c = 60$ „
$d = 30$ „
$e = 60$ „
Daraus ergeben sich für Rad f folgende Umdrehungen:

$$n_1 = 320 \cdot \frac{200 \cdot 30 \cdot 30}{100 \cdot 60 \cdot 60} = 160 \text{ pro Min.}$$

$$n_2 = 320 \cdot \frac{150 \cdot 30 \cdot 30}{150 \cdot 60 \cdot 60} = 80 \text{ pro Min.}$$

$$n_3 = 320 \cdot \frac{100 \cdot 30 \cdot 30}{200 \cdot 60 \cdot 60} = 40 \text{ pro Min.}$$

Dieselben Umdrehungen macht auch die Frässpindel, da die Räderübersetzungen $f : g$, $i : k$ und $l : m = 1 : 1$ sind.

Nehmen wir den Fräserdurchmesser mit 40 mm, seine Umlaufzahl mit 80 in der Minute an, so ergibt sich die Schnittgeschwindigkeit zu $v = 40 \cdot \pi \cdot 80 = 10{,}053 \sim 10$ m/min. Das ist im Mittel für Schnellschnittstahl auf Gußeisen als zulässig zu betrachten.

Die Umdrehung des Werkstückes ist:

$$n^4 = n_2 \cdot \frac{u}{w} \cdot \frac{x \cdot z}{y \cdot a_1} \cdot \frac{d_1}{e_1} = 80 \cdot \frac{150}{150} \cdot \frac{20 \cdot 20}{50 \cdot 80} \cdot \frac{1}{80} = \frac{1}{10} \text{ in der Minute,}$$

wenn Riemenscheibe $u = 150$ Durchmesser,
Riemenscheibe $w = 150$ Durchmesser,
Zahnrad $x = 20$ Zähne
Zahnrad $y = 50$ „
Zahnrad $z = 20$ „
Zahnrad $a_1 = 80$ „
Schnecke d_1 = eingängig,
Schneckenrad $e_1 = 80$ Zähne.

Die Ausbuchtung der Kurven soll hier der Einfachheit wegen unberücksichtigt bleiben. Dann ist bei einem Durchmesser des Werkstückes von 80 der Fräsweg:

$$H_w = 80 \cdot \pi \cdot n^4 = \frac{251{,}33}{10} = 25{,}133 \text{ mm pro Min.}$$

Der Vorschub beträgt:

$$s = \frac{25{,}133}{n_2} = \frac{25{,}133}{80} = 0{,}36 \text{ mm für 1 Umdrehung}$$

des Fräsers.

Die reine Schnittzeit beträgt

$$t = \frac{80 \cdot \pi}{H w} = \frac{251{,}33}{25{,}133} = 10 \text{ Min.}$$

Hinzu kommt noch die Zeit des Auf- und Abspannens des Werkstückes, die lediglich einen Erfahrungswert darstellt.

Für stark ausgebuchtete Werkstücke muß teilweise eine Vorfräsung vorgenommen werden, so daß der Fräser eine bestimmte Spanstärke abzuheben hat. Diese Vorrichtung gilt für feinere Arbeiten, wie z. B. auf den Zahnradhobelmaschinen.

Sie ist infolge ihres stabilen Aufbaues für derartige Arbeiten am Platze, noch zumal ein Arbeiter mehrere Vorrichtungen bedienen kann, so daß eine große Rentabilität in der Herstellung von derartigen Werkstücken möglich ist.

e) Für Gewinde-Fräsvorrichtungen. In diesem Abschnitt sollen die Gewindefräsvorrichtungen beschrieben werden. Gerade diese Vorrichtungen wurden während der Kriegszeit ausgebaut. Eine gut durchgearbeitete Fräsvorrichtung ersetzt eine Maschine, weil nur eine Gewindeart für die betreffende Vorrichtung in Frage kommt. Gewindefräsmaschinen sind universell für Gewindefräsarbeiten und außerdem, abgesehen von der Raumfläche, die sie einnehmen, infolge ihrer Präzision oft recht teuer. In manchen Werkstätten werden derartige Präzisionsmaschinen nie ganz ausgenützt. Eine Fräsvorrichtung dürfte die gleiche Arbeit, die bisher auf einer solchen Maschine geleistet wurde, voll und ganz ersetzen. Das Prinzip der Gewindefräsvorrichtungen beruht im großen und ganzen auf einer direkten Übertragung der Gewindesteigung von einer Leitpatrone auf das Werkstück, ähnlich derjenigen bei den Gewindeleitapparaten an Revolverbänken. Viele Firmen haben sich mit dem Ausbau der Fräsvorrichtungen beschäftigt und diese mit einer Präzision hergestellt, daß die darauf gefrästen Gewindestücke den auf Gewindefräsmaschinen hergestellten voll und ganz entsprechen. Wie aber bereits erwähnt, ist ihre Art nicht universell gegenüber derjenigen der Fräsmaschine.

Bei der Anschaffung derartiger Maschinen und Vorrichtungen ist eine reifliche Überlegung und Sachkenntnis am Platze, um das Rechte zu treffen. Man wird z. B. bei der Massenfabrikation von Ventil-, resp. Transport- oder Leitspindeln, sowie Flachgewindemuttern nicht auf Fräsvorrichtungen zurückgreifen, sondern eine Gewindefräsmaschine anschaffen. Handelt es sich dagegen um Armaturteile, d. h. um kleine Gewindeteile, wie Verschraubungen, Gewindehülsen, kurze Gewindeansätze an Verschlußteller usw., so kommen für diese Art der Bearbeitung eine oder mehrere Vorrichtungen in Frage. Erstens sind die auf derartigen Vorrichtungen hergestellten Teile billiger, weil keine großen Abschreibungen darauf ruhen, und zweitens kann, infolge einer größeren Anzahl von Vorrichtungen, mehr herausgebracht werden.

In Fig. 214 ist eine gebräuchliche Fräsvorrichtung dargestellt. Mit dieser können Innen- und Außengewinde gefräst werden. Der Aufbau ist gut durchgearbeitet, so daß diese Vorrichtung eine einwandfreie Arbeit herstellt. Der Körper *a* besteht aus Gußeisen. Er nimmt in seiner Bohrung die Arbeitsspindel *i* auf. Diese ist zum Einspannen der Werkstücke *C* mit einem Futter *n* ausgerüstet. Der Vorschub erfolgt durch eine Leitpatrone *l*, in welche die Gewindebacke *m* greift. Für andere Gewindearten wird Patrone sowie Backe ausgewechselt. Der Antrieb

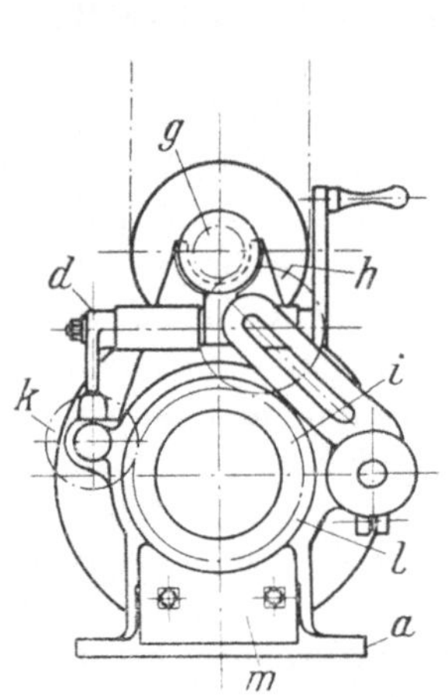

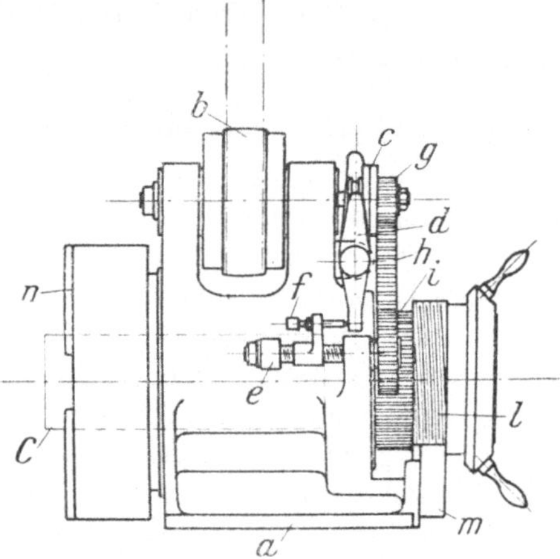

erfolgt von der Scheibe *b* auf Wechselrad *g*. Mit letzterem im Eingriff steht das auswechselbare Rad *h*. Dieses greift in den Zahnkranz *i* der Vorschub- oder Arbeitsspindel. Durch die Anwendung von Wechselrädern ist in diesem Falle der Vorschub einstellbar. Nach einem Rundlauf der Arbeitsspindel von $1^1/_4$ Umdrehungen ist das Werkstück fertig gefräst. Das Fräswerkzeug besteht aus einem Gruppenfräser, der das ganze Gewindestück mit seiner Mantelfläche bestreicht. Die Inbetriebsetzung erfolgt mittels des Handhebels *d*. Dieser betätigt eine Kuppelung *c*. Die Auslösung nach Fertigstellung der Arbeit erfolgt selbsttätig durch eine sinnreiche Einrichtung. Sie wird eingeleitet durch ein kleines Stirnrad *k*, das in den Zahnkranz *i* greift. Das Zahnrad *k* ist auf einer kleinen Gewindespindel befestigt. Diese wird in den Auglagern *e* am Gehäuse *a* geführt. Der Kloben *f* besitzt Innengewinde. Er wird durch Drehung der Spindel bewegt. Am oberen Teil des Klobens

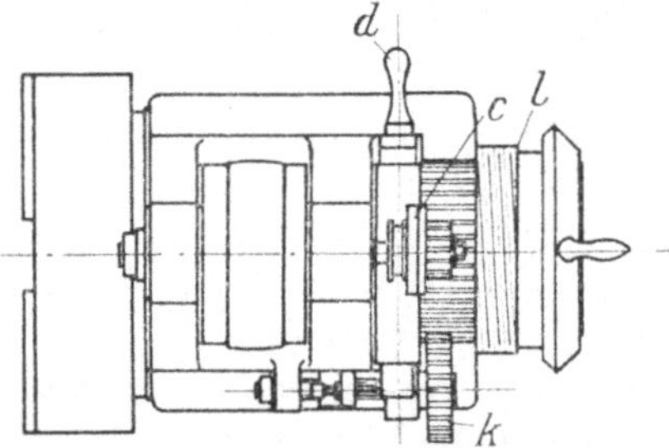

Fig. 214.

befindet sich ein Lappen, in welchem sich die einstellbare Anschlagschraube schraubt. Ist nun die gewünschte Gewindelänge gefräst, dann stößt der verschobene Kloben mit Anschlagschraube den Hebel *d* zurück und löst dadurch die Kupplung *c* aus. Beim Wiederinbetriebsetzen wird erst die Arbeitsspindel *i* an den hinteren Handgriffen zurückgedreht und darauf der Hebel *d* eingekuppelt. An der Stelle des Futters können auch andere Spannelemente gesetzt werden. Diese Vorrichtung läßt sich ohne Schwierigkeit auf Fräsmaschinen oder Drehbänken aufmontieren. Die Umdrehungszahl der Scheibe *b* beträgt im Mittel ca. 150 Touren pro Minute.

In Fig. 215 ist eine gut durchdachte Fräsvorrichtung zur Herstellung von Außen- und Innen-

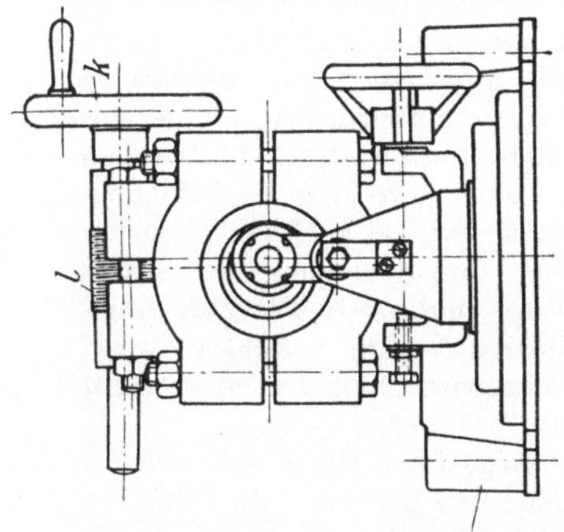

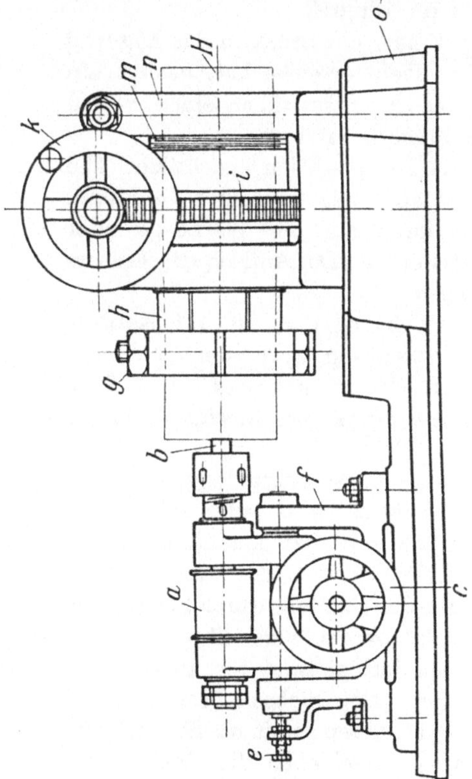

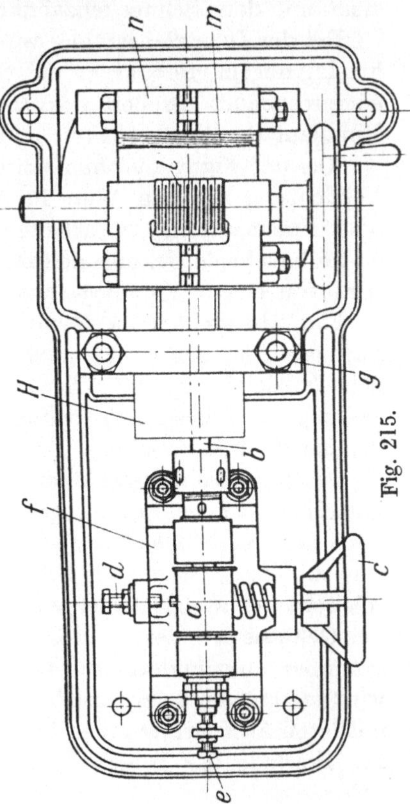

Fig. 215.

gewinden veranschaulicht. Die Vorrichtung wird von der Firma J. Suthau, Ing.-Werkzeuge und Werkzeugmaschinen, Köln a. Rh., in den Handel gebracht.

Der Antrieb für den Fräser *b* geht von der Scheibe *a* aus. Der Fräser ist in ein besonders dazu hergerichtetes Spannfutter gespannt. Das Oberteil des Bockes *f* ist nachgiebig verstellbar angeordnet. Hierzu dient das Handrad *c*. Als Begrenzung ist der einstellbare Anschlag *d* vorgesehen. Um jedes Spiel in der Lagerung aufzuheben, ist die einstellbare Schraube *e* angebracht. Der Fräserbock ist durch 4 Schrauben auf der gemeinschaftlichen Grundplatte *o* befestigt. Für die Aufnahme des Arbeitsstückes *H* dient die Spannfutterbuchse *h*. Diese ist mehrfach geschlitzt und dadurch nachgiebig. Ihre Spannung wird mittels der beiden Backen mit Spannschrauben *g* eingeleitet. Die Aufnahmebuchse *h* ist zwischen zwei nachstellbaren Lagern *n* solid gelagert. Im hinteren Lager befindet sich das Leitgewinde *m* und *n*, in welchem sich die Aufnahmebuchse schraubt.

Die Drehung des Arbeitsstückes *H* erfolgt durch Handrad *k*, welches sich auf dem einen Ende der Schneckenwelle *l* befindet. Die Schnecke steht mit dem Schneckenzahnkranz *i* im Eingriff.

Bei der Inbetriebsetzung wird der Fräser ein Stück in das Material hineingezogen. Sobald er die richtige Tiefe erreicht hat, genügt ein entsprechendes Drehen des Handrades *k*, etwas über einen vollen Rundlauf des Werkstückes, und die Fräsung ist fertig.

Aus der Figur ist ohne weiteres die Konstruktion ersichtlich. Die Vorrichtung hat den Wert für sich, unabhängig von einer Drehbank oder Fräsmaschine zu arbeiten. Sie kann auf der Werkbank oder einem beliebigen Untergestell montiert werden. Der Antrieb des Fräsers wird von einem Vorgelege aus betrieben.

Fig. 216 stellt eine Gewindefräsvorrichtung dar, die auf Konsolfräsmaschinen gebraucht wird. Die Vorrichtung wird von der Firma Schuchardt & Schütte, Berlin, in den Handel gebracht. Die Ausführung ist präzise und kräftig gehalten, ebenso die hierfür in Frage kommende Fräsmaschine.

Das Gehäuse *a* besteht aus Gußeisen. Es ist oberhalb geteilt und mittels zweier Schrauben gespannt. Dadurch wird jedes schädliche Spiel der Laufbuchse *b* aufgehoben. Letztere besitzt den Leitgewindering *d*. Dieser ist mittels Schrauben an *b* befestigt. Der Gewindering schraubt sich in den Außengewindering *c*, der ebenfalls durch Schrauben am Gehäuse *a* befestigt ist. Derselbe ist oberhalb geteilt und nachspannbar ausgebildet. Die beiden Gewinderinge sind für andere Gewindesteigungen auswechselbar vorgesehen. Die Buchse *b* besitzt in der mittleren Aussparung einen Zahnkranz. In diesen greift die Schnecke *k*. Die Gewinde der beiden Ringe *d* und *c* verschieben die Buchse um den Betrag der Steigung, daher ist der Zahnkranz mit gerader Verzahnung ausgebildet, um die Verschiebung über der Schnecke *k*, ohne Störung des Eingriffes, mitzumachen. Die Schnecke *k* ist als Fallschnecke ausgebildet. Sie wird von dem beweglichen Lagerarm *l* gehalten. Die Auslösung erfolgt durch *n*. Im Innern der Leitbuchse *b* befindet sich die Spannpatrone *e*. Diese legt sich mit ihrem konischen Kopf in die konische Bohrung von *b*. Die Spannung wird erzielt durch den Knebelgriff *i*. Derselbe sitzt auf dem Wellenansatz des kleinen Stirnrades *h*, welches mit Rad *g* im Eingriff steht. Das Rad *g*, das

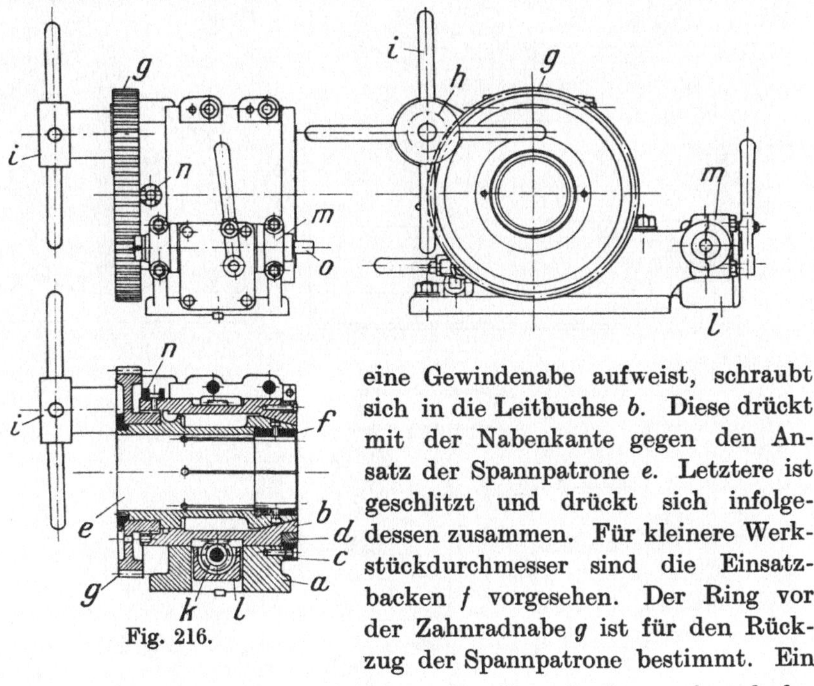

Fig. 216.

eine Gewindenabe aufweist, schraubt sich in die Leitbuchse *b*. Diese drückt mit der Nabenkante gegen den Ansatz der Spannpatrone *e*. Letztere ist geschlitzt und drückt sich infolgedessen zusammen. Für kleinere Werkstückdurchmesser sind die Einsatzbacken *f* vorgesehen. Der Ring vor der Zahnradnabe *g* ist für den Rückzug der Spannpatrone bestimmt. Ein Federkeil verhindert das Verdrehen der Spannbuchse während der Spannung. Damit einer etwaigen Lösung der Spannung während des Betriebes vorgebeugt wird, ist ein Steckstift durch das Zahnrad *g* und die Buchse *b* gesteckt. Zu diesem Zweck sind mehrere Löcher in *g* vorgesehen. In der Schnittzeichnung ist unterhalb nur die Nabe gekennzeichnet. Der Antrieb der Vorrichtung erfolgt durch 3 Wechselräderpaare, die in einem geschlossenen Wechselräderkasten laufen. Wechselräder und Gelenkwelle gehören zur Fräsmaschine. Das kurze Wellenstück *o* dient für den Anschluß an die Gelenkwelle. Zwischen den beiden Lagerungen *m* ist der Kasten *l* für die Schnecke mit Schneckenrad beweglich vorgesehen. Das Übersetzungsverhältnis dieser beiden Elemente ist 4 : 17. Zum Ausschalten, ohne Betätigung der Auslösung, dient der Handhebel am Kasten *l*. Aus den Abbildungen erkennt man den Aufbau.

Fig. 217[1]) stellt eine andere Konstruktion der Gewindefräsvorrichtung dar. Das Gehäuse *a* ist aus Gußeisen hergestellt und wird mit einer Leiste in den Schlitz der in Frage kommenden Maschine eingepaßt. Dieses ist wichtig, da durch längeren Gebrauch der Vorrichtung leicht

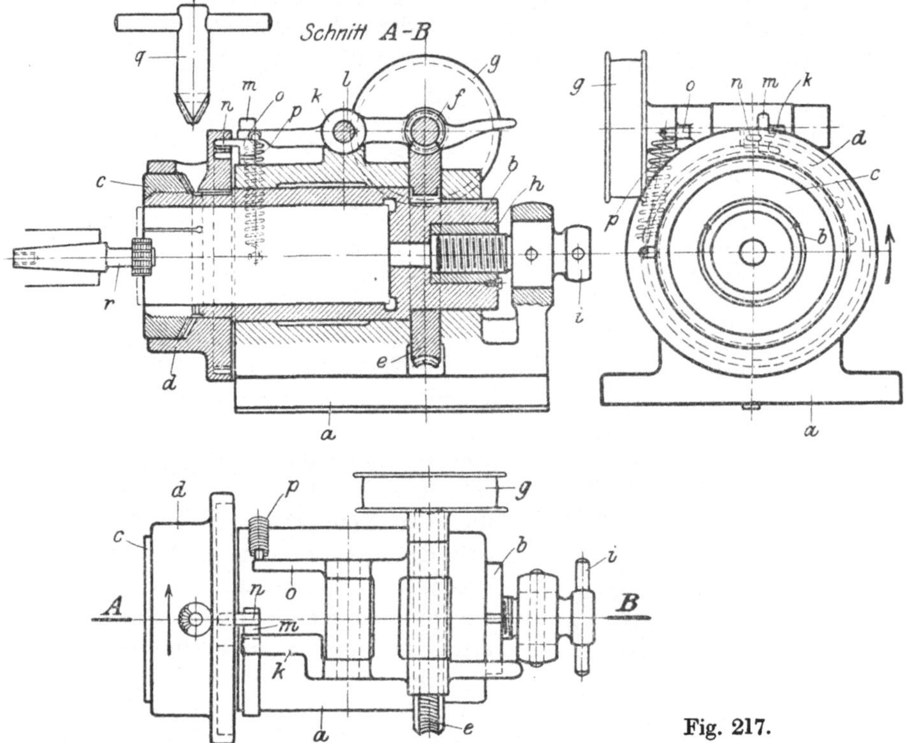

Fig. 217.

ein Verdrehen zur Mittelachse eintreten kann, wodurch die Genauigkeit der Gewinde in Frage gestellt würde.

Die Futterhülse *b* ist aus bestem Siemens-Martin-Stahl hergestellt. Sie besitzt am vorderen Ende 3 Spannschlitze und 1 Konus mit Gewinde.

Auf diesem ist eine Mutter *c*, die an dem hinteren Ende einen kegelradförmigen Zahnkranz zum Anspannen besitzt, mit Konus geschraubt. Die Führungskappe *d* besteht ebenfalls aus Siemens-Martin-Stahl. Sie weist am Umfange 3 Bohrungen auf. Diese dienen zum Einführen des Schlüssels *q*, der der Verzahnung der Mutter *c* entsprechend am unteren Ende Zähne besitzt. Es ist leicht einzusehen, daß sich die Mutter durch

[1]) Werkstattstechnik 1916, Heft 1, S. 15.

die Drehung des Schlüssels bewegen läßt; nur ist darauf zu achten, daß das Muttergewinde links ausgeführt wird, da man gewöhnt ist, mit der Rechtsdrehung das Futter zuzuspannen.

Die Schnecke *f* greift in Schneckenrad *e*. Dieses ist auf der Spannhülse *b* verschiebbar aufgefedert, so daß sich die Hülse *b* nach vorn bewegen kann. Die Schnecke *f* ist in einem beweglichen Lagerarm *k* gelagert. Sie wird durch die Scheibe *g* angetrieben.

Die Vorschubbewegung wird durch die Mutter *h* und den Bolzen *i* bewerkstelligt. Diese Teile sind auswechselbar und tragen das zu fräsende Gewinde. Soll eine andere Steigung gefräst werden, so wird der konische Stift, der im Bock *a* durch die Spindel *i* geht, herausgetrieben. Alsdann dreht man den Bolzen am Knebel heraus und zieht die Spannhülse nach vorn heraus, so daß man die Mutter *h* bequem auswechseln kann, indem man die Raupenschraube, die Mutter und Hülse verbindet, herausschraubt.

Aus besonderer Vorsicht ist die Schnecke *f* mit einer selbsttätigen Ausschaltvorrichtung verbunden. Dies ist insofern wichtig, weil es vorkommen könnte, daß der Fräser *r* auf dem Ansatz des Werkstückes aufstößt, das Werkzeug evtl. beschädigt und das Werkstück zu Ausschuß macht. Die Wippe *k* ist drehbar und auf Welle *l* gesetzt. Eine Verlängerung von *k* liegt auf einem Schnepper *m*, der mit einer beweglichen Zunge *n* ausgerüstet ist. Diese wiederum greift in eine Nutenscheibe *d*. Diese Scheibe weist eine tiefe Nut auf, die mit ihrem Anfang und Ende übereinanderliegend gefräst ist. Das ist dadurch begründet, daß das Gewindefräsen mit einem Rundlauf des Werkstückes beendet ist, so daß stets ein kleines Stück über den Anfang hinaus gefräst werden muß, um den Fräsereinlauf, d. h. also das erste Stück, das allmählich auf Tiefe gebracht werden mußte, zu überfräsen. Aus diesem Grunde ist die Zunge *n* an den Schnepper *m* beweglich angebracht. Die Zugfeder *p* ist bestrebt, die Wippe *k* anzuziehen. Die Feder greift an einer Verlängerung von *o* an.

Der Fräsvorgang ist hier folgender:

Nachdem das Werkstück festgespannt ist, wird die Schnecke *f* eingeschaltet. Diese bewegt nun das Werkstück gegen den Fräserschnitt. Durch die Drehung der Spannhülse *b* wird das Werkstück mit ihr um eine Steigung des Gewindes nach vorn gegen den Fräser zu bewegt. Ist die einmalige Drehung etwas überschritten, so stößt die Zunge am Ende der Nut auf und drückt den Schnepper *m* etwas zurück. Durch die Federkraft *p* wird nun die Schnecke ausgelöst und die Vorrichtung stillgesetzt. Alsdann wird das Werkstück ausgespannt und mittels des Schlüssels *q* wieder zurückgeschoben, bis die Zunge im Anfang der Nute in *n* steht. Der Vorgang wiederholt sich im Zeitraum von etwa 5 Minuten, ähnlich wie bei der Gewindefräsmaschine.

In Fig. 218[1]) ist eine Senkrecht-Fräsvorrichtung zum Fräsen von Gewinden dargestellt. Die Aufnahme des Werkstückes ist die gleiche wie Fig. 217. Die Verwendung dieser Vorrichtung betrifft Maschinen mit vertikaler Spindelanordnung. Der Körper *a* ist auch hier aus Gußeisen verfertigt. Er nimmt die Spannhülse *b* auf. Am oberen Ende trägt dieselbe einen Konus mit unterem Gewindeansatz. Das Zuspannen der Hülse wird in diesem Falle anders ausgeführt als bei der vorhergehenden Vorrichtung. Die Spannmutter *c* weist am äußeren Umfang einen Zahnkranz auf, in den die kleine Schnecke *d* greift. Das Spannen geschieht auf folgende Weise: Die Schnecke *d* liegt in einer ausschwenkbaren Wippe *e*, die durch den Hebel *f* eingerückt wird. Damit das Ausrücken der Schnecke nicht vergessen wird, ist eine Rückzugfeder *g* angebracht, die das Bestreben hat, den Exzenterhebel nach Erledigung des Zuspannens wieder in die Ausrückstellung zu bringen. Zum Zuspannen wird ein gebräuchlicher Aufsteckschlüssel verwendet. Der Antrieb ist der vorher beschriebenen Vorrichtung ähnlich. Die Scheibe *h* ist mit einer Schnecke *i* verbunden, die ihrerseits wieder in ein Schneckenrad *k* greift. Dieses ist verschiebbar auf der Spannhülse *b* aufgesetzt. Der Deckel *l* dient als Gegenlager. Er ist mit 10 Schrauben auf dem Unterteil *a* befestigt.

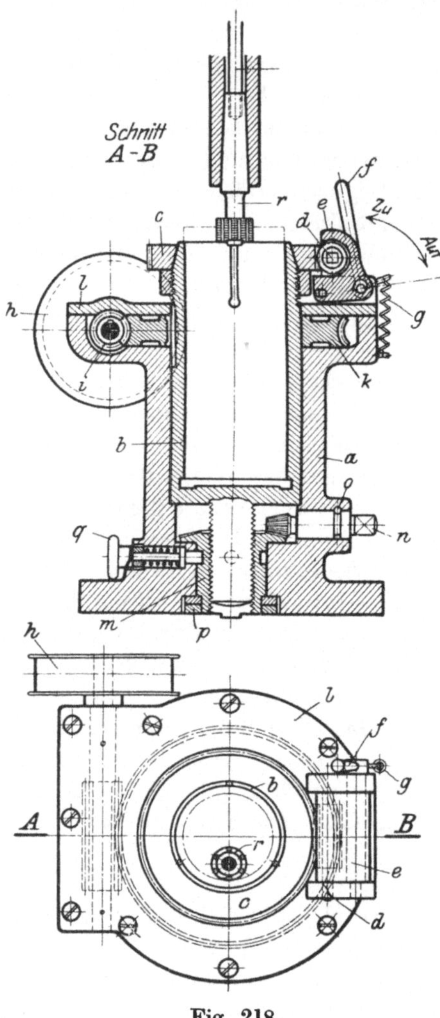

Fig. 218.

Der Vorschubmechanismus ist hier anders ausgeführt. Der Gewindeansatz von *b* steckt in einer gleichzeitig als Kegelrad ausgebildeten Mutter *m*. Diese trägt am unteren Ende zwei Rundmuttern *p*, die ein

[1]) Werkstattstechnik 1916, Heft 1, S. 15.

seitliches Spiel nicht zulassen. Am Drehen wird die Mutter durch den Haltestift *q* gehindert. Ist die Fräsarbeit in der gewünschten Länge ausgeführt, so wird die Maschine ausgerückt, das Werkstück ausgespannt und der Haltestift um eine halbe Umdrehung zurückgeschraubt. Dadurch, daß der Nocken von *q* auf eine Erhöhung geschoben ist, wird die Mutter frei, und mittels eines Aufsteckschlüssels wird *n* gedreht. Die Drehung wird so weit vollführt, bis der Ansatz von *b* in *a* fest aufsitzt und eines der 4 Haltelöcher dem Haltestift *q* gegenübersteht. Sodann wird der Stift wieder durch eine halbe Umdrehung in die Mutter *m* eingedrückt, wodurch die Vorrichtung wieder für eine neue Fräsarbeit fertig ist. Der kleine Trieb *n* wird durch einen Stift *o* am Herausziehen gehindert. Als Material für die Kegelräder ist vorteilhaft Gußstahl, für die Mutter Bronze zu verwenden.

Mit dieser Vorrichtung lassen sich die Werkstücke ebenfalls in 5 Minuten fertigfräsen.

Die Fräser *r* in Fig. 217 und 218 werden durch Konus in der Fräser welle befestigt und mittels Zugstange am Herausziehen gehindert

Die Fräser müssen aus bestem Schnellschnittstahl hergestellt sein. Die Zähne müssen hinterdreht sein und mit ca. 10 Nuten ausgeführt werden. Besonders ist darauf zu achten, daß der Fräser gut und oft geschärft wird, weil sich dadurch seine Lebensdauer bedeutend erhöht. Die Umlaufzahl der Fräser von 32—35 mm ist im Mittel ca. 180—200 pro Minute.

Mögen diese Ausführungen, die das Grundprinzip enthalten, für die Gewindefräsvorrichtungen genügen. Das Prinzip besteht in der zwangsläufigen Gewindeführung. Diese kann man entsprechend umbauen, z. B. mit selbsttätiger Auslösung der Mutter, auswechselbaren Leitpatronen oder Ringen, für Hand- oder Kraftbetrieb usw., versehen. Trotzdem bleibt das obige Prinzip bestehen. Selbstredend kann man auch auf anderen Wegen eine Gewindefräsung erreichen, z. B. durch Leitspindel und Wechselräder. Diese Ausführung kommt aber für die Vorrichtungen kaum in Frage.

5. Hobelvorrichtungen.

Um das Werkstück dem Hobelstahl gegenüber in die richtige oder, besser gesagt, in die gewünschte Lage zu bringen, benötigt man Vorkehrungen, die man kurz als Vorrichtungen bezeichnet. Für einfachere Bearbeitungen hat man den nach allen Richtungen hin verstellbaren Schraubstock geschaffen. Dieser ist jedoch bei einer Massenfabrikation nicht mehr am Platze, besonders dann nicht, wenn mehrere Stücke in einer Aufspannung bearbeitet werden sollen. Hier muß man von

Fall zu Fall entscheiden. Weiter muß in Erwägung gezogen werden, ob man das Werkstück gegenüber dem Hobelstichel einstellt oder umgekehrt. Beim Vorhandensein geradliniger Führungen bietet die Vorrichtung keine Schwierigkeiten. Handelt es sich dagegen um Fassonflächen oder Bogenstücke, die gehobelt werden sollen, so ist die Entscheidung schon schwieriger. Man hat hier auch bereits universelle Vorrichtungen geschaffen, z. B. den Rundsupport. Dieser tritt in vielen Variationen auf. Er ist für die Massenfabrikation schon besser geeignet. Man wird aber bei größeren Aufträgen, bei denen es sich um mehrere Vorrichtungen handelt, zur selbstkonstruierten Vorrichtung übergehen. Erstens, weil man nicht für einen gleichen Arbeitsvorgang universelle Vorrichtungen, die nur zum geringsten Teil ausgenützt werden können, umschaffen will und zweitens, um für diesen einen Arbeitsgang quantitativ mehr zu leisten. Letzteres ist wohl meistens auch als ausschlaggebend zu bezeichnen. Es gilt für alle Vorrichtungen dieser Gattung. Daher ist es eine direkte Unmöglichkeit, eine entsprechende Vorrichtung im Handel zu beziehen. Man wird nach Form und Menge der Arbeitsstücke seine Entscheidung zu treffen haben.

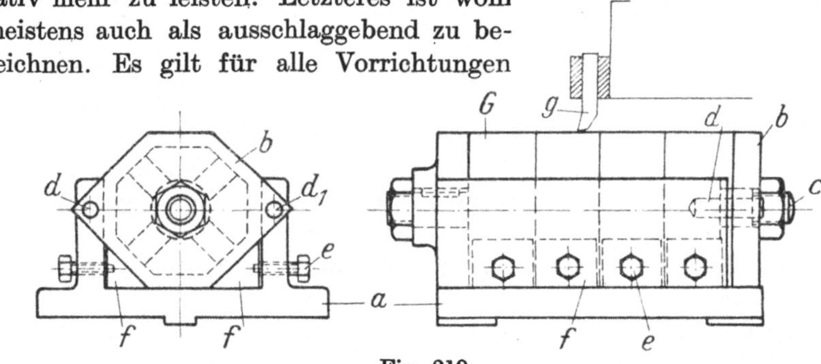

Fig. 219.

a) Für gerade Flächen. Fig. 219 veranschaulicht eine Hobelvorrichtung rur das Abrichten von Spannflächen an Motorgehäusen. Hier werden in dem Kasten *a* 4 Stück Gehäuse *G* aufgenommen. Die Spannung geschieht durch die kräftige Platte *b*. Diese wird durch die beiden Prismenstifte *d* und d_1 fixiert. Die Platte dient gleichzeitig als Höhenmaß. In der Mitte der Vorrichtung befindet sich der Spanndorn *c*. Dieser paßt mit geringer Toleranz in die Bohrungen der Gehäuse *G*. Für die Aufspannung läßt sich kein anderer Anhaltspunkt geben, zumal die Lagerböcke von der Grundplatte aus die gleichen Maße wie die Gehäuse aufweisen. Der Dorn *c* ist durch Federkeil und Ansatz sowie Mutter in der hinteren Wand des Kastens *a* solide befestigt. Zum Ausrichten der Gehäuse, d. h. zur Erreichung der möglichst wagerechten Lage der Spannfläche an *G* gegenüber der anderer Flächen dienen die Winkelstücke *f*. Diese werden durch die gehärteten Druckschrauben *e* gegen die Gehäuse gespannt. Die Druckschrauben besitzen zylindrische Zapfen, die sich in die Bohrungen von *f* legen. Für jedes Gehäuse ist ein Satz Ausgleichwinkel vorgesehen. Durch die Ausgleichung ist es unnötig, die Gußstücke resp. die Gehäuse im Außenmaß genau gleich zu machen, denn sie liegen nicht auf der Bodenfläche der Vorrichtung auf, sondern in der geschaffenen prismatischen Unterlage. Die Ausrichtung ist beachtenswert. Sie läßt sich an ähnlichen Arbeitsstücken für verwandte Zwecke anbringen.

Der Stichel *g* ist in der Figur schematisch dargestellt.

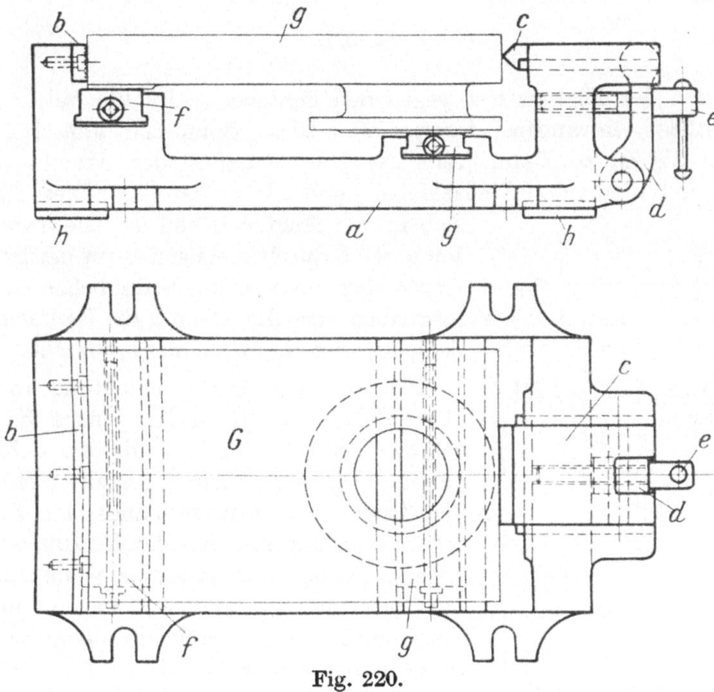

Fig. 220.

Fig. 220 zeigt die Aufspannung der Anschlußplatte *G*. Diese Vorrichtung ist zur Erlangung einer stets gleichmäßigen Aufspannung geschaffen. Das Aufnahmegehäuse *a* wird auf den Tisch einer Hobelmaschine gespannt. Hier sowie bei ähnlichen Spannplatten befinden sich unterhalb der Spannplatte *a* 2 Federansätze; diese fixieren die Spannplatte in der Tischnut. Die Aufnahmeplatte *a* weist einen Ansatz mit gehärteter Spannschiene *b* auf. Letztere ist noch besonders gerieft, um ein sicheres Halten des Werkstückes zu erzielen. Die Gegenspannung wird durch den Schieber *c* bewerkstelligt. Letzterer ist mit einer schneidenförmigen Spannkante ausgebildet, um dem Werkstück bei besonders hohen Sticheldrücken guten Widerstand zu leisten. Seitlich des Schiebers *c* befinden sich Führungsansätze, die sich in der Bahn der Aufnahmeplatte *a* schieben. Der Schieber *c* ist am hinteren Teile ausgespart. Dahinein greift der Spannkloben *d*. Der Spannkloben ist in einem Augenlager an *a* befestigt. Durch den Anzug der Knebelschraube *e*

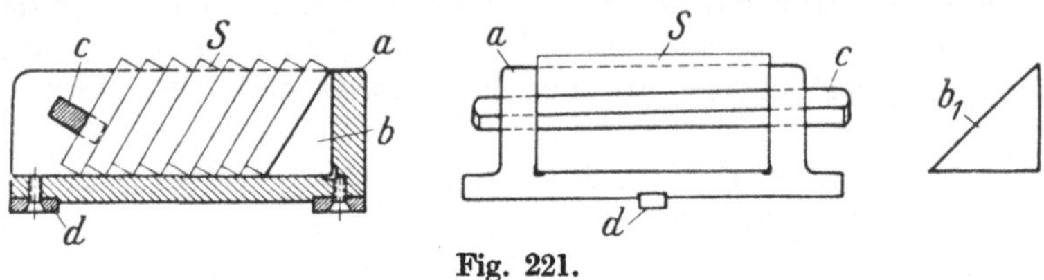

Fig. 221.

wird nun der Kloben fest gegen den Schieber gedrückt, welcher das Werkstück einwandfrei festspannt. Diese Spannung läßt für den Stichel die ganze Bahn frei. Die Unterstützung des Arbeitsstückes wird durch die beiden Stellschieber *f* und *g* bewerkstelligt. Diese führen sich in den Angüssen von *a*. Die Verschiebung wird durch Anzug der auf der ganzen Breite der Vorrichtung befindlichen Spannschrauben erreicht. Durch die Keilform der Schieber wird die Höhenlage verstellt.

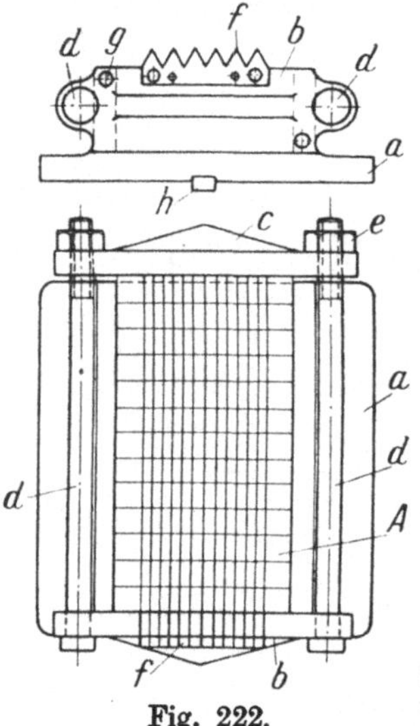

Fig. 222.

Fig. 221 zeigt eine Vorrichtung, in welcher Flachstücke *S* an den langen Kanten schräg gehobelt werden, die als Schieber gelten. Die Vorrichtung umfaßt 8 Stücke. Der Kasten *a* wird durch 2 angesetzte Federstücke *d* in der Tischnut der Hobelmaschine fixiert. Um eine stets gleichbleibende Schräglage zu erreichen, sind die Einlagen *b* und b_1 vorgesehen. Die Flachstücke stützen sich auf diese ab und werden mittels des Keiles *c* festgezogen. Man kann auch Stücke in Kasten *a* ohne Einlage spannen, jedoch richtet sich das immer nach der gewünschten Abschrägung an den Stücken. Diese Vorrichtung ist trotz ihrer äußersten Einfachheit sehr praktisch.

Fig. 222 zeigt eine Hobelvorrichtung zum Verzahnen von mehreren Arbeitsstücken *A*, welche gegeneinander gespannt sind. Die Grundplatte *a* begrenzt die Arbeitsstücke seitlich durch angegossene Leisten. Die Platte *b* wird mittels der beiden Prisonstifte *g* an *a* fixiert. Da die Platte einen festen Sitz am Gehäuse hat, trägt sie gleichzeitig die Schablone *f*. Sie ist durch Schrauben und Paßstifte befestigt. Die beiden langen Spannschrauben *d* gehen seitlich an den Angüssen vorbei. Mit dem Bolzenkopf liegen sie an Platte *b* an und mit dem Mutterende wird die Platte c durch die beiden Spannmuttern *e* festgezogen. Die beiden Spannplatten besitzen je eine Querrippe, welche als Verstärkung gegen ein etwaiges Durchziehen während der Spannung dient. Die Fixierung wird auch hier durch die beiden eingesetzten Federansätze *h* erreicht.

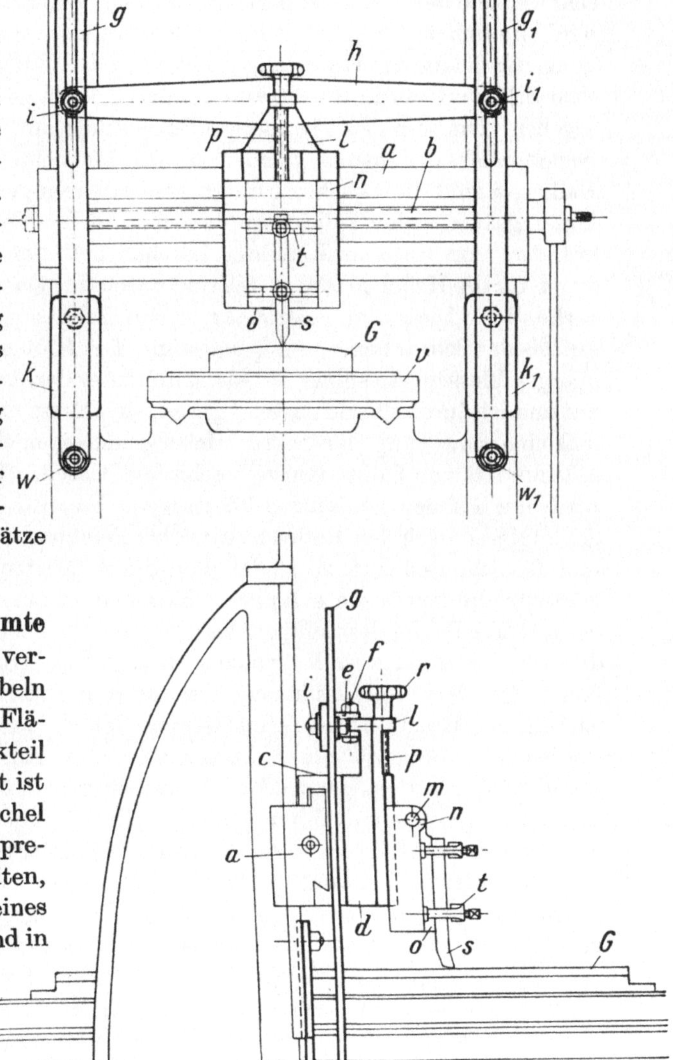

Fig. 223.

b) Für gekrümmte Flächen. Fig. 223[1]) veranschaulicht das Hobeln einer gekrümmten Fläche an einem Gesenkteil *G*. Bei dieser Arbeit ist es bequemer, den Stichel in einer ihm entsprechenden Bahn zu leiten, da das Werkstück seines Gewichtes wegen und in seinen Abmessungen so unhandlich ist. Auch würde eine Hobelvorrichtung zur Bewegung des Arbeitsstückes etwas zu umfangreich und kompliziert werden als die geschilderte. Um

[1]) Die Werkzeugmaschine, Heft 35, 20. Dez. 1920.

dem Stichel s die entsprechende Bewegung zu verleihen, mußte der Support umgebaut werden. Jedoch kann auch plan auf der Hobelmaschine gehobelt werden, man braucht nur die Radienhobelvorrichtung abzuschalten und den Schubsupport festzustellen. Der Querschub des Supports wird wie üblich durch die Klinkvorrichtung usw. eingeleitet. Die Bewegung verschiebt das Unterteil c durch b auf den Balken a. Bei feststehendem Schlitten würde die Bewegung eine gradlinige Bahn des Stichels s ergeben. Um nun das gewünschte Bogenstück auf G zu erhalten, ist die betreffende Vorrichtung geschaffen. An den beiden Seitenständern des Balkens a sind die Laschen k und k_1 verstellbar angeordnet. Angehobelte Federansätze sichern die Lage derselben in den Führungsschlitzen der Ständer. Am unteren Ende der Laschen befinden sich die Aufnahmeaugen für die Hebel g resp. g_1. Sie sind durch das Querstück h miteinander verbunden. Dieses ist einstellbar in den Schlitzen der Hebel g und g_1 mittels der Schrauben i und i_1 befestigt. Der Kloben e ist in der Mitte an h angeschlossen. In seiner Gabelung nimmt er den Ansatz vom Schieber d auf und ist durch die Schraube f gekuppelt. Es ist nun leicht einzusehen, daß eine Bewegung der beiden Hebel g und g_1 nach den Seiten in den Mittelpunkt von h eine Kurve beschreiben lassen. Die Kurvenbewegung wird nun auf den Schieber d übertragen. Es wird dadurch ein Senken des letzteren nach den Enden zu erreicht. Zeichnet man sich die Abszissen und Koordinaten auf, so findet man durch Abstecken der Radien auf letzteren die gewünschte Kurve. Es ist auch ohne weiteres klar, daß der mittlere Bogen demjenigen des von g beschriebenen gleicht, und daß, da sich der Stichel in Führungen bewegt, die von ihm beschriebene Kurve der oberen, also demnach der von g, gleich ist. Man hat es demnach in der Hand, durch Verschiebung der Punkte w, w_1 und i, i_1 die Radien resp. Bogenstücke zu bestimmen. Das Anstellen des Stichels s geschieht durch das Handrad r. Dieses ist mit der Transportspindel p in dem Auge von l drehbar gelagert. Durch die Bewegung wird der Schlitten n mit Klappe o verschoben. Die Befestigung des Stichels s wird auch hier wie bekannt mittels Spannklobens t erreicht. Die Klappe o dürfte allgemein bekannt sein; jedoch ist das Augenmerk auf deren Sitz sowie Drehpunkt m zu legen. Diese Teile sowie auch die Bewegung der Transportspindeln müssen spielfrei sein. Der Aufspanntisch ist mit v bezeichnet. Er stellt mit der ganzen Maschine eine übliche Type dar. Die Vorrichtung ist trotz ihrer Einfachheit doch von großem Nutzen. Die damit erzielte Arbeit ist sauber.

Fig. 224 stellt eine Hobelvorrichtung zum Hobeln eines Gesenkteiles G dar. Bei der Fig. 223 handelte es sich um die entgegengesetzte Krümmung. Beide Vorrichtungen werden an ein und derselben Hobelmaschine verwendet. Die Montage bereitet absolut keine Schwierigkeiten, da der Support der gleiche bleibt. Diese Konstruktion ist äußerst einfach. Sie besteht in der Hauptsache aus dem Lenker *g*. Dieser ist durch den Bolzen *i* drehbar an der Querschiene *h* befestigt. Der Lenker besitzt eine Reihe von Löchern im Abstand von 20 mm. Bei genauen Krümmungen dürfte ein Schlitz mit entsprechender Spannung vorgezogen werden. Die Querschiene *h* ist verstellbar in den Schlitzen der Seitenständer mittels Schrauben *k* befestigt. Der Schlitten *l* wird auch hier durch den Lenker *g* entsprechend verschoben. Die Anstellung des Stichels *s* erfolgt mittels des Handrades *r* und der Transportspindel *p*. Hierdurch wird der Klappenhalter *n* mit der Klappe *o* entsprechend verschoben, d.h. der Span angesetzt. Stichel *s* sowie Spannkloben *t* sind dieselben wie in Fig. 223. Ebenso auch der Balken *a* mit der Transportspindel *b*. Die Aufspannung des Werkstückes ist in beiden Fällen fortgelassen. Sie besteht nur aus dem Ansetzen von Spanneisen in den Tischnuten von *v*. Bei diesen beiden Vorrichtungen besteht das Hauptprinzip darin, daß die Seitwärtsbewegung des Supports gleichzeitig als Vertikalbewegung ausgebaut ist. Bei gleichbleibender Krümmung der Arbeitsfläche geht man auch vielfach zur Schablonenführung über. Hier erhält der Support *l* eine Führungsrolle, die sich in dem Fassonschlitz einer Schablone führt. Letztere hat ihren Sitz oberhalb des Balkens *a* und steht mit der Führung in Höhe der Rolle von *l*. Den einen Vorteil haben die Schablonen dem Lenkersystem voraus, sie können Kurven mit abwechselnder Richtung, ebenso anschließend Schrägen und gerade Flächen hobeln. Man wird daher bei auftretenden Fragen eingehende Erwägungen über diese Punkte anstellen.

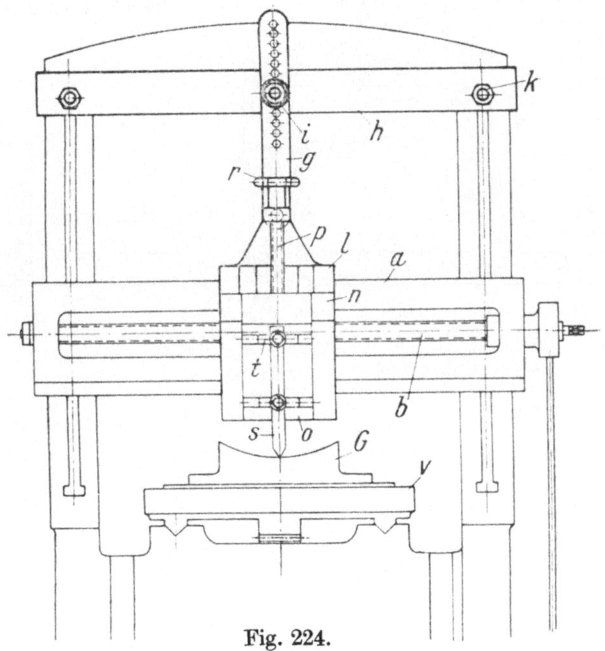

Fig. 224.

In Fig. 225 ist eine Kurvenhobelvorrichtung für Shapingmaschinen dargestellt. Auf dem Tisch der Shapingmaschine ist die Auglagerplatte *a* befestigt. In den Auglagern ist eine Kippauflage *b* auf kräftiger Welle montiert. Oberhalb der Kippauflage befindet sich eine Spannvorrichtung *c*. In diese ist das Werkstück *S* gespannt. Die Welle trägt am vorderen Ende, das mit der Auflage *b* durch die Welle fest verbunden ist, einen Hebel *d*. Unterhalb trägt der Hebel *d* einen langen Schlitz, in welchem ein Bolzen *e* befestigt ist. Der Schlitz dient nur zum Ausstellen des Bolzens auf einen bestimmten Radius. Der Bolzen *e* schiebt sich in den Schlitz der Platte *f*. Die Platte ist mittels ihrer seitlichen

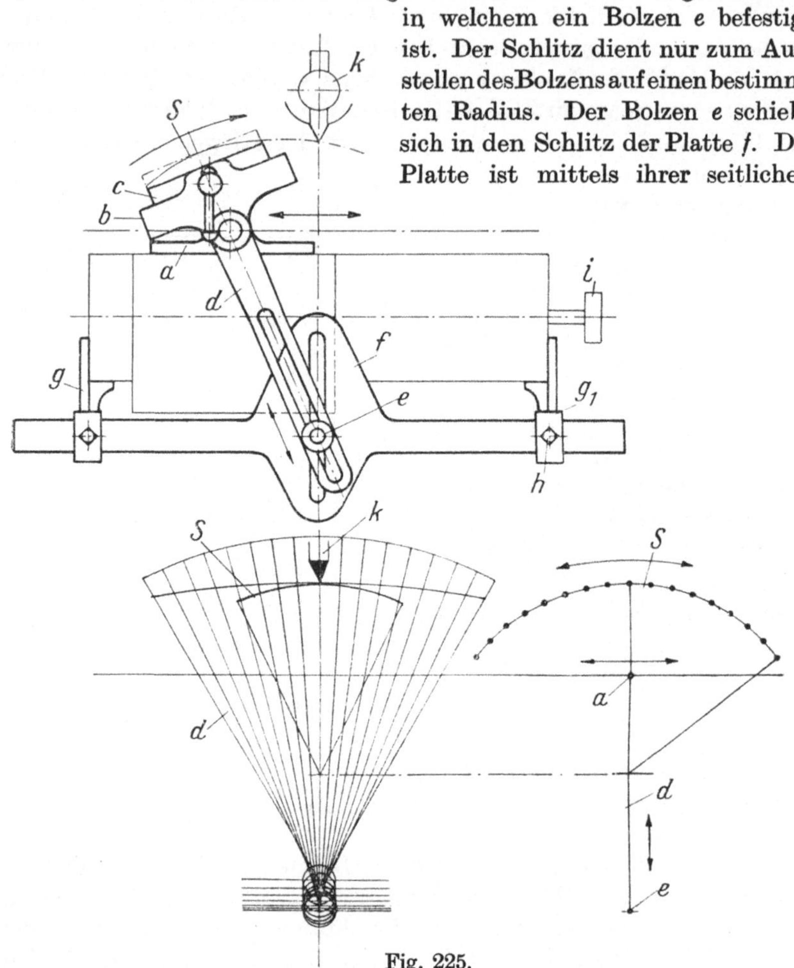

Fig. 225.

Verlängerungen durch die beiden Druckschrauben *h* in den beiden Haltern *g* und g_1 gehalten und festgespannt. Die Entstehung der Kurve *S* ist aus dem obenstehenden Bilde ersichtlich. Die Pfeile zeigen die Bewegungsrichtungen an. Der Punkt *a* in der unten rechts stehenden Figur zeigt den Drehpunkt des Hebels *d* an. *a* und *e* stellen den unteren und *a* und *S* den oberen Teil des Schenkels des Hebels dar. Der Hobelstahl ist mit *k* bezeichnet. Verschiebt man nun den Tisch mittels der

Transportspindel *i*, so neigt sich das Werkstück gegen den Stahl *k*. Um die Entstehung dieser Kurve verständlich zu machen, zeichne man die Gerade so (unterhalb der Figur), daß sie durch *a* hindurchgeht. Dann teile man die Linie von der Mitte nach rechts und links in gleiche Teile ein. Sodann lasse man den unteren Hebelarm *a*—*e* von der Mitte nach rechts und links wandern, d. h. so, daß sich der Punkt *e* in vertikaler Richtung nach oben verschiebt, wie die kleinen Kreise veranschaulichen. Der Punkt *a* deckt sich mit den Teilpunkten auf der wagerechten Linie, die durch *a* hindurchgeht. Auf die Weise entsteht das Strahlenbündel in der unteren linken Figur. Man lege nun durchsichtiges Papier darauf, auf welchem man vorher die Linien *S*, *a* und *e* als Vertikale aufgetragen hat. Dann lege man dieses Papier auf das Strahlenbündel, so daß sich die Vertikale des letzteren mit der des unteren Papiers deckt. Alsdann rücke man mit dem Punkt *a* auf jeden Teilstrich der wagerechten Linie. Es entstehen bei *e* übereinanderliegende Kreise, welche die Verschiebung von *e* in dem Schlitz von *f* angeben. Beim Verrücken in den Teilpunkten mit *a* mache man unter der Hobelstahlspitze einen Punkt auf das durchscheinende Papier. Es entstehen dann die Punkte der Figur rechts. Die Verbindungslinie vom letzten Punkt rechts zur Vertikalen ergibt dann den Radius der gehobelten Kreisfläche *S*. Das Verfahren ist sehr einfach. Man kann den Punkt *e* auf *d* für mehrere Radien festlegen. Dieses kann auf dem Hebel *d* durch Markenstriche kenntlich gemacht werden. Das Prinzip läßt sich bequem für andere Hobelvorrichtungen verwenden, in denen ähnliche Radien bearbeitet werden.

Fig. 226[1]) veranschaulicht eine Vorrichtung zum Hobeln von nach außen und innen gekrümmten Flächen auf der Shapingmaschine.

Die Vorrichtung wird auf einen Tisch der Shapingmaschine gespannt. Mit ihr kann man Kreisbogen von verschiedenen Radien sowie von nach innen und außen gebogenen Flächen hobeln.

Das Prinzip beruht auf der Vor- oder Nacheilung der Drehrichtung des Schneckenradsegmentes *o* zum Tischvorschub der Shapingmaschine.

Die Wirkungsweise ist folgende: Die kreisende Bewegung der Hubscheibe *a* wird durch die Verbindungsstange *b* auf den Halter *c* in eine hin und her gehende umgesetzt. Das Klinkrad *d* wird durch den Eingriff des Schneppers von *c* nach jedem Stößelhub ein Stück gedreht. Das Klinkrad ist auf der Spindel *e* aufgefedert und verschiebt somit den Spanntisch der Maschine. Die Bewegung des Kipptisches *q* geht von der Spindel *e* aus. Sie ist mit diesem durch die Wechselräder *g*, *h*, *i* und *k* starr verbunden. Die Schere *f* ermöglicht die Einstellung. Die nun durch die Wechselräder festgelegte Umdrehung geht auf die langgenutete Welle *l* über. Diese ist in den beiden Lagern *u* und *v* gelagert.

[1]) Die Werkzeugmaschine, Heft 35, S. 573. D. R. P. a. 213 187.

Auf der Welle l sitzt die verschiebbare Schnecke n. Diese ist mittels eines Federkeiles, der sich in der langen Nute führt, mit der Welle l verbunden. Zur Mitnahme der Schnecke n während des Tischtransportes dienen die beiden Führungslager m und m_1. Diese sind separat auf dem Tisch der Maschine befestigt, dagegen mit dem Kipptisch nur mit je einem angehobelten Federansatz arretiert. Dieses hat den Zweck, den Kipptisch $q\,r$ nach Gebrauch bequem abheben zu können, indem man nur die 4 Spannschrauben vom Sockel löst. Die von der Schnecke n ausgehende Bewegung wird durch das Segment o auf den Drehbolzen p und von hier auf das bewegliche Oberteil q des Kipp-

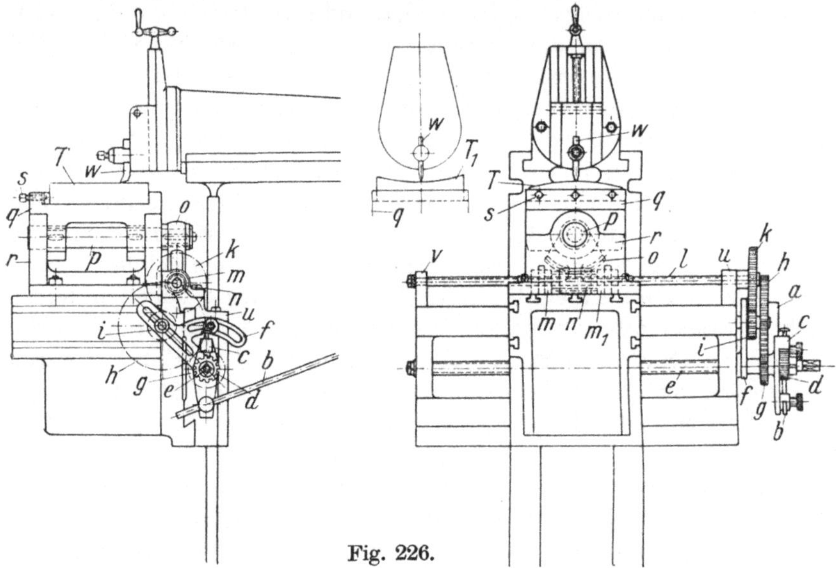

Fig. 226.

tisches übertragen. Die Verbindung ist äußerst starr und durch je zwei Federkeile ausgeführt. Das Oberteil q dient zur Aufnahme des Werkstückes T. Dasselbe wird durch Schrauben s und Leiste festgespannt. Der Stichel w behält während der Hobelperiode seine Stellung bei.

Die Formgebung des Arbeitsstückes geschieht hauptsächlich in dem Austausch der Räder h und i. Die Räder k und g sind so gewählt, daß keine Kipplage des Spanntisches erreicht wird, wenn die auf den Scherenbolzen 1 : 1 sind. Durch die Differenz in positiver oder negativer Richtung des Maschinen- und Kipptisches wird eine nach außen bzw. nach innen gebogene Fläche erreicht.

Die Konstruktion des Kipptisches r und q ist äußerst stabil. Der kräftige Bolzen p ist ohne Spielraum eingepaßt. Der Spanntisch, der das Werkstück T trägt, ist durch 4 Federkeile auf p festgemacht. Bei der Abnahme der Vorrichtung braucht nur der Kipptisch entfernt zu werden, die Schnecke *n* mit Welle *l*, welche sich zwischen den beiden Auglagern *v* und *u* dreht, kann bestehen bleiben. Desgleichen auch die Wechselräder. Hier wird die Schere *f* der Räder abgestellt.

Das mittlere Bild stellt den Stichel *w* bei der Bearbeitung einer Hohlfläche T_1 dar. Mittels dieser Vorrichtung können besonders solche Paßflächen gehobelt werden, die an gewölbten Gegenständen angepaßt werden.

In Fig. 227 ist eine Hobelvorrichtung an einer Shapingmaschine dargestellt, bei welcher der Stichel *g* den Bogen beschreibt.

Die Vorrichtung besteht aus den beiden seitlich am Tisch der Shapingmaschine angeschraubten Hebeln *a* und a_1. Letztere haben

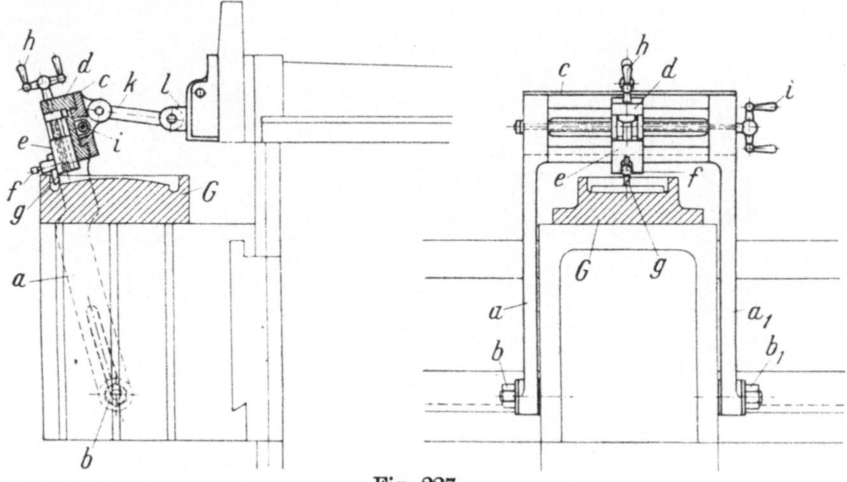

Fig. 227.

einen langen Stellschlitz, in dem sich die Bolzen *b* und *b* verschieben lassen. Dadurch erreicht man, daß verschiedene Radien gehobelt werden können. Zwischen den beiden Hebeln ist oberhalb ein Querstück *c* mit Schwalbenschwanzführungen für den Support *d* befestigt. Letzterer nimmt den Schieber *e* mit Stahlhalter *f* auf. Die Anstellung des Stichels *g* geschieht mittels des Griffknebels *h* mit Transportspindel. Der seitliche Vorschub wird durch den Griffknebel *i*, der auf der Transportspindel befestigt ist, betätigt. Zu diesem Zweck ist die Rückwand von *c* ausgespart, so daß sich auch gleichzeitig die Mutter von *d* in dieser führt.

Die kreisförmige Bewegung wird durch den Stößel der Shapingmaschine eingeleitet. An Stelle des Stahlhalterklobens ist ein Gabelkloben *l* getreten. Dieser ist mit der Schubstange *k*, die einen kräftigen Querschnitt aufweist, verbunden. Das andere Ende von Stange *k* ist in den angegossenen Gabelstücken an Querstück *c* befestigt. Zu diesem

Zweck ist die Stange gegabelt, um die durch die Endstellungen des Stichels *g* entstehenden Drücke gleichmäßig aufzunehmen.

Das Werkstück *G* besteht aus einem vorgeformten Gußstück, aus welchem nur eine bestimmte Spanstärke abgehoben wird.

An Shapingmaschinen mit seitlichen Horizontalnuten muß von jeder Seite eine Lasche angeschraubt werden, die ebenfalls den Stellschlitz für die Bolzen *b* und b_1 aufweist. Zum Einrichten solcher Hobelvorrichtungen eignen sich am besten ausrangierte Maschinen, die nur noch den Stößelantrieb leidlich betätigen.

In Fig. 228 ist eine Hobelvorrichtung für Spezialzwecke veranschaulicht. Auf dieser Vorrichtung werden kugelige Flächen bearbeitet.

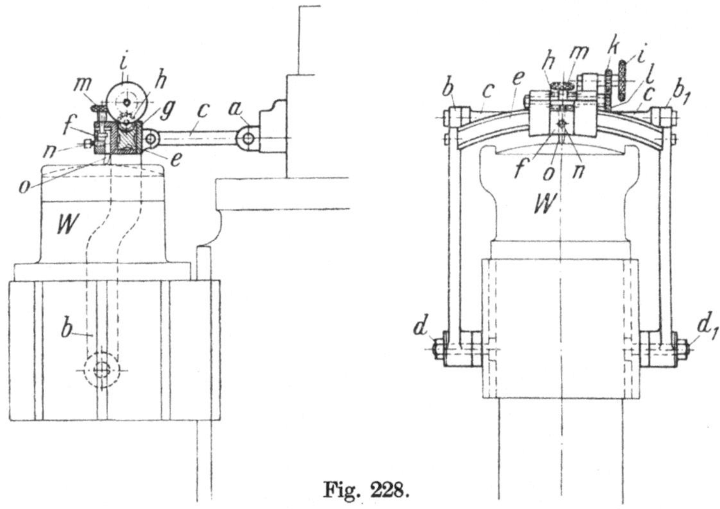

Fig. 228.

Das Werkstück *W* zeigt eine Form, die sich auf Drehbänken nicht herstellen läßt. Die Vorrichtung besitzt manche Ähnlichkeiten mit der vorher beschriebenen. Die beiden Hebel *b* und b_1 zwingen auch hier den Hobelstahl zum Beschreiben einer Kreisbahn. Der Drehpunkt *d* und d_1 ist in diesem Falle festgelegt. Die Bolzen sind drehbar in den Nabenbohrungen der Hebel befestigt. Oberhalb der Hebel befindet sich je ein Auge, in welchen die gegabelte Schubstange *c* beweglich befestigt ist. Auch hier gelten dieselben Bedingungen für die geteilte Schubstange wie vorher beschrieben. Der Anschlußkloben *a* ist ebenfalls der gleiche wie in Fig. 227. Um nun die seitliche Abkugelung zu erreichen, ist das Querstück *e* entsprechend gebogen. Es besitzt einen vierkantigen Querschnitt mit Aussparungen, damit der Support *g* einen leichteren Vorschub erhält. Das Querstück ist oberhalb mit einer Schneckenradverzahnung versehen, in welche eine Schnecke *h* greift. Die Einleitung dieses Vorschubes geht von dem kleinen Handrad *i* aus. Dieses steht mit dem kleinen Ritzel *k* durch die Spindel in Verbindung. Die Befestigung dieser Spindel befindet sich in dem Auglager von *g*. Das kleine Ritzel *k* steht mit dem gleichgroßen Ritzel *l* im Eingriff. Letzteres ist auf der Transportschneckenwelle *h* befestigt. Eine Drehung von *i* betätigt demnach die Schnecke *h* und zieht dadurch den Support *g* ein Stück über das Querstück oder besser Führungsstück *e*. Die Anstellung des Stichels *o* wird durch die Handschraube *m* bewerkstelligt. Diese verschiebt den Stichelhalter *f* nach bekannter Art. Die kleine Druckschraube *n* spannt den Stichel im Gehäuse fest. Diese Vorrichtung ist ebenfalls ein brauchbares Hilfsmittel. Sie stellt eine

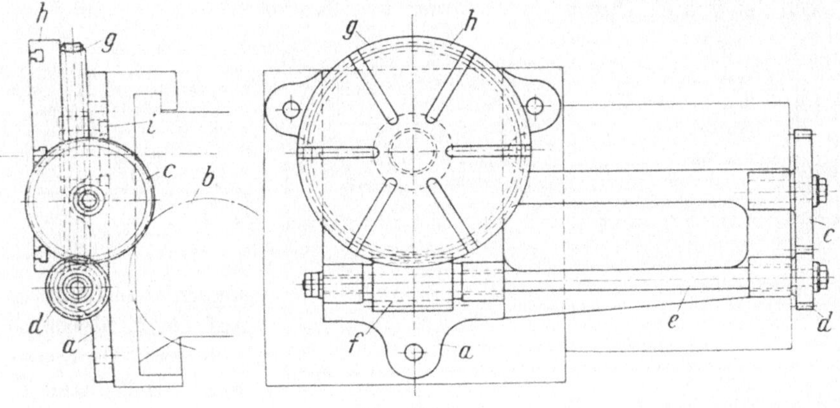

Fig. 229.

Spezialausführung dar, die auf Sonderfälle hinweist, die den beschriebenen ähnlich sind.

Fig. 229 stellt einen Rundtisch in vertikaler Anordnung dar. Auf demselben können Bogenstücke sowie Scheiben auf ihren Umfang behobelt werden. Sechs Spannuten dienen zur Befestigung des Werkstückes. Die Vorrichtung wird durch 3 Schrauben am Horizontalsupport der Shapingmaschine gespannt. Der Antrieb geht von Zahnrad *b* aus. Es steht mit dem Zwischenrad *c* im Eingriff. Dieses steht wiederum mit dem kleinen Zahnrad *d*, welches auf Welle *e* befestigt ist, im Eingriff. Auf der Welle *e* befindet sich die Schnecke *f*, die zwischen den beiden angegossenen Auglagern der Platte *a* gut gelagert ist. Unterhalb der Spannscheibe *h* befindet sich das mit *f* im Eingriff stehende Schneckenrad *g*. Die Spannscheibe *h* besitzt eine kräftige Nabe; auf dieser ist das Schneckenrad durch 2 auf 90° versetzte Federkeile befestigt. Als Sicherung gegen Abgleiten dient die Mutter *i*. Die Vorrichtung ist handelsüblich. Sie ist für verschiedene Zwecke verwendbar. An der Spannplatte lassen sich evtl. Aufnahmevorrichtungen für Werkstücke gegenspannen.

c) Für zylindrische Arbeitsflächen. Fig. 230 veranschaulicht eine Doppel-Rundhobelvorrichtung. Auf der Vorrichtung werden 2 zylindrische Körper C auf ihrer Oberfläche gehobelt.

Die Grundplatte a wird auf den Tisch einer Hobelmaschine gespannt Zwei Federansätze fixieren die Vorrichtung zur Stichelbahn. Die Aufnahme der beiden Zylinder C findet auf den beiden Konen i und h statt. Der Konus i dreht sich in dem Lagerbock b. Zwischen dem Lagerbock b und dem Konus i befindet sich ein Druckkugellager, ebenso zwischen dem Konus h und dem Lagerbock a. Der Zapfen von i ist gehärtet und geschliffen. Desgleichen auch der von h. Durch Verwendung von Kugellagern ist die Reibung auf ein Mindestmaß reduziert. Die Spannung der Zylinder C geschieht folgendermaßen: Die Spindel c schraubt sich mit ihrem Flachgewinde in dem Anguß von a. In letzterem ist eine Bronzehülse d mit Gewinde eingelassen. Durch Drehung der Spindel c am Vierkant wird durch die Anlage des Spindelbundes an b eine Verschiebung des Bockes hervorgerufen. Nach erfolgter Pressung wird die Spannschraube e festgezogen. Die Bewegung, d. h. die Drehung der Zylinder wird durch eine Anschlagklinke k bewerkstelligt, und zwar in der Weise, daß beim Rücklauf der Hebel k zurückgezogen wird. Dadurch schiebt die Klinke l das Sperrädchen m in den Zähnen ein Stück herum. Beim Abgleiten vom Anschlag zieht die Rückzugfeder n den Hebel k wieder in die Anfangsstellung zurück. Diese Bewegungen schalten die Schnecken f ein wenig weiter und drehen dadurch das mit ihnen im Eingriff stehende Schneckenrad g um den gewünschten Betrag herum. Dieser Betrag stellt den Vorschub dar. Zum Schutz der Schneckentriebe vor eindringenden Spänen werden über den Lagerböcken und Schneckenrädern Blech-

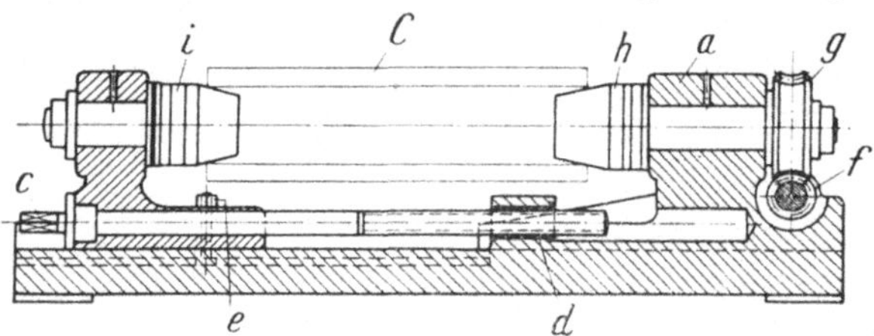

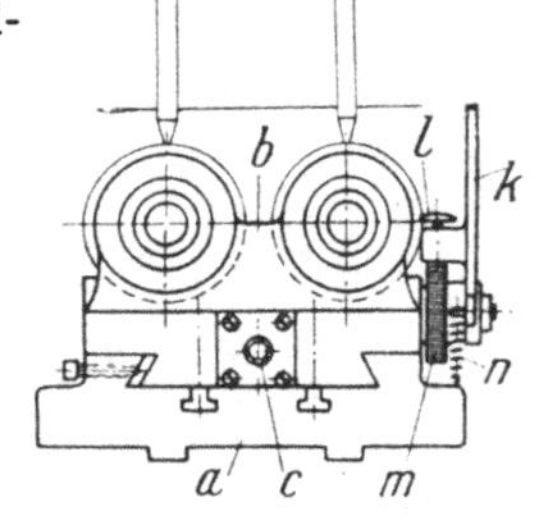

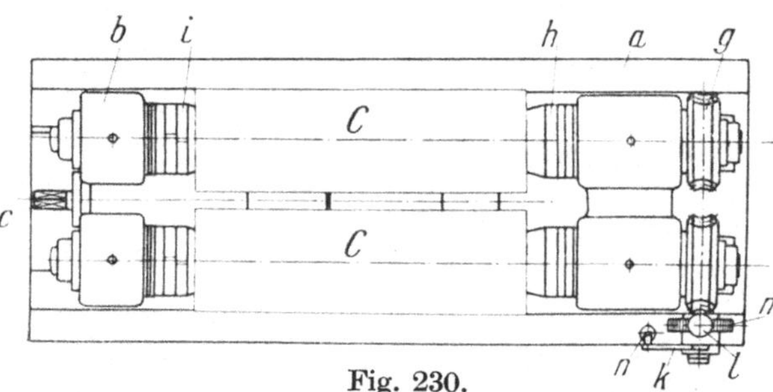

Fig. 230.

kappen angebracht. Dasselbe gilt auch für die Transportspindel c. Die Hobelarbeit wird gleichzeitig von zwei Sticheln bewerkstelligt. Die Vorrichtung ist trotz ihrer Einfachheit sehr brauchbar und für ähnliche Fälle empfehlenswert. Um ein besseres Mitnehmen der Zylinder zu gewährleisten, sind die Konen h etwas gerillt. Durch Verstellung des Anschlages ist man in der Lage, den Vorschub zu verändern.

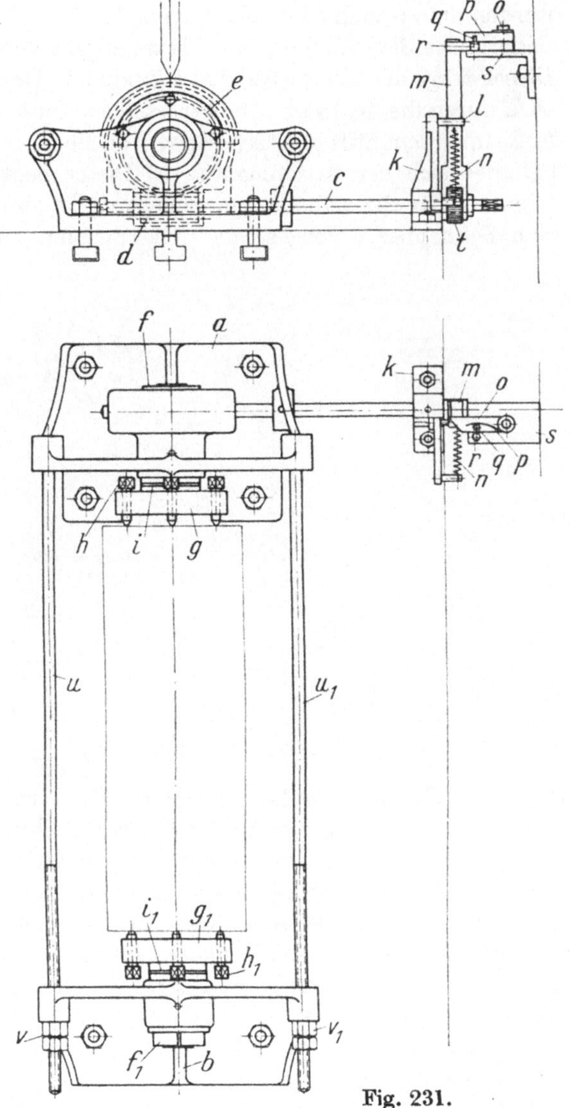

Fig. 231.

In Fig. 231 ist eine besonders kräftige Rundhobelvorrichtung geschaffen. Die beiden kräftigen und verrippten Böcke a und b werden durch Spannschrauben auf dem Tisch der Hobelmaschine befestigt. Eine Feder fixiert die Lage der beiden Böcke zueinander. Der Bock a nimmt den Antrieb des Werkstückes auf. Dieses bildet im vorliegenden Falle ein halbrundes Stück aus Grauguß. Der Bock b dient als Spannbock. Derselbe wird mittels der beiden Zuganker u und u_1 gegen Bock a gezogen. Die beiden Gegenmuttern v und v_1 verspannen die Vorrichtung. Die Spannanker gehen durch die an die Böcke angegossenen kräftigen Augen. Das Werkstück wird zwischen den beiden Mitnehmerscheiben g und g_1 gespannt. Die Schrauben h und h_1 sind Stahlschrauben mit gehärteten Spitzen. Sie drücken sich in dem Material fest. Die Scheiben g und g_1 sind mit kräftigen Naben versehen, auf denen zwischen Lager und Scheibe je ein Druckkugellager i und i_1 sitzt. Die Naben werden am anderen Ende des Lagers durch die Rundmuttern f und f_1 gesichert. Die Bewegung des Werkstückes geht von dem Klinkhebel m aus. Dieser trägt die Klinke für das Klinkrad t. Der Rückzug des Hebels m wird durch die Zugfeder n bewerkstelligt. Diese sitzt mit ihrem anderen Ende auf dem Stift des Auslegers von Bock k. Oberhalb am Bock k befindet sich der Anschlagstift l. Dieser begrenzt den Rückzug der Klinke. Für die selbsttätige Schaltung ist der Anschlagwinkel s mit dem Schnepper o vorgesehen. Die Spannung des Schneppers o wird

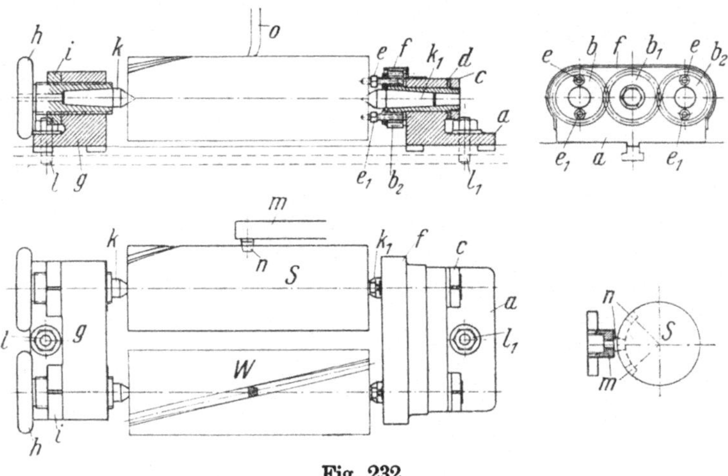

Fig. 232.

durch die Flachfeder p bewerkstelligt. Diese wirkt an dem Stift q. Der Stift r vermeidet ein zu weites Zurückdrücken des Schneppers. Aus der Figur ist die Wirkungsweise ohne weiteres ersichtlich. Die durch die Klinke nun hervorgerufene Drehung der Welle c geht auf die Schnecke d über. Diese bewegt sich in einem Ölbad, das durch die Vertiefung im Boden des Bockes a entstanden ist. Mit der Schnecke d steht das Schneckenrad e im Eingriff; es dreht das Werkstück durch die Verbindung der Nabe von g gegen den Stichel. Nach Auslösung der Klinke am Klinkrad t kann man das Werkstück am Vierkant der Welle c weiterschalten.

Fig. 232 veranschaulicht eine Hobelvorrichtung zum Einhobeln von Drallnuten auf der Mantelfläche des Zylinders W. Die Bewegung des Werkstückes erfolgt hier mittels einer Kopierwalze S. Die beiden Böcke a und g nehmen das Arbeitsstück sowie die Kopierwalze S zwischen den Spitzen k und k_1. Die Spannung des Arbeitsstückes und der Kopierwalze erfolgt durch die beiden Spindeln mit Handrad *h*. Die Gegenmuttern *i* stellen das Gewinde fest. Die beiden Spannschrauben *l* und l_1 ziehen die Böcke auf dem Hobelmaschinentisch fest. Außerdem wird die Lage durch die angesetzten Führungsstücke unterhalb der Spannplatte gesichert. Als Mitnehmer dienen die Stifte *e* und e_1 an beiden Teilen. Die Bewegung wird durch die Führungsrolle *n* am Halter *m* eingeleitet, und zwar dadurch, daß sich die Führungsrolle in die Nute von Walze *S* legt und durch die Verschiebung des Hobeltisches mit der

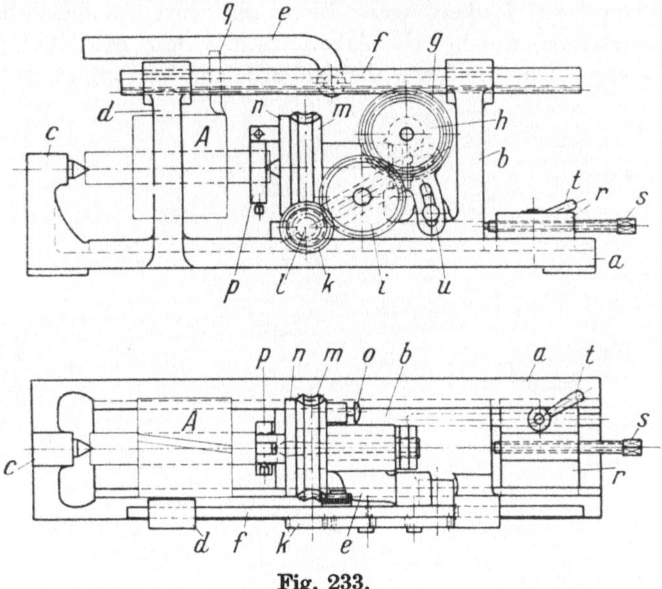

Fig. 233.

Vorrichtung die Walze in Drehung versetzt. Da sie durch den Mitnehmer *e*, e_1 mit Zahnrad *b* verbunden ist, wird dieses mit bewegt. Da nun alle 3 Zahnräder *b*, b_1, b_2 miteinander in Verbindung stehen, so wird demnach das Arbeitsstück *W* entsprechend mit verdreht. Der Stichel *o* wird nun auf der Oberfläche von *W* genau die Kurve beschreiben, die die Walze *S* aufweist.

Die Naben der Zahnräder besitzen gehärtete und geschliffene Wellen, die am anderen Ende durch die Rundmutter *c* gesichert sind. An Stelle der Schablonenwalze *S* können auch andere Formen treten, d. h. solche, die andere Kurven aufweisen. Der Stichel für die Arbeiten wird nur wenig angestellt, da ein starker Span die Schaltung beeinträchtigen würde.

Fig. 233 veranschaulicht eine Hobelvorrichtung zum Drallhobeln auf zylindrischer Mantelfläche. Diese Vorrichtung wird auf den Tisch einer Shapingmaschine gespannt. Dann wird der Arm *e* mit dem Stößelschlitten verbunden. Da Arm *e* an der Zahnstange *f* angelenkt ist, wird diese durch die Bewegung des Stößels hin und her bewegt. Die Zahnstange *f* schiebt sich in den beiden Trägern *d* und *b*. In die Verzahnung von *f* greift das Zahnrad *g*. Das mit diesem auf einem Bolzen befindliche Zahnrad *h* steht mit Zahnrad *i* im Eingriff. Dieses greift wiederum in Zahnrad *k*. Das Zahnrad *i* sitzt auf der Schere *u*. Diese Anordnung ist vorgesehen, um nötigenfalls andere Bewegungen resp. Drall zu erhalten.

Die von *k* auf *l* übertragene Bewegung wird auf das Schneckenrad *m* übertragen, welches das Arbeitsstück *A* dem Stößelhub entsprechend bewegt. Um die Lage der Nuten leicht bestimmen zu können,

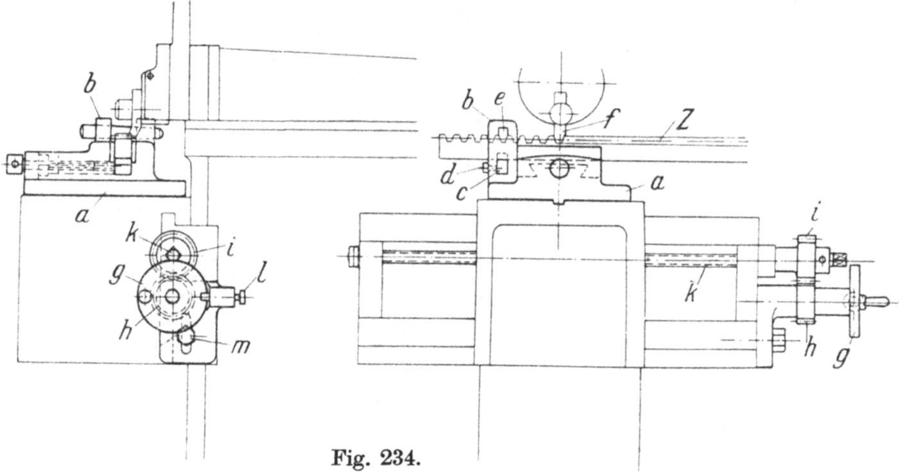

Fig. 234.

ist die vor dem Schneckenrade befindliche Scheibe *n* mit dem Mitnehmer *p* in Teilungen durch *o* verriegelt. Der Bock *b* wird mit dem Antriebsgehäuse in Führungen verschoben, die gleichzeitig den Anschlag mit verstellbarem Druckpunkt aufnehmen. Letzterer besteht aus der Druckschraube *s*, die sich in den Ansatz von *r* schraubt. Der Schieber *r* wird durch die Knebelschraube *t* auf *a* festgestellt. Im Schneckenrad *m* befindet sich die Körnerspitze zur Aufnahme des Drehdorns für *A*. Die Gegenspitze befindet sich in dem Anguß von *c*. Im Grundriß ist die Bahn des Stichels *g* deutlich ersichtlich. Die Grundplatte *a* ist durch Ansätze in der Tischnut der Shapingmaschine fixiert. Das Prinzip ist einfach. Durch den Stößelhub wird das Wechselradsystem in Tätigkeit gesetzt. Dieses Verhältnis beeinflußt die Steigung der Drallnuten. Durch entsprechende Wahl der Räder kann man jeden Drall bestimmen.

d) Für Fasson hobeln. Fig. 234 veranschaulicht eine Vorrichtung zum Zahnstangenhobeln. Die Vorrichtung *a* wird auf den Tisch einer

Shapingmaschine gespannt. Die Zahnstange *Z* wird in der Vorrichtung mittels einer Klemmvorrichtung gespannt. Links von der Spannung befindet sich die Fixierung der Zahnstange. Das Ausgleichstück *c* wird durch die Druckschraube *d* befestigt. Durch die beiden Lappen der Zahnstangenführung wird, nach Fertigstellung einer bestimmten Strecke auf der Stange *Z*, der Keil *e* eingetrieben. Die Teilung der Zahnstange erfolgt mittels der Teilvorrichtung *g*. Auf der Transportspindel *k* ist das Zahnrad *i* befestigt. Dieses greift in das gleiche von *h*. Mit diesem befindet sich die Teilscheibe *g* auf einer Büchse. In die Teilscheibe *g* schlägt der Teilstift *l*. Der Bock mit der Teilscheibe kann je nach dem Räderverhältnis an Schraube *m* verschoben werden. Hierzu ist ein Schlitz vorgesehen. Der Stichel *f* steht im genauen Teilverhältnis zur Strecke bis *e*. Der Tisch wird so lange transportiert, bis er nicht mehr weiter geht. Dann erst wird die Stange *Z* gelöst und mittels der

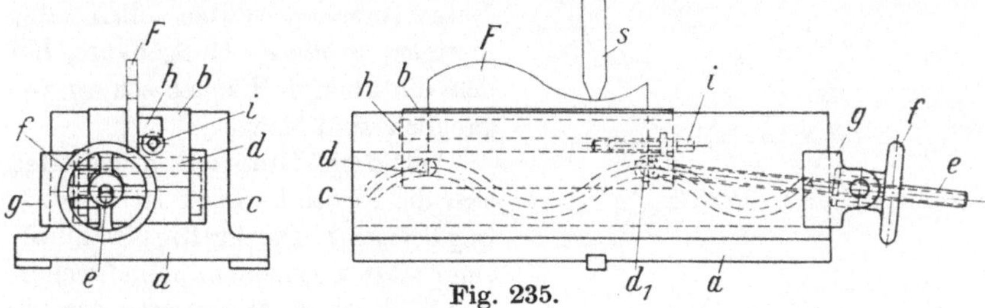

Fig. 235.

oberen Fixierung weiter gespannt. Die hiermit gehobelten Stangen sind gute Fabrikate. Für diese Vorrichtung kann evtl. ein Maschinenschraubstock verwendet werden.

Fig. 235 veranschaulicht eine Hobelvorrichtung zum Fassonhobeln eines Führungsstückes *F*. Die Vorrichtung wird auf den Tisch einer Shapingmaschine gespannt und mittels der Federansätze am Boden fixiert. Diese Hobelarbeit hat das Kopierverfahren als Grundlage. In dem Kasten *a* schiebt sich der Schieber *b*. Seitlich sind die Führungsschablonen *c* eingelassen. Sie weisen je eine Nut auf, die der zu hobelnden Form entspricht. In den Nuten führen sich die Rollenstifte *d* und d_1 von jeder Seite 2 Stück. Der Vorschub des Schiebers *b* wird mittels der Transportspindel *e* eingeleitet. Da sich nun der Schieber der Nutenlage entsprechend hebt und senkt, mußte auch die Befestigung der Transportspindel labil sein und sich den Bewegungen anpassen. Aus diesem Grunde ist die Transportspindel mit dem Ende drehbar am Schlitten befestigt. Der Bock *g* nimmt die Führungsbüchse mit Handrad *f* ebenfalls beweglich auf, indem hier ein Drehpunkt für die Handradnabe, die gleichzeitig als Mutter gilt, geschaffen ist. Aus der Figur ist leicht zu ersehen, wie die Spindel den Bewegungen des Schlittens folgt, ohne ein schädliches Spiel aufzuweisen.

Die Spannung des Werkstückes *F* erfolgt mittels des konischen Keiles *h*. Dieser Keil drückt durch seine Konizität das Flachstück *F* fest gegen die volle Wandung des Schiebers *b*. Die Schraube *i* faßt mit ihrem Bund in eine Einfräsung des Keiles *h* und verschiebt diesen demnach. Der Stichel *s* ist üblicher Konstruktion. Nach Einlegung anderer Schablonen kann jedes einigermaßen zu bearbeitende Flachstück in dieser oder einer ähnlichen Vorrichtung gehobelt werden.

e) Für Nuten. Fig. 236 veranschaulicht eine Hobelvorrichtung zum Aushobeln kurzer nutenähnlicher Stücke. Diese Vorrichtung ist dort am Platze, wo eine übliche Hobel- oder Shapingmaschine versagt, z. B. im Innern eines Zylinders, in welchem die angedrehten Ansätze mit Nuten versehen werden sollen, oder in einem größeren Gußgehäuse, bei dem die kleinen Flächen schwer zugänglich sind usw.

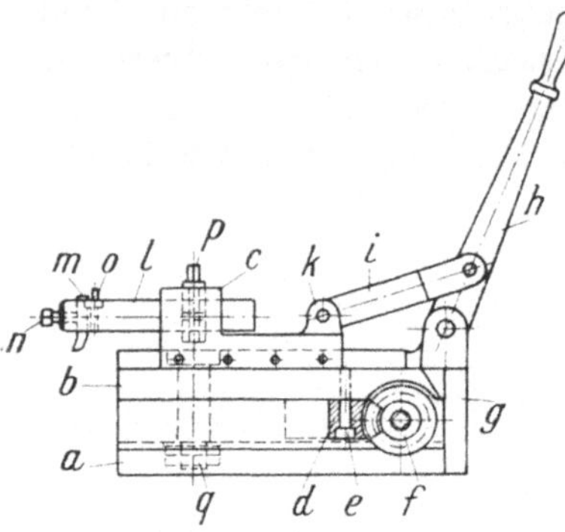

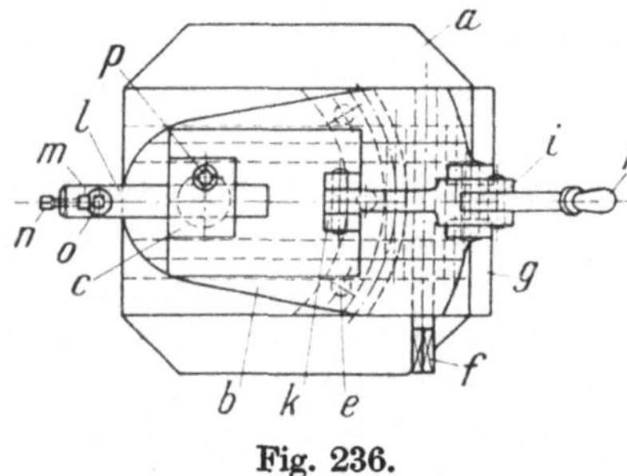

Fig. 236.

Auf dem Unterteil *a* befindet sich die Platte *b*. Diese ist drehbar in *q* befestigt. Der kräftige Stahlbolzen *q* sitzt mit seinem zylindrischen Kopf in einer Aussparung von *b*. Die Platte *b* trägt zur Aufnahme des Supportes *c* oberhalb eine Prismenführung. In diesem befindet sich die Klemmvorrichtung *p*, mittels deren die Stößelstange *l* befestigt wird. Letztere besitzt am Kopfende die Stichelaufnahme. Der Stichel *m* ist oberhalb seines Schaftes mit einer Nut versehen. In diese legt sich der Bund von Schraube *o*. Wird die Schraube hineingeschraubt, so zieht sie den Stahl durch ihren Bund hinein, d. h. also nach unten heraus. Zur Entlastung der Stellschraube *o* ist die gehärtete Druckschraube *n* vorgesehen, die den Stichel *m* nach erfolgter Einstellung festzieht. Die hin und her gehende Bewegung des Stößelsupportes wird durch den Handhebel *h* bewerkstelligt. Derselbe ist drehbar an dem Auge der Platte *b* befestigt. Die Platte ist der größeren Haltbarkeit wegen aus Stahlguß oder Schmiedeeisen hergestellt. An dem Handhebel *h* ist die Schubstange *i* angelenkt. Sie greift mit ihrem anderen Ende in das angegossene Auglager *k* des Supportes *c*. Die hiermit gehobelten Nuten besitzen eine keilförmige Form, die dadurch erreicht wird, daß die Platte *b* geschwenkt wird. Die Schwenkung entsteht durch die Bewegung der im Unterteil eingebauten kleinen Schnecke *f*, an deren Vierkantzapfen sie gedreht wird. Die Schnecke *f* steht mit dem Schneckenradsegment *d* im Eingriff. Dasselbe ist mit der Platte *b* durch die 3 Schrauben *e* verbunden. Die Führung der Platte *b* erfolgt in einer halbkreisförmigen prismatischen Führung an *g*.

Wenn man Nuten in ein volles Material stoßen will, so muß zuerst ein der Nutenbreite entsprechendes Loch vorgebohrt werden, wie dieses wohl als üblich betrachtet werden kann.

Fig. 237 zeigt das Hobeln großer Werkstücke auf der Shapingmaschine. In diesem Falle handelt es sich um das Einhobeln einer Federnut in die Nabe von Rad *R*. Bei noch größeren Werkstücken

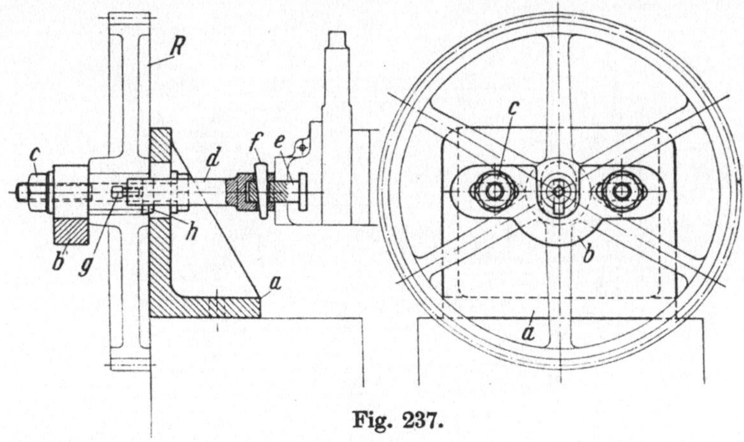

Fig. 237.

empfiehlt es sich, diese vom Fußboden aus abzustützen, da das Gewicht die Maschine selbst nicht allein ungünstig beeinflußt, sondern auch die Aufspannung in Frage stellt. Hier findet die Aufspannung gegen den Winkel *a* statt. Zu diesem Zweck sind in den beiden rechts und links von der Radnabe befindlichen Schlitzen kräftige Bolzen eingeführt. Die Bolzen *c* spannen das schmiedeeiserne Spannstück oder besser die Spannbrücke *b* gegen die vordere Stirnwand der Nabe fest.

Das zum Einstoßen benutzte Werkzeug besteht aus der Stoßstange *d*. Diese ist mit ihrem Schaftkopf über den Bolzen *e* geschoben. Der Bolzen ist der Stichelhausbefestigung ähnlich angebracht, nur daß an Stelle der Druckschraube ein Keil tritt, der aber im Grunde genommen dieselbe Wirkung ausübt. Der Rand des Schaftkopfes von *d* stützt sich gegen die Klappe des Hobelschlittens ab. Die Schlitzanordnung ist so getroffen, daß der Keil Anzugflächen vorfindet, wie im Schnitt der Figur ersichtlich ist. Der Keil *f* besteht aus gehärtetem Martinstahl, damit er nicht durch das öftere Heraus- und Hereinschlagen vorzeitig zerschlagen wird. Die Stichelbefestigung ist die übliche. Hier wirkt auch die gehärtete Druckschraube *g* auf den Stahl *h*.

Mittels dieser einfachen Vorrichtung kann man große sperrige Werkstücke bequem nuten. Für kleinere, öfter vorkommende Nutarbeiten erhält man im Handel bis ins Feinste ausgebildete Vorrichtungen resp. Maschinen.

Fig. 238 zeigt eine Nutenhobelvorrichtung mit gewundener Richtung. Auf dieser Vorrichtung werden in Lagerschalen Nuten gehobelt, die spiralförmig verlaufen. Die Schwungscheibe *a* mit Handgriff *b* leitet die Bewegung ein. Auf der Welle *i* sitzt das kleine Ritzel *c*, dieses steht wiederum mit dem größeren Zahnrad *e* durch das Zwischenrad *d* in Verbindung. Letzteres befindet sich auf dem Ansatz der Welle *f*. Es dreht

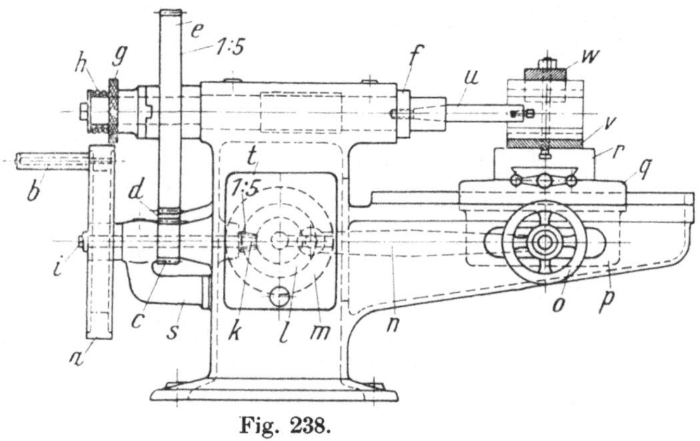

Fig. 238.

diese im Verhältnis $c : e = 1 : 5$. Gleichzeitig mit der oberen Welle *f* dreht sich die Welle *i* mit dem kleinen Kegelrad *k* und dieses steht wiederum mit dem größeren Kegelrade *l* im Eingriff. Das Verhältnis dieser beiden Räder ist $k : l = 1 : 5$. Mit dem großen Rade *l* auf einer gemeinschaftlichen Welle sitzt die Hubscheibe *m*. Diese weist einen Schlitz auf, in welchem sich der Stellkloben für die Schubstange *n* einstellbar befindet. Am anderen Ende ist der Supportschlitten *p* angebracht. Dieser kann mittels des Handrades *o* gegenüber dem Stichel *u* verstellt werden. Die Supportplatte *q* trägt oberhalb eine Prismaführung. Auf dieser einstellbar sitzt der Spannschlitten *r*. Er nimmt auf seiner Auflage *v* das Werkstück, in diesem Falle das Lager, auf. Mittels zweier Spanneisen wird ein prismatisches Spanneisen *w* auf das Lager gespannt. Der Stichelhalter *u* sitzt mit seinem Konus und Gewindeteil in der Spindel *f*. Um nun mehrere Nuten ohne Lösung des Werkstückes nebeneinander schneiden zu können, ist die Kupplung *g* vorgesehen. Sie schiebt sich auf einen Federkeil der Welle *f* und wird mittels der Feder *h* gespannt. Die Mitnahme erfolgt durch die beiden angefrästen Knaggen an *g*. Um das Handrad *a* sicher zu lagern, ist der Stützbock *s* angesetzt worden. Die Klappe *t* dient für die Öffnung als Abschluß, um an den Stellkolben der Scheibe *m* gelangen zu können. Die Bewegungen sind folgende: Beim einmaligen Umlauf von *e* ist auch die Schubstange *n* einmal zurückgezogen worden. Dadurch ist eine gewundene Nut entstanden, die einen ovalen Ring bildet.

6. Stoßvorrichtungen.

Die Stoßvorrichtungen unterscheiden sich wenig von den Hobelvorrichtungen. Bei beiden wird das Material durch einen Hobelprozeß entfernt. Wenn man von einer Stoßmaschine spricht, so hat man stets das Ausstoßen von überschüssigem Material aus Buchsen und Bohrungen im Auge, oder man denkt an das Keilnutenstoßen. Die genannten Arbeiten könnten in den meisten Fällen auch von Shapingmaschinen erledigt werden, wenn man entsprechende Werkzeuge gebraucht und die in Frage kommenden Vorkehrungen treffen würde.

Es sollen im folgenden Abschnitt einige Beispiele von Stoßvorrichtungen erläutert werden.

a) Für gerade Bahnen. Fig. 239 stellt eine Stoßvorrichtung dar, die einen Winkel *W* in richtiger Lage spannt. Der Winkel *W* liegt in einer Aussparung des Spannbockes *a*. Der Bügel *b* schiebt sich in seitlichen Nuten des Bockes *a*. Am Ende der Bügelenden befinden sich zur Aufnahme des Spannkeiles *c* Vierkantlöcher. Am Schluß des Keiles befindet sich als Begrenzung je ein Stift *d* und d_1. Der Bock *a* weist in der Mitte einen Kanal auf, der dem Durchgang des Stoßstahles *e* sowie der Späne, welche aus dem Vierkantloch des Winkels *W* gestoßen werden, dient. Dieser Bock besitzt unten eine Aussparung zum Ausstoßen der Späne. Diese Vorrichtung wird auf einen Rundtisch gespannt, damit alle 4 Seiten bearbeitet werden können.

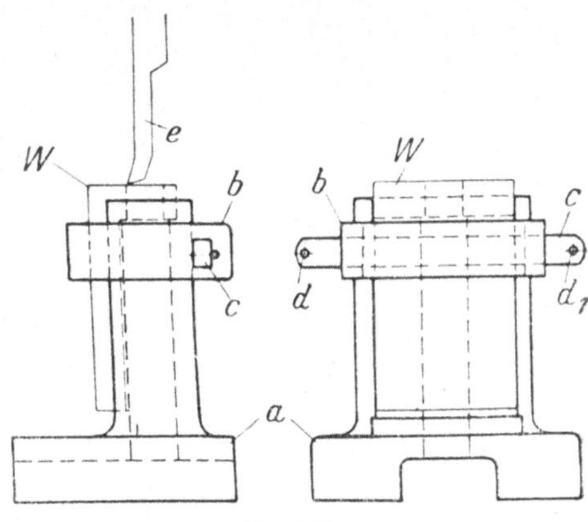

Fig. 239.

Fig. 240 veranschaulicht eine Ausstoßvorrichtung für das Vierkant in dem Hebel *H*. Der Stahl *m* besitzt 4 Schneidkanten zur Bearbeitung der Ecken des Loches. Die Grundplatte *a* wird auf dem Tisch der Stoßmaschine aufgespannt, so daß der Stahl mit seinem Schaft in die Führung genau fluchtet. Die Führung wird von zwei seitlichen Armen gehalten. Sie ist an den oberen Kanten abgeschrägt, um den Spänen keinen Halt zu geben. Diese fallen seitlich in die Kanäle, aus denen sie mittels eines Stabes entfernt werden. Auf der Grundplatte *a* sind zwei Prismenleisten *k* und k_1 aufgeschraubt, die den Schlitten *b* führen. Dieser wird mittels der Schraube *f*, welche in dem Lagerschild *g* gehalten wird, am Vierkant verschoben. Auf dem Schieber *b* befinden sich ebenfalls zwei Prismenleisten *l* und l_1. Diese führen den oberen Schieber *c*. Er trägt die beiden Spannschrauben *e* mit dem Spanneisen *d*. Durch diese Einrichtung wird der Hebel *H* festgezogen. Die Verschiebung von *c* erfolgt auch hier mittels der Stellschraube *i*, die in dem Lagerschild *h* drehbar befestigt ist. Für die Vorrichtung wird ein einfacher Tisch an der Stoßmaschine genügen, da die Vorrichtung alle Bewegungen selbst bewältigt. Durch die Führung des Stoßstahles *m* ist auch eine Tischbewegung sowieso nicht brauchbar. Alle Einzelheiten sind aus der Figur klar ersichtlich.

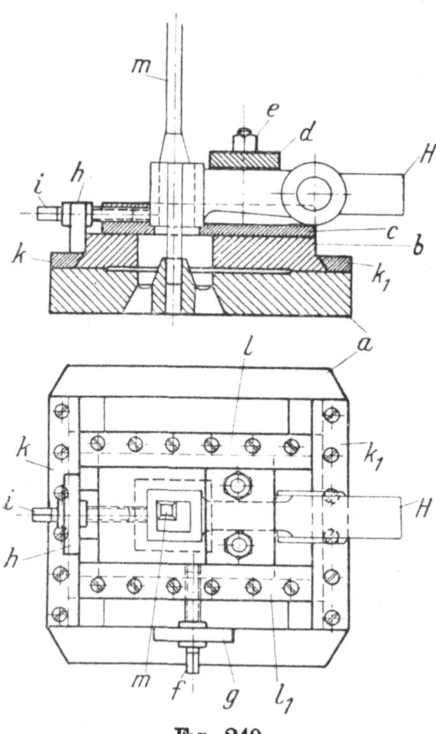

Fig. 240.

Fig. 241 veranschaulicht das Einstoßen sowie das Bestoßen von Fassonplatten *L*. Diese sind vierfach übereinander gespannt und werden mittels des Stoßstahles *e* bearbeitet. Die Vorrichtung *a* besitzt oberhalb zwei angegossene Augen. Durch diese führt eine Welle, welche die Wippe *b* hält. Das andere Ende der Wippe ist im Winkel gebogen und gehärtet. Es spannt den Satz Fassonplatten *L* zusammen, welche in einer Aussparung von *a* liegen. Die Einleitung der Spannung geschieht mittels des Exzenters *c*. Die Wippe besitzt am hinteren Ende eine Aussparung, in der sich das Exzenter bewegt. Letzteres steht mit dem Knebelgriff *c* durch eine Welle in Verbindung. Nach dem Herabdrücken des Hebels wird die vordere Spitze von *b* fest aufgespannt. Um einem vorzeitigen Verschleiß entgegenzuwirken, reibt das Exzenter auf einer eingelassenen federharten Druckplatte. Die Figur zeigt die Einfachheit sowie gute Brauchbarkeit dieser Vorrichtung.

Fig. 242 zeigt eine Stoßvorrichtung zum Ausstoßen von Zähnen in der Zahnstange *Z*. Es handelt sich hier nur um kurze Stangen. Der Stoßstahl *k* ist der Form entsprechend ausgebildet. Das Unterteil *a* wird mittels 4 Spannschrauben auf den Stoßmaschinentisch aufgespannt. In dem Unterteil *a* befindet sich die Führung für den Schlitten *c*. Die beiden Leisten *e* und e_1 decken die Führung ab. Seitwärts vom Schlitten befindet sich die Teilvorrichtung für die Zähnezahl. Diese besteht aus der die Lochzahl aufweisenden Teilleiste *f*, in die der Teilstift *h* einschlägt. Letzterer ist am konischen Ende gehärtet und geschliffen. Das obere Ende ist an dem Hebel *g* befestigt. Die Führung erhält der Stift in der Wandung des Schiebers *c*. Der Hebelgriff *g* wird durch die Druckfeder *i* gespannt. Die Zahnstange *Z* ist zwischen den Schieber *c* und der Spannleiste *b* geklemmt, was durch die 3 Spannschrauben *d* bewerkstelligt wird. Durch Einlegen einer Teilleiste *f* ist man in der Lage, auch andere Zahnteilungen mit entsprechendem Stoßstahl auszustoßen. Auch in dem Falle genügt eine einfache Stoßmaschine ohne Rundsupport.

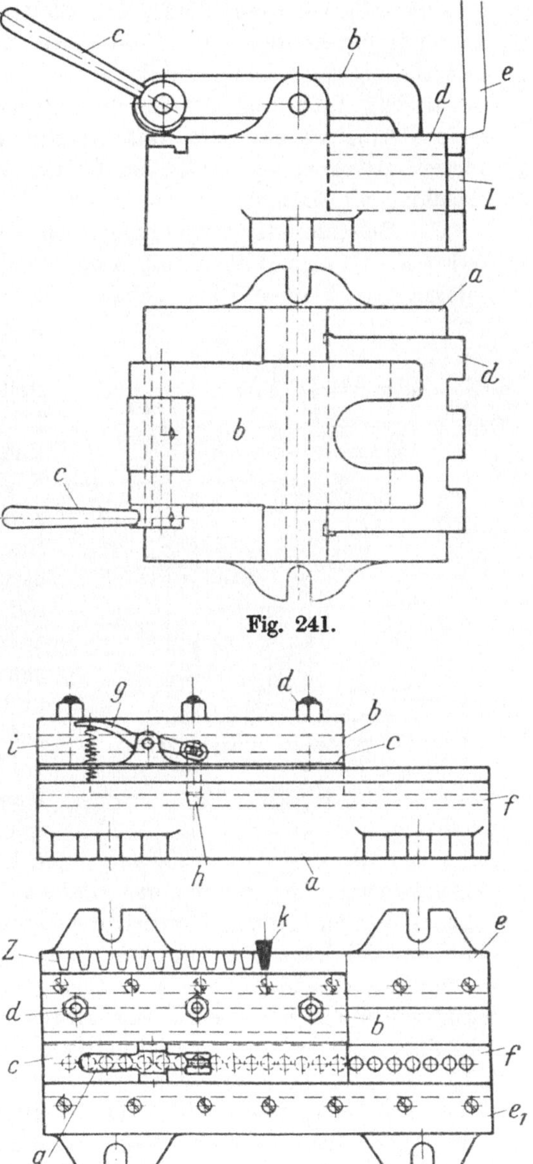

Fig. 241.

Fig. 242.

Fig. 243 veranschaulicht eine Stoßvorrichtung zum Stoßen von Nuten in Untersätzen *A*. Diese Vorrichtung kann auf der Werkbank befestigt werden. Die Anstellung des Spanes erfolgt durch das Handrad *o*. Der Aufbau ist nur für diese Arbeiten zugeschnitten; will man andere Arbeitsstücke mit weiteren Nuten oder sonstige Stoßarbeiten darauf ausführen, so genügt ein Kreuzsupport evtl. von einer anderen Maschine als Aufbau auf den Tisch.

Das Gehäuse oder Maschinengestell *a* ist zwecks größerer Leichtigkeit beim Transportieren mit Aussparungen sowie nur mit den noch zulässigsten Wandstärken gebaut. Der Antrieb dieser Vorrichtung geht von dem Handgriff der Kurbel *c* aus. Im Innern des Gestells befindet sich das Kegelrad *d*. Dieses steht mit der Kurbel durch eine Welle in Verbindung. Das Kegelrad *e* steht mit *d* im Eingriff. Es hat mit Ritzel *f* durch eine kurze Welle und dieses wiederum mit dem größeren Stirnrad *g* Verbindung. Letzteres ist auf Buchse *h* befestigt. Diese ist gleichzeitig als Mutter ausgebildet und nimmt die Schubspindel *i* auf. Zwei Rundmuttern sichern die Buchse im hinteren Lager des Maschinengestelles. Die Schubspindel *i* schiebt sich im Vorderlager des Gestelles. Als Führung gegen Verdrehung dient die kräftige Winkelfeder *k*. Sie ist zur einen Hälfte in die Bohrung des Lagers eingelassen und zur anderen Hälfte in die Längsnut der Spindel *i*. Die kräftige Schubspindel trägt am vorderen Ende den Stoßstahl *l*. Dieser wird mittels der Druckschraube *m* festgezogen. Die Anstellung des Spanes wird, wie schon bemerkt, durch Heben des Tisches *b* bewerkstelligt. Die Platte *q*, die als gemeinschaftliche Grundplatte dient, trägt eine kräftige Nabe. In dieser führt sich die Mutter mit aufgesetztem Handrad *o*. Die sich in dieser schraubende Spindel *n* ist unterhalb des Tisches durch einen Stift in einer Nabe befestigt. Wenn nun das Handrad gedreht wird, zieht sich die Spindel und somit der Tisch *b* an den seitlichen prismatischen Führungen des Gestells *a* herauf oder herunter. Die Rundmutter *p* sichert die Lage der Transportspindelmutter *o*. Wie man sieht, ist die Verwendungsmöglichkeit der Vorrichtung trotz der großen Einfachheit unter Zusatz eines Kreuzsupportes oder einer entsprechenden Aufspannvorrichtung ziemlich groß.

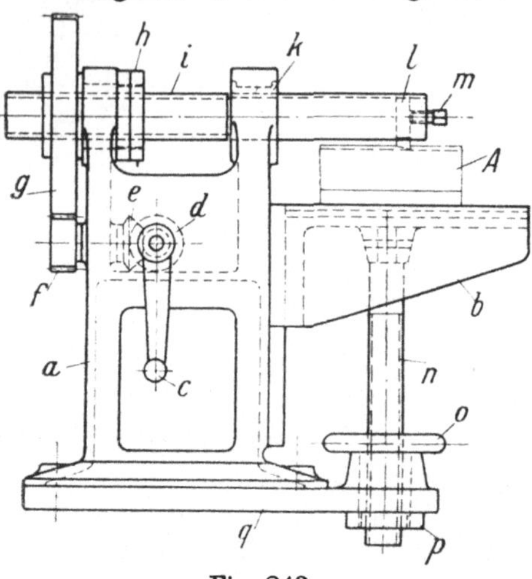

Fig. 243.

Fig. 244 zeigt eine ähnliche, nur in vertikaler Richtung arbeitende Stoßvorrichtung. Auch diese kleine Vorrichtung wird auf der Werkbank montiert. Das Gestell *a* besitzt oberhalb des langen Lagers der Handkurbel *b* die Welle *c*. Die Welle *c* trägt am anderen Ende zwischen den Lagerungen das Kegelrad *d*, mit diesem steht das Kegelrad *e* im Eingriff. Letzteres besitzt eine lange Buchse und ist im Innern für den Vorschub der Schubspindel *g* mit Flachgewinde ausgerüstet. Das Gewinde der Schubspindeln an beiden Modellen ist zweigängig. Um bei stärkeren Spänen eine Zusatzkraft zu besitzen, ist die Schwungscheibe auf der Kegelradnabe *e* durch die Rundmutter *f* befestigt. Am unteren Ende der Stoßstange *g* befindet sich der Stößelkopf *h*. Die Stähle *i* werden an der Stoßstange genau so wie an den üblichen gebräuchlichen Maschinen befestigt. Die Führung der Stange ist auch hier, wie bei dem Modell, Fig. 243, mittels einer Winkelfeder ausgeführt. Die Anstellung des Stahles resp. des Spanes erfolgt durch Verschiebung des Supportes mit dem Werkstück. Zu dem Zweck ist die Spannplatte des Gestelles *a* unterhalb des Stößels *h* mit zwei Prismenführungen, zur Aufnahme der Tisch- oder Supportplatte *k*, ausgerüstet. Die Tischplatte wird in der üblichen Weise durch die Spindel *l* am Vierkant bewegt. Zum Aufspannen von Werkstücken sind auf der Tischplatte 3 T-Nuten vorgesehen. Diese beiden Vorrichtungen stellen für die Werkbank, abgesehen von der Bedienung, recht brauchbare Hilfswerkzeuge dar, so daß man für leichte Arbeiten nicht erst die großen Stoßmaschinen einzurichten braucht.

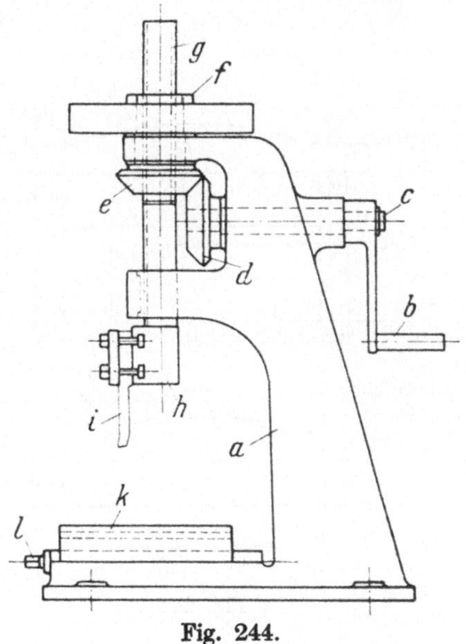

Fig. 244.

b) Für Fassonstücke. Fig. 245 zeigt eine Stoßvorrichtung mit Stichelführung an Schablonen. Bei diesen Arbeiten spricht mehr das Gefühl mit. Ein zu starkes Gegenführen wird den Stoßstahl etwas abbiegen. Trotzalledem ist sie eine brauchbare Vorrichtung.

Auf den beiden gleich großen Unterlagen *a* und a_1 ist die Fassonschablone *d* aufgelegt. Die beiden seitlichen Spannschrauben *c* und c_1 tragen oberhalb das kräftige Spannstück *b*. Es wird durch Anzug der Spannschrauben *c* und c_1 fest auf das Werkstück *F* gezogen. Beim Ausrichten der Schablone und des Werkstückes wird man nur das äußerste an Material fortnehmen. Da die Fassonarbeiten stets zeitraubend sind, ist es bequemer, auf einer Hobelmaschine den überschüssigen Betrag an Material nachher vom Rücken des Werkstückes abzuheben.

Die Führung des Stoßstahles *e* an der Schablonenkante *d* ist aus der Figur klar zu ersehen.

Fig. 246 stellt das Hobeln eines Hebelauges *P* dar. Die hierzu verwendete Vorrichtung ist äußerst einfach. Der zu stoßende Hebel *P*

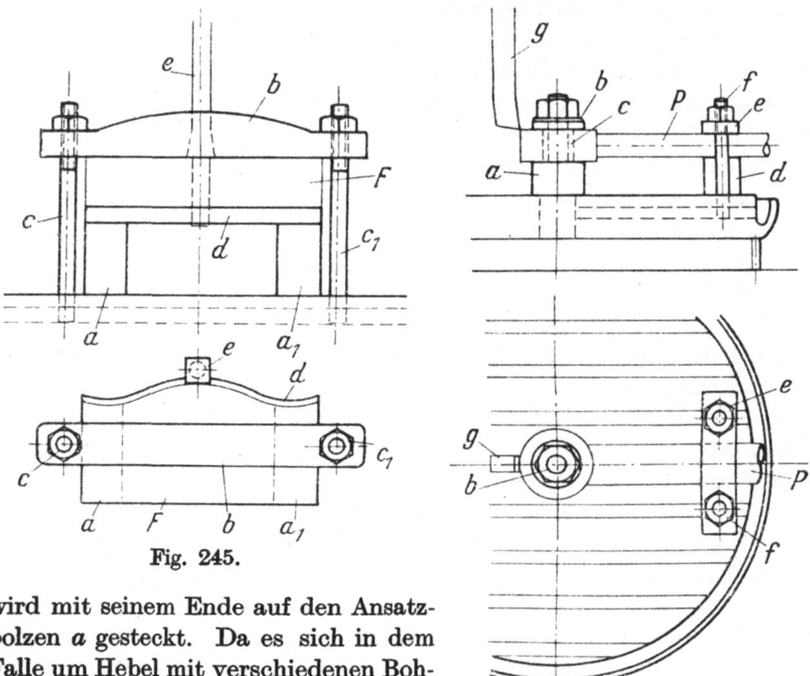

Fig. 245.

Fig. 246.

wird mit seinem Ende auf den Ansatzbolzen *a* gesteckt. Da es sich in dem Falle um Hebel mit verschiedenen Bohrungen handelt, so ist die Buchse *c* vorgesehen. Die Buchsen sind den Bohrungen entsprechend angefertigt. Sie zentrieren die Hebel auf dem Zapfen *a*. Als weitere Befestigung kommt das Spanneisen *e* in Frage. Nachdem die Mutter mit der Scheibe *b* auf dem Bolzen festgezogen ist, wird die Unterlage *d* entsprechend untergeschoben und der Hebelarm mittels Lasche *e* und Spannbolzen *f* festgespannt. Die Bewegung des Auges an dem Stoßstahl vorbei erledigt der Rundtisch des Stoßwerkes. Diese Arten der Bearbeitung erfordern nur einfache Vorrichtungen, welche durch den Rundtisch größtenteils ersetzt werden. In Fig. 247 ist die Stoßarbeit an dem Auge eines Schneckenradsegmentes *S* veranschaulicht. Die hierzu verwendete Vorrichtung ist ebenfalls äußerst einfach. Bei ihr ist das Arbeitsstück mit als ein Teil der Vorrichtung zu betrachten.

Der gußeiserne Unterbau *a* wird auf dem einfachen Kreuzsupport einer Stoßmaschine gespannt. Da wo kein Rundtisch vorhanden ist, hat man das Schneckenradsegment *S* direkt für die Rundbewegung verwendet. Das Arbeitsstück *S* wird auf den Dorn *b* geschoben und mittels Scheibe und Mutter festgezogen. Hier können bei verschiedenen Bohrungen ebenfalls Zentrierbuchsen verwendet werden, wie bereits unter Fig. 246 besprochen. Die ausschwenkbare Schnecke *d* wird durch den Vierkant an Welle *c* gedreht. Da die Schnecke mit dem Segment im Eingriff steht, muß sich dieses drehen, d. h. das Auge gegen den Stahl führen. Das Entfernen des Arbeitsstückes ist ebenfalls einfach. Zum Herausschwenken der Schnecke *d* ist nur die Lösung des Lagers *e* nötig. Ein Schlitz im Unterteil begrenzt den Ausschlag. Das Lager *f* ist als Drehpunkt ausgebildet. Für ähnliche Fälle ist die Vorrichtung äußerst praktisch. Sie ersetzt den Rundtisch der Stoßmaschinen.

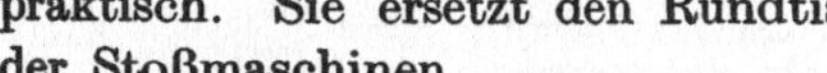

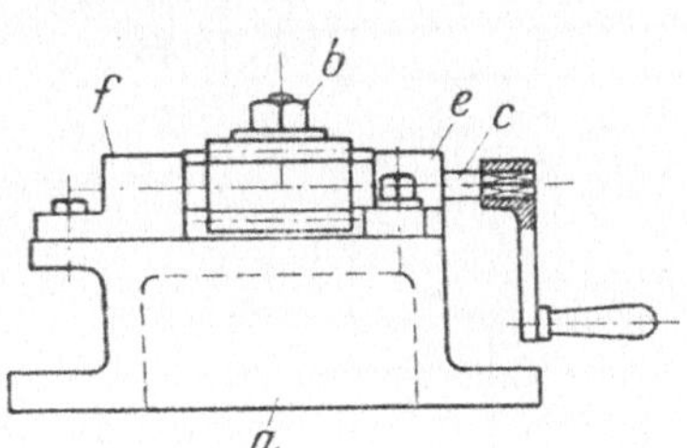

Fig. 247.

Fig. 248 veranschaulicht eine Stoßvorrichtung zur Herstellung von Fassonstücken resp. Schablonen. Diese Vorrichtung beruht auf dem Kopieren durch Führungsschablonen. Das Unterteil *a* wird auf dem einfachen Support eines Stoßwerkes gespannt. Oberhalb trägt das Unterteil die Prismenführungen für den Schlitten *b*. Dieser wird unter Mitwirkung der Mutter *e* durch die Transportspindel *d* in der Längsrichtung verschoben. Die Spindel *d* ist in zwei angegossenen Auglagern am Unterteil geführt. Die Bewegung der Spindel resp. des Supports *b* geschieht hier mittels einer Ratsche *c*. Diese wird von dem Stößel oder einem sonst mit der Hubeinrichtung in Verbindung stehenden Maschinenteil bewegt. Im Unterteil der Vorrichtung ist die Führungsschablone *k* befestigt. An dieser führt sich die Rolle *l* des Oberschlittens *f*. Der Halter der Führungsrolle geht durch den Durchbruch des Unterschlittens *b* hindurch. Der Kontakt der Rolle *l* mit Schablone *k* wird mittels zweier Druckfedern *i* und i_1 bewerkstelligt, welche auf den Dornen *h* und h_1 stehen. Letztere gehen durch die Führungsplatte *g* und stützen die Federn somit gegen diese ab. Das zu stoßende Arbeitsstück *L* wird in der üblichen Weise mittels der 5 Spannschlitze befestigt. Der Hobelstahl ist in diesem Falle in einer kräftigen Stange *m* gehalten.

In der Vorrichtung lassen sich auch von der abgebildeten abweichende Formen herstellen. Es wäre nur das entsprechende Führungsstück im Unterteil einzubauen.

Fig. 249 zeigt eine Schablonen-Stoßvorrichtung für Hubscheiben *H*. Diese sind auf Shapingmaschinen vorgehobelt, so daß dieser Vorrichtung nur noch die Vollendung, d. h. die Bearbeitung der genauen Konturen übrigbleibt. Der Kasten *a* nimmt die

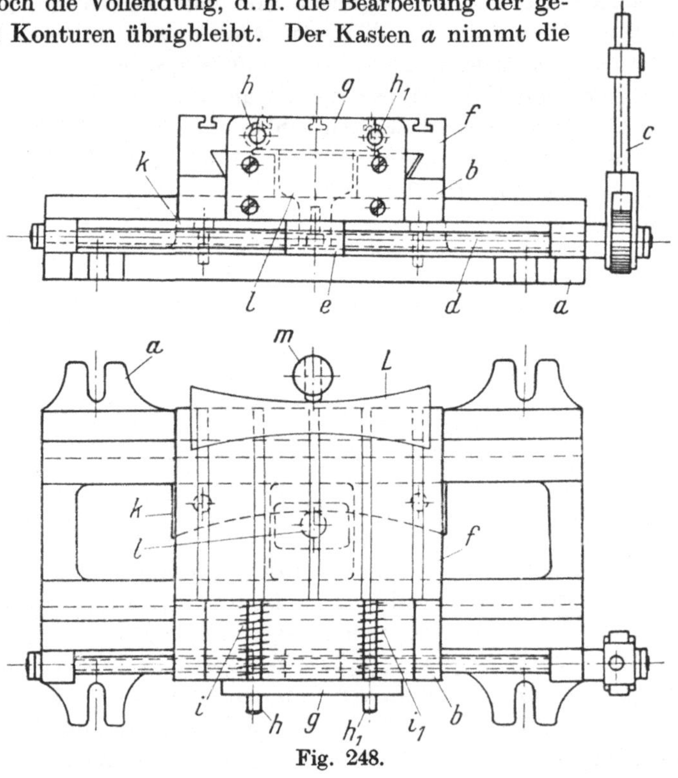

Fig. 248.

Schneckenwelle *b* in den kräftigen Naben auf. Sie steht mit dem Schneckenrad *c* im Eingriff. Durch die Bohrung desselben geht die kräftige Spindel *d*. Diese trägt oberhalb des Schneckenrades die Führungsschablone *e*. An derselben legt sich der Schaft *f* des Stoßstahles *h*. Die äußerst lange und kräftige Nabe des oberen Teiles des Kastens *a* nimmt im stärksten Teil die Spindel *d* auf. Oberhalb der Nabe liegt das Arbeitsstück *H* auf einem Unterlagstück *g*. Es wird mittels der Mutter und der Scheibe festgezogen. Um während der Stoßarbeit eine gute Unterlage zu erhalten, ist die Nabe *i* unterhalb des Arbeitsstückes bis an den Kastenrand heran ausgebildet.

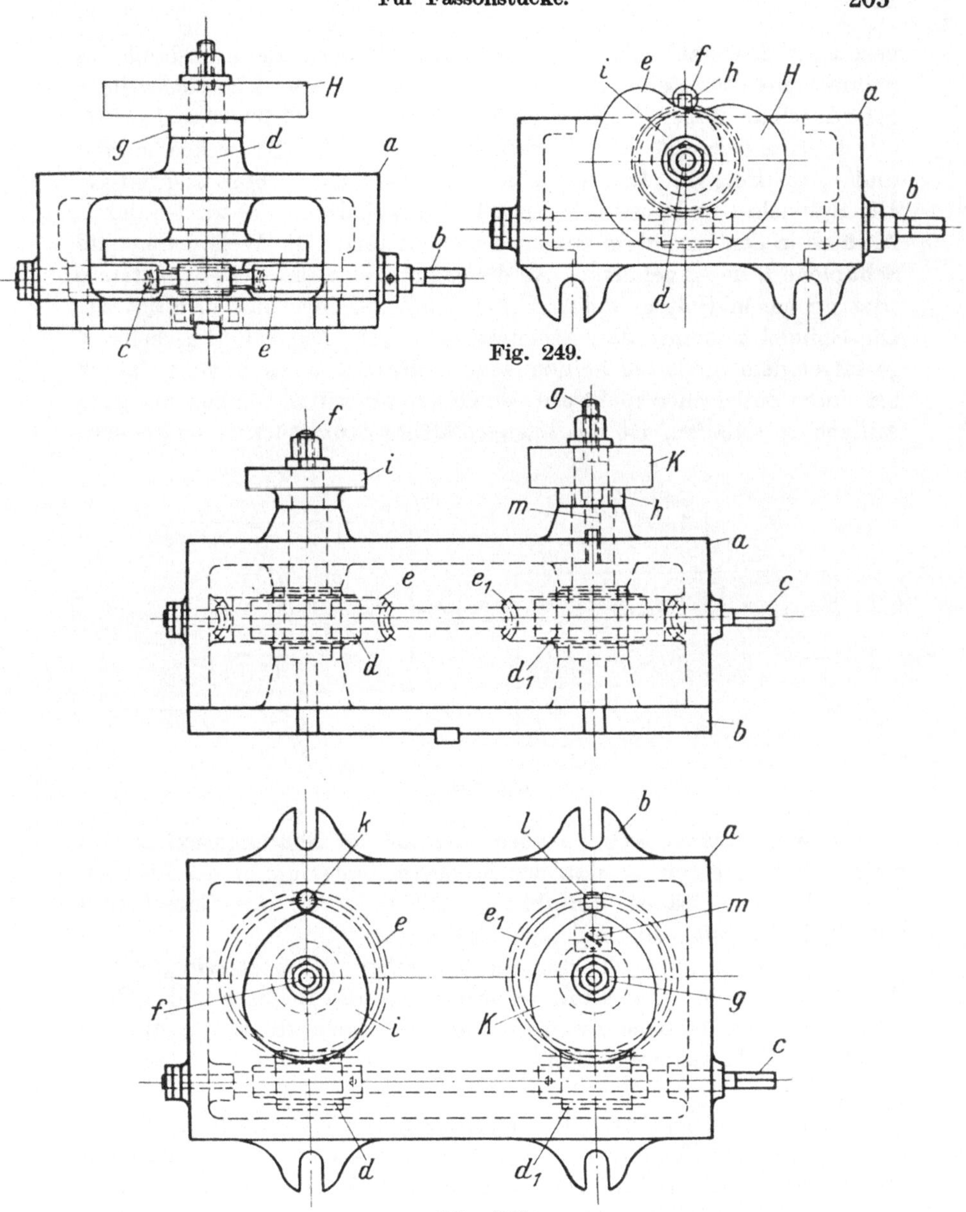

Fig. 249.

Fig. 250.

Fig. 250 stellt eine Kopierstoßvorrichtung mit nebenliegender Schablone dar. Der Kasten *a* besitzt unterhalb einen Bodendeckel *b*, der die Triebwerkteile einschließt. Der Kasten wird auf den einfachen Kreuzsupport eines Stoßwerkes aufgespannt. Der Support bewegt sich nur gegen den Stoßstahl. Die Seitenbewegung fällt fort. Sie wird durch die Schneckentriebe in eine drehende umgewandelt. Die Schneckenwelle *c* geht durch die Naben des Kastens *a*. Auf ihr sind die Schnecken *d* und d_1 durch Stifte befestigt. Die Schnecken stehen mit den Schneckenrädern *e* und e_1 im Eingriff. Letztere sind vorteilhaft aus Bronze angefertigt. Die Spindeln *f* und *g* sind äußerst kräftig gehalten. Sie werden durch Ansätze in den besonders langen Naben geführt. Die Welle *f* trägt die Schablone *i*, sie ist gehärtet. An dieser führt sich die Rolle *k*. Letztere sitzt an einem Halter, welcher am Gestell der Maschine befestigt ist. Die Spindel *g* nimmt das Arbeitsstück *K* auf. Die Unterlegscheibe *h* gestattet dem Stoßstahl *l* einen längeren Hub, d. h. sie bewirkt, daß er bei einem Zutiefgehen nicht auf den Kasten auftrifft. Um hier eine gute Auflage zu schaffen, ist das auswechselbare Stützstück *m* vorgesehen.

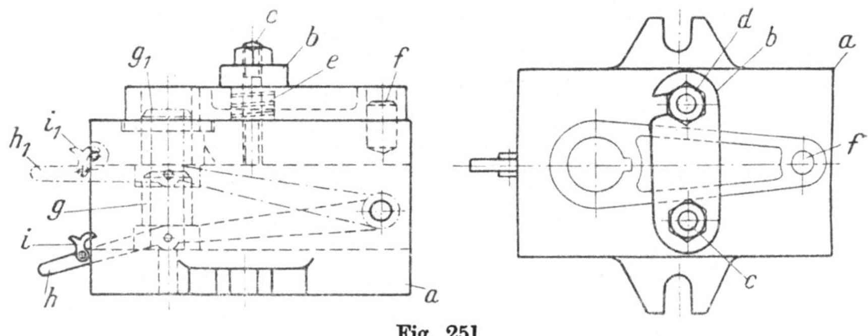

Fig. 251.

Die Arbeitsstücke können auch hier auf der Shapingmaschine roh vorgearbeitet werden, so daß der Kopiervorrichtung nur das Abheben eines kleineren Spanes übrigbleibt. Auch würde das Gegenführen mittels Federkraft voll und ganz ausreichen.

Zu bemerken ist noch, daß die Schnecken gehärtet sein müssen. Will man noch ein übriges tun, so ordnet man die Buchsen in den Bohrungen für die Schneckenwelle exzentrisch nachstellbar an, um die schädliche Luft fortzuschaffen.

c) Für Nutenstoßarbeiten. Fig. 251 zeigt eine Nutenstoßvorrichtung zum Nuten von Hebelnaben. Die hier zur Bearbeitung gelangenden Hebel werden auf die Unterlage *a* gespannt. Hierzu dient das Spanneisen *b*, das mittels der beiden Spannschrauben *c* und *d* befestigt wird. Das Spanneisen *b* wird aber nicht entfernt, sondern nur gelöst, um den Hebel frei zu bekommen. Nach Lösung der beiden Schrauben kann man das Spanneisen *b* herumdrehen, da das Spannloch der Schraube *d* einen Schlitz aufweist. Unter dem Spanneisen steckt auf den Bolzen *c* eine Druckfeder *e*, die es immer in der Spannhöhe des Arbeitsstückes hält. Die Fixierung des Hebels wird mittels des Stiftes *f*, der in die Bohrung des kleinen Auges des Hebels paßt, durchgeführt. Bevor das Spanneisen angezogen wird, wird die ausschwenkbare Fixierung *g* in die große Nabe des Hebels geschoben. Außen konnte die Nabe nicht fixiert werden, da das Arbeitsstück roh ist. Die Fixierung besteht hier aus dem Futterstück *g*, das auf dem Hebel *h* etwas beweglich montiert ist. Um nicht den Hebel *h* beim Festziehen der Lasche dauernd zu halten, ist der kleine Haken *i* an dem Hebel *h* angebracht. Sobald man das Futterstück *g* eingeschoben hat, klinkt der kleine Hebel über einen Stift und hält dadurch die Fixierung fest. Nach dem Festziehen der Lasche klinkt man den kleinen Haken i_1, der in der Figur gestrichelt dargestellt ist, aus und senkt den Hebel h_1 herab. Genügende Spankanäle sichern den Abgang der Späne.

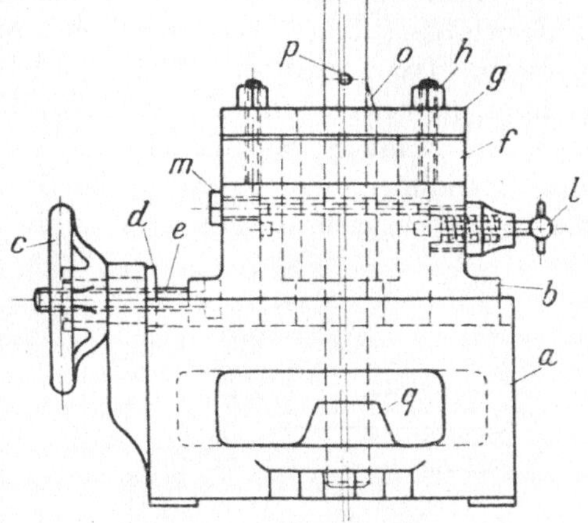

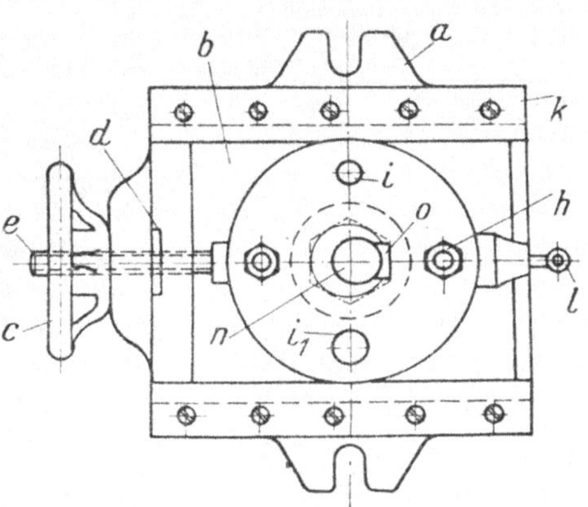

Fig. 252.

Diese Art der Fixierung ist aber nur bei besonders präzisen Arbeiten am Platze. Allgemein spannt man diese Hebel mit vorgezeichneter Nut auf dem Support der Stoßmaschine und stößt so nach der Markierung die Nut aus.

Fig. 252 zeigt eine Stoßvorrichtung zum Ausstoßen eines Sechskantes in einer Buchse. Die Vorrichtung ist auf dem Kreuzsupport der Stoßmaschine gespannt. Der Kasten *a* weist am Boden eine Nabe *q* auf. In dieser führt sich die Verlängerung des Stoßstahles *o*. Die abgeschrägten Flächen der Nabe verhindern ein Aufhängen der Späne. Auf der oberen Fläche des Kastens befinden sich die Führungen für das Futter *b*. Die Deckleisten *k* schließen diese ab. Das Anstellen des Spanes geschieht durch das Handrad *c*. Es sitzt mit seiner langen Nabe in dem Anguß von *a*. Ein Bund der Nabe *d* hält das Handrad drehbar in dem Anguß fest. Die Spindel *e* ist mit einem Vierkantkopf versehen, der in die

Aussparung vom Flansch des Futters *b* eingreift und dadurch die Spindel *e* am Drehen hindert. Das Futter *b* nimmt in seiner Bohrung den Einsatz *f* auf. Dieser besitzt eine Ringnut, in welche sich die zylindrische Schraubenspitze von Schraube *m* legt. Sie dient zum Halten des Einsatzes in dem Futter *b*. Unterhalb der Führungsnut sind 6 Teillöcher vorgesehen. In diese schlägt der Indexstift *l*. Letzterer steht unter Federwirkung. Beim Weiterschalten wird der Stift am Knebel herausgezogen. Dann wird die Einsatzbuchse bis zum nächsten Teilloch gedreht, in welches darauf der Index einschlägt. Der Einsatz nimmt in seiner Bohrung das Werkstück, in diesem Falle die Buchse auf. Ihre Spannung geschieht durch die Druckplatte *g*. Diese wird durch die beiden ungleich starken Prisonstifte *i* und i_1 fixiert. Gleichzeitig

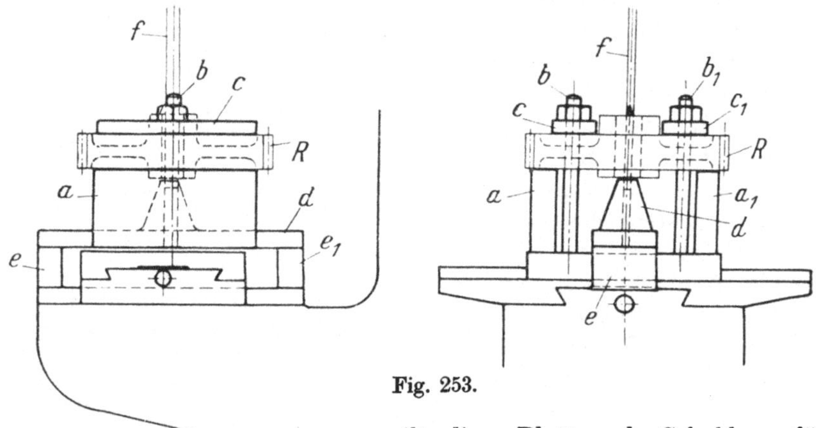

Fig. 253.

gilt diese Platte als Schablone für das Sechskant, das ausgestoßen werden soll. Die beiden Spannschrauben *h* ziehen die Platte fest auf das Werkstück und spannen es so im Einsatz fest. Das Werkzeug besteht aus der Stoßstange *n*, die den Stahl *o* in einem Vierkantloch mittels eines Stiftes *p* hält. Diese Vorrichtung ist ebenfalls solide ausgebaut und läßt sich unter kleinen Abänderungen auch für andere Arbeiten verwenden.

Fig. 253 veranschaulicht eine Stoßvorrichtung, die nach demselben Prinzip wie die vorhergehende arbeitet. Hier wird ebenfalls die Stoßstange geführt. Man erhält auf diese Weise eine nach unten zu gleichmäßig verlaufende Nut. In diesem Beispiel ist ein Zahnrad zu nuten. Dieses ruht auf den beiden Unterlagen *a* und a_1. Letztere sind mittels der beiden Spannschrauben und der Laschen auf dem Support befestigt. Die beiden Laschen liegen auf dem Radkranz *R* auf. Sie werden durch die beiden Spannschrauben *b* und b_1 festgezogen. Die beiden Laschen *c* und c_1 müssen so kräftig gewählt werden, daß ein Durchbiegen nicht stattfinden kann. Die Stoßstangenführung ist mit dem Maschinengestell verbunden. Sie stellt daher für die Stange einen festen Punkt dar. Die Lasche *d* mit Nabe liegt auf den beiden Unterlagen *e* und e_1. Diese und die Lasche *d* werden mit dem Gestell verschraubt. Die Stoßstange *f* mit dem Stahl arbeitet in ihrer festen Stellung hin und her, und schiebt man mittels der Knebelschraube an der Supportspindel den Support mit den Auflagen *a*, a_1 und daher das Rad *R* gegen den Stahl.

Dieses ist eine einfache und für zahlreiche Fälle brauchbare Vorrichtung.

Fig. 254 zeigt eine Stoßvorrichtung zum Ausstoßen von Stahlspannlöchern in Messerköpfen. Diese Löcher besitzen eine dreikantige Form, wie die Figur zeigt. Die Vorrichtung ist äußerst einfach, jedoch zweckentsprechend ausgebildet.

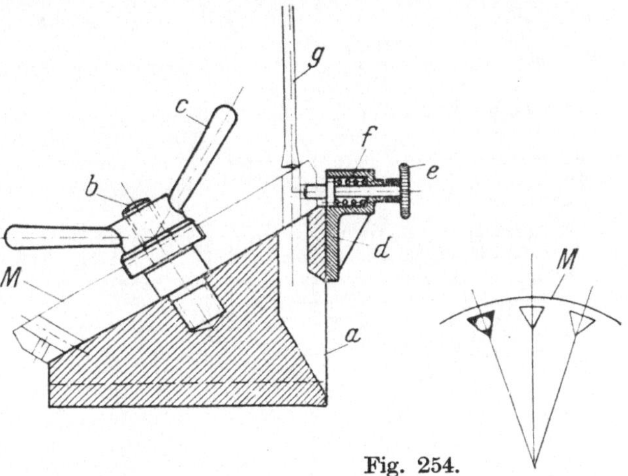

Fig. 254.

Der Messerkopf *M* ruht auf der schrägen Unterlage *a*. Diese trägt in der Mitte den Spannbolzen *b*. Dieser legt sich in die Bohrung von *M* und zentriert außerdem noch durch die Paßscheibe unterhalb der Knebelmutter *c* in die Ausbohrung des Kopfes. Um nun die Ausstoßung gleichmäßig vornehmen zu können, ist die Teilvorrichtung *d* an der Unterlage *a* befestigt. Diese besteht aus dem Federgehäuse *d*, in welchem sich der Indexstift *e* führt. Die Spannfeder *f* wirkt gegen den Bund des Stiftes und spannt diesen so in die Gewindelöcher des Messerkopfes *M*. Der Stoßstahl ist im Querschnitt etwas kleiner gehalten. Durch Anstellen des Kreuzsupportes wird die fertige Form der Löcher erreicht. Selbst wenn der Stoßstahl *g* nur schwache Späne abhebt, ist diese Art der Bearbeitung derjenigen durch Handfeilarbeiten vorzuziehen. Erstens werden die Löcher gleichmäßig und zweitens geht die Arbeit schneller vonstatten. Die Figur zeigt in den dunklen Stellen das fortzunehmende Material im Bohrloch an und daneben zwei fertig ausgestoßene Löcher.

Fig. 255 zeigt eine Handnutenstoßvorrichtung für schwere Werkstücke, die normal nicht auf einer Stoßmaschine gespannt werden können. Außerdem läßt sich diese Vorrichtung auch auf Montagen gut verwenden. Derartige Vorrichtungen gibt es in den verschiedensten Ausführungen im Handel, so daß sich eine Selbstanfertigung nicht lohnen dürfte. Eine Type soll jedoch hiervon beschrieben werden, um evtl. für ähnliche Fälle eine Spezialvorrichtung danach entwerfen zu können. Der Hauptkörper besteht aus dem Anspannflansch mit Getriebekasten *a*. Die schwere Scheibe *S* wird mittels der Spannschrauben *n* mit Laschen gegen die Platte gespannt. Die Platte weist zu diesem Zweck mehrere Schlitze auf. Die Stoßstange *d* ist mittels der Druckschraube in dem Halter *c* befestigt. Dieser ist in dem Support *b* nachstellbar und auch in den beiden Scharnierkloben am hinteren Ende gehalten. Auf dem Support *b* befindet sich am Vorderteil das Böckchen mit Stellschraube *e*. Der Stangenhalter besitzt an dieser Stelle einen Kloben, in dem das Auge des Stellbolzens befestigt ist. Eine Verstellung der gekordelten Mutter *e* hebt oder senkt den Halter *c* und dadurch auch die Stoßstange *d*. Am vorderen Ende besitzt die Stange *d* die Aufnahme für den Stahl *m*. Dieser wird mittels der Druckschraube gespannt.

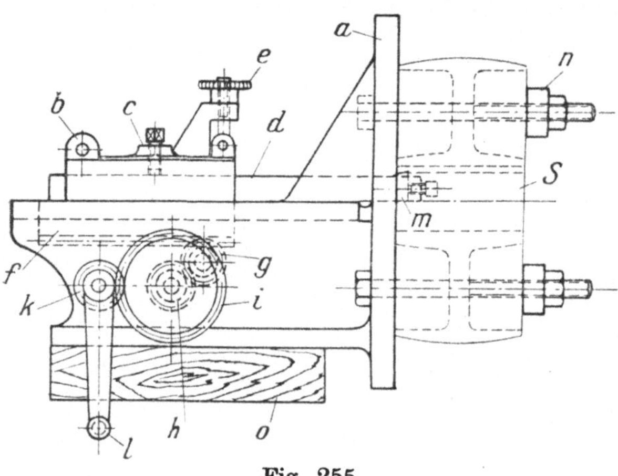

Fig. 255.

Die Bewegung der Stange wird durch die Handkurbel *l* eingeleitet. Diese trägt auf der gemeinsamen Welle das Ritzel *k*, welches mit dem Zahnrad *i* im Eingriff steht. Ebenfalls steht das, auf der gleichen Welle befindliche Zahnrad *h* mit Rad *g* im Eingriff, und dieses wiederum mit der Zahnstange *f*. Aus der Figur ist die Bewegung der einzelnen Teile ohne weiteres ersichtlich.

Für stationären Betrieb wird die Vorrichtung auf einem Holzbock *o* befestigt. Sie ist leicht und handlich.

Fig. 256 stellt eine kleine vertikal arbeitende Stoßvorrichtung dar. Diese wird auf der Werkbank oder auf einer Spannplatte befestigt. In dem Ständer *a* ist die Welle mit dem Handrad *b* befestigt. Auf der Nabe des letzteren befindet sich das Ritzel *c*, welches mit dem Zahnrad *d* im Eingriff steht. Im Innern des Gestelles *a* befindet sich auf der Welle des letzteren das Ritzel *e*. Dieses greift in die Verzahnung der Stoßstange *f*. Am vorderen Teil ist sie mit einer Längsnut für die Führungsfeder *g* versehen. Diese dient zur Festhaltung der Lage der runden Stoßstange *f*. Am unteren Ende derselben befindet sich der Spannkopf *h*. Dieser nimmt in seiner Bohrung die Stoßstange *l* auf und ist mittels des Stiftes *i*, der mit Gewinde im Halter sitzt, beweglich gehalten. Die Schrauben *k* dienen zur seitlichen Fixierung der Lage der Stange und die vorn und hinten sitzenden zum Anstellen des Stahles *m*. Dieses geschieht in der Weise, daß die vordere Schraube gelöst und die hintere angezogen wird. Diese Vorrichtung dient nur für kleine Stoßarbeiten, bei welchen es sich um schwache Späne handelt. Für größere Beanspruchung dürfte diese Anordnung nicht mehr genügen.

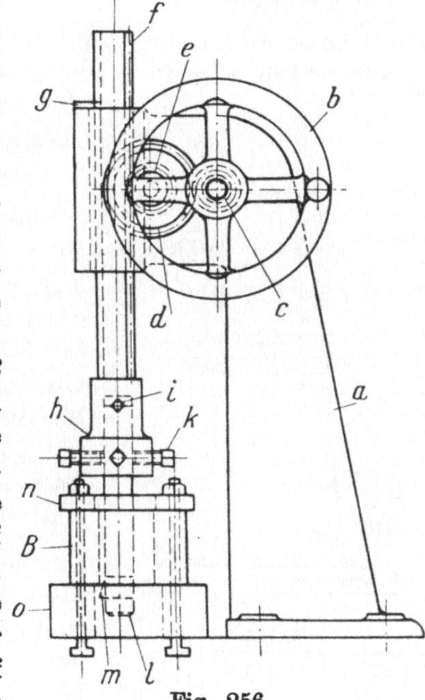

Fig. 256.

Das Aufspannen des Werkstückes *B* geschieht mittels Spannschrauben und Spannring *n*. Hier ist als Unterlage ein Ring oder Unterlagestück *o* verwendet. Die Spannschrauben sowie die Vorrichtung selbst sind vorteilhaft auf einer sog. Nutenspannplatte befestigt.

Fig. 257 stellt eine ähnliche Type einer Stoßvorrichtung in horizontaler Ausführung dar. Auch wird diese auf einer Spannplatte, wie sie fast in jeder Werkstatt anzutreffen ist, gespannt. Das Unterteil *a* nimmt in seinen Prismen den Längssupport *b* auf. Dieser wird durch die Spindel und den Knebelgriff *m* verschoben. In den Führungen dieses Längssupportes schiebt sich der Stößel *c*, der durch den Handhebel *d* bewegt wird. An dem Handhebel befindet sich das Ritzel, welches die Zahnstange *e* betätigt. Diese bewegt, da sie mit *c* verbunden ist, den Stößel. Der Kopf am Stößel *c* ist ähnlich denen an Shapingmaschinen nachgebildet. Der Kopf *f* ist drehbar und mit Skala versehen. Der Schlitten *g* ist durch die vertikale Spindel zum Verstellen eingerichtet. Die Klappe *h* hat ebenfalls die bereits bekannte

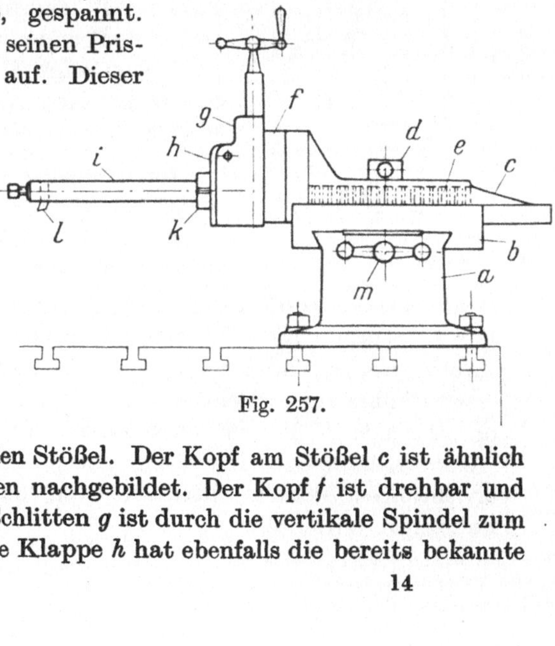

Fig. 257.

Ausführung. Die Stoßstange *i* ist hier mittels des Kopfes und der Rundmutter *k* in der Klappe *h* befestigt. Der Stoßstahlhalter *i* ist ebenfalls bekannter Form so wie die Befestigung des Stahles *l* durch Druckschraube.

Diese Ausführung stellt eine leichte Bauart dar. Ihre Verwendungsmöglichkeit ist jedoch größer als bei der vorhergehenden. Man kann den Stahl nach jeder Richtung hin verstellen. Dieses tritt durch den Kopf *f* noch mehr in die Erscheinung.

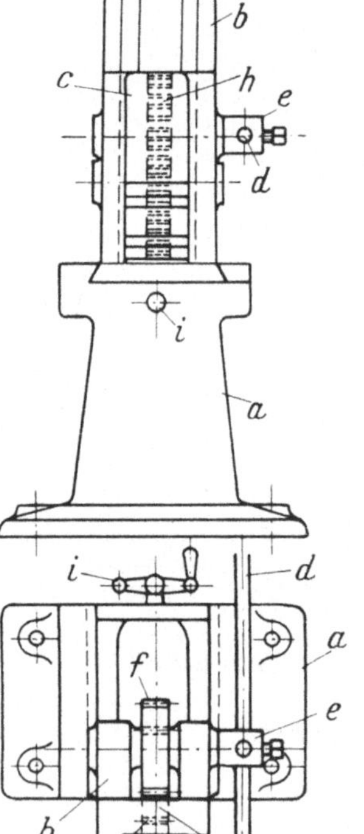

Fig. 258.

Fig. 258 veranschaulicht eine Stoßvorrichtung, die ebenfalls auf einer gegebenen Unterlage gespannt wird. Das Unterteil *a* besitzt oberhalb zur Aufnahme des Oberteiles *b* Prismenführung. Mittels der Spindel *i* wird das Oberteil vorgeschoben. Diese Bewegung gilt für die Anstellung des Stahles. Das Vorderteil an *b* ist für den Stößel *c* eingerichtet. Es weist für die Aufnahme des Stößels *c* prismatische Führungsleisten auf.

Die Bewegung resp. die Betätigung des Stößels geht von dem Hebel *d* aus, der verstellbar in dem Kloben *e* sitzt und in der üblichen Weise mittels der Druckschraube gehalten wird. Auf der Knebelwelle sitzt das Zahnrad *f*. Dasselbe steht mit dem Zahnrad *g* und dieses wiederum gleichzeitig mit der Zahnstange *h* im Eingriff. Durch einfaches Bewegen des Hebels geht der Stößel um den Betrag auf und nieder.

Die Spannung des Stoßstahles *l* geschieht wie in den meisten Stoßwerken mittels Brücke *k*. Über die Art der Verwendung gibt die Figur den besten Aufschluß.

Mit dieser Vorrichtung soll die Abhandlung der Stoßvorrichtungen beendet sein. Es könnten wohl noch manche Vorrichtungen gebracht werden, aber diese sind mehr oder weniger den hier geschilderten ähnlich. Aus dem hier gebotenen ist so manches für andere vorkommende Fälle zu entnehmen. Dasselbe gilt auch für die Hobelvorrichtungen. In vielen Fällen sind die Stoß- und Hobelvorrichtungen schwer auseinander zu halten, da sie die gleichen Funktionen verrichten.

7. Schleifvorrichtungen.

Bei dem heutigen Stande unserer Schleifmaschinenindustrie kann man wohl sagen, daß es im Handel fast für alle im Maschinenbau auftretenden Schleifmöglichkeiten Maschinen und die dazu benötigten Vorrichtungen gibt. Besonders waren es die Firmen Ludw. Loewe, Reinecker, Naxos-Union, Oerlikon, Brown & Sharpe, Collet & Engelhard, Meyer & Schmidt, C. & E. Fein, Fortuna-Werk usw., die mit ihren Errungenschaften bahnbrechend für die inländische sowie ausländische Industrie auftraten. Größte Präzision in Verbindung mit höchster Leistungsfähigkeit sind die Leitmotive gewesen, mit denen sich die deutschen Fabrikate den Weltruf errangen.

Es soll hier an dieser Stelle nicht auf diese Maschinen sowie auf deren Einrichtungen eingegangen werden, sondern es soll nur hervorgehoben werden, in welchem Grade der Vollkommenheit sich diese zur Zeit befinden.

In jeder Werkstatt treten plötzlich Fragen an den Fachmann heran, die in keinen Rahmen passen wollen und die mit den ihm zur Verfügung stehenden Mitteln nicht bewältigt werden können. Die eine Werkstatt ist mit Schleifmaschinen und deren Vorrichtungen gut eingerichtet, die andere dagegen hat weniger ihr Augenmerk auf dieses Gebiet gelegt. Es sind eben nicht alle Werkstätten darin gleich, was bei der Mannigfaltigkeit der Fabrikation auch nicht möglich ist.

Tritt nun der Fall ein, daß die Werkstatt in kurzer Zeit eine Spezial-Schleifarbeit zu erledigen hat, so muß in erster Linie folgender Punkt entschieden werden: kann mit den vorhandenen Vorrichtungen unter etwaigen Abänderungen das Ziel erreicht werden? Es ist dieses stets die erste Frage, die auch unter Berücksichtigung der Preisfrage sowie der Frage nach der Lieferzeit neuer Einrichtungen ihre Berechtigung hat. Wenn sie mit den vorhandenen Einrichtungen nicht zu lösen ist, dann muß die Rentabilität einer Neuanschaffung für den bestehenden Auftrag erwogen werden. Außerdem ist zu berücksichtigen, ob die Lieferzeiten in den Rahmen der Fabrikation noch hineinpassen. Sollte auch diese Frage nicht die gewünschte Lösung finden, so muß eben zu den Hilfsvorrichtungen geschritten werden. Man muß auch hier wieder unterscheiden, ob man eine Vorrichtung für Dauerbetrieb, d. h. eine solche in der entworfenen Form für die Beendigung des Auftrages, oder eine primitive, d. h. eine solche, die man nur bis zum Eintreffen der von einer Spezialfirma geschaffenen verwendet, bauen will. Man wird für den Entwurf einer Schleifvorrichtung immer das Vorhandene verwenden oder besser gesagt, man versucht Teile der vorhandenen Schleifvorrichtungen resp. Maschinen zu verwenden.

Stets wird man die Schleifspindel mit den Lagerungen sowie den Antrieb verwenden können. Denn in den meisten Fällen führt man das Werkstück gegen die Schmirgelscheiben. Es treten auch Fälle auf, in denen man eine nachstellbare oder gar bewegliche Lagerung der Schleifspindel benötigt. Hier handelt es sich dann um den Bau einer kompletten Schleifvorrichtung, die in den Rahmen einer Sonderschleifmaschine fällt.

In diesem Abschnitt treten Fälle von den einfachen Zusatzvorrichtungen bis zur Sonderschleifvorrichtung auf. Der Zweck soll der sein, aus diesen Möglichkeiten der Bearbeitung neue Konstruktionen zu entwerfen. In den seltensten Fällen kann man eine Vorrichtung, die eine Sonderschleifarbeit erforderte, für andere Zwecke in unveränderter Weise gebrauchen, wohl aber ist die Idee für ähnliche Fälle weiter zu verwenden. Dieses soll ja auch der Zweck der Darstellungen sein.

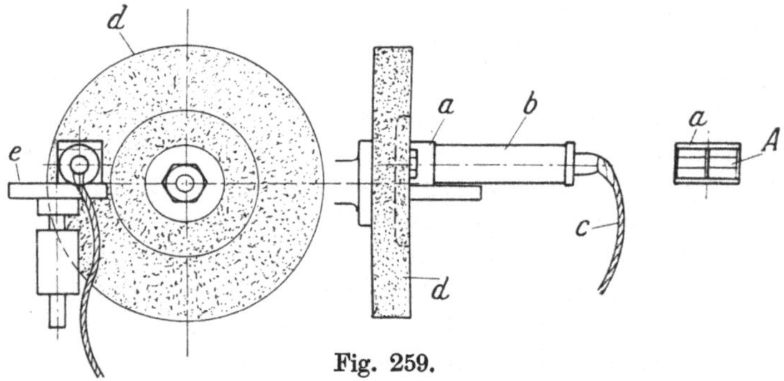

Fig. 259.

In Fig. 259 ist eine Schleifvorrichtung dargestellt, die das Schleifen von kleinen Stahlplättchen *A* gestattet. Da hier keine Schleifmaschine mit Magnetfutter vorhanden ist, hat man sich auf diese Weise geholfen. An dem Elektromagnet *b* ist der Aufnahmekopf *a* aufgesetzt. Dieser hat einen seitlichen Rand erhalten, um das Abgleiten der Plättchen bei zu großen Drücken zu verhindern. Es werden hier 6 Plättchen eingelegt, die ein Stückchen über den Begrenzungsrahmen des Kopfes *a* ragen. Die vorhandene Auflage *e* stützt das Magnetfutter *a* ab. Die Stromzuführung geschieht durch das Kabel *c*. Der Schalter befindet sich an einem Fußtritt, da die Ausschaltung von Hand bei der sehr großen Anzahl und der Kürze der Arbeitsdauer zeitraubend wäre. Gerade bei diesen kurzen Arbeitsperioden muß mit jeder Bewegung gerechnet werden, weil sich die Häufigkeit derselben multipliziert und unter Umständen den Hauptteil der Bearbeitung ausmacht. Die Schleifscheibe *d* ist üblicher Ausführung.

Die Magnetaufspannungen sind zur Zeit für derartige Arbeiten sehr beliebt. Diese Art dürfte wohl von keiner anderen übertroffen werden. Es haben sich die betreffenden Spezialfirmen als Ziel gesetzt, die größte magnetische Kraft unter Verminderung des Gewichtes zu erreichen und dieses auch teilweise mit Erfolg bereits durchgeführt.

Für äußerst kleine Werkstücke verwendet man auch Stahlmagnete ohne Ampèrewickelung. Diese haben aber den Nachteil, daß man die Werkstücke nicht so schnell entfernen kann, was dem Elektromagneten gegenüber ein sehr großer Nachteil ist.

Für die Entmagnetisierung sind mehrere Systeme im Handel, die auch gleichzeitig von den die Magnetfutter liefernden Firmen mit besorgt werden.

In Fig. 260 ist eine Supportschleifvorrichtung veranschaulicht. Diese wird auf einer Drehbank benutzt und stellt ein gröberes Rundschleifen dar. Am vorteilhaftesten richtet man eine Drehbank, die für Dreharbeiten nicht gebraucht wird, dafür ein. Die Lagerung der Drehbankspindel muß aber besonders nachgesehen und evtl. repariert werden. Desgleichen ist auch die Supportführung einwandsfrei instand zu setzen. Denn eine ausgelaufene Führung wird den Fehler doppelt auf das Werkstück *W* übertragen.

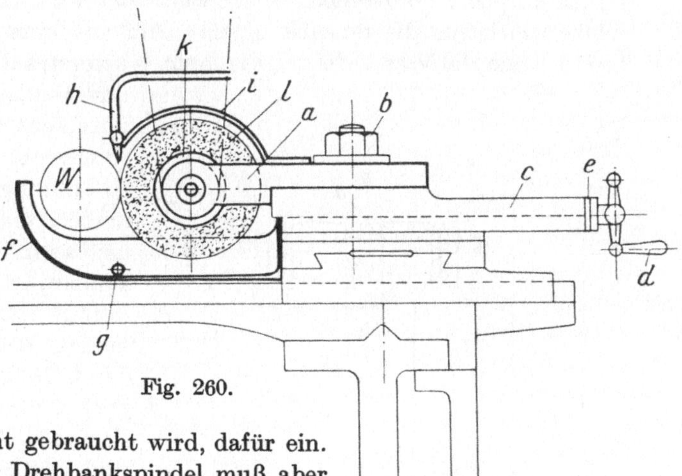

Fig. 260.

Der Halter *a* ist an der Lagerstelle gegabelt und nimmt die Riemenrolle *k* in der Mitte auf. Diese muß gut ballig gedreht sein, um den Riemen genau in der Mitte halten zu können. Für den Antrieb muß ein besonderes Vorgelege mit langer Trommel geschaffen werden. Man verwendet am vorteilhaftesten Holzscheiben dazu. Die Umfangsgeschwindigkeit der Schmirgelscheibe *l* beträgt im Mittel pro Sekunde ca. 25 m. Es ist noch besonders auf die Befestigung zu achten, was auch für alle in diesem Abschnitt behandelten Vorrichtungen gilt. Erstens muß die Bohrung der Schmirgelscheiben gut passen, wenn das Loch zu groß ist, muß eine Bleibuchse eingegossen werden, die nachher ausgebohrt wird. Denn ein größeres Schlagen infolge der Zentrifugalkraft ruiniert nicht allein die Lager, sondern erhöht auch die Gefahr des Zerplatzens der Scheiben.

Zweitens dürfen die Spannscheiben, die die Schmirgelscheibe seitlich halten, nicht ohne Zwischenlage verwendet werden. Diese Zwischenlage muß elastisch sein, um sich den evtl. Unebenheiten der Scheibe anschmiegen zu können, im anderen Fall würde die Scheibe bei einem leidlich festen Anzug springen oder infolge der Spannungen nachträglich platzen.

Der Halter *a* besitzt unterhalb einen Ansatz, der sich gegen die Supportkante abstützt. Mittels der Spannschraube *b* wird der Halter befestigt. Zum Schutz gegen herumfliegendes Wasser resp. als Sicherheit gegen ein Fortschleudern der Steinstücke bei evtl. Bruch der Scheibe ist die Kappe *i* vorgesehen. Diese ist in der Figur nur markiert. Sie schließt meistens die Scheibe $^2/_3$ ein. Am vorderen Ende der Kappe befindet sich die Wasserdüse *h*, die ihren Wasserstrahl zwischen Scheibe und Werkstück spritzt. Dadurch entsteht an der Berührungsstelle die gewünschte Abkühlung. Um das ablaufende Kühlwasser zum Sammelbassin zurückleiten zu können, ist das Becken *f* mit Ablauf *g* am Support vorgesehen. Der Support *c* wird durch die Spindel mit Handgriff *d* verschoben. Um die Feineinstellung zu erkennen, sind die beiden Scheiben *e* mit Nonius angebracht. Diese Scheiben werden vorteilhaft stets größer gewählt als sonst an Drehbänken üblich ist, um den Vorschub genau erkennen zu können.

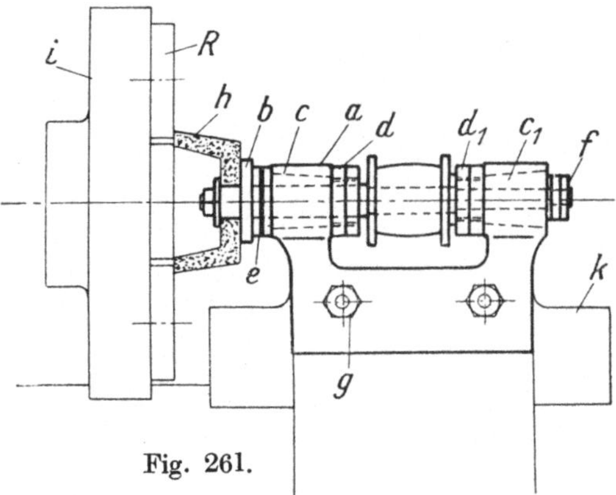

Fig. 261.

Durch eine zweckentsprechende Einstellvorrichtung an der Mutter der Transportspindel *d* wird der auftretende tote Gang vermieden und die Präzision der Vorrichtung dadurch gehoben.

Fig. 261 stellt das Schleifen von Ringen auf der Magnetscheibe dar. Die Vorrichtung zeigt im übrigen die ähnlichen Merkmale wie die in Fig. 260 beschriebene. Der gegabelte Halter *a* wird mittels der beiden Spannschrauben *g* auf dem Support der Drehbank befestigt. Hier stellt ebenfalls ein Anschlag, wie bei der vorbeschriebenen Vorrichtung, die Parallelität zwischen Spindelachse und Support *k* her. Die Schleifspindel *b* ist hier besonders gut gelagert. Sie läuft in nachstellbaren Bronzelagerbuchsen *c* und c_1. Die Nachstellung der Lager geschieht mittels der Rundmuttern *d* und d_1. Zwischen dem vorderen Lager und dem Spindelbund befindet sich das Kugellager *e*. Dieses nimmt den Achsialdruck, der durch das Gegenführen der Topfscheibe *h* gegen die Stahlringe hervorgerufen wird, auf. Die Topfscheibe *h* wird unter den schon eingangs erwähnten Bedingungen zwischen den Spannscheiben befestigt. Am Ende der Spindel befinden sich die Gegenmuttern *f*. Diese werden so angespannt, daß sich die Spindel leicht und ohne Spiel drehen läßt. In der Mitte der Gabelung des Halters *a* befindet sich die ballige Scheibe. Der Antrieb geht auch hier von einem gesonderten Vorgelege aus, um die 25 m Schnittgeschwindigkeit herauszubekommen. Man verwendet auch vielfach einen Elektromotor an Stelle eines Vorgeleges. Dieser wird auf dem Support befestigt und arbeitet direkt auf die Vorrichtung.

Zur Befestigung der Stahlringe dient die Magnet-Planscheibe *i*. Die Stromzuführung ist in der Figur nicht ersichtlich. Diese wird vielfach durch Schleifringe auf das Futter direkt übertragen. Diese An-

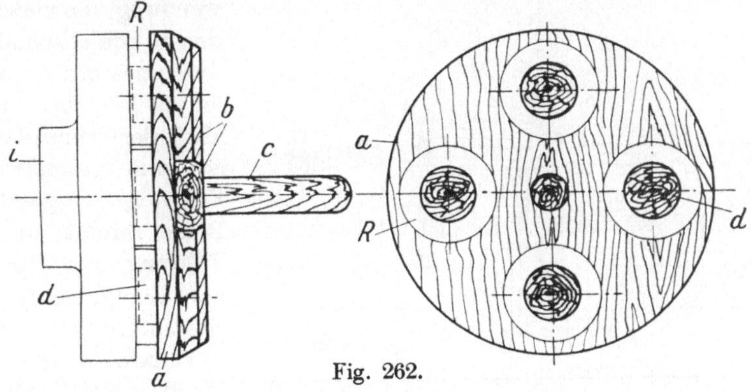

Fig. 262.

ordnung ist auch dort unerläßlich, wo die Drehbankspindel keine Bohrung aufweist. Ist eine entsprechende Hohlspindel vorgesehen, so führt man die Kabel durch diese und setzt vom hinteren Ende der Spindel die Schleifringträger auf. Hierüber gibt es genügende Anweisungen. Es braucht daher auf die Art dieser Ausführung hier nicht weiter eingegangen zu werden. Eine kleine Schwierigkeit bietet allein das Gegenspannen der Ringe sowie das Abnehmen derselben.

In Fig. 262 ist eine Hilfsvorrichtung für den obigen Fall dargestellt. Die Ringe *R* werden auf die Holzscheibe *a* und deren Holzansätze *d* gehängt. Das Holzkreuz an der hinteren Fläche verleiht der Platte *a* die nötige Stabilität. Mittels des Handstieles *c* wird nun die Platte mit den Ringen gegen die ausgeschaltete Magnet-Planscheibe *i* geschoben, so daß sich die Außenränder beider auf ihren Kreisen decken. Alsdann schaltet man den Strom ein. Dann sind die Ringe *R* gespannt.

Das Entfernen der Ringe geschieht dadurch, daß man die Platte *a* wieder gegen die Planscheibe drückt und dann den Strom ausschaltet. Auf diese Weise geschieht das Auf- und Abbringen der Werkstücke mühelos. Andere Formen von Werkstücken kann man auf eine ähnliche Weise spannen.

Fig. 263 stellt eine Vorrichtung zum Schleifen großer, spiralgenuteter Fräser dar. Diese Vorrichtung wird auf der Werkbank befestigt. Der Antrieb der Schleifscheibe *l* geschieht mittels eines direkt gekuppelten Motors *k*. An dem Gehäuse sind gleichzeitig der Widerstand und der Ausschalter angebaut. Die kräftige Grundplatte *a* trägt an der Rückseite die Säule zur Aufnahme des Schleifmotors *k*. Letzterer besitzt eine Verlängerung, die sich in die Bohrung der Säule verschieben läßt. Mittels einer Knebelschraube wird der Motor mit Scheibe in seiner gewünschten Höhe eingestellt. Diese Einstellung ist nötig, um verschiedene Fräserdurchmesser von *F* unter Verwendung von verschiedenen Schleifscheibendurchmessern *l* schleifen zu können. In der Mitte der Grundplatte *a* ist eine prismatische Führung vorgesehen. Diese nimmt in der Führung den Bock *b* auf. Bei kleineren Vorrichtungen genügt eine Verschiebung von Hand. Bei größeren muß jedoch ein Handhebel oder eine Spindel für die Längsbewegung eingebaut werden. In der Figur sind diese Antriebsmechanismen fortgelassen. Man kann sich diese in ihrer Anwendung leicht vorstellen. Der Bock *b* besitzt einen Aufnahmekopf für den Längsträger *c*. Dieser hat rechteckigen Querschnitt und wird mittels einer Knebelschraube *d* in dem Kopf von *b* befestigt. An beiden Enden trägt der Längsträger *c* die beiden Spitzenböcke *e* und *f* für die Aufnahme des Spanndornes *g*. Der Bock *e* ist mit feststehender Spitze ausgerüstet und mittels einer Druckschraube auf *c* befestigt. Der Bock *f* dagegen besitzt eine verstellbare Spitze, die mittels eines Knebels verschoben wird. Ebenfalls wird auch dieser Bock durch eine Knebelschraube festgestellt. Auf dem Spanndorn *g* befindet sich die Holzscheibe *h*, auf welcher das Drahtseil oder die Hanfschnur gewunden ist. Am Ende der Schnur befindet sich das Zuggewicht *i*. Dieses kann noch durch Auflegen von Platten beschwert werden. Es dient zum Gegenführen der Zahnbrust

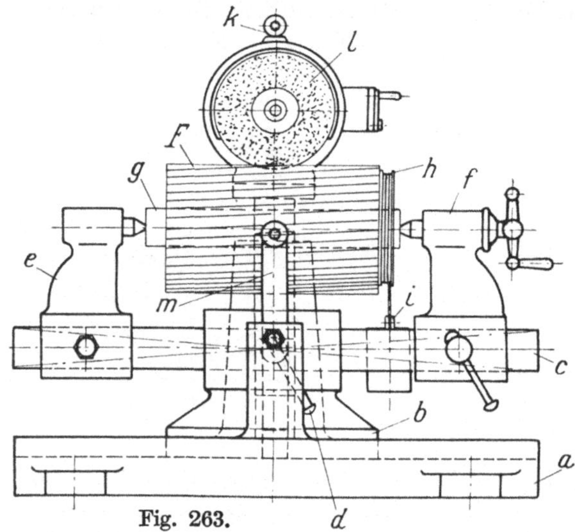

Fig. 263.

gegen die Führungszunge *m*. Diese ist einstellbar an der Spindel *m* befestigt. Die Zunge besteht aus einem flachen Stück Stahl, das sich in die Fräsernut legt und durch die Zugwirkung des Gewichtes *i* mit diesem in Kontakt bleibt. Eine Druckschraube stellt die gewünschte Höhe der Zunge fest. Die Schleifscheibe mit dem Motor kann nach jedem Fräserwinkel eingestellt, d. h. in der Säule gedreht werden. Beim Durchführen des Fräsers an der Scheibe *l* wird nur so viel Material abgeschliffen, wie die Zunge *m* durch die Führung freigibt.

Fig. 264 veranschaulicht eine Schleifvorrichtung zum Schleifen von Stählen für Messerköpfe. Die Grundplatte *a* nimmt den Schleifbock *b* auf. In den beiden Lagerböcken sind konische Bronzebuchsen eingebaut, in denen die Welle für die Aufnahme des Messerkopfes angebracht ist. Die Antriebsscheibe *c* ist bekannter Ausführung. Auf

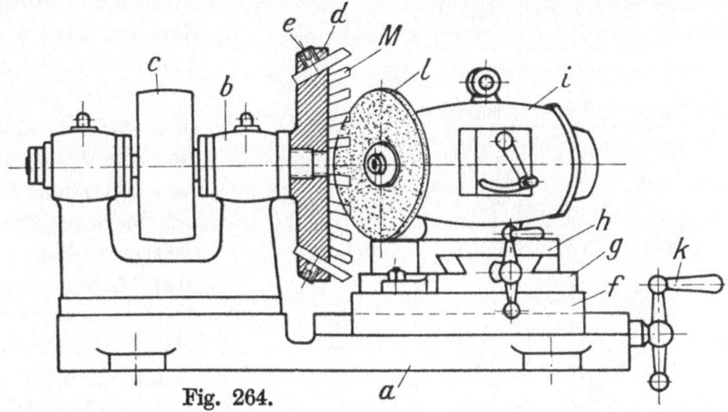

Fig. 264.

dem Gewinde der Aufnahmespindel ist die Futterscheibe *d* befestigt. In dieser werden die Dreikantmesser so eingesetzt, daß der Hinterschliffwinkel an diesen erreicht wird; d. h. die Stellung der Messer in der Futterscheibe *d* ist eine andere als im Messerkopf, sie stehen um den Betrag weiter im Loch geneigt. Die Befestigung der Messer *M* geschieht auch hier mittels der Druckschrauben *e*.

Die Schleifarbeit wird von der Schleifscheibe *l* bewerkstelligt. Der Antrieb geht von dem Elektromotor *i* aus. An diesem befindet sich gleichzeitig der Schalter mit Widerstand. Der Motor schiebt sich auf den Support *g*, so daß auch hier die prismatische Führung ausgebildet ist. Die Führung *h* ist an dieser Seite, wie auch an der unteren Führung, nachstellbar angeordnet. Die Platte *g* ist auf dem Schlitten *f* drehbar aufgesetzt. In der Mitte wird sie durch einen Zapfen zentriert und mittels der beiden Seitenschrauben, die sich mit ihren Köpfen in der Ringnut von *f* führen, gespannt. Das Gegenführen der Schleifscheibe wird durch die Transportspindel *k* bewerkstelligt.

Der Motor besitzt eine Stärke von ca. 1 PS, die für die Schleifarbeit hier vollkommen genügt. Die Platte *a* wird vorteilhaft auf das Gestell einer alten Drehbank montiert. Die Bedienung dieser Vorrichtung ist äußerst einfach; sie wird von ungelernten Schleifern ausgeführt.

Fig. 265 veranschaulicht eine Schleifvorrichtung für halbrunde Messer *M*. Diese sollen vorn auf Schnitt geschliffen und seitlich abgerichtet werden. Diese kleine Vorrichtung kann auf jeder Werkzeugschleifmaschine montiert werden.

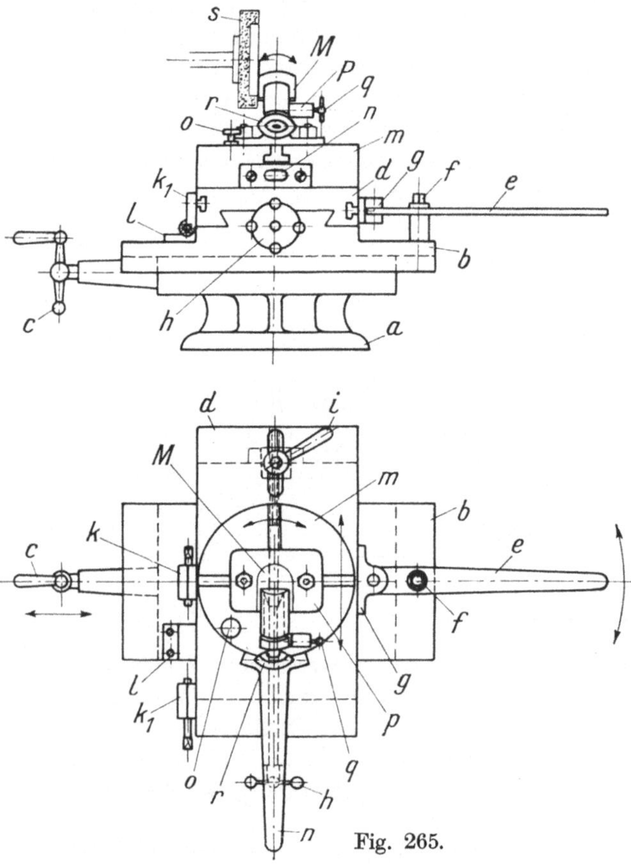

Fig. 265.

Das Unterteil *a* nimmt in seinen prismatischen Führungen den Schlitten *b* auf. Die Transportspindel *c* bewegt letzteren resp. stellt ihn gegen die Scheibe *s*. Auf dem Schlitten führt sich das Supportteil *d*. Letzteres kann auf zwei Arten bewegt werden. Erstens mittels der Transportspindel *h* und zweitens mittels des Handhebels *e*. Um eine Bewegung des Handhebels *e* zu erreichen, muß die Mutter der Spindel *h* gelöst werden. Dieses geschieht durch den Knebelgriff *i*. Auf diese Weise kann der Schlitten *d* um den Betrag des Schlitzes verschoben werden. Der Drehpunkt des Hebels *e*, der mit seinem anderen Ende in dem Supportkloben *g* beweglich angebracht ist, befindet sich auf dem Stehbolzen *f*. Als Begrenzung der Bewegung dient der Anschlag *l*. An diesen schlagen die beiden Stellschrauben *k* und k_1 an. Diese Bewegung gilt für den Seitenschliff von Messer *M*. Um nun den Kreisbogen an letzterem schleifen zu können, ist das Oberteil *m* drehbar angeordnet. Bei dem Seitenschliff steht dieses fest und wird durch den

Arretierstift *o* mit dem Schlitten *d* fest verbunden. Nach Auslösung des letzteren kann das Oberteil *m* mittels des Handhebels *n* im Kreise bewegt werden. Die Pfeilrichtungen zeigen die Bewegungsarten der Einzelteile an.

Das Oberteil führt sich mit einem Zapfen, der durch Muttern und Scheibe im Schlitten *d* gesichert ist, genau zentrisch. Das Oberteil weist für die Aufnahme des Werkstückhalters *p* Kreuznuten auf. Für die Arbeit muß der Halter genau zentriert sein. Dieses wird durch einen Zentrierzapfen, der in ein Mittelloch im Oberteil *m* greift, einwandsfrei erreicht. Der Halter *p* besitzt ebenfalls eine Drehung in der Achse *r*. Hier wird das Messer gewendet, um an der anderen Seite geschliffen zu werden. Die seitliche Arretierung *q* wirkt unter einer Feder in die Rasten vom Futter *r*. Die Spannung des Messers *M* erfolgt durch Drehung der gekordelten Scheibe *r*. Diese ist als Mutter einer Spindel für die Spannzange ausgebildet. Die Spannzange ist im Grundriß der Figur ersichtlich. Sie weist einen Konus auf, der sich infolge des Spindelanzuges durch die Mutter *r* in das Futter zieht und dadurch das Messer in seinem Schlitz festklemmt. Diese Spannung geschieht stets bei eingeklinkter Arretierung von *q*. Der Hinterschliffwinkel am Messer *M* wird durch die Schräglage des Aufnahmefutters *p* erwirkt. Bevor jedoch der Rundschliff erfolgt, muß mittels der Spindel *c* der Support *b* zurückgezogen werden.

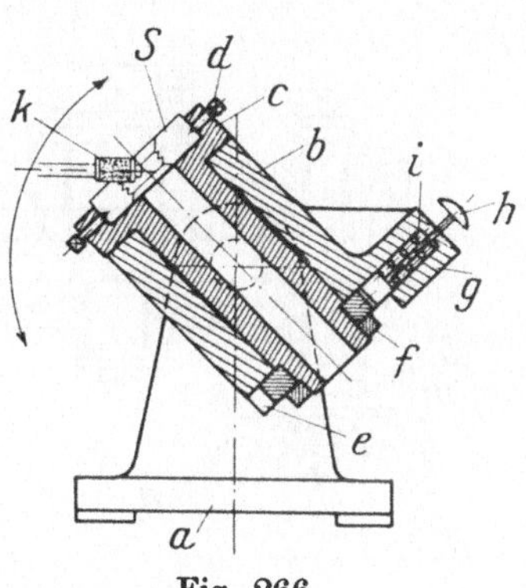

Fig. 266.

Fig. 266 veranschaulicht eine Schleifvorrichtung zum Nachschärfen von Schneideisen. Diese Arbeit wird vielfach noch von Hand ausgeführt, jedoch sind derartige Schneideisen niemals als einwandsfrei zu bezeichnen. Bei einem Schneideisen ist der Anschliff stets das wichtigste Moment. Sobald dieser nicht stimmt, wird das Gewinde dadurch schadhaft, daß das Eisen auf das Material heraufgepreßt wird. Für gewöhnlich fehlt dann der erste Gewindegang. Im anderen Falle reißt das Eisen, so daß das Gewinde scharf und gratig ist. Ebenfalls kann man den Einführungswinkel an den Zähnen nie von Hand gleichmäßig schleifen.

Um diesen Übelstand etwas zu mildern bzw. ganz zu beseitigen, ist diese Schleifvorrichtung konstruiert. Der gegabelte Bock *a* nimmt in seiner Mitte den Halter *b* auf. Derselbe wird seitlich festgestellt. Ein Nonius zeigt die Gradstellung des Halters an. In dem Halter *b* befindet sich das drehbare Futter *c*. Dasselbe trägt für die Schneideisenbefestigung kleine Druckschrauben *d*. Bei kleineren Schneideisen *S* wird eine Kapsel als Zwischenfutter verwendet. Das Zwischenfutter besitzt zum Befestigen der Eisen 3 Spannschrauben und wird von den hier bezeichneten Druckschrauben *d* befestigt. Das Futter *c* besitzt am unteren Ende am Halter *b* eine Teilscheibe *e*, die mittels der Rundmutter *f* befestigt ist. Eine Federbuchse *g* nimmt den Indexstift *h* auf. Dieser spannt sich unter dem Druck der Feder *i* in die Rasten der Teilscheibe *e*. Voraussetzung bei dieser Teilung muß sein, daß die Spanlöcher in dem Schneideisen in gleichen Abständen gebohrt sind. Dies trifft bei der heutigen Schneideisenfabrikation zum größten Teil zu. Die Scheibe *k* sitzt auf einer Fortunaschleifspindel.

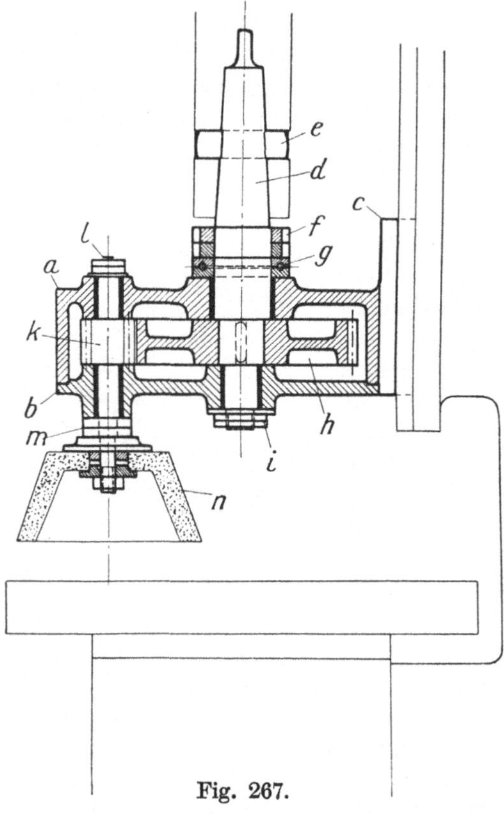

Fig. 267.

Fig. 267 veranschaulicht eine vertikale Schleifvorrichtung. Diese dient zum Planschleifen von größeren Stücken. Sie kann auf Maschinen mit kräftigem Antrieb sowie stabiler Bauart verwendet werden.

Der Antrieb geht von der Maschinenspindel aus. Die Befestigung des Konusschaftes *d* ist durch Keilverschluß *e* in der Spindel wirksam durchgeführt. Der Konusschaft *d* geht durch das Gehäuse *a*. Er ist unterhalb des Deckels *b* durch die beiden Rundmuttern mit Scheibe *i* in letzteren gesichert.

Oberhalb des Kastens *a* befindet sich unter den beiden Rundmuttern *f* das Kugellager *g*. Dieses nimmt den durch das Schleifen entstehenden Achsialdruck auf. Die Lagerung der Triebteile ist durchweg in Bronzeausführung durchgeführt. Auf dem Ansatz der Spindel *d*, im Getriebekasten, befindet sich das große Stirnrad *h*. Dieses steht mit dem kleineren Rad *k*, das mit der Welle *l* aus einem Stück gefertigt ist, im Eingriff. Das Material des großen Rades ist gute Phosphorbronze und das des kleinen Rades Maschinenstahl. Letzteres ist im Einsatz in den Zähnen sowie in den Lagerstellen gehärtet. Unterhalb des Lagers am Deckel *b* befindet sich zwischen der Spannplatte der Topfscheibe und letzterem das Druckkugellager *m*. Es nimmt den vertikalen Schleifdruck auf. Die Welle *l* am oberen Ende ist durch zwei Gegenmuttern gesichert. Die Befestigung der Topfscheibe *n* ist äußerst solide durchgeführt. Die Naben der beiden Spannscheiben zentrieren die letztere und spannen sie unter einer elastischen Beilage fest. Die Schutzhaube ist in der Figur fortgelassen. Sie wird auf dem Ansatz der Deckelnabe montiert und umschließt die Topfscheibe nachstellbar. Die kräftigen Längsführungen *c* des Kastens *a* gleiten am Ständer der Maschine. Hier muß auf eine spielfreie Bewegung großer Wert gelegt werden, da infolge der hohen Tourenzahl an dieser Stelle sonst Erschütterungen auftreten. Bei Maschinen ohne diese Seitenführung muß eine solche angesetzt werden. Der Tisch der Maschine muß drehbar sein, um die Arbeitsstücke unter der Topfscheibe hindurchzuführen.

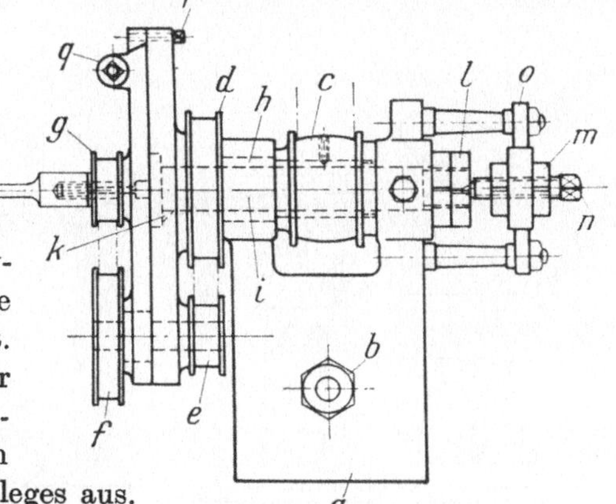

Fig. 268.

Fig. 268 zeigt eine kleine Zylinderschleifvorrichtung. Diese wird auf Drehbänken benutzt. Der Halter *a* wird mittels der Supportspannschraube *b* festgezogen. Der Antrieb geht von einer Scheibe des Deckenvorgeleges aus. Letzteres wird zur Erreichung der gewünschten Tourenzahl vom Deckenvorgelege der Drehbank aus angetrieben. Die von da aus übersetzte Bewegung geht auf die Scheibe *c* der Vorrichtung. Die Scheibe ist auf der langen Buchse *h* der Scheibe *d* befestigt, die sie antreibt. Von Scheibe *d* läuft ein Riemen nach Scheibe *e*. Außerdem steht sie durch eine kurze Welle mit Scheibe *f* in fester Verbindung, wodurch die Umdrehung auf diese übermittelt wird. Die kleine Welle bewegt sich in der Scharnierbuchse der beiden Platten. Von Scheibe *f* geht die Umdrehung mittels eines Triebbandes auf Scheibe *g* über. Auf einen Ansatz der letzteren ist der Dorn der kleinen Schleifrolle *p* geschraubt und erhält so seine Umdrehung. Der Bolzen *k* hält die Platte nebst der Scheibe *d* mit dem Halter *a* fest. Die beiden Gegenmuttern *l* sowie die Gegendruckschraube *n*, die durch die beiden Muttern *m* in der Brücke *o* gesichert sind, stellen den spielfreien Lauf der Scheiben *c* und *d* ein. Damit nun die Schleifrolle gegen die innere Zylinderwandung des Arbeitsstückes geführt werden kann, ist die vordere Platte mittels der Schraube *q* um die Buchse an den beiden Scheiben *e* und *f* drehbar angeordnet. Die eingestellte Platte wird alsdann durch die kleine Spannschraube *r* festgezogen und bildet so mit der unteren Platte ein Ganzes. Demnach ist die Spindel der kleinen Scheibe *g* unabhängig von dem Bolzen *k* in der vorderen Platte gehalten. Die Vorrichtung eignet sich nur für besonders kleine Schleifarbeiten.

Fig. 269 zeigt eine freihändig geführte Schablonen-Schleifvorrichtung. Sie dient zum Bearbeiten von unsymmetrischen Arbeitsstücken *A*.

Die kräftige Grundplatte *a* trägt die Lagerböcke *b*. Die kleinere Riemenscheibe *c* wird vom Deckenvorgelege aus angetrieben. Auf der gleichen Welle von *c* befindet sich die größere Scheibe *d*. Diese treibt die darüberliegende Riemenscheibe *e* und die mit dieser auf der gleichen Welle befindliche Scheibe *f* die Scheibe *g* auf der Schmirgelscheibenwelle an. Durch die Übersetzung erhält die Schmirgelscheibe *x*, die einen Durchmesser von 200 mm aufweist, eine Umfangsgeschwindigkeit von ca. 25 m/sek. Auf die unteren Lagernaben von *b* sind die beiden Arme *h* beweglich montiert. Letztere nehmen wiederum auf ihren Lagernaben die beiden Hebel *k* auf. Sie sind am vorderen Ende durch einen Handgriff *l* miteinander fest verbunden. Um die Bewegung im Gelenk der beiden Scheiben *e* und *f* festzustellen, ist der Bügel *i* vorgesehen. Dieser wird mittels einer Klemmschraube festgezogen, so daß dann der vertikale Hebel *h* mit dem horizontalen Hebel *k* einen festen Winkel bildet. Dieses dient zum Ausschleifen von ausgerundeten Stellen an Werkstücken, die dem Scheibendurchmesser ziemlich entsprechen, so daß eine horizontale Verschiebung nicht in Frage kommt. Da nun die freihändige Scheibe *x* nach unten hin begrenzt sein muß, ist die Schablone *p* vorgesehen. Diese dient im ersten Fall als Begrenzung, d. h. als Unterstützung für ein zu tiefes Schleifen und im zweiten Falle gleichzeitig auch als eine Längsführung. Die Schablone *p* besitzt an beiden Enden sog. Begrenzungsansätze, um ein Verschieben über die

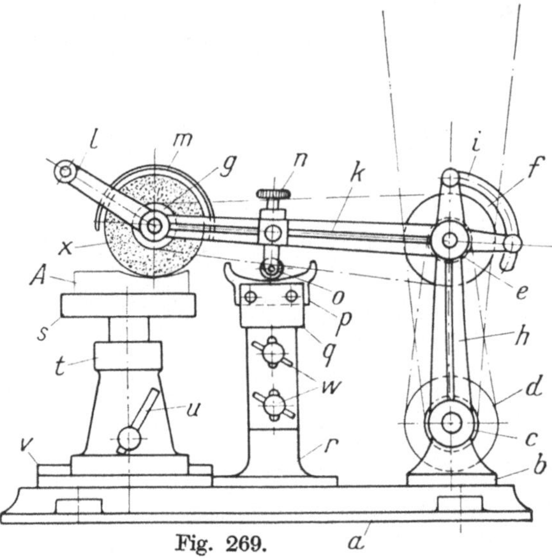

Fig. 269.

Schablone hinweg zu vermeiden. Als Führungselement dient eine Gleitrolle *o*. Diese wird durch die Handschraube *n* in vertikaler Richtung verschoben, so daß die Schleiftiefe am Werkstück entsprechend nachgestellt werden kann. Seitlich am Arm *k* wird die Führungsrolle mittels einer Druckschraube festgeklemmt. Die Führungsschablone *p* wird in dem nachstellbaren Halter *q* befestigt. Letzterer kann in bestimmten Grenzen mittels der Knebelschrauben *w* verstellt werden. Diese sitzen mit ihrem Gewindeteil in dem Ständer *r*. Für die Auflage des Werkstückes *A* dient eine einstellbare Auflageplatte *s*. Diese trägt unterhalb einen Stutzen, der sich in dem Untersatz *t* verschieben läßt. Mittels der Knebelschraube *u* wird der Untersatz mit der Auflage fest verbunden. Außerdem ist der Untersatz *t* noch verschiebbar auf der Grundplatte *a* eingerichtet. Hierzu dienen die beiden Führungsleisten *v*. Die Schutzhaube an der Schleifscheibe ist in *m* gekennzeichnet.

Durch die Vielseitigkeit in der Verstellung ist diese Schleifvorrichtung für einen großen Kreis von Arbeitsmöglichkeiten geschaffen.

Fig. 270 stellt das gleiche Prinzip für die Freihändigkeit, wie vorbeschrieben, auf. Hier arbeitet ebenfalls die Schleifscheibe pendelnd.

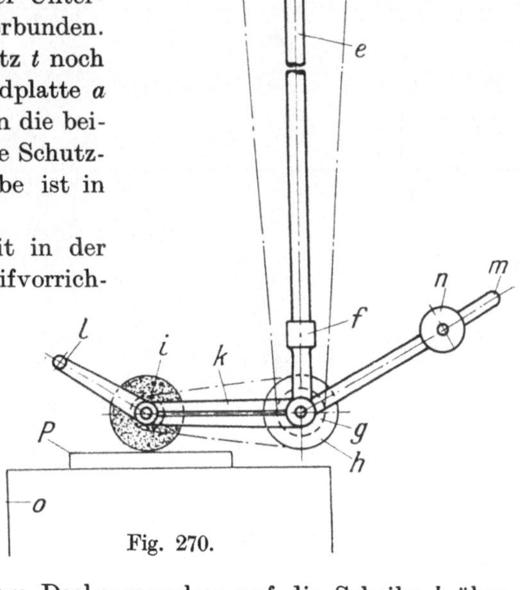

Fig. 270.

Der Antrieb geht von einem Deckenvorgelege auf die Scheibe *b* über. Die mit dieser auf einer gemeinsamen Welle sitzende Scheibe *c* treibt die im Knie befindliche Scheibe *g* und die mit dieser durch eine Welle verbundene Scheibe *h* die Scheibe *i* der Schleifwelle an Auf diese Weise erhält auch hier die Schmirgelscheibe ca. 25 m Schnittgeschwindigkeit. Die Lagerböcke *a* sind normale Ringschmierlager. Auf den Ansätzen der letzteren bewegen sich die Auglager *d* der Stange *e*, die aus Gasrohr besteht. Am unteren Ende nimmt dieses das Auglager *f* auf. Dieses ist mit dem Hebel *k* scharnierartig verbunden. Der

Hebel *k* besitzt am vorderen Ende einen Handgriff *l*. An diesem wird die Scheibe hin- und hergezogen. Wie dieses in Fig. 269 veranschaulicht ist. Als Ausgleich für die Last der Schmirgelscheibe ist der Hebel *m* mit dem Gegengewicht *n* vorgesehen. Das Werkstück ist als eine Platte *p* dargestellt, die auf einer Unterlage *o* gehalten wird. Für die Aufspannung von Platten eignen sich am vorteilhaftesten die Magnetplatten. Diese Schleifvorrichtung wird in allen Variationen gebaut und in den Handel gebracht. Sie ist ein sehr brauchbares Hilfsmittel für eine jede Werkstatt. Mit dieser Vorrichtung ist man in der Lage, fertig montierte Teile nach ihrer Befestigung zu bearbeiten. Für besondere Fälle kann man auch den Hebel *k* etwas drehbar machen, d. h. ihm in der Mitte nur einen Arm geben, der an beiden Enden gegabelt ist. Dieser Arm muß in der Mitte drehbar angeordnet sein, so daß sich ein Zapfen in dem rohrähnlichen Teil drehen lassen kann. Es muß aber bei dieser Ausführung auf den Riemen Rücksicht genommen werden, wofür nahe Grenzen gezogen sind.

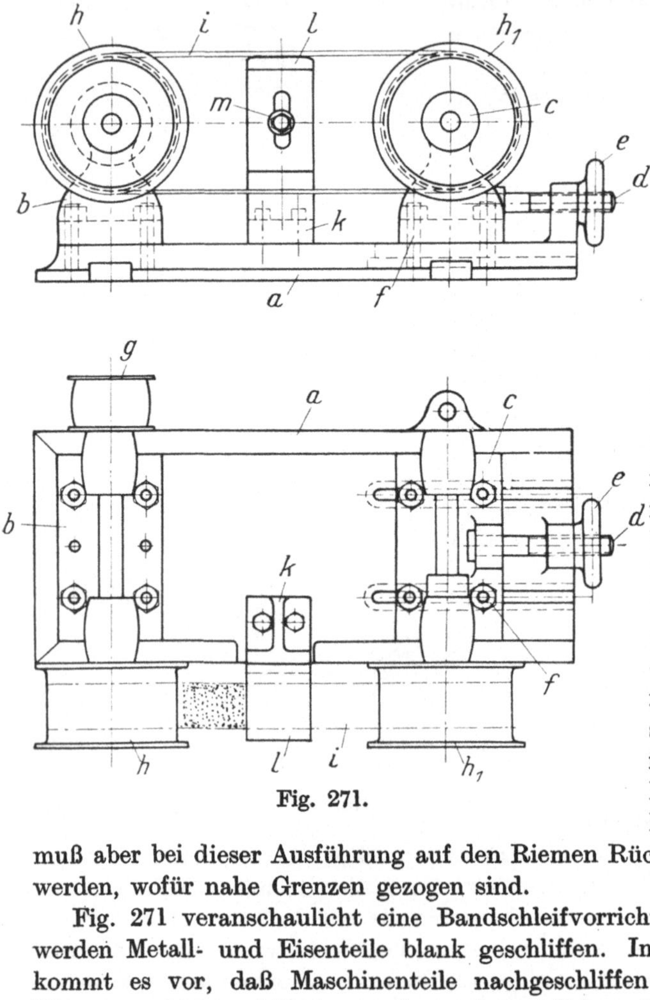

Fig. 271.

Fig. 271 veranschaulicht eine Bandschleifvorrichtung. Auf dieser werden Metall- und Eisenteile blank geschliffen. In jeder Werkstatt kommt es vor, daß Maschinenteile nachgeschliffen werden müssen. Dieses geschieht vielfach an den gebräuchlichen Schmirgelscheiben. Dadurch wird aber oft nicht das Gewünschte erreicht, denn diesen Scheiben fehlt die Nachgiebigkeit des Bandes. Dieses stört besonders dann, wenn die Arbeitsstücke nicht genau gerade Flächen aufweisen. Ebenfalls dient das Schmirgelband zum Abrunden von scharfen Kanten. Wie man sieht, ist die Verwendungsmöglichkeit eine ziemlich große. Einige Firmen haben diese Vorrichtung noch besonders zu einer Schleifmaschine ausgebaut, die allen an sie gestellten Anforderungen voll und ganz entspricht. Hier aber soll das Prinzip als einfache Vorrichtung dargestellt werden.

Die Grundplatte *a* nimmt den Lagerbock *b* auf. Vier Schrauben mit zwei Prisonstiften befestigen diesen. Außerhalb des Bockes *b* befindet sich die Antriebscheibe *g*. Diese sitzt auf der Welle für Trommelscheibe *h*. Von dieser Trommel *h* läuft ein Lederband *i* nach Trommel h_1. Letztere ist mit einer Welle, die in dem Bock *c* läuft, verbunden. Dieser Bock ist einstellbar auf Platte *a* befestigt. In zwei T-Nuten führen sich die vier Spannschrauben *f*. In einem Anguß am vorderen Teil der Spannplatte *a* schiebt sich die Spindel *d*. Der Kopf der letzteren greift hinter einen Ansatz des Bockes *c* und zieht diesen nach Anzug des Handrades *e*, das mit Muttergewinde versehen ist, nach vorn. Auf diese Weise wird das Schleifband *i* gespannt. Als Unterstützung des Bandes *i* dient die Auflage *l*. Letztere ist auf *k* durch Schraube *m* verstellbar angeordnet.

Das Lederband wird mit einem hierzu geeigneten Klebestoff bestrichen und dann mit Schmirgel bestreut. Diese Arbeit erfordert etwas Sachverständnis.

Fig. 272 stellt eine Flächenschleifvorrichtung dar. Auf der großen Platte *g* werden Schmirgelblätter oder die sog. Diskus-Schleifbelege *h* aufgeleimt. Diese Vorrichtung dient zum Abschleifen resp. Geradeschleifen von Werkstücken aus Gußeisen. Für das Aufkleben dieser Belege liefert die Firma, welche dieselben vertreibt, eine geeignete Masse. Das Aufziehen der Belege geschieht unter Vermittelung einer Spannplatte, die sich fest auf den Belag preßt.

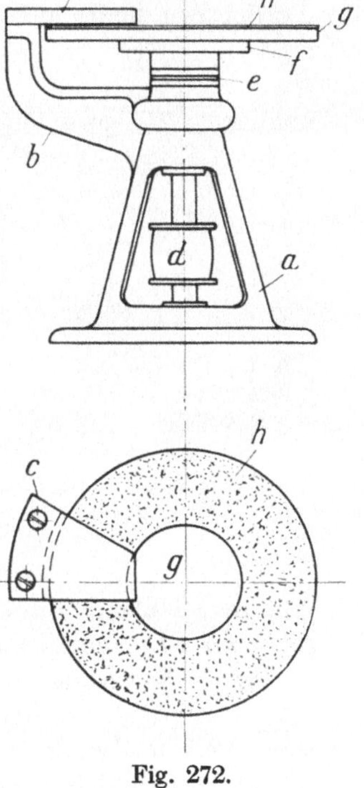

Fig. 272.

Die Vorrichtung ist, wie die Figur zeigt, äußerst einfach gehalten. Der Körper oder Ständer *a* ist mit dem Anlagearm *b* aus einem Stück verfertigt. Die Anlage *c* dient zur Führung der Werkstücke, die beim Fehlen derselben mit herumgeschleudert würden. Der Antrieb geht von einem Deckenvorgelege aus. Der Riemen wird über zwei Winkelrollen zur Scheibe *d* geleitet. Diese sitzt auf einer kräftigen Vertikalwelle, die auf ihrem Flansch *f* die gut ausgerichtete Planscheibe *g* trägt.

Um den axialen Druck auszugleichen resp. teilweise aufzuheben, ist das Kugellager *e* eingebaut. Die Lagerung ist mit besonderer Sorgfalt ausgeführt und recht lang gehalten. Desgleichen ist für eine ausreichende Schmierung gesorgt worden. Auch ist hier die Schnittgeschwindigkeit im Mittel ca. 30 m. Sie kann noch um einen weiteren Betrag erhöht werden, da die Zentrifugalkräfte die Eisenscheibe nicht so leicht zersprengen, als dies bei den reinen Schmirgelscheiben der Fall ist. Die Wirkung bei den Diskusbelegen ist äußerst groß und übertrifft besonders bei äußerst hartem Guß alles bisher Geschaffene. Diese Vorrichtung dürfte in keiner Werkstatt, in der Gußteile zur Verarbeitung

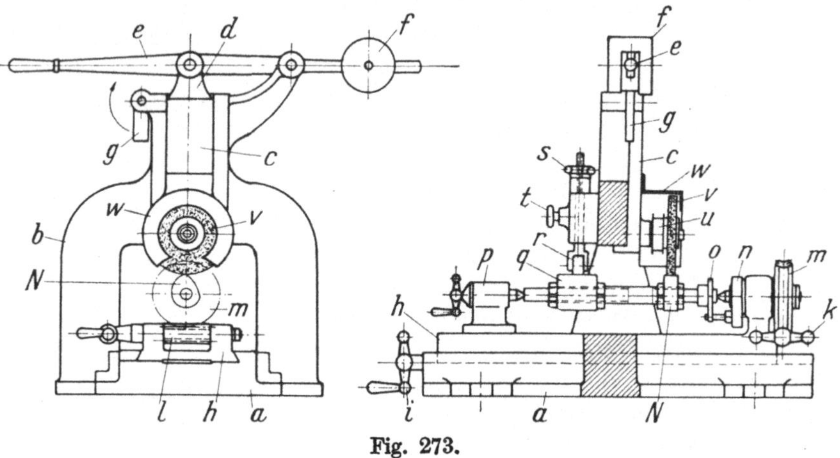

Fig. 273.

gelangen, fehlen. Zum Beispiel ist sie beim Abflächen von Motorgehäusen sehr angebracht.

Fig. 273 veranschaulicht eine Schleifvorrichtung zum Schleifen von gehärteten Nockenscheiben. Sie ist hauptsächlich nur für diesen oder ähnliche Zwecke bestimmt.

Die Grundplatte *a* sowie der Träger *b* sind kräftig gehalten um den Erschütterungen entgegenzuwirken, die bekanntlich beim Schleifen aufzutreten pflegen. Die Grundplatte nimmt in ihren Führungen den Schlitten *h* auf. Dieser wird mittels der Transportspindel *i* bewegt. Oberhalb des Schlittens ist die Aufnahme des Spanndorns vorgesehen. Letzterer wird zwischen die Spitzen gespannt und durch ein Schneckengetriebe von Hand bewegt. Dieses befindet sich in dem angegossenen Bock des Schlittens *h*. Die Schnecke *l* wird durch einen Kreuzgriff *k* bewegt. Sie ist zweigängig ausgeführt und steht mit dem Schneckenrad *m* im Eingriff. Am vorderen Ende der Schneckenwelle befindet sich die Mitnehmerscheibe *n*. Diese greift in das Drehherz *o* und nimmt so den Aufspanndorn mit der Hubscheibe *N* und der Schablone *q* mit.

Der Reitstock *p* ist auf dem Schlitten *h* verschiebbar angeordnet. Die Spannung der beiden Teile *N* und *q* geschieht durch Vermittelung von Muttern. Auf der Hubscheibe *q* führt sich die Führungsrolle *r*. Diese sitzt in der Gabel der Stellstange, welche durch die Druckschraube *t* befestigt wird. Die Schraubenmutter *s* spannt die Stellstange für die Spanabnahme der Schleifscheibe *v* nach, da naturgemäß während der Arbeit eine Abnutzung der Schleifscheibe eintritt. Der Schieber *c* trägt die Gleitrolle *r* sowie die Schleifscheibe *v*. Hinter der Schleifscheibe ist die kleine Riemenrolle *u* befestigt. Durch eine Öffnung der Schutzkappe *w* tritt der Riemen für den Scheibenantrieb ein. Der Auflagedruck der Schleifscheibe wird durch das Gegengewicht *f* reguliert. Der Schieber *c* ist an den Hebel *e* dadurch angelenkt, daß sich letzterer in die Gabel *d* legt und mittels eines glatten Bolzens gehalten wird. Nach Beendigung der Schleifarbeit wird der Schieber *c* hochgestellt. Dieses geschieht durch Anheben des Hebels *e*. Um nun nicht dauernd den Hebel hoch halten zu müssen, ist das Stützstück *g* vorgesehen. Dieses wird in der Pfeilrichtung angehoben. Es legt sich dann unter den Hebel *e*. Der Vorgang dieser Einzelheiten ist in den Figuren klar erkenntlich.

Diese Vorrichtung ist dort am Platze, wo es sich um die Anfertigung von Nockenscheiben handelt. Wenn die Vorrichtung nicht von Hand betrieben werden soll, so ist nur der Tischtransport entsprechend zu ändern. Dieses geschieht vorteilhaft dadurch, daß man eine Stufenscheibe auf die Welle des Handknebels *k* setzt.

Die Wasserkühlung ist als selbstverständlich vorausgesetzt. Sie fehlt in den Figuren, um für die Triebteile ein klareres Bild zu schaffen. Desgleichen wird auch die Grundplatte *a* in eine entsprechende Wasserauffangschale gesetzt.

Fig. 274[1]) stellt eine Vorrichtung zum Aufschleifen von Dichtungsflächen dar.

Diese Arbeiten kommen vielfach vor. Sie werden größtenteils noch von Hand ausgeführt. Die Vorrichtung kann bei größeren Mengen von Arbeitsstücken zwei- und dreiteilig ausgeführt werden. Dieses würde nur eine Verlängerung der Vorrichtung bedeuten. Die Konstruktionsteile sind bei allen Abteilungen die gleichen.

Der Antrieb geht von der Transmission direkt auf die Fest- und Losscheiben *a*. Mittels des Ausrückers wird der Riemen auf den beiden Scheiben *a* bedient. Die von der Festscheibe *a* übermittelte Umdrehung geht von dem kleinen Kegeltrieb *b* auf das größere Kegelrad *c* über. Dieses führt sich mit seiner langen Nabe in der Bohrung des Ständers *q* und nimmt in der Mitte die Vertikalwelle *d* auf. Diese ist mit einer langen Führungsnute versehen, in der sich der Federkeil des Exzenters *n*

[1]) Deutscher Maschinenbau, Würzburg Dez. 1919.

schiebt; d. h. die Verschiebung findet nur dann statt, wenn das Konsol *i* in der Höhe verstellt werden soll. Dieses kommt nur bei Änderung des Arbeitsstückes in Frage. An dem Exzenter *n* ist die Schubstange *f* mittels der Verschraubung *e* eingesetzt. Sie schiebt sich in dem drehbaren Kloben *h*. An der Schubstange *f* ist vor dem Kloben *h* die Stange *g* angelenkt. Sie kann nach Beendigung der Schleifarbeiten aufgeklappt werden. Ebenfalls kann der Deckel *A*, der an dem Kloben *k* beweglich angeschlossen ist, während der Arbeit angehoben und mit neuem Staubschmirgel und Öl beschickt werden. Der Kloben *k* ist ebenfalls verstellbar angeordnet, so daß man hierdurch auch die Schleifbewegungen regeln kann. Die Hauptregelung geschieht durch das Exzenter *n*. Dieses soll noch weiter unten beschrieben werden.

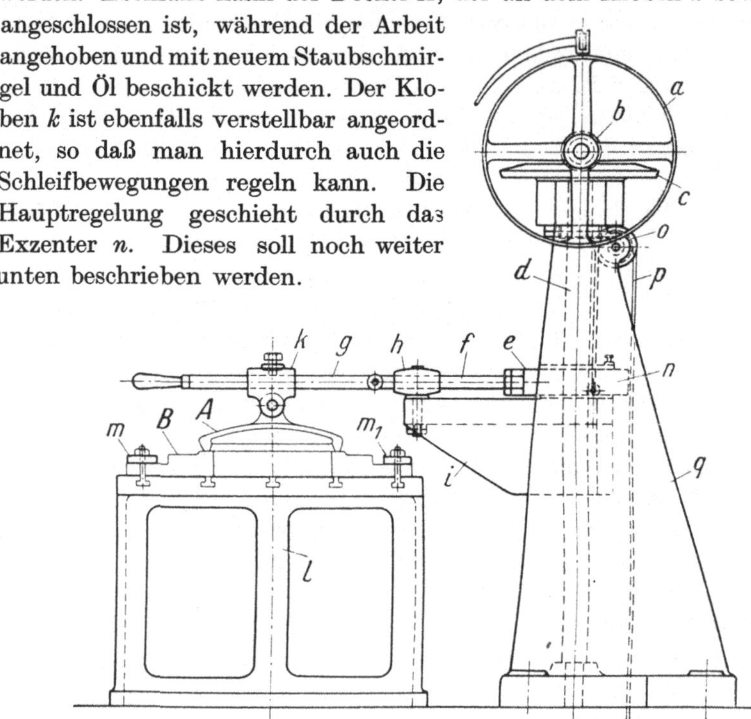

Fig. 274.

Das Gegenstück *B* ist die Öffnung, auf die die Klappe *A* dicht passen soll. Die Schrauben *m* und m_1 befestigen das Unterteil auf dem Tisch *l*. Dieser besitzt eine Reihe Spannuten, in welchen man fast alle Stücke bequem einspannen kann. Zur Entlastung des Konsoles *i* ist ein Gegengewicht resp. zwei, von jeder Seite eines, angeordnet. Diese hängen an Drahtseilen *p*, die über die Rolle *o* geleitet und am Konsol *i* mittels Ringbolzen befestigt sind. Die Bewegung des in der Schwebe hängenden Konsoles *i* erfolgt durch Zug. Zwei seitliche Klemmschrauben, die hier nicht mit aufgeführt sind, stellen das Konsol fest.

Die Schleifwirkung geschieht durch das Exzenter *n* in der Weise, daß das Lager *h* die Schubbewegungen des Exzenters *n* auf den Hebel *g* entgegengesetzt überträgt.

In Fig. 275 ist das Exzenter veranschaulicht. Es besteht aus zwei Bügelhälften *a* und *b*. Dieselben sind gegen eine Verschiebung durch Ansätze im Stoß gesichert. Die beiden Paßbolzen *f* halten die Hälften zusammen. Im Stutzen *a* wird die Schubstange verschraubt. Die Schnittzeichnung veranschaulicht die Form des Ringes *c*, welcher mit einer dachförmigen Führung ausgebildet ist. Dieses bezweckt die Erlangung eines guten, spielfreien Laufes der beiden Teile. Das Stellexzenter *d* steht in der Figur auf größtem Hub. Wenn das entgegengesetzte Loch in die Stellung des Steckers *e* gelangt, würde die Exzentrizität gleich Null sein, da sich das Zentrum der Wellenbohrung in das der Bügelmitte stellt. Die Buchse *d* sowie der Ring *c* sind für die Hubeinteilung mit einer Lochteilung versehen. Im Ring *c* befindet sich das Grundloch und im Ring resp. Buchse *d* 13 Löcher im Rand. Die Hubverteilung richtet sich stets nach der Größe der Arbeitsstücke sowie nach dem Umfang der zu schleifenden Fläche. Der Deckel muß im Scharnier besonders leicht gehen, um kein Klemmen oder Ecken zu verursachen.

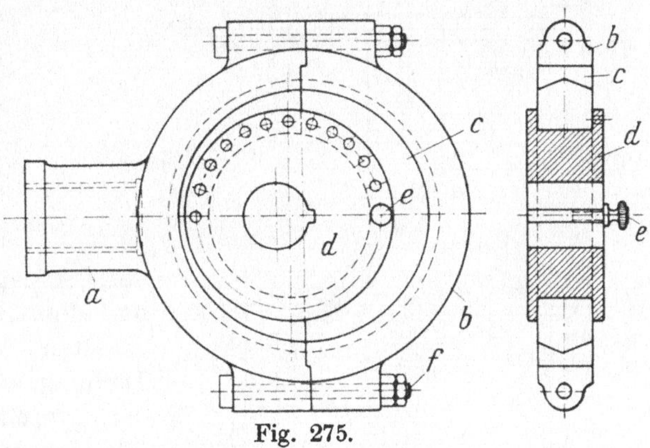

Fig. 275.

Fig. 276 zeigt eine Vorrichtung zum Hinterschleifen von Gewindebohrern *G*. Das Hinterschleifen von Gewindebohrern, besonders von solchen, die bereits mehrere Male gebraucht sind, bereitet gewisse Schwierigkeiten. Diese bestehen darin, daß der Bohrer erstens seine Schneidfähigkeit einbüßt und zweitens schwer oder gar nicht mehr anschneidet, was sich in dem Schadhaftwerden des Gewindes bemerkbar macht. Die hier veranschaulichte Schleifvorrichtung beseitigt diese Mängel in der Weise, daß der Anschliff selbsttätig geschliffen wird. Diese Vorrichtung wird auf dem Tisch einer Werkzeugschleifmaschine gespannt und durch ihre Lang- und Querbewegung bedient. Das Prinzip dieser Vorrichtung beruht auf der Nockensteuerung des Gewindebohrerträgers.

Auf den Vierkant der Welle *a* wird eine kleine Handkurbel gesteckt, welche die Vorrichtung betätigt. Dieses geschieht in der Weise, daß sich der Nocken *n* auf der Gegenrolle *p* abrollt. Die Feder *r* hält den Schieber *u* dauernd mit der Rolle *p* im Kontakt. Da sich der Nocken *n* kurvenartig gegen die Rolle *p* abrollt, so muß hierdurch naturgemäß die Federkraft von r überwunden werden und der Schieber u mit dem Gewindebohrer G langsam gegen die Schleifscheibe y, welche auf dem Dorn der Schleifmaschine befestigt ist, treten. Da nun das Gegenführen des Bohrers unter gleichzeitiger Drehung desselben stattfindet, muß auf dem Mantel des Werkstückes eine Kurve entstehen. Da nun der Gewindebohrer G in diesem Falle 5 Schneidelippen besitzt, erfolgt eine fünffache Umdrehung der Hubscheibe n gegenüber dem Bohrer. Dieses wird durch die Räderübersetzung von Welle a auf dem Mitnehmer g erreicht. Die Welle a nimmt das kleine Triebrad b auf ihren Ansatz

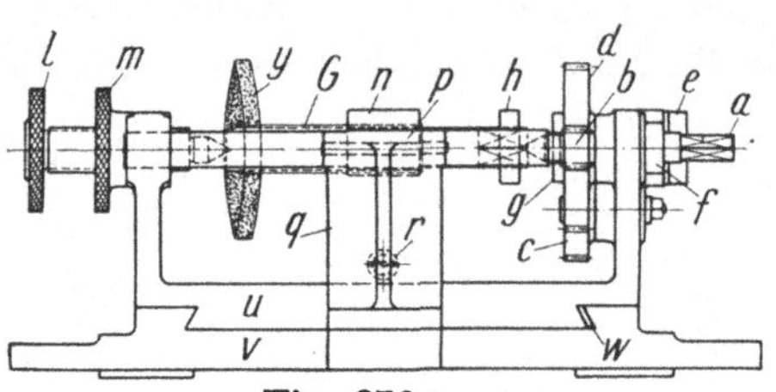

Fig. 276 a.

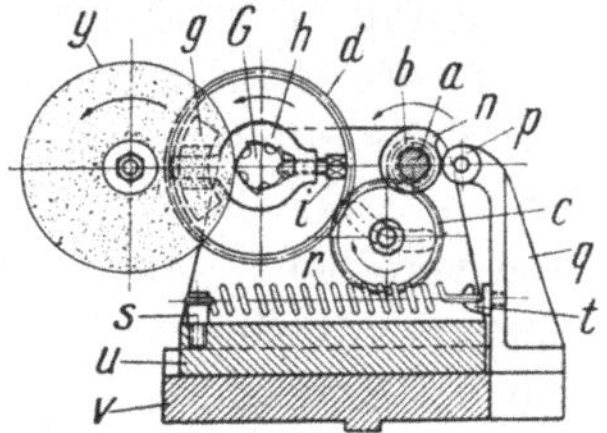

Fig. 276 c.

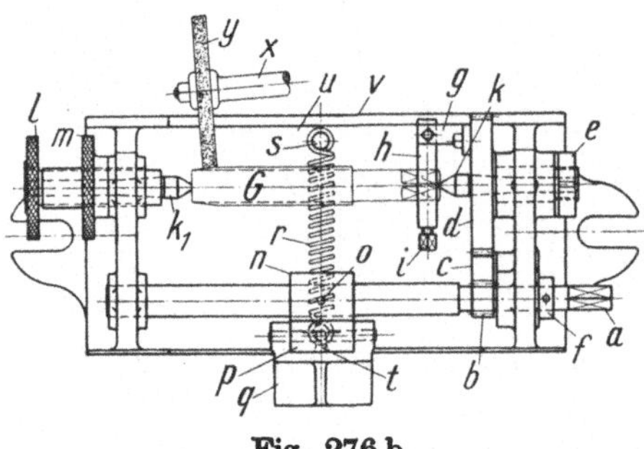

Fig. 276 b.

auf. Sie ist zwischen letzterem und dem Ring f in ihrer Lage gehalten. Die hier erzeugte Drehung wird von Rad b über das Zwischenrad c auf Rad d übertragen. Das Übersetzungsverhältnis ist $b:d = 1:5$. Demnach hat sich der Bohrer G, wenn sich die Nockenscheibe einmal herumdreht, $^1/_5$, d. h. also mit einer Schneidlippe an Scheibe y vorbei, bewegt. Es ist leicht einzusehen, daß man dieses Verhältnis beliebig ändern kann, indem man für b und d andere Zähnezahlen wählt, z. B. 1 : 3, 1 : 4, 1 : 6. Aus diesem Grunde ist auch der Radbolzen von Zwischenrad c im Radius nur um b verstellbar angeordnet worden. Die Pfeilrichtungen zeigen die Laufrichtung der einzelnen Elemente an. Es ist besonderer Wert auf ein leichtes Schieben des Schlittens u in den Führungen der Grundplatte v gelegt worden. Die Führungsleiste w dient diesem Zweck. Die Zugfeder r, welche mittels Haken t an dem Rollenbock q befestigt ist, muß so kräftig sein, daß sie ohne zu haken den Schieber an s leicht heranzieht. Die Rolle p muß gehärtet und geschliffen sein und ein äußerst leichtes Spiel aufweisen. Der Nocken n ist mittels eines konischen Querstiftes mit Welle a verbunden.

Die Spannung des Werkstückes G wird zwischen den beiden Spitzen k und k_1 durchgeführt. Diese sitzen auswechselbar in den Bohrungen von Spindel l und Radbuchse d. Letztere wird durch eine Rundmutter e in der langen Nabe von u gehalten. Die Aufnahmespindel l ist verstellbar in dem Lagerauge von Schlitten u geschraubt und wird mittels der Gegenmutter m gespannt resp. gesichert. Die Mitnahme des Bohrers G erfolgt durch das Spannherz h und den Mitnehmerkloben g. Diese Verbindung ist noch durch eine Spannschraube besonders gesichert. Schraube i spannt das Herz h fest. Beide Schrauben müssen gut gehärtet sein. Diese Vorrichtung muß sich leicht und trotzdem spielfrei bewegen lassen. Aus dem Grunde sind sämtliche Bohrungen der Lagerstellen mit Bronze ausgefüttert. Aus den Figuren ist der ganze Aufbau klar ersichtlich.

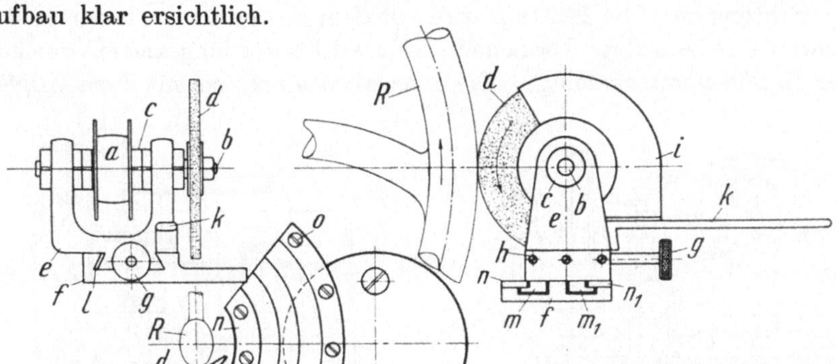

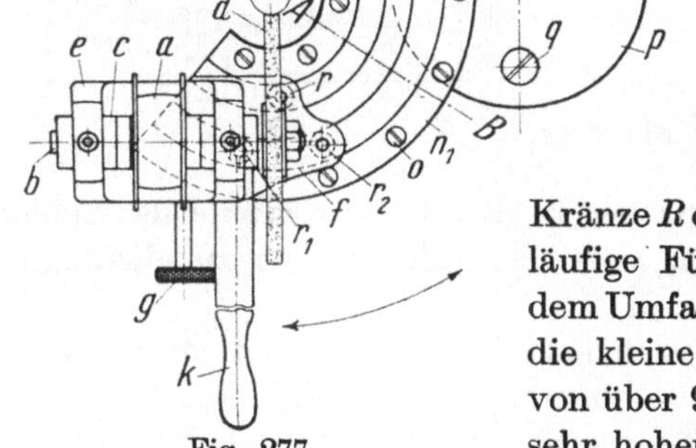

Fig. 277.

Fig. 277 zeigt eine Spezialschleifvorrichtung zum Schleifen von Radkränzen R. Da der Querschnitt dieser Kränze R oval ist, so mußte eine zwangsläufige Führung gewählt werden, die dem Umfange der Ellipse entspricht. Da die kleine Riemenrolle a eine Drehung von über 90° beschreibt, mußte sie mit sehr hohen Radkränzen seitlich ausgerüstet werden. Der Antrieb geht von einem Zwischendeckenvorgelege aus. Er ist so bemessen, daß die Umfangsgeschwindigkeit ca. 25 m pro Sekunde beträgt. Die Lagerung der Schleifspindel b ist in verstellbar angeordneten Konuslagern ausgeführt. Diese Lager werden mittels der Gegenmuttern c gespannt. Besondere Sorgfalt ist auf die Spannung der Schleifscheibe d zu verwenden. Sie muß in sorgfältig ausgerichteten Spannbacken laufen und eine elastische Unterlage besitzen. Der Schleifbock e führt sich in der Führung von Platte f. Die Führung ist unter Anwendung einer Druckleiste l prismatisch durchgeführt. Die Verstellung geschieht durch die Transportspindel mit Kordelscheibe g. Die Schräubchen h dienen, wie bekannt, zum Einstellen eines spielfreien Ganges. Die beiden Platten sind so aufgepaßt, daß ihre Flächen schließend aufeinander passen. In den beiden Kurvennuten der unteren Platte führen sich die Führungssteine *m* und m_1. Diese werden seitlich durch die Bogenstücke *n* und n_1 abgedeckt und halten auf diese Weise die obere Platte fest, aber trotzdem verschiebbar auf der unteren Platte. Um einem Ecken der Führungen vorzubeugen, sind 3 Rollen *r*, r_1 und r_2 in den Führungsnuten eingesetzt. Diese sind gehärtet und geschliffen und werden an der oberen Platte mittels Bolzen befestigt. Die seitliche Verschiebung wird durch den Hebel *k* bewerkstelligt. Auf diesem ist die Schutzkappe *i* befestigt. Die Pfeile zeigen die Bewegungen der Vorrichtung an. Die Platte *p* wird auf dem Support mittels der beiden Schrauben *q* befestigt. Die Schleifarbeit wird unter langsamem Vorschub des Hebels *k* bewerkstelligt. Die Schrauben *o* müssen mit ihren Köpfen

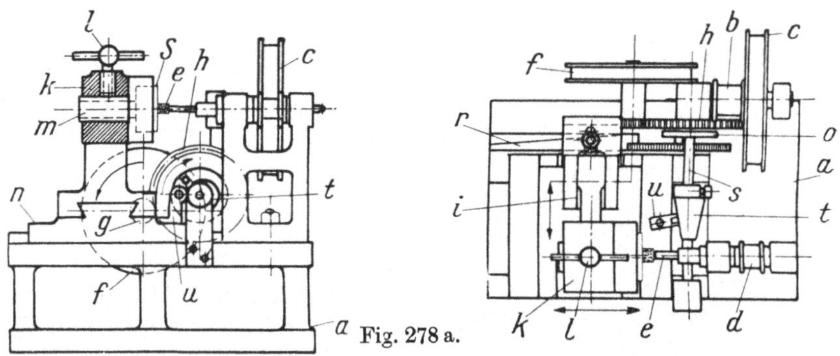

Fig. 278 a.

etwas tiefer in der Versenkung liegen, damit sie während der Schleifarbeit nicht im Wege stehen, weil Unebenheiten die Handbewegung hindern würden.

Diese Vorrichtung dürfte sich bald bezahlt machen, da besonders bei hartem Guß eine andere Bearbeitung als Schleifen kaum in Frage kommt. Will man die Handräder auch auf der unteren Seite schleifen, so müssen sie umgedreht werden. Jedoch dürfte das Schleifen der oberen Seite voll und ganz genügen.

Fig. 278 veranschaulicht eine Schleifvorrichtung zum Ausschleifen von stumpf gewordenen Schneideisen *S*. Diese Schleifarbeit vollzieht sich in den Spannuten der Eisen. Die Hauptbewegungen dieser Vorrichtung sind das Hin- und Herschieben der Eisen auf dem Dorn, sowie die Nachstellung gegen die kleine Schleifrolle. Diese Arbeiten werden größtenteils an den stumpfen Schneideisen von Hand gemacht. Da jedoch die Hand niemals eine sichere Auflage bietet, so ist ein Zerbrechen der kleinen teueren Schleifrollen die Folge davon. Abgesehen von der schlechten Schleifarbeit, wird durch freihändiges Führen auch niemals ein regelrechtes Ausschleifen erreicht werden, weil die Hand unwillkürlich nur die schadhaften Stellen schleift und dadurch gewisse Lücken und spitze Ecken und Kanten schafft. Solche Schneideisen werden nicht mehr zur Zufriedenheit arbeiten. Sie werden unter Umständen sogar ganz aufhören, ein Gewindestück zu schneiden.

Diese hier veranschaulichte Vorrichtung arbeitet halbautomatisch. Der Kasten *a* ist leicht ausgeführt und kann auf einem Ständer oder auf der Werkbank befestigt werden. Der Antrieb geht von einem Deckenvorgelege auf die kleine Riemenrolle *b* über. Mit dieser wird die durch die Welle verbundene Scheibe *c* bewegt und treibt mittels eines Riemens die kleine Riemenrolle *d*. Diese sowie die Spindel sind im Handel unter dem Namen Fortunaschleifspindel zu beziehen. Auf dem Gewindeansatz der Schleifspindel ist der Schleifdorn mit Schleifröllchen *e* befestigt.

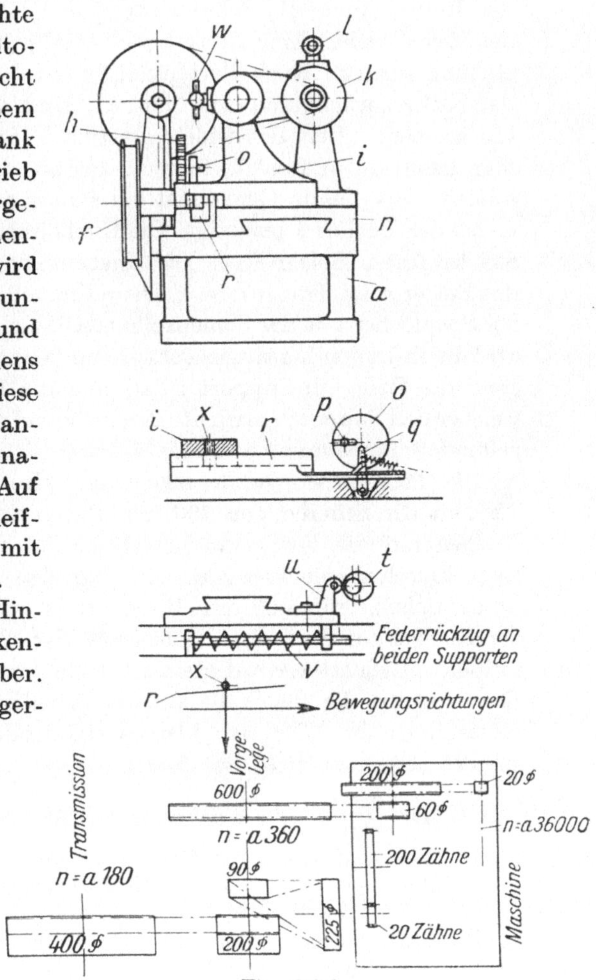

Die Bewegung für den Hin- und Hergang geht vom Deckenvorgelege auf Scheibe *f* über. Auf der anderen Seite des Lagerbockes dieser Scheibe befindet sich das Ritzel *g*. Dieses steht mit dem Stirnrad *h* im Eingriff. Auf der Welle des letzteren befindet sich der konische Hubnocken *t*, welcher mittels einer Körnerschraube auf der Welle *s* in entsprechende Körner festgespannt wird. Gegen diesen Hubnocken legt sich der kleine Rollenbock *u* mit seiner Gleitrolle. Der Support *n*, der die Gleitrolle mit Bock trägt, wird durch eine Feder (siehe Skizze) gespannt. Dieser Federrückzug befindet sich auch unterhalb des Supportes *i*. Auf der Welle *s* befindet sich gleich neben dem Stirnrad *h* die Hubscheibe *o* mit dem Einstellstift *p*. Letzterer wird in dem Schlitz

Fig. 278 b.

der ersteren gehalten. In der Teilzeichnung ist die Anwendung des Vorschubes für den Support i veranschaulicht. Der Vorschub wird hier durch einen Keil r, der sich hinter die Gleitrolle x schiebt, bewerkstelligt. Die Rolle x befindet sich im Support i und bewegt ihn, sobald der Keil r durch die Schubwirkung der Klinke q auf die Zahnstange des Keiles wirkt. Eine Rückzugfeder zieht die Klinke q in ihre Anfangsstellung zurück. Nach Fertigschliff wird die Klinke q angehoben und der Keil r zurückgeschoben. Hiermit sind die Bewegungsmechanismen beschrieben. Der Schneideisenträger k ist einstellbar angeordnet. Man kann ihn in Bock i, je nach Bedarf des Ausschliffes, heben und senken. Aus diesem Grunde ist der Halter mit dem Scharnierteil in der Gabel des Bockes i befestigt. Die Knebelschraube w zieht den Halter k auf den festen Bolzen fest. Die Knebelschraube l stellt den Halter oder das Futter m im Träger k fest. Diese Einstellungen sind für das Fluchten der Spanlöcher mit der Schleifrolle bestimmt. Die Bewegungsrichtungen sind durch Linien herausgezeichnet und kenntlich gemacht. Der Punkt x stellt die Rolle im Support i dar, und die Linie r bedeutet den Keil, welcher den Support i anzieht. Nachstehend sind die für die Vorrichtung geltenden Berechnungen festgelegt.

Die Transmissionswelle macht pro Minute $n = 180$ Touren. Auf ihr sitzt die Scheibe von 400 mm Durchmesser. Von dieser geht der Riemen auf die Fest- und Losscheibe des Vorgeleges. Beide besitzen einen Durchmesser von 200 mm. Für den Antrieb der Schleifspindel ist die Scheibe mit 600 mm Durchmesser vorgesehen. Von dieser geht der Riemen auf die kleine Riemenrolle der Maschine mit 60 mm Durchmesser. Mit letzterer auf gleicher Welle sitzt die Scheibe von 200 mm Durchmesser, die die Rolle auf der Schleifspindel mit 20 mm Durchmesser antreibt. Die sich hieraus ergebende Umdrehung der Schleifspindel berechnet sich, wie folgt:

$$n = 180 \cdot \frac{400}{200} = 360 \text{ Umdrehungen für das Vorgelege.}$$

$$n = 360 \cdot \frac{600 \cdot 200}{60 \cdot 20} = 36000 \text{ Umdrehungen für die Schleifspindel.}$$

Die Schnittgeschwindigkeit hieraus berechnet, wenn die Schleifrolle 8 mm Durchmesser besitzt:

$$\frac{0{,}008 \cdot \pi \cdot 36\,000}{60} = 15{,}078 \backsim 15 \text{ Meter pro Sek.}$$

Bei 10 mm Durchmesser:

$$\frac{0{,}010 \cdot \pi \cdot 36\,000}{60} = 18{,}84 \backsim 18 \text{ Meter pro Sek.}$$

Ohne Berücksichtigung der Riemenverluste.

Die Anzahl der Hübe daraus berechnet:

Vorgelege = 360 Touren pro Minute. Die Scheibe von 90 mm Durchmesser treibt die an der Maschine befestigten Scheiben mit 225 mm Durchmesser. Das kleine Zahnrad mit 20 Zähnen befindet sich auf der gleichen Welle und steht mit dem größeren Zahnrad von 200 Zähnen für die Hubwelle im Eingriff.

$$n = 360 \cdot \frac{90 \cdot 20}{225 \cdot 200} = 14{,}4 \text{ pro Minute.}$$

Fig. 279 zeigt die Schleifarbeit mittels der Vorrichtung im Schneideeisen *S*. Die Schleifspindel *e* mit dem kleinen Röllchen befindet sich mitten im Eisen und zeigt die Stellungen während der Bearbeitung.

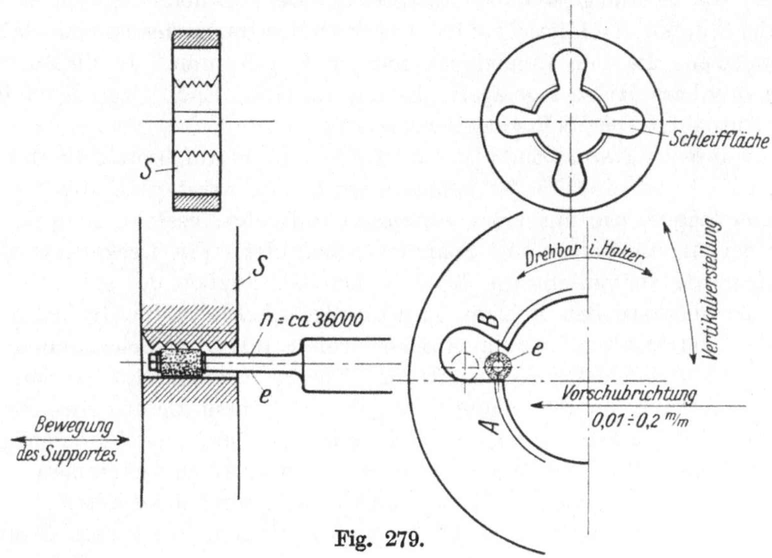

Fig. 279.

Der Eingriff der Schleifwelle ist markiert. Sie steht in der Figur kurz vor der Beendigung des Ausschliffes. Bei jedem Hub der Nockenrolle beträgt der Vorschub des Supports 0,01—0,2 mm. Durch die hohe Tourenzahl erreicht man eine gute Schleifwirkung, die bei etwas größeren Schleifrollen noch günstiger wird. Der Ausschliff erfolgt hier auf der ganzen Breite des Eisens. Er steht radial zur Mitte. Jedoch kann man durch Drehung des Schneideeisenfutters und durch Schwenken des Trägers jeden beliebigen Schnittwinkel erhalten.

Diese Anordnung gilt auch für die nächste in Fig. 280 dargestellte Vorrichtung. Das Prinzip derselben ist das gleiche, der Aufbau jedoch ein anderer.

Fig. 280[1]) stellt eine Schneideeisenschleifvorrichtung dar, die in ihrem Ausbau etwas kräftiger und solider gehalten ist. Das Werk ruht

[1]) Werkstattstechnik 1916, 1. Febr., Heft 3, S. 49.

auf einer gußeisernen Säule *a*. Es besteht aus dem Gehäuse *b*, in welchem die Triebteile sowohl innen, als auch außen angebracht sind.

Der Antrieb für den Transport wird durch die Stufenscheibe *c* eingeleitet. In Verbindung mit ihr ist eine Schnecke *d* auf die Welle der Stufenscheibe aufgekeilt. Mit der Schnecke *d* steht das Schneckenrad *e* im Eingriff, das mit der Hubscheibe *f* durch eine Welle verbunden ist. Die Hubscheibe setzt die Drehbewegung in eine hin- und hergehende um. Die Hubstange *g* verbindet *f* mit *h*. Die Verbindung zwischen *g*, *h*, *f* bildet ein Kreuzgelenk, da außer der hin- und hergehenden Richtung noch eine Querbewegung durch das Gegenführen des Werkstückes gegen die Schmirgelscheibe stattfindet. Der Mitnehmerbolzen *h* ist in den Support *i* eingeschraubt. Oberhalb des Supportes ist eine Gabel angegossen, die den Schneideeisenhalter *k* aufnimmt. In diesem ist eine drehbare Hülse *l* gelagert, die am vorderen Ende einen Kopf für die Aufnahme des Schneideeisens besitzt.

An ihrem unteren Ende ist eine Teilscheibe *m* aufgesetzt, die durch einen Keil und eine Mutter gehalten wird. Als Arretierung dient eine Vorrichtung *n*, die aus einer angegossenen Büchse besteht, in welcher sich der Arretierbolzen mit Spannfeder befindet. Ein Deckel mit Gewindeansatz verschließt die Büchse. Durch Anheben der gekordelten Scheibe oberhalb des Bolzens wird die Teilscheibe *m* für die nächste Teilung frei gegeben. Kommen Schneideeisen mit 3 Schneidezähnen in Frage, so muß hierfür eine dreiteilige Scheibe *m* aufgesetzt werden.

Der Antrieb der Schleifspindel *s* geht von einem kleinen Zwischenvorgelege *t*, *o*, *p* aus. Die kleine Rolle *q* ist auf der Spindel *s* befestigt. Die kleinen Schleifspindeln sind fertig im Handel zu bekommen. Je nach ihrer Bauart ist der Bock *r* auszuführen und anzupassen.

Wie schon bemerkt, wird der Support *i* mit dem Werkstück *S* entsprechend zugestellt. Dieses geschieht durch Vermittelung des Hebels *u*, der auf einem Bolzen drehbar gelagert ist. Der Hebel trägt am Ende eine kleine Sperrklinke *v*. Er ist mit dieser so verbunden, daß der Hebel die Verschiebung durch das Zustellen des Supports *i* ohne Schwierigkeit mitmachen kann. Um die Lage der kleinen Sperrklinke zu sichern, trägt sie an beiden Seiten Lappen, dadurch ist ein seitliches Abgleiten ausgeschlossen. Die beiden Anschläge x und x_1 sind einstellbar angeordnet; die Zustellung wird nur während des Austritts der Schmirgelrolle *s* eingeleitet. Das feingezahnte Sperrad *w* ist auf einer Spindel *z* mit entsprechender Steigung aufgekeilt. Die Kapsel *y* ist mit Gewinde versehen, damit sie bei etwa auftretendem Spielraum am Bund der Spindel nachgestellt werden kann. Die Bronzemutter der Spindel *z* ist am Unterteil des Supportes *i* befestigt. Das Einstellen der Schneideeisen ist in der Figur besonders herausgezeichnet. Man kann durch Schwenken des Armes *k* sowie durch Drehen des Schneideeisens jede gewünschte

Stellung herausbekommen. Die Berechnung dieser Vorrichtung geschieht in folgender Weise:

Die Antriebsscheibe auf der Transmission hat einen Durchmesser von 350 mm. Sie dreht sich mit $\sim$ 263 minutl. Umdrehungen. In

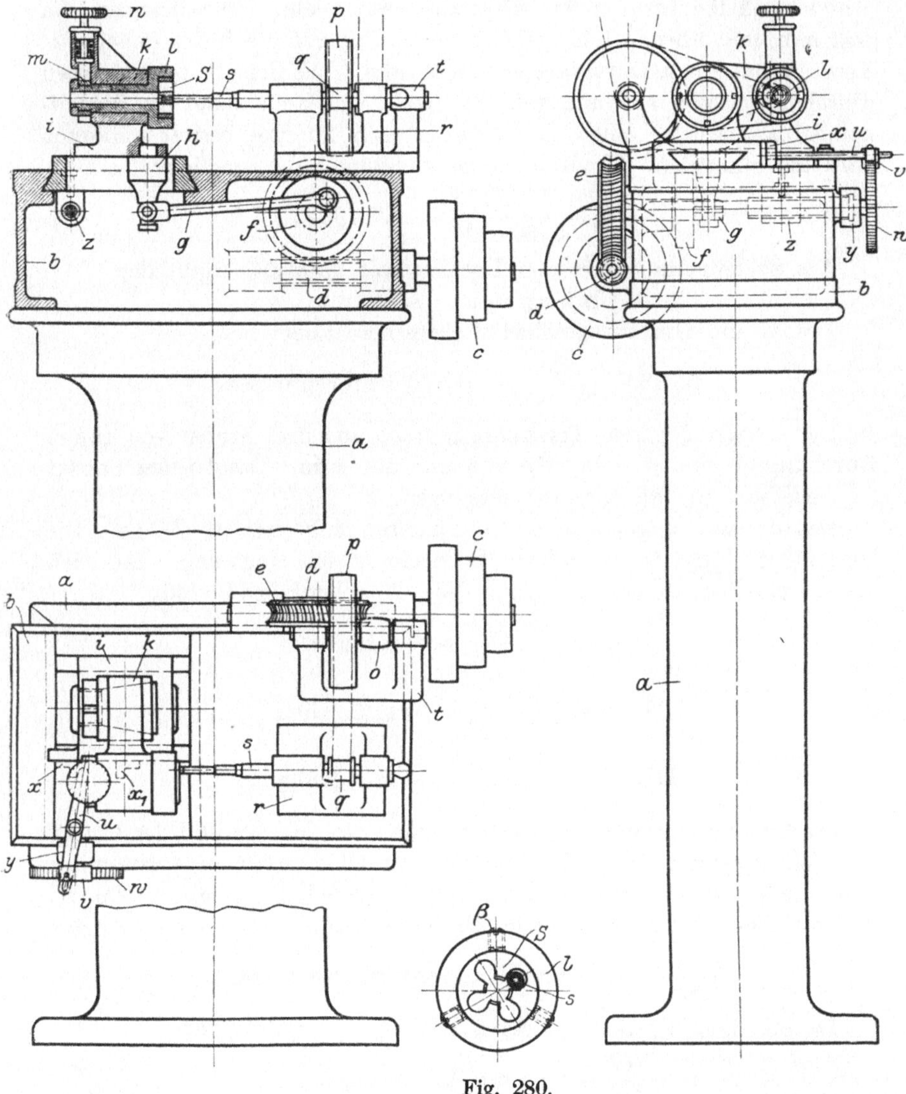

Fig. 280.

Verbindung mit ihr stehen die beiden Fest- und Losscheiben von 250 mm Durchmesser auf dem Vorgelege. Die Umdrehung der Vorgelegewelle beträgt demnach:

$$\frac{350 \cdot 263}{250} = \sim 368\,.$$

Auf der Vorgelegewelle sitzt die Scheibe für die Bewegung der kleinen Schleifspindel *s* sowie die Scheibe für den Transport. Die Antriebsscheibe für die Schleifspindel besitzt einen Durchmesser von 500 mm und übermittelt die Drehbewegung auf die kleine Scheibe *o*. Letztere hat einen Durchmesser von 30 mm. Die Scheibe *p* weist einen Durchmesser von 125 mm auf. Sie treibt die Rolle *q* auf der Schleifspindel an, welche einen Durchmesser von 20 mm besitzt. Hieraus wird die minutliche Umdrehung der Schleifspindel errechnet:

$$368 \cdot \frac{500 \cdot 125}{30 \cdot 20} = \sim 38\,335\,.$$

Die Schleifrolle mit 8 mm Durchmesser gewählt, ergibt den

$$\text{Umfang } 8 \cdot \pi = \sim 25 \text{ mm}$$

Daraus die Umfangsgeschwindigkeit berechnet:

$$38\,335 \cdot \frac{25}{60 \cdot 1000} = \sim 16 \text{ Meter pro Sek.}$$

Die Scheibe für den Transport besteht aus drei Stufen von einem Durchmesser von 80 mm, 115 mm und 150 mm. Desgleichen besitzt die Scheibe *c* die gleichen Abmessungen.

Das durch *c* angetriebene Schneckenrad *e* besitzt 32 Zähne. Die hiermit im Eingriff befindliche Schnecke *d* ist eingängig. Die sich hieraus ergebenden Umdrehungen des Schneckenrades *c* sind:

$$\text{I} \quad 368 \cdot \frac{80 \cdot 1}{150 \cdot 32} = \sim 6 \text{ Hübe.}$$

$$\text{II} \quad 368 \cdot \frac{115 \cdot 1}{115 \cdot 32} = \sim 11{,}5 \text{ Hübe.}$$

$$\text{III} \quad 368 \cdot \frac{150 \cdot 1}{80 \cdot 32} = \sim 21{,}5 \text{ Hübe.}$$

Die Zuschiebung des Supportes *i* hängt von der Art und der Größe der Schneideeisen ab. Die Transportspindel *z* weist eine Steigung von 2 mm auf, und die Zähnezahl des Sperrädchens ist gleich 300, so daß die kleinste Zuspannung gleich einem Zahn,

$$\frac{1 \cdot 6}{300} = {}^{1}/_{50} \text{ Umdrehung pro Minute beträgt.}$$

Da die Steigung der Spindel 2 mm ist, so ergibt sich:

$$\frac{1 \cdot 2}{50} = 0{,}04 \text{ mm Vorschub/Min.}$$

Die größte Zuspannung mit dem 5-Zähne-Transport ist:

$$\sim \frac{5 \cdot 21 \cdot 2}{300} = 0{,}7 \text{ mm/Min.}$$

Aus den Figuren ist die Arbeitsweise klar ersichtlich. Das Schneideeisen *S* wird so gestellt, daß sich die Scheibe *s* in der günstigsten Stellung befindet. Die Spannschrauben β befestigen das Schneideeisen im Halter *l*.

Wenn die Vorrichtung ohne Aufsicht arbeitet, so wird dem Sperrad *w* ein einstellbarer Gleitschuh aufgesetzt, der die Klinke *v* nach der gewünschten Schleiftiefe außer Eingriff setzt.

Sämtliche Lager werden vorteilhaft mit Bronzebüchsen ausgeführt.

Besonderer Wert muß auch auf die Schlittenführungen gelegt werden, um nicht durch Spiel ein zu scharfes Heranführen an den Schleifrollen zu verursachen. Diese Rollen sind äußerst empfindlich. Bei diesem Schneideeisen wird auch hier eine genaue Teilung der Spannlöcher Bedingung sein, da die Feststellung durch eine Teilvorrichtung bewerkstelligt wird.

8. Preß- und Ziehvorrichtungen.

Preßvorrichtungen sind Werkzeuge, die durch Begrenzungen das zum Fließen gebrachte Material formen. Unter Fließen des Materials versteht man eine Verschiebung, keine Trennung, seiner kleinsten Teilchen. Die hierzu erforderlichen Drücke werden durch Pressen, Hämmer und Stauchmaschinen hervorgebracht. Die Festigkeit des schmiedbaren Eisens liegt in den Grenzen von 35—65 kg pro 1 qmm. Es wird härter, wenn der Kohlenstoffgehalt größer wird. Bei 0,05 bis 0,45% Kohlenstoff spricht man von Schmiedeeisen und darüber hinaus bis 1,5% Kohlenstoff von Stahl.

Jede Bewegung des Materials bedingt ein Verschieben der Struktur. Man wird ein hartes Material vorwärmen, ehe man es einer Formänderung unterzieht, ebenfalls dort, wo es gilt, größere Massen in Bewegung zu setzen. Bei kleineren Formänderungen, z. B. bei schwachen Nieten, wird der Prozeß kalt vorgenommen, bei größeren dagegen das Material der Nieten erwärmt. Das Gesagte dürfte allgemein bekannt sein, jedoch gilt diese Annahme auch für andere Stauchungen und Pressungen.

Es sollen in diesem Abschnitt einige Vorrichtungen beschrieben werden, welche diese Bearbeitung in sich schließen.

In Fig. 281 ist eine Vorrichtung dargestellt, die drei Blechplatten *B* auf dem Dorn *S* befestigt. Zu diesem Zweck ist der Dorn *S* an den Verbindungsstellen eingeschnürt. Die Blechplatten sind in den Bohrungen durchgebördelt. Letzteres ist mittels eines Druckstempels ausgeführt worden. Ursprünglich waren die Bohrungen der Aussparung entsprechend etwas kleiner gebohrt. Die Umbördelung der inneren Ränder an den Löchern ist so groß vorgenommen, daß sich der Dorn *S* hindurchschieben läßt. Die Figur zeigt die Stellung der Blechscheiben *B* I, II und III vor dem Einpressen. Unter dieser Figur ist die fertige Pressung der Scheiben auf dem Dorn veranschaulicht.

Die Preßvorrichtung zeigt das Einpressen des I. Bleches. Zu diesem Zweck wird die Blechscheibe über den Dorn geschoben. Der Dorn ist maßhaltig gedreht und schneidet die untere Kante der Eindrehung mit dem Boden der Vorrichtung ab. Der Stempel *d* schiebt sich schließend über den Dorn *S* und besitzt zur Entweichung der Luft einen kleinen Kanal *e*. Die untere Kante des Stempels ist gehärtet. Sie drückt nun die umgebördelte Kante des Loches zurück. Dadurch entsteht eine

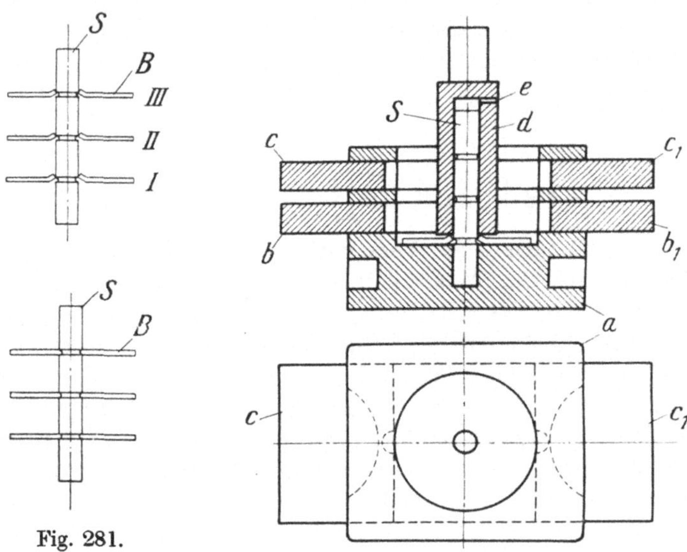

Fig. 281.

der Eindrehung des Dornes entsprechende Verengung des Loches. Auf diese Weise wird sich die Platte *B* fest anschließen. Um nun die nächstfolgenden Platten zu befestigen, sind die Schieber *b* und b_1 sowie *c* und c_1 vorgesehen. Zuerst wird das Schieberpaar *b* und b_1 gegen den Dorn geschoben und die Platte II eingelegt. Diese schließt genau wie die Platte I am Boden der Vorrichtung *a* ab. Der Vorgang ist auch hier der gleiche. Ebenso wird mit den Schiebern *c* und c_1 verfahren. Sodann werden die Schieber zurückgezogen und das fertige Arbeitsstück herausgenommen. Halbkreisförmige Einschnitte in der Vorrichtung *a* dienen zum Einsetzen der Spanneisen zwecks Befestigung der Vorrichtung.

Die Vorrichtung ist vorteilhaft aus Eisen, das im Härteofen eingesetzt ist, verfertigt worden.

Auf diese Weise lassen sich auch ähnliche Arbeitsstücke einwandsfrei behandeln. Durch die Veranschaulichung einer solchen Bearbeitung in der vorliegenden Form wird hoffentlich dieser Zweck erreicht. Bei nur Spezialzwecken dienenden Vorrichtungen dürfte es Zufall sein, wenn sie in der vorliegenden Form verwertbar sind.

Fig. 282 zeigt eine Biegevorrichtung, in welcher Bandeisenbügel gebogen werden. Die Bandeisen *B* werden hier in gestreckter Form auf den unteren Stempel *a* gelegt. Als Anschlag für die richtige Lage wird hinter dem Unterteil *a* ein im Winkel gebogenes Stück Flacheisen gespannt, an welchem das Bandeisen *B* anstößt. Der Oberstempel *b* drückt dasselbe alsdann in die entsprechende Form. Beide Teile der Vorrichtung werden vorteilhaft aus Siemens-Martin-Stahl verfertigt und im Einsatz gehärtet.

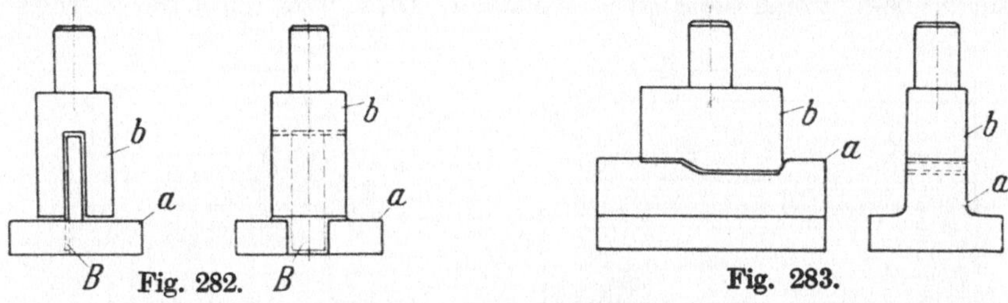

Fig. 282. Fig. 283.

Fig. 283 zeigt eine einfache Durchsetzvorrichtung. In dieser werden Flacheisen durchgesetzt. Das Unterteil *a* sowie das Oberteil *b* bestehen auch hier aus Siemens-Martin-Stahl, welcher im Einsatz gehärtet ist. Bei größeren Teilen geht man zu Stahlauflagen über und verfertigt die Ober- und Unterteile aus Gußeisen.

Diese beiden Vorrichtungen gelten wohl als die einfachsten Werkzeuge unter einer Presse. Von dieser einfachen Form gehen die kompliziertesten Vorrichtungen aus.

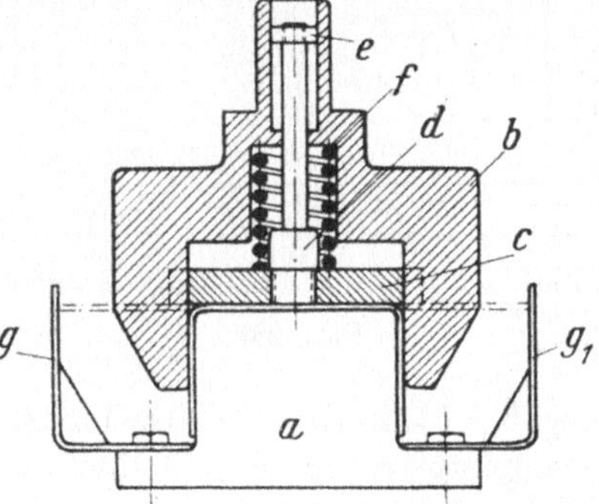

Fig. 284.

In Fig. 284 ist der weitere Ausbau der oberen Vorrichtungen veranschaulicht. In dieser werden Bügelstücke gebogen. Das Unterteil *a* besteht aus einem Klotz. An den Sockelflanschen sind die Begrenzungswinkel *g* und g_1 befestigt. Das Flacheisen wird zwischen die beiden Begrenzungen gelegt. Der Stempel *b* ist mit einer Spannplatte *c* versehen. Diese führt sich mit seitlichen Ansätzen an dem Stempel *b*. Als Begrenzung des Hubes ist in der Mitte ein angesetzter Bolzen *d* vorgesehen. Dieser sitzt mit seinem Gewindeteil in der Platte *c*. Das Schaftende führt sich in dem Halter von *b*. Die Begrenzungsmutter *e* führt sich in dem Haltezapfen, der zu diesem Zweck ausgebohrt ist.

Oberhalb der Spannplatte befindet sich die Druckfeder *f*, die auf das Flacheisen preßt. Indem sich die beiden Schenkel von *b* über das Flacheisen schieben und dieses um den Klotz *a* legen, hält die Spannplatte das Flacheisen fest. Diese wirft das fertige Stück am Schluß der Biegung selbsttätig heraus.

Fig. 285 zeigt eine Biegevorrichtung zum Einbiegen von Nietkanten an Blechplatte *B*. Das Unterteil *a* ist kastenförmig ausgebildet. In diesem bewegt sich die Auswerferplatte *d*. Diese wird durch die 4 Druckfedern *f* gespannt. Als Hubbegrenzung dienen die Bolzen *e*. Diese führen sich mit ihren Köpfen in den Bodennaben, so daß die Platte *d* nicht weiter als bis zum Rand des Unterteiles hochgeht. Als Begrenzung des Arbeitsstückes *B* ist oberhalb des Unterteiles *a* eine Ausfräsung angebracht, in die sich das Blech *B* einlegt. Der Stempel *b* besitzt eine Stahlplatte *c* um der Abnützung vor der Zeit entgegenzuwirken.

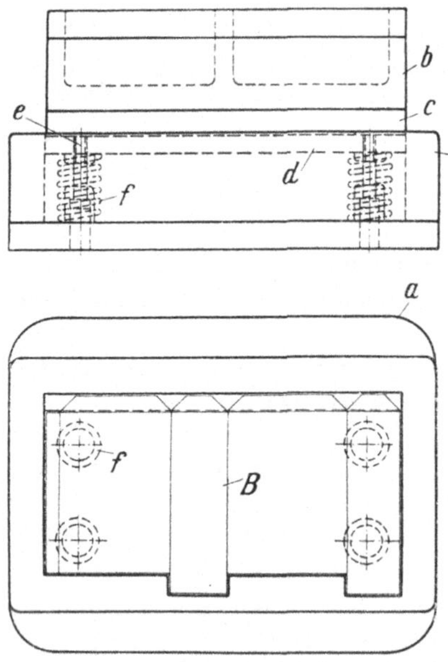

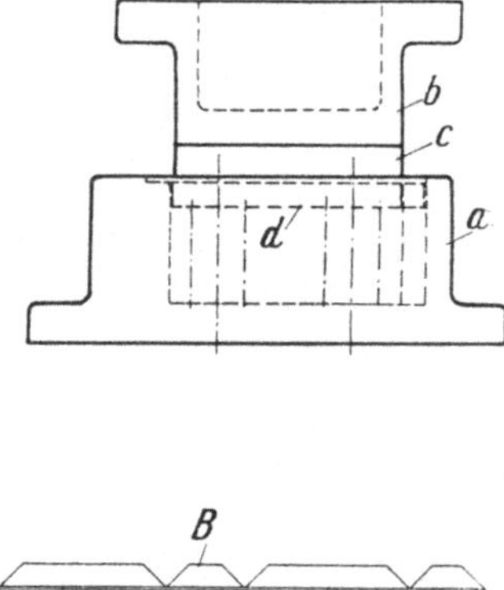

Fig. 285.

Die großen Aussparungen machen den Ausbau dieser Vorrichtung leicht und trotzdem stabil genug.

Das Werkstück *B* ist seitlich herausgezeichnet, so daß man die Nietkanten deutlich erkennt.

Fig. 286 stellt eine Ziehvorrichtung dar. In dieser werden Gefäße *K* gezogen. Diese Vorrichtung ist kombiniert, indem sie gleichzeitig die Bleche *K* ausschneidet. Das Unterteil *a* besteht aus Siemens-Martin-Stahl. Es ist im Einsatz gehärtet und geschliffen. Der Schnittring *f* ist durch die Versenkschrauben *g* am Unterteil *a* befestigt. In diesen Schnittring paßt sich der Stempel *d* ein. Dieser dient gleichzeitig als Blechhalter. Mittels der Kopfschrauben *e* wird der, im Ansatz zentrierte,

Stanz- und Spannring *d* an dem Oberteil *b* gehalten. Als Führung und Abstreifer ist die Platte *h* angebracht. Sie wird von 4 Stehbolzen *i* getragen. Der Ziehstempel *c* zieht das zwischen dem Blechhalter *d* und dem Unterteil *a* gespannte Blech in die Matrize. Die Ecken der Ziehmatrize müssen gut gerundet sein, damit ein Reißen nicht eintreten kann. Im Unterteil *a* befindet sich der Auswerfer *k*. Dieser befördert das Ziehstück *K* nach Beendigung des Zuges oberhalb der Matrize. Die Ziehstange *c* sowie der Auswerfer *k* sind gehärtet und geschliffen. Diese Werkzeuge werden auf den sog. Ziehpressen verwendet. Ihre Behandlung erfordert eine besondere Umsicht.

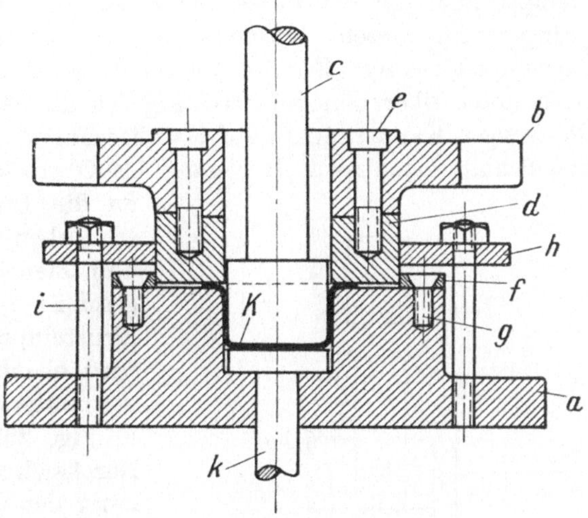

Fig. 286.

Fig. 287 veranschaulicht eine Ziehvorrichtung, auf der die in Fig. 286 gezogenen Gefäße weiter behandelt werden. Hier besteht das Unterteil *a* aus Gußeisen. Es nimmt den Schnitt- und Ziehring *e* auf. Außerhalb des Schnittringes befindet sich der Abstreiferring *g*. Dieser wird von den 4 Federn *l* gespannt und von den in diesen befindlichen Schrauben *k* begrenzt. Die Köpfe der letzteren führen sich in den Aussparungen am Boden von *a* und begrenzen somit die Höhe des Ringes *g*. Dieser hat den Zweck, das abgetrennte Material von dem Schnittring *e* zu streifen und nach außen zu befördern. In der Mitte des Ziehringes *e* befindet sich der Auswerfer *f*, welcher noch durch eine Feder *m* gespannt und durch den Stift am Ende der Schubstange begrenzt wird.

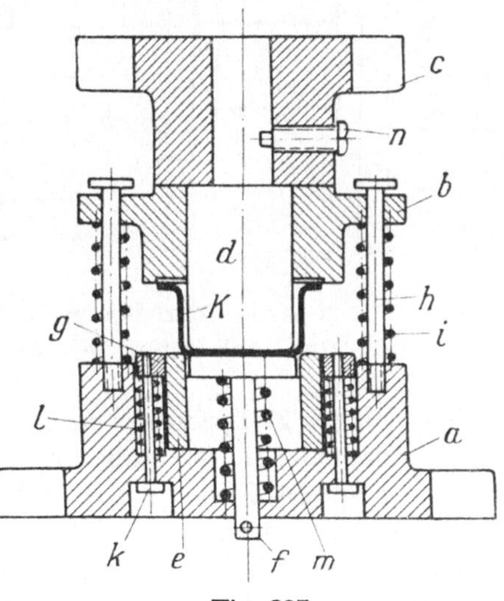

Fig. 287.

Das Oberteil *c* besteht ebenso wie das Unterteil *a* aus Gußeisen. Es nimmt in seiner Bohrung den Ziehstempel *d* auf, welcher von der an der Spitze gehärteten Zapfenschraube *n* gehalten wird. Die Ziehstempel sind von der Presse ein Stück in den Schnittring *b* hineingezogen. Aus diesem Grunde ist der Schnittring *b* unabhängig von der Pressenbefestigung. Er wird nur durch das Aufsetzen des Oberteiles *c* nach unten über den Schnittring gedrückt. Auf diese Weise werden die fertigen Kappenränder auf Maß beschnitten. Die Federn *i* drücken den Schnittring *b* nach Hochgang des Oberteiles *c* nach oben, bis er an die Bunde der Begrenzungsschrauben *h* anstößt. Der Schnitt- und Ziehring *e* ist gehärtet und geschliffen, desgleichen auch der Ziehstempel *d*. Diese Vorrichtung wird ebenfalls auf der Ziehpresse verwendet.

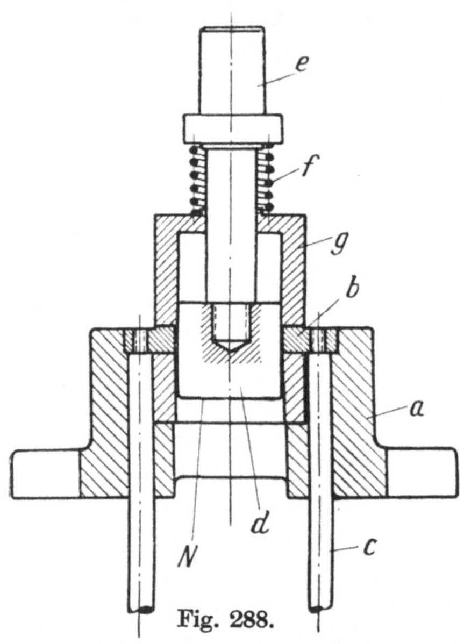

Fig. 288.

Fig. 288 veranschaulicht eine Durchziehvorrichtung, die gleichzeitig den Boden *N* ausstanzt.

Das Unterteil *a* besteht aus Gußeisen und nimmt in seiner Bohrung den Zieh- und Schnittring auf. Dieser sitzt auf einem Ansatz des Unterteiles *a*. In die Bohrung des Schnittringes tritt der Stempel *d*. Er zieht das Gefäß ein Stück in diesen hinein, bis die Bodenkante von *N* auf einen kleinen Ansatz aufsitzt. Die Kante des Stempels *d* schert den Boden direkt am Mantel ab und stößt ihn aus der Bohrung nach unten, wo zwei Durchgänge das Abfallmaterial entfernen lassen.

Während des Ziehprozesses spannt der Blechhalter *g* die Blechkante von *N* zwischen dem Ausstoßerring *b*. Die Feder *f* ist so berechnet, daß ein faltenfreies Ziehen möglich ist. Beim Rückgang zieht die Feder den Blechhalter *g* nach unten. Nachdem der letztere auf dem Stempel *d* aufsitzt, hebt der Halter *e* den Blechhalter ab. Hierauf tritt der Auswerfer *b* in Tätigkeit, indem er unter dem Druck der beiden Stangen *c* den fertigen Blechmantel am Kragen aus der Matrize schiebt. Auf dieser Vorrichtung werden nur schwache Bleche bearbeitet.

Fig. 289 zeigt eine Ziehvorrichtung, die gleichzeitig das Rondel ausschneidet und fertig zieht. Das Unterteil *a* besteht aus Siemens-Martin-Stahl, der im Einsatz gehärtet und geschliffen ist. Auf diesem ist die Schnittplatte *g* befestigt. In diese greift der Stempel *b* mit dem gehärteten Schnittring *c*. Letzterer ist in einem Ansatz zentriert. Die Abstreiferplatte *e* dient zum Abstreifen des Abfallbleches. Sie wird durch 4 Stehbolzen *f* gehalten. Der Schnittring *c* dient gleichzeitig als Blechspanner. Er wird mittels Federspannung durch die Presse gehalten. Der Stempel *d* dient als Ziehstempel. Gleichzeitig drückt er auch die Fasson am Rande des Ziehstückes *N* aus. Nach Hochgang des Stempels sowie des Blechspanners tritt der Auswerfer *h* in Tätigkeit. Er befördert das Arbeitsstück auf die Matrize. Man kann diesem Werkzeug verschiedene Formen geben, aber nur nach dem gleichen Prinzip.

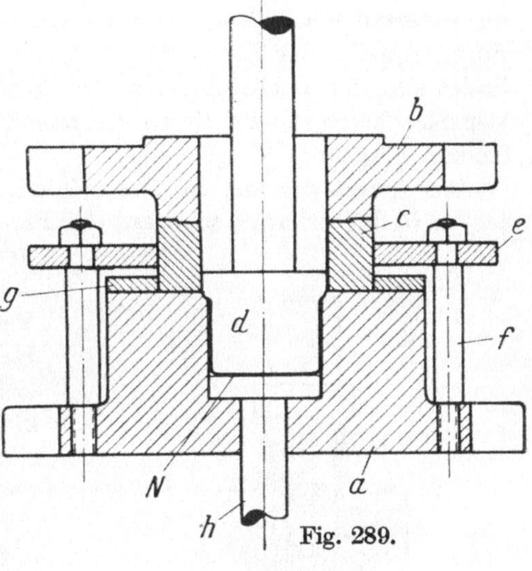

Fig. 289.

In Fig. 290 [1]) ist eine Vorrichtung zum Ziehen von Reflektoren veranschaulicht. Das ausgeschnittene Rondel wird in dem Unterteil *a* gezogen und gepreßt. Am Boden ist eine Warze ausgedrückt. Diese dient dem Beleuchtungskörper als Fassung. Das Unterteil *a* ist aus Stahl gefertigt und an den Preß- und Schnittstellen gehärtet und geschliffen. Der Stempel *b* dient als Stanz- und Spannstempel. Er ist an den Schnittstellen gehärtet. Der Stempel *c* dient zum Ziehen und Formgeben des Reflektors. Die Abstreifplatte *d* ist an 4 Stehbolzen *e* befestigt. Der Ausstoßer *f* wirkt in bekannter Weise nach Hochgang des Stempels.

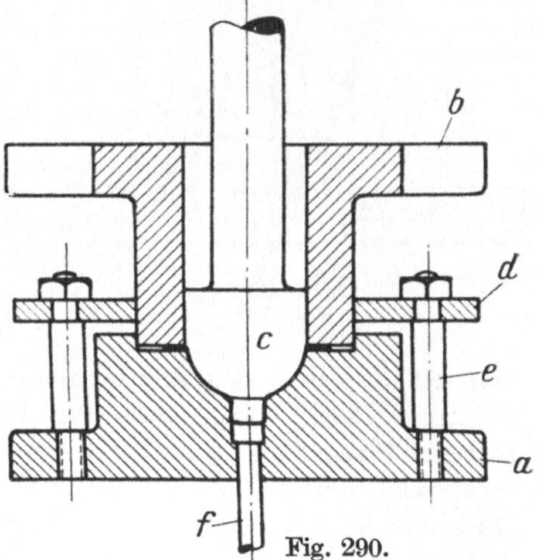

Fig. 290.

In Fig. 291[1]) ist die Vorrichtung zum Abtrennen und Ausstoßen des Bodens am Reflektor dargestellt. Das Unterteil *a* besteht aus Gußeisen. Es nimmt oberhalb die Schnittplatte *b* auf. Letztere ist sorgfältig

[1]) Die Werkzeugmaschine, Heft 6, 28. Febr. 1919, S. 70.

in einem gedrehten Ansatz des Unterteils fixiert. In der Bohrung des Schnittringes *b* bewegt sich, unter Druck des Formstempels, das Fassonstück *h*. Die Gegenspannung des letzteren geschieht durch den Gummipuffer *i*. Das Fassonstück *h* ist durch die 4 Begrenzungsschrauben *k* im Unterteil *a* gehalten. Der Stempelkopf *d* trägt am Unterteil den Formstempel. Der Schaft *d* ist an dieser Stelle ausgebohrt. In ihm befindet sich der Lochstempel *g*, der durch die Feder *f* gespannt wird. Der Blechhalter *c* wird durch die Druckfeder *e* auf den Rand des Reflektors gespannt.

Der Arbeitsvorgang in dieser Vorrichtung ist folgender: Die gezogene Reflektorkappe wird auf das Fassonstück *h* gelegt. Dann trifft der Blechspanner *c* auf den Rand der Reflektorkappe. Im weiteren Verlauf des Druckes geht der Halter *d* mit dem Fassonstempel tiefer und schneidet mit dem kleinen Ansatz an dem Schnittring *b* den Rand von der Kappe. Dieser Vorgang wird durch das Zusammenpressen des Gummipuffers *i* bewerkstelligt. An Stelle dieses Puffers können auch Federn verwendet werden. Gleichzeitig mit dem Trennprozeß dringt auch der Lochstempel durch den Boden der Warze und stößt diesen aus.

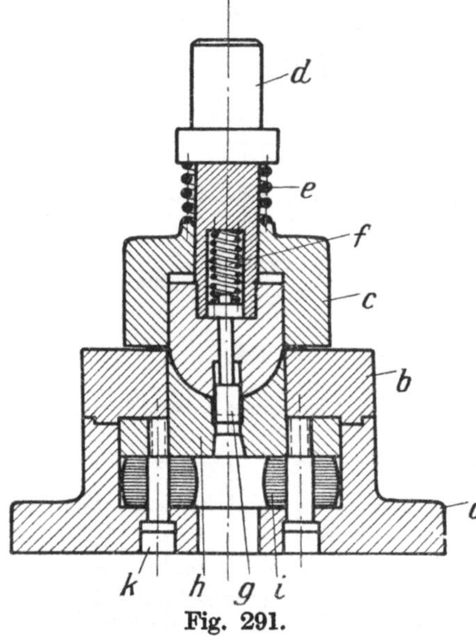

Fig. 291.

Fig. 292[1]) stellt eine Ziehvorrichtung aus der Flanschenfabrikation dar. Das Blech *F* besitzt in der Mitte ein entsprechendes Loch, in dieses führt sich der Zapfen *i* des Ziehstempels *h* ein. Das auf ca. 800—900° erwärmte Blech wird, durch das Herabgehen des Stempelkopfes *g*, zwischen Platte *f* und Einsatz *b* gespannt. Diese Spannung wird dadurch verursacht, daß der durch Federn *m*, die auf dem Bolzen *l* stecken, gespannte Kopf *k*, auf der Spannplatte *f* aufsitzt. Gleichzeitig mit dem Aufsitzen des Kopfes *k* tritt der Stempel *h* in das Blech ein und zieht es in den Einsatz *b*. Die gestrichelten Linien zeigen die gezogene Form des Ansatzes am Flansch. Nachdem der Ziehprozeß erledigt ist, geht der Ziehstempel *h* zurück und nimmt, infolge der Zusammenziehung des Eisens, den Flansch *F* mit. Da die Spannplatte *f* jedoch an den Bolzen *d* begrenzt ist, so streift der Stempel *h* das Blech an der Platte *f*

[1]) Die Werkzeugmaschine, Heft 18, 30. Juni 1920, S. 283.

ab. Für die Einlegung eines neuen Bleches sind die Federn *e* angebracht. Diese drücken die Platte unter die Bolzenköpfe.

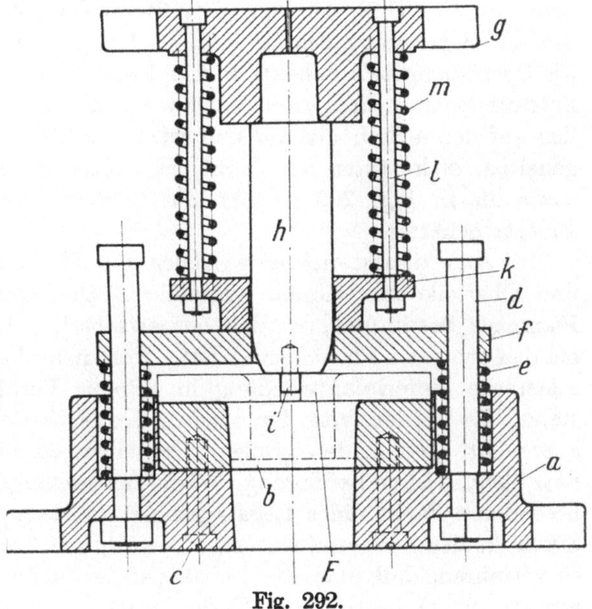

Fig. 292.

Der Einsatz *b* wird von den Schrauben *c* gehalten. Der Einsatz sowie der Stempel sind gehärtet und geschliffen. Das Unterteil *a* und der Kopf *g* sind aus Gußeisen, die Platte *f* aus Schmiedeeisen und der Druckkopf *k* aus Stahlguß verfertigt. Dieses hier beschriebene Werkzeug ist eine Vorpreßvorrichtung. Im nächstfolgenden Abschnitt ist das Fertigpressen veranschaulicht.

Fig. 293 stellt die Vorrichtung zum Fertigpressen dar. Die in der vorhergehenden Ziehvorrichtung vorgearbeiteten Flanschen werden hier eingestaucht.

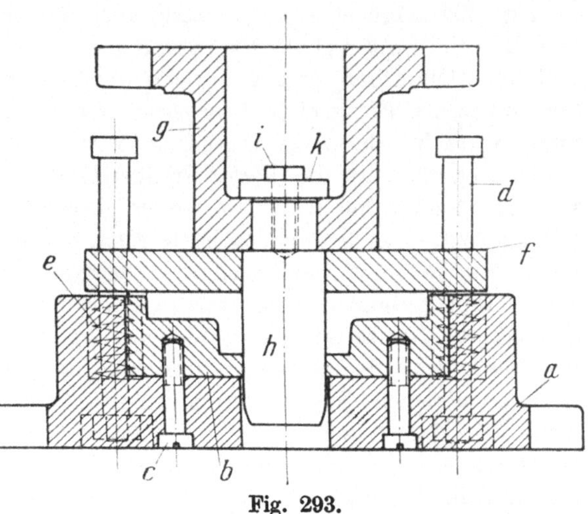

Fig. 293.

Die infolge des Durchziehens in der Bohrung des Flansches entstandene runde Kante wird durch das Stauchen scharfkantig. Bei diesem Prozeß ist auf gute Wärme der Werkstücke zu achten, denn nur auf diese Weise werden gleichartige Arbeitsstücke geschaffen.

Das Unterteil *a* sowie das Oberteil *g* bestehen aus Gußeisen. Im Unterteil *a* befindet sich der Einsatzring *b*. Dieser weist die endgültige

Form des Werkstückes auf. Das Material der Einsatzringe ist Siemens-Martin-Stahl und im Einsatz gehärtet. Der Ring wird durch 4 Schrauben *c* im Unterteil befestigt. Der Stempel oder der Dorn *h* dient hier nur als Begrenzung des Materiales. Die Befestigung des letzteren ist im Oberteil mittels Scheibe *k* und Kopfschraube *i* durchgeführt. Die kräftige Platte *f* dient zum Einstauchen des Materials. Sie sitzt beweglich auf den 4 Stehbolzen *d* und wird durch Federn *e* in ihrer Stellung gehalten, d. h. unter den Kopf der Bolzen *d* gedrückt. Diese Platte sowie die in Fig. 292 besteht aus Siemens-Martin-Stahl und ist im Einsatz gehärtet.

Bei Anfertigung mehrerer Größen von Flanschen werden die Unter- und Oberteile nur einmal ausgeführt. Die Teile, die die Form des Flansches bestimmen, werden ausgewechselt. Jedoch würde das nur bei den größeren Flanschen in Frage kommen, da bei den kleinen Flanschen die Materialaufwendung in keinem Verhältnis zum Umbauen steht. Es werden von den kleinen Sorten bedeutend mehr Flansche gebraucht als von den großen. Geht man zu einem auswechselbaren Satz über, so ist es Bedingung, daß die zusammengehörigen Teile in einem besonderen Fache eines Regals gelagert werden. Außerdem muß jedes Stück die deutliche und sichtbare Bezeichnung tragen. Man kann auch so verfahren, daß man die Dorne gleicher Art sowie die Einsatzringe usw. in einem bestimmten Fache lagert.

Fig. 294 zeigt eine Vorrichtung zum Vorpressen von Deckeln *B*. Das Material muß gut durchgewärmt sein, um keine Rißbildungen zu erhalten. Die Ober- und Unterteile *a* und *b* bestehen aus Gußeisen. Sie sind in der Form nicht bearbeitet. Gerade die Gußhaut ist infolge ihrer Härte für derartige Werkzeuge von Vorteil.

In Fig. 295 ist die Fertig-Preßvorrichtung veranschaulicht. Die vorgepreßten Deckel *B* werden wieder vorgewärmt und auf das Unterteil *a* gelegt. Das bewegliche Mittelstück *c* wird durch die 4 Federn *d* nach oben gedrückt. Die Bolzenköpfe *e* begrenzen die Aufwärtsbewegung. Der Stempel *b* senkt sich nun mit seinem Rand auf das Blech *B* und zieht dadurch die Kante an den Rundungen des Unterteils *a* herum. Nachdem das Oberteil *b* diese Arbeit verrichtet hat, geht es nach oben zurück, wodurch infolge der Federwirkung von *c* das Werkstück *B* herausgedrückt wird. Die Federn müssen für diese Arbeit berechnet werden. Um ein leichteres Abheben von dem Mittelstück *c* zu erreichen, wird dieses leicht konisch gehalten. Auch dieses Werkzeug besteht aus Gußeisen ohne Bearbeitung der Form. Die einzige Bearbeitung besteht in dem Abrichten der Spannflächen an beiden Vorrichtungen.

Derartige Preßvorrichtungen gibt es unzählige. Es sollte dieses Beispiel nur eine einfache Vorstellung der Arbeitsweise dieser Art veranschaulichen. Bei derartigen Warmbehandlungen an Werkstücken ist stets der Dehnungskoeffizient in Rechnung zu stellen. Es muß die Form um diesen Betrag größer ausgeführt werden. Außerdem hat man das Schrumpfen des Materials, besonders bei starken Stücken, zu beobachten. Es empfiehlt sich dort, wo es angängig ist, die Teile etwas konisch auszubilden.

Fig. 296 veranschaulicht eine Stauchvorrichtung zur Herstellung von Bundbolzen. Derartige Werkstücke werden in den verschiedensten

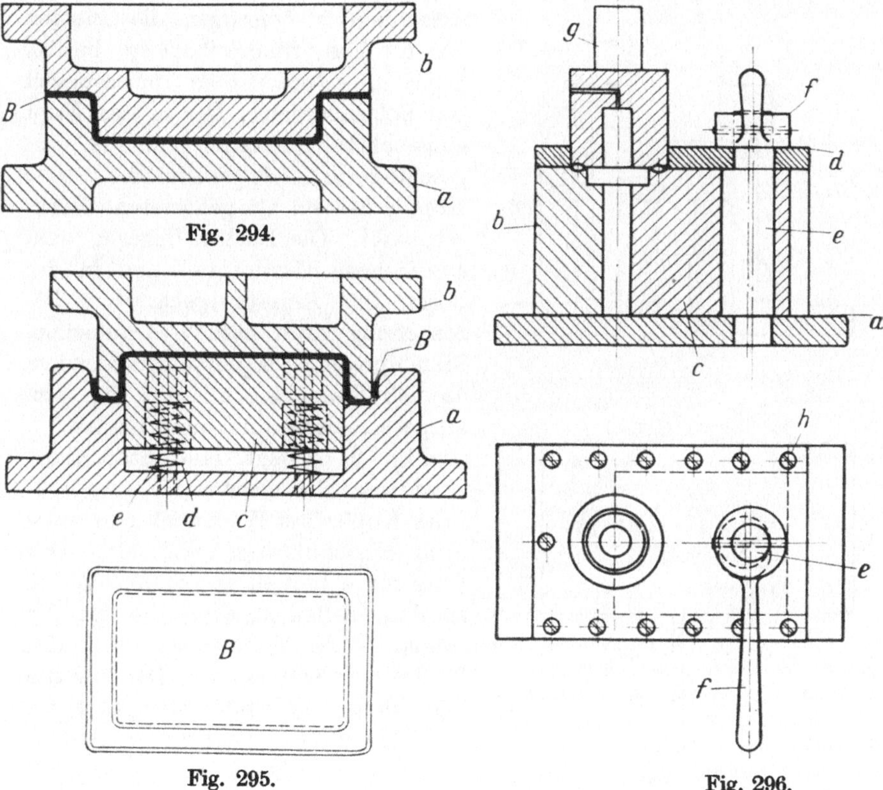

Fig. 294.

Fig. 295.

Fig. 296.

Ausführungen gebraucht. Meistenteils werden die Bundbolzen aus dem vollen Material herausgedreht. Diese Bearbeitung mag wohl bei kleinen Bolzen am Platze sein und evtl. auch dort noch, wo es sich um wenige Exemplare handelt. Bei größeren Mengen geht man zum Stauchprozeß über. Die gestauchten Bundbolzen besitzen in der Struktur eine zusammenhängende Materie, die angedrehten Bundbolzen dagegen hat man sich an den Ringflächen mit durchschnittener Längsfaser vorzustellen. Die hier abgebildete Stauchvorrichtung besteht in der Hauptsache aus folgenden Teilen: dem U-förmigen Stück *b*, in welchem sich die bewegliche Backe *c* schiebt, und dem Exzenter *e*. Die bewegliche Backe *c* sowie die feste Gegenhälfte *b* weisen je eine Hälfte der Bolzenform auf. Der Schluß beider Backenhälften geschieht durch den Handhebel *f*, der mit seinem Auge auf dem Zapfen *e* des Exzenters befestigt ist. Im Grundriß ist die geschlossene Form ersichtlich. Das U-förmige Stück *b* ist oben und unten durch die beiden Platten *a* und *d* verschlossen. Eine Anzahl Zylinderkopfschrauben *h* befestigen die Platten an *b*. Der Stempelkopf *g* besitzt genau die erforderlichen Abmessungen des Bolzenzapfens. Der in den Kopf eingebohrte Luftkanal läßt die eingeschlossene Luft entweichen. Der Kopf *g* besteht aus gehärtetem Werkzeugstahl. Die Backen dagegen sind aus Siemens-Martin-Stahl und in der Form im Einsatz gehärtet. Die Stauchung kann unter hydraulischen Schnellpressen vorgenommen werden, da sich diese, wie bekannt, für derartige Arbeiten am besten eignen.

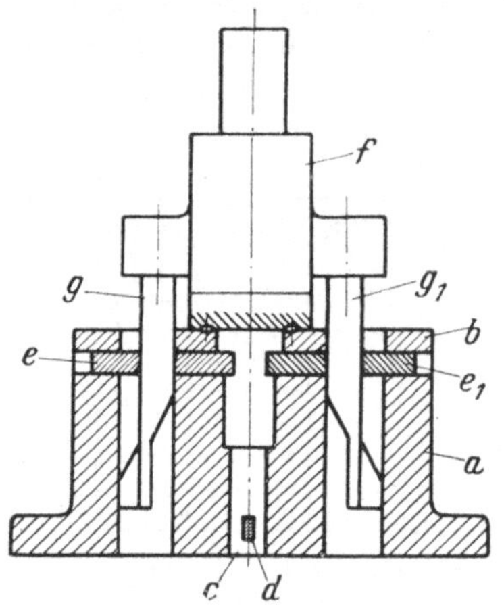

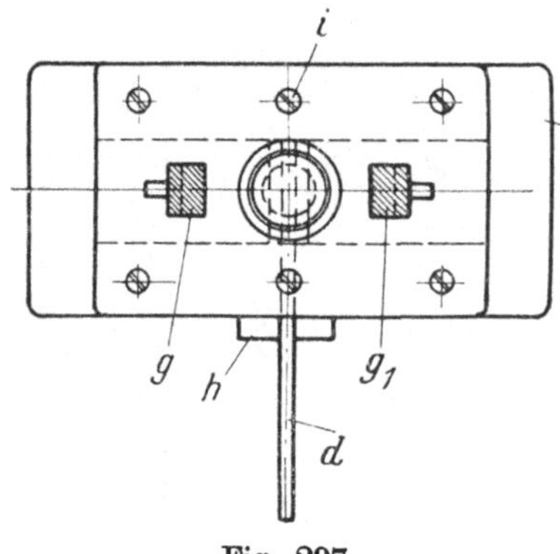

Fig. 297.

Fig. 297 zeigt eine Stauchvorrichtung, die gleichzeitig unterhalb des Kopfes am Werkstück eine seitliche Einschnürung vornimmt. Das Unterteil *a* besteht aus Stahl. Es ist an den Stellen gehärtet, die für die Aufnahme des Werkstückes resp. des Rohlings bestimmt sind. Der für die Stauchung bestimmte Stempel *f* ist aus Stahlguß verfertigt und besitzt an seiner Arbeitsfläche ein gehärtetes Stahlstück. Die seitlich angegossenen Augen nehmen die Schubstangen *g* und g_1 auf. Letztere betätigen die beiden Schieber *e* und e_1, die durch die Platte *b* mittels der Schrauben *i* begrenzt sind. An den Preß- sowie Gleitflächen sind die Schieber gehärtet. Die Schubstangen *g* und g_1 sind so ausgebildet, daß sie beim Herabgehen infolge der schrägen Gleitflächen die Schieber in das Material des Bolzens drücken. Nachdem die Schubstangen diese Arbeit vollendet haben, tritt die Stauchung des Stempels *f* ein. Seitliche Gratnuten nehmen das überschüssige Material auf. Die Gratnuten müssen so beschaffen sein, daß sie im Verhältnis des überstauchenden

Materials stehen. Nachdem die Stauchung erledigt ist, geht der Kopf *f* mit den Schubstangen zurück. An den Enden tragen die letzteren angesetzte Nasen, welche sich gegen die Rückseite des Schlitzes von den Schiebern legen und dieselben so auf diese Weise zurückziehen. Zur Entfernung des fertig gepreßten Bolzens ist eine Ausstoßvorrichtung angebracht, die aus dem durchweg gehärteten Bolzen *c* besteht. Im unteren Ende befindet sich ein Schlitz, in welchem sich die Stange *d* führt. Das Flachstück *h* dient als Unterlage des Hebels. Diese Anordnung wirkt wie eine Wippe. Ein Schlag auf das herausstehende Ende des Hebels hebt den Bolzen *c* an und drückt so den fertiggepreßten Rohling aus dem Gesenk. Durch das Zusammenziehen des rotwarmen Materials ist der Rohling bereits im Gesenk lose und hebt sich daher leicht aus demselben heraus. Man kann auch an Stelle der Hebelanordnung für den Auswerfer eine selbsttätige Ausstoßvorrichtung, die durch den hochgehenden Stempel mitgenommen wird, anbringen. Auf diese Weise würde die Stange *d* durchgehend angeordnet sein und beim Zurückgang an beiden Enden durch bewegliche Verbindungsstangen angehoben werden.

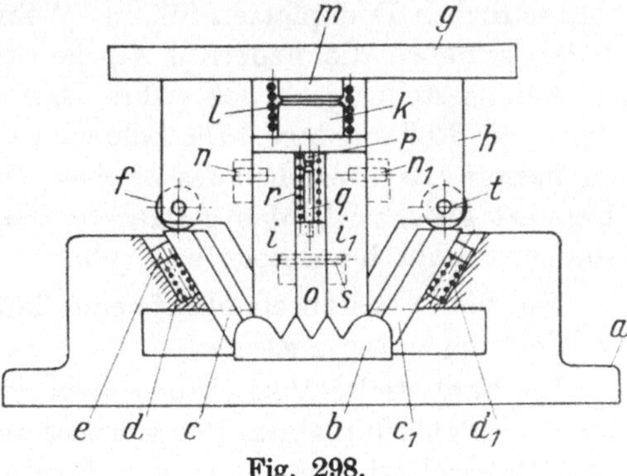

Fig. 298.

Die Fig. 298 veranschaulicht eine Vorrichtung zum Pressen von Fassonstücken aus schwachem Blech. Das Unterteil *a* besteht aus Gußeisen. Es nimmt in der Mitte das Formstück *b* auf. An Stelle dieses Formstückes können auch andere Konturen treten. Es soll an der Hand der hier aufgeführten Anordnung die Wirkungsweise demonstriert werden. Das Oberteil besteht aus mehreren Teilen, die von beiden Seiten durch Platten abgeschlossen sind. In der Figur ist die vordere Platte, um eine größere Klarheit der inneren Teile zu erreichen, fortgelassen. Die Spannplatte *g* nimmt die beiden Führungsstücke *h* auf. In den durch die Entfernung der beiden Seitenteile *h* begrenzten Zwischenraum schieben sich die Formstempel. Die beiden Stempel *i* und i_1 werden durch die Kopfplatte von *k* gehalten. Diese besitzt einen runden Ansatz, auf dem sich die Druckfeder *l* führt. Ein gleicher Federansatz *m* befindet sich auch an der Spannplatte *g*. Die Feder *l* ist so kräftig gewählt, daß sie die Form bereits ausgepreßt hat, bevor der Hub der Maschine beendigt ist. Zwischen den beiden Formstempeln *i* und i_1 schiebt sich der mittlere Stempel *o*. Dieser tritt früher auf das Blech als die beiden äußeren. Auch wird die Spannung des Stempels *o* mittels einer Druckfeder *r* bewerkstelligt. Die Führung der Feder findet hier auf dem Ansatz *p* sowie auf dem Dorn *q* statt. In dem Auftreffen der Federführungen an beiden Stempeln ist die Form begrenzt. Der Druck wirkt daher direkt auf das Werkstück. Die Stifte *n* und n_1, sowie der mittlere durchgehende Stift *s* begrenzen die Federwirkung nach unten und gestatten dadurch dem mittleren Stempel *o* etwas Vortritt. Das erfolgt aus dem Grunde, um das Blech, welches gebogen werden soll, bereits in der Mitte einzudrücken, bevor die seitlichen Stempel in Aktion treten. Während die seitlichen Stempel *i* und i^1 anfangen zu formen, gehen die schrägliegenden Stempel *c*, c_1 auch auf das Blech nieder. Die Betätigung dieser Stempel erfolgt mittels der beiden Gleitrollen *f*, die sich auf den Stahldornen *t* drehen. Die Stempel *c* und c_1 besitzen an ihren oberen Flächen Führungsleisten oder besser Ansätze, welche sich in den seitlichen Deckplatten führen. Während des Rückganges des Oberteiles, schieben die Federn *d*, d_1, die Stempel *c*, c_1 an den Ansätzen *e* in Anfangsstellung zurück. Ihre Begrenzung nach oben erhalten sie durch die Rollenanlage. Die Schräglage der Stempel *c* und c_1 gestattet ein besseres Herumziehen des Bleches. Die Aussparung des Unterteiles *a* begrenzt gleichzeitig das gestreckte Blech. Stempel sowie Formstück sind aus Stahl hergestellt und gehärtet.

Fig. 299[1]) veranschaulicht eine kombinierte Stanz- und Biegevorrichtung unter Pressen.

Die dargestellte Vorrichtung dient zum Pressen von Laufbuchsen *y* aus Messingblech (24 mm Durchmesser und 50 mm Länge, 2 mm Stärke). Das Material wird in Form von Bandmessing verarbeitet.

Das Unterteil *1* besteht aus Stahlguß, desgleichen auch das Oberteil *2*. Diese Teile enthalten die Form der Buchse *y*. Außerdem ist ein Schneidkörper *3* am Oberteil *2* angegossen, der das Messer *13* trägt. Auf dem Unterteil *1* ist ein entsprechender Ansatz für das Gegenmesser *14* vorgesehen; als Anschlag dient ein Flachstück *15*. Die Entfernung vom Messer bis zum Anschlag ist gleich dem Umfange der Buchse *y*. Der Dorn *4* ist an seinen beiden Ansätzen seitlich abgeflacht, um ein Verdrehen in den Lagern *5* zu verhindern. Diese Anordnung dient für die Matrize *12*, die sich über dem Stempel *9* befindet. Zum Austreten der Putzen sind in beiden Enden des Hohldornes *4* Schlitze vorgesehen. Die beiden Führungsstücke *5* werden durch je 2 Federn *7* nach unten gedrückt. Sie nehmen den Dorn an ihren Schlitzen auf. Diese Anordnung dient zum Vordrücken des Bleches, das die Form *y* einnimmt. (In der Figur in U-form dargestellt.) Gehalten werden die 4 Federn durch kräftige Bolzen *6*, die auch den Führungsstücken nach unten gleichzeitig als Begrenzung dienen.

---

[1]) Werkstattstechnik 1917, Heft 16, S. 490.

Die erste Darstellung der Vorrichtung ist im Schnitt gezeichnet; *8* stellt den Hebel als Verbindung zwischen dem Messerträger *3* und Stempel *9* dar. In *11* hat er seinen Drehpunkt. Die Feder *10* dient als Rückzug des Stempels und des Hebels.

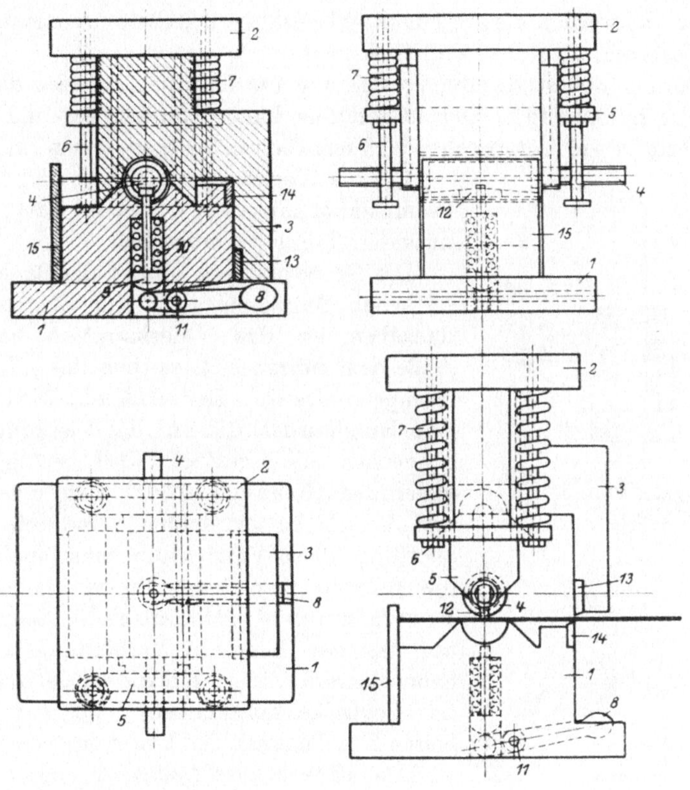

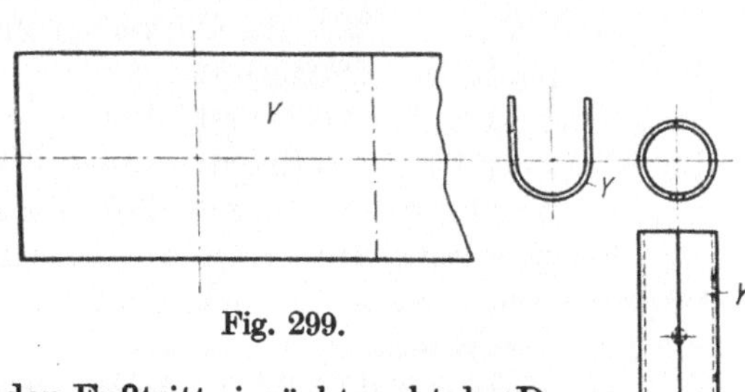

Fig. 299.

Die Arbeitsweise ist folgende: Das Material wird zwischen die beiden Messer *13* und *14* geschoben, bis es gegen den Anschlag *15* stößt; dann wird der Dorn *4* in die Führungen *5* gelegt. (4. Ansicht in der Figur.) Sobald man die Presse durch den Fußtritt einrückt, geht der Dorn in das Unterteil *1* hinein und formt das Blech in U-Form. Gleichzeitig haben auch die Messer *13* und *14* das Material abgeschert; im weiteren Verlaufe geht nun das Oberteil *2* auf den Dorn *4* herab und rollt die beiden Enden der Buchse zusammen. Kurz vor Fertigstellung der Buchse trifft der Messerträger *3* auf den Hebel *8* auf und betätigt die Stanzvorrichtung *9*. Nach Beendigung geht das Oberteil *2* wieder hoch und gibt den Dorn *4* frei. Die Presse wird durch Abheben des Fußes stillgesetzt. Der Dorn mit der fertigen Buchse wird herausgenommen; die Buchse wird abgestreift und der Dorn für die nächste Arbeit eingelegt. Es werden also in einem Arbeitshube 3 Arbeiten vorgenommen: 1. abscheren, 2. rollen und 3. lochen.

Die Fig. 300 stellt eine Vorrichtung für Dornpreßarbeiten dar. Auf ihr können kleinere Löcher ausgeräumt, kleine Spindeln ein- und herausgedrückt sowie entsprechende Preßarbeiten vorgenommen werden.

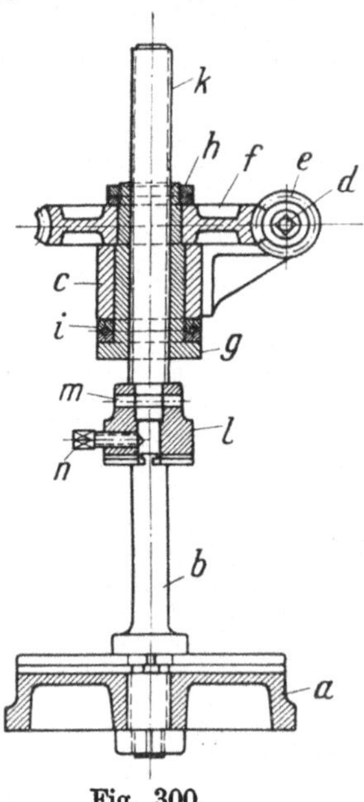

Fig. 300.

Für die Werkzeugbefestigung sind an dem Stempelkopf sowie auf der Spannplatte Kreuznuten in T-Form vorgesehen.

Die Grundplatte *a* nimmt die Säulen *b* in seitlichen Angüssen auf. Am oberen Ende derselben ist das Querhaupt *c* befestigt. Außerdem führen sich seitlich die Augen des Stempelkopfes *l*. Der Antrieb wird durch eine Handkurbel, die auf das Vierkant *d* der Schneckenwelle *e* gesteckt wird, betätigt. Für dauernden Gebrauch dürfte sich eine Fest- und Losscheibe empfehlen. Dadurch würde allerdings diese Vorrichtung maschinell unter die Maschinentypen der Pressen fallen. Die Bewegung von *d* geht über die Schnecke *e* auf das mit dieser in Verbindung stehende Schneckenrad *f* über. Um die achsialen Drücke der Schnecke aufzuheben, sind von beiden Seiten Kugellager an den Lagerseiten eingebaut.

Das Schneckenrad *f* sitzt auf einem Ansatz der Gewindebuchse *g*. Es wird durch die beiden Rundmuttern *h* festgezogen. Außerdem ist auch noch ein Federkeil vorgesehen. Die Buchse *g* dreht sich in dem Lager des Querhauptes *c*. Unterhalb des Lagers befindet sich das Kugellager *i*, welches die Drücke resp. die hierdurch entstehende Reibung aufnimmt. Die Spindel *k* besitzt Flachgewinde, das sich in die Buchse von *g* schraubt. Durch das Schneckenrad *f* wird die Buchse gedreht und dadurch die Spindel der Drehung der Handkurbel entsprechend hinein- oder herausgeschraubt. Stift *m* sichert die Spindel im Stempelträger *l* am Verdrehen.

Zur Befestigung der Werkzeuge im Stempelkopf dient die Schraube *n* mit Vierkantkopf. Die Grundplatte *a*, das Querhaupt *c* sowie der Stempelträger *l* sind aus Gußeisen gefertigt. Entsprechende Aussparungen in den Körpern verringern ohne Beeinträchtigung deren Gewicht.

Die Vorrichtung stellt eine gebräuchliche Art eines Hilfswerkzeuges in den Werkstätten dar.

Fig. 301 veranschaulicht eine Vorrichtung zum Hinein- und Herausdrücken von Wellen und Dornen aus Werkstücken. Sie eignet sich besonders für Drehereien zum Eindrücken von Drehdornen usw.

Die Betätigung beruht hauptsächlich auf dem Kniehebelprinzip. Die Spannplatte *a* besitzt den angegossenen Bock *b*. An beiden Seiten desselben befinden sich die Führungsstangen *c*, welche durch Rundmuttern an *b* befestigt sind. Am anderen Ende sind die Führungsstangen *c* in den Böcken *d* gehalten. Auf diesen Stangen schiebt sich der Spindelträger *e* mit seinen seitlich angegossenen Augen. Ebenso ist der Stempelkopfträger *n* mit seinen seitlichen Lappen, zwecks Unterstützung, auf den Stangen verschiebbar befestigt. In der Mitte des Spindelträgers *e* ist die Gewindebuchse mit Handrad *f* drehbar

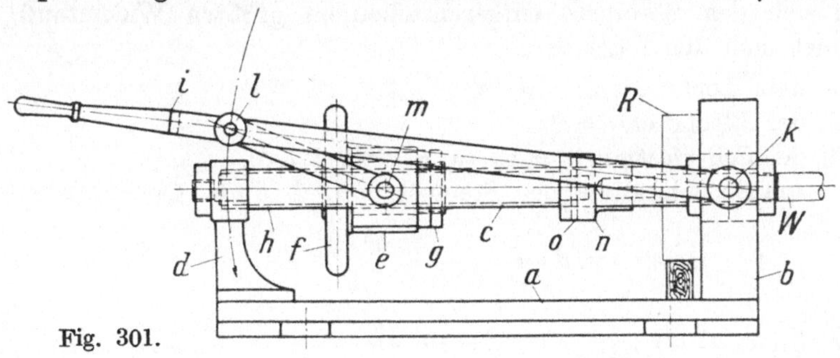

Fig. 301.

gelagert und durch die beiden Rundmuttern *g* gesichert. Im Stempelkopf ist die Flachgewindespindel *h* durch den Stift *o* am Verdrehen gehindert. Der Stempelkopf besitzt eine Bohrung zur Aufnahme der Drückdorne. In der Figur ist eine Scheibe *R* veranschaulicht, aus welcher eine Welle *W* gedrückt wird. Die Auflage *b* ist oben in der Mitte offen, so daß jederzeit eine längere Welle eingelegt werden kann.

Der Hebel *i* ist gegabelt. Auf jeder Seite der Vorrichtung befindet sich je ein Schenkel. Diese haben ihren Drehpunkt in *k* am Bock *b*. Am oberen Ende ist an der Nabe *l* des Hebels *i* von jeder Seite eine Lasche angelenkt, die ihren zweiten Befestigungspunkt *m* an den Führungsauglagern von *e* besitzen.

Die Bewegung des Hebels *i* in der Pfeilrichtung nach abwärts, schiebt den Stempelkopf mit Dorn gegen das Arbeitsstück *R*. Die Nachstellung der Druckspindel *h* geschieht durch das Handrad *f*. Je mehr sich der Hebel *i* der Wagrechten nähert, um so intensiver wird der Druck, so daß man äußerst feste Stücke damit aus den Bohrungen drücken kann. Die Platte *a* wird am vorteilhaftesten auf eine Holzunterlage gespannt. Sie besitzt zu diesem Druck an den Seiten 4 Augen.

9. Schnitt- und Lochvorrichtungen.

Die allgemeine Bezeichnung für diese Vorrichtungen lautet Schnitte bzw. kombinierte Schnitte und Stanzen. Da diese Werkzeuge dem Werkstück durch ihre Vermittlung erst die Form geben und die Hubbewegung des Stößels zum Zweck der Bearbeitung umwandeln, fallen sie in den Rahmen der Vorrichtungen. Hierüber herrschen Meinungsverschiedenheiten. Es sollen jedoch in diesem Abschnitt einige Typen von Schnitt- und Lochvorrichtungen gebracht werden, damit auch die vielverwendeten Loch- und Stanzmaschinen in diesem Buche vertreten sind.

Bevor mit der Beschreibung der einzelnen Typen begonnen wird, sollen als Grundlage einige kurze Bemerkungen vorausgeschickt werden.

Die Beanspruchung der Lochstempel fällt in die Achsenrichtung. Den sich den Stempeln entgegenstellenden größten Widerstand errechnet man aus folgendem:

1. dem Lochumfang $= d \cdot \pi$,
2. der Blechdicke $= \delta$,
3. der Scherfestigkeit $= \sigma_w$ ($\sigma_w =$ etwa $1{,}7\ \sigma$)
4. Inanspruchnahme des Stempels pro 1 qmm Querschnitt $= k$,

$$d \cdot \pi \cdot \sigma_w \cdot \delta = \frac{d^2 \cdot \pi}{4} \cdot k .$$

oder, bei $\sigma_w = 40$ kg: $$k = 160 \cdot \frac{\delta}{d} .$$

Es ergibt sich hieraus, daß der Lochstempel stets größer sein muß als die zu lochende Blechstärke. Dieses trifft ja auch allgemein zu.

Nachstehend sind einige Werte von σ und σ_w angegeben[1]):

$\sigma =$ die Scher- oder Schubfestigkeit in kg/qmm,

$\sigma_w =$ etwa $1{,}7\ \sigma$.

Es ist für:

	kg/qmm	kg/qmm
Stahlblech, weich	$\sigma = \infty$ 40	σ_w = 60 bis 70
Schmiedeeisen	„ = 24 bis 35	„ = 40 „ 60
Schmiedeeisen, dunkelrot .	„ = 8 „ 10	„ = 12 „ 20
Kupferblech	„ = 20 „ 25	„ = 25 „ 40
Zinkblech	„ = 6 „ 9	„ = 9 „ 15
Zinn	„ = 1,3 „ 2	„ = 2 „ 3
Blei	„ = 0,8 „ 1,8	„ = 1,5 „ 2,4

Um glattwandige Löcher zu erhalten, wird:

$$d_1 = d - {}^1/_8\,\delta \text{ und } d_2 = d + {}^1/_8\,\delta \text{ oder}$$
$$d_1 = d \text{ und } d_2 = d + {}^1/_4\,\delta .$$

[1]) Hütte.

d = Lochweite in mm.
d_1 = Stempeldurchmesser in mm,
d_2 = die Lochringweite in mm,
δ = die Blechdicke in mm.

Aus den hier angeführten Berechnungen lassen sich die übrigen Werte bestimmen, die sich nach der Form der Vorrichtung richten.

In Fig. 302 ist ein Lochschnitt veranschaulicht. Das hier gelochte Blech wird vorgewärmt verarbeitet. Infolge der großen Abmessungen von Stempel und Matrize sind beide aus geteilten Ringen zusammengesetzt. Der untere Schnittring *b* sitzt in einer Ausdrehung des gußeisernen Unterteiles *a*. Er besteht aus 2 Ringhälften, die an ihren Stößen schräg zusammengepaßt sind. (Ansicht im Grundriß.) Die Befestigung geschieht durch 4 Schrauben *g*, die sich im Unterteil schrauben und mit der Kopfkante in einer Einfräsung des Ringes *b* liegen.

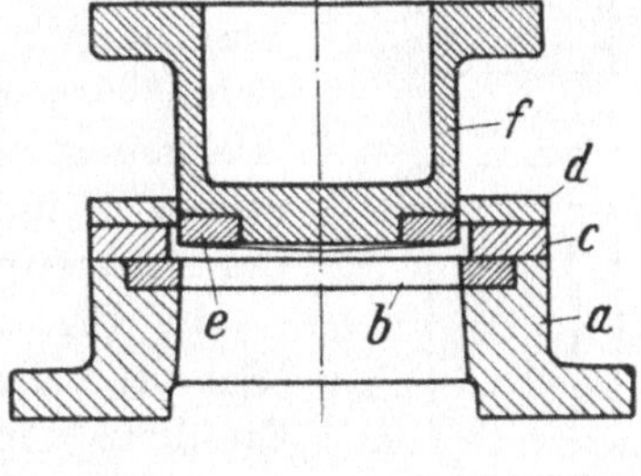

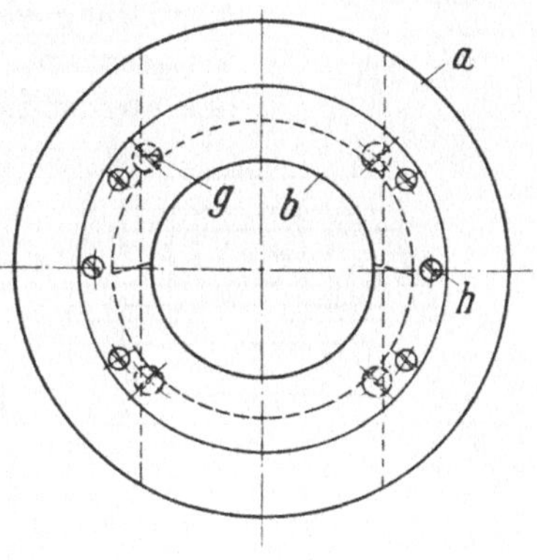

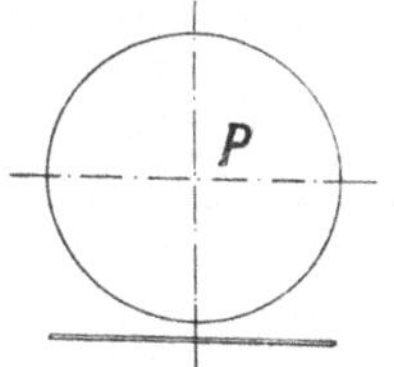

Fig. 302.

Der Schnittring *e* ist in derselben Weise festgespannt, nur daß hier die Schrauben durch das volle Material gehen. Das Oberteil *f* ist zu diesem Zweck mit einem eingedrehten Ansatz versehen, in welchen sich der Ring *e* legt.

Bei größeren Schnittringen werden noch besondere Nuten in die Stirnseiten der Ansätze gedreht, die die angedrehten Ansätze des Ringes *e* aufnehmen. Auf diese Weise ist einem Ausweichen nach außen vorgebeugt. Um ein leichteres Schneiden zu bewerkstelligen, werden die oberen Schnittringe an ihren Oberflächen gewellt, um dadurch das Eindringen nicht gleichzeitig zu bewerkstelligen. Die Scherkräfte werden auf diese Weise verteilt, was bei gerader Schnittkante nicht der Fall ist. In der Schnittzeichnung, Fig. 302, ist die Biegung ersichtlich.

Der obere Schnittringträger *f* ist zum größten Teil ausgespart, um ihn handlicher zu machen und um Material zu sparen; denn die mittlere Materialmenge ist zwecklos, da sich ja doch die Druckkräfte nur in den Seitenwänden verteilen. Das Unterteil *a* ist für die Platten *P* entsprechend ausgespart. Die Aussparung geht jedoch nur durch die eine Bodenflanschbreite, durch die gegenüberliegende ist nur ein schmaler Kanal gefräst. Durch letzteren wird nur die Ausstoßstange geschoben, um die Platten nach der Gegenseite auszustoßen. Bei kleineren Schnittvorrichtungen wird die ganze Ausführungsbreite eingearbeitet, wie dieses im Grundriß der Figur ersichtlich ist. Man wird jedoch der Festigkeit wegen zum ersteren Fall greifen. Das dem Schnittring e anhaftende Material wird mittels der Abstreiferplatte d abgestreift. Die beiden Distanzstücke c sind durch die Schrauben h gleichzeitig mit der Abstreifplatte d am Unterteil befestigt.

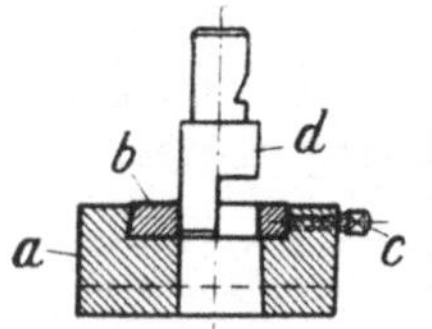

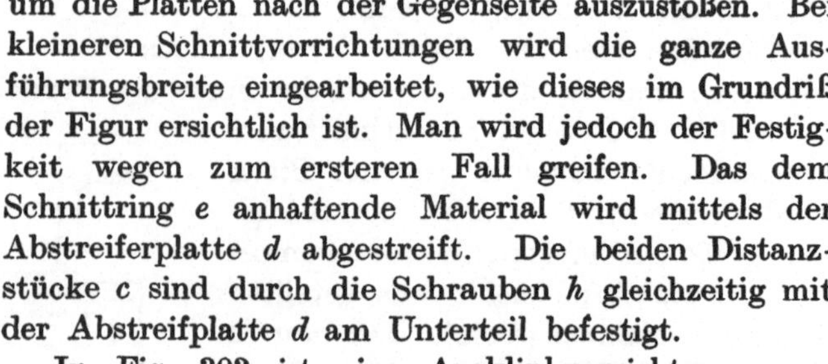

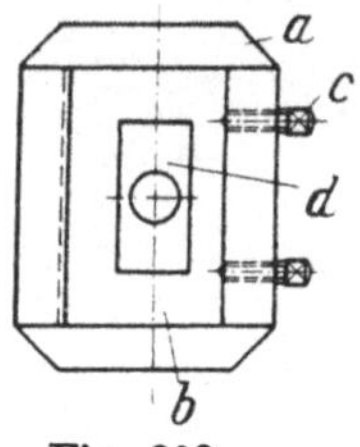

Fig. 303.

In Fig. 303 ist eine Ausklinkvorrichtung resp. -Schnitt veranschaulicht. Das Unterteil a besteht aus Stahlguß. Auf der oberen Seite ist die Matrize b in eine Vertiefung eingesetzt und durch die Druckschrauben c festgespannt. Das hintere Teil der Matrize liegt mit der abgeschrägten Kante in einer entsprechenden Ausschrägung des Unterteils a. Hierdurch ist einem Abheben der Matrize vorgebeugt. Der Stempel d ist wie die Matrize aus Gußstahl verfertigt und direkt in den Stempelhalter des Maschinenstößels gespannt. Die Abstreifung des Materials geschieht in der bekannten Weise durch den Maschinenabstreifer.

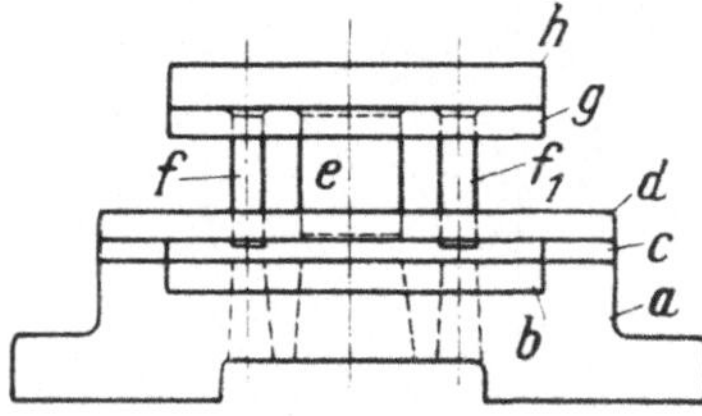

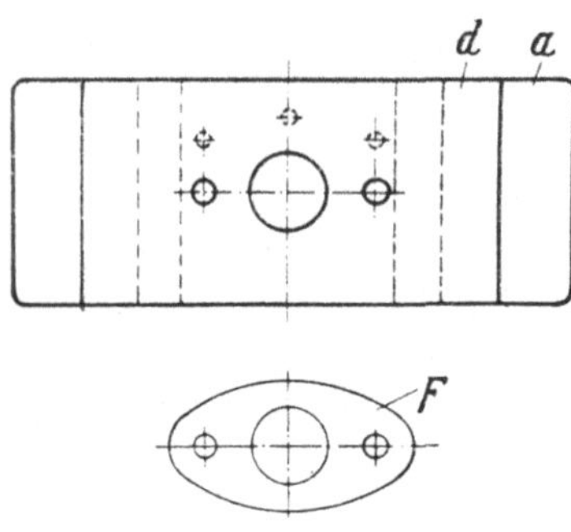

Fig. 304.

In Fig. 304 ist eine Lochvorrichtung für Ovalflanschen F dargestellt. Das Unterteil besteht aus Stahlguß, da die Querschnitte entsprechend kleiner ausgefallen sind als bei Gußeisen. In einer Aussparung nimmt das Unterteil die Schnittplatte b auf. Die Befestigung ist mittels Kopfschrauben durchgeführt. Diese sind jedoch der Einfachheit wegen nicht mit aufgeführt.

Die Abstreifplatte d dient den Lochstempeln e, f und f_1 gleichzeitig als Führung. Die Distanzstücke c sind gleichzeitig mit der Führungsplatte d am Unterteil a befestigt. Die Stempel werden in der Platte g befestigt. Die Befestigung ist durch Anstauchen der Köpfe an die Stempel durchgeführt. An der Seite der Platte befinden sich entsprechend ausgesenkte Bohrungen. Die Platte h legt sich auf die Köpfe und spannt so durch Schrauben die Stempel fest. Um den Lochungswiderstand zu verteilen, stehen die beiden seitlichen Stempel ein Stück vor dem mittleren vor. Dadurch treten zuerst die beiden Stempel *f* und f_1 in den Flansch. Ist hier der Scherprozeß beendigt, so tritt der mittlere Stempel *e* in Aktion. Die Härtung der Stempel muß an den Schnittenden federhart, an den Köpfen zu, durch entsprechendes Anlassen, etwas weicher sein. Drei Begrenzungsstifte halten den Flansch *F* in der richtigen Lage zum Lochstempel.

Fig. 305 zeigt eine Schnitt- und Stanzvorrichtung zum Anfertigen kleiner Blechzungen. Die in der Breite passenden Blechstreifen aus

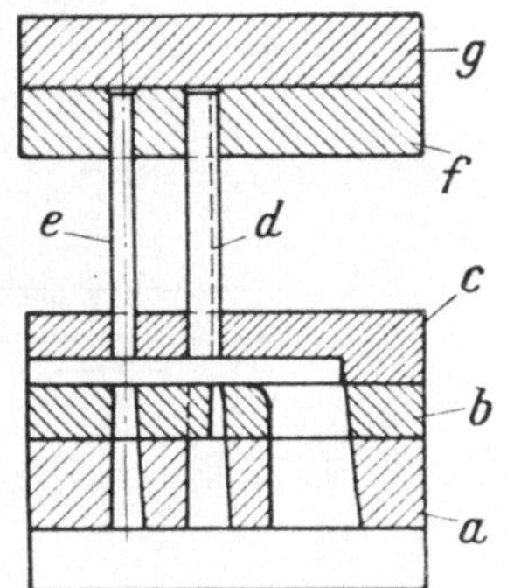

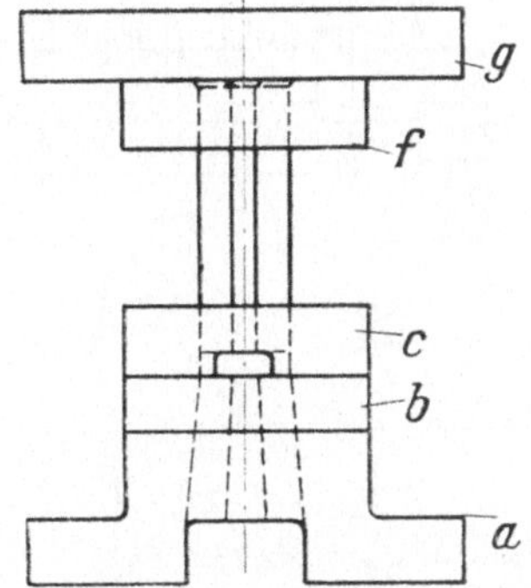

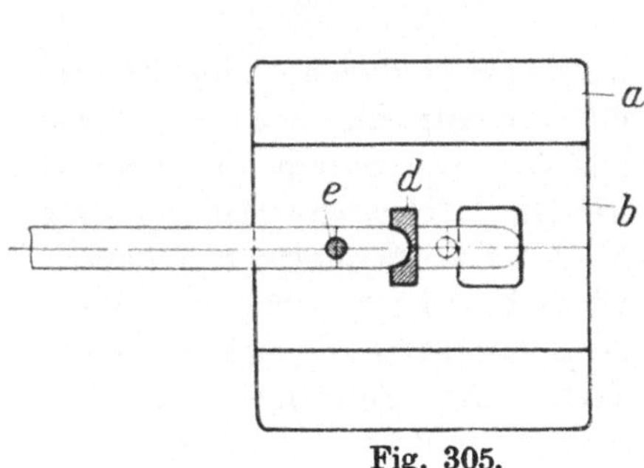

Fig. 305.

Messing werden durch den Schlitz im Abstreifer *c* geschoben. Der Stempel *e* locht den Streifen, und der Stempel *d* schneidet resp. stanzt die Rundung am vorderen Ende der Zunge an.

Gleichzeitig mit dem Anstanzen der Rundung wird das vorgelochte und fassonierte Stück, das an die Begrenzung von *c* stößt, abgeschert. Es fällt über die Rundung der Schnittplatte *b* in den Kanal nach unten hindurch. Es wird demnach nach jedem Hub ein Arbeitsstück fertig gestellt.

Das Unterteil *a* besteht aus Gußeisen. Für die Entfernung des Materials ist ein breiter Durchgang eingegossen. Die Schnittplatte *b* besteht aus Gußstahl. Sie wird durch die Führungs- und Abstreifplatte *c* gehalten. Die Stempelplatte *f* sowie die Kopfplatte *g* bestehen aus Schmiedeeisen. Sie werden durch Schrauben zusammengehalten.

Die Befestigung der Stempel *e* und *d* ist die gleiche wie die in Fig. 304 dargestellte.

Diese Typen von Vorrichtungen lassen sich auch auf andere Formen ausdehnen. Sie ergeben gute, einwandsfreie Arbeitsstücke.

Fig. 306 veranschaulicht eine Stanzvorrichtung, die zum Ausstanzen von Bodenblechen dient.

In der Aussparung des gußeisernen Unterteiles *a* befindet sich die Schnittplatte *b*. Vier Schrauben *c*, je zwei von einer Seite, befestigen letztere. Die Platte *b* weist die Bohrungen für die Stempel *i*, *k* und *l*

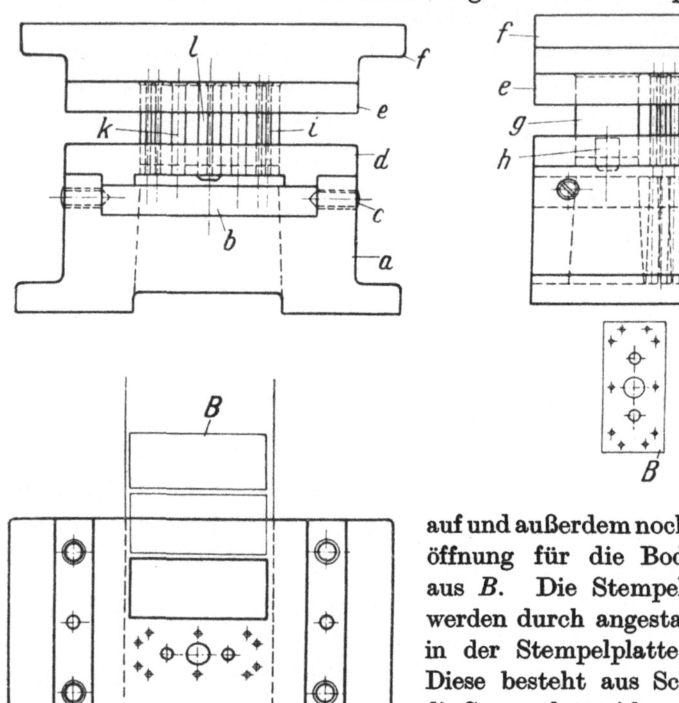

Fig. 306.

auf und außerdem noch die Schnittöffnung für die Bodenblechform aus *B*. Die Stempel *i*, *k* und *l* werden durch angestauchte Köpfe in der Stempelplatte *e* gehalten. Diese besteht aus Schmiedeeisen, die Spannplatte *f* dagegen aus Gußeisen. Die Führungs- und Abstreifplatte *d* ist durch angehobelte Ansätze im Unterteil *a* fixiert. Für die Materialführung ist in die Führungsplatte *d* ein entsprechender Durchlaß gehobelt. Um nun die vorgelochte Bodenplatte zum Ausschnitt richtig fixieren zu können, trägt der Ausschnittstempel einen kurzen Führungszapfen, der sich in das Mittelloch der vorgelochten Platte setzt und so den Ausschnitt in der richtigen Abmessung tätigt. Für die Ausstoßung der fertiggelochten Platte ist auch hier ein geräumiger Durchlaß geschaffen.

Fig. 307 stellt eine kombinierte Schnitt- und Stanzvorrichtung dar. Auf dieser werden gleichzeitig 2 Messingbleche gelocht und ausgestanzt. (Figur im Grundriß.) Die gestrichelten Flächen deuten die Querschnitte der Loch- und Fassonstempel an. Das Material besteht aus Bandmessing, das die Breite der Führungen *c* und der Führungsstifte *d* hat.

Das Unterteil *a* trägt die Schnittplatte *b*. Die Konturen der Stempel ragen ein kleines Stück über die Materialbreite hinaus, um dadurch einen an den Kanten und Ecken scharfen Schnitt zu erhalten.

Als Endbegrenzung dient der hintere Stift *d*. Die vorderen Eckführungen sind am Eintrittsende so weit zusammengesetzt, daß das Material gerade so hindurch geht. Die vier Eckführungen nehmen das Oberteil an der Führungs- und Abstreifplatte *e* auf. Letztere ist beweg-

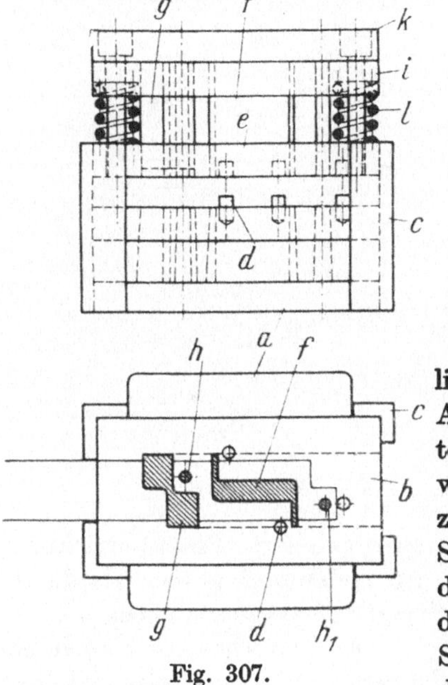

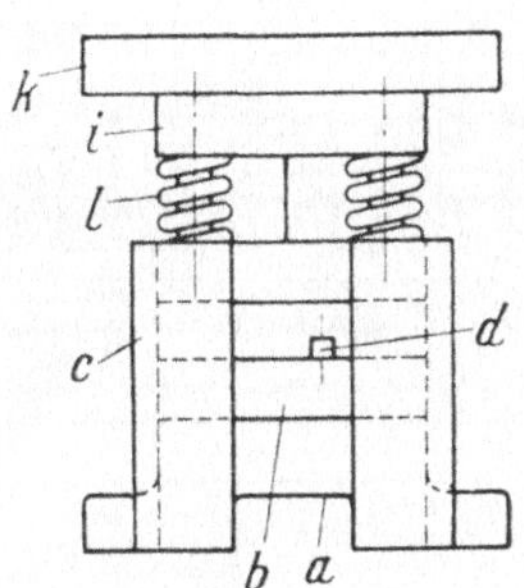

Fig. 307.

lich an das Oberteil gesetzt. Beim Auftreffen der Platte *e* auf das Material drücken sich die Federn *l*, im weiteren Verlaufe des Tierganges, zusammen. Als erster tritt der Stempel *f* in das Material und darauf der Stempel *g*. Durch die Pressung der Führungsplatte *e* werden die Stücke so festgespannt, daß während der Lochung ein Verschieben des Ausschnittes nicht stattfinden kann. Ein weiterer Vorteil besteht noch darin, daß sich die ausgestanzten Teile nicht verziehen, so daß bei gutem Schnitt der Stempel ein Arbeitsstück geliefert wird, welches keine Nacharbeit mehr erfordert. Die Begrenzungsstifte sind während der Stanzarbeit in entsprechende Ausbohrungen der Führungsplatte *e* getreten. Nach Hochgang des Oberteiles drücken die Federn *l* die Abstreif- und Führungsplatte wieder in Anfangsstellung. Diese wird durch die Köpfe der Federbolzen von *l* begrenzt.

Die Stempelaufnahme befindet sich in der schmiedeeisernen oder Stahlgußplatte *i*, in welcher die Befestigung der Stempel in üblicher Weise, durch Anstauchen, bewerkstelligt wird. Zu diesem Zwecke werden die kleinen Lochstempel *h* und h_1 etwas ausgesenkt und die Fassonstempel *g* und *f* in der Mitte etwas ausgefräst oder gehobelt.

Dadurch entstehen erhöhte Ränder an den Stempeln, welche mit Leichtigkeit der mittleren Fläche entsprechend umgestaucht werden können. Nach dem Umstauchen werden die Flächen abgerichtet, so daß eine glatte Auflage an Platte *k* entsteht. Die Verbindung zwischen *i* und *k* geschieht in der üblichen Weise durch Schrauben.

In Fig. 308 ist eine ähnliche Schnitt- und Stanzvorrichtung veranschaulicht. Hierauf werden die Kastenbleche *K* (in der Figur gesondert herausgezogen) gelocht und fertig beschnitten, also in einem Arbeitsgang geliefert. Diese Vorrichtung ist bedeutend größer als die in Fig. 307 veranschaulichte.

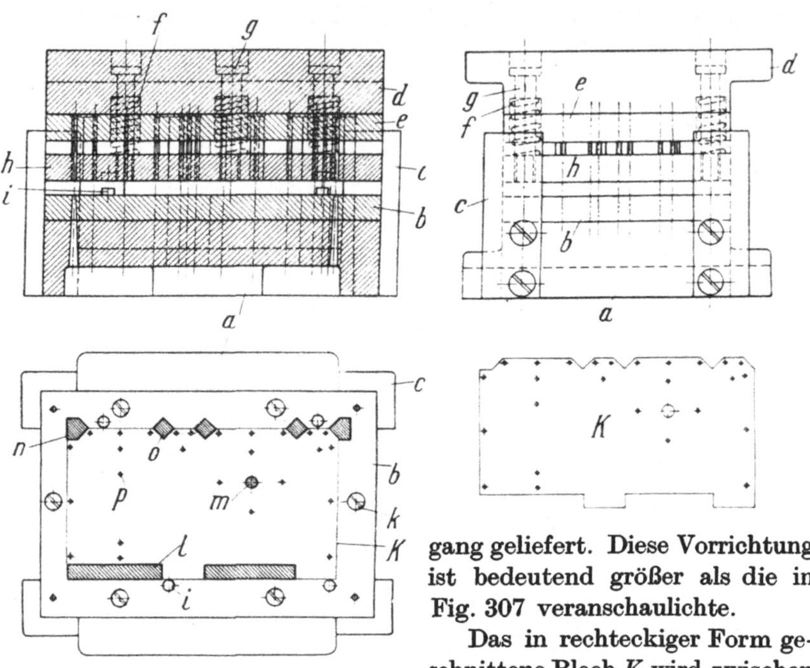

Fig. 308.

Das in rechteckiger Form geschnittene Blech *K* wird zwischen den 4 Stiften *i* eingelegt. Bevor es jedoch zum Lochen eingelegt wird, muß es gerade gerichtet sein, um an den Stiften einen sicheren Halt zu haben. Die bewegliche Führungs- und Spannplatte *h* preßt sich beim Niedergang fest auf das Blech. Bei dieser Vorrichtung treten auch die Stempel *p*, *m*, *o*, *n* und *l* der Reihe nach durch das Blech *K*.

Die Platte *h* wird hier durch 6 Führungsbolzen *g* gehalten. Auf diese sind 6 Federn *f*, die die Spannung hervorrufen, gesetzt. Die Schrauben *g* führen sich mit ihren Köpfen in der Aufspannplatte *d*. Der Spielraum entspricht der Entfernung zwischen Abstreifplatte *h* und Stempelhalterplatte *e*. Die Stempel sind auch hier wie bei der vorhergehenden mittels Stauchung befestigt. Die Schnittplatte *b* weist weiter keine Sonderheiten auf. Sie wird mittels der 6 Kopfschrauben *k* gehalten.

Das gußeiserne Unterteil *a* weist für den Abfall entsprechende Aussparungen auf. Sämtliche von der Schnittfläche *b* ausgehenden Kanäle sind nach unten zulaufend erweitert. Die Führung erhält das Oberteil durch die 4 Eckeisenschienen *c*, die durch je 4 Kopfschrauben am Unterteil *a* befestigt sind. Vielfach werden an Stelle dieser Eckführungen die Bolzenführungen verwendet, deren Zweck aber schließlich der gleiche ist.

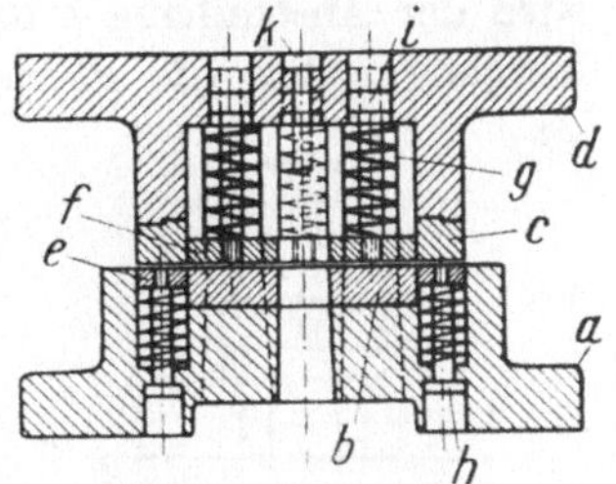

In Fig. 309 ist eine kombinierte Loch- und Stanzvorrichtung veranschaulicht, in welcher Bleche mit 4 Vierkantlöchern sowie einem runden Mittelloch gelocht werden. Gleichzeitig wird auch das Blech aus dem vollen Material ausgestanzt. Dieses Werkzeug bedingt aber eine gute Führung der Maschinenstempelplatte, da die Vorrichtung selbst keine Führung aufweist. Das gußeiserne Unterteil *a* nimmt die Schnittplatte *b* auf. Die 4 Kanten derselben bilden die innere Schneide des Ausschnittes und die 4 Kanten von *c* die äußere Schneide des letzteren. Die Schnittleisten *c* sind an den 4 Ecken auf Gehrung zusammengepaßt. (In der Draufsicht erkenntlich.) Angehobelte Ansätze sichern gegen ein Ausweichen der Leisten am Oberteil *d*. Letzteres besteht ebenfalls aus Gußeisen. Innerhalb des Oberteiles *d* schiebt sich die Abstreif- und Führungsplatte *f*. Durch die Löcher der letzteren gehen die Stempel *g*. Sie dienen als Führung der ersteren. Die Befestigung der Stempel in dem Oberteil *d* geschieht durch Ansätze an den Stempelenden, die sich in entsprechende Bohrungen legen. Gegen Herausziehen sichert je eine Schraube *k* und *l*. Die Führungsplatte *f* wird durch die 4 Druckfedern, die auf den Begrenzungsfederbolzen *i* sitzen, gespannt. Die Köpfe der Federbolzen schieben sich in den langen Ausbohrungen für die betreffenden Bolzen. Der Ring *e* umschließt die Schnittplatte *b* und befördert unter Spannwirkung das Material über die Kante der letzteren. Die Spannwirkung wird durch 6 Druckfedern, die auf den Spannbolzen *h* sitzen, bewerkstelligt.

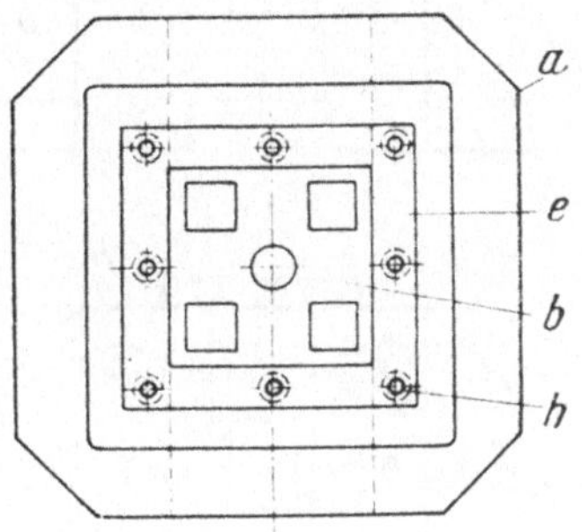

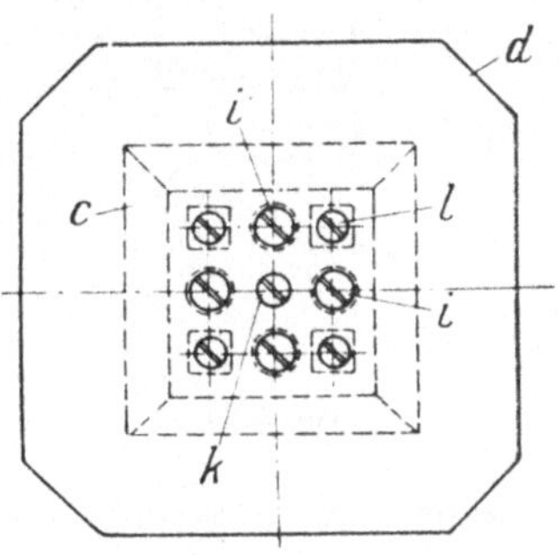

Fig. 309.

Die Wirkung dieser Schnittvorrichtung ist folgende: Ein Blechstreifen wird zwischen das Ober- und Unterteil geschoben. Durch Hebel oder Fußtritt wird die Presse eingerückt. Dadurch senkt sich das Oberteil mit dem Schnittring *c* über die Schnittplatte *b*, hierdurch wird der Abstreifring *e* nach unten gedrückt. Gleichzeitig mit diesem Vorgang treten die Stempel *g* nacheinander in das Blech ein. Das zwischen Schnittplatte *b* und Abstreifplatte *f* befindliche Blech bleibt infolge der Spannung gerade. Während des Hochganges der Presse schiebt die Abstreif- und Führungsplatte *f* das fertige Blech von den Stempeln *g* und aus dem oberen Schnittring *c* heraus. Derselbe Vorgang tritt im Unterteil *a* ein, hier schiebt der Ring *e* das abgetrennte Blech nach oben über die Schnittplatte *b*. Auf diese Weise bekommt man das fertige Stück sowie den Abfall frei auf dem Unterteil zu liegen und braucht dieses nur mittels Stabes zu entfernen.

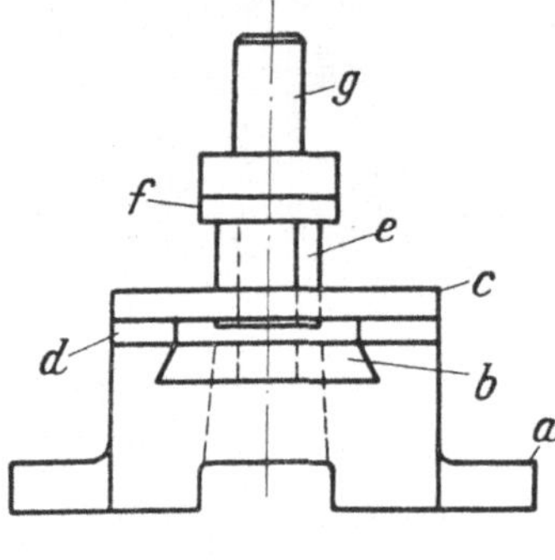

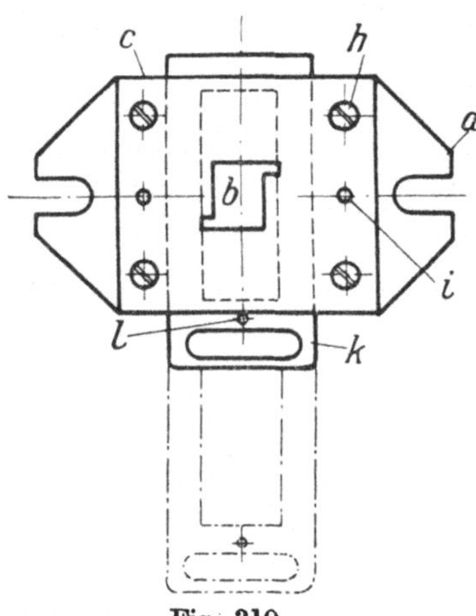

Fig. 310.

Fig. 310 zeigt eine Schnittvorrichtung, mit der gleichzeitig zwei Arbeitsstücke ausgestanzt werden.

Das Unterteil *a* besteht aus Gußeisen. In ihm ist die Schnittplatte *b* in schwalbenschwanzförmiger Aussparung befestigt. Die Platte *c* dient als Führungsplatte und wird durch die Zwischenlage *d* in Distanz gehalten. Die Schrauben *h* sowie die Prisonstifte *i* befestigen Platte und Zwischenlage auf dem Unterteil *a*. Die Aussparung desselben ist so bemessen, daß der Abfall bequem hindurch gelangen kann. Der Stempel besteht aus dem Halter *g*, der Befestigungsplatte *f* sowie dem Stempelstück *e*. Über die Art des Stempels selbst ist wohl nichts weiter zu schreiben, da er im großen und ganzen nicht von der bisherigen Befestigungsart abweicht.

Das hier zu verarbeitende Material ist stückweise zerschnitten. Diese Stücke werden in einen Rahmen *k* gelegt, der sich in der Führung von Platte *c* und der Distanzstücke *d* schieben läßt. Als Begrenzung der richtigen Tiefe zur Matrizenvorderkante dient der Anschlagstift *l*. Die gestrichelte Linie im Unterteil (Grundriß) zeigt den Schieber *k* im geöffneten Zustande.

Bei jedem Durchtritt des Stempels *e* wird das Flacheisenstück getrennt und gleichzeitig die Form angestanzt. Beim Öffnen des Schiebers fallen die beiden Hälften heraus.

Fig. 311 veranschaulicht eine kombinierte Stanz- und Lochvorrichtung für kleine Ankerbleche. Bei jedem Arbeitshub wird ein Blech gelocht und ein weiteres ausgeschnitten. Das Unterteil *a* besteht aus Gußeisen. In demselben sind sämtliche Kanäle und Aussparungen für den Abfall eingegossen. Oberhalb des Unterteiles befindet sich die Schnittplatte *b*. Diese weist die Öffnungen für die Nutenstempel *g*, Wellenlochstempel *h* und für den Ausschnitt *i* auf.

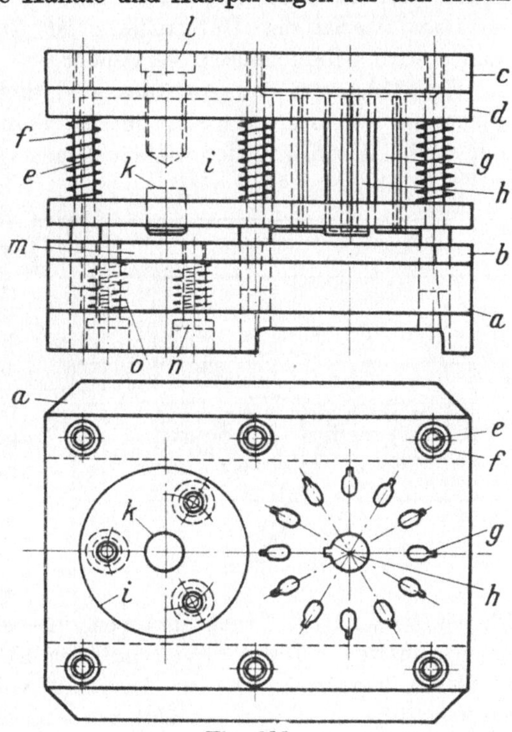

Fig. 311.

Das zu lochende Blech wird in Streifen seitlich eingeführt. Das Oberteil preßt sich mit der Führungs- und Abstreifplatte, welche mittels der 6 Druckfedern *f* gespannt wird, auf das zu stanzende Blech. Die Führung erhält das Oberteil in den Schäften der 6 Federbolzen *e*, die sich in entsprechenden Bohrungen des Unterteiles führen. Der Stempel *h* weist die Federnut auf, die zum Befestigen der Bleche auf der Ankerwelle dient. Der mittlere Stempel tritt zuerst durch das Blech. Dann folgen die 12 Nutenstempel. Diese lochen gleichzeitig die Einführungsnuten für das Kabel an dem Rande der Bleche aus. Beim nächsten Arbeitshub schiebt man das gelochte Blech unter den Stempel *i*. Die Fixierung geschieht durch Einsetzen des Führungszapfens *k* in das ausgestanzte Wellenloch der Blechplatte. Durch diesen Hub wird das Ankerblech so ausgeschnitten, daß der Rundschnitt durch die Kabeleinführungsschlitze geht. Um nun ein gerichtetes Ankerblech zu erhalten, ist in der Schnittplatte *b* an dieser Stelle eine bewegliche Scheibe *m* eingebaut. Sie wird durch 3 kräftige Federn *o* gespannt, die auf den Begrenzungsbolzen *n* sitzen, welche sich mit ihrem Gewindeteil in Platte *m* schrauben und durch den Bolzenkopf in den langen unteren Führungen begrenzt werden. Nach Hochgang des Oberteiles wird das fertige Ankerblech durch das Hochdrücken der Platte *m* auf die Schnittplatte *b* befördert. Von hier ist es nun leicht zu entfernen.

Die Befestigung der Lochstempel in Platte *d* geschieht in der üblichen Weise, mit Ausnahme des großen Ausschnittstempels *i*. Durch eine entsprechend tiefe Ausbohrung in Platte *d* wird der Stempel *i* fixiert. Die kräftige Schraube *l* hält ihn in der Ausdrehung fest.

Das Material des Unterteiles *a* ist Gußeisen. Für die Platten *c* und *d* wird Schmiedeeisen verwendet.

Fig. 312 zeigt das Ausstanzen seitlicher Führungsnuten in dem Blechring *R*. Letzterer sitzt in der Bohrung der Matrize *e*. Es ist nur so viel Material in der Mitte stehen gelassen worden, wie unbedingt für die Festigkeit der Matrize notwendig war. Das Stück vor dem Ringe *R* dient als Führung der beiden Stempel *f* und das hinter demselben befindliche als Matrize. Die Matrize *e* ist in dem gußeisernen Unterteil *a* fest eingesetzt. Seitliche Löcher von rechteckigem Querschnitt nehmen die Schubklötze *c* auf. Diese sind aus Maschinenstahl angefertigt. Hierin werden die Stempel *f* mittels kleiner versenkter Druckschrauben, die sich in Körnerspitzenlöcher legen, gehalten. Für den Verschub der Klötze *c* ist eine schräge Nut in diesen eingefräst. In den Ausläufen von Stempel *b* befinden sich seitlich Stifte *d*, die in die Nut von *c* greifen und die Klötze infolge der Schrägen hinein- und herausziehen.

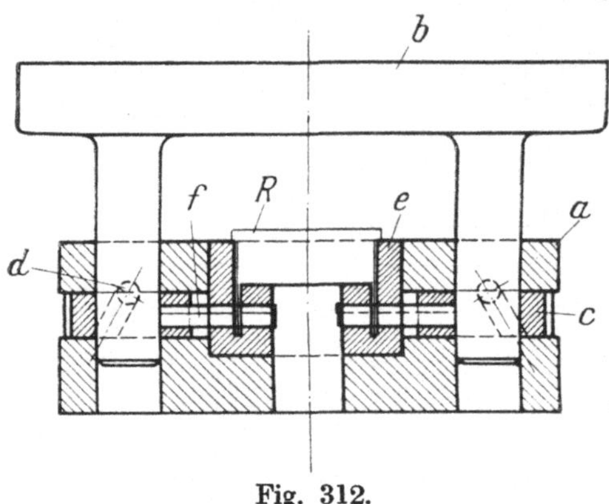

Fig. 312.

Aus der Schnittzeichnung ist die Wirkungsweise klar ersichtlich. Diese Anordnung kann man weiter ausbauen, besonders für seitlich auftretende Lochungen.

In Fig. 313[1]) ist eine Lochvorrichtung für senkrechte sowie seitliche Lochungen veranschaulicht. Als Arbeitsstück kommt hier ein Kappenring *K* in Frage. Das Unterteil, das aus Gußeisen besteht, nimmt in der Mitte die Matrize *h* auf. Der Ring *K* liegt auch hier in einer Eindrehung derselben. Die senkrechten Löcher bestehen aus den 4 Flanschbefestigungslöchern. Die seitlichen Löcher sind für 2 Stifte bestimmt. Die senkrechten Löcher werden von den Stempeln *m* gelocht. Diese sind durch eingestauchte Köpfe in der Platte *i* gehalten.

[1]) Die Werkzeugmaschine 1919, 20. Febr., S. 58.

Die Platte *i* ist an dem gußeisernen Oberkeil *b* befestigt. Als Führungs- und Abstreifplatte dient das runde Stück *l*, welches durch die Schraube *k* gehalten wird. Letztere ist mit ihrem Gewinde in *l* befestigt. Der Kopf desselben schiebt sich in den Oberteil *b*. Als Federung dient der Gummipuffer *n*. Beim Aufsetzen der Platte *l* wird der Puffer zu sammengedrückt, so daß die Stempel *m* durch erstere hindurchtreten und die 4 Flanschenlöcher in *K* lochen. Nach Hochgang des Oberteiles streift die Platte *l* die Kappe von den Stempeln ab. Gleichzeitig mit diesem Vorgang treten die 2 Stempel *d* seitlich in den Mantel der Kappe. Diese Bewegung wird durch das Auftreffen der abgeschrägten inneren Kante des Oberteiles hervorgerufen, in dem die abgeschrägte Kante an den Stempelköpfen gleitet und diese so in die Matrize einschiebt. Die Stempel selbst bestehen aus Rundstahl, auf welchem Gleitköpfe gesetzt sind. Die letzteren weisen an ihrer Mantelfläche Nuten auf, in denen sich die kleinen Stiftschräubchen *f* führen. Dieses geschieht zu dem Zweck, daß nicht die Federn *e* die Stempel aus ihren Führungen drücken können. Diese Federn dienen für den Rückgang der Stempel *d*. Da das Blech des Kappenringes schwach gehalten ist, genügt hier der Federdruck.

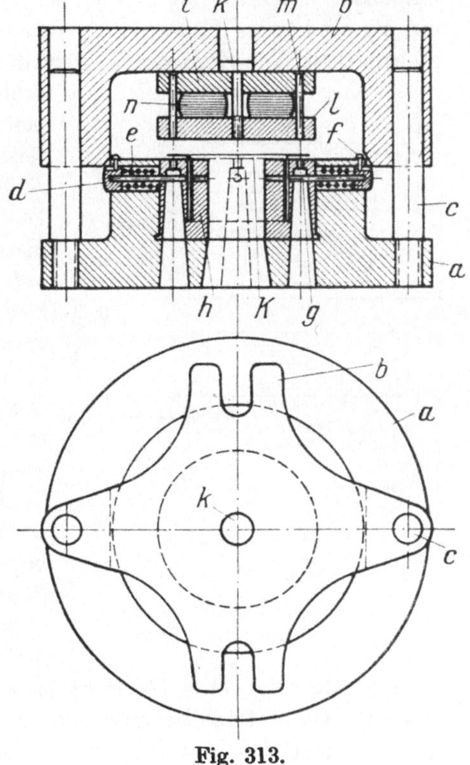

Fig. 313.

Um dem Oberteil *b* eine sichere Führung in *a* zu geben, befinden sich am Unterteil *a* zwei Führungssäulen *c*, die sich in den seitlichen Augen von *b* ohne Spiel führen.

Die Abfälle der seitlichen Lochungen treten nach der Mitte der Matrize aus und die der oberen nach unten durch die erweiterten Öffnungen.

Fig. 314 stellt eine Stanzvorrichtung zum Ausstanzen von Schlitzen in Blechplatten *B* dar. Das gußeiserne Unterteil *a* nimmt in seiner schwalbenschwanzförmigen Führung die Schnittplatte *b* auf. Zwischen *b* und Führungsplatte *c* befindet sich ein Schlitz, in welchem sich das

Blech *B* führt. Der Schnittstempel *d* führt sich ohne Spiel in Platte *c*. Die Befestigung des Stempels liegt in Platte *e*. Auch hier wird das Durchziehen desselben durch eine eingestauchte Kante, die sich in Platte *e* legt, bewerkstelligt. Letztere ist mittels Schrauben an dem Halter *f* befestigt.

Um nun bei dem fortschreitenden Stanzen der Schlitze immer den gleichen Abstand zu erhalten, ist eine bewegliche Zunge *l* im Unterteil *a* eingebaut. Dieselbe ist an den oberen Kanten leicht abgeschrägt, um ein einwandsfreies Einsetzen in den vorhergehenden Ausschnitt von *B* zu erreichen. Die Zugfeder *m* zieht die Zunge *l* nach oben in den Blechschlitz. Die Feder ist einerseits in einem Kloben der Platte *c* und anderseits in dem Auge des Hebels *h* eingehakt. Letzterer besitzt seinen Drehpunkt in *k* und weist bei *i* den Mitnehmerstift für die Zunge auf. Der Stift *i* führt sich in einen kleinen Schlitz, um einem Klemmen vorzubeugen. Nach jedem Hub des Stempels *d* wird die Zugstange *g* durch Fußtritt herabgezogen und mit ihr der Hebel *h*. Um den Stempel *d* während des Durchtrittes in Blech *B* nicht auf einmal wirken zu lassen, ist er mit rundem Schnittbogen versehen. Dadurch wirkt der Stempel *d* wie ein Scherenmesser und schneidet, von beiden Enden gleichmäßig, den Schlitz aus.

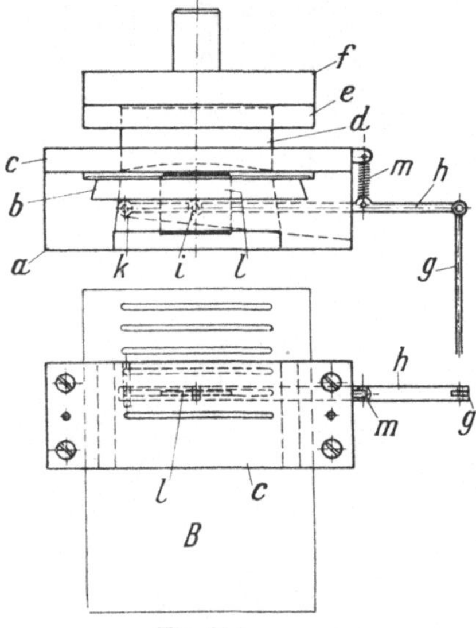

Fig. 314.

Fig. 315 zeigt eine Vorrichtung zum Lochen von kleinen Mantelblechen. Die Matrize befindet sich in dem Ausleger *a*. Letzterer greift in das Innere des Mantelbleches. Der Abstreifer *b* ist üblicher Konstruktion und befindet sich direkt an der Lochstanze. Desgleichen stellt der Stempel *c* keine abweichende Konstruktion dar. Dagegen ist die Spannung des Mantelbleches etwas Besonderes. Auf dem Halter *k* sitzt die drehbare Scheibe *d*. In 3 Aussparungen bewegen sich die Winkelbacken *f*. Die Backen *f* besitzen Kurvenstifte *g*, über welche sich die Nuten der Scheibe *e* legen. Letztere sitzt ebenfalls auf dem Zapfen des Halters *k*. Die Stiftschraube mit Flügelmutter *h* sitzt in Scheibe *d* und gibt durch den Schlitz der vorderen Spannscheibe *e* nur so viel Spielraum, als zum Spannen der Backen nötig ist. Nach dem Lösen der Flügelmutter *h* kann die vordere Spannscheibe durch den Stiftgriff *i* gedreht werden. Dadurch werden die Spannbacken an- oder zurückgezogen. Die Teilung für die Lochzahl wird durch folgende Einrichtung bewerkstelligt. Auf einer Stange sitzt der Kloben *l*, welcher mittels der Flügelmutter festgezogen wird. Diese Anordnung ist auch darum vorgesehen, um den Kloben, zwecks Abnahme des Mantelbleches, herumschwenken zu können. An dem Kloben befindet sich der federnde Indexstift, der in die Löcher der Spannscheibe *e* einschlägt. Der Indexstift ist so angeordnet, daß man durch Drehung des Mantelbleches den Stift aus seinem Teilloch herausdrückt und in das nächste einschlagen läßt. Diese Vorrichtung ist auch nur für schwächere Bleche bestimmt. Ihre Anwendung ist äußerst einfach und stellt für einen bestimmten Artikel eine Massenanfertigung dar. Durch Kombination läßt sich diese Einrichtung auch für ähnliche Werkstücke verwenden.

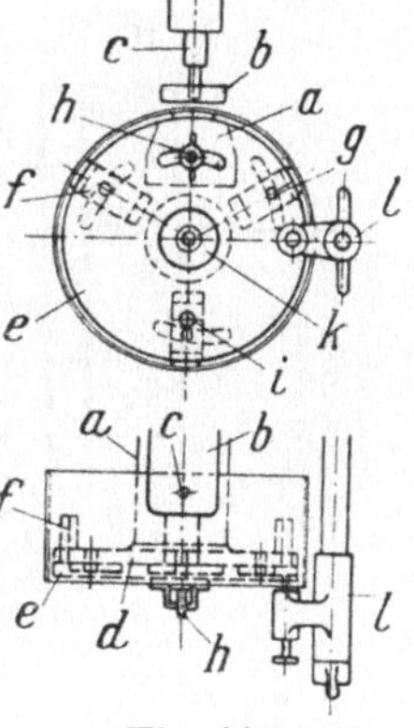

Fig. 315.

In Fig. 316 ist eine Lochvorrichtung für fortschreitende Lochungen abgebildet. Auf dieser werden Blechstreifen *S* mittels des Formstempels *d* gelocht. Das Blech ist in der Figur im Anfangsstadium veranschaulicht.

Das Unterteil *a* besteht aus Gußeisen. Es nimmt in seinen Aussparungen den gesamten Mechanismus auf. Die Platte *b* dient außer als Führung auch als Abstreifer. Als Distanzstück dient die Zwischenlage *c*. In dieser, zwischen Platte *b* und Unterteil *a*, entstandenen Führung schiebt sich das zu lochende Blech *S*. Der Stempel *d* ist in diesem Falle ein Fassonstempel, der sich ohne Spiel in *b* führt. Die Matrize *e* sitzt in einer Aussparung der Grundplatte *a* und wird mittels der Zwischenlage *c* gehalten. Um nun den Blechstreifen an dem Mitnehmer von *n* befestigen zu können, muß für das Spannstück *r* ein Loch vorgelocht werden. Das Spannstück wird mit seinem Lappen quer gestellt und sichert so das Abgleiten des Bleches vom Mitnehmer. Die mit dem Mitnehmer verbundene Schubstange *n* besitzt einen Handgriff *q*, da diese nach beendeter Lochung an letzterem wieder zurückgeschoben wird. Der Vorschub erfolgt in der ersten Hälfte des Stößelhubes; nach Stillsetzung des Verschubes erfolgt die Lochung. Beim Zurückgang wird die Schubklinke *l* unter Vermittelung des Federdruckes von Feder *p*, wieder in Anfangsstellung gebracht. Die Spannfeder *m* hält die Klinke *l* im dauernden Kontakt mit der Zahnstange *n*. Das Schubstück *k* sitzt an dem Schieber der Klinke *l*. Die beiden Deckplatten *o* und o_1 sichern die Lage des Schubstückes in Unterteil *a*. Die Schubbewegung geht von dem Stößelarm *i* aus. Dieser weist eine schräge Fläche auf, mit der er das Schubstück *k* und somit die Klinke *l* zurückdrückt. Auf diese Weise erfolgt der Vorschub des Bleches. Die Stempelplatte *g* nimmt den Stempelhalter *f* sowie den Stößel *i* auf. Sie sind an dem Stempelhalter *h* durch die Platte *g* befestigt. Nachdem eine bestimmte Strecke gelocht ist, wird die Zahnstange *n* am Griff *q*, nach dem Entkuppeln von *S*, zurückgeschoben und wieder mit *S* gekuppelt. Während dieser Arbeit läßt man den Stempel *d* im Material stehen, um keine Verschiebung in der Teilung zu erhalten.

Fig. 317 zeigt eine Lochvorrichtung für Rohrenden. Da es sich um schwachwandige Rohre handelt, ist die Reihenlochung gewählt.

Das Rohr steckt auf dem Dorn *e*, der gleichzeitig die Matrize darstellt. Die Befestigung des Rohres erfolgt durch den Spannkonus *g*. Derselbe sitzt fest auf dem Dorn unter Vermittelung des Federkeiles *h*. Mit dem Spannende ragt der Spannkonus über das Rohr und wird an dieser Stelle, durch die Mutter *i*, zusammengedrückt. Die Expandierung des Spannteiles ist durch 6 Schlitze erreicht. Angezogen wird die

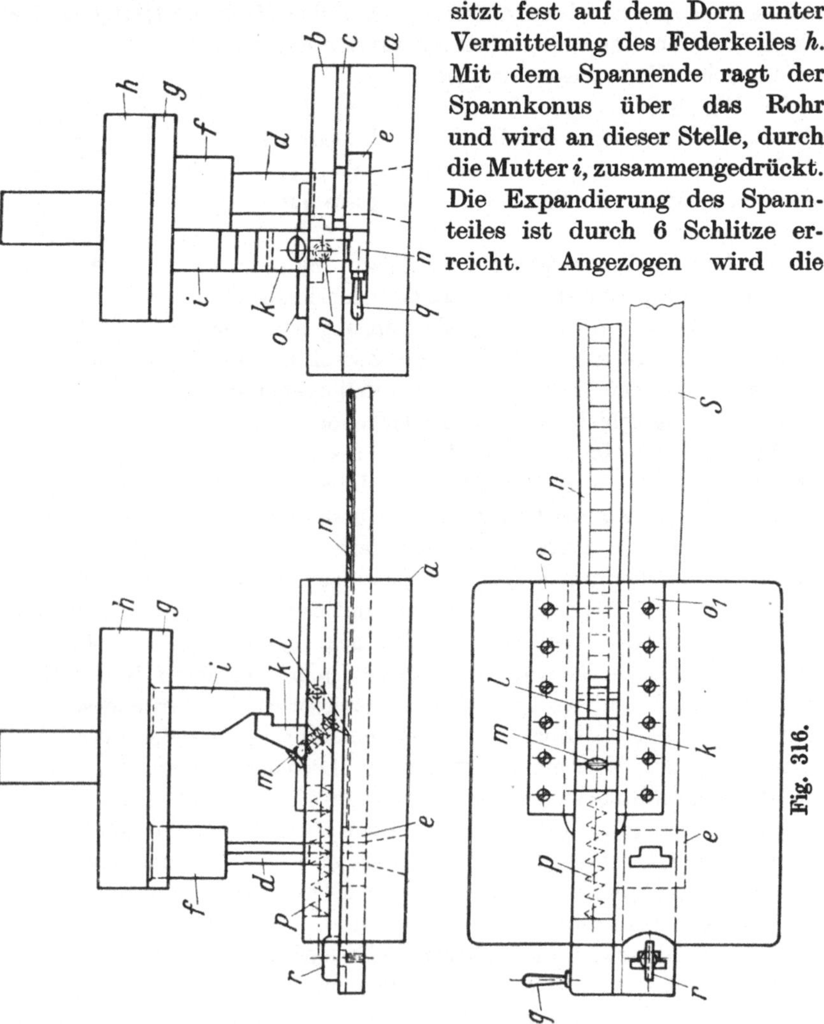

Fig. 316.

Mutter i mittels eines Hakenschlüssels. Auf dieser Vorrichtung werden zwei sich gegenüberliegende Reihen gelocht. Um nun stets die richtige Stellung der Löcher des Dornes mit denen der Stempel d zu erreichen, ist eine Teilscheibe k mit Schnepper l angeordnet worden. Die Teilscheibe k besitzt 2 Rasten. Sie wird durch den kleinen Handgriff an l entriegelt. Die Spannung erfolgt durch eine Druckfeder. Das Wenden des Arbeitsstückes mit dem Dorn e geschieht durch Handrad m. Da während der Locharbeit keine Verbiegung des Dornes eintreten darf, ist derselbe in einer ausgerundeten Anlagefläche im Oberteil b abgestützt. Der Dorn e ist federhart ausgeführt, desgleichen auch die Stempel d. Die Platte c paßt mit ihren Stempellöchern genau mit denselben von f überein. Die abgeschrägten Köpfe der Stempel d halten diese einwandsfrei auf dem Unterteil a.

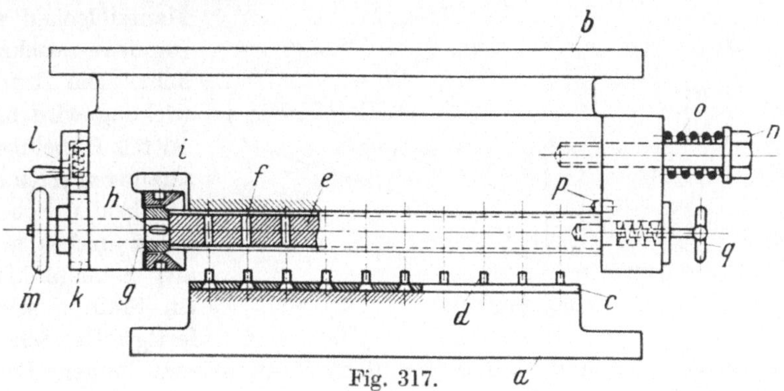

Fig. 317.

Das Ein- und Ausbringen des Rohres wird folgendermaßen ausgeführt: Der am rechten Ende befindliche Kloben ist drehbar auf der Schraube n befestigt. Außer der Schwenkung kann der Kloben ein Stück zurückgezogen werden, um den Fixierstift p aus dem Loch des Oberteiles b zu ziehen. Der feste Kontakt mit dem Oberteil wird durch die Druckfeder o bewerkstelligt. Der Aufnahmedorn e besitzt seinen Drehpunkt auf dem Zapfen von q. Letzterer wird nach Fertigstellung der Locharbeit am Griff zurückgezogen. Die dauernde Verbindung mit dem Dorn wird durch eine Druckfeder, die sich auf dem Bund von q abstützt, bewerkstelligt.

Bedingung bei dieser Bearbeitung ist, daß die Rohre im Durchmesser sowie in der Länge gut passen und daß keine nennenswerten Differenzen auftreten.

Fig. 318 veranschaulicht eine Vorrichtung zum Lochen von kleinen Segmentblechen S. Stempel f und Matrize g sind bekannter Bauart. An dem Lochmaschinenkörper wird der gußeiserne Winkelbock a befestigt. Auf diesem befindet sich der schwenkbare Aufspannbock c.

Das Blech *S* wird hier durch die Lasche *d* festgespannt. Unterhalb des Aufspanntisches *c* befinden sich auf dem Bock *a* 3 Gleitrollen *e*. Seinen Drehpunkt besitzt der Tisch in *b*. Er ist in Schlitzen verschiebbar angeordnet, so daß verschiedene Radien gelocht werden können. Aus dem Schema ist ohne weiteres die Arbeitsweise dieser Vorrichtung klar ersichtlich.

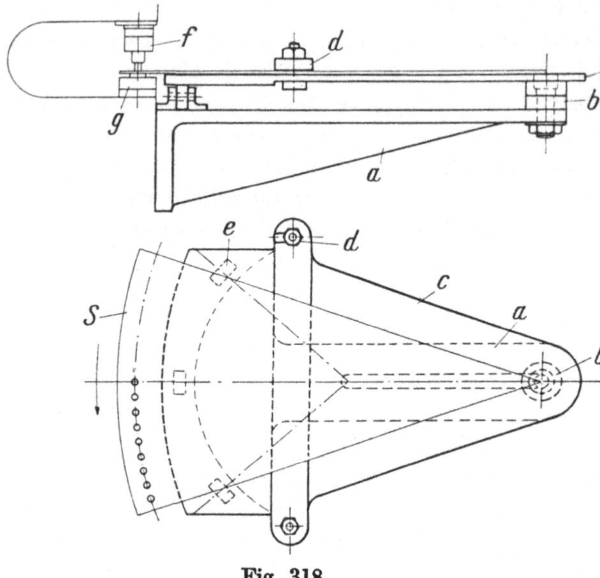

Fig. 318.

In Fig. 319 ist eine kleine Hilfslochvorrichtung zum Lochen von Mantelblechen am Rande veranschaulicht. Die Druckwirkung wird hier mittels Hebelübersetzungen erreicht. Die beiden Schenkel *a* und *b* sind aus Siemens-Martin-Stahl angefertigt. Der Schenkel *a* ist zur Erhöhung seiner Handlichkeit an seinem langen Ende ausgespart. Der untere Hebel *b* ist in dem Auge von *d* in dem oberen Hebel *a* drehbar befestigt. Die Flachfeder *c* sperrt die beiden Schenkel *a* und *b* auseinander. Das Ende des Hebels *a* ist mit einem kräftigen Bügel versehen, in dem die Matrize *l* sowie der Stößel *g* mit Stempel *k* untergebracht sind. Die Druckschraube *i* befestigt den Stempel im Stößel *g*. Die Platte *h* schließt die Stößelführung ab. Eine Lasche verbindet den Stößel in *f* und den Hebel in *e*. Diese kleine Lochvorrichtung ist äußerst leicht und handlich ausgebildet.

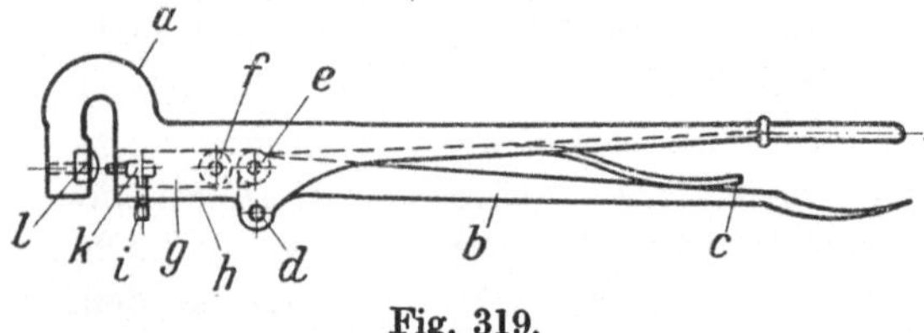

Fig. 319.

Fig. 320 zeigt eine kleine Handlochvorrichtung zum Lochen kleiner Teile im Schraubstock. Das Bügelstück *a* besteht aus Stahlguß. Es nimmt die Matrize *g* und den Stößel *c* auf. Druckschräubchen *e* und *f* spannen Matrize und Stempel *h* fest. Die Druckwirkung wird mittels der Spindel *b* hervorgerufen. Ein besonders eingesetzter Druckzapfen *d* verbindet den Stößel *c* mit Spindel *b*. Die Drehbewegung wird durch den doppelseitigen Handhebel *i* betätigt.

Der Bügel *a* wird am unteren Teil im Schraubstock gespannt, so daß man auf diese Weise einen verhältnismäßigen Druck ausüben kann.

In Fig. 321 ist eine kleine Lochvorrichtung ebenfalls für kleine Werkstücke gezeigt. Auch diese wird in einem Schraubstock befestigt und bildet ein sehr brauchbares Werkzeug für die Schlosserwerkstatt.

Der Preßkörper *a* besteht aus Stahlguß und nimmt in seinem Bügel *a* Matrize *h* und Stößel mit Stempel *g* auf. Der Stößel *b* wird durch eine

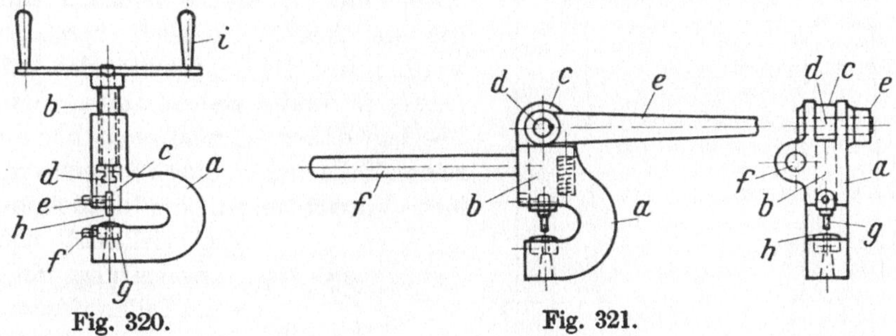

Fig. 320. Fig. 321.

kräftige Druckfeder, die sich unter einen Ansatz des letzteren setzt, nach oben gespannt. Die Druckwirkung geschieht durch das Exzenter *c*, welches auf der kurzen Welle *d* mittels Stahlstift befestigt ist. Seitlich befindet sich, aufgekeilt auf Welle *d*, der Handhebel *e*. Um nun beim Lochen, d. h. beim Herumziehen des Hebels *e* den Druck aufzufangen, ist die Haltestange *f* vorgesehen. Letztere sitzt in einem angegossenen Auge an Körper *a*. Die Betätigung dieser kleinen Lochvorrichtung ist aus der Figur klar ersichtlich.

10. Spezial-Bearbeitungsvorrichtungen.

Durch die Mannigfaltigkeit der Arbeitsstücke wird man in der Praxis oft vor Aufgaben gestellt, die man nur auf dem Wege der Sonder- oder Spezialvorrichtungen lösen kann. Unsere Werkzeugmaschinenindustrie hat bereits viele dieser Fragen gelöst, indem sie ihre Universalmaschinen und Apparate geschaffen hat. Besonders sind es die Fräsmaschinen mit ihren vielen Variationen im Verwendungszweck sowie die Automaten, Revolverdrehbänke, Shapingmaschinen usw. Jeder Konstrukteur kennt zum größten Teil die unzähligen Bearbeitungsmöglichkeiten, die für solche Maschinen in Frage kommen. Es bleibt dennoch ein sehr großes Feld für Kombinationsmöglichkeiten offen. Selbst wenn für manche Fälle die Lösung durch Beschaffung neuer Maschinen oder dementsprechender Vorrichtungen gegeben ist, wird man sich überlegen müssen, ob sich für einen vorliegenden Auftrag die Anschaffung solch einer teueren Maschine oder Vorrichtung lohnt. Vielfach sind derartige Maschinen usw. evtl. auch für andere Bearbeitungsmöglichkeiten konstruiert, was sie noch ganz besonders verteuert. Denken wir uns eine Bearbeitung, die durch Teilungen bewerkstelligt werden muß. Es kämen in erster Linie die bekannten Teilköpfe in Frage. Nehmen wir in diesem Beispiel an, daß mehrere solcher Bearbeitungen nötig sind, so müßte demnach eine größere Anzahl Teilköpfe beschafft werden, was die Rentabilität des Auftrages in Frage stellen würde. Man überlegt daher, ob man nicht nur die reinen Teilarbeiten durch äußerst einfache Vorrichtungen bewältigen kann, die vielleicht den Anschaffungspreis eines Teilkopfes ausmachen würden. Was für das hier Angeführte gilt, hat auch für die anderen Bearbeitungsmöglichkeiten Geltung. Es würde zu weit führen, alle diese Fälle zu besprechen. Es soll daher auf dem hier zur Verfügung stehenden Raum eine Reihe von Vorrichtungen direkt besprochen werden, die aus der großen Masse herausgegriffen sind. Der Fachmann wird manches finden, was er für die Schaffung von neuen Vorrichtungen verwenden kann. Zu diesem Zweck sind die Vorrichtungen der bekanntesten Maschinengattungen in Gruppen geordnet. Trotzdem dürfte noch manche Frage ungelöst bleiben, was jedoch bei der schier unbegrenzten Anzahl der Vorrichtungen erklärlich ist.

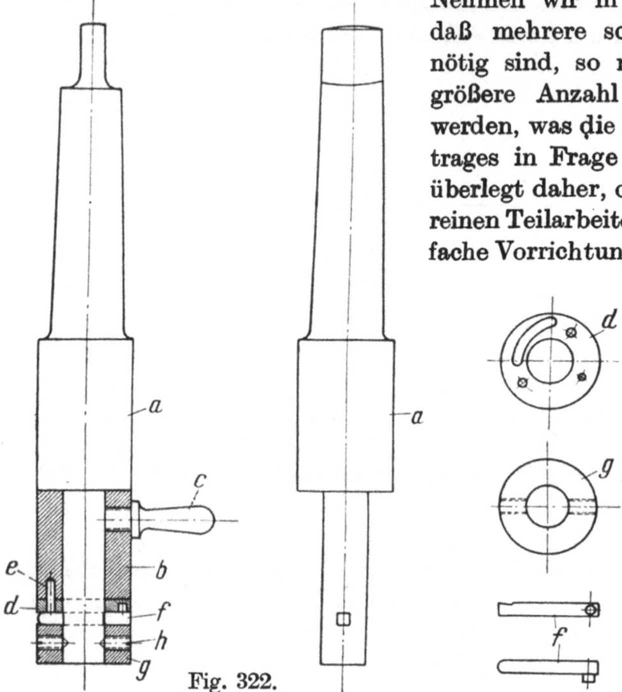

Fig. 322.

a) Für Bohrarbeiten. Die Fig. 322 zeigt eine Nutenhinterstechvorrichtung auf der Bohrmaschine. Mit derselben werden in Bohrungen ringförmige Nuten eingedreht.

Der Halter *a* besitzt einen Morsekonus, der in der Bohrmaschinenspindel befestigt wird. Am unteren Ende ist ein Zapfen angesetzt. Auf diesen wird die Hülse *b* geschoben. Zur Bewegung derselben dient der kleine Handgriff *c*. Unter der Hülse *b* befindet sich die Kurvennutscheibe *d*. Sie ist durch 2 Stifte *e* an *b* befestigt. Der kleine Nutenstahl *f* besitzt einen angesetzten Stift, der sich in der Kurvennut von *d* führt. Der Stahl schiebt sich durch ein Vierkantloch des Zapfens von *a* und ist in einer Führungsnut von *g* eingebettet. Die Schluß- oder Führungsscheibe ist mittels der beiden Körnerschrauben *h* mit dem Halter fest verbunden. Es ist leicht einzusehen, daß sich der Stahl infolge der Kurvensteigung nach außen resp. nach innen bewegen muß, wenn der Handgriff *c* mit der Hülse *b* ein wenig während der Bearbeitung bewegt wird. Auf diese Weise dringt der Nutenstahl *f* in das Material und schneidet, infolge der Spindeldrehung der Maschine, eine Ringnut ein.

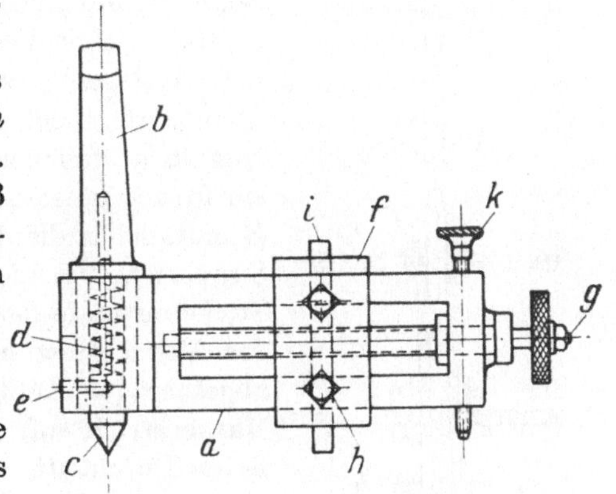

Diese kleine Vorrichtung ist einfach und demnach äußerst praktisch in ihrer Verwendung.

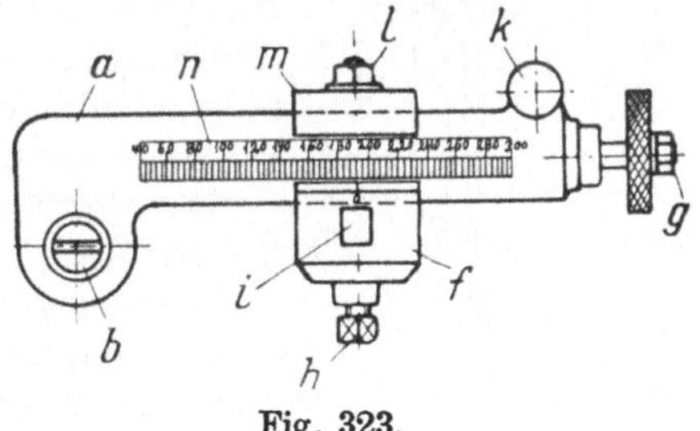

Fig. 323.

Fig. 323 veranschaulicht eine Ausschneidevorrichtung unter der Bohrmaschine. Das Ausschneiden von Blechscheiben wird auf die mannigfaltigste Art und Weise bewerkstelligt. Der hier abgebildete Apparat vereinigt einige Vorzüge in sich, die für das einwandsfreie Ausschneiden in Frage kommen. Auf dem kräftigen Konus *b* sitzt der Ausleger *a*. Der Konus *b* ist im zylindrischen Teil ausgebohrt und nimmt die Körnerspitze *c* auf. Die letztere ist im Innern der Bohrung abgesetzt und besitzt eine Führungsstange, die ihre Führung im oberen Konus *b* hat. Auf den Ansatz der Körnerspitze *c* wirkt die Druckfeder *d*, die die Spitze nach unten drückt. Um das Herausschieben zu verhindern, ist der Stift *e* in die Spitze *c* eingeschraubt. Er bewegt sich in einem Schlitz. Diese Anordnung hat den Zweck, beim Tiefergehen des Stechstahles *i* entsprechend nachzugeben. Auf dem Ausleger *a* führt sich der Support *f*. Die Führung wird durch das Übergreifen der beiden

Endflächen des Supports am Ausleger *a* bewerkstelligt. In der Mitte ist der letztere ausgespart. Hier geht zwecks Aufnahme der Spindel *g* ein Ansatz von *f* hinein. Als Gegenlager von *f* ist die Spannplatte *m* vorgesehen. Diese führt sich am Rücken des Auslegers. Eine Schraube *l* verbindet beide Teile miteinander. Auf der vorderen Seite des Supports *f* sind die 2 Druckschrauben *h* zum Spannen des Stechstahles *i* vorgesehen. Der Stahl *i* ist so gesetzt, daß er mit seiner Schnittkante radial zum Drehpunkt der Vorrichtung schneidet. Aus diesem Grunde ist auch der Ausleger *a* zur Spitze zurückgesetzt. Die Transportspindel *g* ist mittels Bund und Stellring in *a* gesichert. Mit ihrem Zapfenende ist sie in der inneren Wand geführt. Das gekordelte Handrädchen dient zum Verstellen der Spindel mit Support *f*. Um die Radien ohne Schwierigkeit bis Stichelmitte feststellen zu können, ist oberhalb der Vorrichtung eine Skala *n* angebracht. Die abgeschrägte Kante des Supports *f* weist einen Markenstrich auf, welcher zur Stichelmitte paßt. Beim Durchtritt des Stichels *i* fällt die Vorrichtung ein Stück hindurch, da bekanntlich fast jede Bohrmaschinenspindel etwas Luft in vertikaler Richtung aufweist. Zu diesem Zwecke ist die Anschlagschraube *k* angebracht, die das Durchfallen verhindert, indem sich die Spitze der Schraube auf dem außenliegenden Blech abstützt.

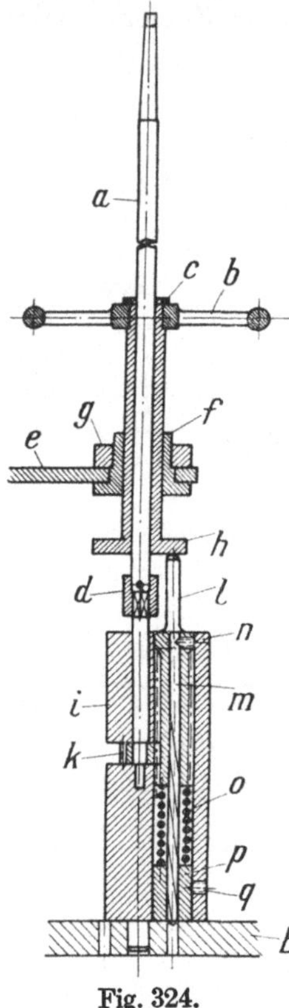

Fig. 324.

Die Fig. 324 zeigt eine Spezial-Bohrvorrichtung für im Kreis stehende Löcher.

In Platte *B* ist zwecks Führung des Vorrichtungszapfens ein Mittelloch gebohrt. Der Antrieb der Vorrichtung geht von der Spindel *a* aus. Letztere sitzt in der Bohrmaschinenspindel. Am unteren Ende trägt die Spindel eine Buchse *d*, welche mittels Stift an derselben befestigt ist. Der untere Teil der Buchse *d* weist ein Vierkantloch auf, welches sich über den Zapfen der Ritzelwelle schiebt. Dadurch wird das kleine Ritzel *k* mit gedreht, das mit dem langen Ritzel *l* im Eingriff steht. Das lange Ritzel besitzt oberhalb einen Anschlagzapfen, der durch den Bund *h* der Transport-Gewindebuchse bewegt, d. h. verschoben wird. Das letztere geschieht dadurch, daß das auf einem Ansatz der Gewindebuchse *h* sitzende und durch die Rundmutter *c* befestigte Handrad *b* gedreht wird. Das Gewinde schraubt sich in die Mutter *f* und bewegt den Bund *h* dementsprechend auf oder nieder. Die Mutter *f* ist mittels der Rundmutter *g* auf dem Ausleger *e*, der an dem Ständer der Maschine befestigt ist, verschraubt. Das Zurückgehen des langen Ritzels wird durch die Druckfeder *o* bewerkstelligt. Diese drückt einerseits auf den Bund des Ritzels und anderseits auf den Rand der Verschlußbuchse *p*. Letztere wird durch die kleine Raupenschraube *q* gehalten. Die Bohrung des Ritzels nimmt den Spiralbohrer *m* auf und spannt diesen mittels der kleinen Raupenschraube *n* fest. Das Gehäuse *i* besteht aus Bronze. Beim Bohren wird das Gehäuse *i* mit dem Bohrer *m* nach Fertigstellung eines Loches in die nächstfolgenden Körner eingesetzt usw. Diese Vorrichtung gestattet aber nur das Bohren in einem bestimmten Radius.

Fig. 325[1]) veranschaulicht einen praktischen Bohrapparat, der sich speziell zum Bohren von Löchern in halbkreisförmigen Untersätzen eignet, die sich infolge ihres großen Umfanges und Gewichtes schlecht transportieren lassen. Die Vorrichtung kann an Radial- sowie Säulenbohrmaschinen leicht angebracht werden, indem die Hülse des Gußgehäuses auf der Bohrspindelpinole festgeklemmt und der Morsekonus *c* in das konische Loch der Bohrmaschinenspindel gesteckt wird. Sodann wird die Schraube *q* festgezogen.

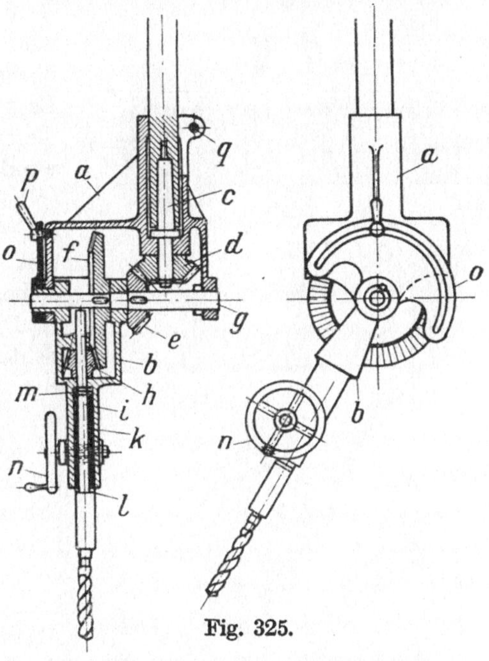

Fig. 325.

Die Figur zeigt die Vorrichtung im Schnitt. *a* stellt das Gehäuse dar, und *b* ist eine ausschwingbare Pinole, welche einen Ausschlag von 180° besitzt, *c* stellt den Antriebskonus dar. Auf diesem ist das Kegelrad *d* mittels Federkeiles und Blattschraube befestigt. Gegen seitliches Verschieben sichert ein Stellring, welcher durch einen konischen Stift auf *c* festgemacht ist. Das Kegelrad *e* steht mit dem Rad *d* im Eingriff. Es ist durch einen Federkeil auf der Welle *g* befestigt. Die Drehbewegung der Welle *g* wird durch das Kegelrad *f* auf das Rad *h* übertragen. Im übrigen ist die Welle durch einen Stellring gegen seitliches Verschieben gesichert.

Das Kegelrad *h* sitzt auf der Bohrspindel *i*. Diese ist außerdem im Rade *h* verschiebbar und mit ihm durch einen Federkeil verbunden, der sich in einer langen Nut der Spindel *i* bewegt. Die Lagerung findet

[1]) Die praktische Metallbearbeitung (Uhland), Heft 6, S. 32, 1914.

die Spindel im sonstigen in einer langen Büchse *k*, welche seitlich eine Zahnstange für den Vorschub des Bohrers trägt. Begrenzt wird die Büchse *k* unten durch ein Kugellager *l* und oben durch einen Stellring *m*.

Der Vorschub des Spiralbohrers geschieht, wie schon erwähnt, durch eine Zahnstange, welche ihrerseits durch den Trieb des Handrades *n* betätigt wird. Festgestellt wird die Bohrspindel durch ein Segment *o*, das durch den Knebel *p* festgestellt werden kann. Da die Arbeitsweise aus der Figur verständlich ist, erübrigt sich eine weitere Beschreibung. Es sei nur noch bemerkt, daß sich dieser Apparat für jeden Radius verwenden läßt, indem man die Antriebsspindel senkt oder hebt. Endlich ist der Apparat infolge seiner Einfachheit leicht herzustellen; er sollte in keinem Betriebe fehlen!

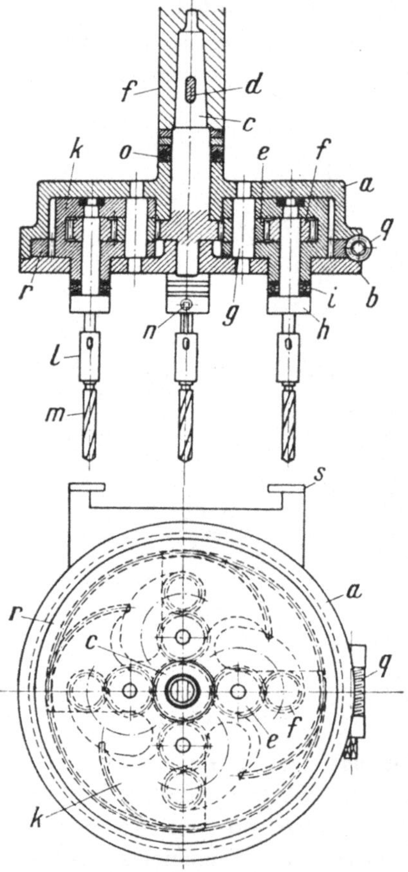

Fig. 326.

Die Fig. 326[1]) stellt eine Vorrichtung, einen sog. Bohrkopf, zum Bohren mit 4 Spindeln dar. Durch die Verstellbarkeit der Bohrspindeln ist man imstande, Lochkreise sämtlicher Durchmesser in bestimmten Grenzen zu bohren. Derartige Bohrköpfe eignen sich besonders für Bohrvorrichtungen, in denen die Bohrbuchsen in Kreisen und bestimmten Abständen stehen. Ebenso ist solch ein Bohrkopf dort am Platze, wo viel Flanschen gebohrt werden.

Der kräftige Konus *c* sitzt in der Bohrmaschinenspindel *f* und ist in derselben mittels eines Flachkeiles *d* befestigt. Zwischen dem Gehäuse *a* und der Maschinenspindel *f* sitzt das Druckkugellager *o*. Es ist durch 2 Rundmuttern auf *c* befestigt. Das mit der Spindel *c* aus einem Stück verfertigte Zahnrad steht mit den 4 Zwischenrädern *e* im Eingriff. Diese drehen sich um die Bolzen *g*. Zur Erzielung eines besseren Laufes sind die Bohrungen der Zwischenräder mit Bronzebuchsen ausgefüttert. Diese Räder stehen wiederum mit den Zahn-

[1]) Die Werkzeugmaschine, 30. März 1918, Heft 6, S. 115.

rädern *f* der Bohrspindeln *h* im Eingriff. Letztere sind durch Federkeile miteinander verbunden. Zwischen Spindelbund *h* und der Nabe des Spindelträgers *k* sind die Kugellager *i* gesetzt, welche den Bohrdruck aufnehmen. In den Bohrspindeln befindet sich verschiebbar die Bohrhülse *l*. Sie wird durch die Druckschraube *n* angezogen. Die Schraube wirkt auf einen Federkeil, der sich in die Längsnut von *l* preßt und so die eingestellte Spindel festsetzt. Bedingung ist bei Benutzung solcher Bohrköpfe, daß die Spindeln resp. die Spiralbohrer *m*, die sich gegenüberstehen, gleiche Längen aufweisen. Im anderen Falle dürfte ein Ecken der Vorrichtung eintreten, was wiederum eine einseitige Abnutzung zur Folge hat. Um nun die Spindeln *h* auf den gewünschten Lochkreis einstellen zu können, ist eine gleichzeitige Verstellung aller 4 Spindeln angebracht. Dieses wird durch Drehung am Vierkant der Schnecke *q* bewerkstelligt. Letztere steht mit dem Zahnkranz *r* im Eingriff. Die Eingriffsstrecke der Schnecke *q* ist nur so weit bemessen, wie der kleinste und größte Lochkreis benötigt, die übrige Strecke des äußeren Ringes *r* ist glatt ausgeführt. Im Innern dagegen ist der Ring vollständig verzahnt. Hier greifen die 4 Spindelträger *k* mit ihren verzahnten Segmenten ein (siehe Grundriß). Die Träger *k* schwingen um die Stahlbolzen *g*. Letztere sind mit ihren Zapfen im Kasten *a* sowie Deckel *b* gelagert. Der Deckel liegt mit seinem Ansatz in einer Ausdrehung des Gehäuses *a*. Die seitliche Führung während des Vorschubes erhält der Kopf *a* an einem Schlitten, der am Maschinengestell befestigt ist. Die Leisten *s* dienen zum Regulieren der Führung des Bohrapparates.

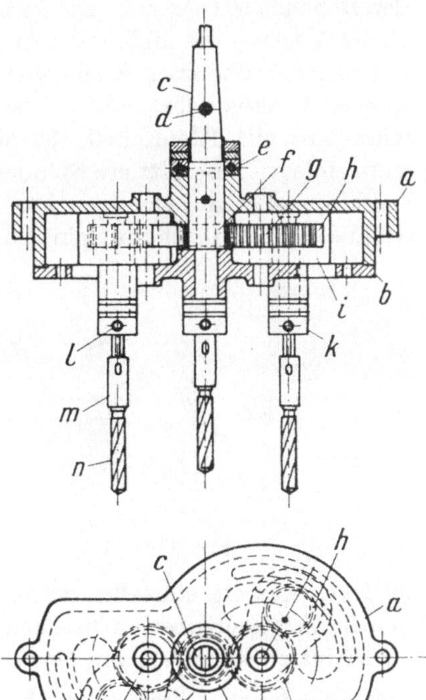

Fig. 327.

In Fig. 327 ist eine Vorrichtung mit 3 Bohrspindeln abgebildet. Auch sind diese Spindeln für verschiedene Teilungen einstellbar. Die Mittelspindel steht fest, und die beiden seitlichen Spindeln lassen sich einzeln verstellen. Der hier abgebildete Bohrkopf besitzt seine Vorteile auch in der Hinsicht, daß man mit ihm Arbeitsstücke bohren kann, in denen die Teilungen unsymmetrisch liegen. Auch ist man imstande, nur mit einer Spindel, und zwar mit der mittleren, zu bohren. Diese Anordnung ist nicht zu unterschätzen, denn man müßte stets den Bohrkopf abmontieren, sobald es sich um Arbeiten mit einem Loch handelt.

Die Bewegung geht über den Konus *c*, der mittels des Stiftes *d* in der Bohrmaschinenspindel befestigt ist, auf das kleine Zahnrad, das am Ende des Konusschaftes *c* sitzt. Die beiden, mit letzterem im Eingriff stehenden Zwischenräder *g*, bilden mit ihren Achsen den Drehpunkt der Bohrspindelträger *i*. Die mit den Rädern *g* im Eingriff stehenden Räder *h* setzen die Bohrspindeln *k* in Drehung. Um die Bohrhülsen *m* mit den Spiralbohrern *n* einstellen zu können, ist auch hier die Bohrspindel *k* ausgebohrt. Diese besitzt zum Festspannen eine Druckschraube *l* mit Klemmkeil, der sich in die Führungsnut des Schaftes an *m* einlegt. Die mittlere Spindel *f* ist im ausgebohrten Antriebskonus durch einen Stift befestigt. Das Kugellager *e* nimmt den Druck des Gehäuses *a*, der durch die Spindeln hervorgerufen wird, auf. Desgleichen besitzen die Spindeln über ihren Ansätzen Kugellager.

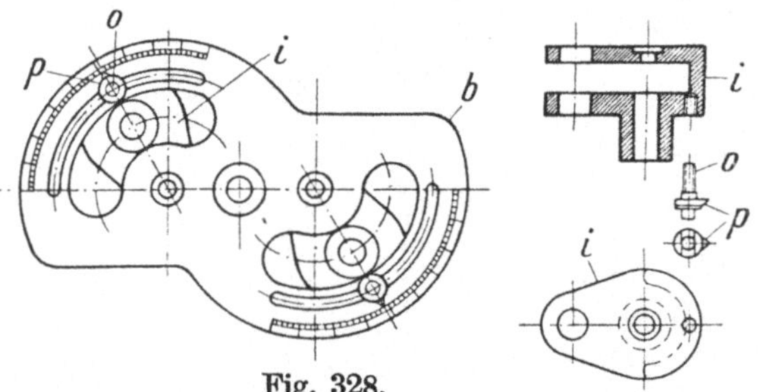

Fig. 328.

In Fig. 328 ist der Bodendeckel *b* dieser Vorrichtung veranschaulicht, außerdem auch die Lage und die Form der Spindelträger *i*. Um nun die Abstände der Spindel *k* gleichmäßig einstellen zu können, sind 2 Skalen vorgesehen. Die kleinen Zeigerscheiben *p* besitzen einen Führungsansatz, der sich in der schmalen kreisförmigen Nut des Deckels *b* führt. Auf diese Weise zeigt die kleine Zunge auch auf die Teilstriche, wenn die Spannschraube *o* fest- oder losgeschraubt wird.

Die Spannschraube *o* schraubt sich in das darüber befindliche Gewindeloch des Halters *i* und zieht so denselben gegen den Deckel *b* fest.

Dieser Bohrkopf besitzt seitlich 2 Augen, in denen Führungsstangen befestigt werden, die sich in Kloben am Maschinenständer führen. Diese Art der Führung läßt sich auch an Radialbohrmaschinen anbringen.

Sehr wichtig bei derartigen Vorrichtungen ist eine gute Schmierung.

In Fig. 329[1]) und 330 ist eine Vorrichtung zum Abstechen von Hohlkörpern veranschaulicht. Es sind dieses starkwandige gezogene Arbeitsstücke. Die Absticharbeit wird hier unter einer Bohrmaschine vollführt.

Fig. 329 stellt die Spannvorrichtung dar, mittels der die Rohlinge resp. Hohlkörper durch einen Handgriff gut zentrisch festgespannt

[1]) Werkstattstechnik 1916, Heft 2. S. 35.

werden. Das Gehäuse *a* ist aus Gußeisen hergestellt. Es nimmt die beiden Spannbacken *b* und b_1 auf. Die Spannbacke *b* ist mit dem Gehäuse *a* fest verbunden, dagegen ist die Backe b_1 in ihm beweglich gelagert und an dem Schieber *c* befestigt. Das Backenmaterial ist Gußstahl und das von Schieber *c* Siemens-Martin-Eisen. Der Abschlußdeckel *d* ist gleichzeitig als Zahnkranz ausgeführt. Der Bolzen *e* ist ein Exzenter, das die Spannbacke b_1 bewegt; es wird durch den Hebel *f* betätigt. Die Klinke *g* stellt den Hebel fest; sie wird durch einen Griff *h*

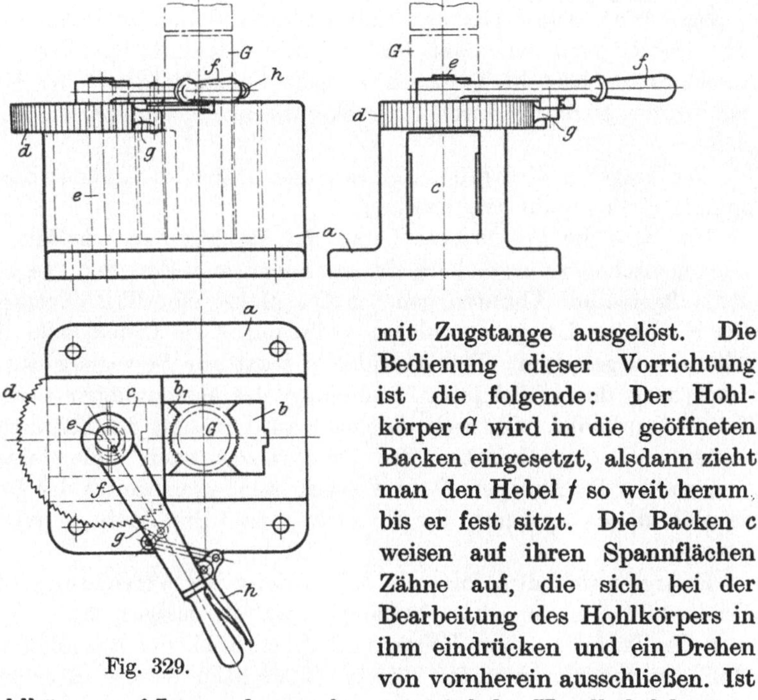

Fig. 329.

mit Zugstange ausgelöst. Die Bedienung dieser Vorrichtung ist die folgende: Der Hohlkörper *G* wird in die geöffneten Backen eingesetzt, alsdann zieht man den Hebel *f* so weit herum, bis er fest sitzt. Die Backen *c* weisen auf ihren Spannflächen Zähne auf, die sich bei der Bearbeitung des Hohlkörpers in ihm eindrücken und ein Drehen von vornherein ausschließen. Ist der Hohlkörper auf Länge abgestochen, so wird der Handhebel *h* gegen Hebel *f* gedrückt, so daß die Klinke *g* aus dem Zahnkranz *d* tritt und der Hebel wieder in die Anfangsstellung gebracht wird. Dieses Spannen ist trotz der Einfachheit sicher. Zur Befestigung dienen 2 seitlich angegossene Lappen mit 4 Löchern.

Die Abstechvorrichtung, Fig. 330, wird auf der Spindel einer kräftigen Vertikalbohrmaschine befestigt und besonders durch Keilverschluß gesichert.

Der Messerträger *i* ist aus einem Stück hergestellt. Er besteht aus Gußeisen. Drei Arme tragen die Supportplatte mit ihren 3 Supporten *k*. Für die Zugspannung ist eine kleine Flachgewindespindel *l* vorgesehen. Ein Augenstück *k* am Support dient als Mutter, und als Lager sind ebenfalls 3 Augen an *i* angegossen. Die Spindeln *l* tragen am vorderen Ende je einen kegelförmigen Trieb *m*, der mit Mutter und Scheibe an ihnen befestigt ist. Das Zuspannen wird durch den Zahnkranz *n*, mit dem die Triebe *m* in Eingriff stehen, eingeleitet. Der Zahnkranz wird in einer Eindrehung von *i* gelagert. Der Trieb *o* mit dem Sternrad *p* dient zur Bewegung des Zahnkranzes *n*.

Die 3 Supporte *k* schieben sich in schwalbenschwanzförmigen Führungen. Diese werden von unten aus bearbeitet. Zum Nachstellen der Führungen ist je eine Leiste *q* vorgesehen, die mit 3 Schrauben festgezogen wird. Die 3 Messer *s* sind mit ihren Schnitten radial zur Mitte des Hohlkörpers angepaßt und arbeiten gleichzeitig. Das Material dieser Stähle besteht aus hochwertigem Schnellschnittstahl. Befestigt werden die Messer *s* durch 3 Druckschrauben *r*, ähnlich wie an Stahlhaltern.

Der Träger *i* wird mittels eines Keiles *t*, der im Keilloch der Bohrspindel *S* eingepaßt ist, befestigt.

Um stets die gewünschte Länge der Rohlinge zu erhalten, ist ein Längenanschlag *v* vorgesehen. Er trägt am unteren Ende zur Ausgleichung der auftretenden Abnutzungen des Anschlages eine Einstellschraube *w*. Der Konus des Längenanschlages *v* wird durch die Druck- oder Körnerschraube *u* gehalten. Der Anschlag *y* dient zur Bewegung des Sternrädchens *p*, das er bei jeder Umdrehung des Messerträgers *i* um einen Teil weiterschiebt. Die sechs Löcher *x* am Umfange des Zahnkranzes *n* dienen zum Zurückdrehen des Zahnkranzes nach vollendetem Abstechen des Hohlkörpers *G* und somit auch gleichzeitig der Stähle *s*, da sich diese ja durch die Spindeln *l* und die Triebe *m* mit ihnen bewegen.

Es ergibt sich also folgende Arbeitsweise der Vorrichtung. Ist der Hohlkörper *G*, wie schon eingangs erwähnt, festgespannt, so senkt man den Träger *i* an der Bohrspindel *S* herab, bis der Anschlag auf den Hohlkörperboden aufstößt. Dieses ist wichtig, da die Bearbeitungsmaße meist vom Innern ausgehen. Ist die Spindel *S* festgestellt, was an der Bohrmaschine ausgeführt wird, so dreht man den Zahnkranz so weit herum, bis die Stechstähle gegen die Außenwandung des Arbeitsstückes ansetzen.

Dann wird die Maschine eingerückt, und der Träger *i* dreht sich mit den Supporten mit $\sim$ 16 m minutlicher Schnittgeschwindigkeit. Bei jedesmaligem Umdrehen berührt ein Stift von *p* den Anschlag *y* und verschiebt den Zahnkranz um ein Stück; was ein Zuspannen der Stähle mit sich bringt. Dieses wiederholt sich so lange, bis das überschüssige Stück vom Rohling abgetrennt ist. Dann entfernt man es und dreht die Stähle, durch Rückwärtsdrehen des Zahnkranzes, in die Anfangsstellung zurück. Dann wird der Träger *i* so weit herausgehoben,

bis der Anschlag frei ist. Um das Herausheben leicht zu bewerkstelligen, muß das Gegengewicht entsprechend beschwert werden, da der Träger *i* sonst den Maschinentransport einseitig belasten würde. Die Vorrichtung

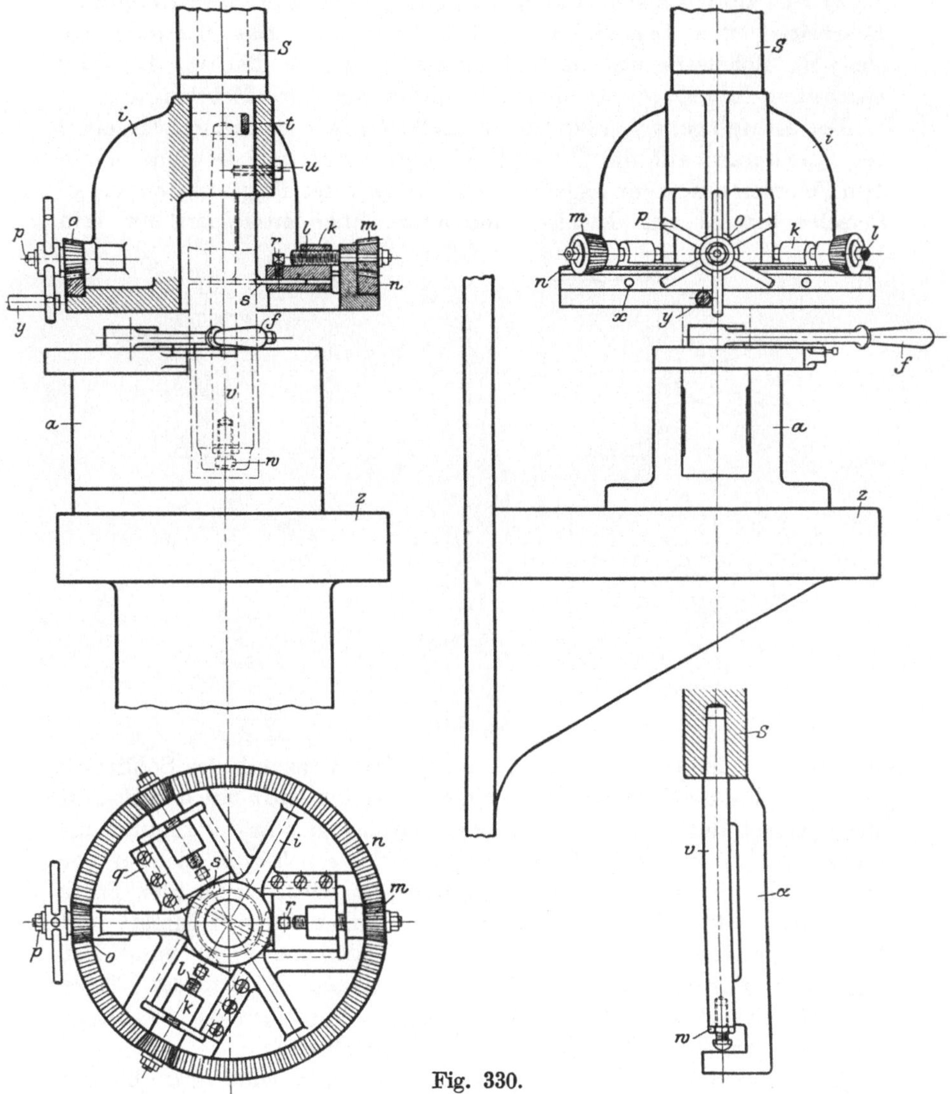

Fig. 330.

ist leicht selbst herzustellen und den vorhandenen Maschinen anzupassen. Sind die Maschinen so plaziert, daß sie der Arbeiter leicht erreichen kann, so ist er ohne große Mühe imstande, 3 Stück zu bedienen. Hierdurch wird eine bedeutende Zeit- und Geldersparnis bewirkt.

Durch entsprechende Veränderung der Einspannvorrichtung können auch von den beschriebenen abweichende Werkstücke bearbeitet werden.

b) Für Bohrwerksarbeiten. Fig. 331[1]) zeigt eine Vorrichtung zum Bearbeiten einer Lagernabe auf dem Bohrwerk. Das hier in Frage stehende Bohrwerk ist ein horizontales bekannter Bauart. Die hier bearbeitete Lagerstelle *B* dient zur Aufnahme eines Hebelauges.

Der Antrieb geht von der Stufenscheibe *b* über das Zahnradvorgelege des Bohrwerkes auf die Bohrspindel über. Auf dem Gewinde sowie dem Zentrieransatz der letzteren befindet sich der fliegende Support *c*. Derselbe besteht aus Gußeisen und ist reichlich ausgespart, um sein

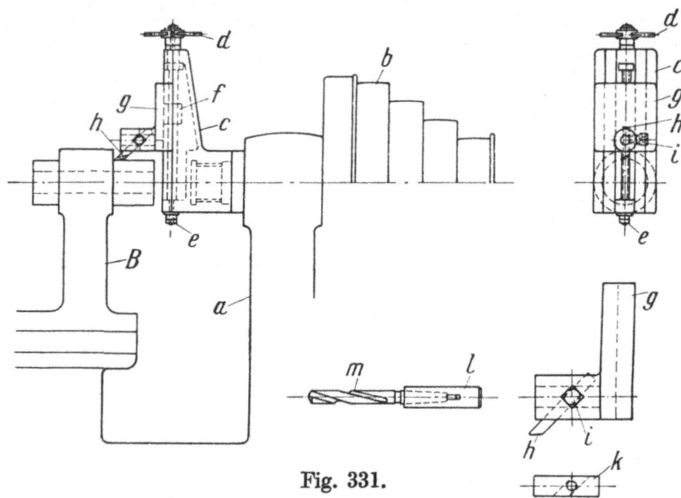

Fig. 331.

Gewicht nach Möglichkeit zu verringern. Der Vorschub des Schlittens *g* wird durch das Sternrad *d* eingeleitet. Dasselbe trifft mit den Stäben oder Speichen auf einen verstellbaren Anschlag, der in der Figur nicht mit aufgeführt ist. Die Flachgewindespindel *e* schraubt sich in der Mutter *f* des Schlittens *g*. Beim Langdrehen wird, wie in der Figur veranschaulicht, der verstellbare Anschlag außer Eingriff gesetzt und der Schlitten festgestellt. Der Schlitten *g* ist in der Figur vergrößert dargestellt. Für den Stahl *h* wird die Einsatzbuchse *k* verwendet. Diese dient als Unterlage des Stahles, um einem Verziehen des letzteren, durch den Anzug der Druckschraube *i*, vorzubeugen.

Wenn der Schlitten *g* so eingestellt wird, daß seine Spannbuchse in die Drehachse der Bohrwerkspindel fällt, so kann man die Vorrichtung auch zum Ausbohren resp. Vorbohren des Lagerloches in *B* verwenden. Hier ist die Hülse *l* mit Bohrer *m* vorgesehen.

[1]) Die Werkzeugmaschine, 15. Mai 1918, Heft 9, S. 180.

Mit dieser Vorrichtung lassen sich auch andere Bearbeitungsmaßnahmen treffen, was man ohne weiteres aus der Darstellung ersehen kann.

In Fig. 332 ist die weitere Bearbeitung des Bockes *B* ersichtlich. Hierzu wird die Bohrstange *a* verwendet. Ihre Befestigung ist durch Konus in der Bohrung des Spindelgewindes *c* bewerkstelligt. Als Mitnehmer dient der Keil *d*. Die weitere Sicherung der Stange *a* wird durch die Überwurfmutter *b* erreicht.

Der fliegende Support *e* weist im wesentlichen die gleichen Konstruktionsbedingungen auf, wie der in Fig. 331 beschriebene. Auch hier dient das Sternrad *f* als Transportmittel für Planarbeiten. Für die hier in Frage stehende Bearbeitung ist der Schlitten *g* festgestellt. Der Stahl *i* dient für die Langdreharbeit. Die Druckschraube *h* wirkt unter den gleichen Bedingen wie vorbeschrieben. Das Befestigen und Lösen des Supportes *e* geschieht durch den Keil *k*. Es braucht wohl hierauf nicht weiter eingegangen zu werden. Die Maschine *l* ist ebenfalls die gleiche wie die unter Fig. 331 beschriebene. Diese beiden Vorrichtungen sind äußerst einfach und demnach praktisch. Sie dürften in keiner Werkstatt fehlen.

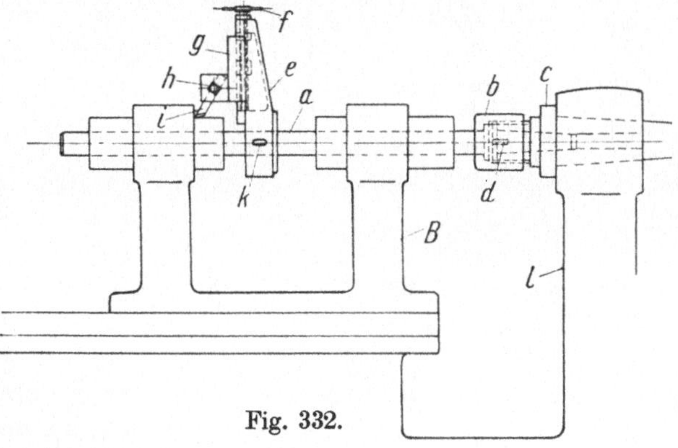

Fig. 332.

Fig. 333 stellt eine Hinterstechvorrichtung dar. In der Figur ist die Bearbeitung der inneren Flächen an Bock *B* dargestellt. Die Vorrichtung ist in der Ansicht ohne Deckel *b* gezeigt. Man kann dadurch die inneren Teile deutlich erkennen. Der Körper *a* zentriert sich mit seinem Ansatz in der Futterscheibe *h*. Er ist durch Schrauben an letzterer befestigt. Die Bewegung des Stichels *e* wird durch einen verstellbaren Anschlag und das Sternrad *f* bewerkstelligt. Das letztere besitzt in seiner Nabe ein Gewinde, in welches sich die Vorschubspindel des Schiebers *c* schraubt. Der Schieber *c* besitzt eine schräge Nut, in der sich der Stift des Stichels *e* führt. Nut und Stahl sind auf dem Schieber gestrichelt gezeigt. Wird nun der Schieber *c* aus dem Gehäuse *a* herausgeschoben, so drückt die Schräge der Nut den Stichel *e* am Stift *d* nach oben. Auf diese Weise findet die Bearbeitung statt. Der Stichel *e* führt sich in einer Nut des Deckels *b*. Der letztere wird durch die 4 Schrauben *g* gehalten.

Fig. 334 veranschaulicht das Ausbohren und Gewindeschneiden eines Zylinders K. Die Betätigung geht von der genuteten Welle a aus. Diese sitzt mit ihrem Konus in der Bohrspindel des Bohrwerkes. Die Bohr- und Schneideköpfe b und b_1 werden durch lange Nutenkeile in der Nut der Bohrwelle a mitgenommen. Die Bohrköpfe bestehen aus einer großen Gewindebuchse, die sich in den Muttern h schraubt. Letztere sind in den Böcken i und i_1 fest verbohrt. Auf den Gewindebuchsen b und b_1 befindet sich der Stahlhaltering c und c_1. In diesem sind Nuten eingearbeitet, um den Stählen eine gute Auflage geben zu können. Die Spannung geschieht durch die Zugstangen d, die sich in b resp. b_1 schrauben und die Keile e dadurch einziehen. Die schräge Fläche liegt auf dem Ansatz der Buchse auf und die gerade unter den Stählen f, f_1

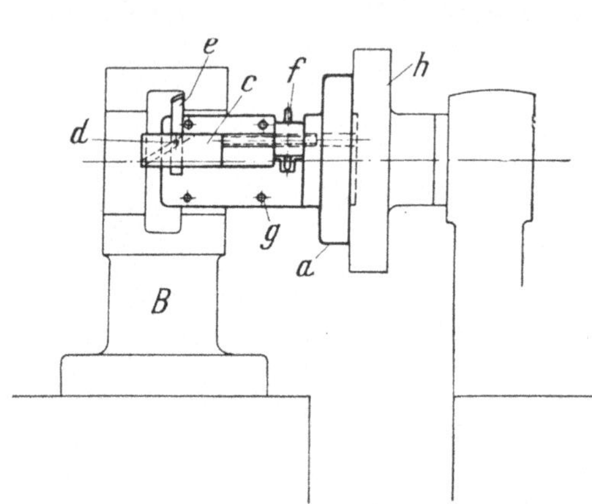

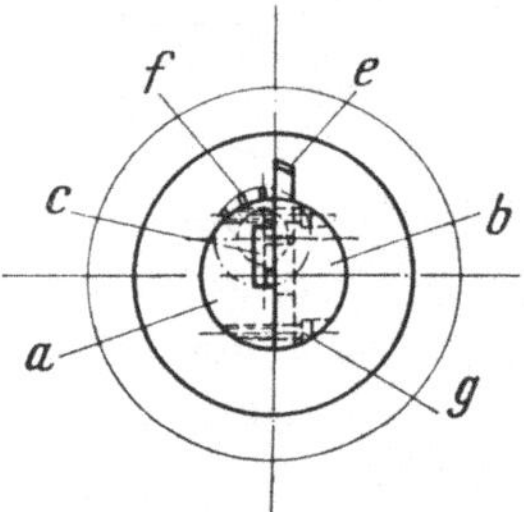

Fig. 333.

und g, g_1. Es ist leicht einzusehen, daß die Spannung eine äußerst feste ist, da der Konus schlank ausfällt. Die Stähle g und g_1 dienen zum Ausbohren des Gewindeteiles und die Stähle f und f_1 zum Gewindeschneiden. Das Gewinde entsteht durch die zwangsläufige Führung der Buchse b und b_1 in h. Die Stellung der Stähle muß abgepaßt sein, so daß beide Seiten mit einem Arbeitsgang fertig sind.

Die Befestigung des Werkstückes K geschieht durch die Ketten l die in den Prismenböcken k verspannt werden. Die 4 Böcke sind auf einer gemeinschaftlichen Grundplatte montiert.

Diese Vorrichtung stellt eine Sondertype dar. Man kann jedoch aus den einzelnen Anordnungen manches Brauchbare für evtl. auftretende ähnliche Fragen verwenden. Diese Bearbeitung stellt sich infolge der Kombination der Stähle äußerst billig, was ohne weiteres klar ist.

Die Schnittgeschwindigkeit soll für derartige Arbeiten nicht viel über 4—5 m pro Minute betragen.

Fig. 335 veranschaulicht das Ausbohren eines Dampfzylinders an Ort und Stelle. Hierzu wird eine praktische Ausbohrvorrichtung benutzt. Die Montage der letzteren geschieht in der folgenden Weise: Zuerst wird die Spannplatte mit den Unterlagen provisorisch aufgesetzt und darnach die Bohrspindel im Stopfbuchsenlager drehbar, mittels *m* und *l* eingelagert. Die Unterlagen x und x_1 und die Bolzen y und y_1 müssen so gewählt werden, daß sich die Bohrmesser noch außerhalb des Zylinders befinden, wenn die Platte befestigt ist. Die Bohrmesser können verschiedentlich ausgeführt werden. Die hier gezeichneten, sind gewöhnlicher Ausführung. Desgleichen können Bohrköpfe mit verstellbaren Messerhaltern verwendet werden. Über letztere soll noch in diesem Abschnitt geschrieben werden. Nachdem die Vorrichtung angebaut ist, wird sie endgültig ausgerichtet. Je mehr Wert auf diese Arbeit gelegt wird, umso genauer fällt die Bearbeitung aus.

Der Antrieb der Vorrichtung resp. des Bohrkopfes *h* erfolgt von der Schneckenwelle *a* aus. Hier befindet sich ein Vierkant zum Aufstecken

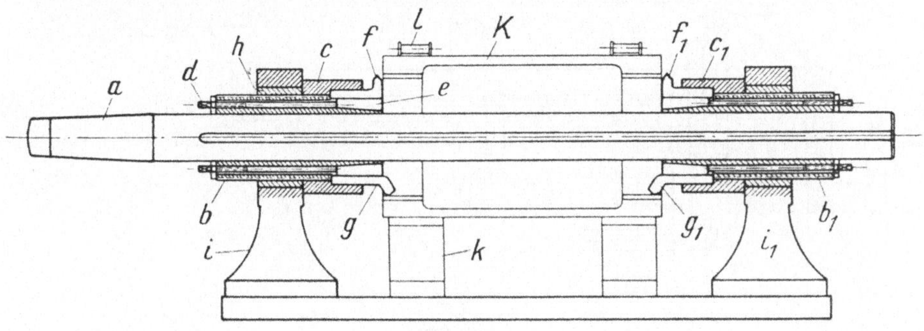

Fig. 334.

eines Schlüssels oder einer Kurbel. Die Schnecke *a* steht mit dem Schneckenrade *c* im Eingriff. Letzteres besitzt eine lange Buchse, die sich in der Platte *e* führt. Die Rundmutter *d* sichert die Lage. Der Nasenkeil *f* befestigt das Schneckenrad *c* auf der Bohrwelle *g*. Zu diesem Zweck ist an dieser Stelle eine flache Nut eingefräst. Wird nun die zwischen den beiden Lagern *b* gehaltene Schnecke *a* gedreht, so bewegt sich der Bohrkopf *h* im Verhältnis der Zähnezahl des Schneckenrades, also: Schneckenrad 30 Zähne, Schnecke eingängig, demnach Verhältnis 1 : 30, d. h. es gehören 30 Umdrehungen der Kurbel zu einer Umdrehung des Bohrkopfes. Da nun der Kopf außer der Drehbewegung noch eine Längsbewegung nötig hat, so ist das Differentialgetriebe *o*, *p*, *q* und *r* für diese eingebaut. Das Rad *o* ist durch die Buchse *n* in der Stirnseite der Bohrwelle *g* befestigt. Dieses Rad steht mit dem Zahnrad *p* im Eingriff. Letzteres ist mit dem Rade *q* durch eine Buchse fest verbunden. Diese dreht sich lose auf dem Dorn *v*. Mit Rad *q* steht Rad *r*, das auf der Transportspindel *s* befestigt ist, im Eingriff. Durch die Übersetzung dieser Räder erhält die Transportspindel eine geringe

Voreilung gegenüber der Bohrspindel, die auf die Steigung der Transportspindel übertragen den Vorschub des Bohrkopfes *h* ausmacht. Die Transportspindel *s* ist durch die Buchse *n* und das Zapfenlager am Stopfbuchsenende axial gehalten. Als Mitnahme des Bohrkopfes *h* dient die Mutter *t*, die durch eine Scheibe *u* gesichert ist. Hat nun der Bohrkopf *h* die Tiefe im Zylinder *C* erreicht, so wird er zurückgezogen, indem die Räder *p* und *q* auf die Stange *v* gegen den Anschlag *w* geschoben werden. Alsdann wird eine Kurbel auf das Schlüsselvierkant von *s* gesetzt und die Spindel so lange gedreht, bis sich der Kopf mit den Stählen *i* außerhalb des Zylinders befindet. Das Nachstellen der Stähle erfolgt hier durch die Druckschrauben *k*.

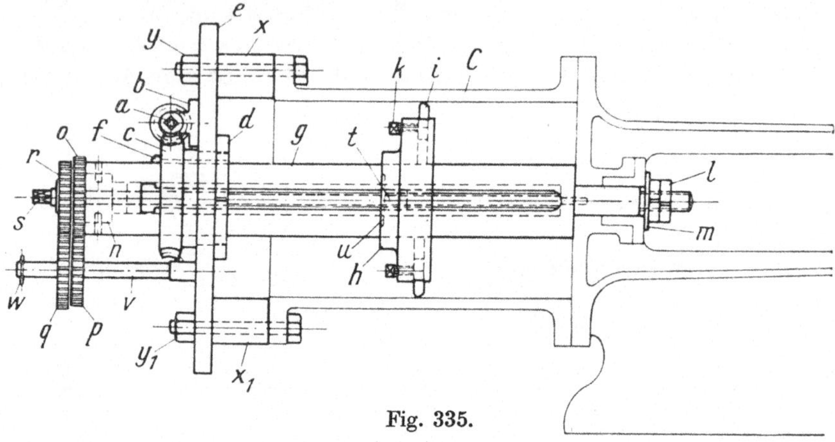

Fig. 335.

Nachstehend eine kurze Berechnung dieser Vorrichtung: Der Zylinder besitzt eine Länge von 700 mm, bei einem Durchmesser von 300 mm.

Schnecke *a* ist eingängig.

Schneckenrad *c* = 30 Zähne.

Nehmen wir an, daß der Mann an der Kurbel ca. 50 Umdrehungen pro Minute mit derselben macht, so ergibt dieses eine Schnittgeschwindigkeit von

$$50 \cdot \frac{a}{c} \cdot \frac{d \cdot \pi}{1000} = 50 \cdot \frac{1}{30} \cdot \frac{300 \cdot 3{,}14}{1000} = 1{,}57 \text{ m/Min.}$$

Der Vorschub pro Umdrehung des Bohrkopfes errechnet sich, wie folgt:

Rad *o* = 50 Zähne,
„ p = 49 „
„ *q* = 50 „
„ *r* = 49 „

Die Transportspindel *s* besitzt eine Steigung von 10 mm.

Bei gleicher Zähnezahl der Vorschubräder würde keine Bewegung der Vorschubspindel s erfolgen, denn diese würde mit der Bohrspindel g im gleichen Umlauf bleiben. Da nun aber durch das Übersetzungsverhältnis eine geringe Voreilung vorhanden ist, so muß von dem Produkt 1 subtrahiert werden.

$$\frac{o \cdot q}{p \cdot r} - 1 = \frac{50 \cdot 50}{49 \cdot 49} - 1 = 0{,}041\,,$$

$v = 0{,}041 \cdot Stg_s = 0{,}041 \cdot 10 = 0{,}41$ mm Vorschub pro Umdrehung des Bohrkopfes.

Man kann das Verhältnis durch Auswechseln der Vorschubräder beliebig ändern.

Die Zeit zum einmaligen Durchlauf beträgt aus dem Vorstehenden:

$$50 \cdot \frac{a \cdot v}{c} = 50 \cdot \frac{1 \cdot 0{,}41}{30} = 0{,}68306 \text{ mm pro Min.}$$

Da nun die Arbeitsstrecke 700 mm beträgt, so ergibt:

$$\frac{700}{0{,}683} = \backsim 1025 \text{ Minuten} \backsim 17 \text{ Stunden},$$

die Nebenarbeiten mit 3 Stunden berechnet, demnach $\backsim$ 20 Stunden.

Würde man die Betätigung der Schnecke a mittels mechanischen Antriebes bewerkstelligen, so würde das Verhältnis der Antriebe mit diesen Werten multipliziert werden.

Nehmen wir z. B. den mechanischen Antrieb mit $n = 300$ pro Minute, so ergibt:

$$\text{Verhältnis } \frac{50}{300} = \frac{1}{6} \text{ der bisher aufgewendeten Arbeitszeit.}$$

In Fig. 336 ist eine Ausbohrvorrichtung auf schweren Drehbänken dargestellt. Als Beispiel wird hier das Ausbohren von Motorgehäusen M veranschaulicht.

Der Flansch der Bohrwelle a ist mit seinem Ansatz in der Ausdrehung der Planscheibe befestigt. Am anderen Ende sitzt in dem Bock z die Welle a. Der gesammte Vorschubmechanismus befindet sich außerhalb des Bockes z. Die Scheibe c weist eine Anzahl Schlitze auf, in denen sich die Anschlagstifte d verstellbar befestigen lassen. Das Schaltrad e besitzt 6 Spitzen, mit welchen es die Anschläge berührt und wodurch es gedreht wird. Um beim Schalten die Spitzen nicht zuweit zu drücken, d. h. sie nicht so zu verschieben, daß im ungünstigsten Falle eine Spitze auf den Anschlag d stößt und diesen verbiegt, ist eine Sechskantscheibe q auf der gemeinsamen Welle angebracht. An die Flächen legt sich ein Hebel r, der durch die Flachfeder s gespannt wird. Dadurch wird nach dem Weiterschalten stets die Spitze für den nächstfolgenden Anschlag in Stellung gebracht. Die hier erzielte Umdrehung geht auf das Zahnrad f über, welches mit Zahnrad g im Eingriff steht. Auf diese Weise erhält die Schleppkette *p* durch die Schnecke *h* und das Schneckenrad *i* den Vorschub. Zwei Kettenräder *n* und n_1 spannen die Kette *p* dadurch, daß man das Kettenrad *n* mit dem Schlitten *m* durch die beiden Zugspindeln *o* anzieht.

Will man den Bohrkopf *t* schnell verschoben haben, so wird die Kuppelung *k* ausgerückt und die Welle *l* mittels einer Handkurbel am Vierkant gedreht. Der Bohrkopf *t* verschiebt sich auf der Bohrwelle *a* in 2 Führungsnuten, in die sich die beiden Federkeile *y* legen. Hierdurch

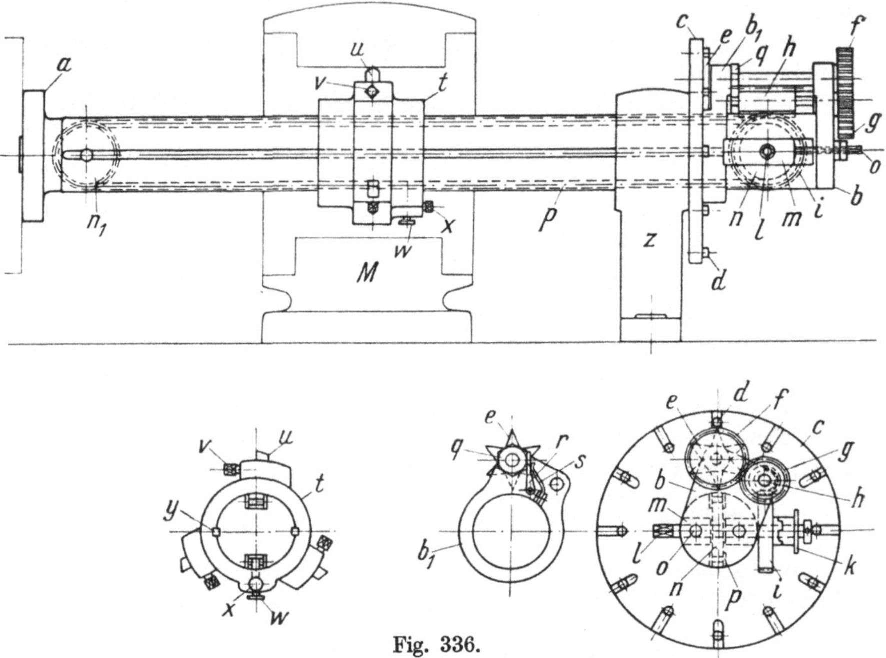

Fig. 336.

wird der Bohrkopf sicher mitgenommen. Die 3 Stähle *u* sitzen in angegossenen Ansätzen des Kopfes und werden durch die Schrauben *v* festgespannt.

Die Mitnahme des Kopfes durch die Schleppkette *p* geschieht durch den Mitnehmerbolzen *w*. Letzterer wird durch die Druckschraube *x* in seiner Stellung befestigt. Auf diese Weise kann der Bohrkopf von dem Vorschub abgeschaltet werden. Der besseren Übersicht wegen ist der Kopf *t*, der Schaltsternhalter b_1 und die Anschlagplatte *c* herausgezeichnet worden.

Nach Fertigstellung der Bohrarbeit wird die Bohrwelle *a* in einem Kran gehalten und abgehoben, nachdem der Bock *z* sowie der Flansch von der Planscheibe gelöst sind. Der Bock *z* besitzt einen Führungsansatz, damit er jederzeit mit Leichtigkeit auf- und abmontiert werden kann. Es wird somit weiter keine Einzeldemontage vorgenommen, wodurch diese Vorrichtung für derartige Arbeiten sehr praktisch ist.

Fig. 337 zeigt die Konstruktion eines Bohrkopfes für Ausbohrvorrichtungen.

Die Bohrwelle *a* besteht aus Siemens-Martin-Stahl. Für leichtere Bohrarbeiten dürfte Gußeisen bei kürzeren Längen genügen. Auf der Bohrwelle ist der aus Stahlguß angefertigte Bohrkörper *b* verschiebbar

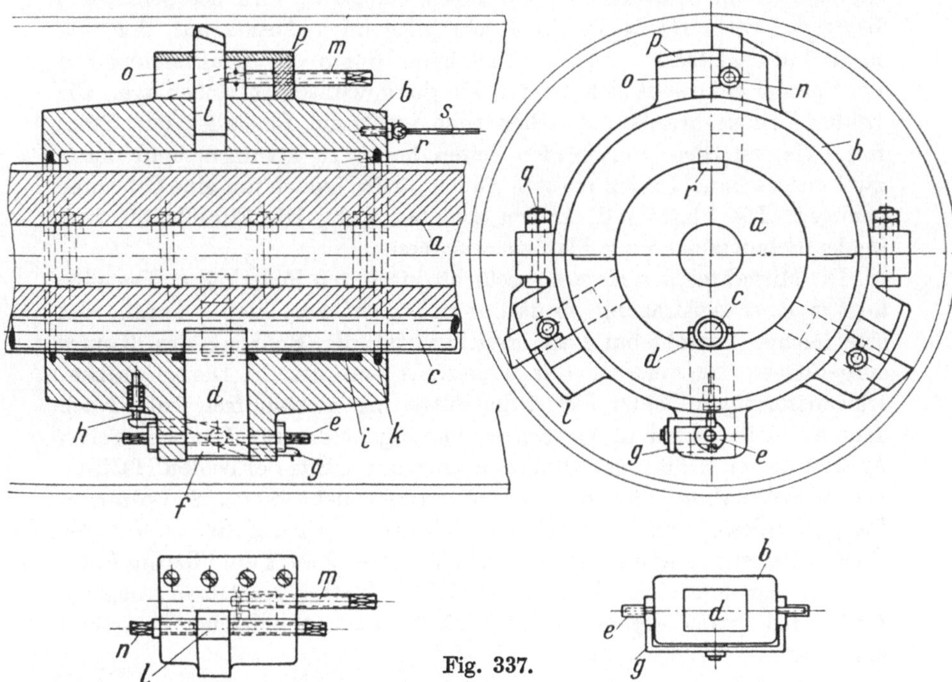

Fig. 337.

aufgesetzt. Der Vorschub wird durch die Transportspindel *c* bewerkstelligt. Die Verbindung der letzteren mit dem Bohrkopf ist durch die ausrückbare Mutter *d* geschaffen. Die Mutter ist durch Exzenter *f* ein- und auszurücken. Zu diesem Zweck umfaßt die Mutter die Transportspindel nur mit einer Hälfte des Gewindes *c*. Durch Drehung der Spindel *e* am Vierkant legt sich das Exzenter *f* in der unteren Öffnung der Mutter *d* um. Um nun während des Betriebes ein selbsttätiges Abschalten der Mutter von der Transportspindel nicht zu begünstigen, ist eine Sicherung *g* angebracht. An beiden Enden der Spindel *e* befinden sich die Rastenscheiben, in die der Klinkhebel *g* einschlägt. Die dauernde Verbindung des Hebels mit den Rasten wird durch die Spannfeder mit dem Bolzen *h* bewerkstelligt. Will man nun das Exzenter betätigen, d. h. die Mutter ein- oder ausschalten, so steckt man einen Schlüssel mit Vierkanthülse auf Spindel *e*. Dadurch hebt sich der Rastenhebel *g* aus den Scheiben und die Betätigung des Exzenters *d* ist frei. Auf diese Weise kann der Bohrkopf *b* im Innern der Ausbohrung bequem vom Transport abgeschaltet werden. Das Bewegen des Kopfes *b* erfolgt demnach mittels Zugseil *s*. Letzteres wird durch eine kleine Winde betätigt.

Die Spannung der Bohrstähle *l* sowie deren Verstellung kann auch im Innern der Bohrung des Zylinders geschehen. Durch die Stellspindel *m*, die sich in ein Mutterstück des Kopfes schraubt, wird der Schieber *o* betätigt. Letzterer weist einen schrägliegenden Ansatz auf, der sich in die Nut des Stahles *l* schiebt. Auch beim Hinein- oder Hinausschrauben der Spindel *m* bewegt sich der Stahl in der gewünschten Höhenlage. Die beiden Druckschrauben *n* stellen nach erfolgtem Einstellen den Stahl fest. Um an diese von beiden Seiten heran zu kommen, sind deren zwei vorgesehen. In den meisten Fällen dürfte jedoch nur eine Schraube genügen. Die Platte *p* deckt den Schieber *o* ab. Die Einzelheiten sind in der Schnittzeichnung klar zu erkennen.

Die Mitnahme des Kopfes geschieht durch den Federkeil *r*. Derselbe liegt in einer Ausfräsung, so daß er sich nicht verschieben kann. Um eine leichte Verschiebung zu erreichen, ist die Bohrung des Kopfes ausgefüttert. Man verwendet dazu meistens Weißmetall *i*. Die schwalbenschwanzförmigen Felder halten die Fütterung einwandfrei fest. Nach dem Ausgießen wird diese noch etwas eingehämmert. Die schwachen Ansätze an den Stößen gewährleisten einen guten Sitz der beiden Hälften. Die Verschraubung der beiden Hälften geschieht durch 8 Bolzen *q*. Da sich bekanntlich während der Bohrarbeit winzige Späne auf der Welle *a* festsetzen, so ist auf jeder Seite für diesen Zweck ein Filzring *k* eingelagert, der den feinen Staub fortschiebt. Vielfach setzt man auch die Drehstähle etwas gegeneinander zurück, um eine gleiche Belastung derselben zu erzielen.

c) Für Dreharbeiten. Fig. 338 zeigt eine Zentriervorrichtung, die für schwere Wellen *W* angewendet wird. Man kann dieselbe aufsitzen lassen, aber auch frei auf den Wellenenden spannen.

Der Untersatz *a* besitzt 2 Führungsstangen *c* und c_1. Auf denselben schieben sich die beiden Spannprismen *b* und b_1. Die Spannung wird durch die Transportspindel *e* betätigt. Die eine Seite besitzt Rechts- und die andere Linksgewinde. Den Halt erhält die letztere in einem Mittellager *f*. Es ist besonderer Wert auf ein spielfreies Arbeiten der Spindel zu legen; da sich dieses auf die Zentrierung überträgt. Der Untersatz *a* besitzt einen Ausleger, der das lange Lager *g* trägt. In der Bohrung des Lagers dreht sich die Spindel mit Zentrierfutter *k*. Zur Verwendung gelangen die bekannten Zentrierbohrer *m*. Die Betätigung dieser Vorrichtung geht von dem Hebel *h* aus, der am anderen Ende ein Gegengewicht *i* als Ausgleich besitzt. Die Zuspannung geschieht durch den Kreuzgriff *l*.

Der Handgriff *d* dient zum Anzug der Spannspindel *e*. Die Spannbacken *b* und b_1 bestehen aus Stahlguß, der Untersatz dagegen aus Grauguß.

Fig. 339 zeigt eine Balligdrehvorrichtung für Riemenscheiben auf der Drehbank. Die Scheibe *R* veranschaulicht die Kurve, die mittels

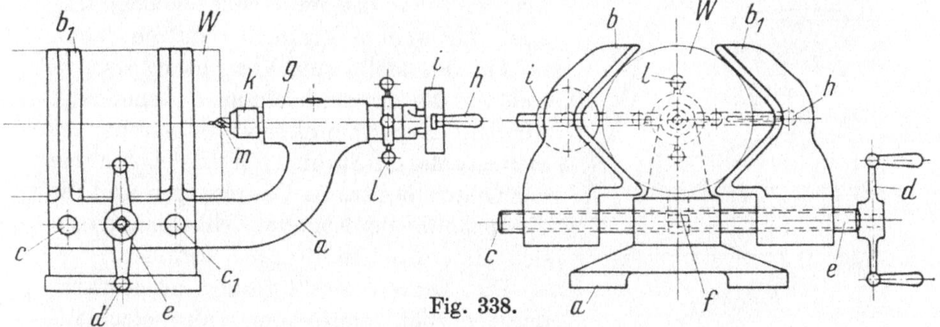

Fig. 338.

der Vorrichtung bearbeitet wurde. Seitlich von der Figur befindet sich das Schema der Arbeitsweise.

Auf dem Support *a* befindet sich der Halter *b*, in welchem sich der Schlitten *c* schiebt. Letzterer spannt den Stichel *l*. Die Vorschubbewegung des Schlittens erfolgt durch die Wirkung des Exzenters *e*. Derselbe bildet gleichzeitig den Drehpunkt des Hebels *g*. In dem Schema

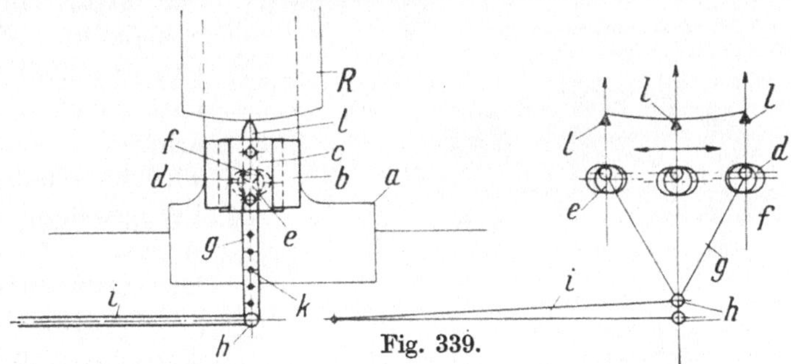

Fig. 339.

erkennt man die Tätigkeit des Hebels *g*. Sechs Löcher dienen zur Anlenkung der Zug- und Schubstange *i*. Die Differenz der beiden äußersten Punkte *h* ist im Schema ebenfalls erkenntlich.

Das Exzenter *e* bewegt sich in der Ausbohrung *d* des Schlittens *c*. Der Anschluß des Hebels *g* findet unterhalb des Schlittens in *f* statt. Die Vorrichtung ist derartig einfach, daß sie ohne Mühe herzustellen ist.

Fig. 340 stellt eine Kopiervorrichtung für Drehbänke dar. Die Führung *a* nimmt den Schlitten *b* auf. In letzteren ist der Stichel für die Bearbeitung des Werkstückes *F* gespannt. Die beiden kräftigen

Druckfedern *c*, die innerhalb des Supportes liegen, drücken den Schieber *b* mit der Führungsrolle *d* gegen die Kante der Schablone *e*. Letztere ist einstellbar in dem Rahmen *g* gehalten. Die seitlichen Deckleisten *h* klemmen die Schablone *e* fest. Das Nachspannen geschieht durch die 3 Druckschrauben *f*. Es ist wohl ohne weiteres klar, daß man die vorstehende Vorrichtung auch für andere Formen benutzen kann.

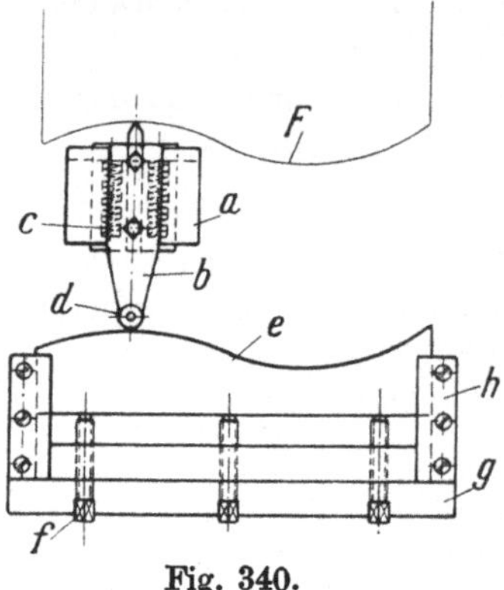

Fig. 340.

Fig. 341 stellt eine Vorrichtung dar, in welcher die Gewindelehren *L* angefertigt werden. Der Spannkörper *a* besteht aus Siemens-Martin-Stahl. Für die Aufnahme der Lehren besitzt er Einfräsungen und für die Spannung der letzteren Schlitze, in denen sich die konischen Bolzen *b* befinden.

Die Lehren sind vorher ausgestanzt und seitlich auf der Magnetschleifmaschine blank geschliffen. Alsdann werden sie in kleinen Stapeln in die Einfräsungen der Spannscheibe *a* gesetzt und durch Anzug des konischen Stiftes *b* festgezogen. Die Scheibe *a* sowie die Lehren *L* werden nach einem vorgeschriebenen Muster gedreht. In der Figur sind die Scheibe *a* sowie die eingespannten Plättchen *L* noch unbearbeitet. Meistens wird die Scheibe nach Fertigstellung dieser Anzahl Gewindelehren verworfen.

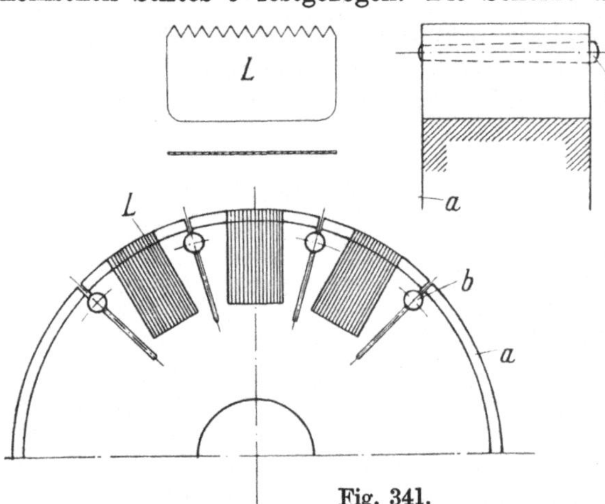

Fig. 341.

Fig. 342 stellt eine Vorrichtung zum Eindrücken von Lupengläsern dar. Gegen den Ansatz des Aufnahmefutters *a* stützt sich die Blechhülle, die für die Aufnahme der Linse bestimmt ist, ab. Die vordere Scheibe am Futter *a* ist aus weichem Holz angefertigt. Sie nimmt in der Vertiefung die Glaslinse auf. Desgleichen ist auch das Vorsetzstück *b* aus weichem Material angefertigt. Auf diese Weise wird die Linse gehalten. Um jede Reibung des Gegensatzes zu vermeiden, ist die Kugellagerauflage bei *c* gewählt. Der Halter *c* sitzt in der Pinole von *d*. Das

Anlegen des Blechkranzes geschieht durch die Rolle *e*, die in einem gegabelten Halter sitzt, der im Support *f* gespannt wird.

Das Zudrücken des Linsenrandes geschieht folgendermaßen: Das Futter *a* rotiert mit dem Werkstück an dem Halter *e* vorbei, ein leichter Vorschub des Supportes *f* zwingt das Blech, durch die Fasson der Rolle *e* diese anzunehmen, so daß durch die hier beschriebene Art eine gute Drückarbeit geschaffen wird.

Fig. 343 zeigt das Gewinderollen an schwachen Blechansätzen. Die abgebildete Vorrichtung besteht aus dem Aufnahmefutter *a*. Das Werk-

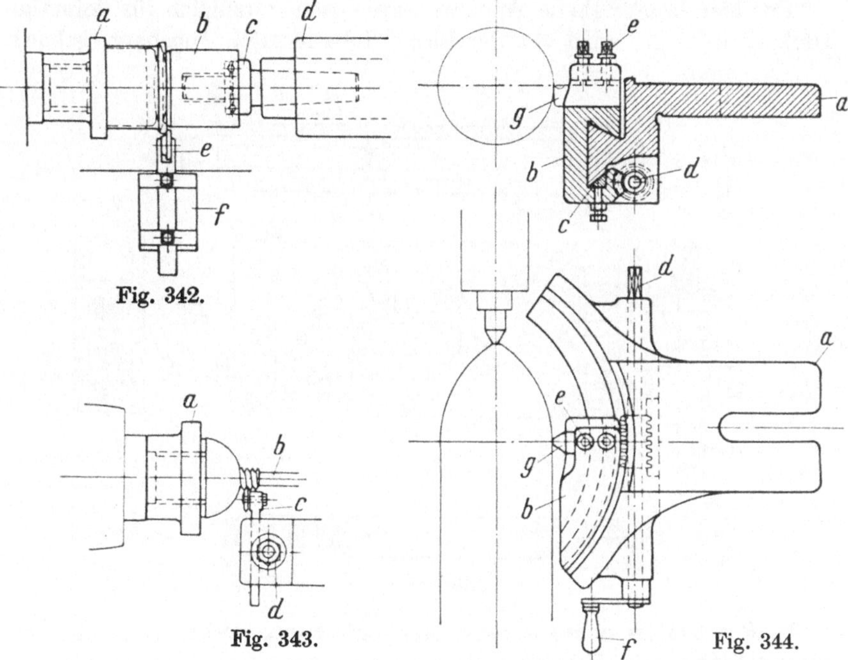

Fig. 342.

Fig. 343.

Fig. 344.

stück wird auf letzteres aufgesetzt und durch den Gegenhalter *b* gegen ein Abgleiten gesichert. Die Rolle mit Halter *c* befindet sich in dem Support der Drehbank. Die Befestigung geschieht in der üblichen Weise durch die Spannschraube *d*.

Das Formen des Gewindes geschieht durch einfaches Gegenführen der Gewinderolle *c*. In diesem Beispiel wird die Rolle *c* durch die Leitspindel der Drehbank geführt. Das Gewinde der letzteren paßt mit dem des Futters zusammen und schmiegt sich das schwache Blech an den Gewindestutzen der Aufnahme an.

Fig. 344 stellt eine Kurven- oder Radiendrehvorrichtung dar. Diese Vorrichtung wird auf den Support einer Drehbank gespannt, so daß der Stichel *g* mit seiner Spitze die Mitte der Drehspindelachse berührt.

Der Aufspannkörper *a* besitzt eine der Kurve entsprechende Führung. Dieselbe ist prismatisch gehalten. Der Support *b* wird durch die Leiste *c* reguliert. Die Bewegung des Supports geschieht durch die Schnecke mit der Spindel *d*. Diese weist auf beiden Enden zwecks Aufnahme des Schlüssels *f* Schlüsselvierkante auf. In die Schnecke greift der gezahnte Kranz von *b*. Er wird durch Drehung der ersteren entsprechend verschoben.

Die Befestigung des Stichels *g* geschieht durch die beiden Druckschrauben *e*.

Der hier beschriebene Apparat eignet sich vorzüglich für derartige Dreharbeiten. Er wird von der Firma Johann Moll, Augsburg, gebaut.

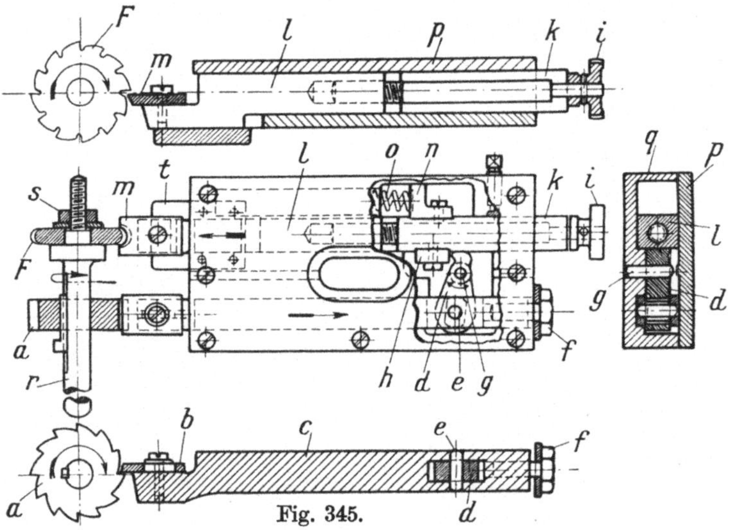

Fig. 345.

In Fig. 345 ist eine interessante Fräser-Hinterdrehvorrichtung veranschaulicht. Die Vorrichtung wird von der Firma Th. Westphal, Köln, hergestellt.

Die Betätigung der Vorrichtung resp. des Apparates geht von der Hubscheibe *a* aus. Diese ist auf dem Aufnahmedorn *r* verkeilt. Gegen den Ansatz des letzteren ist der zu hinterdrehende Fräser *F* mittels der Rundmutter *s* gespannt. Der Dorn *r* wird durch einen Mitnehmer zwischen den Drehbankspitzen befestigt. Auf der Führungsstange *c* befindet sich am vorderen Ende die Gleitplatte *b* einstellbar angeordnet. Am hinteren Ende wird der Hub durch die Schraube *f* begrenzt. Die hier auf diese Stange übertragene Hubbewegung wird durch den kleinen Hebel *d* auf den Stößel *l* übertragen. Der Hebel *d* ist an dem Stift *e* drehbar in *c* befestigt. Seinen Schwingungspunkt besitzt er auf dem Stift *g*. Der Anschlag *h* nimmt die Stöße oder besser die Hubbewegung auf. Als Gegenwirkung dient die Feder *o*, welche sich gegen den Winkel *n* der Stößelstange *k* legt und diese zurück sowie die Stange *c* vorschiebt. Zum Nachstellen des Hinterdrehstahles *m* ist die Spindel mit Handrad *i* vorgesehen. Die Platte *t* dient als Unterstützung.

Die Vorrichtung besteht aus einem supportartigen Gehäuse *q* mit Deckel *p*, das zum Zwecke der Montierung auf dem Drehbanksupport oder auf dem Fräsmaschinentisch mittels der Klauenschraube, die durch den Schlitz der Vorrichtung geht, befestigt wird. Beim Aufspannen auf den Fräsmaschinentisch wird eine eiserne Unterlage von 60 mm

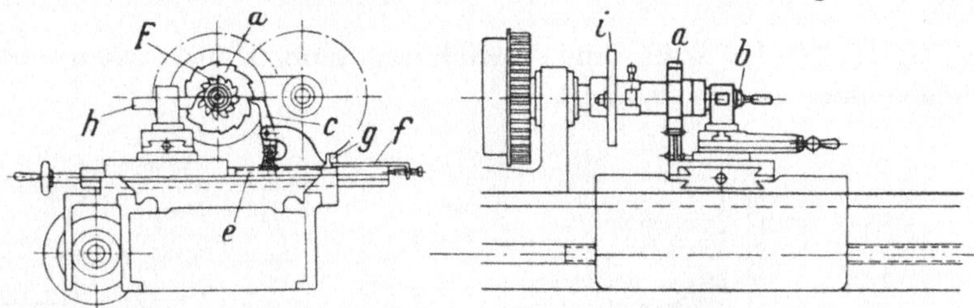

Stärke verwendet, damit sich der zu hinterdrehende Fräser frei vom Tisch bewegen kann.

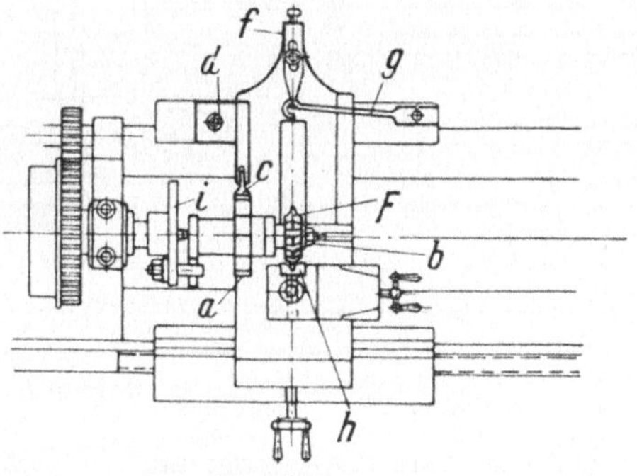

Fig. 346.

Bei Fräsmaschinen ersetzt die Frässpindel den Aufnahmedorn, auf welchem die Antriebs- oder Hubscheibe und der zu hinterdrehende Fräser befestigt sind. Es ist sicherer, wenn der Aufnahmedorn *r* mit seinem starken Ende in einem Dreibackenfutter, das gut ausgerichtet ist, befestigt ist. Noch besser ist es, wenn der Aufnahmedorn einen Konus für die hierzu ausersehene Drehbank aufweist. Die letztere Spannung scheint allgemein den Vorzug zu haben, denn für derartige Arbeiten muß mit der größten Festigkeit gerechnet werden, um eine saubere Hinterdreharbeit zu erlangen.

Die Vorrichtung ist gegen ein Verschmutzen durch Staub oder Späne vollkommen geschützt, da alle Teile dicht abgeschlossen sind.

Die Betätigung der Vorrichtung ist ohne weiteres aus der Figur gut zu erkennen.

In Fig. 346 ist eine Hinterdrehvorrichtung veranschaulicht, die den Umbau der betreffenden Drehbank erfordert. Bei dieser Vorrichtung geht der Antrieb auch von der Hubscheibe *a* aus. Der Hebel *c* zieht den Support mit dem Stichel *h* der Kurvenform entsprechend an den Fräser *F* heran. Beim Abgleiten der Führungsspitze des Hebels *c* von *a* drückt die Feder *g* den Support an der Einstellvorrichtung *f* vom Fräser ab.

Der Aufnahmedorn *b* ist auch hier zwischen den Drehbankspitzen gelagert. Er wird durch den Mitnehmer *i* bewegt. Der Kloben *e* dient zum Ausstellen der Hubeinrichtung, die mit dem Schlitten an der Schraube *d* befestigt ist. Im großen und ganzen beruht diese Vorrichtung auf dem gleichen Prinzip, wie die in Fig. 345 beschriebene. Jene Teile sind bedeutend verbessert und auf einen kleinen Raum beschränkt, so daß man, was noch wichtiger ist, die Drehbank nicht umzubauen braucht.

In Fig. 347[1]) ist noch eine Vorrichtung zum Hinterdrehen von Gewindebohrern veranschaulicht.

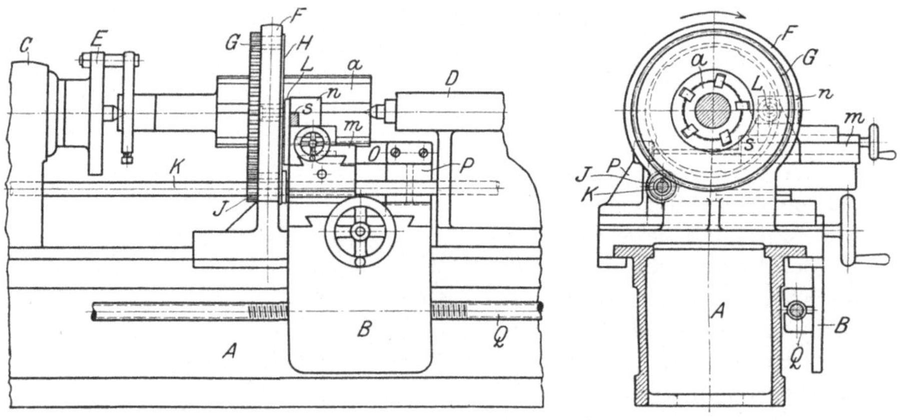

Fig. 347.

Das hier zu hinterdrehende Werkstück besitzt 5 Messer. Es ist in diesem Falle eine ältere Drehbank verwendet worden. *A* stellt das Brett, *B* den Support, *C* den Spindelkasten und *D* den Reitstock dar.

Die Mitnehmerscheibe *E* mit Spannherz ist so ausgeführt, daß der Bohrer *a* zwangsläufig mitgenommen wird und in der Drehrichtung kein Spiel zuläßt. Die Ringbrille *F* ist neu und weicht von den bisherigen Ausführungen der Hinterdrehvorrichtungen ab. In ihr befindet sich die Kurvenscheibe oder der Ring *H*. Die 5 Kurven weichen um 1 mm voneinander ab, da dieses die vorteilhafteste Hinterdrehung darstellt. Die Kurvenscheibe *H* kann ausgewechselt und mit jeder beliebigen Teilung ausgeführt werden. Ein Ansatz an der Supportseite sichert die Scheibe gegen Herausfallen, ebenso der Zahnkranz *G*, der fest aufgeschraubt wird. In ihn greift der Trieb *J*, der sich ebenfalls mit der Brille verschiebt. Eine Welle *K* mit langer Nut treibt Trieb mit Zahnkranz an. Der Antrieb der Welle *K* geschieht unter demselben Verhältnis

[1]) Werkstattstechnik 1916, Heft 15, S. 316.

wie J zu G und wird von der Drehspindel des Spindelkastens C eingeleitet. Die Welle K ist einmal im Spindelkasten und das andere Mal am Ende des Drehbankbettes A in einem angesetzten Böckchen gelagert.

Die Übertragung der Vorschubbewegung auf den Stichel s geschieht durch einen Bock mit Rolle L. Der Bock ist am Supportteil m befestigt und drückt dadurch den Stichel gegen den Bohrer a. Die Supportteile m und n sind für diesen Zweck angefertigt. Der Rückzug des Stichels s wird durch eine Blattfeder O bewirkt, die so stark bemessen ist, daß ein Festsitzen des Supports außer Frage steht. Als Verbindung zwischen Support und Feder dient ein Flacheisenwinkel, der am Support festgeschraubt ist. Der Federträger P ist lang ausgeführt. Er bildet somit eine wirksame Unterstützung der Feder O.

Die Leitspindel Q bewegt den Support wie üblich, entsprechend der Steigung des Bohrergewindes. Am Supportschlitten ist die Ringbrille F befestigt, so daß Support und Brille als zusammenhängend zu betrachten sind. Ein genügend großer Durchgang gestattet dem Gewindebohrer den Durchtritt durch die Brille. Die Arbeitsweise ist aus der Figur ohne weiteres ersichtlich.

d) Für Revolverbankarbeiten. Fig. 348 stellt einen Revolverkopf für 4 Stähle dar. Durch den Aufbau einer solchen Vorrichtung ersetzt

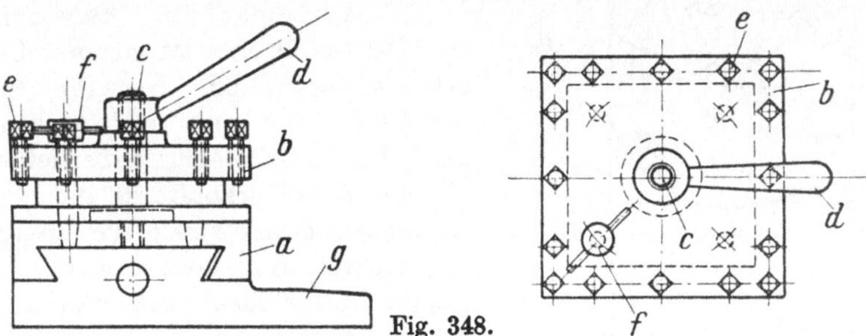

Fig. 348.

die Drehbank eine Revolverbank. Es wird nicht immer nötig sein, die Teile a und g neu zu schaffen, meistens genügt der obere Kopf b voll und ganz. Dieser wird nur auf die obere Platte des Supports gesetzt. Es könnte sich nur um die Höhe der Stahlauflage handeln, die aber bei größeren Bänken meist reichlich bemessen ist, so daß dieser Umstand bei Verwendung kleinerer Stähle nicht ins Gewicht fällt. Oder man richtet die Stähle etwas durch, um den gleichen Querschnitt der auf der betreffenden Drehbank verwendeten Stähle beizubehalten.

In diesem Beispiel wird der Querschlitten g auf den Supportschlitten aufgepaßt und so bewegt, wie der normale Supportschlitten. Auf den Schlitten g befindet sich der Querschlitten a. Die Anordnung wirkt wie ein Kreuzsupport. Auf a ist der kräftige Bundbolzen c befestigt.

Der Bund dient gleichzeitig als Zentrierung des Kopfes *b*. Oberhalb des Kopfes ist die Knebelmutter *d* angebracht, mit ihr wird der Kopf festgestellt. Zur genauen Teilung dient der Steck- oder Arretierstift *f*. Zu diesem Zweck sind 4 konische Löcher in der Platte *a* vorgesehen, in die sich der Stift *f* ohne Spiel einsetzt. Letzterer muß mit besonderer Sorgfalt hergestellt sein, er muß gehärtet und geschliffen werden, denn

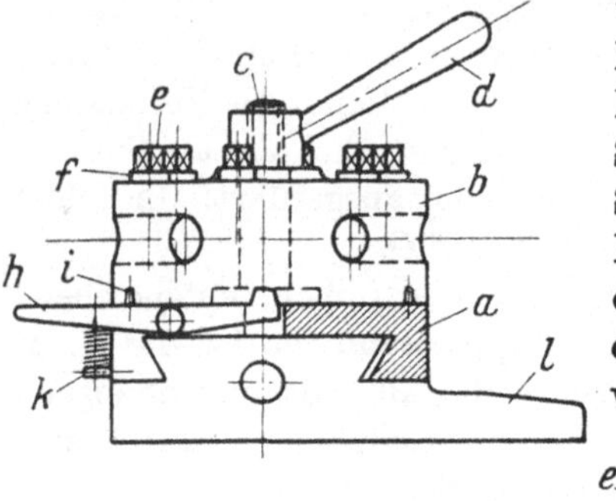

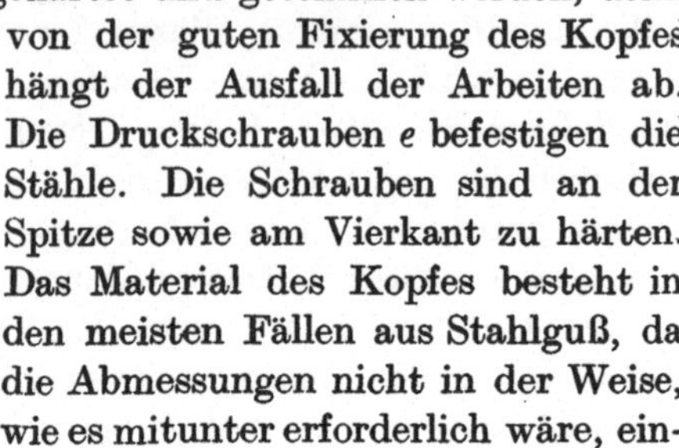

von der guten Fixierung des Kopfes hängt der Ausfall der Arbeiten ab. Die Druckschrauben *e* befestigen die Stähle. Die Schrauben sind an der Spitze sowie am Vierkant zu härten. Das Material des Kopfes besteht in den meisten Fällen aus Stahlguß, da die Abmessungen nicht in der Weise, wie es mitunter erforderlich wäre, eingehalten werden. Dasselbe trifft, wie schon eingangs erwähnt, auf die Stahlhöhe zu.

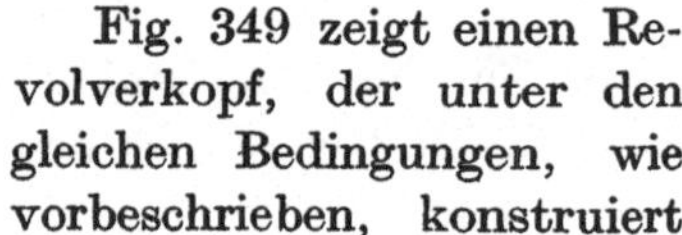

Fig. 349 zeigt einen Revolverkopf, der unter den gleichen Bedingungen, wie vorbeschrieben, konstruiert ist. Der Schlitten *l* ist gleicher Bauart wie vorstehend. Dagegen weist der Schlitten *a* eine Teilvorrichtung auf. Der Kopf *b* stellt äußerlich die übliche Revolverkopfform dar. Er ist zur Aufnahme von 6 Werkzeugen eingerichtet. Hier können außer einfachen Drehstählen auch Werkzeughalter angewendet werden. Die Befestigung des Kopfes *b* erfolgt auch hier durch den Spannbolzen *c*,

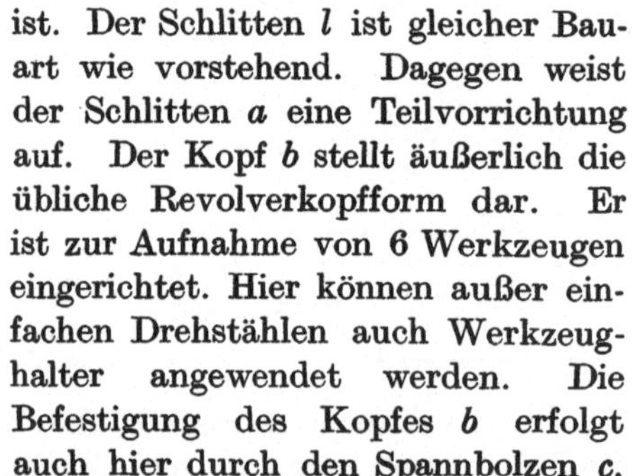

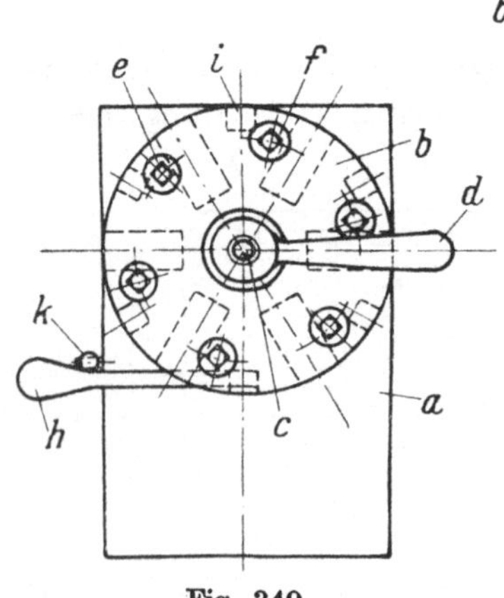

Fig. 349.

der durch den Knebelgriff *d* betätigt wird. Die Spannung der Werkzeughalterschäfte ist gesondert herausgezeichnet worden. Die Spannschraube *e* sitzt unabhängig vom Kopf *b* in der unteren losen Buchse *g*. Die obere Buchse *f* wird durch den Schraubenbund auf *g* herabgezogen. Durch diesen Vorgang wird der Schaft des Halters im Loch des Kopfes festgehalten. Diese Spannung hat sich gut bewährt und findet mehrfach für ähnliche Zwecke Verwendung. Die Teilvorrichtung besteht aus dem Hebel *h*, der sich mit seinem anderen Ende, das zu einem konischen Stück ausgebildet ist, in die Rasten *i* des Kopfes *b* legt. Die Zugfeder *k* unterhält den dauernden Kontakt des Hebels mit dem Kopf. In diesem Beispiel besteht der Kopf aus Gußeisen.

Fig. 350 stellt einen vertikal arbeitenden Revolverkopf dar. Dieser sowie der vorbeschriebene sind in ihren Ausführungen gleichwertig.

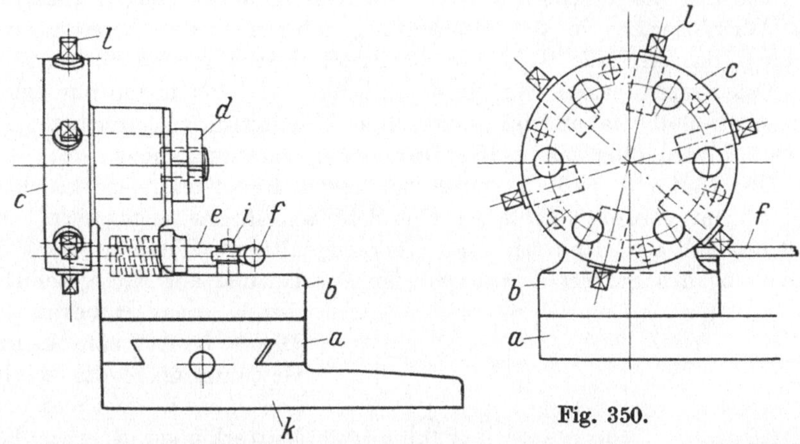

Fig. 350.

Hier, sowie bei den vorhergehenden, ist die Montage die gleiche. Auf den Supportschlitten *k* wird der Planzugschlitten *a* aufgesetzt. Bei vielen Drehbänken dürfte der Plansupport genügen, so daß man nur den Bock *b* aufzusetzen braucht. Der Bock sowie der Kopf bestehen aus Gußeisen. Die kräftige Nabe, die am Kopf *c* direkt angegossen ist, verleiht dem letzteren eine besonders gute Führung. Eine Scheibe sowie die beiden Rundmuttern *d* gestatten dem Kopf ein spielfreies Arbeiten. Die Spannung der Werkzeughalter ist die gleiche wie in Fig. 349 beschrieben. Es sind deren 6 Stück vorhanden.

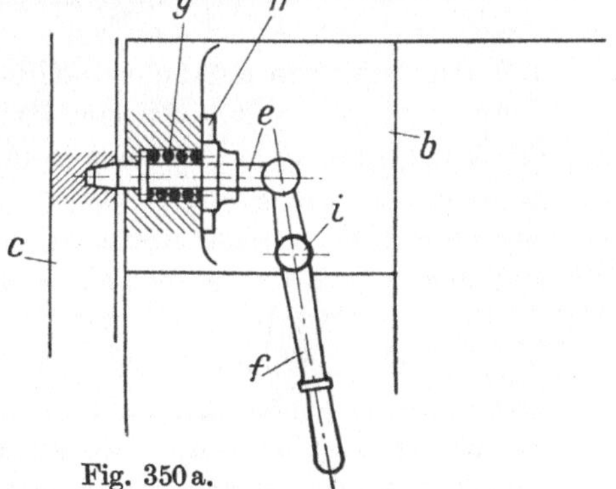

Fig. 350a.

Die Arretiervorrichtung ist bei diesem Revolverkopf besonders kräftig ausgebildet. An der Innenseite besitzt der Kopf *c* 6 konische Teillöcher. In diese setzt der Teilstift *e*, unter der Wirkung der Feder *g*, kräftig ein. Die Feder befindet sich in einer Ausbohrung des Bockes *b* und wird durch die Nabe *h* abgeschlossen. Durch die Konizität des Stiftes *e* ist ein spielfreies Arretieren gewährleistet, so daß der Kopf nicht durch eine besondere Feststellvorrichtung gehalten zu werden braucht. Die Entriegelung des Kopfes geschieht durch den Handhebel *f*, der seinen Drehpunkt in *i* besitzt. Das Auge, mit dem der Hebel *f* an dem Stift *e* angelenkt ist, muß etwas länglich sein. Besonderer Wert ist auf eine gute Härtung des Stiftes *e* zu legen, da dieser der größten Abnützung unterworfen ist.

Die hier aufgeführten Revolverkopfvorrichtungen mögen genügen, da kompliziertere in der Beschaffung Schwierigkeiten bereiten und man in diesem Falle wohl zur Revolverdrehbank greifen dürfte.

Das Hinterstecken von Nuten auf Revolverbänken, die nur einen Längsvorschub haben, ist nicht ohne Hilfsmittel zu erreichen. In Fig. 351 wird eine solche Hilfsvorrichtung veranschaulicht.

Der Halter *a* paßt in eines der sechs Revolverkopfspannlöcher. An seinem vorderen Ende ist eine Schlittenführung angegossen, auf welcher sich der Schlitten oder Werkzeughalter *b* befindet. Die Verschiebung des Stahles *h* während der Bearbeitung der Nut geschieht durch das Handrad *c*. Dieses besitzt eine kleine Gewindespindel, die sich in den auf *b* angegossenen Mutterkloben *d* schraubt. Die kleine Transportspindel wird durch einen kleinen an *a* angegossenen Lappen gehalten. Um nun jederzeit die richtige Stahlverschiebung zu erhalten, ist auf dem Schlitten *b* eine verstellbare Anschlagschraube *e* vorgesehen. Diese wird gegen das Spindelblatt von *a* ausgestellt. Die Spannung der Werkzeugstange geschieht in dem Halter *b* durch Spannschlitz mit Schraube *f*. Die Stange *g* ist verschiedentlich ausgebildet. Im vorliegenden Falle nimmt sie in der Stirnbohrung den Hintersteckstahl *h* auf, der mittels der kleinen Druckschraube *i* gespannt wird.

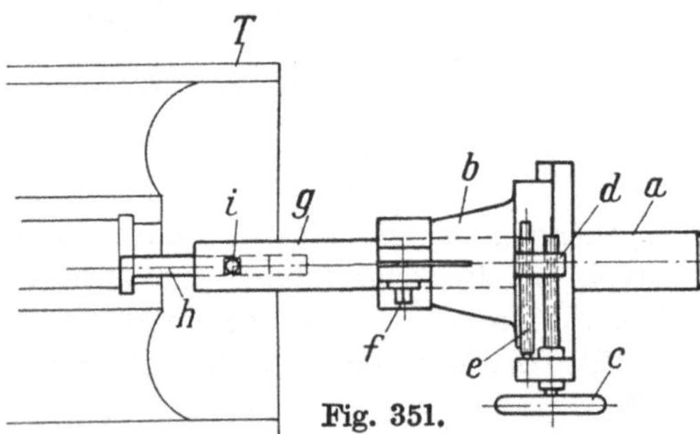

Fig. 351.

Der hier beschriebene Apparat ist in verschiedenen Variationen im Handel erhältlich. Für eine Selbstanfertigung dürfte jedoch die beschriebene Bauart genügen.

In Fig. 352 ist eine Kugelknopfdrehvorrichtung dargestellt. Auf derselben werden Kugelgriffe *k* gedreht. Die Spannplatte *a* wird mittels Bolzen *k* auf dem Support der Revolver- oder Drehbank befestigt. An der Grundplatte *a* sind zwei Lagerungen angegossen, zwischen denen sich die Schnecke *d* bewegt. Das Handrad *b* ist wie die Schnecke *d* auf der gemeinschaftlichen Welle *c* verstiftet. Die Schnecke *d* steht mit dem Schneckenradkranzstück *e* im Eingriff. Das Segment besitzt seinen Drehpunkt in *i* und führt sich außerdem an einem Führungsansatz der Spannplatte *a*. Das Segment *e* liegt mit seinem Drehpunkt unter der Mitte der Kugel, so daß derselbe mit dem Stichelgehäuse *f* bis gegen den Griff gedreht werden kann. Das Stichelgehäuse mit dem Supportunterteil steht so schräg zur Kugelachse, daß der Stichel *h* bis in die Andrehung des Kopfes geschoben werden kann. Die Verstellung erhält letzterer durch die kleine Spindel *g*.

Die hier abgebildete Vorrichtung ist einfach und kann ohne Mühe hergestellt werden.

Fig. 353 veranschaulicht eine Vorrichtung zum Auskugeln von gußeisernen Kappen *B* auf der Revolverdrehbank. Die Vorrichtung ist äußerst schwer und stabil ausgeführt. Der Vorgang für die Bearbeitung ist folgender: Der Stahl *o* dient zum Außendrehen des Ansatzes an *B*. Dieser Vorgang wird durch Verschiebung des Supportschlittens in der Längsrichtung erreicht. Gleichzeitig mit dieser Bewegung wird der Konus im Innern von *B* gedreht. Da hierzu aber eine Querverschiebung des Supportes *m* erforderlich ist, so ist letzterer getrennt von Support *q* ausgebildet. Die Konizität des Supports *m* wird durch die Führungsleiste *r* erreicht, auf der sich der Schlitten *u* verschiebt. Die Leiste *r* wird um den Drehpunkt *t* bewegt. Auf dem Schlitten *u* ist das Zugstück *s* angelenkt. Letzteres ist wieder mit *m* verbunden und zieht den gesamten Kugeldrehapparat beim Vorgehen des Schlittens *n* entsprechend zur Seite. Für diese Dreharbeit ist der Stahl *i* vorgesehen. Nachdem beide Stähle *o* und *i* ihre Arbeit beendet haben, wird die Auskugelung vorgenommen. Mittels der Handkurbel *a* wird die Welle *b* gedreht. An der Seite des Supports *m* befindet sich das kleine Kettenrad *c*. Dieses steht durch eine Kette mit dem kleinen Kettenrade *d* in Verbindung. Die hiermit übertragene Bewegung geht auf die Schnecke *e* und auf das mit dieser im Eingriff befindliche Schneckenrad *f* über. Mit dem Schneckenrade *f* ist die Stichelhausplatte *l* verschraubt. Auf diese angegossen sitzt das Stichelhaus *h* mit dem Stahl *i*. Außer der Drehbolzenbefestigung in *g* führt sich noch die Platte *l* in *k*. Letztere ist durch 5 Schrauben auf *m* befestigt.

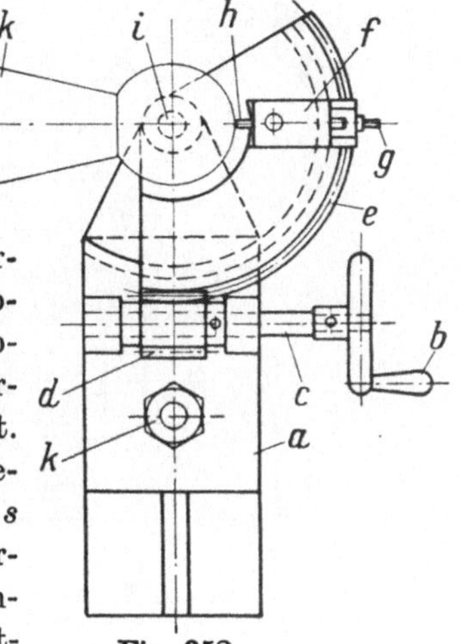

Fig. 352.

Der Support für den Seitendrehstahl *o* besteht in seinem Oberteil aus einem Vierkantstahlhalter *q*. Die Stange *p* ist nach oben durchgerichtet; sie trägt den federnden Drehstahl.

Im unteren Bilde ist der Schnitt *A—B* dargestellt. In ihm kann man die Lage der Einzelteile der Runddrehvorrichtung gut erkennen.

Die gußeiserne Kappe *B* besitzt einen Aufspannring, mit welchem sie im kräftigen Dreiklobenfutter gespannt ist. Der Ring wird bei der Weiterbearbeitung in der nächstfolgenden Halbkugeldrehvorrichtung abgedreht.

In Fig. 354 ist die Halbkugeldrehvorrichtung abgebildet. Auf derselben werden die Kappen *B* weiter verarbeitet. Für die Aufnahme ist

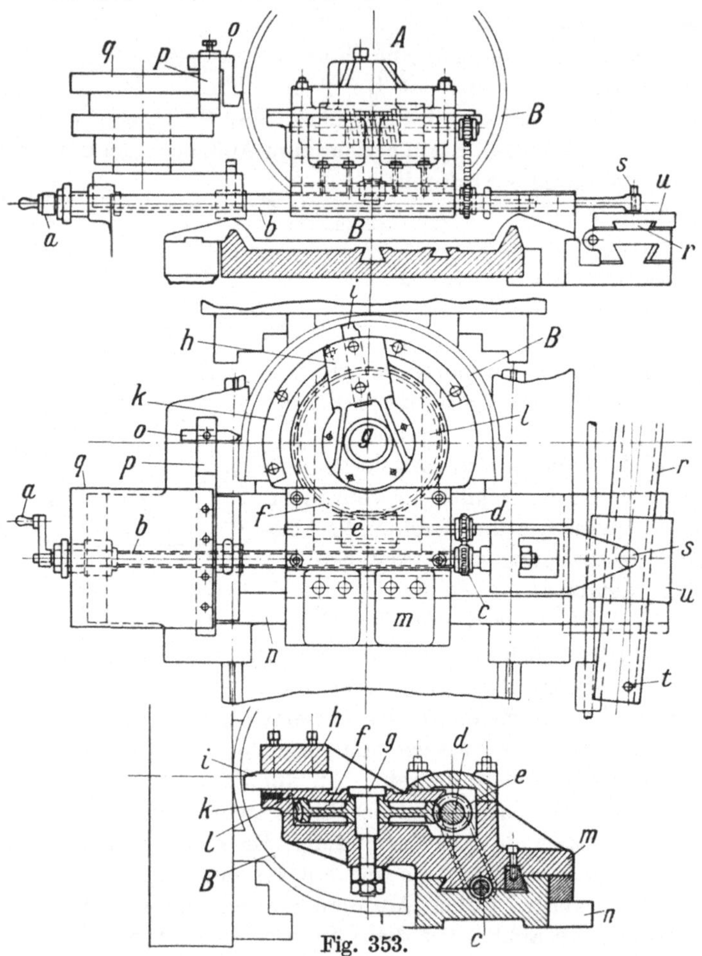

Fig. 353.

eine Zentrierscheibe mittels zweier Schrauben *n* auf der Planscheibe einer Karusselldrehbank vorgesehen. Die Planscheibe *o* besitzt in der Mitte ein genau zentrisch laufendes Loch, in welchem sich der Zentrieransatz führt. Die Kappe besitzt am äußern Umfange des Randes Flachgewinde. Wie aus der Seitenansicht im Schnitt ersichtlich, schraubt sich ein Gewindering *m* über dasselbe und zieht damit die Kappe fest auf die Zentrierung *l*. Der Rundsupport *a* ist auf dem Quersupport der Drehbank befestigt. Auf die Führungen des unteren Bogenstückes schiebt sich das Schneckenradsegment *b*. In dieses greift die Schnecke *e*, welche von dem Kettenrad *i*, das durch eine Kette *k* mit Kettenrad *h* in Verbindung steht, angetrieben wird. Die Welle *g* besitzt ein Vierkant. Sie kann durch Kurbel bewegt werden. Als Verbindung zwischen Welle *g* und Schneckenwelle *e* dient die Hülsenkuppelung *f*.

Auf dem Schneckenradsegment *b* ist das Stichelhaus *c* angeschraubt. Der Drehstahl *d* wird durch die Handkurbel am Stichelhaus *c* verschoben.

Die Vorrichtung ist ebenfalls schwer ausgeführt, damit sie, wie auch die in Fig. 353 dargestellte, gegenüber Erschütterungen Widerstand leisten kann.

Beide Vorrichtungen geben eine gute Grundlage für den weiteren Ausbau solcher für ähnliche Arbeitsstücke.

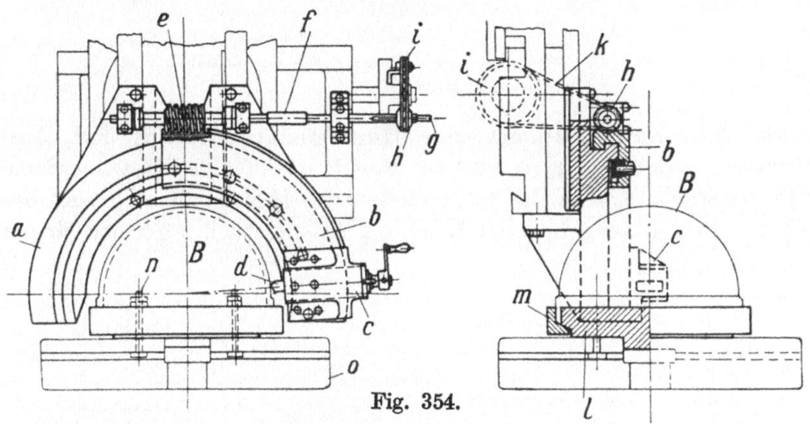

Fig. 354.

Fig. 355 zeigt eine Profiliervorrichtung für weichere Metalle, wie z. B. Kupfer, Messing und Weißmetall. Das Arbeitsstück *A* dreht sich in der Pfeilrichtung gegen die abgeschärften Kanten des Fassonstahles *f*. Letzterer ist auf einem kurzen Stück Welle *g* aufgefedert. Die Feder *h* muß besonders gut eingepaßt sein, um einem Lockern vorzubeugen. Auf der glatten Welle *g* sitzt der Hebel *e*. Er ist ebenfalls besonders fest aufgekeilt. In der Gabelung von *e* befindet sich die Stiftmutter *d*. Sie dreht sich auf ihren Zapfen in die Bohrungen von *e*. Die in denselben führende Spindel *c* ist in dem Halter *b* gelagert und gegen seitliche Verschiebung gesichert. Die Lagerung ist hier ebenfalls beweglich in zwei Stiften eingesetzt. Der Halter *b* ist mit dem unteren Ende in dem Spannhalter *a* durch Zapfen und Raupenschraube *i* befestigt.

Der Schliff des Profilstahles *f* ist schräg gehalten, um ein fortschreitendes Schneiden zu gestatten. Das darauf folgende volle Profil glättet die geschnittene Fläche am Arbeitsstück *A*. Der Stahl resp. die Vorrichtung kann im gleichen Sinne sowohl auf Drehbänken als auch auf Revolverbänken angewendet werden. Bei härterem Material von *A* wird mit Vorteil ein Schnellschnittstahl verwendet.

Der Richtungspfeil über dem Profilmesser *f* zeigt die Drehung des letzteren an. Zu diesem Zweck wird eine kleine Kurbel oder ein Handrädchen auf das Vierkant von *c* gesteckt.

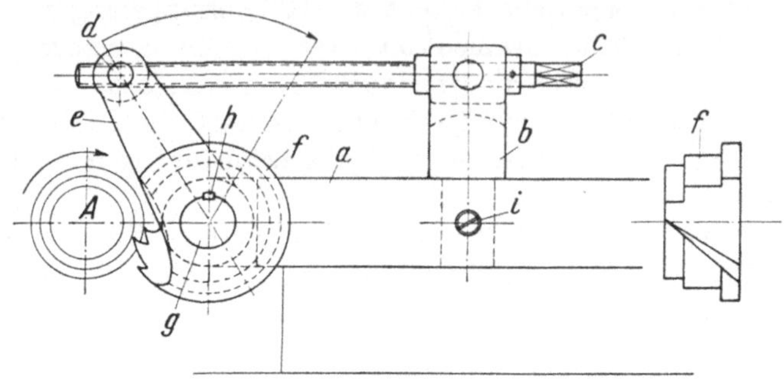

Fig. 355.

Fig. 356 veranschaulicht eine Hinterstechvorrichtung mit Ausbohrmesser. Der Halter *a* wird im Revolverkopf einer Revolverdrehbank gespannt. Durch das Gegenstoßen des Messerhalters *b* tritt das Messer *c* in den ausgebohrten Rand des Arbeitsstückes ein und dringt

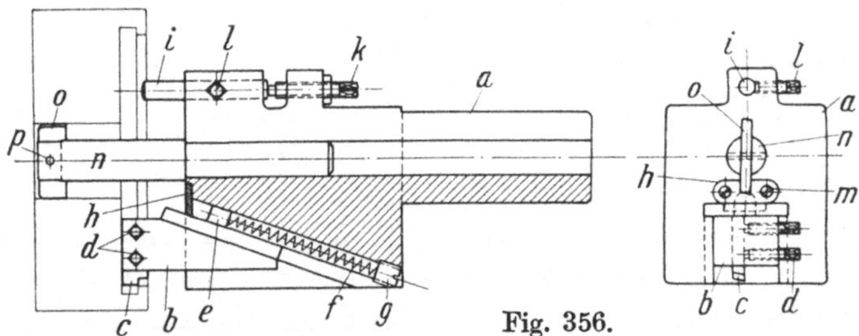

Fig. 356.

so weit ein, bis der Anschlagbolzen *i*, welcher einstellbar in den oberen Böckchen sitzt und durch die Schraube *k* sowie die Druckschaube *l* gehalten wird, an der Arbeitsfläche anstößt.

Der Messerhalter *b* besitzt zwei Führungsansätze, die sich in den entsprechenden Nuten des Halters führen. In der Mitte zwischen den beiden Führungsansätzen ist eine halbrunde Nut vorgesehen. In dieser ist die Druckfeder *f* eingeschlossen, und zwar erstens durch die Verschlußschraube *g* und zweitens durch den Knaggen *e* des Messerhalters *b*. Das Anschlagblech *h*, das durch die beiden Schrauben *m* gehalten wird, sichert ein Zuweitschieben des Messerhalters. Bevor die Hinterstechung einsetzt, dringt die Bohrstange in das Mittelloch des Arbeitsstückes ein und stellt die Bohrung fertig. Die Bohrstange *n* ist angesetzt und auf dem schwächeren Ende in dem Halter *a* befestigt. Das Flachmesser *o* wird durch den Stift *p* gehalten. Das Hinterstechmesser wird mittels der beiden Druckschrauben *d* gespannt.

Die hier beschriebene Vorrichtung läßt sich auch für ähnliche Zwecke verwenden.

Fig. 357 zeigt eine Sondervorrichtung zum Schneiden kleiner Bronze- oder Messingmuttern. Ihr Antrieb sowie ihre Beschickung kann von Hand oder auch durch automatische Anordnung geschehen. In der Abbildung sind jedoch nur die Bestandteile der Vorrichtung veranschaulicht. Das Aufnahmefutter für den Gewindebohrer wird durch

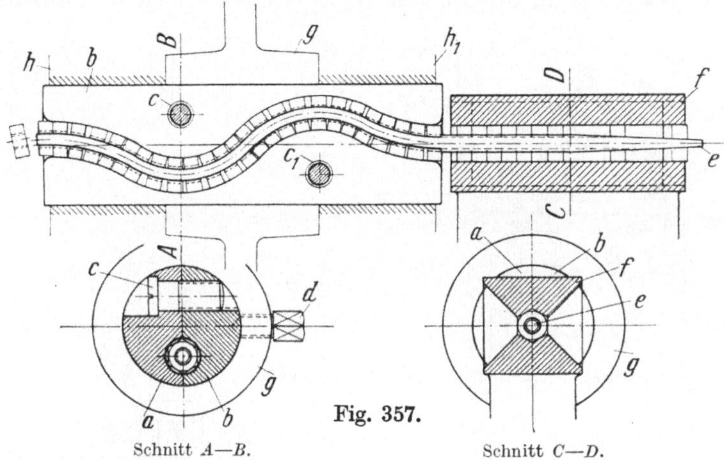

Fig. 357.

das Zahnrad *g* angetrieben. Es ist in zwei Lagern *h* und h_1 gehalten. Der Einführungsbock *f* steht mit dem Gestell der Maschine in Verbindung.

Das Gewindebohrerfutter *a* und *b* besteht aus zwei Teilen, um die schlangenförmige Nut einfräsen zu können. In dieser Nut ist der Gewindebohrerschaft gehalten. Schnitt *A—B* zeigt den Querschnitt des Halters. In ihm sieht man auch die Verbindung der beiden Hälften *a* und *b* durch die beiden Schrauben *c* und c_1, sowie die Befestigung des Antriebrades *g* durch Druckschraube *d*. Die Schlangenform ist für die Mitnahme des Bohrers *e* gewählt. Um nun den Bohrer *e* zur Mitte stellen zu können, sind auf den gebogenen Schaft die kleinen, bereits aufgeschnittenen Muttern geschoben. Die Querschnittsform der Nut ist rund und ein weniger größer als die Mutter über den Kanten mißt.

Der Bock *f* dient als Halter für den abgetrennten Sechskantmessing. In seiner inneren Bohrung ist die Form des Sechskant eingearbeitet, so daß sich die Mutterstücke leicht verschieben können. Der Gewindebohrer steckt ein kleines Stückchen aus der Bohrung heraus, um die kleinen Muttern darauf einführen zu können. Um nun den Dorn nicht so sehr zu belasten, müssen, je nach der Art und Leistungsfähigkeit des Bohrers, kleine Abstände zwischen den Muttern gelassen werden. Seitlich ist die Führung *f* offen und nur an beiden Enden geschlossen. Auf diese Weise ist eine bessere Beobachtung in der Beschickung der Vorrichtung geschaffen. Die nun fertiggestellten, d. h. geschnittenen Muttern schieben sich hintereinander auf den Bohrerschaft und zentrieren denselben. Jede neu eintretende Mutter schiebt die dem Ausgang am nächsten liegende heraus, wie die Abbildung zeigt.

Will man die Vorrichtung auf einem Automaten arbeiten lassen, so muß die Beschickung des Dornes durch Greifer erfolgen. Hierzu gibt

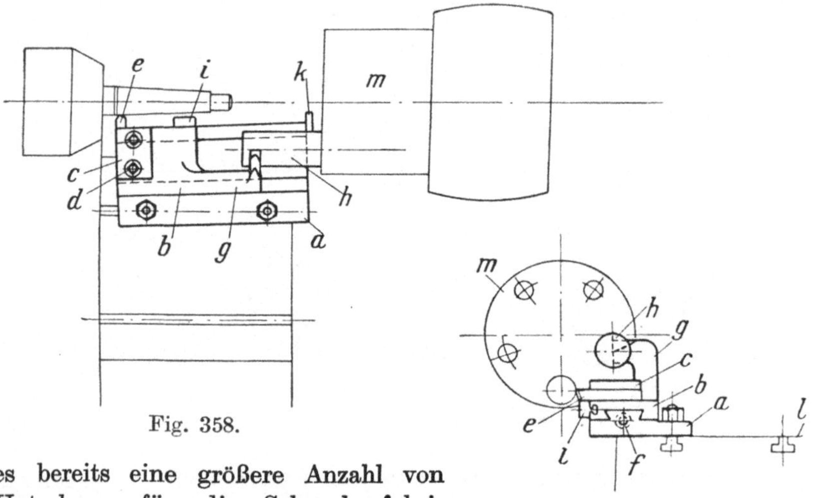

Fig. 358.

es bereits eine größere Anzahl von Unterlagen für die Schraubenfabrikation. Eine Aufführung der verschiedenen Greifersysteme würde hier zu weit führen.

e) Für Automatenarbeiten. Fig. 358 stellt eine Konisch-Drehvorrichtung für automatische Revolverbänke dar. Die Betätigung geht von dem Revolverkopf *m* des Automaten aus. Zu diesem Zweck ist im Revolverkopf der Mitnehmer *h* eingesetzt. Er greift mit einem Einschnitt über die Zunge *g* des kleinen Schiebers *b*. Dieser schiebt sich auf die Führungsplatte *a*, welche dem Konus entsprechend schräg gestellt ist. Der Stichel *e* wird durch die Spannplatte *c* und die beiden Spannschrauben *d* gespannt. Sobald der Konus fertig gedreht ist, geht der Support mit der Vorrichtung zurück und kommt dadurch außer Eingriff des Mitnehmers *h*. In dem Moment, in dem die Zunge *g* aus dem Bereich des Mitnehmers *h* kommt, drückt die Feder *f* den Schieber zurück bzw. so weit, bis sich die beiden Anschläge *i* und *k* berühren. Letztere Stellung ist der Eingriff des Halters am Kopf *m* über die Zunge *g*. Da Support *l* und Revolverkopf zwangsläufig arbeiten, so muß die richtige Stellung stets erreicht werden.

Fig. 359 zeigt eine Gewindeschneidevorrichtung, mit welcher ein Gewinde an *B* geschnitten wird. Der Halter *a* nimmt in seiner Bohrung den Schneideisenhalter *b* mit dem Zapfen *c* auf. Am Schlußende ist die Scheibe *d* durch einen Stift *c* gesichert. Gegen diese Scheibe stützt sich die Feder *i* ab. Sie zieht den Halter *b* an. Als Mitnehmer ist das im Halter *b* eingelassene Stück *h* vorgesehen. Letzteres legt sich gegen die Klinke *e*. Diese ist mittels eines Stiftes *f* in der eingefrästen Nut gehalten. Beim Schneiden des Gewindes auf *B* geht der Kopf ein Stück mit, bleibt aber dann am Ende des Gewindes stehen, zieht alsdann das geschnittene Gewinde des Schneideisens *S* mit Halter *b* an und bringt dadurch die beiden Anschläge *h* und *e* außer Eingriff. Auf diese Weise

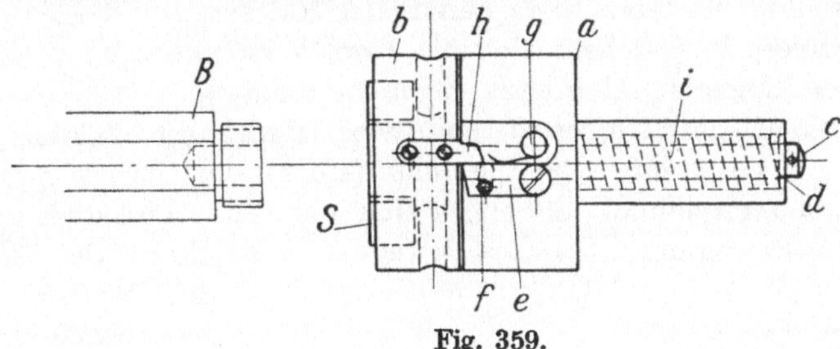

Fig. 359.

rotiert das Schneideisen *S* mit dem Halter, bis sich das Material *B* linksherum dreht. Der Revolverkopf geht etwas vor und bringt dadurch die Klinken auf der Rückseite in Berührung. Im ersten Stadium gleitet die Klinke *e* etwas zurück, um den Stoß abzuschwächen. Die kleine Flachfeder *g* spannt letztere, bis die Berührung voll ist, und nun schraubt sich das Material *B* aus dem Eisen *S*. Beim Abgleiten vom Material zieht die Feder *i* den Halter *b* vollends in Anfangsstellung.

Die Schneideisenhaltervorrichtungen werden in vielen Kombinationen auf den Markt gebracht. Es sollte hier jedoch nur eine Type mit elastischen Anschlägen herausgezogen werden.

Eine solche mit starren Anschlägen zeigt Fig. 360. Sie arbeitet unter denselben Bedingungen wie vorstehende Vorrichtung.

Der Halter *a* ist ebenfalls im Revolverkopf befestigt. Er nimmt auf seinem vorderen Ansatz den Schneideisenhalter *b* auf. Die Schrauben *e* spannen das Schneideisen. Als Mitnehmer dienen die vier Stifte *d* und *c* bzw. d_1 und c_1. Ihre abgeschrägten Endflächen gleiten nach Beendigung des Schnittes voneinander ab. Beim Rücklauf greifen die scharfen Kanten der Stifte hier sofort an und ziehen das Eisen vom

Material ab. Man wird die Schneidvorrichtungen je nach der Art der Maschine wählen.

Fig. 361 veranschaulicht eine Abstechvorrichtung, mit der man die Endflächen an Stiften B auskugelt, und zwar hat dies den Zweck,

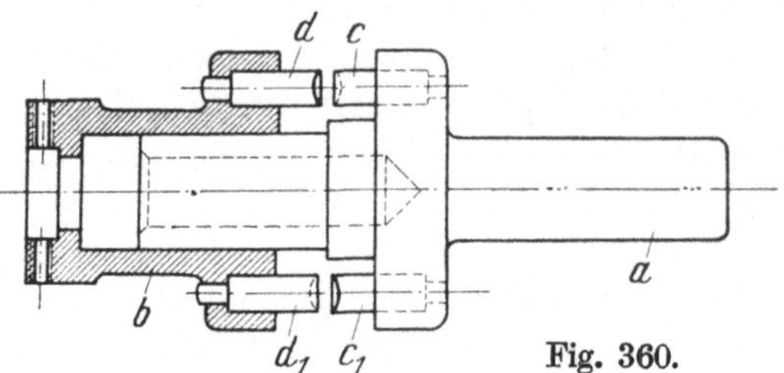

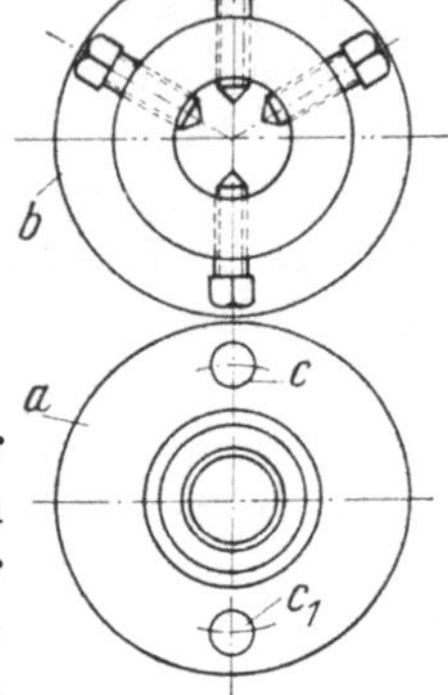

Fig. 360.

um eine Vernietung bequemer durchzuführen. Der Halter a wird in den Support eines Automaten gespannt. Am vorderen Ende besitzt der Halter ein Scharnier, in welchem sich der Kopf b bewegt. Der Abstechstahl c sitzt in einem rechteckigen Loch des Kopfes b und wird durch die beiden Druckschrauben d gespannt. Die Querschnittsform des Stahles c ist oben seitlich herausgezeichnet. Sie ergibt sich aus dem Durchstich und der drehenden Bewegung. Die Drehbewegung wird durch den Anschlag des Daumen an den feststehenden Stift e hervorgerufen. Letzterer ist einstellbar angeordnet. Der Rückzug des Stahles wird durch den Support sowie die Zugfeder f bewerkstelligt. Diese ist an den beiden Knöpfen g und g_1 befestigt. Die Wirkungsweise ist aus der Figur ohne weiteres ersichtlich.

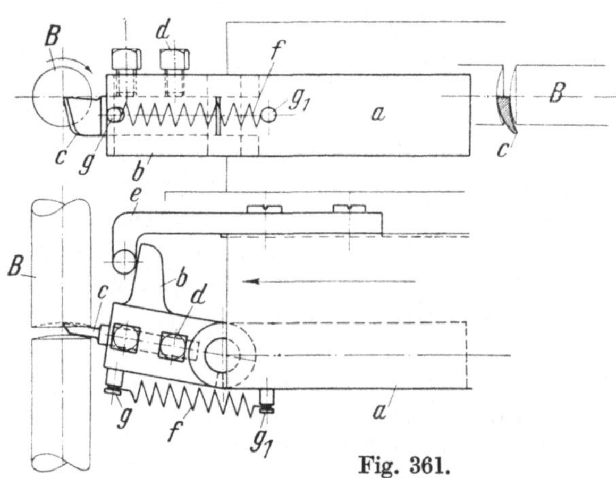

Fig. 361.

In Fig. 362 ist eine Magazinvorrichtung auf Automaten dargestellt[1]).

Die Spannpatrone a nimmt die aus dem Magazin geschobenen Stifte auf und klemmt sie fest. Der Vorgang spielt sich folgendermaßen ab: In das Magazin w werden die auf einer Seite mit Gewinde versehenen Stifte eingelegt. Alsdann wird der Supportschlitten v durch Einwirkung

[1]) Die Werkzeugmaschine, 30. April 1919, S. 145.

der Kurvenscheibe t in Verbindung mit dem Hebel f_1 vorgeschoben. Die Stellschraube g_1 dient zum genauen Einstellen des Vorschubes von Schlitten v; denn die Stifte, die eingeführt werden, müssen gut zur Mitte der Spannmutter liegen. Die Druckfeder h_1 schiebt den Schlitten nach dem Abgleiten der Führungsrolle von t selbsttätig zurück. Hebel f_1 ist im Bock u gut gelagert.

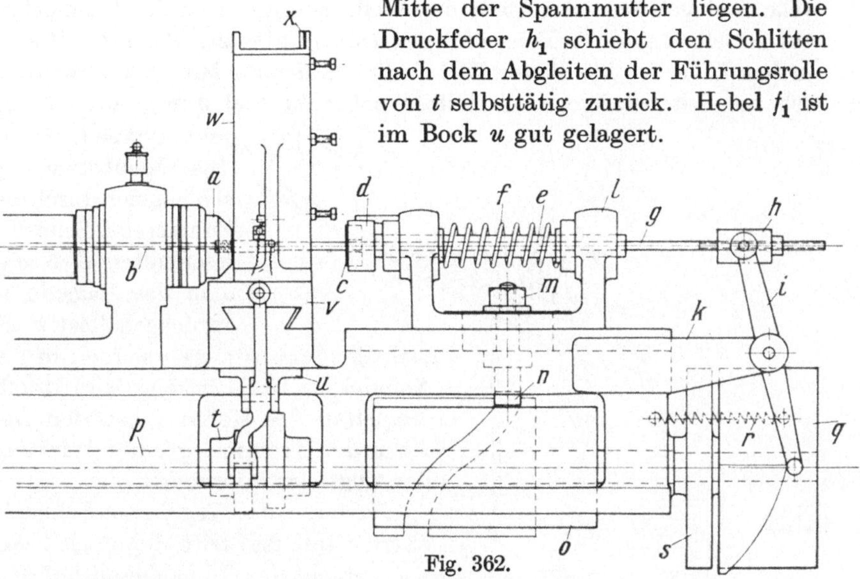

Fig. 362.

Die im Magazin eingelagerten Schrauben werden durch die Deckleiste y am Herausdrücken gehindert. Die Leiste x dient zum Verstellen für kurze oder lange Schrauben. Zu diesem Zweck sind seitlich drei Stellschrauben mit Muttern vorgesehen. Am unteren Ende befindet sich die Auflage des zu schneidenden Stiftes. Die Auflage z ist so ausgebildet, daß sie den Stift freihält. Die Feder a_1 verhindert ein Herausdrücken des Stiftes aus der Winkellage. Die Feder b_1 drückt die Auflage nach dem Abziehen des Magazins in Stellung zurück. Um nun während des Abziehens des Magazins vom Stift das Nachrollen der übrigen zu verhindern, ist die Auflage mit einer kleinen Nase versehen, die sich während des Herumdrückens der Auflage z vor den nächstfolgenden Stift schiebt und ihn so festhält. Nach Entleerung des Magazins tritt ein Läutewerk in Tätigkeit. Der Kontakthebel c_1 trägt unterhalb einen kleinen Platinstift. Wenn nun der letzte Bolzen über den Nocken des Hebels gerollt ist, schlägt der

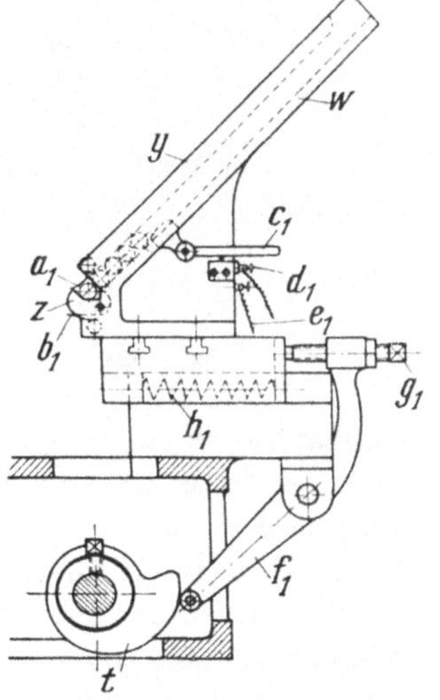

Platinstift auf das isolierte Kontaktstück d_1 und schließt durch das Gehäuse *w* den Stromkreis mit e_1.

Das Einführen der Stifte wird durch die Bewegung der Trommelwelle *p* eingeleitet. Am Ende der Welle befindet sich die Trommel *q*. Auf derselben sind die Belege für den Hebel *i* gesetzt. Dieser dreht sich an dem Lager *k*. Am oberen Ende befindet sich die Mutter *h*, in welcher sich die Schubstange *g* verstellbar schraubt und durch eine Gegenmutter gesichert ist. Die Schubstange *g* schiebt sich durch die Spindel *e* des Schneideisenhalters *d*. Nachdem das Magazin *w* zurückgeholt ist, zieht sich die Schubstange *g* zurück in die Spindel *e*. Der Rückzug wird durch Abgleiten des Hebels *i* von den Belegen der Trommel *q* unter Wirkung der Zugfeder *r* bewerkstelligt.

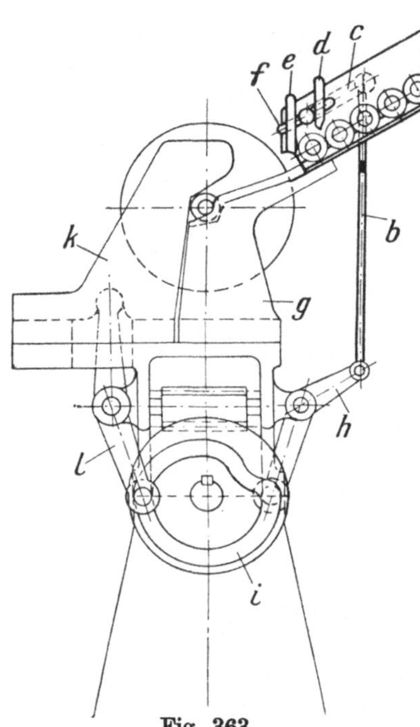

Fig. 363.

Nachdem der Weg für das Schneideisen *c* frei ist, tritt der Bock *l* vor und schiebt das Schneideisen auf den eingespannten Stift. Die Anschläge auf dem Schneideisenhalter entsprechen den vorherbeschriebenen. Die Rückzugfeder *f* dient zum Zurückholen des Schneideisens. Für die Bewegung des Bockes *l* ist die Trommel *o* mit ihren Belegen vorgesehen. An denselben führt sich die Rolle *n*. Um ein Nachstellen des Vorschubes zu erreichen, ist der Bolzen *m* verstellbar im Bock *l* angebracht. Schneckenrad *s* treibt die Trommeln an. Die fertig geschnittenen Stifte werden durch die Schubstange *b* ausgestoßen. Letztere steht mit den Vorschubelementen der Materialbeschickung in Verbindung.

Die hier beschriebene Vorrichtung eignet sich nur für die Nachschneidearbeiten der zweiseitigen Gewindebolzen. Da in der Schraubenfabrikation unzählige solcher Stifte hergestellt werden, macht sich die Vorrichtung bald bezahlt.

Fig. 363 zeigt ebenfalls eine Magazinvorrichtung für Bundbolzen. Die hier abgebildete Vorrichtung steht fest und wird zwangsläufig geöffnet und geschlossen. Der Kasten *a* ist ebenfalls für die verschiedenen

Bolzenlängen verstellbar eingerichtet. In der Mitte des Bodens von *a* ist eine Rinne vorgesehen, in welcher die Bunde der Bolzen laufen. Die Stange *b* betätigt den Hebel *c* und dieser wiederum die beiden Schieber *d* und *e*. Letztere sind an den Knebel *f* befestigt, welcher auf der gemeinsamen Welle des Hebels *c* sitzt. Durch die Konstruktion der Kurve *i* wird der Kniehebel *h* betätigt. In der Abbildung ist das Magazin geschlossen, weil ein Bolzen in der Spannvorrichtung *k* und *g* liegt. Durch die Betätigung des Hebels *l* wird der Bock *k*, der gleichzeitig die eine Spannbacke vorstellt, geöffnet und geschlossen. Die andere Spannbacke oder Bock *g* steht fest und trägt das Magazin. Sobald der Bolzen aus den Spannbacken rollt, öffnet sich der vordere Schieber *e* im Magazin und läßt den zwischen den beiden Schiebern liegenden Bolzen in die Spannbacken einrollen. Mit dem Hochgehen des vorderen Schiebers ist gleichzeitig ein Schließen des hinteren Schiebers verbunden, wodurch ein Nachrollen der übrigen Bolzen verhindert wird. Erst wenn sich der vordere Schieber geschlossen hat, rollt ein neuer Bolzen zwischen *d* und *e*. Auch hier ist der Vorgang aus der Abbildung deutlich zu erkennen.

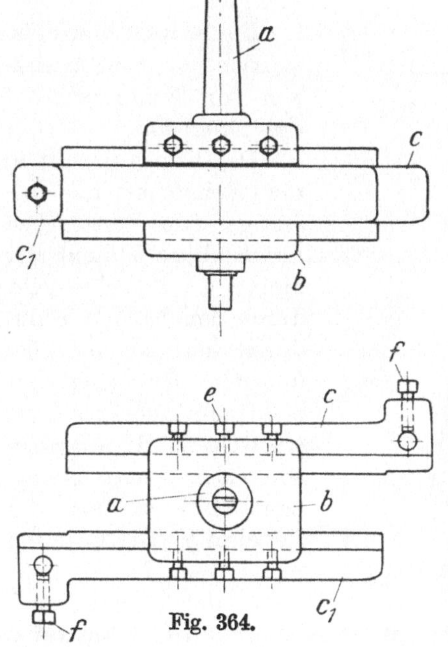

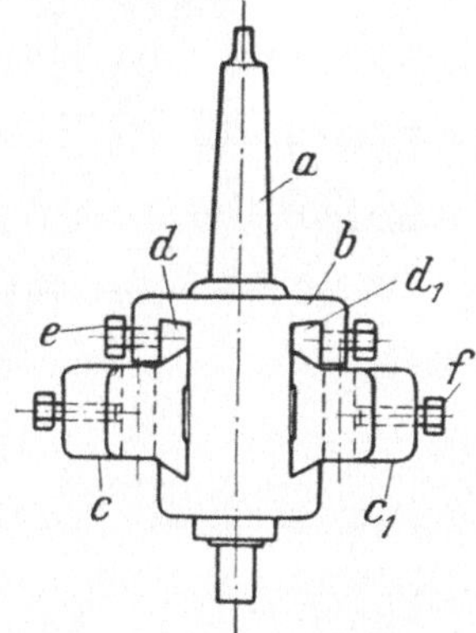

Fig. 364.

f) Für Fräsarbeiten. In Fig. 364 ist eine Fräsvorrichtung dargestellt, mit welcher aus Blechtafeln Platten geschnitten oder gefräst werden. Die hier abgebildete Vorrichtung stellt einen Fräskopf oder besser gesagt Messerkopf mit verstellbaren Messern dar. Mittels dieser Vorrichtung können Platten von den kleinsten bis zu den größten Durchmessern geschnitten werden. Der Konus *a* wird in der Spindel der Bohr- oder

Vertikalfräsmaschine befestigt. Unterhalb des Bundes befindet sich der Führungskörper *b*, derselbe wird durch eine Rundmutter auf dem Konusschaft befestigt. Am Ende befindet sich der Führungszapfen für das Zentrierloch in der Blechplatte. Seitlich besitzt der Führungskörper *b* prismatische Führungen für die beiden Schieber *c* und c_1. Diese werden durch die drei Schrauben *e* sowie die beiden Druckleisten *d* und d_1 in ihrer Lage gespannt. In entsprechenden Ansätzen werden die Stähle für den Ausschnitt mittels der beiden Druckschrauben *f* gespannt. Aus den drei Stellungen in der Figur ist alles Nähere ersichtlich.

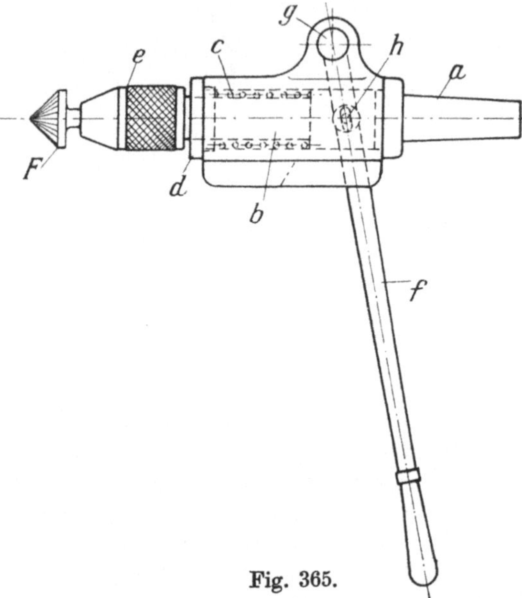

Fig. 365.

Fig. 365 zeigt eine Fräsvorrichtung zum Ausfräsen von Bohrungen auf der Drehbank.

Der Konus *a* wird in der Reitstockspirale befestigt. Zum Vorschieben des Kolbens *b* dient der Hebel *f*. Derselbe geht durch den Kolben *b* hindurch und ist in *h* befestigt. Ein länglicher Schlitz am Hebel gestattet ein weiteres Hinausschieben des Kolbens *b*. Seinen Drehpunkt besitzt der Hebel in *g*. Die Bohrung des Halters *a* ist von der Verschraubung *d* verschlossen. In der Bohrung befindet sich die Druckfeder *c*, die sich gegen den Ansatz von *b* legt und so den Fräser *F* zurückzieht. Das Spannfutter *e* ist auf *b* befestigt.

Die Anwendung wird hiernach als bekannt vorausgesetzt.

Fig. 366 veranschaulicht eine Fräsvorrichtung zum Profilieren von Drehstücken.

Das vorgedrehte Werkstück wird auf den Dorn *g* der Vorrichtung gespannt. Die Vor- bzw. Fertigfräsung ist durch doppelte Linien am Werkstück gekennzeichnet. Bei derartigen Profilen ist ein Vorschruppen zu empfehlen. Der Antriebsbock *a* nimmt die Schnecke *d* auf, die von den Planzugrädern *l*, *m* und *n* angetrieben wird. Das mit *d* im Eingriff befindliche Schneckenrad *e* sitzt auf dem Spanndorn *g*. Als Mitnahme dient die Feder *i*. Rechts und links befinden sich die Spannmuttern *h*, mit denen es gehalten wird. Die Spannung des Werkstückes geschieht mittels der Mutter *f*. Der Reitstock *b* mit Spitze *k* unterstützt die Aufnahme *g*. Der Reitstock ist in Ansätzen verschiebbar angeordnet; der Bolzen *c* spannt ihn fest.

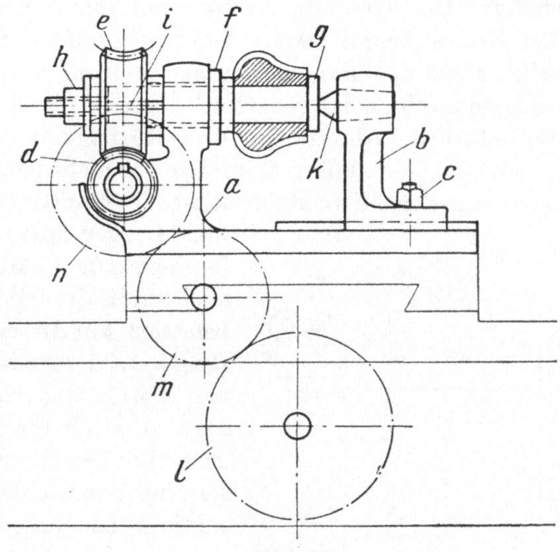

Fig. 366.

Die hier beschriebene Vorrichtung ersetzt eine Rundfräsmaschine. Die Fräser werden auf den Fräsdorn in der Drehspindel der Drehbank befestigt.

Wenn man noch ein übriges tun will, so versieht man die Vorrichtung noch mit einer Feineinstellung bzw. selbsttätigen Ausrückung, man erhält dadurch eine halbautomatische Rundfräsmaschine.

Diese Vorrichtung ist in der ungefähren Ausführung obiger Konstruktion im Handel zu beziehen.

Fig 367 zeigt eine Vorrichtung zum Anfräsen von zentrisch zur Werkstückachse stehenden Spannflächen. Das Arbeitsstück *A* ist ein gußeiserner Rohling. Er soll nach dem Anfräsen bearbeitet werden.

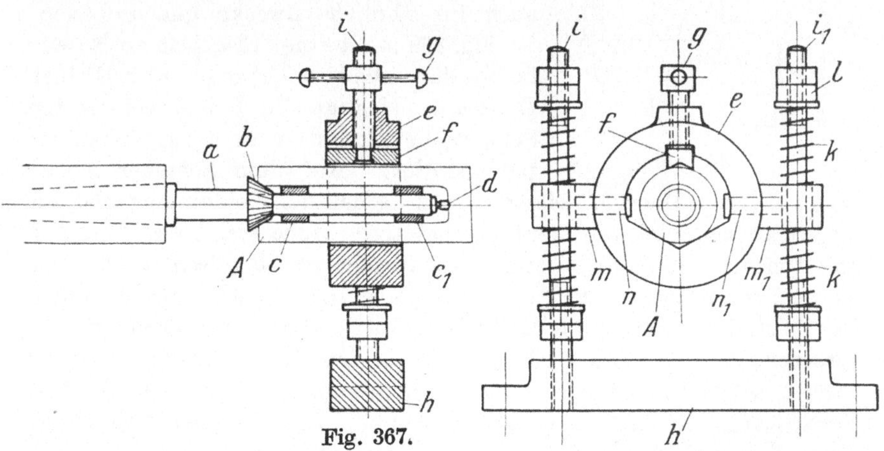

Fig. 367.

Die Anfräsung dient gleichzeitig als Mitnahme. Es setzt sich hier ein gezahnter Dorn ein, der sich mit den Zähnen in die angefräste Ringfläche drückt. Am anderen Ende wird der Rohling durch einen Körner an der Reitstockspitze der Drehbank gehalten. Das Anfräsen wird auf einer horizontalen Bohrmaschine oder einem kleinen Bohrwerk bewerkstelligt. Die Frässtange *a* sitzt mit ihrem Konus in der Bohrspindel. Der Konusfräser *b* sitzt auf der angesetzten Stange *a*. Zwei Distanzrollen *c* und c_1 führen sich in der Bohrung von *A*. Die einstellbare Anschlagschraube *d* ist gehärtet, ebenso die beiden Buchsen *c* und c_1, um die natürliche Abnutzung nach Möglichkeit zu verringern.

Da nun der äußere Mantel von *A* nicht genau gegossen ist und stets etwas aus der Mitte steht, so ist die Spannanordnung nachgiebig angebracht. Der Spannkörper *e* besitzt seitlich je einen Augenkloben *m* und m_1. Letztere sind durch die beiden Bolzen *n* und n_1 an *e* befestigt. Mit diesen Augenbolzen hängt der Ring *e* auf der Feder *k*. Bei der Bearbeitung von *A* wird der verdrehende Druck durch die oberhalb befindlichen Federn aufgenommen. Die Gegenmuttern *l* spannen die Federn auf den Stehbolzen *i* und i_1. Die Stehbolzen sitzen mit ihren unteren Gewindeenden in dem Untersatz *h*. Die Lagerung von *A* ist in dem Ring *e* einesteils in der prismatischen Unterlage und anderenteils in das Spannprisma *f* durchgeführt. Die Spannung geschieht durch die Spannschraube *g*. Diese Vorrichtung läßt sich auch für ähnliche Zwecke gut umbauen.

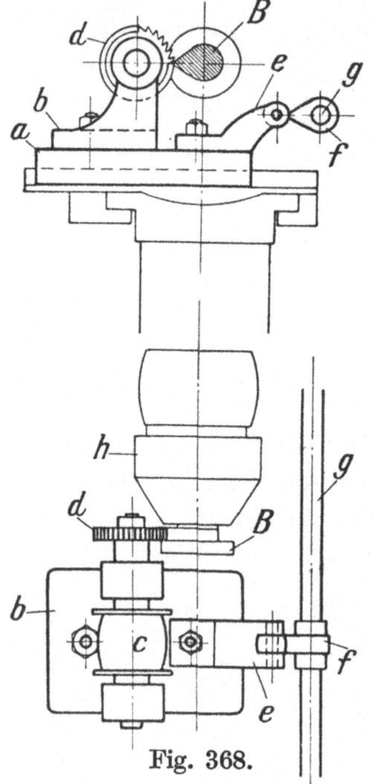

Fig. 368.

Fig. 368 stellt eine Fräsarbeit an Nasenbolzen dar. Die Vorrichtung wird auf einer Drehbank befestigt. Zu dem Zweck ist der Schieber beweglich auf dem Supportunterteil montiert. Auf dem Schieber *a* befindet sich der Bock *b*. Dieser trägt zwischen den beiden Augenlagern die Riemscheibe *c*. Die hierdurch betätigte Welle treibt den Fräser *d* an. Um nun die Nase unterhalb des Kopfes von *B* fräsen zu können, ist die Führungsschablone *f* auf Welle *g* angebracht. An der Schablone *f* führt sich die Leitrolle des Bockes *e* und drückt so den Schieber *a* entsprechend zurück. Die Welle *g* wird von dem Räderkasten der Drehbank betätigt. Das Futter *h* dient zur Spannung des Bolzens *B*. Die Vorrichtung ist einfach gehalten. Durch Änderung der Schablone lassen sich auch andere Fräsungen mit ihr vornehmen.

Fig. 369 veranschaulicht einen Teil- und Fräsapparat zum Fräsen von Zahnrädern und Nuten in allen Variationen. Diese Vorrichtung kann leicht montiert und demontiert werden.

Der angesetzte Bock *a* nimmt in seiner Bohrung das große Schneckenrad *d* auf. Letzteres ist durch eine Rundmutter in ihm befestigt. Das Schneckenrad ist so groß ausgebohrt, daß es die Drehspindel mit Körnerspitze frei läßt. Die Teilung auf dem Schneckenrade geschieht durch die Kurbel mit Index *b*, welcher die Schneckenwelle *c* mit Schnecke betätigt. Die Teilscheiben *e* sind auswechselbar. An dem Schneckenrade *d* befindet sich der Mitnehmer *f*, der das Spanneisen *g* festhält und dadurch die Aufspannwelle *h* bewegt. Auf letzterer ist der Fräser *F*, der genutet werden soll, gespannt. Die Lagerung der Spannwelle *h* befindet sich zwischen den Spitzen. Der Fräsapparat ist auf dem Support der Drehbank befestigt, und zwar ist hierzu die Spannschraube

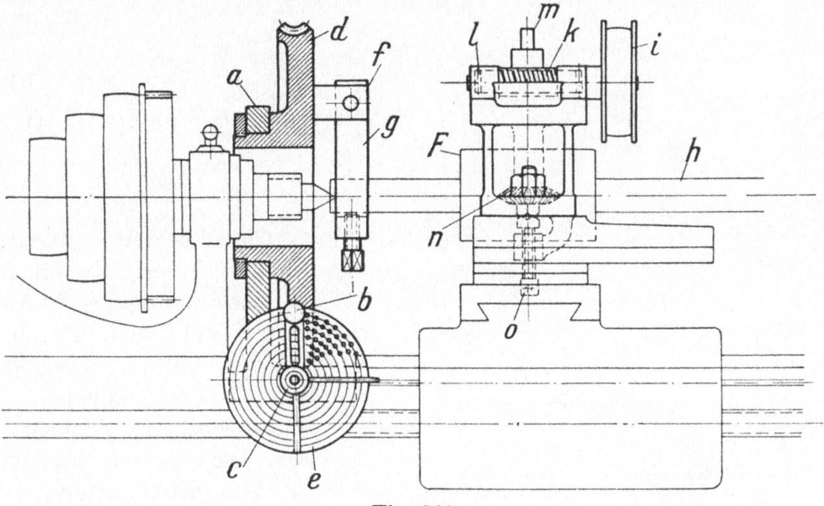

Fig. 369.

der Klaue vorgesehen. Der Antrieb der Vorrichtung geht vom Deckenvorgelege aus und auf Scheibe *i* über. Diese ist auf der Schneckenwelle *k* verkeilt. Die Schnecke *k* steht mit dem Schneckenrade *l* im Eingriff. Letzteres bewegt die Fräserwelle *m* und dadurch den Fräser *n*. Die Gegenlage erhält der Fräser durch die Spindel *o*, welche sich in einer Bügellager schraubt.

Die hier gezeigte Vorrichtung ist mit kleinen Veränderungen im Handel zu beziehen.

In Fig. 370 ist eine Fräsvorrichtung zum Einfräsen von Nuten in Wellen abgebildet. Die Fräsarbeit erfolgt durch Handbetrieb.

Der Gußkörper *a* trägt an den seitlichen Prismen die Spannschellen *b* und b_1. In denselben wird durch Anziehen der Schrauben *s* gegen das Spanneisen *t*, bzw. t_1 die Welle *W* gespannt. Die Spannschellenteile *b* bzw. b_1 werden durch die Knebelschrauben *u* bzw. u_1 auf die Prismen festgezogen. Der Kasten *a* weist oberhalb den Schlitten *c* auf. Er führt diesen in den gleich am Unterteil mit angegossenen beiden Leisten. Eine durchgehende Platte unterhalb des Schiebers *c* hält den letzteren in den Führungen von *a*.

Die Drehbewegung wird durch die Handkurbel *d*, die durch einen Schlitz verstellbar ausgebildet ist, eingeleitet. Die von der Handkurbel übertragene Bewegung geht durch Welle *e* zum Fräser *F*. Die Spannung resp. die Nachstellung des Fräsers erfolgt durch das Handrad *f*. Um den toten Gang nach Möglichkeit zu vermeiden ist das Wellenlager oberhalb geschlitzt. Es wird durch die Knebelschraube *g* gespannt.

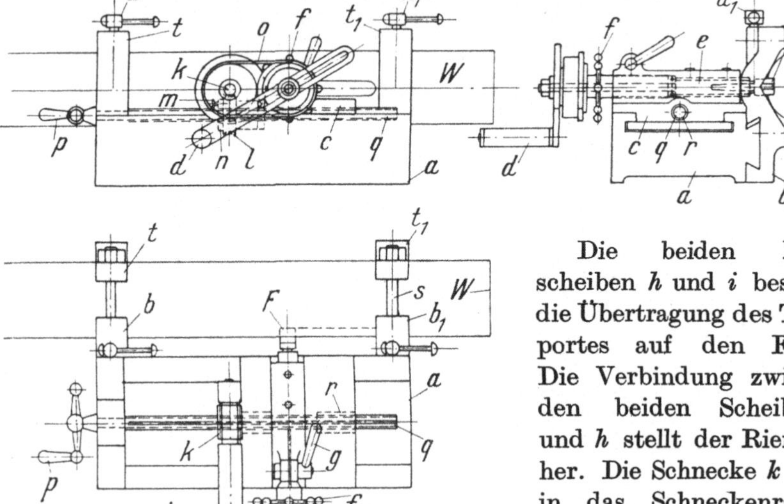

Fig. 370.

Die beiden Riemscheiben *h* und *i* besorgen die Übertragung des Transportes auf den Fräser. Die Verbindung zwischen den beiden Scheiben *i* und *h* stellt der Riemen *o* her. Die Schnecke *k* greift in das Schneckenrad *l*. Dieses läuft lose auf der Buchse *n*. Letztere wird durch den Steck- und Mitnehmerstift *m* mit dem Schneckenrade *l* verbunden Die Spindel *p* weist auf ihrer Länge eine Mitnehmernut auf, in die sich der Mitnehmerkeil der Buchse *n* schiebt. Die Gewindeführung erhält die Spindel in Mutter *r*, welche in einem Auge des Schiebers *c* gehalten wird. Bei ausgerückter Schnecke kann die Spindel vor Hand bewegt werden, für welchen Zweck die Handkurbel *p* vorzusehen ist.

Die hier beschriebene Vorrichtung wird auch in ähnlicher Ausführung in den Handel gebracht.

Fig. 371[1]) zeigt eine Zapfenfräsvorrichtung unter der Bohrmaschine. Mit dieser Vorrichtung können 2, 4, 6, 8 und 12 Flächen an Zapfen ge-

[1]) Deutscher Maschinenbau, Würzburg 1919, Heft 18, S. 205.

fräst werden. Die Vorrichtung arbeitet mit zwei sich gegenüberliegenden kleinen Stirnfräsern. Der Konus a wird in der Spindel der Bohrmaschine befestigt. Am unteren Ende befindet sich das Kegelrad, welches die beiden seitlichen b und b_1 antreibt. In letzterem sitzt die kleine Frässpindel c bzw. c_1 und nimmt den Fräser h bzw. h_1 in einem Gewindeloch auf. Die Spindeln c und c_1 besitzen je einen Führungskeil g, der sich in die Nut der Kegelradbuchsen schiebt und als Mitnahme dient. Die Frässpindeln c bzw. c_1 sind am hinteren Teil abgesetzt und stecken in einer Gewindepinole d, durch die die Fräser eingestellt werden. Das geschieht auf folgende Weise: Auf den Gewindebuchsen befinden sich die Muttern f und f_1. Diese sind am äußern Rand gekordelt und werden durch Hand gedreht. Dadurch verschieben sich die Spindeln in den Kegelrädern, und mit ihnen die Fräser. In der Mitte der Spindeln verläuft die Trennfuge des Gehäuses k mit Deckeln i bzw. i_1. Die Muttern sowie die Kegelräder tragen an ihren Enden angesetzte Bunde und sind durch diese gegen ein Verschieben in axialer Richtung gesichert. Als Schluß der kleinen Spindeln c bzw. c_1 sind je 2 Rundmuttern e bzw. e_1 vorgesehen. Die Gewindepinolen d und d_1 weisen unterhalb einen Führungsschlitz auf, in welchen sich der Haken des Deckels i bzw. i_1 legt. Dadurch können sich die Pinolen nicht verdrehen.

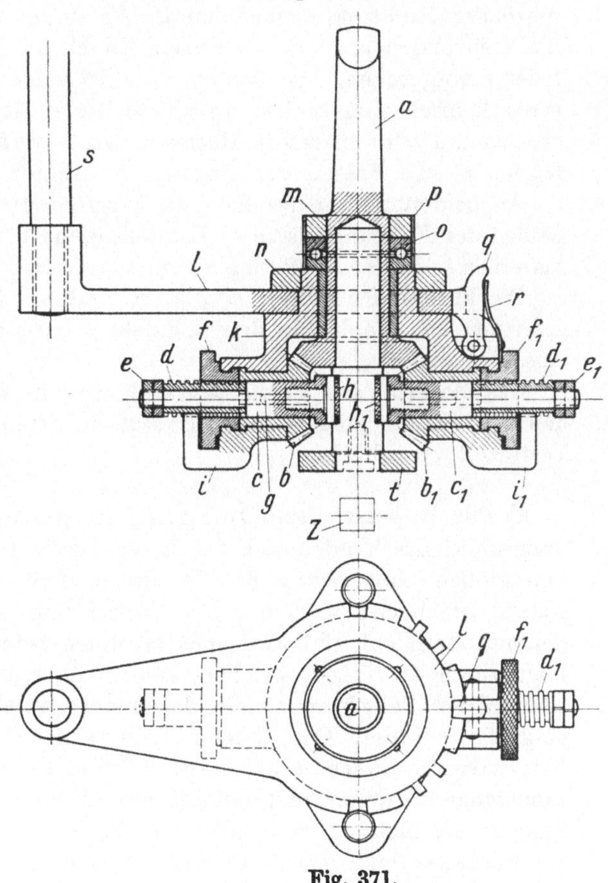

Fig. 371.

Der durch die Fräsung in vertikaler Richtung verursachte Frässdruck wird durch das Kugellager o aufgenommen, welches durch die

Rundmutter m eingestellt wird. Der Mantel p sichert das Kugellager gegen eventuelles Verschmutzen. Zwischen dem Gehäuse k und der Rundmutter n befindet sich die Teilplatte l. Am anderen Ende ist die Führungsstange s in einer Nabe befestigt. Demnach steht die Teilplatte l mit dem Bohrmaschinentisch insofern fest, als sie sich nur in vertikaler Richtung senken kann. An dieser Teilplatte l stützt sich die Fräsvorrichtung ab. Zu diesem Zweck ist die Klinke q mit Flachfeder r vorgesehen. Die Rasten, in welche die Klinke einschlägt, sind etwas konisch ausgebildet, um ein spielfreies Sitzen der Vorrichtung zu erreichen. Dadurch, daß die Rasten in den betreffenden Winkelstellungen liegen, ist ein Fräsen der eingangs erwähnten Flächen möglich.

An beiden Seiten des Körpers k befinden sich die Augen für die Säulen der Führungsplatte t. Letztere dient zum Halten des Stangenmaterials z. In der Abbildung ist ein angefrästes Zapfenende zu ersehen.

Die kleinen Stirnfräser h bzw. h_1 sind aus Schnellschnittstahl angefertigt. Sie werden in den Spindeln c bzw. c_1 durch Gewinde und Ansatz zentriert.

Das Material des Vorrichtungsgehäuses besteht aus Stahlguß, um dadurch erstens eine leichtere Bauart zu erreichen und zweitens die Festigkeit zu erhöhen.

g) Für Hobelarbeiten. In Fig. 372 ist eine Spezialhobelvorrichtung dargestellt. Es handelt sich bei dieser Vorrichtung um das Abflächen von großen Gußstücken W. In diesem Fall soll eine tieferliegende Fläche bearbeitet werden. Die Vorrichtung liegt auf den beiden Seitenrändern auf und wird auch an ihnen befestigt. Der Antrieb erfolgt durch die Hand, welchem Zweck die Kurbel a dient. Letztere sitzt auf der Welle b, auf der sich das Ritzel c, welches in die Zahnstange d eingreift, befindet. Das Ritzel c ist auf seiner Welle seitlich verschiebbar, zu diesem Zweck besitzt es zwei Ränder, die seitlich über die Stößelzahnstange d greifen, und dadurch ein Mitnehmen des Ritzels bei der Supportverschiebung bewirken. Die Zahnstange ist an e angelenkt. Die Rückseite des Supports ist auf der Spindel h verschiebbar angeordnet und wird durch das kleine Handrad g betätigt. An der Rückseite f ist der Support k befestigt. Derselbe ist auf der kräftigen Querleiste i verschiebbar angeordnet. Letztere sitzt in zwei Gleitschuhen q bzw. q_1, die sich in den beiden Führungsleisten r bzw. r_1 schieben. Die Druck- oder Spannschrauben p bzw. p_1 befestigen die Leiste i. Der Support l mit Klappe m und Stahl n, desgleichen der Transport o stellen die bekannte Konstruktion der Shapingmaschinen dar. Nach jedem Vor- und Rückzug wird der Support mittels des kleinen Handrädchens g um ein weniges verschoben, so daß die gleiche Wirkung wie bei der Hobelmaschine erzielt wird.

Die Vorrichtung ist verstellbar ausgebildet. Die Schiene *r* schiebt sich mit dem Bolzen *u* in langen Spannschlitzen an *s* bzw. *t*.

Die Befestigung am Arbeitsstück geschieht entweder durch Bolzen, die durch die seitlich an den Schienen *r* und r_1 angegossenen Augen gehen, oder, wie in der Abbildung veranschaulicht, durch Übergreifen der Leisten *s* und *t*. Da aber die Entfernung zwischen den beiden Leisten nicht immer stimmt, so muß eine Keilspannvorrichtung *w* unter Zuhilfenahme von zwei Holzklötzen *v* bzw. v_1 verwendet werden.

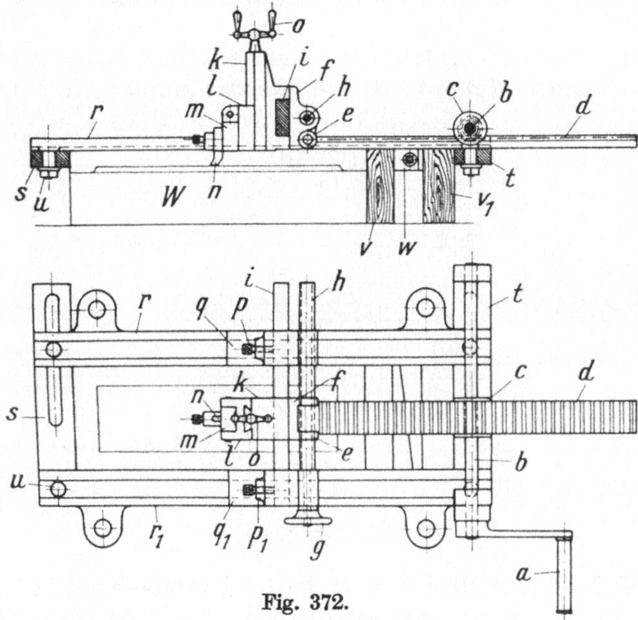

Fig. 372.

Die hier beschriebene Vorrichtung eignet sich besonders für Montagen. Auch dort, wo mit den gewöhnlichen Maschinen nicht anzukommen ist, ist sie am Platze.

h) Für Stoßarbeiten. Fig. 373 veranschaulicht eine Nutenstoßvorrichtung auf der Drehbank.

Auf dem Schlitten der Drehbank ist die Spannplatte *a* durch *d* verschiebbar aufgesetzt. Letztere besitzt die Spannute zur Aufnahme des Bolzen *c*. Zwischen Spannplatte *a* und Spannlasche *b* wird die zu nutende Buchse aufgespannt.

Der Vor- und Rückzug wird durch die Leitspindel *f* und das Mutterschloß *e* sowie durch Handrad und Zahnstange bewerkstelligt. Die Stoßstange *i* ist einerseits durch das Futter *g* und anderseits durch die Reitstockspitze *h* befestigt. Das Futter *g* wird durch das Zahnradvorgelege der Drehbank festgestellt. Die Stoßstange *i* besitzt hier eine von der allgemein üblichen Ausführung abweichende Konstruktion. Der Stoßstahl *m* wird durch die Bundschraube *l* verstellt. Zu diesem Zweck ist im Stahl *m* eine Nute eingefräst. Die Spannung geschieht durch den Druckbolzen *k*, der sich in die Bohrung der Stange *i* schiebt. Die Reitstockspitze *h* sitzt in dem Körner von *k* und drückt denselben gegen den Stoßstahl fest. Dadurch wird eine einwandfreie Spannung erreicht.

Mit einer derartigen Vorrichtung können lange Nuten gehobelt werden.

In Fig. 374 ist ebenfalls eine Nutenstoßvorrichtung gezeigt. Mit derselben können Nuten in Gefäße gestoßen werden. In dem hier ge-

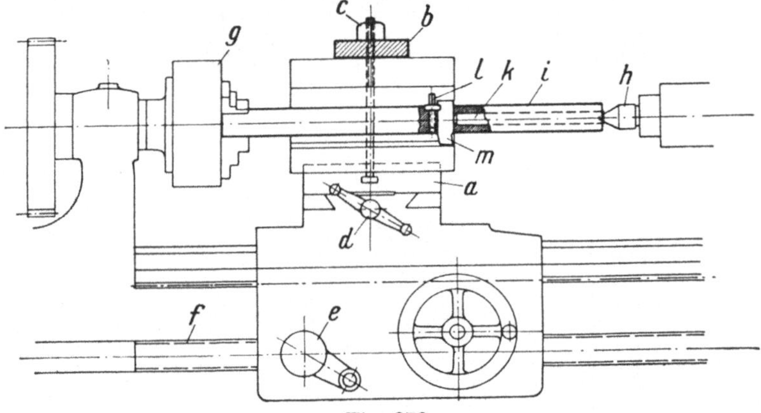

Fig. 373.

zeigten Fall ist eine Buchse *B* in Futter *l* veranschaulicht. Die Aussparung am Boden ist vorgesehen, damit die Nuten nach innen frei ausgestoßen werden können. Die Stange *f* trägt den Stoßstahl *g*. Dieser ist durch den Stift *h* befestigt in dem das Durchgangsloch auf die Hälfte beider Teile gebohrt ist. Für die Verstellung der Nutentiefe ist der Halter *a* mit angesetzter Supportplatte *b* vorgesehen. Auf ihr verschiebt sich durch Betätigung der Transportspindel *d* der Schieber *c*. Auf demselben befindet sich das Gewinde für die Aufnahme der Überwurfmutter *e*. Die Stoßstange *f* weist einen Rand zur Befestigung in *e* auf. Der Drehbanksupport *k* mit Spanneisen *i* ist üblicher Konstruktion.

Die hier beschriebene Vorrichtung ist ebenso brauchbar wie die in Fig. 373 beschriebene.

Fig. 375 zeigt eine Stoßvorrichtung zum Stoßen von 4 Nuten an dem Werkstück *A*. Das Werkstück besitzt am Ende eine konische Eindrehung, welche als Aufnahme für den Stützdorn *d* bestimmt ist.

Der Halter *a* wird mit einem Zapfen in dem Stößel der Exzenterpresse gespannt. Vier Aussparungen an dem Halter ermöglichen die bequeme Entfernung des Werkstückes *A*, nachdem es genutet ist.

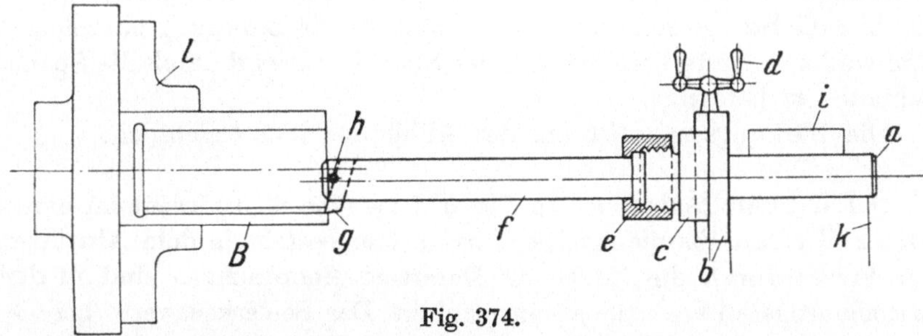

Fig. 374.

Rings am unteren Ende befinden sich die vier Stoßstähle *b*, die mittels der 4 Spannschrauben *c* gehalten werden.

Fig. 376 veranschaulicht eine Stoßvorrichtung zum Nuten von Löchern in glatte Wandungen, an denen keine Spannmöglichkeiten vorhanden sind. Die Buchse *a* wird in die betreffende Bohrung des

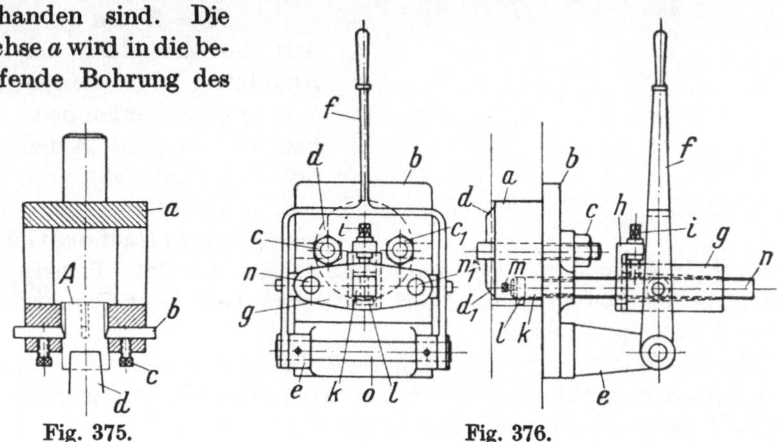

Fig. 375. Fig. 376.

zu nutenden Loches geschoben. Die beiden in der Buchse seitlich sitzenden Schrauben *c* weisen am hinteren Ende Haken auf, die herumgeschwenkt werden und sich hinter die Wandung der Platte legen. Der Drehrichtung der Schrauben entgegen sind am hinteren Teil der Buchse die Anschläge *d* bzw. d_1 angegossen, so daß sich die Haken, wenn sie wagerecht stehen, nicht weiter drehen können. Auf die Weise können die Muttern *c* angezogen werden. Die Buchse *a* besitzt vorn die Platte *b*. Auf dieser ist der Bock *e*, in welchem der Bolzen *o* gelagert ist und der den gegabelten Hebel *f* trägt, befestigt. Zwei seitliche Führungsbolzen *n* bzw. n_1 nehmen den Schieber *g* auf. Derselbe trägt in seinem Vierkantloch die Stoßstange *k*. Das Vierkantloch ist nach dem Kopfende der Stange zu oben und unten etwas erweitert, so daß sich die Stange heben und senken läßt. Am Ausgangsende der Buchse *g* befindet sich der Stellschieber *h*, der durch die Stellschraube *i* gesenkt und gehoben wird. Da hier die Stange hindurchgeht, so muß sie die Bewegung mitmachen. Am vorderen Ende befindet sich der Stahl *l*. Er wird durch die Spannschraube *m* befestigt.

Die Wirkungsweise ist aus der Abbildung klar ersichtlich.

i) Für Schleifarbeiten. In Fig. 377 ist eine Schleifarbeit an einem Fräser *F* veranschaulicht. Die Vorrichtung besteht in dem Abstützen der Fräser durch die Zunge *a*. Derartige Anordnungen sind in den mannigfaltigsten Variationen anzutreffen. Das Bemerkenswerte bei dieser Vorrichtung ist die Stellung der Schleifscheibe *S* zum Fräser *F*. Man wählt allgemein die Höhe, d. h., den Mittenabstand von der Wagerechten:

$$H = R \cdot \sin \alpha.$$

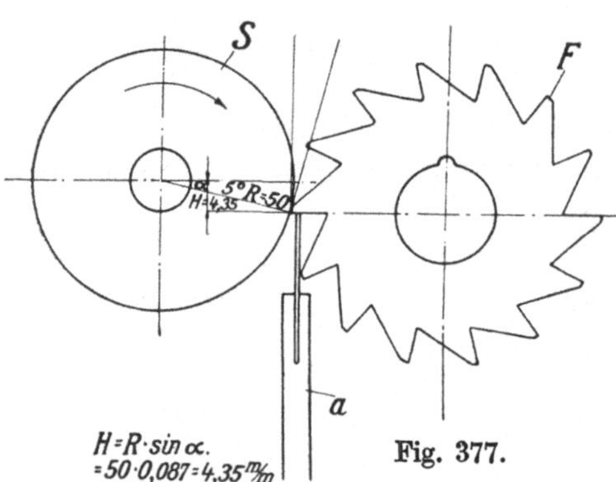

Fig. 377.

Aus der Abbildung ist die Anordnung ohne weitere Erläuterung zu erkennen. In Fig. 378 ist eine Schleifvorrichtung dargestellt, die für das Aufschleifen von Verschlußdeckeln *D* auf das Gegenstück *P* bestimmt ist. Die Anordnung beruht auf dem Prinzip der exzentrischen Bewegungen. Als Schleifmittel dient loser Schmirgel in Pulverform mit Ölzusatz.

Der Konus *a* ist durch Stift *b* in der Bohrmaschinenspindel befestigt. Der Zapfen *c* steckt in *d*. Er steht exzentrisch zur Bohrmaschinenspindel. Der Schieber *d* bewegt sich in den prismatischen Führungen des Rahmenstückes *e*. Zwecks Einführung des Schiebers *d* ist am Vorderteil des Rahmens eine Leiste angeschraubt. Unterhalb trägt der Schieber *d* eine Nabe, in welcher der Zapfen des Deckels *D* steckt und durch die Schraube *f* befestigt ist. Die pendelnde Bewegung erhält der Rahmen *e* durch den Drehbolzen *g*. Am Maschinenständer ist der Lagerarm *h* befestigt. Derselbe nimmt am Bolzen *g* die Rahmen auf.

Will man kontrollieren, ob die Schleifarbeit einwandsfrei ist, so zieht man die Bohrmaschinenspindel und mit ihr den Konusschaft *a* hoch. Sodann wird der Rahmen *e* zur Seite geschoben.

Diese Vorrichtung läßt sich fast für alle Aufschleifarbeiten verwenden.

In Fig. 379 ist eine Schleifanordnung ersichtlich, die auf einer Flächenschleifmaschine montiert ist. Die Vorrichtung besteht aus dem Schieber *e* der mit einer Zahnstange *d* ausgerüstet ist. In letztere greift das Zahnrad *b*, welches durch den Handhebel *a*, der durch einen Stahlstift in *c* befestigt ist, betätigt wird. Oberhalb des Schiebers *e* befindet sich die Zentrierplatte *i*, die das Arbeitsstück, in diesem Falle ein Motorgehäuse, in die Bohrung aufnimmt. In der Mitte befindet sich der kräftige Spannbolzen *g*, der das Spanneisen *h* befestigt. Das Schlittenunterteil ist ein gußeiserner Sockel *f*. Die zur Anwendung kommende Schleifscheibe *k* besteht aus einem Diskusbelag. Mit demselben werden die kleineren Motorgehäusefüße abgerichtet. Die Wirkung der Diskusscheibe für derartige Arbeiten ist hervorragend.

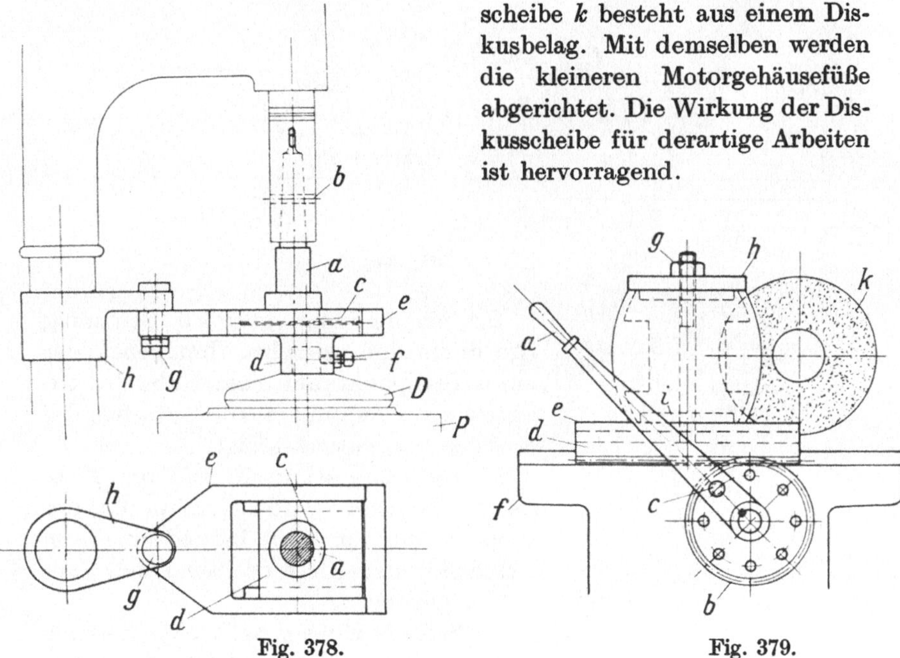

Fig. 378. Fig. 379.

Fig. 380 stellt eine Schleifvorrichtung dar, die zum Schleifen von Flachmessern *M* dient. Die Kappe *a* ist auf den Stutzen *p* gesetzt und wird durch den Bolzen *m* fixiert. Der Bolzen *m* wird von dem Hebel *l* betätigt. Zu diesem Zweck ist der eine Schenkel des Gehäuses als Festschenkel ausgebildet. Der Hebel *l* besitzt seinen Drehpunkt in *n*. Die Feder *o* hält den Stift *m* in Kontakt mit *p*. Oberhalb der Kappe *a* ist der schrägstehende Bock angegossen, der die Buchse *b* trägt. Die Rundmutter *c* sichert die Lage der letzteren in *a*. Der Spanndorn *i* ist vorgesehen, um das Messer *M* befestigen zu können. An der Stelle, an der das Messer *M* hindurchgeht, ist der Kopf *i* geschlitzt. Der Konus in *b* zieht den Kopf durch Anzug der Mutter *k* zusammen und hält das Messer dadurch fest.

Da nun das Messer *M* an beiden Seiten geschliffen werden soll, ist die Mutter *c* mit einem Klinkhebel *d* ausgerüstet. Infolge der Federwirkung von *f* schlägt die Klinke *h* in die beiden gegenüberliegenden Rasten des Bockes *a* ein. Als Auslösung dient der Hebel *e*, der die Lasche *g* mit der Klinke *h* zurückzieht. Es werden demnach drei Stellungen mit diesen Vorrichtungen erreicht.

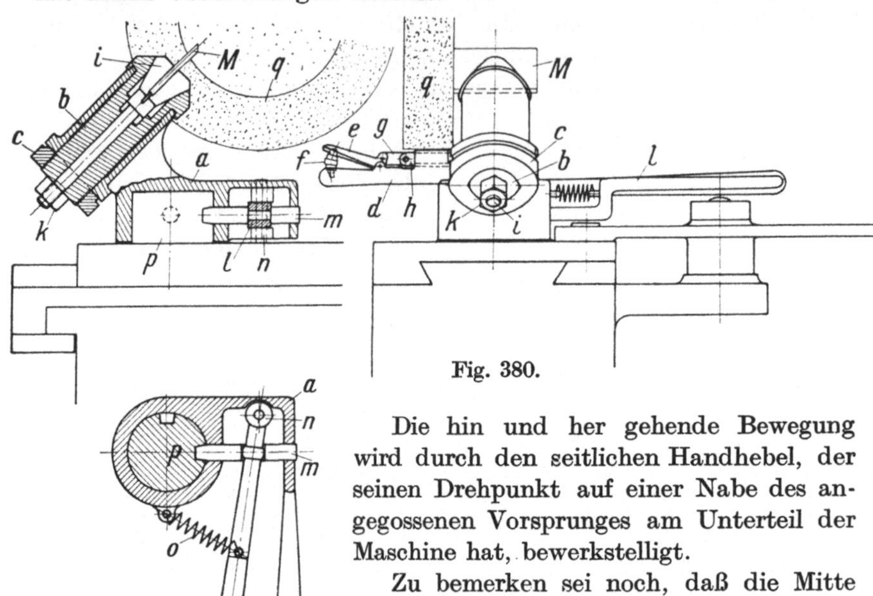

Fig. 380.

Die hin und her gehende Bewegung wird durch den seitlichen Handhebel, der seinen Drehpunkt auf einer Nabe des angegossenen Vorsprunges am Unterteil der Maschine hat, bewerkstelligt.

Zu bemerken sei noch, daß die Mitte des Spanndornes *i* in den Drehpunkt der Kappe *a* fällt, um nicht bei jedesmaligem Umschalten der Teilvorrichtung den Support zu verstellen.

Die Schleifscheibe *q* stellt eine normale Type dar. Ihre Anwendung erklärt sich aus der Abbildung, so daß das bereits Gesagte genügen dürfte.

k) Für Sägearbeiten. Fig. 381 stellt eine Schraubenschlitzvorrichtung dar. Es handelt sich hier um kleine Metallschräubchen. Durch diese Vorrichtung wird eine Fräsmaschine gespart, da gerade bei den kleinen Schräubchen die Ausnützung einer solchen ausgeschlossen ist. Es gibt wohl viele Mittel und Wege, um die Schlitzarbeit auf die einfachste Art zu bewältigen. Die Aufzählung aller Möglichkeiten würde zu weit führen. Man soll jedoch die Arbeit als solche nicht unterschätzen, denn gerade die Massen machen sich fühlbar bemerkbar.

Die hier veranschaulichte Vorrichtung ist in ihrer Bauart äußerst einfach. Der Antrieb erfolgt durch Hand. Hierfür ist die Kurbel *a* vorgesehen. Sie treibt das mit ihr auf gemeinsamer Welle sitzende Zahnrad b an. Auf der Welle von b befindet sich der verstellbare Fräseraufnahmerahmen f. Er trägt das Zwischenrad c, welches mit dem Rade d im Eingriff steht. Mit demselben, durch eine gleiche Welle verbunden, ist der Schlitzfräser oder die kleine Kreissäge e. Die Pfeile zeigen die Drehrichtungen der Triebteile an. Durch die Übersetzung von b auf d wird die erforderliche Schnittgeschwindigkeit erzielt.

Rad $b = 50$ Zähne
Rad $d = 25$ Zähne.

Umdrehung der Kurbel pro Minute = 50.

Der Fräser besitzt einen Durchmesser von 75 mm mit $\propto$ 0,235 Meter Umfang. Demnach ist die Schnittgeschwindigkeit:

$$50 \cdot \frac{b \cdot 0{,}235}{d} = 50 \cdot \frac{50 \cdot 0{,}235}{25} = 23{,}5 \text{ m pro Min.},$$

die für Messingschräubchen angemessen ist.

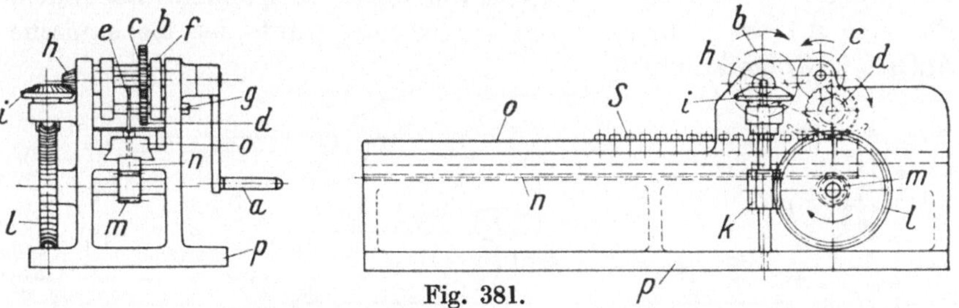

Fig. 381.

Der Vorschub für die Aufnahmeschiene o geht durch die Kurbelwelle auf das kleine Kegelrad h und von diesem auf das mit letzterem in Verbindung stehende Kegelrad i. Die Schnecke k, die mit i auf einer gemeinschaftlichen Welle sitzt, steht mit dem Schneckenrad l im Eingriff. Mit l auf gleicher Welle sitzt der Trieb m. Dieser greift in die Zahnstange n und treibt dadurch die Aufnahmeleiste o an. Der Vorschub pro Umdrehung des Fräsers errechnet sich wie folgt:

Kegelrad $h = 20$ Zähne
Kegelrad $i = 40$ Zähne
Schnecke k eingängig
Schneckenrad $l = 30$ Zähne
Trieb $m = 20$ Zähne. Mod. 3 = 60 mm Teilkreisumfang.
Kurbelumdrehung = 50 pro Minute.

$$50 \cdot \frac{h \cdot k}{i \cdot l} \cdot m = 50 \cdot \frac{20 \cdot 1}{40 \cdot 30} \cdot 60 = 50 \text{ mm pro Min.}$$

und $$\frac{50}{100} = 0{,}5 \text{ mm pro Umdrehung der Säge.}$$

Die Zahl 100 ergibt sich aus:

$$50 \cdot \frac{b}{d} = 50 \cdot \frac{50}{25} = 100 \text{ Umdrehungen der Fräsers pro Min.}$$

Beide Resultate sind für die Vorrichtung günstig. Zu erwähnen sei noch, daß die Aufnahmeleiste *o* mit der Zahnstange in zweifacher Ausführung vorhanden ist, um nicht ein Verzögern durch Nachfüllen eintreten zu lassen. Die beiden kräftigen nachstellbaren Blattfedern seitlich des Fräsers schützen die Schrauben *S* vor einem Herausziehen durch die Fräswirkung. Der Gußkörper *p* ist verrippt und dadurch im allgemeinen etwas schwächer gehalten.

Durch die Nachstellbarkeit des Bockes *f* mittels der Spannschraube *g* ist man in der Lage die Differenzen der Sägeblätter, bzw. Fräser, auszugleichen.

Für versenkte Schrauben empfiehlt es sich, die Köpfe der zu schlitzenden Schrauben in die Aufnahmeleiste *o* einzulassen, resp. zu versenken. Für größere Schrauben kann man die Leiste *o* spannbar ausbilden. Für eine größere Abmessung der Vorrichtung würde der mechanische Antrieb in Frage kommen.

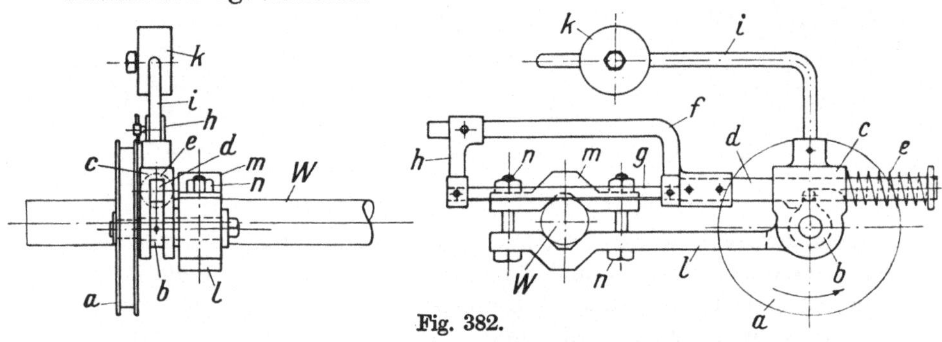

Fig. 382.

Fig. 382 veranschaulicht eine Trennvorrichtung für Wellen. Die Vorrichtung ersetzt den Handbetrieb einer Metallsäge. Sie wird auf die Welle *W* aufgespannt. Der Antrieb geht von der Scheibe *a* aus. Der Nocken *b* sitzt auf der gemeinschaftlichen Welle der Scheibe *a* fest und wird von letzterer betätigt. Um dem Sägeblatt einen nachgiebigen Lauf zu verleihen ist der Kloben *c* beweglich, d. h. drehbar auf der Antriebwelle montiert. Oberhalb der Welle befindet sich der Stößel *d*. Dieser besitzt eine Aussparung, in welche der Nocken *b* eingreift. Aus der Abbildung ist der Eingriff ersichtlich. Nach Abgleiten des Nockens *b* zieht die Feder *e* den Stößel *d* mit dem Sägebügel *f* in die Anfangsstellung zurück. Um nun das Gewicht des Sägeblattes *g* dem Druck entsprechend zu belasten, ist der Bügel *i* mit Gewicht *k* auf *c* befestigt.

Die Spannung der Vorrichtung ist durch den Arm *l*, der gleichzeitig das vordere Lager trägt, mittels prismatischer Aufnahme für die abzutrennende Welle *W* durchgeführt. Die Schelle *m* wird durch die beiden Schrauben *n* gespannt.

Um den Bügel *f* für größere oder kürzere Sägeblätter verwenden zu können, ist der Spannkloben *h* verstellbar ausgebildet.

Die Pfeilrichtung gibt die Drehung der Scheibe *a* an. Am vorteilhaftesten ist der Antrieb durch einen kleinen Elektromotor, der unterhalb der Vorrichtung aufgestellt wird und mit ihr durch einen Treibriemen verbunden ist.

Die Vorrichtung ist besonders für Montagen bestimmt. Sie erleichtert dem Monteur die Arbeit, da das Abtrennen von Hand zeitraubend ist.

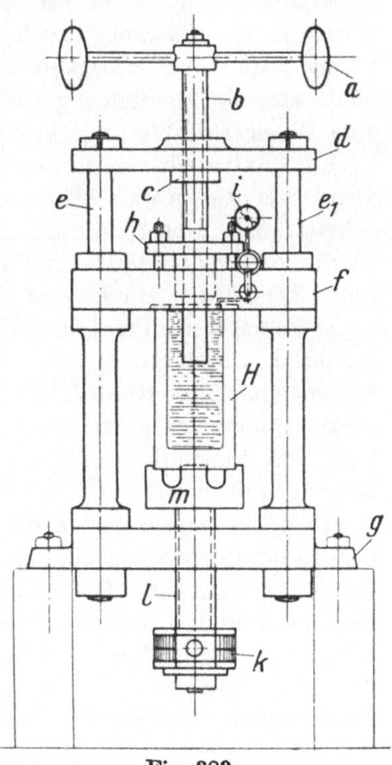

Fig. 383.

l) Für Abpreßarbeiten. Die Prüfung von Hohlzylindern und Gefäßen wird verschiedentlich ausgeführt. In den beiden nachstehenden Beispielen sollen zwei brauchbare Vorrichtungen veranschaulicht werden, mit denen es möglich ist, eine Prüfung der Gefäßwandungen unter hohem Druck vorzunehmen.

Fig. 383 stellt eine Spindelpresse dar. Das abzudrückende Werkstück ist ein Zylinder *H*, der zwischen dem Untersatz *m* und dem Querhaupt *f* gespannt ist. Die Spannung geschieht hier mittels Ratsche *k* und Spindel *l*. Die Ratsche besitzt zwei Sperräder, damit sie für das An- und Abspannen benutzt werden kann. Der Ratschenhebel ist durch einen Kreis ersichtlich. Die Auflage *m* ist so ausgebildet, daß man auch hier jede Undichtigkeit des Bodens ersehen kann. Da die Drucke äußerst hoch sind, muß die Auflage der Zylinderkante an dem Querhaupt mit besonders guten Dichtungen bewerkstelligt werden. Die beiden Säulen *e* bzw. e_1 tragen auf ihren Ansätzen das Querhaupt für die Aufspannung, sowie oberhalb die Spindelbrücke *d*. In letzterer befindet sich die Gewindemutter *c*, welche sich mit dem Bunde unterhalb der Brücke *d* abstützt. Eine mit besonderer Sorgfalt ausgeführte Stopfbüchse *h* dichtet den Spindelschaft *b* ab. Durch Drehung der Gewinde- oder

Preßspindel *b* mittels des doppelseitigen Hebels *a*, der noch durch Schwunggewichte belastet ist, wird die Pressung erzielt. In das mit Wasser gefüllte Gefäß *H* dringt der Stempel *b* langsam durch Drehung hinein und übt durch die Volumenvergrößerung einen Druck auf die inneren Wandungen aus. Um den Druck jederzeit ablesen zu können, ist das Manometer *i* angebracht. Die Kanäle münden in den Wasserraum des Zylinders *H*. Sie gehen durch einen Anschluß nebst Leitung zum Manometer.

Besonderer Wert ist auf die Querschnittsabmessung des Sockels *g*, sowie des Querhauptes *f* zu legen, da sonst leicht Biegungen auftreten können, die eine Dichtigkeit der Vorrichtung in Frage stellen würden. Man kann die Vorrichtung auch liegend ausführen, jedoch müßte dann eine Wasserzuflußleitung in das Querhaupt eingebaut werden.

Fig. 384[1]) stellt eine Abpreßvorrichtung dar, die dem gleichen Zwecke dient, wie die vorbeschriebene. Die Abbildung zeigt die Presse im Schnitt. Die Maschine ruht auf der gußeisernen Grundplatte n_1, in welcher die beiden Säulen a_1 durch zwei kräftige Flachkeile m_1 befestigt sind. Die Säulen tragen das Querhaupt *z*.

Zwischen diesem und der Grundplatte befindet sich der Spanntisch c_1, der durch 4 Muttern b_1 auf dem mit Flachgewinde versehenen Teil der Säulen je nach der Höhe der zu prüfenden Hohlkörper eingestellt werden kann. Querhaupt *z* und Spanntisch c_1 bestehen aus Siemens-Martin-Stahl und sind in ihren Querschnitten so stark gewählt, daß eine Durchbiegung während der Druckprobe nicht eintreten kann. Oberhalb des Querhauptes befindet sich der Luftdruckzylinder *a*. Dieser ruht auf den beiden Böcken, welche mit dem Gestell durch die beiden Säulen a_1 fest verbunden sind. Die beiden Zylinderdeckel *b* und *c* besitzen Stopfbüchsen *h* und *i* zur Abdichtung der durchgehenden Kolbenstange *g*. Diese trägt in der Mitte den Kolben *d*, welcher aus dem Körper *d* und den beiden Spannplatten *e* mit je einer Ledermanschette *f* besteht. Zwei Muttern halten das Ganze zusammen. Das untere Ende der Kolbenstange dient als Tauchkolben, während der zu prüfende Hohlkörper *Z* zugleich den Preßzylinder darstellt. Die eintretende Druckluft wird durch einen Flachschieber *q* gesteuert, der durch die Feder *r* im Verein mit dem Druck der Preßluft auf die Schieberfläche gepreßt wird. Die Steuerung der Schieberbewegung geschieht mittels der durch Stopfbüchsen abgedichteten Schieberstange *p* und des im Bock *t* drehbar gelagerten Handhebels. Beim Anheben des Handhebels tritt oberhalb des Kolbens *d* Luft in den Zylinder *a* und preßt diesen nach unten; beim Senken des Hebels tritt die Luft durch den Kanal unterhalb des Kolbens ein und bewegt diesen nach oben. Will man die Sinnfälligkeit der Bewegung bevorzugen, so müßte man ein Zwischenglied am Hebel

[1]) Zeitschrift f. Maschinenbau, 15. Juli 1919, S. 206.

einsetzen. Doch möge die hier angeführte Handsteuerung zur Erläuterung dienen. Um ein Anstoßen des Kolbens an den Zylinderdeckel b zu verhindern, ist die verlängerte Kolbenstange g mit zwei Rundmuttern k versehen, welche gegen das durchbohrte Ende des Hebels l stoßen, sobald die höchste Stellung des Kolbens erreicht ist, und die den Hebel im Sinne des Uhrzeigers umlegen. Das andere Ende des Hebels l ist mit der Schieberstange p durch zwei Laschen n und einen Kloben o verbunden. Je zwei Muttern halten die Schieberstange p in demselben fest. Sie dienen auch gleichzeitig zum Einstellen.

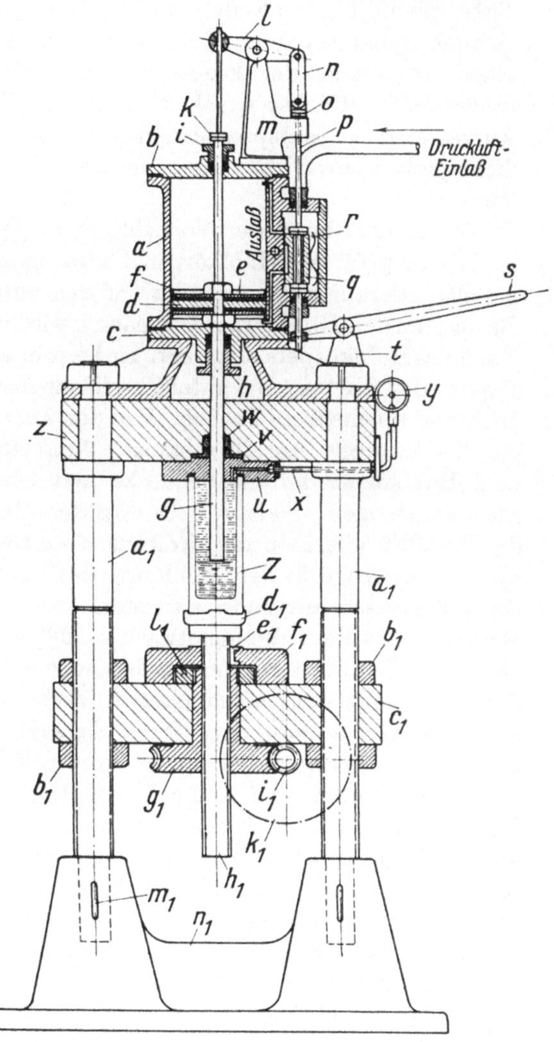

Fig. 384.

Für die zu prüfenden Hohlkörper Z ist eine besondere Aufnahme vorgesehen. Diese besitzt einen Ansatz, der in die Ausdrehung des Querhauptes z paßt. Als Dichtung dient ein Kupferring v. Zur Abdichtung der Kolbenstange g sind zwei Ledermanschetten w in das Querhaupt eingebaut. Diese werden noch durch besondere Ringstücke gehalten, so daß ein Druck von über 200 Atm. noch eine einwandfreie Dichtung gewährleistet. Außerdem weist die Aufnahmeplatte u noch eine Bohrung für die Leitung x auf, welche zu dem Manometer y führt.

Das Einspannen der Hohlkörper geschieht durch Handrad k_1, Schnecke i_1, Schneckenrad g_1 und Flachgewindespindel h_1. Letztere trägt oberhalb den Teller d_1, der so ausgebildet ist, daß man die Bodenkante, sowie den Boden selbst ohne Schwierigkeit beobachten kann. Das Handrad k_1 besitzt 8 Griffe. Zwei Lager tragen die Schnecke mit der Welle. Das Schneckenrad g_1 besitzt eine als Buchse ausgebildete Nabe, die am oberen Ende mit einer Rundmutter l_1 gesichert ist. Damit sich die Spindel h_1 nicht drehen kann, ist sie mit einer Längsnut versehen, in welche der Federkeil e_1 eingreift. Dieser wird seinerseits wieder in der Büchse f_1 gehalten. Die durch die Vorrichtung erzeugte Anpressung der entsprechenden Teile ist so wirksam, daß eine Undichtigkeit während der Probe an der Dichtungsfläche nicht eintreten kann.

Die Handhabung der Vorrichtung ist folgende:

Der zu prüfende Hohlkörper Z wird bis zum Rande mit Wasser angefüllt. Hierauf setzt man ihn auf den zurückgeschraubten Teller d_1. Bevor man den Hohlkörper festspannt, wird die Dichtung für den oberen Rand des Hohlkörpers eingelegt. Sie besteht aus gut gefirnißtem starkem Papier oder Karton. Bei guter Oberfläche der Auflagekante genügt eine Dichtung für mehrere Proben. Von den Dichtungen wird zweckdienlich gleich eine große Anzahl gestanzt. Nunmehr wird die Spindel h_1 mit dem Hohlkörper mittels Schnecke und Schneckenrad fest gegen die Platte u gezogen. Sodann hebt man den Hebel s langsam an und läßt die Preßluft oberhalb des Kolbens d eintreten. Dadurch senkt sich die Kolbenstange in den Hohlraum des Körpers Z. Da das dabei verdrängte Wasser nirgends austreten kann, muß eine entsprechende Pressung eintreten, die um etwa 15—20% größer ist als der Probedruck sein muß. Bei etwa vorkommenden höheren Drucken als 200 Atm. tritt durch eine mit dem Manometer in Verbindung stehende Vorrichtung eine Druckentlastung ein. Diese Sicherheitsvorrichtung besteht aus einem vierkantigen ausgebohrten Bronzestück, an dessen unterem Bohrungsende sich der Ventilsitz befindet. Der auf letzterem aufgeschliffene Ventilkegel besitzt nach oben hin eine Verlängerung, über welche eine Druckfeder gestreift ist. Diese wird durch eine die Bohrung verschließende Mutter gespannt. Zu diesem Zweck ist in dem oberen Teil der Bohrung im Bronzestück ein Gewinde eingeschnitten, so daß man die Feder durch Anziehen der Mutter entsprechend spannen kann. Die Federspannung ist auf den Druck von 200 Atm. einzustellen. Der Überdruck entweicht durch eine in der Mitte des Ventilzylinders angebrachte Zweigleitung ins Freie bzw. in eine Wasserleitung.

Hat man den Druck während der vorgeschriebenen Zeit wirken lassen, so wird der Handhebel s langsam gesenkt und der Kolben d dadurch zurückgebracht. Dann wird das Handrad k_1 zurückgedreht und der geprüfte Hohlkörper abgenommen. Bei geschickter Bedienung ist es möglich, stündlich eine größere Anzahl von Hohlkörper zu prüfen. Natürlich hängt dieses von der Form und der Größe der Werkstücke ab.

Bei Annahme folgender Größen:

Kolbendurchmesser für den Luftzylinder $d_l = 25$ cm,

Kolbendurchmesser für den Preßwasserzylinder $dw = 4$ cm,

Luftdruck $p = 6$ kg/qcm,

ergibt sich ein Preßwasserdruck

$$P\,w = \frac{\pi \cdot d_l^2}{4} \cdot p_l \cdot \frac{4}{\pi \cdot d\,w^2} = p_l \cdot \frac{d_l^2}{d\,w^2} = 6 \cdot \frac{25^2}{4^2} = 234.375 \text{ kg}.$$

In diesem Falle erhält man also einen Überschuß von

$$234 - 200 = 34 \text{ kg oder } 17\%.$$

Der Prüfungsdruck kann durch Vermehrung bzw. Verringerung der Luftpressung entsprechend geändert werden. An Stelle von Luft ließe sich auch Dampf verwenden. Die Vorrichtung kann auch dahin abgeändert werden, daß man den Hohlkörper durch einen Zylinder ersetzt

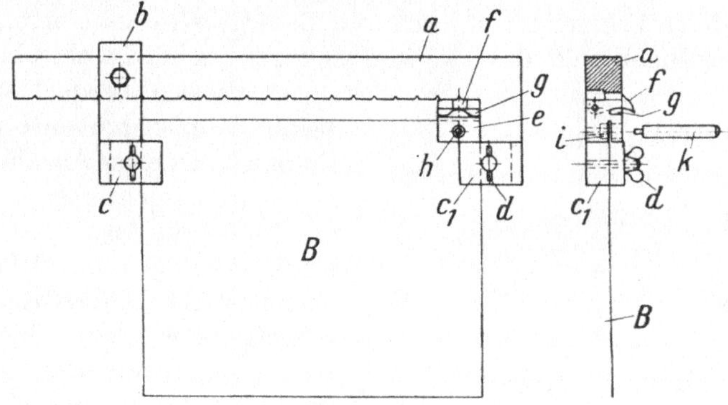

Fig. 385.

und den erzeugten Druck von diesem nach einer anderen Stelle leitet, um auch andere Körper auf Druck prüfen zu können, die sich nicht in die Vorrichtung selbst einspannen lassen.

m) Für Locharbeiten. In Fig. 385 ist eine Lochvorrichtung für schwache Bleche dargestellt. Die Vorrichtung ist für Montagen geeignet, z. B. empfiehlt sich ihre Verwendung dort, wo Blechverkleidungen angesetzt werden sollen. Das Blech B ist meistens in Tafeln von 1×2 Metern gehalten. Diese Abmessung ist auch der hier abgebildeten Vorrichtung zugrunde gelegt. Der lange Schenkel a besitzt auf der inneren Seite eine Reihe von Rasten, in welche der Schnepper f einschlägt und wodurch er die Teilung für die Lochung angibt. Die kleine Flachfeder g spannt den Schnepper. Er wird nach jeder Lochung an seinem Kopf zurückgeneigt und der Führungskloben e dadurch verschoben. In dem Kloben befindet sich das Führungsloch oder besser gesagt, die Büchse h. Diese führt den Lochstempelschaft von k. Um nun auch

Bleche von kürzerer Länge lochen zu können, ist der Kloben *b* verschiebbar angeordnet. Eine Druckschraube spannt denselben auf *a* fest.

Das Festspannen an der Blechtafel geschieht durch die beiden Spannbacken *c* bzw. c_1 mit Flügelmutter *d*. Aus der Abbildung ist die Konstruktion klar zu erkennen.

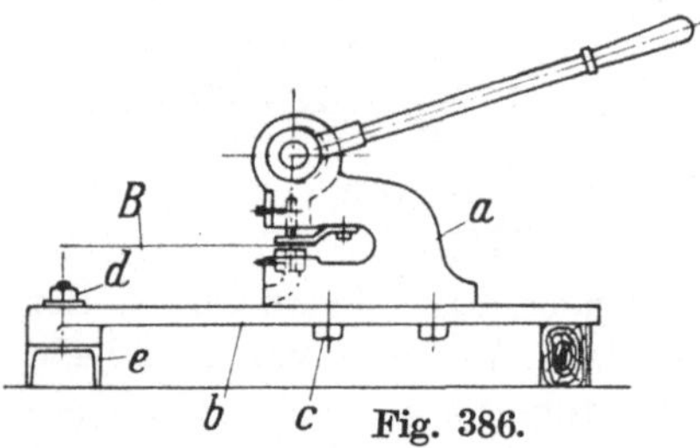

Fig. 386.

Fig. 386 zeigt eine kleine einfache Lochvorrichtung für Montagen. Da man in diesem Fall nicht immer komplizierte Vorrichtungen zur Hand hat, sich ihre Verwendung auch wegen der Transportkosten nicht lohnen würde, so hat man die Bodenbleche, d. h. die Segmente dazu, auf dieser kleinen Vorrichtung gelocht.

Die kleine Lochstanze *a*, bekannter Bauart, wird auf einem Hebel *b* verstellbar angebracht, d. h., sie wird an letzterem mit Laschen befestigt.

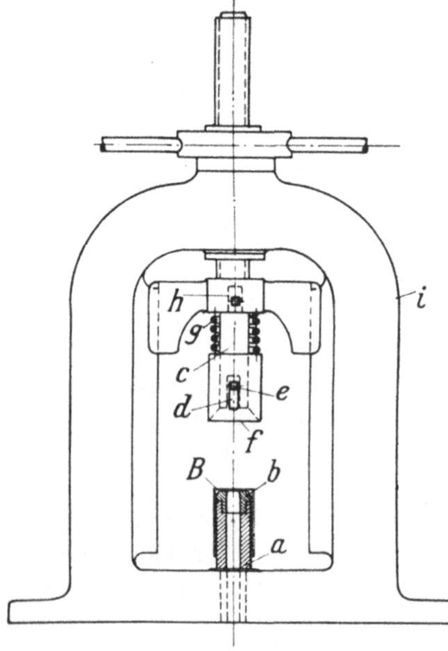

Fig. 387.

In diesem Beispiel sind die beiden Kopfschrauben *c* und die Stange *b* mit einer Anzahl Löcher versehen. Der Hebel *b* besitzt am Ende ein Auge und ist auf einer Unterlage *e* mit Schraube *d* befestigt. Als Unterstützung der freitragenden Länge sind Holzunterlagen verwendet. Die Aufspannung des Bleches *B* auf die Unterlage *e* erfolgt je nach der Art und der Umstände unter Verwendung von Stützmaterial. Es ist leicht einzusehen, daß man derartige Arbeiten mit der beschriebenen Vorrichtung bequem ausführen kann.

Fig. 387 zeigt eine Bodenlocharbeit an einem Blechgefäß *B*.

Die hierzu benötigte Vorrichtung besteht aus dem Gestell *i*. Die Werkstückaufnahme *a* erfolgt durch einen angesetzten Dorn, der im Sockel von *i* gehalten wird. Das obere Stück von *a* ist aus gehärtetem Gußstahl angefertigt. Es dient als Matrize. Der im Stößel *c* befestigte Stempel *d*, welcher mittels der kleinen Druckschraube *e* gehalten wird, locht den Boden von *B* aus. Da nun das Blech *B* das Bestreben hat, sich auf den Stempel zu hängen, so ist eine Abstreifung vorgesehen. Die

Büchse *f* tritt beim Lochen auf den Halter *c* zurück. Infolge der Federspannung von Feder *g* schiebt sich die Büchse nach erfolgter Lochung

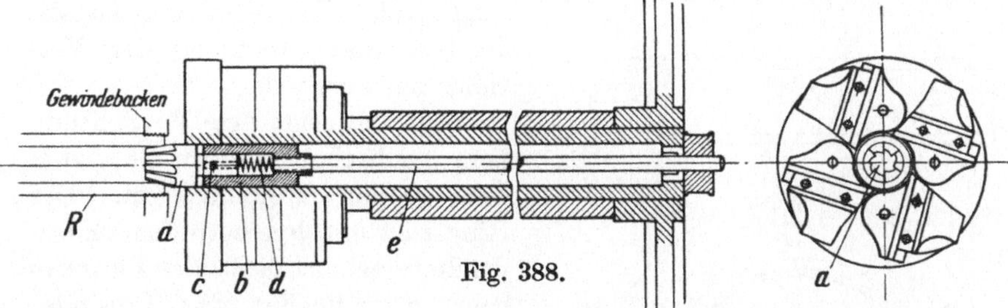

Fig. 388.

zurück und streift den Boden vom Stempel *d* ab. Die Druckschraube *h* spannt den Stempel *c* in dem Schlitten der Stanze fest. Die Arbeitsweise ist einfach und aus der Figur klar ersichtlich.

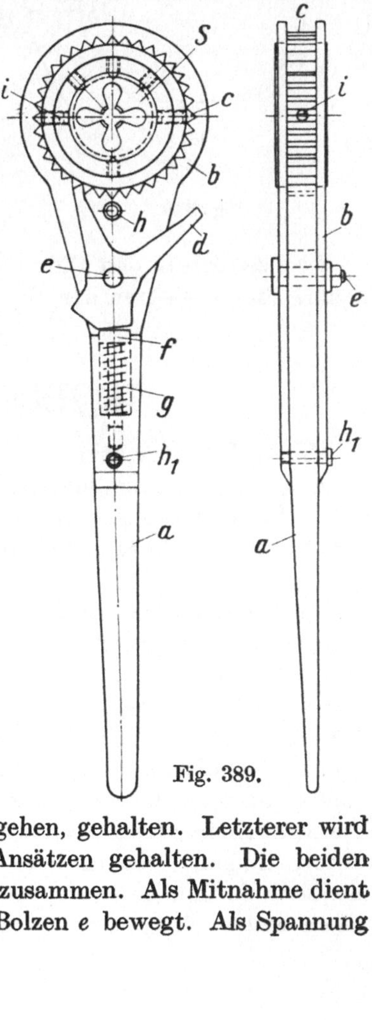

n) Für Gewindeschneidarbeiten.

Fig. 388 veranschaulicht eine Vorrichtung zum Gewindeschneiden (Landris-Gewindeschneidmaschine). Es soll hier eine besondere Vorrichtung gezeigt werden, die den inneren Grat aus den Rohren entfernt. Der Fräser *a* senkt das Rohr *R* im Innern aus. Der Fräser steckt verschiebbar in der Hülse *b*. Der Stift *c* begrenzt den Hub und dient gleichzeitig als Mitnehmer. Die Ausgleichspannung wird durch die Feder *d* bewirkt. Am Ende des Kolbens *b* schraubt sich die Stange *e*, die außen eine kleine Riemenrolle für die Bewegung des Fräsers trägt.

Fig. 389 veranschaulicht eine Schneidvorrichtung. Mit derselben werden Gewinde auf eingemauerten Sockelschrauben nachgeschnitten.

Fig. 389.

Das Schneideisen *S* wird durch 4 Schrauben in einem Spannring, und dieser wiederum durch zwei Schrauben *i*, die durch den Ratschenring *c* hindurchgehen, gehalten. Letzterer wird durch zwei Deckplatten *b* in seinen Ansätzen gehalten. Die beiden Schrauben *h* und h_1 halten die Platten zusammen. Als Mitnahme dient die Doppelklinke *d*, die sich auf dem Bolzen *e* bewegt. Als Spannung dient der Bolzen *f*, der sich gegen die Flächen von *d* legt und durch die Druckfeder *g* gespannt wird. Die Feder mit Bolzen ist in dem Hebel *a* eingebaut. Die Klinke *d* ist für Rechts- und Linksgang der Vorrichtung ausgebildet.

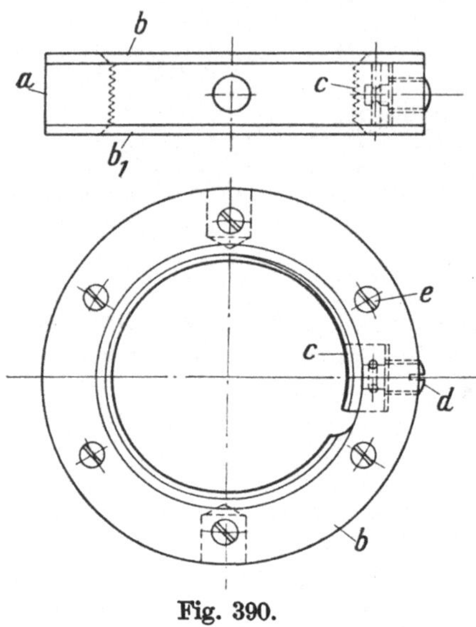

Fig. 390.

Fig. 390 zeigt eine Vorrichtung zum Nachschneiden von Gewinden mit großen Durchmessern. Der Ring *a* ist mit dem betreffenden Gewinde versehen. Die beiden Platten *b* bzw. b_1 schließen das Gewindestück *a* ein. An einer Stelle *c* ist das Gewindestück *a* ausgestoßen und ein loses Stück *c* eingepaßt. Dasselbe wird durch die Stellschraube *d* entsprechend nachgestellt. Die Hohlkehle im Gewindering dient zur Ableitung der Späne. Die Befestigung der beiden Ringplatten *b* bzw. b_1 wird durch die Schrauben *e* bewerkstelligt. Zwei seitlich in den Ring *a* eingebohrte Löcher dienen für die Mitnahme zum Einsetzen der Handgriffe.

11. Hilfsvorrichtungen.

Unter Hilfsvorrichtungen versteht man Vorrichtungen und Einrichtungen, die für die Fabrikation von Wichtigkeit sind. Es gibt eine große Menge von Hilfsvorrichtungen. In diesem Abschnitt sollen einige interessante Typen aus der Härterei, Schmiede und Schlosserei beschrieben werden.

a) Für Härterei. In Fig. 391 ist eine Einrichtung zum Härten mit Gasfeuerung dargestellt. Die Figur stellt einen Platten-Glühofen dar, der eine außerordentliche vielseitige Verwendbarkeit besitzt. Der Plattenglühofen arbeitet sparsam, gegenüber Öfen anderer Bauart, z. B. Muffelöfen usw. Die Hitzegrade können bei ihm in den weitesten Grenzen reguliert werden, vom kirschrot bis zur Weißglut. Diese Möglichkeit stellt eine der vorteilhaftesten Eigenschaften des Gasofens dar. Namentlich in Maschinenbauwerkstätten findet der Ofen mit großem Erfolg Eingang, da in ihm sämtliche Werkzeuge erwärmt werden können. In ihm lassen sich alle Warmbehandlungen von Stahl sowie Eisen und auch anderer Metalle vornehmen.

Die Oxydation wird auf das denkbar geringste Maß herabgesetzt, was für die Warmbehandlung von Werkzeugen usw. von wesentlicher Bedeutung ist.

Der Blechmantel *a* ist im Innern mit einer starken Schamotteschicht ausgefüttert und hält auf diese Weise die Wärme von der Ausstrahlung nach außen ab. Desgleichen ist der Boden mit starker Schamotteschicht ausgefüttert. Im Innern befindet sich die Platte *b*. Sie besteht auch aus Schamotte. Um ein Abrollen der Werkzeuge in die Heizkanäle zu verhindern, sind die Platten seitlich mit Rändern versehen. In der Abbildung befindet sich ein Fräser *W* auf der Platte. Die Platte ruht auf den Unterlagen *c*, die ein Bestrahlen der unteren Plattenseite gestatten. Das im Ofen zur Verbrennung gelangende Gas wird vorher mit Luft vermischt, wodurch eine restlose Verbrennung unter hoher Temperatur entsteht. Die Luft tritt durch die Leitung *d* in das Expansionsgefäß *q* und oberhalb durch die Düse *e* in das Gasrohr *f*. Bei *d* und *f* befinden sich die Regulierventile. Das durch die Luft mitgenommene Gas verteilt sich im T-Stück nach den beiden Düsen *g* und tritt durch kleine Öffnungen in den Ofen aus, wo es mit blauer Flamme verbrennt. Bei größeren Öfen sind mehrere Düsen nebeneinander gelagert.

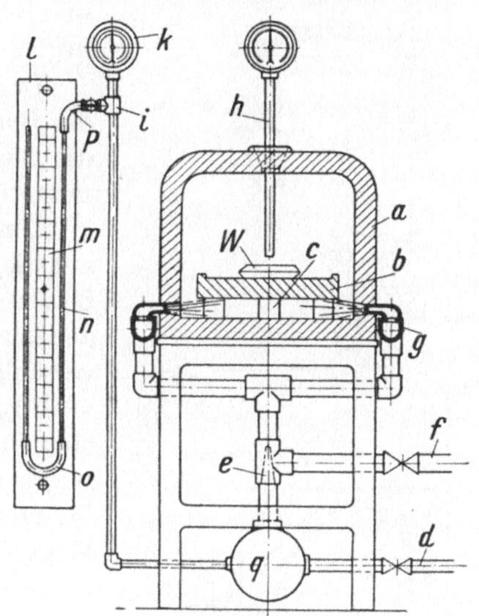

Fig. 391.

Um eine genaue Kontrolle des Luftdruckes zu erhalten, ist die Skalentafel *l*, auf der sich das U-förmige Glasrohr *n* befindet, vorgesehen. Um das Rohr *n* nicht mit einer Biegung zu versehen, ist am unteren Ende ein Stück Schlauch *o* angesetzt. Dasselbe gilt für oben am Eintritt des Rohres *p*. In der Mitte der beiden Glasschenkel *n* befindet sich die Skala *m*. Da der eine Schenkel den Wasserstand + und der andere − anzeigt, so liegt der Nullpunkt in der Mitte und beide Zahlenwerte zusammen zählen den gesamten Luftdruck. Bei dem T-Stück *i* geht ein Stutzen nach dem Luftdruckmanometer *k*, welches ebenfalls den Druck anzeigt. Am zuverlässigsten sind die Glasrohrmanometer. Um die Temperaturen jeder Zeit feststellen zu können, ist das Pyrometer *h* eingebaut. Diese Art von Pyrometern ist nicht sehr beliebt. Es wird daher in den nächsten Abschnitten über die elektrischen Meßvorrichtungen geschrieben werden.

Fig. 392 stellt einen zylindrischen Gas-Härteofen dar. Der hier abgebildete Ofen zeigt eine Einrichtung zum Erhitzen von Werkzeugen mit geringem Durchmesser und von beträchtlicher Länge, wie z. B. von Reibahlen, Schneidbohrern, Gewindebohrern usw. Ein etwaiges Verziehen der Werkzeuge ist ausgeschlossen, da sie in dem Heizraum frei aufgehängt sind. Ebenso ist das Entfernen der Werkzeuge sehr bequem, weil sie durch die Löcher des Deckels *c* gezogen werden können.

Das Innere des Ofens ist mit feuerfester Schamotte ausgefüttert. Die Brenner *d* münden tangential in den Mantel *a*. Dadurch beschreibt die Flamme längs der Wände einen Bogen und rotiert, wodurch eine gleichmäßige Hitzeverteilung erreicht wird.

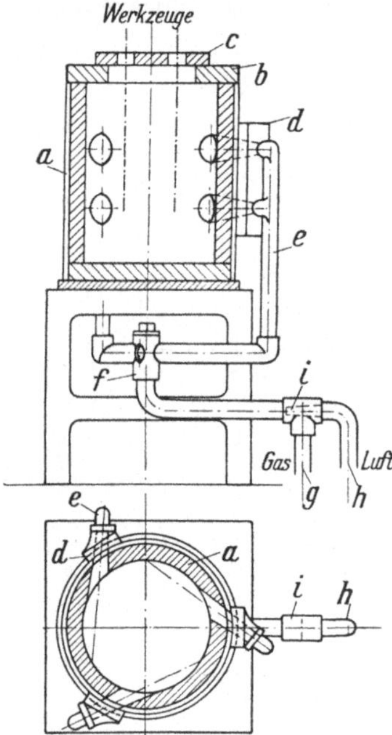

Fig. 392.

Der Eintritt der Luft ist bei *h* und der des Gases bei *g*. Im T-Stück befindet sich die Düse *i*, wo durch den Luftstrom das Gas mitgerissen wird.

Der Verteiler *f* verteilt das Gasgemisch auf die drei Leitungen *e*, durch die es in die beiden Düsen *d* gelangt. Der Ofen wird durch den Ring *b* abgedeckt und mittels der Platte *c* verschlossen.

Fig. 393 zeigt einen Platten- bzw. Muffelofen, in dem die Werkzeuge vor Oxydation besser geschützt werden. Der Ofen ist besonders für fein ausgearbeitete, dünnwandige, teure Werkzeuge mit scharfen Kanten zu empfehlen.

Das Gasgemisch wird mittels eines Gebläses durch den Brenner getrieben und verbrennt in dem Schlitz unter dem Ofen; die Heizgase bestreichen zunächst die Bodenplatte, resp. die Muffel, alsdann das Innere des Ofens und werden zuletzt durch Kanäle auf beiden Seiten zwangsläufig zurück- und durch seitliche Abzugskanäle in den Schornstein geführt. Die Pfeile zeigen die Richtung an.

Der äußere Blechmantel *a* umschließt die Schamotteausfütterung *b*. Die Muffel ist mit *c* bezeichnet. Die Auflageplatte *e* liegt über dem Schlitz. Sie ist der ersten Bestrahlung ausgesetzt. *d* ist die Deckplatte für den Türrahmen und *f* die Schiebetür. Nach Austritt der verbrannten Gase entweichen diese durch den Schornstein *g*. Seitlich ragt das Pyrometerschutzrohr *h* in den Ofen. Auf diese Weise werden die Temperaturen in demselben festgestellt. Wie schon erwähnt, kann der Ofen auch als Muffelofen verwendet werden, indem die Platte durch eine Muffel ersetzt wird.

Der hier beschriebene Ofen wird von der Firma Richard Weber & Co., Berlin, auf den Markt gebracht.

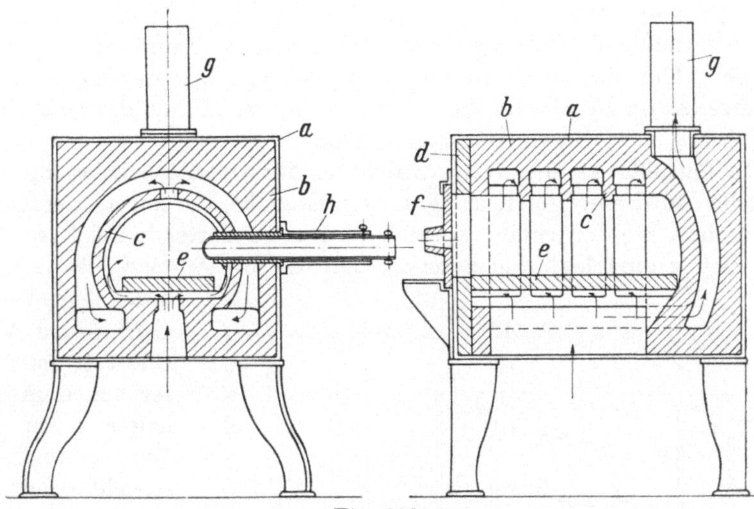

Fig. 393.

Fig. 394 stellt einen Härtebottich mit Kühlvorrichtung dar. Längs der inneren Wandung des Bottichs befinden sich die Schlangenkühlrohre *b*. Durch die Anordnung der Kühlrohre wird das Härtewasser bzw. das Öl dauernd gekühlt. Diese Härtevorrichtung darf aber nicht allzu groß gewählt werden, denn sonst würde die Temperaturherabsetzung zu langsam vor sich gehen.

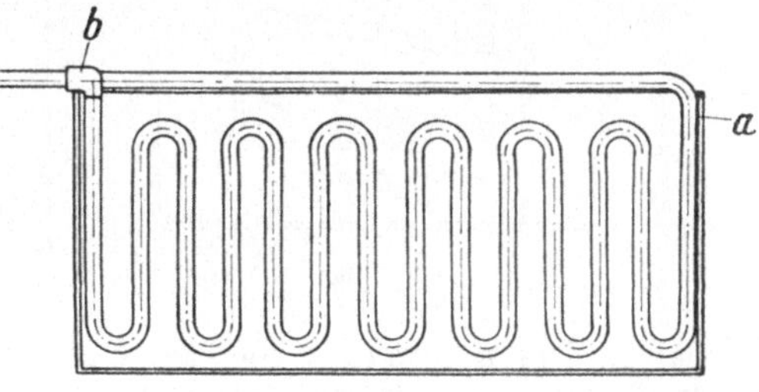

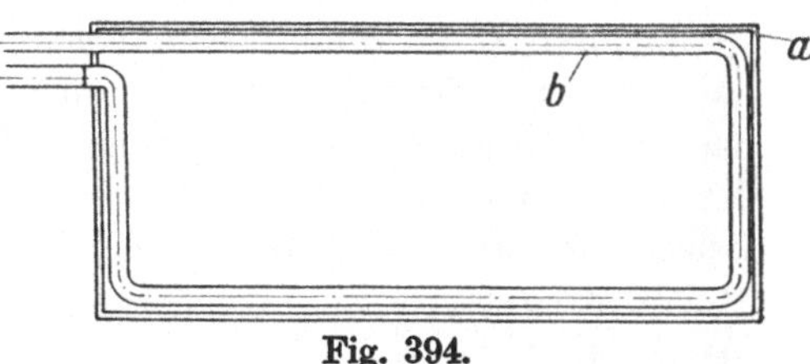

Fig. 394.

In Fig. 395 ist eine Ölhärtevorrichtung veranschaulicht. Der innere Behälter *a* wird von dem durch *e* eintretenden Wasser umspült. Letzteres verläßt den Zwischenraum bei *d*. In dem inneren Behälter *a* befindet sich das Öl, in welchem die Werkzeuge abgekühlt werden. Um nun das Öl dauernd auf gleicher Temperatur zu erhalten, ist eine Schlange *c* eingebaut. Letztere wird an eine Druckluftleitung angeschlossen. In den inneren Wandungen der Rohrschlange *c* befinden sich kleine Löcher; aus diesen strömt die Druckluft in das Öl und bewegt es. Dadurch werden wärmere und kältere Schichten während des Härteprozesses vermieden. Denn in einem ruhenden Ölbad wird infolge der mehrmaligen Härtung eine ungleichmäßige Temperatur hervorgerufen. Um dies zu vermeiden, muß man das Öl, bevor man weitere Werkzeuge darin abschreckt, stetig umrühren. Durch die Druckluft-einführung wird dieser Übelstand behoben.

In Fig. 396 ist eine Härtevorrichtung für Oberflächenhärtung dargestellt. In dieser Vorrichtung werden Gesenke, die nur an der Oberfläche hart werden sollen, behandelt. Das zu härtende Stück wird in das Sieb *a* eingelegt und zwar so, daß die zu härtende Fläche nach unten liegt. Durch Öffnen des Ventiles *d* strömt Wasser aus dem Behälter *e* in die Düse *c* und bestreicht somit die ganze Werkzeugfläche. Das sich in dem Behälter *b* ansammelnde Wasser fließt durch das Rohr *g* ab. Je nach der Stärke des gewünschten Wasserdrucks wird das Gefäß *e* aufgestellt. Als Stütze dient ein Winkeleisenkonsol *f*.

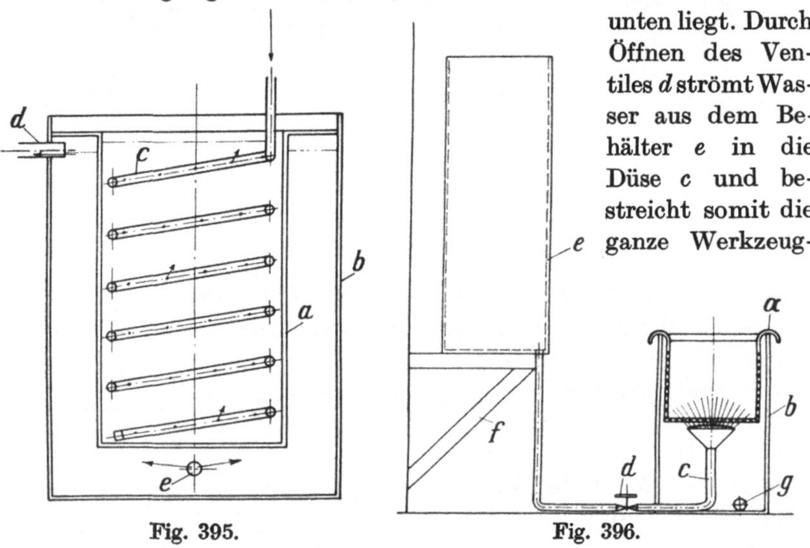

Fig. 395. Fig. 396.

Fig. 397 stellt einen Ölanlaßofen dar. Die Anlaßtemperatur ist zweckmäßig zirka 220° C. Die anzulassenden Werkzeuge werden in das Sieb *a* eingelegt. Die seitlichen Haken *b* dienen zum Herausheben des Siebes aus dem Ölbad. Der verrippte Ölbottich *c* wird durch einen Gasrundbrenner *e* beheizt. Die Temperaturen werden mittels eines Stockthermometers in *f* gemessen. In *g* treten die verbrannten Gase ins Freie.

Fig. 398 zeigt einen Sandbadanlaßofen. In dem Kasten *b* befindet sich der gut durchgesiebte Sand *a*, welcher durch den Brenner *d* beheizt wird. Der äußere Mantel *c* schützt gegen eine Ausstrahlung der Wärme nach außen. In *e* entweichen die verbrannten Gase ins Freie.

Die anzulassenden Werkzeuge werden in Sand *a* gebettet und so lange darin gelassen, bis die gewünschte Farbe erreicht ist, darauf wird der Gegenstand vollends abgekühlt.

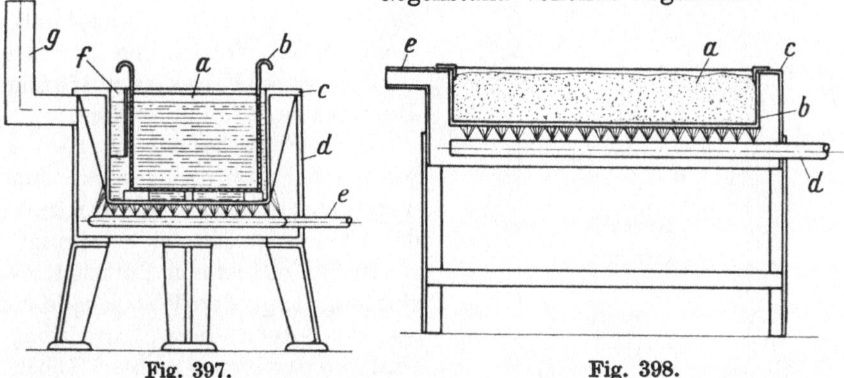

Fig. 397. Fig. 398.

Man setzt auch vielfach ähnliche Sandbäder über Gashärteöfen und nützt auf diese Weise die daraus entweichende Wärme aus.

Fig. 399 zeigt eine Lufthärtevorrichtung zum Härten von Schnellschnittstahl-Werkzeugen. Die Luftzuführung geht durch das Rohr *a*

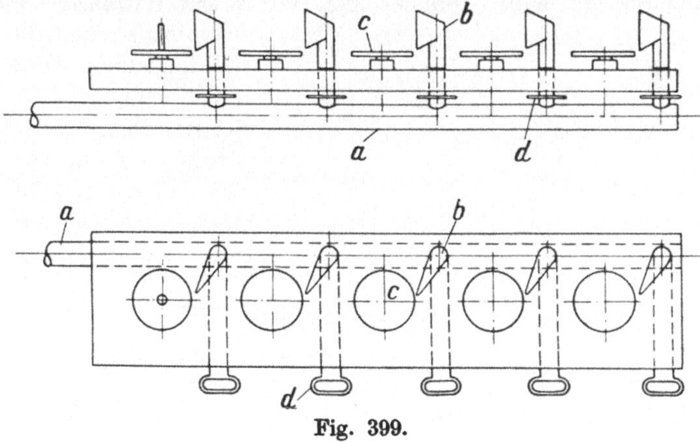

Fig. 399.

und von dort durch die Schieber *d* in die Düsen *b*. Die kleinen Teller *c* laufen auf Körnerspitzen und werden durch den Luftstrom, der auf das zu härtende Werkzeug auftrifft, in Rotation versetzt. Bei dieser Abhärtung werden alle Teile von der Luft bestrichen und dadurch gleichmäßig gehärtet. Die Düsen können für die verschiedenen Durchmesser eingestellt werden.

Fig. 400 veranschaulicht eine kleine Luftkühlvorrichtung der Firma Richard Weber, Präzisions-Werkzeug- u. Maschinenfabrik, Berlin SO 26.

Die Fräser *F* werden hier auf einen auf Kugeln laufenden Dorn *b* gesteckt, durch einen aus 4 Düsen ausströmenden Luftstrom in schnelle Umdrehung gesetzt und dadurch gleichmäßig von allen Seiten gekühlt. Auf dieser Vorrichtung können weniger starke Fräser bis zu 150 mm Durchmesser gekühlt werden.

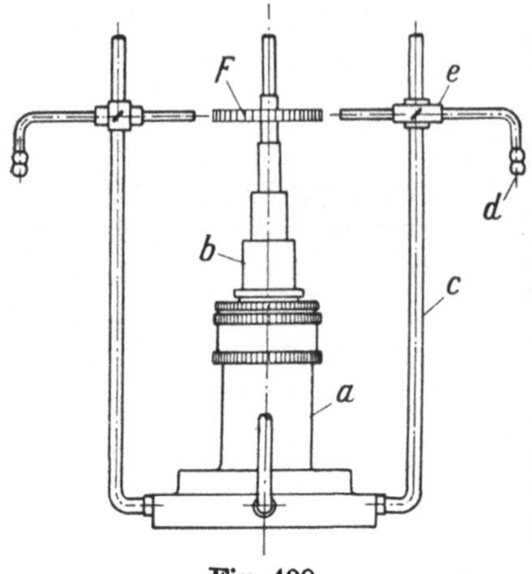

Fig. 400.

In die Flanschscheibe der Säule *a* werden 4 Halter *c* eingesetzt. Auf diesen sind die Luftdüsen *d* mittels der Klemmvorrichtung *e* befestigt.

In Fig. 401 ist eine Luftkühlvorrichtung für größere Werkzeuge dargestellt. Auch diese Vorrichtung wird von der Firma Richard Weber, Berlin, hergestellt.

Die Luftkühlvorrichtung besteht aus einem gußeisernen Tisch mit 6 Drehscheiben *d* zur Aufnahme der zu härtenden Werkzeuge. Jede Drehscheibe, welche durch ein Schneckengetriebe *c* unter der Tischplatte angetrieben wird, befindet sich vor einer Luftausströmungsöffnung, so daß die darauf liegenden Werkzeuge gleichmäßig von allen Seiten durch den Luftstrom gekühlt werden. Die Luftdüsen sind auswechselbar; sie werden mit runder, sowie mit spiralförmiger Öffnung ausgeführt, so daß sie den verschiedenen Größen und Formen der Werkzeuge angepaßt werden können. Oberhalb der Luftleitung befindet sich ein Kasten mit einem Drahtsieb, in den kleine Gegenstände zur Abkühlung gelegt werden können.

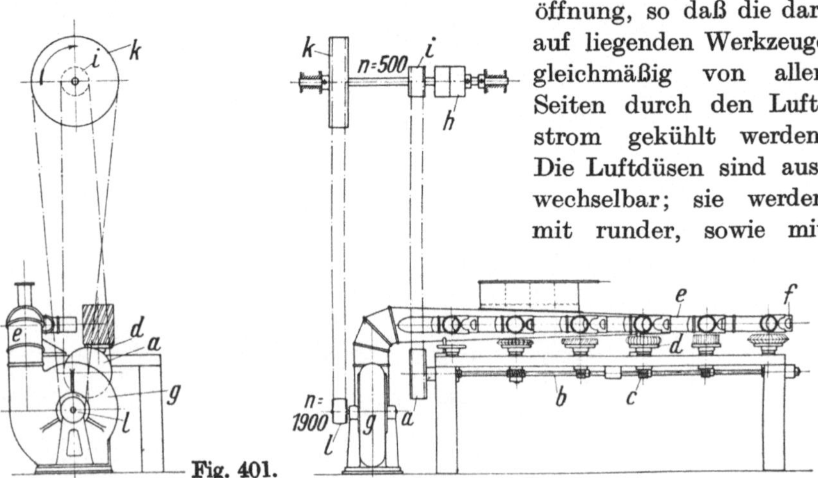

Fig. 401.

Zum Antrieb der Luftkühlvorrichtung ist das Vorgelege mit Fest- und Losscheibe *h* vorgesehen. Die Umdrehungszahl ist zirka 500 pro

Minute. Die Scheibe *i* treibt die Scheibe *a* auf der Schneckenwelle *b* an. Die Scheibe *k* übermittelt die Umdrehung des Vorgeleges auf die Scheibe *l* am Ventilator *g*. Der Ventilator läuft mit einer Umdrehung von zirka 1900 pro Minute. Die von letzteren erzeugte Druckluft geht durch die Luftleitung *e* zu den Düsen, die durch die Schieber *f* geöffnet und geschlossen werden.

Die hier abgebildete Vorrichtung ist für größere Härtereien, die hauptsächlich Fräswerkzeuge aus Schnellschnittstahl zu härten haben, von besonderem Vorteil, da die Luft die Werkzeuge gleichmäßig berührt.

Am Schluß der Beschreibung der Härtereieinrichtungen und Vorrichtungen soll noch die Pyrometeranlage erwähnt werden. In Fig. 402 ist eine schematische Anordnung einer Härteanlage mit thermoelektrischer Meßvorrichtung veranschaulicht.

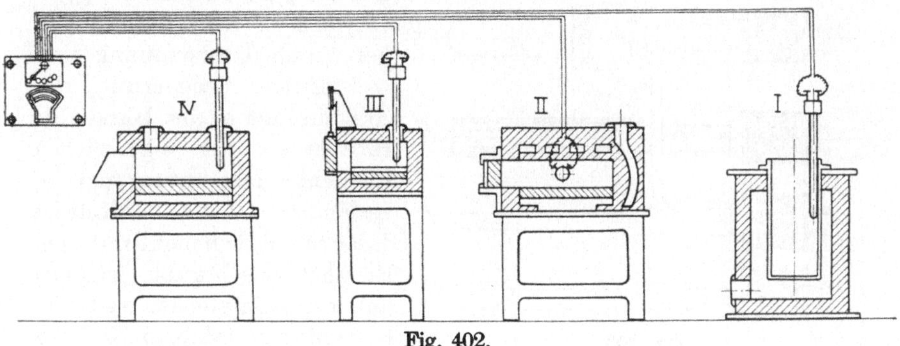

Fig. 402.

Es kommen hier 4 Thermoelemente in Frage, die an einem Galvanometer mit Umschalter angeschlossen sind. Man ist auf diese Weise in der Lage, die Temperatur eines jeden Gasofens ablesen zu können.

Von jedem Element I—IV gehen zwei Drähte nach dem Umschalter.

Zum Messen von Temperaturen dient in erster Linie das thermoelektrische Pyrometer. Es besteht aus zwei zirka 0,5—0,6 mm starken, an einem Ende miteinander verschweißten Metalldrähten ungleichen Materials. Durch Erhitzung der Lötstelle entsteht hier eine elektromagnetische Kraft, deren Größe nicht allein von der Beschaffenheit des verwendeten Metalles, sondern auch von der Differenz der Wärme zwischen der erwärmten Schweißstelle und den freien Enden der Elemente abhängig ist. Werden nun die freien Enden an ein empfindliches Galvanometer gelegt, so zeigt dieses die Spannungsdifferenz bzw. den Temperaturunterschied an, der zwischen der Schweißstelle des Elementes und den Anschlußstellen besteht.

A's Material der Elemente kommt meistens reines Platin, ebenso für das eine Ende und für das andere Ende legiertes Platin in

Frage. Die Legierungen für letzteres bestehen meistens aus Iridium oder Rhodium. Zum Messen niedriger Temperaturen genügen Nickellegierungen usw. Die Schenkel der beiden parallel nebeneinanderliegenden Drähte bzw. des Thermoelementes müssen gut isoliert und gegen äußere Einflüsse geschützt werden.

Die Spannungsmesser bestehen aus sogenannten Zeiger-Galvanometern, die als direkt zeigende oder als registrierende Instrumente ausgebildet sind.

In Fig. 403 sind die 4 Hauptformen *a* bis *d* der Kohle-Nickel-Elemente veranschaulicht. Die Form *a* ist die weitaus verbreiteste. Das Element steckt hier in einem sehr starkwandigen Stahlrohr, welches nochmals mit einem einfach übergesteckten Außenrohr aus Eisen oder Stahl geschützt ist. Dieses Außenrohr schützt, solange es selbst in gutem Zustande ist, das innere gegen Oxydation; man hat es daher durch Überwachung und rechtzeitige Erneuerung des Außenrohres in der Hand, die Haltbarkeit des eigentlichen Elementes fast unbegrenzt zu verlängern. Das Außenrohr ist dabei absichtlich nicht mit dem Element verschraubt, sondern nur lose aufgesteckt, weil sich Gewinde usw. erfahrungsgemäß schwer wieder lösen, was z. B. nach dem Gebrauch in Salzhärtebädern fast zur Unmöglichkeit wird. Diese Form ist für Glüh- und Härteöfen aller Art, sowie für alle Zwecke geeignet, wo kein allzuschneller Abbrand des eisernen Schutzrohres zu befürchten ist. Das Fehlen aller zerbrechlichen Teile macht die Elemente mechanisch fast unzerstörbar, sie bewähren sich auch in den rauhesten Betrieben und Stöße und Erschütterungen können den dicken Rohren kaum etwas anhaben. Auch den schärfsten Temperaturschwankungen widerstehen solche Elemente.

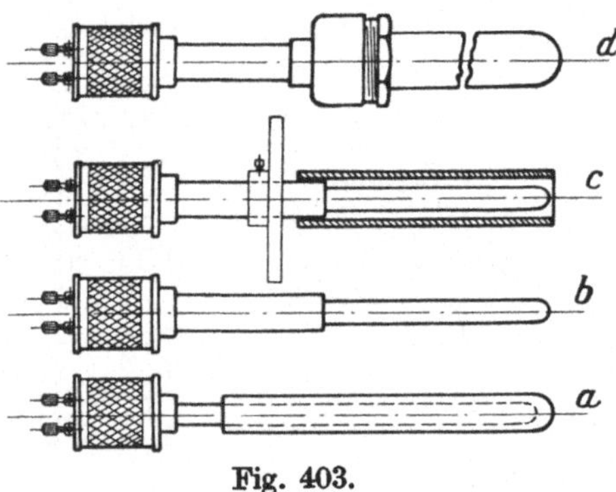

Fig. 403.

Nicht immer sind aber diese Eisenrohre anwendbar, häufig muß man darauf verzichten, sie den allzu heftigen Angriffen der Feuergase auszusetzen, weil nur ein feuerfester Schutz in Frage kommen kann. Form *b* zeigt ein Element, bei dem der der Glut ausgesetzte Teil durch ein Porzellan- oder Quarzrohr geschützt ist, während der kühlbleibende, aber mechanischen Schäden leichter unterliegende Außenteil in einem Stahlrohr steckt. In *c* ist auch dem Tauchteil, durch ein in den Ofen einzubauendes starkes unten meist geschlossenes Schamotterohr, ein verstärkter Schutz zuteil geworden. Für Heißwindleitungen an Hochöfen, überhaupt für stark oxydierende Gase sind diese Formen vorzüglich. Das Porzellanschutzrohr hat hierbei den Sieg über das Quarzmaterial errungen, von dem man sich eine Zeitlang viel für die Pyrometrie versprach, das aber bei Dauerbenutzung ziemlich rasch bröcklich und unbrauchbar wurde. Immerhin sind die selbst den allerschroffsten Wechseln widerstehende Quarzrohre für solche Zwecke wertvoll geblieben, wo man schnelle zeitweilige Messungen machen muß.

Als brauchbares Schutzmaterial für sehr hohe Temperaturen hat sich neuerdings das Siliziumkarbid (Silit) bewährt, welches auch schnellen Schwankungen der Temperatur gut standhält. Ein mit einem solchen Rohr geschütztes Element der Form *b* ist auch zum Eintauchen in flüssige Metalle gut anwendbar, doch dient auch die ältere Form *d*, bei welcher das Tauchende aus einem starken Graphitrohr besteht, dem gleichen Zwecke.

Die zur Ablesung dienenden Galvanometer Fig. 404 sind sämtlich nach dem Drehspulsystem hergestellt. Bei diesen ist ein von dem Meßstrom durchflossenes Drahträhmchen in Edelsteinhohlspitzen drehbar zwischen den Polen eines starken Magneten gelagert. Äußere Einflüsse, z. B. in der Nähe befindliche Eisenmassen, haben keine Wirkung auf die Geräte. Diese sind für Temperaturen bis 800° ohne weiteres aufhängbar, die Galvanometer für höhere Temperaturen sind aber liegend zu benutzen. Wird trotzdem eine Ablesung von vorn her erforderlich gehalten, so kommt eine Form mit horizontal schwingendem Zeiger in Frage.

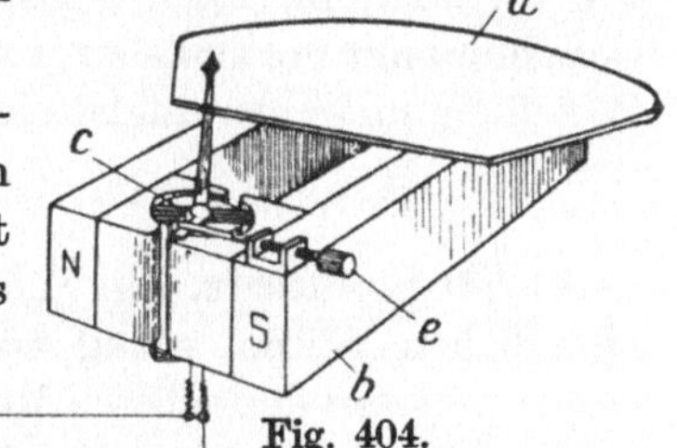

Fig. 404.

In Fig. 404 ist außerdem das Schema der Schweißverbindung an dem Element *a* ersichtlich. Der Stahlmagnet ist mit *b* und das Spulenrähmchen mit *c* bezeichnet. Die Skala ist in *d* veranschaulicht. Zum Einstellen des Zeigersystems bedient man sich der kleinen Stellschraube *e*.

Zum Schluß sollen noch die drei Elementgattungen mit ihren Temperaturgrenzen erwähnt werden.

Es eignen sich:

1. Elemente aus Eisen, Silber oder Kupfer einerseits und Konstantan andererseits für Messungen zwischen — 200 und + 800° C.
2. Elemente aus Kohle und Nickel für Messungen von 0—1250° (zeitweilig bis 1300° C).
3. Elemente aus Platin und Platinrodium (10% legiert) für Messungen von zirka 300 bis 1600° C.

Für die meisten in der Praxis vorkommenden Fälle sind die erstgenannten beiden Arten ausreichend, nur verhältnismäßig selten wird man zu den Platinelementen greifen müssen, und auch dieses kostbare Material wird durch die Strahlungspyrometer zum größten Teil für die Pyrometer überflüssig.

Es würde zu weit führen, mehr hierüber zu schreiben. Für die Härteanlage dürfte das bisher Gesagte wohl genügen.

Die hier beschriebenen Elemente mit Zubehör werden von der Firma Paul Braun & Co., Fabrik elektrischer Meßgeräte in Berlin, hergestellt.

Auch befassen sich zur Zeit noch etliche andere Firmen mit dem Bau von thermoelektrischen Anlagen.

Wichtig ist es, wenn bei Bestellungen von Pyrometeranlagen die hierauf bezüglichen Fragebogen gewissenhaft ausgefüllt werden. Jede der betreffenden Firmen hat ihre Elemente nach einem bestimmten Gesichtspunkt normalisiert, so daß nach Erledigung der Formalitäten der Bestellung einer einwandsfreien Anlage keine Schwierigkeiten entgegenstehen.

b) Für Schmiede. Für Schmiedearbeiten kommen Vorrichtungen im eigentlichen Sinne wenig vor. Die eventuell auftretenden Fragen werden mit den einfachsten Mitteln bewältigt. Nachfolgend soll auch nur das Wichtigste hierüber gesagt werden. Man erkennt die Art und Weise der in einer Schmiede verwendeten Vorrichtungen aus folgendem:

In Fig. 405 ist eine Vorrichtung zum Fertigschmieden eines Bundbolzens unter dem Dampfhammer gezeigt. Derartige Federgesenke

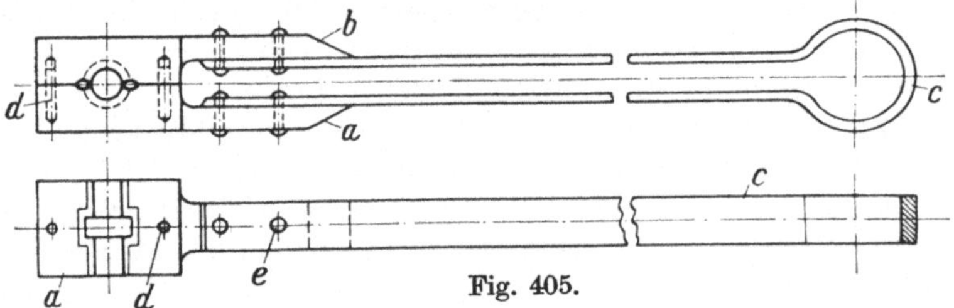

Fig. 405.

findet man häufig in den Schmieden vor. Sie erleichtern die Handarbeit ganz bedeutend. Das Unterteil *a* gleicht dem Oberteil *b*. Beide Teile sind im Einsatz gehärtet. Längs der eigentlichen Form im Gesenk ist die Gratnut eingearbeitet. Sie ist besonders für Stücke, die sich nicht bei der Bearbeitung verdrehen lassen, wertvoll. In ihr fließt das überschüssige Material seitlich ab und mit diesem haben wir es bei der Durcharbeitung eines Schmiedestückes zu tun. Bei Stücken, die man im Gesenk drehen kann, ist die Nut nicht nötig, da sich das Material nach beiden Enden zu streckt. Um nun mit dem Ober- und Unterteil stets wieder in die gleiche Lage zu kommen, sind die beiden Führungsstifte *d* vorgesehen. Letztere sind im Unterteil befestigt und führen sich im Oberteil etwas lose, da durch die Spannfeder *c* ein flacher Bcgen in den Führungen beschrieben wird.

Die Feder besteht aus Federbandstahl. Sie ist zum Anfassen am Ende der Umbiegung zu einer Öse ausgebildet. Die Befestigung an den Gesenkteilen geschieht durch Niete *e*.

Die hier beschriebene Form dürfte auch für ähnliche Fälle genügen.

In Fig. 406 ist ein Stauchgesenk unter der Schmiedepresse gezeigt. Derartige Gesenke sind einfacher Natur und dienen nur der Formgebung von kompakten Stücken. Um dem Schmiedestück eine derartige Form zu geben, muß ein Vorpreßgesenk geschaffen werden, denn das Eisen fließt, je größer die Schmiedestücke ausfallen, schwerer, und es gehören bei zunehmendem Umfange der Arbeitsstücke mehrere Erwärmungen dazu, um die endgültige Form zu erreichen. Das hier gezeigte Gesenk besteht aus Stahlguß. Das Unterteil *a* wird mittels Zapfenspanneisen auf der Preßplatte der Schmiedepresse, das Oberteil *b* durch Laschen an der Stempelplatte befestigt. Zu bemerken sei noch, daß bei den Gesenken in den, durch das Abschließen des Materials, vorhandenen

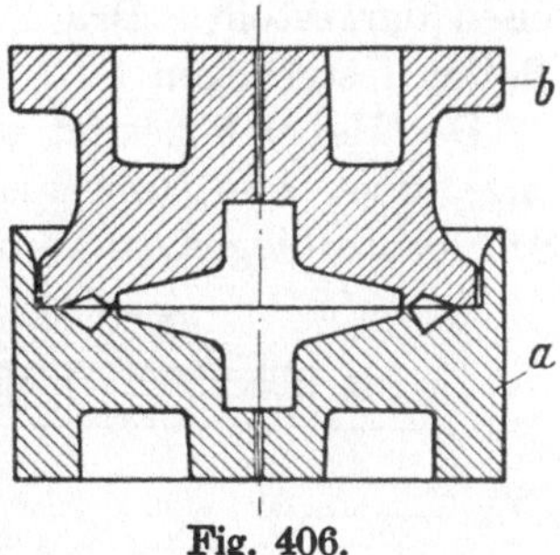

Fig. 406.

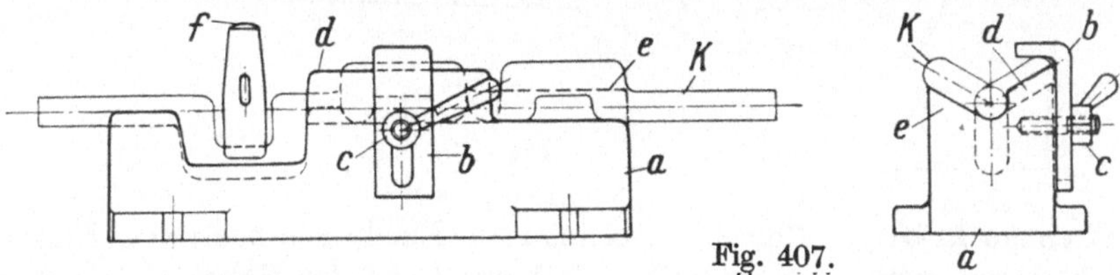

Fig. 407.

Luftabschlüssen für die gepreßte Luft ein kleiner Kanal gebohrt werden muß. Dieses ist auch im Ober- und Unterteil der Fall. Ebenfalls müssen derartige Preßgesenke mit geräumigen Nuten zur Aufnahme des überschüssigen Materials vorgesehen sein.

Fig. 407 zeigt eine Vorrichtung zum Durchbiegen von starkem Rundmaterial zu Kurbelwellen für landwirtschaftliche Maschinen. In dem Unterteil *a* ist die zu gebende Form eingearbeitet. Mit dem Setzhammer *f*, der die Form des Materials in seiner Bahn aufweist, wird das Rundeisen über *d* durchgedrückt. Es legt sich in die daran schließende Vertiefung. Das Winkelstück *b* hält, mittels der Knebelschraube *c* gespannt, das Material fest. Nach dem Durchbiegen des Rundmaterials wird der erste Bogen bei *d* in die entsprechende Vertiefung gelegt und darauf der Winkel darüber festgezcgen. Es muß demnach die nächste Durchbiegung maßhaltig und im richtigen Gradwinkel erfolgen. Nach weiterem Verlauf wird die nächstfolgende Durchbiegung bei *d* eingelegt und die letzte Schmiedearbeit vorgenommen. Der zuerst durchgerichtete Bogen von *K* legt sich auf die Schräge *e*. Wie man im Seitenriß sieht, sind die Kröpfungen je 120° voneinander entfernt.

Die Vorrichtung wird mittels der vier seitlichen Augen auf der gußeisernen Spannplatte, die in fast allen Schmieden anzutreffen ist, gespannt. In Fig. 408 ist eine Biegevorrichtung zum Biegen von Flacheisen dargestellt. Das Formstück *a* ist auf der Platte *k* durch drei Bolzen festgezogen.

Der Hebel *b* besitzt eine Gegenrolle zu *a*. Diese kann verstellbar angeordnet sein, um auch kleinere Bogenstücke über entsprechende Scheiben *a* biegen zu können. Die Rolle *d* besteht aus Stahl und sitzt

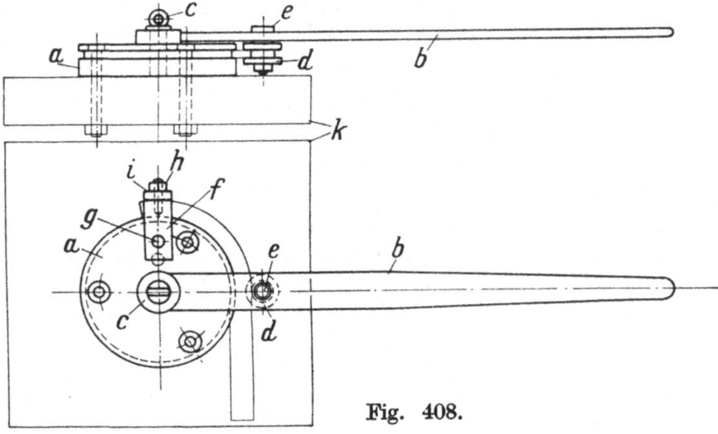

Fig. 408.

auf einem kräftigen Bolzen *e*. Da man das Flacheisen nach dem Biegen nicht ohne weiteres aus der Rolle bekommt, ist der Hebel abnehmbar angeordnet worden. Zu diesem Zweck ist der Bolzen *c* mit einem Bund und einer Öse versehen, um ihn jederzeit bequem entfernen zu können. Gehalten wird das zu biegende Flacheisen durch den Kloben *f*, der durch einen Stift *g* in *a* befestigt wird. Die Platte *i* ist mit zwei Bolzen *h* an *f* befestigt. Bei schwächerem Flacheisen wird das Stück *f* in dem nächstfolgenden Loch von *a* befestigt.

Aus der Abbildung ist die Arbeitsweise klar zu erkennen, so daß nicht weiter darauf eingegangen zu werden braucht.

In Fig. 409 ist ein Schmiedegesenk für Mauerdübel veranschaulicht. Das Unterteil *a* besteht aus Gußeisen. Es nimmt in der Mitte die Stahlbüchse *b* auf. In dieser wird der Dübel geschmiedet. Der Schmiedeprozeß besteht in dem Ansetzen des einzumauernden Endes. Zu diesem Zweck ist der konische Dorn *d* in Kopfplatte *c* befestigt. An der Kopfplatte sind zwei Führungsbolzen *f* befestigt, die sich in den Büchsen *e*, die im Unterteil *a* eingeschraubt sind, schieben. Je eine kräftige Druckfeder *g* schiebt nach erfolgtem Druck die Kopfplatte mit dem Stempel wieder hoch. Darauf wird der Hebel *h* herabgedrückt, so daß er das aufgeweitete Stück aus dem Gesenk *b* schiebt. Das Auswerfen macht keine Schwierigkeiten, da das abgekühlte Eisen in gewissem Sinne schwindet.

Fig. 410 zeigt eine Vorrichtung zum Auseinanderschmiegen von Winkeleisen *W*.

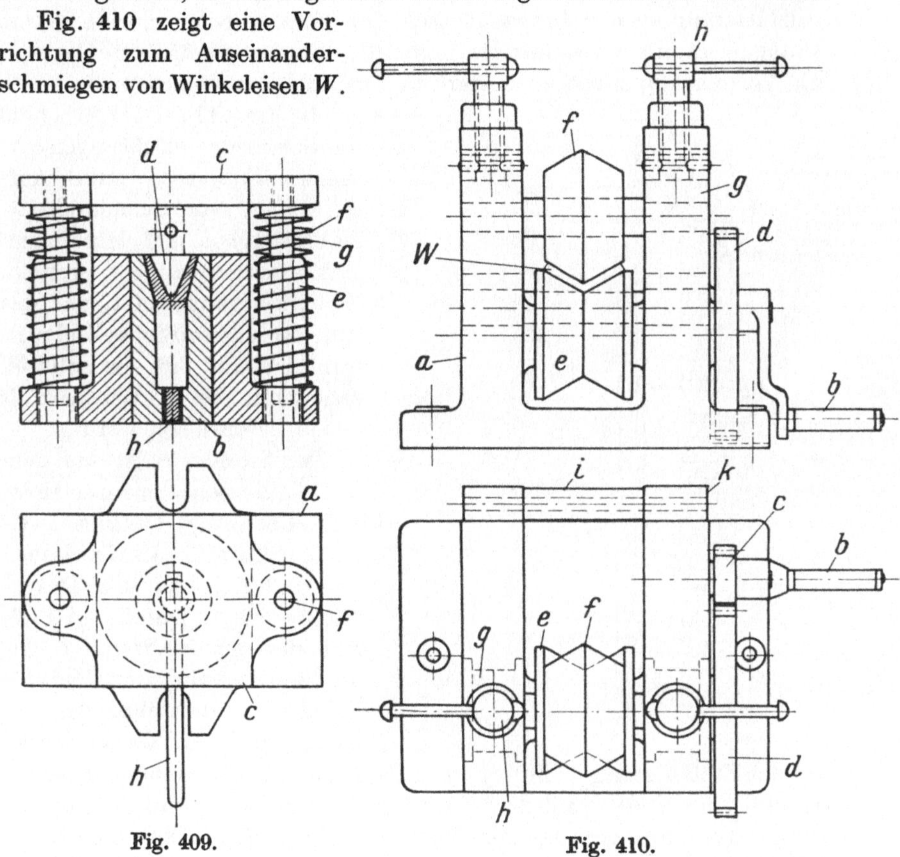

Fig. 409.

Fig. 410.

Der gußeiserne Ständer *a* nimmt die beiden Walzen *e* und *f* auf. Die erstere (*e*) wird bewegt, die obere (*f*) läuft dagegen infolge der Reibung durch das Eisen mit. Der Antrieb geht von der Handkurbel *b* aus. Das auf der Welle von Kurbel *b* sitzende Ritzel *c* greift in das große Zahnrad *d* und treibt dadurch die untere Walze an. Um nun die verschiedenen Stärken von Winkeleisen schmiegen zu können, ist die Walze *f* verstellbar angeordnet worden. Beide Zapfen der Welle laufen in verschiebbaren Lagerungen, die mit den Knebelschrauben *h* durch Stifte verbunden sind. Durch Drehen der Schrauben *h* heben bzw. senken sich die Lager. Am hinteren Teil der Böcke befindet sich die Auflagewalze *i*, die sich in den angegossenen Auglagern *k* dreht. Es ist leicht einzusehen, auf welche Weise das Winkeleisen, z. B. von 90° auf 120°, geschmiegt wird. Die Einführung geschieht über die kleine Walze *i*, wodurch auch die Sinnfälligkeit beim Kurbeldrehen erreicht ist. Die Walzen, sowie die Räder sind aus Gußeisen angefertigt. In den Lagern wird einer Ausfütterung durch Bronzebüchsen der Vorzug gegeben. Bei gutem Grauguß ist ein einwandfreies Laufen der Zapfen gewährleistet, sobald die Vorrichtung nicht allzu stark in Anspruch genommen wird.

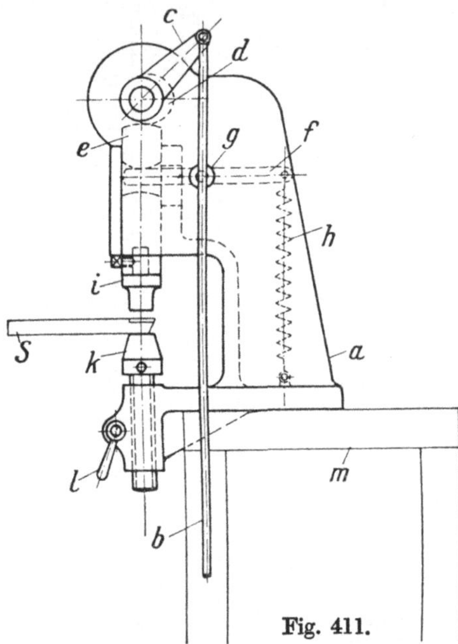

Fig. 411.

In Fig. 411 soll als Abschluß der Schmiedevorrichtungen eine kleine Fußpresse zum Aufschweißen von Schnellschnittstahlplättchen auf Maschinenstahl veranschaulicht werden. Es wird vorausgesetzt, daß das Aufschweißen an Schnellschnittstahl bekannt ist. Es soll hier daher nur die Vorrichtung als solche beschrieben werden.

Der Ständer *a* ist auf dem Werkbanktisch oder einem Holzbock *m* befestigt. Der zu schweißende Drehstahl *S* wird zwischen den Halter *k* und das Druckstück *i* gelegt. Durch den Fußtritt, der mit der Stange *b* verbunden ist, wird der Hebel *c* gesenkt und mit ihm das Exzenter *d* gedreht. Dieses drückt auf den Stößel *e* und vollführt so die erforderliche Pressung der aufzuschweißenden Teile. Nach dem Freilassen des Fußtrittes wird der Stößel *e* infolge der Zugspannung der Feder *h* hochgezogen. Der zweiarmige Hebel *f* besitzt seinen Drehpunkt in *g*. Er dient der Rückzugfeder *h* als Übertragungsmittel. Da nun die zu schweißenden Stähle verschiedene Stärken aufweisen, ist der Gegenhalter *k* in einer angegossenen Nabe des Ständers *a* verstellbar befestigt. Diese ist auf ihrer ganzen Länge geschlitzt und wird mittels der Knebelschraube *l* zusammengezogen.

c) Für Schlosserei. Die Hilfsvorrichtungen für die Schlosserei einschließlich der Montagewerkstätten sind sehr verschieden und zahlreich. Würde man für dieses Gebiet das Material sammeln, so dürfte sich der Rahmen dieses Buches noch als zu klein erweisen. Jedoch sollen hier nur die Vorrichtungen herausgegriffen werden, die für ähnliche Fälle

Wert besitzen oder universell gehalten sind. Dadurch ist manches zurückgelassen, was für Spezialfälle vielleicht von Wichtigkeit wäre.

In Fig. 412 ist ein Montagegestell abgebildet, von dem eine ähnliche Ausführung bereits im Handel zu erhalten ist. Die beiden kräftigen Böcke *a* tragen den Längsträger *b* an seinen starken Zapfen. Die letzteren sind in der Mitte der Zapfenlänge mit Schneckenradzähnen versehen, in welche die Schnecken *f* greifen. Die Betätigung der Schnecken *f* geschieht mittels der beiden Handräder *e*. Zur Feststellung der Querträgers *b* dienen die beiden Knebelschrauben *g*. Als Sicherung des Zapfen gegen ein Herausgleiten aus den Lagern von *a* dienen die Rundmuttern *c*. Auf den abgeschrägten Kanten der Zapfen befinden sich die Gradeinteilungen *d*. Hiernach kann die Stellung des Tisches *h* bzw. *i* festgestellt werden. Die Tische können auf dem Längsträger *b* durch das Handrad *l*, das die Schnecke *m* betätigt, besonders gedreht werden. Die Schnecke *m* steht mit dem Schneckenrade *k* im Eingriff. Letzteres sitzt auf einem Ansatz des Tisches *h*. Durch die hier aufgeführte Verstellbarkeit ist der Montagetisch als universell zu bezeichnen. Ein auf demselben festgespanntes Werkstück kann in allen Lagen und Stellungen bearbeitet werden.

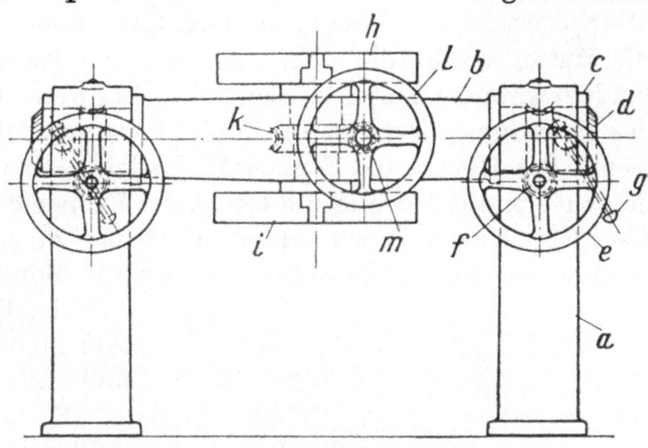

Fig. 412.

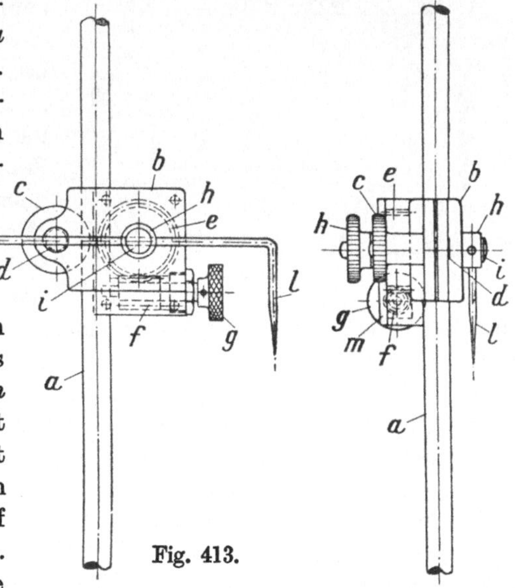

Fig. 413.

Fig. 413 zeigt einen Parallelreißer *a* mit Feineinstellung. Diese Vorrichtung gestattet ein Heben und Senken der Nadel *l* in der gewünschten Höhe ohne Zwangsanwendung. Das kleine Gehäuse *b* wird mittels der Spannschraube *c* an dem Vertikalstab *a* festgeklemmt. Die Spannschraube besteht aus dem Gewindebolzen *d*, auf welchen sich die Mutter *c* schraubt. Die Spannung der Nadel *l* geht von der gekordelten Mutter *h* aus, die sich auf den Bolzen *i* schraubt und dadurch das Befestigungsloch für die Nadel *l* verengt., d. h. die letztere festzieht. Das Heben und Senken der Nadel geschieht durch Drehung der Schraube *g* und *f*, die in die Gänge des kleinen Schraubenrades *e* greift. Der kleine Kasten *b* wird durch die Platte *m* verschlossen. Die hier beschriebene kleine Vorrichtung leistet für Montagen gute Dienste.

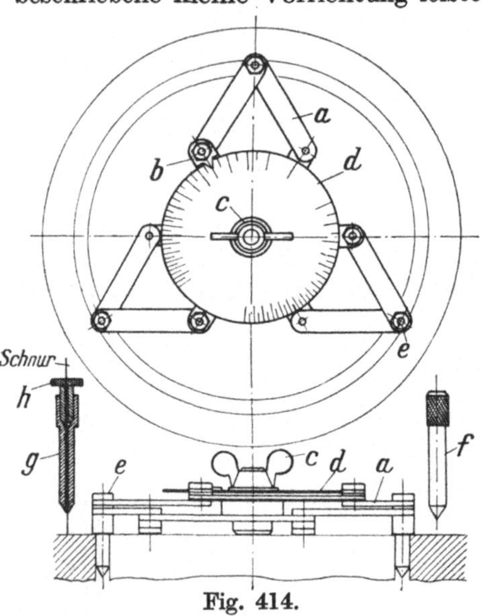

Fig. 414.

Fig. 414 zeigt eine Zentrier- und Meßvorrichtung für hohle und volle Gegenstände, D. R. P.

Die hier beschriebene Vorrichtung wird von der Firma Th. Tittel, Aschaffenburg, gebaut und in den Handel gebracht. Ihr Prinzip beruht auf der Konstruktion der Nürnbergerschere. Der große Vorteil dieser Vorrichtung liegt in ihrer bequemen Handhabung. Das macht sich besonders dort bemerkbar, wo es sich um das Zentrieren starker Wellen handelt. Ferner dann, wenn die Mittelachse von hohlen Körpern festgestellt werden soll, vorausgesetzt, daß sie zylindrisch sind. Man kann die Vorteile der Vorrichtung in Kürze wie folgt zusammenfassen:

1. Große Einfachheit und Handlichkeit.
2. Selbsttätige Angabe der Mitten für hohle und volle Körper.
3. Gestattet sie das Ablesen des zu zentrierenden Durchmessers.
4. Ihr Meßbereich ist äußerst groß, so daß eine Vorrichtung genügt.

Die Meßvorrichtung wird mittels der drei Punkte *e* in die Ausbohrung so eingesetzt, daß die Stifte *e* voll anliegen. Die Glieder *a* sind so konstruiert, daß sie sich vom kleinsten bis zum größten Durchmesser verstellen lassen. An einem Anschlußpunkt *b* befindet sich der Zeiger für die Skala *d*, auf welcher die Durchmesser, sowie Stärken der zu messenden Gegenstände angegeben sind. Die Zentrierung wird durch die Bohrung *c* mittels des Körners *f* vorgenommen. Selbstverständlich muß der Körner *f* genau in die Bohrung von *c* passen. Das gleiche gilt auch von der Fadenschraube *g*. Letztere dient zum Spannen des mittleren Fadens oder der Schnur, die durch das Zentrum des Zylinders geht. Im oberen Teil des Schaftes *g* befindet sich ein Gewinde, in welchem die geschlitzte Schraube *h* oder Spannpatrone für den Faden angebracht ist. In der Abbildung ist die Anlage der Stifte *e* an einem äußeren und einem inneren Kreis ersichtlich.

In Fig. 415 sind drei Arbeitsbeispiele der vorstehenden Vorrichtung gezeigt. In dem ersteren ist das Zentrieren einer schweren Walze veranschaulicht. Hier greifen die Stifte *d* über die Kante des Arbeitsstückes. An diesem Schema erkennt man deutlich die Verbindung der Arme und Laschen untereinander. Durch Anzug der Flügelmutter *e* wird die Vorrichtung festgestellt. Durch den Körnerschlag, der mittels des eingeschobenen Körners bewerkstelligt wird, ist die Walze genau zentriert.

Ein weiteres Beispiel ist in der Achsenbestimmung eines Zylinders gegeben. Hier wird in die Zylinderöffnung je eine Vorrichtung *a* gesetzt und durch die Mittelöffnungen der Schnurspannhülsen *b* eine Schnur gezogen. Diese ergibt alsdann die Mitte des Zylinders.

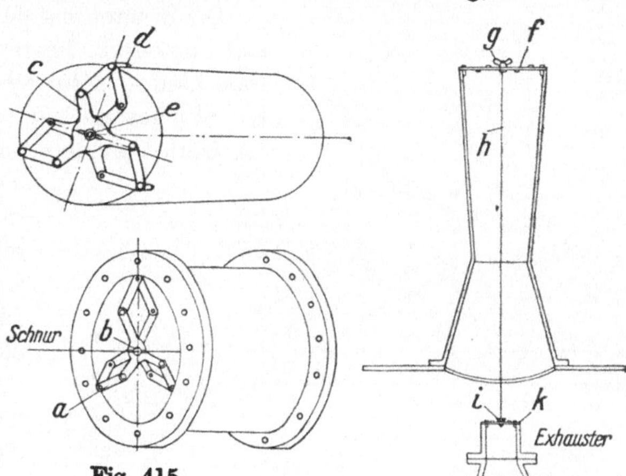

Fig. 415.

Das dritte Beispiel zeigt das Zentrieren einer Schornsteinachse mit zugehörigem Exhaustor. Die Meßvorrichtung *f* wird mittels der Flügelmutter am oberen Rand des Schornsteins befestigt. Desgleichen wird in der Austrittsöffnung des Exhaustors eine solche Vorrichtung *k* festgestellt. Die beiden Mitten derselben nehmen in *g* und *i* die Schnur *h* auf. Diese stellt alsdann die Mitte der beiden Teile fest. Man kann aber die Schnur im Schornstein nur oberhalb befestigen und an das untere Ende ein Lot hängen. Dieses zeigt mit der Spitze, bei richtiger Stellung, auf die Mitte der unteren Vorrichtung. Bei der letzteren Meßmethode ist ein Ausrichten der beiden Vorrichtungen mit der Wasserwage geboten, um ein einwandfreies Fluchten der beiden Achsen zu gewährleisten. Wie man aus den hier angeführten Beispielen ersieht, besitzt die Zentrier- und Meßvorrichtung ein weites Arbeitsfeld. Man erspart durch ihre sinngemäße Anwendung viel Zeit und Geld.

In Fig. 416 ist eine Zentriervorrichtung nach dem gleichen Prinzip gebaut. Sie besteht aus zwei Gliederscheiben *a* und *b*, die sich um den gemeinsamen Mittelzapfen drehen, in Verbindung mit je drei um 120° versetzten Armen, an deren Enden sechs gleich lange Arme *c*, *d*, *e*, *f*, *g* und *h* angelenkt, und in den Punkten I, II und III mit den Meßstiften verbunden sind. Bei einer Verschiebung von *a* gegen *b* bewegen sich die Meßstifte gleichmäßig auf drei um 120° versetzten Radien eines Kreises, dessen Mittelpunkt der Mittelpunkt der Vorrichtung ist.

Zu jeder Vorrichtung gehört eine abnehmbare Meßskala *m*. Diese wird mit dem kreuzförmigen Durchbruch *x* über das Endkreuz des Meßstiftes II geschoben und durch den Bolzen in der Mitte der Vorrichtung *o* befestigt. Die Einstellung der Vorrichtung erfolgt hier mittels der beiden Zahnräder *r* und *R*. Das kleine Zahnrad *r* wird durch den Knopf *p* bewegt, wodurch die Verschiebung der beiden Arme *a* und *b* eingeleitet wird. Die Meßskala *m* besitzt zwei Einteilungen; die eine Seite ist für hohle und die andere Seite für volle Körper bestimmt. Die Vorzüge der hier beschriebenen Vorrichtung sind gleich der in Fig. 414 gekennzeichnet.

Fig. 416.

In Fig. 417 ist ein Präzisionsteilapparat D. R. P. der Firma Hoffmann & Pohle, Essen-Ruhr, dargestellt.

Der Teilapparat dient zum schnellen und genauen Einstellen von Winkelstellungen an beliebigen Drehkörpern, z .B. beim Bearbeiten von Kurbelachsen. Auf der Zeichnung ist der Teilapparat in Ansicht bei teilweiser Entfernung des Gehäusedeckels und im Seitenriß im Schnitt dargestellt. Der Apparat wird durch die von Kegelrädern angetriebene Zentriervorrichtung auf die Kurbelachse aufgespannt und vor dem Bearbeiten der ersten Kurbel auf 0 Grad eingestellt. Jede weitere Kurbel kann durch Verstellen des mit dem drehbaren Ring *t* verbundenen Zeigers *z* auf der ebenfalls lose angeordneten Teilscheibe *s* in der gewünschten Winkelstellung bearbeitet werden, nachdem der Ring *t* durch die Klemmschraube *k* auf dem Futter festgestellt, und die Kurbelachse in die durch die Wasserwage *w* bestimmte Lage gebracht worden ist. Derselbe Vorgang wiederholt sich beim Hobeln, Bohren, Kontrollieren usw. der beschriebenen Kurbelachse. Der als Nonius ausgebildete Zeiger *z* ermöglicht sechzigstel Gradeinteilung, so daß auch der genaueste Winkel eingestellt werden kann.

Eine beliebig lange und dicke Welle soll an beiden Enden in einer Ebene liegende Sechskante erhalten. Der Teilapparat ist von der Arbeitsmaschine unabhängig an einer beliebigen Stelle der Welle aufzuspannen und auf den 0 Punkt einzustellen, d. h. die Wasserwage *w* muß einspielen und der Zeiger *z* (Nonius) mit der Teilscheibe *s* bei 0 Grad übereinanderstehen. In dieser Lage wird die erste Fläche des Sechskantes bearbeitet. Bei dem Bearbeiten der weiteren Flächen wird nur der Ring *t* jedesmal um 60 Grad auf der Teilscheibe *s* verschoben und das Werkstück gedreht, bis die Wasserwage einspielt. Die andere Seite der Welle wird nun ebenfalls durch Umdrehen vor den Stahl gebracht, ohne den Apparat zu verstellen. Das Einspielen der Wasserwage ist ohne weiteres für die Bearbeitung der ersten Fläche des zweiten Sechskantes bestimmend. Bei der weiteren Bearbeitung wiederholt sich der erste Vorgang. Die Bearbeitung dieser Welle ist durch die Anwendung des Teilapparates einfacher, genauer und billiger. Genauer, weil die Bearbeitung in einer Operation vor sich gehen kann, billiger darum, weil das Vorzeichnen wegfällt.

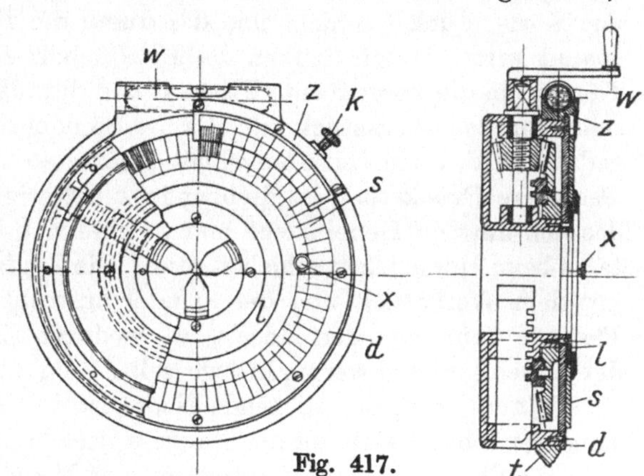

Fig. 417.

Die Verwendungsmöglichkeit des Teilapparates ist sehr vielseitig. Sie erstreckt sich auch auf alle Drehkörper, die ein beliebiges Vielkant oder eine Zahnradteilung erhalten oder in irgendeiner Winkelstellung bearbeitet werden sollen. Sie ist ferner zum Vorzeichnen von Wellen, Pleuelstangen, Kurbeln und Exzenterachsen, Maschinen- und Gaszylindern, Gußstücken aller Art mit gedrehter Fläche oder Bohrung usw. geeignet. Auch bei der Montage von Maschinen ist der Apparat unentbehrlich, wie z. B. bei der Bestimmung der Winkelstellungen der Steuerwellen zu den Ventilgestängen.

Der Apparat kann auch für Werkstücke mit quadratischem Querschnitt hergestellt und mit Sekundenteilung versehen werden. Weitere Anwendung wird er finden bei Revisionen, zum Bearbeiten von Klauen und anderen Kupplungen, zum Schneiden von mehrgängigen Gewinden, zum Bohren von Flanschen an langen Wellen usw. Desgleichen erfüllt der Apparat in der Feinmechanik ein längst empfundenes Bedürfnis.

In Fig. 418 ist eine Anreißvorrichtung zum Anreißen von Kreisen auf Flanschen, Schablonen usw. dargestellt.

Der gußeiserne Körper *a* trägt in einer Nabe des unteren Auslegers die Spindel des Tisches *b*. Die Spindel *c* besitzt als Aufstützpunkt einen Körner, der sich in der Vertiefung der Metallschraube *d* abstützt. Die Körnerspitze *c* ist gehärtet. Zwei Rundmuttern sichern die Spindel in der Lagerbüchse. Der Tisch *b* ist unterhalb ausgespart und weist auf seiner Fläche Spannschlitze auf, um die Werkstücke darauf befestigen zu können. Sind dieselben schwer genug, wie dies in der Abbildung ersichtlich ist, so ist ein Festspannen unnötig. Die zentrische Lage wird durch die über der Werkstückplatte *P* befindliche Spindel *k* erreicht. Die Spindel *k* besitzt am unteren Ende eine Bohrung, in welcher sich das Körnerstück *l* schiebt und das durch die Feder *m* nach unten gespannt wird. Durch Senken des Handhebels *e* drückt sich zuerst der Körner *l* in die vorgekörnte Platte *P* und darauf setzt sich die Spindel *k* selbst auf das Werkstück auf. Da die Spindel durch die Reibung mitgedreht wird, ist in *i* eine Kugel mit gehärteten Druckstücken eingebaut. Das obere Druckstück ist drehbar in *k* befestigt. Es besitzt ein Auge, das sich um den Hebel *e* legt und welches sich in dem Schlitz des letzteren beim Hochziehen schieben kann. Die Zugfeder *f* hält den Kontakt mit dem Werkstück und der Spindel aufrecht. Beim Entfernen der Platte *P* hebt man den Hebel *e* an, wodurch sich die Klinke *g* infolge der einseitigen Schwerpunktslage selbsttätig auf den Ansatz *h* setzt.

Die zum Anreißen dienende Nadel ist in dem Kloben *o* befestigt. Letzterer schiebt sich auf die Stange *n*, welche in *q* drehbar angeordnet ist. Die Stange *n* kann dadurch mit der Nadel auf das Werkstück gesenkt werden. Zu dem Zweck ist an einem Ende ein kreisförmiges Stück, das in *p* gespannt wird, angebracht. Der Kloben, der die Nadel hält, ist drehbar, so daß Kreise bis an das Zentrum des Arbeitsstückes aufgezeichnet werden können. Eine Einteilung unterstützt den einmal festgestellten Punkt bei der Anreißung mehrerer Kreise auf dem Werkstück *P*. Das Anreißen wird durch Drehen des Tisches *b* bewerkstelligt.

In Fig. 419 ist eine Anreißvorrichtung für Blechplatten *B* veranschaulicht. Die Vorrichtung wird mit der Führung *a* auf der Anreißplatte durch zwei Schrauben an *b* befestigt. Auf der Führungsleiste *a* schiebt sich der Kloben oder besser gesagt der Schieber *c*, dessen Lauf drei Druckschrauben *d* regulieren. Anschließend an den Schieber ist die Querleiste *e* mit Millimeterteilung angebracht. Auf letzterer schiebt sich der Kloben *f* der durch die beiden kleinen Schräubchen *g* im Lauf reguliert wird. Die Anreißnadel *i* wird durch *h* gespannt.

Die hier abgebildete Anreißvorrichtung eignet sich besonders für Blechkonstruktionswerkstätten. Sie erspart dadurch viel Zeit und Geld, daß der Vorzeichner nicht erst mit Lineal und Winkel zu hantieren braucht.

Fig. 420 zeigt eine Schablonenanreißvorrichtung. Das Gestell *a* ist besonders leicht ausgeführt. In dem unteren Ausleger ist die Tisch-

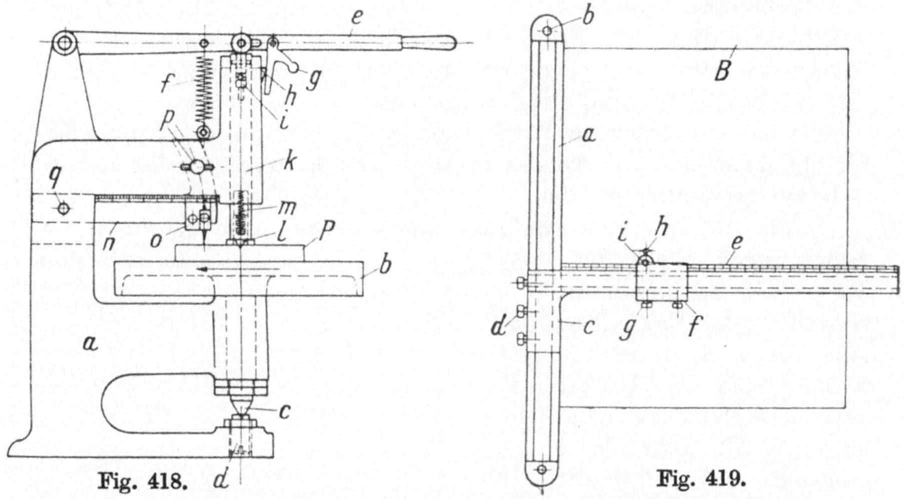

Fig. 418. Fig. 419.

platte *n* drehbar eingebaut. Unterhalb des Lagers befindet sich die Schablone *d*. Diese ist auswechselbar angeordnet und durch die Mutter *e* mit Scheibe gehalten. Gegen die Kante der Schablone legt sich die Rolle *c*,

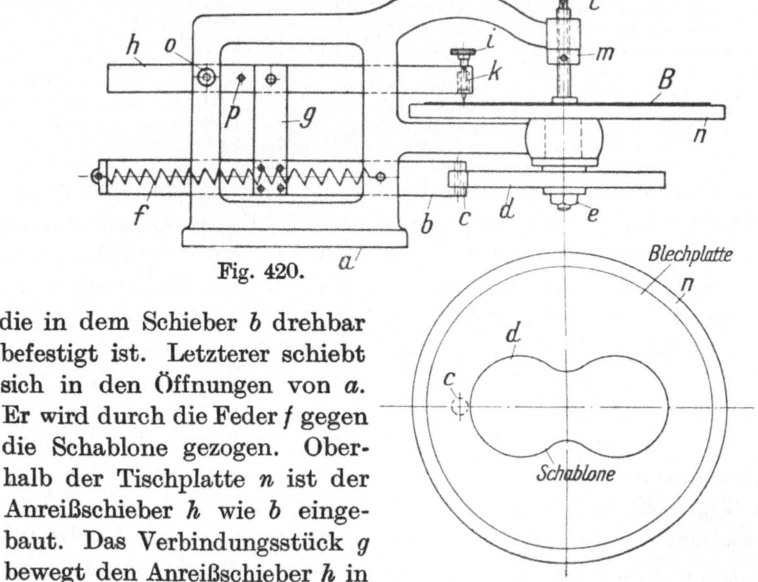

Fig. 420.

die in dem Schieber *b* drehbar befestigt ist. Letzterer schiebt sich in den Öffnungen von *a*. Er wird durch die Feder *f* gegen die Schablone gezogen. Oberhalb der Tischplatte *n* ist der Anreißschieber *h* wie *b* eingebaut. Das Verbindungsstück *g* bewegt den Anreißschieber *h* in der Weise wie die Schablone *d* den Schieber *b* verschiebt. Um die beiden Schieber außer Tätigkeit setzen zu können, ist die Arretierung *o* vorgesehen, die in das Loch *p* einschlägt. Am Vorderteil des Schiebers *h* befindet sich der Anreißstift *i*, der mittels der Feder *k* nach unten auf die Blechplatte *B* gedrückt wird. Die Befestigung der Blechplatte geschieht hier durch die Spannschraube *l*, die mit der Gegenmutter *m* festgezogen wird. Der kleine Druckteller an der Spindel ist beweglich und macht die Drehung des Tisches mit.

Die hier beschriebene Vorrichtung eignet sich in der Hauptsache für Spezialzwecke, die Art des Prinzips jedoch kann auch für andere Arbeiten verwendet werden.

In Fig. 421 ist eine Vorrichtung zum Abscheren von Drahtenden im Schraubstock abgebildet. Das Spannstück *a* besitzt unterhalb eine Rippe zur Spannung im Schraubstock. Oberhalb ist eine T-Nut eingefräst, in welcher sich der Bock *b* verschieben läßt und in der er durch die Schraube *c* gespannt wird. Für die

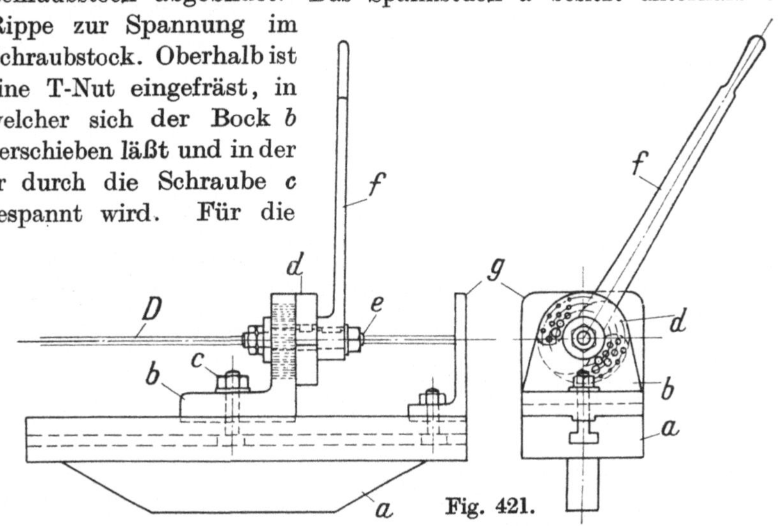

Fig. 421.

Führung ist die Nut oben etwas breiter gehalten als der Schraubendurchgang aufweist. Der Bock *b* ist aus Gußstahl ausgeführt und auf der vorderen Seite gehärtet und geschliffen. Gegen diese Fläche legt sich das Messer *d*, das durch den Bolzen *e* mit dem Handhebel *f* fest verbunden ist. Die Drehung findet in dem Bock *b* statt. Das Messer *d* besitzt zwei Flügel, die sich an den Lochreihen des Bockes *b* vorbeibewegen. Es sind für sämtliche Drahtstärken Löcher vorhanden. Um die Drahtstifte in gleichen Längen zu erhalten, ist der verstellbare Anschlag *g* vorgesehen. In der Abbildung ist ein Draht *D* in Schnittlage gezeichnet.

Die Fig. 422 veranschaulicht eine Federwindevorrichtung. Diese wird zwischen den Backen *n* eines Schraubstockes gespannt. Die beiden Winkel *a* und *b* nehmen die Holzfütterung *c* bzw. c_1 auf. Letztere wird durch die Schrauben *d* in den Winkeln gehalten, die ihren Drehpunkt im Scharnier *e* besitzen. Der Windedorn *l* wird durch die beiden Laschen *f* bzw. f_1 und den in letzteren befestigten Büchsen g, bzw. i geführt. Die Büchse i ist durch die Schraube k in der Nabe der Lasche f_1 befestigt. Die Büchse g kann dagegen durch das Gegendrücken der Windungen von F herausgeschoben werden, was auf die weitere Wickelung der Feder weiter keinen Einfluß hat. Zu diesem Zweck ist die Federbüchse h auf f vorgesehen.

Die Betätigung des Dornes l geschieht mittels der Kurbel m. Zu bemerken sei noch, daß der Dorn zur Aufnahme der ersten Windungen ein Loch für den Drahtanfang besitzt. Nach der Windung wird das eingeführte Mitnehmerende abgetrennt, so daß demnach die Feder vom Dorn frei ist.

In Fig. 423[1]) ist eine häufig in Apparaten Verwendung findende Feder dargestellt; es soll im folgenden ihre Herstellung geschildert werden.

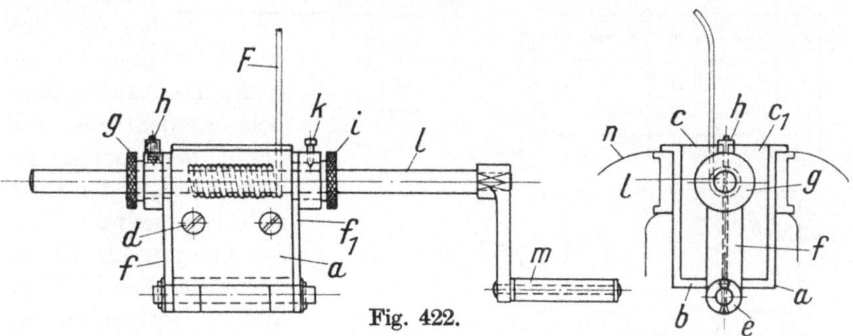

Fig. 422.

Die Vorrichtung stellt ein U-förmiges Eisengehäuse a dar, in dessen Mitte sich ein Steg b befindet. Er dient zur Formgebung des Federbügels F. An beiden Seiten der Vorrichtung befinden sich Löcher zur Aufnahme der beiden Kurbeln c und c'. Der Schaft der linken Kurbel ist auf dem Durchmesser n abgesetzt, und um diesen muß sich die Feder winden; die andere Kurbel von entsprechendem Durchmesser enthält eine Bohrung zur Aufnahme des dünnen Endes; außerdem befinden sich an beiden Kurbeln Mitnehmerflächen i, die hinter den Federdraht greifen, aber dessen Stärke nicht überragen dürfen.

In den Steg b ist eine Stahlbüchse g zur Aufnahme der Spindel n eingesetzt; an beiden Seiten der Büchse befinden sich Auflaufflächen, die das Zusammentreffen der ersten Windung mit dem Federbügel F verhindern sollen.

Die Vorrichtung dient gleichzeitig auch zum Auf-Länge-Abschneiden des Federdrahtes, sowie zum Biegen des Federbügels F; zu diesem Zweck ist ein Deckel mit Griff d angebracht, der bei k ein Messer besitzt.

[1]) Werkstattstechnik 1913, Heft 24, S. 745.

Nach erfolgtem Schnitt drücken sich Kloben *e* und *e'* über den Federdraht, der zwecks Beibehaltens seiner Lage in einem Einschnitt liegt, und biegen ihn in den Rillen der Kloben *e* und *e'* geführt abwärts.

Die Handhabung der Vorrichtung ist sehr einfach; der Stahldraht wird, wie in der Figur gestrichelt angedeutet, in das Loch der gehärteten Büchse *l* eingeführt, bis er gegen die gegenüberliegende Seite anstößt, dann wird der Deckel *d* mit dem Messer *k* herabgedrückt und der Federdraht an der Büchse *l* abgetrennt; in demselben Augenblick greifen die Kloben *e* und *e'* über ihn und biegen ihn über den Steg *b*, so, daß seine beiden Enden an der vorstehenden Kante der Stegbüchse anliegen. In dieser Lage läßt man den Draht liegen, schiebt die Windekurbeln *c* und *c'* gegen ihn und klappt den Deckel zurück. Die beiden Kurbeln werden nun fest gegen den Draht gedrückt und in der Pfeilrichtung gedreht, und zwar so oft, bis die gewünschte Anzahl Windungen vorhanden ist. Darauf läßt man die Kurbeln los, zieht sie heraus, und die Feder ist fertig.

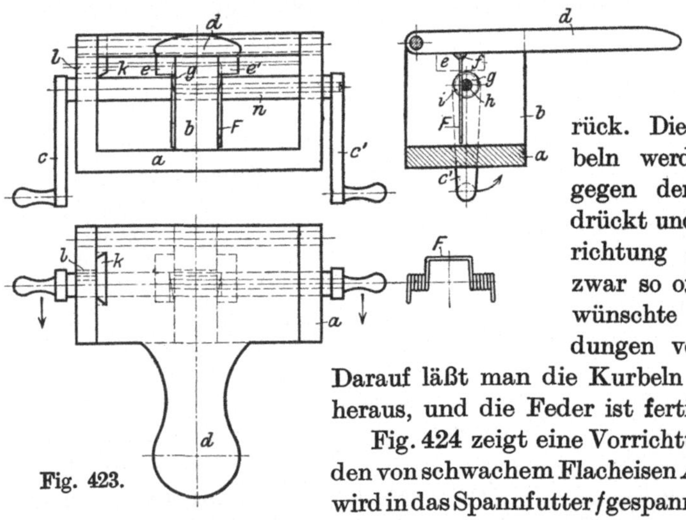

Fig. 423.

Fig. 424 zeigt eine Vorrichtung zum Winden von schwachem Flacheisen *A*. Das Eisen *A* wird in das Spannfutter *f* gespannt, desgleichen auch in den entgegengesetzten Bock *g*. Dieser besitzt für die Aufnahme des anderen Endes von *A* zwei Backen *h*, die durch die Knebelschraube *i* zusammengezogen werden. Um mehrere Längen winden zu können, ist der Bock *g* auf dem Unterteil *a* mittels der Schraube *k* verstellbar befestigt. Das Winden wird durch die Kurbel *c* bewerkstelligt. Diese treibt das Ritzel *d* an, mit dem sich das Zahnrad *e*, das auf der Welle von Spannfutter *f* sitzt, im Eingriff befindet. Der Bock *b* ist ebenfalls verstellbar angeordnet; so daß die Vorrichtung im weiterem Maße verwendet werden kann.

Fig. 425 veranschaulicht eine Windevorrichtung zum Winden von Flacheisen, das erst, bevor es zum Winden kommt, an dem einen Ende angerollt wird. Auf diese Weise greift der Anfang in der Spirale *b* besser ein. Die Betätigung erfolgt auch hier durch die Kurbel *e*. Dieselbe steckt auf der kurzen Welle des kleinen Kegelrades *d*. Das große Kegelrad *c* steht mit *d* im Eingriff. Die Führungsstange *f* schiebt sich in der Bodenplatte *a* und hält zwischen einer Aussparung das Flacheisen *S* entsprechend in Spannung. Die Spannschraube *g* zieht je nach Bedarf den Schlitz in *f* zusammen. Der Aufriß zeigt das Eisen *S* in der Anfangsstellung und der Grundriß nach Beendigung der Windung. Daraus ist auch die Stellung des Führungsstabes klar ersichtlich.

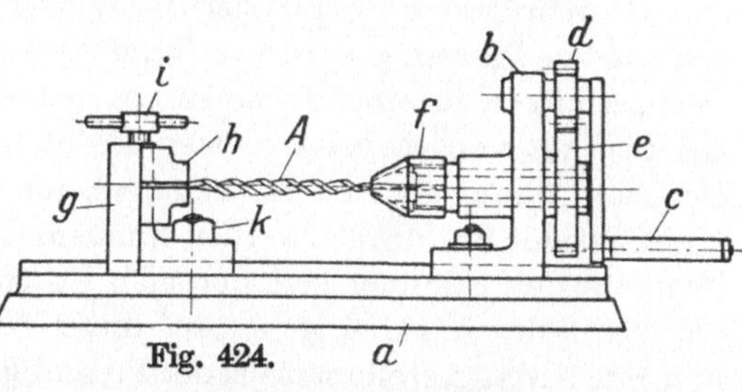

Fig. 424.

Das Formstück *b* ist aus Stahlguß hergestellt. Es wird durch das große Kegelrad *c* gedreht. Die hier beschriebene Vorrichtung ist äußerst einfach gehalten. Nach Winden der Spirale wird sie je nach Bedarf durchgerichtet.

In Fig. 426 ist eine Profiliervorrichtung für schwaches Bandeisen gezeigt. Das hier zur Verwendung gelangende Eisen wird passend in Längen geschnitten und auf das Unterteil *c* gelegt. Dieses besteht ebenso wie die Stempel *d* aus Gußstahl, um

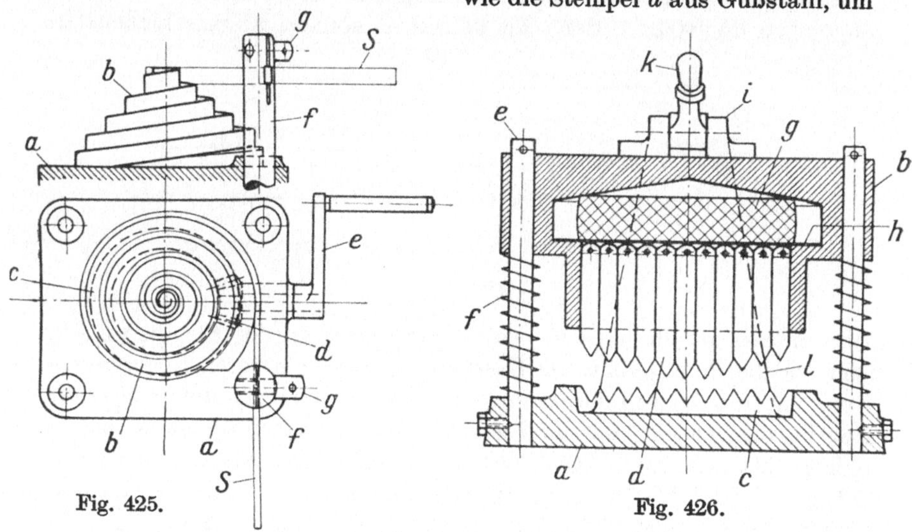

Fig. 425. Fig. 426.

einer Deformation nach Möglichkeit entgegenzuwirken. Das Stück *c* sitzt in dem gußeisernen Unterteil *a*. Zur Führung des Oberteiles *b* sind im Unterteil *a* vier Führungsstangen *e* befestigt. Auf diesen sitzt je eine Druckfeder *f*, um das Oberteil nach beendeter Arbeit wieder in die Anfangsstellung zu bringen. Als Begrenzung nach oben hin, sind in die Führungsstangen Stifte eingesetzt. Am Unterteil *a* ist an der Rückseite ein Bock *l* angegossen, welcher oberhalb den Hebel *k* in einem gegabelten Auge aufnimmt. Auf dem Oberteil *b* befindet sich die Aufnahme *i* für den Druckpunkt des Hebels *k*. Sobald auf das Formstück *c* ein schwaches Bandeisen gelegt ist, wird der Hebel *k* herabgedrückt. Zuerst trifft der mittlere Stempel der Reihe *d* auf; dann folgen nacheinander die seitlich liegenden. Infolge der zunehmenden Pressung wird das Stahlblech *h* durchgebogen, so daß alle Stempelspitzen in einer Höhe zu liegen kommen. Im weiteren Verlauf des Druckes von Hebel *k* pressen die Stempel *d* das Bandeisen in das Unterteil *c* und formen es entsprechend dem ersteren. Die Schlußpressung oder Enddrucke werden von dem Gummipuffer *g* aufgenommen. Oberhalb der Stempel befinden sich Stifte, die sich auf einen Ansatz des Oberteiles *b* aufhängen. Auf diese Weise erhalten die Stempel *d* stets ihre Anfangsstellung nach der Pressung zurück. An Stelle des Handhebels *k* kann auch ein Preßstück, durch eine Spindelpresse usw. gesetzt werden.

Die drei letzten Vorrichtungen finden besonders dort Anwendung, wo häufig Verkleidungsarbeiten in Gitter oder Verzierungen ausgeführt werden.

Fig. 427 stellt eine Scharnierbandpresse der Firma L. Schuler, Göppingen (Württbg.), dar. Mit derselben können die verschiedensten

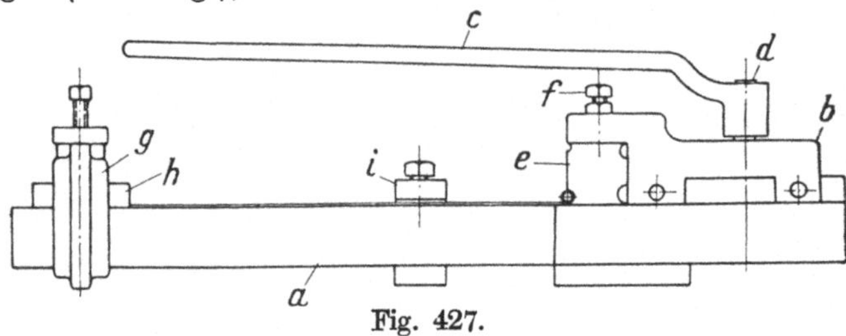

Fig. 427.

Durchmesser gerollt werden. Zu diesem Zweck ist der Biegeklotz *e* in dem Schieber *b* gespannt. Die Schrauben *f* halten ersteren in letzterem fest. Für die Vorschubbewegung ist der auf der Spindel *d* sitzende Hebel *c* vorgesehen. Der Kloben *i* auf dem Unterteil *a* spannt das zu rollende Material fest. Die Klaue *g* mit Anlage *h* dient zur Druckaufnahme während der Pressung durch *b*. Die Art und Weise dieser praktischen Vorrichtung ist in der Abbildung leicht zu erkennen.

In Fig. 428 ist eine Stifteinschraubevorrichtung zu sehen, die sich für derartige Arbeiten mit Erfolg anwenden läßt. In den Deckel *W* soll eine Stiftschraube *S* eingeschraubt werden. Das Verfahren mittels zweier Muttern ist zeitraubend und unpraktisch, weil ihr Gewinde auch durch seine Kürze in Mitleidenschaft gezogen wird. Diesem Übelstand wird durch diese Vorrichtung abgeholfen. Die lange Sechskanthülse *a* wird über den einzuschraubenden Stift *S* geschraubt bis derselbe gegen den Zapfen der Schraube *b* stößt. Alsdann wird die Stiftschraube *S* mit Vorrichtung durch einen Mutternschlüssel eingeschraubt. Beim Lösen der Hülse *a* ist es nun nötig, die Druckschraube *b* etwas zu lockern, man kann dann gleich darauf die Hülse mit der Hand abschrauben.

In Fig. 429 ist eine ähnliche Einschraubvorrichtung veranschaulicht. Bei ihr wird ebenfalls eine Hülse *a* über den Stift *S*, der in die Platte *W* eingesetzt werden soll, geschraubt. Die Hülse *a* besitzt für die Aufnahme des Stiftgewindes deren Durchmesser und Gangzahl. Oberhalb des Stiftgewindes befindet sich für die Druckschraube *b* ein Flachgewinde. Die Druckschraube *b* weist einen Bund als Anlage für die Hülse *a* auf. An dem Vierkant des Schraubenkopfes wird die Stiftschraube *S* eingezogen. Für das Druckstück *c* ist die Herstellung aus Gußstahl vorgesehen, um seinem Verdrücken durch fortwährenden Gebrauch vorzubeugen. Es ist leicht einzusehen, daß beim Lösen der Einschraubvorrichtung nur die Druckschraube *b* zu lüften ist. Beide Vorrichtungen sind nach dem gleichen Prinzip konstruiert worden und in ihrer Anwendung ohne Unterschiede zu benutzen.

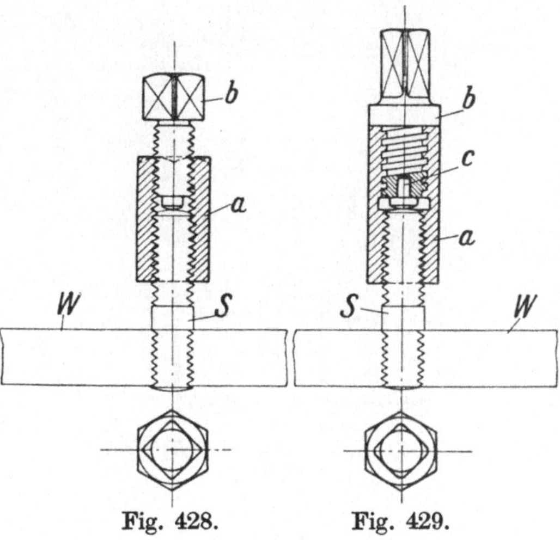

Fig. 428. Fig. 429.

In Fig. 430[1]) ist eine Einschraubvorrichtung für das Einschrauben von Bodenscheiben in zylindrische Körper dargestellt.

Der Körper *a* ist aus Grauguß hergestellt und trägt die Lagerung der Spannwalze und Bodenklemme. Das Lager für die Spannwalze *c* ist durch einen Bügel *b* verschlossen, der durch ein Scharnier und eine Verschlußschraube *i* mit dem Unterteil verbunden ist. Dieses hat den Zweck, nach erfolgter Verschraubung die Spannung durch Lüften der Schraube *i* aufzuheben. Die Spannwalze *c* trägt in leicht nach außen geneigten Schlitzen drei Walzen *d*, die sich in einem Abstande von 120°. voneinander befinden. Rings um den Spannzylinder *c* ist ein Schneckenkranz gefräst. In diesen greift die Schnecke *g*; diese Anordnung dient zum Drehen des Zylinders *c*, der von beiden Seiten durch zwei gezahnte Scheiben *e* abgeschlossen wird. Letztere haben den Zweck, die drei Walzen *d*, nachdem die Spannschraube *i* gelüftet ist, in Anfangsstellung

[1]) Werkstattstechnik 1916, Heft 10, S. 218.

zu bringen. Die drei Schrauben *f* dienen gleichzeitig als Führung. Der gegabelte Hebel *k* ist auf dem Bügel *b* drehbar gelagert. Letzterer trägt an beiden Enden des durchgehenden Bolzens *m* je eine Klinke *l*. Diese greifen in der vorderen Lage, zum Anspannen und in der rückwärtigen Lage zum Entspannen in die Verzahnung der Stellscheiben *e*. Die Stellscheiben nehmen die Walzen *d* an ihren Wellenenden mit. Im gespannten Zustand ist der Spannschlitz im Zylinder geschlossen. Die Bodenklemme

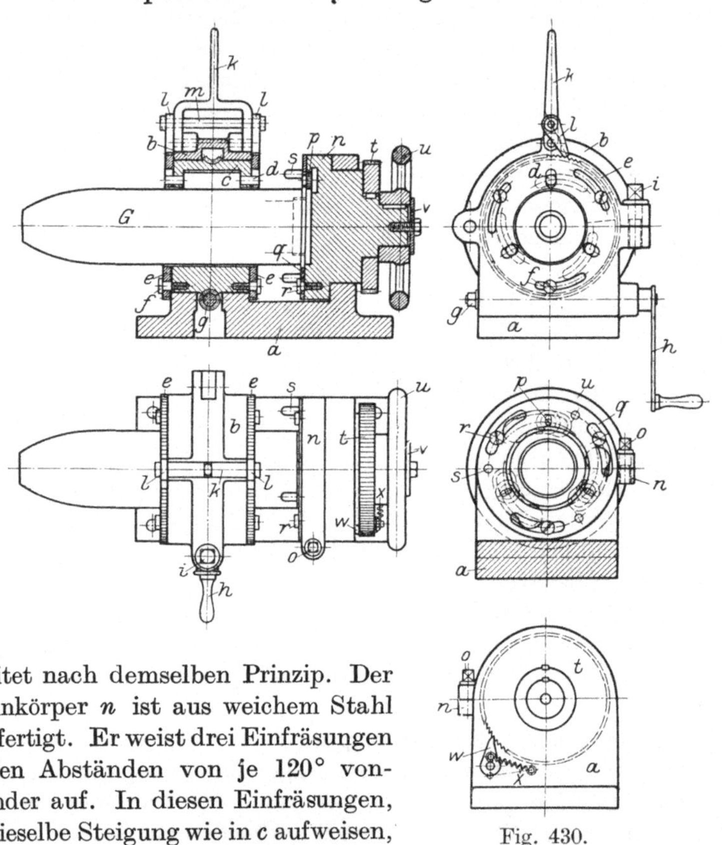

Fig. 430.

arbeitet nach demselben Prinzip. Der Spannkörper *n* ist aus weichem Stahl angefertigt. Er weist drei Einfräsungen in den Abständen von je 120° voneinander auf. In diesen Einfräsungen, die dieselbe Steigung wie in *c* aufweisen, befinden sich drei Gußstahlrollen *p*, die sich mit ihrem geriffelten Ansatz auf den Rand des Zylinderbodens setzen. Zur Entspannung dient hier ebenfalls eine Spannschraube *o*, die nach Beendigung der Arbeit angelüftet wird und die die Rollen durch Drehen der Stellscheibe *q* in die Anfangsstellung zurückbringen läßt, ähnlich wie bei *c*. Das Drehen der Scheibe *q* geschieht an den drei Stiftgriffen *s*. Die Scheibe wird auch hier auf drei Schrauben *r* geführt. Als Gegenstütze dient ein kräftiges Klinkenrad *t*. Dieses sitzt auf dem Ansatz von *n* und weist zwischen dem Lagerbock von *a* einen entsprechenden

Spielraum auf, um die durch das Einschrauben des Bodens in *G* entstehende Verkürzung auszugleichen. Das Handrad *u* dient zum Festspannen des Zylinders *G* zwischen den Rollen. Scheibe und Schraube *v* verbinden Hand- und Klinkrad mit dem Spannkörper *n*. Die Klinke *w* wird durch eine Zugfeder *x* gespannt. Soll die Klinke außer Tätigkeit gesetzt werden, so wird sie umgelegt.

Die Handhabung sei in Kürze angegeben: Der Zylinder *G* wird mit teilweise eingeschraubtem Boden von vorn durch die Öffnung des Zylinders *c* geschoben, so daß der Boden in der Eindrehung des Spannkörpers *n* zu sitzen kommt. Alsdann werden die Spannschrauben *i* und *o* angezogen und die Stellschrauben so weit gedreht, bis die Rollen *d* und *p* aufsitzen. Dann wird das Handrad *u* nachgezogen. Der Zylinder ist nun festgespannt. Der Handhebel *h* wird so lange gedreht, bis der Boden mit der Hülle fest verschraubt ist und sich keine Luft mehr an der Verbindungsstelle zeigt. Da sich die Spannung zwischen Zylinder und Rollen durch das Verschrauben bedeutend vergrößert hat, müssen die Spannschrauben angelüftet werden. Dadurch und durch den Schlitz im Zylinder *c* werden die Spannrollen entlastet. Die Klinken *l* werden umgelegt und die Stellscheiben *e* mit Rollen *d* durch den Hebel *k* zurückgedreht. Dasselbe wird auch bei *n* vollführt.

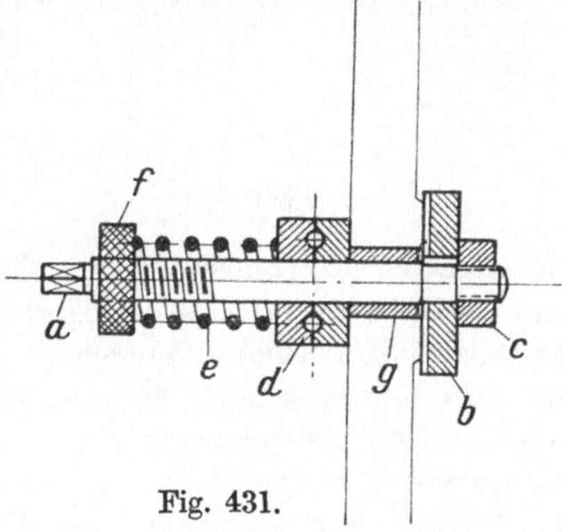

Fig. 431.

Die hier beschriebene Vorrichtung kann auch für andere Zwecke Verwendung finden, indem man die einzelnen Elemente unter Beibehaltung des Prinzips entsprechend verändert.

Fig. 431 veranschaulicht eine Vorrichtung zum Abflächen von Anlagen für Muttern und Bolzenköpfe, an die man mit den gebräuchlichen Werkzeugen nicht herankommen kann. Für diesen Zweck wird ein Scheibenfräser *b* verwendet, der durch die Mutter *c* auf dem Dorn *a* befestigt wird. Da nun die Stangen *a* nicht für alle Lochgrößen vorhanden sind, so werden die Einsatzbüchsen *g* verwendet. Diese lassen sich leicht herstellen, so daß man von denselben eine größere Anzahl auf Lager halten kann. Die nachgiebige Spannung wird mittels der Druckfeder *e* erzielt. Letztere stützt sich zwischen der Stellmutter *f* und dem Kugellager *d* ab. Das Kugellager hebt die infolge der Spannung entstehende Reibung teilweise auf, so daß lediglich die Kraftäußerung auf den Fräser *b* wirkt. Zur Bedienung des Apparates wird ein Aufsteckschlüssel für das Vierkant an Spindel *a* benutzt.

In Fig. 432 ist eine Fräsvorrichtung zum Abfräsen der Rohrkanten veranschaulicht. Der Fräser *m* ist auch hier wieder ein Scheibenfräser. Auf ihm ist der doppelseitige Handgriff *k* aufgekeilt. Zwecks Befestigung der Vorrichtung ist ein Spannstück *a* vorgesehen. Dieses ist sechsmal entgegengesetzt geschlitzt, wodurch eine gute zylindrische Anlage im Rohr erreicht wird. Durch Einziehen des Konus *b* dehnt sich das Spannteil *a* des Haltedornes entsprechend aus. Durch die Ausbohrung des Spanndornes *a* geht die Spindel *c* und nimmt an ihrem inneren Ende den Spannkonus *b* auf, der auf ihr durch die Rundmutter *d* gehalten wird. Bei Drehung des Muttergriffes *f* wird nun die Spindel mit Konus angezogen und die Spannbüchse *a* dadurch gespreizt. Um einem Verdrehen der Spindel *c* entgegenzuwirken, ist der Stift *e* vorgesehen. Er schiebt sich in den Schlitzen der Hülse von *a*. Die Anspannung des Fräsers *m* geschieht durch den Muttergriff *g*. Zu diesem Zweck weist die Hülse *a* außen ein Gewinde auf, auf welches sich die Mutter *g* schraubt. Die Feder *h* preßt sich gegen das Kugellager *i*, und zwar zu dem Zweck, um die Reibung während der Drehung des Fräsers durch den doppelseitigen Handgriff zu reduzieren. Aus der Abbildung ist die Wirkungsweise klar ersichtlich.

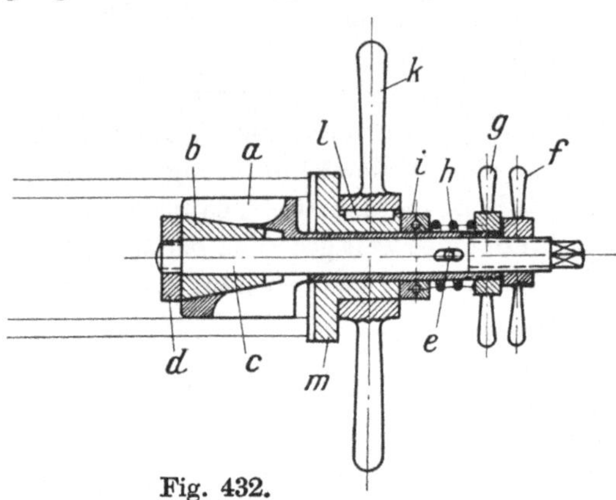

Fig. 432.

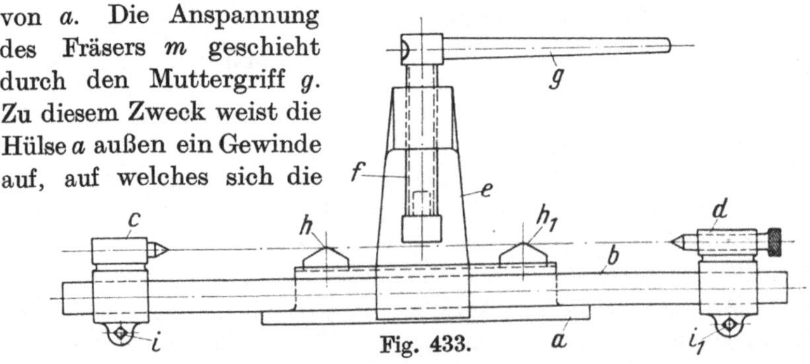

Fig. 433.

Fig. 433 zeigt eine häufig anzutreffende Wellenrichtvorrichtung. Der Körper *a* ist vorteilhaft aus Stahlguß angefertigt, da er große Biegungsspannungen auszuhalten hat. Als Auflage dienen zwei verschiebbare, prismatische Klötze *h* bzw. h_1. Auf letztere wird die zu richtende Welle gelegt und dann mittels der Druckspindel *f* und dem Griff *g* durchgedrückt. Der Teil *e* ist an *a* mit angegcssen. Er nimmt in seinem oberen Ende das Gewinde der Druckspindel *f* auf. Unterhalb der letzteren ist ein Stahldruckstück eingesetzt. Die Platte *a* besitzt außerdem vorn eine Nabe durch welche die kräftige Stange *b* gehalten wird. Auf der Stange befinden sich die beiden Spitzenkloben *c* und *d*, welche durch die beiden Spannschrauben *i* bzw. i_1 gehalten werden. Im Kloben *c* ist die Spitze fest, im Kloben *d* dagegen verstellbar angeordnet. Das Verstellen wird durch Drehen der Schraube in *d* bewerkstelligt. Die beiden Spitzen dienen zum Kontrollieren der Wellen auf zentrischen Lauf. Eine derartige Vorrichtung sollte in keiner Werkstatt fehlen.

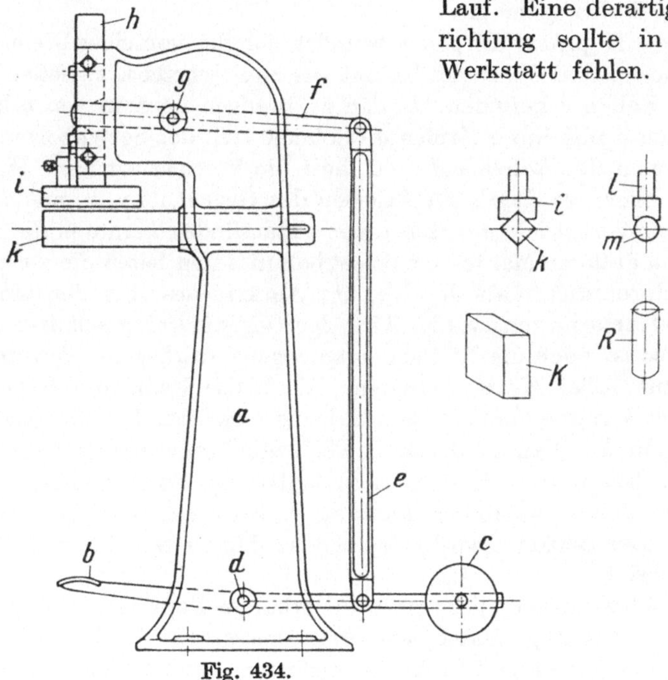

Fig. 434.

In Fig. 434 ist eine Vorrichtung zum Biegen und Runden von schwachen Blechteilen abgebildet. Der gußeiserne Ständer *a* ist infolge seiner guten Verrippung leicht ausgeführt. Die Betätigung der Vorrichtung erfolgt mittels des Fußtrittes *b* der seinen Drehpunkt in *d* besitzt. An der Verlängerung des Hebels ist die Stange *e* angelenkt, die oberhalb am anderen Ende mit dem Hebel *f* verbunden ist. Letzterer ist drehbar in *g* gelagert und steckt mit seinem vorderen Ende in dem Schieber *h*, welcher für die Aufnahme des Hebels entsprechend ausgespart ist. Am unteren Teil von *h* ist das Werkzeug, der Stempel *i*, gespannt. Durch den Fußtritt drückt sich nun der Stempel *i* auf den Dorn *k*, der die entsprechende Form des zu biegenden Bleches aufweist. Die Werkzeuge sind für die Bearbeitung mit ihren Mustern herausgezeichnet. Die beiden Muster *K* und *R* sind mit den darüberliegenden Werkzeugen *i*, *k* bzw. *l*, *m* gedrückt worden. Die Dorne werden mit einem Keil am hinteren Teil des Ständers *a* befestigt. Das Abheben des Stempels erfolgt selbsttätig durch das Gegengewicht *c*. Diese Vorrichtung läßt sich auch zum Stanzen usw. benutzen. Sie stellt ein brauchbares Werkzeug für die Schlosserei vor.

Fig. 435 zeigt eine Nietvorrichtung mittels Schlagrollen. Derartige Maschinen sind im Handel zu haben, es sei hier die Firma Alfred H. Schütte, Berlin, genannt.

In dem Kopf des Körpers *a* befindet sich das von einer Riemscheibe angetriebene Rad *b*. Dieses besteht aus zwei Scheiben, zwischen denen sich die Rollen *c* befinden. In den geräumigen Löchern von *b* hängen die Rollen *c* mit ihren Zapfen *d*. Solange sich der Schlagbolzen *e* aus dem Bereich der Rollen befindet, läuft die Vorrichtung leer. Mit dem Moment aber, wo durch ein Anheben des Gegenhalters *n*, mit dem zu nietenden Werkstück, ein Heben von *e* stattfindet, berühren die Rollen mit ihrem äußeren Mantel den Schlagbolzen *e* und leiten die zuckenden Schläge durch diesen auf den Niet des Werkstückes über, der dann entsprechend angestaucht wird. Wird der Gegenhalter *n* schärfer gegengeführt, so ist auch die Nietung entsprechend stärker, da hierdurch die Rollen mit voller Kraft auftreffen. Die Hülse *i* wird durch Drehung des Rades *k* mitgenommen, so daß keine einseitige Bearbeitung stattfinden kann. Die Feder *h* drückt den Schlagbolzen *e* aus dem Bereich der Rollen *c*. Das untere Ende *f* des Schlagbolzens stützt sich mit seinem Ansatz in der verstellbaren Führung *g*, welche sich in der Mutter *l* schraubt. Der Bolzen *m* wird entsprechend den zu vernietenden Stücken ausgewechselt.

Fig. 436 veranschaulicht einen Federhammer der Firma L. Schuler, Göppingen, Württbg., Maschinenfabrik. Dieser, sowie ähnliche Hämmer, sind in jeder gut eingerichteten Werkstatt zu finden. Sie dienen allen möglichen Zwecken. Der Antrieb der Vorrichtung geht von der Transmission auf Scheibe *a* über. In dieser sitzt die Friktionskupplung. Durch Drehung des Hebels *l* wird die Zugstange *m* nach unten gezogen und der Kloben *n* mit der Friktionskupplungswelle dadurch bewegt. Die Feder *o* rückt die Kupplung selbsttätig aus. Auf der gemeinschaftlichen Welle von *a* befindet sich am vorderen Ende die Hubscheibe *b*, welche einen Stellschlitz für den Hammerhub aufweist. An der Hubscheibe *b* ist der Federkloben *c* angelenkt, der die Feder *d* in einer Klemme trägt, resp. spannt. Die Feder ist in jeder Richtung beweglich gehalten und verleiht dem Hammer *e* mit dem Einsatz *f* einen federnden Schlag. Der Gegenhalter *g* ist ebenfalls austauschbar. Er wird mittels des Handrades *i* verstellt. Die Spannschraube *k* stellt den Halter *h* in der gewünschten Lage fest. Die Träger *q* und *r* sind gut verrippt und ausgespart, so daß die Vorrichtung einen gefälligen Eindruck macht und trotzdem genügend stabil ist. Die Verstrebungen *s* tragen ihr Teil zur Festigkeit mit bei. Die Holzplatte *p* besteht aus gutem festen Holz. Bei der Montage dürfte es sich zur Lokalisierung von Erschütterungen empfehlen, eventuell Kork- oder Filzplatten unter die Platte *p* zu legen.

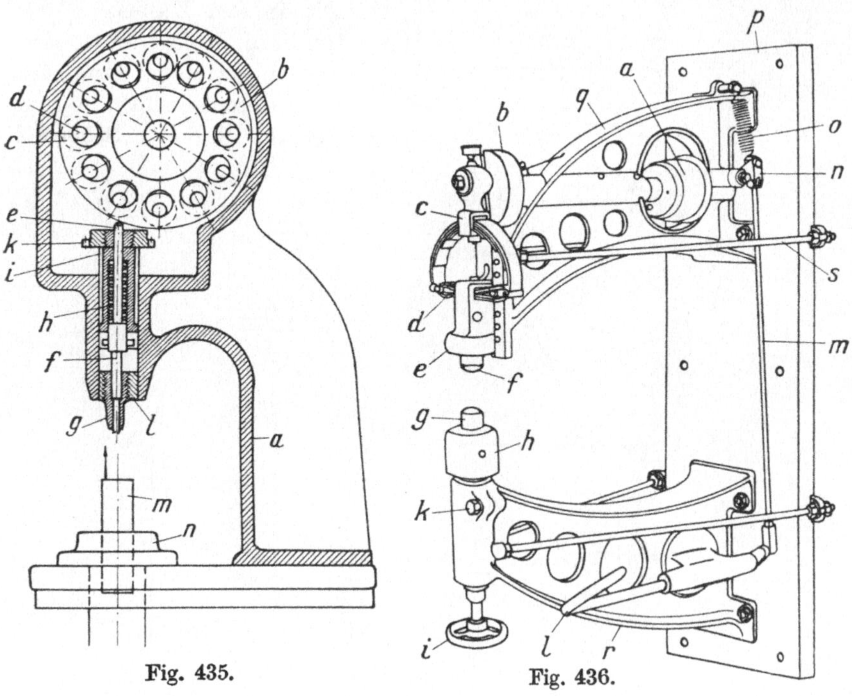

Fig. 435. Fig. 436.

Fig. 437 zeigt eine Vorrichtung, deren Verwendungsgebiet ziemlich umfangreich ist.

Ihr Körper *a* ist aus einem Stück gegossen und ähnelt in der Form dem Körper einer Stanze. *b* stellt die Handkurbel dar, die eventuell auch für mechanischen Antrieb durch eine Fest- und Losscheibe ersetzt werden kann. Auf der Kurbelwelle *c* befindet sich im Innern des Gehäuses das Kegelrad *d* das mit dem Kegelrad *e* im Eingriff steht. Letzteres sitzt auf Welle *f* und treibt das Schwungrad *g* an. Zur Herabminderung jeder eventuell auftretenden Reibung sind die beiden Kugellager *h* und *i* eingebaut. Unterhalb der Schwungradnabe befindet sich der Nocken, welcher auf die Rolle *k*, des ausschwenkbaren Stößels *l*. aufsetzt. Letzterer ist in ausgeschwenkter Lage gestrichelt gezeichnet und an dem unteren Teil des Stößels *n* in *m* angelenkt. Es ist leicht zu erkennen, daß der Stößel *l*, wenn er sich in Druckstellung befindet, den unteren Stößel *n*, beim Auftreffen des Nocken auf Rolle *k* nach unten verschiebt. Die Rückzugfeder *r* zieht den Stößel mit der Rolle *k* stets nach oben unter die Nockenbahn, bzw. aus dem Bereich des Arbeitsstückes, das im vorliegenden Beispiel ein zu vernietendes Blech darstellt.

Das Einschwenken des oberen Stößels wird mittels eines Fußtrittes bewerkstelligt, der das über die Rolle *x* laufende Drahtseil *v* anzieht. Die in den Kloben *w* befindliche Rolle leitet das Seil *v* zum Hebel *p*. Letzterer besitzt einen Schlitz, in dem sich der Stift des Stößels *l* verschieben kann. An diesem Stift wird der Stößel eingeschwenkt. Die Rückzugfeder *o* zieht den Stößel nach dem Freigeben aus dem Bereich des Nockens und setzt die Maschine still. Die Stößelbahn wird durch das Deckblech *q* abgeschlossen. Als Auflage des Bleches dienen zwei Rollen *t*, die am unteren Ausleger von *a* durch je zwei Kopfschrauben *u* einstellbar befestigt sind. Der Gegenhalter *B* schraubt sich in einem Gewinde von *a*. Er wird durch die Spannschraube *s* unter Verwendung eines Druckstückes festgezogen. Die Befestigung der Vorrichtung auf der Werkbank *Z* geschieht durch vier Bolzen *y*.

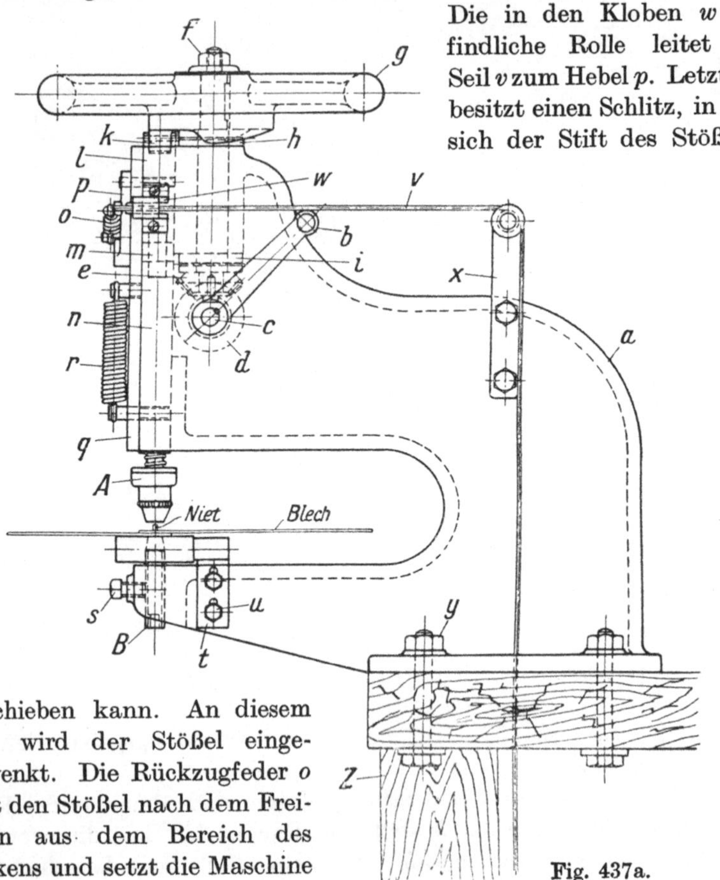

Fig. 437a.

In Fig. 438 sind die Nietwerkzeuge dargestellt. Der Nietstempel *A* ist in dem Stößel der Maschine verschraubt. Er preßt den Niet nach dem Tiefgang auf das Blech herunter. Da das zu vernietende Blech bekanntlich erst zusammengezogen werden muß, um eine einwandsfreie Nietung zu erhalten, so ist hier eine selbsttätige Andrückvorrichtung angebracht. Auf den beiden, in den Maschinenstößel geschraubten Bolzen *e* sitzen die beiden Druckfedern *f*. Diese drücken die Platte *a*

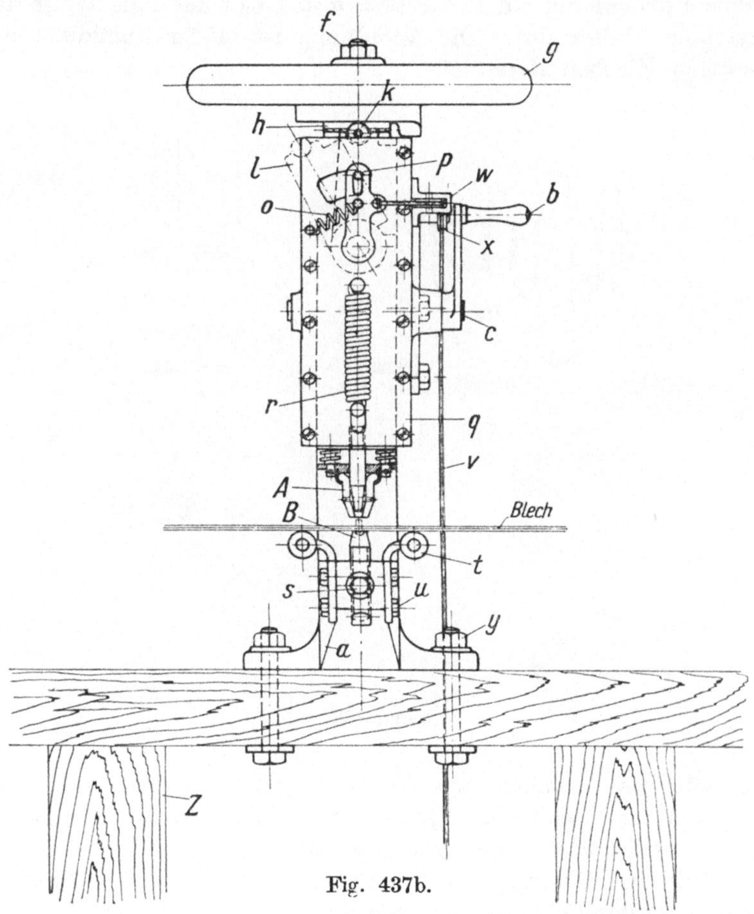

Fig. 437b.

gegen die beiden Begrenzungsstifte. Auf den Gewindeansatz der Platte ist der Ring *b* geschraubt. Er nimmt in seinem Innern die drei beweglichen Backen *c* auf. Schnitt *A—B* zeigt die Stellung der letzteren. Die Backen stoßen an der Spitze so weit zusammen, daß noch ein Durchgang für den Niet frei ist. Die Zusammenziehung der Backen wird durch die Ringfeder *d* bewerkstelligt. Der Gegenhalter *B* wird so weit herausgedreht, bis eine einwandsfreie Nietung erreicht ist. Der Vorgang ist folgender: Sobald sich der Stößel herabsenkt, wird das Blech infolge der

Federwirkung von f durch die Backen c zusammengedrückt. Alsdann schiebt sich der Nietstempel durch die Backen c auf den Niet und drückt ihn herunter. Um dem Durchgang des Stempels keinen Widerstand zu leisten, sind die Backen c beweglich angeordnet. Im Seitenriß erkennt man deutlich die Befestigung des Gegenhalters B. Die Druckschraube g drückt auf ein Metallstück h und hält auf diese Weise den eingestellten Halter fest. Die Anordnung ist in der Abbildung mit der nötigen Klarheit dargestellt.

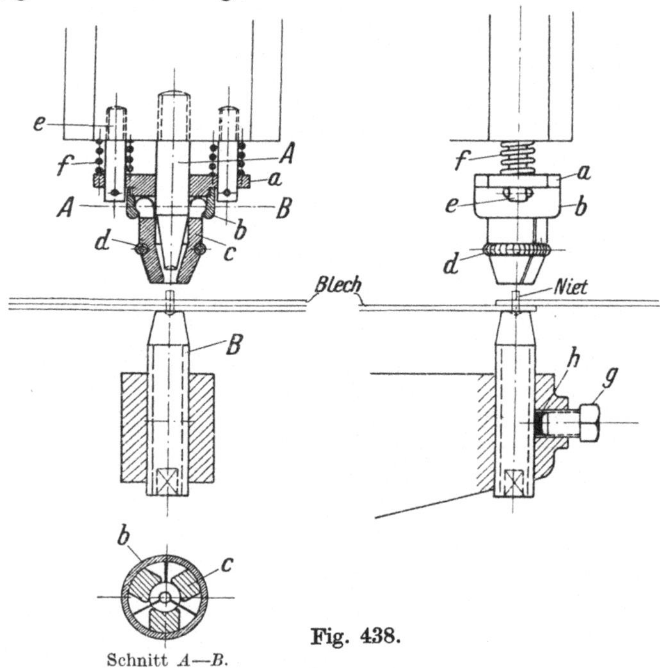

Fig. 438.

Fig. 439 veranschaulicht eine Zieharbeit auf der vorher beschriebenen Vorrichtung. Der Ziehstempel a wird in das gleiche Gewinde des Stößels eingeschraubt. Seitlich von ihm befinden sich die beiden Federbolzen c, die den Blechspanner b mittels der beiden Federn d halten. Die Federn werden durch die Rundmuttern e nachgezogen, bis die richtige Spannung erreicht ist. Als Begrenzung dienen die beiden Stifte f, an die sich der Spanner b legt. Die Führung erhält der Spanner mit dem Ziehstempel in Platte g, die durch die Distanzstifte bzw. die Rollen h auf i gehalten ist. Um nun die fertigen Schalen aus dem Unterteil i zu befördern, ist der Auswerfer k vorgesehen. Derselbe wird durch die Feder l gespannt und arbeitet selbsttätig. Der Auswerfer mit Feder ist in der Verlängerung von i untergebracht. Der Kanal wird durch die Mutter m verschlossen. Um nun den Auswerfer nach Hochgang des

Ziehstempels nicht zu weit heraustreten zu lassen, ist die Mutter *n* auf dem Schaft an *k* befestigt. Das Unterteil *i* ist durch Gewinde in den Ausleger der Maschine geschraubt.

Das Gesagte soll hier nur als ein Beispiel gelten. Derartige Arbeiten können auch auf andere Art und Weise hergestellt werden.

In Fig. 440 ist eine Lochvorrichtung für die in Figur 437 dargestellte Vorrichtung gezeichnet.

An Stelle der eingeschraubten Werkzeuge tritt hier der Halter *a*. Dieser wird mittels der Spannplatte an dem Stößel befestigt. Er trägt für die Aufnahme der Überwurfmutter *b* am unteren Ende Gewinde. In der Mutter sitzt der Lochstempel *c* mit seinem Ansatz, so daß er sich nicht herausziehen kann. Die hier veranschaulichte Anordnung erlaubt die Aufnahme von Stempeln verschiedener Stärken. In das Unterteil der Maschine wird der Halter *f* für die Matrize *e* eingeschraubt und genau so befestigt wie der Gegenhalter. Die ausgestoßenen Butzen fallen durch die mittlere Bohrung des Halters *f* nach unten heraus. Der übliche Abstreifer *d* wird in bekannter Weise an dem Maschinenkörper befestigt.

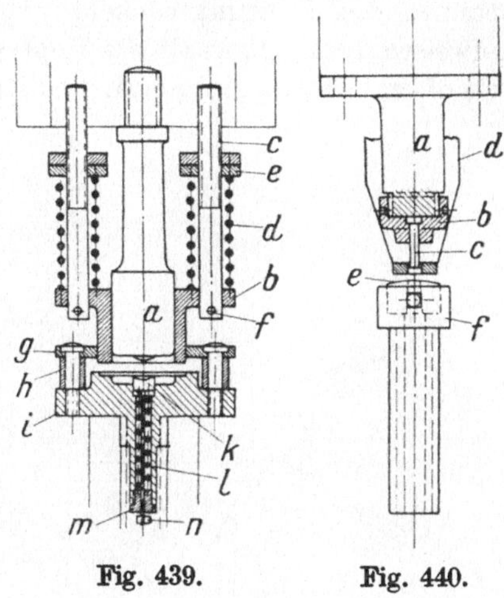

Fig. 439. Fig. 440.

Die hier aufgeführten Verwendungsbeispiele mögen zur Veranschaulichung des Arbeitsfeldes einer solchen Vorrichtung (Fig. 437) genügen.

Fig. 441 stellt eine Rohrbiegevorrichtung dar, auf welcher die verschiedensten Rohrkrümmer hergestellt werden können. Das große Griffrad *a* trägt auf seiner Nabe *k* ein Ritzel *b*, das mit dem Zahnrad *c* im Eingriff steht. Auf die gleiche Welle *d* mit ihm ist das Biegestück *e* aufgesteckt. Als Mitnahme dient der Vierkantzapfen. *e* ist durch den Splint *f* gesichert. Das Biegestück *e* weist auf seiner äußeren Fläche eine halbrunde Rille auf, in die sich die zu biegenden Rohre *R* einlegen. Der auf dem Vierkantzapfen sitzende Bügel *g* nimmt bei Drehung des Biegestückes *e* das Rohr *R* mit. Letzteres legt sich gegen den Bolzen *h* und wird dadurch gebogen. Für die größeren Bogenstücke sind entsprechende Biegestücke vorgesehen. Dementsprechend muß dann aber der Bolzen *h* in ein weiter liegendes Loch der Platte *i* gesteckt werden. Das Gestell *l* trägt die Biegevorrichtung.

Die hier beschriebene Vorrichtung ist äußerst einfach und praktisch.

In Fig 442 ist ein praktisches Rohrabschneidewerkzeug dargestellt, mit dem die Rohre in einer Aufspannung abgetrennt werden. Unterhalb des Kopfes *a* sind die Führungsbacken *b* eingelassen, welche sich mit ihren Prismen um das Rohr *R* legen. Um nun stets die richtige Stellung der Führungen zu ermitteln, sind an den beiden Backen *b* Einteilungen vorgesehen, die für die betreffenden Rohrstücke passen. Die Schrauben *c* spannen die Führungsbacken, welche für die Verschiebung Schlitze aufweisen, fest. Oberhalb des Kopfes *a* bewegen sich die beiden Messer *d* bzw. d_1 in Führungen. Sie sind außerdem noch in langen Federansätzen,

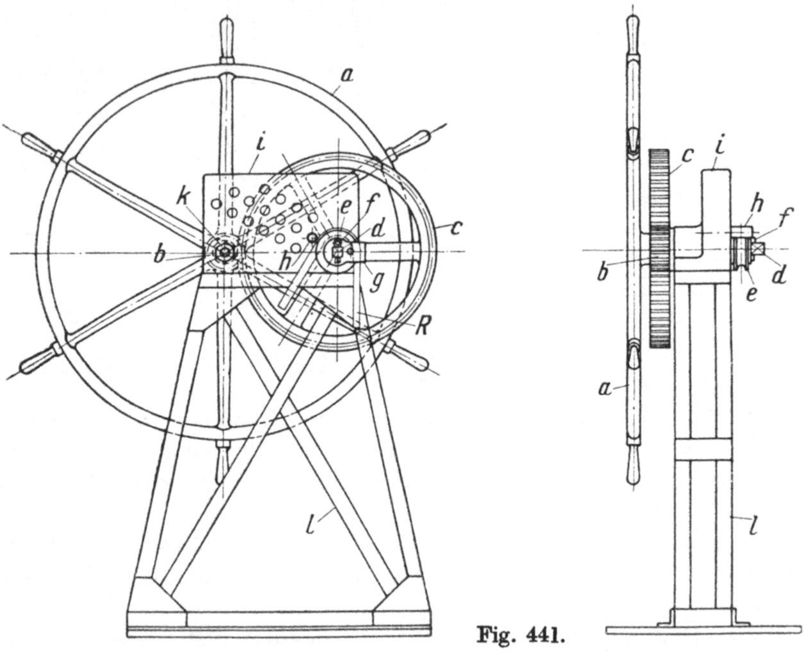

Fig. 441.

die sich in die Messer legen, gegen seitliches Ausweichen gesichert. In der ersten Abbildung ist der Deckel *g* fortgelassen worden, um einen besseren Einblick in das Innere zu erhalten. An beiden Enden sind in den Messern Stifte *e* eingesetzt, die der Bewegung als Begrenzung dienen. Sie sind für den Zweck in Nuten des Deckels *g* freigegeben, so daß man die Schneiden bis zum äußersten ausnützen kann. Die eingesetzten 8 Rollen *f* stützen den Rücken der Messer während des Schnittes ab. Soll nun ein Rohr abgetrennt werden, so wird der Kopf *a* mit den eingestellten Führungen über das Rohr geschoben und die Messer, durch etwas Hineindrücken mit dem Rohr *R* in Verbindung gebracht. Die vierte Darstellung zeigt nun den Durchtritt der Messer durch das Rohr. Durch Drehung an den Handgriffen ziehen sich die Messer infolge der Reibung in das Rohr und schneiden es durch. Der Vorgang ist durch die Konizität leicht zu erklären. Das Abtrennen erfolgt ohne Nachstellen mit einmaligem Durchschub der Messer.

In Fig. 443 ist eine Abfasevorrichtung für die abgetrennten Rohre R dargestellt. Unterhalb des Kopfes a befinden sich die Führungsbacken b, bzw. b_1, welche sich in dem Ansatz des ersteren verstellen lassen. Auch hier befinden sich an den Führungen Einteilungen, um eine zentrische Lage des Rohres zu sichern. Die dritte Abbildung läßt die Anordnung deutlich erkennen. Nach erfolgter Einstellung werden die Spannschrauben c festgezogen. Die Messer d bestehen aus Dreikant-

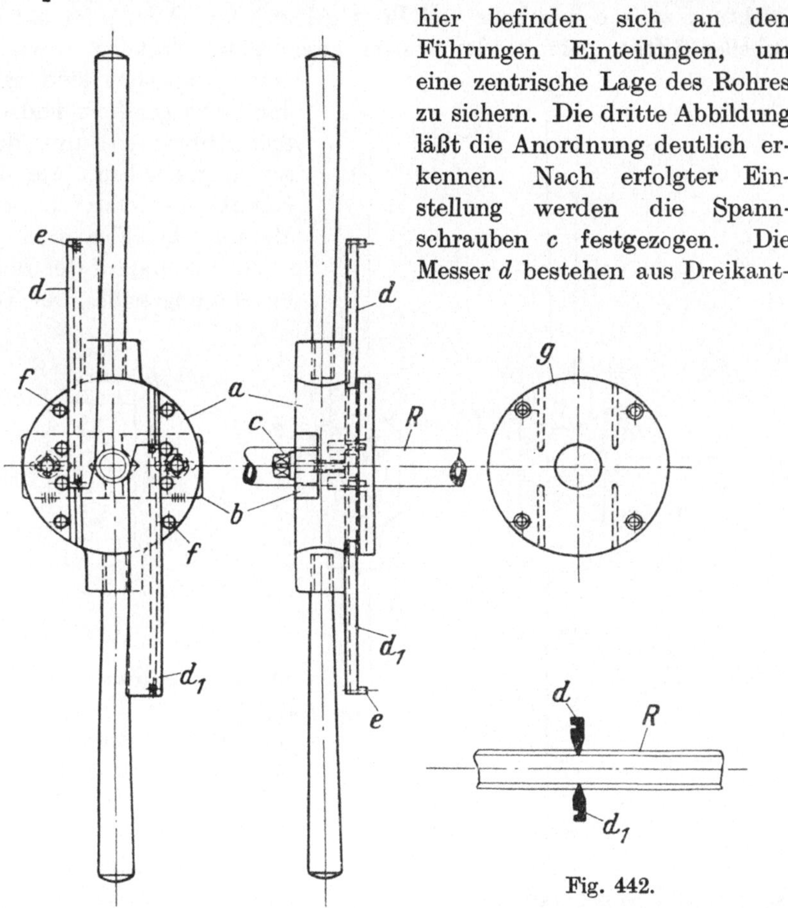

Fig. 442.

stahl, welcher an den Kanten geschärft ist, so daß die Messer nach dem Stumpfwerden umgesetzt werden können. Die Festspannung der Messer d geschieht durch die konischen Stifte e, die in Schlitzen sitzen und so das Material durch Eintreiben derselben fest gegen die Messer pressen. Als Begrenzung dient die Deckplatte f. Infolge der Schräglage können verschiedene Rohrdurchmesser bearbeitet werden. Die Griffe g dienen zum Bewegen des Kopfes a. Das hier beschriebene Abfasewerkzeug ist eine praktische Vorrichtung, durch deren Anwendung das Gewindeschneiden außerordentlich erleichtert wird.

In Fig. 444 ist eine Vorrichtung zum Ansetzen eines Hahnes an Gasleitungen, die unter Druck stehen, veranschaulicht. Zu diesem Zweck wird die Schelle *e*, *d* um das Rohr *R* gelegt und mittels der Schrauben *f* festgezogen. An der Stelle, an der der Hahn *g* sitzt, ist eine besondere Dichtung zwischen Schelle und Rohr gelegt. Der Hahn *g* ist auf die Schellenhälfte *e* gelötet oder autogen geschweißt. Nachdem diese Arbeiten vollendet sind, wird der Hahn geöffnet und der Spiralbohrer *c* durch denselben geschoben. Auf den Konus des letzteren wird alsdann die Knarre *b* gesteckt und darauf der Bohrbügel *a* angesetzt. Der Teil, der um das Rohr greift, ist gegabelt, um die Schelle *d* bzw. *e* freizulassen. Das Durchbohren des Eintrittloches geschieht in der üblichen Weise. Nachdem der Bohrer hindurchgetreten ist, wird er herausgenommen und das Hahnküken *h* verschlossen. Auf diese Weise kann man, ohne den Betrieb irgendwie zu beeinflussen, an jeder beliebigen Stelle einer Gasdruckleitung Anschlüsse legen.

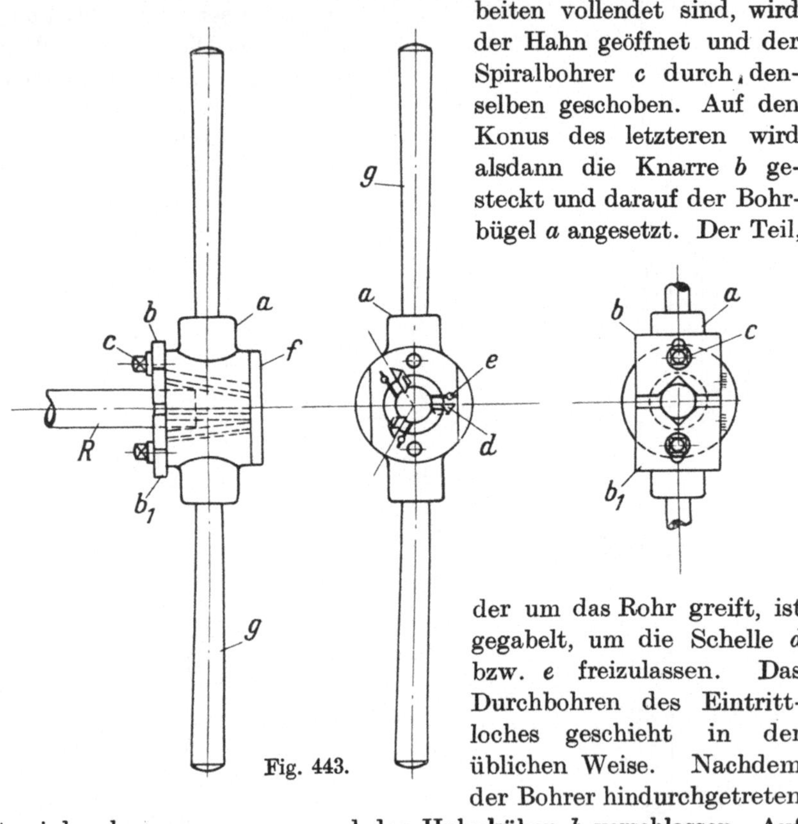

Fig. 443.

In Fig. 445 ist eine Vorrichtung veranschaulicht, die das Abtrennen von größeren Leitungen veranschaulicht.

Die Schelle *a* wird durch drei Schraubensätze *m* auf das zu durchschneidende Rohr *R* gespannt. Vorher jedoch mußte die Schelle erst in zwei Teilen aufgesetzt und mittels der Spannschrauben *k* geschlossen werden. Dasselbe geschieht auch mit dem Gleitring *b*, der hier durch die beiden Schrauben *l* zusammengehalten wird. Letzterer bewegt sich auf dem prismatischen Ringansatz von *a*. Die eine Hälfte von Ring *b* ist mit einem gezahnten Ansatz versehen, in welchen sich das Stirnrad *h* einlegt. Auf gemeinsamem Bolzen mit letzterem befindet sich das Stirnrad *g* auf der Rückseite des Bockes *c* und mit ihm im Eingriff steht das Zwischenrad *f*, welches von Rad *e* angetrieben wird. Das Zwischenrad *f* ist wegen der Kurbellänge *d* eingebaut worden. Es ist leicht einzusehen, daß sich der Gleitring *b* dreht, wenn die Kurbel *d* bewegt wird. Auf dem Gleitring ist der Support *i* befestigt, in welchem sich der Durchstichstahl *n* befindet. Durch Drehung des Kreuzgriffes verschiebt sich der Stahlhalter, so daß der Stahl in die Wandung des Rohres eindringt.

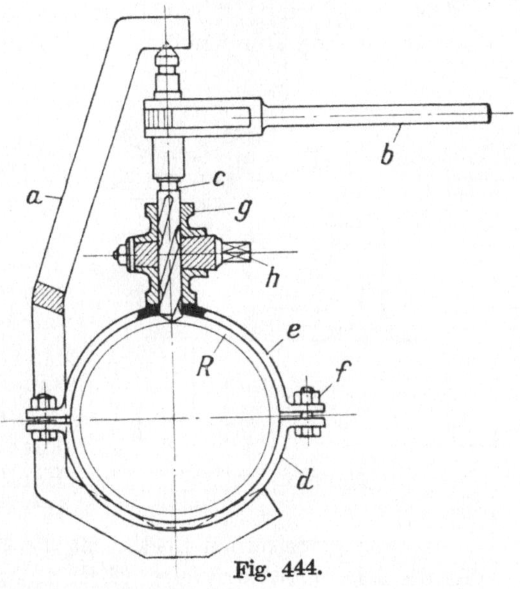

Fig. 444.

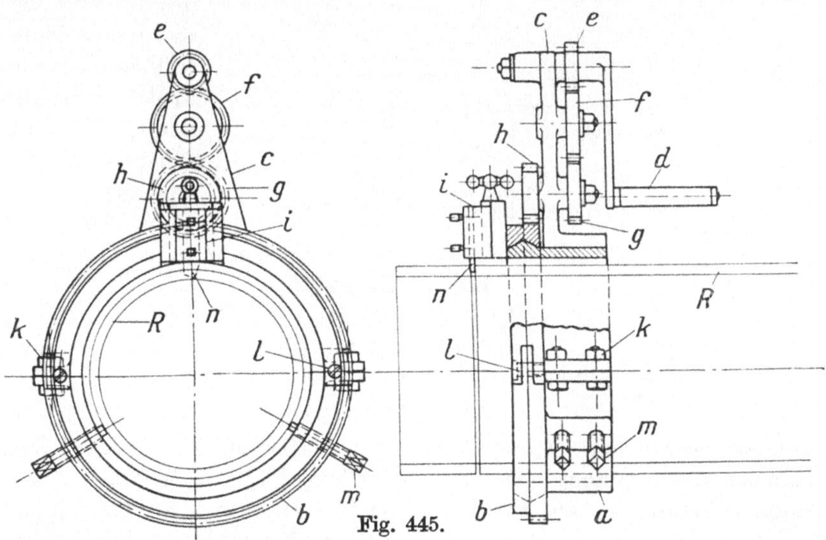

Fig. 445.

Wichtig bei dem Aufsetzen der Vorrichtung ist, daß sie gut in der Mitte zu stehen kommt. Außerdem müssen die Spannschrauben *m* so angezogen werden, daß ein Verspannen der Schelle nicht eintritt.

Die Vorrichtung ist auf Rohrmontagen von großem Vorteil, weil das zeitraubende Durchmeißeln der Rohre fortfällt, abgesehen von der unbequemen Lage der Rohre. Der Spannbereich der Schelle ist nur für kleinere Unterschiede in den Rohrdurchmessern berechnet. Es müssen immer einige Größen davon auf Lager gehalten werden.

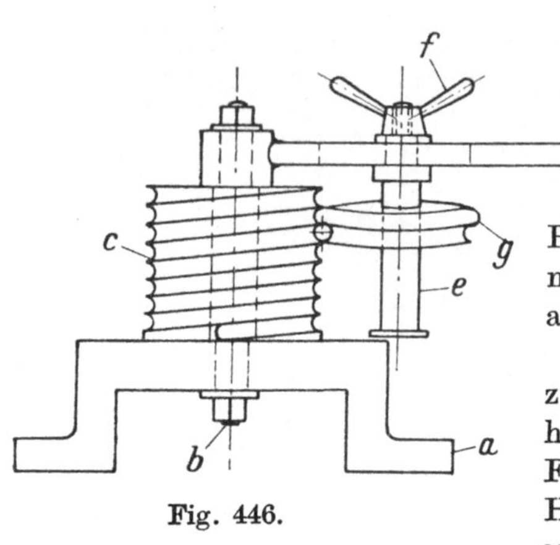

Fig. 446.

Fig. 446 zeigt eine Vorrichtung zum Biegen von Rohrschlangen. Es handelt sich hier um Kupferrohre. Für andere Metalle dürfte der Handhebel *d* sowie die Rollenaufnahme *e* zu schwach sein.

Auf dem gußeisernen Bock *a* ist die Spindel *b* befestigt. Letztere trägt die Schlangentrommel *c*. Diese steht mit der Spindel fest. Oberhalb der letzteren befindet sich der Hebel *d*, der in seinem Schlitz mittels der Flügelmutter den Rollenhalter *e* festspannt. Rolle *g* legt sich mit ihrer Wulst in die Rille der Trommel und führt sich bzw. das zu windende Rohr. Aus diesem Grunde ist der Rollenhalter *e* schräg nach hinten eingesetzt.

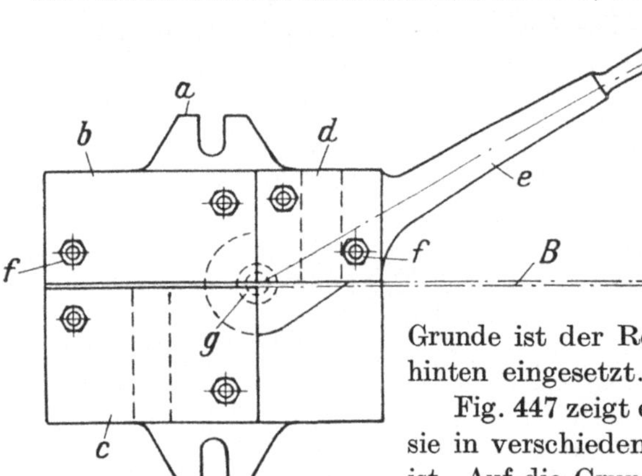

Fig. 447.

Fig. 447 zeigt eine Biegevorrichtung, wie sie in verschiedenen Werken im Gebrauch ist. Auf die Grundplatte *a* sind die beiden Klötze *b* und *c* gesetzt, deren letzterer verstellbar angeordnet ist, um verschiedene Eisenstärken in dem Spalt aufnehmen zu können. Der kleinere Klotz *d* ist verstellbar auf dem Hebel *e* befestigt. Als Fixierung dienen Nuten auf der Grundplatte und Hebel, in die sich die Federansätze der Klötze legen. Die Bolzen *f* gelten für die Befestigung der Teile. Die punktierte Linie stellt das Bandeisen *B* dar.

Fig. 448[1]) stellt eine kleine Profileisenbiegevorrichtung dar. In Werkstätten, in denen vielfach mit schwachem Profileisen gearbeitet wird, macht sich ihre Selbstanfertigung bald bezahlt.

Die Vorrichtung ist in drei Ansichten gezeigt. Die letzten beiden Schemata veranschaulichen den Biegevorgang für Winkeleisen mit innen und außen liegenden Schenkeln.

Das starke Gehäuse a wird vorteilhaft aus Grauguß hergestellt. Als Antriebselement ist eine Spindel b mit Vierkant, zum Aufstecken einer

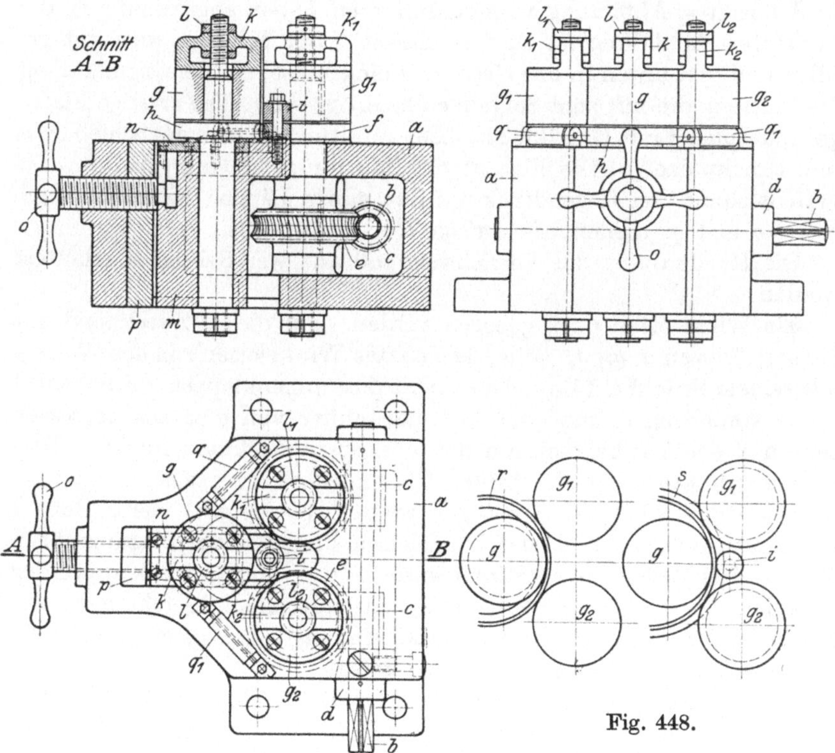

Fig. 448.

Handkurbel, vorgesehen. Auf dieser Spindel sind zwei Schnecken c aufgeschnitten. Die Lagerung der Spindel ist am hinteren Ende in einem angegossenen Nabenstück, am Kurbelende in einem eingesetzten Nabenstück d vorgesehen. Die beiden Schnecken c greifen je in Schneckenräder e, die aus gutem Grauguß herzustellen sind. In den Bohrungen von e sind durch Federkeile zwei kräftige Spindeln f befestigt. Zwei lange Naben am Gehäuse gewähren eine dauerhafte Lagerung. Jede Spindel f nimmt am oberen Ende eine axial verschiebbare Walze g, g_2, g_1 auf, die mit dem Durchmesser des Bundes von Spindel f über-

[1]) Werkstattstechnik 1915, Heft 19, S. 480.

einstimmt. Das Anstellen des Führungsschlitzes für die Schenkelstärke, wird durch eine Einstellvorrichtung k, k_1, k_2 mit den Rundmuttern l, l_2, l_1 bewerkstelligt. Die Hauben k sind aus Gußeisen und mit vier Schlitzschrauben auf den Walzen g befestigt. Spindel f und Walze g sind aus Siemens-Martin-Stahl ausgeführt. Die Spindel h ist verschiebbar und in der Ausführung den beiden von f ähnlich. Als Gegenrollen i sind zwei lose Rollen vorgesehen, die auf einem kräftigen Ansatz des Schiebers m sitzen. Diese Gegenrolle wird aber nur in den in der letzten Abbildung veranschaulichten Fällen angewandt. In der vorletzten Abbildung ist sie fortzulassen. Der Schieber wird gut geführt und von unten in das Gehäuse a eingesetzt; als Befestigung dient die Platte n, die mit acht Schrauben befestigt wird. Die kräftige Flachgewindespindel mit Handkreuz o dient zum Heranführen des Schiebers m mit Druckwalze g. Die Flachgewindemutter p ist lang gehalten. Sie verteilt somit den Gegendruck auf ihre ganze Länge. Zwei Führungsrollen q und q_1 dienen zur Auflage des Profileisens.

Die Handhabung der Vorrichtung soll an zwei Beispielen erläutert werden:

Ein Winkeleisen r soll gebogen werden. Für diesen Zweck sind nur die drei Walzen g, g_1, g_2, nötig, da sich das Winkeleisen r in der Walze g mit seinem Schenkel führt. Um einem Zusammenklappen der Schenkel von r vorzubeugen, muß der Führungsschlitz von g so eng bemessen sein, daß das Winkeleisen nur den nötigsten Spielraum freiläßt. Dies wird durch Einstellen der beiden Rundmuttern l erreicht.

Soll ein Winkeleisen s gebogen werden, so ist eine vierte Rolle i nicht gut zu umgehen, da das Winkeleisen s nicht in der Biegungsebene mit nur drei Walzen gestützt sein würde und ein Zusammenklappen der Schenkel unvermeidlich wäre. Die Führungsrolle i besteht aus zwei Teilen, es wird, um die Schenkelstärke einzuhalten, eine entsprechende Zwischenscheibe zwischen die Rollen gelegt.

Dasselbe gilt auch für andere Profile, wie für T-Eisen, [-Eisen und I-Eisen. Es sind zum Walzen letzterer Formen entsprechende Fassonwalzen auszuwechseln.

In Fig. 449 ist eine Vorrichtung zum Bezeichnen von Werkzeugen veranschaulicht. Die Bezeichnungen können aber nur an runden Schäften vorgenommen werden, z. B. an Reibahlen, Bohrern usw.

Das Gehäuse a besteht aus gutem Gußeisen in dem die Aufnahme von b ausgefräst ist. Der Kloben b wird durch die Platte f und die Schraube beweglich resp. verschiebbar in der Führung von a gehalten.

Am Ende der Führung ist das Mutterstück c eingesetzt, in welches sich die Spindel d schraubt. Letztere wird in dem Kloben b durch den Stift e drehbar gehalten. Am Ende der Spindel befindet sich der Kreuzgriff, mit dem der Kloben bzw. die Spindel bewegt werden. Das Werkstück *W* befindet sich zwischen den drei Walzen, von denen die Walzen *h* für den Namen oder das Zeichen, ausgedreht sind. Die Walze *g* weist auf ihrem Umfang die Bezeichnung in erhabener Schrift auf. Durch

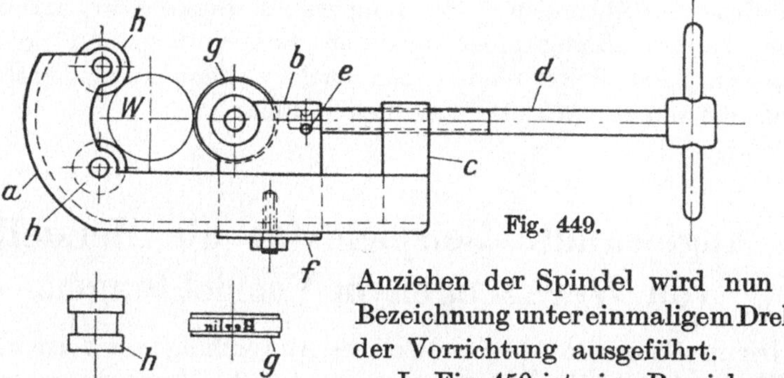

Fig. 449.

Anziehen der Spindel wird nun die Bezeichnung unter einmaligem Drehen der Vorrichtung ausgeführt.

In Fig. 450 ist eine Bezeichnungsvorrichtung für gerade Flächen veranschaulicht. Das Prinzip beruht hier auf dem Kniehebel.

Der Körper *a* besteht aus Gußeisen. Er nimmt im unteren Auglager die Stell- oder Gegenspindel *g* mit dem Auflageklotz *f* auf. An der betreffenden Spindel wird die Werkstücksstärke ausgestellt. Im oberen Auglager schiebt sich der Stempel *d* mit dem Bezeichnungskopf *e*. Das zwischen *e* und *f* liegende Werkstück *A* wird infolge der Kniehebelwirkung durch Herumziehen des Handhebels *b* bezeichnet.

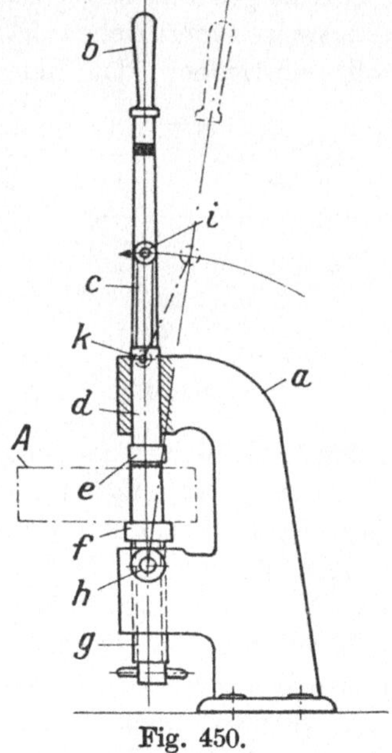

Fig. 450.

Die Strichpunktlinie zeigt den Hebel in Anfangsstellung. Der Hebel *b* ist gegabelt. Die Drucklaschen *c* befinden sich innerhalb des Hebels *b* und sind bei *i* angelenkt. In *k* greifen dieselben an den Stempel *d* und verschieben ihn nach unten. Der gegabelte Handhebel *b* besitzt in *h* seinen Drehpunkt.

Beide Vorrichtungen zum Bezeichnen der Werkzeuge sind praktisch und dürften in keiner Werkstatt, die auf eine symmetrische Bezeichnung Wert legt, fehlen. Das Bezeichnen von Hand mit einzelnen Buchstaben und Zahlen kann selbst dem Geübtesten nie ganz einwandsfrei gelingen. Ein Werkzeug mit einer nicht genau symmetrischen Bezeichnung erweckt den Eindruck einer nicht ganz einwandsfreien Herstellung.

Jedoch ist dies meistens nicht der Fall. Aus diesem Grunde und um einen reellen Eindruck hervorzurufen, benutzen sämtliche Werkzeugfabriken geeignete Stempelvorrichtungen. Es gibt von diesen verschiedene Ausführungen. Der Hauptzweck dieser Vorrichtungen ist aber die Erreichung einer sauberen Bezeichnung. An Stelle der massiven Stempel verwendet man auch vielfach zusammenstellbare Sätze, die von einem Futter gehalten werden.

12. Angewandte Beispiele für die Herstellung von Werkzeugen in Vorrichtungen.

Der nachfolgende Abschnitt soll die Anwendung von Vorrichtungen im Werkzeugbau behandeln. Bisher wurden die Vorrichtungen nur als solche in Gruppen einzeln beschrieben, d. h. ihre Konstruktion wurde eingehend behandelt, ohne auf das Werkstück selbst näher zurückzugreifen.

Nachfolgend soll nun umgekehrt verfahren werden, d. h. das Werkstück als gegeben angesehen und entschieden werden, welche Bearbeitungsweise vorzuziehen ist. Es soll selbstredend das hier Aufgeführte nicht alles als endgültige Grundlage gelten, denn es führen viele Wege zum Ziel. Es ist auch, um nicht die Vorteile einer rationellen Bearbeitung illusorisch zu machen, zu entscheiden, ob sich teure Vorrichtungen für wenige Werkstücke eignen würden. Es soll demnach eine mittlere Anzahl als Richtlinie gesetzt werden, so daß es nicht schwer fallen dürfte, bei höheren Stückzahlen die hier beschriebenen Vorrichtungen weiter auszubauen und umgekehrt bei niedrigerer Stückzahl dieselben noch zu vereinfachen.

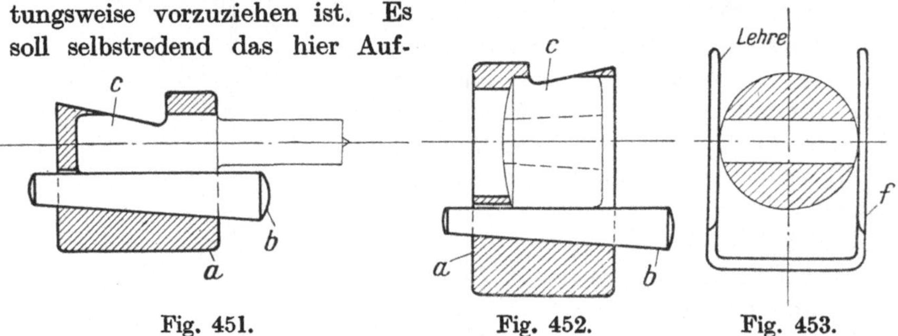

Fig. 451. Fig. 452. Fig. 453.

Es soll mit den einfachsten Werkstücken der Anfang gemacht werden. Gerade aus diesen ist noch recht viel herauszuholen. Es sind mitunter recht einfache Handgriffe durch eine Lehre oder Vorrichtung zu ersetzen, die das Doppelte und mehr herausschafft. Abgesehen von der stets gleichbleibenden Bearbeitung.

In Fig. 451 ist eine größere Anzahl von Stempeln *c* auszuführen. Die Dreherarbeiten werden auf dem normalen Wege erledigt, so daß hier nur entsprechende Meßlehren in Frage kommen würden. Für die Herstellung der Spannfläche an den Stempeln *c* dürfte jedoch eine Vorrichtung getroffen werden, die ein zu weites Feilen nicht zuläßt. Zu diesem Zweck wird eine Buchse aus Werkzeugstahl gedreht, in welche sich der Stempel einführen läßt. Das Aufnahmeloch für den Stempel *c* in Büchse *a* sitzt einseitig, so daß für den Spannkeil *b* genügend Material stehenbleibt. Der Einschnitt für die Stempelspannfläche wird eingefräst und die Büchse *a* darauf gehärtet. Um beim Spannen einen besseren Halt im Schraubstock zu erhalten, werden die Seitenflächen angehobelt. Sämtliche in dieser Spannvorrichtung gefeilte Stempel *c* besitzen gleich große Spannflächen.

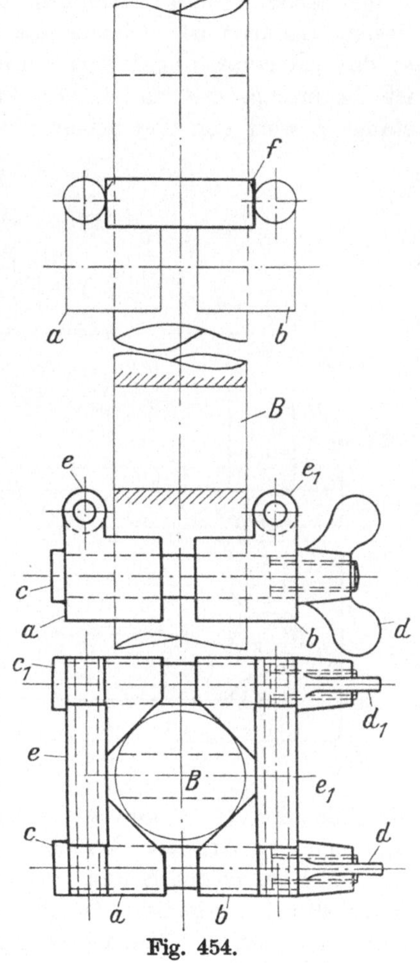

Fig. 454.

Genau so wird in Fig. 452 verfahren. Auch hier wird eine Spannbüchse *a* aus Werkzeugstahl gedreht, der Keil eingepaßt und die Begrenzung der Spannfläche eingefräst. Ebenso wird auch hier die Büchse gehärtet. Was oben über den Stempel gesagt wurde, gilt auch hier für die Matrize *c*. Die Keile *b* werden stets so eingepaßt, daß sie die Werkstücke auf den Grund der Büchse ziehen.

Vielfach kommen in der Werkstatt Bohrstangen und Messerstangen zur Anwendung. Um nun für die in der Stärke und Breite vorhandenen Messer einen gleichbleibenden Schlitz zu schaffen, ist die Vorrichtung Fig. 453 u. 454 konstruiert worden. Der Schlitz, d. h. die kurzen Seiten werden unter Anwendung der Lehre Figur 453 vorgerissen.

Die Längsseiten werden, unter Zuhilfenahme eines Wellenlineals, angerissen. Die Umrißlinien werden darauf durch Körnerschlag gekennzeichnet, so daß zum Einfräsen eine Begrenzung geschaffen ist.

Da bekanntlich die Aufnahmeschlitze mit scharfen Ecken versehen sind, müssen diese nach dem Fräsen nachgefeilt werden. Es kann vorkommen, daß kurz vor Beendigung der Feilarbeit die eine Seite des Schlitzes in der Stange tiefer zu stehen kommt als die andere. Die Folge davon ist ein Nachfeilen, bis beide Kanten in gleicher Höhe liegen. Dadurch ist meistens das Messer zu klein in der Abmessung, so daß ein neues angefertigt werden muß. Um dieses zu vermeiden ist die in Fig. 454 dargestellte Vorrichtung geschaffen. Die Bohrstange *B* wird von den beiden prismatischen Hälften *a* und *b* mittels

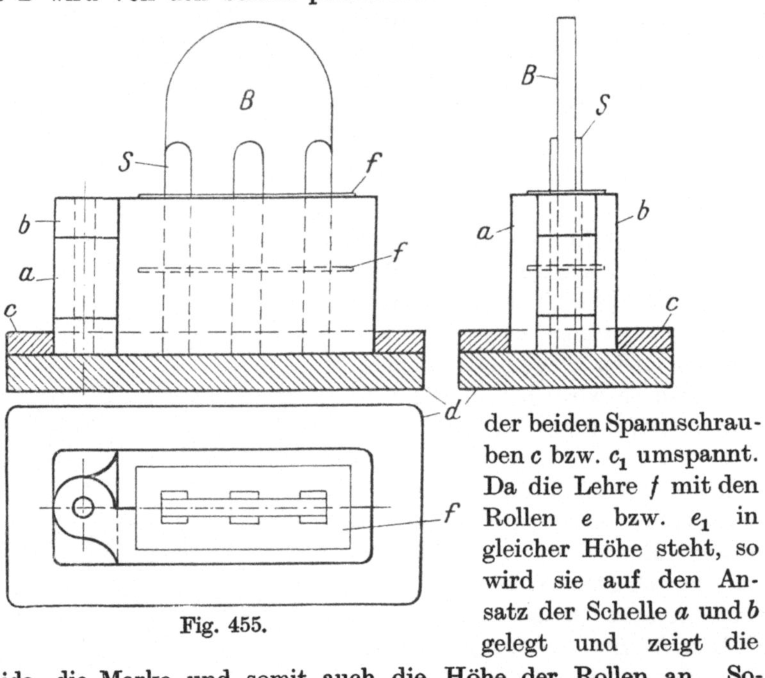

Fig. 455.

der beiden Spannschrauben *c* bzw. c_1 umspannt. Da die Lehre *f* mit den Rollen *e* bzw. e_1 in gleicher Höhe steht, so wird sie auf den Ansatz der Schelle *a* und *b* gelegt und zeigt die Schneide, die Marke und somit auch die Höhe der Rollen an. Sobald nun der Arbeiter den Schlitz so tief gefeilt hat, daß die Feile die Rollen an beiden Seiten berührt, ist die gewünschte Tiefe unter Beibehaltung des geraden Durchganges erreicht. An Stelle der Flügelmuttern *d* bzw. d_1 können auch glatte Muttern verwendet werden.

In Fig. 455 sollen auf einem Siemens-Martin-Stahlplättchen *B* sechs Schnellschnittstahlzungen *S* befestigt werden. Die Befestigung soll ohne Nietung vorgenommen werden. Zu diesem Zweck werden zwei Streifbleche *f* verwendet, die über die Zungen geschoben werden. Von Hand ist die Arbeit äußerst zeitraubend. Man hat daher die Vorrichtung *a, b* geschaffen. *a* und *b* bilden ein Scharnier, welches in der Mitte eine Einfräsung aufweist, in die das Blech *f* eingelegt wird. Das obere Blech *f* liegt nur auf. Als erstes wird das Blatt *B* eingeschoben.

Ist dieses geschehen, so schiebt man die Zungen seitlich in die Einschnitte und hebt danach das Scharnier aus der Unterlage *c* und *d*. Die Unterlage dient als Begrenzung gegen ein Aufklappen. Durch das Aufklappen des Scharniers ist die Platte *B* mit den sechs Plättchen

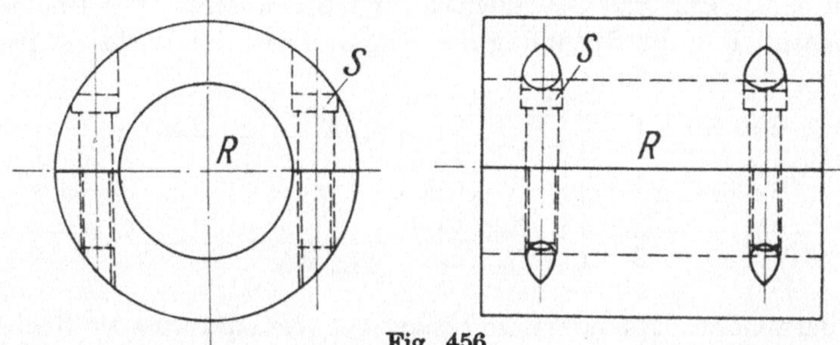

Fig. 456.

und den beiden Streifblechen frei. Durch Beilegen von Kupferstreifen wird darauf die Lötung vorgenommen.

In Fig. 456 ist eine geteilte Büchse *R* veranschaulicht, welche durch vier Schrauben *S* zusammengehalten wird. Sie besteht aus zwei halb-

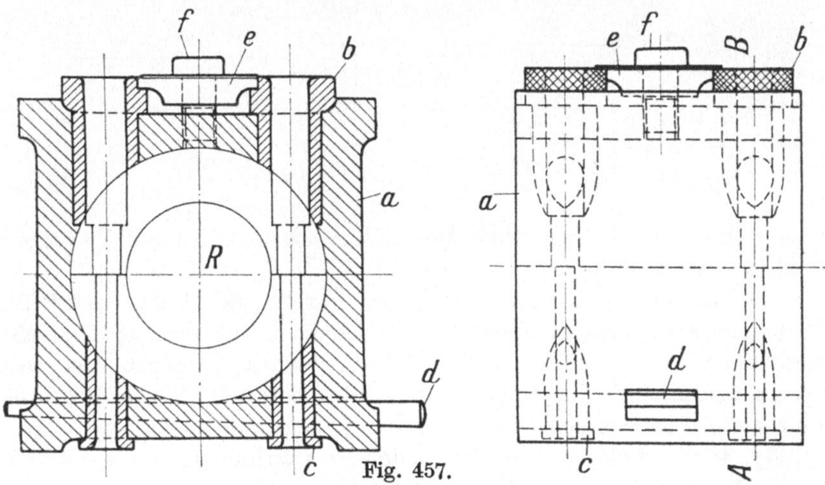

Fig. 457.

runden Hälften, die zusammengelötet werden, nachdem vorher die Paßflächen erst sauber bearbeitet und darauf über einem Feuer gut verzinnt sind. Nach dem Verzinnen werden die Flächen aufeinandergedrückt. Sodann erkalten sie an der Luft. Nach diesem Prozeß wird zuerst die Buchse *R* ausgebohrt und dann die Stirnflächen gedreht. Darauf wird die Mantelfläche wie üblich bearbeitet. Zum Bohren der Befestigungsschraubenlöcher in *R* ist die Bohrvorrichtung, Fig. 457, konstruiert worden. Das Gehäuse *a*, das aus Grauguß besteht, ist für die Aufnahme entsprechend ausgebohrt. Vier auswechselbare Bohrbuchsen *b* werden durch die Scheibe *e* mit Schraube *f* gehalten. Die Abbildung zeigt die für größere Bohrungen vorgesehenen Büchsen, die jedoch mit der kleineren Bohrung, durch Auswechseln der Buchsen, vorgebohrt worden sind. Für das Gewindeloch sind die unteren vier Buchsen *c* vorgesehen. Für die Spannung des Ringes bzw. der Buchse *R* ist der

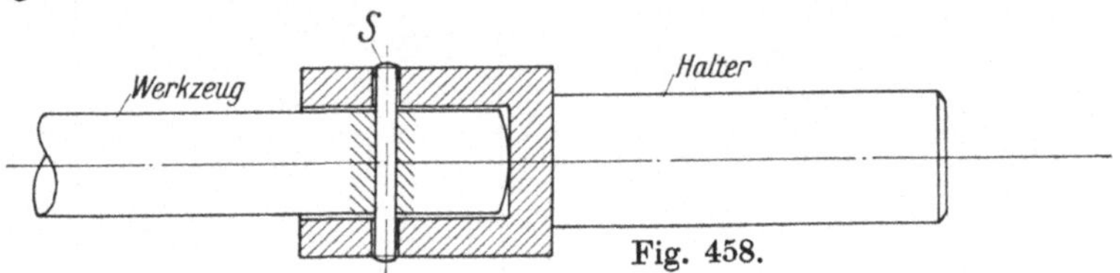

Fig. 458.

Keil *d* verwendet. Nachdem die Löcher gebohrt sind wird die Buchse *R* auseinandergelötet und in den unteren Teil von *R* ein Gewinde geschnitten.

In Fig. 458 ist eine Verbindung dargestellt, welche durch Stift *S* geschlossen ist. Sie besteht aus dem Halter und dem Werkzeugschaft. Derartige Verbindungen werden besonders für Reibahlen und Gewindebohrer verwendet. Ihre Anwendung ist meistens auf Revolverbänken gebräuchlich.

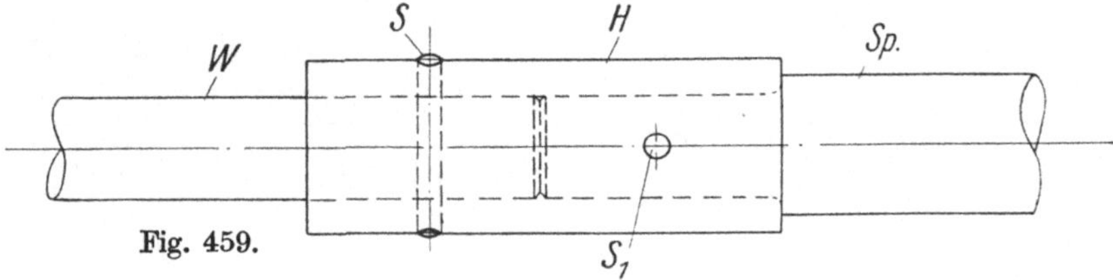

Fig. 459.

Die Fig. 459 zeigt eine Verbindung durch eine Muffe. Derartige Verbindungen findet man oft bei Werkzeugen, die dem in Fig. 458 veranschaulichten ähnlich sind. Die Verbindung besteht aus dem Werkzeugschaft *W*, der Spindel *Sp* und der Hülse *H*. Diese drei Teile sind mittels der beiden Stifte *S* bzw. S_1 zusammengekuppelt.

Fig. 460 und 461 zeigen die beiden Vorrichtungen, mit denen die beiden Verbindungen gebohrt werden. In der Vorrichtung, Fig. 460, werden die beiden Anschlußenden des Werkzeugschaftes *W* und der Spindel *Sp* gebohrt. In der Vorrichtung, Fig. 461, werden der Halter *H* sowie die Hülse *H* gebohrt. In Fig. 460 besteht die Bohrvorrichtung aus dem prismatischen Unterteil *a*. Da in ihr verschieden starke Anschlüsse gebohrt werden, so ist der Bohrbuchsenträger *b* in vertikaler Stellung verschiebbar angeordnet. Von jeder Seite sind zur Führung des Ansatzes am Bügel *b* zwei Nuten vorgesehen. Die beiden Schrauben *g* spannen den Bügel in der gewünschten Stellung fest. Da außer den verschiedenen Durchmessern auch verschiedene Längen der Entfernungen zwischen Lochmitte und Spindelende bzw. Schaft auftreten, ist die Einstellschraube *f* mit dem Mutterstück *d* angebracht. Um die Einstellschraube *f* in der gewünschten Stellung zu erhalten,

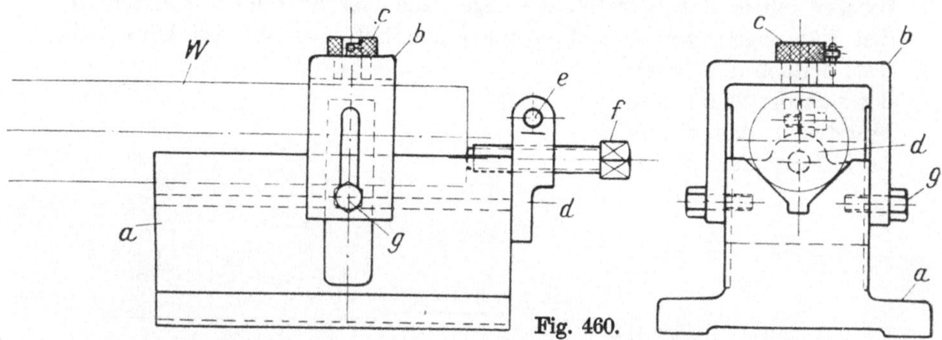

Fig. 460.

ist die Spannschraube *e*, die das geschlitzte Stück *d* zusammenzieht, vorgesehen. Ebenso wie sich die Längen ändern, werden auch die Stiftlöcher verschieden. Darum ist die Bohrbuchse *c* auswechselbar angeordnet worden. Ein Haken nebst Anschlagstift stellt die Verbindung der letzteren mit dem Bügel *b* her.

Zu bemerken sei noch, daß bei angesetzten Zapfen an den Spindeln oder Schäften entsprechende Winkelstücke in das Prisma *a* eingelegt werden.

Die Fig. 461 besteht aus einem Bügel *a*, in welchem der Bolzen *b* befestigt ist. Mutter *c* und Scheibe halten letzteren im Bügel *a*. Auch

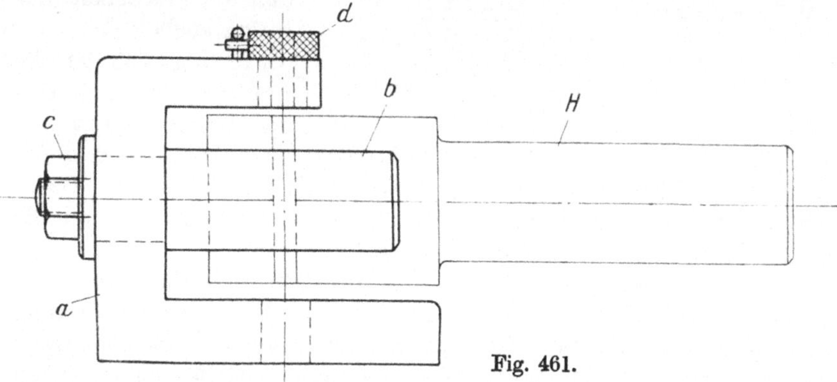

Fig. 461.

bei dieser Vorrichtung ist die Bohrbuchse *d* mittels Stifts und Hakens auswechselbar befestigt. Zum Bohren wird der Halter *H* auf den Stift *b* geschoben. Durch Anwendung derartiger Vorrichtungen sind die Befestigungen auswechselbar herzustellen.

In Fig. 462 und 463 wird in die Bohrstange B ein Schlitz eingearbeitet. Zuerst erfolgt das Einbohren der Löcher mittels der Bohrbuchse g. Letztere ist in den Schieber b auswechselbar eingesetzt. Dieser läßt sich auf dem Unterteil a verschieben. Seitliche Ansätze fixieren ihn in der betreffenden Lage. Die vier Schrauben d sitzen in den Führungen von a und spannen den Schieber auf das Unterteil fest. Seitlich in e befindet sich die Skala zum Feststellen des Schiebers bzw. der Bohrbuchse für die betreffende Bohrstange und deren Konuslänge. Als Anschlag der Stange dient das Flachstück f. Die auswechselbare Bohrbuchse g trägt ebenfalls die Bezeichnungen für die betreffende Konusgröße. Schraube i dient zur Befestigung der Buchse.

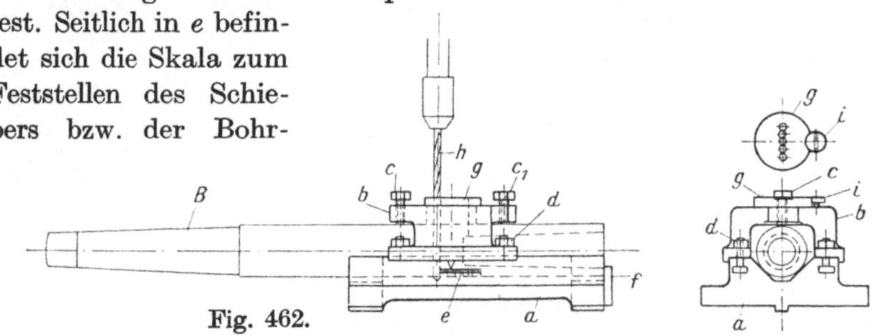

Fig. 462.

Zum Festspannen der Bohrstange sind im Schieber die beiden Druckschrauben c bzw. c_1 vorgesehen. Die Aufnahme der Stange B findet im Prisma von a statt.

Diese Löcher werden auf einer Schnellbohrmaschine mit Spiralbohrer h gebohrt, sie liegen so dicht beieinander, daß die Fräsarbeit nur gering ausfällt.

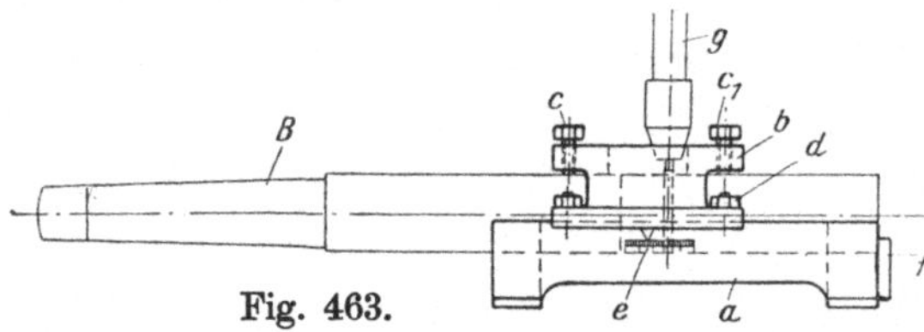

Fig. 463.

In Fig. 463 ist die Fräsung des Schlitzes in Stange B veranschaulicht. Zu diesem Zweck wird die Bohrbuchse g entfernt, so daß der Fräser g ohne Führung arbeitet. Diese erhält er durch die Tischrichtung auf der Fräsmaschine. Mittels der Vorrichtung können die Schlitze in kurzer Zeit und genau hergestellt werden.

In Fig. 464 ist ein Satz Scherenmesser Mo und Mu dargestellt, die mittels Vorrichtungen hergestellt werden sollen. Die Befestigung der Messer ist durch die Schrauben B bewerkstelligt. Um die Höhe bzw. die Anlage des Messerrückens nach dem Schleifen zu erreichen sind Unterlagen u vorgesehen.

Das Bohren der länglichen Löcher geschieht in den beiden Bohrvorrichtungen, Fig. 465 und 466. Hier werden zwei Löcher nebeneinander gebohrt und nachher ausgefräst. Fig. 465 ist für das obere schräge Messer *Mo* vorgesehen. Das Unterteil *a* ist seitlich mit zwei angegossenen Leisten versehen, in denen sich der Spannkeil *c* führt. Die Bohrvorrichtung ist aus Stahlguß hergestellt und infolgedessen nicht so schwer ausgeführt. Der Deckel *b* trägt an der unteren Rückseite die Begrenzungsleiste als Anlage für das Messer *Mo*.

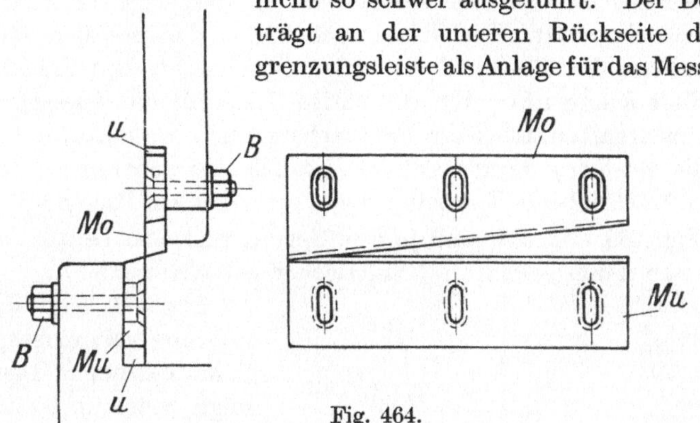

Fig. 464.

Diese Anordnung der Leistenlage ist für eine leichtere Bearbeitung der Vorrichtung gewählt. Die Schrauben *g* halten Deckel *b* und Unterteil *a* zusammen. Als Spannung dient der Keil *c*, der gegen die Messerkante geschoben wird. Außerdem befinden sich noch zwei Schrauben *f* im

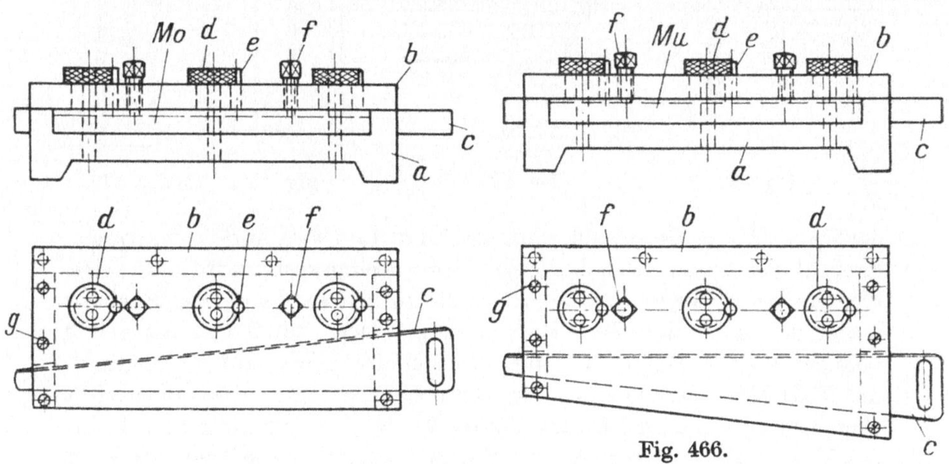

Fig. 466.

Deckel *b*, die das Messer im Kasten festdrücken. Die drei Bohrbuchsen *d* werden durch die Schrauben *e* im Deckel befestigt.

Die gleiche Art, nur für das grade Messer *Mu*, ist in Fig. 466 dargestellt. Auch hier besitzt das Unterteil *a* die seitlichen Leisten zur Aufnahme des Keiles *c*. Der Deckel *b* wird ebenfalls durch die Schrauben *g* am Unterteil *a* befestigt. Den gleichen Zweck, wie vorstehend beschrieben, besitzen die Bohrbuchsen *d* mit Schrauben *e*. Das Messer *Mu* wird durch die beiden Spann- oder Druckschrauben *f* im Unterteil *a* befestigt.

Fig. 467 zeigt den Durchtritt des Bohrers *e*. Das Messer ist mit *M* bezeichnet und der Deckel mit *b*. An Stelle zweier Buchsen ist die Buchse *d* gesetzt. Der Grund ist in Fig. 468 erkenntlich, da durch Herausnahme der Buchse *d* die nötige Öffnung für den Fräser *i* bzw. den Schaft *h* entsteht. Um die nötige Tiefe für die Aussenkung des Loches zu erhalten, trägt der Fräserschaft *h* den Anschlagring *f*. Dieser sowie die Mutter *g* werden auf das Gewinde des Schaftes *h* eingestellt. Die hier beschriebene Bearbeitung gewährleistet ein Passen der Messer.

In Fig. 469 und 470 sind je eine Spann- und eine Leitpatrone dargestellt. In ihnen sollen die Schlitzlöcher gebohrt werden.

Fig. 471 zeigt die Vorrichtung mit eingespannter Spannpatrone *S*. Das U-förmige Stück *a* besitzt eine lange Nabe zur Aufnahme

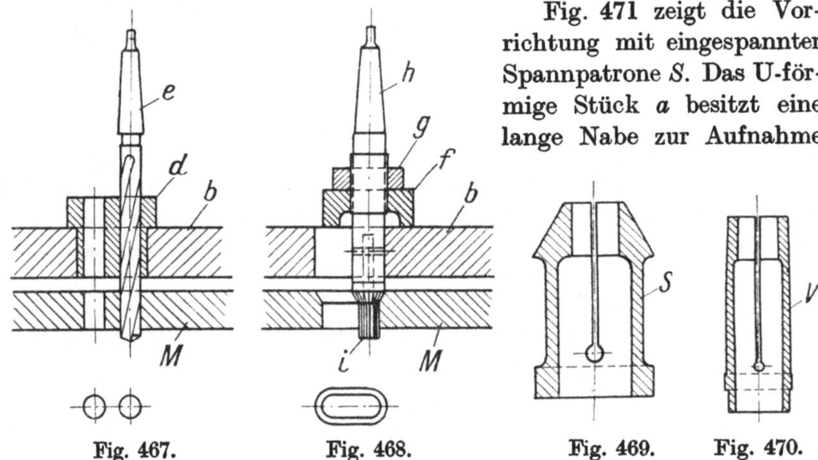

Fig. 467. Fig. 468. Fig. 469. Fig. 470.

der Spannhülse *c*. Diese ist dreimal geschlitzt und wird mittels des Spreizkonus *d*, der durch die gekordelte Mutter *h* eingezogen wird, gespreizt. Um nun die Löcher im gleichen Abstande zu bohren, ist auf der Buchse *c* hinter der Nabe eine Teilscheibe *e* aufgefedert. Die Feder ist mit *f* bezeichnet. Die Mutter *g* spannt die Scheibe *e* fest auf *c*. Oberhalb der Teilscheibe befindet sich ein Ansatz, in welchem der Indexstift *l* eingebaut ist. Die Druckfeder *n* wird durch die Abschlußmutter *k* eingeschlossen, die auf den Ansatz des Indexstiftes wirkt und diesen in die Rasten der Teilscheibe *e* drückt. Der Stift *m* sichert den Index *l* gegen Verdrehung. Die Betätigung geschieht durch Bedienung des Griffknopfes *i*.

Die Bohrbuchse *b* ist in den Bügel *a* auswechselbar geschraubt. Der besseren Zentrierung wegen besitzt sie einen Ansatz, der genau in die Bohrung paßt. Es ist stets zu vermeiden, sich bei derartigen Buchsen auf das Gewinde zu verlassen. Um dem Bohrer etwas Spielraum für die

Eindringung zu geben, ist in der Spannhülse c eine Vertiefung unter den drei Teilungen vorgesehen.

In Fig. 472 ist die auswechselbare Spannhülse c_1 mit Spannkonus d_1 veranschaulicht. Die Teilscheibe e paßt auf den Ansatz und auf die Feder f_1 von c_1. Die Bohrbuchse b_1 besitzt kleineren Durchgang zum Bohren der Vorschubpatronen V. Im allgemeinen ist die Bedienung die gleiche wie unter Fig. 471.

Das Schlitzen der Spannschlitze ist als normale Funktion des Teilkopfes auf einer Universal-Fräsmaschine zu betrachten, so daß für die

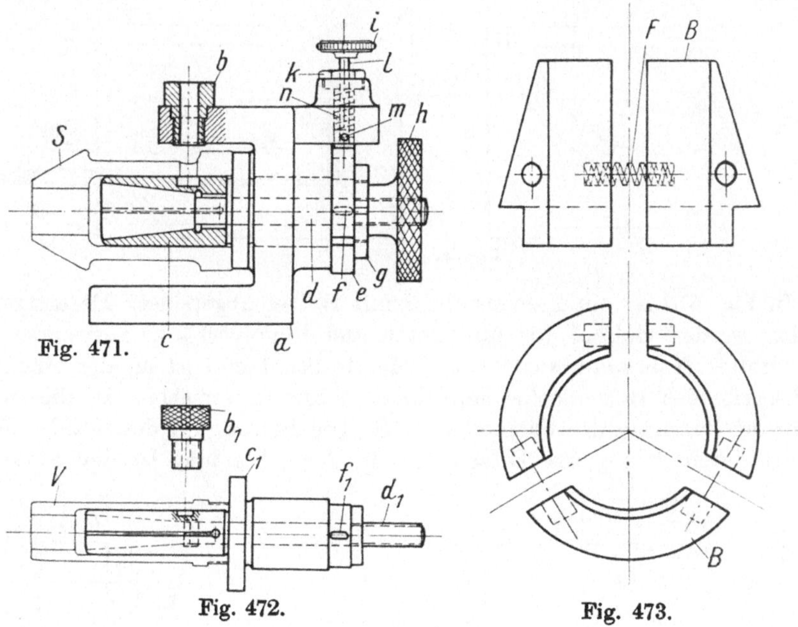

Fig. 471.
Fig. 472.
Fig. 473.

weitere Bearbeitung beider Patronen keine Vorrichtungen mehr benötigt werden.

In Fig. 473 ist ein Satz Backen B für ein Spannfutter dargestellt. Es dürfte hier nur das Bohren der seitlichen Federlöcher für Feder F von Interesse sein, da die übrigen Arbeiten normale Dreherarbeiten vorstellen.

In Fig. 474 ist eine solche Vorrichtung dargestellt. Der gußeiserne Körper a ist für die Aufnahme des Segmentes c ausgerundet. Er wird oberhalb durch die Platte b abgeschlossen. Das Zapfenloch für das Segment c befindet sich zur einen Hälfte im Unterteil und zur anderen Hälfte im Deckel b. Die Schraube g mit Scheibe hält den Zapfen im Loch des Ober- und Unterteils. Die Backe B ist mittels der beiden seitlichen Leisten im Segment c gehalten. Die Arretierfeder e greift mit ihrem Ansatz hinter die Kante der Backe und sichert diese gegen ein Herausgleiten aus dem Segment. Innerhalb der Rundung am Boden befindet sich die Feder *d* für die Fixierung. Die nächste Fixierung liegt in d_1. Die beiden Bohrbuchsen *f* dienen für die Bohrung der Federaufnahmelöcher. Die mittels dieser Vorrichtung gebohrten Löcher sind in Abstand und Richtung gleichmäßig, folglich sind die Backen austauschbar.

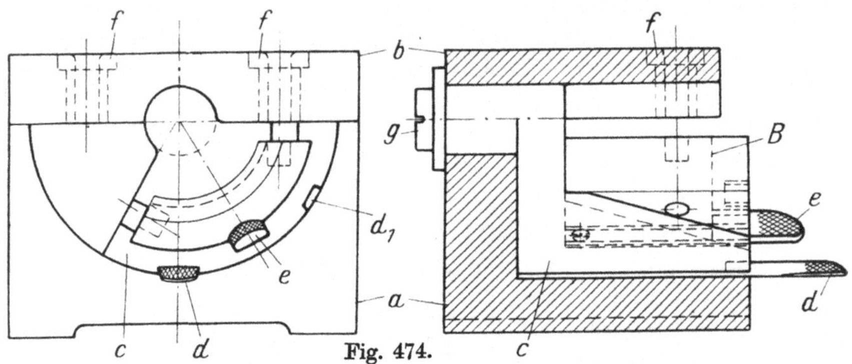

Fig. 474.

In Fig. 475 ist ein Fassonstahl *S* mit Halter abgebildet. Derartige Halter werden vielfach für Automaten und Revolverbänke verwendet. Der Halter *H* besteht aus Siemens-Martin-Stahl und ist an der einen Nabenseite des Bolzenloches mit einem Zahnring versehen. In diesen greift der Zahnring des Fassonstahles *S*. Die Befestigung des Stahles *S* erfolgt durch Anzug des Bolzens *B*. In der Abbildung ist der Stahl

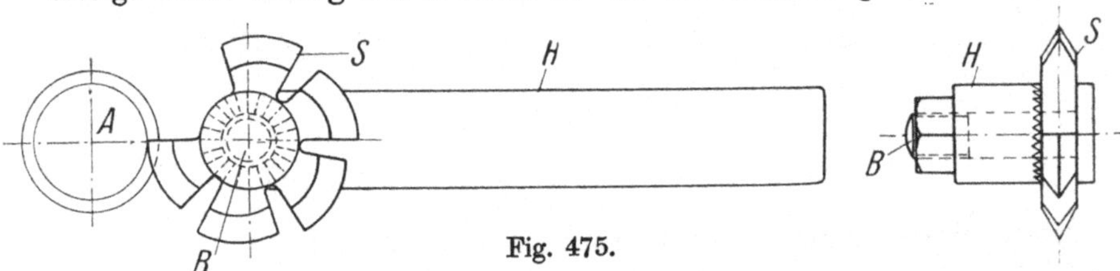

Fig. 475.

mit einem Werkstück *A* veranschaulicht. Die einzelnen Zähne sind hinterdreht. Dadurch ist das Profil bis zur vollständigen Abnützung des Zahnes gegeben. Nach dem Verbrauch des ersten Zahnes kommt der zweite usw. zur Anwendung. Solche Stähle besitzen eine äußerst lange Lebensdauer. Sie sind daher sehr beliebt. Nachfolgend soll nun die Herstellung solcher Werkzeuge veranschaulicht werden.

In Fig. 476 ist eine Spannvorrichtung für den Zahnring am Fassonstahl veranschaulicht.

Der Stahl *S* wird durch drei Knaggen *c*, die im Spanndorn *a* befestigt sind, gehalten. Die Knaggen besitzen in *d* ihren Drehpunkt. Der Spanndorn *a* trägt oberhalb einen Ansatz *e* für die Aufnahme des Fassonstahles in dessen Bohrung. Die Spannung wird durch die Griffscheibenmutter *b* bewerkstelligt, und zwar dadurch, daß sich dieselbe mit ihrem Konus unter die Enden der Spannknaggen schiebt. Das Spanngewinde ist eingängig, um mit Leichtigkeit einen Anzug zu erzielen. Mit dem konischen Schaft paßt die Spannvorrichtung in einen Teilkopf und

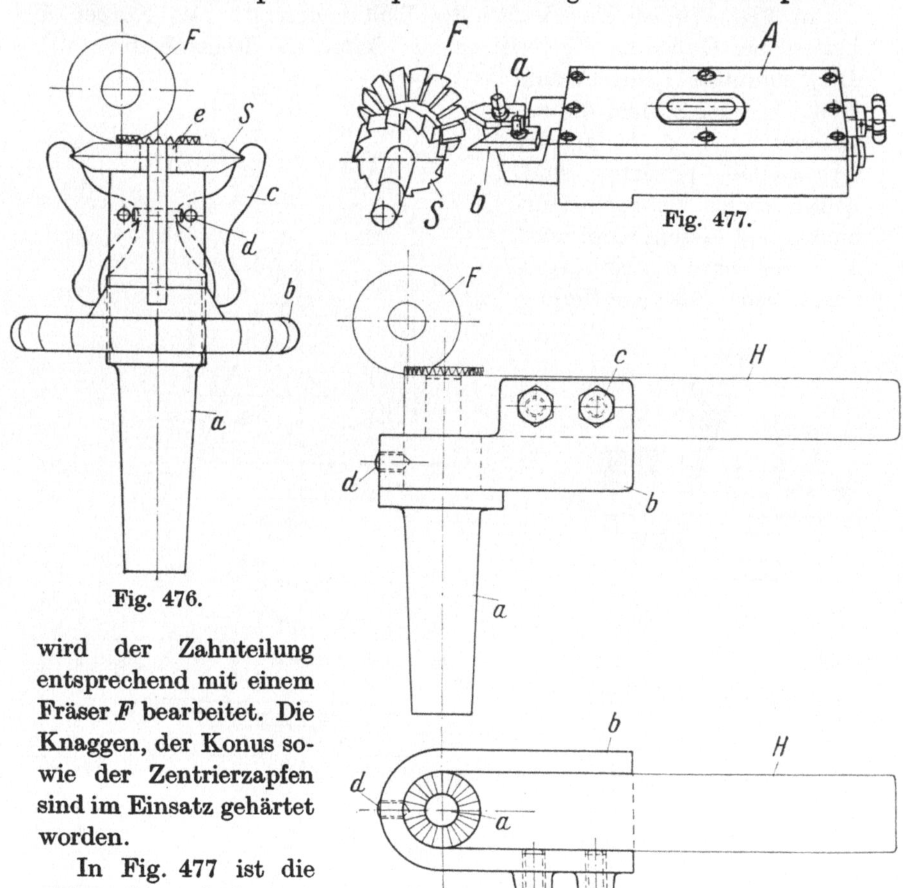

Fig. 476.

Fig. 477.

Fig. 478.

wird der Zahnteilung entsprechend mit einem Fräser *F* bearbeitet. Die Knaggen, der Konus sowie der Zentrierzapfen sind im Einsatz gehärtet worden.

In Fig. 477 ist die Fräserhinterdrehvorrichtung zum Hinterdrehen des Fassonstahles *F* veranschaulicht. Die Platte *a* stellt den Bearbeitungsstahl dar. Die Hubscheibe *S* betätigt den Schieber *b*. Das ganze Werk ist in einem dicht verschlossenen Kasten *A* untergebracht. Über die nähere Beschaffenheit sowie Konstruktion ist in Fig. 345 geschrieben worden. Jedenfalls ist diese Vorrichtung äußerst praktisch. Sie erspart eine größere Hinterdrehbank.

In Fig. 478 ist die Aufspannvorrichtung für den Halter *H* veranschaulicht. Auf dem Konusdorn *a* befindet sich der Träger *b*. der durch die kleine Madenschraube *d* auf dem Ansatz befestigt wird. Der Halter *H* wird durch den Zapfen des Schaftes *a* zentriert und mittels der beiden Druckschrauben *c* in der Aussparung von *b* gehalten. Der konische Schaft *a* wird in den Universalteilkopf einer Fräsmaschine gespannt und die betreffenden Teilungen von dem Fräser *F* eingefräst.

In Fig. 479 ist ein Vierfach-Stahlhalter gezeigt. Der Körper *K* besteht aus Gußeisen. Er weist an vier Seiten die Stahlaufnahme auf. Die Schrauben *S* dienen zum Festziehen der Stähle, die am unteren Ende, d. h. an der Druckspitze, gehärtet sind. Außer dieser Schraubenaufnahme sind in dem Kopf noch 4 Löcher für die Arretierung vorgesehen. Als Arretierung dient der Bolzen *A*, dessen Spitze sich in das unter dem Halter bzw. dem Kopf liegende konische Loch schiebt. Die zentrische Aufnahme fällt dem Bundbolzen *B* zu. Der Halter muß sich ohne Spiel auf letzterem drehen lassen. Es soll nun die Massenherstellung solcher Stahlhalter beschrieben werden.

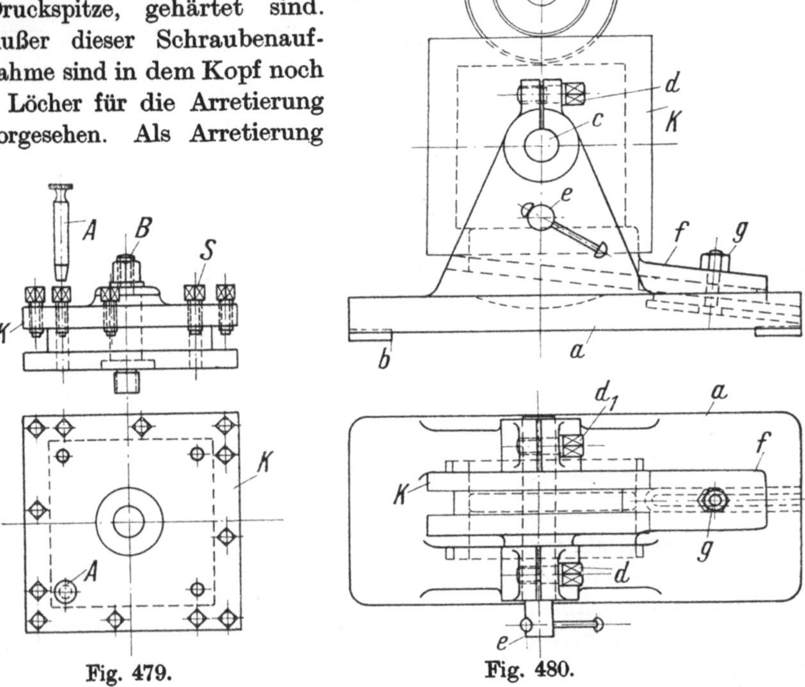

Fig. 479. Fig. 480.

In Fig. 480 ist die Aufspannvorrichtung für den Körper *K* abgebildet. Bevor jedoch der Körper auf dieser Vorrichtung gespannt wird, muß erst das Aufnahmeloch in der Mitte gebohrt sein. Das wird meistens auf einer Drehbank ausgeführt. Die hier zu beschreibende Vorrichtung ist für die Universal-Fräsmaschine bestimmt. Der Aufnahmebock *a* ist mittels der beiden Federansätze *b* in der Tischnut des Fräsmaschinentisches fixiert.

Auf dieser Vorrichtung sollen die Aufnahmen für die Stähle bzw. Werkzeuge ausgefräst werden. Der Fräser *F* besteht aus einem dreiteiligen Satz. Der mittlere fräst die Nut aus und die beiden seitlichen die Ränder des Kopfes. Da nun eine gute Aufspannung beim Ausfräsen Bedingung ist, so hat man außer der Bolzenaufnahme in *c* noch einen Schieber *f* geschaffen, der das Arbeitsstück parallel aufspannt. Die hier in Frage kommenden Flächen bzw. Kanten des Halters *K* sind untereinander verschieden, da man es mit einer bearbeiteten und einer unbearbeiteten Auflage zu tun hat. Um nun diesen Übelstand zu beseitigen, d. h. mit ihm zu rechnen, hat man die Auflagefläche des Schiebers *f* schräg gewählt. Stellen sich nun am Halter *K* Differenzen in der Höhe ein, so wird die Unterlage entsprechend verschoben. Die Unterlage *f* greift mit einem Ansatz in die Stahlaufnahme des Kopfes *K* und wird seitlich mit Führungslappen in dem Bock *a* geführt. Die Feststellung des eingestellten Schiebers erfolgt durch die Spannschraube *g*, die sich mit ihrem Vierkantkopf in einer T-Nut der Grundplatte führt. Um kein Schlottern des Bolzens *c* zuzulassen, sind beide Aufnahmelager des Bockes *a* geschlitzt und durch die beiden Schrauben *d* bzw. d_1 gespannt. Zum Schluß greift noch die Körnerschraube *e* in den Kopf *k*, um selbst beim Fräsen jede Erschütterung gänzlich aufzuheben. Bei derartigen Vorrichtungen muß darauf geachtet werden, daß die Arbeitsfläche nicht zu weit von der Tischaufspannfläche entfernt liegt. Auch hier ist für das Schwenken des Arbeitsstückes aus der Grundplatte ein Teil herausgenommen. Außerdem ist das Augenmerk auf eine kräftige Abstützung des Werkstückes zu legen, denn gerade beim Fräsen entstehen bei zu schwachen Untersätzen die gefürchteten Rattermarken, die auch bei Schleifmaschinen eine wesentliche Rolle spielen.

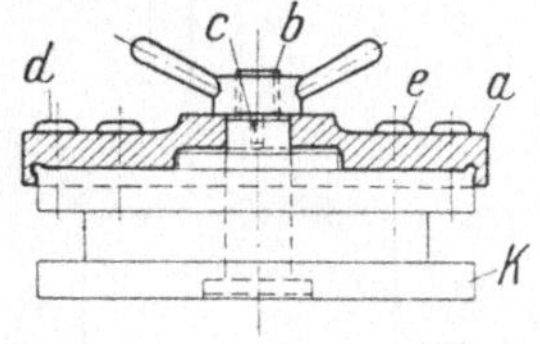

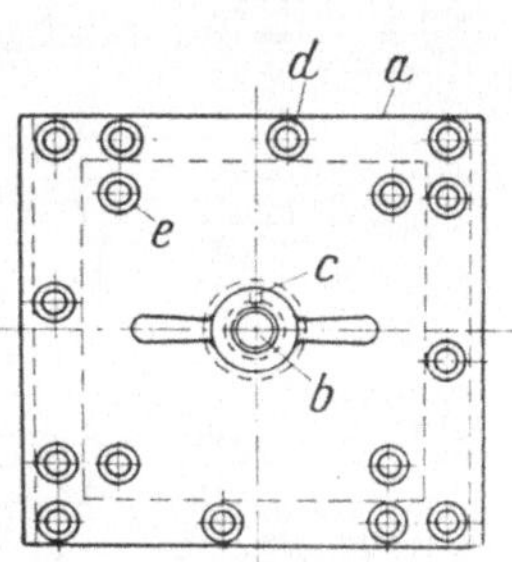

Fig. 481.

In Fig. 481 ist die Bohrarbeit an dem Halter *K* dargestellt. Hierzu wird eine Bohrplatte *a* verwendet. Diese trägt an zwei Seiten Ansätze gegen eine Verdrehung der Platte zum Werkstück. Das konnte hier auf diese Weise geschehen, weil die Fräsarbeit auf der vorbeschriebenen Vorrichtung einwandsfrei ausgeführt wurde. Die Befestigung der Bohrplatte *a* geschieht mittels des genau passenden Spannbolzens *b*, der sich mit seinem Kopf in die Ausdrehung des Halters legt und durch Anzug der Knebelmutter festgezogen wird. Eine Feder *c*, die sich in der Nut der Platte *a* führt, sichert den Bolzen vor einer Verdrehung. Die Bohrbuchsen *d* sind für die Spannschrauben der Stahlaufnahme und die Bohrbuchsen *e* für den Durchgang des Steckbolzens bestimmt. Mit den hier beschriebenen Vorrichtungen ist man in der Lage derartige Werkzeuge in Serien herzustellen.

In Fig. 482 ist ein Zapfenfräsapparat dargestellt, mit dem man an Stangen und Stäben Zapfen ansetzen kann. Der Körper *K* besteht aus Maschinenstahl. Er trägt am oberen Ende den Morsekonus für die Bohrmaschinenspindel. Von zwei entgegengesetzten Seiten treten die Drehstähle *St* in das Innere der Bohrung ein. Die beiden Druckschrauben *D* spannen die Stähle fest. An der unteren Seite befinden sich die Führungsbacken *P*, die mittels der beiden Spannschrauben *S* festgezogen werden. Die Herstellung dieses Zapfenfräsapparates ist äußerst einfach.

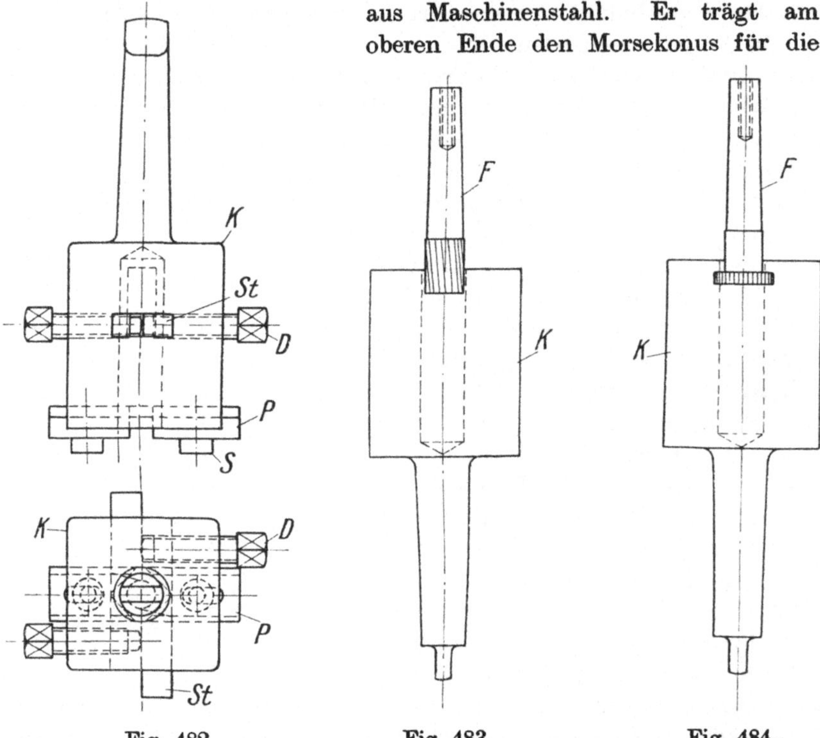

Fig. 482. Fig. 483. Fig. 484.

In Fig. 483 und 484 ist das Einarbeiten des T-Nutenschlitzes veranschaulicht. In Fig. 483 wird erst die Nutenbreite mittels des Zapfen- oder Fingerfräsers *F* ausgefräst und darauf in Fig. 484 mit dem *T*-Nutenfräser *F* die untere Nut gefräst. Sind mehrere derartige Nuten in gleichgroße Apparate einzufräsen, so ist es vorteilhaft, diese nebeneinander in einer Aufspannvorrichtung zu spannen. Voraussetzung muß aber sein, daß die Körper *K* winkelig zu einander passen, denn sonst würden die Nuten auch nicht in einer Flucht zu liegen kommen. Das Ansetzen des Konuszapfens ist lediglich Schmiedearbeit. Der Zapfen wird auf der Drehbank in der normalen Weise bearbeitet. Desgleichen auch das Loch im Körper *K*.

Die Fig. 485 zeigt die Bohrvorrichtung für den Körper *K*. Der Kasten *a* ist aus Gußeisen angefertigt. Als Unterstützung des Werkstückes befindet sich eine Zwischenwand in der Mitte des Bohrkastens. Durch diese geht der Konusschaft von *K* hindurch. Als Verschluß ist der Schieber *b* angebracht. Derselbe schiebt sich in den schwalbenschwanzförmigen Führungen des Kastens *a*. Die Druckschraube *c* spannt den Körper im Kasten fest. Mit dem konischen Ende setzt sich die Schraube in die Bohrung von *K* und drückt das Werkstück fest. Will man das letztere nach beendigter Bohrarbeit entfernen, so schraubt man die Schraube *c* zurück und zieht den Schieber *b* heraus. Die beiden Bohrbuchsen *f* bzw. f_1 dienen zum Bohren der Spannschraubenlöcher für die Führungsbacken. Die Bohrbuchsen *d* bzw. d_1 sind für den Stahlschlitz bestimmt und die beiden Bohrbuchsen *e* bzw. e_1 für die Spannschrauben der Stähle. Entsprechende Aussparungen am Bohrkasten *a* sichern eine gute Auflage auf dem Bohrmaschinentisch.

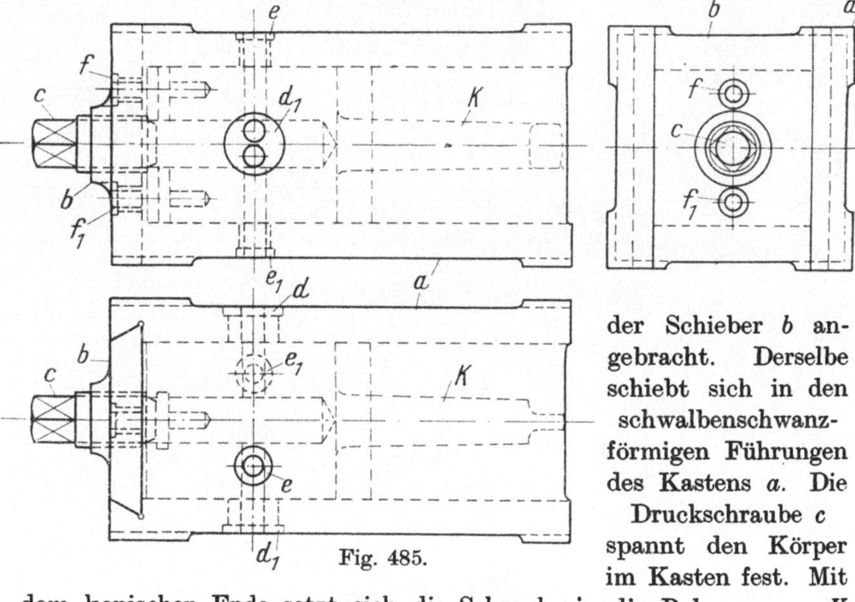

Fig. 485.

Die beiden Stahlführungsöffnungen werden auf der Feil- bzw. Stoßmaschine ausgearbeitet. Das Ausfeilen dürfte etwas länger dauern als das Ausstoßen. Im letzteren Fall muß die Stoßstange unterhalb des Werkstückes eine Führung haben, denn sonst würde sie nach unten zu ausweichen.

Auf eine ähnliche Art lassen sich auch andere Zapfenfräsapparate herstellen. In diesem Anwendungsbeispiel soll jedoch nur die Bearbeitungsmöglichkeit vor Augen geführt werden.

In Fig. 486 und 487 ist die Anfertigung der Führungsbacken *P* dargestellt. Nicht allein für den in Fig. 482 dargestellten Zapfenfräsapparat gilt die nachfolgende Beschreibung, sondern auch für ähnliche Fälle. Derartige Backen werden vielfach im Werkzeugbau verwendet. Es kommt für die Herstellung der Backen *P* ein gezogener

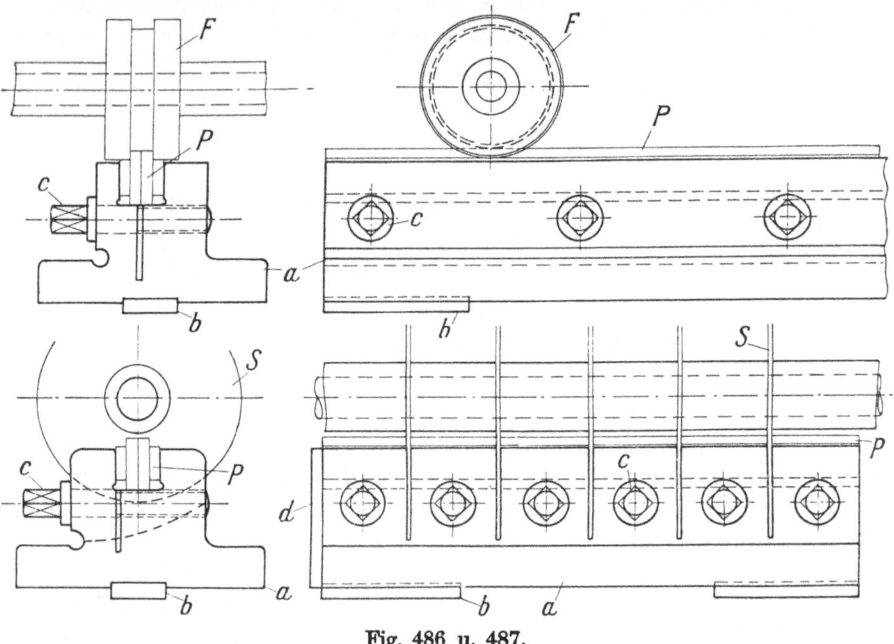

Fig. 486 u. 487.

Maschinenstahl in Frage, der annähernd die äußeren Abmessungen besitzt, so daß ein Vorhobeln nicht nötig ist. Das Material wird in entsprechenden Stangen, je zwei zusammen, in der Fräsvorrichtung, Fig. 486, gespannt und mittels des Fräsersatzes *F* bearbeitet. Die Fräsung geschieht während des einmaligen Durchganges der Fräser, desgleichen auch die der anderen Seite der Backen. Auf diese Art bekommt man mit zwei Druchgängen zwei auf Maß gearbeitete Stangen, von denen nur das Material abgetrennt zu werden braucht. Die Vorrichtung, Fig. 486, besteht aus dem gußeisernen Körper *a*, der für die Aufnahme der Tischnut zwei Federansätze *b* besitzt. Um nicht die Nutenansätze auf der ganzen Länge anzuhobeln, sind sie gesondert hergestellt und in Einfräsungen des Körpers *a* gesetzt. Die Spannung des Materials *P* geschieht hier durch Klemmung des Körpers *a* selbst, die durch die

Spannschrauben *c* hervorgerufen wird. Zu diesem Zweck ist der Körper auf seiner ganzen Länge geschlitzt worden. Die Passung des Materials in der Aufnahme ist ziemlich genau, so daß ein bemerkenswertes Zusammenziehen nicht in die Erscheinung tritt. Der besseren Federung entsprechend ist der Körper auf einer Seite durch eine gerundete Nut etwas geschwächt, so daß ein Verziehen der gesamten Vorrichtung nicht eintritt.

Ist nun das Material *P* auf Maß gefräst, so kommt es zur weiteren Bearbeitung auf die Vorrichtung, Fig. 487. Die Form ist die gleiche wie unter Fig. 486, nur daß hier zwischen den zahlreichen Spannschrauben *c* je ein Schlitz eingearbeitet ist, in dem sich die Kreissägen *S* führen. Man hat hier 5 Blätter nebeneinander auf den Dorn gespannt und durch Zwischenringe sogenannte Distanzrollen in den gewünschten Abständen

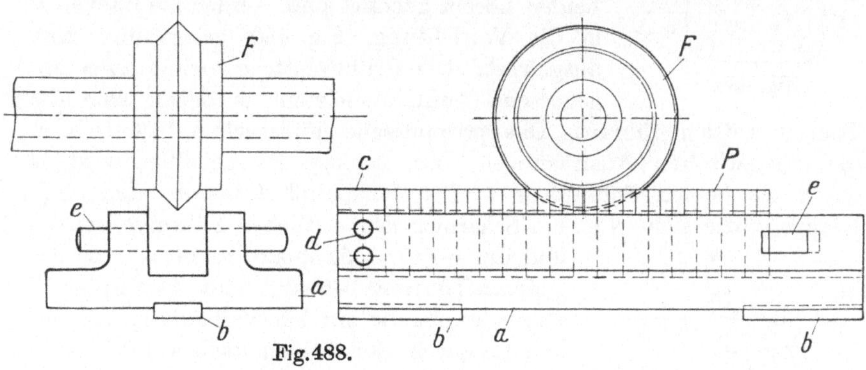

Fig. 488.

voneinander aufgesteckt. Die Art der Fräsdorne dürfte auf Plan- und Universal-Fräsmaschinen bekannt sein. Als Begrenzung des Materials dient hier der Anschlag in Form einer Leiste *d*. Es werden an der Stange dementsprechend stets 10 Backen *P* abgetrennt. Die weitere Bearbeitung der abgetrennten Backen geschieht auf der Fräsvorrichtung, Fig. 488. Hier werden 16 Backen hintereinander gespannt und mittels des kombinierten Fräsersatzes *F* bearbeitet, d. h. es werden hier die Prismen eingefräst.

Die Vorrichtung besteht aus dem gußeisernen Aufnahmekörper *a*. Es sind auch hier, wie bei den vorher beschriebenen Vorrichtungen, zwei Federansätze *b* in die Bodenplatte eingesetzt. Als Gegenlager dient das Stück *c*, das in dem Rahmen *a* fest eingepaßt ist. Zwei durchgehende Bolzen *d* halten es in der Lage fest. Als Verschluß der Vorrichtung dient hier ein Keil *e*. Der Keilverschluß ist bei der Spannung am Platze, weil es sich um gleichmäßige Stücke *P* handelt, da hier keine große Differenz in den Stärken vorhanden ist. Nachdem nun die Prismen in *P* eingefräst sind, werden die Stücke in der Vorrichtung, Fig. 489, gespannt. Diese dient zum Bohren der Schlitzbegrenzung, um den Fräser nur für den seitlichen Vorschub zu benutzen.

Die Vorrichtung besteht aus Schmiedeeisen. Der Körper *a* nimmt zwei Backen gleichzeitig auf, die durch die beiden Blattfedern *f* bzw. f_1 auf ihren Ansätzen nach unten gedrückt werden. Als Abschluß dient der Deckel *b*, der mit vier Schrauben *c* und zwei Prisonstiften *d* auf *a* befestigt ist. In der hinteren Wandung ist das Fixierstück *h* befestigt, das sich mit der prismatischen Spitze in die beiden Backen legt. Der Keil *e* zieht die beiden Backen fest gegen das Stück *h*. Die Bohrbuchse *g* weist zwei Bohrungen für die Begrenzungslöcher auf. Nachdem diese beiden Löcher gebohrt sind, werden die Backen *P* in die Vorrichtung, Fig. 490, gelegt und dort ausgefräst. Die Grundplatte *a* besitzt zwei angegossene Aufnahmeleisten, in denen sich die Backen seitlich führen. Das prismatische Füllstück *b* legt sich in die prismatischen Ausfräsungen vom Backen *P*. Gehalten wird es durch die beiden Schrauben *c*. Der Verschluß *d* besteht aus einer Klappe *d*, die sich in einem Scharnier der seitlichen Führung bewegt und durch die abklappbare Schraube *e* an der anderen Führung befestigt wird. Der Fräser *F* schneidet nur die mittlere Verbindung der beiden Löcher in den beiden Backen aus.

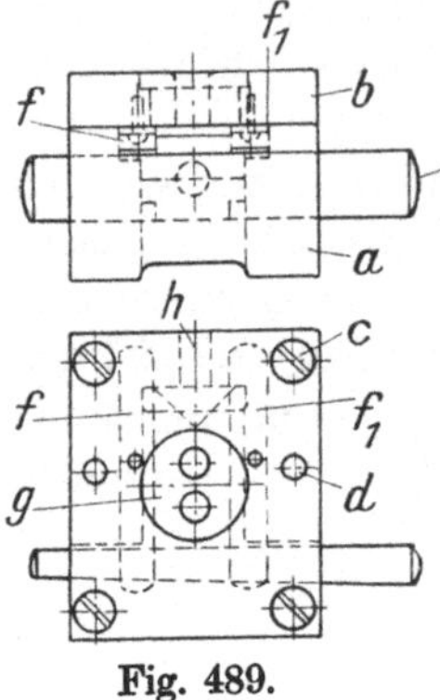

Fig. 489.

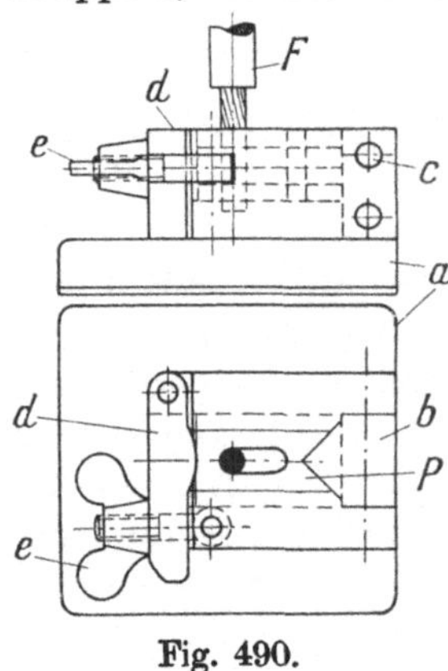

Fig. 490.

Wie man sieht, gehören zu einer Serienfabrikation, selbst für die Herstellung einfacher Werkzeuge, schon eine Reihe von Vorrichtungen. Deren Ausbau und Anwendung ist recht mannigfaltig. Beide richten sich stets nach der Art und Menge der Teile, die fabriziert werden sollen. Je größer die Anzahl der Vorrichtungen und je besser diese ausfallen, desto billiger und austauschbarer sind die Arbeitsstücke.

Nachstehend soll die Massenfabrikation von Gewindebacken geschildert werden. Fig. 491 zeigt ein Paar häufig anzutreffende Gewindebacken *B*. Das Material ist guter Werkzeugstahl. Die erste Bearbeitung erfolgt durch das Hobeln der Stangen, die für die Herstellung der Backen verwendet werden sollen. Hierzu werden weiter keine Vorrichtungen benötigt, es kommen höchstens Meßlehren zur Anwendung, die eine maßhaltige Arbeit gewährleisten. In Fig. 492 ist eine Vorrichtung zum Fräsen der prismatischen Aufnahme an den Backen *B* veranschaulicht. Die

Vorrichtung *a* nimmt gleichzeitig zwei Stangen *B* auf. Es werden hier mit einem Fräsersatz *F* die Prismen in einem Durchgang fertiggefräst. Die Spannschrauben *c* spannen die beiden Stangen fest zusammen. Um gute Anlageflächen zu erhalten, ist die Aufnahme der Stangen bearbeitet. Zu diesem Zweck sind im Körper *a* Aussparungen vorgesehen. Die Grundplatte *a* besitzt für die Aufnahme im Frästisch einen Federansatz, der sich in die Tischnut einlegt. Nach Fertigstellung der einen Seite der Stangen *B* werden diese gedreht und auf der anderen Seite gefräst.

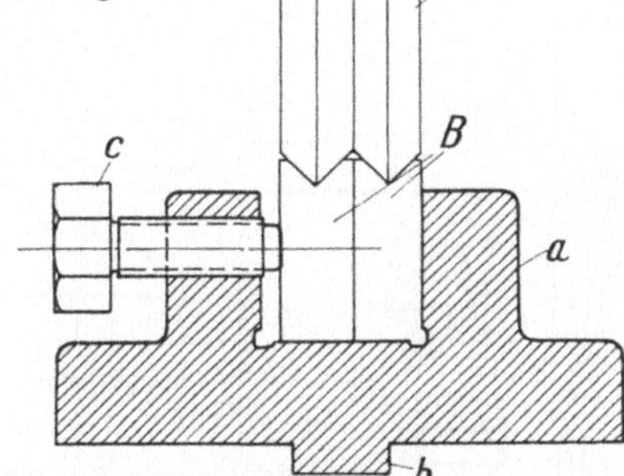

Fig. 491.

In Fig. 493 ist der Durchschnitt der Backenstangen veranschaulicht.

Der Gußkörper *a* weist eine Reihe von Einschnitten auf, in denen sich die Sägeblätter *S* führen. Zwischen den Einschnitten sitzen die Spannschrauben *b*, welche jedes abgetrennte Stück festhalten. Auch bei dieser Vorrichtung sind die Anlageflächen bearbeitet. Sie weisen an ihren Begrenzungen Aussparungen auf, um den Hobelstahl frei laufen zu lassen. Am Boden der Vorrichtung ist in der gleichen Weise wie bei dem Vorhergehenden eine Feder angehobelt worden, um ein paralleles Sitzen der Vorrichtung zur Fräswelle zu erreichen.

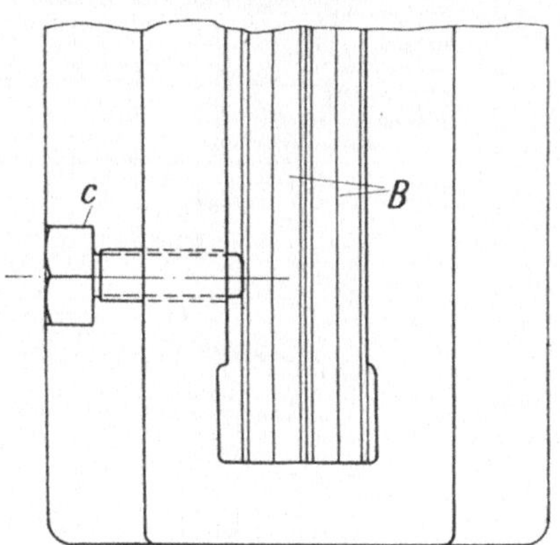

Fig. 492.

Diese Arten von Vorrichtungen müssen ihrer starken Beanspruchung wegen recht kräftig gewählt werden, besonders die letztere mit den dicht beieinanderliegenden Druckschrauben.

In Fig. 494 ist eine Aufspannvorrichtung für die Backen *B* veranschaulicht. Die Planscheibe *a* nimmt die Futterscheibe *b* auf. Erstere sitzt auf der Gewindespindel der Drehbank und trägt die Platte *b* auf der anderen Seite. Die Backen *B* werden in Prismen gehalten und durch die beiden Spannschrauben *d* bzw. *e* eingestellt. Die Einstellung erfolgt durch den Mittelriß der beiden Backen. Infolge der Einarbei-

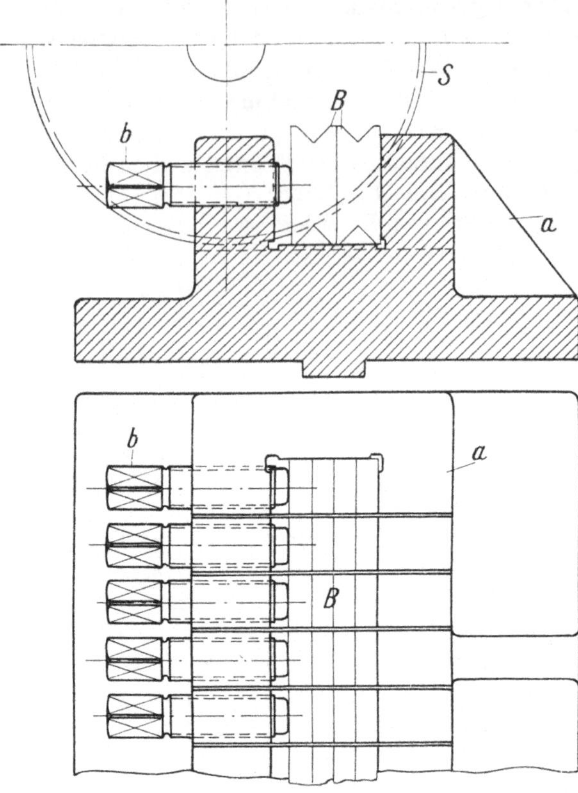

Fig. 493.

tung der Prismen mußte die vordere Platte *b* von der Futterscheibe *a* getrennt ausgeführt werden. Die Befestigung beider Körper erfolgt durch die beiden Schrauben *c*. Das Bohren und Gewindeschneiden erfolgt in bekannter Weise. Die hier beschriebene Vorrichtung ist einfach, aber trotzdem praktisch ausgebildet.

Die weitere Bearbeitung der Gewindebacken ist in den Figuren 495 und 496 veranschaulicht. Hier werden die Spannuten eingefräst. Um die Backen *B* in genauer Richtung untereinander zu spannen, wird die Fixierleiste *e* aufgesetzt. Diese besitzt

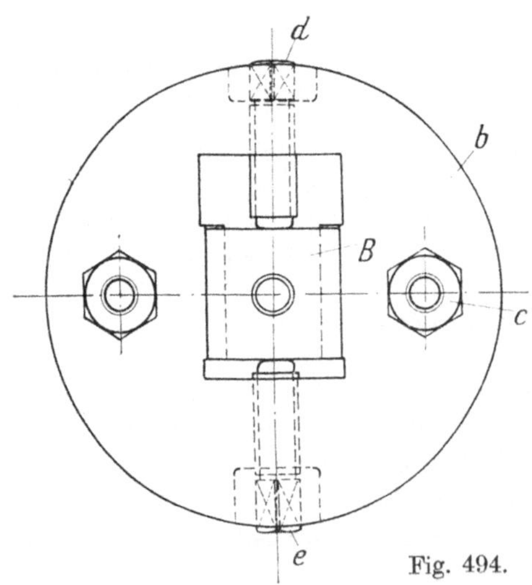

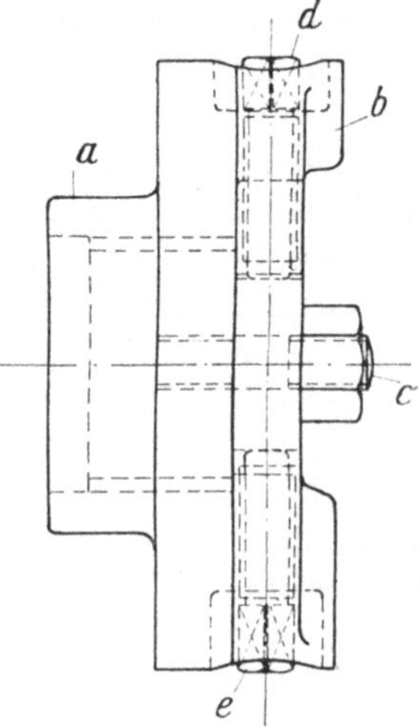

Fig. 494.

eine Wulst, die sich in die Ausbohrung bzw. den Gewindeteil der Backen legt. Die Leiste wird durch die Stifte *d* in die richtige Lage zur Vorrichtung gebracht. Die Stifte sind in der Leiste befestigt und stecken in den Bohrungen der Vorrichtung. Nachdem die Spannplatte *b* an *a* festgezogen ist, wird die Leiste abgehoben. Die Spannschrauben *c* sitzen in dem Rahmen des gußeisernen Aufnahmekörpers *a*. Für die Anlageflächenbearbeitung sind auch hier Aussparungen vorgesehen. Die Spannplatte *b* ist gleichzeitig als Einstellschablone für die Fräser-

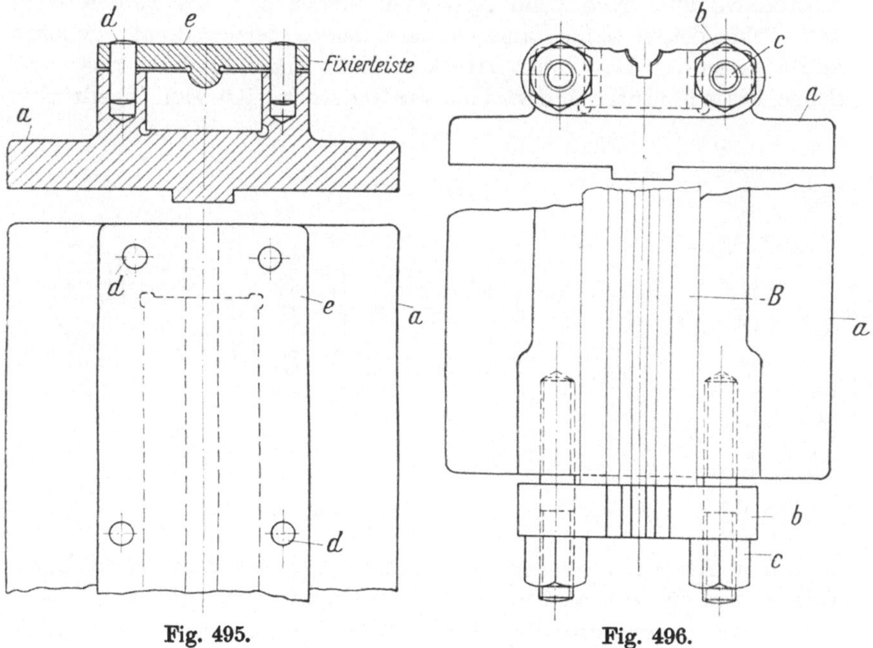

Fig. 495. Fig. 496.

tiefe gedacht. Unterhalb der Vorrichtung befinden sich auch hier angehobelte Federansätze zur Führung in der Tischnut.

Die Fräsung wird auch hier durch einen kombinierten Fräsersatz bewerkstelligt. Sämtliche bisher für derartige Arbeiten angewandte Fräser sind hinterdreht und arbeiten mit besonderer Ökonomie. Das Material der Fräser ist vorteilhaft aus wolframhaltigem Schnellschnittstahl hergestellt.

Ein interessantes Beispiel ist die Fabrikation von Schneideisen, da sie in allen Betrieben, besonders in der Schraubenfabrikation, die in erster Linie an dem Verbrauch beteiligt ist, gebraucht werden.

Das Schneideisen, Fig. 497, stellt die gebräuchlichste Type dar. Das Material ist guter, zähharter Gußstahl. Fast jede Schraubenfabrik benötigt für ihre Fabrikation eine besondere Qualität sowie Härtung

26*

der Schneideisen. Es sind dieses lediglich Erfahrungswerte, die ein jeder Betrieb im Laufe der Zeit gesammelt hat. Hier in diesem Abschnitt soll die mechanische Bearbeitung, d. h. die Herstellung der Schneideisen in Vorrichtungen, beschrieben werden.

In Fig. 498 ist das Abtrennen der Scheiben von der Stange veranschaulicht. Das Spannfutter *c* ist üblicher Bauart. Das Material *S* wird auf dieser Bank gebohrt. Dann wird ein Zentrierstück *a* in den vorderen Teil des Loches eingedrückt, welches als Führung beim äußeren Überdrehen und auch beim Abtrennen dienen soll. Es werden stets drei Schneideisenstücke kurz hintereinander fertiggedreht, gebohrt und abgetrennt. Das Zentrierstück *a* reicht ungefähr durch das erste Schneideisen hindurch und wird mit der Reitstockspitze *b* hineingedrückt.

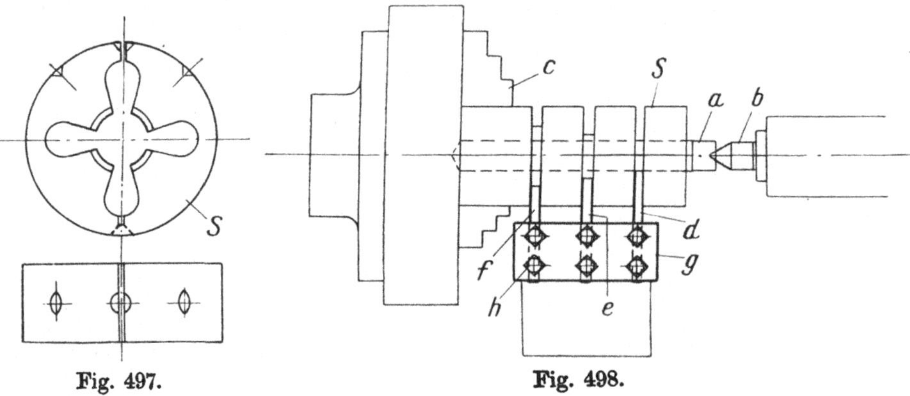

Fig. 497. Fig. 498.

Nach dem Abstich muß der Zentrierpfropfen *a* aus dem ersten Eisen entfernt und für die nächsten drei Eisen wieder eingedrückt werden. Für die hier angewandte Methode kann aber auch die Reitstockspitze durch eine handelsübliche Kugellagerdruckspitze ersetzt werden. In dem Falle besitzt die Kugelspitze eine Aufnahme, die sich in die Bohrung der Eisen legt und diese so wirksam zentriert. Bei umfangreicherer Fabrikation dürfte das letzte Beispiel als vorteilhafter gelten. Der Abstich erfolgt hier vom Reitstock aus, in der Weise, daß der erste Stechstahl *d* zuerst in das Material eindringt. Darauf folgen die nächsten beiden *e* und *f*. Die Stähle sind in einem Stahlhalter *g* zusammen gestellt und in einem Vierfachstahlhalterkopf, wie er bereits in Fig. 348 beschrieben ist, gespannt. Mittels des Vierfachstahlhalterkopfes ist man in der Lage sämtliche Operationen ohne Stahlwechsel auszuführen. Es ist darauf zu achten, daß zur Vermeidung von Materialverlust die Abstechstähle *d*, *e*, *f* nicht zu stark gewählt werden. Die Spannschrauben *h* sind bekannter Bauart und, wie üblich, am Druckzapfen abgehärtet. Besonderer Wert ist auch auf die Sauberkeit des Durchstiches zu legen, um die Schleifarbeit nach dem Härten der Eisen *S* auf ein geringes Maß zu beschränken.

In Fig. 499 ist die Bohrarbeit der Eisen gezeigt. Der Körper *a* besteht aus Schmiedeeisen und ist mit 8 Flächen ausgerüstet, um die Körnerspitzenlöcher im Eisen bohren zu können. Die Platte *b* ist aus gehärtetem Gußstahl angefertigt; mit ihr werden die Schneideisen gleichzeitig gespannt. Auch gelten die Bohrungen als Bohrbuchsen. Bei größeren Schneideisen dürfte zur Ersparung von Material die Anwendung von Bohrbuchsen am Platze sein. Durch die am Unterteil *a* seitlich angehobelten Knaggen *d* schiebt sich der Keil *c*, der die Platte *b* auf das Schneideisen preßt. Die Platte besitzt einen Ansatz, der sich in der Ausbohrung des Unterteils führt und so die Bohrungen der Spanlöcher fixiert. Für den Durchtritt des Bohrers ist der Keil *c* entsprechend durchbrochen worden. Die vier seitlichen Bohrbuchsen *e* sind für die Spannkörnerlöcher vorgesehen. Beim Bohren der letzteren ist es nötig, daß der Bohrer begrenzt wird, was durch Aufstecken einer Hülse oder eines einstellbaren Ringes geschehen kann. Die auf diese Weise gebohrten Schneideisen sind für die Schleifvorrichtung, Fig. 280, einwandsfrei ausgeführt.

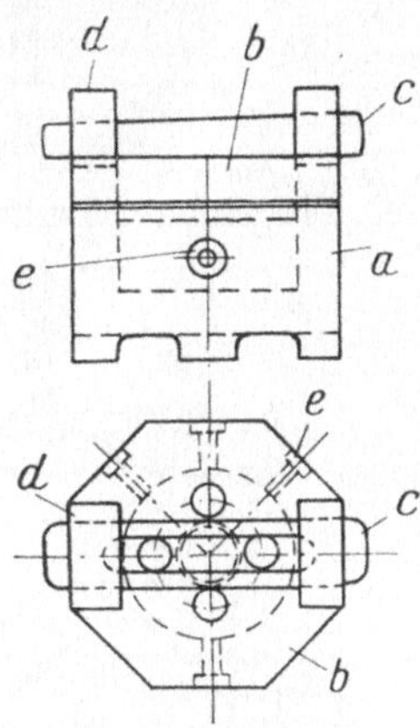

Fig. 499.

In Fig. 500 ist das Durchfeilen der Spanlöcher abgebildet. Diese Arbeit geschieht selbsttätig auf einer Feilmaschine, so daß für die Lohnverrechnung nur das Ein- und Ausspannen in Frage kommt.

Die hier abgebildete Vorrichtung besteht aus der Platte *b*, die mittels der beiden Lappen und Schrauben auf dem Tisch *a* befestigt ist. Die Platte *b* weist seitliche Führungen *c* auf, in denen sich der Schlitten *d* verschiebt. Letzterer nimmt die prismatischen Spannbacken *f* und *g* auf. Die erstere ist im Rahmen des Schiebers unbeweglich, die letztere dagegen verschiebbar befestigt. Zwischen den beiden Backen befindet sich das Schneideisen *S*, welches durch den Druck der Spannschraube *i* festgehalten wird. Letztere schraubt sich durch die Nabe des Blattes *h*. Die beiden Backen werden durch die beiden Leisten mit Schrauben *e* in ihrer Lage gehalten. An den Leisten befinden sich die Augen zur Aufnahme der Zugseile, die sich vor der Rolle *m* vereinigen und als ein Seil über diese laufen. Am unteren Ende weist dasselbe ein Zuggewicht *n* mit Platten auf. Die Beschwerung des Gewichtes muß derartig sein, daß ein wirksames Feilen erreicht wird. Um nun stets ein und dieselbe Tiefe der Feilarbeit zu erreichen, ist die Anschlagschraube mit Kloben *k* vorgesehen. An diese stößt der Schieber an, wenn die Feile *o* die Gewindegänge durchfeilt hat. Auf diese Weise erhält man stets gleichbleibende Spannuten. Die Bewegung der Feile *o* dürfte bekannt sein, da sich die Feilmaschinen allenthalben in den Betrieben eingeführt haben.

An Stelle des Zuggewichtes kann man auch, da es sich nur um eine kurze Ausdehnung handelt, die Federwirkung setzen.

Die Bedienung solcher Maschinen mit den entsprechenden Vorrichtungen kann dem betreffenden Schlosser, der für die Herstellung der Eisen verantwortlich ist, übertragen werden. Abgesehen von der exakten Arbeit, die derartige Schneideisen leisten, stellt sich ihre Ausführung äußerst billig.

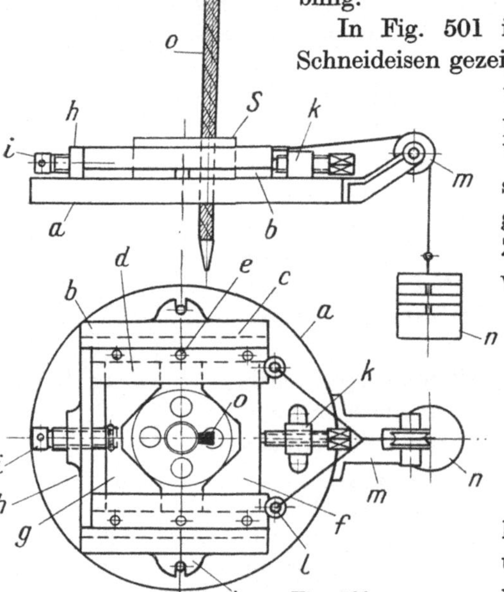

Fig. 500.

In Fig. 501 ist das Hinterdrehen der Schneideisen gezeigt. Diese Vorrichtung wird von der Firma Th. Westphal, Köln, Präzisions-Werkzeugfabrik, hergestellt. Der vorstehend abgebildete Apparat hat den Zweck, an Schneideisen jedweder Art einen absolut genauen und gleichmäßigen Anschnitt zu erzielen. Es ist dabei gleichgültig, welches Gewindesystem, ob Rechts- oder Linksgang, in Frage kommt. Während diese Arbeit bisher durch einen geübten und teuren Werkzeugmacher von Hand ausgeführt werden mußte, kann nunmehr mit der neuen Hinterdrehvorrichtung, die auf der Drehbank montiert wird, der Anschnitt infolge ihrer weitgehendsten Einstellbarkeit, in allen gewünschten und erforderlichen Verschiedenheiten hergestellt werden, je nachdem ob Stahl, Eisen oder andere Metalle mit dem betreffenden Schneideisen bearbeitet werden sollen.

Geeignet ist der Apparat für alle Gewindesysteme sowie für Schneideisen von 0,5 bis 50 mm Gewindedurchmesser.

Die Leistung erreicht das 20fache eines Werkzeugmachers. Die erzielte Arbeit ist von einer Güte und mathematischen Genauigkeit wie sie von einem tüchtigen Handwerker bei weitem nicht zu erreichen ist. Im übrigen funktioniert die Vorrichtung wie eine Hinterdrehbank, arbeitet aber trotz sauberster Leistung bedeutend schneller, da die Tourenzahl, wie beim gewöhnlichen Drehen, beibehalten werden kann.

Die Handhabung ist die denkbar einfachste. Die Vorrichtung kann nach dem Einrichten durch einen Facharbeiter von jedem ungelernten Arbeiter bedient werden. Sie liefert, je nach Gewindegröße, eine Stundenleistung von 30 bis 60 Schneideisen.

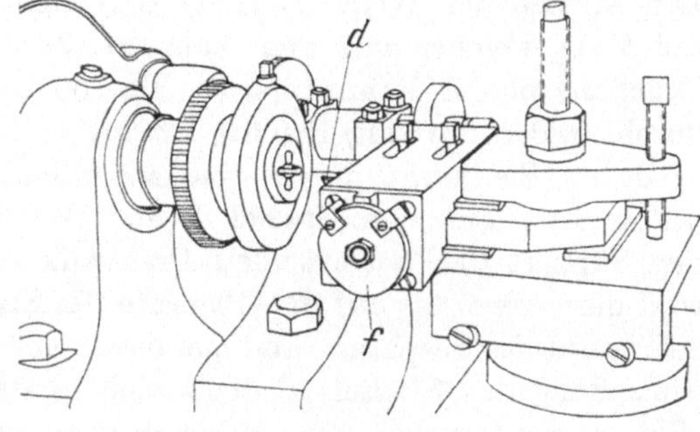

Fig. 501.

Die Arbeitsersparnis ist daher bei Anwendung der neuen Hinterdrehvorrichtung gegenüber dem ungleichmäßigen und unzuverlässigen Hinterarbeiten von Hand aus eine ganz enorme.

Verwendbar ist die Vorrichtung auf jeder Drehbank mit wenigstens 125 mm Spitzenhöhe über Bett und 15 mm über Supportplatte. Ihre Montage nimmt nicht mehr als 10 Minuten Zeit in Anspruch.

Diese Vorrichtung ist durch D. R. P. geschützt. Sie kann mit keiner der üblichen Arbeitsmethoden der neuesten Zeit verglichen werden.

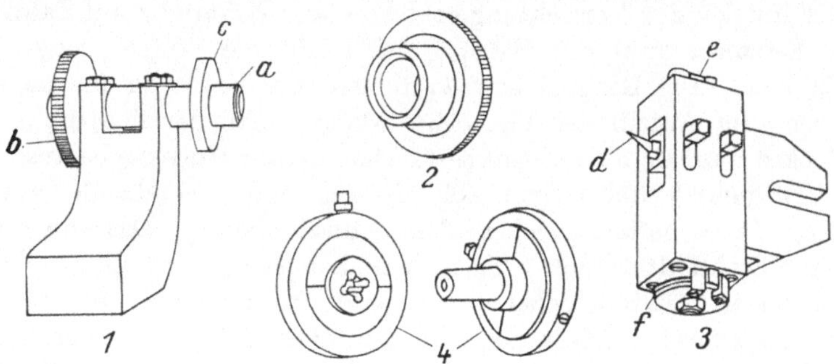

Fig. 502.

Die in Fig. 501 dargestellte Anordnung soll in Fig. 502 in Kürze beschrieben werden.

Die Vorrichtung besteht aus dem Lagerbock (1) mit der Welle *a*, auf der einen Seite derselben ist das Zahnrad *b* und auf der anderen Seite die Hubscheibe *c* angeordnet; aus dem Zahnrad (2) nebst Flansch für den Spindelkopf der Drehbank, dem Stichelgehäuse (3) mit Stichel *d* und dem Spannfutter (4) für die Schneideisen.

Die gesamte Vorrichtung wird mit dem Spindelkasten einer gewöhnlichen Drehbank verbunden. Der Lagerbock (1) wird entweder auf das Drehbankbett mit Schraube und Lasche (siehe Fig. 501) oder mit dem entsprechenden Profil des Bettes in Unterlegstücke eingehobeltem Prisma, ebenfalls mittels Schraube und Lasche, befestigt. Die Welle soll mit der Spindelachse der Drehbank parallel laufen und gleichzeitig etwa 5 mm unter Spitzenhöhe der letzteren liegen. Der Antrieb der Welle *a* erfolgt durch ein auf ihr befestigtes Zahnrad *b* (1), welches mit dem Zahnrad (2) von gleicher Größe auf der Drehbankspindel kämmt (siehe Fig. 501). Die Hubscheibe *c* erhält durch beiderseits angebrachte Stellringe ihre richtige Lage auf der Welle *a*. Sie wirkt durch eine am Stichelhaus angebrachte Gegendruckrolle *e* auf den Stichel *d* (3). Das Stichelgehäuse (3) wird in den Support der betreffenden Drehbank eingespannt. Der Stichel *d* wird durch zwei bis auf die Oberseite des Stichelgehäuses durchgehende Schrauben festgespannt und geführt. Zur genauen Zentrierung und Einstellung des Stichels *d* dient eine in das Stichelhaus eingelassene Mikrometerschraube mit Millimetersteigung und 0,01 mm Teilung am Kopfumfang *f*. Das zu hinterdrehende Schneideisen ist auf der Drehbankspindel im Spannfutter (4) unmittelbar hinter dem Zahnrad (2) zentrisch eingespannt.

Aus Fig. 503a ist eine Zusammenstellungszeichnung der Schneideisen-Hinterdrehvorrichtung „Veni-Vici" und in Fig. 503b die Einzelteile der letzteren ersichtlich.

Der Antrieb der Vorrichtung geht von dem Zahnrad *a* auf Zahnrad *b* über. Letzteres sitzt auf Welle *i* und treibt die Stufen- bzw. Hubscheibe *c* an. Die Ringe *k* bzw. k_1 dienen zum Festlegen der Lage der letzteren. Im Aufriß der Fig. 503a erkennt man deutlich die Anlage des Bockes *d* auf dem Drehbankbett. Die von der Hubscheibe ausgehenden Bewegungen übertragen sich als hin- und hergehende auf die Rolle g_1. Diese befindet sich in dem Schubkloben e_4. Das von diesem betätigte Stahlhalterstück f_2 ist in dem Kloben e_4 verstellbar gelagert. In die beiden Gewindelöcher von f_4 wird oberhalb und unterhalb des Führungsstückes f_1 die Gewindehülse f_4 mit Gewindestück f_3 geschraubt. Beide lassen sich in der Bohrung des Klobens e_4 durch die Gewindespindel f_5 verschieben. Die Scheibe f_7 sitzt auf der Spindel, so daß mittels der Mikrometeranordnung eine Verstellung des Stichels *j* auf 0,01 mm vorgenommen werden kann. Die Platte f_6 mit dem Anschlag deckt den Bund an der Spindel f_5 im Schubkloben e_4 ab. Die Begrenzungskloben h_1 sind einstellbar auf f_7 befestigt.

Die Vorschubbewegung der Rolle g_1 wird durch die Druckfeder *l*, die sich auf dem Ansatz des Schubklobens e_4 befindet, bewerkstelligt. Die Rolle ist durch einen Stahlbolzen g_2 spielfrei in e_4 gelagert. Das Gehäuse e_1 nimmt in seiner Bohrung den Mechanismus auf. Die Bohrung wird durch die beiden Stirnplatten e_2 und e_3 abgeschlossen.

Die Spannschrauben m_1, bzw. m_2 treten durch Schlitze von e_1 hindurch, so daß man den Stichel j bequem befestigen oder herausnehmen kann.

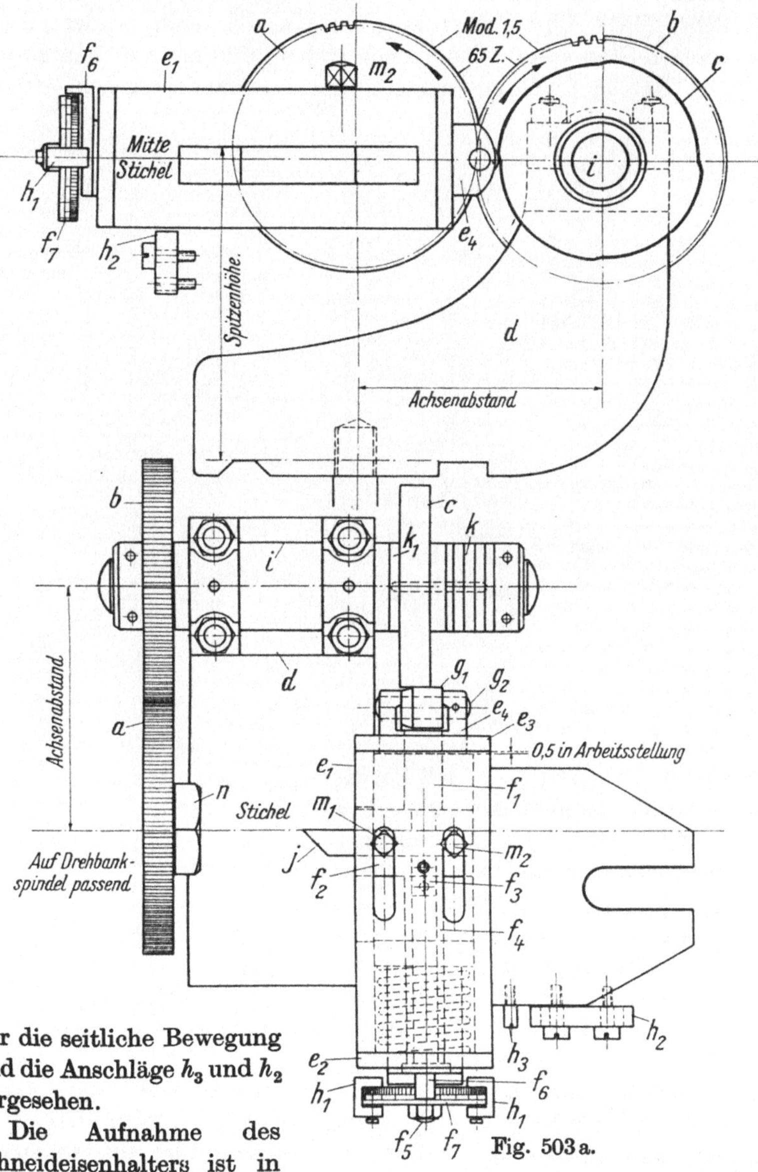

Fig. 503a.

Für die seitliche Bewegung sind die Anschläge h_3 und h_2 vorgesehen.

Die Aufnahme des Schneideisenhalters ist in der Drehbankspindelnabe n vorgesehen. Aus den hier aufgeführten Einzelteilen, sowie der Zusammenstellung, ist deren Wirkungsweise nach dem Vorausgesagten in Fig. 502 klar ersichtlich.

Nachdem die Schneideisen auf diese Art soweit bearbeitet sind, werden sie auf der Fräsmaschine geschlitzt.

In Fig. 504 ist für diesen Zweck eine Spannvorrichtung veranschaulicht. Die Schlitze gehen aber nie ganz hindurch, sondern lassen einen kleinen Steg von 0,3 bis 0,5 mm stehen, und zwar zu dem Zweck, um beim Härten nicht zusammen- oder auseinanderzugehen. In der

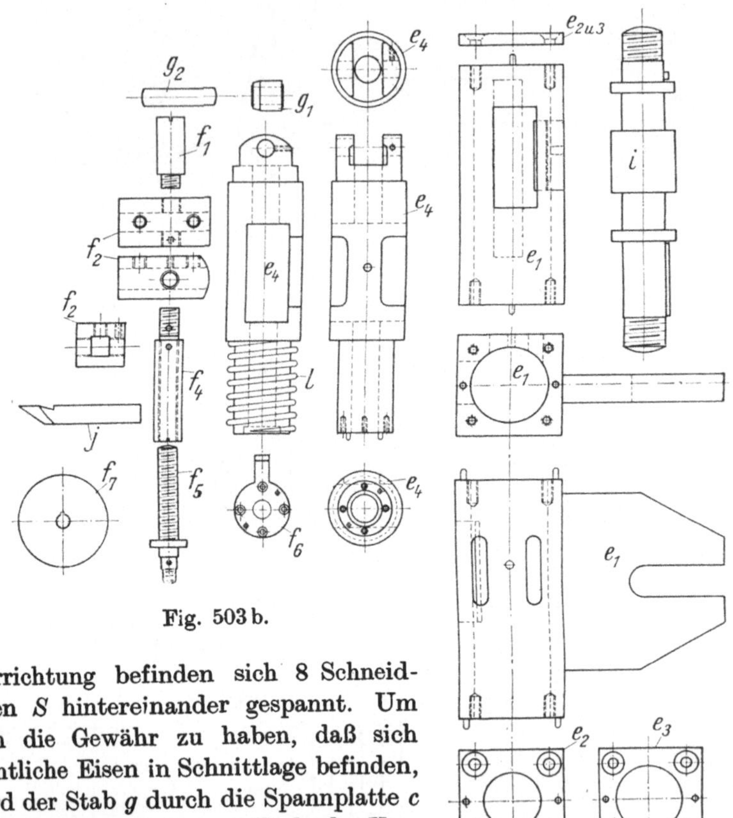

Fig. 503 b.

Vorrichtung befinden sich 8 Schneideisen S hintereinander gespannt. Um nun die Gewähr zu haben, daß sich sämtliche Eisen in Schnittlage befinden, wird der Stab g durch die Spannplatte c und die Gegenplatte am Ende der Vorrichtung hindurchgeschoben. Sämtliche Schneideisen sind gleicher Größe und in einer Vorrichtung gebohrt, demnach liegen sie in einer Richtung. Die beiden Spannbolzen d gehen von jeder Seite durch die Vorrichtung. Sie werden mittels der beiden Knebelmuttern e bzw. e_1 festgezogen. Die Spannplatte c wird durch die beiden Prisonstifte f bzw. f_1 in Lage gehalten. Die Auflage b ist gesondert ausgeführt. Sie wird in der Federnut der Grundplatte a fixiert. Die Rückseite oder Gegenlage a ist an der Grundplatte angegossen. Der zum Schlitzen benötigte Fräser h ist ein normaler Schlitzfräser oder ein Sägenblatt.

Nach dieser Arbeit werden die Schneideisen unter einer Stempelvorrichtung gestempelt und sodann gehärtet. Die Härtung ist ebenfalls Erfahrungssache und wird je nach der Art der zu bearbeitenden Schrauben bzw. Gewinde vorgenommen. Viele Firmen lassen den Rand des Eisens weich und härten nur die Gewinde, andere wieder halten nur das, dem Schlitz gegenüberliegende Stück weich, um einem Zerspringen durch Spreizen des Schlitzes vorzubeugen. Nachdem die Schneideisen gehärtet sind, werden sie auf einer Magnetplatte überschliffen. Alsdann

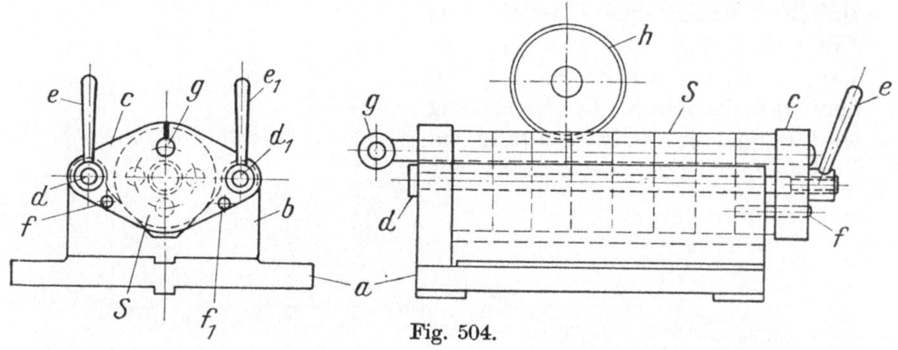

Fig. 504.

wird der schwache Steg, der beim Schlitzen stehenblieb, mittels eines flachen Stempels herausgeschlagen, dann ist das Schneideisen für den Gebrauch fertig.

Die Herstellung der Schneideisen kann mit den bisher beschriebenen Vorrichtungen von ungelernten Arbeitskräften besorgt werden. Nur das Einschneiden des Gewindes in das Eisen überläßt man noch viel-

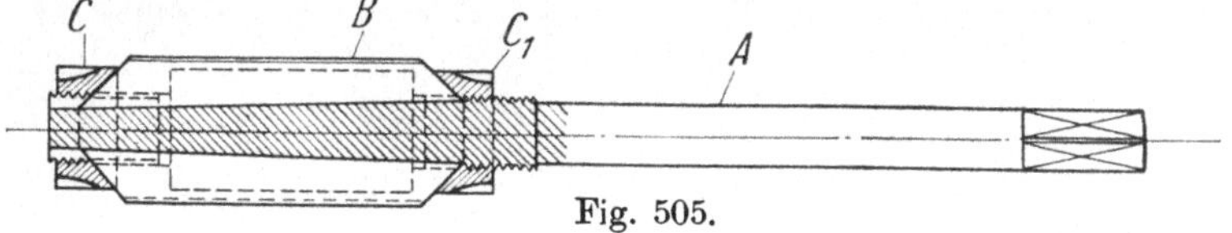

Fig. 505.

fach Facharbeitern. Jedoch auch diese Arbeit ist bei häufiger Wiederholung bald gelernt.

In Fig. 505 ist eine nachstellbare Reibahle veranschaulicht. Sie besteht aus dem Schaft A mit der Aufnahme der sechs Messer B und den beiden Stellmuttern C und C_1. Der Schaft A ist an dem Messerende verstärkt ausgebildet. Dort befinden sich die fünf schrägen Schlitze zur Aufnahme der Messer. Letztere sind keilförmig ausgebildet und weisen an ihren Enden schräge Flächen auf, an welche sich die konisch ausgedrehten Muttern anlegen. Das Anziehen der unteren Mutter C nach Lösung der Mutter C_1 verursacht eine Verschiebung der fünf Messer und dadurch eine Änderung des Durchmessers der Reibahle.

Der Schaft und die Muttern sind für gewöhnlich aus Maschinenstahl, die eingesetzten Messer *B* dagegen aus Schnellschnittstahl angefertigt. Die hier abgebildete Reibahle ist in den Betrieben sehr beliebt, weil man sich in jeder Lage mit ihr helfen kann.

In Fig. 506 ist die Spannvorrichtung zum Einfräsen der Spannnuten in die Muttern dargestellt.

Die Grundplatte *a* nimmt den Teller *b* auf. Ein Zentrieransatz nebst Bolzen *i* fixiert das Oberteil zum Unterteil. Vier an *a* angegossene Lappen dienen zur Befestigung auf dem Maschinentisch. Die Vierteilung wird durch die Teilvorrichtung bewerkstelligt. Dieselbe besteht aus

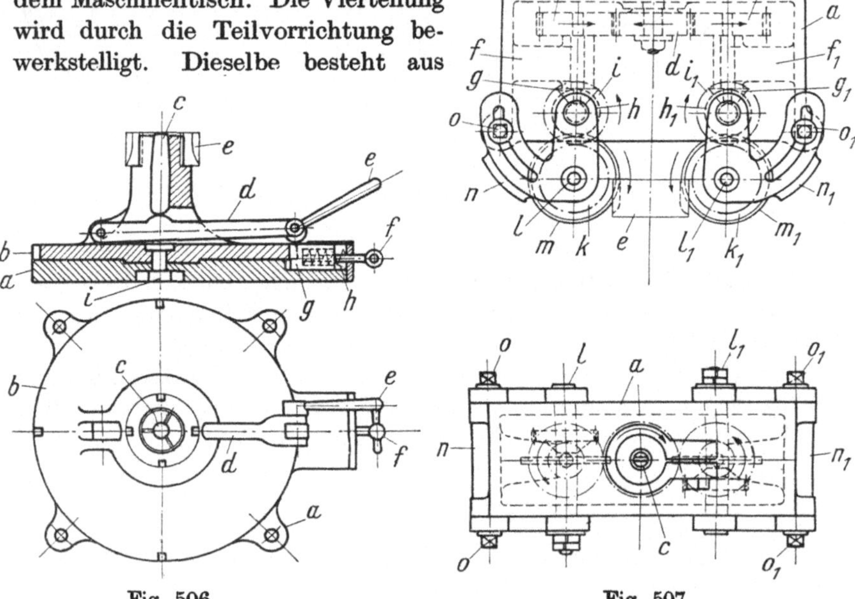

Fig. 506. Fig. 507.

dem Indexstift *f* mit Schuh *g* und der Feder *h*. Die Aufnahme der Muttern *e* erfolgt auf dem Gewinde des expandierenden Dornes. Dieser ist dreimal geschlitzt und durch den Kegel *c* gespreizt. Seine Spreizung geschieht mittels des Hebels *d*, der durch den Exzenterhebel *e* dadurch bewegt wird, daß die Wulst den Kegel *c* nach oben drückt. Zu dieser Spannvorrichtung gehört der Fräsapparat, Fig. 507. Die zu fräsende Mutter *e* ist im Aufriß durch eine schwache Linie gekennzeichnet. Das Gehäuse *a* besteht aus Gußeisen. Es trägt am Oberteil einen Hals, der um die Pinole der Bohrmaschinenspindel greift und durch die Spannschraube *b* gespannt wird. Der Antrieb geht von dem Konus *c*, der in der Maschinenspindel steckt, aus. Am Ende des Konuszapfens befindet sich das Zahnrad *d*. Dasselbe steht mit den beiden Zahnrädern *e* und e_1 im Eingriff. Zwei, im Innern des Gehäuses angegossene Lager *f* und f_1 nehmen die Wellen der Räder *e* und e_1 auf. Unterhalb des Lagers befindet sich je ein Kegelrad *g* und g_1, beide stehen mit der Querwelle in Verbindung. Hinter jedem Kegelrade *h* und h_1 ist auf die gleiche Welle ein Stirnrad *i* bzw. i_1 aufgekeilt, so daß die beiden letzteren mit dem Stirnrade *k* und k_1 im Eingriff stehen. Auf der gleichen Welle mit letzteren befindet sich je ein Nutenfräser *m* und m_1. Um nun stets nach dem Verschleiß der Fräser die gleiche Frästiefe zu erhalten, sind dieselben auf einer ausstellbaren Welle *l* befestigt. Die beiden Böcke *n* und n_1 sind an ihren Laschen beweglich ausgeführt. Die seitlichen Laschen weisen halbkreisförmige Schlitze auf, in denen sich die Schrauben *o* und o_1 führen.

Die Pfeile zeigen die Drehrichtung der einzelnen Triebwerkteile an.

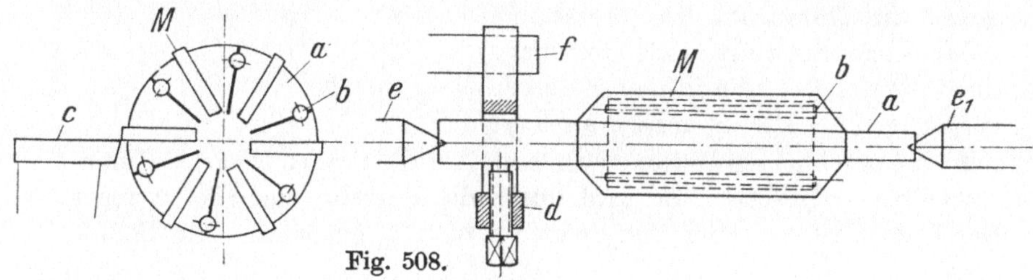

Fig. 508.

Das Auswechseln der Fräser *m* und m_1 wird durch Lösen der Rundmuttern auf Welle *l* bzw. l_1 bewerkstelligt. Für die Einstellung der Fräser wird ein fertiges Musterstück auf den Dorn der Spannvorrichtung, Fig. 506, gespannt und darauf der Apparat herabgesenkt, um die Fräser einstellen zu können. Zur Begrenzung des Tiefganges der Maschinenspindel ist an jeder besseren Bohrmaschine eine Auslösung vorgesehen.

Um nun die Messer *M* gleichmäßig hinterdrehen zu können, ist folgende Vorrichtung, Fig. 508, ausgeführt. Die Messer *M* werden in den Körper *a* in Schlitzen gespannt und zwar geschieht dies durch Eintreiben von konischen Stiften *b* in die gleichgroßen Bohrungen des Körpers *a*. Diese Anordnung findet man vielfach bei Messerköpfen. Der Dorn *a* ist zwischen den Drehbankspitzen *e* und e_1 gespannt. Auf der Seite der Spitze *e* befindet sich der Mitnehmer *f*, der in das Drehherz *d* des Dornes *a* greift. Zuerst werden die Messer *M* auf Durchmesser gedreht und darauf mittels des Stahles *c* hinterdreht. Die Lage der Messer in dieser Spannvorrichtung ist die gleiche wie in der Reibahle. Das Bearbeiten des Dornes *A*, Fig. 505, erfolgt in normaler Dreharbeit, ebenso das Einfräsen der Messernuten in den Aufnahmekörper.

In Fig. 509 ist das Schleifen von Schneckenfräsern dargestellt. Zu diesem Zweck wird der Fräser *F* auf den Dorn *a* bis gegen den Anschlag geschoben und durch die Mutter *b* festgespannt. Diese Fräser besitzen meistens für die Aufnahme auf den Dornen Nuten, was sehr vorteilhaft ist. Auf der anderen Seite befindet sich das Führungsstück *d*, welches

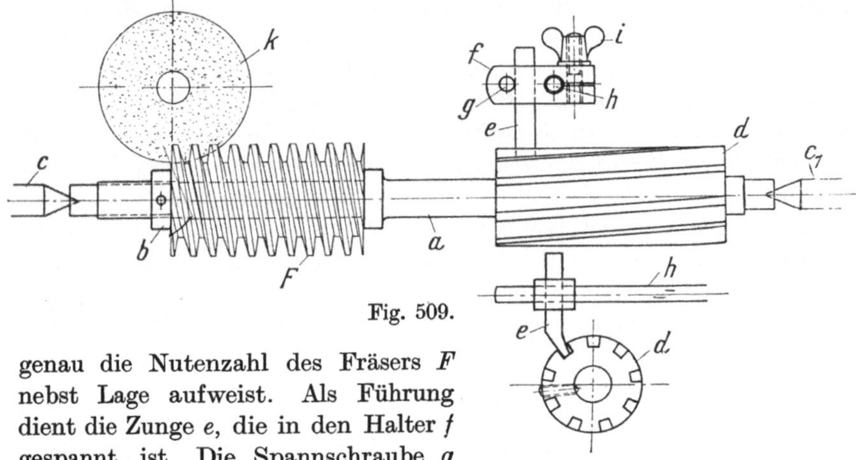

Fig. 509.

genau die Nutenzahl des Fräsers *F* nebst Lage aufweist. Als Führung dient die Zunge *e*, die in den Halter *f* gespannt ist. Die Spannschraube *g* zieht den geschlitzten Halter zusammen. Auf die Stange *h* ist der Halter *f* verstellbar aufgesetzt. Er wird durch die Flügelmutter *i* festgezogen. Der Dorn *a* ist zwischen den Spitzen *c* bzw. c_1 gespannt. Der Schleif-

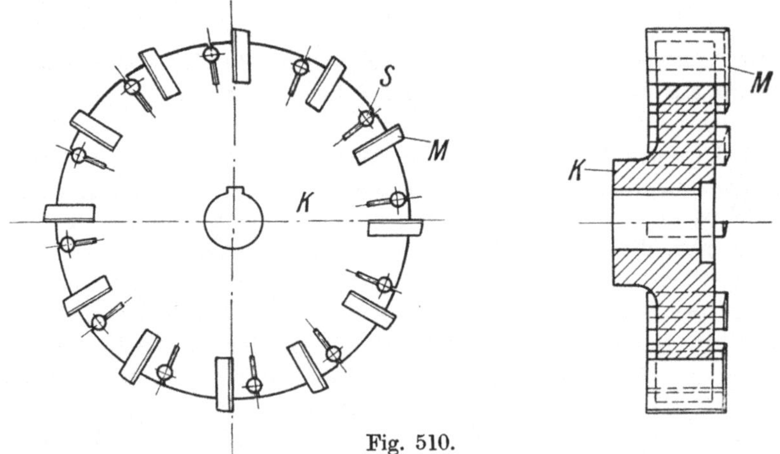

Fig. 510.

maschinentisch muß so eingestellt werden, daß die Schleifscheibe *k* frei läuft. Diese Anordnung kann auch für ähnliche Spiralnuten verwendet werden.

In Fig. 510 ist ein Messerkopf dargestellt, wie er häufig anzutreffen ist. Er besteht aus dem Körper *K*, dessen Material meistens gutes Gußeisen oder Stahlguß ist. Rings im Umfang sind 12 Messer *M* aus

Schnellschnittstahl in Schlitzen befestigt. Durch Eintreiben der konischen Stifte *S* in die Bohrungen des Körpers *K* werden die Flachmesser gespannt.

Für die Aufnahme dieses Werkzeuges eignen sich besonders die Doppelfräsmaschinen, weil deren kräftige Horizontalfrässpindeln den Köpfen einen guten Sitz verleihen. Die Leistung der Messerköpfe ist bei guter Konstruktion anderen spannabhebenden Werkzeugen gegenüber immer eine vorzügliche.

In Fig. 511 ist eine Vorrichtung zum Bohren der Stiftlöcher im Körper *K* dargestellt. Der Körper wird unter Verwendung einer Zwischenbuchse *c* mittels Scheibe und Mutter *d* auf den Dorn *b* festgezogen. Als Verbindungselement dient der Federkeil *e*, so daß kein Verdrehen

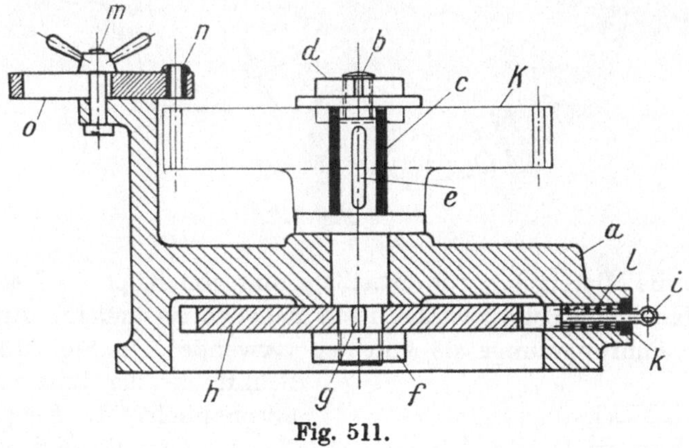

Fig. 511.

während der Bohrarbeit eintreten kann. Der Untersatz *a* nimmt den Dorn *b* in der kräftigen Nabe auf. Unterhalb der letzteren befindet sich die Teilscheibe *h*. Diese ist mittels der beiden Rundmuttern *f* auswechselbar befestigt. Ein Federkeil *g* sichert auch hier gegen eine Verdrehung. Für die Teilung ist rechts von der Vorrichtung der Teilapparat angebracht. Er besteht aus dem Index *i*, der Druckfeder *l* und dem Verschlußstück *k*. Die Rasten der Teilscheibe sowie der Indexstift sind etwas konisch gehalten, um jedes seitliche Spiel aufzuheben. Links vom Untersatz befindet sich der Bohrplattenträger. Auf diesem schiebt sich die Bohrplatte *o*. Sie wird durch die Knebelschraube *m* festgezogen. Die Bohrbuchse *n* ist üblicher Konstruktion. Die Verstellbarkeit der Bohrbuchse ist für etwaige andere Größen von Bohrköpfen eingerichtet. Nachdem die Löcher am Kopf eingebohrt sind, werden sie durch Normalkonusreibahlen aufgerieben, Da es die Konusstifte im Handel gibt, sind auf Grund dessen die normalen Konusreibahlen geschaffen.

Nachdem die Messer fertiggehärtet und im Messerkopf *K* eingepaßt sind, wird letzterer auf der Schleifmaschine geschliffen.

In Fig. 512 und 513 sind die Stellungen des Messerkopfes zur Schleifscheibe veranschaulicht. Die erste Stellung zeigt den Anschliff der Messer auf der Mantelfläche. Wie man sieht, steht das Messer *M* etwas

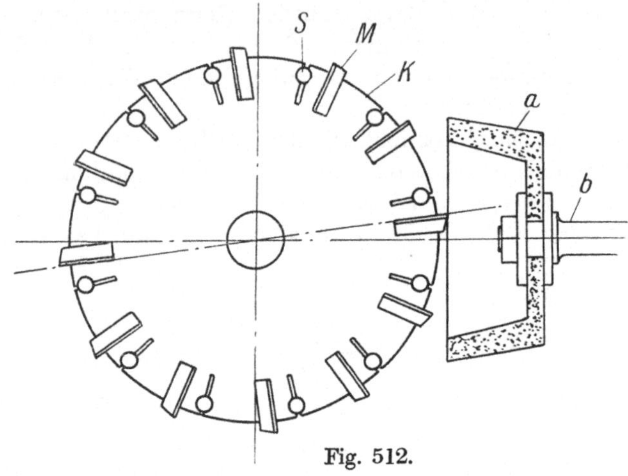

Fig. 512.

höher als die Mittelachse von Scheibe *a* und von Kopf *K*. Man hat es in der Hand, den Schnittwinkel nach Belieben zu ändern. Auch hier wird eine Führungszunge als Anschlag verwendet. In Fig. 513 ist der Schliff an der Stirnseite veranschaulicht; die Neigung des Kopfes *K* entspricht dem Winkel der in Fig. 512 angenommenen Richtung, was man an den sich kreuzenden Achsen erkennt. Für derartige Schleifarbeiten darf die Schmirgelscheibe *a* nicht zu hart sein, denn andernfalls tritt mit Sicherheit ein Ausglühen ein. Die Schleifmaschinen *b* sind für diesen Zweck meistens Universal-Werkzeugschleifmaschinen.

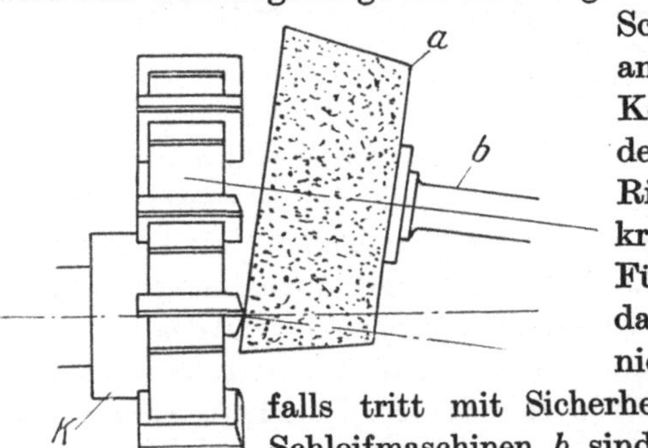

Fig. 513.

Die in diesem Abschnitt angeführten Anwendungsbeispiele mögen für den Werkzeugbau genügen. Es ist darin manches Anregungswerte enthalten. Zwar gibt es unzählige Beispiele, aber schließlich beruhen sie alle auf demselben Prinzip. Ihre Beschreibung würde den Umfang des Buches unnötig vergrößern. Die hier getroffenen Anwendungsbeispiele für Werkzeuge gelten auch für verschiedene andere Konstruktionen. Es braucht mitunter nur eine entsprechende Formänderung der vorhandenen Vorrichtung getroffen zu werden, um zum Ziel zu gelangen. Wie nun bereits an anderer Stelle erwähnt wurde, liegt es stets in der Hand des betreffenden Fachmannes, einen gangbaren Weg für die Fabrikation zu schaffen. Durch Anregung soll das Auffinden der rationellsten Arbeitsmethoden erleichtert werden. Ist dies erreicht, so ist der Zweck dieser Ausführungen erfüllt.

13. Angewandte Beispiele für die Herstellung von Maschinenteilen in Vorrichtungen.

Wurde im vorhergehenden Abschnitt die Anfertigung von Werkzeugen durch Vorrichtungen beschrieben, so soll im folgenden eine Abhandlung über die Herstellung von Maschinenteilen in Vorrichtungen im gleichen Sinne folgen.

Gerade beim Ausbau von Maschinenelementen ist die Vorrichtung am Platze, mehr als bei der Herstellung von Werkzeugen. Denn streng genommen könnte man jedes Werkzeug als eine Vorrichtung ansprechen. Man wird auch vielfach Werkzeuge ohne Vorrichtungen herstellen, da sie für die Bearbeitung von Maschinenteilen selbst als Bearbeitungsvorrichtung gelten. Anders liegt der Fall im Maschinenbau. In ihm soll mit dem Produkt des Werkzeugbaues gearbeitet werden, d. h. hier kommt die Vorrichtung in erster Linie direkt auf die Elemente des Maschinenbaues zur Anwendung. Wohingegen im vorhergehenden Abschnitt die Vorrichtung zur indirekten Anwendung gelangte, da sie erst zur Herstellung einer Bearbeitungsvorrichtung diente.

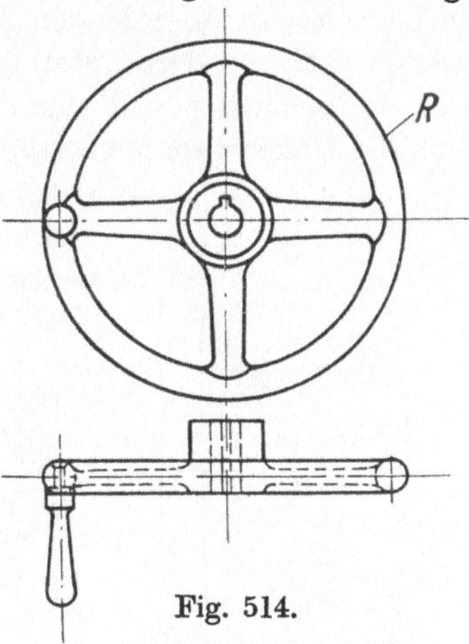

Fig. 514.

Sehen wir uns einen Maschinenteil, z. B. ein Handrad (Fig. 514) an. Dasselbe soll in größeren Mengen fabriziert werden. Die dazu notwendigen Vorrichtungen sollen auch so beschaffen sein, daß eine andere Größe damit bearbeitet werden kann. Das hier in Frage stehende Handrad R soll am äußeren Kranz sowie an der Nabe bearbeitet werden. Das Material ist Gußeisen, nur der Handgriff besteht aus Schmiedeeisen. Als erster Punkt kommt die Aufspannung zur Erörterung. Nun ist zu entscheiden, wie das Handrad R am vorteilhaftesten aufzunehmen ist, damit man an alle zu bearbeitenden Teile gelangen kann, ohne das Werkstück umzuspannen. Die in Fig. 515 veranschaulichte Spannvorrichtung wird den an sie gestellten Anforderungen gerecht. Das Handrad R wird an den Speichen befestigt, so daß man den Kranz und die Nabe für die Bearbeitung freibekommt. Das Futter *a* besteht aus einem zylindrischen Hohlkörper, der auf die Drehbankspindel aufgeschraubt ist. In seinem Inneren schiebt sich der Hohlkörper *b*. Die Verschiebung wird durch die beiden Spannschrauben *c* bewerkstelligt. Diese sitzen

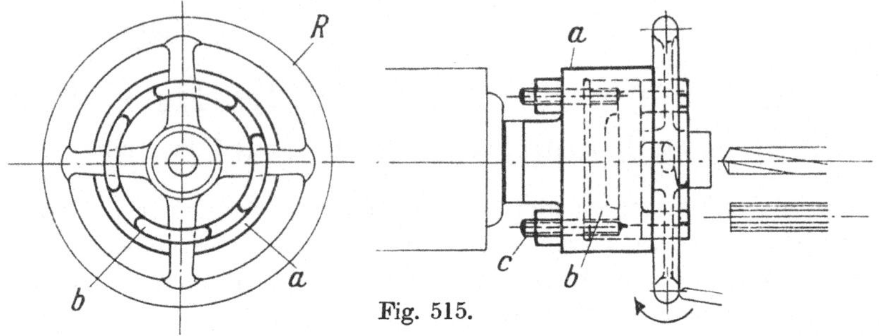

Fig. 515.

mit ihrem Gewinde in dem Boden von *b* und gehen durch die Durchgangslöcher von *a*. Mittels der Mutter wird nun die Einziehung bewerkstelligt. Am vorderen Rand von *b* sind 4 Haken ausgefräst, die sich um die Speichen von *R* legen. Durch den Anzug der Schrauben *c* ziehen sich die Haken fest gegen die Speichen des Rades *R*. Die Aufnahme in dem Haken ist so gewählt, daß ein Lösen ausgeschlossen ist, da der Sticheldruck das Rad gegen die Spannhaken zu verschieben sucht. Das Ausrichten des Handrades geschieht, wie Fig. 516 veranschaulicht, auf die einfachste Art.

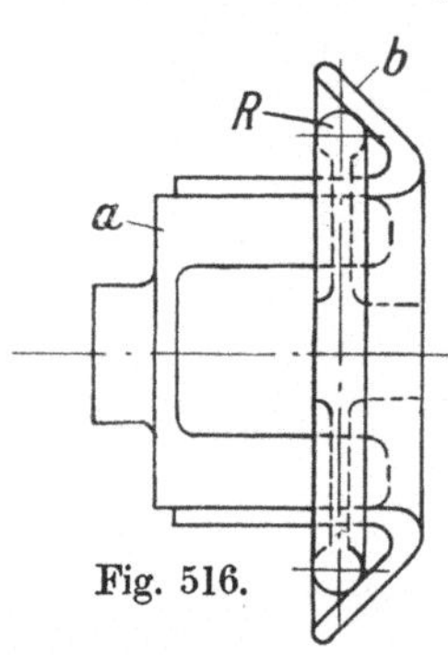

Fig. 516.

Hier ist eine Fixierung durch die Kappe *b* in der Weise angeordnet, daß das Rad *R* nach dem äußeren Kranz ausgerichtet wird, indem sich die Aufnahme, das ist die unter einem Winkel von 45° stehende Fläche der Kappe, über den Kranz des Rades legt. Die Zentrierung erfolgt durch die vier Lappen der Kappe, die sich um das Spannfutter *a* legen. Das auf die Art festgestellte Rad wird nun mittels der Zugschrauben *c* (Fig. 515) festgezogen. Die Bearbeitung der Nabe erfolgt durch Spiralbohrer und Reibahle sowie durch einen Drehstahl, der die Stirnfläche und die vordere Nabenfläche bearbeitet. Die Bearbeitung der nach innen zugekehrten Nabenfläche erfolgt durch einen Hakenstahl, welcher durch die Bohrung der Nabe hindurchgeht. Der Radkranz wird durch die in Fig. 517 veranschaulichte Vorrichtung gedreht. Letztere ist auf den Quersupport der Revolverdrehbank gesetzt. Das Unterteil *a* ist kreisförmig ausgebildet und weist einen Schneckenzahnkranz auf. In diesen greift die Schnecke *b*, welche zwischen zwei Lagern *d* gehalten wird. Letztere sind an dem Support *e* befestigt bzw. angegossen. Die Führung des Supports *e* ist schwalbenschwanzartig ausgebildet und kreisförmig eingedreht, wie die Schnittzeichnung erkennen läßt. Auf dem Support *e* befindet sich der Stichelhalter *f*, der sich ebenfalls in prismatischer Führung bewegt. Die Stellschraube *g* stellt den Drehstichel *i*, der durch die Druckschraube *h* festgezogen ist, nach. Im Grundriß ist die Anordnung der Kranzdrehvorrichtung klar ersichtlich. Die Bearbeitung des Kranzes von *R* erstreckt sich auf den halben Kranzquerschnitt. Zu diesem Zweck ist eine Materialzugabe an letzterem vorgesehen. Die Bewegung des Supportes *e* geschieht durch den Kreuzgriff *c*, der die Schneckenwelle mit Schnecke *b* bewegt.

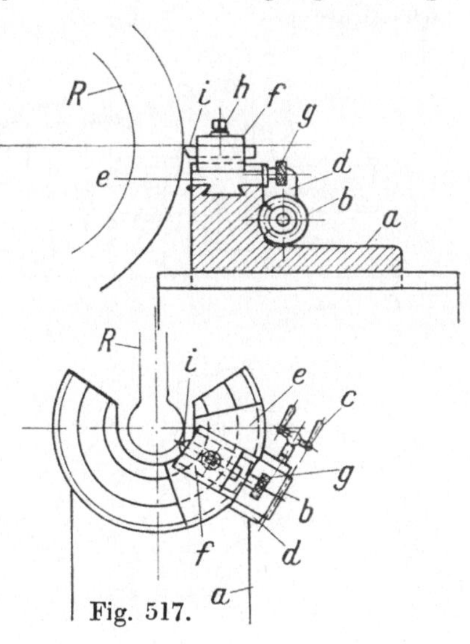

Fig. 517.

Die Bohrung des Griffloches in *R* ist an und für sich äußerst einfach. Trotzdem ist die Vorrichtung nicht so einfach, als es für diese Arbeit den Anschein hat. Sie ist so ausgebildet, daß man imstande ist, damit verschiedene Größen zu bohren.

In Fig. 518 ist eine derartige Bohrvorrichtung veranschaulicht. Das Handrad ruht auf dem in der Mitte eine Bohrung zur Aufnahme der Radnabe aufweisenden Unterteil *a*. Da die Handräder verschiedener Durchmesser auch verschiedene Nabenstärken haben, ist die Bohrung so bemessen, daß sie die stärkste Nabe aufnimmt und für die kleineren Einsatzbuchsen erhält. In diesem Beispiel befindet sich die Einsatzbuchse *d* in derselben. Im Boden des Untersatzes befindet sich die Spannschraube *b*, welche das Handrad durch Konusring und Flügelmutter *c* festzieht. Für die richtige Lage des Griffloches ist der bewegliche Anschlagbolzen *e* vorgesehen. Dieser führt sich in der Nabe *g*, welche verschiebbar in den Führungen *h* sitzt. Die Druckfeder *f* spannt den Anschlag gegen die Speiche des Handrades. Das so festgelegte Handrad kommt mit der richtigen Stelle, und zwar dort, wo sich die Speiche mit dem Kranz verbindet, unter der Bohrbuchse *l* zu liegen. Letztere sitzt in einem Schieber *i*, der durch die Spannschraube *k* festgestellt wird. Für die Aufnahme des Schiebers *i* besitzt der Untersatz einen Anguß. Im Schnitt des Angusses und im Grundriß sind die Einzelteile deutlich erkennbar. Das Einstoßen der Nut in die Nabenbohrung wird in der üblichen Weise vorgenommen, so daß hierauf wohl

27*

nicht näher eingegangen zu werden braucht. Vielfach werden die Nuten auch hineingezogen. Für diesen Zweck baut die Firma Stolze & Slotta in Coswig geeignete Nuten-Ziehmaschinen, die sich bisher gut bewährt haben. Bei verschiedenen Handrädern *R* wird auch der Kranz innen bearbeitet. In Fig. 519 ist eine solche Bearbeitung mittels Vorrichtung veranschaulicht. Der Untersatz *a* nimmt den Ansatzzapfen des Schneckenrades *c* in seiner Bohrung auf. Zwei Rundmuttern mit Scheibe sichern den Zapfen gegen ein Herausziehen aus dem Untersatz. In dem Schneckenrade *c* sitzt der Ansatz der Aufspannplatte *e*. Letztere nimmt in

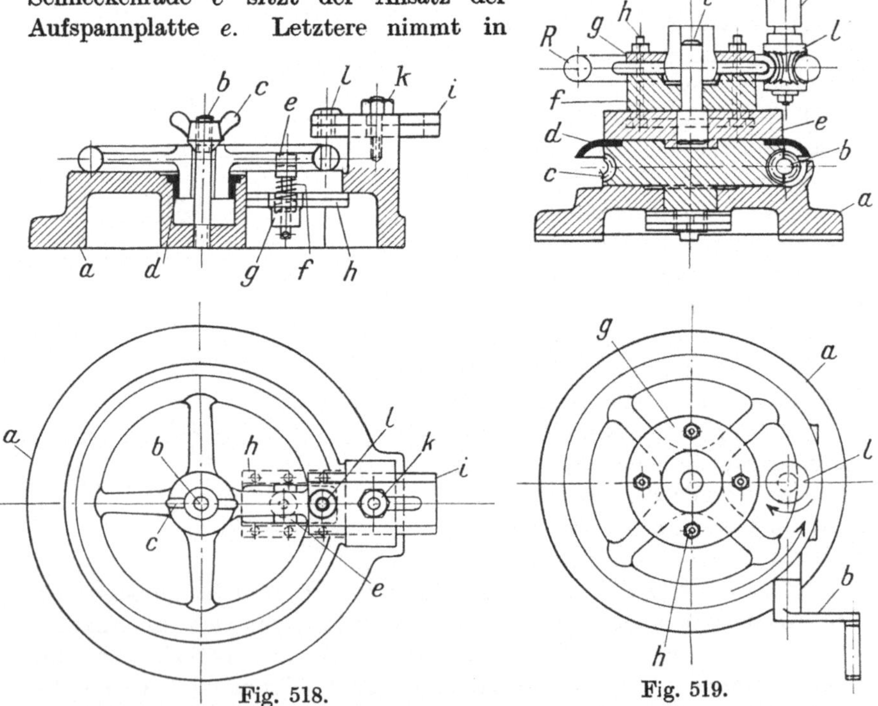

Fig. 518. Fig. 519.

ihrer Bohrung den Zentrierzapfen oder Bolzen *i* auf. Auf letzteren wird das Handrad mit seiner Nabe gesteckt und unter Mitwirkung des Untersatzes *f* mit Spannplatte *g* durch die Spannschraube *h* auf die Vorrichtung festgezogen. Die Bewegung des Schneckenrades *c* geschieht durch die mit letzterem im Eingriff befindliche Schnecke *b*, welche von der Handkurbel *b* aus betätigt wird. Der Fassonfräser *l*, der in der Maschinenspindel *k* steckt, fräst die innere Rundung des Handradkranzes mit einmaligem Durchgang fertig. Die Pfeilrichtung zeigt die Drehung des Werkstückes sowie die des Werkzeuges an.

Da sich bekanntlich beim Fräsen die Späne in den Bewegungsmechanismen leicht festsetzen, so ist hier durch eine Überdachung des Schneckentriebes ein sicherer Schutz getroffen. Die Überdachung *d* ist halbrund ausgebildet, um den Spänen keine Auflage zu gewähren. Die hier beschriebene Vorrichtung kann auch für andere Arbeiten benützt werden, die ähnliche Ausführungen aufweisen.

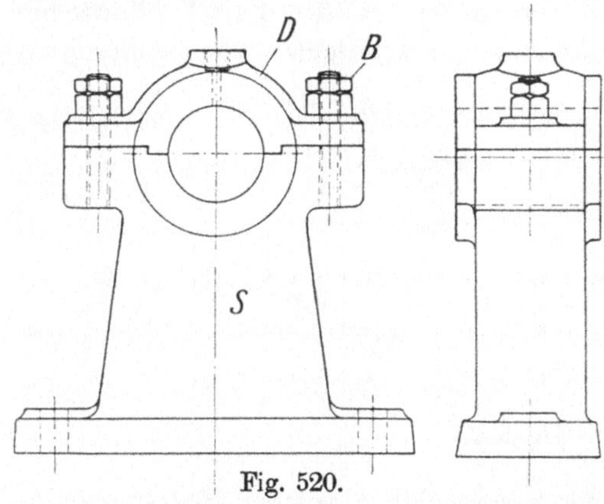

Fig. 520.

In Fig. 520 ist ein Lagerbock gezeigt, wie er im Maschinenbau häufig vorkommt. Da die Herstellung dieses Maschinenteiles wohl von Interesse sein dürfte, soll nachstehend einiges darüber erläuternd gesagt werden.

Der Lagerbock besteht aus dem Lagerstuhl *S*, dem Lagerdeckel *D* und den beiden Spann- oder Deckelschrauben *B*.

Als erste Bearbeitung ist in Fig. 521 die Spannfläche des Lagerstuhles *S* vorgesehen, was auf einer Hobelmaschine *T* geschieht. Die Befestigung der drei hintereinander aufgespannten Lagerstühle wird

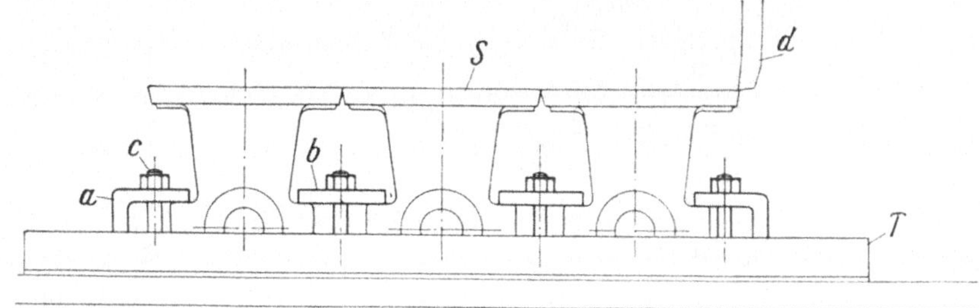

Fig. 521.

durch die Spanneisen *a* und *b* mittels der Spannschrauben *c* bewerkstelligt. Man wird sich bei derartigen Werkstücken stets dadurch eine Aufspannfläche schaffen und geht bei der weiteren Bearbeitung hiervon aus. Der Stichel oder Hobelstahl *d* weist die übliche Konstruktion auf. Bevor man zur Bearbeitung der Fußflächen übergeht, muß man die Werkstücke genau ausrichten; hierzu benutzt man den Winkel sowie den Parallelreißer. Vielfach werden derartige Werkstücke, um ein Schiefstellen der Lagerstühle zu vermeiden, erst auf der Anreißplatte vorgerissen. So einfach dieser Arbeitsvorgang an und für sich erscheint, so muß ihm doch die nötige Aufmerksamkeit gewidmet werden. Es wird nötig sein, durch entsprechende Unterlagen und Keilstücke entsprechend nachzuhelfen.

Bei kleineren Lagerstühlen würde eine Kasten- oder Rahmenaufspannvorrichtung am Platze sein, die ein Abstützen der Fußflanschen bewirkt und durch Druckschrauben ein Ausrichten zur Senkrechten bewerkstelligt.

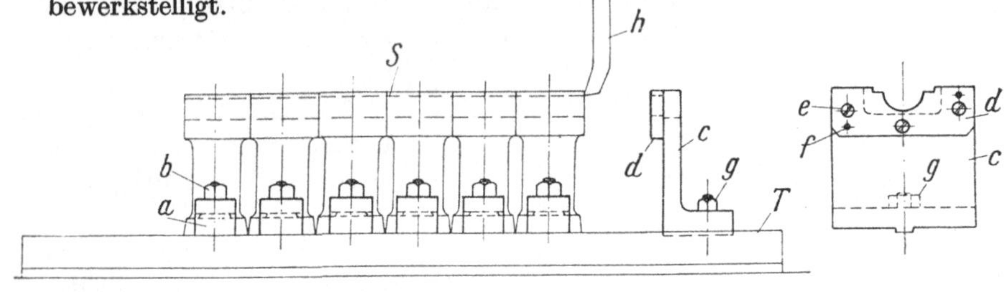

Fig. 522.

Die weitere Bearbeitung der Lagerstühle *S* auf der Hobelmaschine ist in Fig. 522 veranschaulicht. Hier kommen auf den Tisch *T* sechs Werkstücke hintereinander zur Aufspannung. Dieses Aufspannen ist nicht so schwierig, wie unter Fig. 521, da man es mit einer abgerichteten Spannfläche zu tun hat. Die Aufspannung geschieht durch die Spanneisen *a* und die Schrauben *b*. Der Hobelstahl *h* ist der übliche.

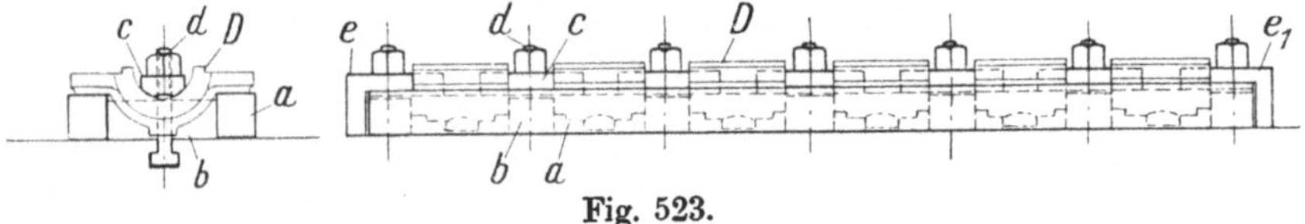

Fig. 523.

Um nun eine stets gleichbleibende Aussparung der Schalenaufnahme zu erhalten, ist die Vorspannschablone *c* geschaffen. Es ist beim Aufspannen der Werkstücke darauf zu achten, daß sie mit der Schablone fluchten, da diese mittels Federansatz im Tisch *T* geführt ist. Die hier abgebildete Anordnung verhindert das Hobeln von Ausschuß, denn sonst müßte die Schablone zerstört werden.

Die Schablone *c* besteht aus den Teilen *d*, dem eigentlichen Umrißstück, mit den drei Befestigungsschrauben *e* und zwei Prisonstiften *f*, sowie der Spannschraube *g*. Das Stück *d* ist gehärtet und besteht aus Gußstahl. Wenn man den Stahl *h* einstellt, läßt man ihn auf den Linien der Schablone aufsitzen und stellt für die Bearbeitung den Hub eventuell entsprechend vor. Vielfach macht man die Schablone abklappbar, um sie während der Bearbeitung zu schonen. Man benutzt sie demnach nur für die einmalige Ausstellung des Stahles.

Jedenfalls soll bezweckt werden, das Vorzeichnen zu ersparen und stets eine gleichbleibende Bearbeitung zu erzielen, um austauschbare Arbeitsstücke zu erhalten.

Die Bearbeitung der Lagerdeckel ist in Fig. 523 veranschaulicht. Als Auflage *a* dienen zwei Quadrateisen von gleicher Höhe. Die Spannung geschieht vermittels Spanneisen, die am Ende als Winkelstücke *e* bzw. e_1 ausgebildet sind. Die übrigen fünf Spanneisen *c* legen sich in die Rundung des Deckels *D* und werden durch die Spannbolzen *d* festgezogen. Um nun ein gleichmäßiges und paralleles Ausrichten des Deckels *D* zu erreichen, sowie ein Gegenlager für den Sticheldruck zu schaffen, sind die Quadrateisen *b* zwischen je einen Deckel gelegt. Durch diese gehen die Spannschrauben *d*.

In Fig. 524 ist die betreffende Vorspannschablone dargestellt. *a* bezeichnet den Winkel, an welchem sich die Stahlleiste mit der Form *b* befindet. Die Schrauben *c*, sowie die Prisonstifte *d* befestigen letztere am Winkel *a*. Die Anwendung ist die gleiche wie bei Fig. 522.

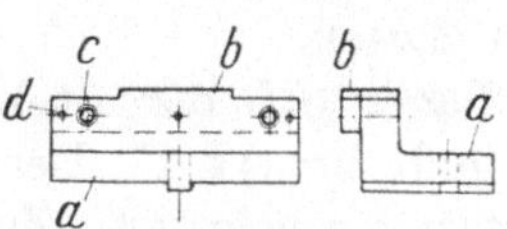

Fig. 524.

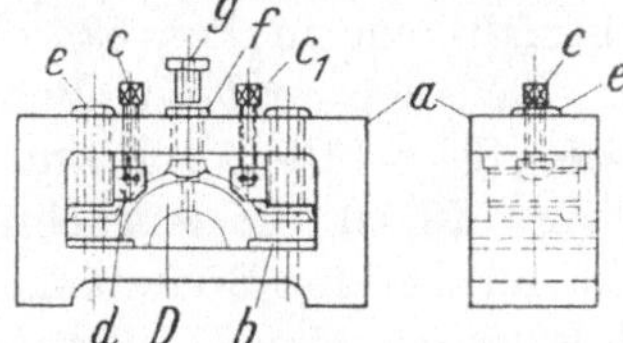

Fig. 525.

Das Bohren der Lagerdeckel *D* ist in Fig. 525 abgebildet. Hierzu wird eine Kastenvorrichtung *a* benutzt. Die Aufnahme des Deckels wird hier in den beiden Einlagen *b* erreicht. Die Form legt sich ein wenig in die ausgefräste Aufnahme und wird mittels der beiden Spannkloben *d*, die sich seitlich an den Buchsenträgern führen, festgespannt. Die betreffenden Spannschrauben *c* und c_1 werden in dem Spannkloben *d* durch zwei Stifte drehbar gehalten. Die Bohrbuchsen *e* dienen zum Bohren der Durchgangslöcher für die Spannschrauben des Lagers und die Bohrbuchse *f* mit Einsatzbuchse *g* ist für die Ölgefäßaufnahme vorgesehen.

In Fig. 526 ist das Bohren der Gewindelöcher in dem Lagerstuhl *S* veranschaulicht. Die hierzu benötigte Bohrplatte *a* ist in dem Ansatz des Lagers fixiert. Die Befestigung der Platte ist durch die beiden Hakenschrauben *b* bewerkstelligt, die sich um den Wulst des Lagers legen und die durch die oberhalb der Platte befindlichen Muttern angezogen werden. Die Bohrbuchsen *c* sind ohne Kragen ausgeführt und schneiden mit der Bohrplatte ab. Das Gewinde wird in den Lagerschraubenlöchern unter einer Bohrmaschine mittels eines Gewindebohrapparates eingeschnitten. Es wird vorausgesetzt, daß diese Art von Apparaten bekannt ist, da sie in allen Variationen auf den Markt kommen.

Das Bohren der Fußflanschlöcher geschieht ebenfalls mittels einer Bohrplatte *a*, die in Fig. 527 veranschaulicht ist. Auch hier geschieht die Befestigung durch Haken *b*, in die für die Aufnahme der Spannschrauben *c* Gewinde geschnitten ist. Die letzteren tragen Knebel zwecks Anzug der Haken *b*. Die Fixierung der Platte geschieht hier durch Ansätze, die sich über den Flansch legen. Die Bohrbuchsen

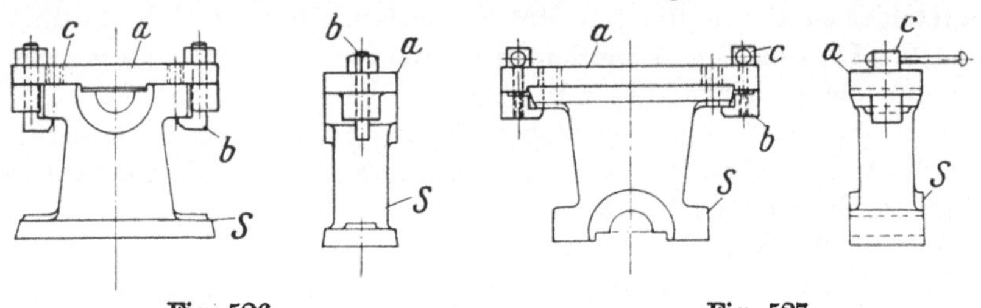

Fig. 526. Fig. 527.

sind ebenfalls wie in Fig. 526 ohne Kragen direkt in der Platte *a* befestigt. Die angewendeten Bohrplatten sind trotz ihrer Einfachheit praktisch. Sie erfüllen voll und ganz ihren Zweck.

In Fig. 528 ist die Ausbohrarbeit der Lager *S D* dargestellt. Sie geschieht mittels der Bohrstange *a* auf einem Bohrwerk *T*. Der Bohrstahl *b* ist durch einen Keil *c* in der Bohrstange *a* befestigt. Zur Auf-

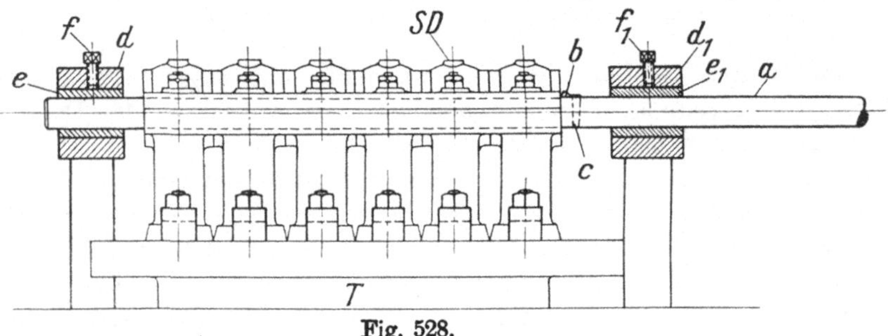

Fig. 528.

spannung gelangen hier 6 an den Fußflanschlöchern auf dem Tisch *T* festgeschraubte Lager.

Als Führung der Bohrstange dienen die beiden Böcke *d* bzw. d_1. In den Bohrungen der letzteren befinden sich die gußeisernen Buchsen *e* bzw. e_1. Diese Maßnahme ist für eventuell stärkere oder schwächere Bohrstangen nötig. Die Druckschrauben *f* bzw. f_1 spannen die Buchsen in den Lagerbohrungen fest. Aus der Abbildung ist alles zu ersehen, so daß die hier vorgenommene Bearbeitung nicht weiter beschrieben zu werden braucht. Zu bemerken sei noch, daß die für diese Ausbohrarbeit verwendeten Stähle aus hochprozentigem Wolframstahl gearbeitet sind.

In Fig. 529 ist das Abfräsen der beiden Lagerstirnseiten veranschaulicht. Die Aufspannung geschieht hier mittels der Winkelspanneisen *c* und der Spannschrauben *d*. Letztere sitzen in den Schlitzen des Tisches *T* der Doppel-Fräsmaschine. Für die hier abgebildete Arbeit werden kräftige Messerköpfe *b*, die auf den beiden horizontal verschiebbaren Spindeln *a* sitzen, verwendet. Um die Böcke *S D* winklig zur Bohrung stellen zu können, ist die in Fig. 530 veranschaulichte Meßvorrichtung vorgesehen. Zu diesem Zweck wird in die betreffende Bohrung die genau passende Meßbuchse *a* eingeschoben. Die Lehre *b*, welche aus den beiden Stahlschienen besteht und in dem Schuh *c* befestigt ist, wird mit den Spitzen gegen die Buchse *a* geschoben. Ein Führungsansatz unterhalb des Schuhes *c* stellt die Verbindung mit der Tischnut her. Nachdem das Lager *S D* ausgerichtet ist, wird das nächste gegengeschoben und wie vorstehend beschrieben ausgerichtet. Diese Art der Messung kann als einwandfrei bezeichnet werden. Es gibt außerdem noch andere gangbare Wege, z. B. das Ausrichten durch Anschlagwinkel usw.

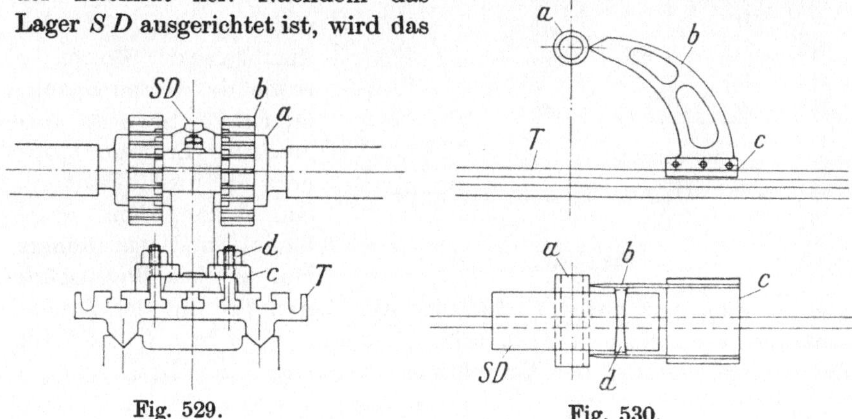

Fig. 529.

Fig. 530.

Nach der hier beschriebenen Bearbeitungsweise stellt sich die Anfertigung der Lagerböcke äußerst billig. Man kann ihre Teile als austauschbar ansprechen. Für ähnliche Werkstücke gelten die gleichen Bedingungen wie hier beschrieben.

In Fig. 531 ist eine Lünette dargestellt, die für Drehbankarbeiten benutzt wird. Sämtliche Teile, mit Ausnahme der Schrauben und des Scharnierstiftes, sind aus Gußeisen hergestellt.

Das Unterteil *A* wird auf das Drehbankbett aufgepaßt und auf ihm durch das Spanneisen *H* und die Spannschraube *J* festgezogen. In dem Scharnier *F* bewegt sich das Oberteil *B*, das durch die abklappbare Schraube *E* geschlossen wird. Die drei Führungsbacken *C* werden durch die Spannschrauben *D* eingestellt. Diese sitzen, durch Stifte verbunden, drehbar im C. Die Kopfschrauben G spannen die eingestellten Backen C in ihrer Lage fest.

In Fig. 532 ist die erste Bearbeitung der Lünettenteile A an der Aufspannfläche dargestellt. Der Aufspannkörper a nimmt gleichzeitig zwei Lünettenunterteile A auf, welche sich auf den halbrunden Ansätzen b bzw. b_1 abstützen. Letztere sind so ausgebildet, daß sie nur an drei Punkten tragen. Als Anlage dienen die Ansätze der Auflagen b bzw. b_1. Für die Spannung ist der durchgehende Bolzen e sowie die beiden Spannlaschen d bzw. d_1 vorgesehen. Letztere spannen an zwei Punkten, einmal an dem Fußflansch und das andere Mal an dem Bogenstück von A. Zum Ausrichten sind seitlich am oberen Teil die vier Druckschrauben c angebracht. Die beiden Federansätze f bzw. f_1 sind für die richtige Stellung der Vorrichtung vorgesehen. Als Bearbeitungsfläche kommen nur die beiden Ansätze unterhalb der Spannfläche in Frage. Die Vorrichtung ist einfach und praktisch ausgebildet.

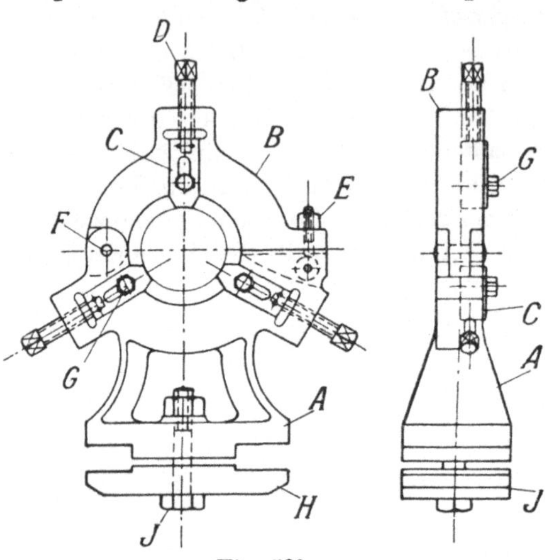

Fig. 531.

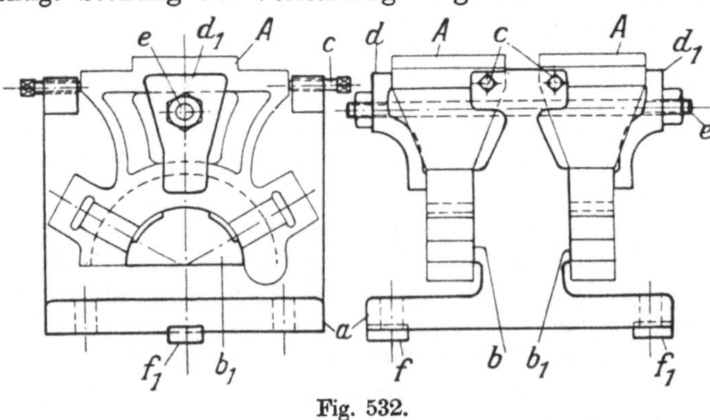

Fig. 532.

Die weitere Bearbeitung des Unterteiles A Fig. 533 ist an dem Scharnier- sowie an dem Verschlußteil vorgenommen. Das Scharnierteil und auch die Aufnahme für die Scharnierschraube sind ausgefräst. Hierzu wird ein und derselbe Fräser F benutzt. Um nun das Lünettenunterteil nicht umzuspannen, ist eine Aufspannvorrichtung mit Teilvorrichtung vorgesehen. Die Befestigung des Unterteils A wird durch die Spannschraube f sowie die beiden Spanneisen e bewerkstelligt. Der bereits

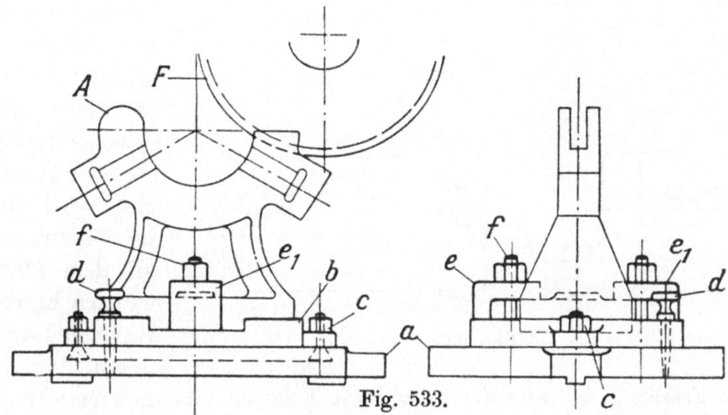

Fig. 533.

angehobelte Ansatz dient als Fixierung in der Spannrichtung. Die Spannvorrichtung besteht aus der Grundplatte a. Diese nimmt die Spannplatte b auf. In der Mitte befindet sich in der üblichen Weise der Zentrieransatz. Zwei Spann- oder Befestigungsschrauben c ziehen die eingestellte Spannplatte in der schwalbenschwanzförmigen Ringnut fest. Der Arretierstift d verriegelt die Spannplatte beim Umsetzen der Lünette auf der Grundplatte.

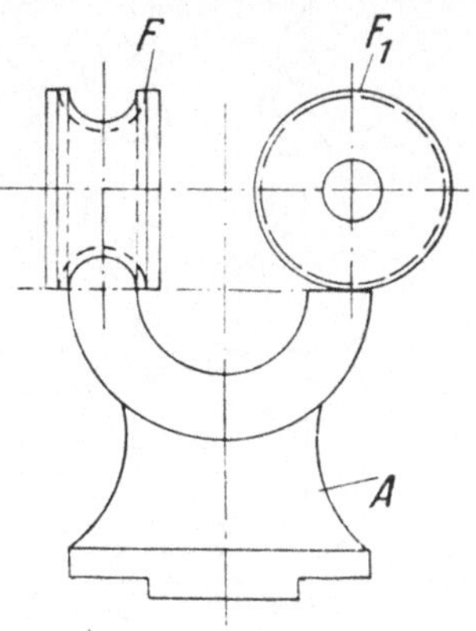

Fig. 534.

Als Fixierung der Vorrichtung dienen zwei für die Tischnute angehobelte Federansätze.

Fig. 534 zeigt die weitere Bearbeitung des Scharnierteiles in der gleichen Vorrichtung mittels eines Radienhohlfräsers F und eines Walzenfräsers F_1. Der Radienfräser F wird vorteilhaft aus zwei Hälften angefertigt. In der Mitte der Trennungslinie greifen die Zähne, ähnlich wie bei Kuppelungen, versetzt ineinander, und zwar zu dem Zweck, um das Nachschleifen bequemer zu gestalten und außerdem den Fräser beim Verschleiß nachstellen zu können, so daß er stets seinen Radius beibehält. Man wird die beiden Fräser F und F^1 auf einen Dorn stecken, denn beim Umschalten kommt das Verschlußende unter F_1 zu stehen. Voraussetzung ist auch hier, daß die Durchmesser der Fräser gleiche Abmessungen beibehalten.

Aus Fig. 535 ist die Scharnier- und Verschlußendenbearbeitung des Bügels *B* zu ersehen. Zu diesem Zweck wird der Bügel gegen den Winkel *a* gespannt und durch das Bogenstück *b*, das drei Anlagen aufweist, in seiner Lage fixiert. Die beiden Spanneisen *c* werden mittels der Spannschrauben *d* festgezogen, so daß der Bügel auf diese Weise sicher gehalten ist. Die Spannvorrichtung wird durch die Nutenansätze auf dem Maschinentisch in rechtwinkliger Lage gehalten.

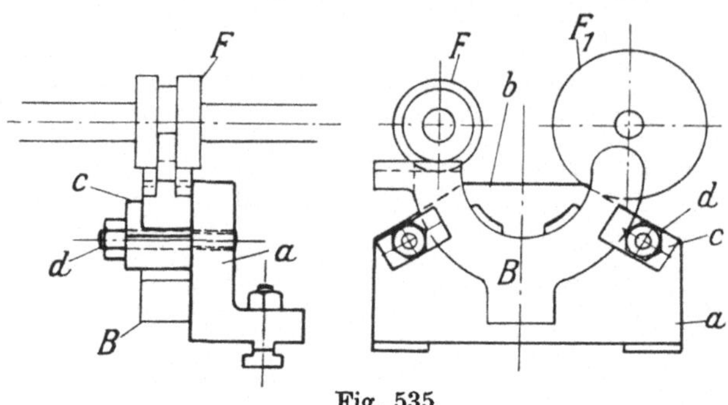

Fig. 535.

Der Fräser *F* ist aus drei einzelnen Fräsern zusammengesetzt. Er fräst das Verschlußteil mit einem Durchgang fertig. Dasselbe geschieht auch durch den Fräser F_1, mit dem Scharnierteil. Im Seitenriß der Abbildung ist der vordere Fräser fortgelassen und nur die Bearbeitung

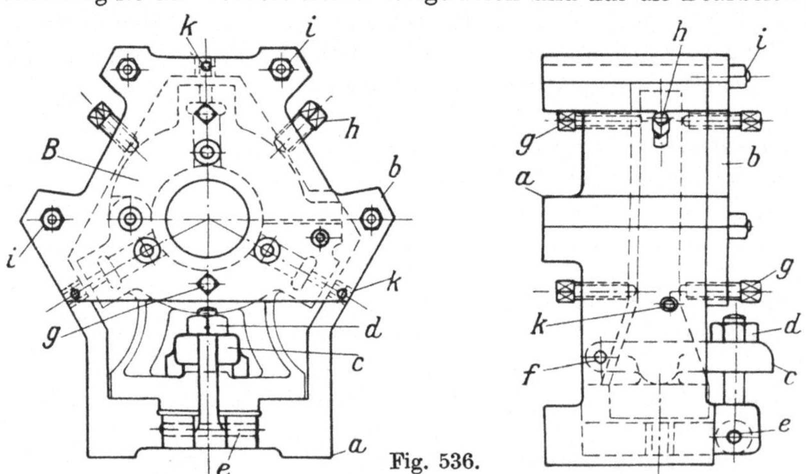

Fig. 536.

der hinteren Seite ersichtlich. Die beiden Frässersätze lassen sich ebenfalls auf einen Dorn spannen, nur muß dann der Tisch mit der Vorrichtung bei jeder Bearbeitung in wagerechter Richtung verschoben werden.

Nachdem diese Arbeiten erledigt sind, wird der Bügel *B* auf das Unterteil *A* gepaßt. Durch das Scharnier sowie den Verschlußansatz, der in das Unterteil greift, ist ein seitliches Verschieben ausgeschlossen. Die Bohrvorrichtung, Fig. 536, stellt den Bohrkasten *a* dar, in welchem die komplette Lünette, d. h. der Körper mit Bügel, fest eingespannt ist. Als Abschluß dient die Platte *b*, welche durch die vier Schrauben *i* angeschraubt ist. Drei Prisonstifte fixieren die Lage der Platte. Die Befestigung der Lünette geschieht durch den Spannhebel *c*, der mit seiner Wulst neben die Nabe der Spannschraubenbohrung drückt. Die Spannung wird durch die Schraube *d*, die in *e* abklappbar befestigt ist, bewerkstelligt. Der Teil der Vorrichtung unterhalb der Lünette ist entsprechend ausgespart und fixiert so die Lage der letzteren, indem der angehobelte Ansatz in die Aussparung der Vorrichtung paßt. Der Spannhebel *c* ist äußerst kräftig gewählt. Er hat seinen Drehpunkt in *f*. Für einmalige Ausrichtung der Lage der Lünette dienen die Schrauben *g*, von welchen je zwei im Gehäuse *a* und zwei im Deckel *b* sitzen. Die beiden seitlichen Druckschrauben *h* sind zum Anpressen des Bügels *B* auf dem Lünettenunterteil vorgesehen. In dieser Vorrichtung werden sämtliche Löcher gebohrt. Sie ist einesteils der besseren Auflage wegen, andererseits aber auch, um die Spannschraubenköpfe nicht aufstoßen zu lassen, seitlich und auf der Rückseite reichlich ausgespart. Die Bohrbuchsen *k* dienen für die Bohrung der Gewindelöcher für die Backenschrauben. Die Bohrbuchsen im Deckel *b* sind für die Spannschrauben der Backen sowie für die Scharnier- und Verschlußteile bestimmt. Die Bohrbuchse am Boden der Vorrichtung dient zum Bohren der Spannschraube für das Spanneisen. Das Baumaterial des Vorrichtungsgehäuses *a* ist Gußeisen und das der Platte *b* Schmiedeeisen.

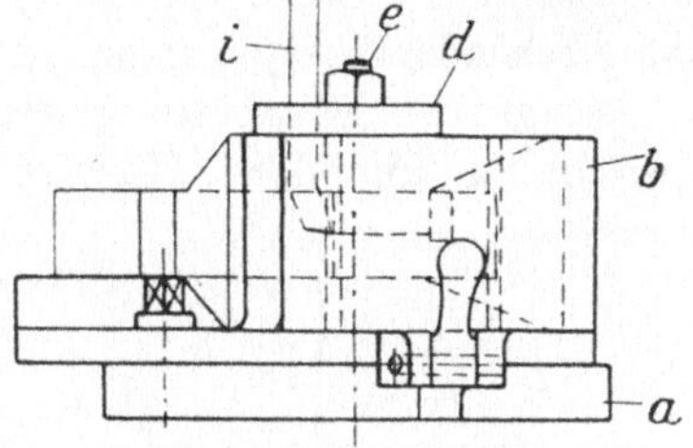

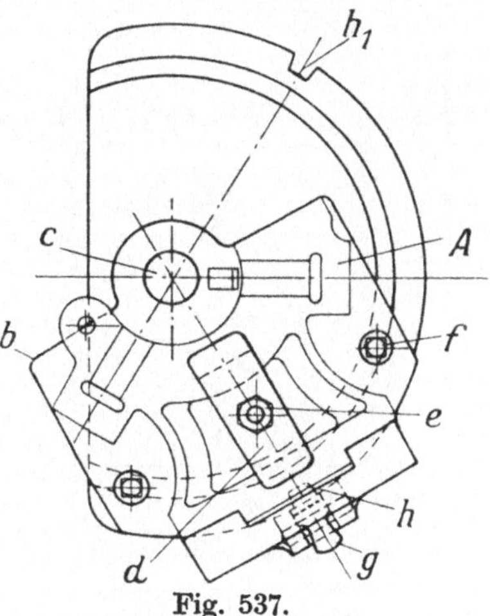

Fig. 537.

In Fig. 537 ist eine Vorrichtung zum Aushobeln der Backenführungen im Unterteil *A* veranschaulicht. Die Hobelarbeit wird auf einer Shapingmaschine ausgeführt. Da nun die Backen um 120° voneinander entfernt liegen, mußte die hier aufgeführte Vorrichtung verstellbar ausgebildet werden. Auf der Grundplatte *a* bewegt sich in dem Bolzen *c* das Oberteil *b*. Zwei Spannschrauben *f* spannen die Führungssteine, die sich in der T-Nut der Grundplatte *a* führen, und somit auch das Oberteil *b*.

fest. Der Klinkhebel g schlägt in die Rasten h bzw. h_1 der Grundplatte. Die Spannung resp. den Kontakt stellt eine Blattfeder am Hebel g mit den Rasten her. Die Entfernung der beiden voneinander beträgt wie die der Backenführungen ebenfalls 120°. Entsprechende Auflagen sichern die Lage von A. Das Spanneisen d legt sich auf den Fußflansch und auf den Bügel von A und wird durch die Spannschraube e festgezogen. Der Hobelstahl i zeigt die Richtung, in der gehobelt wird, an. Damit der Stahl am Ende der Backenführungen frei geht, ist für entsprechende Aussparungen gesorgt.

Die gleiche Bearbeitung am Bügel B geschieht in der Aufspannvorrichtung, Fig. 538. Hier ist die Aufspannung einfach, da nur eine

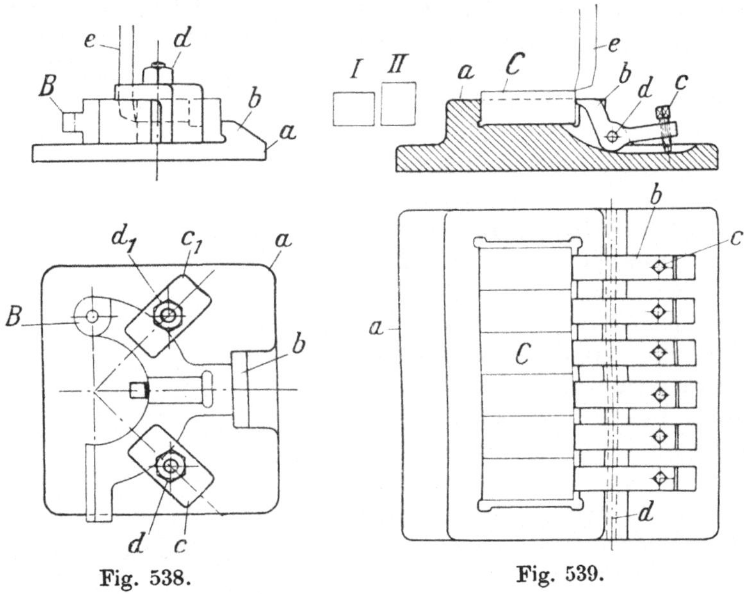

Fig. 538. Fig. 539.

Backenführung in Frage kommt. Um nun dem Sticheldruck den nötigen Widerstand entgegenzusetzen, ist der Knaggen b an a angegossen. Das gleiche ist auch in Fig. 537 durch die Aufnahme des Fußflanschansatzes von A erreicht. Die Aufspannung geschieht durch die beiden Winkelspanneisen c bzw. c_1, die durch die beiden Spannschrauben d bzw. d_1 angezogen werden. Auch hier zeigt der Hobelstahl e die Bearbeitungsrichtung an.

In Fig. 539 ist die Bearbeitung der Führungsbacken C veranschaulicht. Die Stücke C werden hier allseitig behobelt, wie I und II darstellen. Die Spannvorrichtung a wird auf dem Tisch einer Shapingmaschine befestigt. Der Sticheldruck findet an der Rahmenleiste von a den nötigen Widerstand. Als Spannelemente sind hier Krallen b angewandt, die ihren Drehpunkt in *d* besitzen. Durch den Druck der Spannschrauben *c* legen sich die Krallen fest gegen die Führungsbacken *C* und ziehen diese auf die Auflage von *a* fest. Die Ausführung der Krallen sowie der Wulst für *d* muß besonders kräftig gewählt werden, da sich hier die Spannung besonders bemerkbar macht. Man nimmt daher als Material Stahl, desgleichen auch für den Stift *d*, der gegen Abscheren bemessen ist.

Die Hobelbahn des Stahles *e* ist in der Abbildung ersichtlich.

Die weitere Bearbeitung der Backen *C* ist in Fig. 540 veranschaulicht. Die Abbildung I zeigt die vorgehobelte Form und die Abbildung II die fertiggefräste Führungsbacke *C*.

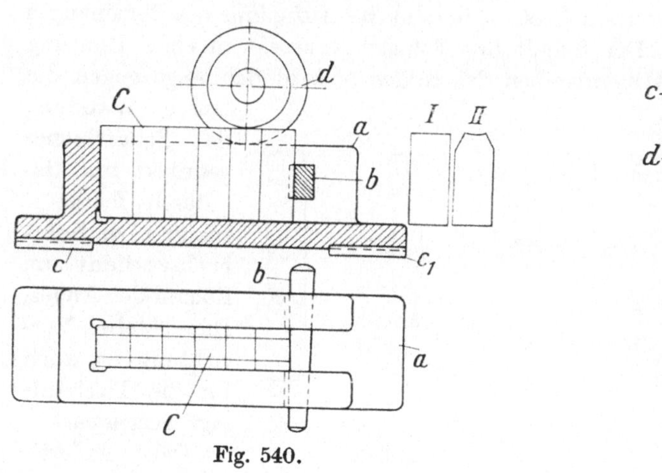

Fig. 540.

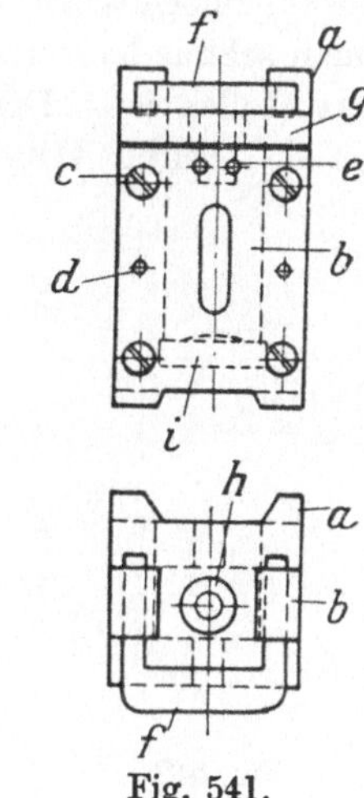

Fig. 541.

Die Aufnahme der Backen erfolgt in einem u-förmigen Rahmen *a*, der die Breite der Backen ohne große Toleranz aufweist. Die Spannung geschieht hier durch den Spannkeil *b*, der die sechs Backen fest zusammenpreßt. Für die Fixierung der Vorrichtung auf dem Tisch der Fräsmaschine sind die Nutensteine *c* bzw. c_1 vorgesehen.

Die hier zur Anwendung kommenden Fräser bilden einen dreiteiligen Satz *d*. Der mittlere Fräser bearbeitet die Rundung der Backen und die beiden seitlichen die Schräge der letzteren. Nach Beendigung dieser Arbeit ist die äußere Form der Werkstücke fertiggestellt.

In Fig. 541 ist die weitere Bearbeitung in der Bohr- und Fräsvorrichtung veranschaulicht.

Das Gehäuse *b* ist u-förmig ausgebildet. Es wird auf der vorderen Seite durch eine Platte abgeschlossen, die durch die Schrauben *c* mit den Prisonstiften *d* auf dem Gehäuse festgehalten wird. In der Platte befinden sich der Führungsschlitz und die beiden Löcher *e* für die Backenstellschraubenbefestigung. Unterhalb ist eine Platte *i* eingeschoben, auf der sich die Backe abstützt. Der Deckel *g* wird durch den Keil *f*, der sich in die beiden Augen von *b* schiebt, befestigt. Der Keil ist u-förmig ausgebildet, da er die Bohrung resp. die Bohrbuchse *h* freilassen muß. Letztere dient zum Bohren der Spindellöcher in den Backen *C*. Um eine gute Auflage für die Vorrichtung zu schaffen, sind die Füße *a* angehobelt.

Beim Schlitzausfräsen wird die Bohrvorrichtung gegen einen Anschlag festgespannt. Um das Fräsen zu erleichtern, werden drei Löcher vom Durchmesser des Fräsers in den Schlitz gebohrt.

In Fig. 542 ist eine kleine Bohrvorrichtung zum Bohren des Spannschraubenloches im Bolzen *E* dargestellt. Die Vorrichtung besteht aus einem schmiedeeisernen Klotz *a*, in dem die Aufnahme des Bolzenauges auszustoßen ist. Der Schaft des Bolzens *E* steckt in einer Bohrung von *a*. Durch Hineintreiben des Keiles *b* wird das Auge gegen die innere Wandung des Schaftloches gedrückt und dadurch festgespannt. Die Bohrbuchse *c* dient zum Bohren des Auges. Diese kleine Vorrichtung ist auch für die Tischauflage ausgespart.

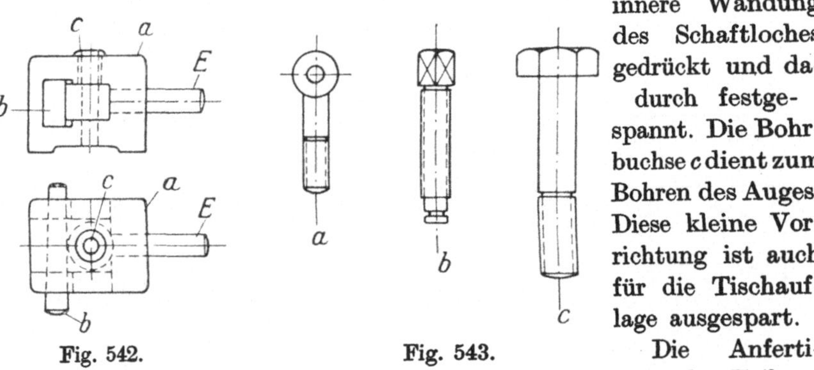

Fig. 542. Fig. 543.

Die Anfertigung der Teile *a*, *b* und *c*, Fig. 543, ist Revolver- und Automatenarbeit. Die Schraube *a* wird im Gesenk vorgeschmiedet und auf dem Revolver fertiggedreht. Die beiden Schrauben *b* und *c* sind auf einem Automaten angefertigt. Es dürfte von Interesse sein, hier einen Gewindeschneidkopf für derartige Arbeiten zu beschreiben.

Die Firma Th. Westphal, Köln a. Rhein, Präzisions-Werkzeugfabrik, hat einen praktischen Gewindeschneidkopf „Veni-Vici" D.R.G.M. und D. R. P. geschaffen, auf dem sich derartige Arbeiten mit größter Präzision herstellen lassen. Fig. 544 und 545.

Es handelt sich um einen Gewindeschneidkopf, dessen Gewindeschneidbacken sich nach vollendetem Schnitt durch eine drehende Bewegung der Backenhalter vom Arbeitsstück loslösen und nicht wie bisher allgemein üblich in radialer Richtung zurückweichen. Unabhängig von dem Öffnen und Schließen des Gewindeschneidkopfes können auch die Schneidbacken auf beliebig kleine und große Gewindedurchmesser eingestellt werden. Insonderheit erfolgt auch das Öffnen des

Schneidkopfes zwangsläufig, es ist also nicht von Federdrücken usw. abhängig.

Die Fig. 544 zeigt Vorder- und Seitenansicht des Gewindeschneidkopfes. In Fig. 545 zeigt I die hintere Ansicht, II die Vorderansicht bei abgenommenen Backenhaltern, III den Schnitt K. L. M. und IV—IX verschiedene Einzelheiten. Der Hauptkörper B (Fig. 544 und Fig. 545, I—III) des Schneidkopfes ist mit seiner hinteren Aussparung auf der Maschinenspindel G (Fig. 544) befestigt. In dem Hauptkörper B befindet sich die Bohrung F (Fig. 544 und 545, I—III) für den Durchgang des mit Gewinde zu versehenden Materials. Um die Bohrung F herum liegen in gleichen Abständen die 4 zylindrischen

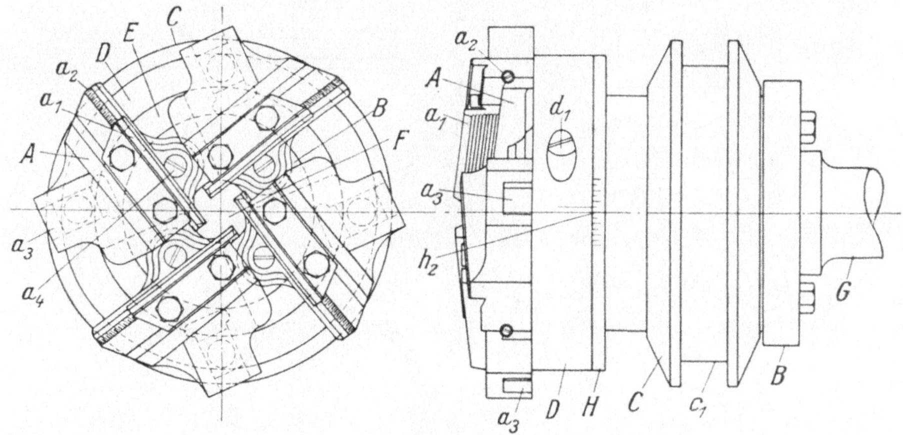

Fig. 544.

Bohrungen b_2 (I—II), in welchen die Dorne J (II—III) drehbar gelagert sind und die ihrerseits wieder die Backenhalter A (Fig. 544) tragen und mit diesen durch die Schrauben a_4 und den Mitnehmerstift j_1 (II—III) fest verbunden sind. Durch die Schrauben j_2 (I—III), die am anderen Ende der Dorne J eingelassen sind, können diese in der Bohrung b_2 nach rückwärts gezogen werden, bis der damit festverbundene Backenhalter A schließend vor der Stirnwand des Hauptkörpers liegt. Die Schraube j_2 ist in ihrer Mitte durchbohrt und trägt die Sicherungsschraube j_3, welche ein selbsttätiges Zurückdrehen der Schraube j_2 verhindert. Der Backenhalter A selbst trägt die eigentliche Schneidbacke a_1 (Fig. 544). Um ein Zurückweichen dieser Schneidbacken durch den beim Gewindeschneiden auftretenden Schneiddruck zu vermeiden, ist die Stellschraube a_2 (Fig. 544) angeordnet. Der Hauptkörper B trägt auf seiner Mantelfläche den drehbaren Hohlzylinder H (Fig. 544—545), welcher durch den Verschlußring E, der durch die Schraube b_5 (Fig. 545, IV—V) gehalten wird, gegen eine axiale Verschiebung gesichert ist. Der Hohlzylinder H trägt auf seiner äußeren Mantelfläche einerseits den gleichfalls

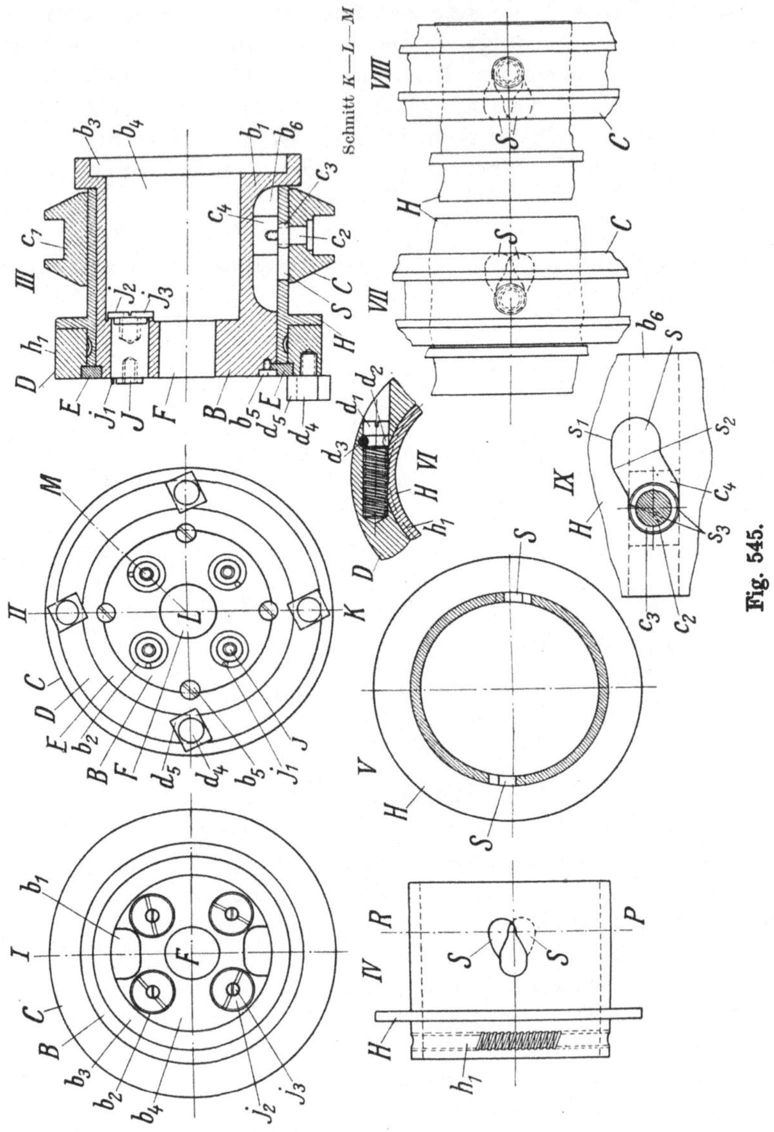

Fig. 545.

drehbaren und auch durch den Ring E gegen seitliche Verschiebung gesicherten Ring D (Fig. 544—545), in welchem die Schneckengewindeschraube d_1 drehbar gelagert ist. Diese Schneckenschraube d_1 ist durch den Stift d_3 gegen eine axiale Verschiebung gesichert und greift mit ihren Gewindegängen in das Schneckengewinde h_1 (Fig. 545, IV) des Hohlzylinders H ein. An der außenliegenden Stirnfläche des Ringes D sind in gleichen Abständen 4 zylindrische Stifte d_4 (II—III) eingesetzt, die ihrerseits wieder die prismatischen Steine d_5 (II—III) tragen. Diese Steine d_5 greifen in die Aussparungen a_3 (Fig. 544) der Backenhalter A ein. Durch die Drehung der Schraube d_1 dreht sich der Ring D der Steigung des Schneckengewindes entsprechend und überträgt diese Drehung durch die Stifte d_4 und die Steine d_5 auf die Backenhalter A, die sich ihrerseits wieder um die Mitte der Bolzen J drehen. Je nach der Drehrichtung des Ringes D gehen die Schneiden der Schneidbacken nach der Mitte der Bohrung F zusammen oder entfernen sich von dieser. Es können also die Schneidbahnen durch die Stellschraube d_1 je nach Erfordernis auf kleinere oder größere Gewindedurchmesser eingestellt werden. Zum besseren Einstellen auf bestimmte Gewindestärken ist die Skala h_2 (Fig. 544) vorgesehen.

Der übrige Außenmantel des Hohlzylinders H trägt den axial verschiebbaren Ring C (Fig. 544 u. 545), welcher an seinem äußeren Umfang die Aussparung c_1 (Fig. 544 u. 545) besitzt, welcher zur Aufnahme von Rollen usw. der Ausrückvorrichtung, die auf der Abbildung nicht dargestellt ist, bestimmt ist. Dieser Ring C ist durch zwei sich gegenüberliegende zylindrische Ansatzschrauben c_2 (III), welche mit ihrem zylindrischen Schaft auch durch die Aussparung S (Fig. 545, I—IX) des Hohlzylinders H hindurchreichen, mit den Steinen c_4, die ihrerseits wieder in den Längsnuten b_6 (Fig. 545, III—IX) des Kopfteiles B verschiebbar angeordnet sind, fest verbunden und dadurch gegen eine Verdrehung gesichert. Fig. 545, I, zeigt auch die im inneren Hohlraume b_4 (I—III) des Kopfteiles B angebrachten Ansätze b_1, in welche die Längsnuten b_6, in denen sich die Steine c_4 verschieben, eingelassen sind. Dadurch also, daß der Ring C durch zylindrische Ansatzschrauben c_2 mit den Steinen c_4 fest verbunden ist, ist eine Verdrehung des Ringes C ausgeschlossen und nur eine axiale Verschiebung möglich.

In dem Hohlzylinder H befinden sich die schon erwähnten zwei gegenüberliegenden Kurven S, welche in III—IX ersichtlich sind. Wie schon gesagt, greift die Ansatzschraube c_2 durch den Hohlzylinder H mit ihrem zylindrischen Schaft bis auf den Stein c_4. Zwischen den Steinen c_4 und der inneren Mantelfläche des Ringes C tragen die beiden zylindrischen Ansatzschrauben die Rollen c_3, welche schließend in die Kurven S passen. Fig. 545, III, zeigt die Kurve S im Längsschnitt mit der Rolle c_3 und der Ansatzschraube c_2, IX zeigt ebenfalls eine Kurve S im vergrößerten Maßstabe in der Draufsicht nach Abnahme des Ringes C mit der Rolle c_3 und der Schraube c_2 im Schnitt. Auch die unter dem Hohlzylinder H im Kopfteil B liegende Nute b_6

mit dem Gleitstein c_4 ist aus IX ersichtlich. Wie IX ebenfalls zeigt, ist die Kurve S an ihren Enden bis s_1 und geradlinig fortgebildet.

Die Wirkungsweise ist nun folgende: Wird der Ring C in axialer Richtung verschoben, so verschieben sich außer den Steinen c_4 auch die Ansatzschrauben c_4 und die Rollen c_3. Bei dieser Verschiebung stoßen die Rollen c_3 gegen die schrägen Flächen s_2 (IX) der Kurve S des Hohlzylinders H. Da dieser Hohlzylinder H drehbar ist, gibt er dem Drucke der Rollen c_3 auf die schrägen Flächen s_2 (IX) nach und macht eine der Steigung der letzteren entsprechende Drehung, während die Rollen der Kurve entlanggleiten. Wird der Ring C wieder zurückgezogen, so erfolgt abermals in entgegengesetzter Richtung eine Drehung des Hohlzylinders H. Durch ein Hin- und Herschieben des Ringes C dreht sich also der Hohlzylinder H nach der einen oder der anderen Richtung. Wie eingangs schon erwähnt, ist der Hohlzylinder H durch die Stellschraube d_1 mit dem Ring D verbunden. Die Drehung des Hohlzylinders H überträgt sich durch den Ring D mittels der Bolzen d_4 und der Steine d_5 auf die Backenhalter A, wodurch diese je nach der Drehrichtung des Hohlzylinders H geöffnet oder geschlossen werden. Dadurch, daß die Kurven S, wie bereits vorher schon erwähnt, an ihren Endstellen ein Stück gradlinig fortgesetzt sind, ist ein Zurückgleiten der Rollen c_3 und des Ringes C von ihren jeweiligen Endstellungen durch den auf den Zylinder wirkenden Schneiddruck (beim Schneiden von Gewinden) ausgeschlossen. Somit ist der Hohlzylinder H in seiner jeweiligen Endstellung gegen ein Zurückdrehen gesichert. Besonders sei noch erwähnt, daß nicht nur das Schließen, sondern auch das Öffnen von unzuverlässigen Federdrücken unabhängig ist.

Druckfedern an den Backenhaltern H können vorgesehen werden, um lediglich ein Ausgleichen etwaigen toten Ganges zu erzielen.

Fig. 545, VII, zeigt die Stellung des Ringes C bei geschlossenem und VIII bei geöffnetem Schneidkopf.

Die Bearbeitung der Spanneisen an der Lünette dürfte wohl die letzte Bearbeitung darstellen. In Fig. 546 werden die Spanneisen H seitlich abgehobelt. Ein fertiges Spanneisen ist in der 1. Abb. der Figur zu erkennen. Die Stichelbahn ist im Grundriß gestrichelt angedeutet. Die Spanneisen werden ohne Ansätze gegossen, da man sie je nach der Breite des Drehbankbettes bearbeiten bzw. hobeln muß. Die Spannung der Eisen H findet hier durch Laschen c sowie Schrauben b statt. Durch das Einsetzen der Laschen c wird durch das Anlegen ihres Ansatzes an das Werkstück dessen sicherer Halt beim Bearbeiten gesichert. Die Endlaschen a versieht man gewöhnlich mit Winkelauflage.

Das Bohren der Laschen ist in Fig. 547 ersichtlich. Zu diesem Zweck werden die Laschen bzw. die Spanneisen H in eine Bohrvorrichtung gelegt, die unter einem vierspindligen Bohrkopf verwendet wird. Das

Bohren geschieht hier gleichzeitig an vier Spanneisen. Die Lage letzterer ist durch die äußere Begrenzung des Spanneisens im Rahmenstück *b* festgelegt. Dieses ist auf der Grundplatte *a* befestigt und besteht aus zwei Blechplatten, von denen die untere den Ansatz von *H* aufnimmt und die obere das ganze Eisen *H* begrenzt. Der Deckel *c* wird durch Schraube *d* und Griff *e* fest auf die Arbeitsstücke gezogen. Die Bohrbuchsen *h* sind für die Spannlöcher bestimmt. Um einem Verdrehen entgegenzuwirken, sind die beiden Fixierstifte *f* und *g* angesetzt. Diese

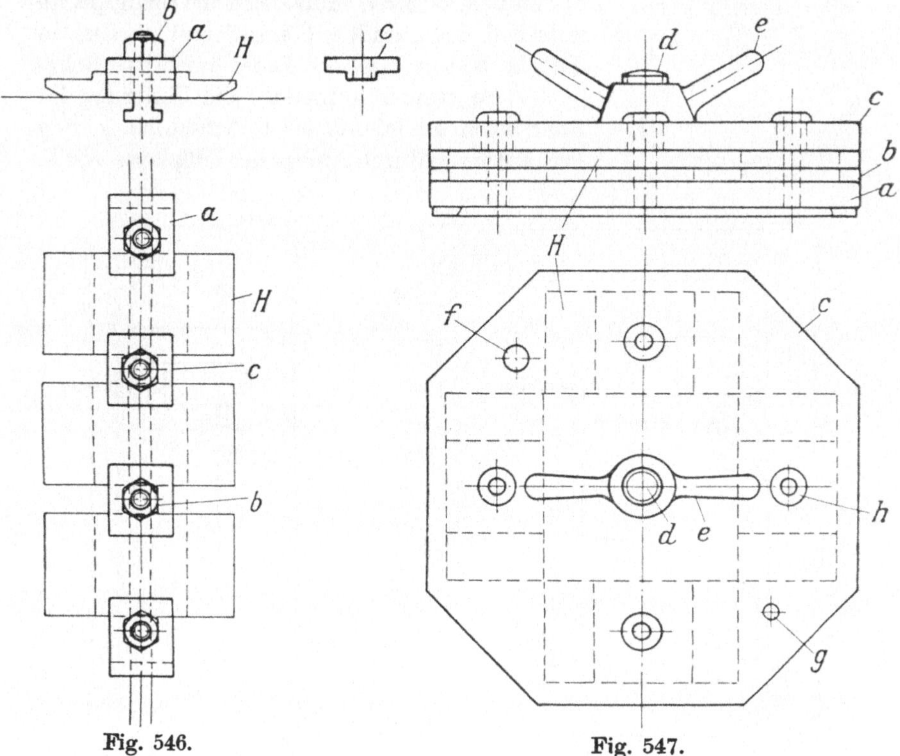

Fig. 546. Fig. 547.

sind infolge ihrer verschiedenen Stärke dazu bestimmt, um den Deckel beim Abnehmen bzw. beim Wiederaufsetzen auf das Unterteil nicht zu vertauschen.

Wie aus den vorstehenden Ausführungen hervorgeht, gehören selbst zur Anfertigung von einfachen Maschinenelementen eine Reihe von Vorrichtungen und besonders dann werden solche gebraucht, wenn es sich um eine Massenfabrikation handelt.

In Fig. 548 ist eine kleine Tischbohrmaschine *S* dargestellt, die häufig in den Werkstätten anzutreffen ist. Die Herstellung dieser Maschinen geschieht in Serien. Es werden die verschiedensten Vor-

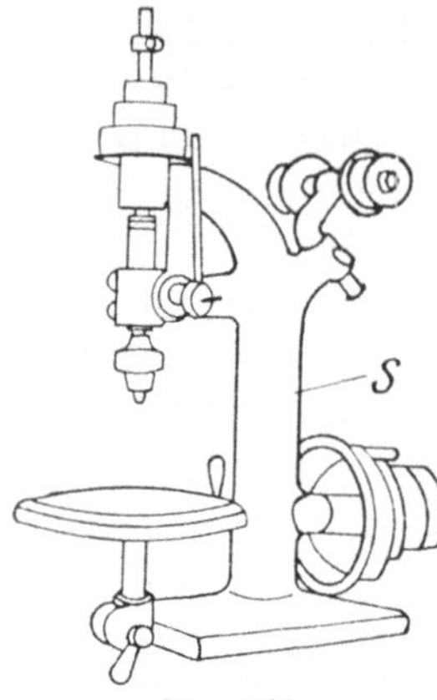

Fig. 548.

richtungen dazu verwendet. Es würde aber zu weit führen, sämtliche hierzu benötigten Vorrichtungen zu beschreiben, das Prinzip ist im allgemeinen das gleiche, wie bereits im Vorhergesagten. Interessant von allem ist die Bearbeitung des Maschinenständers in der Vorrichtung. Im Nachstehenden soll in Fig. 549 diese eingehend geschildert werden. Für die Aufnahme in den Bohrkasten *a* muß zuerst die Grundplatte unterhalb des Ständers *S* abgerichtet werden, so daß die Naben bzw. die Lager auf Mitte Bohrbuchse zu stehen kommen. Die Fixierung im Bohrkasten geschieht durch Aufnahme in den Prismen sowie durch Anlage der Fußplatte von *S*.

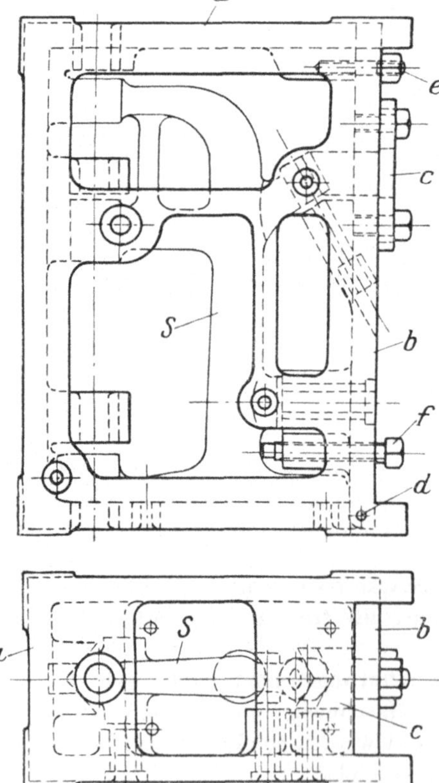

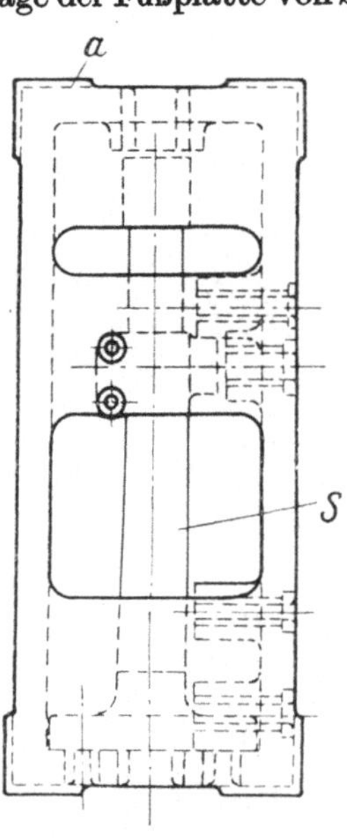

Fig. 549.

Die Spannschraube *f* spannt den Ständer *S* fest. Die Vorrichtung wird durch den Deckel *b* verschlossen. Derselbe ist in *d* drehbar gelagert. Die Verschlußschraube *e* hält den Deckel *b* in der Aussparung des Gehäuses *a*. Der Schieber *c* trägt unterhalb das Prisma, welches den Ständer in die vorderen prismatischen Auflagen festdrückt. Durch diese Anordnung ist der Ständer *S* in jeder Weise unverrückbar gehalten. Um den gußeisernen Kasten *a* handlich und leicht zu gestalten, sind seitliche große Aussparungen angebracht. Die stehengebliebenen Rippen tragen die Bohrbuchsen für die Bohrungen. Auch ist man imstande, jederzeit die Anlage des Ständers *S* im Kasten zu prüfen. Die äußeren Aussparungen der Auflage sichern ein einwandfreies Aufliegen auf dem Bohrmaschinentisch. Die Bohrung der Spindelführung wird durch beide Lager von oben her bewerkstelligt und von unten für die Spindel der Tischaufnahme vorgenommen. Um die Aufnahme des Spannrollenklobens bohren zu können, muß die Vorrichtung schräg gestellt werden. Dieses geschieht auf einem verstellbaren Bohrtisch, wie er allgemein bekannt sein dürfte. Nach dem Bohren der sämtlichen Löcher werden diese mittels einer Messerstange mit Flachmesser unter der Bohrmaschine abgeflächt. Als Auflage des Ständers *S* wird hierzu ein besonders geformtes Untersatzstück verwendet.

Fig. 550.

In Fig. 550 ist eine praktische Werkzeugschleifmaschine der Präzisions - Werkzeugmaschinenfabrik der Firma Karl Busse, Berlin-Neukölln, veranschaulicht. Auf dieser Schleifmaschine werden in der Hauptsache gehärtete Werkzeuge, wie hinterdrehte Fasson-, Stirn-, Walzen-, Schneckenrad- und Winkelfräser, sowie Gewindebohrer, Reibahlen, Senker aller Art, Messerköpfe scharf geschliffen und außerdem alle Werkzeuge für die Metall- und auch für die Holzindustrie.

Auf dieser Maschine kann man jeden beliebigen Winkel von Fräsern sowie alle geraden und spiralförmig gewundenen Zähne bei den oben angegebenen Werkzeugen scharfschleifen. Weiter lassen sich mittels einer Sondervorrichtung, die jeder Maschine beigegeben wird, sämtliche konischen Werkzeuge schärfen.

Die Maschinen sind mit einem Universal-Teilkopf ausgerüstet, der sich nach allen Richtungen verstellen läßt. Zur Feineinstellung des Teilkopfes in die Horizontal- und Vertikallage besitzt er Feinschrauben, die teilweise in der Abbildung ersichtlich sind.

Durch Auswechslung von Teilscheiben kann man alle vorkommenden Werkzeuge ohne Anschlag auf Teilung genau schleifen. Jede Maschine erhält noch eine Fräserstütze, die so gestellt werden kann, daß sie die Hin- und Herbewegungen der zu schleifenden Werkzeuge mitmacht oder am Horizontaltisch feststeht, so daß das Arbeitsstück an ihr entlanggleitet. Die Längsbewegung des Tisches kann man durch Einstellung verschiebbarer Anschlagsstücke auf die jeweilige Länge des zu schleifenden Arbeitsstückes einstellen.

Der Vorteil in der Konstruktion dieser Maschine liegt in der Hauptsache in dem eigentlichen Schleiftisch, der nach allen Richtungen hin drehbar ist und dessen Längsbewegung mittels Zahnstange und Ritzel bewerkstelligt wird. Die Horizontal- und Vertikalbewegung geschieht mittels Handrad.

Die Arbeitsspindel ist aus hochwertigem Spezialstahl hergestellt, sauber geschliffen und ruht in konischen Lagerschalen, die mit Leichtigkeit nachstellbar sind. Der Antrieb dieser Spindeln geschieht durch Stufenscheiben. Am vorderen Ende der Arbeitspindel befindet sich zur Aufnahme des Schleifscheibendornes eine konische Bohrung; zum Schutz der Schleifscheiben ist über denselben eine verstellbare Schutzhaube angeordnet, die beim Schleifen von Werkzeugen nicht hinderlich ist. Durch Abnehmen des Teilkopfes sowie des Reitstockes läßt sich diese Werkzeugschleifmaschine auch zum Flächenschleifen gut verwenden.

Im nachfolgenden sollen einige der wichtigsten Herstellungsvorrichtungen dieser Werkzeug-Schleifmaschine beschrieben werden.

Fig. 551 zeigt die Vorrichtung zum Bohren des vorderen Spindellagers der Schleifmaschine. Die Bohrvorrichtung *a* besteht aus einem Winkelstück, das die Buchse *i* für die Anbringung einer Spannschraube sowie die übrigen Buchsen *k* und *l* besitzt. Interessant dürfte die Befestigung der Vorrichtung am Lager sein. Ihre Zentrierung im Lager geschieht durch den Zentrieransatz *f*, welcher auf den Bolzen *b* geschoben ist, der angedrehte Bund ist für die Anlage bestimmt. Der Bolzen *b* sitzt mit Pressung in dem Bohrwinkel *a*, mit dem er durch die Scheibe mit Mutter *e* fest verbunden ist. Die Lage bzw. Stellung der Bohrplatte *a* geschieht durch das Arretierstück *g*, das in einer Ausfräsung der Bohrplatte sitzt und durch die Schraube *h* gehalten wird. In der Einzelaufführung ersieht man deutlich die Zunge, die sich beim Aufsetzen in den Schlitz des Lagers *L* legt. Um nun nicht jedesmal die Mutter *d* ganz abzuschrauben, ist sie so gewählt, daß sie noch frei durch die Lagerbohrung von *L* hindurchgeht. Die Unterlegescheibe *c* ist daher geschlitzt, um nach dem Lösen der Mutter entfernt werden zu können.

Der Bolzen *b* sowie das Zentrierstück sind an den tragenden Stellen sauber geschliffen und dadurch jedes Spiel zueinander aufgehoben.

Fig. 552 zeigt die gleiche Vorrichtung für das hintere Lager der Schleifmaschine.

Auch hier wird die Bohrplatte *a* mittels des Spannbolzens *b* festgezogen. Das Zentrierstück *c* sitzt auf letzterem und wird mittels der Mutter *d* festgezogen. Die Fixierung der Bohrplatte geschieht durch das Stück *e*, das auch hier in den Spannschlitz des Lagers L_1 eingreift. Schraube *f* stellt die Verbindung des Stückes *e* mit *a* her. Scheibe mit Mutter auf *b* sind gleich denen unter Fig. 551 bezeichneten. Ebenfalls

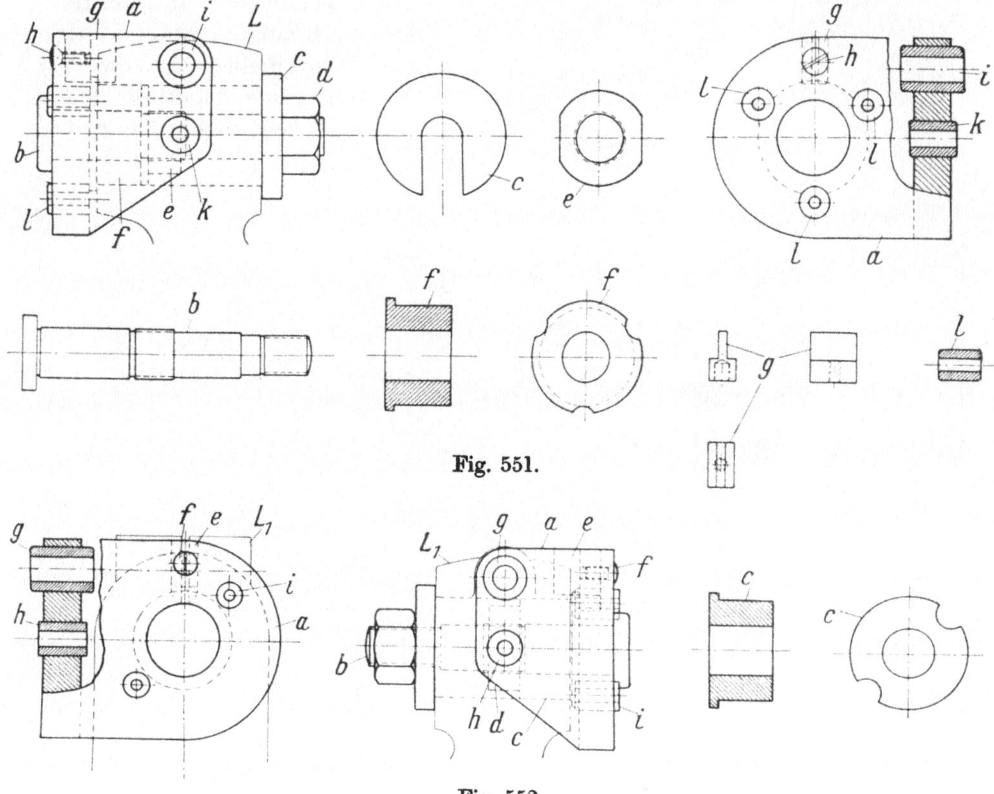

Fig. 551.

Fig. 552.

dienen die Bohrbuchsen *g*, *h* und *i* den gleichen Zwecken wie bei der vorderen Lagerbearbeitung.

Die beiden hier beschriebenen Vorrichtungen sind äußerst einfach, aber trotzdem handlich und praktisch.

Fig. 553 veranschaulicht eine Bohrvorrichtung für die Stufenscheibe *R*. Hiermit werden die seitlichen Löcher mittels der Bohrbuchsen *h*, die in den beiden Bohrplatten *a* und *b* sitzen, gebohrt. In *b* befindet sich außerdem noch in einem angegossenen Winkel die Bohrbuchse *g* für die Befestigungsschraube der Stufenscheibe. In *A* und *B* sind die Bohrplatten in Ansicht dargestellt. Je drei Füße *f* gewähren eine gute Tischauflage der Vorrichtung. Die Stellung der Bohrplatten *a* und *b* ergibt für die Bohrung durch Buchse *g* eine Dreipunktauflage. Die Spannung der Stufenscheibe *R* geschieht durch den Bolzen *d*, der mit dem Kopf in einer Versenkung der Platte *a* sitzt, damit er nicht auf die Bohrtischplatte aufsitzt. In Platte *b* ist ein Dorn *c*, der das Gewinde für die Spannschraube *d* trägt, fest eingepreßt. In dieses Gewinde schraubt sich die Spannschraube und drückt dadurch die beiden Platten gegen die Stufenscheibe. Um die Bohrplatte *a* zur Platte *b* stets in die richtige Stellung zu bringen, ist der Stift *e* vorgesehen. Dieser befindet sich in dem Dorn *c* und führt sich in dem Ansatz der Platte *a*. Hier erfüllen die beiden Bohrplatten den gleichen Zweck eines Bohrkastens. Sie sind für derartige Arbeiten sehr zu empfehlen.

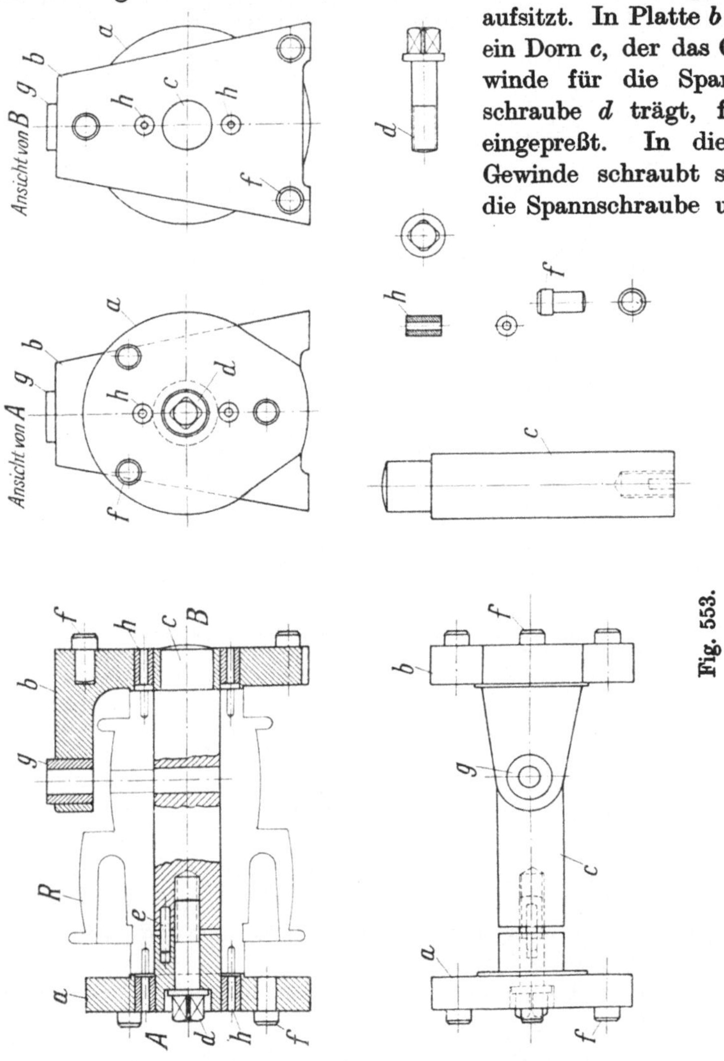

Fig. 553.

In Fig. 554 ist eine Vorrichtung zum Bohren der vier seitlichen Löcher in einer Kappe *K* gezeigt. Der Aufnahmekörper *a* ist quadratischer Form. Er besitzt für die Auflage angehobelte Ansätze. Für die Zentrierung des Arbeitsstückes ist das Stück *d* in den Boden eingesetzt. In dieses ist das Gewinde für die Spannschraube *c* eingeschnitten. Der Deckel *b* zieht das Arbeitsstück in der Vorrichtung fest. Die vier seitlichen Bohrbuchsen *e* dienen zur Bohrung der Löcher in *K*. Um nun das Arbeitsstück bequem aus der Vorrichtung entfernen zu können, sind in *a* vier Ausfräsungen angebracht, wie die Abbildung im Grund-

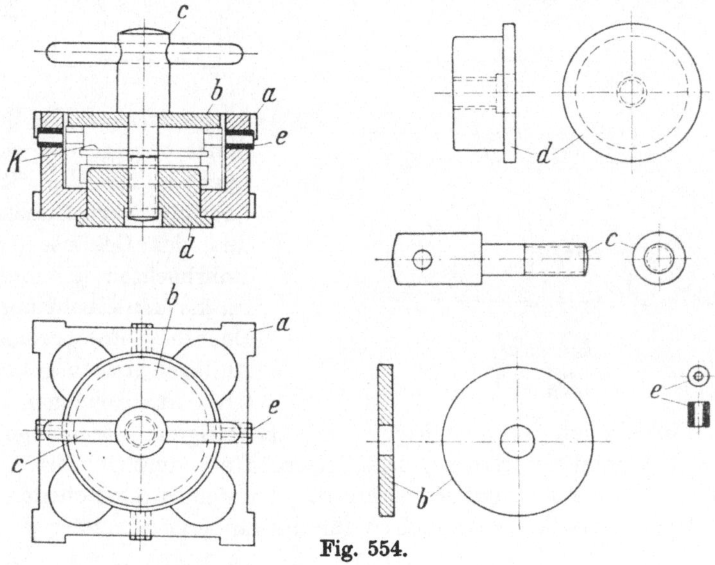

Fig. 554.

riß zeigt. Der besseren Übersicht wegen sind bei diesen Vorrichtungen die Einzelteile noch besonders herausgezeichnet worden.

In Fig. 555 ist die Bohrvorrichtung für das Anbohren der Welle *W* veranschaulicht. Der Körper *a* besteht aus einem quadratischen Klotz *a*, der in seiner Bohrung, die der besseren Anlage wegen ausgespart ist, die Welle aufnimmt. Hier dürfte die Spannung von Interesse sein. Sie besteht aus der Flachfeder *d*, die im Körper *a* mittels der Spannschraube *c* gehalten wird. Durch den Druck der Spannschraube *c* wird die Feder gegen die Welle gepreßt und diese so zum Bohren festgestellt. Das Lösen geschieht durch einfaches Zurückdrehen der Schraube *c*. Da die hier gebohrte Welle einen Ansatz aufweist, so wird dieser als Anschlag gegen das angedrehte Stück der Vorrichtung benutzt. Auf diese Weise sind alle Bohrungen in den Wellen mit gleichen Abständen versehen. Die Einführung des Bohrers geschieht durch die übliche Bohrbuchse *b*.

Fig. 556 zeigt das Bohren einer geschlitzten Buchse *B*. Die Fixierung geschieht hier mittels des Zungenstückes *e*, das sich teils in den Schlitz der Buchse *B* und teils in den Schlitz der Bohrplatte *b* legt. Auf diese Weise wird das Arbeitsstück sowie die Bohrplatte zum Aufnahmekörper *a* fixiert. Die Bohrplatte *b* trägt die Bohrbuchsen für die Stirnbohrung der Buchse *B* und das Gehäuse *a* die Bohrbuchsen *i* und *h* für die Mantelbohrung der Buchse. Entsprechende Auflagen mit ausgehobelten Aussparungen gewähren ein einwandfreies Bohren. Die Befestigung der Zunge ist mittels der beiden Schrauben *f* und Prisonstifte *g* durchgeführt.

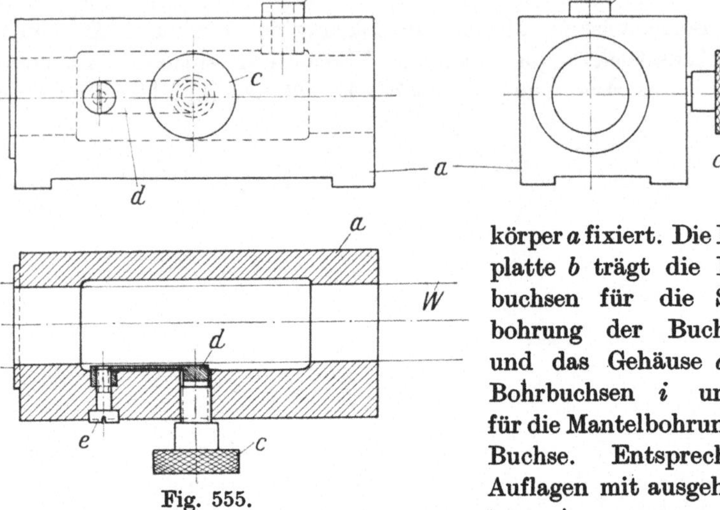

Fig. 555.

Die Bohrplatte *b* besitzt einen Ansatz, der sich in die Bohrung der Buchse legt, sowie den Spannbolzen für die ränderierte Mutter *d*. Das

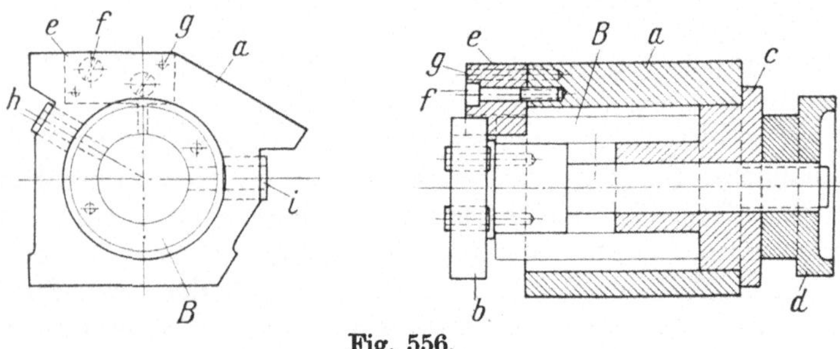

Fig. 556.

Führungsstück *c* ist fest in die Bohrung des Gehäuses *a* eingepaßt. Es nimmt in seiner Bohrung den Bolzen der Platte *b* auf. Auch dieses Führungsstück *c* besitzt einen Zentrieransatz, der sich in die Bohrung der Buchse *B* schiebt. Die Spannung der Buchse *B* geschieht hier durch viertel Umdrehung der Griffmutter *d*, da das Gewinde in beiden Teilen soweit ausgespart ist, daß man die Mutter *d* über den Bolzen schieben kann und nur eine kurze Drehung die Befestigung bewerkstelligt. Dieses wird in den Fig. 557 und 558 noch eingehend besprochen und veranschaulicht.

Fig. 557 zeigt die Bohrarbeit an der Scheibe *S*. Der Klotz *a* nimmt in seiner Bohrung den Bolzen *c* auf. Dieser trägt einen Bund, auf dem der auswechselbare Ring *g* sitzt. Dieser fixiert die Lage der Scheibe *S*. Ein im Bund des Bolzen *c* befindlicher Stahlstift *f* fixiert die Bohrplatte *b* mit den vier Bohrbuchsen *e*. Die Spannung wird hier durch Drehung der gekordelten Mutter *d* bewerkstelligt. Um einen schnellen Wechsel der Arbeitsstücke vornehmen zu können, ist das Gewinde am Bolzen *c*

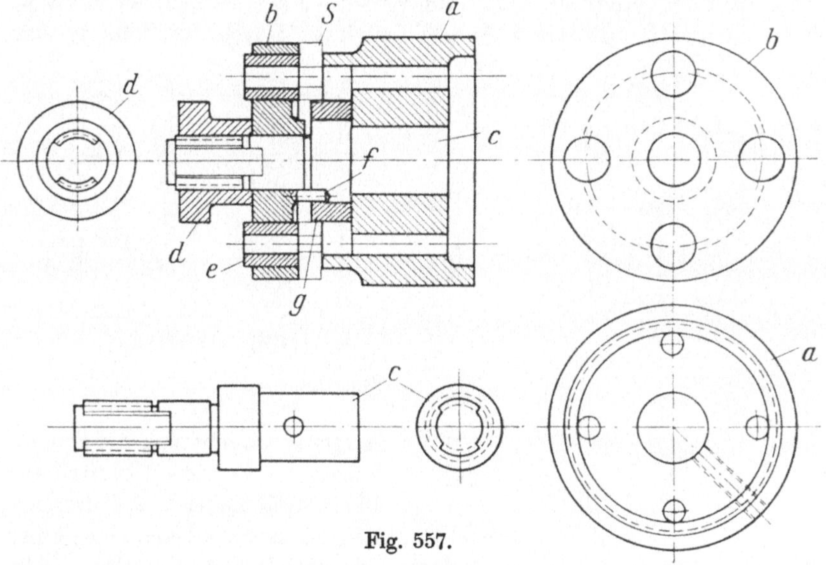

Fig. 557.

mit Unterbrechung ein viertel ausgefräst. Das gleiche ist auch in dem Gewinde der Mutter *d* der Fall, so daß man die beiden Teile zusammenschieben kann. Es genügt dann für die entsprechende Spannung der Scheibe *S* eine kurze Umdrehung der Mutter. Die Ausführung des Verschlusses ist in den herausgezeichneten Teilen *c* und *a* klar ersichtlich.

Die hier zur Bohrung verwendete Scheibe *S* besitzt eine Ausdrehung, die sich über Ring *g* legt.

In Fig. 558 ist eine Vorrichtung zum Bohren eines Ringes *R* dargestellt. Der Körper *a* ist zur Erleichterung der Einspannung am Bund gekordelt. In einer Eindrehung ist das Aufnahmestück *d* eingepaßt, das auf seinem Ansatz den Ring *R* aufnimmt. Die Bohrplatte *b* weist zwei Bohrbuchsen *e* auf, die für die Bohrarbeit des Ringes bestimmt sind. Gleichzeitig dient die Bohrplatte auch als Handscheibe, um den Bolzen *c*, der fest in die letztere eingepreßt ist, in das Gewinde des Untersatzes *a* zu schrauben. Die Verschraubung entspricht der in Fig. 557 beschriebenen. Sie preßt den Ring *R* mit einer kurzen Bewegung der Bohrplatte *b* fest.

Fig. 559 stellt eine Bohrvorrichtung dar, die zum Bohren des Teilstiftträgers für den Teilkopf bestimmt ist. Das u-förmig ausgebildete Stück *a* trägt für die Teilstiftbohrung die Bohrbuchse *f* und für die Befestigung des Trägers die Bohrbuchse *g*. Die Aufnahme erfolgt in dem Blatt *h*, das mittels der beiden Schrauben *k* und des Prisonstiftes *i* am Körper *a* befestigt ist. Dieser Teil umfaßt den Hals der Teilstiftführung am Träger.

Die weitere Aufnahme erhält das Werkstück auf der Zentrierbuchse *d*, die im Körper *a* mit einem Ansatz festsitzt. Durch die Bohrung der

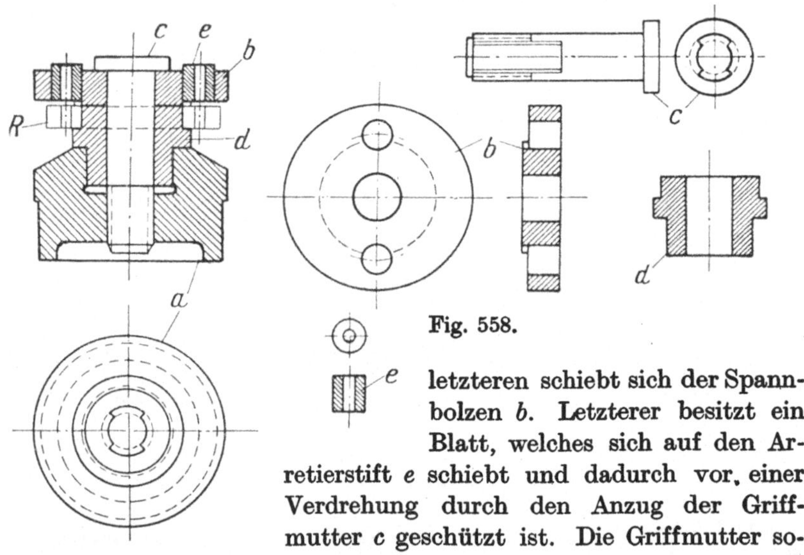

Fig. 558.

letzteren schiebt sich der Spannbolzen *b*. Letzterer besitzt ein Blatt, welches sich auf den Arretierstift *e* schiebt und dadurch vor einer Verdrehung durch den Anzug der Griffmutter *c* geschützt ist. Die Griffmutter sowie der Bolzen weisen die gleichen Aussparungen im Gewinde auf, wie die im Vorhergehenden bereits eingehend beschriebenen Teile. Des besseren Verständnisses wegen sind die Einzelteile neben der Hauptfigur herausgezeichnet.

In Fig. 560 ist eine Räderpumpe zum Fördern von Kühlwasser für Metallbearbeitungsmaschinen veranschaulicht. Diese Typen sind allgemein bekannt. Ihre Herstellung soll im Nachstehenden beschrieben werden. Sie geschieht auf mannigfache Art und Weise. Der hier angeführte Weg dürfte aus den unzähligen Arbeitsmethoden im Mittel alles Wünschenswerte streifen. Die Antriebsscheibe ist der Einfachheit halber nicht mit aufgeführt worden. Das Gehäuse *a* besteht aus Gußeisen, ebenso der Deckel *b*. In der Seitenansicht ist letzterer fortgelassen. Man erkennt hier das Ineinandergreifen der Zahnräder.

Der Vorgang im Innern der Pumpe dürfte allgemein bekannt sein, so daß die weitere Erläuterung über die Art und Wirkungsweise an dieser Stelle überflüssig sein dürfte.

Die beiden Zahnräder *e* und *f* bestehen aus Siemens-Martin-Stahl und sind gefräst sowie genau ohne nennenswertes Spiel im Gehäuse *a* eingepaßt. Die untere Welle *g* ist in den beiden Naben des Deckels und des Gehäuses sicher gelagert. Die beiden Verschlußstopfen *h* schließen die Lagerung der Welle hermetisch ab. Die obere sowie die untere

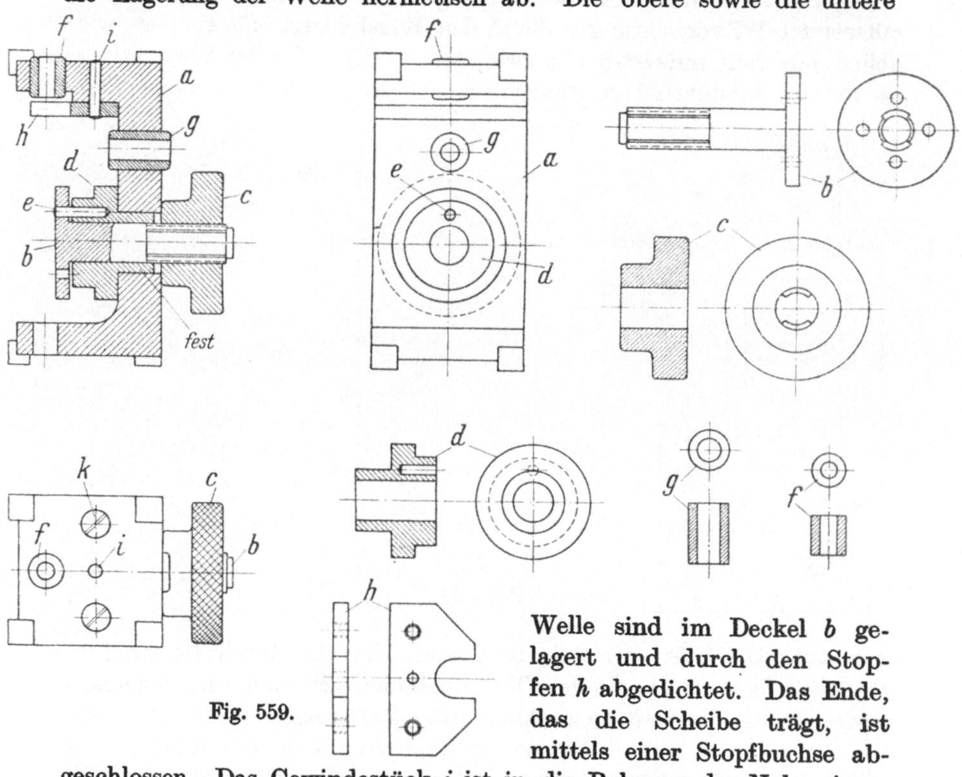

Fig. 559.

Welle sind im Deckel *b* gelagert und durch den Stopfen *h* abgedichtet. Das Ende, das die Scheibe trägt, ist mittels einer Stopfbuchse abgeschlossen. Das Gewindestück *i* ist in die Bohrung der Nabe eingeschraubt und fest verdichtet. Zwischen Welle *d* und der inneren Wand der Gewindebuchse *i* befindet sich ein Zwischenraum, in welchem als Dichtungsmaterial Hanf oder eine Schnur gelegt sind. Die Metallbuchse *k* drückt das Dichtungsmaterial durch die Einwirkung der Überwurfmutter *l* zusammen und schließt so den Welleneintritt nach innen luftdicht ab. Es ist noch besonders auf den dichten Deckelabschluß zu achten, ebenso auf die Höhe der Zahnräder mit der Tiefe der Bohrung im Gehäuse. Der Deckel ist so bemessen, daß sich die Räder ohne großes Spiel im Gehäuse drehen, wenn eine bestimmte Papierstärke als Dichtung benützt wird. Eine Reihe von kleinen Dichtungsschrauben *c* halten den Deckel auf dem Gehäuse *a* fest und dicht verschlossen.

Fig. 561 zeigt das Ausbohren des Gehäuses *P* in der Vorrichtung mittels eines kleinen Messerkopfes.

Bevor das Gehäuse zum Ausbohren kommt, muß es mit den Wellenbohrungen ausgerüstet sein. Dieses wird durch Einsetzen einer Einsatzbuchse *s* auf der gleichen Vorrichtung erreicht. Die vierte Abbildung in Fig. 561 zeigt diese. Die Bestimmung des Achsenabstandes geschieht mittels der Teilvorrichtung *g*, die in dem Bügel *d* sitzt. Sie besteht, wie üblich, aus dem Indexstift mit Druckfeder. Der Teil *b* der Vorrichtung ist in den prismatischen Führungen des Unterteiles *a* verschiebbar

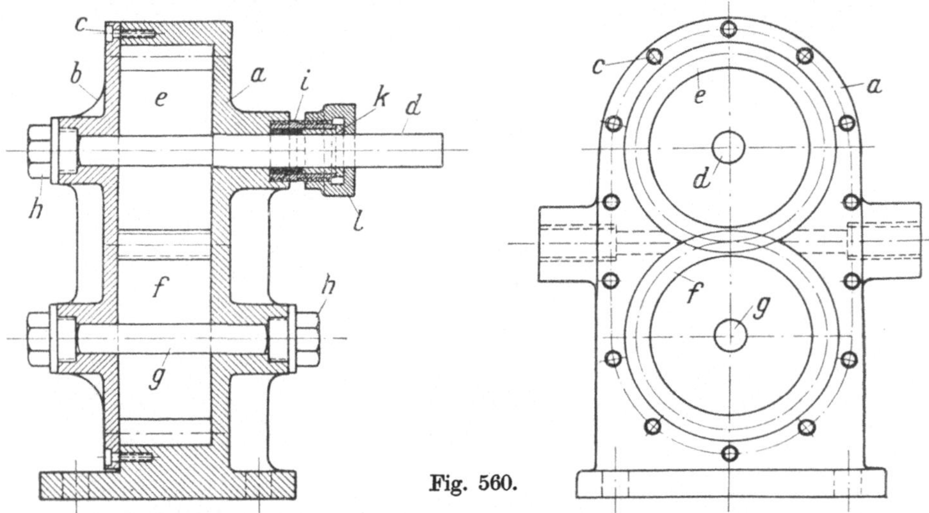

Fig. 560.

eingebaut. Die Leiste *f* ist lose aufgesetzt. Sie wird durch die Knebelschraube *e* festgezogen. In dem Teil *b* befinden sich zwei entsprechende Rasten, in die der Stift *g* einschlägt. Die Entfernung der Rasten voneinander gibt den Achsenabstand der Zahnräder bzw. der Ausbohrung an. Der Schieber *b* trägt die Aufspannung des Pumpenkörpers *P*. Der Fußflansch kommt gegen die angegossene Anlage zu liegen. Das Bogenstück der Pumpe wird durch den Schieber *c*, der sich in *b* auf einem Schwalbenschwanz führt, festgespannt. Die Knebelschraube *h*, die sich in dem angegossenen Winkel von *b* schraubt, sitzt mittels der Stifte *i* im Prisma *c* drehbar befestigt. Der Bügel *d* ist seitlich am Unterteil *a* befestigt und trägt die Bohrbuchse oder besser Führungsbuchse *n*. Um den Bügel *d* nicht ganz aus Gußeisen zu verfertigen, ist er oberhalb für die Buchse *n* mit einer schmiedeeisernen Platte versehen, die durch die beiden Stiftschrauben *k* bzw. k_1 sowie Prisonstifte *l* bzw. l_1 auf den Seitenteilen befestigt ist. Neben der Führungsbuchse *n* befinden sich die Befestigungsschrauben t bzw. t_1, die in die Gewindelöcher m geschraubt sind. Die für das Bohren der Bohrlöcher bestimmte Einsatzbuchse s besteht aus Gußeisen und trägt die Bohrbuchsen u und v für den Bohrer.

Zum Ausbohren der Zahnradführungen ist der Messerkopf p bestimmt, in diesen sitzen die drei Stähle q. Der Messerkopf ist auf der Stange r des Halters o befestigt. Letzterer besitzt einen Ansatz als Führung in der Buchse n, in dem die Stahlstange r sowie der Messerkopf noch besonders befestigt sind. Die Stange r stellt die untere Führung des Kopfes p her. Der auf diese Weise geführte Kopf kann so während der Bearbeitung nach keiner Richtung hin ausweichen.

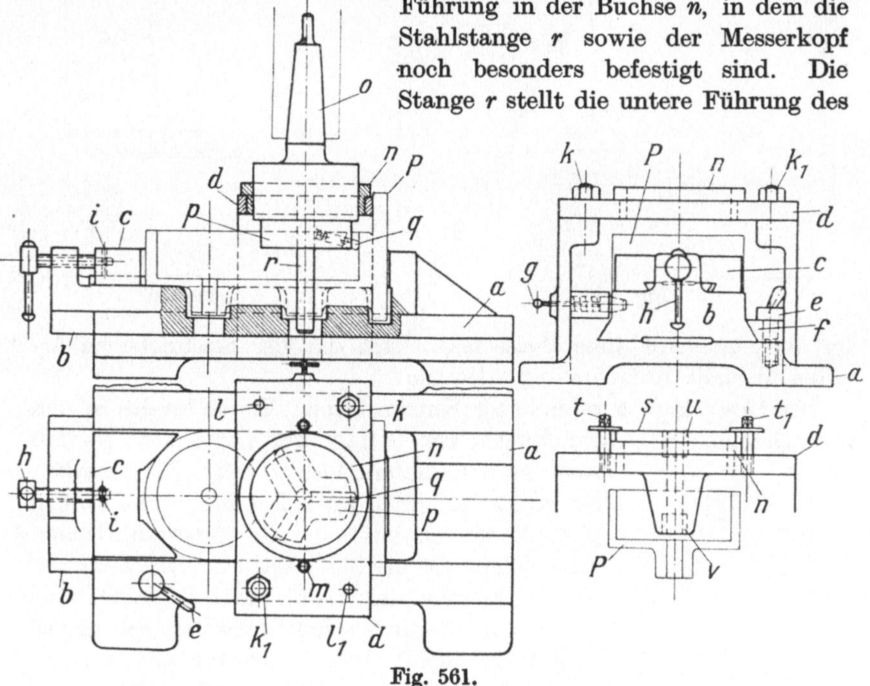

Fig. 561.

Die Vorrichtung ist äußerst stabil gehalten und wird unter einer schweren Bohrmaschine oder einem Bohrwerk verwendet.

Die seitlichen Füße der Vorrichtung dienen zum Festspannen auf dem Maschinentisch. Sie sind entsprechend ausgespart, so daß eine gute Auflage gesichert ist.

In Fig. 562 ist in der gleichen Vorrichtung das Abflächen des inneren Bodens ersichtlich. Der Fräser b steckt auf dem Dorn a und wird mittels des Führungszapfens in der Pumpenbohrung geführt. Die Tiefe der Fräsung in P wird mittels einer Einstellvorrichtung, die an jeder besseren Bohrmaschine bzw. Bohrwerk vorhanden ist, gemessen. Man verwendet auch die bekannten Tiefenmaße als Kontrolle. Nachdem diese Arbeiten erledigt sind, wird die Deckeldichtungsleiste abgefräst (Fig. 563). Hierzu nimmt man den Deckel der Führungsbuchse von der Vorrichtung ab. Die letztere Arbeit geschieht auf einer Vertikalfräsmaschine, indem man den Pumpenkörper einschl. der Vorrichtung

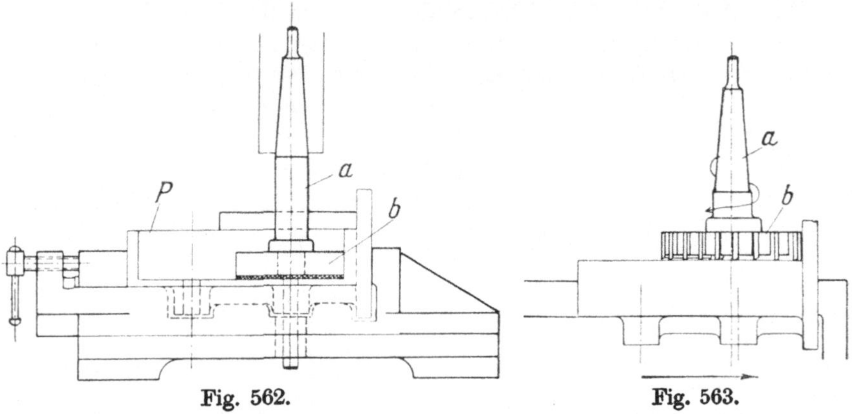

Fig. 562. Fig. 563.

dort aufsetzt. Auf diese Weise lassen sich die hier beschriebenen Arbeiten in einer Aufspannung erledigen.

Der Messerkopf *b* ist üblicher Konstruktion. Er ist bereits in den vorausgeschickten Abhandlungen zur Genüge gekennzeichnet, so daß sich eine Widerholung hier erübrigt. Zu bemerken sei noch, daß der Dorn *a* Fig. 563, recht kräftig gewählt werden muß, um ein glattes Abflächen zu erzielen. An die Stelle der hier beschriebenen Fräsarbeit kann auch die Hobelarbeit gesetzt werden, nur müßte in diesem Fall die Vorrichtung auf dem Tisch einer Hobelmaschine befestigt werden. Beide Bearbeitungsmethoden sind gleichwertig.

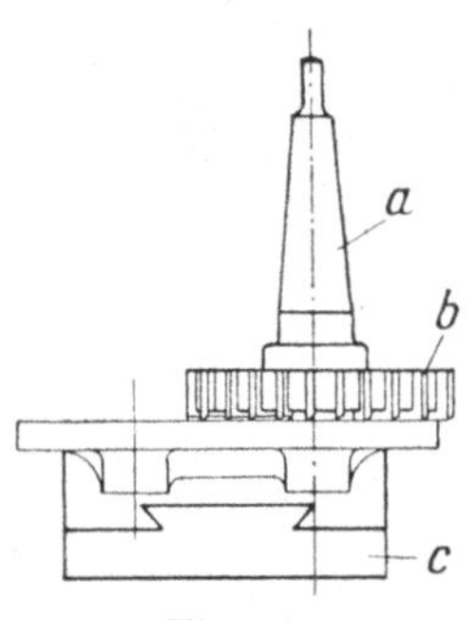

Fig. 564.

Durch die einmalige Aufspannung stimmen die Flächen sowie Bohrungen und Ausbohrungen genau überein. Dadurch ist ein dichtes Arbeiten der hiermit hergestellten Pumpen gewährleistet.

In Fig. 564 ist die Abrichtung des Deckels durch Messerkopf *b*, der auf dem kräftigen Dorn *a* sitzt, veranschaulicht. Die Aufspannung des Deckels geschieht in einem Maschinenschraubstock *c* üblicher Bauart. Auch hier kann an Stelle der Fräsarbeit die Hobelarbeit treten.

In Fig. 565 ist die Bohrarbeit des Pumpenkörpers *P* veranschaulicht.

Die hierzu benutzte Vorrichtung stellt einen Kasten *a* dar, der aus Gußeisen verfertigt ist. Als Verschluß dient der Deckel *b*, der sich in den Scharnierstiften *c* bewegt. Letztere sind mit einem Gewindeansatz versehen, der sich im Kasten *a* schraubt. Das zylindrische Stück steckt teilweise in dem Deckel *b* und zum Teil im Kasten *a*. Die seitliche Führung des Deckels gewährleistet ein richtiges Sitzen der Bohrbuchsen. Als Verschluß dient die abklappbare Schraube *d*, die ihren Drehpunkt in dem Kasten besitzt. Seitliche Aussparungen des Kastens, sowie des Deckels verringern das Gewicht bedeutend und gestatten außerdem eine Kontrolle der Bohrarbeiten. Für die Aufnahme des Pumpenkörpers *P* dienen zwei Stützen, die halbrund ausgebildet sind. Sie sind so gesetzt, daß sie sich schließend in die Endbohrungen der Zahnradführung legen. Auf diese Weise sind die Bohrungen der übrigen Löcher genau fixiert. Die Befestigung des Arbeitsstückes geschieht durch die beiden Druckschrauben *e*, die sich im Deckel *b* schrauben und mit den gehärteten Spitzen den Pumpenkörper auf die Aufnahme drücken. Die Bohrbuchsen *f* dienen zum Aus- bzw. Nachbohren der Achslöcher in *P*. Die Buchsen sind mittels der Befestigungsschrauben *h* auswechselbar gehalten. Für das Gewindestück in den Achslöchern werden die Bohrbuchsen *g* eingesetzt. Die Tiefe wird am Bohrer mittels Stellring begrenzt.

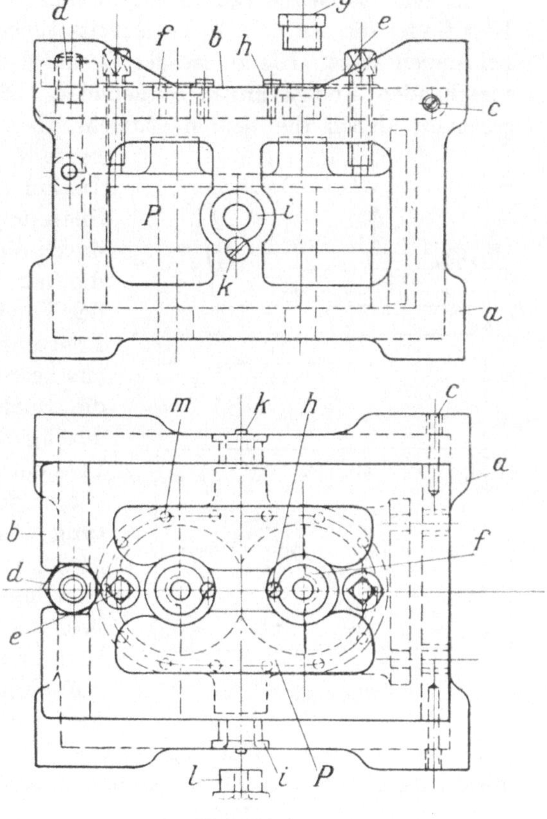

Fig. 565.

Die gleiche Arbeit ist an den Ein- und Auslaßstutzen des Pumpenkörpers bestimmt. Auch hier sind die Bohrbuchsen *i* bzw. *l* auswechselbar angeordnet worden. Sie werden durch die Befestigungsschrauben *k* gehalten. Die Buchsen für den Fußflansch sitzen seitlich und diejenigen für das Bohren der Gewindelöcher für den Deckel am Boden der Vorrichtung. Hierüber ist nichts weiter zu sagen, da derartige Bohrungen bereits mehrfach erwähnt sind. Die am Kasten angegossenen Füße gewähren eine gute Auflage desselben auf den Maschinentisch.

Nachdem die Bohrarbeiten so weit fertiggestellt sind, wird das Gewinde in den Löchern geschnitten. Dieses geschieht im vorliegenden Fall von Hand, erstens weil es sich um ein sogenanntes Grundgewinde handelt und zweitens, weil es für den Deckel einen geringen Durchmesser umgrenzt.

In Fig. 566 ist die Bohrarbeit an dem Deckel der Pumpe ersichtlich. Hier findet die Aufnahme des Arbeitsstückes an den Naben der Achsbohrungen statt. Hierzu ist der Deckel *b* der Vorrichtung *a* mit entsprechenden Aussparungen ausgebildet. Die Befestigung des Deckels geschieht durch die beiden Stiftschrauben *c* und die beiden Prisonstifte *d*. Die letzteren geben dem Deckel stets die richtige Lage. Die Spannung des Arbeitsstückes erfolgt durch die beiden Druckschrauben *e*, die hier dasselbe fest auf den Boden der Vorrichtung pressen. Sämtliche Bohrungen werden von dem Deckel *b* aus bewerkstelligt. Derselbe nimmt die Buchsen *i* für die Schraubendurchgänge am Flansch auf. Die Bohrbuchsen für die Achslöcher sind wie in der vorhergehenden Vorrichtung austauschbar, um die Durchgänge, sowie die Gewindeteile bohren zu können. Die Buchsen *f*, sowie *g* besitzen an ihren Bunden Stifte, die sich unter die Haken *h* der Buchsenaufnahme legen. Der Baustoff der hier beschriebenen Vorrichtung besteht aus Gußeisen. Vier angegossene Auflagen sichern ein einwandsfreies Liegen auf dem Tisch der Bohrmaschine. Seitlich ist der Bohrkasten offen, um das Aufliegen der Deckel beobachten zu können.

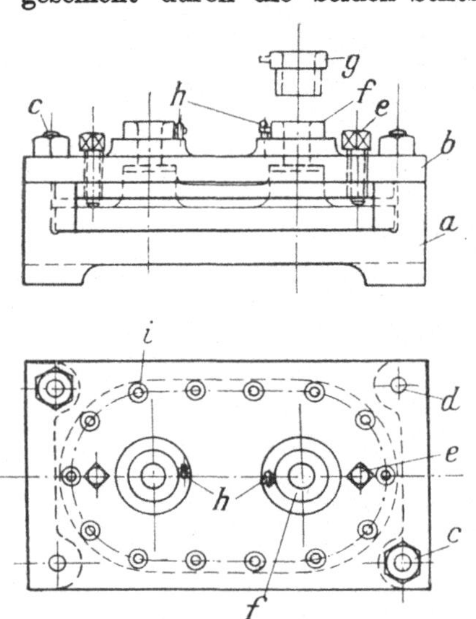

Fig. 566.

In Fig. 567, 568 und 569 sind die Bohrwerkzeuge für den Pumpenkörper und Deckel abgebildet.

Fig. 567 zeigt das Werkzeug zum Aussenken des Gewindeteils in *P*. Die Bohrbuchse *e* stellt mit dem Deckel einen Teil der Vorrichtung dar. Der Halter *a* nimmt in seiner konischen Ausbohrung den Schaft des Senkers *d* auf. Um nun eine stets gleichbleibende Aussenkung zu erhalten, ist die Anschlagmutter *b* auf den Gewindeansatz von *a* geschraubt. Die Gegenmutter *c* stellt *b* fest. Es ist nicht unbedingt notwendig, daß die Anschlagmutter, in der hier abgebildeten Form ausgeführt wird, sie kann der Abnützung des Bohrers entsprechend länger ausgebildet werden. Auch gibt es hier noch manchen anderen Weg, der eingeschlagen werden kann, z. B. das Aufstecken von Rohr, das am Halter gespannt ist und beim Schleifen des Bohrers um den abgeschliffenen Betrag gekürzt wird.

Fig. 568 zeigt ein Werkzeug, das zum Hinterstechen des Gewindes in den Achslöchern verwendet wird. Der Halter *a* ist am unteren Teil dreimal geschlitzt. Die äußere Form weist der Hinterstechung entsprechende Abmessungen auf. In der Bohrung des Halters *a* befindet sich der Schaft des Spreizkegels *b*. Mit der kegeligen Fläche drückt der letztere, durch Aufsetzen im Gewindeloch, die drei Flügel des Schaftes *a* auseinander. Diese Arbeit ist eine reine Gefühlssache. Das Werkzeug darf nur allmählich eingedrückt werden, um den drei messerartig aus-

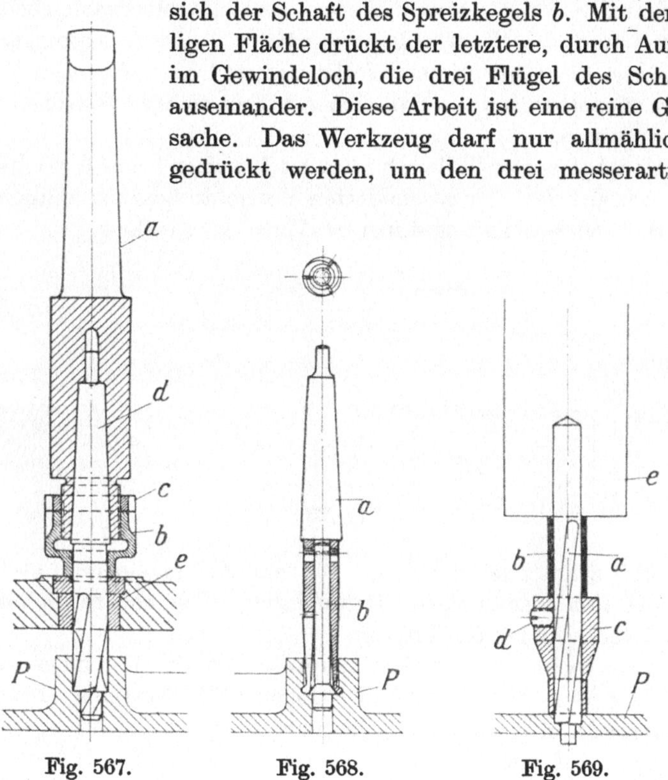

Fig. 567. Fig. 568. Fig. 569.

gebildeten Flügeln Zeit zum Ausschneiden zu lassen. Beim Zurückziehen gleitet der Kegel *b* infolge der Schräge von den Messern ab, so daß der Einführungsdurchmesser des Halters wiederhergestellt ist. Damit der Kegel mit dem Schaft nicht zu weit herausfällt, ist ein Stift oberhalb desselben eingesetzt worden. Dieser läßt, in einen Schlitz geführt, nur einen bestimmten Weg frei.

Fig. 569 zeigt das Werkzeug zum Aussenken der Deckelschraubenlöcher in *P*. In dem Futter *e* steckt der Senker *a*. Er ist am Schnittende mit einem Zapfen versehen, der sich in der Bohrung des Schraubenloches führt. Um nun sämtliche Löcher gleichmäßig auszusenken, ist der Anschlag *c* aufgesetzt. Die Befestigung desselben geschieht durch Anzug der Schraube *d*. Da sich nun der Anschlag beim fortwährenden Andrücken verschieben kann, ist zwischen Anschlag und Futter das Distanzrohr *b* gesteckt. Beim jedesmaligen Nachschleifen des Senkers *a* muß auch das Rohr um den Betrag gekürzt werden.

Mit diesen letzten Ausführungen sind die Vorrichtungen für diese Pumpentypen erschöpfend behandelt. Die Anfertigung der übrigen Teile ist reine Fräs-, sowie Dreher- und Revolverbankarbeit. Die Schrauben und die Stopfbuchsen werden auf einem Automaten hergestellt. Die dazu benötigten Werkzeuge und Vorrichtungen sind allgemeiner Konstruktion, so daß sich ein nochmaliges Eingehen darauf erübrigen dürfte.

Die Montage dieser Teile erfordert auch weiter keine Vorrichtungen. Es läßt sich aus den hier geschilderten Vorrichtungen für ähnliche Ausführungen manches in abgeänderter Form verwenden.

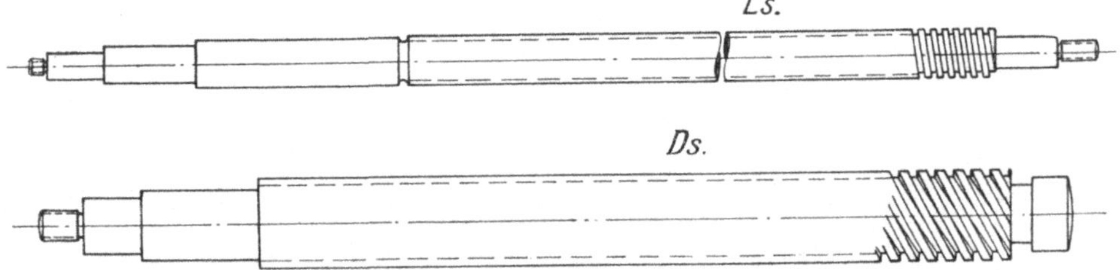

Fig. 570.

Fig. 570 zeigt zwei Spindeln. Die mit *L s* bezeichnete stellt eine Leitspindel mit eingängigem Gewinde dar. Die andere Spindel *D s* ist eine Druckspindel für Pressen.

An diesen beiden interessiert hauptsächlich das Gewindeschneiden. Es soll hier eine Vorrichtung der Firma Th. Westphal, Präzisions-Werkzeugfabrik in Köln, geschildert werden, die ein sicheres Schneiden der Gewinde auf der Drehbank gestattet. Es handelt sich um einen Originalgewindeschneidanzeiger „Veni-Vici" (ges. gesch.). Der Apparat ist ein sogenannter Gewindefinder. Er ermöglicht es, beim Schneiden von Gewinden auf Drehbänken mit unbedingter Zuverlässigkeit die Anfangsstelle des bereits vorgeschnittenen Gewindeganges wiederzufinden, ohne dabei die Maschine stillzusetzen.

Die meisten Dreher behelfen sich beim Gewindeschneiden noch in der Weise, daß sie Kreidestriche am Support oder an der Leitspindel anbringen, um denjenigen Zeitpunkt zu bestimmen, in dem der Angriffspunkt des Drehstahles ein genaues Zusammentreffen mit dem vorgeschnittenen Gewinde ermöglicht. Der Gewindeschneidanzeiger zeigt nun mit verblüffender Einfachheit und nie versagender Zuverlässigkeit den richtigen Augenblick an, in welchem das Einrücken des Mutterschlosses stattzufinden hat, ohne daß man hierbei die Drehbank stillsetzt oder rückwärts laufen läßt. Ein Abbrechen der Drehstähle ist dabei gänzlich ausgeschlossen. Die Vorrichtung läßt sich an jeder Leitspindeldrehbank leicht und bequem anbringen.

In Fig. 571 ist eine derartige Vorrichtung veranschaulicht. Bei Bestellung derselben muß die Gangzahl der Spindel genau auf 1 Zoll angegeben werden, auf Grund dessen das Schneckenrad *a* gewählt wird. Die hier in Frage kommenden Steckstifte sind mit *b* gekennzeichnet. Der Zeiger *c*, welcher die Stifte bestreicht, sitzt einstellbar auf dem Bolzen

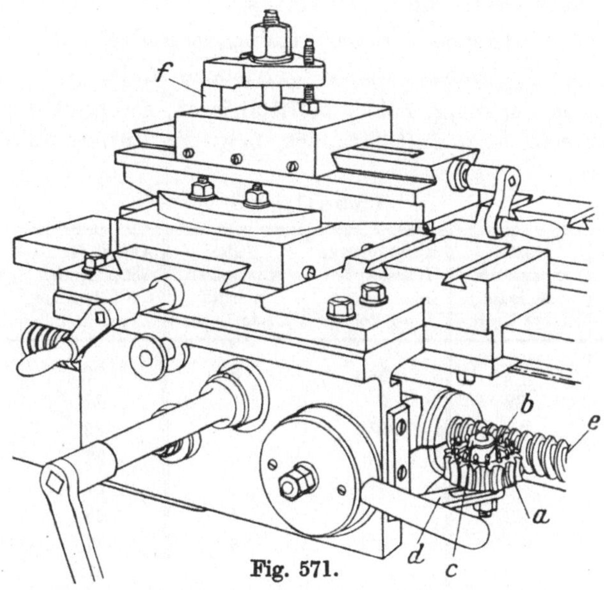

Fig. 571.

des Schneckenrades. Der Halter *d* trägt die Vorrichtung. Er ist hier an der Schürze des Drehbankschlosses angebracht. Der hier abgebildete Support ist der einer normalen Drehbank. Der Gewindestahl *f* ist in eine Klaue gespannt, es können jedoch auch andere Schneidwerkzeuge hier Verwendung finden.

Nachstehend folgt für den Gewindeschneidanzeiger eine Tabelle nebst Gebrauchsanweisung, in der die meist vorkommenden Gewinde berücksichtigt sind. Sie findet Anwendung bei Drehbänken mit Leitspindeln von 4 Gang auf 1″, also mit $^1/_4$ Zoll Spindelsteigung. Die angegebenen Stiftzahlen bezeichnen den jeweiligen Abstand der Steckstifte, so daß also beispielsweise bei der Stiftzahl 2 von einem beliebig gesteckten Stifte jedes folgende zweite Loch des Zahnrades zu besetzen ist. Während des ersten Schnittes schraubt man den Zeiger derart fest, daß er genau auf einen der Stifte zeigt. Das Mutterschloß kann alsdann bei jedem Stift, welchen der Zeiger bei der kontinuierlichen Umdrehung des Apparates berührt, eingerückt werden und zwar wartet man entweder solange, bis einer der Stifte dem Zeiger gegenübersteht, oder man fährt mit dem Support etwas über den Gewindeanfang hinaus. Wenn die Zahl des Stiftabstandes nicht in derjenigen der vorhandenen Löcher aufgeht (bei abnormalen, bzw. Spezialgewinden), so muß naturgemäß vom letzten gültigen Stifte ab die Neubesetzung von vorn beginnen.

Im allgemeinen gilt für die Berechnung der in der Tabelle nicht aufgeführten Gewindesteigungen die Formel:

$$\frac{\text{treibende Räder} \cdot \text{treibende Räder}}{\text{getriebene Räder} \cdot \text{getriebene Räder}}$$

kürzen, solange angängig, Zähler multiplizieren, so ergibt das Produkt die Zahl des gesuchten Stiftabstandes, bzw. die Entfernung der Stifte voneinander.

Tabelle V.

Anzahl der zu schneidenden Gewindegänge per Zoll.	Stifte einzusetzen in jedes ...te Loch.	Anzahl der zu schneidenden Gewindegänge per Zoll.	Stifte einzusetzen in jedes ...te Loch.	Anzahl der zu schneidenden Gewindegänge per Zoll.	Stifte einzusetzen in jedes ...te Loch.
1	4	$5^1/_2$	8	20	1
$1^1/_8$	32	6	2	21	4
$1^1/_4$	16	$6^1/_2$	8	22	2
$1^3/_8$	32	7	4	23	4
$1^1/_2$	8	$7^1/_2$	8	24	1
$1^5/_8$	32	8	1	25	4
$1^3/_4$	16	$8^1/_2$	8	26	2
$1^7/_8$	32	9	4	27	4
2	2	$9^1/_2$	8	28	1
$2^1/_8$	32	10	2	29	4
$2^1/_4$	16	$10^1/_2$	8	30	2
$2^3/_8$	32	11	4	32	1
$2^1/_2$	8	$11^1/_2$	8	34	2
$2^5/_8$	32	12	1	36	1
$2^3/_4$	16	$12^1/_2$	8	38	2
$2^7/_8$	32	13	4	40	1
3	4	$13^1/_2$	8	42	2
$3^1/_4$	16	14	2	44	1
$3^1/_2$	8	15	4	46	2
$3^3/_4$	16	16	1	48	1
4	1	17	4	50	2
$4^1/_2$	8	18	2	55	4
5	4	19	4	60	1

14. Rentabilitätsberechnung der in Vorrichtungen bearbeiteten Teile.

In diesem Abschnitt soll eine kurze Übersicht über den Wert der Vorrichtungen in der Massen- oder Serienfabrikation gegeben werden. Man muß sich über die Vorteile klar werden, die die Anwendung von Vorrichtungen mit sich bringt. Es ist daher wichtig, die Zeitdauer der Bearbeitung von Werkstücken ohne Verwendung von Vorrichtungen zu ermitteln und das Resultat dann mit demjenigen der in Vorrichtungen bearbeiteten Teile zu vergleichen. Außerdem ist es erforderlich, den Herstellungswert der betreffenden Vorrichtungen festzustellen, um diesen den Teilen, die in ihnen bearbeitet wurden, zuzuschlagen.

Als erstes Beispiel sollen Kettenglieder aus Stahlguß bearbeitet werden. Derartige Arbeiten gehören in das Gebiet der Massenfabrikation. Die Art der Vorrichtungen ist auch vielfach verschieden; hier soll die mittlere Linie gewählt werden, d. h. es sollen den Berechnungen Vorrichtungen zugrunde gelegt werden, die nicht zu primitiv, aber auch nicht zu kompliziert sind.

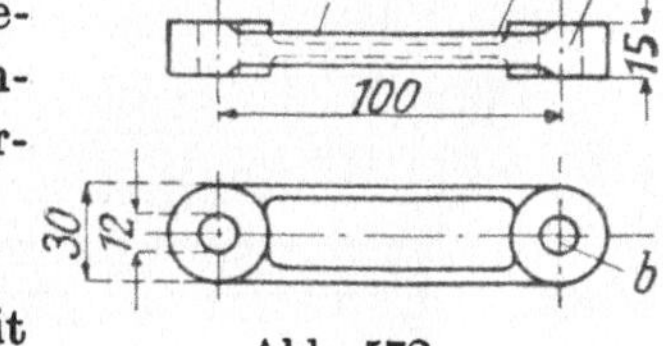

Abb. 572.

a) Fig. 572 zeigt das Kettenglied K mit den in Frage kommenden Abmessungen. Als erste Bearbeitung ist das Abrichten der Bolzennaben a auf die gewünschte Höhe vorgesehen. Hierzu wird eine Magnetaufspannplatte M, Fig. 573, verwendet. Das Abrichten geschieht durch die Schleifscheibe S. Die Anzahl der Aufspannungen, welche sämtlich nebeneinander zu liegen kommen, ist 10. Besondere Leistungen werden heute auf der Diskusflächenschleifmaschine erzielt. Diese ist für derartige Arbeiten besonders geeignet, da sie äußerst kräftige Späne abnimmt. Die Zeitdauer beläuft sich für das Schleifen pro Stück auf 30 Sekunden, für 10 Stück also auf zirka 300 Sekunden oder 5 Minuten. Für Aufspannen rechnet man schätzungsweise zirka 6 Sekunden pro Stück, das ergibt bei 10 Stück demnach 60 Sekunden. Hiernach würde sich eine Gesamtzeit von zirka 6 Minuten ergeben, d. h. pro Seite. Für beide Seiten demnach 12 Minuten. Würde man die gleiche Arbeit auf der Hobel-, bzw. auf der Shapingmaschine einzeln vollführen, so ergibt dieses:

l = Länge des Kettengliedes.
h = Hub des Stößels in Millimeter.
x = Anzahl der Stößelhübe.
b = Breite des Arbeitsstückes.
v_1 = Schnittgeschwindigkeit in Millimeter/Sekunden.

v_2 = Leerlauf in Millimeter/Sekunden
s = Vorschub bzw. Schnitt in Millimetern.
y = Überlauf des Stahles beim Vor- und Rücklauf.
Z = Gesamtzeit in Sekunden.

$$Z = c \cdot \frac{b}{s} \cdot \left(\frac{h}{v_1} + \frac{h}{v_2}\right).$$

$h = l + 2\,y.$
c = Schnitte, d. h. Anzahl der Gesamtbearbeitung pro Fläche.

$$x = \frac{b}{s}.$$

$$Z = 2 \cdot \frac{30}{0{,}5} \cdot \left(\frac{150}{80} + \frac{150}{160}\right) = 337{,}5 \sim 338 \text{ Sekunden}$$

$\sim$ 5 Minuten 40 Sekunden pro Kettenglied und Seite.

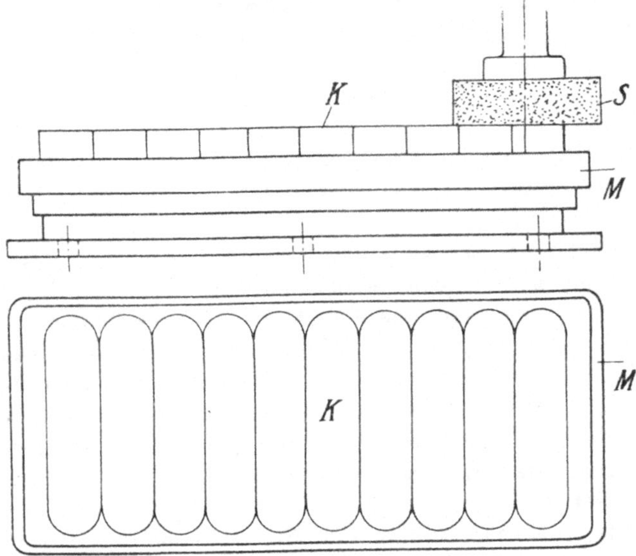

Fig. 573.

Für $v_1 = 80$ mm/sek.
„ $v_2 = 160$ mm/sek.
„ $s = 0{,}5$ mm.
„ $h = 130 + 2 \cdot 10 = 150$ mm.
Für Aufspannen und Abspannen je 1 Minute,
ergibt 7 Minuten 40 Sekunden.

Demnach für 10 Kettenglieder, $\sim$ 77 Minuten = 1 Stunde 17 Minuten pro Seite. Für beide Seiten also komplett 2 Stunden 34 Minuten.

Das Verhältnis $\frac{154}{12} = 12{,}8$.

Man ersieht aus dieser Aufstellung schon, welchen Vorteil die Schleifarbeit, einschließlich der Magnetaufspannplatte, gegenüber der Einzelbearbeitung auf der Shapingmaschine mit Verwendung eines Schraubstockes bedeutet. Es kommt bei Verwendung von Vorrichtungen noch folgendes hinzu; der Wert der Vorrichtung geteilt durch die Anzahl der Arbeitsstücke x.

$$\frac{W}{x} = y, \qquad y = \text{Teilbetrag}.$$

Für die weitere Bearbeitung ist das Bohren der Bolzenlöcher b in K vorgesehen.

Hierzu ist die Bohrvorrichtung, Fig. 574 in die vier Kettenglieder K, auf jeder Seite zwei, eingelegt werden, bestimmt. Die Schablone oder besser Vorrichtung, besteht aus der Grundplatte a und dem Deckel b mit den vier Bohrbuchsen f. Als Begrenzung der Kettenglieder dienen die beiden Zwischenstücke c, welche die Kettenglieder K an beiden Enden umschließen. Durch das Abrichten auf der Schmirgelscheibe sind alle Kettenglieder von einer Höhe, so daß der Deckel b gleichmäßig aufliegt. Mittels der Spannschraube g wird der Deckel b festgezogen. Die beiden Stifte e und d fixieren die Lage des letzteren zum Unterteil.

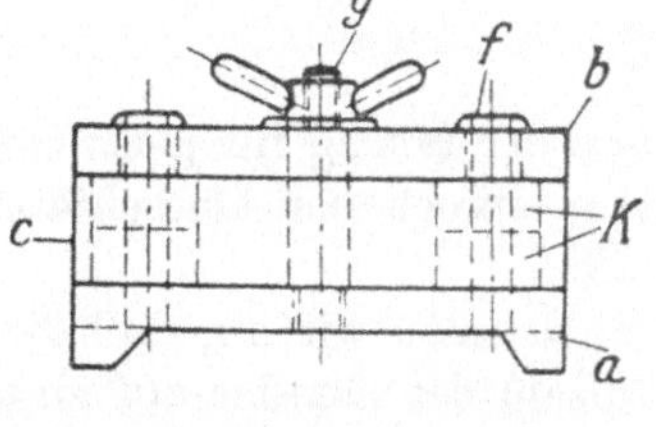

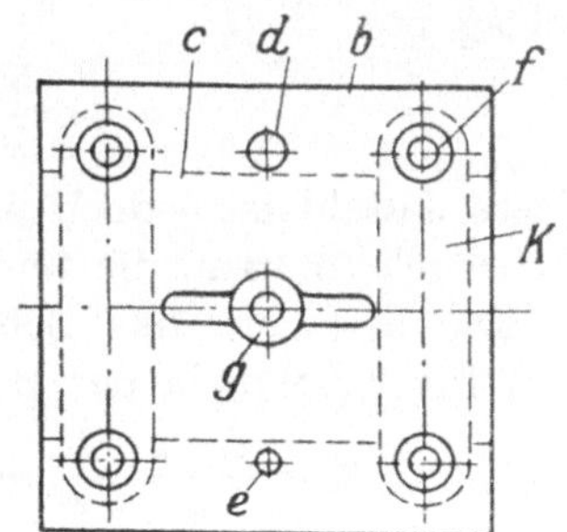

Fig. 574.

Die Bohrung wird durch einen 4-spdl. Bohrkopf bewerkstelligt, der in der kräftigen Bohrmaschinenspindel befestigt ist. Die Konstruktion ist in Fig. 326 eingehend beschrieben worden.

Es soll nun hier untersucht werden, welches Verhältnis sich zwischen Einzelbohrung ohne Vorrichtung und Vierfach-Bohrung mit Vorrichtung ergibt.

Für die Berechnung gilt:

v = Schnittgeschwindigkeit des Bohrers in Millimeter/Sekunden.
s = Vorschub pro Umdrehung des Bohrers.
d = Bohrdurchmesser.
t = Tiefe der Bohrung.
Z = Zeit in Sekunden.

Für $v = 150$ mm/sek.
„ $s = 0{,}2$ mm pro Umdrehung des Bohrers.
„ $d = 12$ mm Spiralbohrerdurchmesser.
„ $t = 2 \cdot 15 +$ Bohrerspitze im Mittel zirka 10 mm.

Demnach 40 mm.

Daraus errechnet für

$$Z = \frac{d \cdot \pi}{v} \cdot \frac{t}{s} = \frac{12 \cdot 3{,}14}{150} \cdot \frac{40}{0{,}2} = 50{,}24 \backsim 50 \text{ Sekunden.}$$

Nach oben abgerundet rund 1 Minute für das gleichzeitige Bohren von 4 Löchern mit einer Gesamttiefe von 40 mm, d. h. in dieser Zeit sind 4 Kettenglieder gebohrt.

Für das Ein- und Ausbringen der Arbeitsstücke, sowie für das Zurückziehen des Bohrkopfes setzt man erfahrungsgemäß die gleiche Zeit, also ebenfalls 1 Minute an. Es würde demnach die Gesamtzeit der Vorrichtungsarbeit zirka 2 Minuten für 4 Kettenglieder betragen.

Auch hier wird der Wert der Vorrichtung durch die Anzahl der Glieder K dividiert.

$$\frac{W}{x} = y$$

und der Betrag für jedes Glied zugeschlagen. Jedoch ist dieser bei einer ausgesprochenen Massenfabrikation so gering, daß er kaum ins Gewicht fällt.

Nehmen wir an, daß die Vorrichtung 500 Mark kostet, und sich die Anzahl der Glieder auf zirka 10 000 Stück beläuft, so beträgt der Zuschlag pro Glied:

$$\frac{50\,000}{10\,000} = 5 \text{ Pfennig.}$$

Diese Anzahl ist jedoch nach unten begrenzt, nach Auswechseln der Bohrbuchsen kann die fünffache Zahl damit gebohrt werden.

Die Zeit für das Bohren der Glieder ohne Vorrichtung würde sich für 1 Loch, in der gleichen Weise berechnet, auf:

$$Z = \frac{d \cdot \pi}{v} \cdot \frac{t}{s} = \frac{12 \cdot 3{,}14}{150} \cdot \frac{25}{0{,}2} = 31{,}4 \text{ Sekunden}$$

stellen, demnach für ein Glied reine Bohrarbeit 62,8 Sek. zirka 1 Minute für die Tiefe des Bohrervorschubes $15 + 10 = 25$ mm.

Die Zeit für das Einlegen und Ausnehmen fällt fort, jedoch kommt für das Zurückziehen des Bohrers, sowie das Ankörnen unter Verwendung einer Anreißschablone eine entsprechende Mehraufwendung an Zeit hinzu, so daß auch hier erfahrungsgemäß 1 Minute für Nebenarbeit in Betracht kommt, demnach die aufgewendete Arbeit

$$1 + 1 = 2 \text{ Minuten für 1 Kettenglied}$$

beträgt. Gegenüber der ersteren Berechnung beträgt die Bearbeitung in der Schablone:

$$\frac{2}{4} = 0{,}5 \text{ Minuten pro Glied.}$$

Das Verhältnis $\frac{2}{0{,}5}$ = 4-fache Leistung in der Vorrichtung.

Wie man sieht, tritt hier schon das Verhältnis der mittleren Bearbeitung durch Vorrichtungen gegenüber der ohne Vorrichtungen kraß zutage. Es ist hieraus die Folgerung zu ziehen, welche Bearbeitungsweise zu wählen ist, um das Äußerste aus einer Fabrikation herauszuholen.

Man soll bei größeren Aufträgen die Kosten der Hilfsvorrichtungen nicht scheuen, denn sie fallen nur sehr gering ins Gewicht.

b) Als zweites Beispiel soll ein Bügel, Fig. 575, behandelt werden. Derselbe besteht ebenfalls aus Stahlguß. Für die Berechnung sind einige Maße eingetragen.

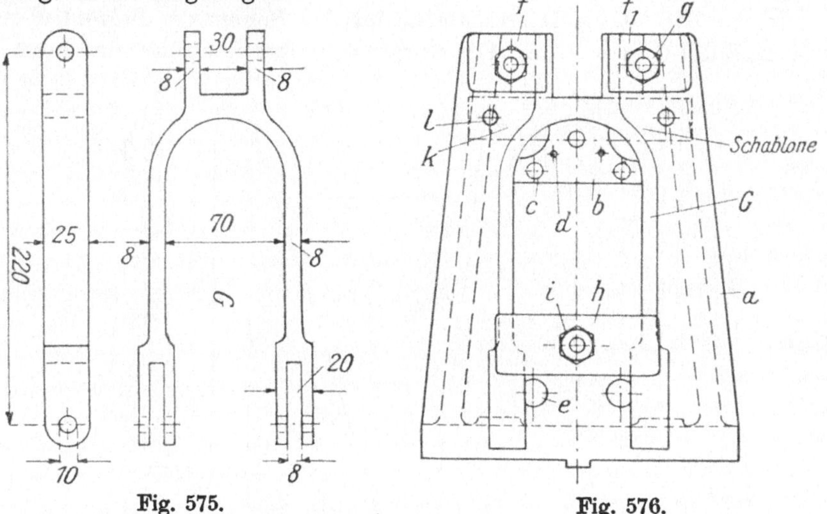

Fig. 575. Fig. 576.

In Fig. 576 ist eine Aufspannvorrichtung a zum Ausfräsen des breiten Schlitzes an G veranschaulicht. Die Vorrichtung besteht aus einem gußeisernen Winkel a. Die Aufnahme b oder Fixierung legt sich an drei Punkten des inneren Bogens am Bügel G an. Sie ist mittels der drei Schrauben c und der zwei Prisonstifte d befestigt. Die untere Fixierung wird durch die beiden abgeflachten Stifte e, die sich gegen die innere Kante der Schenkel legen, bewerkstelligt.

Die Spannung des Bügels G geschieht mittels der beiden Laschen f bzw. f_1 am oberen Teil, die untere Befestigung durch die Spannlasche h. Die Bolzen g und i ziehen diese auf den Bügel fest. Um eine Kontrolle der Fräsung bzw. der Tiefe zu erhalten, ist die Schablone k vorgesehen, sie besteht aus gehärtetem Stahl und wird auf den Stiften l abnehmbar gehalten.

Die weitere Fräsarbeit der beiden unteren Gabeln an G wird in der Aufspannvorrichtung, Fig. 577, bewerkstelligt. Der Winkel a ist gleicher Bauart, wie in Fig. 576 veranschaulicht. Die Aufnahme des Werkstückes

G findet auf dem Stück *b* statt, das sich in die vorhergehende Ausfräsung einlegt. Die Spannung geschieht hier ebenfalls durch Laschen, von denen die erstere *c* das doppelte Gabelende durch die Schraube *d* festzieht und das untere durch die Lasche *e* mittels der Schraube *f* befestigt.

Für das gleichmäßige Tieffräsen der Gabelenden dient die Schablone *g*. Diese besteht aus einem Bügel, der sich mit dem unteren Teil auf *b* abstützt und mit dem oberen Teil auf den Stift *h* fixiert. Die Meßschiene des Bügels *g* ist gehärtet.

Beide Vorrichtungen werden in der Tischnut der Fräsmaschine durch Ansätze fixiert.

In Fig. 578 ist die Bohrschablone für das Bohren der Bolzenlöcher in dem Bügel *G* ersichtlich. Der Körper *a* besitzt eine u-förmige Form.

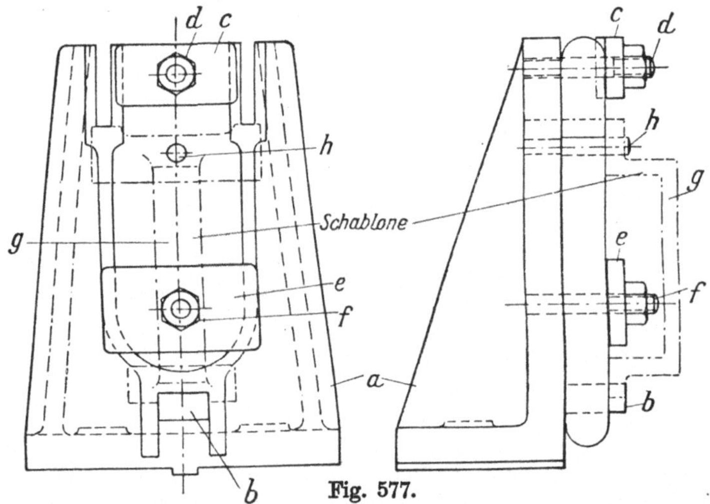

Fig. 577.

Er steht mit den beiden schmalen Seiten auf dem Maschinentisch auf. Entsprechende Aussparungen gestatten ein einwandfreies Aufliegen.

Die Aufnahme des Werkstückes *G* geschieht in den ausgefrästen Schlitzen. Die beiden Stücke *b* legen sich in die Gabelenden und das Stück *c* in die ausgefrästen Kloben von *G*. Die Lasche *d* legt sich über die Enden des Bügels und die Lasche *e* über das Ende, bzw. den Kloben desselben. Beide Laschen werden mittels der beiden Knebelschrauben *f* und f_1 festgezogen. Auf diese Weise ist eine einwandsfreie Aufnahme sowie Befestigung geschaffen.

Die Bohrbuchsen *g*, bzw. g_1 dienen zum Bohren der Gabelenden und die Bohrbuchsen *h* bzw. h_1 zum Bohren des Gabelklobens.

Die letzteren besitzen infolge der langen Führung des Bohrers im unteren Ende der Führungsstücke Einsatzbuchsen, um ein Ausleiern der Endlöcher zu vermeiden.

Die hier beschriebenen Vorrichtungen genügen zur Serienfabrikation. Im Nachstehenden sollen Vergleichsberechnungen von zwei Arten von Bearbeitungen durchgeführt werden.

Als erste Berechnung kommt das Ausfräsen des Klobenstückes in Frage und als zweite das Fräsen der beiden Gabelenden.

Für das Bohren folgt die dritte Berechnung. Hier sprechen besonders die Aufspannzeiten als Hauptsache mit.

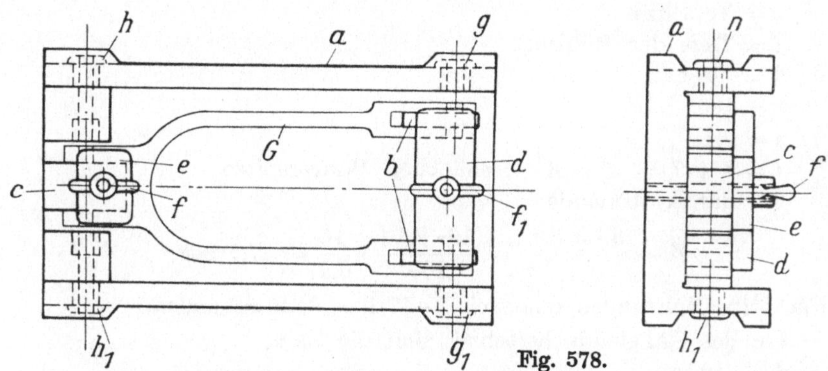

Fig. 578.

Die erste Arbeit ist das Einfräsen des Klobenendes. Sie berechnet sich wie folgt:

D = Fräserdurchmesser.
v = Schnittgeschwindigkeit.
s = Vorschub pro Fräserumdrehung.
l = Fräslänge.
Z = Zeit in Sekunden.
D = 100 mm Durchmesser.
v = 120 ,, Schnittgeschwindigkeit.
s = 0,2 ,, pro Umdrehung des Fräsers.
l = 60 ,, da für den An- und Ablauf der Fräserdurchmesser von 100 mm hinzukommt.

$$Z = \frac{D \cdot \pi}{v} \cdot \frac{l}{s} = \frac{100 \cdot 3{,}14}{120} \cdot \frac{60}{0{,}2} = 785 \text{ Sek.} = \backsim 13 \text{ Minuten.}$$

Das Einfräsen der beiden Gabelenden wird unter den vorstehenden Verhältnissen mit zwei Fräsern gleichzeitig bewerkstelligt. Es würde sich daher, weil die Stärke des Hebels gleichmäßig ist, derselbe Wert ergeben, also ebenfalls

13 Minuten.

Das ergibt insgesamt

26 Minuten.

Rechnet man für das Zurückkurbeln des Frästisches

1 Minute

und für das Auf- und Abspannen

5 Minuten,

so erhält man für die gesamte Fräsarbeit als Zeit

zirka 32 Minuten.

Das Bohren der Gabelbolzenlöcher wird folgendermaßen ermittelt:

d = Bohrerdurchmesser.

v = Schnittgeschwindigkeit des Bohrers in mm pro Umdrehung.

s = Vorschub.

t = Tiefe der Bohrung.

$d =$ 10 mm

$v =$ 100 „

$s =$ 0,1 „

$t = 8 + 7 = 15$ mm einschließlich Bohrerspitze.

Für das Klobenende

$$Z = \frac{d \cdot \pi}{v} \cdot \frac{t}{s} = \frac{10 \cdot 3{,}14}{100} \cdot \frac{15}{0{,}1} = 47{,}1 \text{ Sek.}$$

Für beide Bohrungen demnach $2 \cdot 47{,}1 = 94{,}2$ Sekunden.

Für das Gabelende berechnet sich die Zeit:

$d =$ 10 mm

$v =$ 100 „

$s =$ 0,1 „

$t = 20 + 7 = 27$ mm einschließlich Bohrerspitze.

$$Z = \frac{d \cdot \pi}{v.} \cdot \frac{t}{s} = \frac{10 \cdot 3{,}14}{100} \cdot \frac{27}{0{,}1} = \sim 85 \text{ Sek.}$$

Für beide Bohrungen:

$2 \cdot 85 = 170$ Sekunden.

Reine Bohrzeit insgesamt:

94,2
170
―――
264,2 zirka $4^1/_2$ Minute.

Für Zurückziehen der Bohrspindel, sowie Ein- und Ausspannen des Bügels zirka $3^1/_2$ Minute. Demnach Bearbeitungszeit an der Bohrvorrichtung:

$4{,}5 + 3{,}5 = 8$ Minuten.

Die gesamte Bearbeitung setzt sich folgendermaßen zusammen:

Fräsen 32 Minuten
Bohren 8 Minuten
―――
40 Minuten.

Jetzt soll die Bügelbearbeitung ohne Vorrichtungen berechnet werden. An die Stelle der Fräsarbeit tritt die Stoßarbeit, da doch gewissermaßen zum Fräsen Vorrichtungen benötigt werden, die bei der Stoßmaschine durch Spannlaschen einfachster Form ersetzt werden. Als Anfang soll das Klobenende von g zuerst bearbeitet werden.

t = Tiefe.
c = Anzahl der hintereinander zu stoßenden Flächen.
b = Nutenbreite.
h = Höhe des zu stoßenden Materials.
s = Vorschub.
v = Schnittgeschwindigkeit.

$t = 35$ mm
$c = 35$
$b = 30$ mm
$h = 25 + 2 \cdot 15 = 55$ mm ($2 \cdot 15$ = Überlauf des Stoßstahles)
$s = 1$ mm
$v = 70$ mm pro Sekunden.

Die Tiefe der Nute beträgt 35 mm und wird mit 1 mm starken Spänen ausgestoßen, demnach:

$c = 35$

$$Z = c \cdot \frac{b}{s} \cdot \frac{2 \cdot h}{v} = 35 \cdot \frac{30}{1} \cdot \frac{2 \cdot 55}{70} = 1650 \text{ Sek.}$$

$\sim$ 27,5 Minuten.

Das Gabelende:

$t = 35$ mm
$c = 100$, da mit 100 Hübe die ganze Tiefe von 35 mm gestoßen wird.

$$c = \frac{t}{s} = \frac{35}{0{,}35} = 100.$$

$b = 8$ mm. Da hier der Stoßstahl 8 mm Breite aufweist, so fällt b aus der Rechnung fort.
$h = 25 + 2 \cdot 15 = 55$ mm
$s = 0{,}35$ mm
$v = 70$ mm

$$Z = \frac{t}{s} \cdot \frac{2 \cdot h}{v} = \frac{35}{0{,}35} \cdot \frac{2 \cdot 55}{70} = 157 \text{ Sek.}$$

$\sim 2^1/_2$ Minute. Für beide Gabeln 5 Minuten.

Wie man sieht, dürfte die Stoßarbeit wegen der gleichen Schnelligkeit den Vorzug haben.

Bei ihr ist jedoch die Stoßfläche entsprechend nachzuarbeiten.

Für Aufspannen und Vorzeichnen dürften schätzungsweise 15 Minuten pro Bügel eingesetzt werden.

Es ergibt sich daraus dann die gesamte Herstellungszeit von

27,5 + 5 = zirka 32,5 Minuten.
Für Nebenarbeiten 15 Minuten
Sa. 47,5 Minuten.

Wir haben hier entgegen der Fräsarbeit einen Nachteil von 15,5 Minuten. Außerdem aber dürfte noch die Fräsarbeit, was die Präzision anbelangt, den Vorzug erhalten. Würde man die Flächen jetzt nacharbeiten, so würde sich die Zeit um weitere 20 Minuten erhöhen. Man ersieht hieraus, daß man zu erwägen hat, welche Anforderungen an die Sauberkeit sowie die Paßfähigkeit der Bearbeitung zu stellen sind.

Für die Bohrarbeit dürften die Zeiten gelten, die für die der Vorrichtung berechnet sind. Demnach:

zirka $4^1/_2$ Minuten.

Da für diese Arbeiten im vorliegenden Falle keine Vorrichtungen vorgesehen sind, so ist für freihändiges Aufspannen am Bohrwinkel, sowie Ausrichten einschließlich Anreißen eine Zeit von 12 Minuten zuzuschlagen, so daß die gesamte Bohrarbeit sich auf

$$4{,}5 + 12 = 16{,}5 \text{ Minuten}$$

belaufen würde. Hier liegt der Wert der Vorrichtung in der Aufspannmöglichkeit sowie in der Austauschbarkeit der Arbeitsstücke, was beim Vorzeichnen von Hand nie mit Zuverlässigkeit behauptet werden kann.

Es ergeben sich aus den anfangs ermittelten Arbeiten folgende Zeiten:

Gabelfräsen	ca. 32 Minuten	Gabelstoßen	47,5 Minuten
Gabelbohren	ca. 8 Minuten	Gabelbohren	16,5 Minuten
	40 Minuten		64 Minuten

Man kommt also zu der gleichen Zeitdauer nur mit den oben angeführten Nach- und Vorteilen, die letzten Endes stets maßgebend sind.

c) Als letztes Beispiel soll die Bearbeitung einer Stopfbüchse *S*, Fig. 579, beschrieben werden. Das Material besteht aus Gußeisen. Die Bearbeitung bezieht sich auf das untere Schaftende *a*, die Bohrung *b*, die Stirnfläche am Boden *c*, die Ölrinne *d* und die Löcher *e*.

In Fig. 580 ist die erste Bearbeitung durch ein kombiniertes Werkzeug dargestellt. Die Bohrung sowie das Stopfbuchsenunterteil werden hier in einer Aufspannung und in einem Arbeitsgang fertiggestellt. Das dazu verwendete Werkzeug besteht aus dem Halter *a*, in dessen konischer Ausbohrung sich der Schaft des Bohrers *b* befindet, der unterhalb die Nachreibahle *c* besitzt. Reibahle sowie Bohrer bestehen aus einem Stück. Der Halter *a* weist seitlich einen Ausleger auf, in dem sich der Drehstahl *d*, sowie der Flachstahl *e* befinden. Der Arbeitsvorgang ist folgender: Der Spiralbohrer *b* trifft als erster auf das Arbeitsstück *S*, das im Futter *f* gespannt ist, er bohrt die Bohrung von *S* aus. Beim weiteren Eindringen tritt die um ein Geringes im Durchmesser ausgeführte Reibahle in die Bohrung der Stopfbuchse ein und reibt sie auf den gewünschten Durchmesser nach. Gleichzeitig mit dem Eindringen der Reibahle c tritt der Stahl d in Funktion. Er dreht die äußere Mantelfläche am Stopfbuchsenende über. Nach Beendigung dieser Arbeiten legt sich der Flachstahl gegen die Stirnseite der Buchse und flächt sie ab.

Die hier beschriebenen Arbeiten werden auf einer Revolverbank ausgeführt.

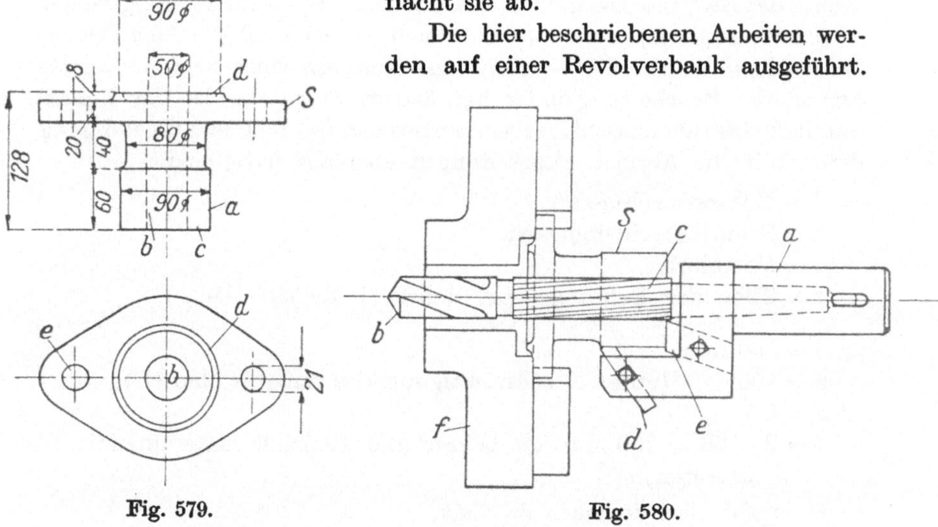

Fig. 579. Fig. 580.

In Fig. 581 ist die Bearbeitung der Ölrinne an S veranschaulicht. Zu dem Zweck wird die Buchse S auf den Spanndorn a, der durch den Zugbolzen mit Konus b gespreitzt wird, geschoben. Für die Bearbeitung kommt als erster der Fassonstahl d und

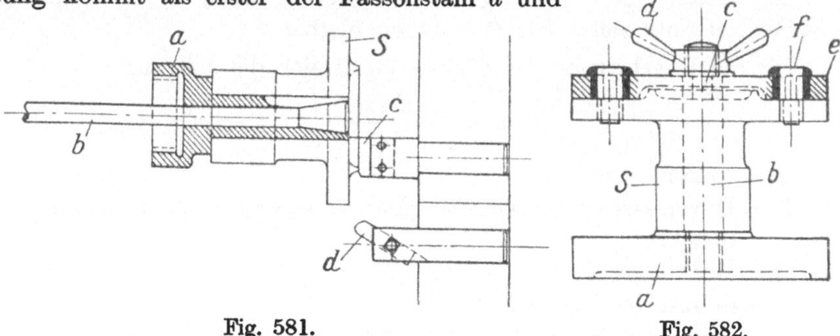

Fig. 581. Fig. 582.

als letzter der Stahl c in Frage. Beide sitzen im Revolverkopf einer Revolverdrehbank. Sämtliche zur Anwendung kommenden Stähle sind Schnellschnittstähle.

In Fig. 582 ist die Bohrvorrichtung veranschaulicht, welche das Bohren der beiden Befestigungsschraubenlöcher bewerkstelligt. Die Vorrichtung besteht aus der Fußplatte a mit dem Aufnahmebolzen b. Auf letzteren ist die Stopfbuchse S geschoben, auf die sich die Bohrplatte *e* legt. Die Spannung geschieht hier mittels der Knebelschraube *d*. Als Fixierung der Bohrplatte auf dem Bolzen dient der Federkeil *c*. Als seitliche Anlage der Platte *e* sind 4 Stifte vorgesehen, die über die Kante der Stopfbuchse greifen und auf diese Weise die Stellung beider Teile zueinander fixieren. Die Bohrbuchsen *f* sind üblicher Ausführung. Nachstehend sollen die Bearbeitungszeiten berechnet werden. Zuerst kommt die Bearbeitung unter Fig. 580 in Frage, da hier der Bohrer mit Reibahle als ausschlaggebend anzusehen ist, weil nach Beendigung der Arbeit die übrigen Bearbeitungen ebenfalls fertig sind.

d = Bohrerdurchmesser.
v = Schnittgeschwindigkeit.
s = Vorschub.
t = Tiefe der Bohrung (bzw. Bohrer + Reibahlenlänge).

d = 50 mm
v = 100 „ (unter Berücksichtigung des äußeren Mantels)
s = 0,5 „
$t = 2 \cdot 128 = 256$ mm (da Bohrer und Reibahle hintereinander arbeiten).

Es ergibt sich demnach die Zeit:

$$Z = \frac{d \cdot \pi}{v} \cdot \frac{t}{s} = \frac{50 \cdot 3{,}14}{100} \cdot \frac{256}{0{,}5} = 804 \text{ Sek.} = \sim 13 \text{ Min.}$$

Für Auf- und Abspannen 4 Minuten $= \sim 17$ Min.

Es können die Schnittgeschwindigkeiten noch erhöht werden, als Beispiel aber soll $v = 100$ bestehen bleiben.

Für die Bearbeitung der Ölrinne stellt sich die Zeit auf

$$Z = c \cdot \frac{D \cdot \pi}{v} \cdot \frac{l}{s}.$$

c = Anzahl der Schnitte.
D = Durchmesser der Ölrinne (Durchmesser des zu drehenden Stückes).
l = Drehlänge.
v = Schnittgeschwindigkeit.
s = Vorschub in Millimetern pro Umdrehung.

$c = 1$
D = ca. 90 mm
l = 8 mm
v = 100 „
s = 1 „

$$Z = 1 \cdot \frac{90 \cdot 3{,}14}{100} \cdot \frac{8}{1} = 22{,}6 \text{ Sekunden.}$$

Diese Zeit wird für die Bearbeitung mit einem Stahl gebraucht, beim Gegenführen des anderen Stahles würde sie sich verdoppeln, also

$$22{,}6 + 22{,}6 = 45{,}2 \text{ Sekunden.}$$

Rechnet man für Auf- und Abspannen auch hier 4 Minuten, so ergeben sich für die Bearbeitung zirka 5 Minuten. Wie man sieht, überwiegt die Auf- und Abspannzeit hier die reine Bearbeitungszeit.

Die Bohrzeit für die Flanschlöcher, Fig. 582, ist nach folgendem zu bestimmen:

d = Durchmesser des Bohrers.
t = Tiefe der Bohrung.
v = Schnittgeschwindigkeit.
s = Vorschub.

$$Z = \frac{d \cdot \pi}{v} \cdot \frac{t}{s} \text{ in Sekunden.}$$

$d = 21$ mm
$t = 20 + 10$ mm $= 30$ mm (10 mm für die Bohrerspitze)
$v = 100$ mm
$s = 0{,}1$ mm

$$Z = \frac{21 \cdot 3{,}14}{100} \cdot \frac{30}{0{,}1} = \sim 198 \text{ Sek.} = \sim 3 \text{ Min. } 18 \text{ Sek.}$$

Da hier mit einem mehrspindligen Bohrkopf gebohrt wird, gilt die Arbeitszeit für beide Löcher. Für das Auf- und Abspannen der Arbeitsstücke sind schätzungsweise $2^1/_2$ Minuten zu setzen, so daß die Gesamtzeit zirka 3 Minuten 18 Sekunden + 2 Minuten 30 Sekunden = zirka 6 Minuten beträgt.

Nachstehend ist die gleiche Stopfbuchse ohne die kombinierten Werkzeuge und Vorrichtungen berechnet.

Als erste Arbeit wird die Bohrung durch Spiralbohrer in b vorgenommen.

$$Z = \frac{50 \cdot 3{,}14}{100} \cdot \frac{148}{0{,}5} = 464{,}7 \text{ Sek.} = \sim 8 \text{ Min.}$$

Nachdem die Bohrung vorgebohrt ist, wird sie nachgerieben. Bohrer, sowie Reibahle sind hier zwei getrennte Werkzeuge.

Das Aufreiben verursacht denselben Aufwand an Zeit, wie das Bohren, demnach ebenfalls zirka 8 Minuten. Es stellt meist die zweite Bearbeitung dar.

Als dritte Arbeit wird der Mantel a überdreht. Der Durchmesser beträgt 90 mm und die Länge 60 mm. Daraus errechnet sich die Arbeitsdauer.

$$Z = c \cdot \frac{D \cdot \pi}{v} \cdot \frac{l}{s} = 2 \cdot \frac{90 \cdot 3{,}14}{100} \cdot \frac{60}{0{,}5} = 678{,}24 \text{ Sek.} = \sim 11 \text{ Min.}$$

$D = 90$
$l = 60$
$v = 100$
$s = 0{,}5$
$c = 2.$

Die vierte Bearbeitung besteht in dem Überdrehen der Stirnfläche c. Da wir es mit einer Ringfläche zu tun haben, so gilt die Formel:

$$Z = c \cdot \frac{Da \cdot \pi}{v} \cdot \frac{Da - Di}{2 \cdot s.} = 2 \cdot \frac{90 \cdot 3{,}14}{100} \cdot \frac{90-50}{2 \cdot 0{,}5}$$

$$= 226 \text{ Sek.} = 3 \text{ Min. } 46 \text{ Sek.}$$

Da = äußerer Durchmesser.
Di = innerer Durchmesser.
v = Schnittgeschwindigkeit.
s = Vorschub pro Umdrehung.
c = Anzahl der Schnitte.

$Da = 90$
$Di = 50$
$v = 100$
$s = 0{,}5$
$c = 2.$

Für Nebenarbeiten rechnen wir auch in diesem Fall 4 Minuten, so daß die Fertigbearbeitung vom Druckende der Buchse mit

Bohren	8 Min.	
Nachreiben	8 „	
Langdrehen	11 „	
Ringfläche	3 „	46 Sek.
Nebenarbeiten	4 „	
	34 Min.	46 Sek. = zirka 35 Min.

zu berechnen ist.

Die Bearbeitung der Ölrinne d gleicht der vorbeschriebenen, doch ist hier die Nebenarbeit von längerer Dauer; die Gesamtzeit wird ebenfalls mit

5 Minuten

als angemessen betrachtet. Vorstehende Operation ist als die fünfte zu bezeichnen.

Als sechste Bearbeitung ist das Bohren der Flanschlöcher anzusprechen. Diese Arbeit ist nach

$$Z = \frac{d \cdot \pi}{v} \cdot \frac{t}{s} = \frac{21 \cdot 3{,}14}{100} \cdot \frac{30}{0{,}1} = \sim 3 \text{ Min. } 18 \text{ Sek.}$$

Da hier ohne Bohrkopf gearbeitet wird, beläuft sich die Zeit auf das doppelte, demnach

6 Minuten 36 Sekunden.

Die Nebenarbeit für Auf- und Abspannen beläuft sich auch hier auf zirka $2^1/_2$ Minuten und ergibt insgesamt

zirka 9 Minuten.

Beide Gesamtresultate nebeneinander gestellt, ergeben:

Mit Vorrichtungen.

1.	Schaftende komplett drehen	17 Min.
2.	Ölrinne drehen	5 „
3.	Flanschlöcher bohren	6 „
	Gesamtzeit	28 Min.

Ohne Vorrichtungen.

1.	Bohrung mit Spiralbohrer .	bearb.	8 Min.	
2.	„ „ Reibahle . . .	„	8 „	
3.	Mantelfläche drehen . . .	„	11 „	
4.	Stirnfläche drehen	„	3 „	46 Sek.
	Nebenarbeiten für 3. u. 4.	„	4 „	
5.	Ölrinne bearbeiten	„	5 „	
6.	Flanschlöcher bohren . . .	„	9 „	
	Gesamtzeit		48 Min.	46 Sek.

Man sieht also, daß die mit Vorrichtungen bearbeitete Stopfbuchse um zirka $20^3/_4$ Minuten schneller fertiggestellt ist als die Bearbeitung ohne Vorrichtungen.

Die drei hier angeführten Beispiele zeigen die Art der Berechnung und veranschaulichen, ob und wie sich eine Vorrichtung gegenüber der Bearbeitung ohne jegliche Vorrichtung verhält.

Auf Grund vorstehender Rechnungen können Vorrichtungen vereinfacht oder vervollständigt werden, ja sogar ganz in Fortfall kommen. Es ist nicht immer gesagt, daß sich die Bearbeitung mittels einer Vorrichtung vereinfachen läßt, mitunter genügt ein entsprechendes Werkzeug auf einer geeigneten Revolverbank, um die Vorteile einer Vorrichtung zu überholen. Aber in den meisten Fällen sind sinnreiche Vorrichtungen immer am Platze, sie gestatten eine einwandsfreie und austauschbare Arbeit.

Am Schluß dieses Abschnittes soll hier noch eine Aufstellung gezeigt werden, die eng mit der Bearbeitung in Vorrichtungen zusammenhängt. Für jede Serien- oder Massenfabrikation werden sogenannte Operationspläne ausgeführt, aus denen der gesamte Verlauf der Bearbeitung zu ersehen ist. In Tabelle VI ist ein Beispiel für die Bearbeitung von Planscheiben angeführt. Es kommen darin drei Gruppen in Frage:

1. Planscheibenkörper,
2. Spannkloben,
3. Klobenspindeln.

Firma ...

Ort ...

Tabelle VI.

Operationsplan für 10 Planscheiben

Auftrags-Nr. 30321

Datum: 1. 4. 21.

1 Operations-Nr.	2 Stückzahl	3 Gegenstand	4 Material	5 Roh-Gewicht	6 Fertig-Gewicht	7 Materialpreis %	8 Materialpr. pro St.	9 Bearbeitungs-zeiten (gesamt) Std. Min.	10 Männl. Arbeiter	11 Weibl. Arbeiter	12 Lohn pro Stück	13 Akk. pro Stück	14 Ausführende Abtlg.	15 Masch.- u. Vorrichtungs-No.	16 Nähere Bezeichnung der Vorrichtungen, Maschinen u. der Bearbeitungsart	17 Vorrichtungs- u. Bearbeitungs-Skizzen	18 Bemerkungen sowie Zeichn. Nr.
1	10	Planscheibenkörper 400 ∅	Gußeisen.	25 Kilo	20 Kilo	300,—	75,—	50 Std.	1	—	—	35,—	D. I.	Masch. 501	Spannfläche, Bohrung u. Mantelfläche drehen u. bohren. Plandrehbank	Skizze Bearbeitung durch rote Linien kennzeichnen	Nach Zeichn. A. P. 4525
2	10	Planscheibenkörper						10 Std.	1	—	—	7,—	H. II.	Masch. 25	Klobenführungen hobeln Shaping	„	dito
3	40	Spannkloben	M. St.	3 Kilo	2 Kilo	700,—	21,—	20 Std.	1	—	—	4,—	Sm.	— Vorr. 101	Im Gesenk schmieden Vorrichtung Sp.P. Hydr. Presse	„	Nach Zeichn. A. P. 4526
4	40	dito						20 Std.	1	—	—	3,50	D. I	Masch. 510 Vorr. 110	Zapfen drehen u. Gewindeschnd. in Spannvorrichtung Sp.-K. auf d. Drehbank	„	dito
5	40	dito						30 Std.	1	—	—	5,50	H. II.	Masch. 20 Vorr. 121	Spannköpfe hob. in Spannvorrichtung Sp.-H. auf der Shapingmasch.	„	dito
6	40	dito						10 Std.	1	—	1,75	—	Ht.		Spannstücke härten. Härterei	„	dito
7	40	Klobenspindeln	Gußstahl	1 Kilo	0,5 Kilo	2000,—	20,—	6 Std. 40 Min.	1	—	1,—	—	A. I.	Masch. 5	Von der Stange absägen. Abstechbank	„	Nach Zeichn. A. S. 4527
8	40	dito						13 Std. 20 Min.	1	—	2,75	—	F. I.	Masch. 350	Gewinde u. Rundfräsen. Fräsmaschine	„	dito
9	40	dito						6 Std. 40 Min.	1	—	—	1,—	F. I	Masch. 200 Vorr. 301	Vierkant fräsen in Vorrichtung F. Ia. auf der Universal-Fräsmasch.	„	dito

Es ist praktisch, sich bei noch größerer Gruppenzahl ein Heft für derartige Operationspläne anzulegen. Jedenfalls ist in diesem vorliegenden Beispiel alles Wissenswerte gegeben.

Die erste Rubrik enthält die Reihenfolge der Operationen in laufenden Nummern. Die zweite Rubrik führt die zu bearbeitenden Stücke auf. Die dritte Rubrik gibt Auskunft über die Art des Gegenstandes. Die nächstfolgenden Rubriken 4 bis 15 zeigen die wichtigsten Daten der Bearbeitung an. Rubrik 16 weist in kurzen Sätzen und Stichworten auf die Art der Vorrichtung, Bearbeitungsmaschine sowie die Bearbeitung selbst hin. Rubrik 17 enthält die Skizzen der Vorrichtung, sowie die Bearbeitung an den letzteren durch roteingeränderte Linien. Die letzte Rubrik 18 läßt einen Raum für die Bemerkungen, sowie für die Angabe der Zeichnungen frei. Es ist in den Plan somit alles Wissenswerte über die Herstellung der Einzelteile ersichtlich.

Das Kopfstück trägt links die Firmenbezeichnung nebst Ortslage der Fabrik. In der Mitte ist der Hauptgegenstand, sowie dessen komplette Anzahl angegeben. Die rechte Ecke enthält die Auftragnummer, sowie unterhalb das Datum der Aufstellung. Das sind meist die Hauptmerkmale eines Operationsplanes. Man kann diesen in jeder Richtung hin ausbauen oder einschränken, das hängt ganz von dem Umfange des Auftrages, sowie des Betriebes ab.

15. Instandhaltung und Reparatur der Vorrichtungen.

Es ist nicht allein damit abgetan, daß ein Betrieb einen großen und gut durchgeführten Vorrichtungsbestand aufweist; wichtig vor allem ist die Instandhaltung desselben.

Was nützt uns eine sinnreich durchdachte Vorrichtung, wenn sie infolge Verschleiß keine einwandsfreie Arbeit mehr liefert. Dieses trifft hauptsächlich für Bohrvorrichtungen zu. Mit der Zeit laufen selbst die härtesten Bohrbuchsen aus. Werden sie nicht ergänzt, so arbeitet die Vorrichtung mehr zum Schaden als zum Vorteil, denn der Arbeiter glaubt, daß er es nicht nötig habe, auf die Maßhaltigkeit der Bohrungen, bzw. der Achsenabstände der letzteren voneinander zu achten, wenn er mit einer Vorrichtung arbeitet, und das auch mit gewissem Recht, da in einer Vorrichtung alles zwangsläufig geschieht. Anders verhält sich die Sache, wenn er frei ohne Schablone und Vorrichtung bohrt, dann muß er auf die Maßhaltigkeit achten, so weit es in seiner Möglichkeit liegt. Bei derartig ausgelaufenen Bohrbuchsen gibt es keine Austauschbarkeit der Arbeitsstücke mehr, denn die Differenz weist bald ein Minus und bald ein Plus in den Achsenentfernungen auf. Bei den Aufspannvorrichtungen verhält es sich ebenso, hier tritt eine Verlagerung der Werkstücke am häufigsten ein. Letzteres wird durch die ständige Beanspruchung gewisser Auflagen bewirkt. Teile, die mit derartigen abgenützten Spannvorrichtungen bearbeitet werden, sind infolge ihres schiefen Sitzes unbrauchbar. Auch hier ist die Vorrichtung dadurch zum Nachteil geworden, daß die Aufmerksamkeit des Arbeiters ausgeschaltet ist. Würde er die Werkstücke freihändig aufspannen, so müßte er auf deren Sitz achten, was im ersteren Fall nicht nötig ist. So könnte man noch die verschiedensten Fälle aufführen. Das ist aber wohl nicht nötig. Es sollen in diesem Abschnitte die Gegenmaßregeln erörtert werden, um einen derartigen Verschleiß bis zu einem, in der Toleranzgrenze liegendem Abnützungsgrad zu bestimmen. Diese Maßregeln sind meistens einfacher als man voraussetzt. Das Wichtigste liegt in der dauernden Kontrolle der einzelnen Vorrichtungen. Hierzu ist in allerster Linie ein zuverlässiger Kontrolleur notwendig, der mit der nötigen Sachkenntnis ausgerüstet an der Hand zweckentsprechender Meß- und Kontrolleinrichtungen imstande ist, selbst den geringsten Abnützungsgrad zu bestimmen, eventuell den Zeitpunkt im voraus zu bestimmen, wann eine Vorrichtung zur Reparatur kommen muß. Bei größerem Umfang seines Arbeitsgebietes ist es unbedingt erforderlich, daß er sich ein Kontrollbuch einrichtet, aus welchem er jederzeit über den Stand, die Reparaturen und deren Verlauf unterrichtet ist. Nachstehende Tabelle VII zeigt als Beispiel einen zweckentsprechenden

Tabelle VII.

Kontrollbuch der Vorrichtungsausgabe.

Laufende Nr.	St.	Genaue Bezeichnung der Vorrichtung	Vorrichtungs-Nr.	Art der Reparatur	Ausführende Werkst.	Eingeliefert am	Fertig am	Auftrags-Nr.	Nummer der Laufkarte	Besond. Bemerk.
1	1	Bohrvorrichtung für die Hebeltype H. u. 2	71	Bohrbuchse 45 ∅ und „ 20 ∅	Werkzeugbau	15. 3. 21	1. 4. 21	12102 B.	506	—
2	1	Spannvorrichtung für Rahmenteil J. T. 25	22	Verschlußteil erneuern u. Scharnier nachs.	„	17. 3. 21	22. 3. 21	12103 S.	600	Rep. äuß. dringend
3	1	Fräsvorrichtung für Scharnierteile M. R. 5	45	Spannklaue richten	„	19. 3. 21	24. 3. 21	12104 F.	609	—
4	1	Bohrvorrichtung für Kettenglieder S. S. 3	20	Sämtliche Buchsen auswechseln und	„	30. 3. 21	9. 4. 21	12105 B.	620	—
				Verschlußstück befestigen						—
5	1	Komb. Lochvorrichtg. für Ankerbleche R. 9	112	Schnittstempel schärfen	„	30. 3. 21	5. 4. 21	12106 L.	625	—

Vordruck, aus dem die Eintragungen mit der nötigen Klarheit hervorgehen, so daß hier nicht näher darauf eingegangen zu werden braucht. Gleichzeitig mit diesen Vermerken im Kontrollbuch wird eine Begleitkarte für die in Reparatur gehende Vorrichtung ausgestellt. In letzterer sind die Merkmale der Veränderung mit der gewissenhaftesten Genauigkeit eingetragen.

Nachstehend ist die Begleitkarte für die in Reparatur gehende Vorrichtung veranschaulicht. Aus ihr sind alle diesbezüglichen Einzelheiten zu ersehen. Das Kopfstück enthält die laufende Nummer der Begleitkarte, sowie die Auftragsnummer mit Index. Die darunter befindliche Abteilung enthält die Gegenstandsbezeichnung, sowie die Art der betreffenden Reparatur. Letztere muß genau präzisiert sein. Das nächste Feld kennzeichnet das Einlieferungsdatum, sowie den voraussichtlichen Fertigstellungstermin. Daneben befindet sich das Feld für die durch etwaige Verzögerungen entstehende Verschiebung des Endtermins. Die nächsten Felder enthalten die betreffenden Werkstattsabteilungen mit Eingangs-, Fertigstellungs- und Weitergabedatum, sowie die verantwortliche Unterschrift des Werkführers. Zum Schluß sind die Bemerkungen über Ausstellungsdatum mit Namensunterschrift des betreffenden Beamten, Empfangsbestätigung der ersten Werkstatt, Erledigungsdatum mit Unterschrift, sowie die Quittung der Kontrolle enthalten.

Tabelle VIII.

Begleitkarte.

Firma:		Lfde. Nr. ....
Ort:		Auftrag Nr. ....

Gegenstand: ....

Art der Rep.: ....

....

....

Eingeliefert am:	Fertigstellung am:	Durch unvorhergesehene Fälle entstandene Verzögerung um: ....

Gießereiabtlg.:	Schmiedeabtlg.:	Drehereiabtlg.:	Fräsabtlg.	Hobelei: ....
Eingegangen am:	Eingegangen am:	Eingegangen am:	Eingegangen am:	Eingegangen am: ......
Fertiggestellt am:	Fertiggestellt am:	Fertiggestellt am:	Fertiggestellt am:	Fertiggestellt am: ......
Weitergegeben am:	Weitergegeben am:	Weitergegeben am:	Weitergegeben am:	Weitergegeben am: ....
Werkführer:	Werkführer:	Werkführer:	Werkführer:	Werkführer: ....
Schleiferei:	Schlosserei:	Revision:		
Eingegangen am:	Eingegangen am:	Eingegangen am:	Eingegangen am:	Eingegangen am: ......
Fertiggestellt am:	Fertiggestellt am:	Fertiggestellt am:	Fertiggestellt am:	Fertiggestellt am: ......
Weitergegeben am:	Weitergegeben am:	Weitergegeben am:	Weitergegeben am:	Weitergegeben am: ....
Werkführer:	Werkführer:	Werkführer:	Werkführer:	Werkführer: ....

Ausgestellt am .... Unterschrift:	Empfangen am: .... Unterschrift:	Erledigt am: .... Unterschrift:	Kontrolliert am: .... Unterschrift:	Nach Erledigung zur Betriebsleitung zurückgeben und dort aufbewahren.

Die Kontrolle der Bohrbuchsen auf ihre maßhaltige Bohrung ist das erste, was ein Kontrolleur vornimmt. Gerade die Bohrbuchsen sind es, die während des Betriebes am meisten leiden. Zu dem Zweck ist das Stichmaß Fig. 583 veranschaulicht, dessen Anwendung wir an einer ausgelaufenen Bohrbuchse *B* sehen. Das Stichmaß *a* befindet sich in dem Halter *b*, mit dem es durch den Stift *c* fest verbunden ist. Zur Anwendung kommen ein Plus- und ein Minusstichmaß. Die zulässige Toleranz befindet sich in der Differenz der beiden Maße zueinander. Das

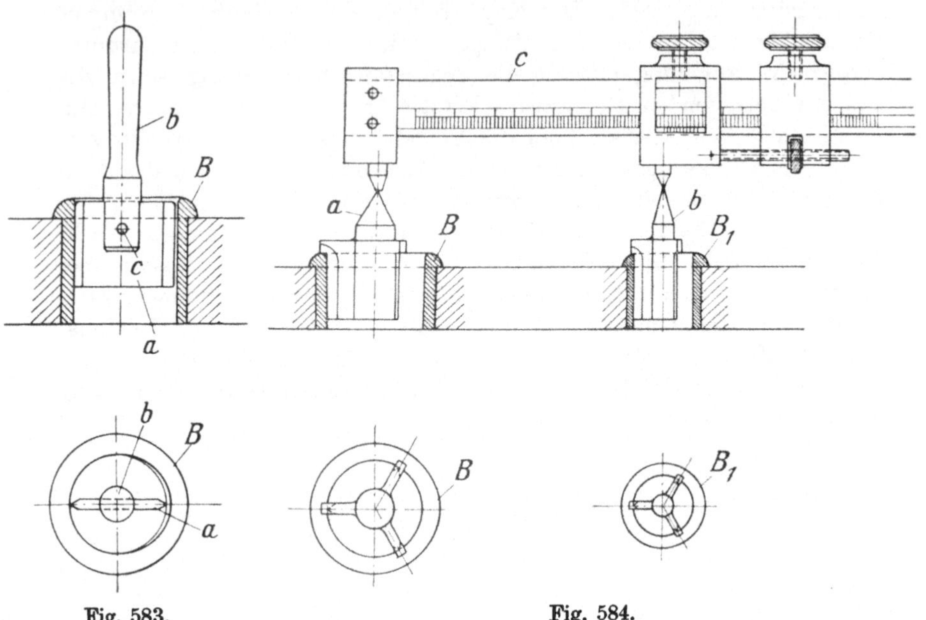

Fig. 583. Fig. 584.

in der Abbildung dargestellte Maß ist ein Plußstichmaß. Es darf sich nicht einführen lassen. Das Minusmaß dagegen muß hineingehen. Wenn sich das Plußmaß einführen läßt, ist die Buchse ausgelaufen und muß durch eine neue ersetzt werden. Bei der Kontrolle von gebrauchten Vorrichtungen wird nur das letztere Stichmaß verwendet. Es empfiehlt sich, von den gebräuchlichen Bohrbuchsen stets eine gewisse Anzahl auf Lager zu halten, um bei etwaigen Reparaturen nicht erst lange auf die Anfertigung warten zu müssen. Zu dem Zweck ist es notwendig, daß die Bohrungen in den Deckeln, bzw. den Buchsenträgern alle nach einer bestimmten Norm passen. Man wird gut tun, wenn man die äußeren Mäntel der Buchsen nachträglich schleift, um ein Plusmaß für die Passung zu erhalten.

Die Kontrolle in den Achsenabständen geschieht nach Fig. 584. Zu dem Zweck werden in die Bohrungen der betreffenden Buchsen sogenannte Zentrierbolzen eingesetzt. Dieselben bestehen aus dem eigentlichen Bolzen *a*, bzw. *b* mit Spitze und den drei seitlich anschließenden Lappen. Letztere sind etwas abgeschrägt, um sich der Bohrung besser anzupassen, auch besitzen die Lappen am oberen Rande Ansätze, die sich auf dem Rand der Buchse abstützen. Das Messen der Buchsen B_1 und B geschieht mittels der Spitzenlehre *c*, welche außerdem noch mit einer Mikrometereinstellung ausgerüstet ist. Die Spitzen der Lehre sind so eingerichtet, daß sie die Spitzen von *a* und *b* in kleinen Körnerpfannen aufnehmen, die naturgemäß äußerst klein gehalten sind, um ein genaues Messen zu gewährleisten. Die Einteilung ist die gleiche wie bei einer Schiebelehre. Im Grundriß kann man das Sitzen der beiden Zentrierbolzen in Buchse B und B_1 am besten sehen.

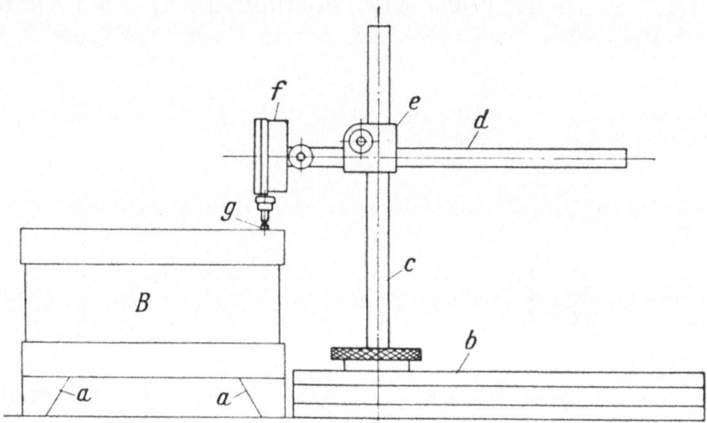

Fig. 585.

In Fig. 585 ist eine Kontrollvorrichtung zum Messen der Vorrichtungshöhe, bzw. der gleichen Höhenlage der vier Ecken veranschaulicht. Die Vorrichtung *B* wird zu diesem Zweck auf eine genaue Anreißplatte gesetzt. Daneben wird das Führungsprisma *b*, mit dem Halter *c*, der mittels einer gekordelten Rundmutter auf dem Prisma gespannt wird, geschoben. An dem Halter *c* befindet sich der Einstellkloben *e*, der die Auslegerstange *d* spannt. Am vorderen Ende nimmt die letztere die Meßuhr *f* auf, die mit dem Meßzapfen *g* die Vorrichtung berührt. Durch die Feinheit der Messungen wird jede, auch selbst die geringste Abweichung der vier Füße *a* festgestellt. Die letzteren müssen so lange geschliffen werden, bis die gleiche Höhenlage erreicht ist. Die hier veranschaulichte Meßvorrichtung leistet in der Vorrichtungskontrolle besonders wertvolle Dienste.

In Fig. 586 ist das Kontrollieren auf Parallelität zweier nebeneinander laufender Bohrungen veranschaulicht. In der ersten Bohrung der

Vorrichtung *B* befindet sich die Meßstange *a* und in der zweiten die Meßstange *b*. Beide Stangen werden durch Stellringe *c* und *d* auf den Bohrbuchsen abgestützt. Die Stange *a* weist einen eingesenkten Körner und die Stange *b* einen spitzen Körner auf. Die Lehre *e* legt sich mit der Spitze in *a*, so daß die Spitze der Stange *b* das Maß auf der Einteilung von *e* anzeigt. Nach Umkehrung der Bohrvorrichtung *B* wird das gleiche Verfahren von der anderen Seite vollführt. Beide Messungen müssen das gleiche Entfernungsmaß aufweisen, um die Bohrungen als parallel zu bezeichnen. Wenn die Achsenentfernung bekannt ist, so braucht nur eine Messung in den Spitzen vorgenommen zu werden, jede Abweichung des gemessenen Maßes von dem bestimmten Maße gibt eine Ablenkung von der Parallele.

In Fig. 587 ist das Prüfen einer Bohrvorrichtung *B* auf vertikaler Lage der Bohrachse ersichtlich. Zu diesem Zweck wird eine Achse *e*

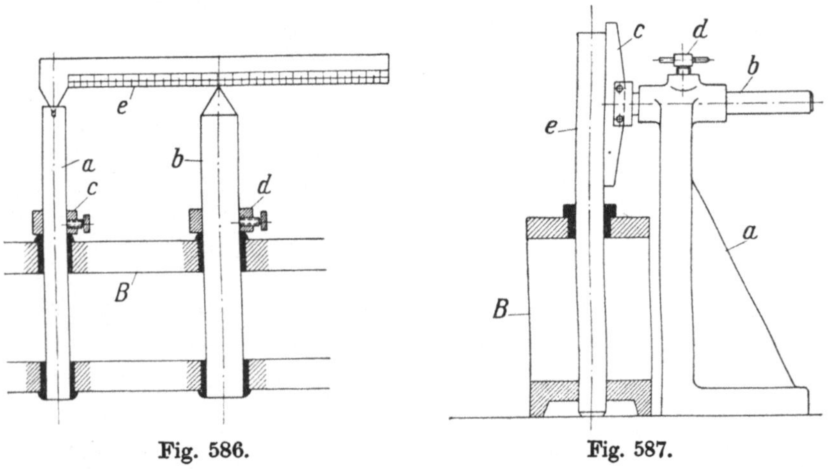

Fig. 586. Fig. 587.

durch beide Bohrungen von *B* geführt. Die Auflageplatte muß genau gerade sein. Es gilt dieses bei allen derartigen Messungen als erste Vorbedingung. Als Prüfinstrument ist der Winkel *a* vorgesehen. Oberhalb trägt derselbe die Führungsbuchse für den Schieber *b*, der vermittels der Knebelschraube *d* festgezogen wird. Der am Schieber *b* ausgebildete Kopf spannt die Meßschiene *c*. Die Kante der Meßschiene steht zur Auflage im rechten Winkel. Behufs Messung wird die Vorrichtung *B* gedreht, so daß die gleiche Anlage von allen vier Seiten geprüft wird. Bei einer eventuellen Schrägstellung der Bohrachse muß auch die Vorrichtung *B* an den Ecken gemessen werden, denn es tritt sehr oft der Fall ein, daß die Füße ungleich abgenützt werden. Liegt die Bohrachse in der Vertikalen, so braucht die zweite Kontrolle nicht vorgenommen zu werden, da der Bestimmungszweck ja erreicht ist.

Diese Art der Messung kann auch an Aufspannvorrichtungen vorgenommen werden, da diese zur Vertikalmessung in den meisten Fällen senkrechte Anlageflächen, bzw. Kanten aufweisen. Um nun mit einer genauen Kontrolle den Zweck zu erreichen, müssen derartige Meßvorrichtungen auf ihre Zuverlässigkeit geprüft werden. Hier würde das Anlegen der Meßkante *c* an einen Kontrollwinkel genügen.

In Fig. 588 ist eine Kontrollvorrichtung durch Parallelendmaße veranschaulicht. Die Firma Schuchardt & Schütte, Berlin, bringt ein besonders genaues Meßsystem auf den Markt, und zwar die sogenannten Johanssons zusammenstellbaren Endmaße. Diese besitzen eine große Verwendungsmöglichkeit. Wie Fig. 588 zeigt, wird unter Anwendung einer Klemme mit zugehörigem Sockel eine Vorspannlehre *L* auf ihre Maßhaltigkeit geprüft. Die Klemme *b* ist mit größter Präzision in dem Sockel eingepaßt und beides als ein Ganzes zu betrachten. Die Endmaße *d* sind bekannter Ausführung. Im nachstehenden ist nach den Mitteilungen der Normal-Eichungskommission vom 10. Juli 1911 folgendes Ergebnis bestätigt:

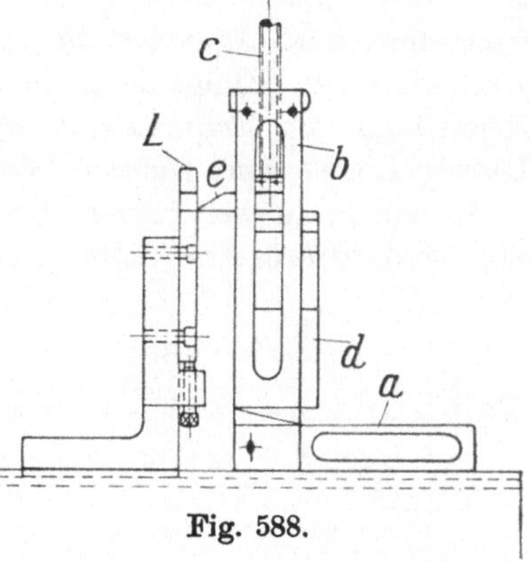

Fig. 588.

Sollwert mm	Ergebnis der Vergleichsmessung mm	Sollwert mm	Ergebnis der Vergleichsmessung mm
100	100,0005	1,5	1,5000
50	50,0003	1,4	1,4000
40	40,0002	1,3	1,3001
30	30,0002	1,2	1,2001
20	20,0002	1,1	1,1000
10	10,0001	1,01	1,0102
5	5,0000	1,001	1,0011
4	4,0001	1	1,0000
3	3,0000	0,5	0,4999
2	2,0000		

Wird in Erwägung gezogen, daß die Johansson-Endmaße die Grundlage für alle Messungen eines Betriebes sein sollen und daher allen Anforderungen gerecht werden müssen, so erscheint diese hohe Genauigkeit zur Erzielung weitgehender Sicherheit in der Maßbestimmung unbedingt erforderlich.

Durch einfache Zusammenstellung der Endmaße ist man in der Lage, eine Nachprüfung vorzunehmen, und zwar in der Weise, daß man einen anderen Satz im gleichen Endwert zusammenstellt und diesen mit dem zu prüfenden zwischen zwei beliebigen Maßen einschiebt. Bei gleicher Stärke ist auch ein gleiches Haften an den Maßen zu verspüren, im anderen Fall dürfte ein Satz bzw. der Meßklotz nicht ganz so fest haften. Diese Methode dürfte wohl allgemein dort bekannt sein, wo mit Endmaßen gearbeitet wird.

Um auf die Prüfung der Vorspannschablone zurückzukommen, kann man nach dem Vorhergesagten mit unbedingtem Vertrauen diese Kontrolle anwenden. Die Schraube *c* in Fig. 588 spannt sich auf einer auswechselbaren Meßspitze *e*, die gehärtet und mit der größten Präzision geschliffen ist. Einige deutsche Firmen haben sich bereits auch auf die Herstellung von Endmaßen gelegt. Es seien unter anderen die Firmen Ludwig Loewe und Richard Weber genannt.

Es würde zu weit führen hier die großen Verwendungsmöglichkeiten eingehend zu erörtern; daher wird empfohlen, sich die darüber vorhandene einschlägige Literatur anzusehen.

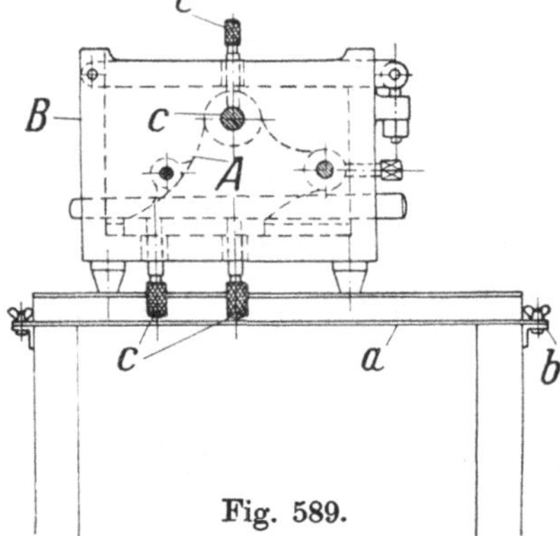

Fig. 589.

In Fig. 589 ist die Kontrolle einer Bohrvorrichtung *B* veranschaulicht. Hierzu wird ein Musterstück *A* verwendet, das ordnungsgemäß im Kasten *B* eingespannt wird. Damit man an alle Stellen der Bohrvorrichtung gelangen kann, ist das Prüfungs- oder Kontrollgestell *a* vorgesehen, welches aus den beiden [-Eisen besteht, die sich auf die seitlichen Winkeleisen *b* verschieben lassen und mittels Flügelschrauben gespannt werden. Auf diese Weise können sämtliche Vorrichtungen an allen Seiten nachgeprüft werden.

Die hier vorgenommene Kontrolle bezieht sich auf das Prüfen der Bohrungen durch Lehrdorne *c*. Nach einwandfreiem Verhalten der Vorrichtung müssen sich sämtliche Lehrdorne leicht einführen lassen. Man kann es vielfach beobachten, daß in den Vorrichtungen durch den häufigen Gebrauch sogenannte Verlagerungen eintreten, die äußerlich, auch durch Messungen, nicht zu erkennen sind, nur mittels eines Kontrollmusterstückes, z. B. wie *A*, ist dieses möglich.

In Fig. 590 ist das Messen einer Schnittplatte *P* durch die Endmaße *a* und *b* dargestellt. Derartige Kontrollmessungen sind unbedingt genau. Ihre Anwendung ist wo nur irgend angängig zu empfehlen. Es ist hierüber nicht viel zu schreiben, da die Prüfung der Schnittplatten von Fall zu Fall vorzunehmen ist.

Fig. 591 zeigt die Kontrolle von Ringbohrschablonen *B*. Zu dem Zweck wird ein Meßkreuz *a* mit drei Armen, die 120° voneinander entfernt sind, verwendet. Jeder Arm weist einen Schlitz auf, in dem sich je ein Kloben *b* verschieben läßt. Die Kloben werden mittels Spannschrauben *d* festgezogen. Um nun das Kreuz *a* genau im Mittelpunkt einstellen zu können, sind neben den Schlitzen Skalen *c* angebracht. Jeder Kloben *b* besitzt eine Zunge, die sich auf der Skala *c* schiebt. Unterhalb der drei Kloben befinden sich gehärtete Meßstifte, die sich gegen die innere Kante von *B* legen. Dadurch erreicht man die zentrische Lage des Ringes zum Kreuz.

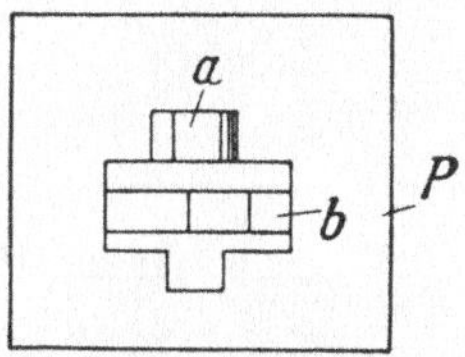

Fig. 590.

In der Mitte des letzteren ist ein gehärteter und geschliffener Drehbolzen *g* eingesetzt. Dieser ist herausnehmbar angebracht. An letzterem befindet sich der Meßschenkel *e* mit einer Feineinteilung. Das Prüfen der Buchsenmitten geschieht unter Verwendung von Zentrierbolzen *f*, wie in Fig. 584 beschrieben, die mit ihren Spitzen die Entfernung von der Mitte der Bohrschablone anzeigen. Durch die große Verstellbarkeit der Kontrollvorrichtung ist man in der Lage, verschiedene Größen von Bohrschablonen messen zu können.

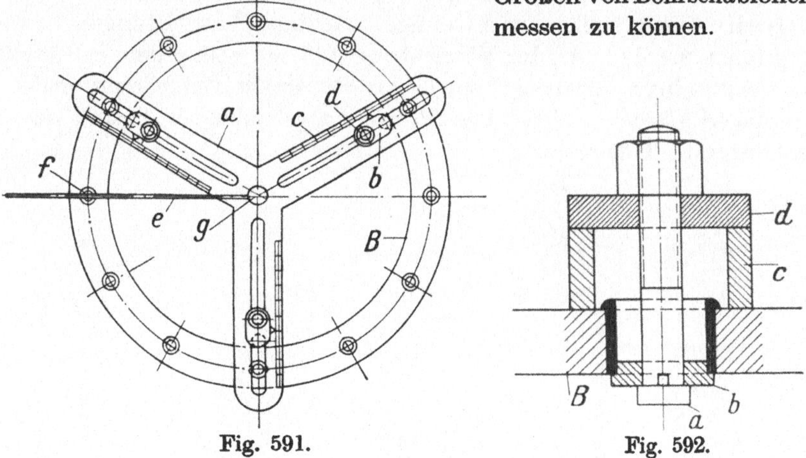

Fig. 591. Fig. 592.

Die Fig. 592 stellt das Herausziehen der schadhaften Bohrbuchsen aus den Schablonen und Vorrichtungen *B* dar. Der Bolzen *a* trägt unterhalb der Bohrbuchse eine Ansatzscheibe *b*, die sich gegen die innere Kante der letzteren abstützt. Gegen Verdrehung des Bolzens sichert die in der Scheibenbohrung befindliche Nase. Um nun für das Heraustreten der Buchse Raum zu schaffen, ist der Aufsetzring *c* vorgesehen. Oberhalb des letzteren befindet sich die Scheibe *d*, auf welcher sich die Mutter des Bolzens abstützt. Es ist nun leicht einzusehen, daß sich die Buchse durch Anziehen der Mutter aus der Wandung von B lösen muß.

Die hier veranschaulichte Vorrichtung ist einfach und praktisch und für alle Fälle zu benutzen.

In Fig. 593 ist das Einziehen von Bohrbuchsen veranschaulicht. Zu diesem Zweck wird die Buchse leicht in die Wandung von B eingedrückt und dann der Bolzen a mit der Gegenplatte b unterhalb der Buchsenöffnung eingeführt. Der Bolzen besitzt auch hier eine Nase gegen Verdrehung, die sich in die Bohrung von b legt. Alsdann wird der Druckring oder besser die Scheibe c auf den Rand der Bohrbuchse gelegt und mittels der Sechskantmutter des Bolzens nach unten gezogen. Um einem etwaigen Durchtreten der Bohrbuchsen nicht hinderlich zu sein, ist die Gegenplatte b ausgespart.

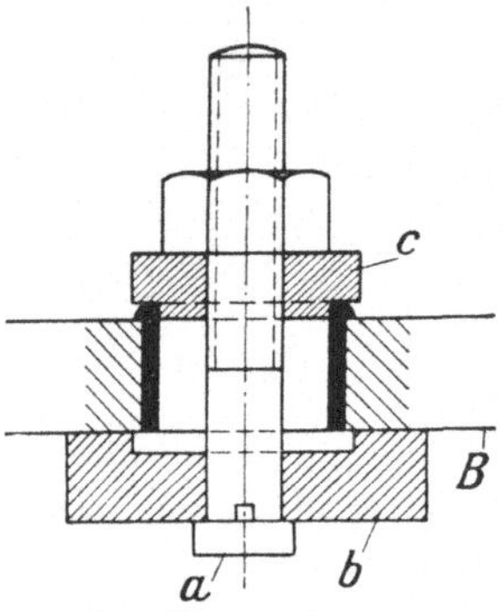

Fig. 593.

Die hier gezeigte Vorrichtung ist ebenso brauchbar, wie die in Fig. 592 beschriebene. Das Auswechseln der Buchsen gestaltet sich hiermit äußerst einfach.

Nachstehend sollen noch einige wichtige Vorrichtungselemente aufgeführt werden, die im Vorrichtungsbau als vorhandener Bestand zur Verwendung von neuen, sowie zur Reparatur von benutzten Vorrichtungen dienen sollen. Das Vorrichtungsbaubureau besitzt davon nachfolgende Tafeln.

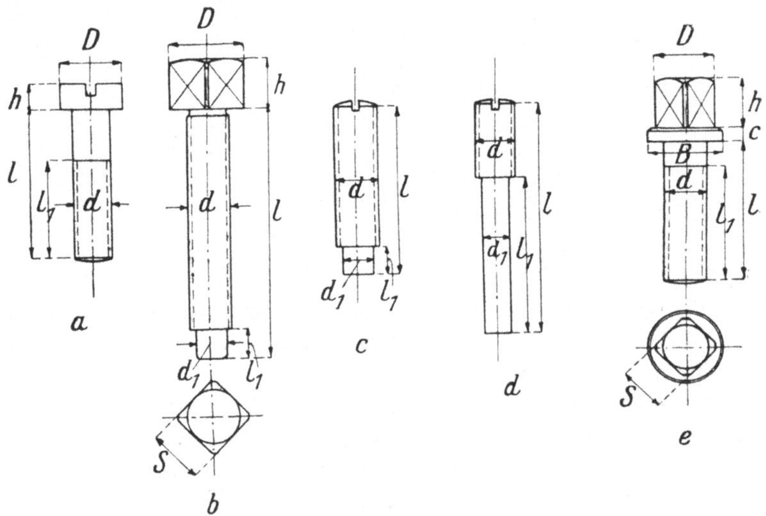

Fig. 594.

Tabelle IX.

Vorrichtungsschrauben.

Abb. *a*. Fig. 594.

Mat.: S.-M.-St.

d	l	l_1	h	D
5	10 16 24	10 11 11	4	8,5
8	12 24 40	12 18 18	5,8	12,5
10	20 35 50	20 22 22	7	15
12	25 40 60	25 27 27	8,2	18
14	30 45 70	30 32 32	9,4	20,5
16	35 50 80	35 36 36	10,6	23
18	40 60 100	40 40 40	11,8	25,5
20	45 60 100	45 45 45	13	28

Tabelle X.

Vorrichtungsschrauben.

Abb. *b*. Fig. 594.

Mat.: S.-M.-St.

d	l	l_1	d_1	h	D	S
6	12 20 30	3	4,2	6	7,8	6
8	20 30 40	4	5,9	8	10,4	8
10	25 40 60	5	7,6	10	13	10
12	30 45 60	6	9,3	12	15,6	12
14	30 40 50	7	11	14	18,2	14
16	35 50 80	8	12,7	16	20,8	16

Die in den Tabellen IX, X, XI und XIII aufgeführten Vorrichtungsschrauben sind Normalien der Firma Ludw. Löwe & Co., Berlin. Ihre Anschaffung dürfte sich empfehlen, da sich die Anfertigung kleinerer Bestände im eigenen Betriebe zu teuer stellen würde. Diese Firma ist auf dem Gebiete der Normalisierung von

Tabelle XI.

Vorrichtungsschrauben.

Abb. *c*. Fig. 594.

Mat.: S.-M.-St.

d	l	d_1	l_1
3,5	8 10	2,5	2,5
4	8 10	2,8	3
5	12 14 16	3,6	4
6	14 18 24	4,2	4,5
8	18 24 30	5,9	6
10	22 30 42	7,6	7,5
12	28 36 44	9,3	9
14	30	11	10,5

Tabelle XII.

Vorrichtungsschrauben.

Abb. *d*. Fig. 594.

Mat.: S.-M.-St.

d	l	d_1	l_1
3,5	18 20	2,5	12,5
4	20 22	2,8	15
5	28 30 32	3,6	20
6	32 36 42	4,2	22,5
8	42 48 54	5,9	30
10	52 60 72	7,6	37,5
12	64 72 80	9,3	45
14	72	11	52,5

Maschinenteilen führend und es wäre zu wünschen, daß die Ausführung größerer Maschinen- und Vorrichtungsteile in den gleichen Rahmen eingereiht würde. Es ist nicht zu verkennen, daß die Normalisierung gerade im allgemeinen Maschinenbau auf bedeutende Schwierigkeiten stößt.

Tabelle XIII.

Vorrichtungsschrauben.

Abb. *e*. Mat.: S.-M.-St. Fig. 594.

d	l	l_1	D	h	B	c	S
6	12 20 30	12 13 13	7,8	6	10,5	2	6
8	20 30 40	18 18 18	10,4	8	13,5	2	8
10	30 45 60	22 22 22	13	10	16,5	2.5	10
12	35 45 60	27 27 27	15,6	12	19,5	3	12
14	30 40 50	30 32 32	18,2	14	22	3,5	14
16	35 50	35 36	20,8	16	25	3,5	16

Anerkennenderweise hat der Normenausschuß der Deutschen Industrie in der letzten Zeit auf diesem Gebiet besonders bahnbrechend gewirkt; die von letzterem herausgegebenen Normen sind bereits bei allen einschlägigen Firmen eingeführt. Der Normenausschuß ist bemüht, alles zu erfassen, was der deutschen Industrie bei der Herstellung von Maschinen und Apparaten von Vorteil sein kann, um den Auslandsmarkt wieder mit guter und doch billiger Ware beschicken zu können.

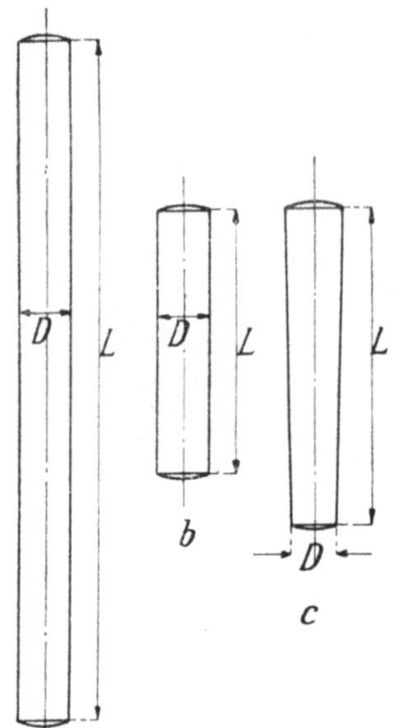

Fig. 595.

Tabelle XIV.

Vorrichtungs-Rundstäbe.

Abb. *a*. Mat.: Gußstahl (blank). Fig. 595.

L	D 8	10	13	16	20	25	30	40
100	8·100	10·100	13·100					
125	8·125	10·125	13·125	16·125				
150	8·150	10·150	13·150	16·150	20·150			
175	8·175	10·175	13·175	16·175	20·175	25·175		
200	8·200	10·200	13·200	16·200	20·200	25·200	30·200	
250	8·250	10·250	13·250	16·250	20·250	25·250	30·250	40·250
300	8·300	10·300	13·300	16·300	20·300	25·300	30·300	40·300
350	8·350	10·350	13·350	16·350	20·350	25·350	30·350	40·350
400	8·400	10·400	13·400	16·400	20·400	25·400	30·400	40·400
450	8·450	10·450	13·450	16·450	20·450	25·450	30·450	40·450

Tabelle XV.

Vorrichtungs-Zylinderstifte.

Abb. *b*. Mat.: S.-M.-St. (blank). Fig. 595.

L	D 1	1,5	2	2,5	3	4	5	6	8	10	13	16	20
8	1·8	1,5·8	2·8	2,5·8	3·8								
10	1·10	1,5·10	2·10	2,5·10	3·10	4·10							
12		1,5·12	2·12	2,5·12	3·12	4·12	5·12						
14		1,5·14	2·14	2,5·14	3·14	4·14	5·14	6·14					
16		1,5·16	2·16	2,5·16	3·16	4·16	5·16	6·16	8·16				
18			2·18	2,5·18	3·18	4·18	5·18	6·18	8·18				
20			2·20	2,5·20	3·20	4·20	5·20	6·20	8·20	10·20			
24				2,5·24	3·24	4·24	5·24	6·24	8·24	10·24			
28					3·28	4·28	5·28	6·28	8·28	10·28	13·28		
32					3·32	4·32	5·32	6·32	8·32	10·32	13·32	16·32	
36						4·36	5·36	6·36	8·36	10·36	13·36	16·36	
40						4·40	5·40	6·40	8·40	10·40	13·40	16·40	20·40
50							5·50	6·50	8·50	10·50	13·50	16·50	20·50
60								6·60	8·60	10·60	13·60	16·60	20·60
70									8·70	10·70	13·70	16·70	20·70
80									8·80	10·80	13·80	16·80	20·80
90										10·90	13·90	16·90	20·90

Tabelle XVI. Vorrichtungs-Prisonstifte.

Abb. c. Mat.: S.-M.-St. Fig. 595.

L	D 1	1,25	1,6	2,0	2,5	3	4	5	6,5	8	10	13	16	20	25	30	40	50
10	1·10	1,25·10																
12	1·12	1,25·12	1,6·12															
14	1·14	1,25·14	1,6·14	2·14														
16	1·16	1,25·16	1,6·16	2·16	2,5·16													
18	1·18	1,25·18	1,6·18	2·18	2,5·18	3·18												
20		1,25·20	1,6·20	2·20	2,5·20	3·20	4·20											
22		1,25·22	1,6·22	2·22	2,5·22	3·22	4·22	5·22										
24			1,6·24	2·24	2,5·24	3·24	4·24	5·24										
26			1,6·26	2·26	2,5·26	3·26	4·26	5·26	6,5·26									
28				2·28	2,5·28	3·28	4·28	5·28	6,5·28	8·28								
30				2·30	2,5·30	3·30	4·30	5·30	6,5·30	8·30								
32					2,5·32	3·32	4·32	5·32	6,5·32	8·32	10·32							
36					2,5·36	3·36	4·36	5·36	6,5·36	8·36	10·36	13·36						
40						3·40	4·40	5·40	6,5·40	8·40	10·40	13·40	16·40					
45							4·45	5·45	6,5·45	8·45	10·45	13·45	16·45					
50							4·50	5·50	6,5·50	8·50	10·50	13·50	16·50	20·50				
55								5·55	6,5·55	8·55	10·55	13·55	16·55	20·55	25·55			
60								5·60	6,5·60	8·60	10·60	13·60	16·60	20·60	25·60	30·60		
70									6,5·70	8·70	10·70	13·70	16·70	20·70	25·70	30·70	40·70	
80									6,5·80	8·80	10·80	13·80	16·80	20·80	25·80	30·80	40·80	
90										8·90	10·90	13·90	16·90	20·90	25·90	30·90	40·90	
100										8·100	10·100	13·100	16·100	20·100	25·100	30·100	40·100	
110											10·110	13·110	16·110	20·110	25·110	30·110	40·110	
120											10·120	13·120	16·120	20·120	25·120	30·120	40·120	
130												13·130	16·130	20·130	25·130	30·130	40·130	
140												13·140	16·140	20·140	25·140	30·140	40·140	
150												13·150	16·150	20·150	25·150	30·150	40·150	
165													16·165	20·165	25·165	30·165	40·165	
180													16·180	20·180	25·180	30·180	40·180	
200														20·200	25·200	30·200	40·200	50·200
230														20·230	25·230	30·230	40·230	50·230
260															25·260	30·260	40·260	50·260

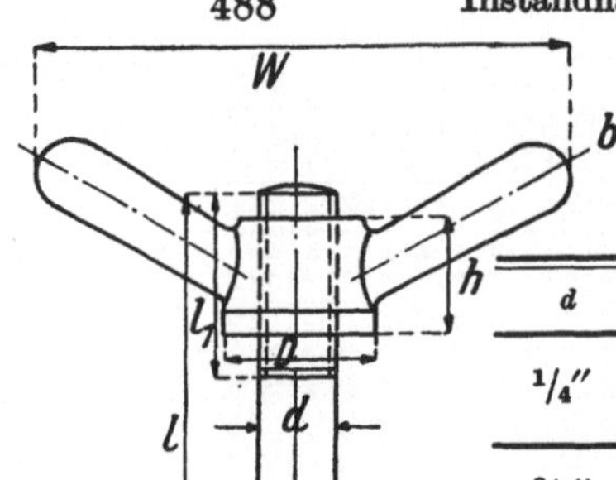

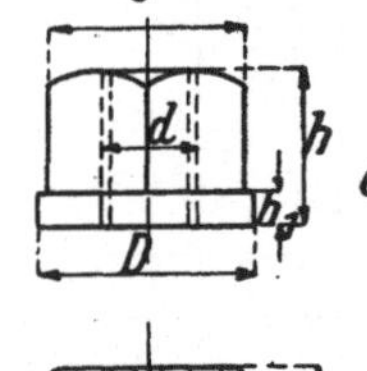

Fig. 596.

Tabelle XVII.

Vorrichtungs-Verschlußschrauben.

Abb. *a*—*b*. Mat.: S.-M.-St. Fig. 596.

d	l	l_1	d_1	d_2	s	D	h	W
1/4″	30	10	7	13	8	14	10	30
	50	15	7	13	8	14	10	30
3/8″	40	25	10	20	10	20	15	50
	70	25	10	20	10	20	15	50
1/2″	60	30	13	27	14	24	20	70
	100	30	13	27	14	24	20	70
5/8″	100	30	16	32	16	32	22	80
	150	35	16	32	16	32	22	80
3/4″	120	35	20	40	20	38	25	100
	180	40	20	40	20	38	25	100
1″	140	40	25	50	26	45	32	125
	200	50	25	50	26	45	32	125

Tabelle XVIII.

Vorrichtungs-Verschlußmuttern.

Abb. *c*. Mat.: S.-M.-St. Fig. 596.

d	D	S	h	h_1	
1/4″	15	13	10	4	
3/8″	22	19	15	5	
1/2″	27	23	20	6	
5/8″	33	27	23	7	
3/4″	40	33	27	8	
1″	48	40	35	10	

Tabelle XIX.

Vorrichtungs-Verschlußmuttern.

Abb. *d*. Mat.: S.-M.-St. Fig. 596.

d	D	h	s
1/4″	14	6	2 1/2
3/8″	21	10	3
1/2″	25	13	4
5/8″	30	16	5
3/4″	37	19	6
1″	45	25	7

Unterlegscheiben.

Abb. *e*. Mat.: S.-M.-St. Fig. 596.

D	d	h
15	7	3
22	10	4
27	13	5
33	16,5	6
40	20,5	7
48	27	8

Tabelle XX.

Vorrichtungs-Spannkeile. Abb. *a*. Fig. 597. Mat.: Gußstahl.				Vorrichtungs-Spannleisten. Abb. *b*. Fig. 597. Mat.: S.-M.-St.		
L	B	B_1	s	L	B	s
40	10	6	5	40	10	5
50	11	6	5,5	50	11	5,5
60	12	6	6	60	12	6
70	13	6	6,5	70	13	6,5
80	14	6	7	80	14	7
90	15	6	7,5	90	15	7.5
100	16	6	8	100	16	8
120	18	6	9	120	18	9
140	20	6	10	140	20	10
160	22	6	11	160	22	11
175	25	7,5	12,5	175	25	12,5
200	28	8	14	200	28	14
225	32	9,5	16	225	32	16
250	35	10	17,5	250	35	17,5
275	38	10,5	19	275	38	19
300	42	12	21	300	42	21

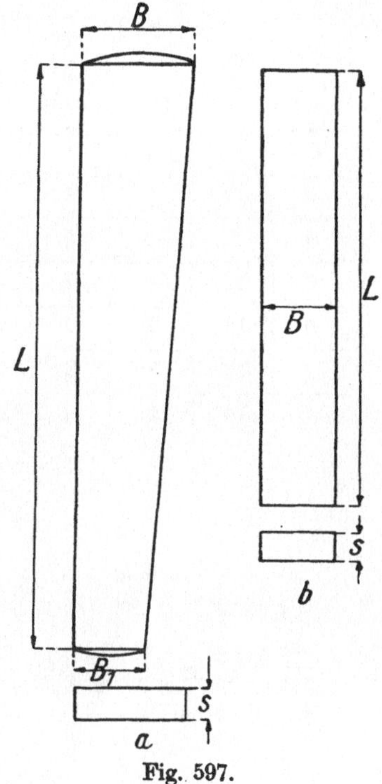

Fig. 597.

Tabelle XXI.

Vorrichtungsfüße

Abb. *a*. Fig. 598.

Mat.: S.-M.-St.

d	D	D_1	l	l_1
1/4″	8	5	7	8
3/8″	16	10	10	16
1/2″	20	12	13	22
5/8″	25	15	15	30
3/4″	32	18	18	40
7/8″	36	22	22	45
1″	40	25	25	50
1 1/2″	50	30	35	65

Tabelle XXII.

Vorrichtungsfüße.

Abb. *a*. Fig. 598.

Mat.: S.-M.-St.

d	S	D	l	l_1	h
1/4″	13	7	7	8	5
3/8″	19	10	10	16	8
1/2″	23	12	13	22	10
5/8″	27	15	15	30	12
3/4″	33	18	18	40	15
7/8″	36	22	22	45	18
1″	40	25	25	50	20
1 1/2″	58	30	35	65	25

Tabelle XXIII.

Vorrichtungsfüße.

Abb. c. Mat.: S.-M.-St. Fig. 598.

d_{mm}	S	D	l	l_1	h
3	9	4	4	5	3
4	10	5	5	6	3,5
5	11	6	6	7	4
6	12	7	7	8	4,5
7	13	8	8	9	5
8	14	9	9	10	5,5

Tabelle XXIV.

Halteschrauben für Bohrbuchsen.

Abb. a. Mat.: Gußstahl. Fig. 599.

d L.-H.-Gew.	D	l	h
3	6	5	3
4	10	7	3,5
5	12	9	4
6	14	11	4,5

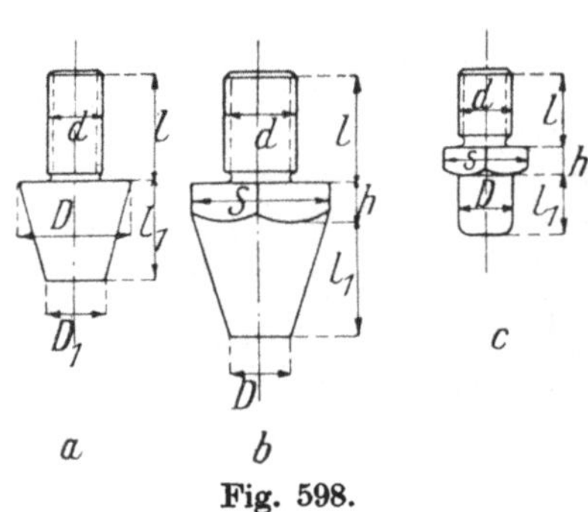

Fig. 598.

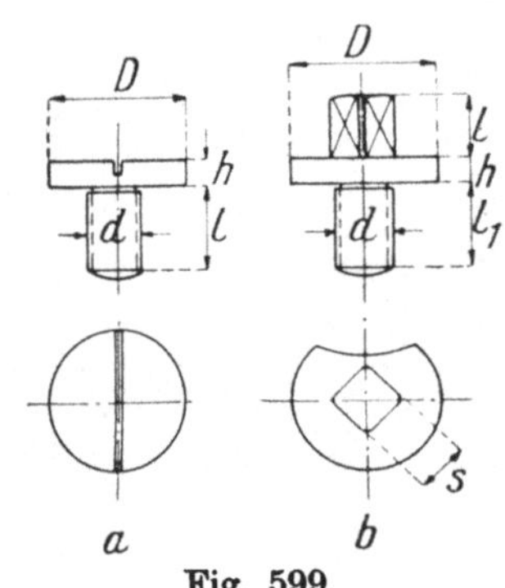

Fig. 599.

Tabelle XXV.

Halteschrauben für Bohrbuchsen.

Abb. b. Mat.: Gußstahl. Fig. 599.

L.-H.-Gew.	D	l	h	l_1	s
7	16	10	5	12	6
8	18	12	5,5	14	7
9	20	12	6	16	8
10	22	12	6,5	18	9

Tabelle XXVI.

Vorrichtungs-Spannknebel.

Abb. a. Mat.: S.-M.-E. Fig. 600.

d	D	h	d_1	d_2	L
1/4″	15	8	6	7,5	40
3/8″	20	13	7	9	60
1/2″	25	16	9	12	80
5/8″	30	20	12	16	100
3/4″	35	25	16	21	120
1″	45	35	21	30	150

Tabelle XXVII.

Vorrichtungs-Griffe.

Abb. *b*. Mat.: S.-M.-E. Fig. 600.

d	s	d_1	l_1	h	l
1/4″	13	7,5	8	4	40
3/8″	19	12	10	6	60
1/2″	23	15	15	10	80
5/8″	27	20	20	15	100
3/4″	33	25	25	20	120
1″	40	30	30	20	150

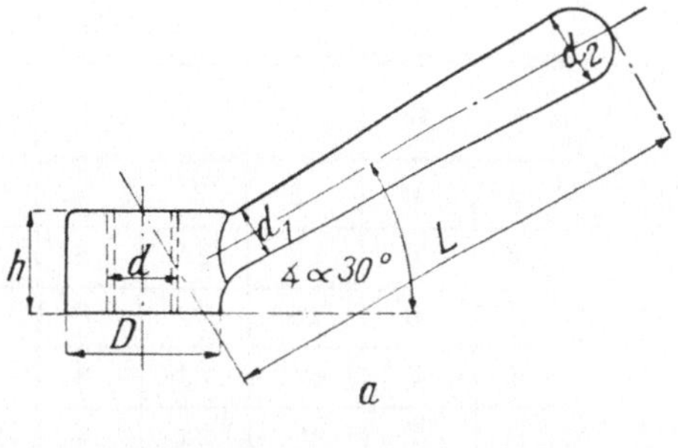

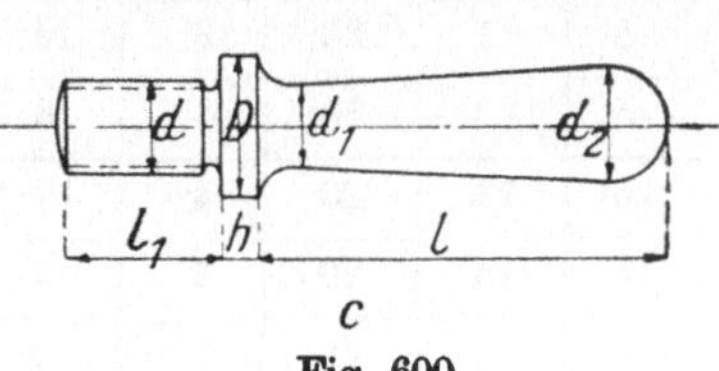

Tabelle XXVIII.

Vorrichtungs-Griffe.

Abb. *c*. Mat.: S.-M.-E. Fig. 600.

d	D	d_1	d_2	l_1	h	l
1/4″	14	6	7,5	8	4	40
3/8″	20	7	9	10	6	60
1/2″	24	9	12	15	10	80
5/8″	28	12	16	20	15	100
3/4″	35	16	21	25	20	120
1″	45	21	30	30	20	150

Fig. 600.

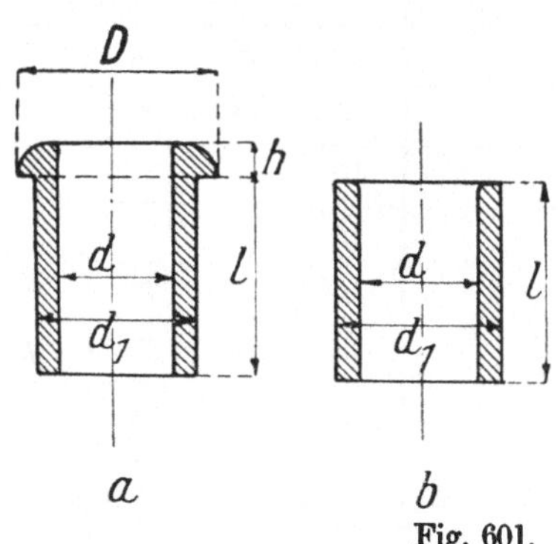

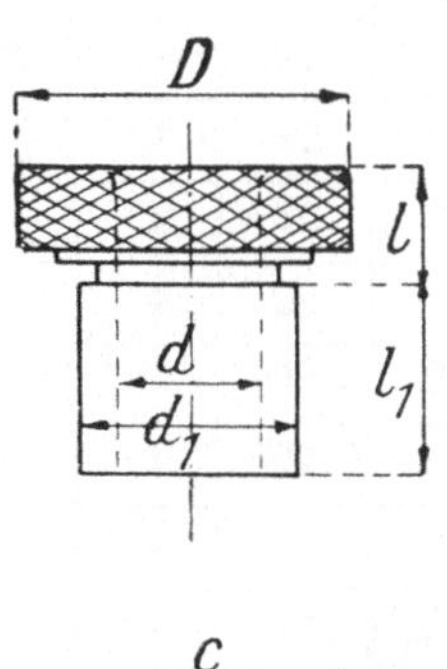

Fig. 601.

Tabelle XXIX.

Bohrbuchsen mit Wulst.

Abb. *a*. Fig. 601.

Mat.: Gußstahl, gehärtet und geschliffen.

d	d_1	l	h	D		d	d_1	l	h	D
2	6	5	2	8		11	19	20	4	23
2	6	8	2	8		11	20	22	4	24
2	6	10	2	8		11	21	24	4	25
3	7	5	2,5	9		11	22	25	5	26
3	7	8	2,5	9		12	20	20	4	24
3	7	10	2,5	9		12	21	22	4	25
4	9	15	3	10		12	22	24	5	26
4	10	18	3	13		12	23	25	5	27
4	11	20	3	14		13	21	20	4	25
5	11	20	3	14		13	22	22	4	26
5	12	20	4	16		13	23	24	5	27
5	13	20	4	17		13	24	25	5	28
6	14	20	4	18		14	22	20	4	26
6	15	20	4	19		14	23	22	4	27
6	16	20	4	20		14	24	24	5	28
7	15	20	4	19		14	25	25	5	29
7	16	20	4	20		15	23	20	4	27
7	17	22	4	21		15	24	22	4	28
8	16	20	4	20		15	25	24	5	29
8	17	22	4	21		15	26	26	5	30
8	18	22	4	22		16	24	20	4	28
9	17	22	4	21		16	25	22	4	29
9	18	22	4	22		16	26	24	5	30
9	19	22	4	23		16	27	26	5	31
10	18	22	4	22		18	26	20	4	30
10	19	22	4	23		18	27	22	4	31
10	20	22	4	24		18	28	24	5	32
10	20	24	5	24		18	29	26	5	33

Tabelle XXX.

Bohrbuchsen ohne Wulst.

Abb. *b*. **Fig. 601.**

Mat.: Gußstahl, gehärtet u. geschliffen.

d	d_1	l		d	d_1	l
2	6	6		11	19	23
2	7	8		11	20	24
3	8	8		11	21	25
3	9	10		11	22	26
4	9	10		12	20	20
4	10	12		12	21	22
4	11	15		12	22	24
5	10	10		12	23	25
5	11	12		13	21	20
5	12	15		13	22	22
6	12	15		13	23	24
6	13	18		13	24	25
6	14	20		14	22	20
7	13	15		14	23	22
7	14	18		14	24	24
7	15	20		14	25	25
8	14	18		15	23	20
8	15	20		15	24	22
8	16	22		15	25	24
9	15	21		15	26	26
9	16	22		16	24	20
9	17	23		16	25	22
10	16	22		16	26	24
10	17	23		16	27	26
10	18	24				

Tabelle XXXI.

Austauschbare Bohrbuchsen mit Bund.

Abb. *c*. **Fig. 601.**

Mat.: Gußstahl, gehärtet und geschliffen.

d	d_1	D	l	l_1		d	d_1	D	l	l_1
5	10	18	10	20		14	22	32	12	28
5	11	18	10	20		14	23	32	12	28
5	12	20	10	20		14	24	32	12	28
6	12	20	10	22		15	24	34	12	28
6	13	20	10	22		15	25	34	12	28
6	14	20	10	22		15	26	34	12	28
7	12	20	10	22		16	24	34	12	28
7	13	20	10	22		16	25	34	12	28
7	14	20	10	22		16	26	34	12	28
8	14	22	10	22		17	26	36	12	30
8	15	22	10	22		17	27	36	12	30
8	16	22	10	22		17	28	36	12	30
9	16	24	11	24		18	26	36	12	30
9	17	24	11	24		18	27	36	12	30
9	18	24	11	24		18	28	36	12	30
10	16	24	11	24		19	28	38	12	30
10	17	24	11	24		19	29	38	12	30
10	18	24	11	24		19	30	38	12	30
11	18	28	12	26		20	28	38	12	30
11	19	28	12	26		20	29	38	12	30
11	20	28	12	26		20	30	38	12	30
12	20	28	12	26		21	30	40	12	34
12	21	28	12	26		21	31	40	12	34
12	22	28	12	26		21	32	40	12	34
13	22	32	12	28		22	30	40	12	34
13	23	32	12	28		22	31	40	12	34
13	24	32	12	28		22	32	40	12	34

Die hier aufgeführten Tabellen sollen eine kleine Übersicht geben, wie man einem Vorrichtungsbau mit normalen Einzelheiten zur Hand geht. Es muß darauf hingearbeitet werden, alle sich sehr oft wiederholenden Teile zu normalisieren und Teile davon auf Lager zu halten. Das betreffende Vorrichtungsbaubureau besitzt über die auf Lager befindlichen Normalteile Tabellen nach vorstehenden Mustern. Es ist daher für den Konstrukteur ein leichtes, seine Vorrichtung in dieser Richtung hin aufzubauen. Es lassen sich noch weit mehr Teile auf diese Weise normalisieren, jedoch möge das hier aufgeführte als Beispiel genügen. Zu bemerken sei noch, daß der Normenausschuß bereits eine große Reihe von Tafeln herausgegeben hat, die für den Vorrichtungsbau von Vorteil sind.

Jede größere Fabrik besitzt ein Vorrichtungsbaubureau, das die Aufgabe hat, für den Betrieb rationelle Arbeitsmethoden zu schaffen. An die leitende Stelle desselben ist für gewöhnlich ein Beamter gesetzt, der bereits einige Jahre praktisch im Vorrichtungsbau oder in einer Werkzeugschlosserei tätig war. Außerdem muß der betreffende Leiter ein guter Theoretiker sein, um mit Sicherheit die Rentabilität von Vorrichtungen sowie Werkzeugen feststellen zu können.

Sämtliche neue Auftragszeichnungen gehen erst durch das Vorrichtungsbaubureau und werden dort einer genauen Besichtigung unterzogen. Hier entscheidet es sich, ob sich eine Vorrichtung lohnt oder nicht. Als empfehlenswert ist zu bemerken, daß bei wichtigen Aufträgen die ersten Meister, die den betreffenden Auftrag auszuführen haben, mit zu einer Konferenz hinzugezogen werden sollen. Dieser Weg scheint wohl auch der richtige zu sein; denn der Meister soll sich mit der Herstellung bereits vertraut gemacht haben, ehe die Zeichnungen in die Werkstatt gehen. Da er mit an den Aufträgen wirkt, so hat er auch ein gewisses Interesse, geeignete Vorrichtungen sowie Werkzeuge zu schaffen, die eine gute Ausbeute gewährleisten. Hier in diesen Konferenzen werden die Bearbeitungsmöglichkeiten in großen Umrissen besprochen und in ihnen entsteht auch der gesamte Rahmen, in welchem der Ausbau stattzufinden hat. Sämtliche Besprechungen müssen protokollarisch festgelegt werden. Von ihrem Resultat erhalten die in Frage kommenden Beamten Auszüge.

Nachdem die Besprechung stattgefunden hat, stellt das Vorrichtungsbaubureau einen Arbeitsplan auf, wie ihn Tab. VI veranschaulicht. Ist nun der Plan fertig, so erfolgt die Anfertigung der Vorrichtungszeichnungen. Die Reihenfolge ist durch den Operationsplan festgelegt, in welchem auch die Bearbeitungsmöglichkeiten in den Skizzen durch rote Begrenzungslinien gekennzeichnet sind.

Bei der Herstellung der Bearbeitungsvorrichtungen wird es stets von Vorteil sein, wenn ein Arbeitsstück, ein sogenanntes Muster, vorliegt. Wenn sich dies auch nicht bei allen Teilen durchführen läßt, so sollte man jedoch bei komplizierten Werkstücken auf die Beschaffung eines Musterstückes Wert legen. Zum Schluß soll noch etwas über die Ausgabe der Vorrichtungen sowie deren Verwaltung gesagt werden, da dieses eng mit dem Vorrichtungsbau zusammenhängt. Je besser die Aufbewahrung einer Vorrichtung ist, um so länger wird sie ihren Ansprüchen genügen. Man findet es in den Betrieben vielfach, daß die Vorrichtungen nach ihrer Benutzung in einen Winkel gestellt werden und hier ihrer nächsten Bestimmung entgegensehen. Nicht allein, daß an den teueren Vorrichtungen durch Verlagerung usw. Beschädigungen entstehen können, sind sie vielfach dann, wenn sie gebraucht werden sollen, einfach nicht aufzufinden. In gutorganisierten Betrieben kommt derartiges nicht vor. Das geringste, was getan werden kann, ist, daß die Vorrichtungen in einem gesonderten Raum untergebracht werden. Man hat zu unterscheiden, welche Art von Vorrichtungen in Frage kommen. Hiernach richtet sich die Aufbewahrung. Präzisionsvorrichtungen aus der Feinmechanik sind unter besonderen Verschluß zu bringen und vorher mit einem feinen Öl zu überziehen. Handelt es sich dagegen um große Aufspannvorrichtungen, so sind sie möglichst in Fußbodennähe in offenen Regalen zu lagern.

Nachstehend sei als Beispiel die Vorrichtungsausgabe einer mittleren Maschinenfabrik mit hauptsächlich allgemeinem Maschinenbau als Beschäftigungszweig beschrieben.

Für die Vorrichtungsausgabe wird möglichst ein langgestreckter Raum mit einem Wandregal und einem doppelten Mittelregal benutzt. Besitzt der Raum Oberlicht, so wird ein zweites Wandregal aufgeführt. Bei der Neueinrichtung einer derartigen Vorrichtungsausgabe ist auf eine gleichmäßige Ausführung der Regale und Schränke besonderer Wert zu legen. Die Unterteilung der Regale ist den Vorrichtungsgrößen entsprechend anzupassen. Man wird die schweren im unteren Teil der Regale lagern und die leichteren auf die oberen Fächer verteilen. In besonderen Schränken sind die Vorrichtungen mit äußerst empfindlicher Präzision, die durch Witterungseinflüsse leicht angegriffen werden, zu lagern. Für den Transport der schweren Teile sind in den Gängen Schienen für einen niedrigen Wagen eingebettet. Außerdem laufen in den Schienen auch Stehleitern für die oberen Fächer der Regale. Für die Ausgabe sind zwei geräumige Klappen vorgesehen. Die eine dient zur Ausgabe und die andere für die Zurückgabe der Vorrichtungen. Von beiden Seiten der Klappen sind kräftige Tische aufgestellt für die Kontrolle der verausgabten Vorrichtung. Letztere kommt hauptsächlich für die Rückgabe in Frage, denn ehe die Vorrichtung wieder eingelagert wird, muß sie genau kontrolliert werden, um eventuell einen beim Gebrauch entstandenen Verschleiß in Ordnung bringen zu

B

Tabelle XXXII.

Vorrichtungs-Bestandkarte.

Nr. 1 .....

Jahr 1920. Monat April. Tag 20.

Lfde. Nr.	Vorrichtungs-Nr.	Bezeichnung der Vorrichtung	Verwendungszweck der Vorrichtung	Gewicht kg	Gewicht g	Im eigenen Betriebe oder auswärts angefertigt	Datum der Herstellung	Kontrolliert am											Wert der Vorrichtung	Bemerkungen
1	25	Bohrvorrichtung H. B. 5	Für die Hebel B. 5 an d. Schaltkästen V. 3	5	35	Im eig. Betrieb	22. 4. 20	6. 5. 20	30. 6. 20	2. 9. 20	3. 2. 21								400.—	—
2	33	Bohrvorrichtung W. R. 17	Für die Wasserschale W. 17 der Schleifm. R. 17	12	500	Im eig. Betrieb	10. 3. 21	25. 3. 21											750.—	—

Fortsetzung auf der Rückseite.

lassen, was für eine rationelle Arbeitsmethode von unschätzbarem Wert ist.

Die Prüfungsvorrichtungen sowie Meßwerkzeuge sind bereits eingehend besprochen worden. Die letzteren befinden sich auf dem Auflagetisch, der im Umfang doppelt so groß bemessen ist als der Ausgabeauflagetisch. An ihm hat auch der Kontrolleur seinen Platz. Die Verwaltung der Ausgabe soll in Kürze geschildert werden. Auf ihre Organisation ist ein besonderer Wert zu legen. Vor allen Dingen muß unter allen Umständen für ihre Innehaltung Sorge getragen werden, denn jede Organisation ist ein Nachteil, wenn sie nicht mit der größten Gewissenhaftigkeit durchgeführt wird. Es sollen möglichst wenige Bestimmungen und Verfügungen bestehen, aber um so schärfer die Durchführung derselben überwacht werden, denn in einem solchen Lager ist ein großer Teil des Betriebskapitals investiert. Für eine klare Übersicht sorgt eine Vorrichtungsbestandskarte (Tab. XXXII), die in alphabetischer Anordnung sämtliche auf Lager befindlichen Vorrichtungen umfaßt. Zu dem Zweck der besseren Übersicht weist jede Karte in der oberen linken Ecke den Anfangsbuchstaben der in ihr enthaltenen Aufzeichnungen auf. Weiterhin sind am rechten Kopfende das Jahr, sowie der Monat und der Tag der Ausstellung eingetragen. Die übrigen Rubriken geben über jede Vorrichtung erschöpfend Auskunft, so daß man gleich weiß, mit welcher Art man es zu tun hat. Die Karte besteht aus einem starken Karton.

Um nun jederzeit informiert zu sein, in welcher Abteilung des Betriebes sich die ausgegebene Vorrichtung befindet, ist nachstehendes Auskunftsbuch angelegt. Damit die Rückgabe, d. h. die Erledigung deutlich zu erkennen ist, wird das Rücklieferungsdatum rot eingetragen. Außerdem sind in der Rubrik Bemerkungen eventuelle Beschädigungen zu vermerken. Bei zu langer Dauer der Rücklieferung kann der Verwalter an der Hand des Buches (Tabelle XXXIII) den Grund erforschen.

Da die Vorrichtungen manchmal länger als eine Woche gebraucht werden, werden hier an Stelle der Werkzeugmarken sogenannte Empfangskarten ausgestellt. Letztere werden in der Ausgabe ausgefüllt und von dem betreffenden Empfänger gegengezeichnet. Da es sich um besonders wertvolle Vorrichtungen handelt, muß der betreffende Abteilungsmeister einen Abforderungszettel ausfüllen, den der Arbeiter dem Werkzeugverwalter aushändigt. Auf Grund dessen stellt dieser die Empfangskarte aus, die nach gegebener Unterschrift in einem jalousieartigen Kasten aufbewahrt wird. Um jederzeit eine Übersicht zu haben, welche Vorrichtungen ausgegeben sind, tragen die Empfangskarten am oberen Rand die Bezeichnung der betreffenden Vorrichtung, wie in Tab. XXXIV ersichtlich.

Tabelle XXXIII.

Vorrichtungs-Auskunftsbuch.

Seite......

Ausgabedatum	Rücklieferungsdatum (rot)	Bezeichnung der Vorrichtung	Nummer der Vorrichtung	Regalfachnummer	Kontrollnummer des Empfängers	Name des Empfängers	Abteilung Meister	Bemerkungen über den Zustand der Vorrichtung
4. 1. 21	8. 1. 21	Aufspannvorrichtung	70	91	725	Meier	F. I. Lehmann	Hebel verbogen
6. 1. 21	15. 1. 21	Schleifvorrichtung R. T.	132	201	621	Grunewald	S. II. Bertram	—
7. 1. 21	13. 1. 21	Hobelvorrichtung H. S. 1	210	407	412	Kampf	H. I. Hoffmann	Spannschraube abgedreht

Tabelle XXXIV.

B

Bohrvorrichtung R. J. Nr. 79,
Fach 109.

Für: Die Herstellung von Kettengliedern K. S. 8

Abtlg.: Bohrerei II

Mstr.: Schrader

Name d. Empfängers:
Bohrer Karl Kuhn, Nr. 218

Datum:	Unterschrift:
11. Jan. 21	Kuhn

Tabelle XXXV.

Abforderungszettel.

Der Bohrer Karl Kuhn, Nr. 218, hat die Erlaubnis, eine Bohrvorrichtung R. J. Nr. 79 für die Herstellung von Kettengliedern K. S. 8 abzufordern.

Datum:	Meister:	Abtlg.:
11. Jun. 21	Schrader	B. II

Der Abforderungszettel des betreffenden Abteilungsmeisters ist in Tab. XXXV veranschaulicht. Wie man aus dem vorstehenden ersieht, sind nur wenige Vordrucke nötig, um eine einwandsfreie Verwaltung der Vorrichtungen durchzuführen. Man wird je nach dem System, das in einem Betriebe vorherrscht, das eine oder das andere noch mehr ausbauen, jedoch sollte der Zweck der Ausführungen sein, an der Hand dieser Vordrucke die Leitung in kürzester Form vor Augen zu führen.

Es soll noch erwähnt werden, daß die Vorrichtungsausgabe in der Nähe der Bearbeitungswerkstätten liegen muß, um ohne großen Zeitverlust zu ihr gelangen zu können. Ebenfalls sollen anschließend daran die Werkzeugausgabe und der Vorrichtungsbau angeordnet sein, sind es doch gerade diese Abteilungen, die das Herz des Betriebes darstellen, denn ohne sie ist ein Betrieb undenkbar.

Je mehr Wert auf die Unterhaltung derselben gelegt wird, um so vorteilhafter kann eine Fabrik arbeiten. Zu dieser Erkenntnis sind jetzt die meisten Betriebe gekommen, indem sie gerade auf die Anfertigung der Vorrichtungen und Werkzeuge ihr Hauptaugenmerk richten. Letztere sind die Waffen im Konkurrenzkampfe auf dem Weltmarkt.

Mögen die hier angeführten Vorrichtungen zum weiteren Nachdenken anregen, denn in den seltensten Fällen dürfte eine hier angeführte Vorrichtung unverändert zur Anwendung kommen. Es ist jedoch nicht das letztere, was erreicht werden sollte, sondern die Verwendung eines vorhandenen Prinzips. Hat das der Leser erkannt, so ist der Zweck dieses Werkes voll erreicht. Mag manchem Benutzer dieses Buches das eine oder das andere Thema nicht erschöpfend genug erscheinen, so soll demgegenüber gesagt sein, daß eine ausgreifendere Beschreibung den Umfang bedeutend vergrößert hätte, was wohl im allgemeinen nicht erwünscht sein dürfte. Der Grundgedanke war hier maßgebend, auf einem mittleren Raum eine gedrängte Anzahl praktischer Beispiele mit genügender Klarheit zusammenzufassen.

Sachregister.

Abfasevorrichtung 375.
Abforderungszettel 498.
Abfräsen der Deckeldichtungsleiste 450.
— der Lagerstirnseiten 425.
Abklappbarer Bolzen 8.
Abpreßvorrichtung 329, 330.
Abrichten des Deckels für die Räderpumpe 450.
Abstechvorrichtung 281.
— für kugelförmige Trennflächen 310.
Abtrennen der Scheiben für Schneideisen 404.
Achsenbestimmung 353.
Anfertigung von Führungsbacken 398.
Angewandte Beispiele 382, 417.
Anreißvorrichtung 356.
Anschlagring 46.
Arbeitsstücke mit vier Bohrungen 45.
Arretierstift 7, 8, 94.
Arretierung 97.
Arretiervorrichtung 301.
Aufnahmebuchse 53, 78, 79, 106.
Aufnahmedorn 23.
Aufnahmescheibe 25.
Aufnahmewelle 99.
Aufschleifvorrichtung für Dichtungsflächen 227.
Aufspannscheibe 25.
Aufspannvorrichtung zum Ausfräsen des Schlitzes 461.
— für Backen 401.
— für Drehbänke 19.
— eines Kesselbodens 19.
— eines Stahlhalters 394.
Aufspannvorrichtungen 15, 393.
Ausbohrarbeit der Lagerböcke 424.
Ausbohren eines Dampfzylinders 286.
— von Hohlkörpern 25.
— des Räderpumpengehäuses 448.
— und Gewindeschneiden eines Zylinders 286.
Ausbohrvorrichtung auf schweren Drehbänken 289.
Ausklinkvorrichtung 258.
Ausrichten der Handräder 418.
Ausschneidevorrichtung 275.
Ausstanzen seitlicher Führungsnuten 266.
Ausstoßvorrichtung für Vierkante 195.
Austauschbare Bohrbuchsen mit Bund 493.
Auswerfer 104.

Bajonettverschluß 10.
Balligdrehvorrichtung 293.
Bandschleifvorrichtung 224.
Bearbeitung der Aufspannfläche an der Lünette 426.
— der Führungsbacken für Lünette 430.
— der Ölrinne an der Stopfbuchse 467.
— des Scharnierteiles an der Lünette 426, 427.
— des Scharnier- und Verschlußteiles an der Lünette 428.
— von Spanneisen für Lünetten 436.
Befestigung von Flanschkörpern 48.
— von Winkeleisen an der Schere 63.
— eines Winkels 47.
Begleitkarte 475.
Begrenzungsstifte 24.
Begrenzungsstücke 71.
Bezeichnungsvorrichtung 380, 381.
Biegevorrichtung 241, 348, 378, 379,
— für Nietkanten an Blechen 242.
— für Profileisen 379.
— für Rohre 373.
Blattfedern 72.
Bodenlocharbeit an einem Blechgefäß 334.

Bohrapparat für in Radien stehende Löcher 277.
Bohrarbeit am Vierfachstahlhalter 395.
Bohrbuchsen 6, 492, 493.
Bohrkasten 93, 97, 438.
Bohrkopf für Ausbohrvorrichtung 290, 291.
— -Bodendeckel 280.
— mit 3 Spindeln 279.
— mit 4 Spindeln 278.
Bohrmaschinen 15.
Bohrmesserstangenführung 383.
Bohrplatte für Flansch 71.
Bohrplatten 7, 87.
— (bewegliche) 7, 8.
— zum Bohren von Gehäusen 67.
Bohrschablone 67, 462.
Bohrschelle 68.
Bohrstange 15, 44, 106.
Bohrstangenanfertigung 388.
Bohrvorrichtung für Ansatzflanschen 70, 95.
— für schwere Arbeitsstücke 97.
— für Ausrückhebel 82.
— für Böckchen 72.
— für Bohrstangen 388.
— für spiralige Bohrungen 98, 99, 100.
— für Bohrwerke 105.
— für Brausenrohre 101.
— für geschlitzte Buchsen 444.
— für geteilte Buchsen 385.
— für Bürstenhalter 69.
— für Düsenbleche 104.
— für kugelige Flächen 94.
— für Führungsbacken 400, 431.
— für Fußflanschlöcher 85, 424.
— für Gewindelöcher im Lagerstuhl 424.
— für Griffloch 86.
— für das Griffloch im Handrad 419.
— für Hebel 78, 93.
— für Kappen 80, 81, 443.
— in Kapselform 69.
— für Kegelräder 87.
— für Kettenglieder 70, 459.
— für Kolbenkopf 85.
— für Kugelgriffe 79.
— für Lagerdeckel 423.
— für Laschen 66, 436.
— für Lünette 428.
— für Messerkopf 96, 415.
— für Motorgehäuse 74, 105.
Bohrvorrichtung für Motorschilde 72, 74.
— für Pleuelstangen 79.
— für Pleuelstangenköpfe 75.
— für Pumpendeckel 452.
— für Pumpengehäuse 450.
— für Querhäupter 109.
— für Räderpumpe 111.
— für Reibahlen 76.
— für Ringe zur Schleifmaschine 445.
— für Schaftverbindungen 386, 387.
— für Scheiben zur Schleifmaschine 445.
— für Scherenmesser 389.
— für Schneideisen 405.
— für Spannbacken 392.
— für Spannschrauben 432.
— für Spann- und Vorschubpatronen 391.
— für Spindellager an der Schleifmaschine 440.
— für Spindelstockherzen 87.
— für Stangen 81.
— für Stopfbuchse 467.
— für Stufenscheibe 441.
— für Stützböcke 3.
— für Teilstiftträger 446.
— für Triebwerkkasten 75.
— für Ventilatorgehäuse 92.
— für Vierfachstahlhalter 395.
— für Wellenanbohren 443.
— für Zapfenfräsapparat 397.
— für Zylinderausbohren 106.
Bohrvorrichtungen 65.

Distanzstücke 111.
Doppel-Rundhobelvorrichtung 186.
— -Teilvorrichtung 140.
Dornpreßvorrichtung 254.
Drahtenden abscheren 358.
Drehen der Radkränze 418.
Drehplatte 92.
Druck- und Gleitrollen 61.
Drehstichel 24.
Drückarbeit 20.
Drücken von Wellen 255.
Durchfeilen der Spanlöcher 405.
Durchschnitt der Backenstangen 401.
Durchsetzvorrichtung 241.
Durchziehvorrichtung 244.

Einarbeiten von T-Nutenschlitzen 396.
Ein-und Bestoßen von Fassonplatten 196.

Einpreßvorrichtung 239, 384.
Einrichtung zum Härten 336.
Einsatzbuchsen 31.
Einschraubvorrichtung 363.
Einziehen von Bohrbuchsen 482.
Empfangskarten 497.
Endmaße 479.
Expandierende Spannhülse 29.
— Zange 21.
Exzenter zur Aufschleifvorrichtung 229.
Exzenterhebel 52.
Exzenternaben 60.
Exzenternocken 13.
Exzenterwirkung 11, 12.

Fassonpreßvorrichtung 251.
Fassonstahl mit Halter 392.
Federhammer 368.
Federwindevorrichtung 358, 359.
Fertigpreßvorrichtung 248.
Fixierstück 25, 76.
Fixierung 69, 81.
Flacheisen 360.
Flächenschleifvorrichtung 220, 225.
Flanschflächen an Schiebern 24.
Flanschwinkel 67, 68.
Fliegender Support 284, 285.
Fräsapparat für Schlitzmuttern 412.
Fräsen von Führungsbacken 398, 400, 431.
— von Spiralen 133, 134.
Fräserhinterdrehvorrichtung 296, 297, 393.
Fräserstange 16.
Fräsmaschinen 35.
Fräsvorrichtung zum Abfräsen von Rohrkanten 366.
— für Anlageflächen 155.
— für Blechplatten 313.
— unter der Bohrmaschine 119.
— für Bohrungen 314.
— für Buchsen 116.
— zum Einfräsen von Nuten 317.
— für Einsatzstücke 151.
— für Führungskurve 157.
— für Hohlkehlen 117.
— für Hubscheiben 156.
— für Innen- und Außengewinde 166, 167.
— für Kettenglieder 154.
— für Lagerdeckel 153.
Fräsvorrichtung für Nasenbolzen 316.
— für Nocken und Kurven 162.
— für Nutenfräsen 118.
— zum Profilieren 314.
— zum Sechskantfräsen 142.
— für Spannknaggen 152.
— für Spannschlitze 151.
— zum Vierkantfräsen 141.
Fräsvorrichtungen 115.
Führungsbolzen 77.
Führungsbuchse 107.
Führungskloben 67.
Führungsschablone 65.
Führungsscheibe 100.
Fußpresse 350.
Futterscheibe 24.

Gegenspannung an der Schere 63.
Geteilte Buchsen 385.
Gewindebacken 400.
Gewindefinder 454.
Gewindefräsvorrichtungen 165, 168, 170.
Gewinderollen 295.
Gewindeschneidanzeiger 454.
Gewindeschneidarbeiten 335.
Gewindeschneiden 454.
Gewindeschneidkopf 432.
Gewindeschneidvorrichtung 309.
Grundzüge und Richtlinien für den Vorrichtungsbau 1.

Hakenschrauben 36, 66, 67.
Halteschrauben für Bohrbuchsen 490.
Handhebelfräsmaschinen 116.
Handknebel 75.
Handlochvorrichtung 272.
Handnutenfräsvorrichtung 317.
Handnutenstoßvorrichtung 207.
Handrad 417.
Härtebottich mit Kühlvorrichtung 339.
Härterei 336.
Härtevorrichtung für Oberflächenhärtung 340.
Herausziehen schadhafter Bohrbuchsen 481.
Hilfslochvorrichtung 272.
Hilfsvorrichtung zur Magnetplanscheibe 215.
Hilfsvorrichtungen 336.
Hinterdrehen der Schneideisen 406.
Hinterdrehvorrichtung 296, 297, 298.
Hinterschleifvorrichtung 229.

Hinterstechen von Nuten 302.
Hinterstechvorrichtung 285, 306.
Hobelaufspannvorrichtung 175.
Hobeln der Lagerdeckel 423.
— der Lagerstühle 421, 422.
Hobelvorrichtungen 173.
— für große Arbeitsstücke 193.
— für Bogen auf d. Shapingmaschine 183.
— zum Drallhobeln auf Shapingmaschinen 189.
— für Drallnuten 188.
— zum Fassonhobeln 191.
— für nach außen und innen gekrümmte Flächen 181.
— für gekrümmte Flächen 177.
— für kugelige Flächen 184.
— für Flachstücke 176.
— für Gesenkteil 178.
— für Hebelaugen auf der Stoßmaschine 200.
— für Kurven 179.
— zum Nutenhobeln 192, 194.
— für Spannflächen 174.
— zum Verzahnen 176.
Hohldorn 24.
Hohlspindel 34.
Horizontal-Stoßvorrichtung 209.
Hubscheibe 14.

Index 57.
Indexstift 95, 99, 117, 142.
Instandhaltung und Reparatur der Vorrichtungen 473.

Kaliberringe 71.
Kastenbohrvorrichtung für Pumpengehäuse 450.
— für Verbindungsglieder 71.
— für Verbindungshebel 84.
Kastenführung 110.
Kastenlehre 3, 69, 70.
Keil 9, 69.
Kettenglied 457.
Kettenspannvorrichtung 44.
Knaggen 23, 26, 71, 80.
Knebelindex 97.
Knebelmutter 9.
Knebelschraube 9, 66, 67.
Kombinierte Loch- und Stanzvorrichtung 263, 265.
— Schnitt- und Stanzvorrichtung 260, 262, 263, 265.
Kombinierte Stanz- und Biegevorrichtung 252.
Kombiniertes Werkzeug für Stopfbuchsen 466.
Konischdrehvorrichtung 308.
Kontrollbuch für die Vorrichtungsausgabe 474.
Kontrolle auf Parallelität 477.
— der Ringschablonen 481.
Kontrollmusterstück 480.
Kontrollvorrichtung zum Messen der Vorrichtungshöhen 477.
— durch Parallelendmaße 479.
Kopierfräsvorrichtungen 155, 158, 161.
Kopierstoßvorrichtung 203.
Kopiervorrichtung für Drehbank 293.
Krallen 46, 47.
Krallenträger 49.
Kugelknopfdrehvorrichtung 302.
Kupplungssteine 27.
Kurvenhobelvorrichtung 179.
Kurven- und Radiendrehvorrichtung 295.
Kurvenschablone 65.
Kurvenzunge 12, 84.

Lagerbock 421.
Laschen 1, 16, 26, 27.
Läutewerk 311.
Lehrdorne 480.
Lochschnitt 257.
Lochvorrichtung 258, 266, 270, 273, 333 334 373.
— für fortschreitende Lochung 269.
— für Rohrenden 270.
Luftdruckkolben 21.
Luftdruckmanometer 337.
Luftdruckspannfutter 21, 22.
Lufthärtevorrichtung 341.
Luftkühlvorrichtung 341, 342.
Lünette 425.

Magazinvorrichtung 310, 312.
Magnetaufspannplatte 457.
Manschette 21, 50.
Matrizenanfertigung 383.
Messen einer Schnittplatte 480.
Messer 218.
Messerkopf 96, 313, 414.
Messerstange 110.
Meßkreuz 481.
Meßmethode 353.

Meßschiene 478.
Meßstange 478.
Meßvorrichtung 352, 425.
Mikrometeranordnung 408.
Montagegestell 351.
Muffelofen 338.
Musterstück 480.

Nietvorrichtung 368, 369.
Nietwerkzeuge 370.
Normal-Eichungskommission 479.
Nutenhinterstechvorrichtung 274.
Nutenhobelvorrichtung 194.
Nutenstoßvorrichtung 204, 321, 322.

Oberflächenhärtung 340.
Ölanlaßofen 340.
Ölhärtevorrichtung 339.
Operationsplan 472.
Original-Gewindeschneidanzeiger 454.
Originelle Kastenbohrvorrichtung für Böcke 83.

Parallelreißer 351.
Paßstifte 103.
Pendelnde Schleifvorrichtung 223.
Plan-Fräsmaschine 152.
Planscheibe 26.
Plattenglühofen 336.
Platten- bzw. Muffelofen 338.
Plattenträger 96.
Pneumatischer Schraubstock 50.
Pneumatische Spannvorrichtung 49.
Praktische Lochvorrichtung 62.
Präzisions-Teilapparat 354.
Preßvorrichtung 247.
Preß- und Ziehwerkzeug 239.
Prismen 25, 26.
Prismenbacken 18, 25.
Prismenunterlage 68.
Profileisenbiegevorrichtung 379.
Profiliervorrichtung 305, 314, 361
Pumpe 452.
Pyrometeranlage 343.

Räderpumpe 446.
Rasten 26, 29.
Rastenscheibe 96.
Reibahle (verstellbare) 411.
Rentabilitätsberechnung 457.
Revolverbankfutter 28.
Revolverkopf mit 4 Stählen 299.
Revolverkopf mit 6 Stählen 300, 301.
Ringschablone 67.
Rohrabschneidevorrichtung 374.
Rohrabtrennvorrichtung 376.
Rohrbiegevorrichtung 373.
Rundhobelvorrichtung 187.
Rundtisch 54.
— für Shapingmaschine 185.

Sandbadanlaßofen 340.
Schablone 105, 159.
Schablonenschleifvorrichtung 222.
Schablonenstoßvorrichtung 202.
Schaftverbindungen 386.
Scharnierbandpresse 362.
Scharnierkloben 88.
Scharnierstück 4.
Scheibenfräser 4.
Scherenmesseranfertigung 388.
Schiebelehre 477.
Schieber 11, 96.
Schieberkeil 103.
Schleifanschlag für Werkzeuge 56.
Schleifarbeit an Schneideisen 235.
— an einem Fräser 324.
Schleifen von Ringen 214.
— von Schneckenfräsern 413.
Schleifstellung der Messerköpfe 416.
Schleifvorrichtung 211, 212.
— zum Aufschleifen stumpfer Schneideisen 232.
— — — von Verschlußdeckeln 324.
— für Flachmesser 325.
— — halbrunde Messer 218.
— zum Nachschärfen von Schneideisen 219.
— für Nockenscheiben 226.
— zum Schleifen von Messerkopfstählen 217.
— für Spiralnuten 216.
Schlitzvorrichtung 326.
Schlosserei 350.
Schmiede 346.
Schmiedegesenke 348.
Schneideisen 335, 403.
Schneideisenhinterdrehvorrichtung 408.
Schneideisenschleifvorrichtung 235.
Schneidvorrichtung 335.
Schnellspannelemente 84.
Schnellspannvorrichtung 5, 14.
Schnellverschlüsse 11, 12.
Schnepper 29.

Schnepperverschluß 8.
Schneppervorrichtung 103.
Schnittvorrichtung 264.
Schnitt- und Stanzvorrichtung 259.
Segmentstücke 20.
Senkrechte Fräsvorrichtung 144 172.
Sonderfräsvorrichtung für Schneckenräder 147.
Sondervorrichtung zum Schneiden kleiner Bronze- und Messingmuttern 307.
Spannbock 37.
Spanndorne 22. 23.
Spanneisen 1, 27, 46.
Spannfutter 20, 104.
— mit durchgehender Bohrung 34.
— für schwache zylindrische Stifte 34.
Spannkeil 72.
Spannkonus 32.
Spannlaschen 46, 47, 83.
Spannungen 8, 9, 10, 11, 12, 13, 14, 113, 114.
Spannvorrichtung für zylindrische Arbeitsstücke 29.
— für Arbeitsstücke mit 4 Bohrungen 45.
— für Arbeitsstücke mit 3 Naben 29.
— zum Ausbohren von Hohlkörpern 25.
— für Automaten 34.
— eines Bleches an der Lochmaschine 61.
— einer Blechplatte 60.
— für Bohrwerk 43.
— für Bügel 51.
— für Deckel 36.
— für Deckelscheiben 29.
— zum Drallschleifen 55.
— für Dreikantmesser 56.
— für Einfräsen der Spannuten in Muttern 412.
— zum Feilen von Kurven 64.
— für Flanschstücke 31.
— für Fassonstahl 392.
— zum Fräsen von Sechskant 38.
— für Fräsmaschine 35.
— für Gesenke 60.
— für Handräder 30, 417.
— zum Hinterdrehen von Reibahlenmessern 413
— für Hobelmaschinen 46.
— mittels Konenanzug 48.
— mittels Krallenbefestigung 46.
Spannvorrichtung für Kugeln 36.
— für Kurbelstücke 40.
— für Lochmaschine 61.
— für zylindrische Mäntel auf der Lochmaschine 62.
— für Massenfabrikation 26.
— für Muffenstücke 32.
— für Pressen 60.
— für Preßwerkzeuge 60.
— mit Prismenspannung 35.
— für Revolverbänke 28.
— für Ringe 32.
— für Rohrabschnitte 60.
— für Rohrstücke 17.
— für Sägen 57, 58.
— für zylindrische Schäfte 31.
— für Scheiben 16, 17, 27, 30.
— für Scheren 63.
— für Scherenmesser 51.
— für Schieberhauben 38.
— für Schleifmaschinen 55.
— zum Schlitzen der Schneideisen 410.
— für Schlitzschrauben 39.
— für Schneideisen auf der Feilmaschine 64.
— zum Schneiden kleiner Radien 63.
— für Segmente 19, 54.
— zum Spannen von Quadrateisen 36.
— für kreisenden Stahl 24.
— für Stoßmaschine 53.
— und Teilvorrichtung 57.
— für T-Eisen 43, 48.
— für Ventildeckel 41.
— für Verbindungsstücke 40.
— für Walzen 42.
— für Wellen 35.
— für Winkeleisen 59.
— für Zylinder 19.
Spannwinkel 2, 46.
Spannzangen 140.
Spezial-Bearbeitungsvorrichtungen 273.
— -Bohrvorrichtung 276.
— -Hobelvorrichtung 320.
— -Schleifvorrichtung für Radkränze 231.
— -Spannfutter für Rohrstücke 33.
— — für Ventilsäulen 25.
Spindelpresse 329.
Spitzenlehre 477.
Stanzvorrichtung 260, 268.
Stauchgesenk bzw. Vorrichtungen 249, 250, 347.

Steckschlüssel 24.
Stempelanfertigung 383.
Stichelhalter 24.
Stichmaß 476.
Stifteinschraubvorrichtung 362, 363.
Stopfbuchse 466.
Stoßvorrichtungen 195, 198, 199.
— zum Ausstoßen von Sechskant 205.
— — — von Zähnen 197.
— für Fassonstücke 201.
— für Messerköpfe 207.
— für Nuten 206.
— zum Nuten von Löchern 323.
— für Schablonenarbeit 199.
— für Schneckenradsegment 200.
— zum Stoßen von 4 Nuten 322.
Stützen 25.
Stützklinke 93.
Stützkloben 51.
Supportschleifvorrichtung 213.

Tabelle zum Gewindeschneidanzeiger 456.
Teilapparat 99, 354.
Teilbuchse 98.
Teilen (Differential-Teilverfahren) 125, 130.
— (direkt) 123.
— (indirekt) 124, 128.
— (kombiniert) 124, 129.
Teil- und Fräsapparat 316.
Teilkopf 57, 121.
Teilleisten 103.
Teilscheibe 95, 121, 123.
Teilstiftköpfe 103.
Teilvorrichtung 95, 97, 99, 100, 101, 103, 120, 121.
Thermoelektrische Meßvorrichtung 343.
Tischbohrmaschine 437.
Trennvorrichtung 328.

Universal-Fräsmaschine 120.
— -Teilkopf 121.
Universelle Bohrvorrichtung 77.

Verriegelung 74.
Verschlüsse 8, 9, 10, 11, 12.
Verstellbare Bohrvorrichtung für zweiarmige Hebel 90.
— Unterlage 37.
Verstellbarer Anschlag für Scheren 63*
Vertikal arbeitender Revolverkopf 301.
— -Schleifvorrichtung 220.
— -Spannvorrichtung 18.
— -Stoßvorrichtung 208, 210.
Vierfach-Stahlhalter 394.
Vorpreßvorrichtung 248.
Vorrichtung zum Abflächen 365.
— — — des Bodens in den Räderpumpen 449.
— zum Abscheren von Drahtenden 358.
— zum Abstechen von Hohlkörpern 280.
— zum Anfräsen 315.
— zum Ansetzen eines Hahnes 376.
— zum Auseinanderschmiegen von Winkeleisen 349.
— zum Ausfräsen des inneren Radkranzes 420.
— zum Aushobeln der Backenführung an der Lünette 429, 430.
— zum Auskugeln 303.
— zum Bearbeiten von Lagernaben 284, 285.
— zum Bezeichnen 380, 381.
— zum Biegen und Runden 367.
— zum Bohren des vorderen Spindellagers 440.
— — — des hinteren Spindellagers 440.
— zum Bohren der Stiftlöcher im Messerkopf 415.
— zum Durchbiegen 347.
— zum Eindrücken von Lupengläsern 294.
— zum Fertigschneiden 346.
— zum Fräsen und Bohren 89.
— zum Fräsen der Prismen in Gewindebacken 401.
— — — von Nuten 148.
— für Gewindelehren 294.
— zum Gewindeschneiden 335.
— zum Herein- und Herausdrücken von Wellen 255.
— zum Hinterdrehen von Gewindebohrern 298.
— zum Lochen kleiner Mantelbleche 269.
— — — — Segmentbleche 271.
— zum Nachschneiden 336.
— zum Spannuteneinfräsen 402.
— zum Wellenrichten 366.
— zum Winden von schwachem Flacheisen 360.

Vorrichtungs-Auskunftsbuch 498.
Vorrichtungsbau 499.
Vorrichtungs-Bestandskarte 496.
— -Elemente 482.
— -Füße 489—490.
— -Griffe 491.
— -Prisonstifte 487.
— -Rundstäbe 486.
— -Schrauben 483, 484, 485.
— -Spannkeile 489.
— -Spannknebel 490.
— -Spannleisten 489.
— -Verschlußmuttern 488.
— -Verschlußschrauben 488.
— -Unterlegscheiben 488.
— -Zylinderstifte 486.
Vorschub- und Spannpatronen 34.
Vorspannschablone 423, 480.

Walzen 75.
Walzenfräser 4.
Wechselräder 57.
Wellenrichtvorrichtung 366.
Werkzeugausgabe 499.
Werkzeugschleifmaschine 439.
Wippe 13, 23, 96.

Zahnstangen-Fräsvorrichtung 149.
— -Hobelvorrichtung 190.
— -Teilvorrichtung 150.
Zange 14, 63, 110.
Zangenlehre 14.
Zapfenfräsapparat 396.
Zapfenfräsvorrichtung 318.
Zeigergalvanometer 344, 345.
Zentrierbolzen 477.
Zentrierbuchse 86.
Zentrieren 23, 353.
Zentrierkonus 85.
Zentrier- und Meßvorrichtung 352.
Zentrierplatte 82.
Zentrierscheibe 25.
Zentriervorrichtung 292, 354.
Zieharbeit 372.
Ziehvorrichtung 242, 243, 245, 246.
Zwischenbuchse 90.
Zylinderschleifvorrichtung 221.
Zylindrische Gashärteöfen 338.

Die Werkzeugmaschinen, ihre neuzeitliche Durchbildung für wirtschaftliche Metallbearbeitung. Ein Lehrbuch. Von Prof. **Fr. W. Hülle** (Dortmund). Vierte, verbesserte Auflage. Mit 1020 Abbildungen im Text und auf Textblättern, sowie 15 Tafeln. Unveränderter Neudruck. 1920.
Gebunden Preis M. 102.—

Die Grundzüge der Werkzeugmaschinen und der Metallbearbeitung. Von Prof. **Fr. W. Hülle,** Dortmund. Dritte, vermehrte Auflage.
Erster Band: **Der Bau der Werkzeugmaschinen.** Mit 240 Textabbildungen. 1921. Preis M. 27.—
Zweiter Band: **Die wirtschaftliche Ausnutzung der Werkzeugmaschinen in der Metallbearbeitung.** In Vorbereitung.

Automaten. Die konstruktive Durchbildung, die Werkzeuge, die Arbeitsweise und der Betrieb der selbsttätigen Drehbänke. Ein Lehr- und Nachschlagebuch von **Ph. Kelle,** Oberingenieur in Berlin. Mit 767 Figuren im Text und auf Tafeln, sowie 34 Arbeitsplänen. 1921. Gebunden Preis M. 144.—

Handbuch der Fräserei. Kurzgefaßtes Lehr- und Nachschlagebuch für den allgemeinen Gebrauch. Gemeinverständlich bearbeitet von **Emil Jurthe** und **Otto Mietzschke,** Ingenieure. Fünfte, durchgesehene und vermehrte Auflage. Mit 395 Abbildungen, Tabellen und einem Anhang über Konstruktion der gebräuchlichsten Zahnformen bei Stirn- und Kegelrädern sowie Schnecken- und Schraubenrädern. 1919. Gebunden Preis M. 18.—

Die Dreherei und ihre Werkzeuge in der neuzeitlichen Betriebsführung. Von Betriebs-Oberingenieur **W. Hippler.** Zweite, erweiterte Auflage. Mit 319 Textfiguren. 1919. Gebunden Preis M. 16.—

Über Dreharbeit und Werkzeugstähle. Autorisierte deutsche Ausgabe der Schrift „On the art of cutting metals" von **Fred W. Taylor,** von A. Wallichs, Professor an der Technischen Hochschule zu Aachen. Vierter, unveränderter Abdruck. 5. und 6. Tausend. Mit 119 Figuren und Tabellen. 1920.
Gebunden Preis M. 22.—

Wirtschaftliches Schleifen. Gesammelte Arbeiten aus der Werkstattstechnik, Jahrgang 1917—1921. Herausgegeben von Dr.-Ing. **G. Schlesinger,** Professor an der Technischen Hochschule zu Charlottenburg. 1921. Preis M. 24.—

Die Bearbeitung von Maschinenteilen nebst Tafel zur graphischen Bestimmung der Arbeitszeit. Von **E. Hoeltje** in Hagen i.W. Zweite, erweiterte Auflage. Mit 349 Textfiguren und einer Tafel. 1920.
Preis M. 12.—

Zu den angegebenen Preisen der angezeigten älteren Bücher treten Verlagsteuerungszuschläge, über die die Buchhandlungen und der Verlag gern Auskunft erteilen.

Die Betriebsleitung, insbesondere der Werkstätten. Autorisierte deutsche Bearbeitung der Schrift „Shop management" von **Fred. W. Taylor** in Philadelphia. Von **A. Wallichs,** Professor an der Technischen Hochschule in Aachen. Dritte, vermehrte Auflage. Mit 26 Figuren und 2 Zahlentafeln. Dritter, unveränderter Neudruck. 14.—17. Tausend. 1920.
Gebunden Preis M. 20.—

Aus der Praxis des Taylorsystems mit eingehender Beschreibung seiner Anwendung bei der Tabor Manufacturing Company in Philadelphia. Von Dipl.-Ing. **Rudolf Seubert.** Mit 45 Abbildungen und Vordrucken. Vierter, berichtigter Neudruck. 9.—13. Tausend. 1920. Gebunden Preis M. 20.—

Die wirtschaftliche Arbeitsweise in den Werkstätten der Maschinenfabriken, ihre Kontrolle und Einführung mit besonderer Berücksichtigung des Taylor-Verfahrens. Von Betriebsingenieur **A. Lauffer** in Königsberg i. Pr. Berichtigter Neudruck. 1919. Preis M. 4.60

Einführung in die Organisation von Maschinenfabriken unter besonderer Berücksichtigung der Selbstkostenberechnung. Von Dipl.-Ing. **Fr. Meyenberg** in Berlin. Zweite, durchgesehene und erweiterte Auflage. 1919. Gebunden Preis M. 10.—

Grundlagen der Fabrikorganisation. Von Dr.-Ing. **E. Sachsenberg.** Mit zahlreichen Formularen und Beispielen. Zweite, verbesserte Auflage. 1919. Gebunden Preis M. 11.—

Das ABC der wissenschaftlichen Betriebsführung. Primer of Scientific Management. Von **Frank B. Gilbreth.** Nach dem Amerikanischen frei bearbeitet von Dr. **Colin Roß.** Mit 12 Textfiguren. Dritter, unveränderter Neudruck. 1920. Preis M. 4.60

Warum arbeitet die Fabrik mit Verlust? Eine wissenschaftliche Untersuchung von Krebsschäden in der Fabrikleitung. Von **William Kent.** Mit einer Einleitung von Henry L. Gantt. Übersetzt und bearbeitet von **Karl Italiener.** 1921. Preis M. 13.60

Bewegungsstudien. Vorschläge zur Steigerung der Leistungsfähigkeit des Arbeiters. Von **Frank B. Gilbreth.** Freie deutsche Bearbeitung von Dr. **Colin Roß.** Mit 20 Abbildungen auf 7 Tafeln. 1921. Preis M. 10.—

Kritik des Taylor-Systems. Zentralisierung — Taylors Erfolge — Praktische Durchführung des Taylor-Systems — Ausbildung des Nachwuchses. Von **Gustav Frenz,** Oberingenieur und Betriebsleiter der Maschinenfabrik Thyssen & Co. in Mülheim-Ruhr. 1920. Preis M. 10.—

Kritik des Zeitstudienverfahrens. Eine Untersuchung der Ursachen, die zu einem Mißerfolg des Zeitstudiums führen. Von **I. M. Witte.** Mit 2 Tafeln. 1921. Preis M. 15.—

Zu den angegebenen Preisen der angezeigten älteren Bücher treten Verlagsteuerungszuschläge, über die die Buchhandlungen und der Verlag gern Auskunft erteilen.